U0160867

工程力学

刘 君 于 龙 易 平 编著

科 学 出 版 社

北 京

内 容 简 介

根据我国高等教育和教学改革的发展趋势，编者在多年力学教学实践的基础上编写本书。本书分静力学、运动学与动力学、变形体静力学三大篇，能适应高等院校各工科专业对“工程力学”课程教学的不同要求。全书基本概念论述严谨，注重理论联系实际，尽量采用工程背景算例。例题、习题类型较多较全，注重一题多解，拓展思维，注重启发拔高，鼓励自主研究。

本书可作为高等院校建筑环境与设备、工程管理、交通工程、建筑学、市政设计、化工、材料等工科专业教材，也可作为有关技术人员自学用书。

图书在版编目(CIP)数据

工程力学/刘君，于龙，易平编著. —北京：科学出版社，2020.8
ISBN 978-7-03-063758-1

Ⅰ. ①工…　Ⅱ. ①刘…②于…③易…　Ⅲ. ①工程力学-高等学校-教材　Ⅳ. ①TB12

中国版本图书馆 CIP 数据核字(2019)第 280516 号

责任编辑：狄源硕　张培静 / 责任校对：樊雅琼
责任印制：吴兆东 / 封面设计：无极书装

科学出版社 出版
北京东黄城根北街 16 号
邮政编码：100717
http://www.sciencep.com

北京九州迅驰传媒文化有限公司 印刷

科学出版社发行　各地新华书店经销
*
2020 年 8 月第 一 版　开本：787×1092　1/16
2022 年 8 月第四次印刷　印张：28
字数：640 000

定价：80.00 元

(如有印装质量问题，我社负责调换)

序

工程力学是高等院校很多工科专业的一门重要专业基础课。然而，在素质教育与创新精神培养的要求下，高校新一轮培养计划中课程教学总学时不断减少。怎样在有限的教学学时内让学生既能夯实工程力学的基本知识，又能理论联系实际，增强工程概念，甚至还要了解力学的前沿进展，这是值得深入思考的问题。除了教学方法、教学手段的提升与改进，更需要在课程体系的构建与革新、课程内容的精选与更新上狠下功夫。

该书作者一直工作在教学科研一线，长期承担理论力学、材料力学、分析力学、结构动力学等力学课程的教学工作。他们在对我国高等学校工程力学的教学状况和工程力学教材需求进行大量调研的基础上编写了该书。与目前工程力学教材普遍只包含刚体静力学和变形体静力学两部分不同，该书分静力学、运动学与动力学和变形体静力学三大篇，以适应高等院校不同工科专业对工程力学课程教学的不同要求。

该教材注重知识的系统性和连贯性，强调一题多解，拓展思维；注重启发拔高，鼓励自主研究；注重理论联系实际，大量采用具有工程背景的算例，着眼于培养学生的学习兴趣，提高学生解决实际问题的能力，同时引领学生了解学科的前沿进展，培养科学探索精神。在写作上，该书特别注重叙述严谨，思路清晰明确，解题步骤规范，便于学生学习和掌握，有利于学生树立正确的工程分析和工程计算思想，养成认真、严谨的工作习惯。

该书的出版，为工科专业工程力学课程提供了一本实用的好教材，相信该书将在教学改革中发挥积极的作用。

中国工程院院士

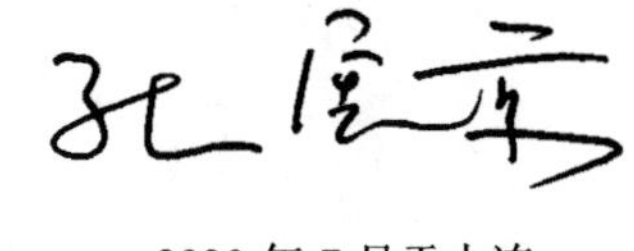

2020 年 7 月于大连

前　言

编者长期从事工科专业的力学教学工作，在对我国高等学校工程力学的教学状况和工程力学教材需求进行大量调研的基础上编写了本书。与目前工程力学教材普遍只包含刚体静力学和变形体静力学两部分不同，本书分静力学、运动学与动力学、变形体静力学三大篇。这是因为在素质教育与创新精神培养的要求下，全国普通高等学校新一轮培养计划中课程教学总学时不断减少，很多近土木、近机械类专业不再分开讲授理论力学和材料力学，而是讲授工程力学。但不同专业对力学教学内容的要求不一样，例如建筑环境与设备专业就对动力学有严格要求。因此，编者为了满足高等院校各工科专业对“工程力学”课程教学的不同要求编写了本书。

全书除绪论外共 18 章，静力学部分 4 章，分别为静力学基本概念和受力分析、力系的简化、力系的平衡、摩擦；运动学与动力学部分 6 章，分别为点的简单运动与刚体的基本运动、点的合成运动、刚体平面运动、质点动力学、动量定理和动量矩定理、动能定理；变形体静力学部分 8 章，分别为轴向拉伸和压缩、扭转、截面几何性质、梁的弯曲应力、梁的弯曲变形、应力状态和强度理论、组合变形与连接件的计算以及压杆稳定。根据不同院校、不同专业实际情况对教学内容做不同取舍，采用本书进行教学大约需要 60～90 学时。

为了在有限的教学时数内让学生既能夯实工程力学的基本知识，又能理论联系实际、增强工程概念，甚至还要了解力学的前沿进展，本书在内容、编排、文字等各方面严格要求，主要具有以下特色：

（1）内容的选择注重解决力学与物理课程中部分内容重复的问题，注重理论联系实际，注重知识应用的先进性和前沿性。

学生是学过高中物理和大学物理的力学篇才来学工程力学的，本书弱化和物理课程中重复的内容，如将点直线运动作为点曲线运动的特例，不单独讲解；简述点的动力学，详述刚体动力学等。同时，本书注重理论联系实际，学习欧美教材，例题和习题尽量采用工程背景算例，着眼于培养学生的学习兴趣，提高学生解决实际问题的能力。另外，本书注重知识应用的先进性和前沿性，例如，介绍可靠性设计的概念，展示结构拓扑优化在梁合理设计中的应用等，引领学生了解学科的前沿进展，培养科学探索精神。

（2）注重知识的系统性和连贯性，强调一题多解，拓展思维；注重启发拔高，鼓励自主研究。

工程力学课程具有概念多、公式多、内容多等特点，内容涉及面广、跨度大、知识点多，学生普遍反映“一看就懂，一做题就不会”。为此，本书注重知识的系统性和连贯性，注意讲清楚前后章节的联系。例如，从 1.2 节阐述刚化原理，到 3.3 节提出超静定问题的概念，再到 11.8 节明确求解超静定问题的三方面，前后好几章连贯融合，剖析刚体静力学与变形体静力学的关系。为解决做题难的问题，本书例题类型较多较全，经常采用一题多解方式，拓展思维。例如，平面应力状态分析中强调解析法、几何法（应力圆）和微元体平衡法三种解法。

另外，在理论分析和例题讲解中均注重启发拔高，经常提出问题或指明思路，鼓励读者自主研究，调动其主观能动性。

（3）写作严谨、规范且精炼，易于阅读和掌握。

本书基本概念论述严谨，解题注重步骤规范，思路清晰明确，语言准确精炼，便于学生学习与掌握；同时特别强调受力分析的重要性，强调画图，包括受力图、速度图、加速度图、内力图和变形几何图等；在潜移默化中培养学生树立正确的工程分析和工程计算思想，养成认真、严谨的学习和工作习惯。

全书由刘君、于龙和易平共同编著。本书总结编者所在的教师团队历年来的教学成果，参考国内外多部优秀教材；本书的出版得到了大连理工大学教材出版基金的资助；在编写过程中，编者得到孔宪京院士的大力支持和鼓励，在此表示诚挚的感谢。

由于编者水平有限，书中难免有疏漏之处，恳请读者批评指正。

编　者

2019 年 10 月

目　　录

绪　论

本书所论之工程力学涵盖了静力学、运动学和动力学以及变形体静力学三大篇。第 1 篇静力学研究力系的简化和力系的平衡；第 2 篇运动学与动力学研究力系在不满足平衡条件时，物体将如何运动，即研究运动量与作用力之间的关系。这两部分实际上就是理论力学的经典内容，理论力学中将物体抽象为刚体，忽略其变形，也不考虑其受力后在工程实际中可能发生的失效破坏。第 3 篇变形体静力学将研究对象视为可变形固体，讨论构件的内力、变形及相应的强度、刚度和稳定性条件，以设计安全可靠、经济合理的结构或机构，这一篇是材料力学的经典内容。工程力学是高校近土木、近机械类很多工科专业的一门重要专业基础课，为学习流体力学、土力学以及其他专业课程等一系列后续课程提供必要的理论基础和知识储备。

力学是门古老的科学，其建立和发展经历了漫长的历史时期，是社会生产和科学实践长期发展的产物。工程力学的发展遵循“实践—理论—实践”这一基本规律。

首先，人们通过长期生活实践与生产实践观察到各种现象，进行多次科学实验，经过分析、综合和归纳总结出力学的最基本的规律。随着古代建筑技术的发展，以及简单机械的应用，人类对于机械运动、构件受力特点和材料的力学性能有了初步的认识，并积累了大量的经验，经过分析归纳，逐步形成力的平行四边形法则等力学的基本规律。在我国古代就已将一些砖石结构做成拱形，以充分发挥材料的压缩强度，《墨经》中也有相关力学理论的叙述。除了在生活和生产实践中进行观察和分析，实验是另一种认识客观规律的有效途径。实验可以从复杂的自然现象中，人为地创造一些条件来突出影响事物发展的主要因素，并且能够定量地测定各个因素间的关系，因此实验也是形成理论的重要基础。例如，意大利物理学家伽利略（公元 1564～1642 年）通过实验推翻了统治多年的错误观点，创立了惯性定律，首次提出了加速度的概念。英国科学家胡克通过大量实验观察，于 1678 年提出重要的物理定律——变形与受力成正比。此外，如摩擦定律、动力学三定律等都是建立在大量实验的基础之上，从近代力学的研究和发展来看，实验更是重要的研究方法之一。

其次，在对事物观察和实验的基础上，经过抽象化的方法建立力学模型。客观事物总是复杂多样的。当拥有大量来自实践的材料之后，必须根据所研究问题的性质，抓住主要的、起决定作用的因素，撇开次要的、偶然的因素，进行必要的抽象假设，以深入事物的本质，了解其内部联系，这就是力学中普遍采用的抽象化的方法。例如，在研究物体的机械运动时，忽略物体受力有变形的性质，得到刚体模型；当物体的几何形状和尺寸在运动过程中不起主要作用时，忽略物体的几何尺寸，得到质点模型；在变形体静力学中，又提出均匀连续性假设、各向同性假设和小变形假设，把构件视为均匀、连续、各向同性的可变形固体，并采用原始尺寸原理。这种抽象化的方法，一方面简化了所研究的问题，另一方面也更加深刻地反映了事物的本质。

最后，在建立理想模型的基础上，从基本概念和基本定律或原理出发，用数学演绎和逻辑推理的方法，建立正确的具有物理意义和使用价值的定理和理论，以指导实践，推动生产的发展。同抽象化的方法一样，在形成力学的概念和系统理论的过程中，数学演绎和逻辑推理方法也起着重要的作用。但应当注意，数学演绎与逻辑推理是在经过实践证明其为正确的理论基础上进行的，并且，由此导出的定理或公式还必须回到实践中去，经过实践检验证明其为正确时才能成立。所以，对数学演绎既要重视，又不可错误地把数学演绎绝对化，不能把力学理论看作只是数学演绎的结果而忽视实践的作用。实践才是检验真理的唯一标准。

总之，在大量分析、综合和归纳各个具体的特殊规律的基础之上，逐步总结和形成普遍的基本规律，又回到实践中去加以检验，并指导实践；再从实践中获得新的材料，推动理论的进一步发展和完善。这是工程力学和其他科学共同的发展道路。

工程力学以牛顿定律为基础，属于古典力学的范畴。所谓古典力学，是相对于近代出现和发展起来的相对论力学和量子力学而言的。相对论力学研究运动速度可与光速（0.3Gm/s）相比的物体运动，量子力学研究微观粒子的运动，而古典力学则是研究运动速度远小于光速的宏观物体的运动。这固然说明古典力学有局限性，但是在现代科学技术中，古典力学仍然发挥着重大作用。这是因为，不仅在土木水利工程中，而且在航空航天等尖端科学技术中，所观察的物体仍然普遍是运动速度远小于光速的宏观物体，有关的力学问题也仍然用古典力学的原理来解决。另外，随着现代科学技术突飞猛进的发展，力学的研究内容已深入许多领域。例如，通过生物学与力学原理方法的有机结合，研究生命体受力、变形和运动及其生理病理之间的关系，形成生物力学；力学与环境科学相结合形成环境力学；还有爆炸力学、电磁流体力学等都是力学与其他学科结合而形成的新兴交叉学科。为了探索新的科学领域，必须打好坚实的力学基础。

第1篇　静　力　学

静力学是研究物体在力系作用下的平衡条件的科学，主要包括下面三方面的内容。

1. 物体的受力分析

物体的受力分析即分析物体的受力情况，包括受到哪些力作用，以及每个力的大小、方向和作用位置等。

2. 力系的等效替换和简化

力系指多个力的集合，等效力系则指机械运动作用效应相同的力系。物体往往受到一个较为复杂的力系作用，我们总是希望将其用一个较简单的等效力系替换，这样比较容易了解原来复杂力系对物体的作用效果。这种用一个简单力系等效替换一个复杂力系的过程就称为**力系的简化**。

3. 力系的平衡条件及其应用

平衡是指物体相对于地面保持静止或做匀速直线运动。土木水利工程中的房屋建筑、大坝、码头等都处于平衡状态，做匀速直线运动的机器零部件、汽车也处于平衡状态。平衡是物体运动的一种特殊形式。**力系的平衡条件**是指物体平衡时，作用在物体上的力系所需满足的条件，而满足平衡条件的力系称为**平衡力系**。牛顿第一定律指出，不受力作用的物体将保持静止或做匀速直线运动，也就是保持平衡。从而平衡力系也可以定义为和零等效的力系。

在设计或校核结构构件时，需要先分析其受力情况，然后应用平衡条件计算所受的未知力，例如构件的约束反力和内力，为构件选择材料、确定几何尺寸或进行强度刚度校核提供依据。由此可见，静力学理论是后续课程及工程设计的重要基础。

第 1 章　静力学基本概念和受力分析

1.1　刚体和力的概念

刚体就是在力的作用下，形状和大小都保持不变的物体，也就是**不变形体**。在自然界中，任何物体在力的作用下都将发生变形。但如果物体的变形尺寸与其原始尺寸相比很小，在所研究的力学问题中，忽略此变形对研究结果的精确度并无显著影响，就可以把这个物体抽象为刚体。可见，刚体是由实际物体抽象得出的一种理想的力学模型。这种略去次要因素，抓住主要矛盾的做法是科学的抽象，可以使问题的研究大为简化。本篇中所研究的物体都是刚体，又可以称为刚体静力学。但在“第 3 篇　变形体静力学”以及其他后续力学课程中，变形这一因素上升为主要因素，不可以忽略，不能再把物体看成刚体，而是变形体。刚体静力学是研究变形体力学的基础。

力是物体间的相互机械作用，这种作用使物体的运动状态改变或者发生变形。使物体运动状态发生改变的效应称为力的运动效应（外效应）；使物体发生变形的效应称为力的变形效应（内效应）。本篇和第 2 篇研究力的运动效应，第 3 篇研究力的变形效应。

实践表明，力对物体的作用效果决定于力的**大小**、**方向和作用点**这三个要素。

力的大小表示物体间相互机械作用的强弱程度。为了度量力的大小，必须先确定力的单位。在国际单位制（international system of units, SI）中，力的单位是牛（N）或千牛（kN），按照惯例，本书也采用国际单位制。但工程上还经常采用工程单位制，在工程单位制中，力的单位是公斤力（kgf）或吨力（tf）。牛（N）和公斤力（kgf）的换算关系是

$$1\ \mathrm{kgf} = 9.81\ \mathrm{N}$$

力的方向包含方位和指向两个意思，如铅直向下、水平向右等。作用点是指力在物体上的作用位置。通过力的作用点沿力的方向作一直线，称为力的作用线。

力的三要素表明**力是矢量**。常用黑斜体字 $\boldsymbol{F}$ 表示力的矢量，而用普通字母 F 表示力的大小。几何上用一个按一定比例画出的有向线段表示力的矢量，如图 1-1 中的有向线段 $\boldsymbol{AB}$ 所示。其中线段的长度表示力的大小，线段的方向（从 A 到 B）表示力的方向，线段的始端（A 点）表示力的作用点。$\boldsymbol{AB}$ 所沿着的直线（图 1-1 上的虚线）表示力的作用线。若以字符 $\boldsymbol{u}_F$ 表示沿矢量 $\boldsymbol{F}$ 方向的单位矢量（图 1-1），则力矢 $\boldsymbol{F}$ 可写成

$$\boldsymbol{F} = F\boldsymbol{u}_F = F\frac{\boldsymbol{AB}}{|\boldsymbol{AB}|} \tag{1-1}$$

上述分析中假设力的作用位置是一个点，从而将力抽象简化为**集中力**。一般情况下，力的作用位置并不是一个点而是一定的面积或体积。当面积或体积不是很小，必须考虑其大小尺寸时，就必须将力视为**分布力**。当力分布于某一体积上时，称为体分布力（如物体的重力）；当力分布于物体的某一面积上时，称为面分布力（如风、雪、水等对物体的压力）；当力

分布于长条形状的体积或面积上时，则可简化为沿其长度方向中心线分布的线分布力（如梁的自重）。

物体上单位体积、单位面积或单位长度上所承受力的大小分别称为体分布力集度、面分布力集度或线分布力集度，它们各表示对应的分布力密集的程度。体分布力集度的常用单位是牛/米^3（N/m^3），面分布力集度的单位是牛/米^2（N/m^2），线分布力集度的单位是牛/米（N/m）。分布力集度要乘以相应的体积、面积或长度后才是力。图 1-2 为摆放的书籍对书架所施加荷载抽象简化成的线分布力。

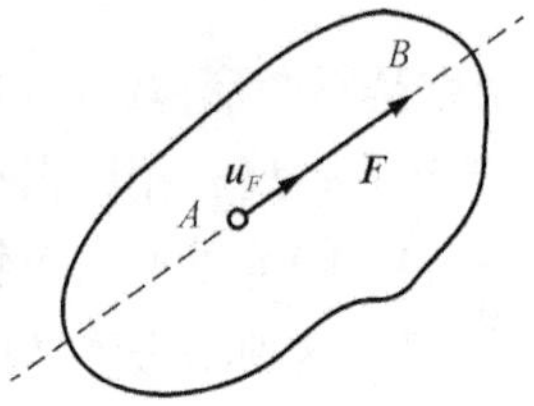

图 1-1

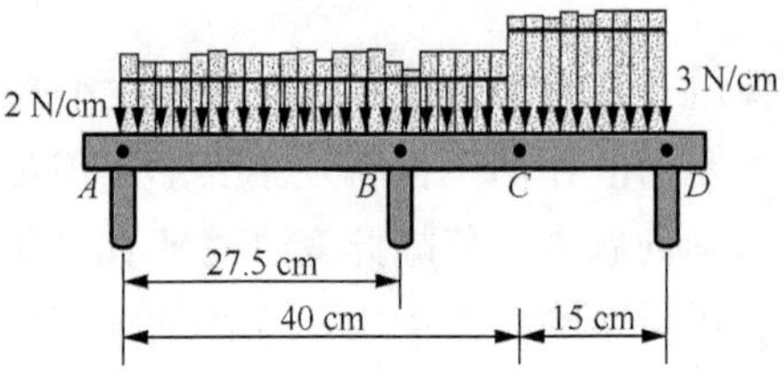

图 1-2

1.2 静力学公理

人们在长期生活和生产实践中积累经验，总结出一些最基本的力学规律，这些规律又经过实践的反复检验，证明是符合客观实际的普遍规律，称为**静力学公理**。它们是研究力系简化和平衡的主要依据。

公理 1-1 力的平行四边形法则

作用在物体上同一点的两个力可以合成为作用于该点的一个合力，合力的大小和方向由这两个力为邻边构成的平行四边形的对角线确定，如图 1-3 所示。这其实就是数学中的矢量求和法则，用数学式表达为

$$\boldsymbol{F}_R = \boldsymbol{F}_1 + \boldsymbol{F}_2 \tag{1-2}$$

这个公理总结了最简单的力系合成（简化）的规律，它是力系合成、分解的基础。

公理 1-2 二力平衡条件

刚体在两个力作用下保持平衡的必要与充分条件是：此二力等值、反向、共线。图 1-4（a）所示刚性杆同时受到等值、反向、共线的两个拉力或压力 $\boldsymbol{F}_1$ 和 $\boldsymbol{F}_2$ 的作用，即

$$\boldsymbol{F}_1 = -\boldsymbol{F}_2 \tag{1-3}$$

显然，该刚体是平衡的。这个公理总结了作用于刚体上最简单力系平衡时所必须满足的平衡条件。对于刚体，这个条件是既必要又充分的；但对于变形体，这个条件只是必要不充分。如图 1-4（b）所示，柔性绳受两个等值反向的拉力作用可以平衡，但受两个等值反向的压力作用就不能平衡。

公理 1-3 加减平衡力系原理

在已知力系上加上或减去任意平衡力系，并不改变原来力系对刚体的作用效果。平衡力系对刚体的作用效应为零，它不能改变刚体的运动状态，故本原理的正确性是显而易见的。对于变形体，加减平衡力系会引起物体内效应的改变，故本原理只适用于刚体。

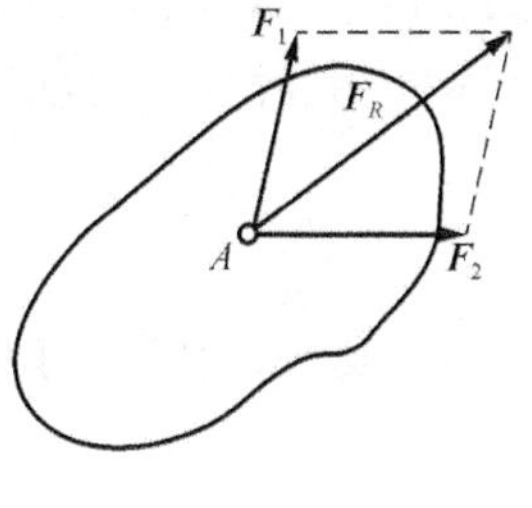

图 1-3

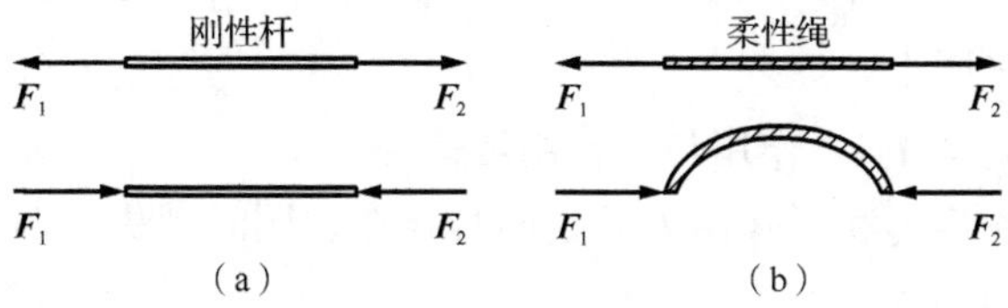

图 1-4

根据上述三个公理可以推出下面两个重要推论。

推论 1-1　力的可传性

作用于刚体上某点的一个力可以沿其作用线滑移到刚体内任一点，并不改变该力对刚体的作用效果。

证明　设力 $\boldsymbol{F}_A$ 作用在刚体上的 A 点，如图 1-5（a）所示。根据加减平衡力系原理，可在力的作用线上任取刚体上另一点 B，加上两个相互平衡的力 $\boldsymbol{F}_B$ 和 $\boldsymbol{F}_B'$，使 $\boldsymbol{F}_A=\boldsymbol{F}_B=-\boldsymbol{F}_B'$，如图 1-5（b）所示。由于力 $\boldsymbol{F}_A$ 和 $\boldsymbol{F}_B'$ 也组成一个平衡力系，可去除，这样只剩下一个力 $\boldsymbol{F}_B$，如图 1-5（c）所示。也就是利用加减平衡力系原理，作用在 A 点的 $\boldsymbol{F}_A$ 等效于力系（$\boldsymbol{F}_A$、$\boldsymbol{F}_B$、$\boldsymbol{F}_B'$），继续等效于作用在 B 点的力 $\boldsymbol{F}_B$。而力矢量 $\boldsymbol{F}_B$ 和 $\boldsymbol{F}_A$ 完全相同，表明力 $\boldsymbol{F}_A$ 已经沿其作用线滑移到了 B 点。

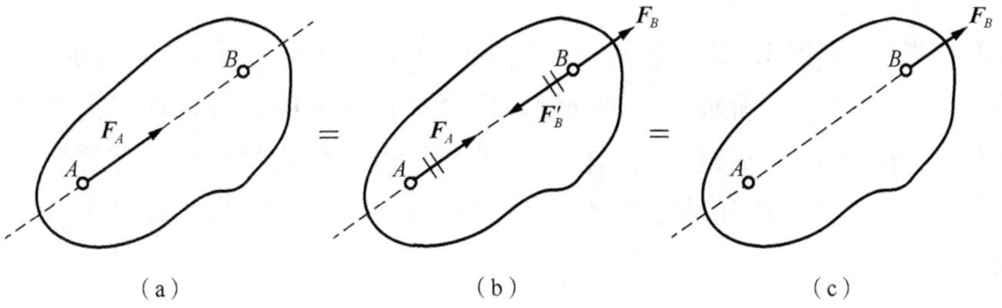

图 1-5

由此可见，作用于刚体上的力矢可以沿其作用线滑移，刚体上力的三要素可以改为：力的大小、方向和作用线。这种可以沿其作用线滑移的矢量称为滑动矢量。但必须注意，只能从一点滑移到同一个刚体上的另一点，不能从一个刚体滑移到另一个刚体。

推论 1-2　三力平衡汇交定理

作用于刚体上三个相互平衡的力，若其中两个力的作用线汇交于一点，则第三个力的作用线也汇交于该点，且三力必在同一平面上。

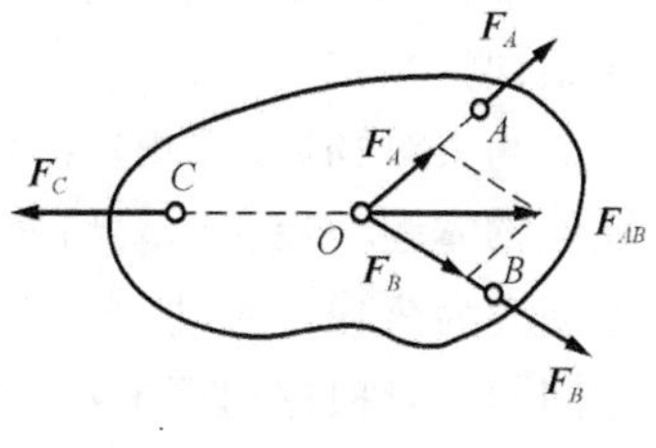

图 1-6

证明　如图 1-6 所示，在刚体的 A、B、C 三点上分别作用着三个力 $\boldsymbol{F}_A$、$\boldsymbol{F}_B$、$\boldsymbol{F}_C$，三个力构成一个平衡力系，即 $\boldsymbol{F}_A+\boldsymbol{F}_B+\boldsymbol{F}_C=0$。其中任意二力（例如 $\boldsymbol{F}_A$ 与 $\boldsymbol{F}_B$）的作用线交于一点 O，根据力的可传性，将力 $\boldsymbol{F}_A$ 和 $\boldsymbol{F}_B$ 滑移到它们作用线的汇交点 O，然后根据力的平行四边形法则得到合力 $\boldsymbol{F}_{AB}$。则

力$\boldsymbol{F}_C$应与$\boldsymbol{F}_{AB}$平衡，根据公理 1-2，两个力平衡必须共线，所以力$\boldsymbol{F}_C$必定也过汇交点O。另外，构成平行四边形的$\boldsymbol{F}_A$、$\boldsymbol{F}_B$与$\boldsymbol{F}_{AB}$必然在同一个平面上，从而与$\boldsymbol{F}_{AB}$共线的$\boldsymbol{F}_C$也必然在这个平面上。

公理 1-4　作用与反作用定律

作用力和反作用力总是同时存在、同时消失，且二力等值、反向、共线，分别作用在两个不同的物体上。

这个公理就是牛顿第三定律，不论物体是否平衡，该定律都成立。应当注意，作用力和反作用力是分别作用在两个不同物体上的，虽然这两力也是等值、反向、共线，但它们不是平衡力系。在对某一物体进行受力分析时，只应考虑它所受到的别的物体对它作用的力，而不应考虑它作用于别的物体的力。例如，有两个相互作用着的物体A和B，如图 1-7 所示，物体A受到B对它作用的一个力$\boldsymbol{F}$，则物体A也对B反作用一个$\boldsymbol{F}'$，力$\boldsymbol{F}$和$\boldsymbol{F}'$互为作用力和反作用力。今后表示作用力和反作用力一般都是用同一字母，区别是其中之一加“′”，如这里的$\boldsymbol{F}$和$\boldsymbol{F}'$，再比如$\boldsymbol{F}_{Ax}$和$\boldsymbol{F}'_{Ax}$。但也可以用完全相同的符号，反向已在图上表达出来。

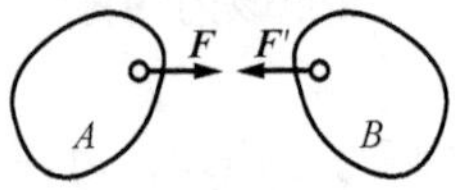

图 1-7

公理 1-5　刚化原理

如果变形体在某一力系作用下处于平衡，那么将此变形体刚化为刚体，平衡状态保持不变。

也就是说，某力系使变形体平衡，则必使刚体平衡，但反之不成立。前面已经利用图 1-4 分析过，绳索（变形体）平衡时力系必须满足刚体平衡所需的条件，即二力等值、反向、共线，但这条件仅为必要的，不充分。刚化原理建立了刚体静力学与变形体静力学的关系，在刚体静力学的基础上，考虑变形体的特性，可进一步研究变形体的平衡问题，这正是第 3 篇将研究的内容。

1.3　约束和约束反力

有的物体不受限制可以自由运动，称为**自由体**，例如自由落体。有的物体在空间某一方向的运动受到限制或阻碍，称为**非自由体**，例如落体落到桌面上，桌面限制其继续下落，成为非自由体。对非自由体的运动起限制或阻碍作用的周围其他物体称为**约束**，例如上述的桌面。

约束对物体运动的阻碍作用称为**约束反力**，简称**反力**。与约束反力相对应，有些力主动地使物体运动或有运动趋势，这种力称为**主动力**，如重力、水压力、土压力等。工程上常称主动力为**荷载**。主动力一般是已知的，约束反力则通常未知，但约束反力的作用点、方位或方向却可以根据约束本身的性质加以确定。因为约束是以物体相互接触的方式构成的，因而约束反力的作用点就在接触处；约束反力的方向则总是与约束所能阻碍的运动方向相反；至于约束反力的大小一般未知，需要由力系的平衡条件求出。

下面以几种工程中常见的约束为例，说明如何确定约束反力。

1.3.1　光滑接触

如图 1-8（a）、图 1-8（b）所示，一重物放在接触面上，当重物与接触面间摩擦力很小可以忽略不计时，就可以看作光滑接触。这时，不论接触面形状如何，作为约束的固定表面只能阻止重物沿着通过接触点公法线方向的运动，而不能阻止其他方向的运动。从而，光滑接触的约束反力作用在接触点，并沿着接触面在该点的公法线指向重物，是压力，通常称为法向反力[图 1-8（c）]。

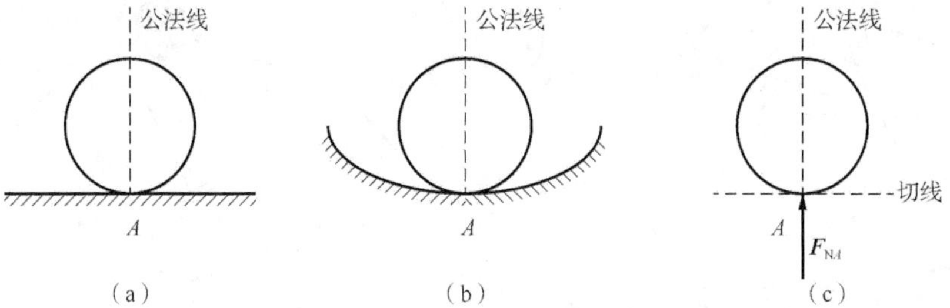

图 1-8

1.3.2　柔软的绳索（皮带、链条）

如图 1-9（a）所示，绳索 *AB* 悬挂一重物，由于柔软的绳索只能承受拉力，即只能阻止物体与绳索相连接的一点沿绳索中心线离开绳索，而不能阻止其他方向的运动。从而，绳索对物体的约束反力作用在接触点，并沿着绳索背离物体，是拉力，或称张力[图 1-9（b）]。

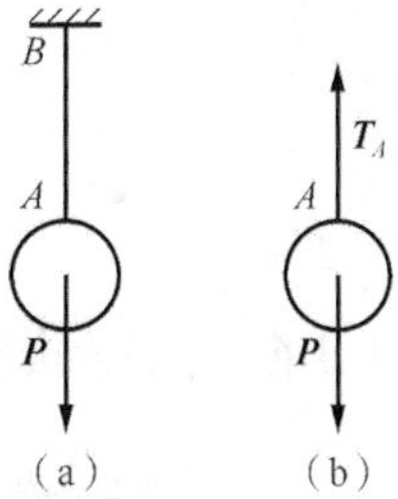

图 1-9

1.3.3　光滑圆柱铰链

光滑圆柱铰链由两个带孔的构件和一个光滑圆柱销钉组成，如图 1-10（a）所示。铰链约束又称为铰或中间铰，其简图如图 1-10（b）所示。当构件受力而处于平衡时，销钉和两个构件都会在某个位置接触，如图 1-10（c）中所示的虚线圆圈位置。因此光滑圆柱铰链约束实质上是光滑接触约束，约束反力作用在接触点处，沿公法线（销钉直径方向）指向被约束物体，从而销钉和构件 1 之间以及销钉和构件 2 之间都有一对作用力和反作用力，即$(\boldsymbol{F}_{C1},\boldsymbol{F}'_{C1})$和$(\boldsymbol{F}_{C2},\boldsymbol{F}'_{C2})$，如图 1-10（c）所示。由销钉自身的平衡，有 $\boldsymbol{F}_{C1}=-\boldsymbol{F}_{C2}$。当然，这种简单情况也可将销钉附在构件 1[图 1-10（d）]或构件 2[图 1-10（e）]上进行分析。

但销钉与构件的接触位置会随构件受力情况不同而变化，因此约束反力的方向实际上是未知的，通常用两个相互垂直的力来表示约束反力，如图 1-10（f）所示。同时，约束反力也可以表示为一个未知大小的力 $\boldsymbol{F}_C$ 和一个未知的角度 α，如图 1-10（g）所示。

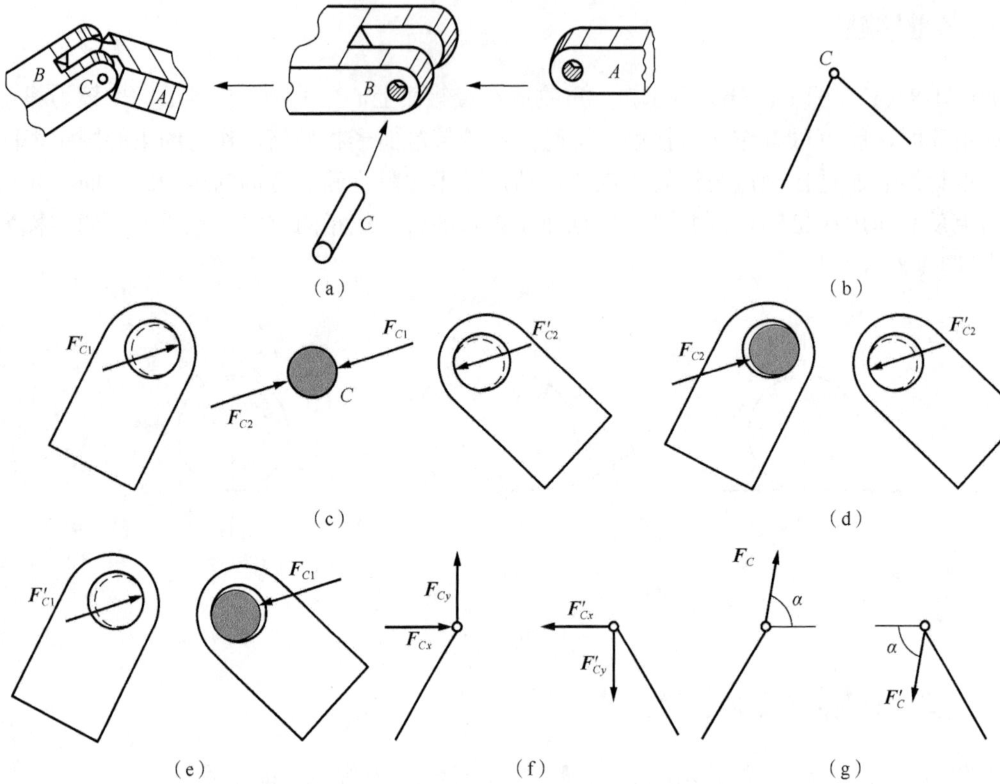

图 1-10

1.3.4　固定铰支座

如果光滑圆柱铰链中的一个构件[图 1-11（a）中的构件 2]固定于支承面上，则称为固定铰支座。图 1-11（b）是固定铰支座的四种简化画法。固定铰支座不能阻止构件 1 转动，也不能阻止构件 1 沿销钉轴线移动，只能阻止构件 1 在垂直于销钉轴线的平面内的移动。和光滑圆柱铰链约束一样，固定铰支座实质也是光滑接触约束，约束反力过铰中心指向构件 1，方向不定，通常表示为两个相互垂直的分力，如图 1-11（c）所示，或者表示为一个未知大小的力 $\boldsymbol{F}_A$ 和一个未知的角度 α，如图 1-11（d）所示。

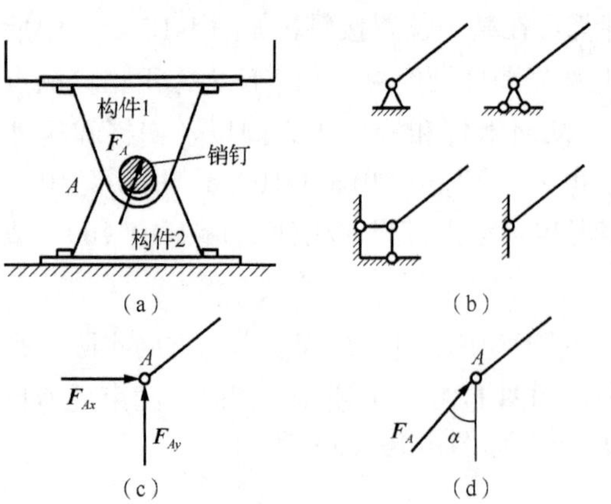

图 1-11

1.3.5　活动铰支座

如果光滑圆柱铰链中的一个构件[图 1-12（a）、图 1-12（b）中的构件 2]不是固定于支承面上，而是可以沿着支承面运动，则称为活动铰支座，也叫滑动铰支座或滚动铰支座，图 1-12（c）是它的几种简化画法。这种支座可以沿固定面轻微移动，以便当温度变化而引起构件伸长或缩短时，允许两支座之间的距离有微小的变化。显然，活动铰支座约束实质也为光滑接触，不能阻止构件沿支承面的运动，只能阻止构件在支座接触处沿公法线方向（垂直于支承面）的运动。因此，活动铰支座的约束反力通过销钉中心，垂直于支承面，指向不定（可能是压力或拉力），如图 1-12（d）所示。

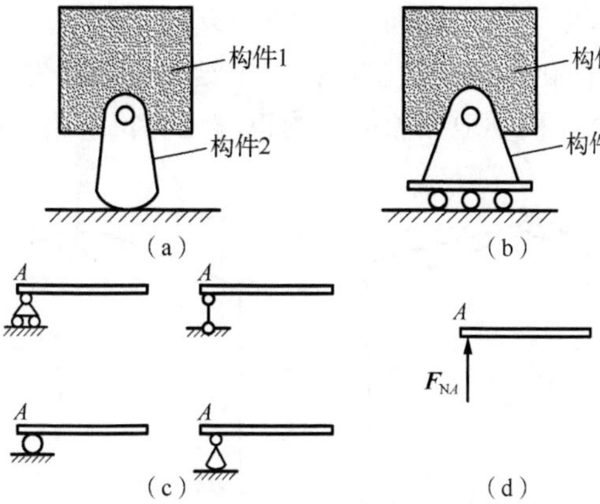

图 1-12

1.3.6　连杆约束

连杆是两端用光滑圆柱销钉与物体相连而中间不受力的直杆、曲杆或折杆，如图 1-13（a）所示结构中不计自重的 *CD* 构件。单独分析 *CD* 构件，可知无论其是直杆[图 1-13（b）]、曲杆[图 1-13（c）]还是折杆[图 1-13（d）]，*CD* 构件要想平衡，由二力平衡条件，在 *C* 铰和 *D* 铰两个约束处的反力只能沿着 *CD* 连线方向，且 $\boldsymbol{F}_C = -\boldsymbol{F}_D$。这样，连杆对构件的约束反力为图 1-13（e）中的 $\boldsymbol{F}'_C$，沿 *CD* 连线方向，指向构件（连杆为压杆，图中假设就是如此）或背离构件（连杆为拉杆）。连杆又称二力构件，也叫二力杆。

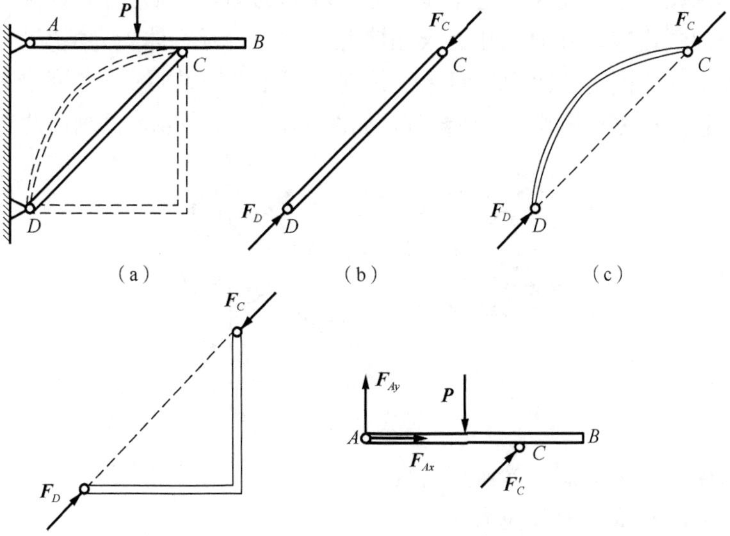

图 1-13

上述几种约束是平面问题中的常见约束。还有其他形式的约束，以后用到时再加以说明。需要指出的是，实际工程中的约束并不一定与上述理想形式完全一致，这就要求我们根据问题的性质，抓住主要矛盾，略去次要因素，将实际约束近似地简化为某种理想形式。例如，图 1-14（a）所示厂房结构，*C* 处简化为中间铰；*A*、*B* 两柱脚与基础（工程上称为杯口）之间充填沥青、麻丝，杯口可以阻止柱脚向下和水平移动，但沥青、麻丝填料不能阻止柱身做微小转动，因此 *A*、*B* 均可简化为固定铰支座；整个结构可简化为图 1-14（b）所示的简图。对一些复杂的工程问题，怎样科学地抽象简化约束，还有待于用后续课程的知识和工程实践的经验逐渐加以解决。

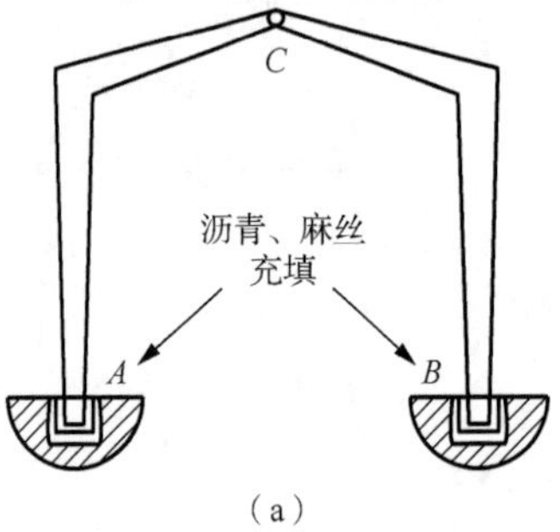

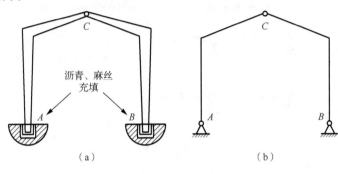

图 1-14

1.4　物体的受力分析和受力图

在进行构件或结构设计之前，首先必须研究物体的受力情况，确定物体受到哪些力作用，分析每个力的作用位置和方向，这个分析过程称为**物体的受力分析**。

为了清晰地表示物体的受力情况，我们把所要研究的物体（**研究对象**）从周围其他物体中分离出来，单独画出它的简图，这个步骤称为**取隔离体**。然后把作用在研究对象上的主动力和约束反力全部画出来，标明已知、未知情况，这种表示物体受力情况的简明图形称为**受力图**。正确地画出受力图是解决力学问题的关键，下面举例说明受力图的画法。

【例 1-1】 用力 $\boldsymbol{F}$ 拉碾子爬一个小台阶，如图 1-15（a）所示。试画出此时碾子的受力图。

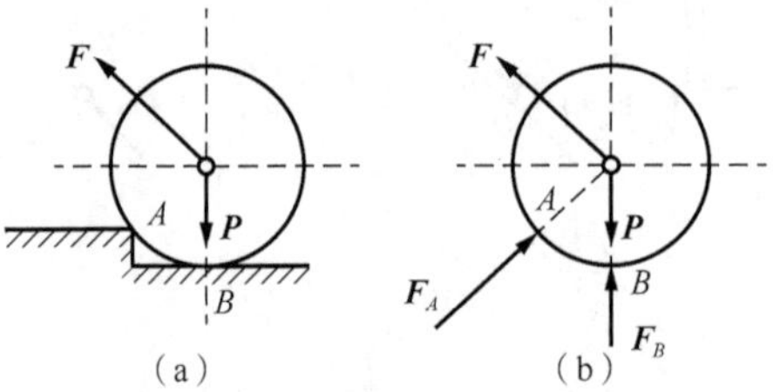

图 1-15

解　（1）将碾子隔离出来，单独画出其简图。

（2）画主动力，有重力 $\boldsymbol{P}$ 和拉力 $\boldsymbol{F}$。

（3）画约束反力，碾子在 *A* 和 *B* 两处与周围其他物体接触，表明受到约束，如不计摩擦，则两处均为光滑接触。因此，在 *A* 处受到台阶的法向反力 $\boldsymbol{F}_A$ 作用，在 *B* 处受地面的法向反力

$\boldsymbol{F}_B$ 作用，方向都沿着碾子上接触点的公法线指向圆心。碾子受力如图 1-15（b）所示。

应该注意，不要沿作用线将 $\boldsymbol{F}_A$ 和 $\boldsymbol{F}_B$ 都滑移到圆心，这样的话不容易判断施力体。不考虑物体的轮廓尺寸，将所有力都滑移甚至平移到一个点，都画成汇交于一点的力，这是初学者容易犯的错误，务必要小心。

【例 1-2】 如图 1-16（a）所示的三铰拱由左、右两个半拱铰接而成。设自重不计，在半拱 AC 上作用有荷载 $\boldsymbol{P}$。试分别画出整体、AC 和 BC 的受力图。

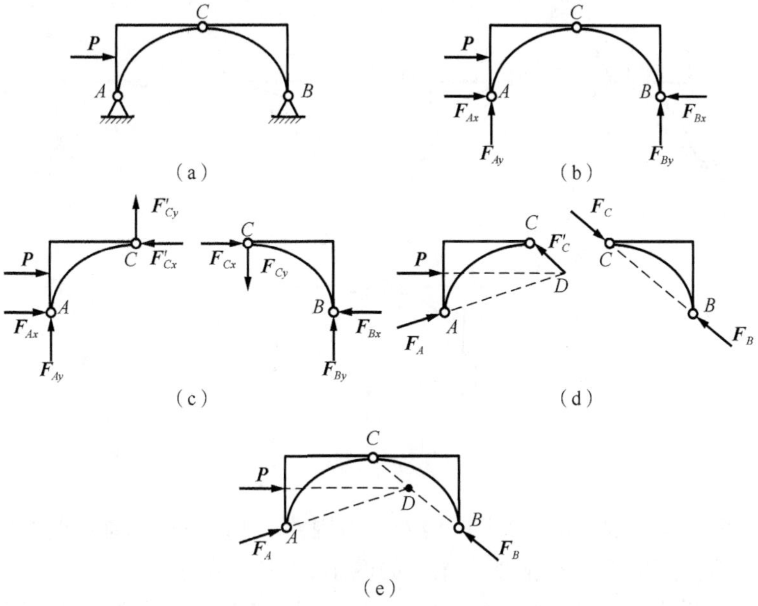

图 1-16

解　（1）取整体为研究对象，将其从基础隔离出来，主动力只有力 $\boldsymbol{P}$。整个结构在 A、B 两处受到固定铰支座约束，因此各受一个方向不定的约束反力，用两个相互垂直的分力代替，最后绘出整体受力图如图 1-16（b）所示。

（2）分别取 AC 和 BC 为研究对象，中间铰 C 处的约束反力同样用两个正交的分力表示，得到 AC 和 BC 的受力图如图 1-16（c）所示。

但其实 BC 半拱为二力构件，在铰链 B、C 处的反力 $\boldsymbol{F}_B$ 和 $\boldsymbol{F}_C$ 必定沿 BC 连线方向，不必正交分解；而 AC 半拱受三个力作用，即主动力 $\boldsymbol{P}$、BC 拱给它的反作用力 $\boldsymbol{F}_C'$ 以及 A 处铰支座的约束反力，其中 $\boldsymbol{F}_C'$ 与力 $\boldsymbol{P}$ 汇交于 D 点，从而根据三力平衡汇交定理，A 处铰支座的约束反力 $\boldsymbol{F}_A$ 也必然汇交于 D 点，不必正交分解。这样，AC 和 BC 的受力图如图 1-16（d）所示。而整体的受力图也可以相应变为图 1-16（e），整体的受力图同样符合三力平衡汇交定理。

通过此例应明确，当以若干物体组成的系统为研究对象时，系统内各物体间的相互作用力称为**内力**，系统外其他物体作用于该系统中各物体的力称为**外力**。内力总是成对地作用在系统内，对系统的作用效果互相抵消，所以，在受力图上不画内力。必须指出，随着所取研究对象的改变，原来的内力可转化为外力，而外力也可转化为内力。例如，本例中当取整体为研究对象时，中间铰 C 处 AC 和 BC 半拱之间的相互作用力 $\boldsymbol{F}_C$ 和 $\boldsymbol{F}_C'$ 为内力，不必画出；而当分别取 AC 或 BC 为研究对象时，$\boldsymbol{F}_C'$ 或 $\boldsymbol{F}_C$ 就变成外力了，受力图上必须画出[图 1-16（d）]。

【例 1-3】 如图 1-17（a）所示的三铰拱同上例，但荷载 $\boldsymbol{P}$ 作用在节点 C 上。试分别画出 AC、BC 和销钉 C 的受力图。

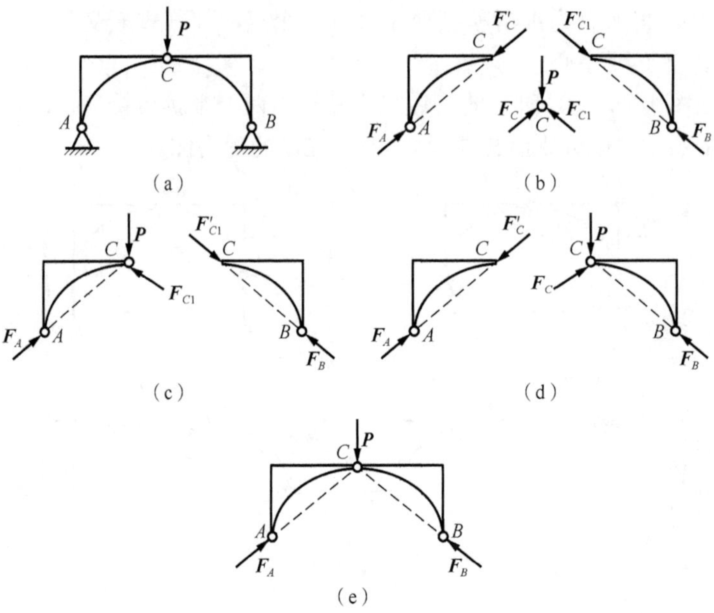

图 1-17

解 容易判断本例中 AC 和 BC 半拱均为二力构件，从而可以先画出两拱的受力图，再根据作用力和反作用力画出销钉 C 的受力图，如图 1-17（b）所示。

可以发现，作用在节点上的集中力 $\boldsymbol{P}$ 其实是作用在销钉 C 上的。若把销钉 C 附在 AC 半拱上，得到的受力图如图 1-17（c）所示；若把销钉 C 附在 BC 半拱上，得到的受力图如图 1-17（d）所示。显然，把销钉 C 附在 AC 半拱上或 BC 半拱上，得到的受力图不一样。在销钉上作用集中力或者通过销钉连接多个（>2）构件时，都会有类似情况，此时，将销钉单独拿出来分析会比较清晰。

另外，整个系统的受力图如图 1-17（e）所示。画整体的受力图时，可以直接由整体分析，但也可以将图 1-17（b）[或图 1-17（c）、图 1-17（d）]中各个构件的受力图组合，注意作用力和反作用力（内约束反力）总是成对出现，相互抵消，只剩下主动力和外约束反力，最后得到整体的受力图。

【例 1-4】 水平梁 AB 由铰链 A 和杆 BC 支持，如图 1-18（a）所示。在梁上 D 处用销钉安装滑轮，跨过滑轮的绳子一端水平地系在墙上，另一端悬挂重为 P 的重物。未画重力的构件均不计自重。画出梁 AB 和滑轮 D 的受力图。

解 （1）取 AB 梁为研究对象。杆 BC 为二力构件，其对 AB 梁的作用用 $\boldsymbol{F}_{BC}$ 表示，A 处为固定铰支座约束，D 处视为中间铰，各受一个方向不定的约束反力，用两个相互垂直的分力代替，绘出 AB 梁受力图如图 1-18（b）所示。

（2）取滑轮 D 为研究对象。在 D 处滑轮受到 AB 梁给其的反作用力，同样正交分解；割断两侧绳子，分别用 $\boldsymbol{T}_1$、$\boldsymbol{T}_2$ 表示绳子张力，系统静止平衡时，应有 $T_1 = T_2 = P$。滑轮 D 受力图如图 1-18（c）所示。

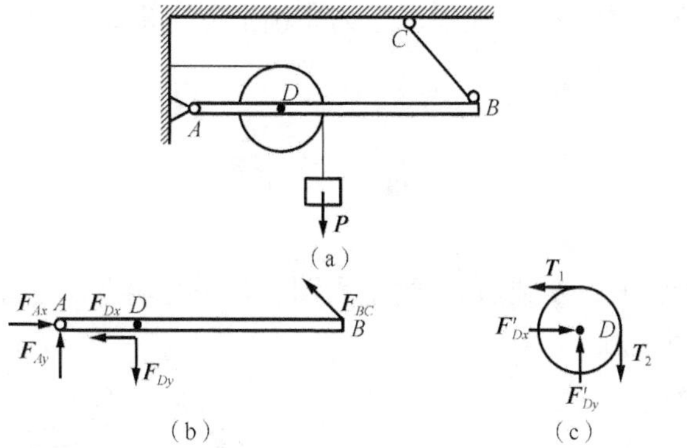

图 1-18

【例 1-5】 求图 1-19（a）所示结构中 *AC* 构件和 *CB* 构件的受力图。

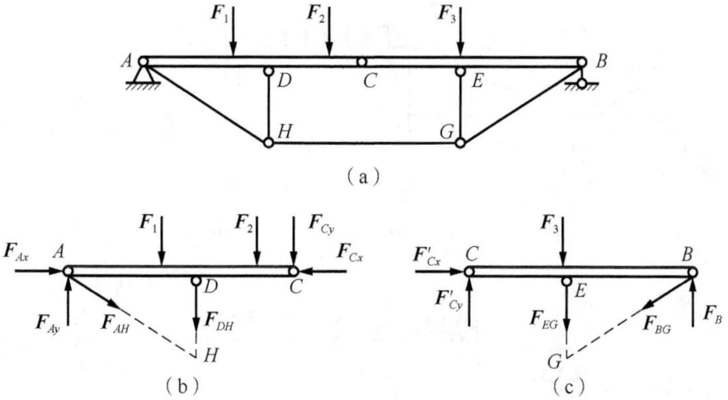

图 1-19

解　该结构中除 *AC* 和 *CB* 构件外，其他杆件均为二力杆。画出构件 *AC* 的受力图如图 1-19（b）所示，在该图中要注意节点 *A* 处的受力，除了固定铰支座的两个正交反力，还有二力杆 *AH* 的反力 $\boldsymbol{F}_{AH}$，假设为拉力。*CB* 构件的受力图如图 1-19（c）所示，在该图中，要注意节点 *C* 处作用力与反作用力的关系，同时要注意节点 *B* 处的受力，除了活动铰支座的反力，还有二力杆 *BG* 的反力 $\boldsymbol{F}_{BG}$，假设其为拉力。

综合以上各例，总结如下。

正确画出物体受力图，是分析、解决力学问题的基础，需要反复训练。画受力图时必须注意以下几点：

（1）必须明确研究对象。根据解题需要，可能选取整个系统或单个构件为研究对象，也可能取其中几个构件一起为研究对象。不同研究对象的受力图是不同的。

（2）必须标明研究对象共受几个力作用，先画主动力，再画约束反力。对于约束反力，一般和周围其他物体接触的地方就有约束反力，应沿研究对象隔离体的轮廓搜索一圈，不要遗漏约束反力。

（3）画约束反力时，在何处解除约束，就在同一位置画上约束反力。每一处约束反力作用线方位及指向应由该约束本身的特性来确定，不能主观臆测。

（4）不画系统内力，当拆开研究时要注意作用力与反作用力的关系。

（5）要先判断有无二力构件，能根据三力平衡汇交定理确定约束反力作用线方位的要确定作用线方位。

习　　题

1-1　画出图中构件 *A*、*AB* 或 *ABC* 的受力图。凡未注明者，物体的自重均不计，各接触面（点、线）均为光滑接触。

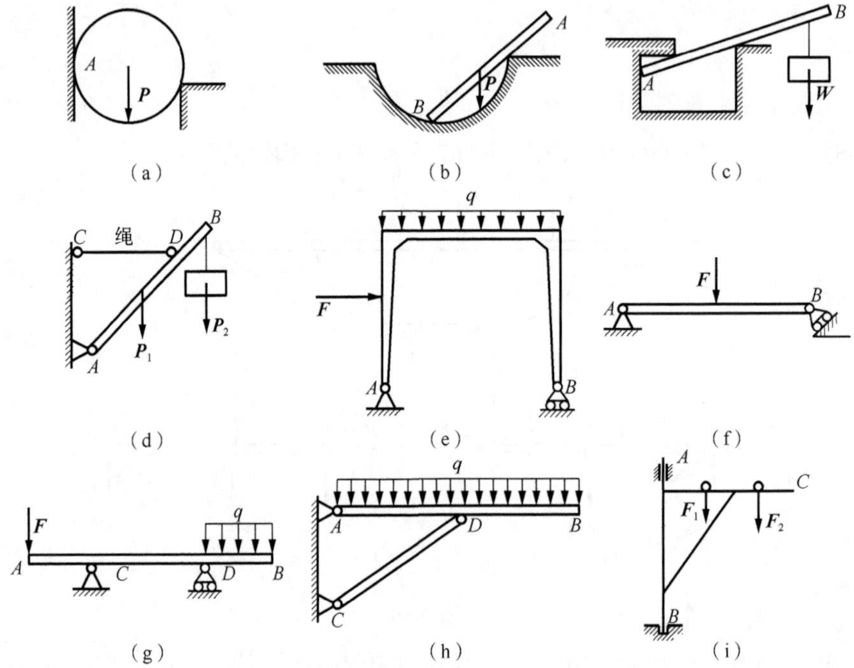

习题 1-1 图

1-2　画出图中每个构件的受力图。未画重力的构件均不计自重，各接触面（点、线）均为光滑接触。

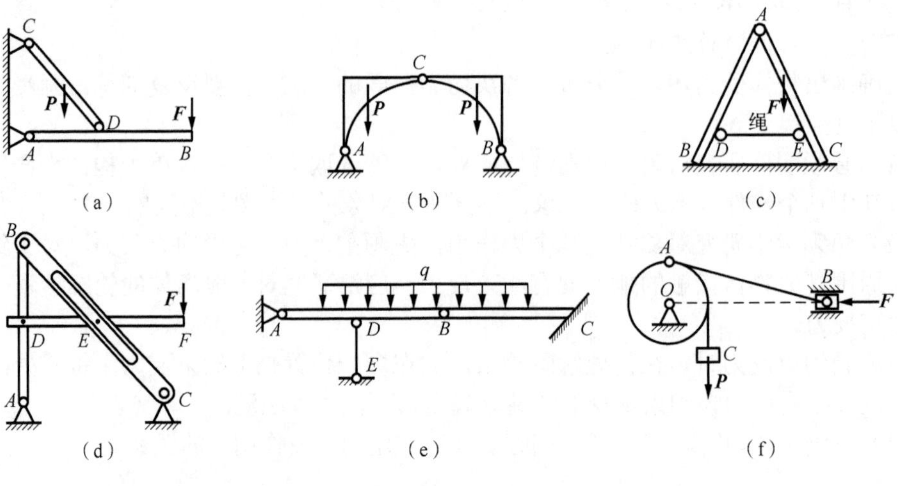

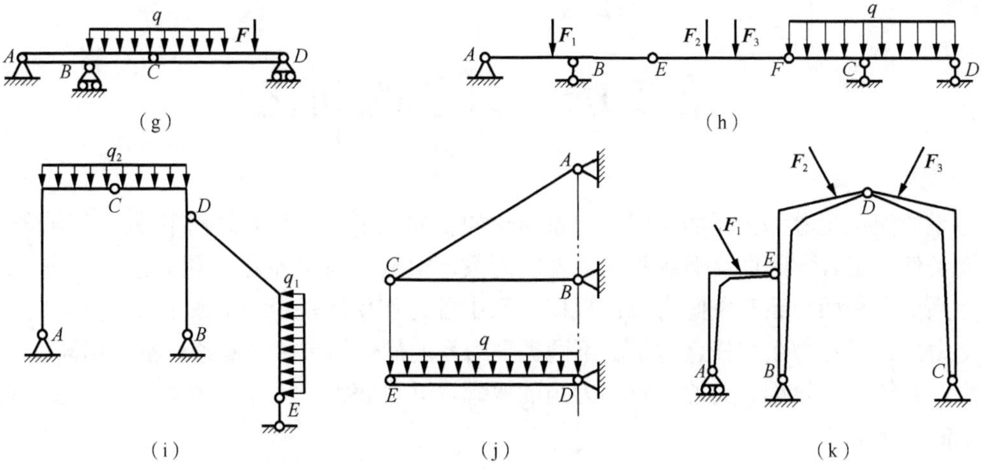

习题 1-2 图

1-3　某均质排水孔闸门抽象简化得到的计算简图如图所示。其中 A 是铰链，闸门重力为 $\boldsymbol{W}$，q 是闸门所受线分布水压力的最大集度，$\boldsymbol{F}$ 是启动力。不计摩擦，试画出：①启动力不够大，未能启动闸门时，闸门的受力图；②力刚好将闸门启动时，闸门的受力图。

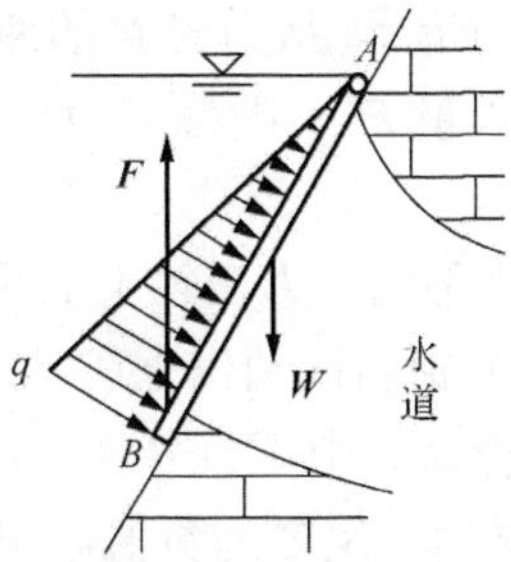

习题 1-3 图

1-4　试画出图示多跨拱桥中各构件的受力图。构件的重量不计。

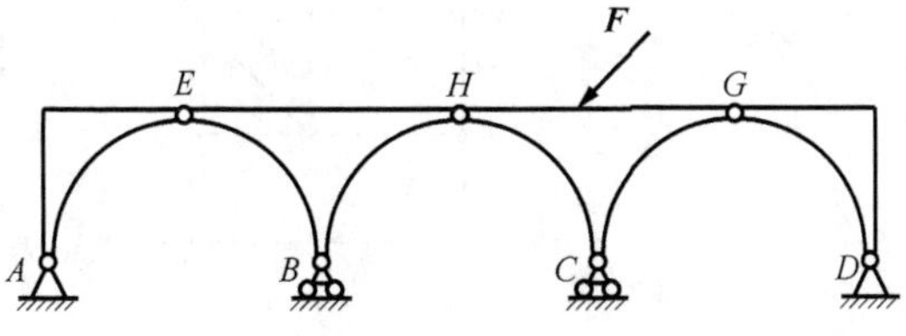

习题 1-4 图

第 2 章　力系的简化

力系的简化也称为力系的合成。力系简化的目的是求出力系的总作用效果并推导出力系的平衡条件。工程实际中会遇到不同类型的力系，根据力系中各力作用线是否在同一平面，可将力系分为**平面力系**和**空间力系**；根据力系中各力作用线是否相交或平行，又可将力系分为**汇交力系**、**平行力系**和**任意力系**。不同类型力系的简化结果和平衡条件不尽相同。

本章介绍力的投影、力的分解和力矩的概念，并讲解汇交力系、力偶系、任意力系和平行力系的简化理论。

2.1　力的投影和力的分解

2.1.1　力在平面和轴上的投影

设一力 $\boldsymbol{F}$ 和一平面 H，如图 2-1 所示。从力矢 $\boldsymbol{F}$ 的两端 A 和 B 分别向 H 平面作垂线 AA' 及 BB'，连接两垂足 A' 和 B' 得一新矢量 $\boldsymbol{F}'$，则称 $\boldsymbol{F}'$ 为力 $\boldsymbol{F}$ 在 H 平面上的投影。可见力矢向平面上的投影仍是矢量。

和力矢在平面上的投影仍是矢量不同，力在轴上的投影是个代数量。在力 $\boldsymbol{F}$ 作用的平面内任选一轴，从力矢 $\boldsymbol{F}$ 两端 A 和 B 分别向该轴作垂线，则所得两垂足连线的长度冠以适当的正负号，就称为**力 $\boldsymbol{F}$ 在该轴上的投影**，其中正负号规定：**从力矢的始端垂足到末端垂足的方向与坐标轴正向相同时，其投影为正值，反之为负值**。图 2-2 为力 $\boldsymbol{F}$ 在 x 轴和 y 轴上的投影，分别用 X 和 Y 表示。显然，除图 2-2（b）中的 X 为负值外，其余各投影均为正值。

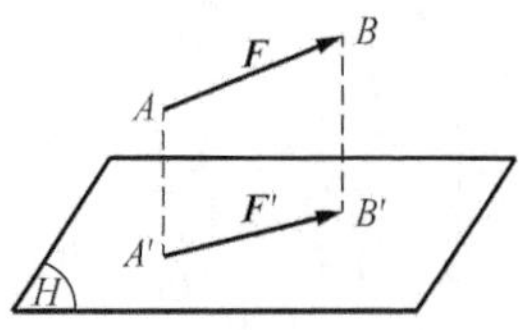

图 2-1

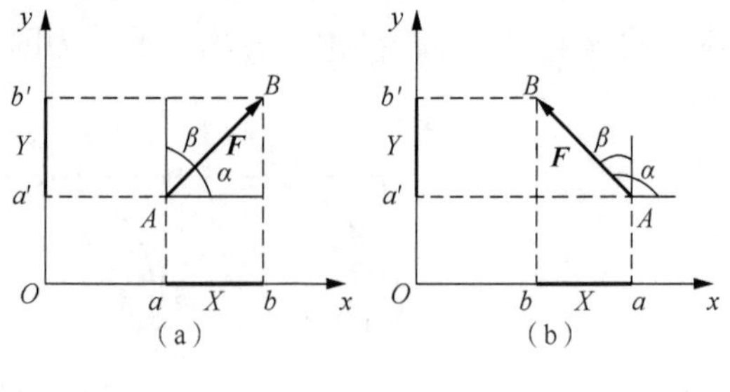

图 2-2

设力 $\boldsymbol{F}$ 与 x 轴和 y 轴正向间的夹角分别为 α 和 β，则有

$$\left.\begin{aligned} X &= F\cos\alpha \\ Y &= F\cos\beta \end{aligned}\right\} \tag{2-1}$$

这里的 α 和 β 称为力 $\boldsymbol{F}$ 的方向角，而 $\cos\alpha$ 和 $\cos\beta$ 称为力 $\boldsymbol{F}$ 的方向余弦，它们都可用来确定力 $\boldsymbol{F}$ 的方向。

2.1.2　合力投影定理

假设 $\boldsymbol{F}_1,\boldsymbol{F}_2,\cdots,\boldsymbol{F}_n$（$n$ 个矢量）合成一个合力 $\boldsymbol{F}$（合矢量），如令 X_i 为 $\boldsymbol{F}_i$ 在 x 轴上的投影，X 为 $\boldsymbol{F}$ 在 x 轴上的投影，则有

$$X = X_1 + X_2 + \cdots + X_n = \sum X_i \tag{2-2}$$

上式表明，合力在任一轴上的投影等于各分力在同一轴上投影的代数和，这就是**合力投影定理**。合力投影定理实际上只是高等数学的矢量投影定理在力学上的推广。

2.1.3　力的分解

由力的平行四边形法则可知，两个共点力可以合成为一个合力。有时还需要把一个力沿两个已知方向分解，分解为两个分力，或者沿空间三个已知方向分解，分解为三个分力。

1. 力沿平面直角坐标轴的分解

在力 $\boldsymbol{F}$（$\boldsymbol{OA}$）所在平面内取一任意坐标系 Oxy，如图 2-3 所示，将力 $\boldsymbol{F}$ 沿 Ox 和 Oy 分解为两个分力的过程就是力的平行四边形法则的逆过程，即以力 $\boldsymbol{F}$ 为对角线，画平行四边形。具体步骤是：从力 $\boldsymbol{F}$ 的末端点 A 作 Oy 的平行线，交 Ox 于点 B，作 Ox 的平行线，交 Oy 于点 C，则 $\boldsymbol{OB}$ 和 $\boldsymbol{OC}$ 就是力 $\boldsymbol{F}$ 沿 Ox 和 Oy 的两个分力 $\boldsymbol{F}_x$ 和 $\boldsymbol{F}_y$，即 $\boldsymbol{F} = \boldsymbol{F}_x + \boldsymbol{F}_y$。同时，从力 $\boldsymbol{F}$ 的末端点 A 分别向 Ox 和 Oy 作垂线，得垂足 b 和 c，则 Ob 和 Oc 就是力 $\boldsymbol{F}$ 在 Ox 和 Oy 轴上的投影 X 和 Y。显然有 $X \neq F_x$，$Y \neq F_y$，这非常不便于求解。所以，我们通常将力沿直角坐标轴进行分解，如图 2-4 所示，由图可知，

$$\left.\begin{aligned} F_x &= F\cos\alpha = X \\ F_y &= F\cos\beta = Y \end{aligned}\right\} \tag{2-3}$$

可见沿直角坐标轴进行分解，则有两分力的大小等于力 $\boldsymbol{F}$ 在两轴上的投影的绝对值（上式中省略了绝对值符号）。根据力 $\boldsymbol{F}$ 在正交轴的投影 X、Y 可以计算出该力的大小和方向：

$$\left.\begin{aligned} F &= \sqrt{F_x^2 + F_y^2} = \sqrt{X^2 + Y^2} \\ \cos\alpha &= \frac{X}{F}, \quad \cos\beta = \frac{Y}{F} \end{aligned}\right\} \tag{2-4}$$

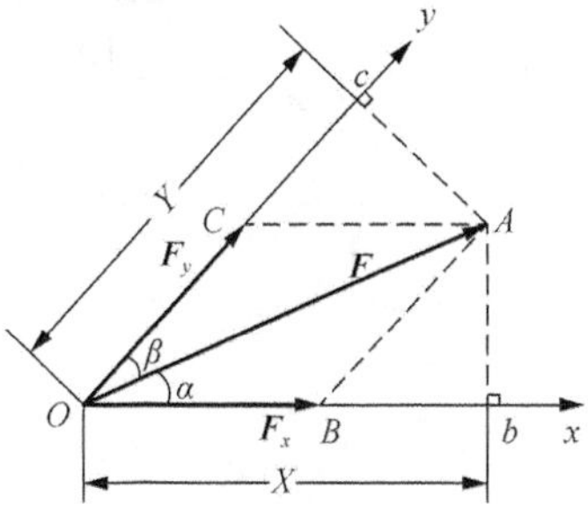

图 2-3

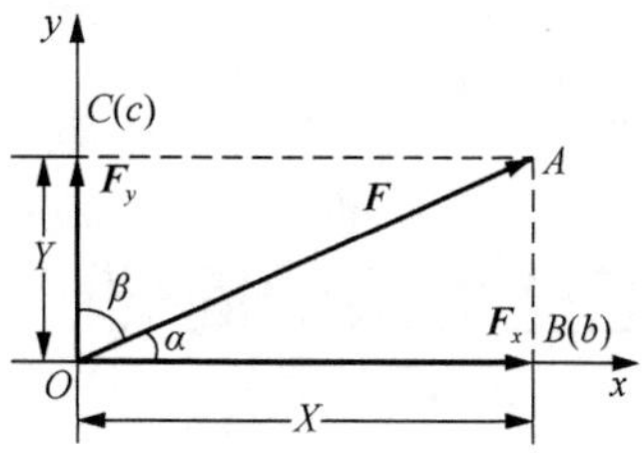

图 2-4

需要指出的是，力在轴上的投影是代数量，而力沿轴分解的分力是矢量，所以力的投影和分力是两个不同的概念，二者不可混淆。

2. 力沿空间直角坐标轴的分解

在研究空间力系的简化与平衡问题时，力的大小和方向要用空间直角坐标系来描述。

设空间直角坐标系 $Oxyz$ 如图 2-5 所示，已知力 $\boldsymbol{F}$ 与三轴正向间的夹角分别为 α、β、γ，且均不等于 90°，则力 $\boldsymbol{F}$ 在三个坐标轴上的投影分别为

$$\left.\begin{aligned} X &= F\cos\alpha \\ Y &= F\cos\beta \\ Z &= F\cos\gamma \end{aligned}\right\} \tag{2-5}$$

还有另外一种投影方法。当力 $\boldsymbol{F}$ 与坐标轴 Ox、Oy 间的夹角不易确定时，可先把力 $\boldsymbol{F}$ 向 Oxy 平面上投影，得一力 $\boldsymbol{F}_{xy}$，然后再将该力投影到 x、y 轴上，如图 2-6 所示。若已知角 γ 和 φ，则力 $\boldsymbol{F}$ 在三个坐标轴上的投影分别为

$$\left.\begin{aligned} X &= F\sin\gamma\cdot\cos\varphi \\ Y &= F\sin\gamma\cdot\sin\varphi \\ Z &= F\cos\gamma \end{aligned}\right\} \tag{2-6}$$

这种方法也叫**二次投影法**。

如图 2-7 所示，以 $\boldsymbol{F}_x$、$\boldsymbol{F}_y$、$\boldsymbol{F}_z$ 表示力 $\boldsymbol{F}$ 沿空间直角坐标轴 x、y、z 的三个分力，以 $\boldsymbol{i}$、$\boldsymbol{j}$、$\boldsymbol{k}$ 分别表示沿 x、y、z 坐标轴正向的单位矢量，则有

$$\boldsymbol{F} = \boldsymbol{F}_x + \boldsymbol{F}_y + \boldsymbol{F}_z = X\boldsymbol{i} + Y\boldsymbol{j} + Z\boldsymbol{k} \tag{2-7}$$

称式（2-7）为力 $\boldsymbol{F}$ 沿空间直角坐标轴的解析式。已知力 $\boldsymbol{F}$ 的三个投影，反过来可以求得该力的大小和方向：

$$\left.\begin{aligned} &F = \sqrt{X^2 + Y^2 + Z^2} \\ &\cos\alpha = \frac{X}{F},\quad \cos\beta = \frac{Y}{F},\quad \cos\gamma = \frac{Z}{F} \end{aligned}\right\} \tag{2-8}$$

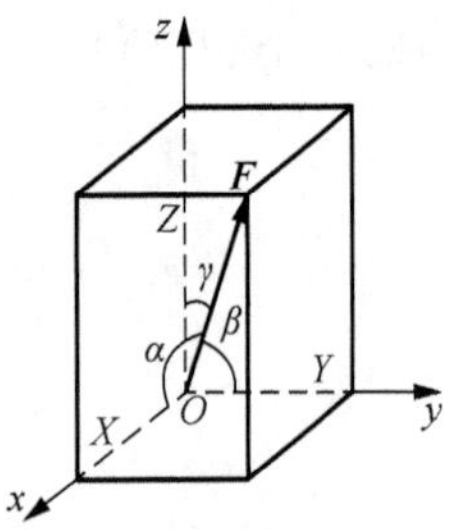

图 2-5

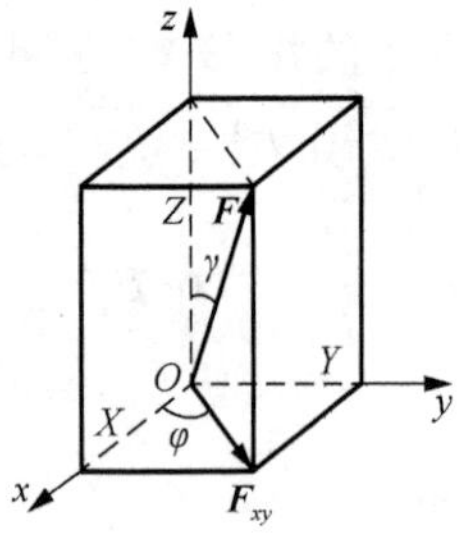

图 2-6

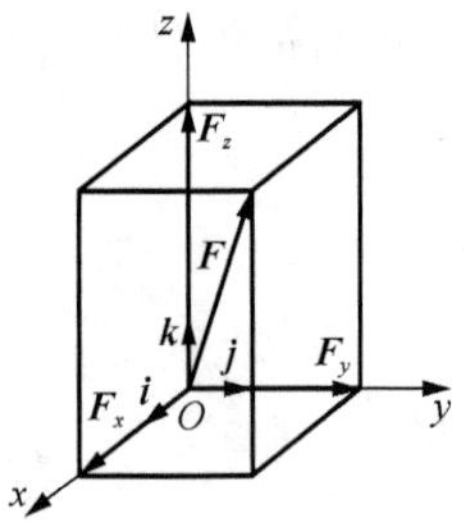

图 2-7

2.2 汇交力系的简化

2.2.1 平面汇交力系的简化

1. 几何法——力的多边形法则

设在刚体的点 A 上作用两个力 $\boldsymbol{F}_1$ 和 $\boldsymbol{F}_2$，如图 2-8（a）所示。根据平行四边形法则，这两个力可以合成一个合力 $\boldsymbol{F}_R$，其作用线通过汇交点 A，其大小和方向由平行四边形的对角线表

示。力的平行四边形也可以只画出一半，如图 2-8（b）所示。即先从任一点 a 作矢量 $\boldsymbol{ab}$ 等于力矢量 $\boldsymbol{F}_1$，再从点 b 作矢量 $\boldsymbol{bd}$ 等于力矢量 $\boldsymbol{F}_2$，最后连接 a 和 d 两点，显然，矢量 $\boldsymbol{ad}$ 即等于合力 $\boldsymbol{F}_R$。三角形 abd 称为力三角形，上述作图法称为**力的三角形法则**。

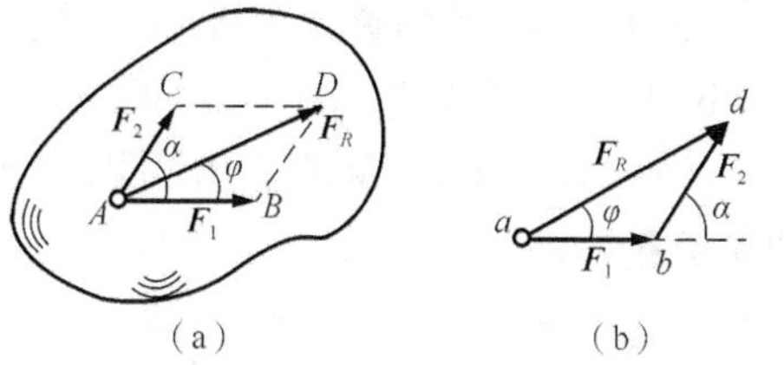

图 2-8

推广到 n 个力的情况。如图 2-9（a）所示，设有平面汇交力系 $\boldsymbol{F}_1,\boldsymbol{F}_2,\boldsymbol{F}_3,\cdots,\boldsymbol{F}_n$ 作用于点 A，求力系的合力。显然，合力 $\boldsymbol{F}_R$ 的作用线也过点 A。为了求合力 $\boldsymbol{F}_R$ 的大小和方向，只要连续应用三角形法则，将这些力依次相加，便可画出如图 2-9（b）所示的力多边形。其中虚线表示的 $\boldsymbol{F}_{R1}$ 为 $\boldsymbol{F}_1$、$\boldsymbol{F}_2$ 的合力，$\boldsymbol{F}_{R2}$ 为 $\boldsymbol{F}_{R1}$ 和 $\boldsymbol{F}_3$ 的合力，也就是 $\boldsymbol{F}_1$、$\boldsymbol{F}_2$、$\boldsymbol{F}_3$ 的合力，如此类推。这些中间合矢量可不必画出，使图形更为简单，也就是只需画出 n 个分力矢量首尾相接，则合力是从第一个分力的起点指向最后一个分力的终点。这种求合力的几何作图规则，称为**力的多边形法则**。任意变换分力矢量的次序，可得形状不同的力多边形，但合力矢量仍然不变，如图 2-9（c）所示。

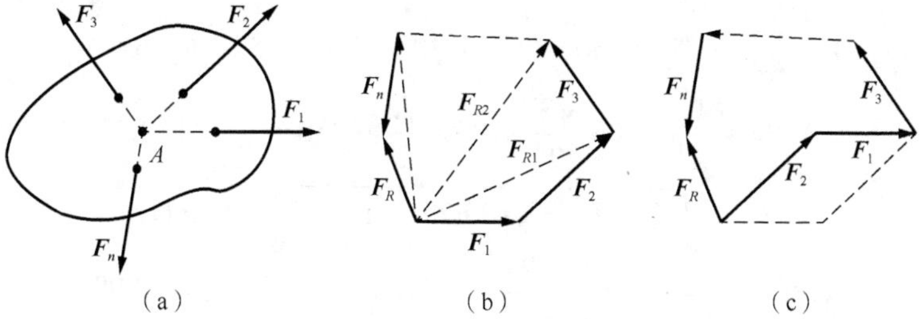

图 2-9

2. 解析法——力在直角坐标轴上的投影关系

由上面几何法可知，平面汇交力系必然能合成为一个合力，合力的作用线通过各力汇交点。设平面汇交力系有 n 个力 $\boldsymbol{F}_1,\boldsymbol{F}_2,\cdots,\boldsymbol{F}_n$，则它们的合力表示为

$$\boldsymbol{F}_R=\boldsymbol{F}_1+\boldsymbol{F}_2+\cdots+\boldsymbol{F}_n=\sum\boldsymbol{F}_i \tag{2-9}$$

根据合力投影定理，应有

$$\left.\begin{aligned}X&=X_1+X_2+\cdots+X_n=\sum X_i\\Y&=Y_1+Y_2+\cdots+Y_n=\sum Y_i\end{aligned}\right\} \tag{2-10}$$

式中，X_i 和 Y_i 分别表示各力在正交轴 Ox、Oy 上的投影。求得 X 和 Y 后就可求得合力的大小和方向：

$$\left.\begin{aligned}&F_R=\sqrt{X^2+Y^2}=\sqrt{\left(\sum X_i\right)^2+\left(\sum Y_i\right)^2}\\&\cos(\boldsymbol{F}_R,\boldsymbol{i})=\frac{X}{F_R},\quad \cos(\boldsymbol{F}_R,\boldsymbol{j})=\frac{Y}{F_R}\end{aligned}\right\} \tag{2-11}$$

【例 2-1】求图 2-10（a）所示平面汇交力系的合力，其中 F_1=200 N，F_2=300 N，F_3=100 N，F_4=250 N。

解　用两种方法求解该题。

（1）几何法。选比例尺 1 cm=100 N，各力首尾相接，画力的多边形。作 $\boldsymbol{ab}=\boldsymbol{F}_1$，$\boldsymbol{bc}=\boldsymbol{F}_2$，$\boldsymbol{cd}=\boldsymbol{F}_3$，$\boldsymbol{de}=\boldsymbol{F}_4$，如图 2-10（b）所示；再从 $\boldsymbol{F}_1$ 的起点 a 向 $\boldsymbol{F}_4$ 的终点 e 作矢 $\boldsymbol{ae}$，即为合力 $\boldsymbol{F}_R$，依所选比例尺大致量得 F_R=170 N，$\alpha=40°$。从图 2-10 可以看到，应用几何法求解时，要选择适当的力比例尺，作图要足够精确。

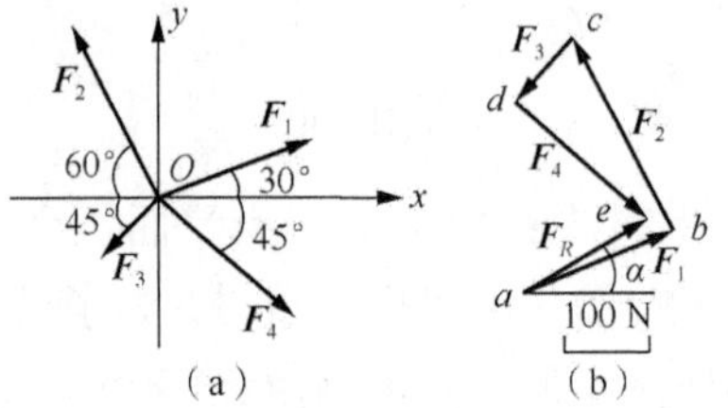

图 2-10

（2）解析法。由式（2-3）和式（2-4）计算。

$$X=\sum X_i=F_1\cos 30°-F_2\cos 60°-F_3\cos 45°+F_4\cos 45°$$

$$=200\times\frac{\sqrt{3}}{2}-300\times\frac{1}{2}-100\times\frac{\sqrt{2}}{2}+250\times\frac{\sqrt{2}}{2}=129.27(\text{N})$$

$$Y=\sum Y_i=F_1\cos 60°+F_2\cos 30°-F_3\cos 45°-F_4\cos 45°$$

$$=200\times\frac{1}{2}+300\times\frac{\sqrt{3}}{2}-100\times\frac{\sqrt{2}}{2}-250\times\frac{\sqrt{2}}{2}=112.32(\text{N})$$

$$F_R=\sqrt{X^2+Y^2}=\sqrt{129.27^2+112.32^2}=171(\text{N})$$

$$\cos(\boldsymbol{F}_R,\boldsymbol{i})=\frac{X}{F_R}=\frac{129.27}{171.25}=0.755\text{，}\quad \alpha=(\boldsymbol{F}_R,\boldsymbol{i})=40.99°$$

2.2.2　空间汇交力系的简化

理论上说，求空间汇交力系的合力也可以采用几何法，即合力的大小和方向可以用力的多边形法则求出，合力的作用线通过各力的汇交点。然而，空间汇交力系的力多边形是空间分布的，各边不在同一平面内，因此用几何法求合力并不方便，一般采用解析法。根据合力投影定理，可求得合力 $\boldsymbol{F}_R$ 在三个正交坐标轴上的投影，即

$$\left.\begin{aligned}X&=\sum X_i\\Y&=\sum Y_i\\Z&=\sum Z_i\end{aligned}\right\}\tag{2-12}$$

进而求出合力 $\boldsymbol{F}_R$ 的大小和方向：

$$\left.\begin{aligned}&F_R=\sqrt{\left(\sum X_i\right)^2+\left(\sum Y_i\right)^2+\left(\sum Z_i\right)^2}\\&\cos(\boldsymbol{F}_R,\boldsymbol{i})=\frac{X}{F_R},\quad \cos(\boldsymbol{F}_R,\boldsymbol{j})=\frac{Y}{F_R},\quad \cos(\boldsymbol{F}_R,\boldsymbol{k})=\frac{Z}{F_R}\end{aligned}\right\}\tag{2-13}$$

2.3　力矩和合力矩定理

2.3.1　力对点之矩

力的运动效应分为移动效应和转动效应。例如，图 2-11 所示用扳手拧紧螺母，加力 $\boldsymbol{F}$ 可以使扳手绕螺母中心转动，就是生活中常见的转动效应。由经验可知，这个转动效应的大小既与力 $\boldsymbol{F}$ 的大小成正比，也与力 $\boldsymbol{F}$ 作用线到 O 点的垂直距离 h 成正比，故可用两者乘积 Fh 来度量力 $\boldsymbol{F}$ 使扳手绕 O 点转动效应的大小。若在图 2-11 中仅使力 $\boldsymbol{F}$ 反向而其他不变，即乘积 Fh 并无改变，但转向却与原来相反。为全面反映力使扳手绕 O 点的转动效应，可将乘积 Fh 冠以适当的正负号以区别转向。本书规定：逆时针转向为正，顺时针转向为负，故图 2-11 所示情形应以 $-Fh$ 表示力 $\boldsymbol{F}$ 使扳手绕 O 点的转动效应。

人们归纳总结这样一些转动（或有转动趋势）的实例，形成一个抽象化的概念，即力对点之矩，简称力矩。将力矩概念推广到一般情形，如图 2-12 所示。设平面上作用一力 $\boldsymbol{F}$，在同一平面内任取一点 O，O 称为矩心，点 O 到力 $\boldsymbol{F}$ 作用线或其延长线的垂直距离 h 称为力臂，则在平面问题中力对点之矩定义如下：**力对点之矩是一个代数量，它的绝对值等于力的大小与力臂的乘积。它的正负号规定为：力使物体绕矩心逆时针转向转动时为正，反之为负。**用 $M_O(\boldsymbol{F})$ 表示力 $\boldsymbol{F}$ 对 O 点之矩，则

$$M_O(\boldsymbol{F}) = \pm Fh \tag{2-14}$$

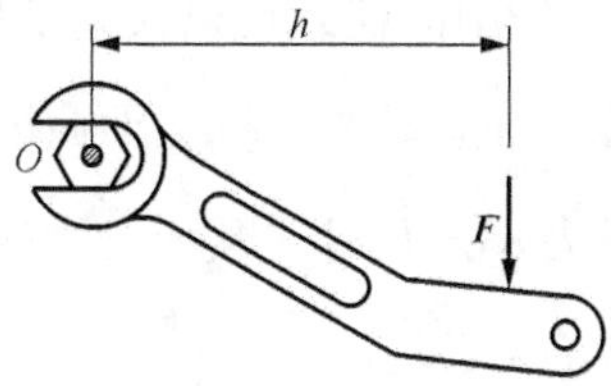

图 2-11

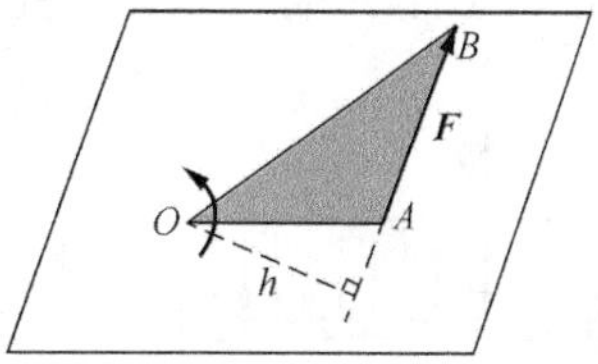

图 2-12

力矩的量纲为

$$[力][长度]=[F]\,[L]=([M][L]/[T]^2)\cdot[L]=[M][L]^2/[T]^2$$

在国际单位制中，力矩的单位常用牛顿米（N·m）；在工程单位制中常用公斤力米（kgf·m）。

2.3.2　合力矩定理

平面力系里合力矩定理表述为：**在有合力的情况下，合力对于平面内任一点之矩等于所有分力对于该点之矩的代数和**，即

$$M_O(\boldsymbol{F}_R) = \sum_{i=1}^{n} M_O(\boldsymbol{F}_i) \tag{2-15}$$

合力矩定理建立了合力对点之矩与分力对同一点之矩的关系。不论哪种力系，只要力系有合力，合力矩定理就适用，只是表达形式略有不同，后面会再次提及。

【例 2-2】 如图 2-13 所示直角折杆 ABC，两段杆的长度分别为 a 和 b，C 点作用力 $\boldsymbol{F}$，

力 $\boldsymbol{F}$ 与 BC 段杆的夹角为 α，求力 $\boldsymbol{F}$ 对 A 点之矩 $M_A(\boldsymbol{F})$。

解　如图 2-13 所示，力 $\boldsymbol{F}$ 对 A 点的力臂 h 未知，不容易求解。若将力 $\boldsymbol{F}$ 分解为 $\boldsymbol{F}_x(F\cos\alpha)$ 和 $\boldsymbol{F}_y(F\sin\alpha)$，则两个分力对 A 点的力臂很容易判断，分别为 a、b。根据合力矩定理，有

$$M_A(\boldsymbol{F}) = M_A(\boldsymbol{F}_x) + M_A(\boldsymbol{F}_y) = -F_x a + F_y b$$
$$= -Fa\cos\alpha + Fb\sin\alpha = F(b\sin\alpha - a\cos\alpha)$$

由该例可知，当力对一点的力臂不易求出时，可将此力沿力臂易求的方向分解为分力，再用合力矩定理计算该力对点之矩，这样做能使计算快捷、准确。以后计算力对点之矩时，均可用此方法。

【例 2-3】　简支梁受三角形分布荷载作用，如图 2-14 所示。荷载集度的最大值为 q，梁的跨度为 l。试求合力及其作用线位置。

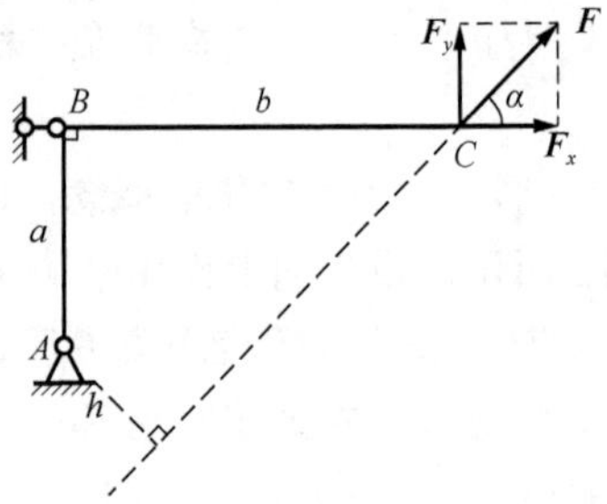

图 2-13

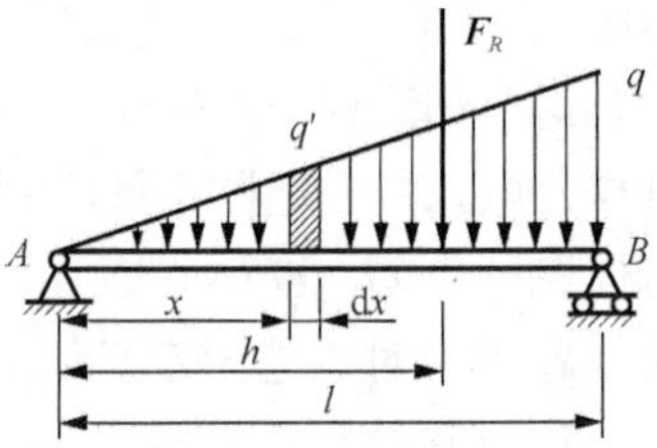

图 2-14

解　在梁上距 A 端为 x 的位置取出一个微段 $\mathrm{d}x$，微段上作用的荷载可以认为是均匀分布，荷载集度 q' 可按比例关系求出，即 $q' = \dfrac{x}{l}q$。而微段上均匀分布荷载的作用可用一个微力 $q'\mathrm{d}x$ 代替。从而合力的大小为

$$F_R = \int_0^l q'\mathrm{d}x = \int_0^l \frac{x}{l}q\mathrm{d}x = \frac{1}{2}ql$$

设合力 $\boldsymbol{F}_R$ 作用线距 A 端的距离为 h，根据合力矩定理，有

$$F_R \cdot h = \int_0^l x \cdot q'\mathrm{d}x = \int_0^l x \cdot \frac{x}{l}q\mathrm{d}x = \frac{1}{3}ql^2$$

代入合力大小，计算求得 $h = \dfrac{2}{3}l$。

土木、水利工程中经常出现分布荷载，如土压力和水压力，计算任意分布荷载的合力及其作用线位置都应按上例方法。但对于一些简单的分布荷载，可以直接利用结论。例如，如图 2-15（a）所示的均布荷载，其合力及作用线位置为

$$F_R = ql\ ,\quad h = \frac{l}{2}$$

如图 2-15（b）所示的三角形分布荷载，其合力及作用线位置为

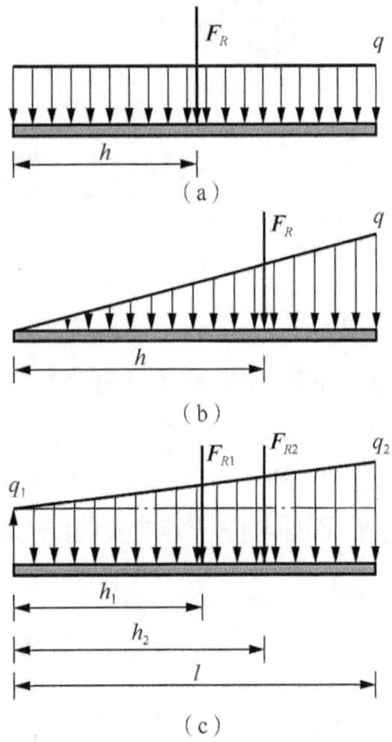

图 2-15

$$F_R=\frac{1}{2}ql\text{，}\quad h=\frac{2}{3}l$$

如图 2-15（c）所示的梯形分布荷载则可以分成一个均布荷载和一个三角形分布荷载，用两个分布荷载各自的合力代替原分布荷载，

$$F_{R1}=q_1l\text{，}\quad h_1=\frac{l}{2}\text{，}\quad F_{R2}=\frac{1}{2}(q_2-q_1)l\text{，}\quad h_2=\frac{2}{3}l$$

2.3.3　力对点之矩的矢量表示法

对于平面力系，力对点之矩的全部要素可以用一个代数量完全表示出来。但是在空间力系情况下，不仅要考虑力矩的大小、转向，而且要考虑第三个要素，即力与矩心所构成的平面的方位，作用在不同方位平面上的力矩，即使它们的大小一样，作用效果也将完全不同。例如，如图 2-16（a）所示，两个大小相等的力 $\boldsymbol{F}_1$ 和 $\boldsymbol{F}_2$ 作用在立方体的 A 点上，对 O 点的力臂都是棱边长，也就是两个力对 O 点之矩的大小相同，但转动效应明显不一样，$\boldsymbol{F}_1$ 使立方体绕 y 轴旋转，$\boldsymbol{F}_2$ 使立方体绕 z 轴旋转，这是因为两个力矩作用面分别为 OAB 平面和 OAC 平面。因此，在研究空间力系时，力对点之矩的概念应该包括三个要素：**力矩的大小、转向和力矩作用面**。这时，力对点之矩不能用代数量表示，而必须用矢量表示，称为力矩矢。力 $\boldsymbol{F}$ 对 O 点之矩的力矩矢表达为

$$\boldsymbol{M}_O(\boldsymbol{F})=\boldsymbol{r}\times\boldsymbol{F} \tag{2-16}$$

式中，$\boldsymbol{r}$ 为矩心 O 到力 $\boldsymbol{F}$ 作用点的位置矢量（矢径）。例如，图 2-16（a）中力 $\boldsymbol{F}_1$ 和 $\boldsymbol{F}_2$ 对 O 点之矩的两个力矩矢分别为

$$\boldsymbol{M}_O(\boldsymbol{F}_1)=\boldsymbol{r}_{OA}\times\boldsymbol{F}_1=\boldsymbol{M}_1\text{，}\quad \boldsymbol{M}_O(\boldsymbol{F}_2)=\boldsymbol{r}_{OA}\times\boldsymbol{F}_2=\boldsymbol{M}_2$$

方向如图 2-16（b）所示。

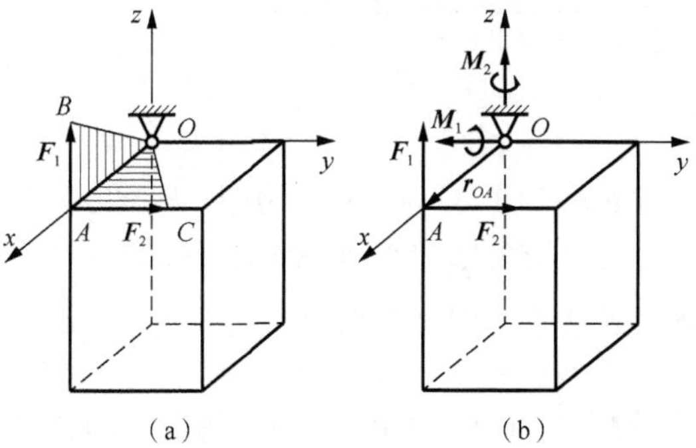

图 2-16

一般情况如图 2-17 所示，$\boldsymbol{F}$ 为空间力系的一个力，O 点为矩心，力 $\boldsymbol{F}$ 对 O 点之矩用力矩矢 $\boldsymbol{M}_O(\boldsymbol{F})=\boldsymbol{r}\times\boldsymbol{F}$ 表示，矢量方向按右手螺旋法则来确定，垂直于力矩作用面，矢量的模表示力矩的大小，即

$$|\boldsymbol{M}_O(\boldsymbol{F})|=Fr\sin\alpha=Fh$$

式中，α 为位置矢 $\boldsymbol{r}$ 与力矢 $\boldsymbol{F}$ 的夹角；h 为矩心 O 到力 $\boldsymbol{F}$ 作用线或其延长线的垂直距离（力臂）。

若以矩心 O 为原点，作空间直角坐标系 $Oxyz$，令 $\boldsymbol{i}$、$\boldsymbol{j}$、$\boldsymbol{k}$ 分别为坐标轴 x、y、z 方向的

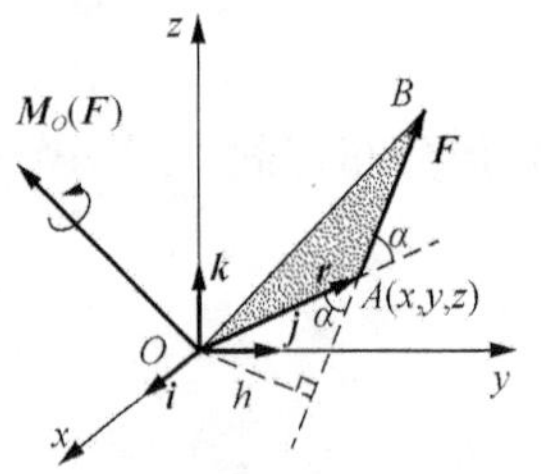

图 2-17

单位矢量，如图 2-17 所示，则矢径 $\boldsymbol{r}$ 和力 $\boldsymbol{F}$ 的解析式分别为

$$\boldsymbol{r} = x\boldsymbol{i} + y\boldsymbol{j} + z\boldsymbol{k}$$

$$\boldsymbol{F} = X\boldsymbol{i} + Y\boldsymbol{j} + Z\boldsymbol{k}$$

式中，(x, y, z)为力作用点 A 的坐标；X、Y、Z 为力 $\boldsymbol{F}$ 在三个坐标轴上的投影。将这两个公式代入式（2-16），得出力矩矢解析表达式：

$$\boldsymbol{M}_O(\boldsymbol{F}) = \boldsymbol{r} \times \boldsymbol{F} = \begin{vmatrix} \boldsymbol{i} & \boldsymbol{j} & \boldsymbol{k} \\ x & y & z \\ X & Y & Z \end{vmatrix} = (yZ - zY)\boldsymbol{i} + (zX - xZ)\boldsymbol{j} + (xY - yX)\boldsymbol{k} \tag{2-17}$$

注意，由于力矩矢 $\boldsymbol{M}_O(\boldsymbol{F})$ 的大小和方向都与矩心 O 的位置有关，力矩矢的始端必须画在矩心 O 上，不可任意挪动，这种矢量称为**定位矢量**。

空间力系里合力矩定理叙述如下：**在有合力的情况下，合力对于任一点之矩矢，等于各分力对同一点之矩的矢量和**，即

$$\boldsymbol{M}_O(\boldsymbol{F}_R) = \sum \boldsymbol{M}_O(\boldsymbol{F}_i) \tag{2-18}$$

【例 2-4】 力 $\boldsymbol{F}$ 沿长方体对角线 BC 作用，F=100 N，长方体的尺寸如图 2-18 所示。求力 $\boldsymbol{F}$ 对 A 点之矩 $\boldsymbol{M}_A(\boldsymbol{F})$。

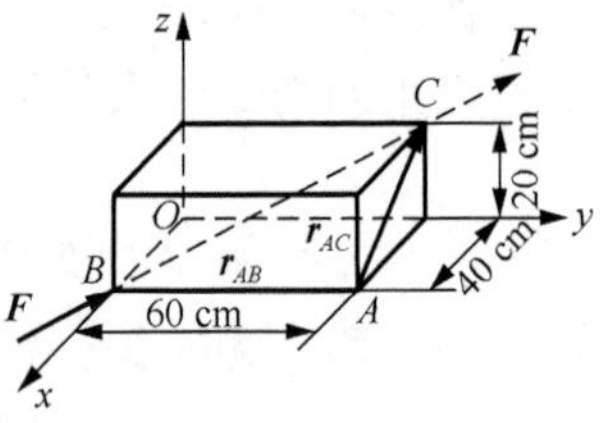

图 2-18

解 由已知条件可得出力在空间直角坐标系的三个投影为

$$X = -100 \times \frac{\sqrt{0.4^2 + 0.6^2}}{\sqrt{0.2^2 + 0.4^2 + 0.6^2}} \times \frac{0.4}{\sqrt{0.4^2 + 0.6^2}} = -53.45(\mathrm{N})$$

$$Y = 100 \times \frac{\sqrt{0.4^2 + 0.6^2}}{\sqrt{0.2^2 + 0.4^2 + 0.6^2}} \times \frac{0.6}{\sqrt{0.4^2 + 0.6^2}} = 80.18(\mathrm{N})$$

$$Z = 100 \times \frac{0.2}{\sqrt{0.2^2 + 0.4^2 + 0.6^2}} = 26.73(\mathrm{N})$$

则力 $\boldsymbol{F}$ 对 A 点之矩为

$$\boldsymbol{M}_A(\boldsymbol{F}) = \boldsymbol{r}_{AB} \times \boldsymbol{F} = \begin{vmatrix} \boldsymbol{i} & \boldsymbol{j} & \boldsymbol{k} \\ 0 & -0.6 & 0 \\ -53.45 & 80.18 & 26.73 \end{vmatrix} = \{-16.0\boldsymbol{i} - 32.1\boldsymbol{k}\}(\mathrm{N \cdot m})$$

若将力 $\boldsymbol{F}$ 沿力的作用线滑移至 C 点，则力 $\boldsymbol{F}$ 对 A 点之矩为

$$\boldsymbol{M}_A(\boldsymbol{F}) = \boldsymbol{r}_{AC} \times \boldsymbol{F} = \begin{vmatrix} \boldsymbol{i} & \boldsymbol{j} & \boldsymbol{k} \\ -0.4 & 0 & 0.2 \\ -53.45 & 80.18 & 26.73 \end{vmatrix} = \{-16.0\boldsymbol{i} - 32.1\boldsymbol{k}\}(\mathrm{N \cdot m})$$

两个力矩结果完全相同，这表明力 $\boldsymbol{F}$ 沿力的作用线由 B 点滑移至 C 点，力 $\boldsymbol{F}$ 对 A 点之矩保持不变，这间接证明了力的可传性。

2.3.4　力对轴之矩

在工程实际中，很多物体是绕定轴转动的。力对轴之矩，就是力使物体绕定轴转动的作用效果的度量。如图 2-19（a）所示，门上作用一力 $\boldsymbol{F}$，欲使门绕固定门轴 z 转动。将力 $\boldsymbol{F}$ 分解为两个相互垂直的分力：一个分力 $\boldsymbol{F}_z$ 平行于 z 轴，一个分力 $\boldsymbol{F}_{xy}$ 垂直于 z 轴。生活经验告诉

我们，分力 $\boldsymbol{F}_z$ 不能使门转动，只有分力 $\boldsymbol{F}_{xy}$ 才能使门绕 z 轴转动。实际上，分力 $\boldsymbol{F}_{xy}$ 就是力 $\boldsymbol{F}$ 在垂直于 z 轴的 Oxy 平面上的投影，力 $\boldsymbol{F}$ 使门绕 z 轴转动的效应，决定于分力 $\boldsymbol{F}_{xy}$ 的大小、方向及其作用线与 z 轴之间的垂直距离 h，这与平面上力 $\boldsymbol{F}_{xy}$ 对 O 点之矩的定义一致。所以力 $\boldsymbol{F}$ 对 z 轴的矩就是分力 $\boldsymbol{F}_{xy}$ 对 O 点之矩，即

$$M_z(\boldsymbol{F}) = M_O(\boldsymbol{F}_{xy}) = \pm F_{xy} \cdot h \tag{2-19}$$

式中，正负号按右手螺旋法则确定，也就是从 z 轴正端来看，若力使物体绕该轴按逆时针转向转动，则取正号，反之为负号，如图 2-19（b）所示。综上分析可知，平面力系中力对点之矩实际上也是力对通过矩心且垂直于平面的轴的矩。

力对轴之矩也可用解析式表示。设力 $\boldsymbol{F}$ 在三个直角坐标轴方向上的分力分别为 $\boldsymbol{F}_x$、$\boldsymbol{F}_y$、$\boldsymbol{F}_z$，力 $\boldsymbol{F}$ 作用点 A 的坐标为(x, y, z)，如图 2-20 所示。根据式（2-19）和平面力系的合力矩定理，得

$$M_z(\boldsymbol{F}) = M_O(\boldsymbol{F}_{xy}) = M_O(\boldsymbol{F}_x) + M_O(\boldsymbol{F}_y) = -yX + xY = xY - yX$$

根据力矩矢解析表达式（2-17），有

$$M_z(\boldsymbol{F}) = xY - yX = [\boldsymbol{M}_O(\boldsymbol{F})]_z$$

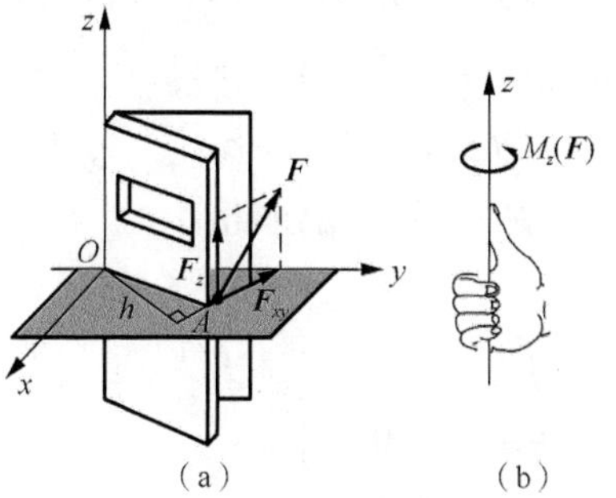

图 2-19

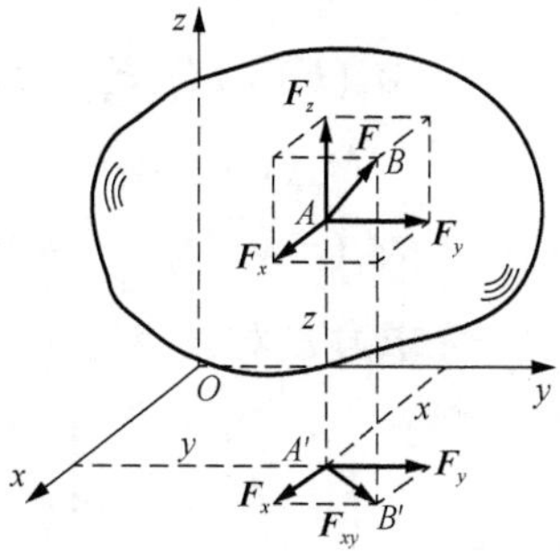

图 2-20

同理可得力 $\boldsymbol{F}$ 对其余两轴之矩的类似结论，一起列于下式：

$$\left.\begin{aligned} M_x(\boldsymbol{F}) &= yZ - zY = [\boldsymbol{M}_O(\boldsymbol{F})]_x \\ M_y(\boldsymbol{F}) &= zX - xZ = [\boldsymbol{M}_O(\boldsymbol{F})]_y \\ M_z(\boldsymbol{F}) &= xY - yX = [\boldsymbol{M}_O(\boldsymbol{F})]_z \end{aligned}\right\} \tag{2-20}$$

这就是力对点之矩与力对轴之矩的关系，即力对点之矩矢在通过该点的某轴上的投影等于这个力对该轴之矩。如果力对通过 O 点的直角坐标轴 x、y、z 的矩是已知的，则可求得该力对点 O 的矩矢的大小和方向：

$$\left.\begin{aligned} &|\boldsymbol{M}_O(\boldsymbol{F})| = \sqrt{[M_x(\boldsymbol{F})]^2 + [M_y(\boldsymbol{F})]^2 + [M_z(\boldsymbol{F})]^2} \\ &\cos(\boldsymbol{M}_O(\boldsymbol{F}), \boldsymbol{i}) = \frac{M_x(\boldsymbol{F})}{|\boldsymbol{M}_O(\boldsymbol{F})|} \\ &\cos(\boldsymbol{M}_O(\boldsymbol{F}), \boldsymbol{j}) = \frac{M_y(\boldsymbol{F})}{|\boldsymbol{M}_O(\boldsymbol{F})|} \\ &\cos(\boldsymbol{M}_O(\boldsymbol{F}), \boldsymbol{k}) = \frac{M_z(\boldsymbol{F})}{|\boldsymbol{M}_O(\boldsymbol{F})|} \end{aligned}\right\} \tag{2-21}$$

空间力系里力对轴之矩也有合力矩定理，表述为：在有合力的情况下，合力对某轴之矩等于各分力对该轴之矩的代数和。

【例 2-5】 双直角曲柄 $ABCD$ 在 Axy 平面内，杆 AB 与 y 轴重合，$AB=BC=l$，$CD=a$，如图 2-21（a）所示。在 D 点作用一个力 $\boldsymbol{F}$，它在垂直于 y 轴的平面内，且与铅直线的夹角为 α，试求力 $\boldsymbol{F}$ 对 x、y 和 z 轴的矩。

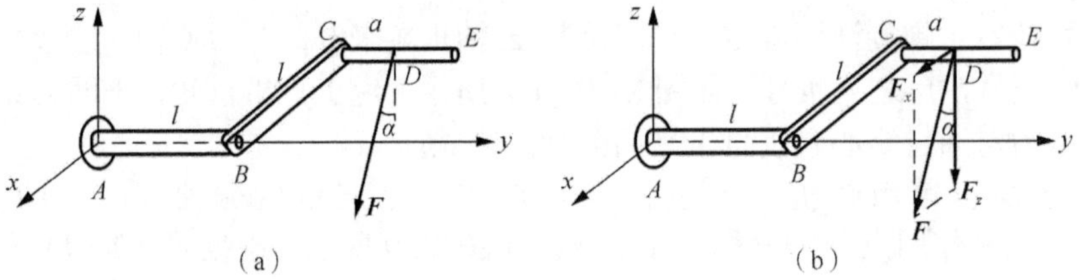

图 2-21

解　可用两种方法求解本题。

方法 1　将力 $\boldsymbol{F}$ 沿坐标轴分解为如图 2-21（b）所示的 $\boldsymbol{F}_x$、$\boldsymbol{F}_y$ 和 $\boldsymbol{F}_z$ 三个分力，其中 $F_x=F\sin\alpha$，$F_y=0$，$F_z=-F\cos\alpha$。根据空间力系里力对轴之矩的合力矩定理，得

$$M_x(\boldsymbol{F})=M_x(\boldsymbol{F}_x)+M_x(\boldsymbol{F}_y)+M_x(\boldsymbol{F}_z)=M_x(\boldsymbol{F}_z)=-(l+a)F\cos\alpha$$

$$M_y(\boldsymbol{F})=M_y(\boldsymbol{F}_x)+M_y(\boldsymbol{F}_y)+M_y(\boldsymbol{F}_z)=M_y(\boldsymbol{F}_z)=-lF\cos\alpha$$

$$M_z(\boldsymbol{F})=M_z(\boldsymbol{F}_x)+M_z(\boldsymbol{F}_y)+M_z(\boldsymbol{F}_z)=M_z(\boldsymbol{F}_x)=-(l+a)F\sin\alpha$$

方法 2　先求力 $\boldsymbol{F}$ 对 A 点之矩矢，

$$\boldsymbol{M}_A(\boldsymbol{F})=\begin{vmatrix}\boldsymbol{i} & \boldsymbol{j} & \boldsymbol{k}\\ x & y & z\\ F_x & F_y & F_z\end{vmatrix}=\begin{vmatrix}\boldsymbol{i} & \boldsymbol{j} & \boldsymbol{k}\\ -l & l+a & 0\\ F\sin\alpha & 0 & -F\cos\alpha\end{vmatrix}$$

$$=-(l+a)F\cos\alpha\boldsymbol{i}-lF\cos\alpha\boldsymbol{j}-(l+a)F\sin\alpha\boldsymbol{k}$$

然后利用力对点之矩与力对轴之矩的关系，得

$$M_x(\boldsymbol{F})=[\boldsymbol{M}_A(\boldsymbol{F})]_x=-(l+a)F\cos\alpha$$

$$M_y(\boldsymbol{F})=[\boldsymbol{M}_A(\boldsymbol{F})]_y=-lF\cos\alpha$$

$$M_z(\boldsymbol{F})=[\boldsymbol{M}_A(\boldsymbol{F})]_z=-(l+a)F\sin\alpha$$

2.4　力偶理论

2.4.1　平面力偶理论

1．力偶和力偶矩

生活实际中经常会遇到等值、反向、不共线的两个平行力作用在一个物体上的情形，例如汽车司机转动方向盘、钳工用丝锥攻螺纹（图 2-22），就是加这样的力。这种由两个大小相等、作用线不重合的反向平行力组成的力系，称为**力偶**，记作 $(\boldsymbol{F},\boldsymbol{F}')$。两个反向等值平行力的合矢量等于零，但是由于它们不共线而不能相互平衡，能使物体改变转动状态，因此力偶

对物体的作用不会产生移动效应，只会产生转动效应。显然，力偶不能合成为一个力，或者说不能用一个力来等效替换，也不能用一个力来平衡。力和力偶是静力学的两个基本要素。

怎样度量力偶对物体的转动效应呢？力偶转动效应的大小不仅和力的大小成正比，而且和力偶两力作用线间的垂直距离即**力偶臂** d 成正比（图 2-23）。另外，力偶在其作用面内的转向不同，对物体产生的转动效应也不同，习惯规定逆时针转向为正。因此，平面力系里力偶对物体的转动效应取决于下面两个因素：①**力偶转动效应的大小，即 Fd；②力偶在其作用面内的转向**。可以用代数量表达平面力偶这两个要素，记为

$$M(\boldsymbol{F},\boldsymbol{F}')=\pm Fd \tag{2-22}$$

式中，$M(\boldsymbol{F},\boldsymbol{F}')$ 称为力偶矩，也可简记为 M。由图 2-23 可见，力偶矩也可用三角形面积表示为 $M=\pm 2S_{\triangle ABC}$。力偶矩单位与力矩单位相同，即牛顿米（N·m）。

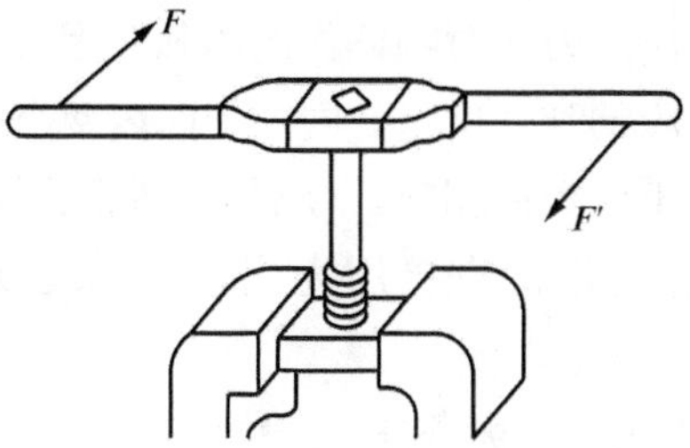

图 2-22

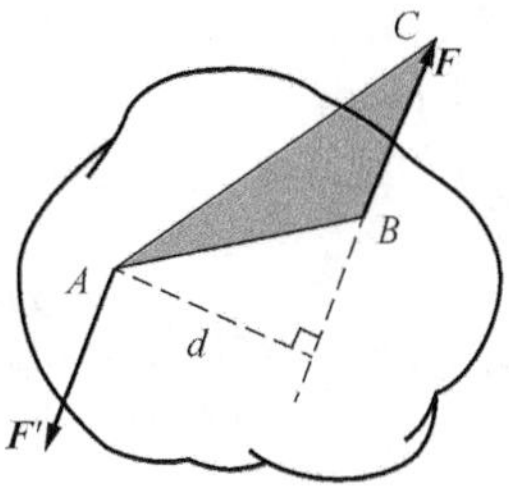

图 2-23

2. 力偶的特性

前面已提到力偶不能合成为一个力，不能用一个力来等效替换，也不能用一个力来平衡。除此之外，力偶还有其他特性，下面具体分析。

（1）力偶在任意坐标轴上的投影等于零，如图 2-24 所示。

（2）力偶对任意点取矩都等于力偶矩，不因矩心的改变而改变。如图 2-25 所示，力偶的力偶矩为 $M(\boldsymbol{F},\boldsymbol{F}')=Fd$。任取力偶中两力的左上方一点 O_1 或右下方一点 O_2，很容易证明

$$M_{O_1}(\boldsymbol{F},\boldsymbol{F}')=F\cdot(d+x_1)-F'\cdot x_1=Fd$$

$$M_{O_2}(\boldsymbol{F},\boldsymbol{F}')=F'\cdot(d+x_2)-F\cdot x_2=Fd$$

从而可以得出结论，力偶对任意点取矩都等于力偶矩，不因矩心的改变而改变。

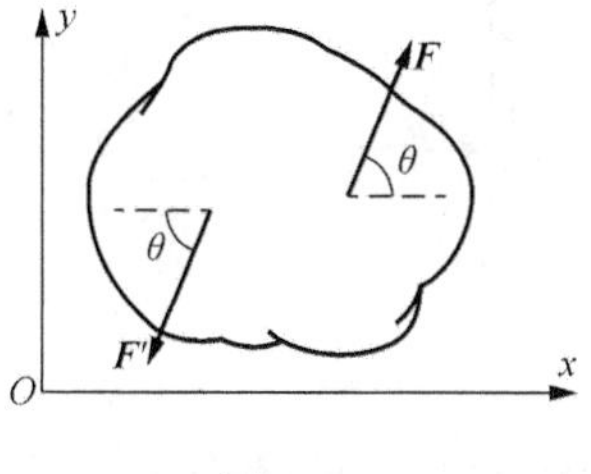

图 2-24

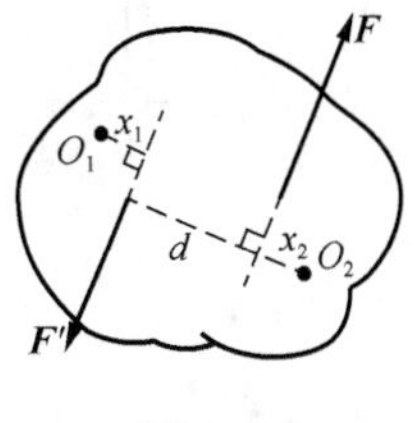

图 2-25

（3）力偶可在其作用面内任意移动或转动，而不改变它对刚体的作用[图 2-26（a）]；只要保持力偶矩的大小和转向不变，可以同时改变力偶中力的大小和力偶臂的长短，而不改变力偶对刚体的作用。例如，当用丝锥攻螺纹时[图 2-26（b）]，无论以力偶$(\boldsymbol{F}_1,\boldsymbol{F}_1')$还是$(\boldsymbol{F}_2,\boldsymbol{F}_2')$作用于丝锥上，只要满足条件 $F_1d_1=F_2d_2$，则它们使丝锥转动的效应就相同。

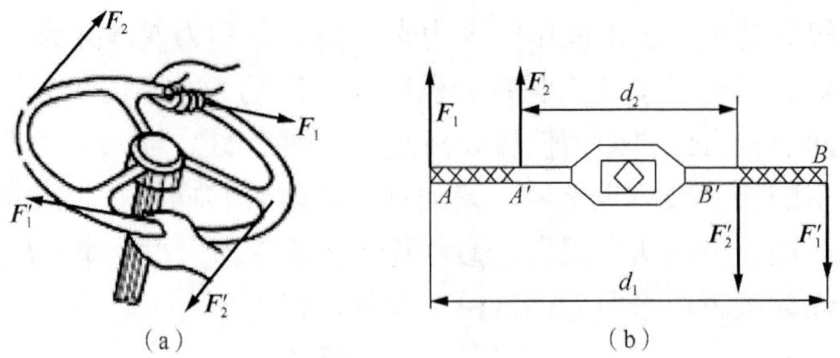

图 2-26

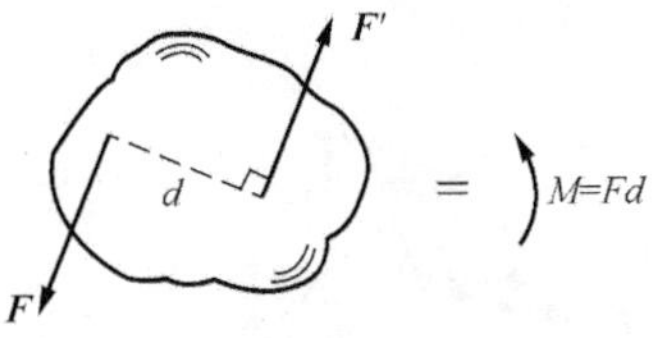

图 2-27

由此可见，力偶中力的大小、力偶臂的长短以及力偶在其作用面的位置，都不是决定力偶对刚体作用的独立因素，只有力偶矩才是力偶作用效应的唯一度量。同一平面内两个力偶的等效条件是它们的力偶矩代数值相等。今后，力偶除了可以用力和力偶臂表示以外，也常常直接用力偶矩 M 来表示，如图 2-27 所示。

3. 平面力偶系的合成与平衡条件

多个力偶组成的平面力偶系将合成为一个合力偶，合力偶矩等于力偶系中各力偶矩的代数和，即

$$M = M_1 + M_2 + \cdots + M_n = \sum_{i=1}^{n} M_i \tag{2-23}$$

显然，平面力偶系平衡的充要条件是力偶系中各力偶矩的代数和等于零，即 $\sum M_i = 0$。

【例 2-6】 如图 2-28（a）所示机构，$AB = BC = CD = l$，AB 杆和 CD 杆上各作用一个力偶 M_1、M_2 使系统保持平衡，力偶矩大小同为 M，求 A、D 处的支座反力。

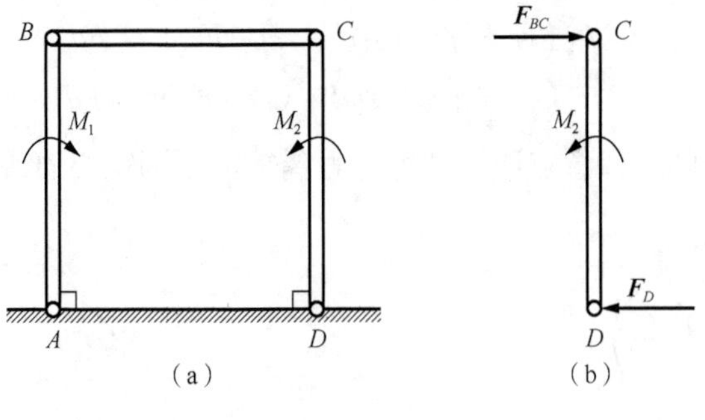

图 2-28

解 该机构中 BC 为二力杆，取 CD 杆为研究对象，则铰 C 处受到的力 $\boldsymbol{F}_{BC}$ 沿 BC 方向。根据力偶只能用力偶平衡的特性，D 处支座反力必与 $\boldsymbol{F}_{BC}$ 组成一力偶，即 $F_{BC} = F_D$，具体指向如图 2-28（b）所示。

$$\sum M_C(\boldsymbol{F}_i) = 0，\quad M_2 - F_D \times l = 0 \quad \Rightarrow \quad F_D = \frac{M}{l}(\leftarrow)$$

同理，取 AB 杆为研究对象可得

$$F_{Ax}=\frac{M}{l}\ (\rightarrow)$$

2.4.2　空间力偶理论

1. 力偶矩矢

对于平面力系，用一个代数量即可表示出力偶的全部要素。但是在空间力系情况下，不仅要考虑力偶矩的大小、转向，还要考虑第三个要素，即力偶作用面。作用在不同方位平面上的力偶，即使它们的大小一样，作用效果也将完全不同。例如，如图 2-29 所示，两组大小相等的力 $(\boldsymbol{F}_1,\boldsymbol{F}_1')$ 和 $(\boldsymbol{F}_2,\boldsymbol{F}_2')$ 分别作用在立方体上，力偶臂都是棱边长，也就是两个力偶矩的大小相同。但转动效应明显不一样，图 2-29（a）中 $(\boldsymbol{F}_1,\boldsymbol{F}_1')$ 使立方体绕 z 轴旋转，图 2-29（b）$(\boldsymbol{F}_2,\boldsymbol{F}_2')$ 使立方体绕 x 轴旋转，这是因为两个力偶作用面分别为立方体的上表面和前表面。因此，在研究空间力系时，力偶的概念应该包括三个要素：**力偶矩的大小、转向和力偶作用面**。这时，力偶不能再用代数量表示了，而必须用矢量表示，称为力偶矩矢。

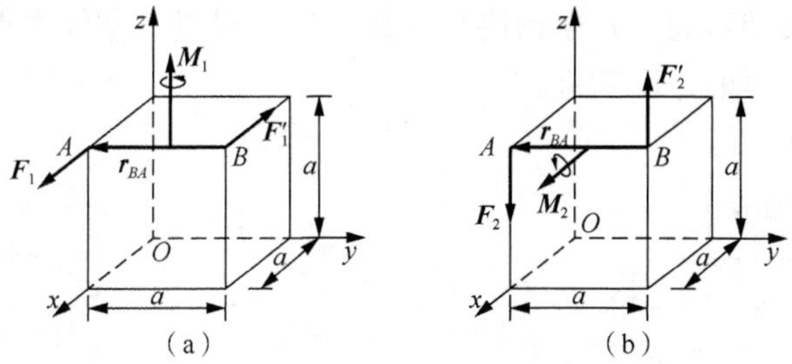

图 2-29

下面来看图 2-30 所示的一般情况，力偶 $(\boldsymbol{F},\boldsymbol{F}')$ 的力偶矩矢表示为

$$\boldsymbol{M}(\boldsymbol{F},\boldsymbol{F}')=\boldsymbol{r}_{BA}\times\boldsymbol{F}=\boldsymbol{r}_{AB}\times\boldsymbol{F}' \tag{2-24}$$

不难证明 $|\boldsymbol{r}_{BA}\times\boldsymbol{F}|=|\boldsymbol{r}_{AB}\times\boldsymbol{F}'|=Fd$，力偶矩矢的方向垂直于力偶作用面，力偶矩矢的指向与力偶转向的关系符合右手螺旋法则，即用右手四指顺力偶的转向弯曲，拇指所指的方向即为矢量的指向；或从力偶矩矢的矢端看去，力偶的转向应是逆时针转向。这个矢量完全概括了力偶的三个要素，空间力偶对刚体的作用完全由力偶矩矢来决定。利用式（2-24），图 2-29 中的两个力偶矩矢分别为

$$\boldsymbol{M}(\boldsymbol{F}_1,\boldsymbol{F}_1')=\boldsymbol{r}_{BA}\times\boldsymbol{F}_1=\boldsymbol{M}_1,\quad \boldsymbol{M}(\boldsymbol{F}_2,\boldsymbol{F}_2')=\boldsymbol{r}_{BA}\times\boldsymbol{F}_2=\boldsymbol{M}_2$$

有了力偶矩矢的概念，可以证明平面力偶理论里提到的力偶的一个特性：力偶对任意点取矩都等于力偶矩，不因矩心的改变而改变。如图 2-31 所示的一个力偶 $(\boldsymbol{F},\boldsymbol{F}')$，将其对空间任一点 O 取矩，

$$\begin{aligned}\boldsymbol{M}_O(\boldsymbol{F},\boldsymbol{F}')&=\boldsymbol{M}_O(\boldsymbol{F})+\boldsymbol{M}_O(\boldsymbol{F}')=\boldsymbol{r}_A\times\boldsymbol{F}+\boldsymbol{r}_B\times\boldsymbol{F}'\\&=(\boldsymbol{r}_A-\boldsymbol{r}_B)\times\boldsymbol{F}=\boldsymbol{r}_{BA}\times\boldsymbol{F}=\boldsymbol{M}(\boldsymbol{F},\boldsymbol{F}')\end{aligned}$$

即证。2.3.3 小节曾提到，力矩矢的始端必须画在矩心 O 上，不可任意移动，称为**定位矢量**；而由力偶的这个特性，力偶矩矢的始端可以画在空间任一点上，无须固定，这种矢量称为**自由矢量**。

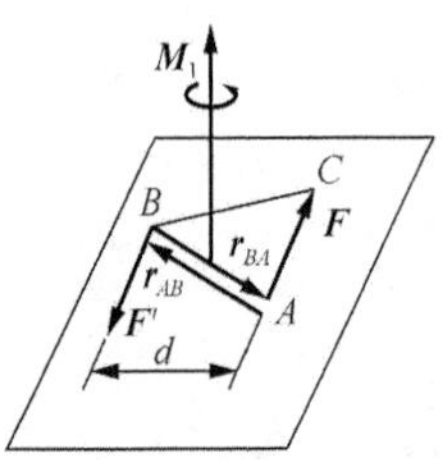

图 2-30

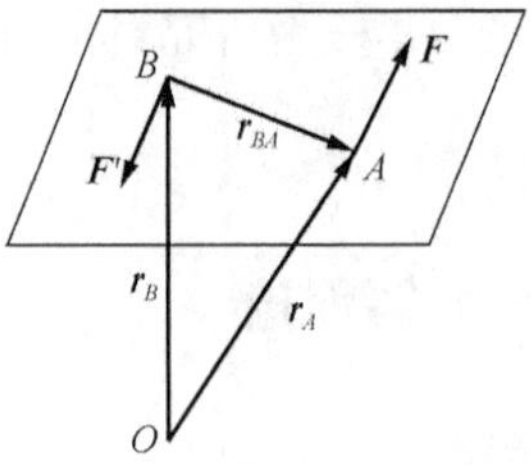

图 2-31

2. 空间力偶的等效条件

由平面力偶理论可知，同一平面内两个力偶的等效条件是它们的力偶矩代数值相等，只要保持力偶矩不变，力偶可在其作用面内任意移动、转动和改变力偶臂的长度，其作用效应不变。实践经验还告诉我们，力偶作用面也可以在空间平行移动。例如，在物块的 I 平面上施加一力偶[图 2-32（a）]，物块将绕 y 轴转动；力偶换到平行的 II 平面上[图 2-32（b）]，对物块的转动效应相同；但当力偶作用在 III 平面上[图 2-32（c）]，虽然力偶矩的大小未变，但它对物块的作用效果却不同，是使物块绕 x 轴转动。可见，空间力偶的作用面可以平行移动，并不改变力偶对刚体的作用效果。

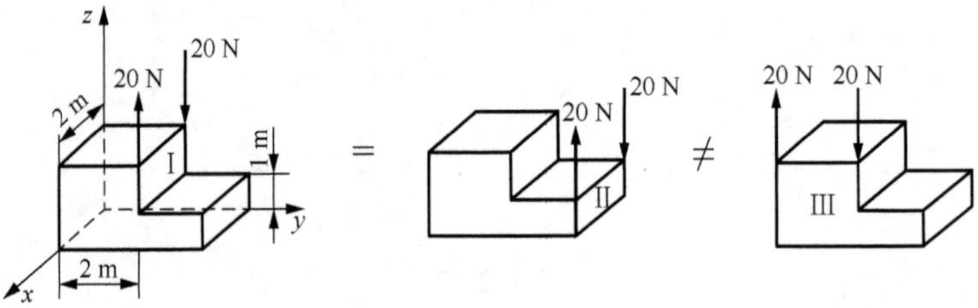

（a）　　（b）　　（c）

图 2-32

由上面分析可知，力偶可以在其作用面内任意移动、转动，又可以向平行平面内搬移，不改变它对刚体的作用效应。这其实就是力偶矩矢是自由矢量所具有的特点。根据力偶矩矢的概念，空间力偶的等效条件可叙述为：**两个力偶的力偶矩矢相等，则它们是等效的。**

3. 空间力偶系的合成和平衡

如图 2-33 所示，刚体上作用的 n 个力偶呈空间任意分布，其力偶矩矢分别为 $\boldsymbol{M}_1, \boldsymbol{M}_2, \cdots, \boldsymbol{M}_n$。根据力偶矩矢是自由矢量的性质，可以将力偶矩矢移至某点（如坐标系原点 O），然后矢量合成为一合力偶，即

$$\boldsymbol{M} = \boldsymbol{M}_1 + \boldsymbol{M}_2 + \cdots + \boldsymbol{M}_n = \sum \boldsymbol{M}_i \tag{2-25}$$

在实际计算中，通常采用解析法。先根据合矢量投影定理求合力偶矩矢在任一轴上的投影，

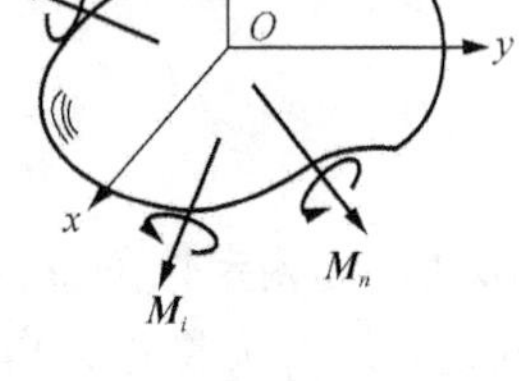

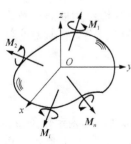

图 2-33

$$\left.\begin{aligned} M_x &= M_{1x} + M_{2x} + \cdots + M_{nx} = \sum M_{ix} \\ M_y &= M_{1y} + M_{2y} + \cdots + M_{ny} = \sum M_{iy} \\ M_z &= M_{1z} + M_{2z} + \cdots + M_{nz} = \sum M_{iz} \end{aligned}\right\} \tag{2-26}$$

进而求出合力偶矩矢的大小和方向：

$$\left.\begin{aligned}&M=\sqrt{M_x^2+M_y^2+M_z^2}\\&\cos(\boldsymbol{M},\boldsymbol{i})=\frac{M_x}{M},\quad \cos(\boldsymbol{M},\boldsymbol{j})=\frac{M_y}{M},\quad \cos(\boldsymbol{M},\boldsymbol{k})=\frac{M_z}{M}\end{aligned}\right\}\tag{2-27}$$

显然，空间力偶系平衡的充要条件是：**该力偶系的合力偶矩等于零**，即$\sum \boldsymbol{M}_i=\boldsymbol{0}$。数值计算时则用三个投影方程：

$$\left.\begin{aligned}\sum M_{ix}=0\\\sum M_{iy}=0\\\sum M_{iz}=0\end{aligned}\right\}\tag{2-28}$$

即空间力偶系平衡的充要条件是：**该力偶系中各力偶矩矢在三个坐标轴中每一轴上投影的代数和均为零**，这就是空间力偶系的平衡方程。

【例 2-7】 如图 2-34 所示工件的 4 个面上要同时钻 5 个孔，每个孔所受的切削力偶矩为 800 N·cm，且$\tan\alpha=3/4$，求工件所受合力偶矩在 x、y、z 轴上的投影 M_x、M_y 和 M_z。

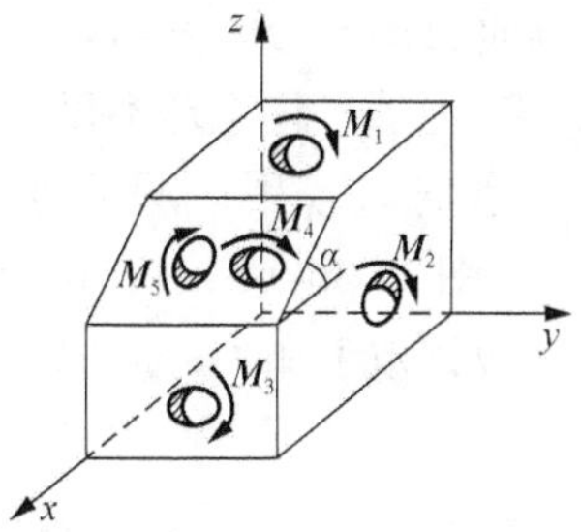

图 2-34

解　如图 2-34 所示，可知每个孔所受的切削力偶矩矢为

$$\boldsymbol{M}_1=0\boldsymbol{i}+0\boldsymbol{j}-800\boldsymbol{k}$$
$$\boldsymbol{M}_2=0\boldsymbol{i}-800\boldsymbol{j}+0\boldsymbol{k}$$
$$\boldsymbol{M}_3=-800\boldsymbol{i}+0\boldsymbol{j}+0\boldsymbol{k}$$
$$\boldsymbol{M}_4=\boldsymbol{M}_5=-480\boldsymbol{i}+0\boldsymbol{j}-640\boldsymbol{k}$$

由合矢量投影定理，工件所受合力偶矩在 x、y、z 轴上的投影 M_x、M_y 和 M_z 为

$$M_x=\sum M_{ix}=-800-480-480=-1760(\mathrm{N\cdot cm})$$
$$M_y=\sum M_{iy}=-800(\mathrm{N\cdot cm})$$
$$M_z=\sum M_{iz}=-800-640-640=-2080(\mathrm{N\cdot cm})$$

2.5　力的平移定理

定理 2-1　可以把作用在刚体上点 A 的力 $\boldsymbol{F}$ 平移到刚体上任一点 B，但必须同时附加一个力偶，这个附加力偶的矩等于原来的力 $\boldsymbol{F}$ 对新作用点 B 的矩。

证明　力 $\boldsymbol{F}$ 作用于刚体的 A 点，在刚体上任取一点 B，点 B 到力 $\boldsymbol{F}$ 作用线的距离为 d，点 B 到点 A 的矢径为 $\boldsymbol{r}$，如图 2-35（a）所示。在点 B 加上一对等值反向的力 $\boldsymbol{F}'$和 $\boldsymbol{F}''$，并令$\boldsymbol{F}=\boldsymbol{F}'=-\boldsymbol{F}''$，如图 2-35（b）所示。由加减平衡力系公理可知，这三个力 $\boldsymbol{F}$、$\boldsymbol{F}'$、$\boldsymbol{F}''$组成的新力系与原来的一个力 $\boldsymbol{F}$ 等效。但是这三个力可以看作一个作用在点 B 的力 $\boldsymbol{F}'$和一个力偶($\boldsymbol{F}$, $\boldsymbol{F}''$)，其中力偶的力偶矩为

$$M=Fd=M_B(\boldsymbol{F})$$

如图 2-35（c）所示。或者用矢量表达为

$$\boldsymbol{M}=\boldsymbol{r}\times\boldsymbol{F}=\boldsymbol{M}_B(\boldsymbol{F})$$

如图 2-35（d）所示。也就是说，可以把作用于点 A 的力 $\boldsymbol{F}$ 平移到另一点 B，但必须同时附加一个相应的力偶，这个附加力偶的矩等于原来的力 $\boldsymbol{F}$ 对新作用点 B 的矩。证毕。

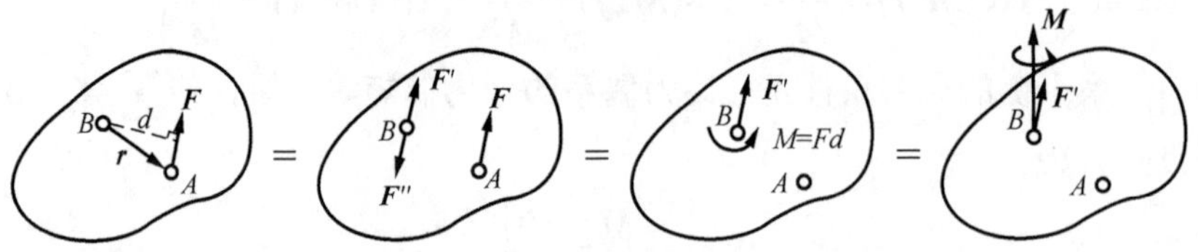

(a)　(b)　(c)　(d)

图 2-35

必须注意的是，力平移定理的证明过程用到了加减平衡力系公理，而加减平衡力系公理只适用于刚体，因此力的平移定理只适用于刚体。

力的平移定理的逆过程表明，在同一平面内的一个力偶和一个力（或者用矢量表达，相互垂直的一个力偶和一个力），可以用一个力来等效替换。

力的平移定理不仅是力系简化的重要依据，而且可以解释一些实际现象。例如，转动方向盘时，若用一只手加力[图 2-36（a）]，该力与作用在盘心的一个力和一个力偶等效[图 2-36（b）]，这个力偶使方向盘转动，这个力则使方向盘杆弯曲，这是不希望的；正常应该双手加力，形成一个力偶，对方向盘只有转动效应，如图 2-36（c）所示。

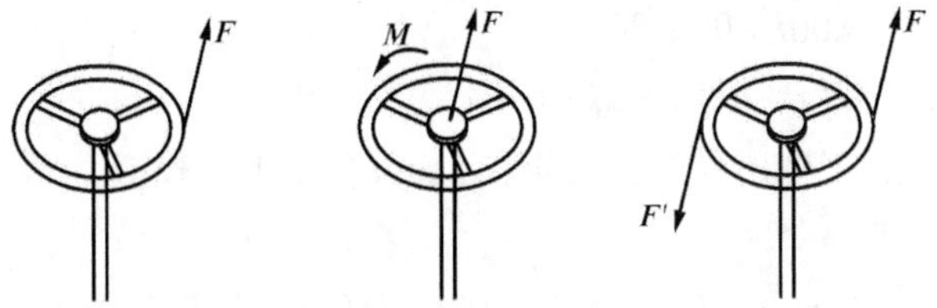

(a)　(b)　(c)

图 2-36

2.6　任意力系的简化

2.6.1　平面任意力系向作用面内一点简化

1. 主矢量和主矩

如图 2-37（a）所示，刚体上作用着一个平面任意力系 $\boldsymbol{F}_1, \boldsymbol{F}_2, \cdots, \boldsymbol{F}_n$，即各力作用线位于同一平面内，但不完全相交于一点，也不完全互相平行。对此，有一个普遍性的方法——力系向一点简化。

在平面内任取一点 O，称为简化中心，利用力的平移定理，把各力都平移到这一点，同时附加力偶，于是得到作用于点 O 的力 $\boldsymbol{F}_1', \boldsymbol{F}_2', \cdots, \boldsymbol{F}_n'$，以及力偶矩分别为 $M_1, M_2, \cdots, M_n$ 的相应附加力偶，如图 2-37（b）所示。这些力偶作用在同一平面内，它们的矩分别等于原来的力 $\boldsymbol{F}_1, \boldsymbol{F}_2, \cdots, \boldsymbol{F}_n$ 对点 O 的力矩，即

$$M_1 = M_O(\boldsymbol{F}_1), M_2 = M_O(\boldsymbol{F}_2), \cdots, M_n = M_O(\boldsymbol{F}_n)$$

这样，就把原平面任意力系等效替换成了两个简单力系：平面汇交力系和平面力偶系。平面

汇交力系必然可以合成为一个力 $\boldsymbol{F}_R'$，即

$$\boldsymbol{F}_R' = \boldsymbol{F}_1' + \boldsymbol{F}_2' + \cdots + \boldsymbol{F}_n' = \boldsymbol{F}_1 + \boldsymbol{F}_2 + \cdots + \boldsymbol{F}_n = \sum \boldsymbol{F}_i \tag{2-29}$$

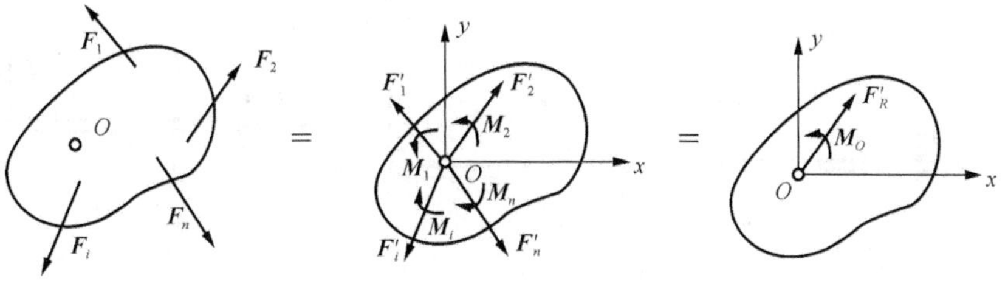

（a）　　　　　　　（b）　　　　　　　（c）

图 2-37

$\boldsymbol{F}_R'$ 作用在简化中心 O 点上，称为原平面任意力系的**主矢量**。平面力偶系必然可合成为一个同平面的合力偶 M_O，即

$$M_O = M_1 + M_2 + \cdots + M_n = M_O(\boldsymbol{F}_1) + M_O(\boldsymbol{F}_2) + \cdots + M_O(\boldsymbol{F}_n) = \sum M_O(\boldsymbol{F}_i) \tag{2-30}$$

式中，M_O 称为原平面任意力系对于该简化中心的**主矩**。

综上所述可得如下结论：**平面任意力系向作用面内任一点简化，得到一个力和一个力偶［图 2-37（c）］。这个力等于力系中各力的矢量和，作用在简化中心，称为原力系的主矢量；这个力偶的矩等于力系中各力对简化中心之矩的代数和，称为原力系对简化中心的主矩。**

由于主矢量等于各力的矢量和，可见，主矢量与简化中心的位置无关。而主矩等于各力对简化中心的矩的代数和，取不同的点作简化中心，各力的力臂将有改变，因而对简化中心的矩也有改变，所以，通常情况下主矩与简化中心的位置有关，提到主矩，必须同时指出简化中心。

求主矢量时，过简化中心 O 设一坐标系 Oxy，如图 2-37（b）所示，先计算主矢量 $\boldsymbol{F}_R'$ 在 x、y 轴上的投影，进而利用式（2-11）求得主矢量 $\boldsymbol{F}_R'$ 的大小和方向：

$$\left.\begin{aligned} F_R' &= \sqrt{(F_{Rx}')^2 + (F_{Ry}')^2} = \sqrt{\left(\sum X_i\right)^2 + \left(\sum Y_i\right)^2} \\ \cos(\boldsymbol{F}_R', \boldsymbol{i}) &= \frac{F_{Rx}'}{F_R'}, \quad \cos(\boldsymbol{F}_R', \boldsymbol{j}) = \frac{F_{Ry}'}{F_R'} \end{aligned}\right\} \tag{2-31}$$

2. 固定端约束

如图 2-38（a）所示，一根梁牢固地插入墙内，墙对梁的位移有限制作用，使梁的 A 端既不能移动也不能转动，这种约束称为固定端约束，其简图如图 2-38（b）所示。在工程实际中，固定端约束很常见，例如地基对电线杆的约束。

力系向一点简化的方法可以用来分析固定端的约束反力。固定端约束对物体的作用，是在接触处作用着一群约束反力。在图 2-38 这类平面问题中，这群力可视为一平面任意力系，如图 2-38（c）所示。将这群力向平面内 A 点简化得到一个力和一个力偶，如图 2-38（d）所示。通常情况下这个力的大小和方向均为未知，可用两个正交的未知分力来代替，因此在平面问题中，固定端 A 处的约束反力有三个，即两个正交反力 $\boldsymbol{F}_{Ax}$、$\boldsymbol{F}_{Ay}$ 和一个约束反力偶 M_A，如图 2-38（e）所示。

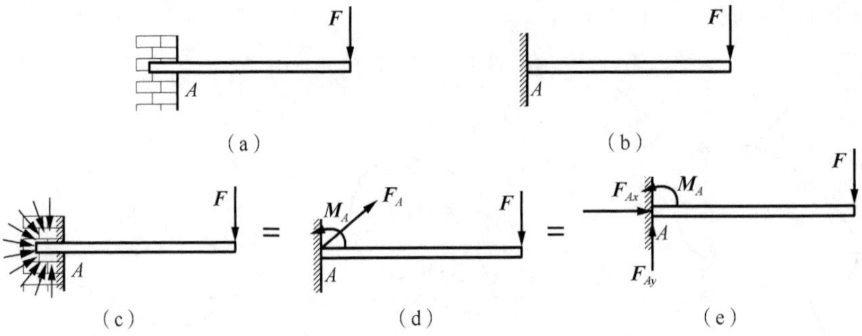

图 2-38

其实，固定端约束可以直观理解为其能限制物体的水平位移和竖向位移，因此有约束反力 $\boldsymbol{F}_{Ax}$ 和 $\boldsymbol{F}_{Ay}$；能限制物体在力系作用面内的转角位移，因此有约束反力偶 M_A。工程实际中的约束通常都可以这样直观理解：能限制某方向位移，则能提供该方向的约束反力；能限制某平面内的转角位移，则能提供该平面内的约束反力偶。

2.6.2　平面任意力系的简化结果

平面任意力系向一点简化，得到一个力和一个力偶，但这并不是简化的最终结果。根据力和力偶是否为零，可能出现下面四种情况。

1. $\boldsymbol{F}_R' = \boldsymbol{0}$，$M_O = 0$

力系的主矢量 $\boldsymbol{F}_R' = \sum \boldsymbol{F}_i = \boldsymbol{0}$ 表明作用在简化中心 O 的平面汇交力系 $\boldsymbol{F}_1', \boldsymbol{F}_2', \cdots, \boldsymbol{F}_n'$ 为平衡力系，力系对简化中心 O 的主矩 $M_O = \sum M_O(\boldsymbol{F}_i) = 0$ 表明附加的力偶系也平衡，从而原平面任意力系平衡。

2. $\boldsymbol{F}_R' = \boldsymbol{0}$，$M_O \neq 0$

此时 M_O 就是原力系的合力偶，表明原平面任意力系简化为一个力偶。因为主矢量和简化中心的选取无关，所以选任一点为简化中心，都将得到 $\boldsymbol{F}_R' = \sum \boldsymbol{F}_i = \boldsymbol{0}$。同时，因为力偶对于平面任一点的矩都相同（等于力偶矩），所以，当力系合成为一个力偶时，主矩与简化中心的位置无关。

3. $\boldsymbol{F}_R' \neq \boldsymbol{0}$，$M_O = 0$

此时主矢量 $\boldsymbol{F}_R'$ 即为原力系的合力 $\boldsymbol{F}_R$，合力作用线恰好通过简化中心 O，这表明原平面任意力系简化为一个合力。

4. $\boldsymbol{F}_R' \neq \boldsymbol{0}$，$M_O \neq 0$

最一般的情况是主矢量 $\boldsymbol{F}_R' \neq \boldsymbol{0}$，主矩 $M_O \neq 0$，如图 2-39（a）所示。因为 $\boldsymbol{F}_R'$ 和 M_O 在同一平面内（或者说将 M_O 用矢量表达，该力偶和力互相垂直），可以根据力的平移定理的逆过程将力和力偶进一步合成，得到一个力。具体做法是：将矩为 M_O 的力偶用两个力 $\boldsymbol{F}_R$ 和 $\boldsymbol{F}_R''$ 表示，并令 $\boldsymbol{F}_R = \boldsymbol{F}_R' = -\boldsymbol{F}_R''$，如图 2-39（b）所示；作用在点 O 的力 $\boldsymbol{F}_R'$ 和 $\boldsymbol{F}_R''$ 等值反向共线，构成平衡力系，可以减去，于是得到一个作用在点 O' 的力 $\boldsymbol{F}_R$，如图 2-39（c）所示，这个力 $\boldsymbol{F}_R$ 即为原力系的合力。合力 $\boldsymbol{F}_R$ 的大小和方向与主矢量 $\boldsymbol{F}_R'$ 相同，合力作用线在简化中心 O 的哪一侧，需根据主矢量和主矩的方向确定，合力作用线到点 O 的距离 d 按下式计算：

$$d=\frac{|M_O|}{F_R'}$$

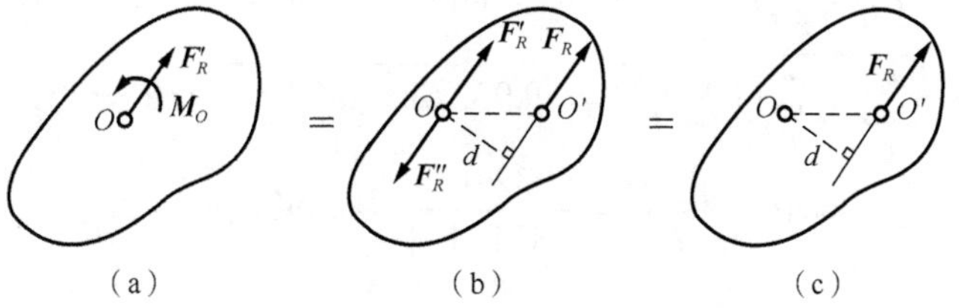

图 2-39

根据以上讨论，第 3 种和第 4 种情况下，平面任意力系都合成为一个合力。若简化中心选得特别巧，正好选在合力作用线上，就得到第 3 种情况；若简化中心选得不巧，则得到第 4 种情况，需继续简化，找到合力作用线位置。

综上所述，平面任意力系的最终简化结果有三种：**平衡、合力偶和合力**。

【例 2-8】 混凝土重力坝截面形状如图 2-40（a）所示。为了计算方便，取坝的单位长度（垂直于坝面）B=1 m 计算。已知混凝土的容重 $\gamma_h=23.5\ \text{kN/m}^3$，水的容重 $\gamma_s=9.81\ \text{kN/m}^3$，坝前水深 45 m。试求作用在坝上的坝体重力与水压力的合力 $\boldsymbol{F}_R$（大小、方向、位置）。

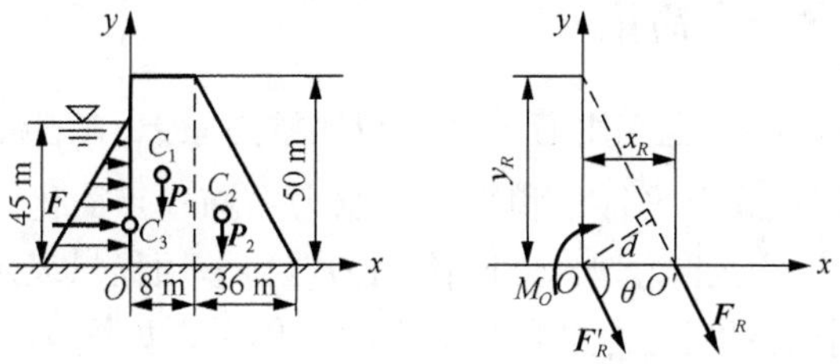

图 2-40

解　(1) 简化中心选在 O 点，求作用在坝上力系的主矢量 $\boldsymbol{F}_R'$ 与主矩 M_O。

将坝体分成规则的两部分，则可求出坝体的重力：

$$P_1=\gamma_h V_{h1}=23.5\times(8\times 50\times 1)=9400(\text{kN})$$

$$P_2=\gamma_h V_{h2}=23.5\times(\frac{1}{2}\times 36\times 50\times 1)=21150(\text{kN})$$

二力作用点位置为

$$x_{C_1}=4(\text{m}),\quad x_{C_2}=20(\text{m})$$

水压力为三角形分布的荷载，坝底压强为

$$p_0=\gamma_s h=9.81\times 45=441.45(\text{kN/m}^2)$$

水压力的合力为

$$F=\frac{1}{2}p_0 hB=\frac{1}{2}\times 441.45\times 45\times 1=9932.625(\text{kN})$$

作用点位置为

$$y_{C_3}=15(\text{m})$$

从而主矢量 $\boldsymbol{F}_R'$ 为

$$F_{R_x}' = \sum X_i = F = 9932.625(\text{kN})$$

$$F_{R_y}' = \sum Y_i = -P_1 - P_2 = -9400 - 21150 = -30550(\text{kN})$$

$$F_R' = \sqrt{\left(\sum X_i\right)^2 + \left(\sum Y_i\right)^2} = \sqrt{9.932\,625^2 + 30.55^2} \times 10^3 = 32124(\text{kN})$$

$$\cos\theta = \frac{\sum X_i}{F_R'} = \frac{9932.625}{32124} = 0.3092,\quad \theta = 72^\circ$$

主矩为

$$\begin{aligned} M_O &= \sum M_O(\boldsymbol{F}_i) = -P_1 x_{C_1} - P_2 x_{C_2} - F y_{C_3} \\ &= -9400 \times 4 - 21150 \times 20 - 9932.625 \times 15 = -609589.375(\text{kN·m}) \end{aligned}$$

主矢量和主矩画在图 2-40（b）上。

（2）求合力 $\boldsymbol{F}_R$。

合力 $\boldsymbol{F}_R$ 与主矢量 $\boldsymbol{F}_R'$ 的大小、方向相同，其位置如图 2-40（b）所示，其中

$$d = \frac{|M_O|}{F_R'} = \frac{609589.375}{32124} = 18.98(\text{m})$$

合力作用线位置也可用图 2-40（b）中截距 x_R 或 y_R 表示，其求解读者可自行完成。

2.6.3　空间任意力系向一点简化

如图 2-41（a）所示，刚体上作用着一个空间任意力系 $\boldsymbol{F}_1, \boldsymbol{F}_2, \cdots, \boldsymbol{F}_n$，各力作用线既不全在同一平面内，也不全相交或全平行。和平面任意力系向一点简化一样，把每个力向简化中心 O 平移，同时附加一个相应的力偶，此时附加力偶应该用矢量表示。这样，原来的空间任意力系等效替换成了一个空间汇交力系和一个空间力偶系，如图 2-41（b）所示。

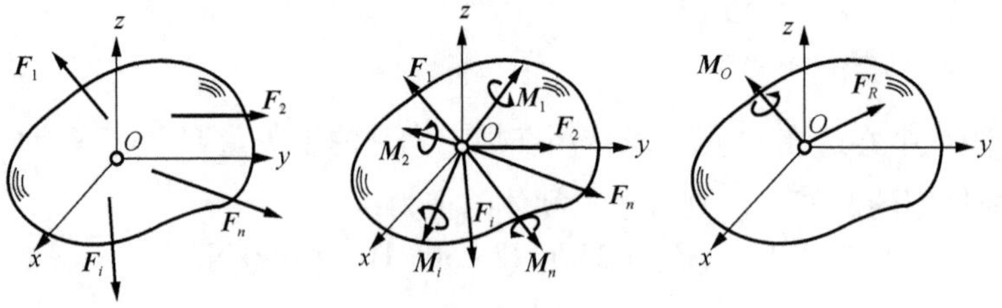

图 2-41

作用在 O 点的空间汇交力系肯定可以合成为一个力 $\boldsymbol{F}_R'$，

$$\boldsymbol{F}_R' = \sum \boldsymbol{F}_i \tag{2-32}$$

$\boldsymbol{F}_R'$ 也作用在简化中心 O 上，称为原空间任意力系的主矢量。空间力偶系必然合成为一个合力偶 $\boldsymbol{M}_O$，

$$\boldsymbol{M}_O = \sum \boldsymbol{M}_i = \sum \boldsymbol{M}_O(\boldsymbol{F}_i) \tag{2-33}$$

$\boldsymbol{M}_O$ 称为原空间任意力系对于该简化中心的主矩。

和平面任意力系简化一样，主矢量与简化中心的位置无关，主矩一般与简化中心的位置

有关。同样可得出相似结论：**空间任意力系向任一点简化，得到一个力和一个力偶［图 2-41（c）］。这个力等于力系中各力的矢量和，作用在简化中心，称为原力系的主矢量；这个力偶的矩等于力系中各力对简化中心之矩的矢量和，称为原力系对简化中心的主矩。**

为计算主矢量和主矩，以简化中心 O 为原点作直角坐标系 $Oxyz$，按式（2-13）计算主矢量 $\boldsymbol{F}_R'$ 的大小和方向：

$$\left.\begin{aligned}&F_R'=\sqrt{(F_{Rx}')^2+(F_{Ry}')^2+(F_{Rz}')^2}=\sqrt{\left(\sum X_i\right)^2+\left(\sum Y_i\right)^2+\left(\sum Z_i\right)^2}\\&\cos(\boldsymbol{F}_R',\boldsymbol{i})=\frac{F_{Rx}'}{F_R'},\quad \cos(\boldsymbol{F}_R',\boldsymbol{j})=\frac{F_{Ry}'}{F_R'},\quad \cos(\boldsymbol{F}_R',\boldsymbol{k})=\frac{F_{Rz}'}{F_R'}\end{aligned}\right\}\tag{2-34}$$

根据式（2-27）计算主矩 $\boldsymbol{M}_O$ 的大小和方向：

$$\left.\begin{aligned}&M_O=\sqrt{M_{Ox}^2+M_{Oy}^2+M_{Oz}^2}=\sqrt{\left(\sum M_x(\boldsymbol{F}_i)\right)^2+\left(\sum M_y(\boldsymbol{F}_i)\right)^2+\left(\sum M_z(\boldsymbol{F}_i)\right)^2}\\&\cos(\boldsymbol{M}_O,\boldsymbol{i})=\frac{M_{Ox}}{M_O},\quad \cos(\boldsymbol{M}_O,\boldsymbol{j})=\frac{M_{Oy}}{M_O},\quad \cos(\boldsymbol{M}_O,\boldsymbol{k})=\frac{M_{Oz}}{M_O}\end{aligned}\right\}\tag{2-35}$$

对于有多个力和多个力偶的空间力系的简化，计算量比较大，读者可以尝试用 Excel 或 MATLAB 等编程实现，将烦琐的计算交给计算机完成（朱艳英等，2006）。

【例 2-9】 图 2-42 所示一均质悬臂梁，长 l=3 m，高 a=15 cm，宽 b=20 cm，重 P=2 kN，在梁的自由端作用着两个力 $\boldsymbol{F}_1$ 和 $\boldsymbol{F}_2$，大小分别为 $F_1=5\,\text{kN}$，$F_2=1\,\text{kN}$。$\boldsymbol{F}_1$ 沿端截面的对角线，$\boldsymbol{F}_2$ 经过端截面中心并平行于底边，指向如图 2-42 所示。将力 $\boldsymbol{F}_1$、$\boldsymbol{F}_2$、$\boldsymbol{P}$ 向固定端截面中心 O 简化，求其主矢量和主矩。

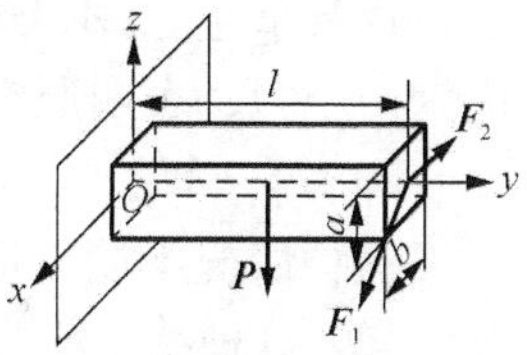

图 2-42

解　取图 2-42 所示直角坐标系 $Oxyz$。先求主矢量，

$$X=F_1\cdot\frac{20}{25}-F_2=3(\text{kN})$$

$$Y=0$$

$$Z=-P-F_1\cdot\frac{15}{25}=-5(\text{kN})$$

$$F_R'=\sqrt{X^2+Y^2+Z^2}=5.83(\text{kN})$$

$$\cos(\boldsymbol{F}_R',\boldsymbol{i})=0.515,\quad \cos(\boldsymbol{F}_R',\boldsymbol{j})=0,\quad \cos(\boldsymbol{F}_R',\boldsymbol{k})=-0.858$$

再求主矩，

$$M_x=-P\cdot\frac{l}{2}-F_1\cdot\frac{15}{25}\cdot l=-12(\text{kN}\cdot\text{m})$$

$$M_y=0$$

$$M_z=-F_1\cdot\frac{20}{25}\cdot l+F_2\cdot l=-9(\text{kN}\cdot\text{m})$$

$$M_O=\sqrt{M_x^2+M_y^2+M_z^2}=15(\text{kN}\cdot\text{m})$$

$$\cos(\boldsymbol{M}_O,\boldsymbol{i})=-0.8,\quad \cos(\boldsymbol{M}_O,\boldsymbol{j})=0,\quad \cos(\boldsymbol{M}_O,\boldsymbol{k})=-0.6$$

2.6.4 空间任意力系的简化结果

和平面任意力系简化类似，空间任意力系向一点简化也可能出现下面四种情况。

1． $\boldsymbol{F}_R'=\boldsymbol{0}$，$\boldsymbol{M}_O=\boldsymbol{0}$

$\boldsymbol{F}_R'=\sum \boldsymbol{F}_i=\boldsymbol{0}$ 表明作用在简化中心 O 的空间汇交力系为平衡力系；$\boldsymbol{M}_O=\sum \boldsymbol{M}_O(\boldsymbol{F}_i)=\boldsymbol{0}$ 表明附加的空间力偶系也平衡，从而原空间任意力系平衡。

2． $\boldsymbol{F}_R'=\boldsymbol{0}$，$\boldsymbol{M}_O\neq\boldsymbol{0}$

此时 $\boldsymbol{M}_O$ 就是原力系的合力偶，表明原空间任意力系简化为一个力偶。这种情况下，主矩与简化中心的位置无关。

3． $\boldsymbol{F}_R'\neq\boldsymbol{0}$，$\boldsymbol{M}_O=\boldsymbol{0}$

此时主矢量 $\boldsymbol{F}_R'$ 即为原力系的合力 $\boldsymbol{F}_R$，合力作用线恰好通过简化中心 O，这表明原空间任意力系简化为一个合力。

4． $\boldsymbol{F}_R'\neq\boldsymbol{0}$，$\boldsymbol{M}_O\neq\boldsymbol{0}$

最普遍的情况是主矢量 $\boldsymbol{F}_R'\neq\boldsymbol{0}$，主矩 $\boldsymbol{M}_O\neq\boldsymbol{0}$，此时由于主矢量和主矩都是矢量，情况远比平面任意力系的简化要复杂，需要根据两个矢量是否互相垂直或平行继续讨论。

1） $\boldsymbol{F}_R'\perp\boldsymbol{M}_O$

这就是 2.6.2 小节中的第 4 种情况，可以根据力的平移定理的逆过程将力和力偶进一步合成为一个力，表明原空间任意力系简化为一个合力。

2） $\boldsymbol{F}_R'\,/\!/\,\boldsymbol{M}_O$

这种情况不能再继续简化，一个力和一个平行的力偶组成的简单力系就是力系简化的最终结果，这种结果称为**力螺旋**，如图 2-43（a）所示。例如用螺丝刀拧螺丝时对螺丝的作用就是力螺旋，如图 2-43（b）所示。力的作用线称为力螺旋的中心轴，显然，上述情况中心轴恰好通过简化中心。

3） $\boldsymbol{F}_R'$ 与 $\boldsymbol{M}_O$ 既不平行又不垂直

如果 $\boldsymbol{F}_R'$ 与 $\boldsymbol{M}_O$ 既不平行又不垂直[图 2-44（a）]，可将 $\boldsymbol{M}_O$ 分解为两个分力偶 $\boldsymbol{M}_O^{\parallel}$ 和 $\boldsymbol{M}_O^{\perp}$，使它们分别平行于 $\boldsymbol{F}_R'$ 和垂直于 $\boldsymbol{F}_R'$，如图 2-44（b）所示。然后将 $\boldsymbol{M}_O^{\perp}$ 和 $\boldsymbol{F}_R'$ 合成为一个作用在点 O' 的力 $\boldsymbol{F}_R$，O、O' 两点间的距离为

$$d=\frac{\left|\boldsymbol{M}_O^{\perp}\right|}{F_R'}=\frac{M_O\sin\alpha}{F_R'}$$

由于力偶矩矢是自由矢量，可将 $\boldsymbol{M}_O^{\parallel}$ 平行移动，使之与 $\boldsymbol{F}_R$ 共线。于是便得到一个力螺旋，其中心轴通过点 O'，而不在简化中心 O，如图 2-44（c）所示。

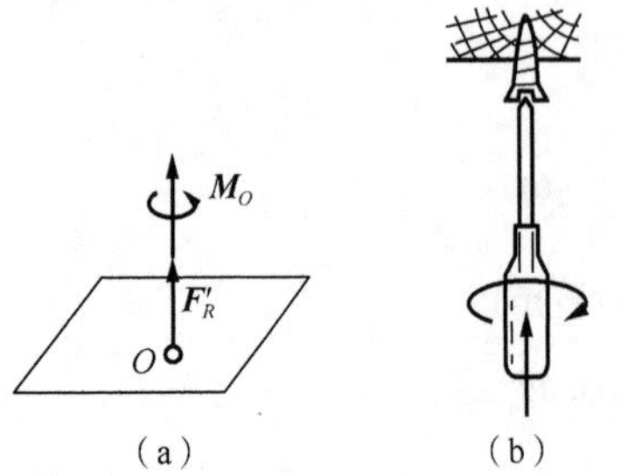

图 2-43

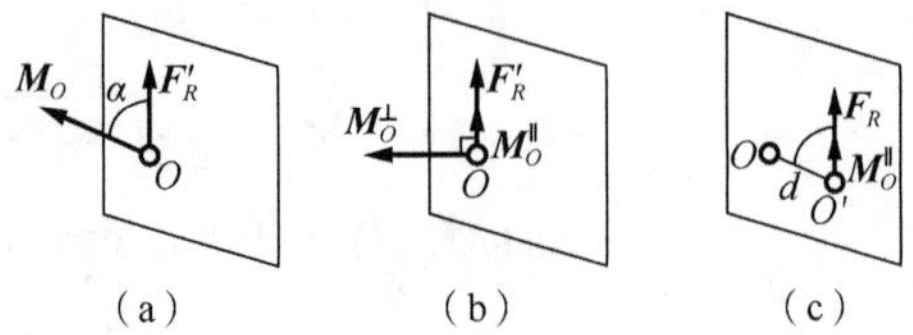

图 2-44

综上所述，空间任意力系的最终简化结果有四种：**平衡、合力偶、合力和力螺旋**。当力系最终简化为一个合力时，若简化中心选得特别巧，正好选在合力作用线上，就得到第 3 种情况；若简化中心选得不巧，得到第 4 种情况中 1)，则需利用力的平移定理的逆过程继续简化，找到合力作用线位置。当力系最终简化为一个力螺旋时，若简化中心选得特别巧，正好选在力螺旋中心线上，就得到第 4 种情况中 2)；若简化中心选得不巧，得到第 4 种情况中 3)，则需利用力的平移定理的逆过程继续简化，找到力螺旋中心线位置。

【例 2-10】 如图 2-45（a）所示，力 $\boldsymbol{P}_1$、$\boldsymbol{P}_2$、$\boldsymbol{P}_3$、$\boldsymbol{P}_4$、$\boldsymbol{P}_5$ 作用在边长为 a 的立方体上，其中 $P_1 = P_2 = P_3 = P$，$P_4 = P_5 = \sqrt{2}P$，求力系的最终简化结果。

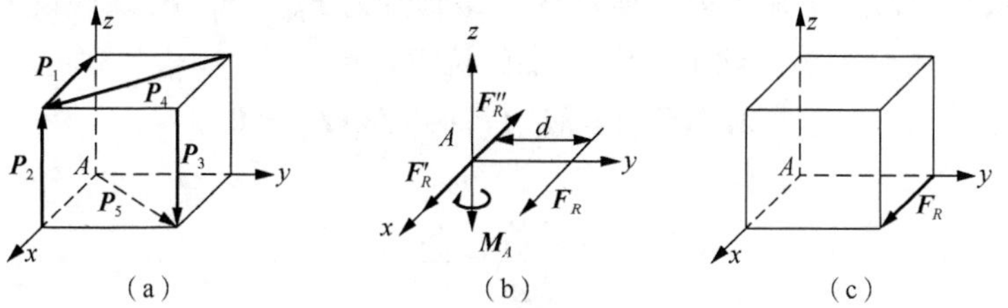

图 2-45

解　取坐标系 $Axyz$ 如图 2-45（a）所示。先求其主矢量，

$$F'_{Rx} = -P_1 + \frac{\sqrt{2}}{2}P_4 + \frac{\sqrt{2}}{2}P_5 = P$$

$$F'_{Ry} = \frac{\sqrt{2}}{2}P_5 - \frac{\sqrt{2}}{2}P_4 = 0$$

$$F'_{Rz} = P_2 - P_3 = 0$$

因此

$$F'_R = F'_{Rx} = P$$

主矩为

$$M_{Ax} = -P_3 a + P_4 \frac{\sqrt{2}}{2}a = 0$$

$$M_{Ay} = -P_2 a - P_1 a + P_4 \frac{\sqrt{2}}{2}a + P_3 a = 0$$

$$M_{Az} = -P_4 \frac{\sqrt{2}}{2}a = -Pa$$

因此

$$M_A = M_{Az} = -Pa$$

将主矢量 $\boldsymbol{F}'_R$ 和主矩 $\boldsymbol{M}_A$ 画在图 2-45（b）中，可知主矢量和主矩互相垂直，因而可继续简化为一个合力。具体步骤为：将力偶 $\boldsymbol{M}_A$ 用与主矢量 $\boldsymbol{F}'_R$ 共面且等值的两个平行力 $\boldsymbol{F}_R$、$\boldsymbol{F}''_R$ 表示，两平行力之间的距离 $d = \dfrac{|\boldsymbol{M}_A|}{F'_R} = a$，因而最终合力 $\boldsymbol{F}_R$ 在立方体上的作用位置如图 2-45（c）所示。

2.7 平行力系的简化、重心和质心

2.7.1 平行力系的简化

在刚体上的A_1、A_2、A_3三点分别作用三个同向平行力$\boldsymbol{F}_1$、$\boldsymbol{F}_2$、$\boldsymbol{F}_3$，如图 2-46 所示，求它们的合力$\boldsymbol{F}_R$。按力系向一点简化的理论，先把力$\boldsymbol{F}_1$和$\boldsymbol{F}_2$相加，简化中心选在A_1，可知主矢量的大小$F'_{R1}=F_1+F_2$，方向也和三个力平行；主矩为$M_{A1}=M_{A1}(\boldsymbol{F}_2)$，用矢量表示肯定和$\boldsymbol{F}'_{R1}$垂直，从而可以利用力的平移定理的逆过程，得到合力$\boldsymbol{F}_{R1}=\boldsymbol{F}_1+\boldsymbol{F}_2$。假设$\boldsymbol{F}_{R1}$作用线与线段$A_1A_2$相交于$C_1$点，用合力矩定理可求出$C_1$点的位置，

$$M_{C1}(\boldsymbol{F}_{R1})=M_{C1}(\boldsymbol{F}_1)+M_{C1}(\boldsymbol{F}_2)=0$$

整理得

$$\frac{C_1A_1}{C_1A_2}=\frac{F_2}{F_1}$$

再把力$\boldsymbol{F}_{R1}$与$\boldsymbol{F}_3$相加，得合力$\boldsymbol{F}_R=\boldsymbol{F}_{R1}+\boldsymbol{F}_3=\boldsymbol{F}_1+\boldsymbol{F}_2+\boldsymbol{F}_3$，其作用线与线段$C_1A_3$相交于$C$点，且$CC_1/CA_3=F_3/F_{R1}$。若有$n$个平行力，可顺次地应用这种合成法求出其合力。

若将各力绕其作用点朝同一方向转过同一角度，即它们仍然保持互相平行，则合力也绕C点朝同一方向转过同一角度仍与各力平行（图 2-46 虚线所示），其大小和作用点不变。这是因为关系式$C_1A_1/C_1A_2=F_2/F_1$和$CC_1/CA_3=F_3/F_{R1}$在各力转动后仍然成立，所以点C_1的位置不变，点C的位置也不变。由此可知，C的位置仅与各平行力的大小和作用点的位置有关，而与各平行力的方向无关，点C称为该**平行力系的中心**。不难验证，若三个平行力不是全部同向，该结论也成立。

下面来推导平行力系中心的坐标公式。假设力$\boldsymbol{F}_1,\boldsymbol{F}_2,\cdots,\boldsymbol{F}_n$为作用在刚体上的平行力系，并设各力与直角坐标系中的z轴平行，如图 2-47 所示。各力作用点$A_1,A_2,\cdots,A_n$的坐标分别为$(x_1,y_1,z_1),(x_2,y_2,z_2),\cdots,(x_n,y_n,z_n)$，设平行力系中心$C$的坐标为$(x_C,y_C,z_C)$。应用空间力系对轴的合力矩定理，先对$x$轴取矩，得

$$M_x(\boldsymbol{F}_R)=\sum M_x(\boldsymbol{F}_i)=F_1y_1+F_2y_2+\cdots+F_ny_n=\sum F_iy_i$$

又因为$M_x(\boldsymbol{F}_R)=F_Ry_C$，代入上式解得

$$y_C=\frac{\sum F_iy_i}{F_R}=\frac{\sum F_iy_i}{\sum F_i} \tag{2-36a}$$

对y轴取矩，同理得

$$x_C=\frac{\sum F_ix_i}{F_R}=\frac{\sum F_ix_i}{\sum F_i} \tag{2-36b}$$

将力系中各力绕其自身作用点朝同一方向转过$90°$与y轴平行，自然其合力$\boldsymbol{F}_R$也绕C点转$90°$，如图 2-47 中虚线所示。再对x轴取矩，得

$$z_C=\frac{\sum F_iz_i}{F_R}=\frac{\sum F_iz_i}{\sum F_i} \tag{2-36c}$$

以上三式总称为平行力系中心坐标公式。注意，式中，F_i为力$\boldsymbol{F}_i$在轴上的投影，F_i和

x_i, y_i, z_i 一样均为代数量，具体计算时应该连同其正负号一并代入。

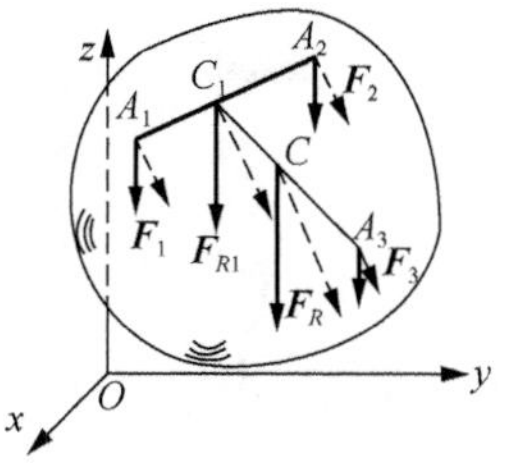

图 2-46

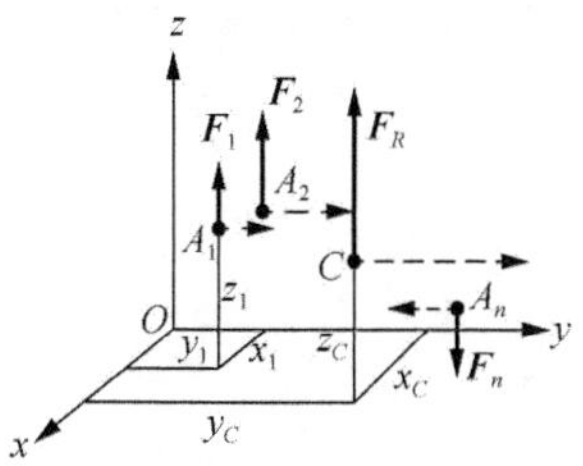

图 2-47

2.7.2　物体的重心和质心

重心和质心在工程实际中具有重要意义。重心的位置对于物体的平衡和运动都有直接影响。例如，如果一个物体的重心太高，重力作用线容易落到物体支承面以外，物体就容易倾倒。在工程上，建筑挡土墙、重力坝等结构时，希望其重心低一些，以便提高它们的抗倾覆能力。再例如一些转动机械，有的是人为地将转动部件的质心离开转轴中心线一定的距离，以便利用由于偏心而产生的效果，如混凝土振捣器；有的却必须使转动部件的质心尽可能不偏离转轴，以避免产生振动和噪声，甚至造成严重事故，如电动机转子。

求物体重心的问题，实质上是求平行力系合力作用点的问题。物体的重力是体积力，在它的每一微块上，都作用一个地心引力（即微块的重力）。严格地说，这些力组成一个空间汇交力系，交点在地心，但由于地面上物体的尺寸与地球尺寸相比非常小，离地心极远，即使长 30 m 的物体平放在地面上，其两端重力作用线的夹角也不超过 1 秒，因此，可以近似认为这些微块重力相互平行，组成一个空间平行力系。物体的重力就是这一平行力系的合力，合力作用点（即平行力系中心）称为物体的**重心**。由上面平行力系中心的概念可知，物体无论如何放置（即平行力系统一转过任意角度），其重心位置总是一个确切的点。

1. 求重心和质心的坐标公式

将一个重量为 $\boldsymbol{P}$ 的物体分割成很多个微块，每个微块的体积为 ΔV_i，所受重力为 $\boldsymbol{P}_i$，其作用点坐标为 (x_i, y_i, z_i)，这些力组成一个空间平行力系，如图 2-48 所示。设物体重力的作用点即重心为点 $C(x_C, y_C, z_C)$，根据式（2-36）直接可得

$$\left.\begin{aligned} x_C &= \frac{\sum P_i x_i}{\sum P_i} = \frac{\sum P_i x_i}{P} \\ y_C &= \frac{\sum P_i y_i}{\sum P_i} = \frac{\sum P_i y_i}{P} \\ z_C &= \frac{\sum P_i z_i}{\sum P_i} = \frac{\sum P_i z_i}{P} \end{aligned}\right\} \tag{2-37}$$

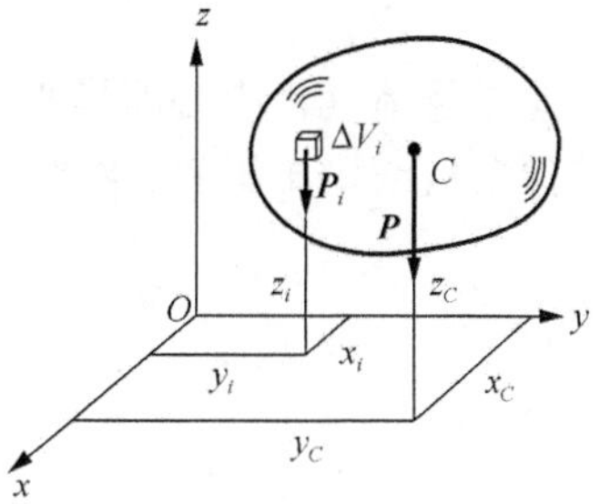

图 2-48

这就是求物体重心的坐标公式。若将物体分割成无穷多个微块，每个微块的体积为 $\mathrm{d}V$，所受重力为 $\mathrm{d}P$，则上式变为积分形式：

$$\left.\begin{aligned} x_C &= \frac{\int_P x\mathrm{d}P}{\int_P \mathrm{d}P} = \frac{\int_P x\mathrm{d}P}{P} \\ y_C &= \frac{\int_P y\mathrm{d}P}{\int_P \mathrm{d}P} = \frac{\int_P y\mathrm{d}P}{P} \\ z_C &= \frac{\int_P z\mathrm{d}P}{\int_P \mathrm{d}P} = \frac{\int_P z\mathrm{d}P}{P} \end{aligned}\right\} \tag{2-38a}$$

因为$\mathrm{d}P = g\mathrm{d}m$，代入上式，得

$$\left.\begin{aligned} x_C &= \frac{\int_m xg\mathrm{d}m}{\int_m g\mathrm{d}m} = \frac{\int_m x\mathrm{d}m}{\int_m \mathrm{d}m} = \frac{\int_m x\mathrm{d}m}{m} \\ y_C &= \frac{\int_m yg\mathrm{d}m}{\int_m g\mathrm{d}m} = \frac{\int_m y\mathrm{d}m}{\int_m \mathrm{d}m} = \frac{\int_m y\mathrm{d}m}{m} \\ z_C &= \frac{\int_m zg\mathrm{d}m}{\int_m g\mathrm{d}m} = \frac{\int_m z\mathrm{d}m}{\int_m \mathrm{d}m} = \frac{\int_m z\mathrm{d}m}{m} \end{aligned}\right\} \tag{2-38b}$$

这就是求物体质心的坐标公式。上式表明，在重力场内，质点系的质心与重心重合。但应注意，质心与重心是两个不同的概念。物体离开重力场，重心就失去意义，而质心完全决定于质点系各质点质量的大小及其分布情况，不论质点系在宇宙空间的什么位置，它都存在。所以，质心具有更广泛的意义。

以γ表示物体的重度，则$\mathrm{d}P = \gamma\mathrm{d}V$，如果物体是均质的，即$\gamma =$常量，则由式（2-38a）可得

$$\left.\begin{aligned} x_C &= \frac{\int_V x\gamma\mathrm{d}V}{\int_V \gamma\mathrm{d}V} = \frac{\int_V x\mathrm{d}V}{V} \\ y_C &= \frac{\int_V y\gamma\mathrm{d}V}{\int_V \gamma\mathrm{d}V} = \frac{\int_V y\mathrm{d}V}{V} \\ z_C &= \frac{\int_V z\gamma\mathrm{d}V}{\int_V \gamma\mathrm{d}V} = \frac{\int_V z\mathrm{d}V}{V} \end{aligned}\right\} \tag{2-39}$$

这就是求物体几何中心即形心的坐标公式，表明均质物体的重心就是其形心。如果物体是均质等厚薄板或均质等截面细线，则式（2-39）改写为

$$\left.\begin{aligned} x_C &= \frac{\int_A x\mathrm{d}A}{A} \\ y_C &= \frac{\int_A y\mathrm{d}A}{A} \\ z_C &= \frac{\int_A z\mathrm{d}A}{A} \end{aligned}\right\} \quad 或 \quad \left.\begin{aligned} x_C &= \frac{\int_l x\mathrm{d}l}{l} \\ y_C &= \frac{\int_l y\mathrm{d}l}{l} \\ z_C &= \frac{\int_l z\mathrm{d}l}{l} \end{aligned}\right\} \tag{2-40}$$

这时重心分别称为面积的重心和线段的重心。若是曲面和曲线，则重心一般不在物体上。

如果均质物体具有几何对称性，则物体的重心必在其对称面、对称轴或对称中心上。例如，旋转体的重心在其轴线上，球体的重心在球心，等等。

【例 2-11】 求图 2-49 所示均质三角形薄板的重心坐标 y_C。

解 对于均质薄板，其面积形心就是重心。在距离 x 轴为 y 的位置取一高度为 $\mathrm{d}y$ 的微块，微块面积为

$$\mathrm{d}A = b' \cdot \mathrm{d}y = \frac{h-y}{h} \cdot b \cdot \mathrm{d}y$$

$$y_C = \frac{\int_A y\mathrm{d}A}{A} = \frac{\int_0^h \frac{(h-y)by}{h}\mathrm{d}y}{\frac{1}{2}bh} = \frac{h}{3}$$

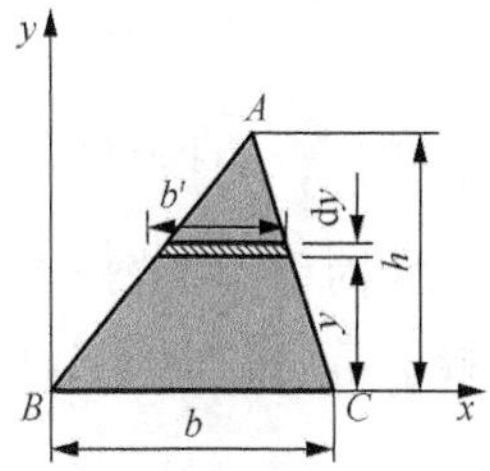

图 2-49

【例 2-12】 试求图 2-50 所示半径为 R、圆心角为 2α 的均质圆弧的重心。

解 取中心角的平分线为 y 轴，由于对称关系，重心必在此轴上，即 $x_C = 0$，现在只需求出 y_C。

如图 2-50 所示，把圆弧 AB 分成无数无限小的微段（可看成直线），其重心在微段的中心，于是有

$$y_C = \frac{\int_l y\mathrm{d}l}{l} = \frac{\int_{-\alpha}^{\alpha} R\cos\theta \cdot R\mathrm{d}\theta}{R \cdot 2\alpha} = \frac{R^2\int_{-\alpha}^{\alpha}\cos\theta\mathrm{d}\theta}{2R\alpha} = \frac{2R^2\sin\alpha}{2R\alpha} = \frac{R\sin\alpha}{\alpha}$$

当 $\alpha = \dfrac{\pi}{2}$，即 AB 为四分之一圆弧时，重心坐标 $y_C = \dfrac{2R}{\pi}$。

【例 2-13】 试求图 2-51 所示半径为 R、中心角为 2α 的扇形面积的重心。

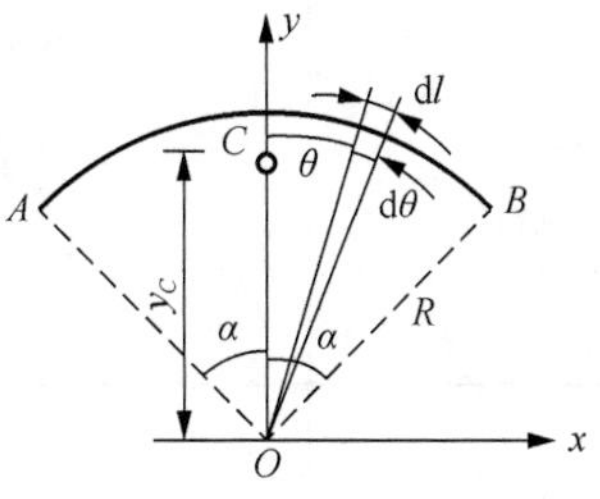

图 2-50

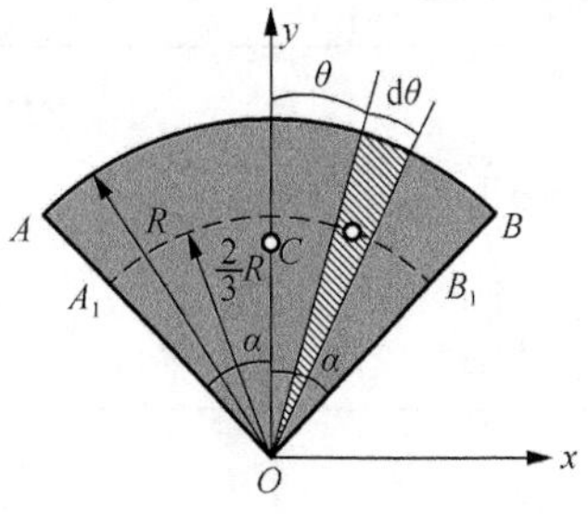

图 2-51

解 取中心角的平分线为 y 轴。由于对称关系，重心必在此轴上，即 $x_C = 0$，现在只需求出 y_C。

把扇形分成无数无限小的微扇形，每个微扇形可看成一等腰三角形，其重心距顶点 O 都为 $\dfrac{2}{3}R$，如图 2-51 所示。

微扇形面积：

$$\mathrm{d}A = \frac{1}{2}R\mathrm{d}l = \frac{1}{2}R \cdot R\mathrm{d}\theta = \frac{1}{2}R^2\mathrm{d}\theta$$

扇形总面积：

$$A=\int \mathrm{d}A=2\int_0^{\alpha}\frac{1}{2}R^2\mathrm{d}\theta=R^2\alpha$$

则有

$$y_C=\frac{\int y\mathrm{d}A}{A}=\frac{2\int_0^{\alpha}\frac{2}{3}R\cos\theta\cdot\frac{1}{2}R^2\mathrm{d}\theta}{R^2\alpha}=\frac{2R}{3\alpha}\sin\alpha$$

当 $\alpha=\frac{\pi}{2}$，即为四分之一圆时，重心坐标 $y_C=\frac{4R}{3\pi}$。

简单形状物体的重心可从工程手册上查到，表 2-1 列出了一些常见简单形体的重心。工程上常用型钢（如工字钢、角钢、槽钢等）的截面形心则可从型钢表中查到。

表 2-1　常见简单形体的重心表

图形	重心位置	图形	重心位置
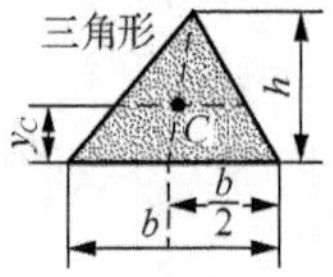	在中线的交点 $y_C=\frac{1}{3}h$	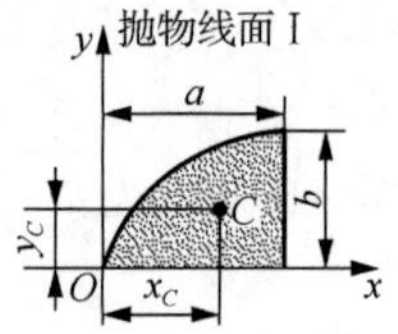	$x_C=\frac{3}{5}a$ $y_C=\frac{3}{8}b$
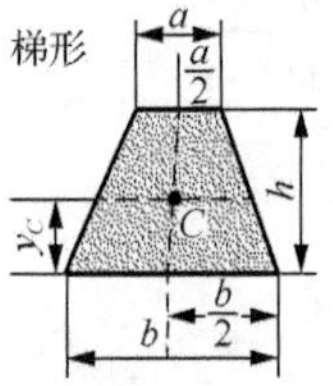	$y_C=\frac{h(2a+b)}{3(a+b)}$	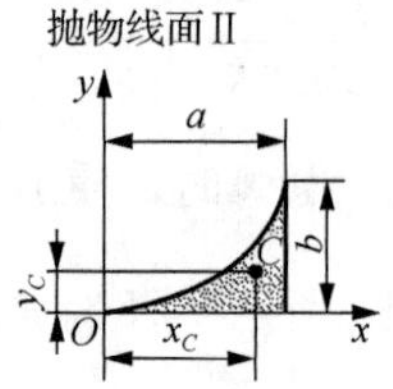	$x_C=\frac{3}{4}a$ $y_C=\frac{3}{10}b$
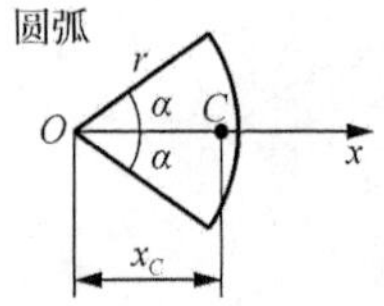	$x_C=\frac{r\sin\alpha}{\alpha}$ 对于半圆弧 $\alpha=\frac{\pi}{2}$，则 $x_C=\frac{2r}{\pi}$	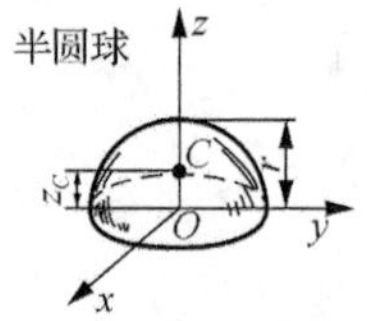	$z_C=\frac{3}{8}r$
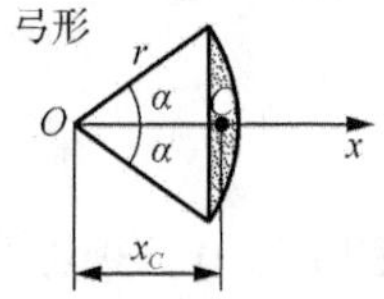	$x_C=\frac{2}{3}\frac{r^3\sin^3\alpha}{A}$ （面积 $A=\frac{r^2(2\alpha-\sin 2\alpha)}{2}$）	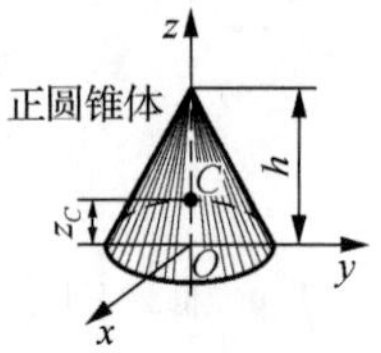	$z_C=\frac{1}{4}h$
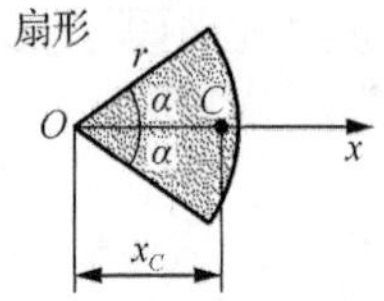	$x_C=\frac{2}{3}\frac{r\sin\alpha}{\alpha}$ 对于半圆 $\alpha=\frac{\pi}{2}$，则 $x_C=\frac{4r}{3\pi}$	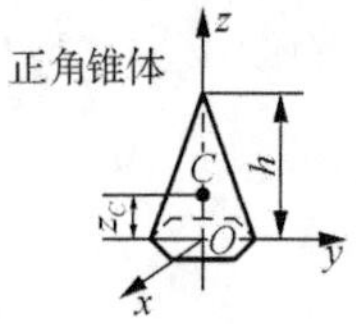	$z_C=\frac{1}{4}h$

续表

图形	重心位置	图形	重心位置
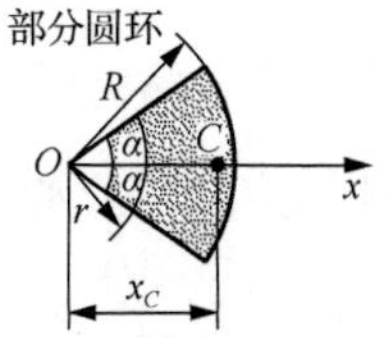	$x_C=\frac{2}{3}\cdot\frac{R^3-r^3}{R^2-r^2}\cdot\frac{\sin\alpha}{\alpha}$	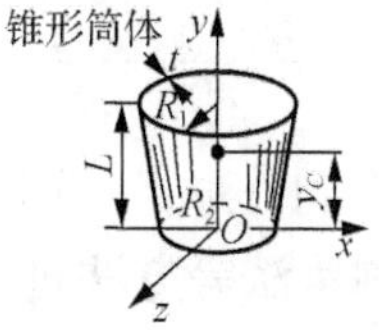	$y_C=\frac{4R_1+2R_2-3t}{6(R_1+R_2-t)}L$

2. 求重心的组合法

对于由几个简单形状的均质物体所组成的组合形体的重心，通常用两种较简单的方法来计算，即分割法和负面积法（负体积法），统称为组合法。下面举例说明。

（1）分割法。若一个物体由几个简单形状的物体所组成，而且这些简单形状物体的重心是已知的，则该物体的重心可用式（2-37）求出。

（2）负面积法（负体积法）。在物体内切去一部分（例如有空穴或孔的物体），仍可应用与分割法相同的公式求得这类物体的重心，只是切去部分的体积或面积应取负值。

【例 2-14】 试求图 2-52（a）所示均质 L 形板的重心位置。

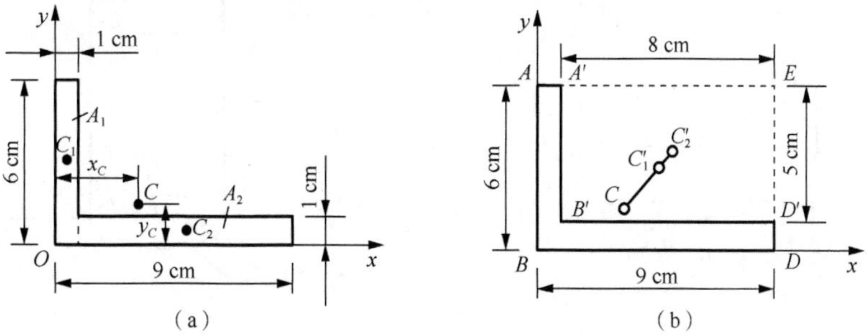

图 2-52

解　取直角坐标系如图 2-52（a）所示。将板分割成两个矩形，其中每个矩形的面积和相应的重心坐标如下：

$$A_1=1\times6=6(\text{cm}^2),\quad x_1=0.5(\text{cm}),\quad y_1=3(\text{cm})$$

$$A_2=8\times1=8(\text{cm}^2),\quad x_2=5(\text{cm}),\quad y_2=0.5(\text{cm})$$

则组合面积 L 形板重心的坐标为

$$x_C=\frac{A_1x_1+A_2x_2}{A_1+A_2}=\frac{6\times0.5+8\times5}{6+8}=3.07(\text{cm})$$

$$y_C=\frac{A_1y_1+A_2y_2}{A_1+A_2}=\frac{6\times3+8\times0.5}{6+8}=1.57(\text{cm})$$

也可采用负面积法，将 L 形板看成由矩形板 $ABDE$ 中减去矩形板 $A'B'D'E$ 而得，如图 4-52（b）所示。则各部分的面积和相应的重心坐标如下：

$$A_1'=9\times6=54(\text{cm}^2),\quad x_1'=4.5(\text{cm}),\quad y_1'=3(\text{cm})$$

$$A_2'=-8\times5=-40(\text{cm}^2),\quad x_2'=5(\text{cm}),\quad y_2'=3.5(\text{cm})$$

于是组合面积 L 形板的重心 C 的坐标为

$$x_C = \frac{A_1' x_1' + A_2' x_2'}{A_1' + A_2'} = \frac{54 \times 4.5 - 40 \times 5}{54 - 40} = 3.07(\text{cm})$$

$$y_C = \frac{A_1' y_1' + A_2' y_2'}{A_1' + A_2'} = \frac{54 \times 3 - 40 \times 3.5}{54 - 40} = 1.57(\text{cm})$$

在工程实际中经常会遇到外形不规则的非均质物体，不能应用上述计算方法求重心的位置，此时只能用**悬挂法、称重法等方法**进行实验测定。

习　　题

2-1　已知平面上 4 个力：$F_1 = 200\ \text{N}$，$F_2 = 150\ \text{N}$，$F_3 = 200\ \text{N}$，$F_4 = 250\ \text{N}$，方向如图所示，其中 $\theta = 30°$，$\alpha = 20°$。求每个力在 x、y 上的投影。（答：略）

2-2　圆桶内作用一力 $F = 100\ \text{kN}$，桶半径为 R，桶高 $h = 4R$，$\theta = 30°$，如图所示。求力 $\boldsymbol{F}$ 在 x、y、z 轴上的投影。（答：$X = -12.13\ \text{kN}$，$Y = 21.00\ \text{kN}$，$Z = 97.01\ \text{kN}$）

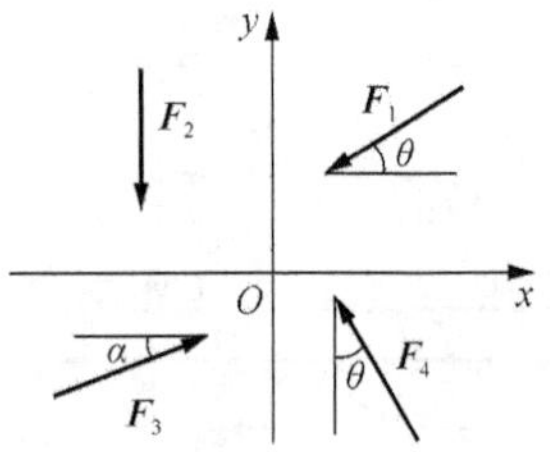

习题 2-1 图

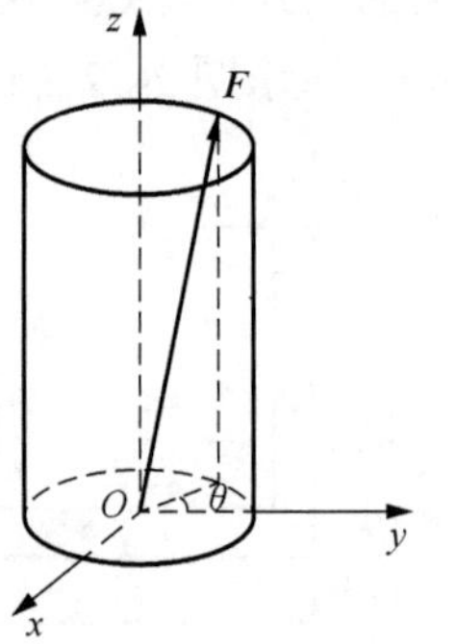

习题 2-2 图

2-3　长方体顶角 A 和 B 分别作用有力 $\boldsymbol{F}_1$、$\boldsymbol{F}_2$、$\boldsymbol{F}_3$，$F_1 = 500\ \text{N}$，$F_2 = 700\ \text{N}$，$F_3 = 400\ \text{N}$，长方体的尺寸如图所示。求三力各自在 x、y、z 轴上的投影。（答：$X_1 = -477\ \text{N}$，$Y_1 = 0$，$Z_1 = 224\ \text{N}$；$X_2 = -375\ \text{N}$，$Y_2 = -563\ \text{N}$，$Z_2 = 187\ \text{N}$；$X_3 = 0$，$Y_3 = 0$，$Z_3 = 400\ \text{N}$）

2-4　图示力 $\boldsymbol{F}$ 的大小为 2 kN，方向沿 AB 线段，$\theta = 30°$，$\alpha = 40°$。写出该力在直角坐标系 $Oxyz$ 中的解析表达式。（答：$\boldsymbol{F} = -1.11\boldsymbol{i} + 1.33\boldsymbol{j} + 1.0\boldsymbol{k}\ \text{kN}$）

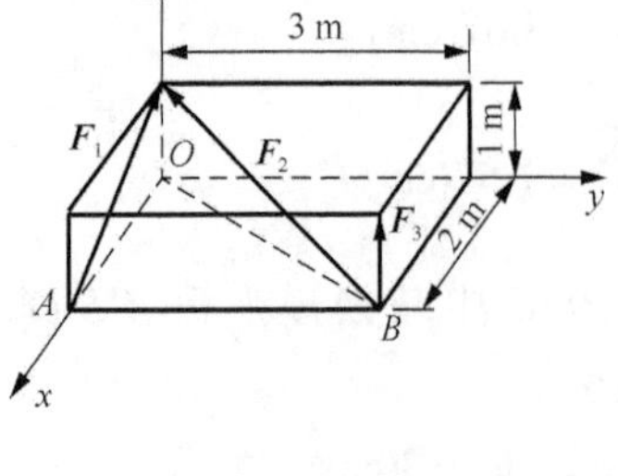

习题 2-3 图

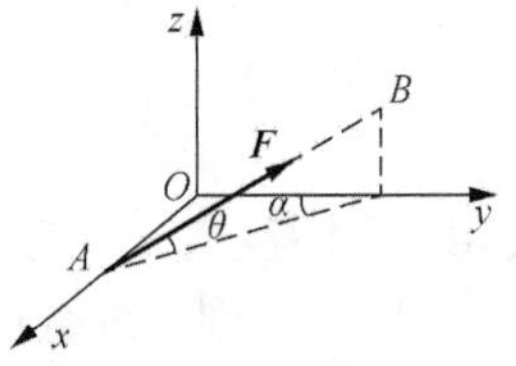

习题 2-4 图

2-5　作用于 O 点的四个力 $\boldsymbol{F}_1$、$\boldsymbol{F}_2$、$\boldsymbol{F}_3$、$\boldsymbol{F}_4$ 如图所示，已知 $F_1 = 500\ \text{N}$，$F_2 = 300\ \text{N}$，

$F_3 = 600\ \text{N}$，$F_4 = 1000\ \text{N}$。试用几何法和解析法求它们的合力。（答：$F_R = 735\ \text{kN}$，$\alpha = 81.6°$）

2-6　五个力作用于一点，图中方格的边长为 1 cm。求力系的合力。（答：$F_R = 669\ \text{kN}$，$\alpha = 34.8°$）

2-7　图示刚架上作用力 $\boldsymbol{F}$，已知 $\boldsymbol{F}$、α、a、b，试计算力 $\boldsymbol{F}$ 对 A 点和 B 点的矩。（答：$M_A(\boldsymbol{F}) = -Fb\cos\alpha$，$M_B(\boldsymbol{F}) = F(a\sin\alpha - b\cos\alpha)$）

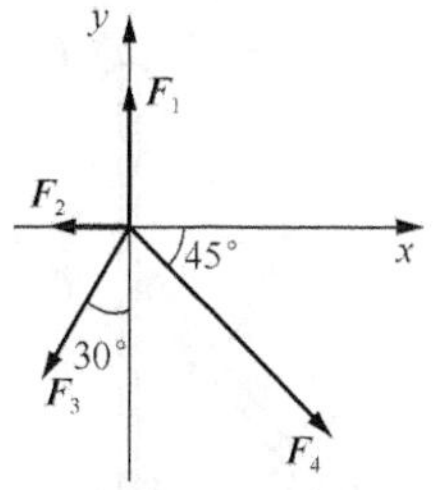

习题 2-5 图

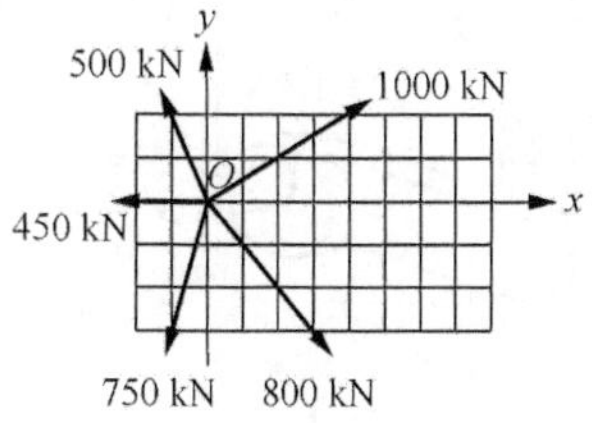

习题 2-6 图

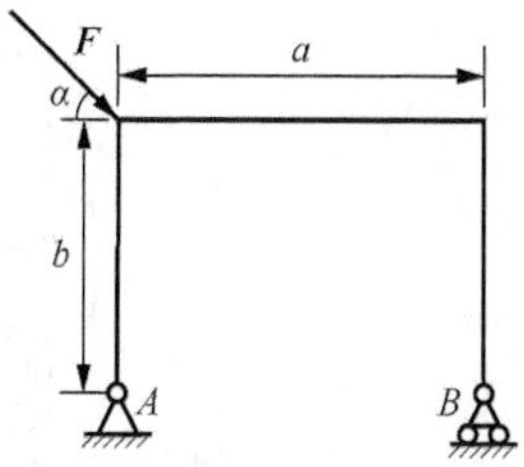

习题 2-7 图

2-8　作用在悬臂梁上的三角形分布荷载如图所示，q=10 kN/m，求该荷载对 A 点的矩。（答：$M_A = -6666.7\ \text{N}\cdot\text{m}$）

2-9　图示一集中力 $\boldsymbol{F}$ 作用于直杆杆端，$F = 5\ \text{kN}$，l=3 m，求集中力对 O 点的力矩。（答：$M = 14.49\ \text{kN}\cdot\text{m}$）

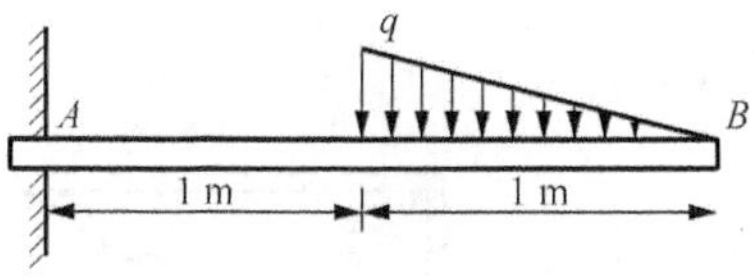

习题 2-8 图

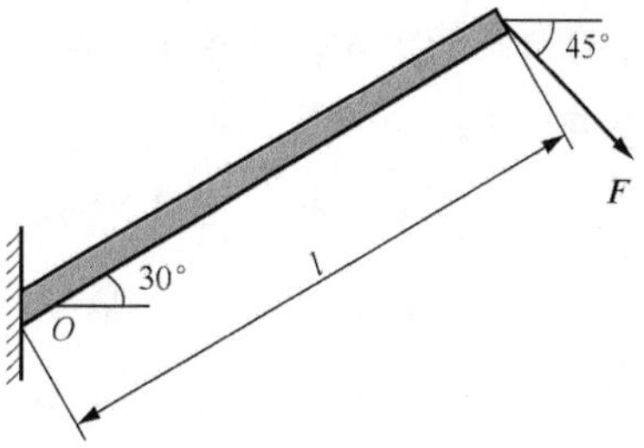

习题 2-9 图

2-10　图示 $F = 20\ \text{N}$，沿 AC 方向（C 在 Oyz 平面），$OA = OD = 5\ \text{m}$，求力 $\boldsymbol{F}$ 对各轴的力矩。（答：M_x=0 N·m，M_y=−50 N·m，M_z=61.24 N·m）

2-11　图示力 $\boldsymbol{F} = -10\boldsymbol{i} + 20\boldsymbol{j} + 5\boldsymbol{k}$ (N)，作用在直角坐标系的 A 点，A 点的矢径 $\boldsymbol{r}_{OA} = 5\boldsymbol{i}$ (m)，求力 $\boldsymbol{F}$ 对 x、y、z 轴的矩。（答：$M_x = 0$，$M_y = -25\ \text{N}\cdot\text{m}$，$M_z = 100\ \text{N}\cdot\text{m}$）

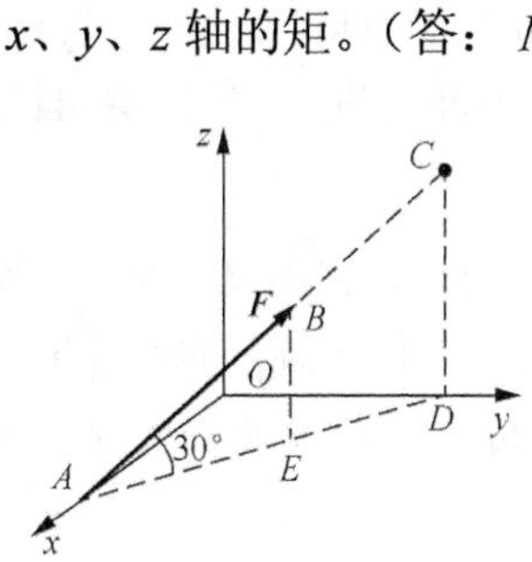

习题 2-10 图

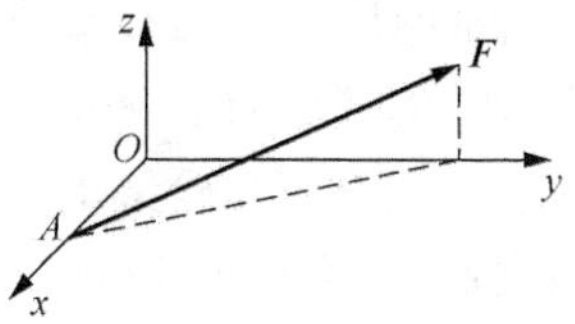

习题 2-11 图

2-12　图示力 $\boldsymbol{F}$ 的大小为 1000 N，求其对 z 轴的力矩 M_z。（答：M_z=−101.5 N·m）

2-13　已知杆 AB 和 CD 的自重不计，且在 C 处光滑接触，若 AB 杆上作用力偶 M_1，CD 杆上作用力偶 M_2，求使系统保持平衡的两力偶矩值之比。（答：1∶1）

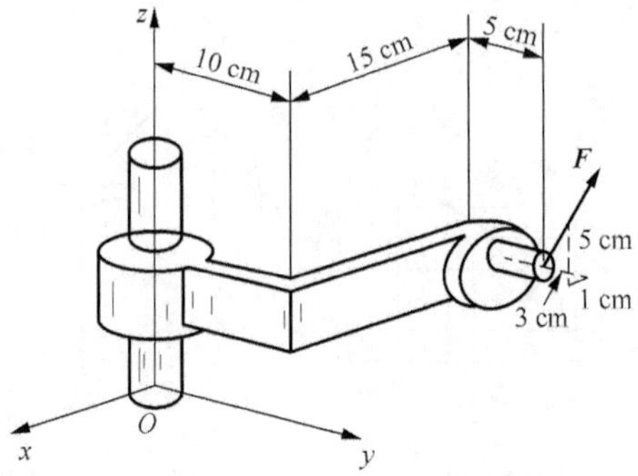

习题 2-12 图

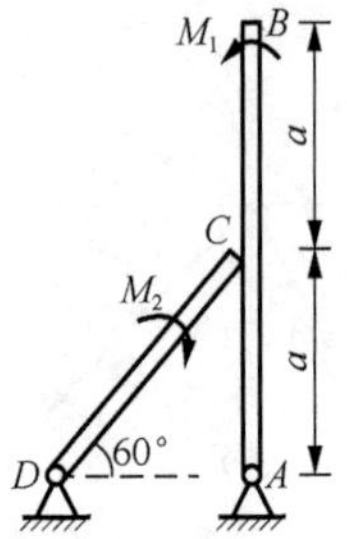

习题 2-13 图

2-14　已知 AB 梁上作用一力偶，力偶矩为 M，梁长 l。求图示两种情况的支座反力 $\boldsymbol{F}_A$、$\boldsymbol{F}_B$。（答：(a) $F_A = F_B = M/l$；(b) $F_A = F_B = M/(l\cos\alpha)$）

2-15　铰接四连杆机构 $OABO_1$ 在图示位置平衡。已知 $OA = 40$ cm，$O_1B = 60$ cm，作用在 OA 杆上的力偶的矩 $M_1 = 1$ N·m。试求力偶矩 M_2 的大小和 AB 杆的受力。各杆自重不计。（答：M_2=3 N·m，F_{AB}=5 N）

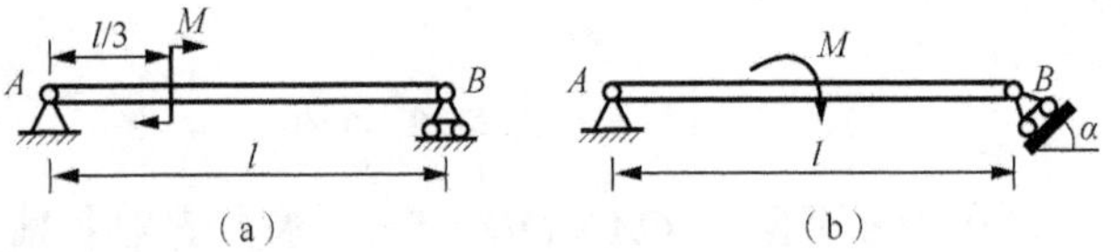

习题 2-14 图

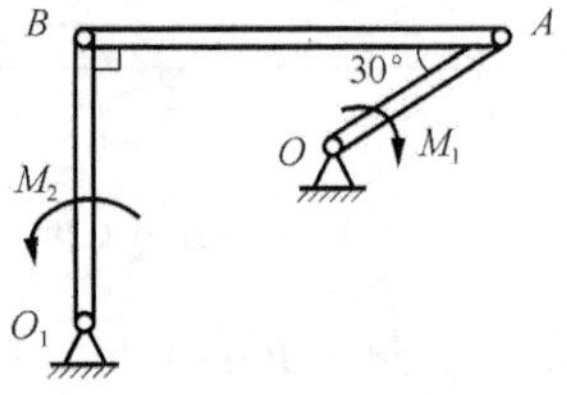

习题 2-15 图

2-16　图示楔形体受三个力偶作用，已知 $F_1 = F_1' = 100$ kN，$F_2 = F_2' = 200$ kN，$F_3 = F_3' = 300$ kN，$a = 10$ m，$b = 8$ m。求合力偶矩矢的大小和方向。（答：M=4132 kN·m，铅直向上）

2-17　图示固接在一起的三轴 OA、OB 和 OC 在同一平面内，$\angle AOB = 90^\circ$。焊接于三轴的三个圆盘 A、B 和 C 的半径分别为 15 cm、10 cm 和 5 cm。垂直于轴的盘面上作用有力偶，组成各力偶的力均作用在轮缘上，其大小分别为 10 N、20 N 和 F。求使物体保持平衡的力 $\boldsymbol{F}$ 的大小和角度 α。（答：F=50 N，$\alpha = 143^\circ 08'$）

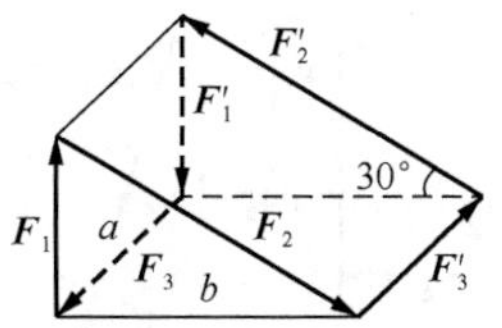

习题 2-16 图

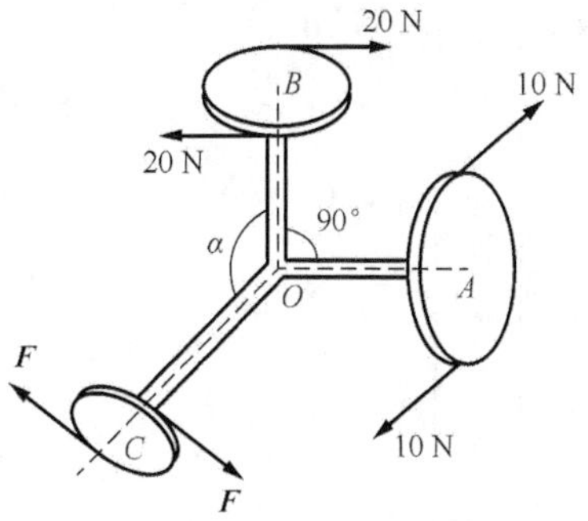

习题 2-17 图

2-18　求图示力系的合力 $\boldsymbol{F}_R$（包括大小、方向和作用线位置）。图中一小格边长为 1 m。（答：$F_R=1\ \mathrm{N}\ (\uparrow)$，$x_R=8\ \mathrm{m}$）

2-19　图示正方形 ABCD 边长为 a，在顶点 A、B、C 三点上各作用一个力，D 点作用一力偶。若选 A 点为简化中心，试求：①力系的主矢和主矩；②力系的合力（将合力画在图上）。（答：$F_R'=F$，$M_A=-2Fa$，$F_R=F$，$d=2a$）

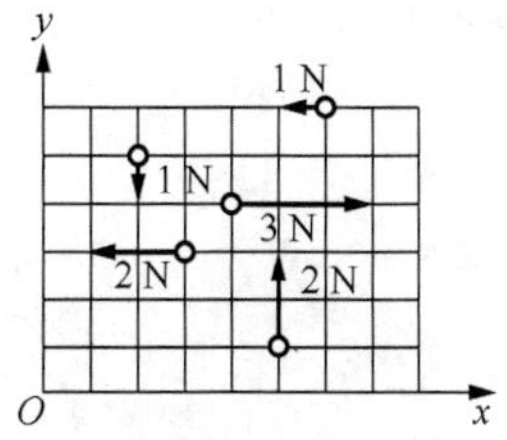

习题 2-18 图

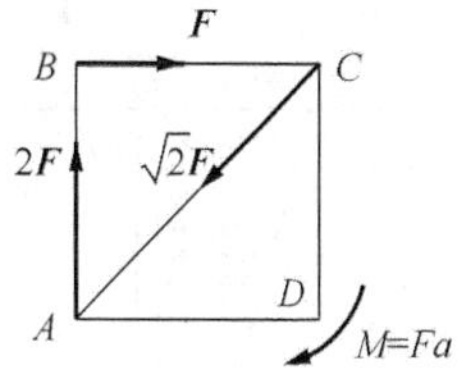

习题 2-19 图

2-20　图示 $F_1=F_2=F_3=F_4=F$，$AB=BC=CD=DE=a$，分别以 O 和 B 为简化中心，求力系的简化结果。（答：$F_R'=2\sqrt{2}F$，$M_O=-2Fa$；$F_R=2\sqrt{2}F$）

2-21　图示 $F_1=F_2=F_3=F$，$AB=BC=AC=a$，以 A 为简化中心，求力系的简化结果。若以 B 和 C 为简化中心，结果又怎样？（答：$M_O=\dfrac{\sqrt{3}}{2}Fa$，结果不变）

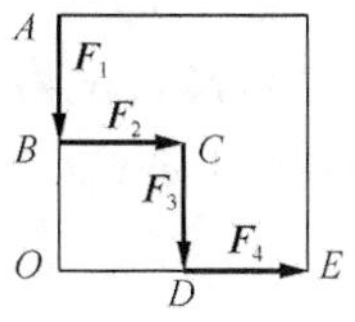

习题 2-20 图

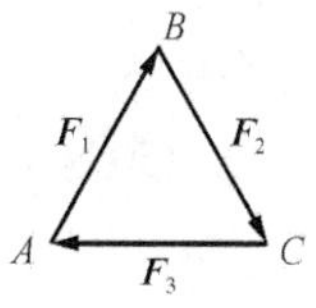

习题 2-21 图

2-22　图示水坝闸门上游水深 $H=9\ \mathrm{m}$，下游水深 $h=3\ \mathrm{m}$，闸门宽 $B=2\ \mathrm{m}$，求作用在闸门的水压力的合力 $\boldsymbol{F}$（大小、方向、位置）。（答：F=352.8 kN(→)，离闸底 1.5 m）

2-23　混凝土重力坝截面形状如图所示。坝体重力 $P_1=300\ \mathrm{kN}$，$P_2=140\ \mathrm{kN}$，水压力 $F_1=250\ \mathrm{kN}$，$F_2=70\ \mathrm{kN}$，$\theta=17°$，试求坝体重力与水压力的合力 $\boldsymbol{F}_R$ 及其作用线位置。（答：

$F_R = 495.6\ \text{kN}$， $x_R = 3.683\ \text{m}$ ）

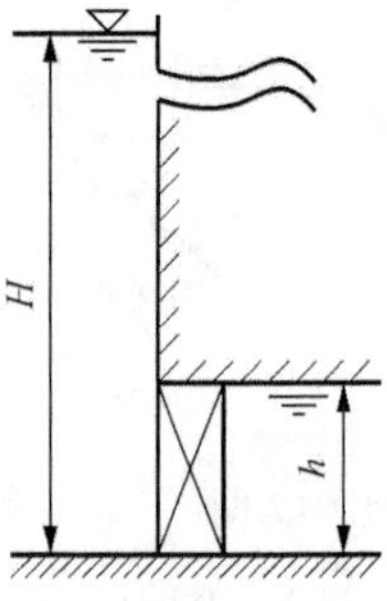

习题 2-22 图

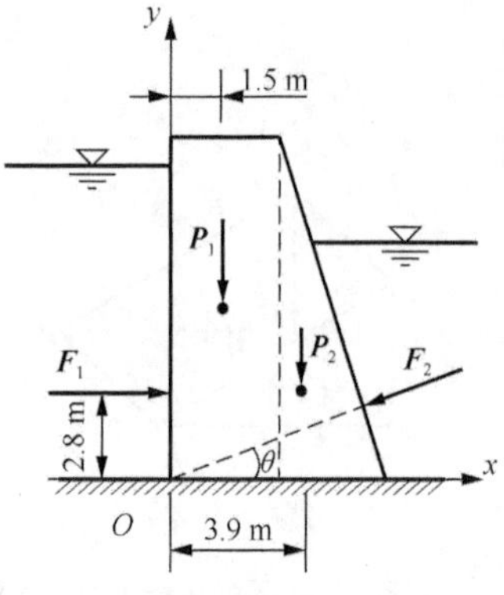

习题 2-23 图

2-24　图示悬臂梁受三角形分布荷载和集中力偶的作用，已知 q_0=2 kN/m，M=2 kN·m，求该力系向 A 点简化的结果（答：$F'_{Rx} = 3\ \text{kN}$， $F'_{Ry} = 0$， M_A= – 4 kN·m）

2-25　图示三个力和一个力偶作用在立方体上，求力系向 O 点简化得到的主矢量和主矩。（答：$\boldsymbol{F}_R = -450\boldsymbol{i}+600\boldsymbol{j}+300\boldsymbol{k}\ \text{N}$， $\boldsymbol{M}_O = 600\boldsymbol{i} - 1800\boldsymbol{j} + 1800\boldsymbol{k}\ \text{N}\cdot\text{m}$ ）

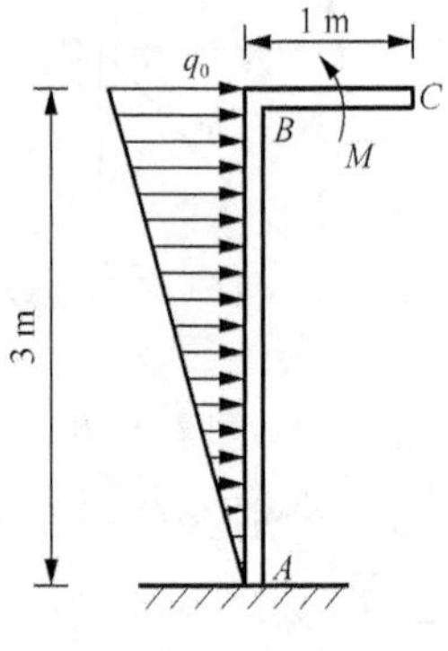

习题 2-24 图

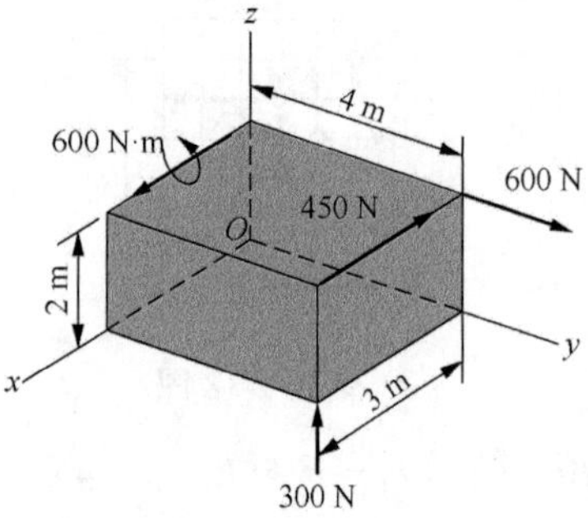

习题 2-25 图

2-26　沿着直角三棱柱的棱边作用五个力，如图所示。已知 $F_1=F_3=F_4=F_5=F$，$F_2=\sqrt{2}\,F$，$OA=OC=a$，$OB=2a$，求力系的最终简化结果。（答：合力偶 $\boldsymbol{M}_O = -3aF\boldsymbol{i} - aF\boldsymbol{j} - 3aF\boldsymbol{k}$ ）

2-27　图示力系中 $F_1 = 100\ \text{N}$， $F_2 = 300\ \text{N}$， $F_3 = 200\ \text{N}$，试将力系向 O 点简化。（答：$F'_{Rx} = -345\ \text{N}$， $F'_{Ry} = 250\ \text{N}$， $F'_{Rz} = 10.5\ \text{N}$； $M_x = -5185\ \text{N}\cdot\text{cm}$， $M_y = -3660\ \text{N}\cdot\text{cm}$， $M_z = 10370\ \text{N}\cdot\text{cm}$ ）

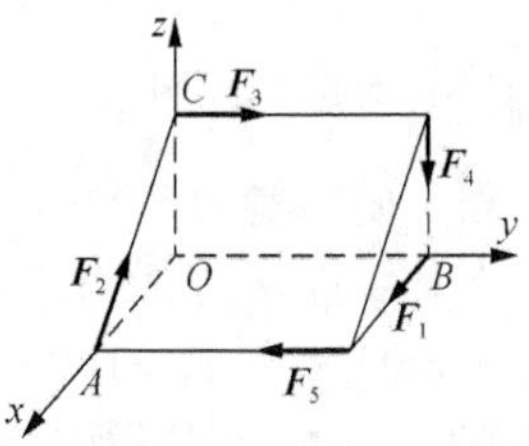

习题 2-26 图

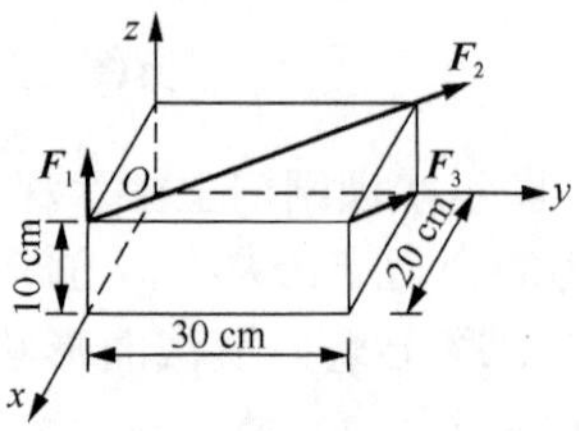

习题 2-27 图

2-28　图示 $\boldsymbol{P}_1$、$\boldsymbol{P}_2$、$\boldsymbol{P}_3$、$\boldsymbol{P}_4$ 作用在边长为 a 的立方体上，其中 $P_1 = P_2 = P_3 = P_4 = P$，以 O 点为简化中心，求力系的简化结果。（答：$\boldsymbol{F}_R = \sqrt{2}P\boldsymbol{j} + \sqrt{2}P\boldsymbol{k}$，$\boldsymbol{M}_O = -\sqrt{2}Pa\boldsymbol{j} + \sqrt{2}Pa\boldsymbol{k}$）

2-29　平行力系由 5 个力组成，力的大小和作用线的位置如图所示，图中网格都是面积为 1 cm^2 的方格。求平行力系的合力。（答：$F_R = 20\ \text{N}$，$x = 6\ \text{cm}$，$y = 3\ \text{cm}$）

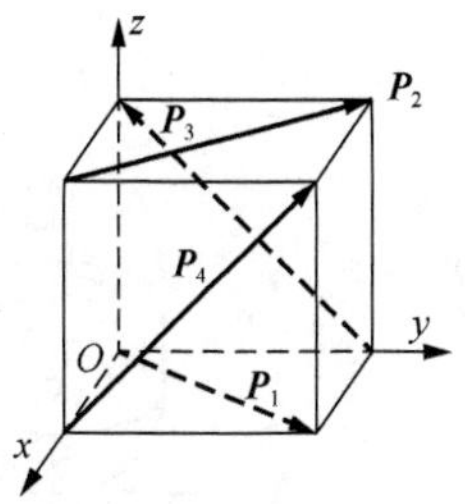

习题 2-28 图

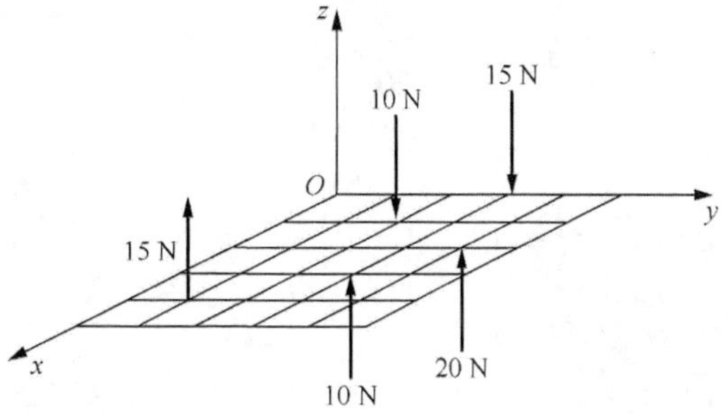

习题 2-29 图

2-30　求图示均质组合体的重心位置。（答：$x_C = 8\ \text{cm}$，$y_C = 23\ \text{cm}$）

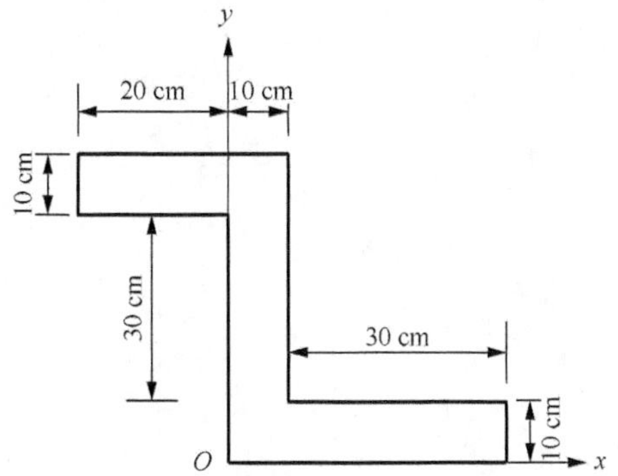

习题 2-30 图

2-31　在均质圆板内挖去一扇形面积，已知 R=300 mm，r_1=250 mm，r_2=100 mm，求板的重心位置。（答：$x_C = -19.1\ \text{mm}$，$y_C = 0$）

2-32　图示平面桁架所有杆件单位长度的重量均相同，为 3 N/m。求桁架重力及其重心。（答：W=108 N，$x_C = 2.83\ \text{m}$，$y_C = 2\ \text{m}$）

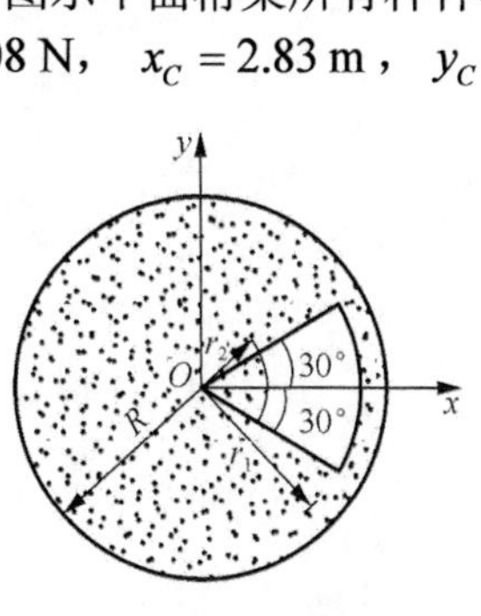

习题 2-31 图

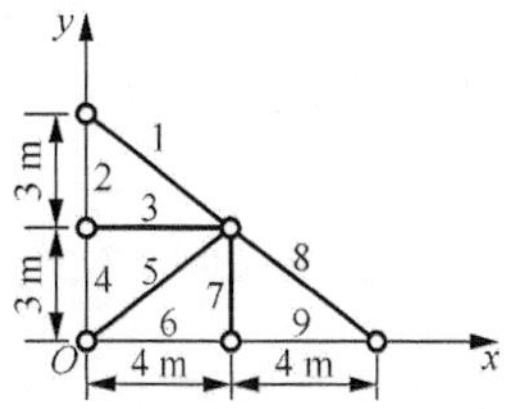

习题 2-32 图

2-33　平面图形如图所示，确定其面积和形心位置。（答：$A=\dfrac{3}{4}ab^4$；$\overline{x}=\dfrac{2}{5}b$，$\overline{y}=\dfrac{4}{7}ab^3$）

2-34　求图示均质混凝土基础的重心位置。（答：$x_C=2.017\text{ m}$，$y_C=1.155\text{ m}$，$z_C=0.716\text{ m}$）

2-35　图示均质体由半径为 r 的圆柱体和半圆球体组成，圆柱体的高 $h=r$，求该物体的重心 C 的 y 坐标。（答：$y_C=\dfrac{23}{20}r$）

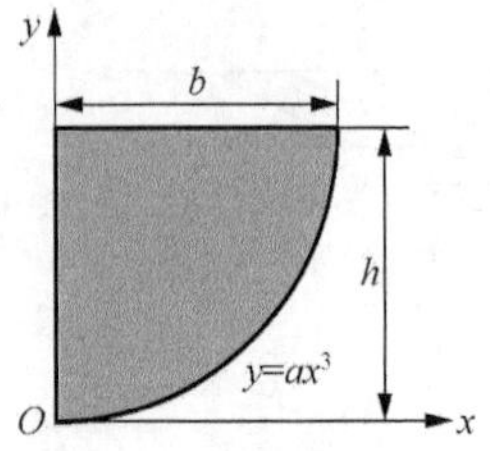

习题 2-33 图

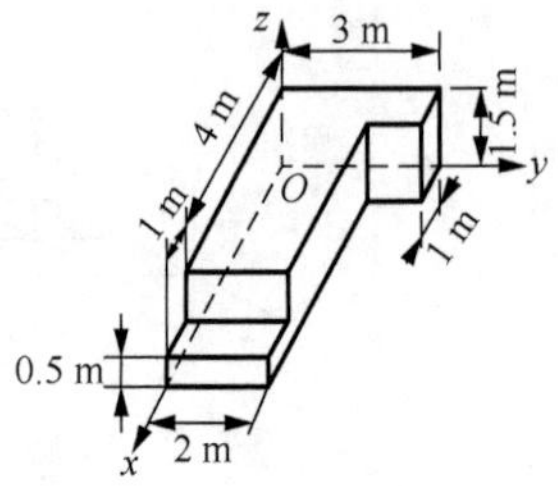

习题 2-34 图

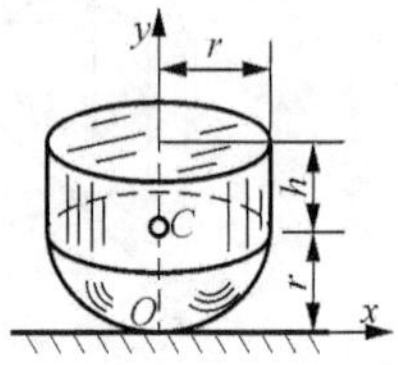

习题 2-35 图

第 3 章　力系的平衡

3.1　力系的平衡条件与平衡方程

3.1.1　空间力系的平衡条件与平衡方程

1. 空间任意力系

由上一章知道，空间任意力系向一点简化可得一个主矢量 $\boldsymbol{F}_R' = \sum \boldsymbol{F}_i$ 和一个主矩 $\boldsymbol{M}_O = \sum \boldsymbol{M}_O(\boldsymbol{F}_i)$。若 $\boldsymbol{F}_R' = \boldsymbol{0}$，作用于简化中心 O 的力 $\boldsymbol{F}_1', \boldsymbol{F}_2', \cdots, \boldsymbol{F}_n'$ 相互平衡；若还有 $\boldsymbol{M}_O = \boldsymbol{0}$，附加力偶也相互平衡，则在原空间任意力系作用下，刚体处于平衡状态。可见 $\boldsymbol{F}_R' = \boldsymbol{0}$ 和 $\boldsymbol{M}_O = \boldsymbol{0}$ 是刚体平衡的充分条件。若已知刚体平衡，则刚体上的作用力应当满足 $\boldsymbol{F}_R' = \boldsymbol{0}$ 和 $\boldsymbol{M}_O = \boldsymbol{0}$ 这两个条件，因为假如 $\boldsymbol{F}_R'$ 和 $\boldsymbol{M}_O$ 有一个不等于零，空间任意力系就可以简化为合力或合力偶，刚体将移动或转动。可见 $\boldsymbol{F}_R' = \boldsymbol{0}$ 和 $\boldsymbol{M}_O = \boldsymbol{0}$ 又是刚体平衡的必要条件。于是得出结论：**空间任意力系平衡的充要条件是该力系的主矢和对于任一点的主矩都等于零**，即

$$\left.\begin{aligned} \boldsymbol{F}_R' &= \sum \boldsymbol{F}_i = \boldsymbol{0} \\ \boldsymbol{M}_O &= \sum \boldsymbol{M}_O(\boldsymbol{F}_i) = \boldsymbol{0} \end{aligned}\right\} \tag{3-1}$$

将上述平衡条件用解析式表示为

$$\left.\begin{aligned} &\sum X = 0 \\ &\sum Y = 0 \\ &\sum Z = 0 \\ &\sum M_x(\boldsymbol{F}_i) = 0 \\ &\sum M_y(\boldsymbol{F}_i) = 0 \\ &\sum M_z(\boldsymbol{F}_i) = 0 \end{aligned}\right\} \tag{3-2}$$

这就是空间任意力系的平衡方程。于是，空间任意力系平衡的充要条件又可叙述为：**所有各力在三个轴中每一轴上的投影的代数和等于零，以及这些力对每一个坐标轴的矩的代数和也等于零。**

应当指出，坐标轴 x、y、z 可以取成正交，也可以非正交，视解题方便而定。另外，式（3-2）是空间任意力系平衡方程的标准形式，包括 3 个投影方程和 3 个对轴的力矩方程，6 个独立方程可解 6 个未知数。也可用其他形式，即 6 个方程中有 4 个或 5 个乃至全部是对轴的力矩方程，只要投影轴和矩轴取得合适，使 6 个方程彼此独立，则仍可解 6 个未知数。

空间任意力系平衡方程（3-2）对于其他力系也是普遍适用的，只是其他力系各自有其特殊条件的限制，因而 6 个平衡方程中有一些方程变成恒等式，使得有效平衡方程的数目相应减少。下面将根据空间任意力系的平衡方程（3-2）推导出空间汇交力系、空间平行力系以及

平面力系等特殊条件下的平衡方程。

2. 空间汇交力系

如图 3-1 所示，取空间汇交力系的汇交点 O 作为空间直角坐标系 $Oxyz$ 的原点，则此力系向 O 点简化有 $\boldsymbol{M}_O \equiv \boldsymbol{0}$，所以式（3-2）中的三个力矩方程都成为恒等式，有效平衡方程只剩下三个，即

$$\left.\begin{aligned}\sum X=0\\ \sum Y=0\\ \sum Z=0\end{aligned}\right\} \tag{3-3}$$

这就是空间汇交力系的平衡方程，用这 3 个方程可解 3 个未知数。

3. 空间平行力系

如图 3-2 所示，取 z 轴与空间平行力系的各力平行，则式（3-2）中第一、第二和第六个方程成为恒等式：$\sum X \equiv 0$，$\sum Y \equiv 0$，$\sum M_z(\boldsymbol{F}_i) \equiv 0$。有效平衡方程只剩下三个，即

$$\left.\begin{aligned}\sum Z=0\\ \sum M_x(\boldsymbol{F}_i)=0\\ \sum M_y(\boldsymbol{F}_i)=0\end{aligned}\right\} \tag{3-4}$$

这就是空间平行力系的平衡方程，用这 3 个方程也可以求解 3 个未知数。

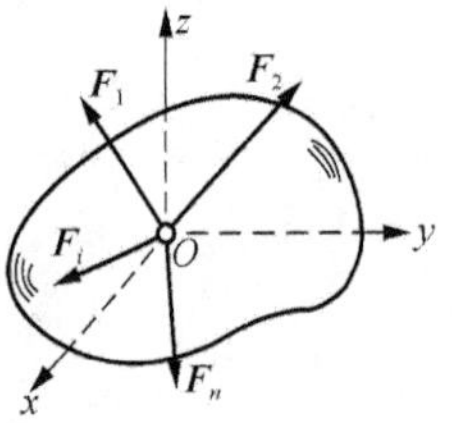

图 3-1

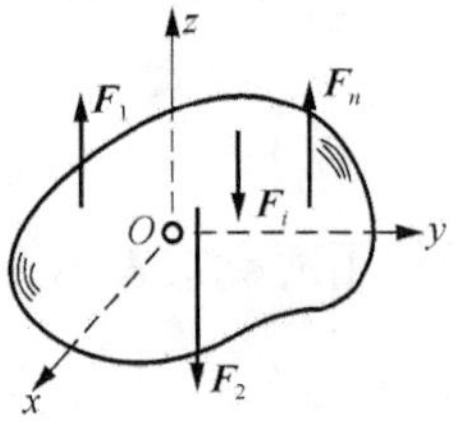

图 3-2

3.1.2 平面力系的平衡条件与平衡方程

1. 平面任意力系

平面任意力系也是空间任意力系的特殊情况。下面还从式（3-2）出发，考虑平面任意力系的特殊条件，导出其平衡方程。

如图 3-3（a）所示，令空间直角坐标系的 Oxy 平面与平面任意力系的作用面重合，则式（3-2）中的第三、第四和第五式都成为恒等式：$\sum Z \equiv 0$，$\sum M_x(\boldsymbol{F}_i) \equiv 0$，$\sum M_y(\boldsymbol{F}_i) \equiv 0$。于是只有其余三式 $\sum X = 0$，$\sum Y = 0$，$\sum M_z(\boldsymbol{F}_i) = 0$ 对平面任意力系是否平衡起判定作用，其中 $\sum M_z(\boldsymbol{F}_i) = 0$ 可以改写为 $\sum M_O(\boldsymbol{F}_i) = 0$。所以，平面任意力系的平衡方程为

$$\left.\begin{aligned}\sum X=0\\ \sum Y=0\\ \sum M_O(\boldsymbol{F}_i)=0\end{aligned}\right\} \tag{3-5}$$

即平面任意力系平衡的充要条件是：**所有各力在两个任选的坐标轴中每一轴上的投影的代数和分别等于零，以及各力对于任一点的矩的代数和也等于零**。3 个方程可解 3 个未知数。

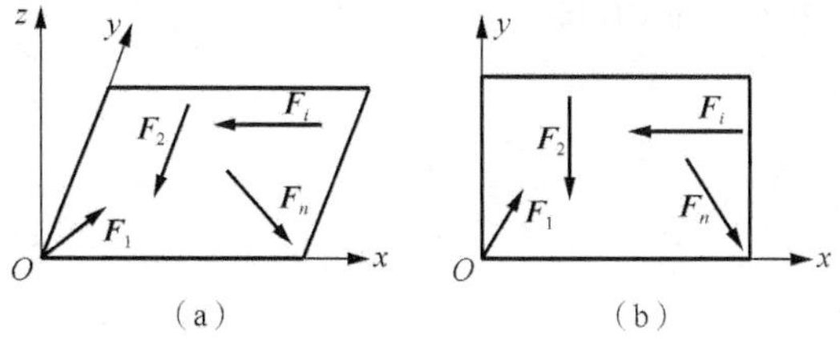

图 3-3

自然，平面任意力系的平衡条件也可以从平面任意力系简化的结果直接分析得到。由 2.6.1 小节知道，平面任意力系向面内任一点简化后可得到一个主矢量 $\boldsymbol{F}_R' = \sum \boldsymbol{F}_i$ 和一个主矩 $M_O = \sum M_O(\boldsymbol{F}_i)$，力系平衡的充要条件应是两者均等于零，即

$$\left.\begin{aligned} \boldsymbol{F}_R' &= \sum \boldsymbol{F}_i = \boldsymbol{0} \\ M_O &= \sum M_O(\boldsymbol{F}_i) = 0 \end{aligned}\right\} \tag{3-6}$$

所以，平面任意力系平衡的充要条件又可叙述为：**力系的主矢和力系对于任一点的主矩都等于零**。将式（3-6）写成解析式，就得到平面任意力系的平衡方程[式（3-5）]。由上述分析可知，对于平面力系，z 轴是无须画出的，只画 x、y 轴即可，如图 3-3（b）所示。

与空间任意力系一样，平面任意力系的平衡方程除了标准形式（3-5）以外，也有其他形式。

（1）一个投影方程和两个力矩方程的形式，即

$$\left.\begin{aligned} &\sum X = 0 \\ &\sum M_A(\boldsymbol{F}_i) = 0 \\ &\sum M_B(\boldsymbol{F}_i) = 0 \end{aligned}\right\} \tag{3-7}$$

式中，A、B 两点的连线 AB 不能与 x 轴垂直。式（3-7）与式（3-5）是等效的，也满足力系平衡的充要条件。这是因为，当 $\sum M_A(\boldsymbol{F}_i) = 0$ 满足时，即力系对 A 点的主矩等于零，则该力系不可能简化为一个力偶，只可能简化为通过 A 点的一个合力。当 $\sum M_B(\boldsymbol{F}_i) = 0$ 同时被满足时，即力系对另一点 B 的主矩也等于零，力系若有合力，它必须通过 A、B 两点。若 AB 连线与 x 轴垂直（图 3-4），力系即使同时满足式（3-7）中的三个方程，也不能保证力系是平衡力系，而可能有一通过 A、B 两点的合力。所以式（3-7）必须有附加条件，即 AB 不垂直于 x 轴。

（2）三个力矩方程的形式，即

$$\left.\begin{aligned} &\sum M_A(\boldsymbol{F}_i) = 0 \\ &\sum M_B(\boldsymbol{F}_i) = 0 \\ &\sum M_C(\boldsymbol{F}_i) = 0 \end{aligned}\right\} \tag{3-8}$$

式中，A、B、C 三点不能共线。式（3-8）也与式（3-5）等效。与式（3-7）的讨论相似，这是因为当满足 $\sum M_A(\boldsymbol{F}_i) = 0$，$\sum M_B(\boldsymbol{F}_i) = 0$ 时，力系不能简化成力偶，只可能简化成一个过

A、B 两点的合力。若 C 点在 AB 连线上（图 3-5），力系即使同时满足式（3-8）中的三个方程，也不能保证力系是平衡力系，而可能有一通过 A、B、C 三点的合力。所以式（3-8）必须有附加条件：三个力矩方程的矩心不共线。

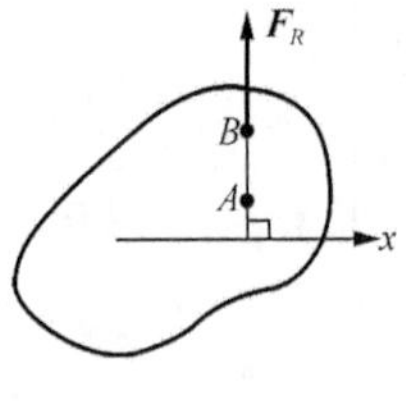

图 3-4

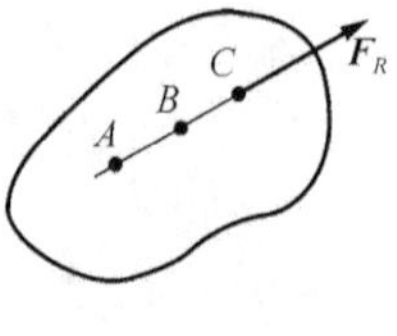

图 3-5

2. 平面平行力系

平面平行力系是平面任意力系的一种特殊情况。如图 3-6 所示，选取 x 轴与平面平行力系的各力垂直，则有恒等式 $\sum X \equiv 0$，式（3-5）中只剩下两个有效方程，即

$$\left.\begin{aligned}\sum Y = 0 \\ \sum M_O(\boldsymbol{F}_i) = 0\end{aligned}\right\} \tag{3-9}$$

这就是平面平行力系的平衡方程。平面平行力系的平衡方程也可用两个力矩方程的形式表示，即

$$\left.\begin{aligned}\sum M_A(\boldsymbol{F}_i) = 0 \\ \sum M_B(\boldsymbol{F}_i) = 0\end{aligned}\right\} \tag{3-10}$$

其附加条件是：A、B 两点连线不能与各力平行。读者可自行分析该附加条件。

3. 平面汇交力系

平面汇交力系也是平面任意力系的一种特殊情况。如图 3-7（a）所示，取平面汇交力系的汇交点 O 作为坐标系 Oxy 的原点，那么此力系向 O 点简化有 $\sum M_O(\boldsymbol{F}_i) \equiv 0$，所以式（3-5）中有效平衡方程只剩下两个，即

$$\left.\begin{aligned}\sum X = 0 \\ \sum Y = 0\end{aligned}\right\} \tag{3-11}$$

上式说明，平面汇交力系平衡的充要条件是：**各力在两个坐标轴上投影的代数和分别等于零。** 这就是平面汇交力系的平衡方程，两个方程可以求解两个未知量。

2.2.1 小节曾研究平面汇交力系合成的几何法，即力的多边形法则，各个力矢首尾相接，合力矢是从第一个分力的起点指向最后一个分力的终点。而平面汇交力系的平衡应是该力系的合力等于零，这样的话，最后一个分力的终点应与第一个分力的起点重合，形成封闭的力多边形，如图 3-7（b）所示。这表明，**平面汇交力系平衡的充要的几何条件是力系的力多边形自行封闭。**

解题时选定力的比例尺，按比例画出封闭的力多边形，如图 3-7（b）中的 *abcd*，然后，用直尺和量角器在图上量得所要求的未知量。这种解题方法称为几何法，但一般只在受到三个力平衡时采用几何法，画力的封闭三角形。

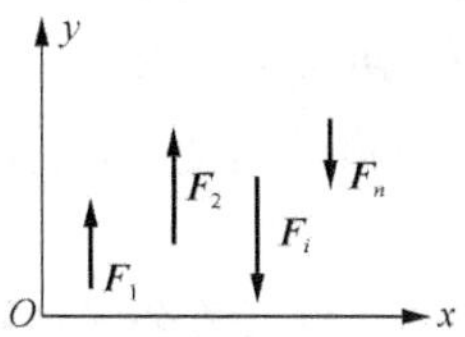

图 3-6

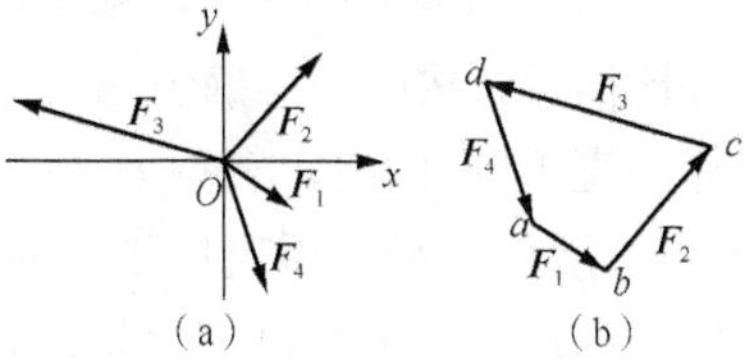

图 3-7

3.2　平面力系平衡问题

工程实际中，很多问题都可简化成平面力系问题来处理。当物体或物体系统受力近似地对称于某一平面时，就可简化为在对称平面上的平面任意力系。例如，图 3-8 所示推土机受到机身及铲刀重力、土的阻力和前后轮的约束反力（未画出）作用，这些力都近似地对称于通过其重心的纵向铅垂平面，因此可以将原来空间分布的力系简化到该平面内，作为平面任意力系处理。再如水利工程上常见的水坝（或挡土墙），如图 3-9（a）所示，在进行力学分析时，往往取单位长度（如 1 m）的坝段来考察，将坝段所受的力看作是作用在中央对称平面内的平面任意力系，如图 3-9（b）所示。因此，平面力系的平衡问题非常重要，是本章的重点。本节主要介绍单个构件平面力系的平衡问题，下节将介绍物体系统平面力系的平衡问题。

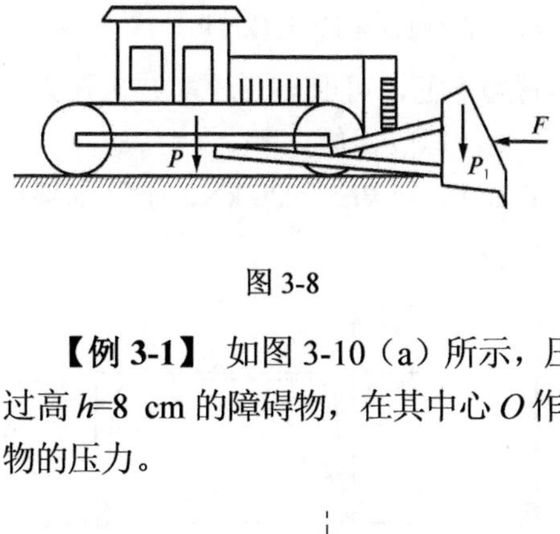

图 3-8

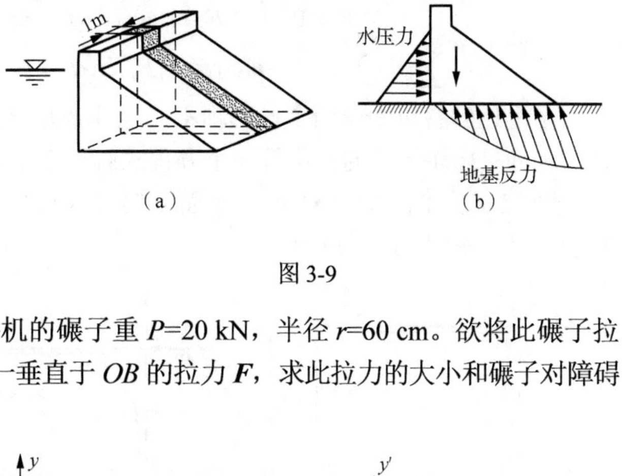

图 3-9

【例 3-1】 如图 3-10（a）所示，压路机的碾子重 P=20 kN，半径 r=60 cm。欲将此碾子拉过高 h=8 cm 的障碍物，在其中心 O 作用一垂直于 OB 的拉力 $\boldsymbol{F}$，求此拉力的大小和碾子对障碍物的压力。

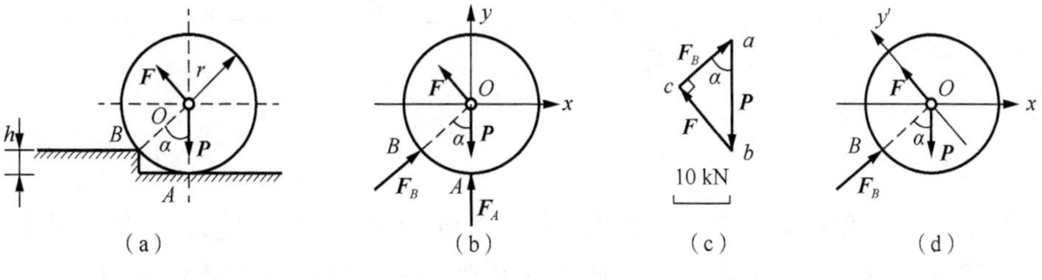

图 3-10

解　(1) 几何法。选碾子为研究对象，碾子受 4 个力作用：自身的重力 $\boldsymbol{P}$、地面支承力 $\boldsymbol{F}_A$、拉力 $\boldsymbol{F}$ 和障碍物的支反力 $\boldsymbol{F}_B$，画出受力图如图 3-10（b）所示。这些力汇交于 O 点，是一个平面汇交力系。当碾子刚要离开地面时，$\boldsymbol{F}_A=0$，这是碾子越过障碍的力学条件。

选好比例尺，按比例准确画出 $ab=P$，从 a 点作与铅垂线 ab 成 α 角的线，表支反力 $\boldsymbol{F}_B$，从 b 点作垂直于 ac 的线，表拉力 $\boldsymbol{F}$；然后由三力首尾相接应该自行封闭，画出力 $\triangle abc$，如图 3-10（c）所示；最后用尺量测出 $F=bc$，$F_B=ca$。

显然，这样量测的精度不会很高，画出力三角形后也可用三角函数公式计算待求的未知量。由图 3-10（c）可知，力 $\triangle abc$ 是直角三角形，由边角关系求出：

$$F=P\sin\alpha=P\frac{\sqrt{r^2-(r-h)^2}}{r}=20\times0.499=9.98(\text{kN})$$

$$F_B=\sqrt{P^2-F^2}=17.33(\text{kN})$$

由作用力与反作用力关系知，碾子对障碍物的压力也等于 17.33 kN。

（2）解析法。解题步骤与几何法大致相同。首先选研究对象——碾子，进行受力分析，画受力图，然后选取适当的坐标轴，如图 3-10（b）中 Oxy，列平衡方程求解：

$$\sum X=0,\quad -F\cos\alpha+F_B\sin\alpha=0 \tag{1}$$

$$\sum Y=0,\quad F_B\cos\alpha+F\sin\alpha-P=0 \tag{2}$$

联立式（1）、式（2），解得

$$F_B=17.33(\text{kN}),\quad F=9.98(\text{kN})$$

（3）为避免联立求解，本题还可取投影轴 y' 与一个未知力垂直，如图 3-10（d）所示，列平衡方程求解：

$$\sum Y'=0,\qquad F-P\sin\alpha=0\ \Rightarrow\ F=P\sin\alpha=9.98(\text{kN})$$

$$\sum X=0,\qquad -F\cos\alpha+F_B\sin\alpha=0\ \Rightarrow\ F_B=F\cot\alpha=17.33(\text{kN})$$

由上述解答可知，两个投影轴不一定非要正交，为解题方便，可取与（较多）未知力垂直的轴为投影轴，目的是尽量一个方程求解一个未知数，避免联立求解。

【例 3-2】 图 3-11（a）所示平面刚架在 B 点受一水平力 $\boldsymbol{F}$，已知 $F=20$ kN，不计刚架自身的重量，求 A、D 处反力。

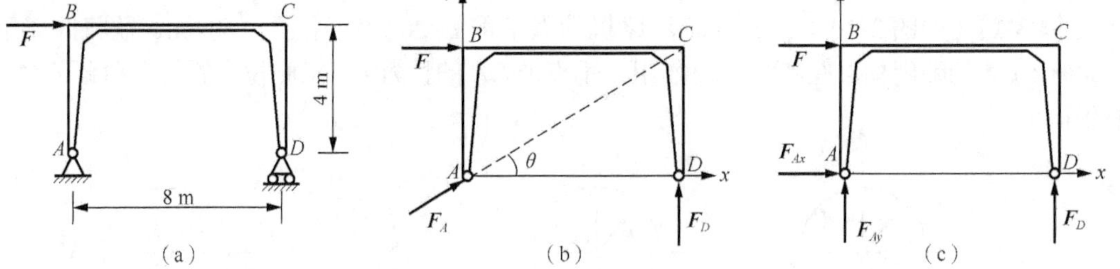

图 3-11

解　取刚架为研究对象，它受 3 个力作用：主动力 $\boldsymbol{F}$、D 处支反力 $\boldsymbol{F}_D$ 和 A 处支反力 $\boldsymbol{F}_A$，前二者作用线方位已确定，根据三力平衡汇交原理可知，力 $\boldsymbol{F}_A$ 的作用线过 $\boldsymbol{F}$、$\boldsymbol{F}_D$ 二力作用线的汇交点 C，因此，刚架所受力系为一平面汇交力系，受力图如图 3-11（b）所示。选坐标 Axy，列平衡方程：

$$\sum X = 0，\quad F + F_A\cos\theta = F + F_A\frac{2}{\sqrt{5}} = 0 \quad\Rightarrow\quad F_A = -\frac{\sqrt{5}}{2}F = -22.4(\text{kN})$$

负号说明 $\boldsymbol{F}_A$ 实际方向与假设方向相反。

$$\sum Y = 0，\quad F_D + F_A\sin\theta = F_D + F_A\frac{1}{\sqrt{5}} = 0 \quad\Rightarrow\quad F_D = \frac{F}{2} = 10(\text{kN})$$

其实本例中也可以不判断 $\boldsymbol{F}_A$ 的方向，受力图画成图 3-11（c）所示。此时刚架所受力系为一平面任意力系，有三个独立平衡方程：

$$\sum M_A(\boldsymbol{F}_i) = 0，\quad 8F_D - 4F = 0 \quad\Rightarrow\quad F_D = 10(\text{kN})$$

$$\sum X = 0，\quad F + F_{Ax} = 0 \quad\Rightarrow\quad F_{Ax} = -20(\text{kN})$$

$$\sum Y = 0，\quad F_D + F_{Ay} = 0 \quad\Rightarrow\quad F_{Ay} = -10(\text{kN})$$

【例 3-3】 塔式起重机如图 3-12 所示。塔架重 P=700 kN，作用线通过塔架的中心，轨道 AB 间距离为 4 m，平衡块重 P_2，到塔架中心线距离为 6 m。最大起重量 $P_1 = 220$ kN，最大悬臂长为 12 m。试问：①为保证起重机在满载和空载时都不致翻倒，平衡块的重量 P_2 应为多少？②若取平衡块重量 $P_2 = 180$ kN，求满载时轨道 A、B 给起重机轮子的反力。

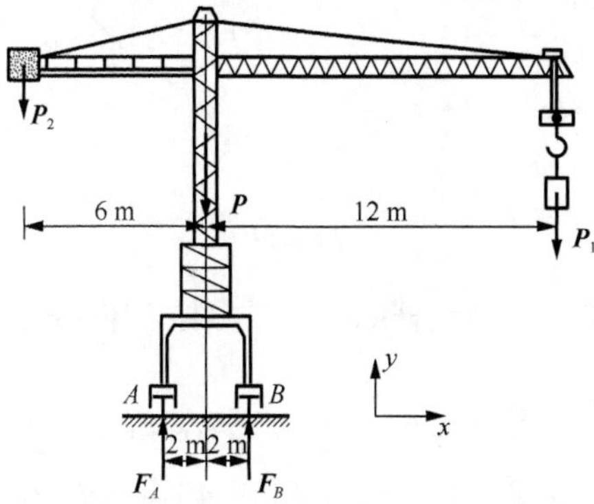

图 3-12

解　（1）取起重机为研究对象。

（2）受力分析：起重机受 5 个力作用，即自重 $\boldsymbol{P}$、荷载 $\boldsymbol{P}_1$、平衡块重 $\boldsymbol{P}_2$ 以及轨道的约束反力 $\boldsymbol{F}_A$ 和 $\boldsymbol{F}_B$，受力图如图 3-12 所示。

（3）列平衡方程求解。

① 当满载时，设起重机处于绕 B 点翻倒的临界状态，此时 $F_A = 0$，求出的平衡块重是所允许的最小值 $P_{2\min}$。

$$\sum M_B(\boldsymbol{F}_i) = 0，\quad P_{2\min}(6+2) + 2P - P_1(12-2) = 0$$

将 P=700 kN，P_1=220 kN 代入上式，解得

$$P_{2\min} = \frac{1}{8}(10P_1 - 2P) = 100(\text{kN})$$

当空载时，即 P_1=0 时，设起重机处于绕 A 点翻倒的临界状态，此时 $F_B = 0$，求出的 P_2 值是所允许的最大值 $P_{2\max}$。

$$\sum M_A(\boldsymbol{F}_i) = 0，\quad P_{2\max}(6-2) - 2P = 0 \quad\Rightarrow\quad P_{2\max} = \frac{2P}{4} = 350(\text{kN})$$

因此，欲使起重机不至于翻倒，平衡块重量的合适范围是

$$100\ \text{kN} < P_2 < 350\ \text{kN}$$

② 平衡块重量 $P_2 = 180\ \text{kN}$ 在上面所求的合适范围内，因此塔式起重机应该静止平衡。当满载时，即 $P_1 = 220\ \text{kN}$ 时，起重机在 $\boldsymbol{P}$、$\boldsymbol{P}_1$、$\boldsymbol{P}_2$ 以及 $\boldsymbol{F}_A$、$\boldsymbol{F}_B$ 的作用下处于平衡。

$$\sum M_A(\boldsymbol{F}_i) = 0，\ 4P_2 - 2P - 14P_1 + 4F_B = 0 \quad \Rightarrow \quad F_B = 940(\text{kN})$$

$$\sum Y = 0，\ F_A + F_B - P - P_2 - P_1 = 0 \quad \Rightarrow \quad F_A = 160(\text{kN})$$

最后利用多余的不独立方程 $\sum M_B(\boldsymbol{F}_i) = 0$ 来校核以上计算结果是否正确，即

$$\sum M_B(\boldsymbol{F}_i) = 0，\ 8P_2 + 2P - 10P_1 - 4F_A = 0 \quad \Rightarrow \quad F_A = 160(\text{kN})$$

结果相同，说明计算无误。

【例 3-4】 图 3-13（a）所示结构上作用了均布荷载 $q = 1\ \text{kN/m}$，集中力偶 $M = 2\ \text{kN·m}$，$l = 2\ \text{m}$。求支座 A 的反力与杆 CD 的内力。

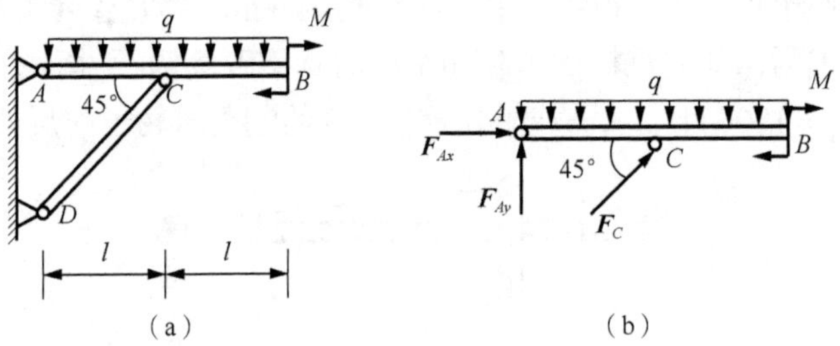

图 3-13

解　取梁 AB 为研究对象，考虑到杆 CD 为二力杆，梁 AB 的受力图如图 3-13（b）所示。列两投影方程：

$$\sum X = 0，\ F_{Ax} + F_C \cos 45° = 0 \tag{1}$$

$$\sum Y = 0，\ F_{Ay} + F_C \sin 45° - 2ql = 0 \tag{2}$$

式（1）、式（2）均含两个未知量，不能求解，联立两式同样不能求解。再列力矩方程：

$$\sum M_A(\boldsymbol{F}_i) = 0，\ F_C l \sin 45° - 2ql^2 - M = 0 \quad \Rightarrow \quad F_C = 5\sqrt{2}(\text{kN})$$

代入式（1）、式（2）可求得

$$F_{Ax} = -5(\text{kN})，\ F_{Ay} = -1(\text{kN})$$

从该例可以看到，力矩方程有优势，可以先用甚至多用力矩方程，选取较多未知力的汇交点为矩心，从而求解不汇交于该点的未知力。另外，求 F_{Ay} 时也可以不用式（2），而是用如下的力矩方程，即采用二力矩形式：

$$\sum M_B(\boldsymbol{F}_i) = 0，\ 2ql^2 - F_C l \sin 45° - 2F_{Ay} l - M = 0 \quad \Rightarrow \quad F_{Ay} = -1(\text{kN})$$

还需注意的是，本例中有力偶荷载，由力偶的性质可知：①力偶的两个力在同一轴上的投影之和为零，故写投影方程式时不必考虑力偶；②力偶对于任一点的矩都等于力偶矩，故写力矩方程式时，不管是写 $\sum M_A(\boldsymbol{F}_i) = 0$，还是 $\sum M_B(\boldsymbol{F}_i) = 0$，都直接代入力偶矩，这里为"$-M$"。

【例 3-5】 在图 3-14（a）所示梁 ABC 上作用有力 $F_1 = 20\ \text{kN}$，$F_2 = 10\ \text{kN}$。试求连杆 A、B、C 的反力。

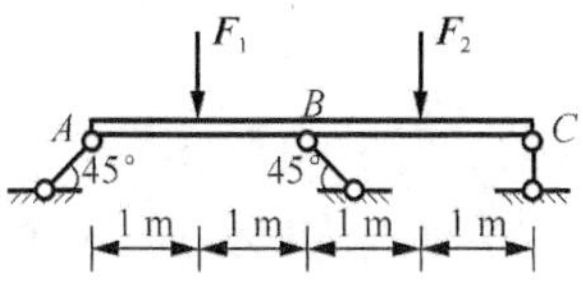

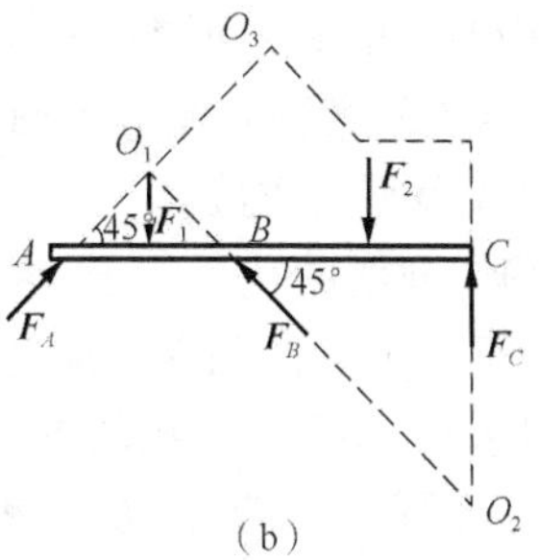

图 3-14

解　取梁 ABC 为研究对象，受力图如图 3-14（b）所示。分析可知，不管怎么列投影方程，都包含至少两个未知量，不能直接求解。下面列力矩方程，选较多（两个）未知力的汇交点为矩心：

$$\sum M_{O1}(\boldsymbol{F}_i)=0\,,\quad 3\times F_C-2\times F_2=0 \quad\Rightarrow\quad F_C=6.67(\text{kN})$$

$$\sum M_{O2}(\boldsymbol{F}_i)=0\,,\quad -3\sqrt{2}\times F_A+3\times F_1+1\times F_2=0 \quad\Rightarrow\quad F_A=16.5(\text{kN})$$

$$\sum M_{O3}(\boldsymbol{F}_i)=0\,,\quad 3\times F_1-3\sqrt{2}\times F_B+1\times F_2=0 \quad\Rightarrow\quad F_B=16.5(\text{kN})$$

图 3-14（b）中 O_3 表示 $\boldsymbol{F}_A$ 和 $\boldsymbol{F}_C$ 的汇交点，因为该汇交点很远，示意画出。可以看到，这里用了三个力矩方程，就是式（3-8）的“三力矩式”。若改用下面投影方程求解 $\boldsymbol{F}_B$，就是式（3-7）的“二力矩式”：

$$\sum X=0\,,\quad F_A\cos45^\circ-F_B\cos45^\circ=0 \quad\Rightarrow\quad F_B=16.5(\text{kN})$$

该例充分显示了力矩方程的优势。

根据以上例题，求解平衡问题的主要步骤可归纳如下。

（1）选取研究对象。

（2）分析研究对象的受力情况，画受力图。

（3）选取适当的坐标系，列平衡方程式求解。

写投影方程时，应使投影轴与较多未知力垂直；写力矩方程时，应取较多未知力的汇交点为矩心，从而减少每个平衡方程中的未知量数目。

平面任意力系只有三个独立平衡方程，可以写出第四个、第五个……但均不独立，只能作校核用。

3.3　静定与超静定问题、物体系统的平衡

3.3.1　静定与超静定问题

由各种力系的平衡条件可知，每种力系都有一定数目的独立平衡方程：平面任意力系有 3 个，平面汇交力系和平面平行力系都有 2 个，平面力偶系只有 1 个；空间任意力系有 6 个，空间平行力系和空间汇交力系都有 3 个，空间力偶系有 3 个。因此，对每种力系来说，能求解的未知量的数目也是一定的。如果所考察的问题中未知量数目恰好等于独立平衡方程数目，则全部未知量都可由平衡方程求得，这类问题称为**静定问题**。显然在 3.2 节中列举的例题均

属于静定问题。如果所考察的问题中未知量数目多于独立平衡方程数目，则未知量不能全部由平衡方程求出，这类问题称为**超静定问题或静不定问题**。未知量数目减去独立平衡方程数，就得到**超静定次数或静不定次数**。

图 3-15 是超静定问题的几个例子。在图 3-15（a）及图 3-15（b）中，物体受力分别为平面汇交力系和平面平行力系，独立平衡方程都是 2 个，而未知反力是 3 个，由平衡方程解不出任何未知量。图 3-15（c）所示拱的受力是平面任意力系，独立平衡方程有 3 个，而未知反力是 4 个，虽然可以用 $\sum M_A(\boldsymbol{F}_i)=0$ 求出 F_{By}，用 $\sum M_B(\boldsymbol{F}_i)=0$ 求出 F_{Ay}，但却无法用任何平衡方程求出 F_{Ax} 和 F_{Bx}。上述三例都是一次超静定问题。

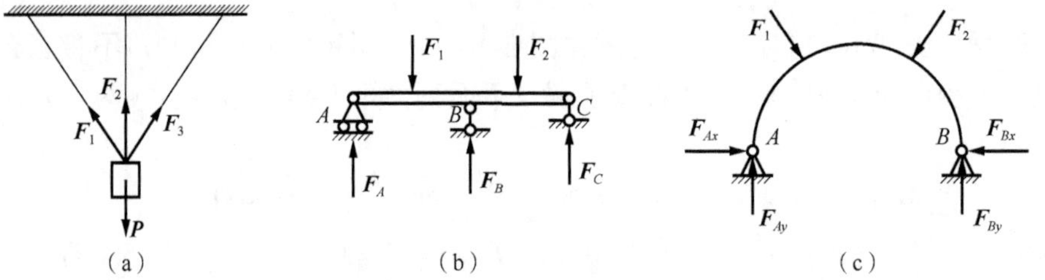

图 3-15

需要说明，超静定问题指的是用静平衡方程不能确定部分或全部未知量的问题，并不是说问题根本不能解决。我们知道，本篇研究刚体静力学，忽略物体的变形，而第 3 篇变形体静力学中，物体的变形非但不能忽略，反而要作为主要因素加以研究。到那时，在静平衡方程之外，考虑物体受力后的变形，列出补充方程，超静定问题就可圆满解决。

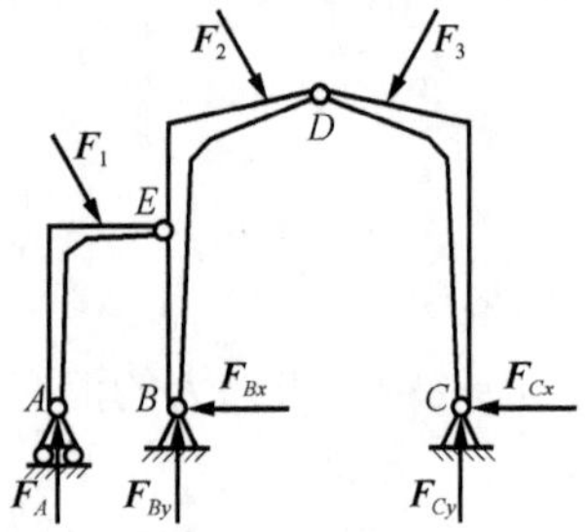

图 3-16

3.3.2　平面物体系统的平衡

工程实际中有很多由多个物体组成的物体系统，如图 3-16 所示的厂房排架。若每个物体的受力都可简化到物体系统的对称平面内，则称该系统为平面物体系统。

物体系统中各物体之间以一定的联结方式联系着，整个系统又以适当的方式与外界（大地或周围其他物体）相联系。系统内各物体之间的联系构成内约束，系统与外界的联系构成外约束。当系统受到主动力作用时，不论是内约束还是外约束，一般都将产生约束反力。内约束反力是系统内各物体之间相互作用的力，称为系统的内力；而主动力和外约束反力则是周围其他物体作用于系统的力，称为系统的外力。例如，图 3-16 所示的厂房排架由 AE、BD 和 CD 三个物体组成，将三个物体连接在一起的铰 E 和铰 D 是内约束，铰 E 处作用着 AE 与 BD 之间的相互作用力，铰 D 处作用着 BD 与 CD 之间的相互作用力，这些都是内力（不画）；而与大地相连接的铰 A、铰 B 和铰 C 则是外约束，外约束反力 $\boldsymbol{F}_A$、$\boldsymbol{F}_{Bx}$、$\boldsymbol{F}_{By}$、$\boldsymbol{F}_{Cx}$、$\boldsymbol{F}_{Cy}$ 和主动力 $\boldsymbol{F}_1$、$\boldsymbol{F}_2$、$\boldsymbol{F}_3$ 都是外力，受力分析时必须画出，如图 3-16 所示。

应当注意，内力和外力是相对的概念，视研究对象而定。例如，若取图 3-16 中 AE 为研究对象，则 E 处的约束反力成为外力，必须画出。

若物体系统在主动力和内外约束反力共同作用下平衡，则组成该系统的每一物体都处于平衡状态。对于每一个受平面任意力系作用的物体，均可写出 3 个独立平衡方程；如果该系统由 n 个物体组成，则共有 $3n$ 个独立平衡方程，可以求解 $3n$ 个未知量。若整个系统中未知量（经常是未知反力，也可能是主动力或几何量）数目多于 $3n$，则成为超静定问题。例如，图 3-16 所示的厂房排架由 3 个物体组成，独立平衡方程的数目是 9，未知约束反力的数目也是 9（A 处为 1，B、C、D、E 四处各为 2），所以是静定的。若将 A 处的滚动铰支座换成固定铰支座，则未知量数目为 10，成为超静定问题。上一小节提到，本篇刚体静力学不能求解超静定问题，本篇所讲的例题和作业题都是静定问题，超静定问题将在第 3 篇介绍。学会辨别所给物体系统是静定的还是超静定的，这很重要。

求解静定物体系统平衡问题的步骤，和求解单个构件的平衡问题类似，也分为选取研究对象、受力分析和列方程求解三个步骤。但对物体系统而言，选取研究对象这个步骤比较复杂，可以选取整个系统、单个构件甚至其中几个构件为研究对象。无论如何取研究对象，原则都是尽量减少每一方程中的未知量，最好是一个方程只含一个未知量，避免联立求解。同时还应尽量减少方程数，找最简便的方法。当然，这需要多加练习以积累经验。

【例 3-6】 图 3-17（a）表示一简单的压榨设备。当在 A 点施加力 $\boldsymbol{F}$ 时，物体 M 将受到比 F 大很多的挤压力。已知 F=200 N，求当 $\alpha=10°$ 时物体 M 所受的压力。

解　物体 M 所受的压力是由连杆 AB 传来的。因此，首先根据销钉 A 的平衡求出 AB 所受的力，然后再根据压板的平衡求出 M 物体受的挤压力。

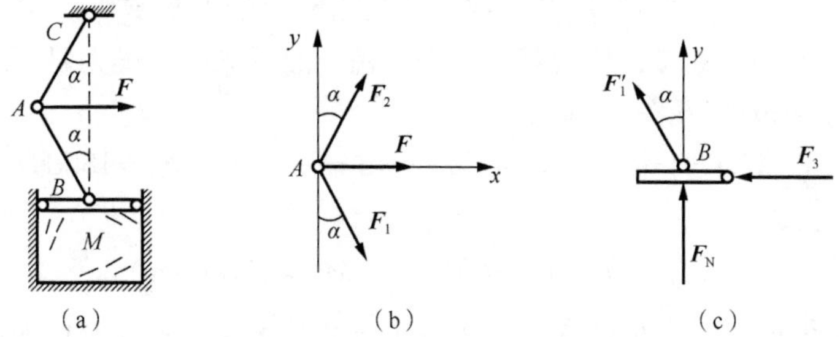

图 3-17

（1）取 A 点为研究对象，A 点受三个力作用：$\boldsymbol{F}$ 及连杆 AB 和 AC 的作用力 $\boldsymbol{F}_1$ 和 $\boldsymbol{F}_2$（假设为拉力）。受力图如图 3-17（b）所示，设坐标系 Axy，列平衡方程：

$$\sum Y=0\,,\quad F_2\cos\alpha-F_1\cos\alpha=0 \tag{1}$$

$$\sum X=0\,,\quad F+F_1\sin\alpha+F_2\sin\alpha=0 \tag{2}$$

联立两式，并将 $F=200$ N，$\alpha=10°$ 代入，解得

$$F_1=F_2=-576(\text{N})$$

负号说明两杆实际受力与假设相反，即应为压力。

（2）取压板为研究对象，压板所受的力有三个：连杆 AB 的作用力 $\boldsymbol{F}_1'=-\boldsymbol{F}_1$（作用力与反作用力）、槽壁的作用力 $\boldsymbol{F}_3$、物体 M 的作用力 $\boldsymbol{F}_\text{N}$。受力图如图 3-17（c）所示。因无须求力 $\boldsymbol{F}_3$，取与 $\boldsymbol{F}_3$ 垂直的 y 轴为投影轴，列方程：

$$\sum Y=0\,,\quad F_\text{N}+F_1'\cos\alpha=0$$

将 $\alpha=10°$ 及 $F_1'=F_1=-576$ N 代入，解得

$$F_\text{N}=567(\text{N})$$

物体受到压板给其的压力即反作用力 $\boldsymbol{F}_N' = -\boldsymbol{F}_N$。若力 $\boldsymbol{F}$ 保持不变，在挤压的过程中 α 角将越来越小，力 $\boldsymbol{F}_1$ 和 $\boldsymbol{F}_N$ 也将越来越大。注意：在图 3-17（b）中设 $\boldsymbol{F}_1$ 为拉力，虽然计算结果 $\boldsymbol{F}_1$ 为负值（即 $\boldsymbol{F}_1$ 力实际是压力），在图 3-17（c）中仍应令 $\boldsymbol{F}_1'$ 力为拉力（与所设 $\boldsymbol{F}_1$ 反向），而不宜改为压力，只是在进行数值计算时应将 $\boldsymbol{F}_1$ 的大小连同“-”号一并代入。

【例 3-7】 图 3-18（a）所示多跨静定梁由 AB、BC 两部分组成，A 处是固定端约束，B 处用铰链连接，C 处是可动铰支座，试求 A、C 处支反力。

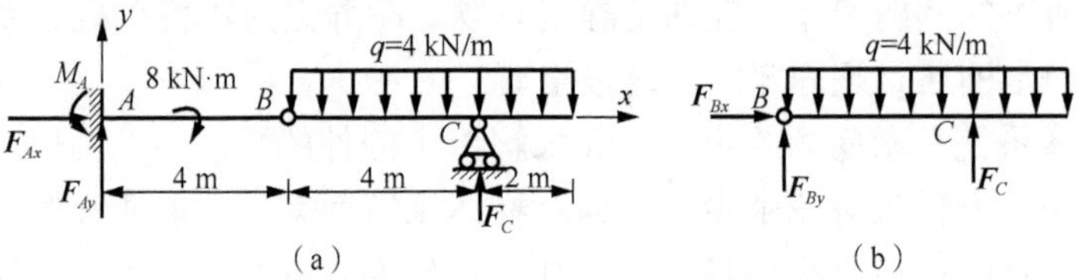

图 3-18

解 选整体为研究对象，其受力图如图 3-18（a）所示（千万不要丢了约束反力偶 M_A）。取图示坐标轴，列整体平衡方程：

$$\sum X = 0, \quad F_{Ax} = 0 \tag{1}$$

$$\sum Y = 0, \quad F_{Ay} + F_C - q \times 6 = 0 \tag{2}$$

$$\sum M_A(\boldsymbol{F}_i) = 0, \quad M_A - 8 + F_C \times 8 - q \times 6 \times 7 = 0 \tag{3}$$

以上三个方程包含 4 个未知量，需要补充一个方程。故再选 BC 梁为研究对象，其受力图如图 3-18（b）所示，列力矩方程：

$$\sum M_B(\boldsymbol{F}_i) = 0, \quad F_C \times 4 - q \times 6 \times 3 = 0 \quad \Rightarrow \quad F_C = 18(\text{kN})$$

代入前面三个方程，得

$$F_{Ax} = 0, \quad F_{Ay} = 6(\text{kN}), \quad M_A = 32(\text{kN} \cdot \text{m})$$

要检验计算是否正确，可对整体列 $\sum M_B(\boldsymbol{F}_i) = 0$ 或 $\sum M_C(\boldsymbol{F}_i) = 0$ 作为校核。

【例 3-8】 有一厂房排架采用三铰刚架，由于地形限制，铰 A 与铰 B 位于不同高程，如图 3-19（a）所示。刚架上的荷载为 q=3 kN/m，求 A、B 处的反力。

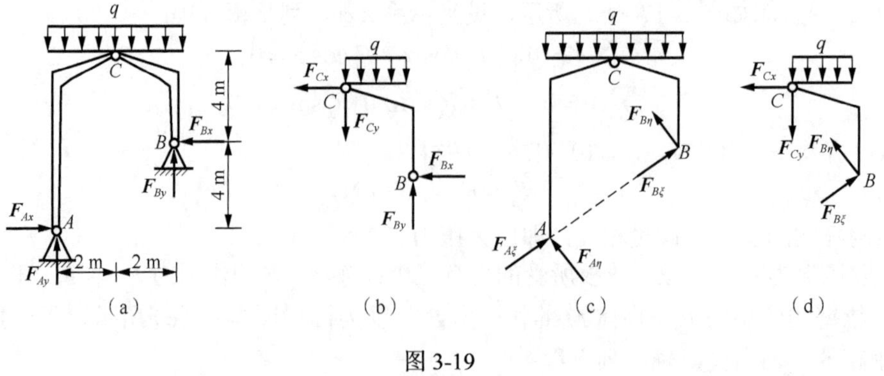

图 3-19

解 整体的受力图如图 3-19（a）所示，共包括 4 个未知量，只有 3 个独立平衡方程，肯定不能求出全部 4 个未知量。实际上，根据图示所取坐标系，无论怎样列整体的平衡方程，也无法解出任何一个未知量，必须先拆开取单个构件为研究对象。

（1）选 BC 为研究对象，受力图如图 3-19（b）所示，先列一个力矩方程：

$$\sum M_C(\boldsymbol{F}_i)=0\text{，}\ 2F_{By}-4F_{Bx}-1\times 2q=0 \tag{1}$$

（2）再以整体为研究对象，列 3 个独立平衡方程：

$$\sum M_A(\boldsymbol{F}_i)=0\text{，}\ 4F_{By}+4F_{Bx}-2\times 4q=0 \tag{2}$$

$$\sum M_B(\boldsymbol{F}_i)=0\text{，}\ 2\times 4q+4F_{Ax}-4F_{Ay}=0 \tag{3}$$

$$\sum X=0\text{，}\ F_{Ax}-F_{Bx}=0 \tag{4}$$

联立式（1）和式（2），解得

$$F_{Bx}=1(\text{kN})\text{，}\ F_{By}=5(\text{kN})$$

再代入式（3）和式（4），解得

$$F_{Ax}=1(\text{kN})\text{，}\ F_{Ay}=7(\text{kN})$$

（3）讨论。对 BC 也可以列 3 个方程，现在只列了一个，若再列两个投影方程即可求解 C 处的约束反力，但因为本例不关心 C 处的约束反力，所以不必求解。另外，这里用到式（1）和式（2）联立求解，若不想联立求解，也可将整体和 BC 的受力图画成图 3-19（c）和（d），对整体列 $\sum M_A(\boldsymbol{F}_i)=0$ 即可求 $F_{B\eta}$，对 BC 列 $\sum M_C(\boldsymbol{F}_i)=0$ 即可求 $F_{B\xi}$。但此时几何关系的求解并不方便，虽然避免了联立求解，但总的优势并不明显。

【例 3-9】 物块重 P=12 kN，由 3 根杆 AB、BC 和 CE 组成的构架及滑轮 E 支承，如图 3-20（a）所示。已知：AD=DB=2 m，CD=DE=1.5 m。不计各杆及滑轮的重量，设滑轮半径为 r，求支座 A 和 B 的反力以及 BC 杆的内力。

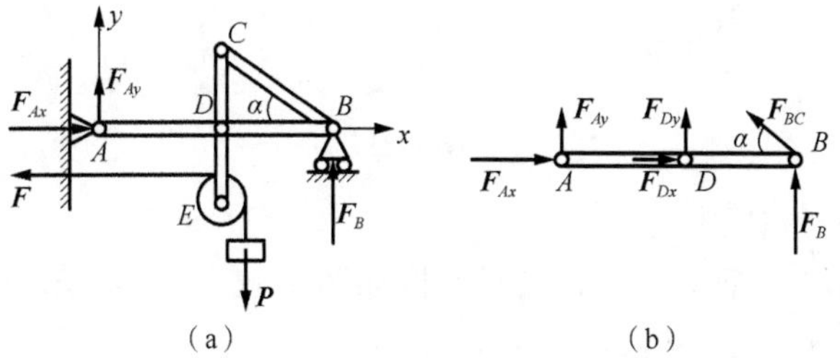

（a）　　　　　　（b）

图 3-20

解　取系统为研究对象，受力图如图 3-20（a）所示，其中 $F=P$。列平衡方程：

$$\sum M_A(\boldsymbol{F}_i)=0\text{，}\ 4F_B-(1.5-r)F-(2+r)P=0$$

解得

$$F_B=\frac{1.5+2}{4}\times 12=10.5(\text{kN})$$

$$\sum X=0\text{，}\ F_{Ax}-F=0\quad\Rightarrow\quad F_{Ax}=12(\text{kN})$$

$$\sum Y=0\text{，}\ F_{Ay}+F_B-P=0\quad\Rightarrow\quad F_{Ay}=P-F_B=1.5(\text{kN})$$

BC 杆为二力杆，视为连杆约束，画 AB 的受力图如图 3-20（b）所示。列 AB 杆的平衡方程：

$$\sum M_D(\boldsymbol{F}_i)=0\text{，}\ (F_{BC}\sin\alpha+F_B)\times 2-F_{Ay}\times 2=0\quad\Rightarrow\quad F_{BC}=\frac{-9}{\sin\alpha}=-15(\text{kN})$$

这就是 BC 杆的内力，负号表示 BC 杆为压杆。

【例 3-10】 如图 3-21（a）所示桁梁组合结构，已知其上作用的荷载 $M=5\,\text{kN}\cdot\text{m}$，$q=1\,\text{kN/m}$，结构自身的重量忽略不计。试求 C 处的约束反力和反力偶。

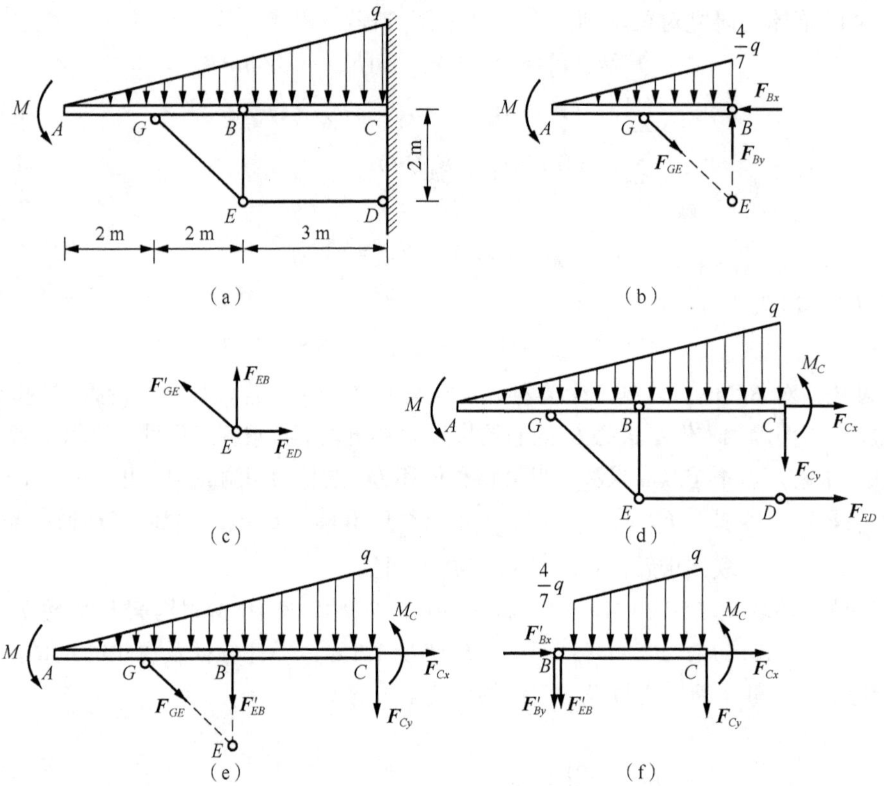

图 3-21

解 用多种方法求解该题。

方法 1 选取梁 AB 为研究对象，其受力图如图 3-21（b）所示，梁 AB 上的三角形分布荷载的合力大小为 $\frac{1}{2}\times\frac{4}{7}q\times4=\frac{8}{7}\,\text{kN}$。可列平衡方程：

$$\sum M_B=0,\quad M+\frac{8}{7}\times4\times\frac{1}{3}+F_{GE}\times\frac{\sqrt{2}}{2}\times2=0\quad\Rightarrow\quad F_{GE}=-4.61(\text{kN})\text{（压杆）}$$

选取节点 E 为研究对象，节点 E 受力图如图 3-21（c）所示，可列平衡方程：

$$\sum X=0,\quad -F'_{GE}\times\frac{\sqrt{2}}{2}+F_{ED}=0\quad\Rightarrow\quad F_{ED}=\frac{\sqrt{2}}{2}F'_{GE}=-3.26(\text{kN})\text{（压杆）}$$

选取整体为研究对象，受力图如图 3-21（d）所示，全梁 ABC 上的三角形分布荷载的合力大小为 $\frac{1}{2}\times q\times7=\frac{7}{2}\,\text{kN}$。可列平衡方程：

$$\sum X=0,\quad F_{Cx}+F_{ED}=0\quad\Rightarrow\quad F_{Cx}=-F_{ED}=3.26(\text{kN})$$

$$\sum Y=0,\quad -F_{Cy}-\frac{7}{2}=0\quad\Rightarrow\quad F_{Cy}=-3.5(\text{kN})$$

$$\sum M_C = 0\text{，}\quad M + M_C + \frac{7}{2}\times\frac{7}{3} + F_{ED}\times 2 = 0 \quad\Rightarrow\quad M_C = -6.65(\text{kN}\cdot\text{m})$$

方法 2　选取梁 AB 为研究对象，其受力图如图 3-21（b）所示，可列平衡方程：

$$\sum M_B = 0\text{，}\quad M + \frac{8}{7}\times 4\times\frac{1}{3} + F_{GE}\times\frac{\sqrt{2}}{2}\times 2 = 0 \quad\Rightarrow\quad F_{GE} = -4.61(\text{kN})\text{（压杆）}$$

节点 E 受力图如图 3-21（c）所示，列平衡方程：

$$\sum Y = 0\text{，}\quad F'_{GE}\times\frac{\sqrt{2}}{2} + F_{EB} = 0 \quad\Rightarrow\quad F_{EB} = 3.26(\text{kN})$$

选取梁 AB 和 BC 为研究对象，受力图如图 3-21（e）所示，列平衡方程：

$$\sum X = 0\text{，}\quad F_{GE}\times\frac{\sqrt{2}}{2} + F_{Cx} = 0 \quad\Rightarrow\quad F_{Cx} = 3.26(\text{kN})$$

$$\sum Y = 0\text{，}\quad -F_{GE}\times\frac{\sqrt{2}}{2} - F_{Cy} - F'_{EB} - \frac{1}{2}\times q\times 7 = 0 \quad\Rightarrow\quad F_{Cy} = -3.5(\text{kN})$$

$$\sum M_C = 0\text{，}\quad M + M_C + F_{GE}\times\frac{\sqrt{2}}{2}\times 5 + F'_{EB}\times 3 + \frac{7}{2}\times\frac{1}{3}\times 7 = 0 \quad\Rightarrow\quad M_C = -6.65(\text{kN}\cdot\text{m})$$

方法 3　选取整体为研究对象，受力图如图 3-21（d）所示，有

$$\sum Y = 0\text{，}\quad -F_{Cy} - \frac{7}{2} = 0 \quad\Rightarrow\quad F_{Cy} = -3.5(\text{kN})$$

选取梁 AB 为研究对象，其受力图如图 3-21（b）所示，列平衡方程：

$$\sum M_E = 0\text{，}\quad M + \frac{1}{2}\times\frac{4}{7}\times 4\times\frac{4}{3} + F_{Bx}\times 2 = 0 \quad\Rightarrow\quad F_{Bx} = -3.26(\text{kN})$$

选取梁 BC 为研究对象，受力图如图 3-21（f）所示，列平衡方程：

$$\sum X = 0\text{，}\quad F_{Cx} + F'_{Bx} = 0 \quad\Rightarrow\quad F_{Cx} = 3.26(\text{kN})$$

$$\sum M_B = 0\text{，}\quad M_C - F_{Cy}\times 3 - \frac{1}{2}\times\frac{3}{7}q\times 3\times\frac{2}{3}\times 3 - \frac{4}{7}q\times 3\times\frac{3}{2} = 0 \quad\Rightarrow\quad M_C = -6.65(\text{kN}\cdot\text{m})$$

方法 4　选取整体为研究对象，受力图如图 3-21（d）所示，有

$$\sum Y = 0\text{，}\quad -F_{Cy} - \frac{7}{2} = 0 \quad\Rightarrow\quad F_{Cy} = -3.5(\text{kN})$$

选取梁 BC 为研究对象，受力图如图 3-21（f）所示，有

$$\sum M_B = 0\text{，}\quad M_C - F_{Cy}\times 3 - \frac{1}{2}\times\frac{3}{7}q\times 3\times\frac{2}{3}\times 3 - \frac{4}{7}q\times 3\times\frac{3}{2} = 0 \quad\Rightarrow\quad M_C = -6.65(\text{kN}\cdot\text{m})$$

再次选取整体为研究对象，有

$$\sum M_D = 0\text{，}\quad M + M_C + \frac{7}{2}\times\frac{1}{3}\times 7 - F_{Cx}\times 2 = 0 \quad\Rightarrow\quad F_{Cx} = 3.26(\text{kN})$$

方法 5　选取整体为研究对象，受力图如图 3-21（d）所示，有

$$\sum Y = 0\text{，}\quad -F_{Cy} - \frac{7}{2} = 0 \quad\Rightarrow\quad F_{Cy} = -3.5(\text{kN})$$

$$\sum M_D = 0\text{，}\quad M + M_C + \frac{7}{2}\times\frac{1}{3}\times 7 - F_{Cx}\times 2 = 0 \tag{1}$$

选取梁 AB 和 BC 为研究对象，受力图如图 3-21（e）所示，有

$$\sum M_E = 0 ,\quad M + M_C - \frac{7}{2} \times \frac{2}{3} - F_{Cx} \times 2 - F_{Cy} \times 3 = 0 \qquad (2)$$

将 $F_{Cy} = -3.5\,\text{kN}$ 代入式（2），整理后即得到式（1），也就是说式（1）和式（2）不独立，不能联立解出 M_C 与 F_{Cx}。对于写出的多个平衡方程，不是很容易事先判断其是否独立，最好的方法还是 1 个方程求解 1 个未知数，避免联立求解。本例多种方法中，方法 4 是最简洁的方法，仅列 3 个方程即求解 3 个待求未知力。

通过以上例题可将平面物体系统平衡问题的解题步骤和注意事项归纳如下。

（1）根据题意适当地选取研究对象。一般可按先系统后部分的顺序选取，即根据系统平衡求出一部分未知量，然后再根据某些部分的平衡求出其余未知量。也可能在分析系统后分别取多个物体为研究对象，列联立的平衡方程求解，以求攻克一点解开全局。

（2）画出所取研究对象的受力图。注意只画外力（荷载与外约束反力），不画内力（内约束反力）。还要注意，在选取多个研究对象时拆开的地方，两部分之间的相互作用力必须符合作用与反作用力定律。

（3）选取适当投影轴和矩心，按受力图列出所需的平衡方程。选投影轴要使较多未知力与它垂直，选矩心要使较多未知力通过它，力求 1 个方程只含 1 个未知量，避免联立求解。

（4）可以列一个多余平衡方程对计算结果进行校核。

3.3.3　平面静定桁架的内力计算

工程实际中，房屋建筑、铁路桥梁、油田井架、码头起重设备以及电视塔等结构物常用桁架结构，如图 3-22 所示。桁架是由若干杆件组成的，一般具有三角形单元，受力后几何形状不变的平面或空间结构，杆件间的结合点称为节点（或结点）。实际桁架的构造和受力情况比较复杂，为了简化计算，工程中采用以下几个基本假设：

（1）桁架的杆件都是直杆；

（2）桁架的杆件彼此用光滑铰链连接，铰的中心即为节点位置；

（3）所有外力都作用在节点上；

（4）桁架杆件的重量略去不计，或平均分配在杆件两端节点上。

由这几个假设可知，每根杆件都是二力杆，只受轴向拉力或压力，能充分发挥材料的作用，减轻结构物的自重，节约材料。

实际工程中的桁架与上述假设是有差别的，如桁架的节点不是铰接，而是榫接（木材）、焊接（钢材）或刚性连接（钢筋混凝土），杆件的中心线很难保证绝对是直的，把杆件自重略去不计或平均分配到节点上，就更是理想化了，等等。这些因素都会不同程度地影响桁架杆件的实际受力。但是上述假设能够简化计算，而且计算结果通常能满足工程精度要求。

根据组成桁架杆件的轴线和所受外力的分布情况，桁架可分为平面桁架和空间桁架。当各杆件的轴线都在同一平面内，且所受荷载也在该平面内时，这样的桁架就是平面桁架。屋架或桥梁等空间结构可以视为由一系列互相平行的平面桁架所组成。若以基本三角形为基础，然后每增加一个节点就增加两根杆件，这样构成的桁架称为**平面简单桁架**，如图 3-23（a）所示。对于简单桁架，从中任意除去一根杆件，桁架就会活动变形，因此这种桁架又称为**无余杆桁架**。反之，如果除去一根或几根杆件仍不会使桁架活动变形，则这种桁架称为**有余杆桁架**，如图 3-23（b）所示。可以证明前者为静定桁架，后者为超静定桁架。

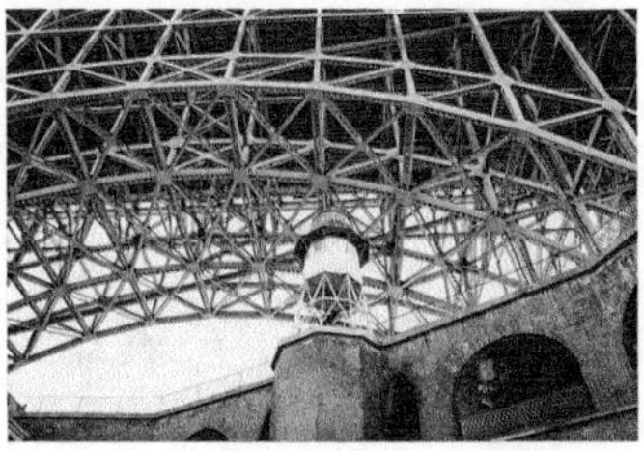

图 3-22

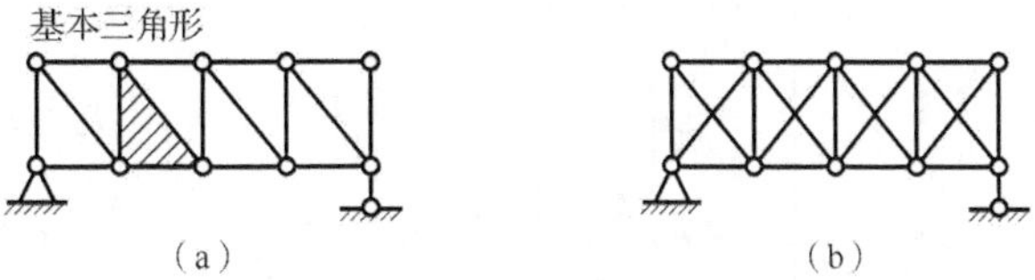

图 3-23

在平面简单桁架中，由于基本三角形的杆件数和节点数都是 3，此后所增添的杆件总数 m−3 是增添节点总数 n−3 的两倍，即 $m-3=2(n-3)$，于是得到

$$m+3=2n \tag{3-12}$$

这就是平面简单桁架中杆件数和节点数之间的关系。由于每根杆件均受轴向力作用，因此每个节点均受平面汇交力系作用。分别取每个节点为研究对象，总共可列出 $2n$ 个独立的平衡方程，其中未知量包括 m 根杆的内力和 3 个支反力，总共 m+3 个。如果问题是静定的，则应有 $m+3=2n$，这就是平面简单桁架的杆件数与节点数的比例关系，证明了平面简单桁架是静定桁架。设图 3-23（b）中有余杆桁架的杆件数为 m'，与图 3-23（a）中无余杆简单桁架比较可知 $m'>m$，故 $m'+3>2n$，该式左端为未知量总数，右端为独立平衡方程总数，由此可见，有余杆桁架是超静定桁架。

下面介绍两种计算静定桁架杆件内力的方法——节点法和截面法。

1. 节点法

平面桁架的每个节点都受一个平面汇交力系的作用。节点法就是逐个选取未知力个数小于等于 2 的节点为研究对象，应用平面汇交力系的平衡条件，求出全部未知杆件内力的方法。

【例 3-11】 试求图 3-24（a）所示桁架中各杆的内力。

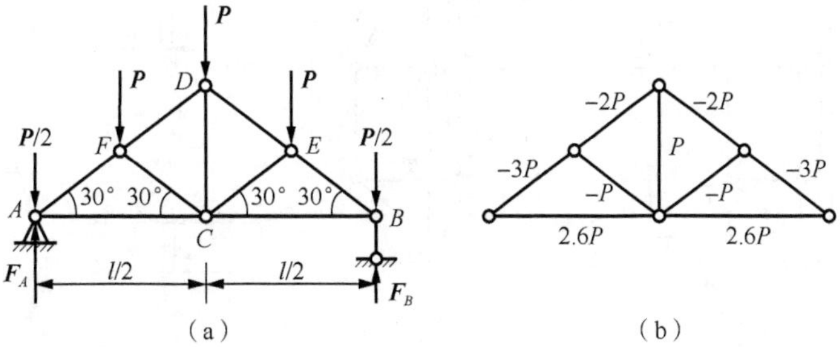

图 3-24

解 首先取整个桁架为研究对象，受力图如图 3-24（a）所示，列平衡方程求解支座反力。因为所有荷载及 B 点的反力 $\boldsymbol{F}_B$ 都是铅直的，所以 A 点的反力 $\boldsymbol{F}_A$ 也必定是铅直的，于是有

$$\sum M_B(\boldsymbol{F}_i)=0,\quad P\cdot\frac{l}{4}+P\cdot\frac{l}{2}+P\cdot\frac{3l}{4}+\frac{P}{2}l-F_Al=0 \quad\Rightarrow\quad F_A=2P$$

$$\sum Y=0,\quad F_A+F_B-4P=0 \quad\Rightarrow\quad F_B=2P$$

由于结构对称、荷载对称，对称杆件的内力必定也对称（相同），所以只需计算中心线一侧各杆内力即可。下面逐个选取未知力个数小于等于 2 的节点为研究对象，画受力图，列平衡方程求解，如表 3-1 所示。

表 3-1　节点法的列表计算举例

节点	受力图	平衡方程	内力
A	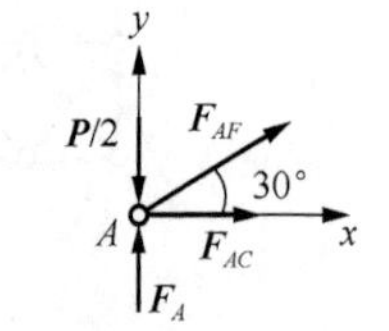	$F_{AC}+F_{AF}\cos 30°=0$ $F_A-\dfrac{P}{2}+F_{AF}\sin 30°=0$	$F_{AF}=-3P$ $F_{AC}=2.6P$
F	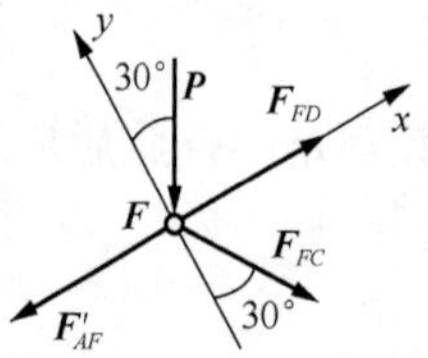	$F_{FD}-F'_{AF}+F_{FC}\sin 30°-P\sin 30°=0$ $-P\cos 30°-F_{FC}\cos 30°=0$	$F_{FC}=-P$ $F_{FD}=-2P$
D	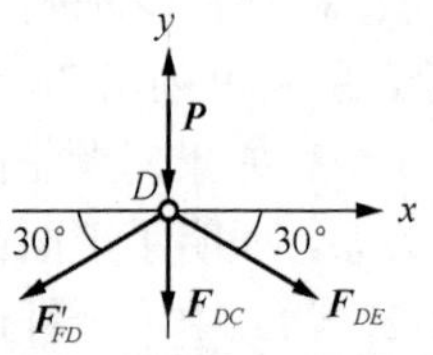	$F_{DE}\cos 30°-F'_{FD}\cos 30°=0$ $-P-F_{DC}-(F_{DE}+F'_{FD})\sin 30°=0$	$F_{DE}=-2P$ $F_{DC}=P$

在实际工作中，习惯将杆件内力设为拉力，若计算结果得负值，即为压力。为了清楚起见，常将计算结果用图 3-24（b）的形式画出，既明确了杆件受力大小，又分清了是拉杆还是压杆。

【例 3-12】 如图 3-25（a）所示闸门纵向桁架承受宽 2 m 的面板的水压力，设水深与闸门顶齐平，试求桁架各杆内力。

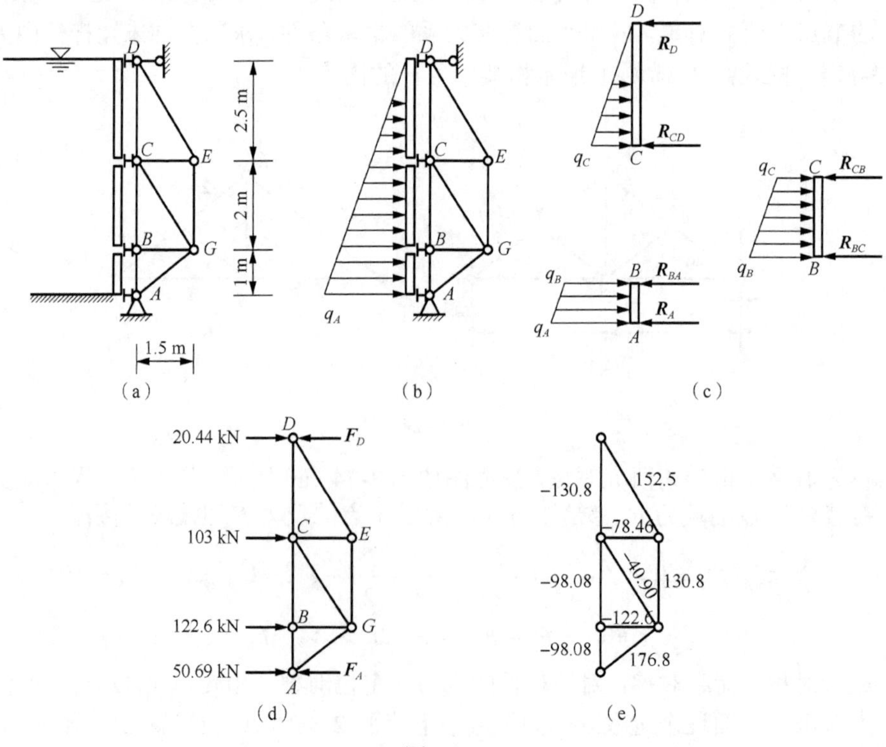

图 3-25

解　(1) 计算面板承受的水压力。静水压力沿竖向三角形分布如图 3-25 (b) 所示，从而可知三段面板 DC、CB、BA 上线分布荷载如图 3-25 (c) 所示，集度分别为

$$q_C = \gamma_{水} \times h_C \times 2 = 9.81 \times 2.5 \times 2 = 49.05(\text{kN/m})$$

$$q_B = \gamma_{水} \times h_B \times 2 = 9.81 \times 4.5 \times 2 = 88.29(\text{kN/m})$$

$$q_A = \gamma_{水} \times h_A \times 2 = 9.81 \times 5.5 \times 2 = 107.9(\text{kN/m})$$

(2) 求面板的支撑反力。取 CD 段为研究对象，受力分析如图 3-25 (c) 所示，

$$\sum M_C(\boldsymbol{F}_i) = 0 ,\quad R_D \times 2.5 - \left(\frac{1}{2} \times 2.5 \times q_C\right) \times \left(\frac{1}{3} \times 2.5\right) = 0 \quad \Rightarrow \quad R_D = 20.44(\text{kN})$$

$$\sum X = 0 ,\quad -R_D - R_{CD} + \frac{1}{2} \times 2.5 \times q_C = 0 \quad \Rightarrow \quad R_{CD} = 40.87(\text{kN})$$

同理，取 BC、AB 段为研究对象，可得

$$R_{CB} = 62.13(\text{kN}) ,\quad R_{BC} = 75.21(\text{kN}) ,\quad R_{BA} = 47.41(\text{kN}) ,\quad R_A = 50.69(\text{kN})$$

则作用在桁架 A、B、C、D 节点上的力分别为

$$R_D = 20.44(\text{kN}) ,\quad R_C = R_{CD} + R_{CB} = 40.87 + 62.13 = 103(\text{kN})$$

$$R_B = R_{BC} + R_{BA} = 75.21 + 47.41 = 122.6(\text{kN}) ,\quad R_A = 50.69(\text{kN})$$

(3) 求桁架的支座反力。取整个桁架为研究对象，受力分析如图 3-25 (d) 所示，

$$\sum M_A(\boldsymbol{F}_i) = 0 ,\quad F_D \times 5.5 - 20.44 \times 5.5 - 103 \times 3 - 122.6 \times 1 = 0 \quad \Rightarrow \quad F_D = 98.91(\text{kN})$$

$$\sum X = 0 ,\quad -F_A - F_D + 20.44 + 103 + 122.6 + 50.69 = 0 \quad \Rightarrow \quad F_A = 197.8(\text{kN})$$

(4) 求桁架内力。采用节点法列表 3-2 求各杆内力，最后桁架结构的内力如图 3-25 (e) 所示。

表 3-2　闸门桁架节点法的列表计算

节点	受力图	平衡方程	内力
D	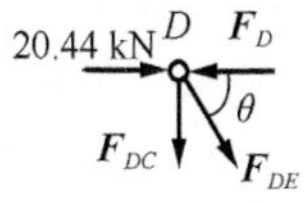	$F_{DE}\cos\theta + 20.44 - F_D = 0$ $-F_{DC} - F_{DE}\sin\theta = 0$	$F_{DE} = 152.5\,\text{kN}$ $F_{DC} = -130.8\,\text{kN}$
E	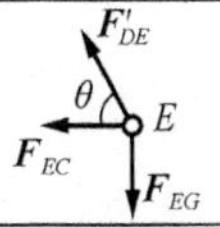	$-F_{EC} - F'_{DE}\cos\theta = 0$ $F'_{DE}\sin\theta - F_{EG} = 0$	$F_{EC} = -78.46\,\text{kN}$ $F_{EG} = 130.8\,\text{kN}$
C	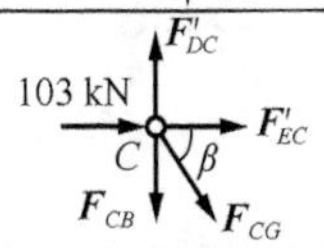	$F_{CG}\cos\beta + F'_{EC} + 103 = 0$ $F'_{DC} - F_{CB} - F_{CG}\sin\beta = 0$	$F_{CG} = -40.90\,\text{kN}$ $F_{CB} = -98.08\,\text{kN}$
B	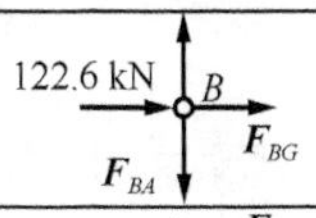	$F_{BG} + 122.6 = 0$ $F'_{CB} - F_{BA} = 0$	$F_{BG} = -122.6\,\text{kN}$ $F_{BA} = -98.08\,\text{kN}$
A	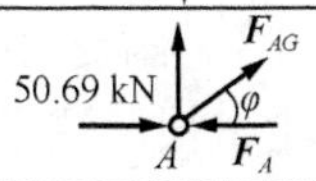	$F_{AG}\cos\varphi + 50.69 - F_A = 0$	$F_{AG} = 176.8\,\text{kN}$

2. 截面法

如果只需要求桁架内某几根杆件的内力，则可用截面法。这种方法是用一个假想的截面

将桁架截开，这时被截开的两部分受平面任意力系作用而平衡，可取其中的一部分为研究对象，应用平面任意力系的平衡条件求出被截杆件的内力。

【例 3-13】 如图 3-26（a）所示的平面桁架，各杆长均为 1 m。已知 P_1=10 kN，P_2=8 kN。试计算杆 1、2、3 的内力。

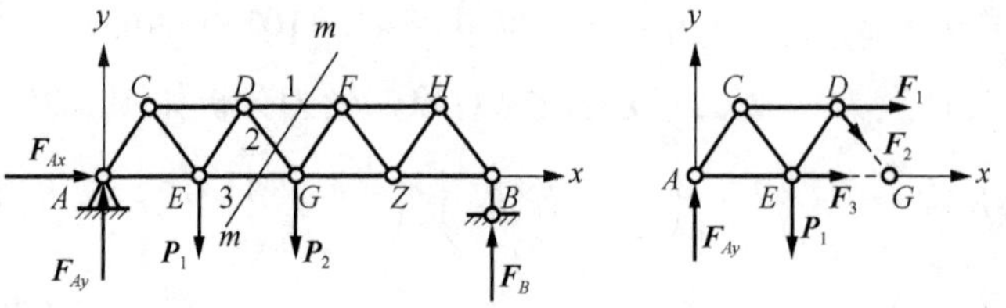

（a）　　　　　　　　　　（b）

图 3-26

解 先求桁架支反力。以桁架整体为研究对象，受力分析如图 3-26（a）所示，列平衡方程：

$$\sum X = 0\,,\quad F_{Ax} = 0$$
$$\sum M_A(\boldsymbol{F}_i) = 0\,,\quad F_B \cdot 4 - P_1 \cdot 1 - P_2 \cdot 2 = 0 \quad \Rightarrow \quad F_B = 6.5(\text{kN})$$
$$\sum Y = 0\,,\quad F_{Ay} + F_B - F_1 - F_2 = 0 \quad \Rightarrow \quad F_{Ay} = 11.5(\text{kN})$$

为求杆 1、2、3 的内力，可用假想的截面 *m-m* 将三杆截断，并设三杆均受拉力。选取桁架左半部分为研究对象，画受力图如图 3-26（b）所示，列平衡方程：

$$\sum M_G(\boldsymbol{F}_i) = 0\,,\quad P_1 \cdot 1 - F_{Ay} \cdot 2 - F_1 \cdot \frac{\sqrt{3}}{2} \cdot 1 = 0 \quad \Rightarrow \quad F_1 = -15(\text{kN})\ （压力）$$

$$\sum M_D(\boldsymbol{F}_i) = 0\,,\quad F_3 \cdot 1 \cdot \frac{\sqrt{3}}{2} + P_1 \cdot 0.5 - F_{Ay} \cdot 1.5 = 0 \quad \Rightarrow \quad F_3 = 14.15(\text{kN})\ （拉力）$$

$$\sum X = 0\,,\quad F_1 + F_3 + F_2 \sin 30^\circ = 0 \quad \Rightarrow \quad F_2 = 1.7(\text{kN})\ （拉力）$$

如选桁架右半部分为研究对象，可得同样结果。

【例 3-14】 试求图 3-27（a）所示悬臂桁架中杆 *a* 的内力。

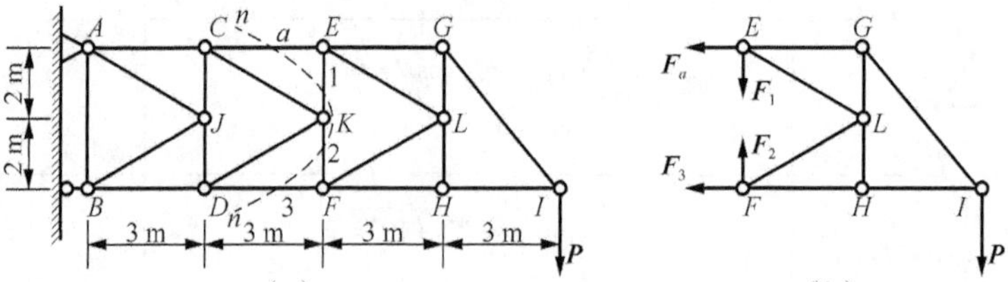

（a）　　　　　　　　　　（b）

图 3-27

解 对于这种悬臂桁架，可以从悬臂自由端一侧进行研究，不必求支反力。如图 3-27（a）所示，用假想的截面 *n-n* 将杆 *a* 及杆 1、2、3 截断，取右半部分为研究对象，画受力图 3-27（b）。平面任意力系只有 3 个独立平衡方程，所以被截断杆件一般不应超过 3 根。这里虽然割断 4 根杆，出现 4 个未知内力，但有 3 个力 $\boldsymbol{F}_1$、$\boldsymbol{F}_2$、$\boldsymbol{F}_3$ 相交于一点 *F*。因此以 *F* 点为矩心，列力矩方程：

$$\sum M_F(\boldsymbol{F}_i)=0\,,\quad 4F_a-6P=0 \quad\Rightarrow\quad F_a=1.5P \text{（拉力）}$$

该题若用节点法求解，需逐个选取节点 I、G、H、L、E 为研究对象，计算比较烦琐。而截面法是想求哪根杆件的受力，就截断哪根杆件，直接计算，比用节点法逐点计算简捷得多。

3. 桁架零杆的判断

如图 3-28（a）所示，一个节点连接两根杆件，而且节点上没有作用荷载，则很容易判断出 $F_1=0$，$F_2=0$。图 3-28（b）中节点连接两根杆件，节点上受 $\boldsymbol{F}$ 力作用，该力作用线与一根杆件轴线重合，则容易得出 $F_4=0$。图 3-28（c）中节点连接三根杆件，其中两根杆件共线，且节点上无荷载作用，则容易得出 $F_5=0$。这种内力为零的杆件称为**零杆**，图 3-28 就是判断平面桁架零杆的三个规则。

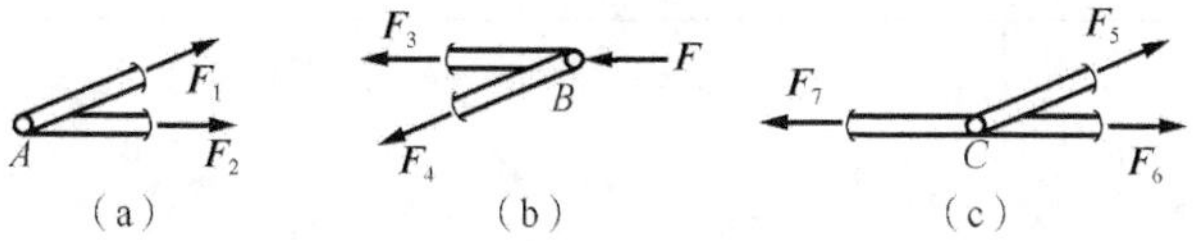

图 3-28

【例 3-15】 试判断图 3-29 所示桁架中的零杆。

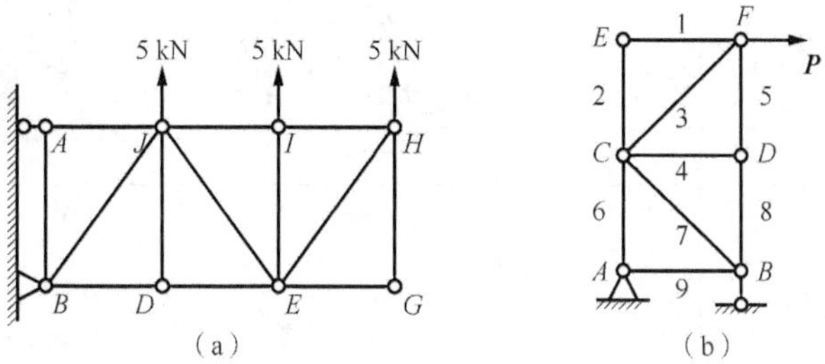

图 3-29

解　图 3-29（a）中，根据节点 G，GE、GH 为零杆；根据节点 D，DJ 为零杆；根据节点 A，AB 为零杆。

图 3-29（b）中，根据节点 E，1 和 2 为零杆；根据节点 D，4 为零杆。

在求解桁架内力时，首先判断出零杆常常能使计算大大简化。但应该注意，零杆只在桁架的基本假设下才存在，并且和当前荷载条件有关，换一种工况荷载，则其可能不再是零杆。例如，上例中若将图 3-29（b）中作用在节点 F 上的力 $\boldsymbol{P}$ 移到节点 E 上，则 1 杆不再是零杆。

3.4　空间力系平衡问题

在 3.1.1 小节中曾导出空间力系的平衡方程，下面举例说明应用这些方程求解空间力系的平衡问题。为此，首先介绍一些空间力系问题中的常见约束（表 3-3）。空间约束作用只是在平面约束的基础上加以扩展。例如，第六行的固定端约束，在平面力系中，它限制两个方向的移动（对应反力 F_{Az} 和 F_{Ay}）和一个方向的转动（对应反力偶 M_{Az}，习惯上用 M_A）；若用在空间力系中，它限制三个方向的移动（对应反力 F_{Ax}、F_{Ay} 和 F_{Az}）和三个方向的转动（对应反力偶 M_{Ax}、M_{Ay} 和 M_{Az}）。表 3-3 中其他约束的约束反力数目同样是根据这个原则确定的，即物体在空间可能有 6 种运动（沿 x、y、z 三轴的移动和绕这三轴的转动），有几种运动受到约束的阻碍，就有几个约束反力（包括反力偶）。约束反力的方向与约束所能阻碍运动的方向相反，约束反力的大小则由空间力系平衡方程求出。

表 3-3　空间约束的类型及其约束反力举例

序号	约束反力未知量	约束类型
1	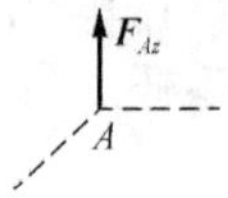	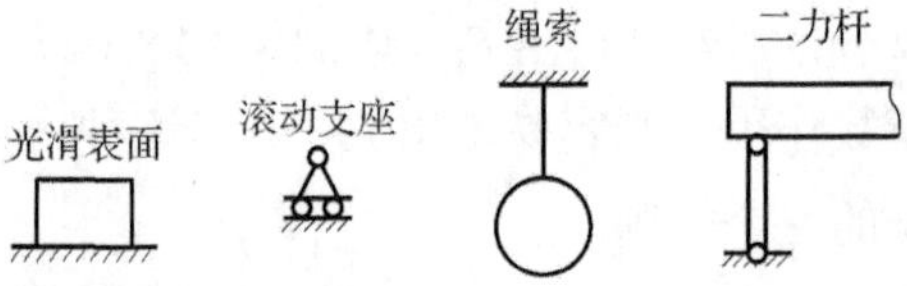
2	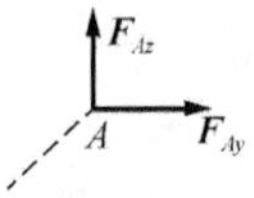	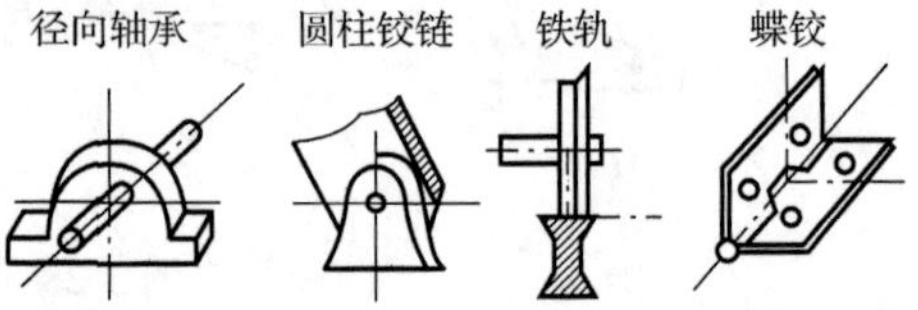
3	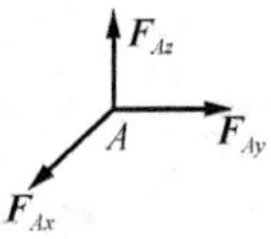	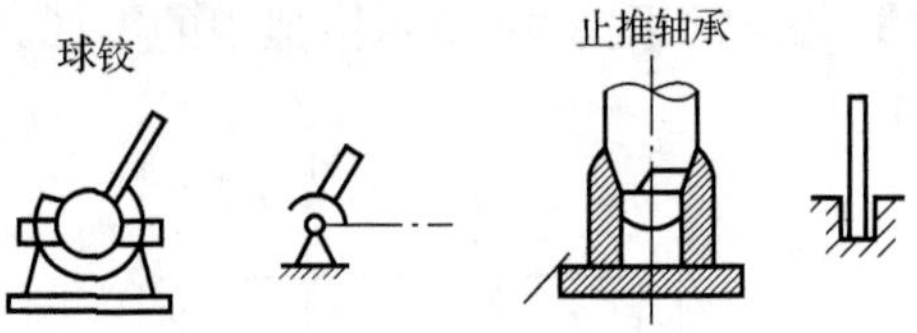
4	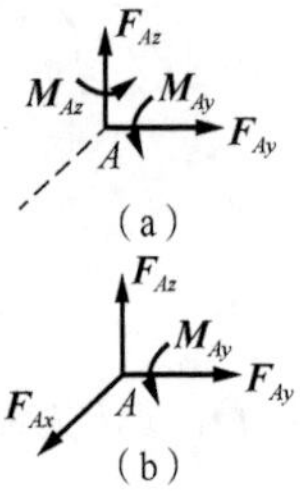	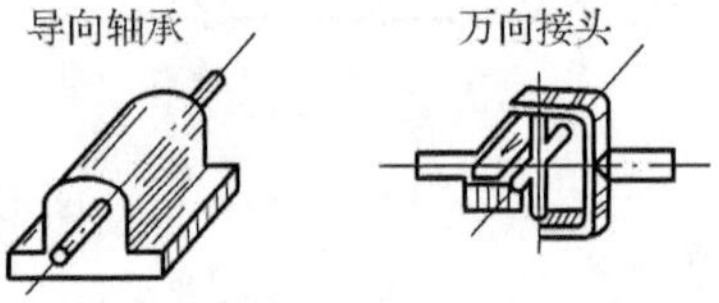
5	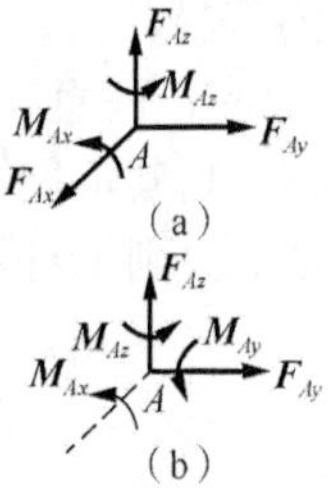	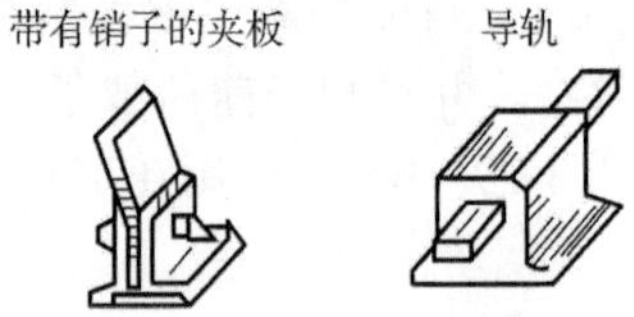
6	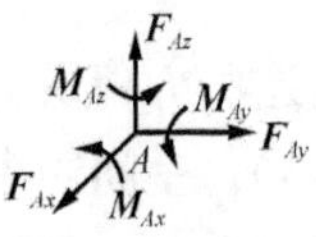	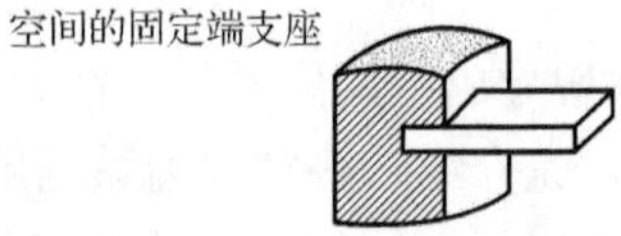

【例 3-16】 用三根连杆支承一重量为 P 的物体，如图 3-30（a）所示，A、B、C、D 各处均为球铰，求每根连杆所受的力。

解　取节点 A 为研究对象，力 $\boldsymbol{P}$ 和三杆内力 $\boldsymbol{F}_1$、$\boldsymbol{F}_2$、$\boldsymbol{F}_3$ 组成空间汇交力系，受力图如

图 3-30（b）所示。设空间直角坐标系 $Oxyz$，各力与坐标轴间的夹角可由图中几何比例求得。列三个投影方程，即

$$\sum Z=0\text{，}\quad -F_1\frac{2}{\sqrt{5}}-P=0\quad\Rightarrow\quad F_1=-\frac{\sqrt{5}}{2}P$$

$$\sum X=0\text{，}\quad F_2\frac{1}{\sqrt{2}}-F_3\frac{1}{\sqrt{2}}=0\tag{1}$$

$$\sum Y=0\text{，}\quad -F_3\frac{1}{\sqrt{2}}-F_2\frac{1}{\sqrt{2}}-F_1\frac{1}{\sqrt{5}}=0\tag{2}$$

联立式（1）和式（2），解得

$$F_2=F_3=\frac{\sqrt{2}}{4}P$$

【例 3-17】 如图 3-31 所示，三轮车连同重物共重 P=3000 N，重力作用线通过 C 点，求三轮车静止时各轮对水平地面的压力。

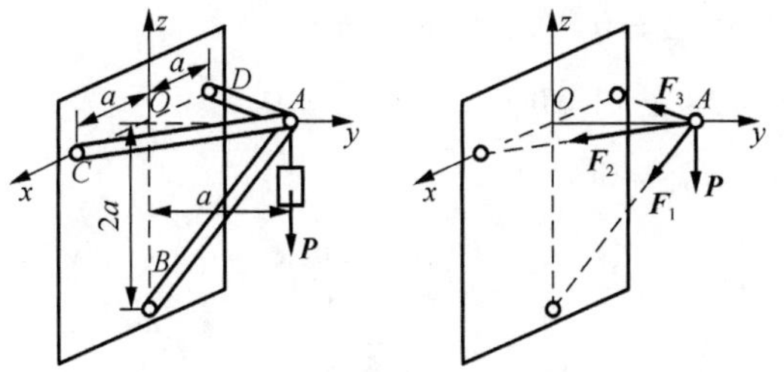

（a）　　　　（b）

图 3-30

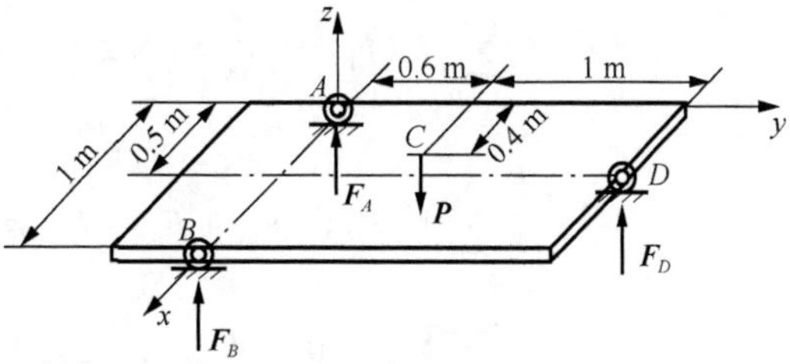

图 3-31

解　以三轮车连同重物为研究对象，受力图如图 3-31 所示，这是一个空间平行力系。

$$\sum M_x(\boldsymbol{F}_i)=0\text{，}\quad F_D\times 1.6-P\times 0.6=0\quad\Rightarrow\quad F_D=1125(\text{N})$$

$$\sum M_y(\boldsymbol{F}_i)=0\text{，}\quad -F_B\times 1+P\times 0.4-F_D\times 0.5=0\quad\Rightarrow\quad F_B=637.5(\text{N})$$

$$\sum Z=0\text{，}\quad F_A+F_B+F_D-P=0\quad\Rightarrow\quad F_A=1237.5(\text{N})$$

【例 3-18】 如图 3-32（a）所示，悬臂刚架上作用着 q=2 kN/m 的均布荷载及作用线分别平行于 AB、CD 的集中力 $\boldsymbol{F}_1$、$\boldsymbol{F}_2$，F_1=5 kN，F_2=4 kN，求固定端 O 处的约束反力和反力偶矩。

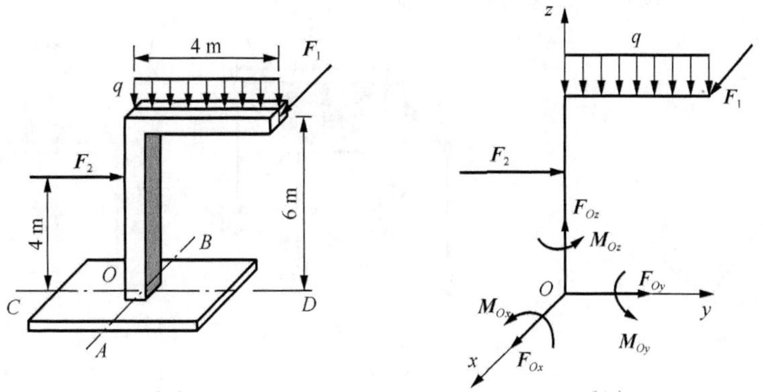

（a）　　　　（b）

图 3-32

解 刚架的受力如图 3-32（b）所示，这是一个空间任意力系。

$$\sum X = 0\text{，}\quad F_{Ox} + F_1 = 0 \quad\Rightarrow\quad F_{Ox} = -5(\text{kN})$$

$$\sum Y = 0\text{，}\quad F_{Oy} + F_2 = 0 \quad\Rightarrow\quad F_{Oy} = -4(\text{kN})$$

$$\sum Z = 0\text{，}\quad F_{Oz} - q\times 4 = 0 \quad\Rightarrow\quad F_{Oz} = 8(\text{kN})$$

$$\sum M_x(\boldsymbol{F}_i) = 0\text{，}\quad M_{Ox} - q\times 4\times 2 - F_2\times 4 = 0 \quad\Rightarrow\quad M_{Ox} = 32(\text{kN}\cdot\text{m})$$

$$\sum M_y(\boldsymbol{F}_i) = 0\text{，}\quad M_{Oy} + F_1\times 6 = 0 \quad\Rightarrow\quad M_{Oy} = -30(\text{kN}\cdot\text{m})$$

$$\sum M_z(\boldsymbol{F}_i) = 0\text{，}\quad M_{Oz} - F_1\times 4 = 0 \quad\Rightarrow\quad M_{Oz} = 20(\text{kN}\cdot\text{m})$$

【例 3-19】 均质正方形板 *ABCD* 重 P=200 N，用球铰 A 和蝶铰 B 支承在墙上，并用绳子 *CE* 维持在水平位置，如图 3-33 所示。已知∠*ECA*=30°，板边长为 2 m，求绳子的张力及 A、B 处支反力。

解 以板为研究对象，其受力图如图 3-33 所示，这是一空间任意力系。设坐标 *Axyz*，列任何投影方程都不能做到一个方程求解一个未知数，因此先列力矩方程。

$$\sum M_y(\boldsymbol{F}_i) = 0\text{，}\quad P\times 1 - F\sin 30^\circ\times 2 = 0 \quad\Rightarrow\quad F = P$$

$$\sum M_x(\boldsymbol{F}_i) = 0\text{，}\quad F_{Bz}\times 2 + F\sin 30^\circ\times 2 - P\times 1 = 0 \quad\Rightarrow\quad F_{Bz} = 0$$

$$\sum M_z(\boldsymbol{F}_i) = 0\text{，}\quad F_{Bx} = 0$$

$$\sum X = 0\text{，}\quad F_{Ax} + F_{Bx} - F\cos 30^\circ\sin 45^\circ = 0 \quad\Rightarrow\quad F_{Ax} = \frac{\sqrt{6}}{4}P$$

$$\sum Y = 0\text{，}\quad F_{Ay} - F\cos 30^\circ\cos 45^\circ = 0 \quad\Rightarrow\quad F_{Ay} = \frac{\sqrt{6}}{4}P$$

$$\sum Z = 0\text{，}\quad F_{Az} - P + F\sin 30^\circ = 0 \quad\Rightarrow\quad F_{Az} = \frac{P}{2}$$

此例也可不用投影方程 $\sum Z = 0$ 求 F_{Az}，而是列第四个力矩方程求 F_{Az}，即

$$\sum M_{BD}(\boldsymbol{F}_i) = 0\text{，}\quad -F_{Az}\times\sqrt{2} + F\sin 30^\circ\times\sqrt{2} = 0 \quad\Rightarrow\quad F_{Az} = \frac{P}{2}$$

由此可见，除坐标轴取做矩轴以外，还可以取别的直线做矩轴，从而列出第四个、第五个乃至第六个力矩方程式，如下例所示。

【例 3-20】 如图 3-34（a）所示，水平的长方形均质板重 P，用 6 根直杆支承。如直杆两端用球铰与板和地面连接，求各支杆的内力。

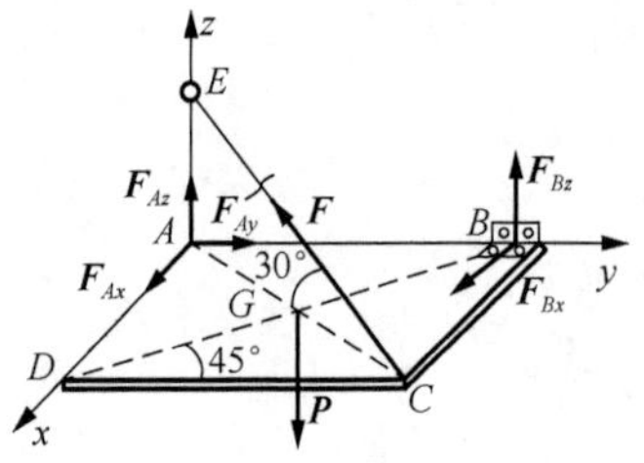

图 3-33

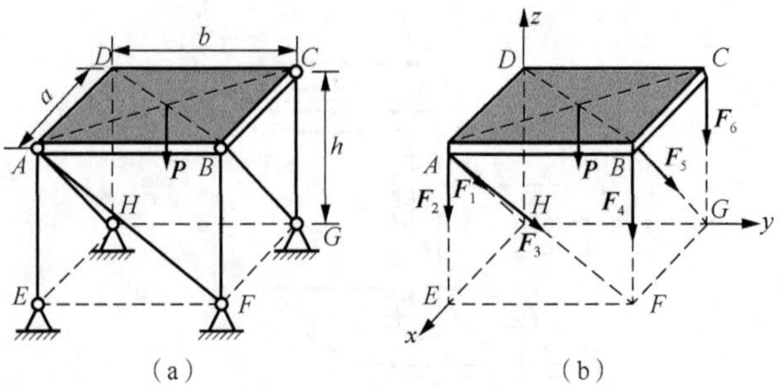

图 3-34

解　取板为研究对象，它受重力 $\boldsymbol{P}$ 和 6 根杆的支承力而平衡，设杆的受力均为拉力，受力图如图 3-34（b）所示。因为前面提到力矩方程有优势，尝试采用六个力矩方程求解。

$$\sum M_{AB}(\boldsymbol{F}_i)=0\,,\quad -F_6\times a-P\frac{a}{2}=0 \quad\Rightarrow\quad F_6=-\frac{P}{2}\ \text{（压杆）}$$

$$\sum M_{AE}(\boldsymbol{F}_i)=0\,,\quad F_5=0$$

$$\sum M_{AC}(\boldsymbol{F}_i)=0\,,\quad F_4=0$$

$$\sum M_{BF}(\boldsymbol{F}_i)=0\,,\quad F_1=0$$

$$\sum M_{EG}(\boldsymbol{F}_i)=0\,,\quad F_3=0$$

$$\sum M_{FG}(\boldsymbol{F}_i)=0\,,\quad -F_2 b-P\frac{b}{2}=0 \quad\Rightarrow\quad F_2=-\frac{P}{2}\ \text{（压杆）}$$

当然，可以在列出 3 个力矩方程求得 3 个未知力以后，再列 3 个投影方程，所得结果是相同的。本例表明，空间力系里力矩方程也有优势，选取矩轴的原则是：尽量使较多未知力与矩轴平行或相交，以减少方程式中的未知量。

通过以上例题可以发现，空间力系平衡问题的解题步骤与平面力系一样，都是要选取研究对象、画受力图、列方程求解。在列平衡方程时，要选取适当的投影轴和矩轴，尽量使 1 个方程只含 1 个未知量，避免联立求解。

习　　题

3-1　如图所示，杆 AC 与 BC 铰接于 C，两杆的另外一端用铰链连接于铅直墙上，铅直力 F=10 kN，杆自重不计。求杆 AC、BC 对铰 C 的作用力。（答：F_{AC} =8.66 kN，F_{CB} =−5 kN）

3-2　如图所示，用一组绳子挂一重 $P=1\ \text{kN}$ 的物体，求各绳的拉力。（答：$F_1=1\ \text{kN}$，$F_2=1.41\ \text{kN}$，$F_3=1.58\ \text{kN}$，$F_4=1.15\ \text{kN}$）

3-3　图示弧形闸门自重 P=150 kN，试用几何法求恰好将闸门提起所需的拉力 $\boldsymbol{F}$ 和 A 处的支反力。（答：F=123.6 kN，F_A=44.28 kN）

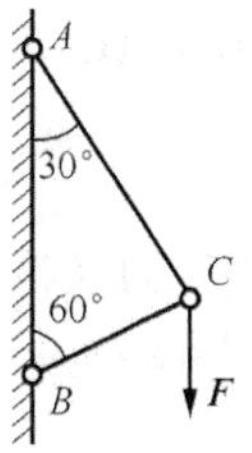

习题 3-1 图

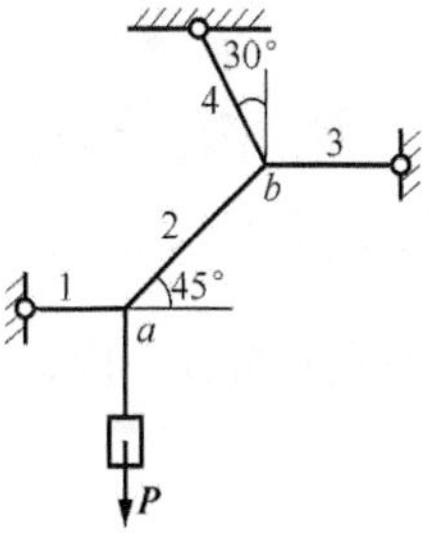

习题 3-2 图

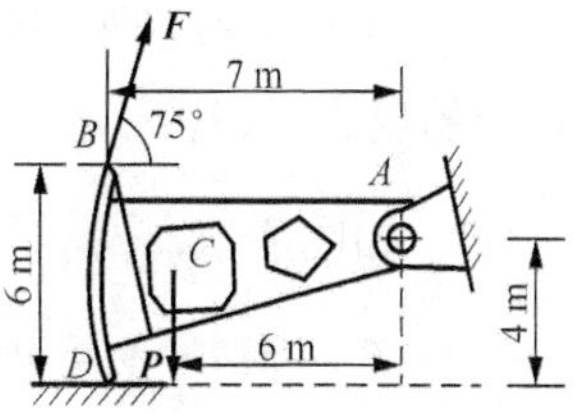

习题 3-3 图

3-4　如图所示，两直径相同的混凝土圆柱放在斜面 AB 和 BC 之间，柱重 $P_1=P_2=40\ \text{kN}$。设圆柱与斜面为光滑接触，求圆柱对斜面 D、E、F 处的压力。（答：$F_D=69.3\ \text{kN}$，$F_E=F_F=20\ \text{kN}$）

3-5　如图（a）所示，三铰拱受铅直力 F=2000 kN 作用，如不计拱的重量，求 A、B 处支座反力；若每半拱重 P=300 kN，如图(b)所示，求 A、B 处支座反力。（答：(a) $F_{Ax}=F_{Bx}=800\text{ kN}$，$F_{Ay}=500\text{ kN}$，$F_{By}=1500\text{ kN}$；（b）$F_{Ax}=F_{Bx}=920\text{ kN}$，$F_{Ay}=800\text{ kN}$，$F_{By}=1800\text{ kN}$）

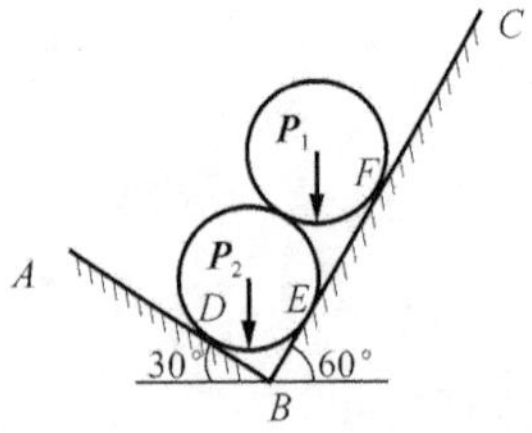

习题 3-4 图

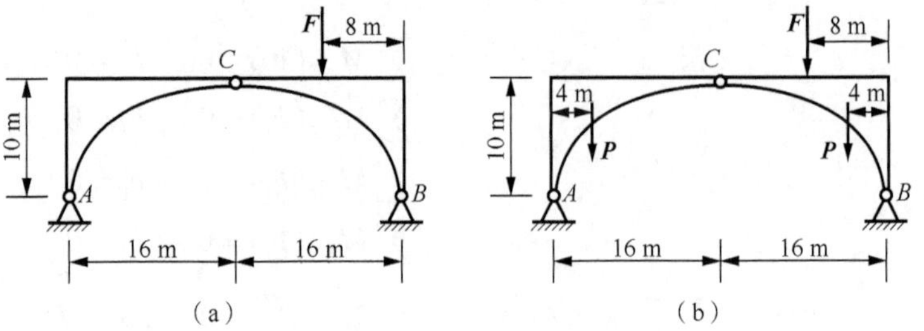

习题 3-5 图

3-6　如图所示，混凝土管用三角支架支撑于 30°的斜面上，管重为 P=5 kN。A、B、C 均为铰接，AD=DB，支架自重及摩擦不计，求 AC 杆及铰 B 的约束反力。（答：F_{AC} =1.77 kN，F_B =1.77 kN）

3-7　如图所示，简易起重机的支柱由 B 点的止推轴承和 A 点的向心轴承铅直固定。起重机上有荷载 $\boldsymbol{P}_1$ 和 $\boldsymbol{P}_2$ 作用，求 A、B 两处的支反力。（答：$F_{Ax}=\dfrac{P_1a+P_2b}{c}$；$F_{Bx}=\dfrac{P_1a+P_2b}{c}$，$F_{By}=P_1+P_2$）

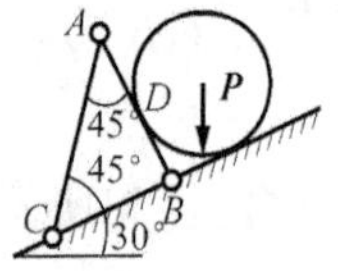

习题 3-6 图

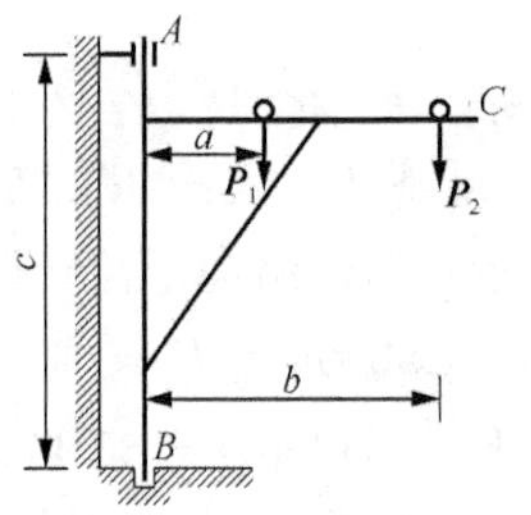

习题 3-7 图

3-8　一平面刚架如图所示，作用在刚架平面上的荷载有力 $\boldsymbol{P}$、$\boldsymbol{F}$ 和力偶 M。试求支座 A 和 B 处的反力。（答：$F_B=\dfrac{Fa+Pb+M}{2b}$；$F_{Ax}=-F$，$F_{Ay}=\dfrac{Pb-Fa-M}{2b}$）

3-9　如图所示，悬臂梁 AB 上作用有荷载 q、$\boldsymbol{P}$ 和 M。试求固定端 A 处的反力。（答：$F_{Ax}=0$，$F_{Ay}=qL+P$，$M_A=M+PL+\dfrac{1}{2}qL^2$）

3-10　在图示刚架中，已知 $q=3\text{ kN/m}$，$F=6\sqrt{2}\text{ kN}$，$M=10\text{ kN}\cdot\text{m}$，不计刚架自重。求固定端 A 处的约束反力（答：$F_{Ax}=0$，$F_{Ay}=6\text{ kN}$，$M_A=12\text{ kN}\cdot\text{m}$）

3-11　如图所示，水塔由圆柱形水箱及斜柱构成。水箱高 6 m，直径为 4 m，固定在对称安放的 4 根倾斜柱上，斜柱垂直高度为 17 m。整个水塔重为 P=78.4 kN。风压力按水箱曲面在垂直于风向的平面上的投影面积平均受力来计算，风压强度为 $p_1=1.225\text{ kN/m}^2$。求柱基间应有的距离 AB。（答：$AB \geqslant 15\text{ m}$）

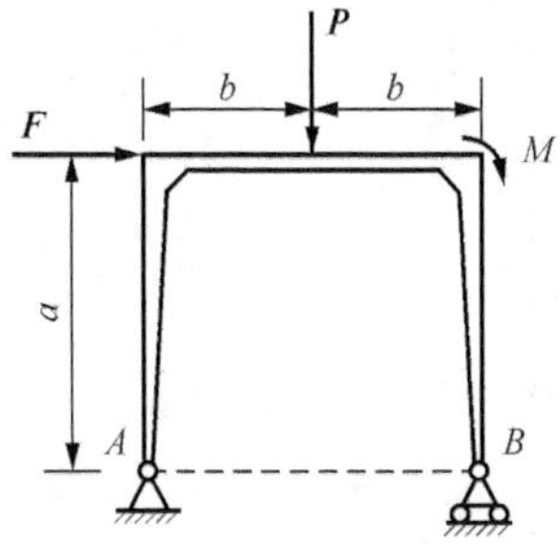

习题 3-8 图

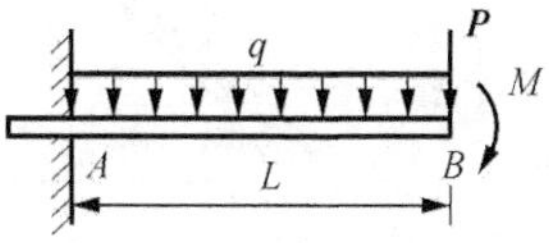

习题 3-9 图

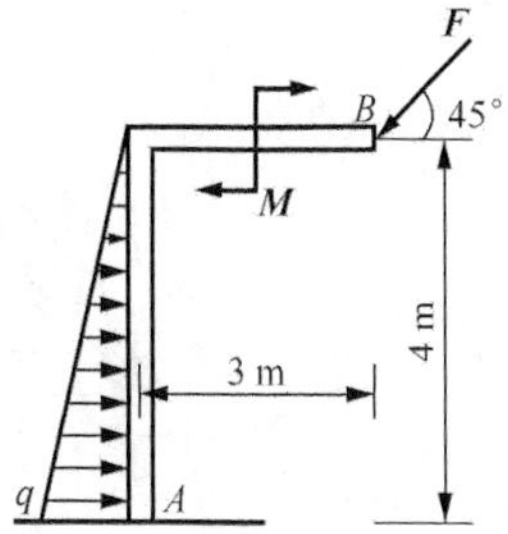

习题 3-10 图

3-12　如图所示，飞机机翼上安装一台动力装置，作用在机翼 OA 上的气动力按梯形分布：q_1=600 N/cm，q_2=400 N/cm，机翼重 P_1=45000 N，动力装置重 P_2=20000 N，发动机螺旋桨的反作用力偶矩 M=18000 N·m。求机翼处于平衡状态时，机翼根部固定端 O 受的力。图中尺寸单位为 cm。（答：$F_{Ox}=0$，$F_{Oy}=-385$ kN，$M_O=-1626$ kN·m）

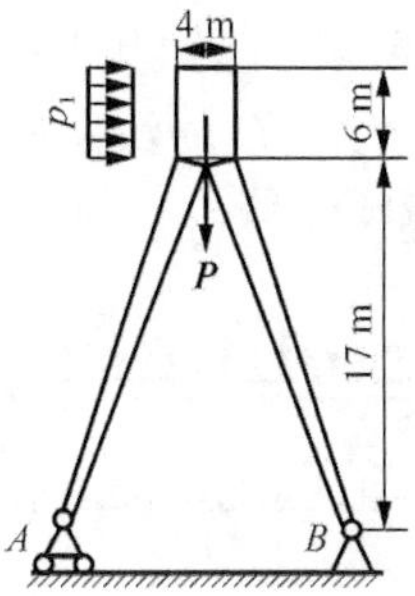

习题 3-11 图

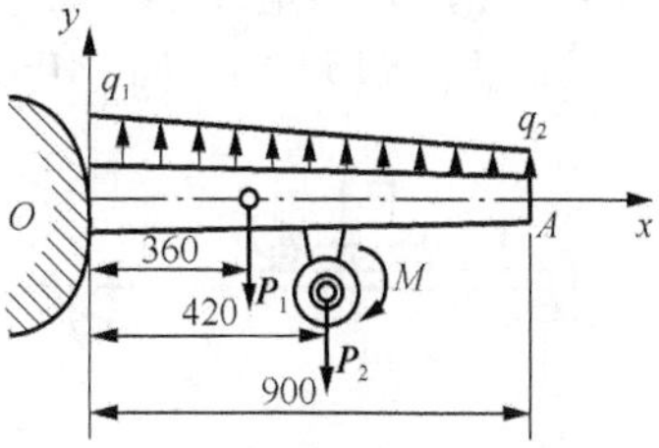

习题 3-12 图

3-13　如图所示，矩形进水闸门 AB 宽 1 m，$AB=2$ m，重 $P=15$ kN，上端用铰 A 支承，若水平面与 A 齐平，门后无水，求开启闸门时吊绳的张力 F。（答：$F=30.2$ kN）

3-14　求图示三铰拱式组合屋架 AB 拉杆的拉力及中间铰 C 的约束反力。（答：$F_{AB}=\dfrac{3}{4}ql$；$F_{Cx}=\dfrac{3}{4}ql$，$F_{Cy}=0$）

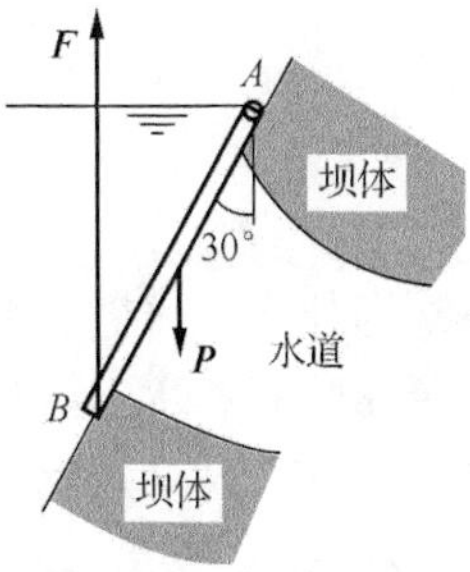

习题 3-13 图

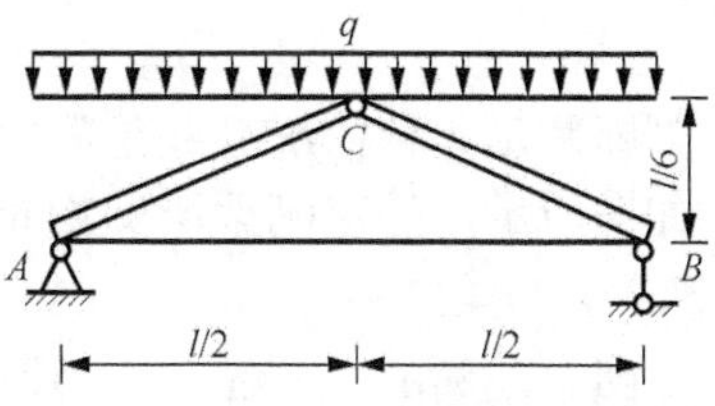

习题 3-14 图

3-15　试求图示两根斜梁的支反力。（答：(a) $F_{Ax}=0$，$F_{Ay}=5.99$ kN，$F_B=6.1$ kN；(b) $F_{Ax}=0$，$F_{Ay}=2.3$ kN，$F_B=11.2$ kN）

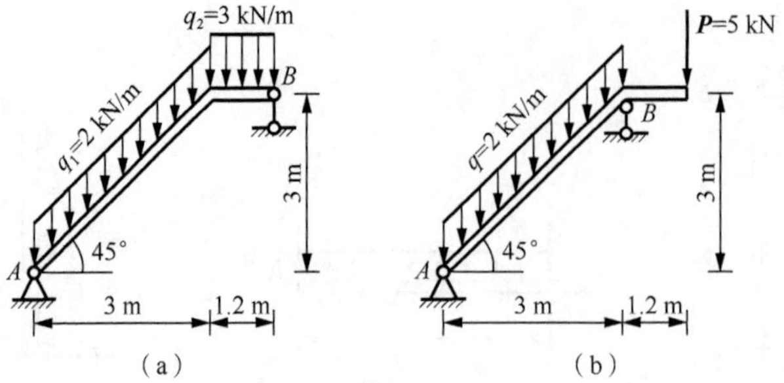

习题 3-15 图

3-16　汽车停在长 20 m 的水平桥上，前轴荷载为 10 kN，后轴荷载为 20 kN，前后轴间距离为 2.5 m，如图所示。试问汽车后轮到支座 A 的距离 x 为多大时，方能使支座 A 与支座 B 所受的压力相等？（答：$x=9\frac{1}{6}$ m）

3-17　由 AC 和 CD 构成的组合梁通过铰链 C 连接，如图所示。已知其上作用的均布荷载集度 q=10 kN/m，力偶矩 M=40 kN·m，不计梁重。求支座 A、B、D 的约束反力和铰链 C 所受的力。（答：F_A=−15 kN，F_B=40 kN，F_C=−5 kN，F_D=15 kN）

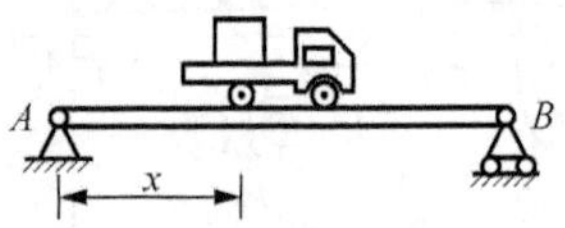

习题 3-16 图

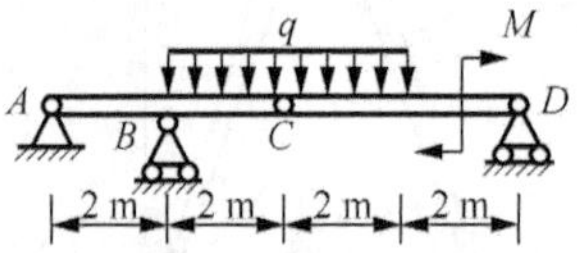

习题 3-17 图

3-18　求图示两个多跨静定梁的支反力。（答：(a) $F_{Ax}=0$，$F_{Ay}=2.9$ kN，$M_A=2.55$ kN·m，$F_B=0.9$kN；(b) F_{Ax}=0，F_{Ay}=2.5 kN，M_A=10 kN·m，F_B=1.5 kN）

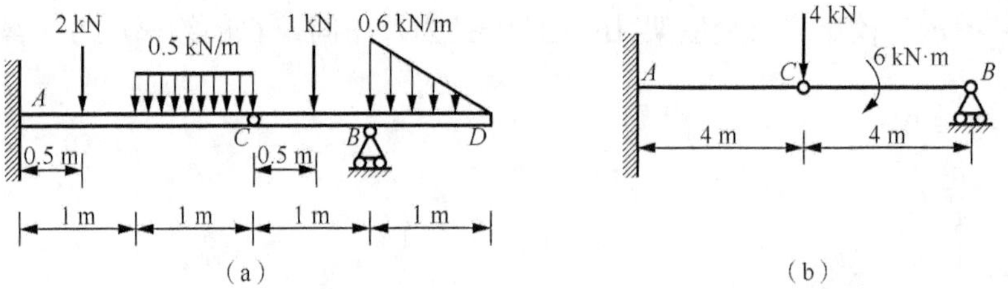

习题 3-18 图

3-19　判断图示 4 种情况哪些是静定的，哪些是超静定的？为什么？（答：略）

3-20　如图所示，静定刚架所受均布荷载 q_1=1 kN/m，q_2=4 kN/m，求 A、B、E 三处支座反力。（答：F_{Ax}=4.67 kN，F_{Ay}=15.3 kN，F_{Bx}=−0.67 kN，F_{By}=3.67 kN，F_E=5 kN）

3-21　求图示结构中 AC 和 BC 两杆所受的力。（答：F_{AC}=8 kN（拉）；F_{BC}=−6.93 kN（压））

3-22　如图所示，无底圆柱形空筒放在光滑水平面上，内放两个重球，设每个球重为 P，半径为 r，圆筒半径为 R。若不计各接触面的摩擦，不计圆筒厚度，求不致翻倒的圆筒最小重量 $P_{1\min}$。（答：$P_{1\min}=2P(1-\frac{r}{R})$）

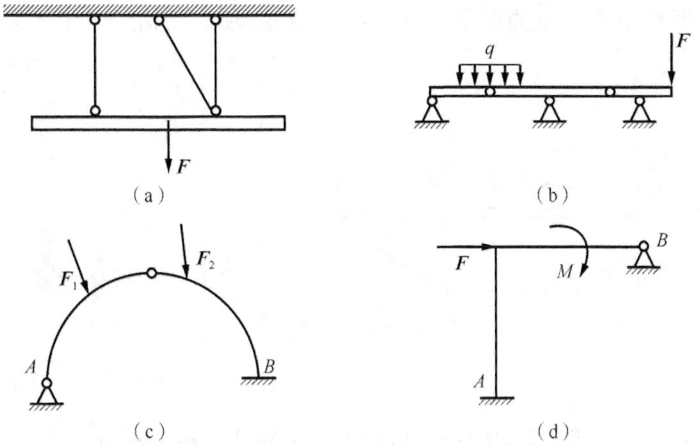

习题 3-19 图

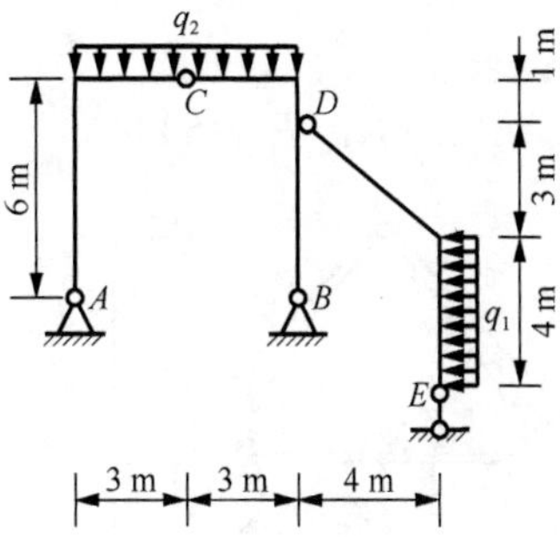

习题 3-20 图

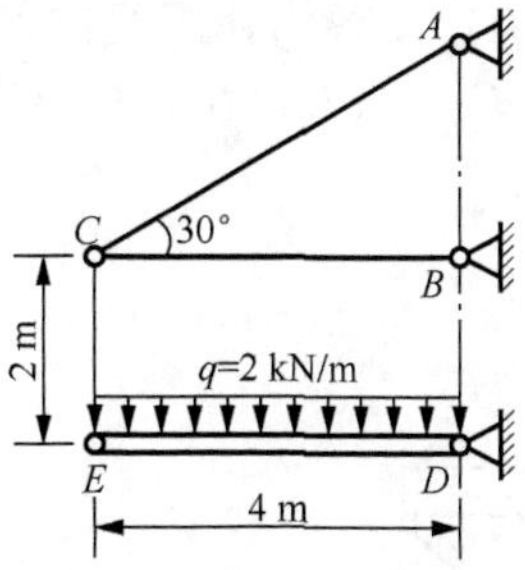

习题 3-21 图

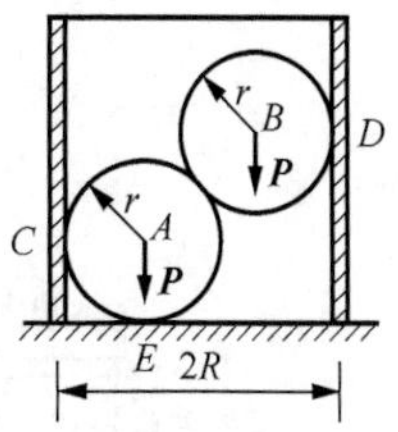

习题 3-22 图

3-23　如图所示，梯子的两腿 $AB = AC = l$，用铰链 A 连接起来，又在 D、E 两点用水平绳拉住。梯子放在光滑的水平地面上，其一腿上作用铅直力 F，其余尺寸见图。如不计梯重，求 DE 绳的拉力 T。（答：$T = \dfrac{Fa\cos\alpha}{2h}$）

3-24　如图所示，悬臂构架由 AD、BG、CE、DE 共 4 杆用铰链连接而成，AD、BG 两杆水平，杆 DE 与铅直墙面平行。在杆 BG 的右端作用着 12 kN 的铅直荷载，架重不计。求 A、B 支座的支反力。（答：$F_{Ax}=-32$ kN，$F_{Ay}=16$ kN；$F_{Bx}=32$ kN，$F_{By}=-4$ kN）

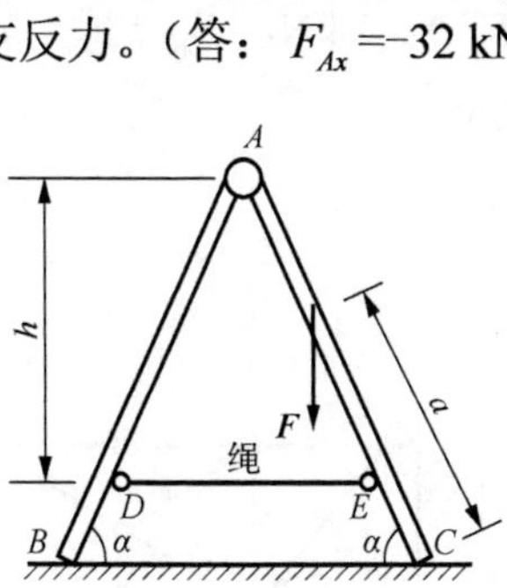

习题 3-23 图

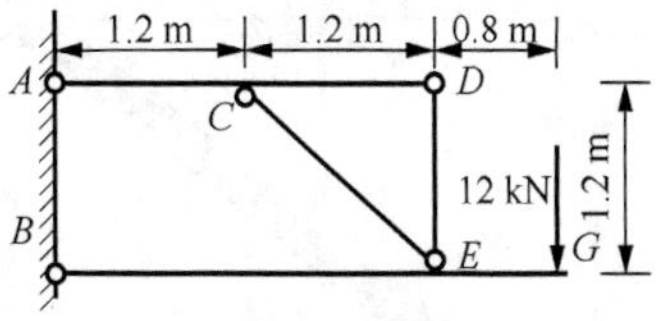

习题 3-24 图

3-25　求组合结构中杆 1、2、3 的内力。（答：$F_1=14.6$ kN，$F_2=-8.75$ kN，$F_3=11.7$ kN）

3-26　重为 700 N 的工人站在 500 N 的均质横梁上，摩擦和其他质量忽略不计。工人用

多大的力拉拽动滑轮中心垂下的绳子，才能使 B 处可动铰支座的反力为零。(答：569.6 N)

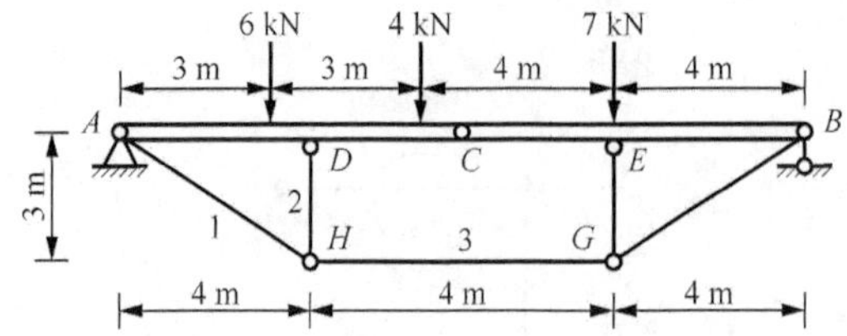

习题 3-25 图

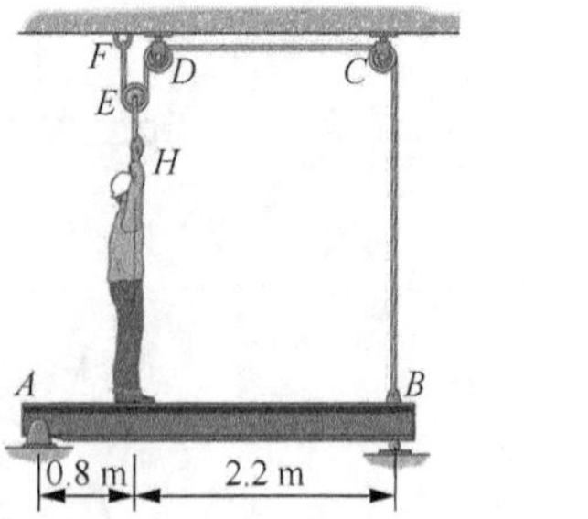

习题 3-26 图

3-27　图示平台上作用一集中力 F=300 kN，各部分自重均不计。试求：①A 处约束反力；②竖杆 1 的内力。(答：① F_{Ax}=0 kN，F_{Ay}=300 kN，M_A=900 kN·m；② F_1=450 kN)

3-28　某厂房三铰拱架的吊车重 P_1=10 kN，均质行车梁重 P_2=20 kN，三铰拱架每一半重 P=60 kN，风压力的合力 F=10 kN，各力作用线位置如图所示，试求 A、B、C 三处的反力。(答：F_{Ax}=7.5 kN，F_{Ay}=72.5 kN；F_{Bx}=−17.5 kN，F_{By}=77.5 kN；F_{Cx}=17.5 kN，F_{Cy}=5 kN)

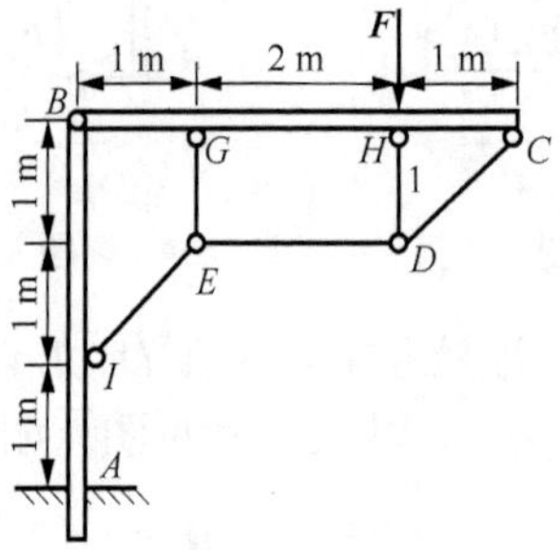

习题 3-27 图

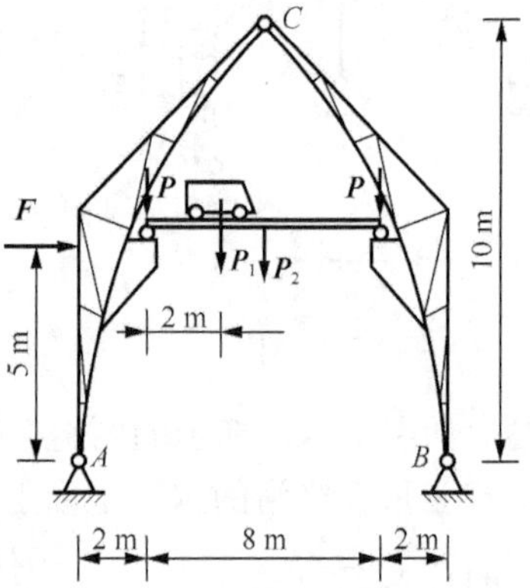

习题 3-28 图

3-29　图示结构中 B 和 C 处为光滑圆柱铰链，绳子悬挂的重物重 100 kN，其他重力忽略不计，求固定铰支座 A 和 D 处的约束反力。(答：$-F_{Ax} = F_{Dx}$=141 kN，$F_{Ay} = F_{Dy}$=50 kN)

3-30　试用节点法计算图示桁架各杆的内力。(答：略)

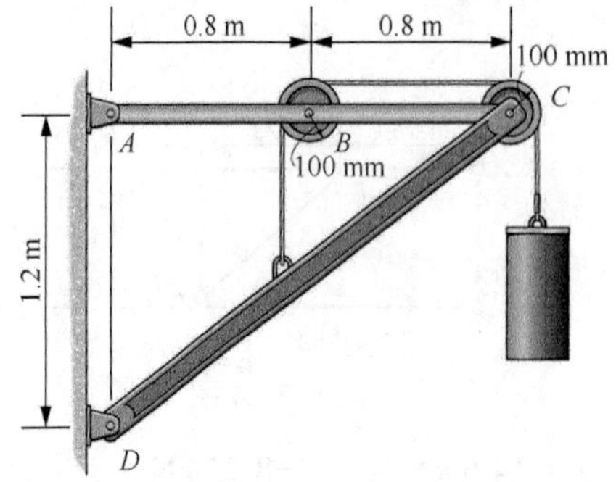

习题 3-29 图

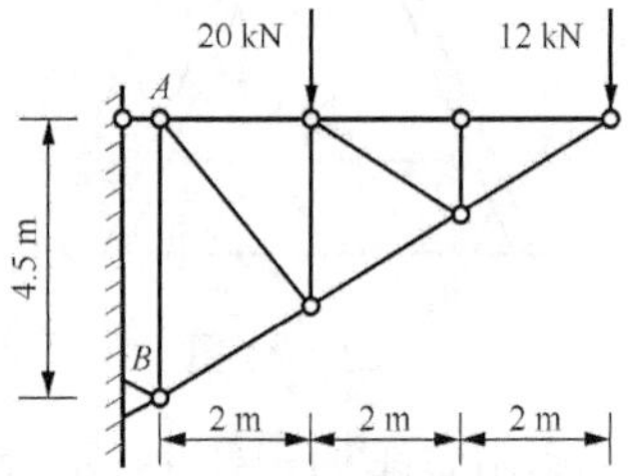

习题 3-30 图

3-31　试计算图示桁架指定杆件的内力。(答：(a) F_1=-0.417 F；(b) $F_1=-\sqrt{2}F$，$F_2=-F$，$F_3=0$)

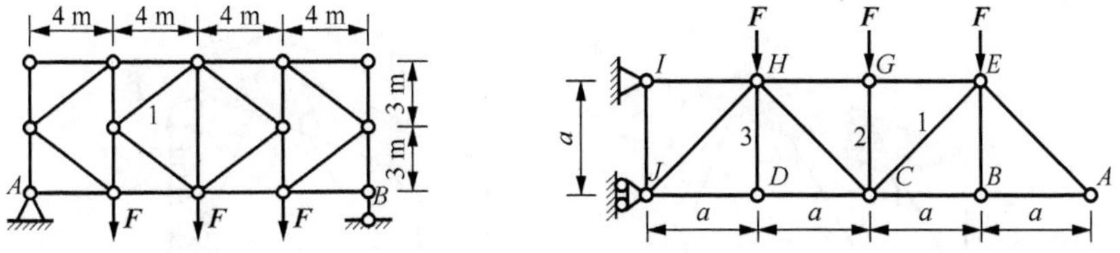

(a)　　(b)

习题 3-31 图

3-32　平面桁架的支座和荷载如图所示，$\triangle ABC$ 为等边三角形，D、E、G 为各边中心。求杆 CD 的内力。(答：$F_{CD}=-0.866F$)

3-33　图示三杆用铰链连接于 O 点，平面 BOC 是水平面，且 OB=OC，角度如图所示。若在 O 点挂一重为 P=1000 N 的物体，杆的重量不计，求 3 根杆的内力。(答：$F_{OA}=-1414\ \text{N}$，$F_{OB}=F_{OC}=707\ \text{N}$)

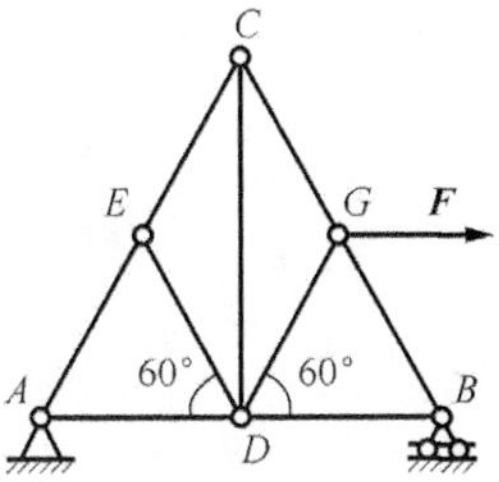

习题 3-32 图

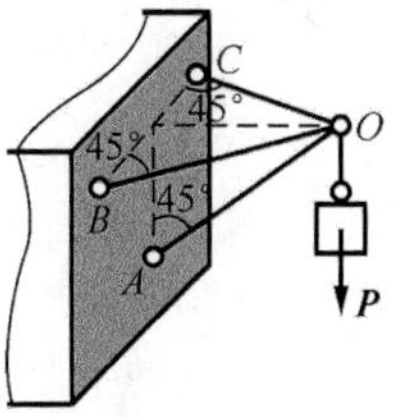

习题 3-33 图

3-34　图示空间桁架，已知 AB=BC=CA，力 $\boldsymbol{F}$ 与杆 BC 平行，F=50 kN，试求各杆的内力。(答：$F_{BB'}=66.7\ \text{kN}$，$F_{BC'}=-83.3\ \text{kN}$，其余各杆内力为零)

3-35　如图所示，均质矩形板 $ABCD$ 重 P=800 N，用蝶铰 K 和 M 以及撑杆 DE 支撑于水平位置，撑杆重量不计。已知 AB=1.5 m，AD=0.6 m，AK=BM=0.25 m，DE=0.75 m。求撑杆 DE 所受的力 F_{DE} 以及铰链 K 和 M 的约束反力。(答：$F_{DE}=667\ \text{N}$；$F_{Kx}=-667\ \text{N}$，$F_{Kz}=-100\ \text{N}$，$F_{Mx}=133\ \text{N}$，$F_{Mz}=500\ \text{N}$)

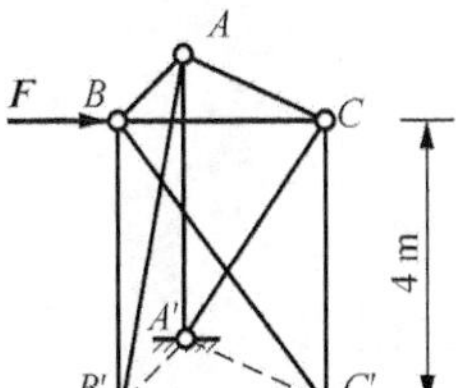

习题 3-34 图

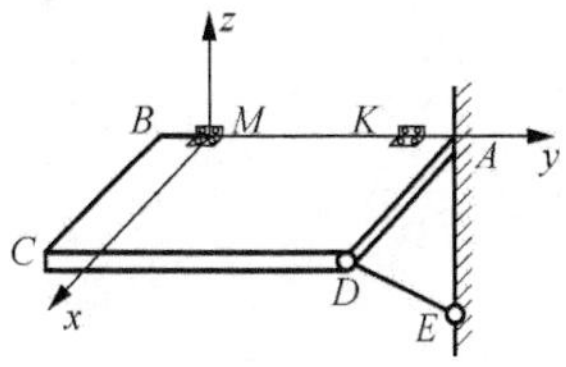

习题 3-35 图

3-36　六根杆支撑一水平板，在板角处分别受如图 (a)、(b) 所示的力 $\boldsymbol{F}$ 作用，设板和杆自重不计，求两种情况下各杆内力。(答：(a) $F_2=F_4=F_6=0$，$F_1=F_5=-F$，$F_3=F$；

（b）$F_2 = F_6 = 0$，$F_4 = -\dfrac{\sqrt{34}}{3}F$，$F_1 = F_5 = -F_3 = \dfrac{5}{3}F$）

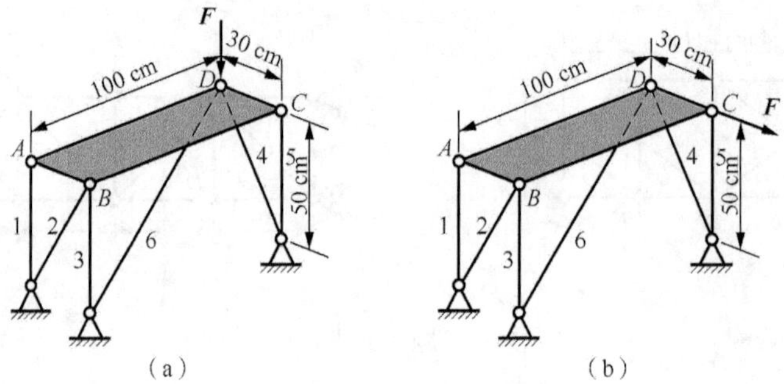

习题 3-36 图

第4章 摩 擦

4.1 摩擦在工程实践中的重要性

前面几章分析物体的受力时，都把物体之间的接触面看成是绝对光滑的，不计摩擦。但实际上并不存在绝对光滑的物体表面，摩擦是机械运动中普遍存在的自然现象。若物体之间的接触面比较光滑，或有良好的润滑条件，摩擦力较小，以至于在所研究的问题中摩擦不起主要作用，就可以作为次要因素而略去不计，这样近似处理能使问题大大简化。但在有些问题中摩擦却起着决定性的作用，有些结构物就是利用摩擦来保持其自身的平衡。例如，重力坝、挡土墙依靠摩擦来防止坝身或土体的滑动；摩擦桩也是依靠桩侧摩擦阻力起主要支承作用。另外，很多机构也是依靠摩擦来进行工作的，如皮带传动、摩擦制动器、车辆的行驶、人的走路等，无不依靠摩擦去实现。但摩擦除上述有利的一面之外，也有其不利的一面，如摩擦给各种机械带来不必要的阻力、消耗机械能量、磨损机器部件等。研究摩擦就是要掌握摩擦的规律，充分利用其有利的一面，尽可能地克服其不利的一面。

按接触物体之间的相对运动情况，摩擦可分为滑动摩擦和滚动摩阻。当两物体接触处有相对滑动或相对滑动趋势时，在接触处的公切面内将受到一定的阻力阻碍其滑动，这种现象称为**滑动摩擦**。如活塞在汽缸中滑动，地面上的箱子被拖动，都有滑动摩擦。当两物体间有相对滚动或相对滚动趋势时，物体间产生相对滚动的阻碍称为**滚动摩阻**（简称滚阻）。如车轮在地面上滚动就有滚动摩阻。因为滚动摩阻作用较小，经常忽略不计。

根据接触物体表面的物理性质不同，滑动摩擦又分为干摩擦和湿摩擦。如果两物体的接触面相对来说是干燥的，它们之间的摩擦称为**干摩擦**，如挡土墙与地基之间的摩擦、桩基与土壤之间的摩擦等均属于干摩擦。如果两物体之间加了润滑剂，它们之间的摩擦就称为**湿摩擦**，如自行车轴承与轴之间的摩擦就是湿摩擦。本章只研究滑动摩擦中的干摩擦。

4.2 滑动摩擦

两个相互接触的物体，如果有相对滑动或有相对滑动趋势，在接触面间就会产生阻碍彼此滑动的阻力，这种阻力称为**滑动摩擦力**，简称**摩擦力**。由于摩擦力阻碍两物体的相对滑动，所以滑动摩擦力的方向必与物体相对滑动方向或相对滑动趋势方向相反。至于摩擦力的大小，需要根据不同情况计算。

下面分几种情况来讨论滑动摩擦的规律。

4.2.1 静摩擦力

首先做一个简单的实验，把一个重为 P 的物块 M 放在水平支承面上，通过一跨过滑轮的绳子与盛有砝码的盘子相连，物块平衡时绳子对物块的拉力应与砝码和盘的重量相等，如图 4-1（a）所示。实验表明，当逐渐添加砝码即拉力 $\boldsymbol{F}$ 逐渐增加但还不太大时，物块并没有被拉动，这是因为在接触面产生了阻碍物块滑动的静摩擦力 $\boldsymbol{F}_s$，如图 4-1（b）所示。

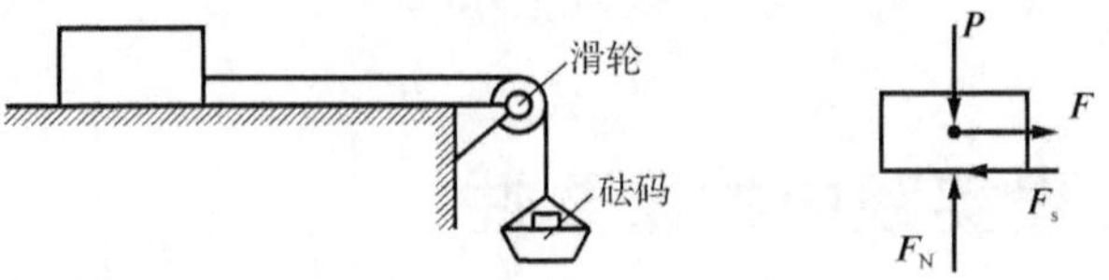

（a）　　　　（b）

图 4-1

也就是说，这时支承面对物块既有法向反力 $\boldsymbol{F}_N$，又有切向反力 $\boldsymbol{F}_s$。因为物体仍然静止平衡，可以用平衡方程确定两反力大小，即

$$\sum Y = 0，\quad F_N = P$$

$$\sum X = 0，\quad F_s = F$$

由上式可知，在一定范围内，静摩擦力 $\boldsymbol{F}_s$ 随拉力 $\boldsymbol{F}$ 的增大而增大。静摩擦力的方向与支承面阻碍物块的运动趋势方向相反，大小由平衡方程确定，这些都是与其他约束反力相同的地方。

4.2.2 最大静摩擦力

进一步的实验表明，当拉力 $\boldsymbol{F}$ 的大小达到某一限值时，物块处于将要滑动而尚未滑动的临界平衡状态，若继续增大拉力，物块即开始滑动。可见当物块处于临界平衡状态时，静摩擦力达到最大值，称为**最大静摩擦力**，以 $\boldsymbol{F}_{smax}$ 表示。也就是说，静摩擦力的大小随主动力的变化而变化，但介于零与最大值之间，即

$$0 \leqslant F_s \leqslant F_{smax} \tag{4-1}$$

这是静摩擦力与其他约束反力不同的地方。

关于最大静摩擦力的大小，早在 18 世纪，法国物理学家库仑曾做了大量的实验，建立了如下的近似定律：**最大静摩擦力的大小与接触面上法向反力成正比**，即

$$F_{smax} = f_s F_N \tag{4-2}$$

其方向与相对滑动趋势的方向相反，这就是**静滑动摩擦定律**（又称库仑定律）。式中，比例常数 f_s 称为**静滑动摩擦系数**，简称**静摩擦系数**。静摩擦系数的大小与接触物体的材料以及接触面情况（粗糙度、干湿度、温度等）有关。影响摩擦系数的因素很复杂，其具体取值还与工程的安全经济指标有极为密切的关系。对于一般问题，摩擦系数的数值可在工程手册中查到，表 4-1 列出了一些常用材料的滑动摩擦系数。对于重大工程，则要求比较准确的摩擦系数，必须在具体条件下进行实验测定，下节将介绍一种实验测定的方法。

表 4-1　常用材料的滑动摩擦系数

材料名称	静摩擦系数 f_s		动摩擦系数 f_d	
	无润滑剂	有润滑剂	无润滑剂	有润滑剂
钢-钢	0.15	0.1～0.12	0.15	0.05～0.1
钢-铸铁	0.3		0.18	0.05～0.15

续表

材料名称	静摩擦系数 f_s		动摩擦系数 f_d	
	无润滑剂	有润滑剂	无润滑剂	有润滑剂
钢-青铜	0.15	0.1～0.15	0.15	0.1～0.15
钢-软钢			0.2	0.1～0.2
铸铁-铸铁		0.18	0.15	0.07～0.12
皮革-铸铁	0.3～0.5	0.15	0.6	0.15
软钢-木材	0.6	0.12	0.4～0.6	0.1
木材-木材	0.4～0.6	0.1	0.2～0.5	0.07～0.15

4.2.3 动摩擦力

在上述实验中，拉力 $\boldsymbol{F}$ 的大小超过 $\boldsymbol{F}_{smax}$ 之后，物块将向右加速滑动，这时支承面阻碍物块滑动的摩擦力称为**动滑动摩擦力**，简称**动摩擦力**，以 $\boldsymbol{F}_d$ 表示。

大量实验证明：**动摩擦力的大小与接触面上法向反力成正比**，即

$$F_d = f_d F_N \tag{4-3}$$

其方向与物体相对滑动的方向相反，这就是**动摩擦定律**。式中，f_d 也是一个比例常数，称为**动摩擦系数**。动摩擦系数 f_d 不仅与接触物体的材料以及接触面情况（粗糙度、干湿度、温度等）有关，还与接触物体间相对滑动速度大小有关。在大多数情况下，动摩擦系数随相对滑动速度的增大而稍微减小。当相对滑动速度不大时，可近似地认为动摩擦系数是个常数，只与接触面的材料和表面情况有关，参阅表 4-1。通常动摩擦系数比静摩擦系数略小，有时认为二者相等。

4.3 摩擦角与自锁现象

摩擦角是研究滑动摩擦问题的另一个重要物理量，仍以图 4-1 所示的实验为例来说明这一物理概念。当物块受拉力 $\boldsymbol{F}$ 作用而静止时，把它所受的法向反力 $\boldsymbol{F}_N$ 和摩擦力 $\boldsymbol{F}_s$ 合成为一个全反力 $\boldsymbol{F}_{RA}$，全反力的作用线与接触面公法线的夹角设为 φ，如图 4-2（a）所示。当拉力 $\boldsymbol{F}$ 逐渐增大时，静摩擦力 $\boldsymbol{F}_s$ 随之增大，因而 φ 角也相应地增大。当拉力增至临界值 F_{max} 时，物块处于临界平衡状态，静摩擦力达到最大值 F_{smax}，夹角 φ 也达到最大值 φ_m，如图 4-2（b）所示。因此，物体平衡时，静摩擦力在零与最大值 F_{smax} 之间变化，全反力与法线间的夹角 φ 也在零与最大值 φ_m 之间变化，即

$$0 \leqslant \varphi \leqslant \varphi_m \tag{4-4}$$

这个全反力与法线间夹角的最大值 φ_m 即是**摩擦角**。

由图 4-2（b）可得

$$\tan\varphi_m = \frac{F_{smax}}{F_N} = \frac{f_s F_N}{F_N} = f_s \tag{4-5}$$

即**摩擦角的正切等于静摩擦系数**。可见，摩擦角与摩擦系数一样，都可用来表示材料的表面性质。

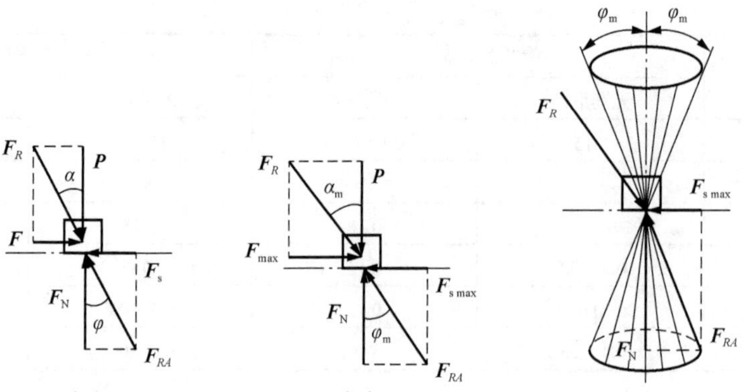

图 4-2

作用在物块上的主动力 $\boldsymbol{P}$ 和 $\boldsymbol{F}$ 也可以合成为一个合力，称为全主动力 $\boldsymbol{F}_R$ 。设全主动力 $\boldsymbol{F}_R$ 的作用线与接触面法线间的夹角为 α ，如图 4-2（a）所示。当物体平衡时，由二力平衡条件知道， $\boldsymbol{F}_R$ 与 $\boldsymbol{F}_{RA}$ 应等值、反向、共线，于是有 $\alpha = \varphi$ 。结合式（4-4）可知，物体平衡时，全主动力和法线间夹角 α 应满足下面的条件：

$$0 \leqslant \alpha \leqslant \varphi_m \tag{4-6}$$

图 4-1 所示实验中，可以从不同方向施加水平拉力 $\boldsymbol{F}$，物体的滑动趋势方向相应改变，全反力作用线的方位也随之改变，临界平衡状态时所有不同方向全反力 $\boldsymbol{F}_{RA}$ 的作用线将组成一个锥面，如图 4-2（c）所示，称为摩擦锥。如果物体与支承面间沿任何方向的摩擦系数都相同，即各个方向的摩擦角都相等，则摩擦锥将是一个顶角为 $2\varphi_m$ 的圆锥。同时，临界平衡状态时所有不同方向全主动力 $\boldsymbol{F}_R$ 的作用线也将组成这样的锥面，如图 4-2（c）所示。

式（4-6）意味着若作用于物体上全部主动力的合力 $\boldsymbol{F}_R$ 的作用线与法线间夹角 α 不在此范围，即 $\alpha > \varphi_m$ ，或者说全主动力落在摩擦锥之外[图 4-2（c）]，则无论这个力多么小，物体必定会滑动，因为支承面不能提供这样方位的全反力 $\boldsymbol{F}_{RA}$ ；若 $\alpha = \varphi_m$ ，也就是全主动力落在摩擦锥锥面上，则物体处于临界平衡状态；若 $\boldsymbol{F}_R$ 的作用线与法线间夹角 α 小于摩擦角 φ_m ，也就是全主动力落在摩擦锥锥体里，则无论它多么大，物体必定保持静止，这种现象称为**自锁**。工程实际中有时要利用自锁，有时要避免自锁。例如，用螺旋千斤顶顶起重物就是借自锁以使重物不致因重力的作用而下落；用传送带输送物料时也是借自锁以阻止物料相对于传送带的滑动。机器正常运转时，其运动的零部件则应避免自锁，防止卡住不动。

利用摩擦角的概念，可用简单的实验方法测定静摩擦系数。如图 4-3 所示，把要测定的两种材料分别做成斜面和物块，把物块放在斜面上，并从零起逐渐增大斜面的倾角 α ，直到物块刚开始下滑时为止。记下斜面的临界倾角 α ，这个 φ 角就是要测定的摩擦角 φ_m ，其正切就是要测定的摩擦系数，即 $f_s = \tan\varphi_m = \tan\alpha$ 。理由如下：由于物块仅受重力 $\boldsymbol{P}$，$\boldsymbol{P}$ 就是全主动力。一方面，铅垂重力与斜面法线的夹角等于斜面倾角 α ；另一方面，临界状态时，全主动力应在摩擦锥锥面上，全主动力与斜面法线的夹角等于摩擦角 φ_m ，因此有 $\alpha = \varphi_m$ 。

该实验也给出了斜面自锁条件，即物块在自身重力作用下不沿斜面下滑的条件。由前面分析可知，只有当 $\alpha \leqslant \varphi_m$ 时，物块不下滑，即**斜面的自锁条件是斜面的倾角小于等于摩擦角**。图 4-4 为建筑工地上的砂石料堆，人工碎石堆（实线）坡度陡，天然河卵石堆（虚线）坡度较缓，两个底角 α_1、α_2 分别是碎石对碎石的摩擦角和卵石对卵石的摩擦角（亦称为休止角），这其中的道理就可由斜面自锁条件来解释。

电梯断电自动保护装置也是根据自锁条件设计的（图 4-5）。已知闸块 A、B 与电梯井壁间的摩擦角为 φ_m。设计二连杆 CA 和 CB，使 α 角（连杆与井壁法线间夹角）小于摩擦角 φ_m。A、B 闸块之间装有电磁铁弹簧机构，电梯通电时，电磁铁动作压紧弹簧，使闸块 A、B 离开井壁，电梯可自由上下。当突然断电时，电磁铁断电释放被压紧的弹簧，使闸块紧靠井壁。这时电梯（包括乘客）重量 $\boldsymbol{P}$ 分解成沿 CA、CB 杆方向的两个分力 $\boldsymbol{F}_{CA}$ 和 $\boldsymbol{F}_{CB}$，当不计弹簧的压力和闸块自重时，$\boldsymbol{F}_{CA}$ 就是作用在 A 闸块上的全主动力，因 $\alpha < \varphi_m$，满足自锁条件，所以 A 块静止不动，同理 B 块也静止不动。于是电梯在断电的一瞬间立即停止不动，不至于因断电失控造成事故。

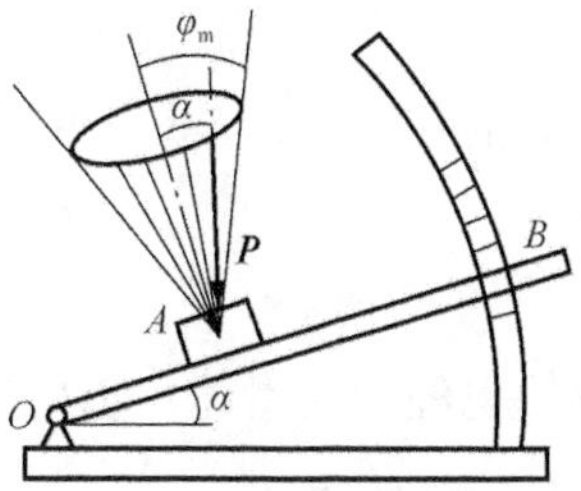

图 4-3

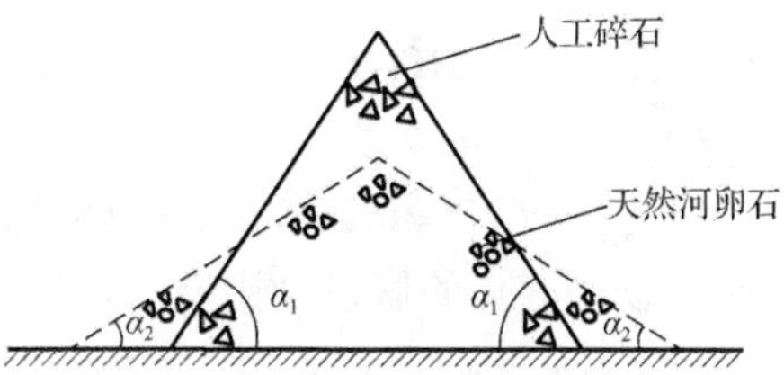

图 4-4

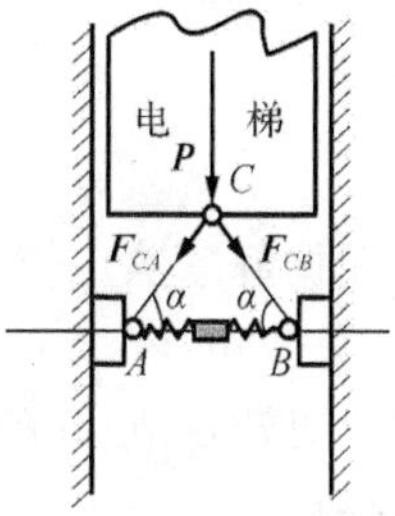

图 4-5

4.4　考虑摩擦的平衡问题

由滑动摩擦规律可知，摩擦力是一种特殊的约束反力，有其共性和特性。作为约束反力的共性是摩擦力的方向与要阻碍的相对滑动趋势方向（或相对滑动方向）相反，其不同于其他约束反力的特点是，静摩擦力的大小在零与最大值间变化，有极值。

在求解考虑摩擦的平衡问题时，其方法步骤（选研究对象、画受力图和列方程求解）与第 3 章所述基本相同。但考虑到摩擦力的特点，首先要明确物体是处于静止、临界平衡和相对滑动三种状态中的哪一种，然后采用相应的方法计算摩擦力。

1. 静止

这时摩擦力未达到极值，其方向与相对滑动趋势方向相反（不易判断时可以假设），其大小由平衡方程求出，且有 $0 \leqslant F_s < F_{s\max}$。

2. 临界平衡

这时静摩擦力达到极值 $F_{s\max}$，其方向与相对滑动趋势方向相反（容易判断或指定临界平衡状态，指向一定要画对，不可假设），其大小由静摩擦定律确定，即 $F_{s\max}=f_s F_N$。

3. 相对滑动

此时摩擦力为动滑动摩擦力 F_d，动滑动摩擦力的方向与物体相对滑动速度方向相反（指向一定要画对，不可假设），其大小由动摩擦定律确定，即 $F_d = f_d F_N$。

另外，因为 $0 \leqslant F_s \leqslant F_{s\max}$，问题的解（例如维持平衡的主动力的大小或方位角）有时也是一个范围值。在解题时，必须分析清楚题意，是要求某未知量的确切单值，还是要求某未知量的范围值。

【例 4-1】 物块重 P=980 N，放在倾角为$\alpha = 30^\circ$的斜面上，物块上作用沿斜面向上的力F=700 N，如图 4-6 所示。已知接触面间的静摩擦系数$f_s = 0.2$，动摩擦系数$f_d = 0.18$，求此摩擦力。

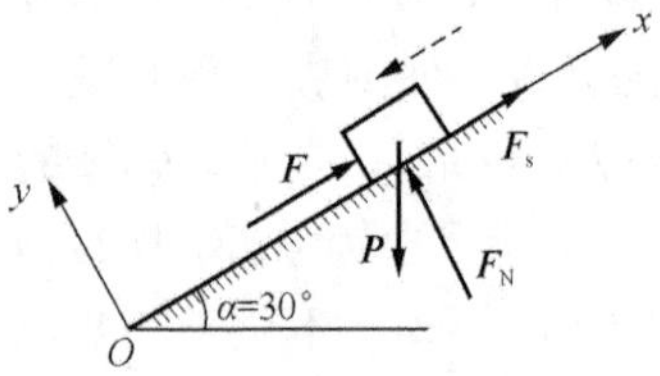

图 4-6

解 不知物块是否静止，可以先假设物块静止，并假设其滑动趋势。本题中假设物块静止，并有向下滑动趋势，从而物块受力 $\boldsymbol{P}$、$\boldsymbol{F}$、$\boldsymbol{F}_N$和沿斜面向上的摩擦力$\boldsymbol{F}_s$作用而平衡，受力图如图 4-6 所示。列平衡方程：

$$\sum X = 0\text{，}\quad F - P\sin\alpha + F_s = 0$$

$$\sum Y = 0\text{，}\quad F_N - P\cos\alpha = 0$$

解得

$$F_s = P\sin\alpha - F = -210(\text{N})\text{，}\quad F_N = P\cos\alpha = 848.7(\text{N})$$

再根据静摩擦定律计算最大静摩擦力，即

$$F_{s\max} = f_s F_N = 0.2 \times 848.7 = 169.7(\text{N})$$

比较可知，$|F_s| > F_{s\max}$，说明对物块静止的假设是错误的，实际上物块已经相对滑动，负号说明物块处于向上滑动状态，摩擦力为动滑动摩擦力，方向沿斜面向下，大小为

$$F_d = f_d F_N = 0.18 \times 848.7 = 152.8(\text{N})$$

假如将题中静摩擦系数改为$f_s = 0.25$，则有$F_{s\max} = f_s F_N = 0.25 \times 848.7 = 212.2(\text{N})$，$|F_s| < F_{s\max}$，说明物块的确未达到临界平衡，假设物块静止是正确的。但负号说明力$\boldsymbol{F}_s$真实方向与图 4-6 中所画方向相反，即应沿斜面向下，所以物块的真实情况是保持静止且有向上滑动的趋势，摩擦力大小为 210 N，方向沿斜面向下。

【例 4-2】 重 P 的物体放在倾角为α的斜面上（图 4-7），物体与斜面间摩擦系数为f_s，且已知$\alpha > \arctan f_s$。试问：物体上加多大的水平力$\boldsymbol{F}_1$能使它处于平衡？

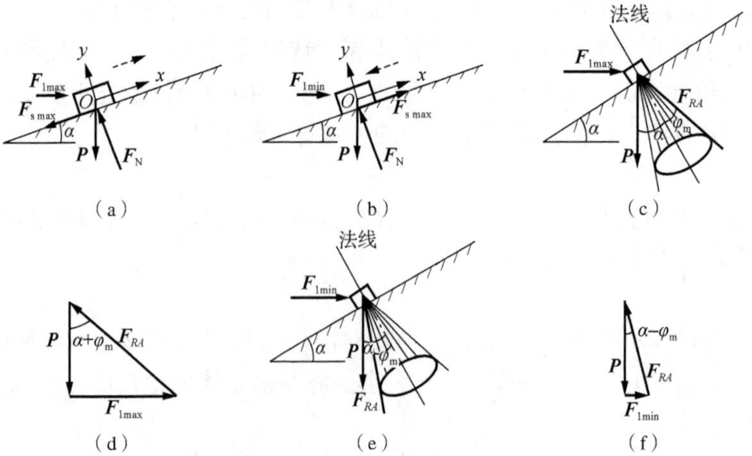

图 4-7

解 由于$\alpha > \arctan f_s$，不加水平力$\boldsymbol{F}_1$时，物体肯定下滑。但所加水平力$\boldsymbol{F}_1$太大，物体

将上滑，如图 4-7（a）所示；$\boldsymbol{F}_1$ 太小，物体仍将下滑，如图 4-7（b）所示。因此，使物体保持平衡的力 $\boldsymbol{F}_1$ 的大小是范围值。

（1）解析法。

先求力 $\boldsymbol{F}_1$ 的最大值。当力 $\boldsymbol{F}_1$ 达到 $\boldsymbol{F}_{1\max}$ 时，物体将处于向上滑动的临界状态。在此情形下，摩擦力达最大值 $F_{s\max}$，$F_{s\max} = f_s F_N$，方向沿斜面向下，物体受力分析如图 4-7（a）所示。列平衡方程，得

$$\sum X = 0,\quad F_{1\max}\cos\alpha - P\sin\alpha - F_{s\max} = 0 \tag{1}$$

$$\sum Y = 0,\quad F_N - F_{1\max}\sin\alpha - P\cos\alpha = 0 \tag{2}$$

联立可解得

$$F_{1\max} = \frac{\tan\alpha + f_s}{1 - f_s\tan\alpha}P$$

再求力 $\boldsymbol{F}_1$ 的最小值。当力 $\boldsymbol{F}_1$ 达到 $\boldsymbol{F}_{1\min}$ 时，物体将处于向下滑动的临界状态。在此情形下，摩擦力达到另一最大值 $F_{s\max}$，$F_{s\max} = f_s F_N$，方向沿斜面向上，物体受力情况如图 4-7（b）所示。列平衡方程，得

$$\sum X = 0,\quad F_{1\min}\cos\alpha - P\sin\alpha + F_{s\max} = 0 \tag{3}$$

$$\sum Y = 0,\quad F_N - F_{1\min}\sin\alpha - P\cos\alpha = 0 \tag{4}$$

注意：以上两种情形中的 F_N 值并不相同，$F_{s\max}$ 也不相同。联立式（3）、式（4）解得

$$F_{1\min} = \frac{\tan\alpha - f_s}{1 + f_s\tan\alpha}P$$

综合上述两个结果可见：只有当力 $\boldsymbol{F}_1$ 在 $\boldsymbol{F}_{1\min}$ 与 $F_{1\min}$ 之间变化时，物体才能处于平衡，即

$$\frac{\tan\alpha - f_s}{1 + f_s\tan\alpha}P \leqslant F_1 \leqslant \frac{\tan\alpha + f_s}{1 - f_s\tan\alpha}P \tag{5}$$

（2）几何法。可以用摩擦角或摩擦锥的概念，采用几何法解此类题目。

先求力 $\boldsymbol{F}_1$ 的最大值。当物块达到向上滑动的临界状态时，可将法向反力 F_N 和沿斜面向下的最大静摩擦力 $F_{s\max}$ 用全反力 $\boldsymbol{F}_{RA}$ 表示，如图 4-7（c）所示，此时全反力在摩擦锥锥面的右上角一侧。物块在力 $\boldsymbol{P}$、$\boldsymbol{F}_{1\max}$ 和 $\boldsymbol{F}_{RA}$ 作用下平衡。根据三力平衡条件，可画得封闭的力三角形，如图 4-7（d）所示。按三角公式计算出

$$F_{1\max} = P\tan(\alpha + \varphi_m)$$

再求力 $\boldsymbol{F}_1$ 的最小值。物块处于向下滑动的临界状态，此时全反力在摩擦锥锥面的左下角一侧，受力图如图 4-7（e）所示。同样画得封闭的力三角形如图 4-7（f）所示。按三角公式算出

$$F_{1\min} = P\tan(\alpha - \varphi_m)$$

综合考虑以上两个结果，可得使物块平衡的力 $\boldsymbol{F}_1$ 的范围，即

$$P\tan(\alpha - \varphi_m) \leqslant F \leqslant P\tan(\alpha + \varphi_m) \tag{6}$$

几何法求得的式(6)与解析法求得的式(5)似乎不一致，但利用三角函数换算和 $f_s = \tan\varphi_m$ 可证，两式本质上是一致的，读者可自行证明。通过本题可见，在应用解析法时，把摩擦力和法向反力分开考虑；在应用几何法时，则把摩擦力包含在全反力中考虑。在三力平衡问题中，几何法比解析法简便。前一例也可以采用几何法求解，但需要用到全主动力，读者可以自行完成。

【例 4-3】 制动器的构造和主要尺寸如图 4-8（a）所示。制动块与鼓轮表面间的摩擦系数为 f_s，试求制动鼓轮转动所需的最小力 $\boldsymbol{F}$。

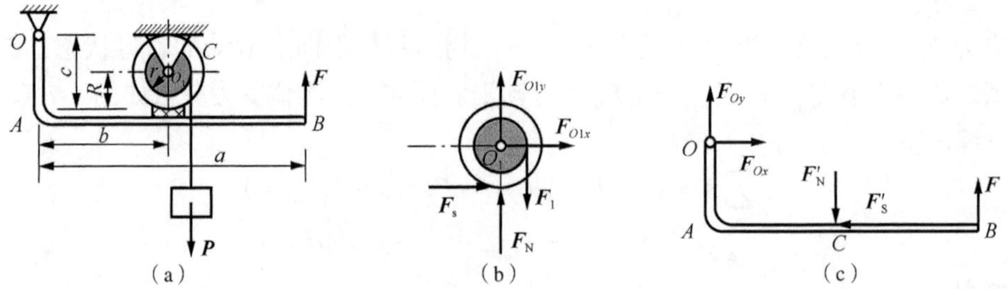

图 4-8

解 选取鼓轮为研究对象，其受力图如图 4-8（b）所示。鼓轮在绳索拉力 $F_1 = P$ 作用下，有顺时针转动趋势，因此闸块除给鼓轮正压力 $\boldsymbol{F}_N$ 外，还有一个向右的摩擦力 $\boldsymbol{F}_s$。假设鼓轮处于临界平衡状态，则有

$$\sum M_{O1}(\boldsymbol{F}_i) = 0，\quad F_1 r - F_s R = Pr - F_s R = 0 \quad \Rightarrow \quad F_s = \frac{Pr}{R}$$

$$F_s = F_{smax} = f_s F_N \quad \Rightarrow \quad F_N = \frac{Pr}{f_s R}$$

再取杠杆 OAB 为研究对象，其受力图如图 4-8（c）所示。列平衡方程：

$$\sum M_O(\boldsymbol{F}) = 0，\quad Fa - F_s c - F_N b = 0$$

解得

$$F = \frac{Pr}{aR}\left(\frac{b}{f_s} + c\right)$$

这就是要求的力 $\boldsymbol{F}$ 的最小值。当 $\boldsymbol{F}$ 满足条件

$$F > \frac{Pr}{aR}\left(\frac{b}{f_s} + c\right)$$

则鼓轮可被制动。

【例 4-4】 如图 4-9（a）所示，两块相同的砖叠在一起放在地面上，$W_A = W_B = 40$ N，a=240 mm，b=120 mm。设两块砖之间的摩擦系数 $f_{sA} = 0.3$，砖与地面之间的摩擦系数 $f_{sB} = 0.1$。今在砖块 A 的顶点 C 作用一水平力 $\boldsymbol{F}_P$，当力 $\boldsymbol{F}_P$ 逐渐增加时，砖块最先产生怎样的运动？

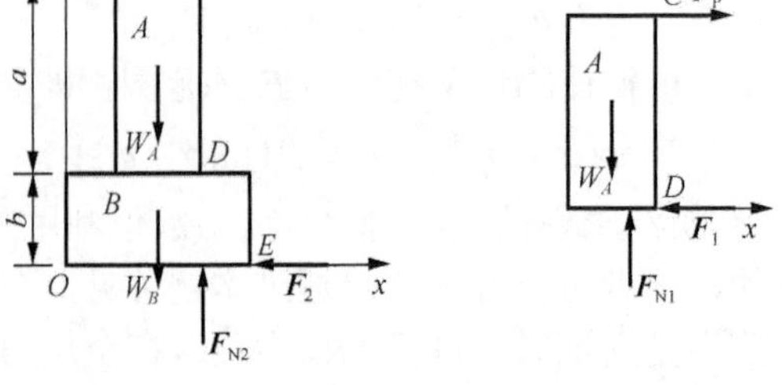

图 4-9

解　当力 $\boldsymbol{F}_{\mathrm{P}}$ 逐渐增加时，砖块可能产生四种运动情况：砖块 A 沿砖块 B 滑动或绕点 D 翻倒；两块砖一起沿地面滑动或绕点 E 翻倒。这就要对可能产生运动的四种临界状态进行分析，分别计算其所需力 $\boldsymbol{F}_{\mathrm{P}}$ 的大小，看哪种情况所需的力 $\boldsymbol{F}_{\mathrm{P}}$ 最小，就说明此种运动情况将最先发生。

（1）取砖块 A 为研究对象，其受力如图 4-9（b）所示。设使砖块 A 达到相对砖块 B 滑动的临界状态所需的力为 $\boldsymbol{F}_{\mathrm{P1}}$，此时摩擦力 $\boldsymbol{F}_1$ 达到最大值，即 $F_1 = F_{1\max} = f_{sA}F_{\mathrm{N1}}$。列平衡方程：

$$\sum X = 0，\quad F_{\mathrm{P1}} - F_1 = 0$$

$$\sum Y = 0，\quad F_{\mathrm{N1}} - \mathrm{W}_A = 0$$

联立解得

$$F_{\mathrm{P1}} = 12(\mathrm{N})$$

设使砖块 A 达到绕点 D 翻倒的临界状态所需的力为 $\boldsymbol{F}_{\mathrm{P2}}$，此时反力 $\boldsymbol{F}_{\mathrm{N1}}$ 作用在点 D。列平衡方程：

$$\sum M_D(\boldsymbol{F}) = 0，\quad W_A\frac{b}{2} - F_{\mathrm{P2}}a = 0 \quad \Rightarrow \quad F_{\mathrm{P2}} = 10(\mathrm{N})$$

（2）取两块砖一起为研究对象，其受力如图 4-9（a）所示。设达到两块砖一起沿地面滑动的临界状态所需的力为 $\boldsymbol{F}_{\mathrm{P3}}$，此时摩擦力 $\boldsymbol{F}_2$ 达到最大值，即 $F_2 = F_{2\max} = f_{sB}F_{\mathrm{N2}}$。列平衡方程：

$$\sum X = 0，\quad F_{\mathrm{P3}} - F_2 = 0$$

$$\sum Y = 0，\quad F_{\mathrm{N2}} - W_A - W_B = 0$$

解得

$$F_{\mathrm{P3}} = 8(\mathrm{N})$$

设达到两块砖一起绕点 E 翻倒的临界状态所需的力为 $\boldsymbol{F}_{\mathrm{P4}}$，这时 $\boldsymbol{F}_{\mathrm{N2}}$ 作用在点 E。列平衡方程：

$$\sum M_E(\boldsymbol{F}) = 0，\quad (W_A + W_B)\cdot\frac{a}{2} - F_{\mathrm{P4}}\cdot(a+b) = 0 \quad \Rightarrow \quad F_{\mathrm{P4}} = 26.7(\mathrm{N})$$

由可能产生的四种临界状态分析可知，当力 $\boldsymbol{F}_{\mathrm{P}}$ 逐渐增大到 8 N 时，砖块 A 和 B 一起将最先相对地面滑动。

习　题

4-1　铁板 B 重 2000 N，上面压一块重为 5000 N 的物体 A，将 A 物体用绳索系住并将绳索另一端固定在墙上。已知铁板与水平地面间的摩擦系数为 $f_{s1} = 0.2$，重物与铁板间的摩擦系数为 $f_{s2} = 0.25$，求在图示两种情况下抽出铁板所需力 F 的最小值各为多少？（答：（a）$F_{\min} = 2650\,\mathrm{N}$；（b）$F_{\min} = 2370\,\mathrm{N}$）

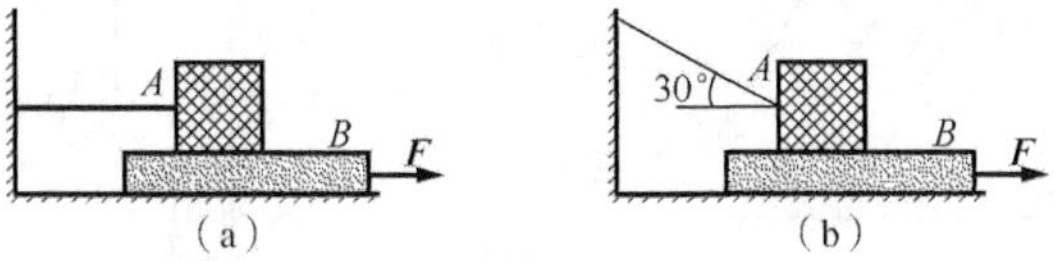

习题 4-1 图

4-2　图示物体重 $W = 100$ kN，$P = 80$ kN，摩擦系数 $f_s = 0.2$，问此物体是否发生滑动，摩擦力的大小和方向又如何？（答：静止，$F_s = 6.6$ kN，方向沿斜面向上）

4-3　如图所示一混凝土锚锭，设混凝土墩重 400 kN，与土壤之间的摩擦系数为 $f_s = 0.6$，拉杆与水平线夹角 $\alpha = 20°$。求不致使混凝土墩滑动的最大拉力 $\boldsymbol{F}_{1\max}$。（答：$F_{1\max}$ =210 kN）

4-4　如图所示，欲转动一置于 V 形槽中的棒料，需作用一力偶 $M = 1500$ N·cm。已知棒料重 $P = 400$ N，直径 $D = 25$ cm，试求棒料与 V 形槽间的摩擦系数 f_s。（答：f_s =0.224）

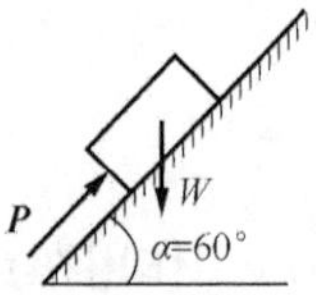

习题 4-2 图

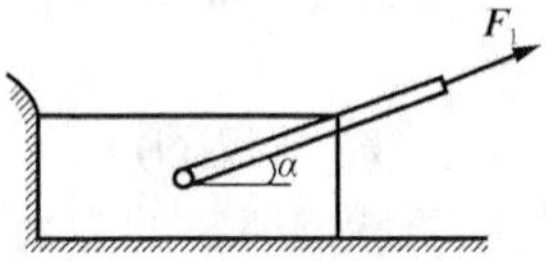

习题 4-3 图

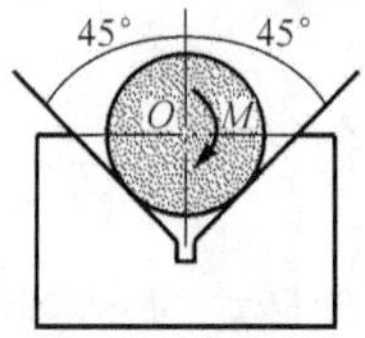

习题 4-4 图

4-5　图示皮带输送机，砂石与皮带之间的静摩擦系数 $f_s = 0.5$。试问输送带的倾角 α 最大能为多少？（答：$\alpha \leqslant 26°34'$）

4-6　图示简易升降混凝土吊筒装置，混凝土和吊筒重 25 kN，吊筒与滑道间的摩擦系数为 0.3，分别求出重物匀速上升和下降时绳子的张力。（答：上升时 $F_1 = 26.06$ kN，下降时 $F_2 = 20.93$ kN）

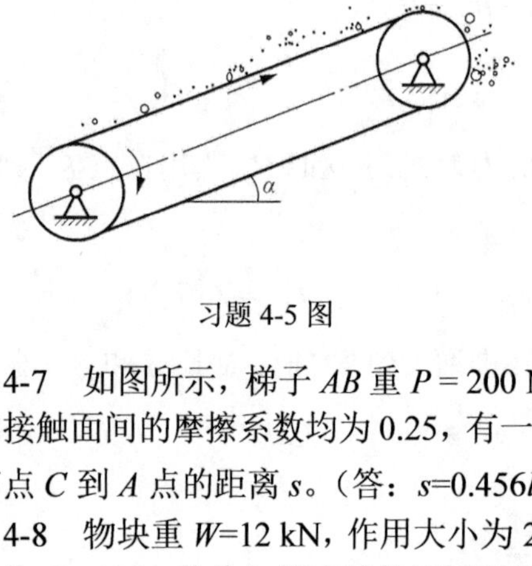

习题 4-5 图

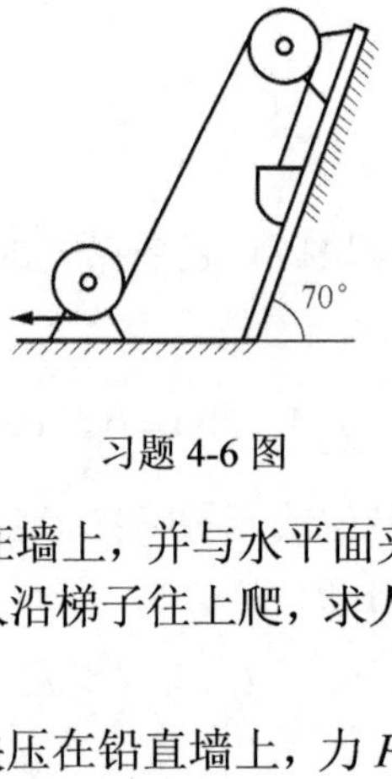

习题 4-6 图

4-7　如图所示，梯子 AB 重 $P = 200$ N，长为 l。梯子靠在墙上，并与水平面夹角 $\theta = 60°$。已知接触面间的摩擦系数均为 0.25，有一重为 $P_1 = 650$ N 的人沿梯子往上爬，求人所能达到的最高点 C 到 A 点的距离 s。（答：s=0.456l）

4-8　物块重 W=12 kN，作用大小为 20 kN 的力 P 将物块压在铅直墙上，力 P 与水平面的夹角为 $\theta = 30°$，物块与铅直墙的摩擦系数 f=0.5。求物块所受摩擦力的情况（答：2 kN，向上）

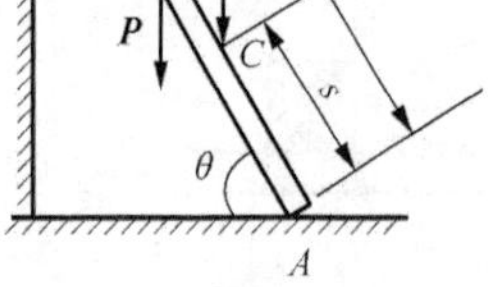

习题 4-7 图

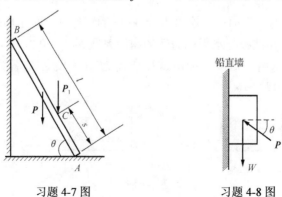

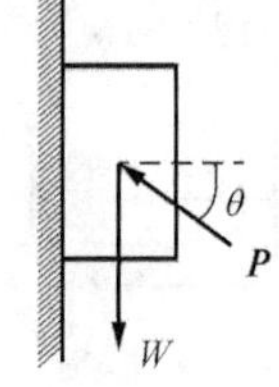

习题 4-8 图

4-9　如图所示，鼓轮 B 重 500 N，放在墙角里。已知鼓轮与水平地板间的摩擦系数为 0.25，而铅直墙壁绝对光滑，鼓轮上的绳索挂着重物。设半径 $R=20$ cm，$r=10$ cm，求平衡时重物 A 的最大重量。（答：$P_{max}=500$ N）

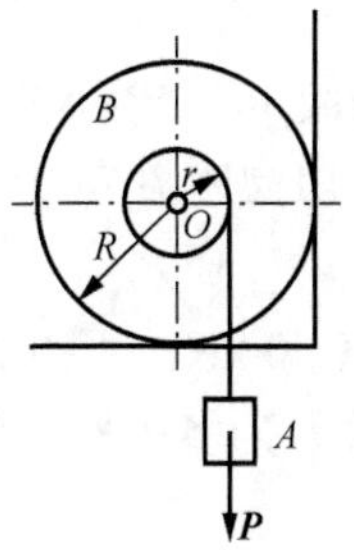

习题 4-9 图

4-10　图示尖劈顶重装置中，B 块上方受到力 $\boldsymbol{F}$ 的作用，A 与 B 块间的摩擦系数为 f_s（其他有滚珠处表示光滑）。如不计 A 和 B 块的重量，试求：①顶住 B 块所需的力 $\boldsymbol{F}_1$ 的值；②使 B 块不向上移动所需的力 $\boldsymbol{F}_1$ 的值。（答：① $F_1=\dfrac{\sin\alpha-f_s\cos\alpha}{\cos\alpha+f_s\sin\alpha}F$；② $F_1=\dfrac{\sin\alpha+f_s\cos\alpha}{\cos\alpha-f_s\sin\alpha}F$）

4-11　电梯安全保护装置简图如图所示，已知墙壁与滑块间的摩擦系数 $f_s=0.5$，问机构的尺寸比例应为多少方能确保安全制动？（答：$0.5<\dfrac{l}{L}<0.559$）

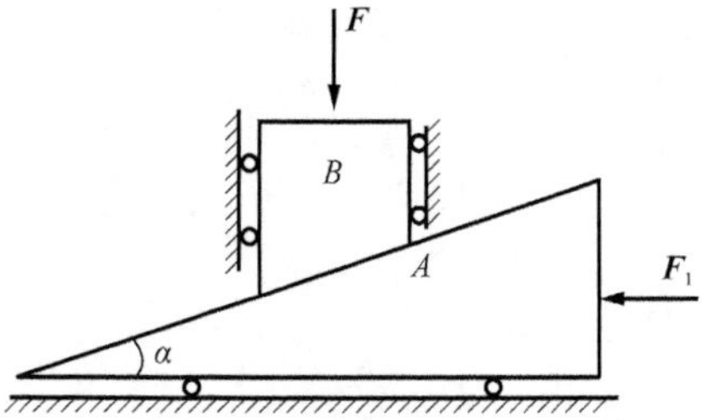

习题 4-10 图

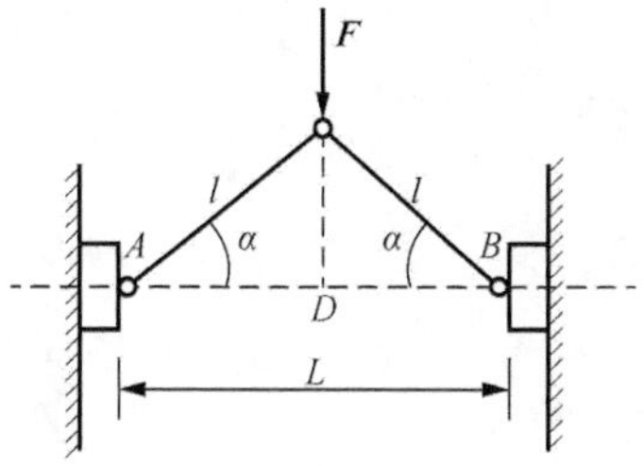

习题 4-11 图

4-12 如图所示，重 $\boldsymbol{W}$ 的物体放在倾角为 α 的斜面上，物体与斜面间的摩擦角为 φ。如在物体上作用力 $\boldsymbol{F}_P$，此力与斜面的夹角为 θ。试求拉动物体时的 F_P 值。当 θ 角为何值时，F_P 值最小？其值为多少？（答：$F_P=W\dfrac{\sin(\alpha+\varphi)}{\cos(\theta-\varphi)}$；$\theta_{min}=\varphi$）

4-13　图示均质杆 AB 长 $2b$，重 P，放在水平面和半径为 r 的固定圆柱上。设各处摩擦系数都是 f_s，试求杆处于平衡时 φ 的最大值。（答：$\varphi=\arcsin\sqrt{\dfrac{f_s r}{(1+f_s^2)b}}$）

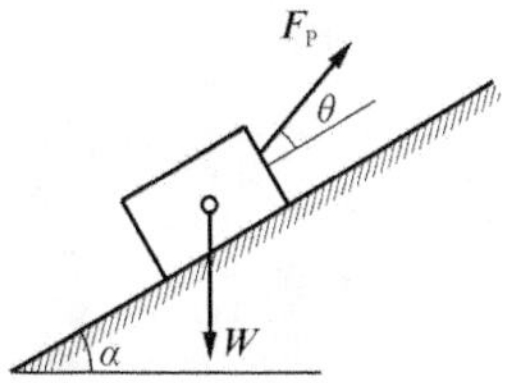

习题 4-12 图

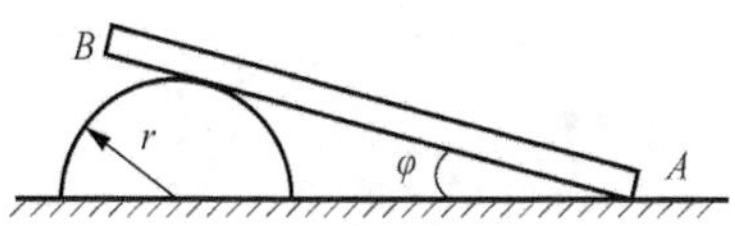

习题 4-13 图

4-14　图示两根相同的均质杆 AB 和 BC，在端点 B 用光滑铰链连接，A、C 端放在不光滑的水平面上。当△ABC 成等边三角形时，系统在铅直平面内处于临界平衡状态。试求杆端与水平面间的摩擦系数。（答：$f_s = \dfrac{\sqrt{3}}{6}$）

4-15　两个物体用绳连接，放在斜面上，$\theta = 30°$。已知斜面与物体 A 间的摩擦系数为 0.2，与物体 B 间的摩擦系数为 0.6，已知物体 B 重 100 N。试求 A 物体能静止于斜面上时，它的最大重量。（答：6 N）

4-16　物块 A 重 100 kN，物块 B 重 50 kN，A 物块与地面的摩擦系数为 0.2，滑轮处摩擦不计，求图示瞬时物块 A 与地面的摩擦力为多少？（答：12 kN）

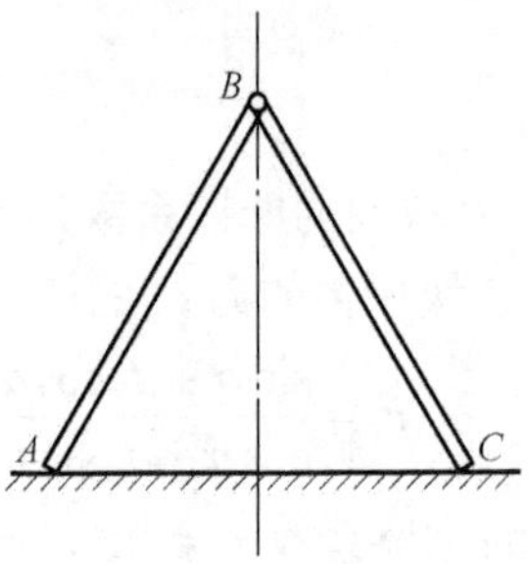

习题 4-14 图

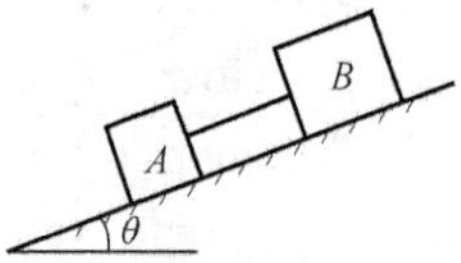

习题 4-15 图

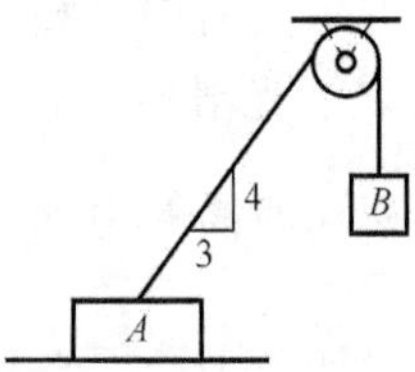

习题 4-16 图

第 2 篇　运动学与动力学

1. 研究内容

第 1 篇静力学中研究了作用于物体上力系的简化（合成）与平衡条件，而没有研究力系在不满足平衡条件时，物体将如何运动。运动学将从几何角度来研究物体的运动，包括物体在空间的位置随时间变化的规律（运动方程），以及物体的运动轨迹、速度和加速度等。也就是说，运动学研究物体怎样运动，但不关心物体为什么会这样运动。动力学则将静力学和运动学结合起来，研究物体的运动与作用于物体上力之间的关系，从而建立物体机械运动的普遍规律。静力学中的力、力矩、力偶等基本概念及有关的理论，以及力系的简化和受力分析等，是学习动力学的必备知识。运动学更是学习动力学不可缺少的基础。学习动力学，既可以解决工程实际问题，如火箭、人造卫星的发射和运行，土木水利工程中的抗震减震等，也为水力学、结构动力学等后续课程的学习打下必备的理论基础。

2. 研究对象

运动学与动力学中的研究对象包括质点（动点）和刚体。当物体的几何形状和尺寸在运动过程中不起主要作用时，物体可简化为质点；若在运动学中，因为不涉及质量，则称为“动点”或“点”。例如，在空中飞行的飞机，当我们研究它的飞行轨迹时，可以不考虑它各部分间的相对运动和整体的转动，简化为动点。当物体的几何形状和尺寸在运动过程中起主要作用时，则不能再简化为点，而应简化为刚体。应指明的是，即使同一个物体，在不同的问题里，随着研究问题的性质不同，有时看作点，有时则看作刚体。例如，当研究地球绕太阳公转时，尽管地球的半径为 6371 km，也只看作点；而当考察它自转时，则必须看作刚体。

3. 参考体与参考系

唯物辩证法告诉我们：运动是物质的固有属性，运动是绝对的。但我们观察某个物体的运动规律却有相对性。因为任何一个物体在空间的位置和运动情况，必须选取另一个作为参考的物体才能确定，这个参考的物体称为**参考体**。如果所选的参考体不同，那么物体相对于参考体的运动也不同，描述任何物体的运动都需要指明参考体。与参考体固连的坐标系称为**参考系**，在一般工程问题中，常取与地面固连的坐标系为参考系。本书下文，如果不做特别说明，就应如此理解。对于特殊的问题，将根据需要另选参考系，并加以说明。

第 5 章　点的简单运动与刚体的基本运动

本章首先研究点相对于某一参考系的几何位置随时间变化的规律，包括点的运动方程、运动轨迹、速度和加速度等。“一点一坐”，又称为点的简单运动。

工程实际中经常还遇到刚体的运动，例如，旋转门的运动，汽车车轮的运动。一般说来，刚体运动时，刚体内各点的运动轨迹、速度和加速度都不相同，但在同一刚体内各点的运动之间又相互有联系。研究刚体的运动就是要研究整个刚体的运动规律，以及刚体内各点的运动规律。刚体运动形式多种多样，本章研究刚体的两种基本运动：平行移动和定轴转动。

5.1　点运动的矢量法

1. 运动方程

设点 M 在空间做曲线运动，任选某固定点 O，则点 M 在某一瞬时的位置可用矢径（或位置矢量）$\boldsymbol{r}$ 表示（图 5-1）。当 M 点运动时，矢径 $\boldsymbol{r}$ 的大小与方向都随时间 t 而变化，表示为时间 t 的单值连续函数，即

$$\boldsymbol{r}=\boldsymbol{r}(t) \tag{5-1}$$

这个方程完全确定了任意瞬时点在空间的位置，称为**以矢量表示的点的运动方程**。矢径 $\boldsymbol{r}$ 随时间 t 变化时，矢端所描绘出的曲线称为矢径 $\boldsymbol{r}$ 的矢端曲线，也就是**点的运动轨迹**。

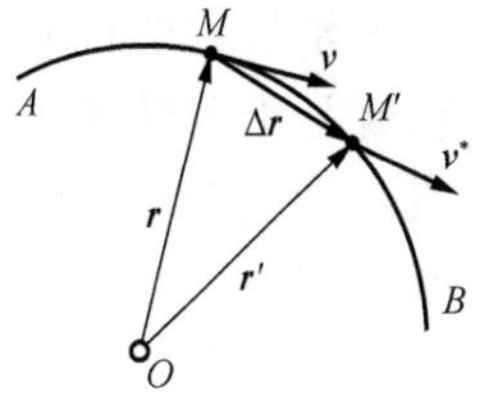

图 5-1

2. 速度方程

设在 t 瞬时，点位于 M，其矢径为 $\boldsymbol{r}$；在 $t+\Delta t$ 瞬时，点位于 M'，其矢径为 $\boldsymbol{r}'$（图 5-1）。于是，矢径的改变量 $\Delta\boldsymbol{r}=\boldsymbol{r}'-\boldsymbol{r}$ 为点在 Δt 时间间隔内的位移。$\dfrac{\Delta\boldsymbol{r}}{\Delta t}$ 表示在 Δt 时间内位移的平均变化率，称为平均速度。当 $\Delta t\to 0$，平均速度的极限即为点在 t 瞬时的速度，以 $\boldsymbol{v}$ 表示：

$$\boldsymbol{v}=\lim_{\Delta t\to 0}\frac{\Delta\boldsymbol{r}}{\Delta t}=\frac{\mathrm{d}\boldsymbol{r}}{\mathrm{d}t}=\dot{\boldsymbol{r}} \tag{5-2}$$

即**点的速度等于其矢径对时间的一阶导数**。由矢量导数的性质可知，点的速度也是矢量，其方向就是 Δt 趋近于零时 $\Delta\boldsymbol{r}$ 的极限方向，也就是沿着点的轨迹在该点的切线方向，如图 5-1 所示。点的速度 $\boldsymbol{v}$ 也将是时间 t 的单值连续函数，式（5-2）表示点的速度随时间的变化规律，称为**以矢量表示的点的速度方程**。

3. 加速度方程

点做曲线运动时，在不同瞬时具有不同的速度，如图 5-2（a）所示。设从某固定点 O' 画各速度矢量 $\boldsymbol{v}_1,\boldsymbol{v},\boldsymbol{v}',\boldsymbol{v}_2,\cdots$，将各速度矢量的端点 $m_1,m,m',m_2,\cdots$ 连成一条曲线，称为速度矢端曲线，如图 5-2（b）所示。

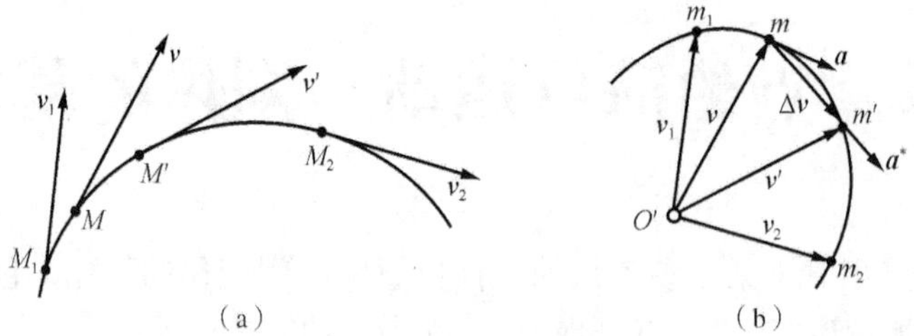

（a）　　（b）

图 5-2

由图 5-2（b）可见，在 Δt 时间内速度的改变量为 $\Delta \boldsymbol{v} = \boldsymbol{v}' - \boldsymbol{v}$ 。$\dfrac{\Delta \boldsymbol{v}}{\Delta t}$ 表示在 Δt 时间内速度的平均变化率，称为平均加速度。当 $\Delta t \to 0$ ，$\dfrac{\Delta \boldsymbol{v}}{\Delta t}$ 的极限即为点在瞬时 t 的速度变化率，称为点在瞬时 t 的加速度，以 $\boldsymbol{a}$ 表示：

$$\boldsymbol{a} = \lim_{\Delta t \to 0} \frac{\Delta \boldsymbol{v}}{\Delta t} = \frac{\mathrm{d}\boldsymbol{v}}{\mathrm{d}t} = \dot{\boldsymbol{v}} = \ddot{\boldsymbol{r}} \tag{5-3}$$

上式表明：**点的加速度等于它的速度对时间的一阶导数，也等于它的矢径对时间的二阶导数。**由矢量导数的性质可知，加速度也是一个矢量，其方向就是 Δt 趋近于零时 $\Delta \boldsymbol{v}$ 的极限方向，也就是沿着速度矢端线的切线方向，如图 5-2（b）所示。点的加速度 $\boldsymbol{a}$ 也将是时间 t 的单值连续函数，式（5-3）表示点的加速度随时间的变化规律，称为**以矢量表示的点的加速度方程**。

5.2　点运动的直角坐标法

1. *运动方程*

过固定点 O 建立一直角坐标系 $Oxyz$。设点 M 在 t 瞬时的矢径为 $\boldsymbol{r}$，其坐标为(x, y, z)，如图 5-3 所示。若以 $\boldsymbol{i}$、$\boldsymbol{j}$、$\boldsymbol{k}$ 分别表示各相应坐标轴上的单位矢量，则矢径 $\boldsymbol{r}$ 可写为

$$\boldsymbol{r} = x\boldsymbol{i} + y\boldsymbol{j} + z\boldsymbol{k} \tag{5-4}$$

点 M 运动时，其坐标是随时间而变化的，可表示为时间 t 的单值连续函数，即

$$\left.\begin{aligned} x &= f_1(t) \\ y &= f_2(t) \\ z &= f_3(t) \end{aligned}\right\} \tag{5-5}$$

式（5-5）称为**以直角坐标表示的点的运动方程**。

由于运动方程决定点在空间的位置，因而也决定了点的轨迹。式（5-5）实质是以 t 为参数的轨迹参数方程。如果从这些方程中消去 t，则得到点的轨迹方程，例如：

$$\left.\begin{aligned} F_1(x, y) &= 0 \\ F_2(y, z) &= 0 \end{aligned}\right\}$$

此两方程分别表示两个柱形曲面，它们的交线就是点的轨迹，如图 5-4 所示。

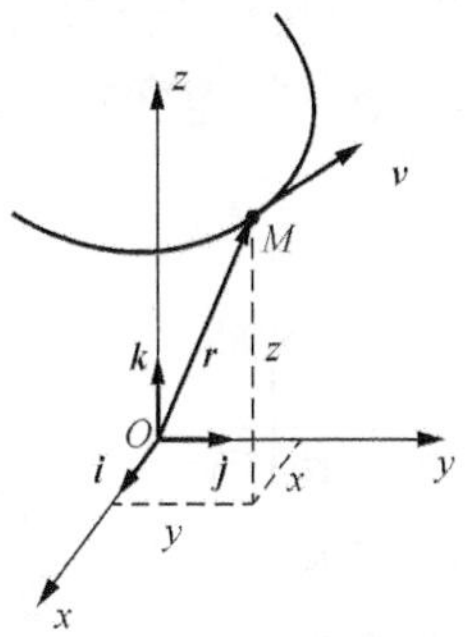

图 5-3

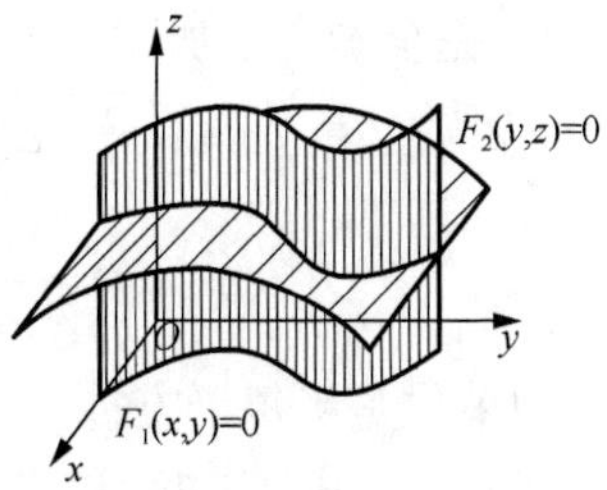

图 5-4

2. 速度方程

将式（5-4）代入式（5-2），并注意单位矢量 $\boldsymbol{i}$、$\boldsymbol{j}$、$\boldsymbol{k}$ 为常矢量，得

$$\boldsymbol{v}=\frac{\mathrm{d}\boldsymbol{r}}{\mathrm{d}t}=\frac{\mathrm{d}x}{\mathrm{d}t}\boldsymbol{i}+\frac{\mathrm{d}y}{\mathrm{d}t}\boldsymbol{j}+\frac{\mathrm{d}z}{\mathrm{d}t}\boldsymbol{k}=v_x\boldsymbol{i}+v_y\boldsymbol{j}+v_z\boldsymbol{k} \tag{5-6}$$

于是，速度矢量 $\boldsymbol{v}$ 在直角坐标轴上的投影为

$$\left.\begin{aligned} v_x&=\frac{\mathrm{d}x}{\mathrm{d}t}=\dot{x}\\ v_y&=\frac{\mathrm{d}y}{\mathrm{d}t}=\dot{y}\\ v_z&=\frac{\mathrm{d}z}{\mathrm{d}t}=\dot{z}\end{aligned}\right\} \tag{5-7}$$

即点的速度在直角坐标轴上的投影等于其相应坐标对时间的一阶导数。式（5-7）称为**以直角坐标表示的点的速度方程**。式（5-7）完全确定了速度矢量 $\boldsymbol{v}$ 的大小和方向，即

$$\left.\begin{aligned} &v=\sqrt{v_x^2+v_y^2+v_z^2}\\ &\cos(\boldsymbol{v},\boldsymbol{i})=\frac{v_x}{v},\quad \cos(\boldsymbol{v},\boldsymbol{j})=\frac{v_y}{v},\quad \cos(\boldsymbol{v},\boldsymbol{k})=\frac{v_z}{v}\end{aligned}\right\}$$

速度 $\boldsymbol{v}$ 的大小常称为速率，它表明点在瞬时 t 运动的快慢，常用的单位是米每秒（m/s）、厘米每秒（cm/s）和千米每小时（km/h）。

3. 加速度方程

将式（5-6）代入式（5-3），并注意单位矢量 $\boldsymbol{i}$、$\boldsymbol{j}$、$\boldsymbol{k}$ 为常矢量，得

$$\boldsymbol{a}=\frac{\mathrm{d}\boldsymbol{v}}{\mathrm{d}t}=\frac{\mathrm{d}v_x}{\mathrm{d}t}\boldsymbol{i}+\frac{\mathrm{d}v_y}{\mathrm{d}t}\boldsymbol{j}+\frac{\mathrm{d}v_z}{\mathrm{d}t}\boldsymbol{k}=\frac{\mathrm{d}^2x}{\mathrm{d}t^2}\boldsymbol{i}+\frac{\mathrm{d}^2y}{\mathrm{d}t^2}\boldsymbol{j}+\frac{\mathrm{d}^2z}{\mathrm{d}t^2}\boldsymbol{k}=a_x\boldsymbol{i}+a_y\boldsymbol{j}+a_z\boldsymbol{k} \tag{5-8}$$

于是，加速度 $\boldsymbol{a}$ 在直角坐标轴上的投影为

$$\left.\begin{aligned} a_x&=\frac{\mathrm{d}v_x}{\mathrm{d}t}=\frac{\mathrm{d}^2x}{\mathrm{d}t^2}=\ddot{x}\\ a_y&=\frac{\mathrm{d}v_y}{\mathrm{d}t}=\frac{\mathrm{d}^2y}{\mathrm{d}t^2}=\ddot{y}\\ a_z&=\frac{\mathrm{d}v_z}{\mathrm{d}t}=\frac{\mathrm{d}^2z}{\mathrm{d}t^2}=\ddot{z}\end{aligned}\right\} \tag{5-9}$$

即点的加速度在直角坐标轴上的投影等于其相应的速度投影对时间的一阶导数，或等于其相应的坐标对时间的二阶导数。式（5-9）称为**以直角坐标表示的点的加速度方程**。

式（5-9）完全确定了加速度 $\boldsymbol{a}$ 的大小和方向，即

$$\left.\begin{aligned} &a=\sqrt{a_x^2+a_y^2+a_z^2} \\ &\cos(\boldsymbol{a},\boldsymbol{i})=\frac{a_x}{a}, \quad \cos(\boldsymbol{a},\boldsymbol{j})=\frac{a_y}{a}, \quad \cos(\boldsymbol{a},\boldsymbol{k})=\frac{a_z}{a} \end{aligned}\right\}$$

加速度常用的单位是米每平方秒（m/s^2）或厘米每平方秒（cm/s^2）。

运用式（5-5）、式（5-7）和式（5-9）常可解决如下两类问题：

（1）已知（或根据题意建立）点的运动方程，求点的速度方程和加速度方程，这类问题可用求导数的方法来解决。

（2）已知点的加速度方程或速度方程，求点的速度方程或运动方程，这类问题可用积分法来解决。积分常数可根据点运动的初始条件来确定，所谓初始条件，是指在初始瞬时（$t=0$），点的初位置 x_0、y_0、z_0，以及初速度 v_{0x}、v_{0y}、v_{0z}。

【例 5-1】 跨过定滑轮 B 的绳子一端系在物体 A 上，另一端以匀速 $u=0.2\ \text{m/s}$ 往下拉，将套在铅直杆上的物体 A 往上提，如图 5-5 所示。开始时物体在地面上，求物体 A 的运动方程、速度方程和加速度方程，并求第 10 s 末的位置、速度和加速度。

解 （1）物体 A 做直线运动，选如图 5-5 所示坐标 x。开始时绳长 $OB=\sqrt{OC^2+CB^2}=\sqrt{12^2+5^2}=13\,(\text{m})$。任意瞬时 t，绳长 $AB=OB-ut=13-0.2t$。因此

$$x=OC-AC=OC-\sqrt{AB^2-BC^2}=12-\sqrt{(13-0.2t)^2-5^2}$$

这就是物体 A 的运动方程。

（2）速度方程为

$$v=\frac{\mathrm{d}x}{\mathrm{d}t}=-\frac{1}{2}\times\frac{2\times(13-0.2t)(-0.2)}{\sqrt{(13-0.2t)^2-5^2}}=\frac{0.2(13-0.2t)}{\sqrt{(13-0.2t)^2-5^2}}$$

（3）加速度方程为

$$a=\frac{\mathrm{d}v}{\mathrm{d}t}=0.2\times\frac{(-0.2)\times\sqrt{(13-0.2t)^2-5^2}-\dfrac{13-0.2t}{2}\times\dfrac{1}{\sqrt{(13-0.2t)^2-5^2}}\times2\times(13-0.2t)\times(-0.2)}{\left(\sqrt{(13-0.2t)^2-5^2}\right)^2}$$

$$=\frac{1}{\left(\sqrt{(13-0.2t)^2-5^2}\right)^3}$$

（4）当 $t=10\,\text{s}$ 时，

$$x=12-\sqrt{(13-0.2\times10)^2-5^2}=2.2(\text{m})$$

$$v=\frac{0.2(13-0.2\times10)}{\sqrt{(13-0.2\times10)^2-5^2}}=0.225(\text{m/s})$$

$$a=\frac{1}{\left(\sqrt{(13-0.2\times10)^2-5^2}\right)^3}=\frac{1}{\left(\sqrt{96}\right)^3}=0.001(\text{m/s}^2)$$

【例 5-2】 已知水流过溢流坝挑流鼻坎 A 点以初速度 $\boldsymbol{v}_0$ 在图 5-6 所示的平面内射出，$\boldsymbol{v}_0$ 与水平线的夹角为 θ，h 为已知。在运动过程中，水流的加速度 $a=g$（g 为重力加速度）。试求水流的运动方程和在水平地面上的射程 L。

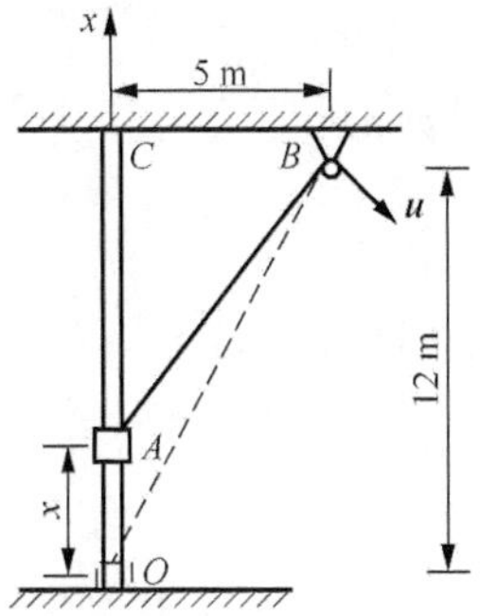

图 5-5

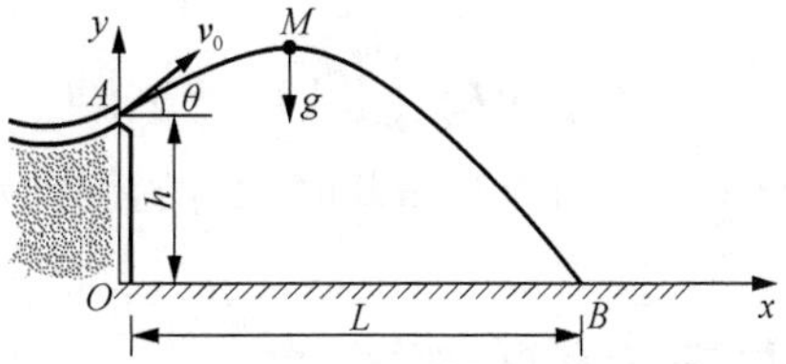

图 5-6

解 （1）研究对象选为水流中的一个水滴 M。

（2）选 Oxy 坐标，任意瞬时 t，M 的加速度方程为

$$a_x=\frac{\mathrm{d}v_x}{\mathrm{d}t}=0,\quad a_y=\frac{\mathrm{d}v_y}{\mathrm{d}t}=-g \tag{1}$$

M 的运动方程可由式（1）两次积分求得，需要用到初始条件：$t=0$ 时，$x_0=0$，$y_0=h$，$v_{0x}=v_0\cos\theta$，$v_{0y}=v_0\sin\theta$。由式（1）积分，得

$$\int_{v_0\cos\theta}^{v_x}\mathrm{d}v_x=0,\quad \int_{v_0\sin\theta}^{v_y}\mathrm{d}v_y=\int_0^t -g\mathrm{d}t$$

$$v_x=\frac{\mathrm{d}x}{\mathrm{d}t}=v_0\cos\theta,\quad v_y=\frac{\mathrm{d}y}{\mathrm{d}t}=v_0\sin\theta-gt \tag{2}$$

由式（2）可知，水滴 M 在运动过程中，其速度的水平分量为一常数，而铅直分量随时间而变。由式（2）再次积分，得

$$\int_0^x \mathrm{d}x=\int_0^t v_0\cos\theta\mathrm{d}t,\quad \int_h^y \mathrm{d}y=\int_0^t (v_0\sin\theta-gt)\mathrm{d}t$$

$$x=v_0t\cos\theta,\quad y=h+v_0t\sin\theta-\frac{1}{2}gt^2 \tag{3}$$

式（3）就是水滴 M 的运动方程。消去 t，得水流运动的轨迹方程为

$$y=h+x\tan\theta-\frac{gx^2}{2v_0^2\cos^2\theta} \tag{4}$$

式（4）表明，水流运动的轨迹为抛物线。

由图 5-6 可知，当 $y=0$，代入式（4），

$$0=h+L\tan\theta-\frac{gL^2}{2v_0^2\cos^2\theta}$$

解得水平射程

$$L=\frac{v_0\cos\theta}{g}[v_0\sin\theta+\sqrt{(v_0\sin\theta)^2+2gh}]$$

【例 5-3】 一个动点初始静止在某位置(3 m, 2 m, 5 m)，其加速度矢量方程为 $\boldsymbol{a}=\{6t\boldsymbol{i}+12t^2\boldsymbol{k}\}\ \text{m/s}^2$。确定当 $t=1$ s 时动点的位置。

解 采用矢量法描述动点的运动，

$$\mathrm{d}\boldsymbol{v}=\boldsymbol{a}\mathrm{d}t=(6t\boldsymbol{i}+12t^2\boldsymbol{k})\mathrm{d}t$$

$$\int_0^{v}\mathrm{d}\boldsymbol{v}=\int_0^{t}\left(6t\boldsymbol{i}+12t^2\boldsymbol{k}\right)\mathrm{d}t \quad\Rightarrow\quad \boldsymbol{v}=\{3t^2\boldsymbol{i}+4t^3\boldsymbol{k}\}\ \text{m/s}$$

$$\mathrm{d}\boldsymbol{r}=\boldsymbol{v}\mathrm{d}t=\left(3t^2\boldsymbol{i}+4t^3\boldsymbol{k}\right)\mathrm{d}t$$

$$\int_{(3,2,5)}^{r}\mathrm{d}\boldsymbol{r}=\int_0^{t}\left(3t^2\boldsymbol{i}+4t^3\boldsymbol{k}\right)\mathrm{d}t \quad\Rightarrow\quad \boldsymbol{r}=\{(t^3+3)\boldsymbol{i}+2\boldsymbol{j}+(t^4+5)\boldsymbol{k}\}\ \text{m}$$

代入时间 $t=1\,\text{s}$，可以解得此时动点的位置为 (4 m, 2 m, 6 m)。

5.3 点运动的自然法

5.3.1 运动方程

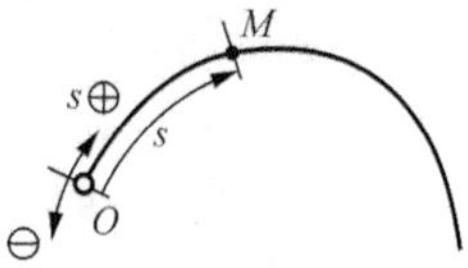

图 5-7

当点的轨迹已知时，可在轨迹上任选一点 O 作为计算弧长 s 的原点，同时规定轨迹的正负方向，如图 5-7 所示。沿轨迹的正方向所量得的弧长为正值，反之为负值。这样，点 M 在已知轨迹上的位置，可用点 M 到原点 O 的弧长 s 表示，并将 s 称为弧坐标。当点 M 运动时，其弧坐标 s 随时间而变化，表示时间 t 的单值连续函数，即

$$s=f(t) \tag{5-10}$$

称为**点沿已知轨迹的运动方程**。当点的运动轨迹和沿轨迹的运动方程已知时，任一瞬时点的空间位置就完全确定，这一方法称为自然法。

用自然法分析点的速度与加速度之前，有必要先介绍一下曲线的曲率和自然轴系。

5.3.2 曲线的曲率和自然轴系

为了度量曲线的弯曲程度，引入曲率的概念。设空间曲线在点 M 的切线为 MT，与其相邻的点 M' 的切线为 $M'T'$，这两个切线一般不在同一平面内。若从 M 点作一直线 $MT_1 /\!/ M'T'$（图 5-8），则可用 MT_1 与 MT 夹角 $\Delta\theta$ 来表示这两条切线间方向的变化。显然，若弧长 $\overset{\frown}{MM'}=\Delta s$ 不变，则 $\Delta\theta$ 越大，这段曲线弯曲得越厉害；反之，若 $\Delta\theta$ 不变，则 Δs 越大时，该段曲线越平坦。可见，这段曲线的弯曲程度与 $\Delta\theta$ 成正比，而与 Δs 成反比，因此，可用 $\dfrac{\Delta\theta}{\Delta s}$ 来度量弧 $\overset{\frown}{MM'}$ 的平均弯曲程度，称为平均曲率。当点 M' 沿曲线趋近于点 M 时，平均曲率趋近于一极限值，称为曲线在点 M 的**曲率** κ，即

$$\kappa=\lim_{\Delta s\to 0}\frac{\Delta\theta}{\Delta s}=\frac{\mathrm{d}\theta}{\mathrm{d}s} \tag{5-11}$$

曲率是曲线在点 M 的弯曲程度的度量，曲率的倒数称为曲线在该点的**曲率半径** ρ，则

$$\rho=\frac{1}{\kappa}=\frac{\mathrm{d}s}{\mathrm{d}\theta} \tag{5-12}$$

切线 MT 及直线 MT_1 构成一平面（参看图 5-8），当点 M' 沿曲线趋近于点 M 时，因 MT_1 的

方向改变，这平面绕切线 MT 逐渐转动，并趋于某一极限位置，这个极限位置的平面称为曲线在点 M 的**密切面或曲率平面**。密切面最贴近 M 点附近的曲线，在空间曲线上点 M 附近取无限小的一段曲线可视为在密切面内。对于一般的空间曲线，密切面的方位随点 M 的位置而改变；至于平面曲线，密切面就是曲线所在的平面。

过点 M 且与切线 MT 垂直的平面称为曲线在点 M 的**法面**，如图 5-9 所示。由于在法面上通过点 M 的任何一条直线都与切线 MT 垂直，因而这些直线都可称为曲线在点 M 的法线。其中，法面与密切面的交线 MN 称为曲线在点 M 的**主法线**。法面内与主法线垂直的直线 MB 称为点 M 的**副法线**。现在以弧坐标增加的方向为切线的正向，切线的单位矢量用 $\boldsymbol{\tau}$ 表示；以指向曲线内凹的一侧为主法线的正向，主法线的单位矢量用 $\boldsymbol{n}$ 表示；至于副法线的正向则按右手螺旋法则来确定，如用 $\boldsymbol{b}$ 表示副法线的单位矢量，则

$$\boldsymbol{b}=\boldsymbol{\tau}\times\boldsymbol{n}$$

取点 M 为原点，曲线上该点的切线、主法线和副法线所构成的互相垂直的三个轴，称为曲线在点 M 的**自然轴系**。

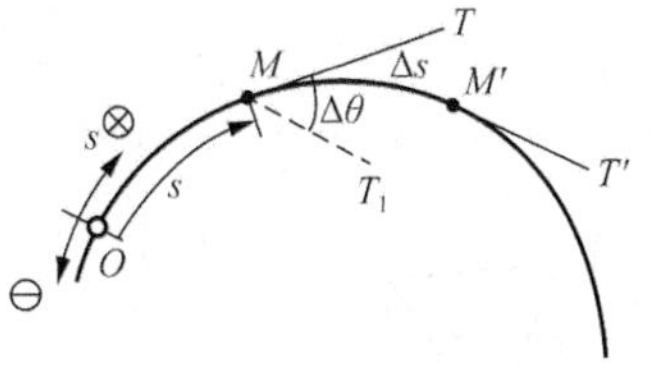

图 5-8

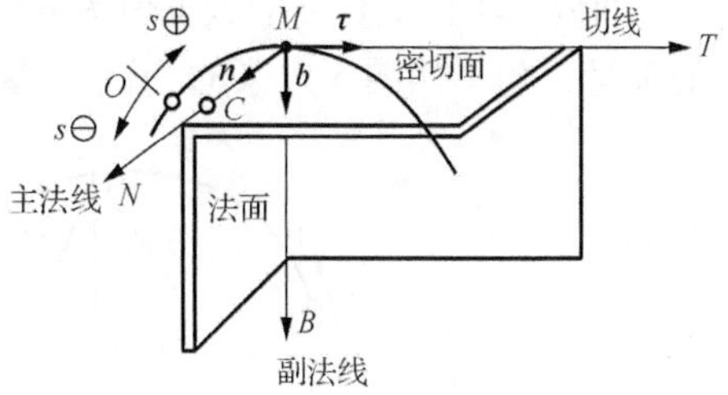

图 5-9

应当指明，曲线上各点的切线、主法线与副法线均不相同，各点都有各自的自然轴系。因此，自然轴的单位矢量 $\boldsymbol{\tau}$、$\boldsymbol{n}$、$\boldsymbol{b}$ 都是方向随点 M 位置变化而变化的单位变矢量。

从点 M 沿主法线的正向取 MC 等于曲线在该点的曲率半径 ρ，则在密切面内以 C 为圆心，以 ρ 为半径所作的圆，称为曲线在点 M 的**密切圆或曲率圆**，而圆心 C 称为曲线在该点的**曲率中心**，如图 5-9 所示。

5.3.3　速度

点在已知轨迹上运动，设在 t 瞬时点位于 M，弧坐标为 s；在 $t+\Delta t$ 瞬时，点位于 M'，弧坐标的增量为 Δs，位移为 $\Delta \boldsymbol{r}$，如图 5-10 所示。

由式（5-2）可知，点在 t 时刻的速度为 $\boldsymbol{v}=\dfrac{\mathrm{d}\boldsymbol{r}}{\mathrm{d}t}$，而速度的大小可表示为

$$|\boldsymbol{v}|=\left|\frac{\mathrm{d}\boldsymbol{r}}{\mathrm{d}t}\right|=\lim_{\Delta t\to 0}\left|\frac{\Delta\boldsymbol{r}}{\Delta t}\right|=\lim_{\Delta t\to 0}\left|\frac{\Delta\boldsymbol{r}}{\Delta s}\cdot\frac{\Delta s}{\Delta t}\right|=\lim_{\Delta t\to 0}\left|\frac{\Delta\boldsymbol{r}}{\Delta s}\right|\cdot\lim_{\Delta t\to 0}\left|\frac{\Delta s}{\Delta t}\right|=1\cdot\lim_{\Delta t\to 0}\left|\frac{\Delta s}{\Delta t}\right|=\left|\frac{\mathrm{d}s}{\mathrm{d}t}\right|$$

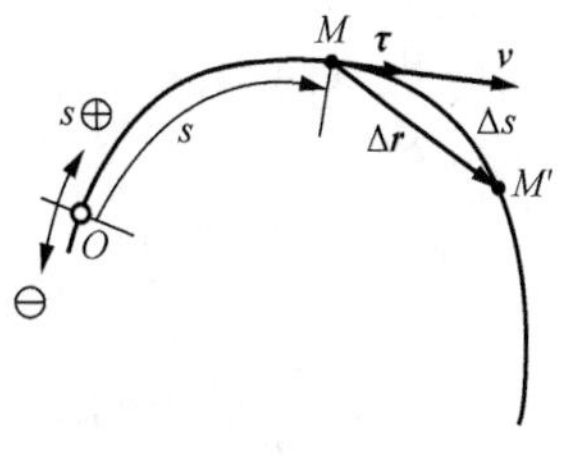

图 5-10

导数 $\dfrac{\mathrm{d}s}{\mathrm{d}t}$ 是一个代数量，若把速度 v 也表示为代数量，则有

$$v = \frac{\mathrm{d}s}{\mathrm{d}t} = \dot{s} \tag{5-13}$$

若 $\frac{\mathrm{d}s}{\mathrm{d}t} > 0$，则 s 随时间而增大，点沿轨迹的正向运动，即速度 $\boldsymbol{v}$ 指向切线的正向；反之，速度 $\boldsymbol{v}$ 指向切线的负向。因此，如以 $\boldsymbol{\tau}$ 表示切线正向的单位矢量，则

$$\boldsymbol{v} = v\boldsymbol{\tau} = \frac{\mathrm{d}s}{\mathrm{d}t}\boldsymbol{\tau} = \dot{s}\boldsymbol{\tau} \tag{5-14}$$

5.3.4 加速度

由式（5-3），将式（5-14）两边对时间 t 求导数，得

$$\boldsymbol{a} = \frac{\mathrm{d}\boldsymbol{v}}{\mathrm{d}t} = \frac{\mathrm{d}}{\mathrm{d}t}(v\boldsymbol{\tau}) = \frac{\mathrm{d}v}{\mathrm{d}t}\boldsymbol{\tau} + v\frac{\mathrm{d}\boldsymbol{\tau}}{\mathrm{d}t} = \frac{\mathrm{d}^2 s}{\mathrm{d}t^2}\boldsymbol{\tau} + v\frac{\mathrm{d}\boldsymbol{\tau}}{\mathrm{d}t} \tag{5-15}$$

下面对第二项中的 $\frac{\mathrm{d}\boldsymbol{\tau}}{\mathrm{d}t}$ 进行说明。设 $\boldsymbol{\tau}$、$\boldsymbol{\tau}'$ 分别为点在 t、$t+\Delta t$ 瞬时沿切线的单位矢量，则在 Δt 时间内，单位矢量 $\boldsymbol{\tau}$ 的改变量为 $\Delta\boldsymbol{\tau} = \boldsymbol{\tau}' - \boldsymbol{\tau}$，如图 5-11（a）所示。为了分析清楚，另作 $\Delta\boldsymbol{\tau}$ 的矢量三角形如图 5-11（b）所示。因为单位矢量的大小等于 1，$\Delta\boldsymbol{\tau}$ 的大小为

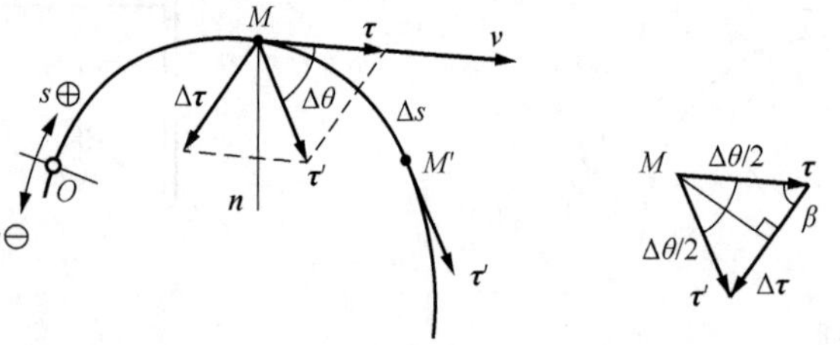

（a）　　　　（b）

图 5-11

$$|\Delta\boldsymbol{\tau}| = 2\times 1\times \sin\frac{\Delta\theta}{2} \approx 2\times 1\times\frac{\Delta\theta}{2} = \Delta\theta$$

所以

$$\left|\frac{\mathrm{d}\boldsymbol{\tau}}{\mathrm{d}t}\right| = \lim_{\Delta t\to 0}\frac{|\Delta\boldsymbol{\tau}|}{\Delta t} = \lim_{\Delta t\to 0}\frac{\Delta\theta}{\Delta t} = \lim_{\Delta t\to 0}\left(\frac{\Delta\theta}{\Delta s}\cdot\frac{\Delta s}{\Delta t}\right)$$

因为

$$\lim_{\Delta t\to 0}\frac{\Delta\theta}{\Delta s} = \frac{1}{\rho}，\quad \lim_{\Delta t\to 0}\left|\frac{\Delta s}{\Delta t}\right| = \frac{\mathrm{d}s}{\mathrm{d}t} = v$$

所以 $\frac{\mathrm{d}\boldsymbol{\tau}}{\mathrm{d}t}$ 的大小为

$$\left|\frac{\mathrm{d}\boldsymbol{\tau}}{\mathrm{d}t}\right| = \frac{v}{\rho}$$

至于 $\frac{\mathrm{d}\boldsymbol{\tau}}{\mathrm{d}t}$ 的方向是 Δt 趋于零时矢量 $\Delta\boldsymbol{\tau}$ 的极限方向。由图 5-11（b）可知，$\Delta\boldsymbol{\tau}$ 与 $\boldsymbol{\tau}$ 的夹角 $\beta = 90° - \frac{\Delta\theta}{2}$，由于 Δt 趋于零时，$\Delta\theta$ 也趋于零，因此 $\Delta\boldsymbol{\tau}$ 与 $\boldsymbol{\tau}$ 夹角的极限情况为 $90°$，即 $\frac{\mathrm{d}\boldsymbol{\tau}}{\mathrm{d}t}$

的方向垂直于$\boldsymbol{\tau}$。另外，根据 5.3.2 小节可知，$\boldsymbol{\tau}$与$\boldsymbol{\tau}'$所组成平面的极限位置就是点 M 的密切面。于是，矢量$\dfrac{\mathrm{d}\boldsymbol{\tau}}{\mathrm{d}t}$位于点 M 的密切面内，其方向垂直于$\boldsymbol{\tau}$，即沿着轨迹在点 M 的主法线 $\boldsymbol{n}$ 的方向。这样，矢量$\dfrac{\mathrm{d}\boldsymbol{\tau}}{\mathrm{d}t}$可表示成

$$\frac{\mathrm{d}\boldsymbol{\tau}}{\mathrm{d}t}=\frac{v}{\rho}\boldsymbol{n} \tag{5-16}$$

将上式代入式（5-15），得

$$\boldsymbol{a}=\frac{\mathrm{d}v}{\mathrm{d}t}\boldsymbol{\tau}+\frac{v^2}{\rho}\boldsymbol{n} \tag{5-17}$$

可见，加速度矢量 $\boldsymbol{a}$ 是由两个分量组成：分量$\dfrac{\mathrm{d}v}{\mathrm{d}t}\boldsymbol{\tau}$表明速度大小随时间的变化，其方向沿轨迹的切线方向，称为切向加速度，以$\boldsymbol{a}_\tau$表示；分量$\dfrac{v^2}{\rho}\boldsymbol{n}$表明速度方向随时间的变化，由于$\dfrac{v^2}{\rho}$恒为正值，因此它的方向沿着主法线，总是指向轨迹内凹的一侧，即指向轨迹的曲率中心，称为法向加速度或向心加速度，以$\boldsymbol{a}_n$表示。于是

$$\left.\begin{aligned}\boldsymbol{a}_\tau&=\frac{\mathrm{d}v}{\mathrm{d}t}\boldsymbol{\tau}\\ \boldsymbol{a}_n&=\frac{v^2}{\rho}\boldsymbol{n}\end{aligned}\right\} \tag{5-18}$$

因$\boldsymbol{\tau}$、$\boldsymbol{n}$处于密切面内，所以加速度 $\boldsymbol{a}$ 也处于密切面内。若以a_τ、a_n、a_b分别表示加速度 $\boldsymbol{a}$ 在自然轴$\boldsymbol{\tau}$、$\boldsymbol{n}$、$\boldsymbol{b}$上的投影，则有

$$\left.\begin{aligned}a_\tau&=\frac{\mathrm{d}v}{\mathrm{d}t}=\frac{\mathrm{d}^2s}{\mathrm{d}t^2}\\ a_n&=\frac{v^2}{\rho}\\ a_b&\equiv 0\end{aligned}\right\} \tag{5-19}$$

代数量$\dfrac{\mathrm{d}v}{\mathrm{d}t}$的正负号反映了切向加速度的指向，当$\dfrac{\mathrm{d}v}{\mathrm{d}t}>0$时，$\boldsymbol{a}_\tau$的指向与$\boldsymbol{\tau}$的正向相同；当$\dfrac{\mathrm{d}v}{\mathrm{d}t}<0$时，$\boldsymbol{a}_\tau$指向$\boldsymbol{\tau}$的负向。与 v 的正负号比较可知，当a_τ与 v 同号时，点做加速曲线运动；a_τ与 v 异号时，点做减速曲线运动。

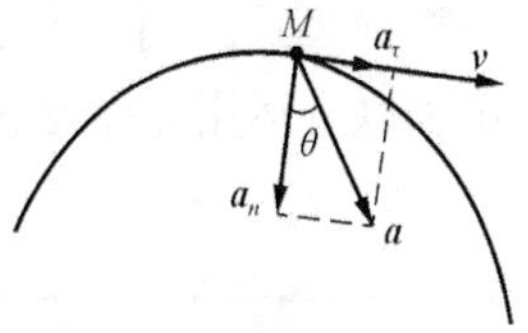

图 5-12

由式（5-19）可确定加速度 $\boldsymbol{a}$ 的大小与方向（图 5-12），即

$$\left.\begin{aligned}a&=\sqrt{a_\tau^2+a_n^2}=\sqrt{\left(\frac{\mathrm{d}v}{\mathrm{d}t}\right)^2+\left(\frac{v^2}{\rho}\right)^2}\\ \cos\theta&=\frac{a_n}{a}\end{aligned}\right\} \tag{5-20}$$

下面讨论几种特殊情况。

1. 直线运动

因为直线轨迹的曲率半径 $\rho=\infty$，由式（5-19）可得

$$a_\tau=\frac{\mathrm{d}v}{\mathrm{d}t}\text{，}\quad a_n\equiv 0$$

即在直线运动中，加速度 $\boldsymbol{a}$ 就等于切向加速度 $\boldsymbol{a}_\tau$。直线运动可以视为曲线运动的一种特例。

2. 匀速曲线运动

因为 v 是常量，由式（5-19）可得

$$a_\tau=\frac{\mathrm{d}v}{\mathrm{d}t}\equiv 0\text{，}\quad a_n=\frac{v^2}{\rho}$$

即在匀速曲线运动中，加速度 $\boldsymbol{a}=\boldsymbol{a}_n=\dfrac{v^2}{\rho}\boldsymbol{n}$。同时，因为 $v=\dfrac{\mathrm{d}s}{\mathrm{d}t}=$ 常量，将其积分一次，再根据点的初始条件，可以求得点沿已知轨迹的运动方程为 $s=s_0+vt$。

3. 匀变速曲线运动

匀变速曲线运动指 a_τ 是常量的曲线运动。由式（5-19）可得

$$a_\tau=\frac{\mathrm{d}v}{\mathrm{d}t}=\text{常量}\text{，}\quad a_n=\frac{v^2}{\rho}$$

即在匀变速曲线运动中，加速度 $\boldsymbol{a}$ 由切向加速度 $\boldsymbol{a}_\tau$ 和法向加速度 $\boldsymbol{a}_n$ 两部分组成。同时，因为 $a_\tau=\dfrac{\mathrm{d}v}{\mathrm{d}t}=\dfrac{\mathrm{d}^2s}{\mathrm{d}t^2}=$ 常量，将其逐次积分，再根据点的初始条件，可以求出点的速度和沿已知轨迹的运动方程为

$$v=v_0+a_\tau t\text{，}\quad s=s_0+v_0t+\frac{1}{2}a_\tau t^2$$

从以上两式中消去 t，可得

$$v^2-v_0^2=2a_\tau(s-s_0)$$

上列各式分别与大家所熟悉的点做直线运动时相应的公式类似，只是这里的加速度为切向加速度 a_τ 而不是全加速度 a。这是因为点做曲线运动时，表示速度大小变化的只是切向加速度。

总结一下描述点运动的几种方法，有矢量法、直角坐标法和自然法，其中矢量法一般用于推导公式。当点的运动轨迹已知时，既可以用直角坐标法求解，也可以用自然法求解，还可以联合运用直角坐标法与自然法求解。表 5-1 总结了直角坐标法和自然法的相关公式。

表 5-1　直角坐标法和自然法

直角坐标法			自然法		
运动方程	速度方程	加速度方程	速度	切线和法向加速度	曲率半径
$x=f_1(t)$ $y=f_2(t)$ $z=f_3(t)$	$v_x=\dot{x}$ $v_y=\dot{y}$ $v_z=\dot{z}$	$a_x=\dot{v}_x=\ddot{x}$ $a_y=\dot{v}_y=\ddot{y}$ $a_z=\dot{v}_z=\ddot{z}$		$a_\tau=\dot{v}$ $a_n=\dfrac{v^2}{\rho}$	$\rho=\dfrac{v^2}{a_n}$
$r=\sqrt{x^2+y^2+z^2}$	$v=\sqrt{\dot{x}^2+\dot{y}^2+\dot{z}^2}$	$a=\sqrt{\ddot{x}^2+\ddot{y}^2+\ddot{z}^2}$	$v=\dot{s}$	$a=\sqrt{a_\tau^2+a_n^2}$	

【例 5-4】 列车沿半径为 $R=1000$ m 的圆弧轨迹运动，已知 $a_\tau=0.2t$（t 以 s 计，a_τ 以 $\mathrm{m/s^2}$ 计），初始 $t=0$ 瞬时，$s_0=0,\ v_0=0$，试求 $t=10$ s 时，列车的位置、速度和加速度。

解　（1）求速度方程。

$$\frac{\mathrm{d}v}{\mathrm{d}t}=a_\tau=0.2t \quad \Rightarrow \quad \int_0^v \mathrm{d}v=\int_0^t 0.2t\mathrm{d}t$$

求得火车的速度方程为

$$v=0.1t^2$$

将 $t=10$ s 代入速度方程，得第 10 s 时的速度为

$$v_{10}=0.1\times 10^2=10(\mathrm{m/s})$$

（2）求运动方程。由于

$$v=\frac{\mathrm{d}s}{\mathrm{d}t}=0.1t^2 \quad \Rightarrow \quad \int_0^s \mathrm{d}s=\int_0^t 0.1t^2\mathrm{d}t$$

求得火车的运动方程为

$$s=0.1\times\frac{t^3}{3}=\frac{1}{30}t^3$$

将 $t=10$ s 代入运动方程，得列车在所选弧坐标的位置为

$$s_{10}=\frac{1}{30}\times 10^3=\frac{1000}{30}=33.3(\mathrm{m})$$

（3）求 $t=10$ s 时，列车的加速度。切向加速度为

$$a_{\tau 10}=0.2t=0.2\times 10=2(\mathrm{m/s^2})$$

法向加速度为

$$a_{n10}=\frac{v_{10}^2}{\rho_{10}}=\frac{v_{10}^2}{R}=\frac{10^2}{1000}=0.1(\mathrm{m/s^2})$$

列车全加速度的大小和方向为

$$a_{10}=\sqrt{a_{\tau 10}^2+a_{n10}^2}=\sqrt{4.01}=2.003\,(\mathrm{m/s^2})$$

$$\cos\theta=\frac{a_{n10}}{a_{10}}=\frac{0.1}{2.003}=0.04993 \quad \Rightarrow \quad \theta=87.1^\circ$$

列车所在位置和其加速度情况如图 5-13 所示。

【例 5-5】 一炮弹以初速 $\boldsymbol{v}_0$ 和仰角 θ 射出，对于图 5-14 所示直角坐标的运动方程为

$$x=v_0\cos\theta\cdot t\,,\quad y=v_0\sin\theta\cdot t-\frac{1}{2}gt^2$$

求 $t=0$ 时，炮弹的切向加速度、法向加速度以及此时轨迹的曲率半径。

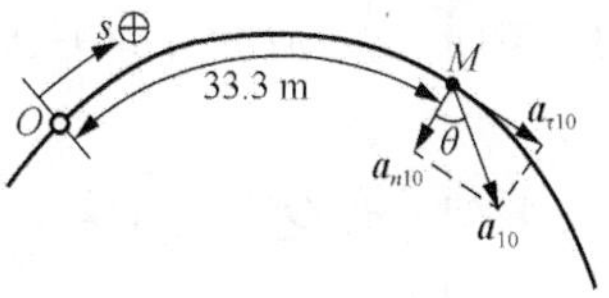

图 5-13

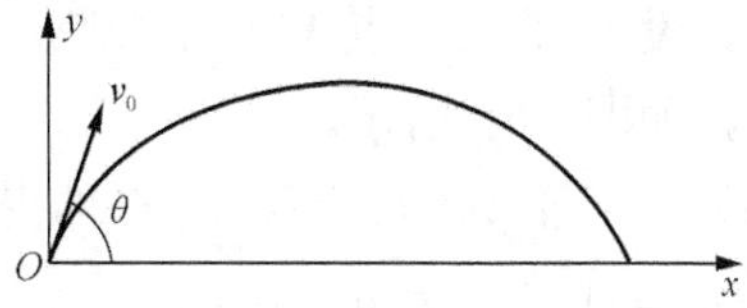

图 5-14

解　（1）由炮弹的运动方程可求得速度和加速度在 x、y 轴上的投影：

$$v_x = \frac{dx}{dt} = v_0\cos\theta\text{，}\quad v_y = \frac{dy}{dt} = v_0\sin\theta - gt$$

$$a_x = \frac{dv_x}{dt} = 0\text{，}\quad a_y = \frac{dv_y}{dt} = -g$$

速度大小为

$$v = \sqrt{v_x^2 + v_y^2} = \sqrt{v_0^2\cos^2\theta + (v_0\sin\theta - gt)^2}$$

全加速度大小为

$$a = \sqrt{a_x^2 + a_y^2} = g\,(\downarrow)$$

切向加速度为

$$a_\tau = \frac{dv}{dt} = -\frac{g}{v}(v_0\sin\theta - gt)$$

（2）当 $t=0$ 时，$v = v_0$, $a_0 = g$，$a_{\tau 0} = -g\sin\theta$。于是

$$a_{n0} = \sqrt{a_0^2 - a_{\tau 0}^2} = g\cos\theta$$

此时轨迹的曲率为

$$\rho_0 = \frac{v_0^2}{a_{n0}} = \frac{v_0^2}{g\cos\theta}$$

曲率还可以根据高等数学知识，采用下式求解，读者可以自行完成。

$$\rho = \frac{\left[1 + \left(\dfrac{dy}{dx}\right)^2\right]^{3/2}}{\left|\dfrac{d^2y}{dx^2}\right|}$$

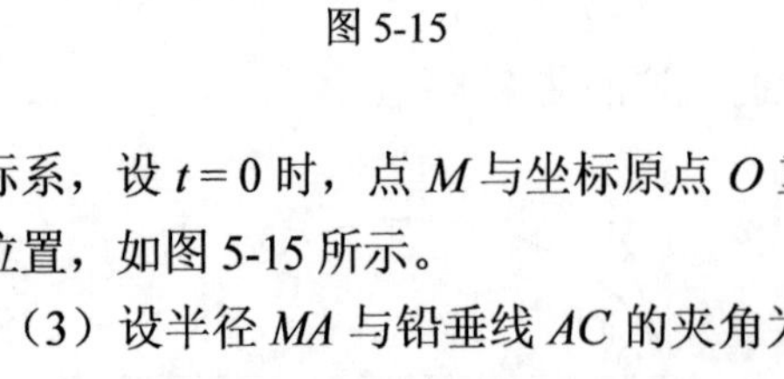

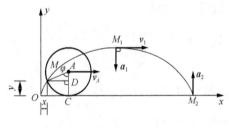

图 5-15

【例 5-6】 如图 5-15 所示，车轮沿一水平面做纯滚动（滚而不滑），若车轮的半径为 r，其轮心 A 做匀速直线运动，速度为 v_A。试求车轮边缘上一点 M 在任意位置的曲率半径，以及最高位置和最低位置的速度和加速度。

解　（1）研究对象选为轮缘上的一点 M。

（2）为求点 M 的运动方程，取图示 Oxy 坐标系，设 $t=0$ 时，点 M 与坐标原点 O 重合。在任意的 t 瞬时，点 M 位于所选坐标系的一般位置，如图 5-15 所示。

（3）设半径 MA 与铅垂线 AC 的夹角为 φ。由于轮做纯滚动，有 $OC = \overset{\frown}{CM} = r\varphi$。另外，轮心 A 以匀速 v_A 向右做直线运动，有 $OC = v_A t = r\varphi$。从而 $\varphi = \dfrac{v_A t}{r}$。根据如图 5-15 所示的几何关系可得点 M 在 t 瞬时的坐标(x, y)为

$$\left.\begin{aligned} x &= OC - MD = r\varphi - r\sin\varphi = v_A t - r\sin\frac{v_A t}{r} \\ y &= AC - AD = r - r\cos\varphi = r - r\cos\frac{v_A t}{r} \end{aligned}\right\} \tag{1}$$

式（1）就是点 M 的运动方程。将式（1）分别对 t 求一阶导数和二阶导数，得点 M 的速度方程和加速度方程

$$\left.\begin{aligned} v_x &= v_A - v_A\cos\frac{v_A t}{r} \\ v_y &= v_A\sin\frac{v_A t}{r} \end{aligned}\right\} \quad 和 \quad \left.\begin{aligned} a_x &= \frac{v_A^2}{r}\sin\frac{v_A t}{r} \\ a_y &= \frac{v_A^2}{r}\cos\frac{v_A t}{r} \end{aligned}\right\} \tag{2}$$

则点 M 在任意位置的速度和加速度大小为

$$v = \sqrt{v_x^2 + v_y^2} = v_A\sqrt{2\left(1 - \cos\frac{v_A t}{r}\right)} = 2v_A\sin\frac{v_A t}{2r}$$

$$a = \sqrt{a_x^2 + a_y^2} = \frac{v_A^2}{r}$$

切向加速度和法向加速度为

$$a_\tau = \frac{\mathrm{d}v}{\mathrm{d}t} = \frac{v_A^2}{r}\cos\frac{v_A t}{2r}, \quad a_n = \sqrt{a^2 - a_\tau^2} = \frac{v_A^2}{r}\sin\frac{v_A t}{2r}$$

从而，点 M 在任意位置的曲率半径为

$$\rho = \frac{v^2}{a_n} = 4r\sin\frac{v_A t}{2r}$$

（4）当点 M 处于最高位置 M_1 时，$\varphi = \frac{v_A t}{r} = \pi$，将它代入式（2），得该瞬时点的速度和加速度在 x 轴和 y 轴上的投影分别为

$$v_{1x} = v_A + v_A = 2v_A, \quad v_{1y} = 0$$

$$a_{1x} = 0, \quad a_{1y} = -\frac{v_A^2}{r}$$

即点 M 在最高位置 M_1 时，其速度 $\boldsymbol{v}_1$ 的大小为 $2v_A$，方向同 x 轴正向；其加速度 $\boldsymbol{a}_1$ 的大小为 $\frac{v_A^2}{r}$，指向 y 轴的负向（图 5-15）。

当点 M 处于最低位置 M_2 时，$\varphi = \frac{v_A t}{r} = 2\pi$，将它代入式（2），得该瞬时点 M 的速度和加速度在 x 轴和 y 轴上的投影分别为

$$v_{2x} = 0, \quad v_{2y} = 0$$

$$a_{2x} = 0, \quad a_{2y} = \frac{v_A^2}{r}$$

即点 M 在最低位置 M_2 时，其速度 $\boldsymbol{v}_2$ 为零；其加速度 $\boldsymbol{a}_2$ 的大小为 $\frac{v_A^2}{r}$，方向指向 y 轴的正向。这表明轮沿水平面做纯滚动时，轮与水平面接触点速度为零，称**瞬时速度中心**，或称**速度瞬心**。需要注意的是，速度瞬心这一点的加速度并不为零。

5.4　刚体的平行移动

观察图 5-16（a）所示运输带上箱体的运动，其上任意直线 AB 始终和原来位置保持平行；再观察图 5-16（b）所示摆式筛砂机的筛子的运动，其底边 AB 始终保持为水平，侧边始终垂直。**这种刚体上任一直线始终保持与原来位置平行的运动称为刚体的平行移动**，简称**平动或移动**。图 5-16（a）中箱体平动时，体内各点的轨迹都是直线，称为直线平动（移动）；图 5-16（b）中筛子上各点的轨迹都是曲线，称为曲线平动（移动）。

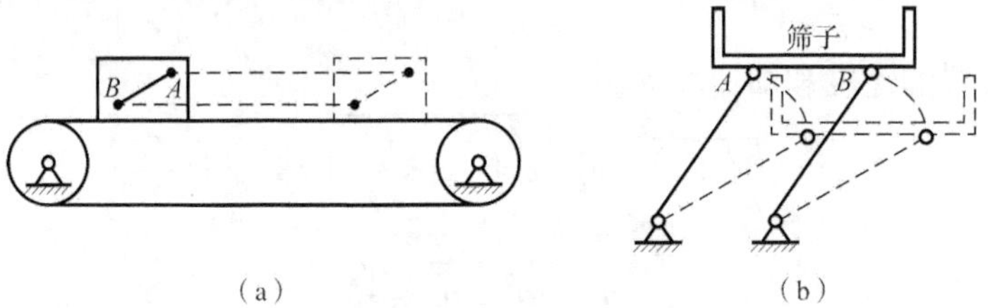

图 5-16

如图 5-17 所示，做平动的刚体内任选一直线 AB，从固定点 O 引点 A 和点 B 的矢径 $\boldsymbol{r}_A$ 和 $\boldsymbol{r}_B$，则有

$$\boldsymbol{r}_A = \boldsymbol{r}_B + \boldsymbol{BA}$$

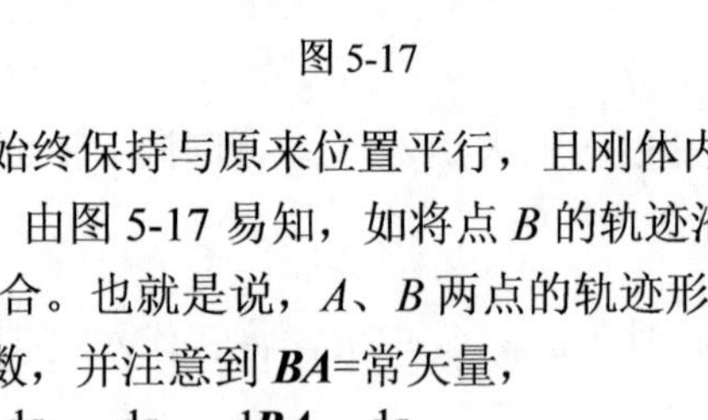

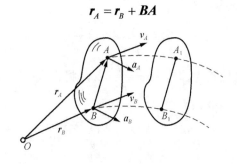

图 5-17

由于刚体做平动，任意直线始终保持与原来位置平行，且刚体内任意两点之间的距离始终保持不变，所以 $\boldsymbol{BA}$ 为常矢量。由图 5-17 易知，如将点 B 的轨迹沿 $\boldsymbol{BA}$ 方向平行移动一段距离 BA，就与点 A 的轨迹完全重合。也就是说，A、B 两点的轨迹形状完全相同且互相平行。

将上式对时间求一阶导数，并注意到 $\boldsymbol{BA}$=常矢量，

$$\frac{\mathrm{d}\boldsymbol{r}_A}{\mathrm{d}t} = \frac{\mathrm{d}\boldsymbol{r}_B}{\mathrm{d}t} + \frac{\mathrm{d}\boldsymbol{BA}}{\mathrm{d}t} = \frac{\mathrm{d}\boldsymbol{r}_B}{\mathrm{d}t} \quad 或 \quad \boldsymbol{v}_A = \boldsymbol{v}_B$$

上式表明，在任一瞬时，点 A 的速度与点 B 的速度相同，如图 5-17 所示。

再将上式对时间求一阶导数，得

$$\frac{\mathrm{d}\boldsymbol{v}_A}{\mathrm{d}t} = \frac{\mathrm{d}\boldsymbol{v}_B}{\mathrm{d}t} \quad 或 \quad \boldsymbol{a}_A = \boldsymbol{a}_B$$

上式表明，在任一瞬时点 A 的加速度与点 B 的加速度相同，如图 5-17 所示。

综上所述，刚体平动时，刚体内各点的轨迹形状完全相同且互相平行；任一瞬时，各点

的速度和加速度完全相同。也就是说，平动刚体内各点的运动规律完全相同。因此，整个刚体的运动可由刚体内任一点（例如质心）的运动确定。这样，刚体做平动的运动学问题就归结为点的运动学问题，可用前面几节的知识求解。

5.5　刚体的定轴转动

5.5.1　刚体定轴转动的运动方程

工程实际中，定滑轮、电机转子和门等的运动都具有一个共同特性，即**刚体运动时，刚体内（或其延展部分）有一直线始终保持不动，这根直线称为转动轴或转轴，这种刚体的运动称为刚体的定轴转动**，简称**转动**。显然，刚体转动时，体内不在转轴上的各点都在垂直于转轴的平面内做圆周运动，它们的圆心都在转轴上（图 5-18）。

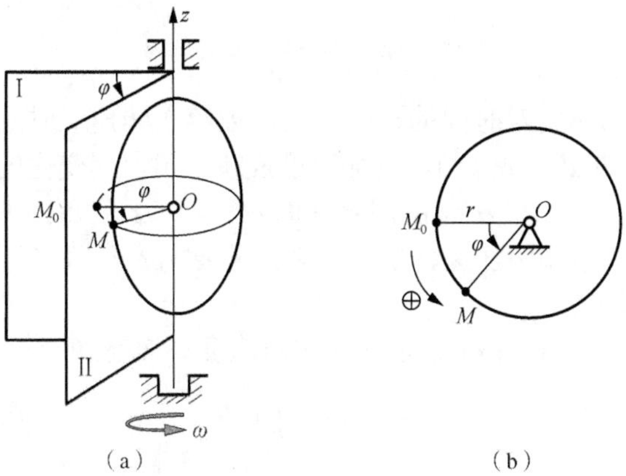

图 5-18

如图 5-18（a）所示，过转轴取一固定不动的平面 I，再取一个随刚体一起转动的平面 II，刚体转动时的位置可以用平面 II 和平面 I 的夹角 φ 完全确定。从 z 轴正端朝负端看去，φ 也就是直线 OM 与固定直线 OM_0 的夹角，如图 5-18（b）所示。其中，固定直线 OM_0 称为基线，代表基平面 I，O 点代表 z 轴，夹角 φ 称为转角，以弧度（rad）计。转角是一个代数量，其正负号规定如下：从 z 轴正端朝负端看去，逆时针方向的转角为正；反之为负。当刚体转动时，φ 是时间 t 的单值连续函数，即

$$\varphi = f(t) \tag{5-21}$$

已知函数 $f(t)$，可确定任一瞬时刚体的位置，这个方程称为**刚体转动的运动方程**。

5.5.2　角速度

设在时间间隔 Δt 内，刚体的转角 φ 改变了 $\Delta\varphi$，即有角位移 $\Delta\varphi$，则 $\dfrac{\Delta\varphi}{\Delta t}$ 即为刚体在 Δt 时间内的平均角速度。当 Δt 趋于零时，平均角速度的极限即为刚体在 t 瞬时的角速度，以 ω 表示：

$$\omega = \lim_{\Delta t\to 0}\frac{\Delta\varphi}{\Delta t} = \frac{\mathrm{d}\varphi}{\mathrm{d}t} = \dot{\varphi} \tag{5-22}$$

即刚体的角速度等于转角对时间的一阶导数。角速度的单位为弧度每秒（rad/s 或 s^{-1}），角速度描述了刚体转动的快慢。在工程上，转动的快慢还常用每分钟的转数 n 来表示，称为转速，其单位为转每分钟（r/min）。则角速度与转速的换算关系为

$$\omega = \frac{2n\pi}{60} = \frac{n\pi}{30} \tag{5-23}$$

角速度是代数量，当 $\omega > 0$，转角 φ 随时间而增大，刚体做逆时针转动；反之，转角 φ 随时间而减小，刚体做顺时针转动。可见，角速度的正负号表示刚体转动的转向。

5.5.3 角加速度

角速度一般是随时间而变化的，设在时间间隔 Δt 内，刚体的角速度改变了 $\Delta\omega$，则 $\frac{\Delta\omega}{\Delta t}$ 即为刚体在 Δt 时间内的平均角加速度。当 Δt 趋近于零时，平均角加速度的极限即为刚体在 t 瞬时的角加速度，以 α 表示，则

$$\alpha = \lim_{\Delta t \to 0} \frac{\Delta\omega}{\Delta t} = \frac{d\omega}{dt} = \dot{\omega} = \ddot{\varphi} \tag{5-24}$$

即刚体的角加速度等于角速度对时间的一阶导数，或等于转角对时间的二阶导数。角加速度的单位为弧度每平方秒（rad/s^2 或 s^{-2}），角加速度反映了角速度变化的快慢。

角加速度也是代数量，如果 α 与 ω 同号（即 $\omega > 0$，$\alpha > 0$ 或 $\omega < 0$，$\alpha < 0$），则角速度的绝对值随时间而增大，刚体做加速转动；反之，若 α 与 ω 异号（即 $\omega > 0$，$\alpha < 0$ 或 $\omega < 0$，$\alpha > 0$），则刚体做减速转动。

由 $d\omega = \alpha dt$，在给定 $t = 0$ 时初转角 φ_0 和初角速度 ω_0 的条件下，逐次积分可得

$$\omega = \omega_0 + \int_0^t \alpha dt \tag{5-25}$$

$$\varphi = \varphi_0 + \omega_0 t + \int_0^t \int_0^t \alpha dt dt \tag{5-26}$$

如果刚体做匀变速转动，即 $\alpha =$ 常量，则

$$\omega = \omega_0 + \alpha t, \quad \varphi = \varphi_0 + \omega_0 t + \frac{1}{2}\alpha t^2$$

从上面两式中消去 t，可得

$$\omega^2 - \omega_0^2 = 2\alpha(\varphi - \varphi_0)$$

上列各式分别与大家所熟悉的点做直线运动时相应的公式类似，也就是说刚体绕定轴转动时的 α、ω、φ 与 t 之间的关系和点做直线运动时 a、v、x 与 t 之间的关系相似。它们和点做曲线运动时 a_τ、v、s 与 t 之间的关系也相似，读者可以对照起来理解记忆。

5.6 转动刚体内各点的速度和加速度

5.6.1 转动刚体内各点的速度

转动刚体内任取一点 M，它离转轴 O 的距离为 R，如前所述，点 M 做圆周运动，如图 5-19 所示。因为点 M 的运动轨迹已知，可用自然法描述其运动。取当转角为零时点 M 所在位置 M_0 为弧坐标的原点，以转角增加的方向为弧坐标的正向，则在任一瞬时点 M 的弧坐

标可以表示为 $s = R\varphi$，从而点 M 的速度大小为

$$v = \frac{\mathrm{d}s}{\mathrm{d}t} = R\frac{\mathrm{d}\varphi}{\mathrm{d}t} = R\omega = R\dot{\varphi} \tag{5-27}$$

其方向沿该点圆周的切线，顺着 ω 的转向指向前方，如图 5-19 所示。因此，任一瞬时，转动刚体内任一点的速度的大小都与该点到转轴的距离成正比，方向都沿其圆周轨迹的切线，即垂直于法线，如图 5-20 所示。

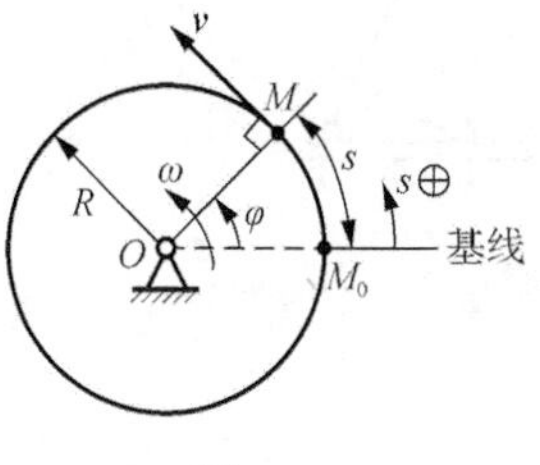

图 5-19

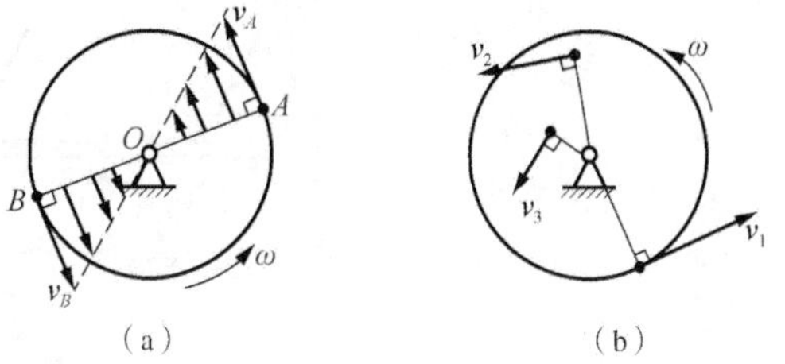

图 5-20

5.6.2　转动刚体内各点的加速度

根据点运动的自然法可知，点 M 的加速度分为切向加速度和法向加速度，分别沿轨迹的切线和主法线方向，如图 5-21 所示，大小分别为

$$\left.\begin{aligned} a_\tau &= \frac{\mathrm{d}v}{\mathrm{d}t} = R\frac{\mathrm{d}\omega}{\mathrm{d}t} = R\alpha = R\ddot{\varphi} \\ a_n &= \frac{v^2}{\rho} = \frac{R^2\omega^2}{R} = R\omega^2 = R\dot{\varphi}^2 \end{aligned}\right\} \tag{5-28}$$

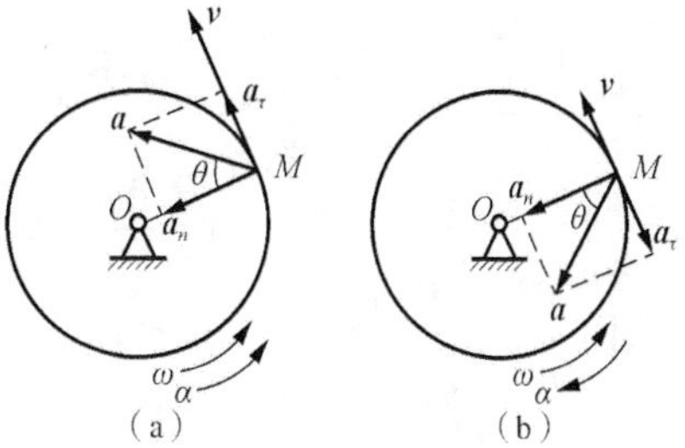

图 5-21

若 α 与 ω 同号，即刚体做加速转动，则切向加速度 $\boldsymbol{a}_\tau$ 与速度 $\boldsymbol{v}$ 的指向相同，如图 5-21（a）所示；若 α 与 ω 异号，即刚体做减速运动，则 $\boldsymbol{a}_\tau$ 与 $\boldsymbol{v}$ 指向相反，如图 5-21（b）所示。

点 M 的全加速度的大小和方向为

$$a = \sqrt{a_\tau^2 + a_n^2} = R\sqrt{\alpha^2 + \omega^4}$$
$$\cos\theta = \frac{a_n}{a} = \frac{R\omega^2}{R\sqrt{\alpha^2+\omega^4}} = \frac{\omega^2}{\sqrt{\alpha^2+\omega^4}} \tag{5-29}$$

由于刚体转动时，任一瞬时刚体的 ω 和 α 都各只有一个数值，因此，根据式（5-29）可知，任一瞬时，转动刚体内任一点加速度的大小都与该点到转轴的距离成正比，各点的全加速度与转动半径之间的夹角 θ 都相同，如图 5-22 所示。

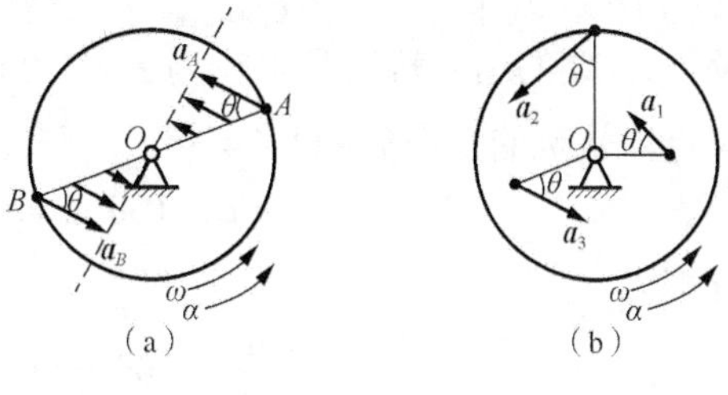

图 5-22

【例 5-7】 荡木用两条长为 $l=1\,\mathrm{m}$ 的钢索平行吊起，如图 5-23（a）所示。当荡木摆动时，钢索的转动方程 $\varphi=0.1t^2$（φ 以 rad 计，t 以 s 计），试求 $t=2$ s 时，荡木中点 M 的速度与加速度。

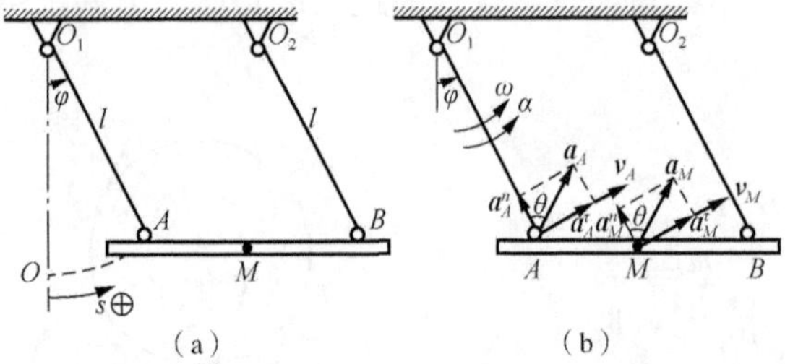

图 5-23

解 钢索 O_1A 与 O_2B 均做定轴转动，转轴分别为 O_1 与 O_2，荡木 AB 做平动。

（1）t=2 s 时，钢索所在位置由 $\varphi_{t=2}=0.1\times 2^2\ \mathrm{rad}=0.4\ \mathrm{rad}$ 确定，此时钢索和荡木 AB 的位置画在图 5-23（b）上。

（2）因 AB 做平动，$\boldsymbol{v}_A=\boldsymbol{v}_M$，$\boldsymbol{a}_A=\boldsymbol{a}_M$。$A$ 也是做定轴转动物体 O_1A 上的点，其速度与加速度容易求得。先求钢索的角速度和角加速度，如下：

$$\omega=\frac{\mathrm{d}\varphi}{\mathrm{d}t}=0.2t\text{，则当 }t=2\text{ s 时，}\omega=0.4\ \mathrm{rad/s}$$

$$\alpha=\frac{\mathrm{d}\omega}{\mathrm{d}t}=0.2=\text{常数，则当 }t=2\text{ s 时，}\alpha=0.2\ \mathrm{rad/s^2}$$

从而

$$v_A=v_M=l\omega=1\times 0.4=0.4(\mathrm{m/s})$$

$$a_A^\tau=a_M^\tau=l\alpha=1\times 0.2=0.2(\mathrm{m/s^2})$$

$$a_A^n=a_M^n=l\omega^2=1\times 0.4^2=0.16(\mathrm{m/s^2})$$

速度和加速度的方向如图 5-23（b）所示。全加速度的大小和方向为

$$a_M=\sqrt{\left(a_M^\tau\right)^2+\left(a_M^n\right)^2}=\sqrt{0.2^2+0.16^2}=\sqrt{0.0656}=0.256(\mathrm{m/s^2})$$

$$\cos\theta=\frac{\omega^2}{\sqrt{\alpha^2+\omega^4}}=0.6247\quad\Rightarrow\quad\theta=51.3^\circ$$

【例 5-8】 如图 5-24 所示，飞轮以 $\varphi=2t^2$ 的规律定轴转动（φ 以 rad 计，t 以 s 计），其半径 $R=50$ cm。试求飞轮轮缘一点 M 的速度与加速度。

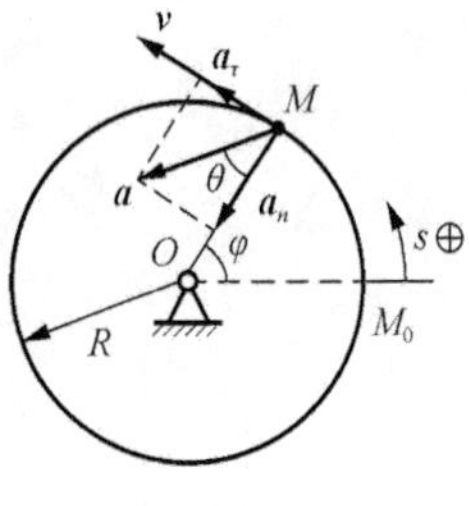

图 5-24

解 点 M 的运动轨迹是半径为 $R=50$ cm 的圆周。以 M_0 作为弧坐标的原点，轨迹的正向如图 5-24 所示，则点沿轨迹的运动方程为

$$s=R\varphi=100t^2(\mathrm{cm})$$

速度方程为

$$v=\frac{\mathrm{d}s}{\mathrm{d}t}=200t(\mathrm{cm/s})$$

加速度则为

$$a_\tau=\frac{\mathrm{d}v}{\mathrm{d}t}=200(\mathrm{cm/s^2}),\quad a_n=\frac{v^2}{\rho}=\frac{(200t)^2}{50}=800t^2(\mathrm{cm/s^2})$$

$$a=\sqrt{a_\tau^2+a_n^2}=200\sqrt{16t^4+1}(\mathrm{cm/s^2}),\quad \cos\theta=\frac{a_n}{a}=\frac{4t^2}{\sqrt{16t^4+1}}$$

速度和加速度方向如图 5-24 所示。

本题还可以采用另一种方法计算。首先计算飞轮转动的角速度和角加速度，

$$\omega=\frac{\mathrm{d}\varphi}{\mathrm{d}t}=4t,\quad \alpha=\frac{\mathrm{d}\omega}{\mathrm{d}t}=4$$

然后计算飞轮边缘上点 M 的速度和加速度，

$$v_M=r\omega=50\times4t=200t(\mathrm{cm/s})$$

$$a_M^\tau=r\alpha=50\times4=200(\mathrm{cm/s^2}),\quad a_M^n=r\omega^2=50\times(4t)^2=800t^2(\mathrm{cm/s^2})$$

【例 5-9】 如图 5-25（a）所示，定轴转动飞轮的轮缘上一点的全加速度在某段运动过程中与轮半径的交角恒为 60°。当运动开始时，其转角等于零，角速度为 ω_0，求飞轮的转动方程以及角速度与转角的关系。

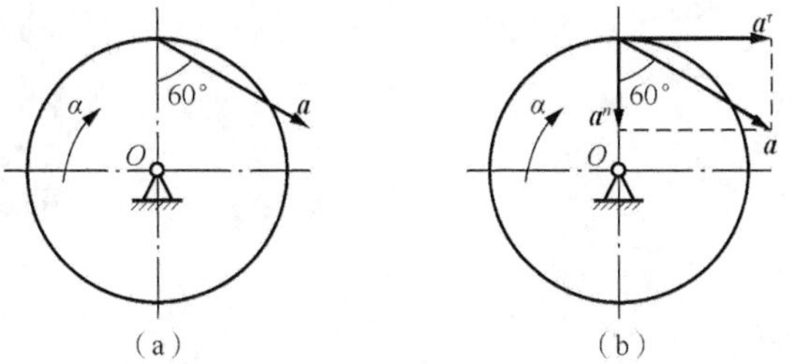

图 5-25

解 如图 5-25（b）所示，有

$$\tan60^\circ=\sqrt{3}=\frac{a^\tau}{a^n}=\frac{R\alpha}{R\omega^2}=\frac{\alpha}{\omega^2}\quad\Rightarrow\quad\alpha=\sqrt{3}\omega^2$$

$$\alpha=\frac{\mathrm{d}\omega}{\mathrm{d}t}=\sqrt{3}\omega^2\quad\Rightarrow\quad\frac{1}{\omega^2}\mathrm{d}\omega=\sqrt{3}\mathrm{d}t$$

将上式两边分别积分，

$$\int_{\omega_0}^{\omega}\frac{1}{\omega^2}\mathrm{d}\omega=\int_0^t\sqrt{3}\mathrm{d}t\quad\Rightarrow\quad\omega=\frac{\omega_0}{1-\sqrt{3}\omega_0t}\tag{1}$$

$$\omega=\frac{\mathrm{d}\varphi}{\mathrm{d}t}=\frac{\omega_0}{1-\sqrt{3}\omega_0t}\quad\Rightarrow\quad\mathrm{d}\varphi=\frac{\omega_0}{1-\sqrt{3}\omega_0t}\mathrm{d}t$$

将上式两边分别积分，

$$\int_0^\varphi\mathrm{d}\varphi=\int_0^t\frac{\omega_0}{1-\sqrt{3}\omega_0t}\mathrm{d}t\quad\Rightarrow\quad\varphi=\frac{\sqrt{3}}{3}\ln\left(\frac{1}{1-\sqrt{3}\omega_0t}\right)\tag{2}$$

联立式（1）、式（2），可得

$$\omega=\omega_0\mathrm{e}^{\sqrt{3}\varphi}$$

5.6.3　转动刚体内点速度和加速度的矢积表示

如图 5-26 所示，以 $\boldsymbol{k}$ 表示沿转轴 z 正向的单位矢量，则刚体的角速度和角加速度可以由右手螺旋法则表示为矢量，分别称为定轴转动刚体的角速度矢 $\boldsymbol{\omega}$ 和角加速度矢 $\boldsymbol{\alpha}$，即

$$\boldsymbol{\omega}=\omega\boldsymbol{k}\,,\quad \boldsymbol{\alpha}=\alpha\boldsymbol{k}$$

角速度和角加速度用矢量表示后，就可用矢积来表示转动刚体内任一点的速度和加速度，这在公式推导时显得特别方便。

设刚体内任一点 M 到转轴 z 的距离为 ρ，点 M 做圆周运动，圆心为转轴 z 上的点 C。由 5.6.1 小节的知识可知，点 M 的速度 $\boldsymbol{v}$ 的大小为 $\omega\rho$，方向沿该点圆周的切线，顺着 ω 的转向指向前方，如图 5-27 所示。在转轴 z 上任取一点 O 作为 $\boldsymbol{\omega}$ 矢量的起点，并从这个点作点 M 的矢径 $\boldsymbol{r}$，$\boldsymbol{r}$ 和 z 轴正向间的夹角设为 θ，则点 M 的速度 $\boldsymbol{v}$ 可以用矢积表示为

$$\boldsymbol{v}=\boldsymbol{\omega}\times\boldsymbol{r} \tag{5-30}$$

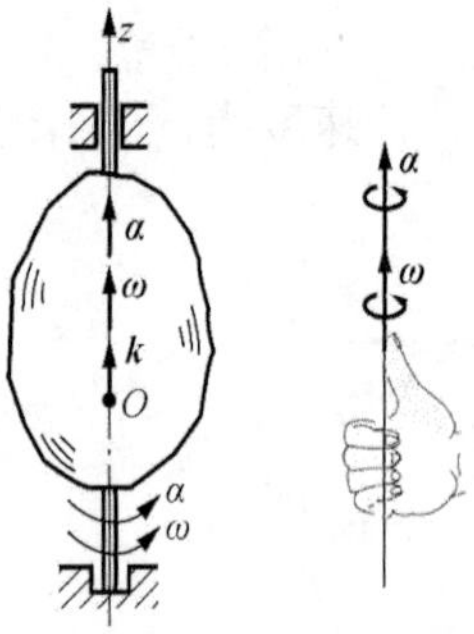

图 5-26

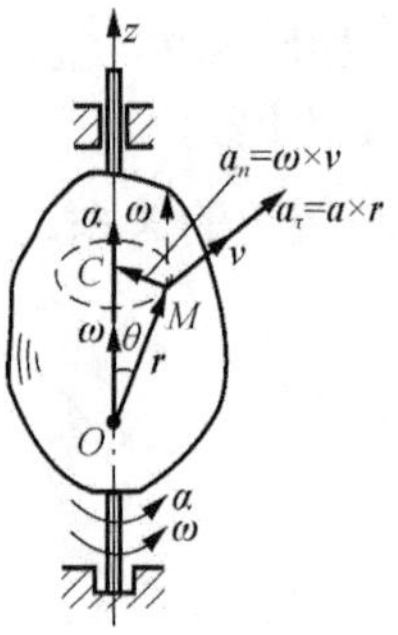

图 5-27

证明　由图 5-27 中几何关系有

$$|\boldsymbol{\omega}\times\boldsymbol{r}|=\omega r\sin\theta=\omega\rho$$

也就是矢积 $\boldsymbol{\omega}\times\boldsymbol{r}$ 的大小就是速度 $\boldsymbol{v}$ 的大小。$\boldsymbol{\omega}\times\boldsymbol{r}$ 的方向则同时垂直于矢量 $\boldsymbol{\omega}$ 和 $\boldsymbol{r}$，即垂直于三角形 OMC 平面，按右手螺旋法则，其指向与 $\boldsymbol{v}$ 的指向相同。可见，矢积 $\boldsymbol{\omega}\times\boldsymbol{r}$ 与速度 $\boldsymbol{v}$ 的大小、方向都相同，即证。

将式（5-30）对时间求一阶导数，得

$$\boldsymbol{a}=\frac{\mathrm{d}\boldsymbol{v}}{\mathrm{d}t}=\frac{\mathrm{d}\boldsymbol{\omega}}{\mathrm{d}t}\times\boldsymbol{r}+\boldsymbol{\omega}\times\frac{\mathrm{d}\boldsymbol{r}}{\mathrm{d}t}=\boldsymbol{\alpha}\times\boldsymbol{r}+\boldsymbol{\omega}\times\boldsymbol{v} \tag{5-31}$$

式中，右边第一项 $\boldsymbol{\alpha}\times\boldsymbol{r}$ 的大小为 $|\boldsymbol{\alpha}\times\boldsymbol{r}|=\alpha r\sin\theta=\alpha\rho$，也就是矢积 $\boldsymbol{\alpha}\times\boldsymbol{r}$ 的大小等于点 M 的切向加速度 $\boldsymbol{a}_\tau$ 的大小。该矢积垂直于 $\boldsymbol{\alpha}$ 与 $\boldsymbol{r}$ 所在平面，即垂直于三角形 OMC 所在平面，按右手螺旋法则其指向如图 5-27 所示，这与点 M 的切向加速度 $\boldsymbol{a}_\tau$ 的方向一致。因此，

$$\boldsymbol{a}_\tau=\boldsymbol{\alpha}\times\boldsymbol{r} \tag{5-32}$$

再来研究式（5-31）右边的第二项 $\boldsymbol{\omega}\times\boldsymbol{v}$，为此，可以假想将 $\boldsymbol{\omega}$ 平行移到点 M，如图 5-27 所示。因为 $\boldsymbol{\omega}$ 与 $\boldsymbol{v}$ 垂直，所以矢积 $\boldsymbol{\omega}\times\boldsymbol{v}$ 的大小为 $|\boldsymbol{\omega}\times\boldsymbol{v}|=\omega v\sin 90^\circ=\omega v=\omega\cdot\omega\rho=\omega^2\rho$，这就是点 M 的法向加速度 $\boldsymbol{a}_n$ 的大小。该矢积垂直于 $\boldsymbol{\omega}$ 与 $\boldsymbol{v}$ 所组成的平面，并沿 MC 指向 C 点，这与 M 点的法向加速度 $\boldsymbol{a}_n$ 的方向一致。因此

$$\boldsymbol{a}_n=\boldsymbol{\omega}\times\boldsymbol{v} \tag{5-33}$$

5.6.4　定轴轮系的传动比

各种机械中经常用定轴轮系来进行传动，利用定轴轮系的传动可以使转速提高或降低，还可以变换转向，以满足各种机械的要求。常见定轴轮系的传动可分为齿轮传动和带（或链）传动，下面说明它们的传动比是如何计算的。

图 5-28 为齿轮传动，其中图 5-28（a）为齿轮内啮合传动，图 5-28（b）为外啮合传动。齿轮 I 与齿轮 II 各绕定轴 O_1 和 O_2 转动，它们的半径分别为 R_1 与 R_2，角速度分别为 ω_1 与 ω_2，角加速度分别为 α_1 和 α_2。设两个齿轮的啮合点分别为 A 与 B，因两齿轮间没有相对滑动，所以啮合点的速度是相同的，即

$$v_A = v_B$$

上式对时间求导一次，得

$$a_A^\tau = a_B^\tau$$

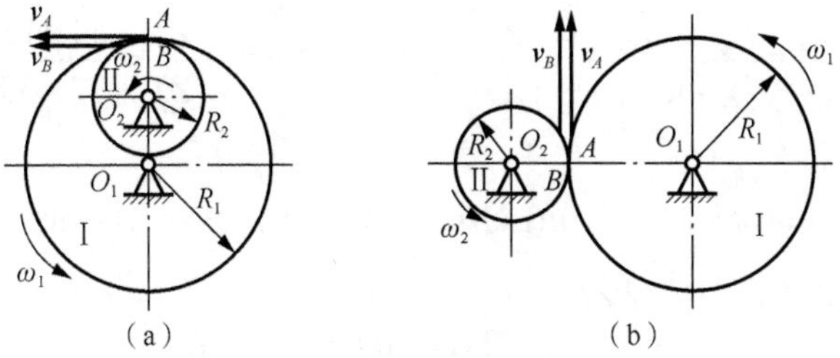

图 5-28

因为 $v_A = R_1\omega_1$， $v_B = R_2\omega_2$， $a_A^\tau = R_1\alpha_1$， $a_B^\tau = R_2\alpha_2$，所以

$$\frac{\omega_1}{\omega_2} = \frac{\alpha_1}{\alpha_2} = \frac{R_2}{R_1}$$

由于啮合齿轮的齿距（即邻近两齿的距离）相等，所以齿轮齿数 Z 与半径成正比。同时，齿轮转动的转速 n 与角速度成正比，可得齿轮传动的传动比为

$$i_{12} = \frac{\omega_1}{\omega_2} = \frac{n_1}{n_2} = \frac{\alpha_1}{\alpha_2} = \pm\frac{R_2}{R_1} = \pm\frac{Z_2}{Z_1} \tag{5-34}$$

式中，内啮合传动时两个角速度转向相同，取“+”号，外啮合传动时两个角速度相反，取“－”号。

图 5-29 为带（链）传动，其中图 5-29（a）为同向传动，图 5-29（b）为反向传动。设 A、B 为带（链）上两点，分别与 I 轮（主动轮）和 II 轮（从动轮）接触。假定带（链）不可伸长，应该有 $v_A = v_B$；假定带（链）与轮之间无相对滑动（即不打滑），带（链）与轮缘相接触点（轮缘上的点）有相同的速度，即 $v_A = R_1\omega_1$， $v_B = R_2\omega_2$。这样，同齿轮传动类似，可推出带（链）传动的传动比同样如式（5-34）所示。

【例 5-10】 如图 5-30 所示绞车机构的齿数为 $Z_1 = 13$， $Z_2 = 39$， $Z_3 = 11$， $Z_4 = 77$，把柄 A 长 l = 40 cm，鼓轮直径 d = 20 mm。由于制动机构故障，重物突然开始下降，其运动方程 $x = 5t^2$，式中 x 以 cm 计，t 以 s 计。求 2 s 后把柄端点 A 的速度和法向加速度与切向加速度。

解　由重物的运动方程可得速度和加速度为

$$v = \frac{\mathrm{d}x}{\mathrm{d}t} = 10t(\mathrm{cm/s}) = 0.1t(\mathrm{m/s})\text{，}\quad a = \frac{\mathrm{d}v}{\mathrm{d}t} = 0.1(\mathrm{m/s^2})$$

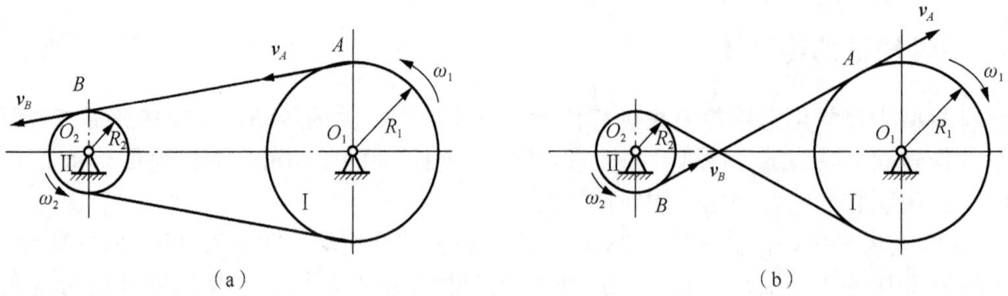

图 5-29

从而齿轮 4 的角速度和角加速度为

$$\omega_4=\frac{v}{0.5d}=\frac{0.1t}{0.01}=10t(\mathrm{rad/s})\text{，}\quad \alpha_4=\frac{a}{0.5d}=\frac{0.1}{0.01}=10(\mathrm{rad/s})$$

从而由定轴轮系的传动比，可得

$$\frac{\alpha_4}{\alpha_1}=\frac{\omega_4}{\omega_1}=\frac{\omega_4}{\omega_3}\frac{\omega_3}{\omega_2}\frac{\omega_2}{\omega_1}=\left(-\frac{Z_3}{Z_4}\right)\times1\times\left(-\frac{Z_1}{Z_2}\right)=\frac{Z_3Z_1}{Z_4Z_2}=\frac{11\times13}{77\times39}=\frac{1}{21}$$

解得

$$\omega_1=10t\times21=210t(\mathrm{rad/s})\text{，}\quad \alpha_1=10\times21=210(\mathrm{rad/s^2})$$

因此，把柄端点 A 的速度和加速度为

$$v_A=\omega_1 l=210t\times0.4=84t(\mathrm{m/s})$$

$$a_\tau=\alpha_1 l=210\times0.4=84(\mathrm{m/s^2})$$

$$a_n=\omega_1^2 l=(210t)^2\times0.4=17640t^2(\mathrm{m/s^2})$$

当 $t=2\,\mathrm{s}$ 时，有

$$v_A=168(\mathrm{m/s})\text{，}\quad a_\tau=84(\mathrm{m/s^2})\text{，}\quad a_n=70560(\mathrm{m/s^2})$$

【例 5-11】 如图 5-31 所示，摩擦传动机构的主动轴 I 的转速为 $n=600\ \mathrm{r/min}$。轴 I 的轮盘 A 与轴 II 的轮盘 B 接触，接触点按箭头所示的方向移动。距离 x 的变化规律为 $x=10-0.5t$，其中 x 以 cm 计，t 以 s 计。已知 $r=5\ \mathrm{cm}$，$R=15\ \mathrm{cm}$。求：①以距离 x 表示的轴 II 的角加速度；②当 $x=r$ 时，轮盘 B 边缘上一点的全加速度。

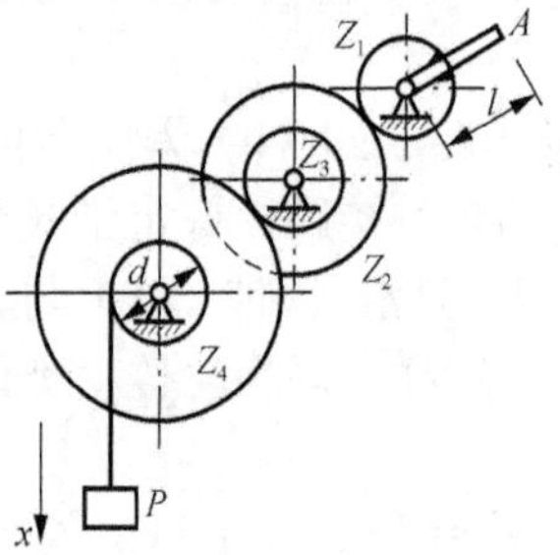

图 5-30

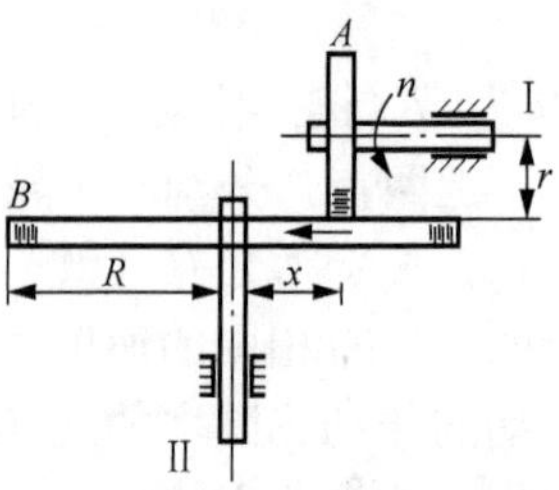

图 5-31

解　①由主动轴 I 的转速 $n=600\ \mathrm{r/min}$ 可得出其角速度为

$$\omega_1=\frac{n\pi}{30}=\frac{600\pi}{30}=20\pi(\mathrm{rad/s})$$

定轴轮系的传动比为

$$\frac{\omega_{\mathrm{II}}}{\omega_{\mathrm{I}}}=\frac{r}{x} \quad \Rightarrow \quad \omega_{\mathrm{II}}=\frac{r\omega_{\mathrm{I}}}{x}=\frac{5\times 20\pi}{x}=\frac{100\pi}{x}(\mathrm{rad/s})$$

则轴 II 的角加速度为（求导采用了链式法则）

$$\alpha_{\mathrm{II}}=\frac{\mathrm{d}\omega_{\mathrm{II}}}{\mathrm{d}t}=\frac{\mathrm{d}\omega_{\mathrm{II}}}{\mathrm{d}x}\frac{\mathrm{d}x}{\mathrm{d}t}=-\frac{100\pi}{x^2}\times(-0.5)=\frac{50\pi}{x^2}(\mathrm{rad/s^2})$$

②当 $x=r=5\ \mathrm{cm}$ 时，

$$\omega_{\mathrm{II}}=\frac{100\pi}{x}=\frac{100\pi}{5}=20\pi(\mathrm{rad/s})$$

$$\alpha_{\mathrm{II}}=\frac{50\pi}{x^2}=\frac{50\pi}{5^2}=2\pi(\mathrm{rad/s^2})$$

因此，轮盘 B 边缘上一点的加速度为

$$a_{\mathrm{II}}^{\tau}=R\alpha_{\mathrm{II}}=15\times 2\pi=30\pi(\mathrm{cm/s^2})$$

$$a_{\mathrm{II}}^{n}=R\omega_{\mathrm{II}}^2=15\times 400\pi^2=6000\pi^2(\mathrm{cm/s^2})$$

全加速度为

$$a_{\mathrm{II}}=\sqrt{\left(a_{\mathrm{II}}^{\tau}\right)^2+\left(a_{\mathrm{II}}^{n}\right)^2}=\sqrt{(30\pi)^2+(6000\pi)^2}=30\pi\sqrt{(1+40\,000\pi^2)}(\mathrm{cm/s^2})$$

习　　题

5-1　图示汽车沿直线行驶，它的加速度方程为 $a=c\mathrm{e}^{-\beta t}$，其中 c 和 β 均为常数。设初位置坐标为 x_0，初速度为 v_0，求汽车的速度方程和运动方程。（答：$v=v_0-\dfrac{c}{\beta}\left(\mathrm{e}^{-\beta t}-1\right)$，$x=x_0+v_0t+\dfrac{c}{\beta}\left(t+\dfrac{1}{\beta}\mathrm{e}^{-\beta t}-\dfrac{1}{\beta}\right)$）

5-2　图示摇杆 $O'L$ 从铅垂位置开始以匀角速度 ω 绕定轴 O' 转动，此杆推动一个穿过固定铁丝 OA 的小环 M，$OO'=h$，求用距离 x 表示的小环的速度和加速度。（答：$x=h\tan\omega t$，$v=h\omega\left(1+\dfrac{x^2}{h^2}\right)$，$a=2x\omega^2\left(1+\dfrac{x^2}{h^2}\right)$）

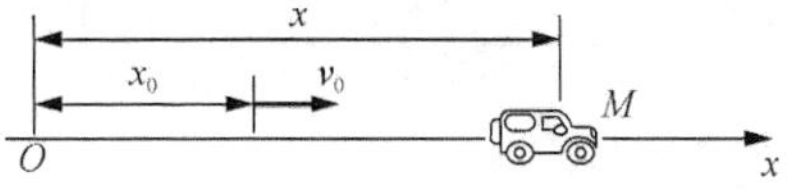

习题 5-1 图

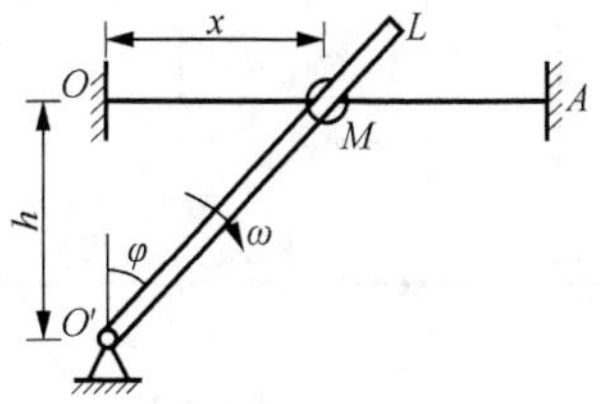

习题 5-2 图

5-3　如图所示，在半径 $R=10\ \mathrm{cm}$ 的固定铁圈上套一小环 M；杆 OA 穿过小环 M，并绕铁圈上一点 O 匀速定轴转动，其角速度相当于 5 s 内转过一直角。求小环的速度 $\boldsymbol{v}_M$ 及加速度 $\boldsymbol{a}_M$。设开始时，OA 处于水平位置。（答：$v=2\pi\ \mathrm{cm/s}$，$a=a_n=0.4\pi^2\ \mathrm{cm/s^2}$）

5-4　图示身高为 h 的行人以均速 v_0 向右前进，路灯距地面的高度为 H，求人影的顶点 M 沿地面运动的速度。（答：$v=\dfrac{H}{H-h}v_0$）

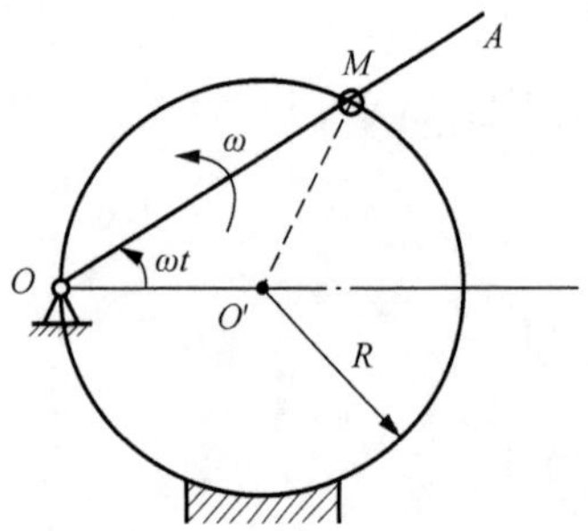

习题 5-3 图

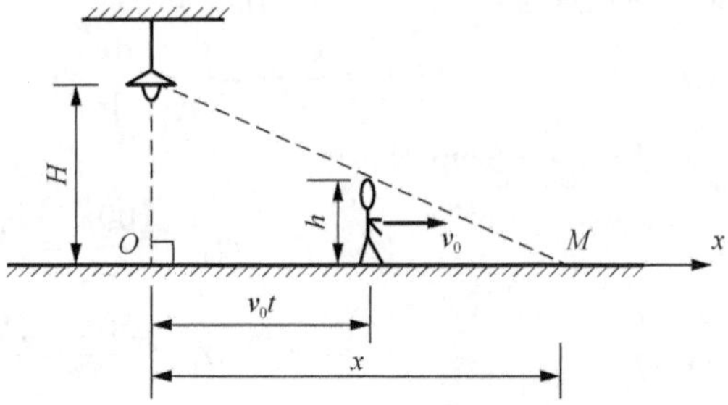

习题 5-4 图

5-5　图示跨过滑轮 C 的绳子一端挂有重物 B，另一端 A 被人拉着沿水平方向运动，其速度为 $v_0=1\,\text{m/s}$，点 A 到地面保持常量 $h=1\,\text{m}$，滑轮离地面的高度 $H=9\,\text{m}$。当运动开始时，重物在地面上 B_0 处，绳 AC 段在铅直位置 A_0C 处。求重物 B 上升的运动方程和速度方程，以及重物 B 到达滑轮处所需的时间。（答：$y_B=\sqrt{64+t^2}-8$，$v_B=\dfrac{t}{\sqrt{64+t^2}}$，$t=15\text{ s}$）

5-6　图示曲线规尺的杆长 $OA=AB=200\,\text{mm}$，$CD=DE=AC=AE=50\,\text{mm}$。杆 OA 绕 O 轴转动的规律为 $\varphi=0.2\pi t\text{ rad}$，求尺上 D 点的轨迹方程。（答：$\dfrac{x_D^2}{0.2^2}+\dfrac{y_D^2}{0.1^2}=1$）

5-7　矿山升降机以初速 v_0 开始上升，其加速度的变化规律为 $a=b(1-\sin\pi t)$，其中 b 为常数。取 Oy 轴铅垂向下，升降机初始位置的 y 坐标为 y_0，如图所示，求升降机的运动方程。（答：$y=y_0-v_0t-\dfrac{b}{\pi}t+\dfrac{1}{2}bt^2+\dfrac{b}{\pi^2}\sin\pi t$）

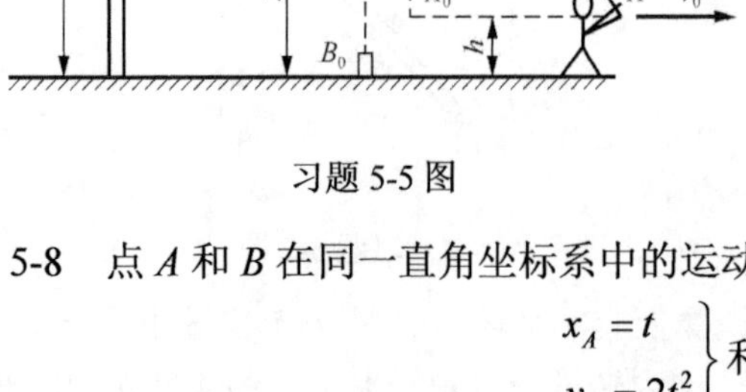

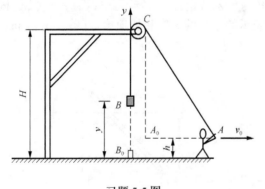

习题 5-5 图

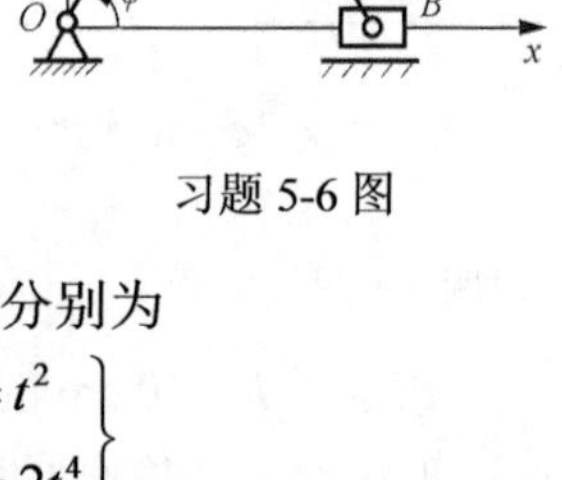

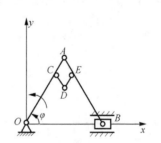

习题 5-6 图

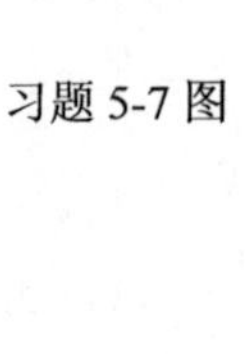

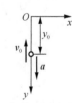

习题 5-7 图

5-8　点 A 和 B 在同一直角坐标系中的运动方程分别为

$$\left.\begin{aligned}x_A&=t\\y_A&=2t^2\end{aligned}\right\}\text{和}\left.\begin{aligned}x_B&=t^2\\y_B&=2t^4\end{aligned}\right\}$$

式中，x、y 以 cm 计，t 以 s 计。试求：①两点的运动轨迹；②两点相遇的时刻；③该时刻它们各自的速度；④该时刻它们各自的加速度。（答：① $y_1 = 2x_1^2$，$y_2 = 2x_2^2$；②1 s；③4.12 cm/s，8.25 cm/s；④4 cm/s^2，24.08 cm/s^2）

5-9　一动点的加速度在直角坐标轴上的投影为 $a_x = -16\cos 2t$，$a_y = -20\sin 2t$ 。已知当 $t = 0$ 时， $x_0 = 4$ cm，$y_0 = 5$ cm，$v_{0x} = 0$，$v_{0y} = 10$ cm/s ，求其运动方程和轨迹方程。（答：$\begin{cases} x = 4\cos 2t \\ y = 5 + 5\sin 2t \end{cases}$，$\left(\dfrac{x}{4}\right)^2 + \left(\dfrac{y-5}{5}\right)^2 = 1$）

5-10　列车在半径 $R = 1$ km 的圆弧轨道上做匀变速运动，列车的初速度为 54 km/h，在最初的 30 s 内走过了 600 m，求第 30 s 末的速度与加速度。（答：25 m/s，0.708 m/s^2）

5-11　一点按照 $x = t^2$ 的规律沿曲线 $y = \dfrac{x^3}{240}$ 运动，x 和 y 以 m 计，t 以 s 计。试求此点在第 2 s 末的加速度的大小和方向。（答：2.83 m/s^2，$(\boldsymbol{a}, \boldsymbol{i}) = 45°$）

5-12　某点的运动方程为 $x = 75\cos 4t^2$，$y = 75\sin 4t^2$，x 和 y 以 cm 计，t 以 s 计。求它的速度、切向加速度与法向加速度。（答：$600t$ cm/s，600 cm/s^2，$4800t^2$ cm/s^2）

5-13　球以如图所示初速度 $\boldsymbol{v}_A$ 踢出，忽略空气阻力，确定球的轨迹方程 $y=f(x)$。（答：$y = 0.839x - 0.131x^2$）

5-14　图示定向爆破开山筑坝，爆破物从起爆处 A 到散落处 B 的运动可以近似为抛射运动，设 AB 两处高差为 H，水平距离为 L，试求初速 $\boldsymbol{v}_0$ 的大小关于角度 θ 的关系式。

（答：$v_0 = \sqrt{\dfrac{gL}{\left(1 + \dfrac{h}{L}\cot\theta\right)\sin 2\theta}}$）

5-15　图示机构中已知 $O_1A = O_2B = CM = R$，又知图示瞬时 O_1A 杆的 ω 与 α，求点 M 的速度与加速度。（答：$v_M = \omega R$，$a_M = R\sqrt{\alpha^2 + \omega^4}$）

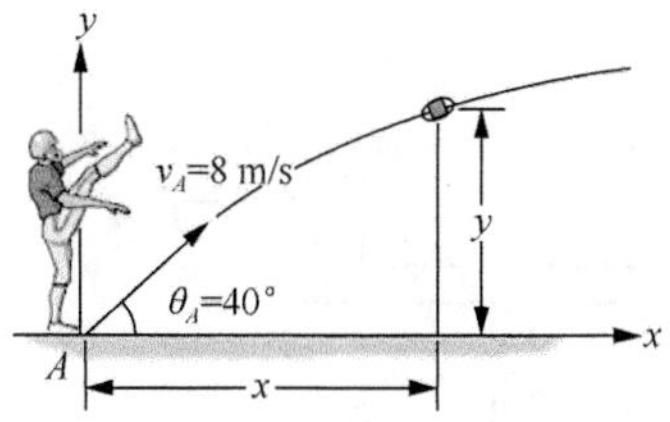

习题 5-13 图

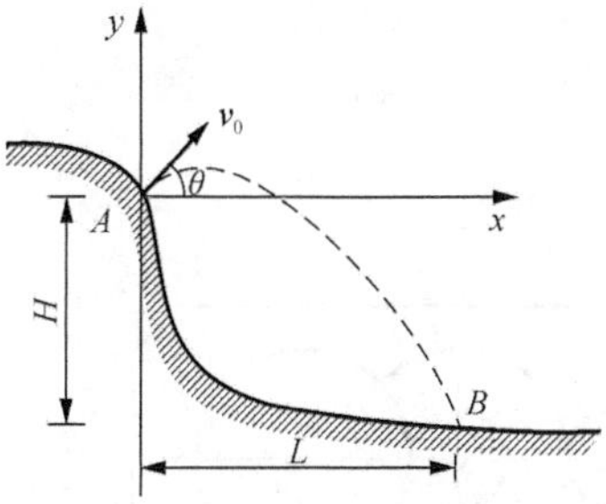

习题 5-14 图

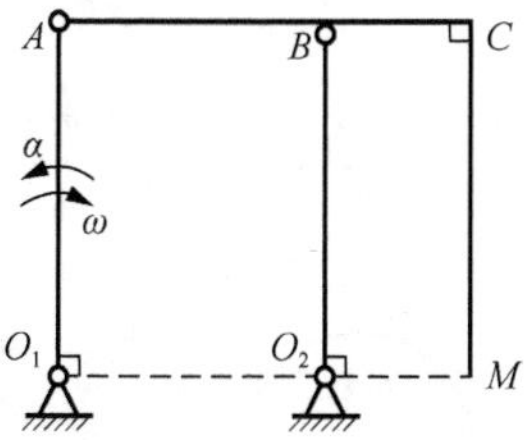

习题 5-15 图

5-16　图示机构的尺寸如下：$O_1A = O_2B = AM = r = 0.2$ m，$O_1O_2 = AB$ 。如轮 O_1 按 $\varphi = 15\pi t$（φ 以 rad 计）的规律运动，求当 $t = 0.5$ s 时，杆 AB 上点 M 的速度和加速度。（答：$v_M = 9.42$ m/s；$a_M = 444$ m/s^2）

5-17　图示半径为 $R = 10$ cm 的轮子，由挂在其上的重物带动而绕 O 轴转动，重物的运动方程为 $x=0.1t^2$，其中 x 以 m 计，t 以 s 计。求该轮的角速度 ω 和角加速度 α，并求在任意瞬时 t，该轮边缘上一点的全加速度，用 x 的函数表示。（答：$\omega = 2t$ rad/s，$\alpha = 2$ rad/s^2，

$a = \frac{\sqrt{1+400x^2}}{5}$ ）

5-18　升降机鼓轮的半径 $R = 0.5$ m，其上绕以钢索，钢索端部系有重物。如鼓轮角加速度的变化规律如图所示。当运动开始时，鼓轮的转角 φ_0 和角速度 ω_0 皆为零。求重物的最大速度和在 20 s 内重物上升的高度。（答：$v_{\max} = 0.4$ m/s，s=7.2 m）

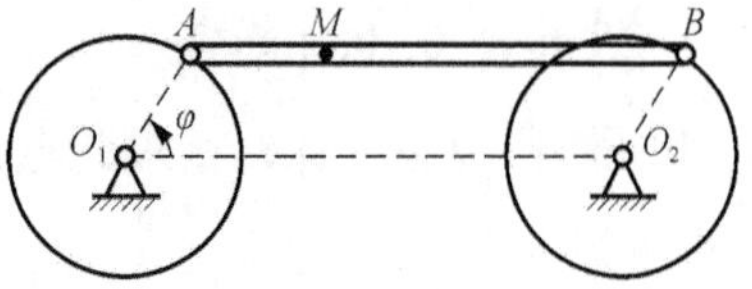

习题 5-16 图

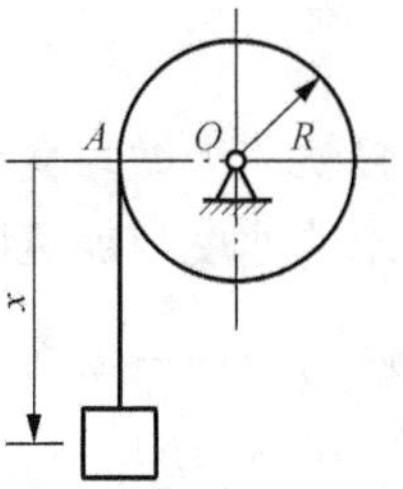

习题 5-17 图

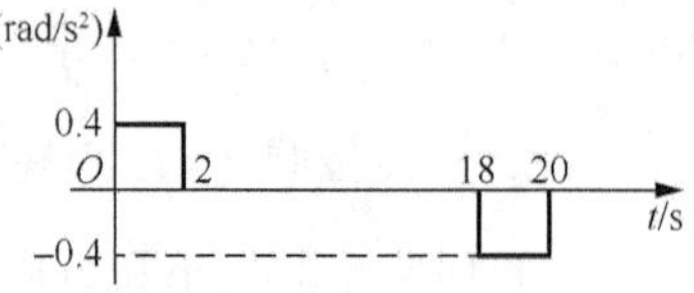

习题 5-18 图

5-19　飞轮由静止开始做匀加速转动，在 10 min 内其转速达到 120 r/min，并以此转速转过若干时间后，再做匀减速转动，经 6 min 后停止。飞轮总共转过 3600 r，求其转动的总时间。（答：$t_{总}$=38 min）

5-20　图示皮带轮边缘上一点 A 以 50 cm/s 的速度运动，轮上另一点 B 以 10 cm/s 的速度运动，两点到轴 O 的距离相差 20 cm。求皮带轮的角速度和半径。（答：ω=2 rad/s，$R = 25$ cm）

5-21　图示减速箱由四个齿轮组成，齿轮 II 和 III 装在同一轴上，与轴一起转动。各齿轮的齿数分别为 $Z_1 = 36$，$Z_2 = 112$，$Z_3 = 32$ 和 $Z_4 = 128$。如主动轮 I 的转速 $n_1 = 1450$ r/min，试求从动轮 IV 的转速 n_4。（答：$n_4 = 117$ r/min ）

5-22　图示半径 $r_1 = 10$ cm 的锥齿轮 O_1 由半径 $r_2 = 15$ cm 的锥齿轮 O_2 带动。齿轮 O_2 从静止以等角加速度 2 rad/s² 转动。问经过多少时间锥轮 O_1 能达到相当于 n_1=432 r/min 的角速度。（答：$\frac{24\pi}{5}$ s ）

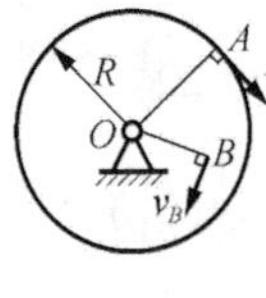

习题 5-20 图

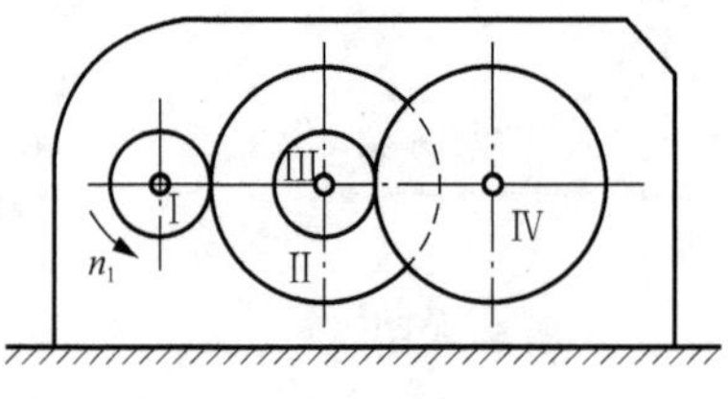

习题 5-21 图

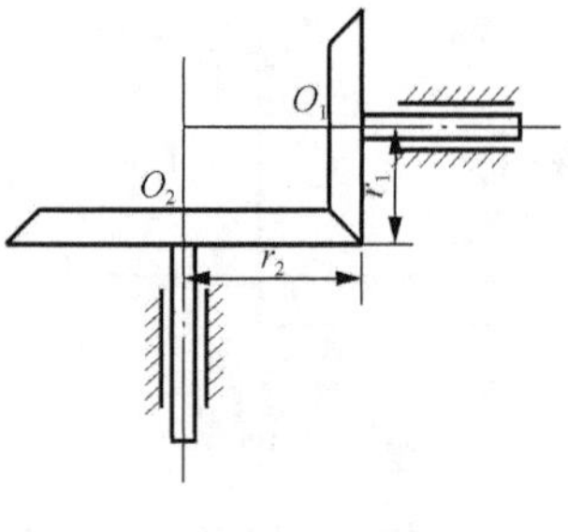

习题 5-22 图

5-23　图示千斤顶机构由把柄 A 和齿轮 1、2、3、4、5 等部件组成，转动把柄 A，使各齿轮运转，并带动齿条 B。如把柄 A 的转速为 30 r/min，求齿条的速度。已知各齿轮的齿数分别为 $Z_1 = 6$，$Z_2 = 24$，$Z_3 = 8$，$Z_4 = 32$；齿轮 5 的半径 $r_5 = 4$ cm。（答：$v_B = 0.785$ cm/s ）

5-24　图示电动绞车由带轮 I、II 和鼓轮 III 组成，鼓轮 III 和带轮 II 刚性地固定在同一轴上。各轮半径分别为 $r_1 = 30$ cm，$r_2 = 75$ cm，$r_3 = 40$ cm，带轮 I 匀速转动，转速为 $n_1 = 100$ r/min。

设带轮与胶带之间无滑动，求重物 P 上升的速度和各段胶带上任意点的加速度。（答：$v_P=$ 167.6 cm/s，$a_{AB}=a_{CD}=0$，$a_{AD}^n=3290\ \text{cm/s}^2$，$a_{BC}^n=1316\ \text{cm/s}^2$）

5-25　曲杆 CB 以角速度 ω_0 绕轴 C 转动，其转动方程为 $\varphi=\omega_0 t$。滑块 B 带动摇杆 OA 绕轴 O 转动。设 $OC=h$，$CB=r$，求摇杆的转动方程。（答：$\theta=\arctan\left(\dfrac{r\sin\omega_0 t}{h-r\cos\omega_0 t}\right)$）

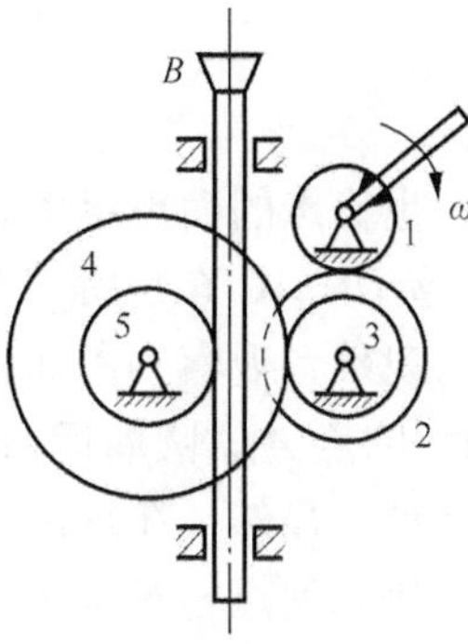

习题 5-23 图

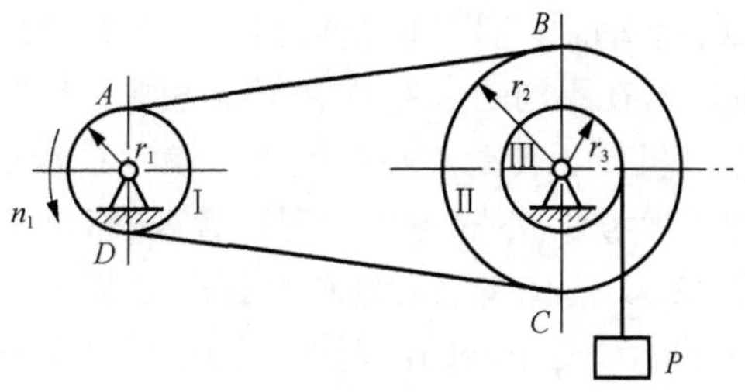

习题 5-24 图

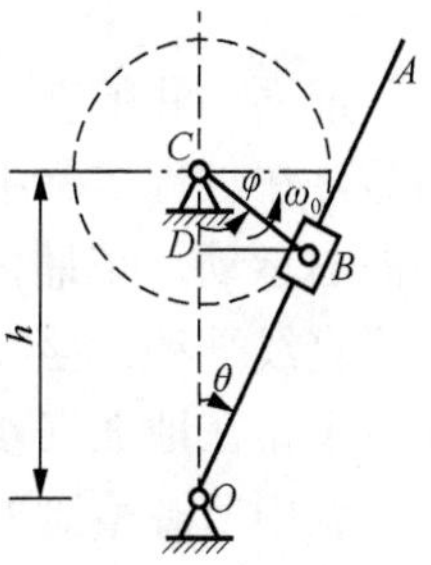

习题 5-25 图

第 6 章　点的合成运动

6.1　点的合成运动的概念

前面，我们在研究点的运动时，都是研究点相对一个参考系而言，也称点的简单运动。但是，在工程实际中可能同时在不同的参考系中来描述同一点的运动。例如，图 6-1 所示车厢向右运动，车厢内的电动机转子转动。站在地面（参考系 Oxy）上的观察者观察到车厢做水平直线平动；坐在车厢（参考系 $O'x'y'$）里的观察者观察到转子边缘上的点 A 做圆周运动；而对于站在地面（参考系 Oxy）上的观察者则观察到点 A 做复杂曲线运动。显然，在这两个参考系中所观察到的点 A 的运动是不同的，但这两种运动又会有联系。研究动点相对于不同参考系的运动，分析动点相对于不同参考系运动之间的关系，就是本章点的合成运动的内容。

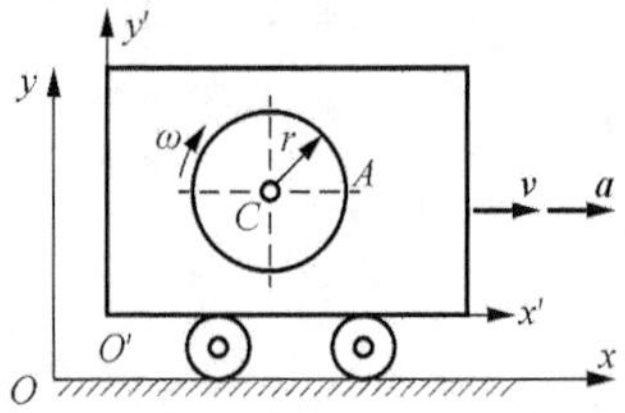

图 6-1

点的合成运动又称复杂运动、复合运动，是指将一种复杂的运动看成由多种简单运动的组合。例如，图 6-1 中点 A 相对于地面的比较复杂的曲线运动可以看成由点 A 相对车厢的圆周运动和点 A 随同车厢相对地面的水平直线平动这两种简单运动组合而成。这种处理运动学的方法，常常可以使一些复杂问题的研究得到简化。

在点的合成运动中，需要根据具体情况选定多个（通常为两个）坐标系。针对大多数工程问题（除特别指明外），可以取固结在地面上的坐标系 $Oxyz$ 作为**静坐标系（定坐标系、绝对坐标系，简称定系）**，把固结于相对于定系（地面）运动的物体上的坐标系 $O'x'y'z'$ 作为**动坐标系（相对坐标系，简称动系）**。但在有些问题中，例如考虑地球自转的影响时，定系需另外选择。

例如，在图 6-2（a）中，圆盘绕 O' 轴定轴转动，钢珠 M 又可以在圆盘上的直槽中滑动。t_1 时刻圆盘直槽和钢珠的位置用虚线表示，经过 Δt 时的位置用实线表示。按照习惯，把定系 $Oxyz$ 固结于地面，把动系 $O'x'y'z'$ 固结于相对于地面定轴转动的圆盘上。动点 M 相对于定系的运动，或者说站在定系上观察到的动点的运动，称为**绝对运动**。动点相对于动系的运动，或者说站在动系上观察到的动点的运动，称为**相对运动**。不管是绝对运动还是相对运动，都是一点一坐，点的简单运动，用到轨迹、位移、速度和加速度等概念。其中动点相对于定系运动的轨迹、位移、速度和加速度，或者说站在定系上观察到的动点的轨迹、位移、速度和加速度，称为动点的绝对轨迹、绝对位移、绝对速度和绝对加速度，并分别以 L_a 、$\Delta \boldsymbol{r}_a$ 、$\boldsymbol{v}_a$ 和

$\boldsymbol{a}_a$ 表示。图 6-2（a）中给出了 L_a、$\Delta\boldsymbol{r}_a$ 的情况，而 $\boldsymbol{v}_a$ 和 $\boldsymbol{a}_a$ 为

$$\boldsymbol{v}_a=\lim_{\Delta t\to 0}\frac{\Delta\boldsymbol{r}_a}{\Delta t},\quad \boldsymbol{a}_a=\frac{d\boldsymbol{v}_a}{dt}$$

类似地，动点相对于动系运动的轨迹、位移、速度和加速度，或者说站在动系上观察到的动点的轨迹、位移、速度和加速度，称为动点的相对轨迹、相对位移、相对速度和相对加速度，并分别以 L_r、$\Delta\boldsymbol{r}_r$、$\boldsymbol{v}_r$ 和 $\boldsymbol{a}_r$ 表示。图 6-2（a）中给出了 L_r、$\Delta\boldsymbol{r}_r$ 的情况，而 $\boldsymbol{v}_r$ 和 $\boldsymbol{a}_r$ 为

$$\boldsymbol{v}_r=\lim_{\Delta t\to 0}\frac{\Delta\boldsymbol{r}_r}{\Delta t},\quad \boldsymbol{a}_r=\frac{d\boldsymbol{v}_r}{dt}$$

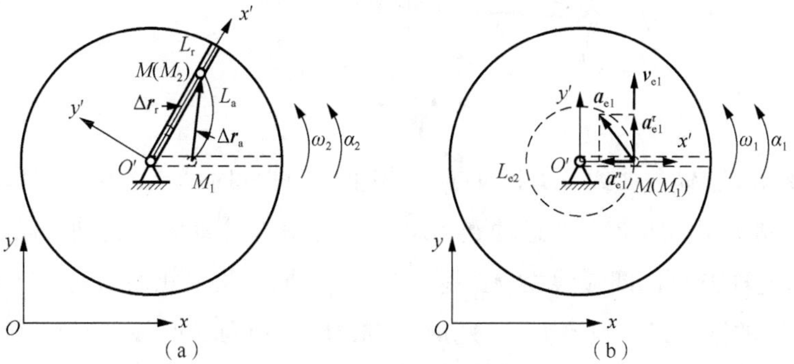

图 6-2

动系相对于定系的运动，或者说站在定系上观察到的动系的运动，则是牵连运动。在图 6-2 中，牵连运动为圆盘的定轴转动。由于动系的运动就是指参考体（刚体）的运动，一般来说，除了动系做平动以外，其上各点的轨迹、速度和加速度都不相同，而动系中直接牵连着动点运动的是动系（参考体）上与动点重合的那一点。因此，我们定义：在某瞬时，动系上与动点重合的那一点（牵连点）的轨迹、位移、速度和加速度称为动点在该瞬时的牵连轨迹、牵连位移、牵连速度和牵连加速度，并分别以 L_e、$\Delta\boldsymbol{r}_e$、$\boldsymbol{v}_e$ 和 $\boldsymbol{a}_e$ 表示。例如，在图 6-2（b）中，在 t_1 瞬时，圆盘上与钢珠 M 重合的点为 M_1 点，M_1 点就是该瞬时的牵连点，M_1 点的轨迹、速度和加速度就是该瞬时动点的牵连轨迹、牵连速度和牵连加速度。因此，以 O' 为圆心，$O'M_1$ 为半径的圆周就是该瞬时的牵连轨迹 L_{e1}，牵连速度 $v_{e1}=O'M_1\cdot\omega_1$，牵连加速度包括 $a_{e1}^{\tau}=O'M_1\cdot\alpha_1$ 和 $a_{e1}^{n}=O'M_1\cdot\omega_1^2$，如图 6-2（b）所示。值得注意的是：由于动点的相对运动，其牵连点的位置是不断变化的。例如，经过 Δt 时，圆盘上与钢珠 M 重合的点就是 M_2［图 6-2（a）］点了，M_2 点的轨迹、速度和加速度就是该瞬时的牵连轨迹、牵连速度和牵连加速度。因此，为了确定动点在某一瞬时的牵连速度和牵连加速度，应首先明确该瞬时动点的牵连点。

本章的任务就是要研究绝对运动、相对运动和牵连运动，建立动点相对于不同坐标系运动时的速度或加速度之间的关系。

6.2　点的速度合成定理

如图 6-3 所示，设小环 M 沿铁丝 AB 做曲线运动，同时铁丝 AB 又相对于定系 $Oxyz$ 运动，

设动系 $O'x'y'z'$ 固连在该铁丝上，但图中为了简洁，没有画出定系和动系。由点的合成运动的概念可知，动点 M 沿铁丝 AB 的运动为动点的相对运动，AB 曲线称为动点的相对运动轨迹；动系（铁丝）的运动称为动点的牵连运动；动点相对于定系的运动称为动点的绝对运动。

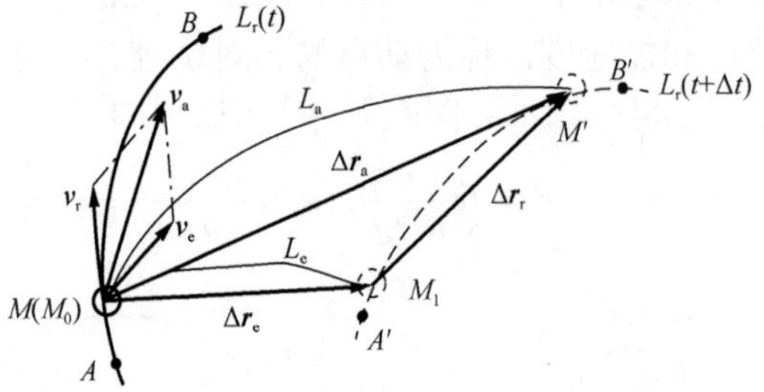

图 6-3

设在瞬时 t，动点 M 与曲线 AB 上的点 M_0 相重合，即此时动点的牵连点为点 M_0，经过 Δt 后，相对运动轨迹 L_r 由 $\overparen{AB}$ 随动系运动到 $\overparen{A'B'}$。动点 M 在这期间的运动可以理解为一方面随牵连点 M_0 沿牵连轨迹 L_e，即弧线 $\overparen{M_0M_1}$ 运动到 M_1，同时又沿相对轨迹 $\overparen{A'B'}$ 运动到 M'。弧线 $\overparen{MM'}$ 即为动点的绝对运动轨迹 L_a。$\boldsymbol{M_1M'}$ 和 $\boldsymbol{MM'}$ 分别为动点 M 的相对位移 $\Delta\boldsymbol{r}_r$ 与绝对位移 $\Delta\boldsymbol{r}_a$，而 $\boldsymbol{M_0M_1}$ 为 t 瞬时动点的牵连点 M_0 在 Δt 时间间隔内的位移，称为牵连位移 $\Delta\boldsymbol{r}_e$，如图 6-3 所示。由图可知

$$\boldsymbol{MM'} = \boldsymbol{M_0M_1} + \boldsymbol{M_1M'} \quad 或 \quad \Delta\boldsymbol{r}_a = \Delta\boldsymbol{r}_e + \Delta\boldsymbol{r}_r$$

将上式除以 Δt，当 $\Delta t \to 0$ 取极限，则得

$$\lim_{\Delta t\to 0}\frac{\Delta\boldsymbol{r}_a}{\Delta t} = \lim_{\Delta t\to 0}\frac{\Delta\boldsymbol{r}_e}{\Delta t} + \lim_{\Delta t\to 0}\frac{\Delta\boldsymbol{r}_r}{\Delta t}$$

即

$$\boldsymbol{v}_a = \boldsymbol{v}_e + \boldsymbol{v}_r \tag{6-1}$$

即动点的绝对速度等于它的牵连速度和相对速度的矢量和，这就是点的速度合成定理。

根据此定理可知，$\boldsymbol{v}_a$、$\boldsymbol{v}_e$、$\boldsymbol{v}_r$ 构成一个矢量平行四边形，如图 6-3 所示，其中每一个矢量包含大小与方向两个量。因此，式（6-1）总共包含有 6 个量，若知其中任意 4 个量就可求出另外 2 个未知量。

【例 6-1】 如图 6-4（a）所示曲柄滑道机构，T 形杆的 BC 段水平，DE 段铅垂。曲柄长 $OA = 0.1$ m，并以匀角速度 $\omega = 20$ rad/s 绕 O 轴转动，通过滑块 A 使 T 形杆做水平往复运动。求当曲柄与水平线的交角分别为 $\varphi = 0°$、$30°$ 和 $90°$ 时 T 形杆的速度。

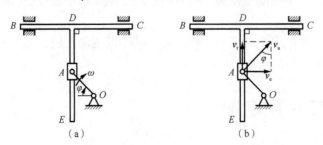

图 6-4

解　（1）选滑块 A 为动点，固结于 T 形杆上的 $O'x'y'$ 为动系，固结于地面的 Oxy 为定系，图中为了简洁，并未画出动系和定系。由于这样书写太麻烦，以后可简写为“动点：A。动系：T 形杆。定系：地面”。当定系固定在地面上时，也可以不做说明。

（2）分析动点 A 的三种运动。

绝对运动：以 O 为圆心的圆周运动，$\boldsymbol{v}_{\mathrm{a}}$ 的方向垂直于 OA，且 $v_{\mathrm{a}}=\omega\times OA=20\times0.1=2(\mathrm{m/s})$ 。

相对运动：沿 DE 的铅垂直线运动，$\boldsymbol{v}_{\mathrm{r}}$ 的方向为铅垂方向。

牵连运动：T 形杆的水平方向平动，在图示位置时点 A 的牵连点是动系上与点 A 重合的点，也就是 T 形杆上的点 A' 。因 T 形杆做平动，其上各点的速度都相同，所以点 A' 的速度方向，也就是 $\boldsymbol{v}_{\mathrm{e}}$ 的方向为水平方向。

（3）用点的速度合成定理求解。

作速度图如图 6-4（b）所示，可得

$$\begin{matrix}\text{大小}\\\text{方向}\end{matrix}\boldsymbol{v}_{\mathrm{a}\surd}^{\surd}=\boldsymbol{v}_{\mathrm{e}\surd}^{?}+\boldsymbol{v}_{\mathrm{r}\surd}^{?}$$

则

$$v_{\mathrm{e}}=v_{\mathrm{a}}\sin\varphi$$

因此，当 φ=0°、30°、90°时，牵连速度即 T 形杆的速度分别为 0、1 m/s、2 m/s。

【例 6-2】　图 6-5（a）所示的平面机构中，折杆 ACD 在图示位置（$\theta=30°$）时的速度为 $v=40$ cm/s，其方向水平向左，求此瞬时摇杆 OB 的角速度 ω 。

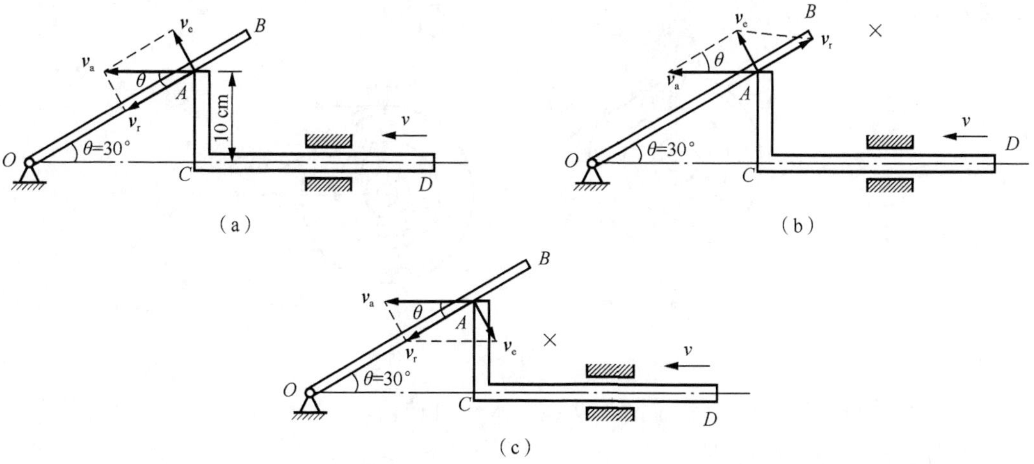

图 6-5

解　（1）动点：折杆 ACD 上的点 A。动系：摇杆 OB。

（2）分析动点的三种运动。

牵连运动：绕 O 轴定轴转动。

相对运动：沿 OB 的直线运动。

绝对运动：水平直线运动。

（3）用点的速度合成定理求解。

$$\begin{matrix}\text{大小}\\\text{方向}\end{matrix}\boldsymbol{v}_{\mathrm{a}\surd}^{\surd}=\boldsymbol{v}_{\mathrm{e}\surd}^{?}+\boldsymbol{v}_{\mathrm{r}\surd}^{?}$$

式中，因 ACD 做直线平动，$\boldsymbol{v}_{\mathrm{a}}=\boldsymbol{v}$。在动点 A 上画出速度平行四边形，如图 6-5（a）所示。由几何关系可得 $v_{\mathrm{e}}=v_{\mathrm{a}}\sin\theta=v\sin30^{\circ}=40\times0.5=20(\mathrm{cm/s})$，方向如图 6-5（a）所示。因为 $\boldsymbol{v}_{\mathrm{e}}$ 就是动系 OB 上和动点重合的 A' 点的速度，则 OB 的转动角速度为

$$\omega=\frac{v_{\mathrm{e}}}{OA}=\frac{20}{20}=1(\mathrm{rad/s})\text{（逆时针）}$$

（4）讨论。动点与动系的选择有两条原则：①动点不能是动系上的一个点，否则没有相对运动；②应使相对运动轨迹容易判断，多为直线、圆周或其他已知曲线。本例中相对轨迹为沿 OB 的直线，下例中则是沿叶片的已知曲线运动。那么根据这两个原则，本例中动点动系的选择是不是还有其他可能？若选摇杆 OB 上与点 A 重合的点 A' 为动点，则由第一个原则，动系只能选折杆 ACD。此时，动点 A' 的相对轨迹容易判断吗？不容易判断，是一条未知的曲线。也就是说这种动点动系的选择不符合第二个原则，是不合适的。读者应重视动点动系的合适选取方法。

另外，画速度平行四边形时一定要保证合矢量 $\boldsymbol{v}_{\mathrm{a}}$ 是平行四边形的对角线。若画成图 6-5（b）和（c），$\boldsymbol{v}_{\mathrm{a}}$ 不是对角线，可以求得 $\boldsymbol{v}_{\mathrm{e}}$ 和 $\boldsymbol{v}_{\mathrm{r}}$ 的大小和图 6-5（a）中一致，但图 6-5（b）中 $\boldsymbol{v}_{\mathrm{r}}$ 的方向错误，图 6-5（c）中 $\boldsymbol{v}_{\mathrm{e}}$ 的方向错误，这样的平行四边形画法是不正确的，这一点需要特别注意。

【例 6-3】 如图 6-6（a）所示，水流在水轮机转轮入口处的绝对速度 $v_{\mathrm{a}}=15\ \mathrm{m/s}$，并与铅垂直径成 $\theta=60^{\circ}$。转轮的半径 $R=2\ \mathrm{m}$，转速 $n=30\ \mathrm{r/min}$。为避免水流与转轮叶片相冲，叶片应恰当地安装，以使水流对转轮的相对速度与叶片相切。求在转轮外缘处水流对转轮的相对速度大小和方向。

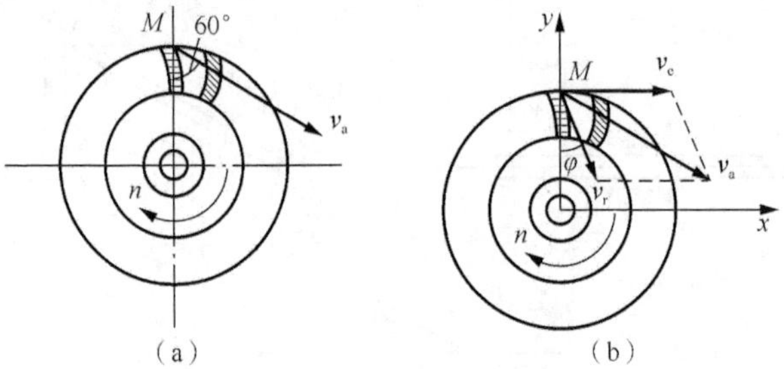

图 6-6

解 （1）动点：轮缘处的水滴 M。动系：水轮机转轮。

（2）分析动点的三种运动。

牵连运动：定轴转动。

相对运动：沿叶片的曲线运动。

绝对运动：复杂曲线运动。

（3）用点的速度合成定理求解。

$$\begin{matrix}\text{大小}\\\text{方向}\end{matrix}\ \boldsymbol{v}_{\mathrm{a}\surd}^{\ \surd}=\boldsymbol{v}_{\mathrm{e}\surd}^{\ \surd}+\boldsymbol{v}_{\mathrm{r}?}^{\ ?}$$

各速度方向及速度平行四边形如图 6-6（b）所示。

$$v_{\mathrm{e}}=\omega R=\frac{2\pi nR}{60}=2\pi(\mathrm{m/s})$$

将速度合成定理的矢量表达式沿 x 轴投影，

$$v_{\mathrm{a}}\sin 60^{\circ}=v_{\mathrm{e}}+v_{\mathrm{r}x}$$

$$v_{\mathrm{r}x}=v_{\mathrm{a}}\sin 60^{\circ}-v_{\mathrm{e}}=6.71(\mathrm{m/s})$$

将速度合成定理的矢量表达式沿 y 轴投影，

$$-v_{\mathrm{a}}\cos 60^{\circ}=-v_{\mathrm{r}y}$$

$$v_{\mathrm{r}y}=7.5(\mathrm{m/s})$$

因此，相对速度的大小和方向角为

$$v_{\mathrm{r}}=\sqrt{v_{\mathrm{r}x}^{2}+v_{\mathrm{r}y}^{2}}=\sqrt{6.71^{2}+7.5^{2}}=10.06(\mathrm{m/s})$$

$$\varphi=\tan^{-1}\frac{v_{\mathrm{r}x}}{v_{\mathrm{r}y}}=41.81^{\circ}$$

【例 6-4】 半径为 r 的半圆槽的边缘上装有一可绕 C 轴转动的套筒，直杆 AB 穿过套筒，杆端 A 沿半圆槽运动，在图 6-7（a）所示瞬时，$\angle OCA=\theta$，点 A 的速度为 $\boldsymbol{v}_A$。求此瞬时 AB 杆上与点 C 重合点的速度。

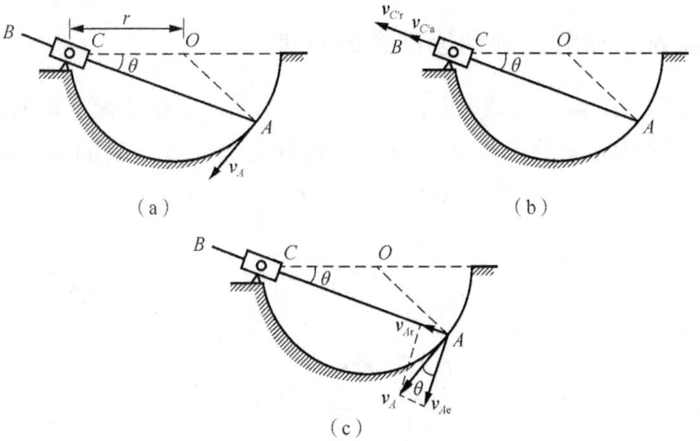

图 6-7

解 （1）动点：AB 杆上与点 C 重合的点 C'。动系：套筒 C。

（2）分析动点 C' 的三种运动和速度。

牵连运动：定轴转动。

相对运动：沿套筒（也就是 AB）的直线运动。

绝对运动：复杂曲线运动。

相对速度 $\boldsymbol{v}_{C'\mathrm{r}}$ 沿 AB 直线；点 C' 的牵连点是套筒上的点 C，其速度 $\boldsymbol{v}_{C'\mathrm{e}}=\boldsymbol{v}_{\mathrm{e}}=\boldsymbol{0}$。

（3）用点 C' 的速度合成定理求解。

因为 $\boldsymbol{v}_{C'\mathrm{e}}=\boldsymbol{0}$，由点 C' 的速度合成定理公式有

$$\begin{matrix}\text{大小}\\\text{方向}\end{matrix}\ \boldsymbol{v}_{C'\mathrm{a}}\overset{?}{\underset{?}{}}=\boldsymbol{v}_{C'\mathrm{r}}\overset{?}{\underset{\surd}{}} \tag{1}$$

上式有 3 个未知量，不能求解。但由矢量相等的意义，$\boldsymbol{v}_{C'\mathrm{a}}$ 的方向必须与 $\boldsymbol{v}_{C'\mathrm{r}}$ 相同，也沿 AB 直线，如图 6-7（b）所示。为求二者的大小，需要建立补充方程。为此，利用题目给出的 AB 杆的速度 $\boldsymbol{v}_A$ 已知这一情况，再一次选取动点动系。

（4）动点：A。动系：套筒。则

$$\begin{matrix}\text{大小}\\\text{方向}\end{matrix}\ \boldsymbol{v}_{A\surd}^{\ \surd}=\boldsymbol{v}_{Ae\surd}^{\ ?}+\boldsymbol{v}_{Ar\surd}^{\ ?}$$

速度平行四边形如图 6-7（c）所示。可求

$$v_{Ar}=v_A\sin\theta$$

因为 AB 杆相对套筒的运动是平动，所以 AB 杆的点 A 和点 C' 相对套筒的运动是相同的，因此有

$$\boldsymbol{v}_{C'r}=\boldsymbol{v}_{Ar}$$

由式（1），得

$$v_{C'a}=v_{Ar}=v_A\sin\theta$$

由本题可见，当选一次动点动系，因未知量太多而不能求解时，应该再选一次动点动系，建立补充条件。

6.3 点的加速度合成定理

6.3.1 牵连运动为平动时点的加速度合成定理

设 $Oxyz$ 为定系，固结于地球表面；$O'x'y'z'$ 为动系，固结于做平动的刚体上，如图 6-8 所示。在动系 $O'x'y'z'$ 中观察动点 M 的运动，即相对运动，动点 M 的相对运动方程为

$$x'=f_1(t),\quad y'=f_2(t),\quad z'=f_3(t)$$

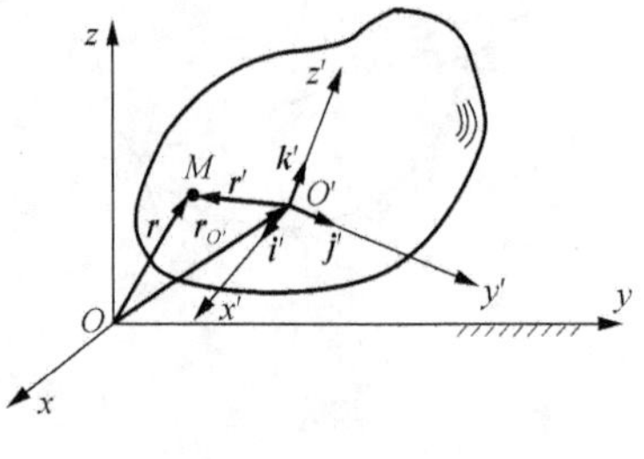

图 6-8

根据点的运动学理论，动点 M 的相对速度 $\boldsymbol{v}_r$ 与相对加速度 $\boldsymbol{a}_r$ 分别为

$$\boldsymbol{v}_r=\frac{dx'}{dt}\boldsymbol{i}'+\frac{dy'}{dt}\boldsymbol{j}'+\frac{dz'}{dt}\boldsymbol{k}' \tag{6-2}$$

$$\boldsymbol{a}_r=\frac{d^2x'}{dt^2}\boldsymbol{i}'+\frac{d^2y'}{dt^2}\boldsymbol{j}'+\frac{d^2z'}{dt^2}\boldsymbol{k}' \tag{6-3}$$

式中，$\boldsymbol{i}'$、$\boldsymbol{j}'$、$\boldsymbol{k}'$ 为沿动坐标轴的单位矢量。

根据点的速度合成定理有

$$\boldsymbol{v}_a=\boldsymbol{v}_e+\boldsymbol{v}_r \tag{6-4}$$

将上式对时间求一次导数，得

$$\boldsymbol{a}_a=\frac{d\boldsymbol{v}_a}{dt}=\frac{d\boldsymbol{v}_e}{dt}+\frac{d\boldsymbol{v}_r}{dt} \tag{6-5}$$

由于牵连运动是平动，动点在每一瞬时的牵连速度和牵连加速度都等于动坐标系原点O'在同一瞬时的速度和加速度，即

$$\boldsymbol{v}_{\mathrm{e}} = \boldsymbol{v}_{O'} \tag{6-6}$$

$$\boldsymbol{a}_{\mathrm{e}} = \boldsymbol{a}_{O'} \tag{6-7}$$

下面推导式（6-5）右端的第一项：

$$\frac{\mathrm{d}\boldsymbol{v}_{\mathrm{e}}}{\mathrm{d}t} = \frac{\mathrm{d}\boldsymbol{v}_{O'}}{\mathrm{d}t} = \boldsymbol{a}_{O'} = \boldsymbol{a}_{\mathrm{e}} \tag{6-8}$$

由此可见，当牵连运动为平动时，牵连速度对时间的一阶导数就等于牵连加速度。

接着推导式（6-5）右端的第二项。由式（6-2）对时间t的一阶导数，并注意到动系做平动时，单位矢量$\boldsymbol{i}'$、$\boldsymbol{j}'$、$\boldsymbol{k}'$是大小和方向都保持不变的常矢量（$\frac{\mathrm{d}\boldsymbol{i}'}{\mathrm{d}t} = \frac{\mathrm{d}\boldsymbol{j}'}{\mathrm{d}t} = \frac{\mathrm{d}\boldsymbol{k}'}{\mathrm{d}t} \equiv \boldsymbol{0}$），于是得

$$\frac{\mathrm{d}\boldsymbol{v}_{\mathrm{r}}}{\mathrm{d}t} = \frac{\mathrm{d}^2 x'}{\mathrm{d}t^2}\boldsymbol{i}' + \frac{\mathrm{d}^2 y'}{\mathrm{d}t^2}\boldsymbol{j}' + \frac{\mathrm{d}^2 z'}{\mathrm{d}t^2}\boldsymbol{k}'$$

比较上式与式（6-3），得

$$\frac{\mathrm{d}\boldsymbol{v}_{\mathrm{r}}}{\mathrm{d}t} = \boldsymbol{a}_{\mathrm{r}} \tag{6-9}$$

可见，当牵连运动为平动时，相对速度对时间的一阶导数等于相对加速度。

将式（6-8）与式（6-9）代入式（6-5）中，得

$$\boldsymbol{a}_{\mathrm{a}} = \boldsymbol{a}_{\mathrm{e}} + \boldsymbol{a}_{\mathrm{r}} \tag{6-10}$$

上式表示**牵连运动为平动时的加速度合成定理：当牵连运动为平动时，动点在某瞬时的绝对加速度等于在该瞬时它的牵连加速度与相对加速度的矢量和。**

6.3.2　牵连运动为转动时点的加速度合成定理

设$Oxyz$为静系，固结于地球表面；$O'x'y'z'$为动坐标系，固结于绕z轴转动的转动刚体上，如图 6-9 所示。动坐标系绕定轴z转动的角速度和角加速度分别为ω_{e}与α_{e}。前一小节推导用到的式（6-2）～式（6-5）仍然成立，这里不再重复。

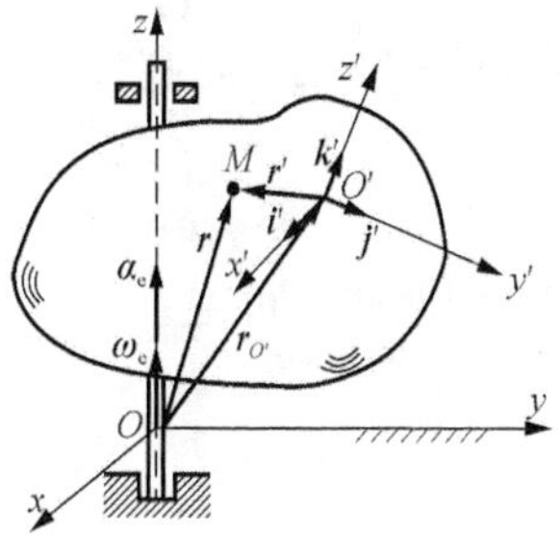

图 6-9

动点M的牵连速度和牵连加速度分别为动系(参考体)上与动点M相重合的点M'的速度与加速度，据第 5 章可知，它们分别是

$$\boldsymbol{v}_{\mathrm{e}} = \boldsymbol{\omega}_{\mathrm{e}} \times \boldsymbol{r} \tag{6-11}$$

$$\boldsymbol{a}_{\mathrm{e}} = \boldsymbol{\alpha}_{\mathrm{e}} \times \boldsymbol{r} + \boldsymbol{\omega}_{\mathrm{e}} \times \boldsymbol{v}_{\mathrm{e}} \tag{6-12}$$

下面分析牵连运动为转动情况下式（6-5）右端的第一项。将式（6-11）代入，得

$$\begin{aligned}
\frac{\mathrm{d}\boldsymbol{v}_{\mathrm{e}}}{\mathrm{d}t} &= \frac{\mathrm{d}}{\mathrm{d}t}(\boldsymbol{\omega}_{\mathrm{e}} \times \boldsymbol{r}) = \frac{\mathrm{d}\boldsymbol{\omega}_{\mathrm{e}}}{\mathrm{d}t} \times \boldsymbol{r} + \boldsymbol{\omega}_{\mathrm{e}} \times \frac{\mathrm{d}\boldsymbol{r}}{\mathrm{d}t} \\
&= \boldsymbol{\alpha}_{\mathrm{e}} \times \boldsymbol{r} + \boldsymbol{\omega}_{\mathrm{e}} \times \boldsymbol{v}_{\mathrm{a}} = \boldsymbol{\alpha}_{\mathrm{e}} \times \boldsymbol{r} + \boldsymbol{\omega}_{\mathrm{e}} \times (\boldsymbol{v}_{\mathrm{e}} + \boldsymbol{v}_{\mathrm{r}}) \\
&= \boldsymbol{\alpha}_{\mathrm{e}} \times \boldsymbol{r} + \boldsymbol{\omega}_{\mathrm{e}} \times \boldsymbol{v}_{\mathrm{e}} + \boldsymbol{\omega}_{\mathrm{e}} \times \boldsymbol{v}_{\mathrm{r}}
\end{aligned}$$

对照式（6-12）可知

$$\frac{\mathrm{d}\boldsymbol{v}_{\mathrm{e}}}{\mathrm{d}t}=\boldsymbol{a}_{\mathrm{e}}+\boldsymbol{\omega}_{\mathrm{e}}\times\boldsymbol{v}_{\mathrm{r}} \tag{6-13}$$

由此可知，当牵连运动为转动时，牵连速度 $\boldsymbol{v}_{\mathrm{e}}$ 对时间的一阶导数等于牵连加速度 $\boldsymbol{a}_{\mathrm{e}}$ 加上一项附加项。这是因为，牵连运动为转动时，相对运动影响牵连速度的改变。

下面分析牵连运动为转动情况下式（6-5）右端的第二项。由式（6-2）可得

$$\begin{aligned}\frac{\mathrm{d}\boldsymbol{v}_{\mathrm{r}}}{\mathrm{d}t}&=\frac{\mathrm{d}}{\mathrm{d}t}\left(\frac{\mathrm{d}x'}{\mathrm{d}t}\boldsymbol{i}'+\frac{\mathrm{d}y'}{\mathrm{d}t}\boldsymbol{j}'+\frac{\mathrm{d}z'}{\mathrm{d}t}\boldsymbol{k}'\right)\\&=\left(\frac{\mathrm{d}^2x'}{\mathrm{d}t^2}\boldsymbol{i}'+\frac{\mathrm{d}^2y'}{\mathrm{d}t^2}\boldsymbol{j}'+\frac{\mathrm{d}^2z'}{\mathrm{d}t^2}\boldsymbol{k}'\right)+\left(\frac{\mathrm{d}x'}{\mathrm{d}t}\cdot\frac{\mathrm{d}\boldsymbol{i}'}{\mathrm{d}t}+\frac{\mathrm{d}y'}{\mathrm{d}t}\cdot\frac{\mathrm{d}\boldsymbol{j}'}{\mathrm{d}t}+\frac{\mathrm{d}z'}{\mathrm{d}t}\cdot\frac{\mathrm{d}\boldsymbol{k}'}{\mathrm{d}t}\right)\end{aligned} \tag{6-14}$$

对照式（6-3），上式右端第一个括号内所包含的各项之和等于相对加速度 $\boldsymbol{a}_{\mathrm{r}}$ 。为了确定第二个括号内的各项，先分析动坐标系中的单位矢 $\boldsymbol{i}'$、$\boldsymbol{j}'$、$\boldsymbol{k}'$ 对时间的一阶导数。当牵连运动为平动时，$\boldsymbol{i}'$、$\boldsymbol{j}'$、$\boldsymbol{k}'$ 都是单位常矢量，所以 $\frac{\mathrm{d}\boldsymbol{i}'}{\mathrm{d}t}=\frac{\mathrm{d}\boldsymbol{j}'}{\mathrm{d}t}=\frac{\mathrm{d}\boldsymbol{k}'}{\mathrm{d}t}\equiv 0$ 。当牵连运动是转动时，$\boldsymbol{i}'$、$\boldsymbol{j}'$、$\boldsymbol{k}'$ 均是单位变矢量，所以 $\frac{\mathrm{d}\boldsymbol{i}'}{\mathrm{d}t}\neq 0$，$\frac{\mathrm{d}\boldsymbol{j}'}{\mathrm{d}t}\neq 0$，$\frac{\mathrm{d}\boldsymbol{k}'}{\mathrm{d}t}\neq 0$，它们到底等于什么呢？

以 $\frac{\mathrm{d}\boldsymbol{k}'}{\mathrm{d}t}$ 为例，如图 6-10 所示，设 $\boldsymbol{k}'$ 的矢端点 A 的矢径为 $\boldsymbol{r}_A$，$\boldsymbol{r}_{O'}$ 为动系的坐标原点 O' 的矢径，则有 $\boldsymbol{r}_A=\boldsymbol{r}_{O'}+\boldsymbol{k}'$ 。作为定轴转动动系上的点，O' 和 A 的速度分别为

$$\boldsymbol{v}_{O'}=\frac{\mathrm{d}\boldsymbol{r}_{O'}}{\mathrm{d}t}=\boldsymbol{\omega}_{\mathrm{e}}\times\boldsymbol{r}_{O'}$$

$$\boldsymbol{v}_A=\frac{\mathrm{d}\boldsymbol{r}_A}{\mathrm{d}t}=\boldsymbol{\omega}_{\mathrm{e}}\times\boldsymbol{r}_A=\boldsymbol{\omega}_{\mathrm{e}}\times(\boldsymbol{r}_{O'}+\boldsymbol{k}')=\boldsymbol{\omega}_{\mathrm{e}}\times\boldsymbol{r}_{O'}+\boldsymbol{\omega}_{\mathrm{e}}\times\boldsymbol{k}'=\frac{\mathrm{d}\boldsymbol{r}_{O'}}{\mathrm{d}t}+\boldsymbol{\omega}_{\mathrm{e}}\times\boldsymbol{k}'$$

同时，由 $\boldsymbol{r}_A=\boldsymbol{r}_{O'}+\boldsymbol{k}'$ 有

$$\frac{\mathrm{d}\boldsymbol{r}_A}{\mathrm{d}t}=\frac{\mathrm{d}\boldsymbol{r}_{O'}}{\mathrm{d}t}+\frac{\mathrm{d}\boldsymbol{k}'}{\mathrm{d}t}$$

比较上面两式，可得

$$\frac{\mathrm{d}\boldsymbol{k}'}{\mathrm{d}t}=\boldsymbol{\omega}_{\mathrm{e}}\times\boldsymbol{k}'$$

同理得

$$\frac{\mathrm{d}\boldsymbol{i}'}{\mathrm{d}t}=\boldsymbol{\omega}_{\mathrm{e}}\times\boldsymbol{i}',\quad \frac{\mathrm{d}\boldsymbol{j}'}{\mathrm{d}t}=\boldsymbol{\omega}_{\mathrm{e}}\times\boldsymbol{j}'$$

将其代入式（6-14）右端的第二个括号得

$$\left(\frac{\mathrm{d}x'}{\mathrm{d}t}\cdot\frac{\mathrm{d}\boldsymbol{i}'}{\mathrm{d}t}+\frac{\mathrm{d}y'}{\mathrm{d}t}\cdot\frac{\mathrm{d}\boldsymbol{j}'}{\mathrm{d}t}+\frac{\mathrm{d}z'}{\mathrm{d}t}\cdot\frac{\mathrm{d}\boldsymbol{k}'}{\mathrm{d}t}\right)=\boldsymbol{\omega}_{\mathrm{e}}\times\left(\frac{\mathrm{d}x'}{\mathrm{d}t}\boldsymbol{i}'+\frac{\mathrm{d}y'}{\mathrm{d}t}\boldsymbol{j}'+\frac{\mathrm{d}z'}{\mathrm{d}t}\boldsymbol{k}'\right)=\boldsymbol{\omega}_{\mathrm{e}}\times\boldsymbol{v}_{\mathrm{r}}$$

于是式（6-14）成为

$$\frac{\mathrm{d}\boldsymbol{v}_{\mathrm{r}}}{\mathrm{d}t}=\boldsymbol{a}_{\mathrm{r}}+\boldsymbol{\omega}_{\mathrm{e}}\times\boldsymbol{v}_{\mathrm{r}} \tag{6-15}$$

由此可知，当牵连运动为转动时，相对速度对时间的一阶导数等于相对加速度加上一项附加项。这是因为，牵连运动为转动时，牵连运动影响相对速度的改变。

将式（6-13）与式（6-15）代入式（6-5），得

$$\boldsymbol{a}_{\mathrm{a}} = \boldsymbol{a}_{\mathrm{e}} + \boldsymbol{a}_{\mathrm{r}} + 2\boldsymbol{\omega}_{\mathrm{e}} \times \boldsymbol{v}_{\mathrm{r}} = \boldsymbol{a}_{\mathrm{e}} + \boldsymbol{a}_{\mathrm{r}} + \boldsymbol{a}_{\mathrm{c}} \tag{6-16}$$

式中，$\boldsymbol{a}_{\mathrm{c}} = 2\boldsymbol{\omega}_{\mathrm{e}} \times \boldsymbol{v}_{\mathrm{r}}$，称为科里奥利加速度。根据矢积的运算法则，$\boldsymbol{a}_{\mathrm{c}}$ 的大小为

$$a_{\mathrm{c}} = 2\omega_{\mathrm{e}} v_{\mathrm{r}} \sin\theta$$

其方向垂直于 $\boldsymbol{\omega}_{\mathrm{e}}$ 与 $\boldsymbol{v}_{\mathrm{r}}$，指向用右手螺旋法则决定，如图 6-11 所示。

于是，**当牵连运动为转动时点的加速度合成定理：某瞬时点的绝对加速度等于该瞬时它的牵连加速度 $\boldsymbol{a}_{\mathrm{e}}$、相对加速度 $\boldsymbol{a}_{\mathrm{r}}$ 和科里奥利加速度 $\boldsymbol{a}_{\mathrm{c}}$** 三项的矢量和。

下面说明几种特殊情况。

（1）若 $\boldsymbol{v}_{\mathrm{r}} // \boldsymbol{\omega}_{\mathrm{e}}$，即 $\boldsymbol{v}_{\mathrm{r}}$ 与 z 平行，$\theta = 0°$ 或 $180°$，则 $a_{\mathrm{c}} = 0$。如图 6-12 所示，圆柱绕 z 轴转动，动点 M 沿平行 z 轴的直槽轨迹以 $\boldsymbol{v}_{\mathrm{r}}$ 的相对速度运动，动系选为圆柱，则科里奥利加速度为 $a_{\mathrm{c}} = 2\omega_{\mathrm{e}} v_{\mathrm{r}} \sin 0° = 0$。

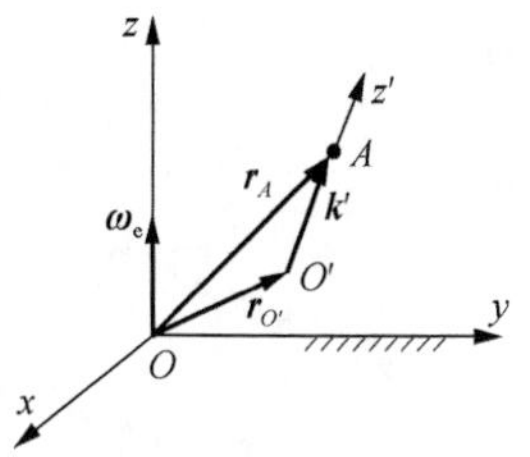

图 6-10

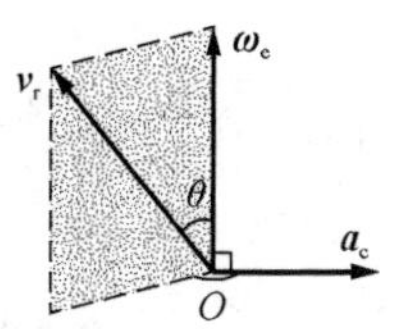

图 6-11

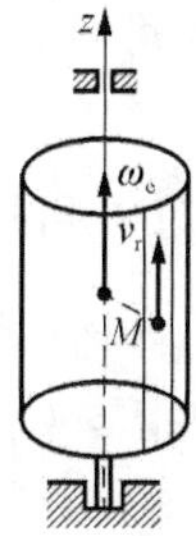

图 6-12

（2）$a_{\mathrm{c}} = 0$ 的情况还包括 $\omega_{\mathrm{e}} = 0$ 和 $v_{\mathrm{r}} = 0$。但务必注意：$\omega_{\mathrm{e}} = 0$ 并不代表动系没有转动，因为可能 $\alpha_{\mathrm{e}} \neq 0$；$v_{\mathrm{r}} = 0$ 并不代表没有相对运动，因为可能 $a_{\mathrm{r}} \neq 0$。

由本小节和上一小节的推导可知，牵连运动为平动和转动时，点的加速度合成定理不一样。因此在选择动点动系之后，一定要分析并指明牵连运动是平动还是转动，也就是动系做平动还是转动，以便采用合适的加速度合成公式。另外，一般情况下，各加速度矢量平面分布，则利用加速度合成公式能求解 2 个未知量。但特殊情况下也可能加速度矢量空间分布，如习题 6-24，此时，利用加速度合成公式能求解 3 个未知量。

【例 6-5】 图 6-13（a）所示车厢以速度 $\boldsymbol{v}$ 和加速度 $\boldsymbol{a}$ 运动，车厢内装有一电动机，电动机的转子以匀角速度 ω 绕 C 轴转动。设转子半径为 r，求图示瞬时转子边缘上的点 A 的绝对速度和点 B 的绝对加速度。

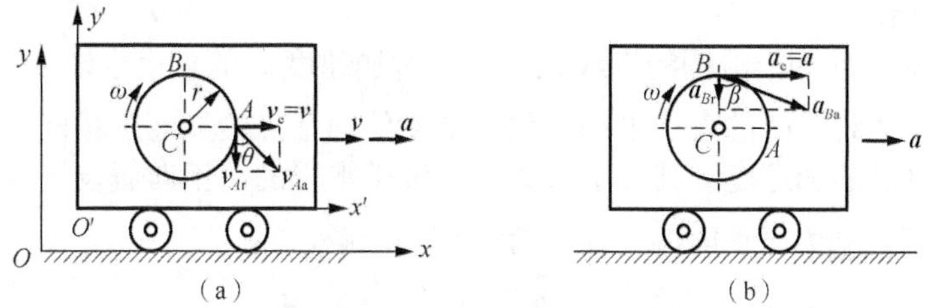

图 6-13

解　（1）动点：轮缘上点 A 或 B。动系：车厢，动系做水平直线平动。

（2）分析动点的三种速度或加速度，并求解。

动点 A 或 B 的相对轨迹均是以 C 为圆心、以 r 为半径的圆。动点 A 的相对速度为 $v_{Ar}=r\omega$，方向沿圆周切向，垂直向下。由于牵连运动是直线平动，则牵连速度 $\boldsymbol{v}_e=\boldsymbol{v}$。绝对速度 $\boldsymbol{v}_{Aa}$ 用点的速度合成定理求解。

$$\begin{matrix}\text{大小}\\\text{方向}\end{matrix}\boldsymbol{v}_{Aa?}^{\ ?}=\boldsymbol{v}_{e\surd}^{\ \surd}+\boldsymbol{v}_{Ar\surd}^{\ \surd}$$

由图 6-13（a）可见，$\boldsymbol{v}_{Aa}$ 的大小为

$$v_{Aa}=\sqrt{v_e^2+v_{Ar}^2}=\sqrt{v^2+r^2\omega^4}$$

其方向可由 $\boldsymbol{v}_{Aa}$ 与 $\boldsymbol{v}_{Ar}$ 的夹角来决定：

$$\tan\theta=\frac{v_e}{v_{Ar}}=\frac{v}{r\omega}，\quad \theta=\arctan\frac{v}{r\omega}$$

动点 B 的相对加速度为 $a_{Br}=a_{Br}^n=r\omega^2$，方向指向轴心 C。由于牵连运动是直线平动，则牵连加速度 $\boldsymbol{a}_e=\boldsymbol{a}$。绝对加速度 $\boldsymbol{a}_{Ba}$ 采用牵连运动为平动时的加速度合成定理求解。

$$\begin{matrix}\text{大小}\\\text{方向}\end{matrix}\boldsymbol{a}_{Ba?}^{\ ?}=\boldsymbol{a}_{e\surd}^{\ \surd}+\boldsymbol{a}_{Br\surd}^{\ \surd}$$

由图 6-13（b）可见，$\boldsymbol{a}_{Ba}$ 的大小为

$$a_{Ba}=\sqrt{a_e^2+a_{Br}^2}=\sqrt{a^2+r^2\omega^2}$$

以 β 表示 $\boldsymbol{a}_{Ba}$ 与 $\boldsymbol{a}_{Br}$ 的夹角，则

$$\tan\beta=\frac{a_e}{a_{Br}}=\frac{a}{r\omega^2}，\quad \beta=\arctan\frac{a}{r\omega^2}$$

读者可以自行求解点 A 的绝对加速度和点 B 的绝对速度。

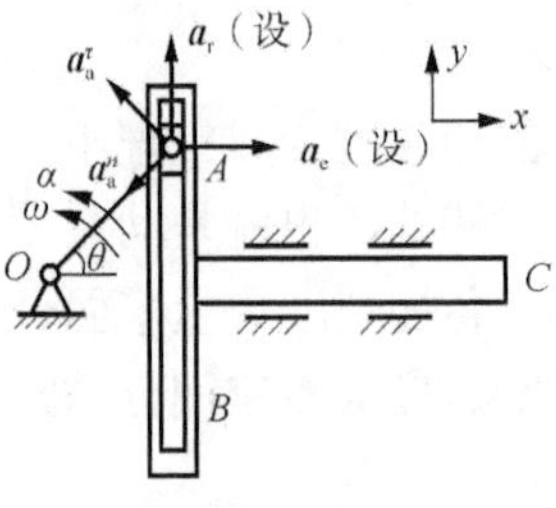

图 6-14

【例 6-6】 图 6-14 所示曲柄滑道机构，通过曲柄 OA 的转动，带动 T 形杆 BC 在水平滑道做往复运动。设图示位置时，曲柄 OA 与水平线夹角 $\theta=45°$，角速度 $\omega=2\ \text{rad/s}$，角加速度为 $\alpha=8\ \text{rad/s}^2$，OA=30 cm。试求 T 形杆 BC 的加速度。

解　（1）动点：滑块 A。动系：T 形杆 BC，动系做直线平动。

（2）分析动点 A 的三种运动及其加速度。

动点 A 的绝对轨迹是以 O 为圆心、OA 为半径的圆，因此绝对加速度为

$$\boldsymbol{a}_a=\boldsymbol{a}_a^\tau+\boldsymbol{a}_a^n$$

$$a_a^\tau=OA\cdot\alpha=30\times8=240(\text{cm/s}^2)，\quad a_a^n=OA\cdot\omega^2=30\times2^2=120(\text{cm/s}^2)$$

各指向如图 6-14 所示。

动点 A 的相对运动为沿滑槽的直线运动，相对加速度 $\boldsymbol{a}_r$ 的大小未知，方位沿槽，指向假设向上。牵连运动为杆 BC 的直线平动，因平动物体内各点的加速度相同，所以点 A 的牵连加速度 $\boldsymbol{a}_e$ 就是杆 BC 的加速度，其大小未知，方位是水平的，指向假设向右。

（3）采用牵连运动为平动时的加速度合成定理求解。

$$\begin{matrix}\text{大小}\\\text{方向}\end{matrix}\boldsymbol{a}_a=\boldsymbol{a}_{a\surd}^{\tau\surd}+\boldsymbol{a}_{a\surd}^{n\surd}=\boldsymbol{a}_{e\surd}^{\ ?}+\boldsymbol{a}_{r\surd}^{\ ?}\tag{1}$$

式（1）中，4 个矢量的大小方向共 8 个量，6 个已知量，可求 2 个未知量。但因为涉及 4 个矢量，不再适合用几何法，改用解析法，即用投影方程。

因为要求 $\boldsymbol{a}_e$，所以选垂直于 $\boldsymbol{a}_r$ 的轴 x，将式（1）在 x 轴投影。根据矢量投影定理，即等

式左边各矢量在任意轴（这里为 x 轴）上的投影的代数和等于等式右边各矢量在同一轴上的投影的代数和，得

$$a_{ax}^{\tau}+a_{ax}^{n}=a_{ex}+a_{rx}$$

即

$$-a_{a}^{\tau}\sin\theta-a_{a}^{n}\cos\theta=a_{e}+0$$

解得

$$a_{e}=-(a_{a}^{\tau}\sin\theta+a_{a}^{n}\cos\theta)=-(240\sin 45^{\circ}+120\cos 45^{\circ})=-254.6(\mathrm{cm/s^2})$$

所得结果为负值，表示其指向与图 6-14 上所设方向相反，即 T 形杆 BC 的加速度实际向左。

同理，若将式（1）在 y 轴投影，还可求得滑块 A 的相对加速度 $\boldsymbol{a}_{r}$，读者可自行计算。

【例 6-7】 如图 6-15（a）所示，凸轮半径为 R，图示瞬时（φ 已知）速度与加速度分别为 $\boldsymbol{v}$ 与 $\boldsymbol{a}$，试求该瞬时杆 AB 的加速度。

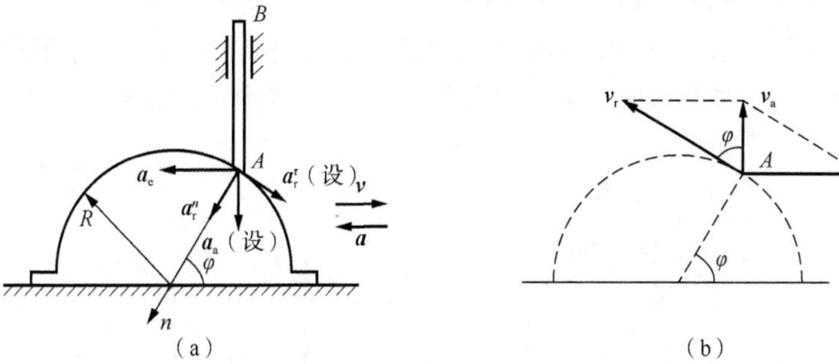

图 6-15

解　（1）动点：AB 杆上的点 A。动系：凸轮，动系做水平直线平动。

（2）分析动点 A 的三种运动及其加速度。

因杆 AB 做铅垂直线平动，点 A 的绝对加速度 $\boldsymbol{a}_{a}$ 就是杆 AB 的加速度，大小未知，方向沿 AB 直线，指向假设向下。由于牵连运动为平动，点 A 的牵连加速度就是凸轮的加速度，即 $\boldsymbol{a}_{e}=\boldsymbol{a}$。

点 A 的相对轨迹为凸轮的轮廓曲线（半圆），于是它的相对加速度分为两个分量：切向分量 $\boldsymbol{a}_{r}^{\tau}$ 与法向分量 $\boldsymbol{a}_{r}^{n}$。$\boldsymbol{a}_{r}^{\tau}$ 大小未知，方向沿相对轨迹即凸轮轮廓曲线的切线，指向假设如图 6-15（a）所示；$\boldsymbol{a}_{r}^{n}$ 指向圆心，其大小为

$$\boldsymbol{a}_{r}^{n}=\frac{v_{r}^{2}}{R}$$

式中，相对速度 v_{r} 可根据速度合成定理求出。速度合成平行四边形如图 6-15（b）所示，因此

$$v_{r}=\frac{v_{e}}{\sin\varphi}=\frac{v}{\sin\varphi}$$

于是

$$a_{r}^{n}=\frac{1}{R}\frac{v^{2}}{\sin^{2}\varphi}$$

（3）采用牵连运动为平动时的加速度合成定理求解。

$$\begin{matrix}\text{大小}\\\text{方向}\end{matrix}\boldsymbol{a}_{a\surd}^{\ ?}=\boldsymbol{a}_{e}+\boldsymbol{a}_{r}=\boldsymbol{a}_{e\surd}^{\surd}+\boldsymbol{a}_{r\surd}^{\tau ?}+\boldsymbol{a}_{r\surd}^{n\surd}$$

将上式投影到 n 轴上，可得

$$a_a \sin\varphi = a_e \cos\varphi + a_r^n$$

解得

$$a_a = \frac{1}{\sin\varphi}\left(a\cos\varphi + \frac{v^2}{R\sin^2\varphi}\right) = a\cot\varphi + \frac{v^2}{R\sin^3\varphi}$$

当 $\varphi < 90^\circ$ 时，$a_a > 0$，说明假设的 $\boldsymbol{a}_a$ 方向正确，就是其真实方向。

【例 6-8】 在地球的北半球有一条河流自南向北流动，试说明哪岸易被冲刷?为什么?

解 （1）动点：河流一小段水体 M。动系：地球。定系：过地心的地心坐标系，x、y、z 分别指向遥远的恒星。本题因为要考虑地球自转的影响，不能再将定系固定在地球表面，而应选地心坐标系。

（2）由于牵连运动为转动，其角速度 $\boldsymbol{\omega}_e$ 就是地球自转的角速度，则存在科里奥利加速度 $\boldsymbol{a}_c = 2\boldsymbol{\omega}_e \times \boldsymbol{v}_r$，而且指向西侧，如图 6-16（a）所示。由动力学 $\boldsymbol{F} = m\boldsymbol{a}$ 可知，这是由于河的东岸对于水体作用了向西的作用力 $\boldsymbol{F}$，如图 6-16（b）所示。根据作用与反作用定律，河水对东岸必有一反作用力 $\boldsymbol{F}'$。这个力成年累月地作用在东岸，导致东岸出现了被冲刷的痕迹。

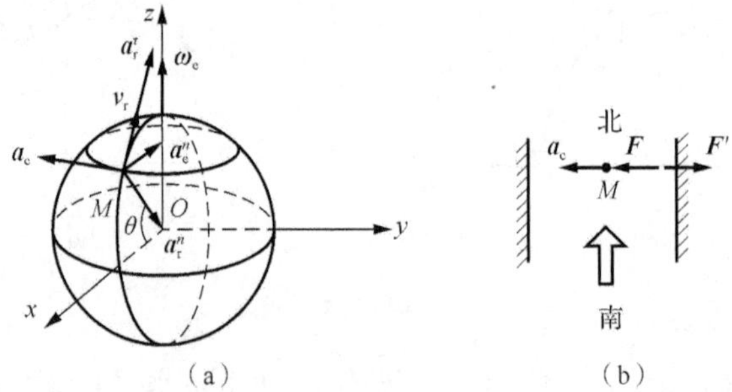

图 6-16

【例 6-9】 图 6-17（a）所示曲柄摇杆机构中，曲柄 OA 以匀转速 n=50 r/min 绕 O 轴转动，并通过滑块 A 带动摇杆 O_1B 摆动。已知 OA=17.5 cm，O_1O=35 cm。求当 $\angle O_1OA = 90^\circ$ 时，摇杆 O_1B 的角速度和角加速度。

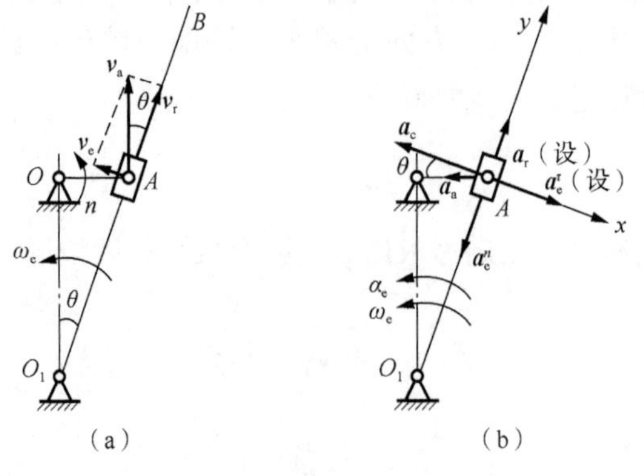

图 6-17

解 （1）动点：滑块 A。动系：摇杆 O_1B，动系绕 O_1 轴做转动。因为动系做转动，应该采用牵连运动为转动时的加速度合成定理，即 $\boldsymbol{a}_{\mathrm{a}} = \boldsymbol{a}_{\mathrm{e}} + \boldsymbol{a}_{\mathrm{r}} + \boldsymbol{a}_{\mathrm{c}}$。

（2）分析动点 A 的三种运动及其速度、加速度。

A 点作为匀速转动的曲柄 OA 上的一点，其绝对运动是以 O 为圆心、OA 为半径的圆周运动，绝对速度 $\boldsymbol{v}_{\mathrm{a}}$ 的大小是

$$v_{\mathrm{a}} = OA \cdot \omega = OA \cdot \frac{n\pi}{30} = 17.5 \times \frac{50\pi}{30} = 91.6(\mathrm{cm/s})$$

方向如图 6-17（a）所示。

绝对加速度 $\boldsymbol{a}_{\mathrm{a}}$ 的大小是

$$a_{\mathrm{a}} = a_{\mathrm{a}}^{n} = OA \cdot \omega^{2} = 17.5\left(\frac{5\pi}{3}\right)^{2} = 479.3(\mathrm{cm/s^{2}})$$

方向如图 6-17（b）所示。

沿着摇杆 O_1B 的直线运动是滑块 A 的相对运动，$\boldsymbol{v}_{\mathrm{r}}$、$\boldsymbol{a}_{\mathrm{r}}$ 沿 O_1B 直线，大小均未知。摇杆 O_1B 的定轴转动是牵连运动，动点 A 的牵连速度和牵连加速度也就是摇杆上与动点 A 重合的点（牵连点 A'）的速度和加速度，因此 $\boldsymbol{v}_{\mathrm{e}}$ 垂直于 O_1B，大小待求。$\boldsymbol{a}_{\mathrm{e}} = \boldsymbol{a}_{\mathrm{e}}^{\tau} + \boldsymbol{a}_{\mathrm{e}}^{n}$，$\boldsymbol{a}_{\mathrm{e}}^{\tau}$ 垂直于 O_1B，大小待求，$\boldsymbol{a}_{\mathrm{e}}^{n}$ 由 A 指向 O_1，其大小的确定需要先求速度关系。科里奥利加速度 $\boldsymbol{a}_{\mathrm{c}}$ 的确定也需要先求速度关系。

（3）采用点的速度合成定理求解。

$$\begin{matrix}\text{大小}\\\text{方向}\end{matrix}\ \boldsymbol{v}_{\mathrm{a}\surd}^{\surd} = \boldsymbol{v}_{\mathrm{e}\surd}^{?} + \boldsymbol{v}_{\mathrm{r}\surd}^{?}$$

速度矢量平行四边形如图 6-17（a）所示，由几何法关系

$$v_{\mathrm{e}} = v_{\mathrm{a}}\sin\theta = v_{\mathrm{a}} \cdot \frac{OA}{O_1A} = 91.6 \times \frac{17.5}{\sqrt{35^{2} + 17.5^{2}}} = 41(\mathrm{cm/s})$$

$$v_{\mathrm{r}} = v_{\mathrm{a}}\cos\theta = v_{\mathrm{a}} \cdot \frac{OO_1}{O_1A} = 91.6 \times \frac{35}{\sqrt{35^{2} + 17.5^{2}}} = 82(\mathrm{cm/s})$$

于是可求摇杆的角速度为

$$\omega_{\mathrm{e}} = \frac{v_{\mathrm{e}}}{O_1A} = \frac{41}{\sqrt{35^{2} + 17.5^{2}}} = 1.048(\mathrm{rad/s})$$

转向由 $\boldsymbol{v}_{\mathrm{e}}$ 指向而定，如图 6-17（a）所示。求得摇杆角速度后，则有

$$a_{\mathrm{e}}^{n} = O_1A \cdot \omega_{\mathrm{e}}^{2} = \sqrt{OO_1^{2} + OA^{2}} \cdot \omega_{\mathrm{e}}^{2} = \sqrt{35^{2} + 17.5^{2}} \times 1.048^{2} = 43(\mathrm{cm/s^{2}})$$

科里奥利加速度 $\boldsymbol{a}_{\mathrm{c}}$ 也可以确定了。因为 $\boldsymbol{v}_{\mathrm{r}} \perp \boldsymbol{\omega}_{\mathrm{e}}$，所以科里奥利加速度的大小为

$$a_{\mathrm{c}} = 2\omega_{\mathrm{e}}v_{\mathrm{r}} = 2 \times 1.048 \times 82 = 171.9(\mathrm{cm/s^{2}})$$

方向如图 6-17（b）所示。

（4）采用牵连运动为转动时的加速度合成定理求解。

$$\begin{matrix}\text{大小}\\\text{方向}\end{matrix}\ \boldsymbol{a}_{\mathrm{a}} = \boldsymbol{a}_{\mathrm{a}\surd}^{n\surd} = \boldsymbol{a}_{\mathrm{e}\surd}^{\tau ?} + \boldsymbol{a}_{\mathrm{e}\surd}^{n\surd} + \boldsymbol{a}_{\mathrm{r}\surd}^{?} + \boldsymbol{a}_{\mathrm{c}\surd}^{\surd} \tag{1}$$

加速度图如图 6-17（b）所示，10 个量中，已知 8 个可求 2 个未知量。利用矢量投影定理，将式（1）分别向图示的 x 与 y 轴投影，可求 a_{e}^{τ} 与 a_{r}。因本题只求 a_{e}^{τ}，将式（1）在 x 轴上投影，得

$$-a_{\mathrm{a}}\cos\theta = a_{\mathrm{e}}^{\tau} - a_{\mathrm{c}}$$

$$a_{\mathrm{e}}^{\tau} = a_{\mathrm{c}} - a_{\mathrm{a}}\cos\theta = 171.9 - 479.3 \times \frac{35}{\sqrt{35^2 + 17.5^2}} = -256.8(\mathrm{cm/s^2})$$

负号说明 $\boldsymbol{a}_{\mathrm{e}}^{\tau}$ 与假设方向相反。因此摇杆的角加速度的大小为

$$\alpha_{\mathrm{e}} = \frac{\left|a_{\mathrm{e}}^{\tau}\right|}{O_1A} = \frac{256.8}{39.1} = 6.57(\mathrm{rad/s^2})$$

根据 $\boldsymbol{a}_{\mathrm{e}}^{\tau}$ 真正的指向，α_{e} 的转向为逆时针，如图 6-17（b）所示。

习　　题

6-1　河的两岸相互平行，一船由点 A 朝与岸垂直方向匀速驶出，经 10 min 后到达对岸点 A 下游 120 m 处的点 C，如图所示。为使船从点 A 能到达岸的垂线 AB 上的 B 处，船应逆流并保持与 AB 成某一角度的方向航行。在此情况下，船经 12.5 min 到达对岸。求河宽 l 与船对水的相对速度 $\boldsymbol{u}$ 及水的流速 $\boldsymbol{v}$。（答：$l = 200$ m，$u = 20$ m/min，$v = 12$ m/min）

6-2　图示矿砂从传送带 A 落到另一传送带 B 上，其绝对速度为 v_1=4 m/s，方向与铅直线成 30°角。设传送带 B 与水平面成 15°角，其速度为 v_2=2 m/s，求此时矿砂对于传送带 B 的相对速度；并问当传送带 B 的速度为多大时，矿砂的相对速度与它垂直？（答：v_{r}=3.98 m/s；当传送带 B 的速度 v_2=1.04 m/s 时，v_{r} 与带垂直）

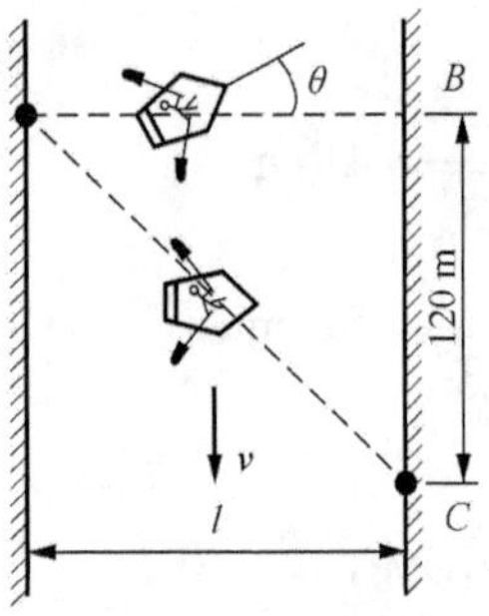

习题 6-1 图

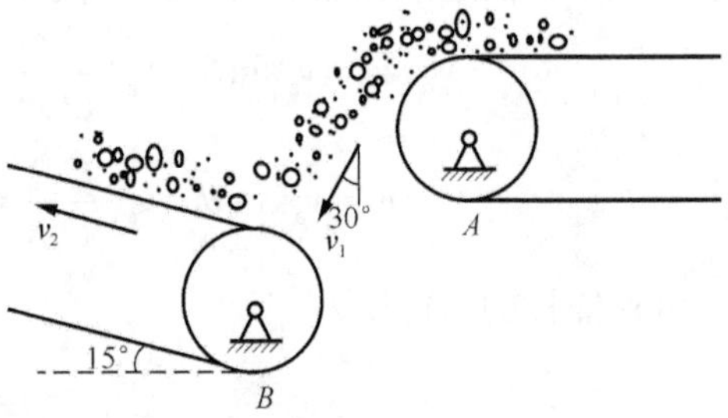

习题 6-2 图

6-3　如图所示，水滴沿喷管 OA 做匀速运动，运动方程为 $x' = bt$。喷管又以匀角速度 ω 绕定轴 O 转动。求水滴的绝对运动方程。（答：$x = bt\cos\omega t,\ y = bt\sin\omega t$）

6-4　曲柄 CE 以 ω_0 绕轴 E 匀速转动，并带动直角曲杆 ABD 在图示平面内运动。若 d 为已知，试求图示瞬时曲杆 ABD 的角速度。（答：$\omega_{ABD} = \omega_0$）

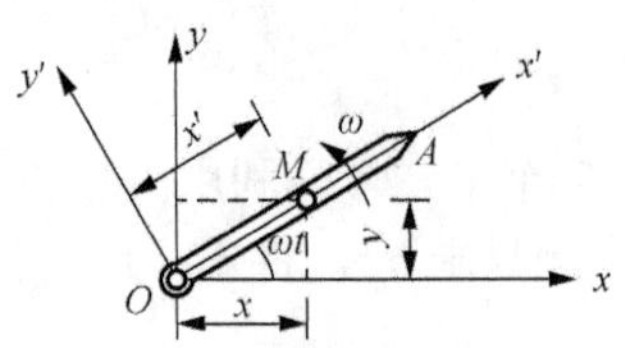

习题 6-3 图

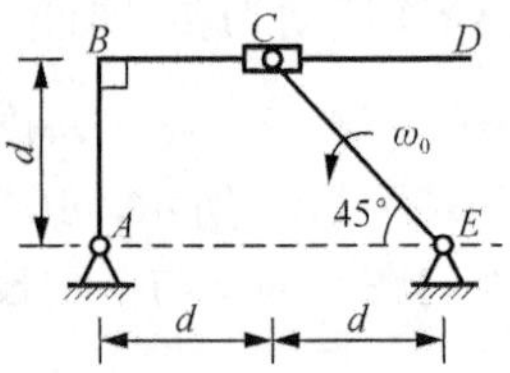

习题 6-4 图

6-5　图示瓦特离心调节器以角速度 ω 绕铅垂轴转动。由于机器负荷的变化，调速器重球以角速度 ω_1 向外张开。图示瞬时球柄与铅垂轴所成的交角 $\theta = 30°$，$\omega = 10\ \text{rad/s}$，$\omega_1 = 1.2\ \text{rad/s}$，且已知 $l = 50\ \text{cm}$，$e = 5\ \text{cm}$。求此时重球 M 的绝对速度。（答：$v_a = 306\ \text{cm/s}$）

6-6　图示两种机构中，已知 $O_1O_2 = a = 20\ \text{cm}$，$\omega_1 = 3\ \text{rad/s}$。求图示位置时杆 O_2A 的角速度。（答：（a）$\omega_2 = 1.5\ \text{rad/s}$；（b）$\omega_2 = 2\ \text{rad/s}$）

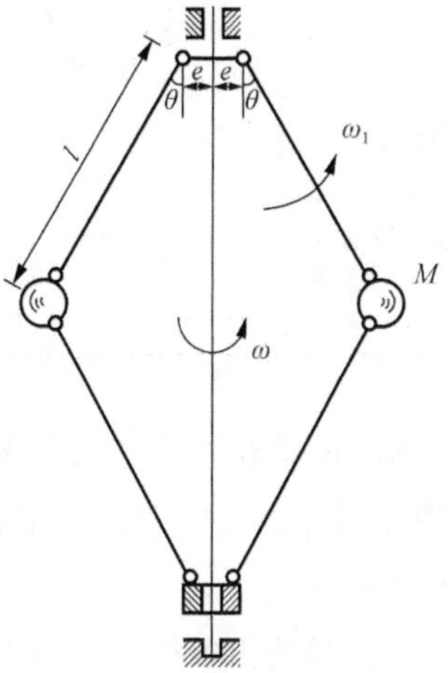

习题 6-5 图

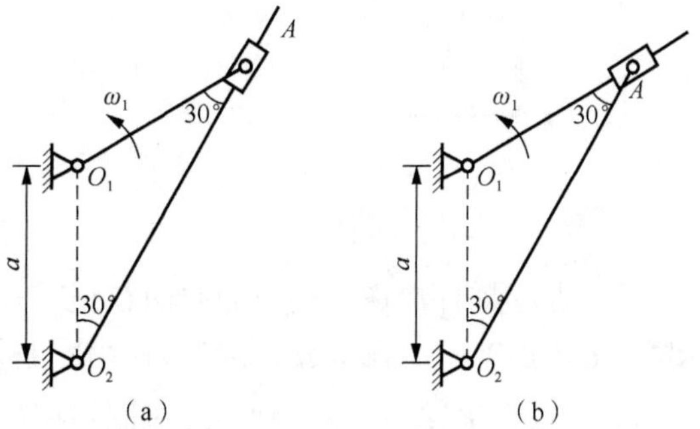

习题 6-6 图

6-7　图示凸轮推杆机构，已知偏心圆凸轮的偏心距 $OC = e$，半径 $r = \sqrt{3}e$。若凸轮以匀角速度 ω 绕轴 O 做逆时针转动，且推杆 AB 和 O 点在同一铅垂线上，求当 OC 与 CA 垂直时杆 AB 的速度。（答：$v_a = \dfrac{2\omega e}{\sqrt{3}}$）

6-8　半径为 $R = 1\ \text{m}$ 的半圆凸轮以匀速 $v_1 = 2\ \text{m/s}$ 向左平移，借以推动杆 AB 绕轴 A 转动。当 AB 与地面的夹角 $\theta = 30°$ 时，求杆 AB 的角速度。（答：$\omega = 0.577\ \text{rad/s}$）

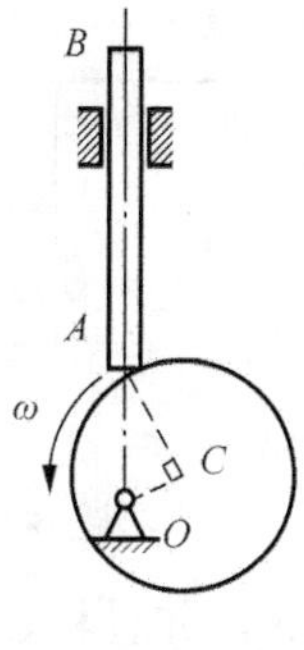

习题 6-7 图

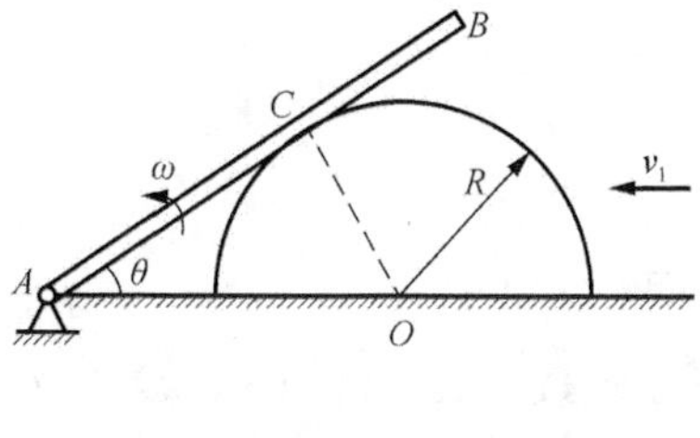

习题 6-8 图

6-9　图示塔式起重机的水平悬臂以匀角速度 ω 绕铅垂轴 OO_1 转动，同时跑车 A 带着重物 B 沿悬臂运动。如 $\omega = 0.1\ \text{rad/s}$，而跑车的运动规律为 $x' = 20 - 0.5t$（x' 以 m 计，t 以 s 计），并且悬挂重物的钢索 AB 始终保持铅垂。求当 $t = 10\ \text{s}$ 时，重物 B 的相对速度和牵连速度。（答：$v_r = -0.5\ \text{m/s}$，$v_e = 1.5\ \text{m/s}$）

6-10　图示倾角 $\varphi = 30°$ 的尖劈以匀速 $u = 20\ \text{cm/s}$ 沿水平面向右运动，从而使杆 OB 绕定

轴 O 转动，已知杆 OB 长为 $r=20\sqrt{3}$ cm 。求当 $\theta=\varphi$ 时，杆 OB 的角速度和角加速度。（答：$\omega=\dfrac{1}{3}$ rad/s ，$\alpha=\dfrac{\sqrt{3}}{27}$ rad/s^2 ）

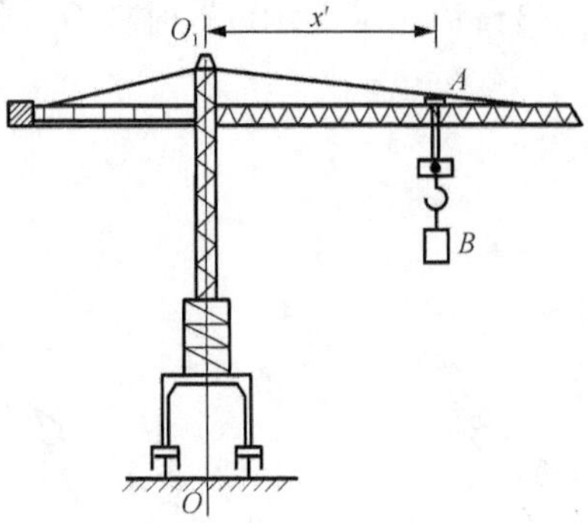

习题 6-9 图

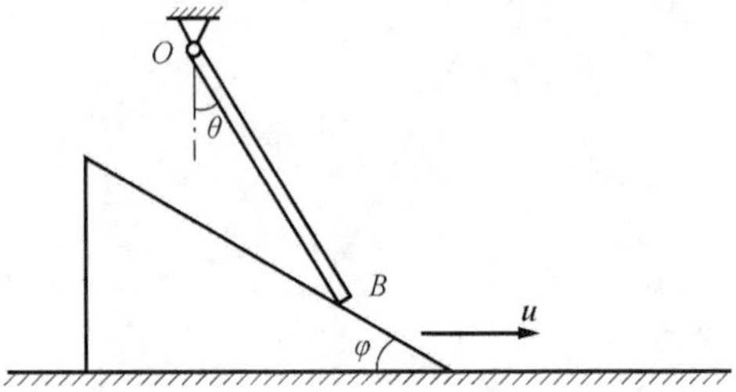

习题 6-10 图

6-11　曲柄摇杆滑道机构中的曲柄 OA 长 $l=1\text{m}$ ，以匀角速度 $\omega_O=2$ rad/s 绕 O 轴转动。在图示瞬时 $OA\perp OO_1$ ， $AB=2l$ ，求该瞬时 BC 杆的速度。（答：2.31 m/s）

6-12　摇杆 OC 绕 O 轴转动，经过固定在齿条 AB 上的销子 K 带动齿条移动，而齿条又带动半径为 10 cm 的齿轮 D 绕固定轴 O_1 转动。已知 $l=40$ cm ，图示瞬时当 $\varphi=30°$ 时，摇杆的角速度 $\omega=0.5$ rad/s ，求此时齿轮的角速度。（答： $\omega_D=2.67$ rad/s ）

6-13　曲柄滑道机构中曲柄 OA 绕轴 O 转动， $OA=100$ mm ，在图示瞬时，角速度 $\omega=1$ rad/s ，角加速度 $\alpha=1$ rad/s^2，求此时导杆 BCD 的加速度。（答： $a_{BCD}=137$ mm/s^2 ）

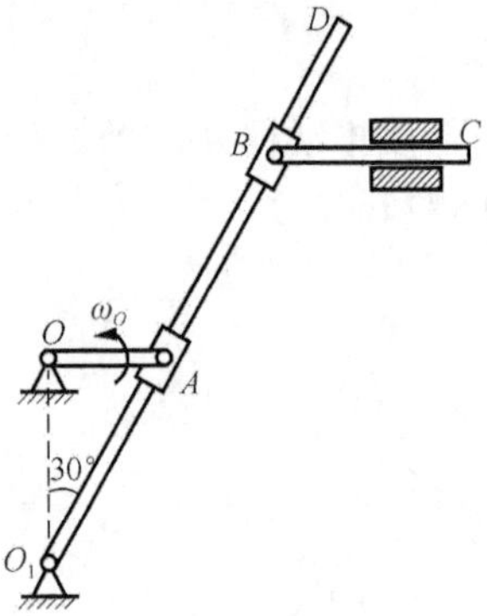

习题 6-11 图

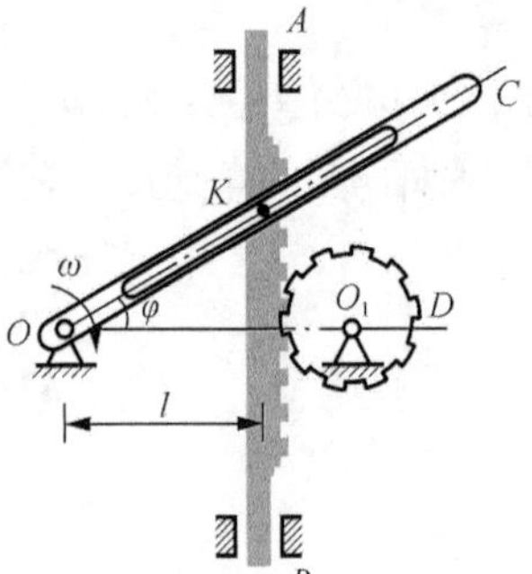

习题 6-12 图

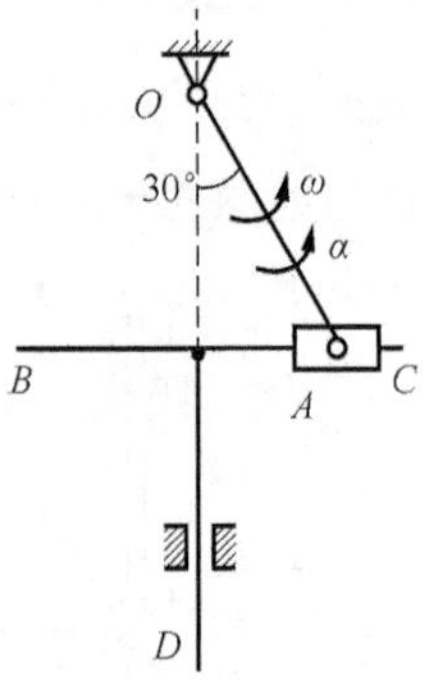

习题 6-13 图

6-14　图示铰接四边形机构中， $O_1A=O_2B=10$ cm ，又 $O_1O_2=AB$ ，并且杆 O_1A 以匀角速度 $\omega=2$ rad/s 绕 O_1 轴转动。杆 AB 上有一套筒 C，此筒与杆 CD 铰接。机构各部件都在同一铅直平面内。求当 $\varphi=60°$ 时，杆 CD 的速度与加速度。（答： $v=10$ cm/s ， $a=34.6$ cm/s^2 ）

6-15　图示曲柄 OA 长 40 cm，以匀角速度 $\omega=0.5$ rad/s 绕 O 轴逆时针转动。由于曲柄的 A 端推动滑杆 BC 的水平板，而使滑杆沿铅直方向上升。求当曲柄与水平线间的夹角 $\theta=30°$ 时，滑杆 BC 的速度和加速度。（答： $v=17.3$ cm/s ，方向向上； $a=5$ cm/s^2 ，方向向下）

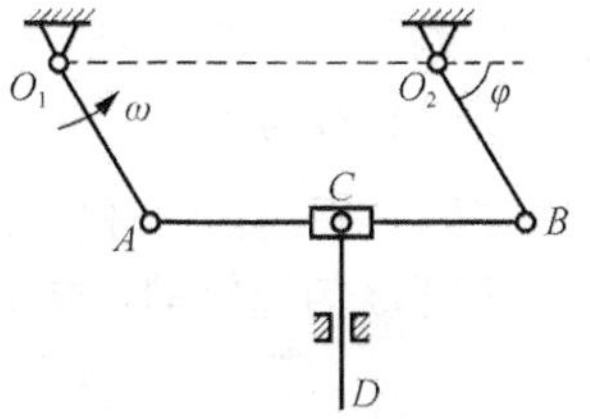

习题 6-14 图

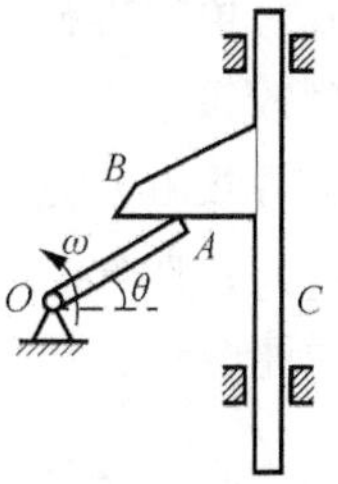

习题 6-15 图

6-16　小车沿水平方向向右做加速运动，其加速度 $a = 49.2\ \text{cm/s}^2$ 。在小车上有一半径 $r = 20\ \text{cm}$ 的轮绕 O 轴转动，转动的规律为 $\varphi = t^2$（t 以 s 计，φ 以 rad 计）。当 $t = 1\ \text{s}$ 时，轮缘上点 A 的位置如图所示，求此时点 A 的绝对加速度。（答：$a_a = 74.6\ \text{cm/s}^2$）

6-17　图示机构中杆 BD 以匀角速度 ω 转动，并推动杆 AC 转动，试求图示瞬时 AC 杆的角速度和角加速度。（答：$\omega_{AC} = \omega$，$\alpha_{AC} = \omega^2$）

6-18　一半径 $r = 20\ \text{cm}$ 的带槽圆环绕定轴 A 转动，槽内有一点 M 以匀速率 $v_r = 40\ \text{cm/s}$ 沿槽运动。在图示位置，圆盘的角速度 $\omega = 2\ \text{rad/s}$，$\alpha = 4\ \text{rad/s}^2$，求点 M 的绝对速度和绝对加速度。（答：$89.4\ \text{cm/s}$，$288.4\ \text{cm/s}^2$）

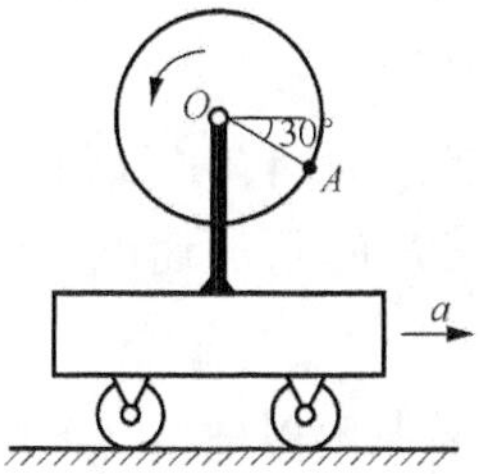

习题 6-16 图

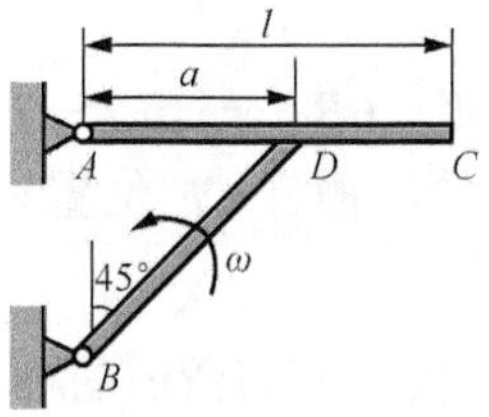

习题 6-17 图

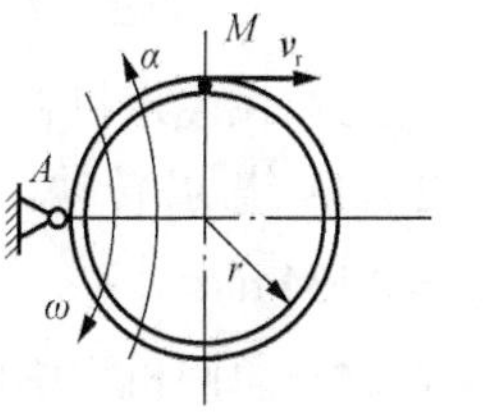

习题 6-18 图

6-19　图示大圆环 C 固定不动，$R = 0.5\ \text{m}$，AB 杆绕 A 端转动，同时杆用小圆环套在大圆环上。当 $\theta = 30°$ 时，AB 杆的角速度 $\omega = 2\ \text{rad/s}$，角加速度 $\alpha = 2\ \text{rad/s}^2$。求此时：①$M$ 沿大圆环 C 滑动的速度；② M 沿 AB 杆滑动的速度；③点 M 的绝对加速度。（答：①2 m/s；②1 m/s；③$8.2\ \text{m/s}^2$）

6-20　图示长方形平板 $ABCD$ 按 $\varphi=\pi t^2/8$（φ 以 rad 计，t 以 s 计）的规律绕定轴 O 转动，小球 M 又以 $s = 3t^2$ (cm) 的规律相对板的直槽 $O'M$ 运动。设 $OO' = 16\ \text{cm}$，试求 $t = 2\ \text{s}$ 时小球 M 的绝对速度和绝对加速度。（答：$v_a = 41.64\ \text{cm/s}$，$a_a = 87.3\ \text{cm/s}^2$）

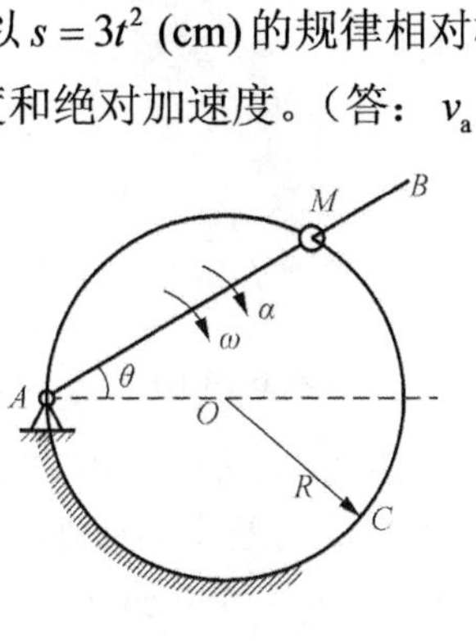

习题 6-19 图

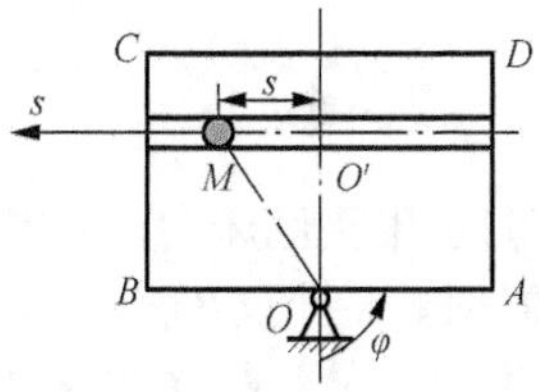

习题 6-20 图

6-21　图示弯成直角的折杆 OAB 以匀角速度 ω 绕 O 轴转动。在折杆的 AB 段装有滑筒 C，滑套又与铅直杆 DC 铰接于 C，O 轴与 DC 位于同一铅垂线上。设折杆的 OA 段长为 r，求当 $\varphi = 30°$ 时，DC 杆的速度和加速度。（答：$v_{CD} = 2\omega r/3$，$a_{CD} = 10\sqrt{3}\omega^2 r/9$）

6-22　图示半径为 r 的空心圆环固结于 AB 轴上，并与轴线在同一平面内。环内充满了水，水按箭头方向以相对速度 v_r 在环内做匀速运动，同时 AB 轴以角速度 ω 匀速转动。求在点 1、2、3、4 处水的绝对加速度的大小。（答：$a_1 = r\omega^2 - \dfrac{v_r^2}{r}$，$a_2 = a_4 = \sqrt{4r^2\omega^4 + \dfrac{v_r^4}{r^2} + 4\omega^2 v_r^2}$，$a_3 = 3r\omega^2 + \dfrac{v_r^2}{r}$）

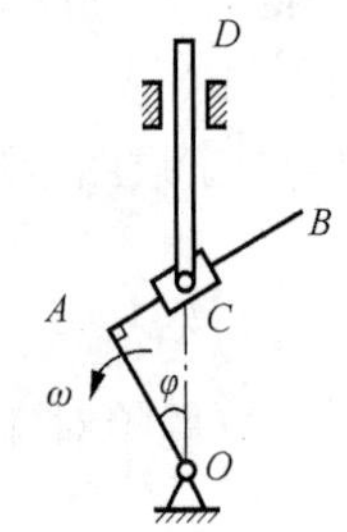

习题 6-21 图

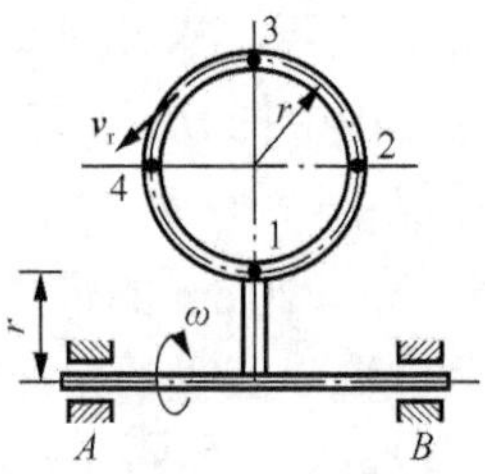

习题 6-22 图

6-23　在图示机构中，已知 $AA' = BB' = r = 0.25\ \text{m}$，且 $AB = A'B'$。曲柄 AA' 以匀角速度 $\omega = 2\ \text{rad/s}$ 绕 A' 转动，当 $\theta = 60°$ 时，槽杆 CE 位置铅直，求此时 CE 的角加速度。（答：$\alpha_{CE} = 0.134\ \text{rad/s}^2$）

6-24　急回机构由曲柄 AB、滑块 B 和带滑道的杆件 CD 组成，若某瞬时曲柄 AB 的角速度与角加速度如图所示，求此瞬时 CD 杆的角速度与角加速度。（答：$\omega_{CD} = 0.866\ \text{rad/s}$，$\alpha_{CD} = 3.23\ \text{rad/s}^2$）

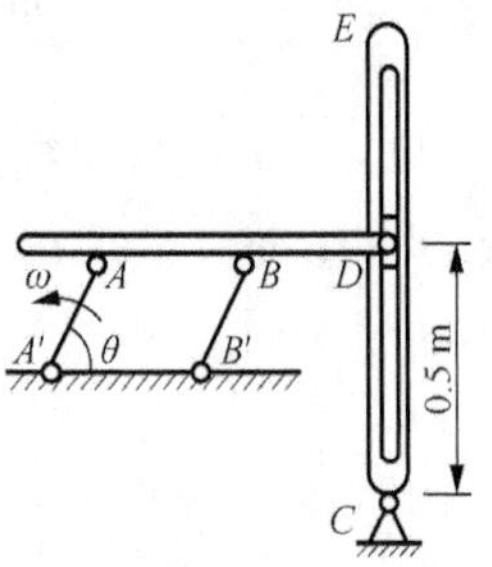

习题 6-23 图

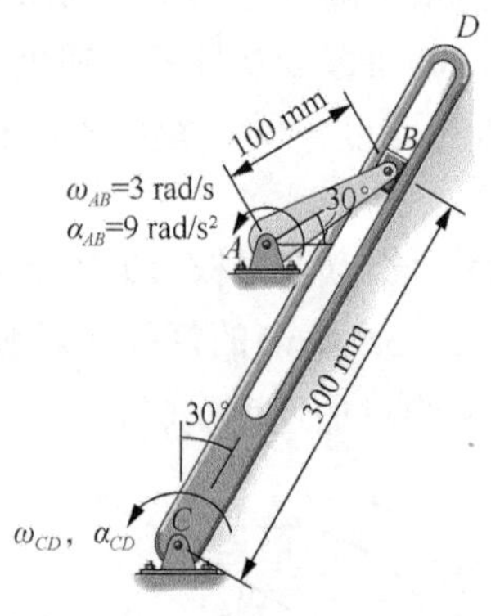

习题 6-24 图

6-25　图示牛头刨床急回机构，主动轮以匀转速 n=50 r/min 转动，OA=17.5 cm。求当 $\angle O_1OA = 90°$ 时，摇杆 O_1B 的角速度和角加速度，并求此时刨刀 C 的速度和加速度。（答：ω_1 = 1.05 rad/s（逆时针），α_1 = 6.58 rad/s²（顺时针），v_C =91.6 cm/s，a_C = 480 cm/s²）

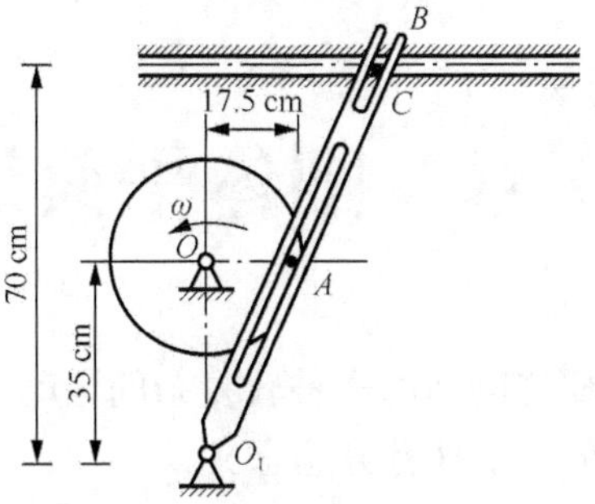

习题 6-25 图

第 7 章　刚体平面运动

本章将用合成运动的方法研究刚体的一种较复杂的运动——刚体平面运动，本章所采取的研究方法对研究刚体更复杂的运动具有普遍意义。

7.1　刚体平面运动简介

用黑板刷刷黑板，忽略黑板刷的变形，将其当刚体看待，则刷黑板时，只要黑板刷没有离开黑板，其上任一点到黑板平面的距离始终保持不变。这种在运动过程中，其上任一点到某一固定平面的距离始终保持不变的刚体运动，称为**刚体平面运动**。如图 7-1 所示的曲柄连杆机构中，曲柄 OA 定轴转动，滑块 B 平动，而连杆 AB 既不是做平动，也不是做定轴转动，其运动就是刚体平面运动。

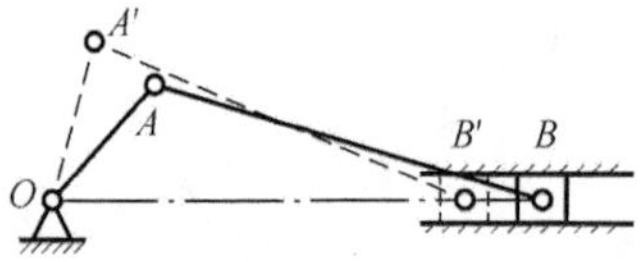

图 7-1

1. 刚体平面运动的抽象简化

为研究方便，人们总是希望将问题抽象简化。如图 7-2 所示，刚体 T 做平面运动，刚体内任一点到固定平面 I 的距离始终保持不变。用一个与固定平面 I 平行的平面 II 去截刚体，得一平面形 S，根据平面运动的定义，平面形 S 始终在固定平面 II 或者说其自身平面内运动。刚体可以认为是由无穷多条垂直于固定平面 I 的直线 O_1O_2 组成，显然，刚体平面运动时直线做平动。假设直线 O_1O_2 与平面形 S 交于点 O'，根据平动的特性，O' 点的运动能代表平动直线 O_1O_2 的运动。于是，S 交面上的一个点代表了平面运动刚体上垂直于固定平面 I 的一条线，S 交面上无穷多个点就代表了刚体上无穷多条线，所有这些线组成整个刚体，所以平面形 S 在其自身平面内的运动就代表了刚体的平面运动。同时，平面形 S 在其自身平面内的位置可以完全由其上任一直线 $O'M$ 的位置确定，从而平面形 S 的运动可以继续简化为直线 $O'M$ 的运动，如图 7-3 所示。但是，不可能再继续简化成一个点的运动了，只有刚体平动才能简化成点的运动。

2. 刚体平面运动方程

如图 7-3 所示，直线 $O'M$ 的位置可由 O' 点（称为基点）的两个坐标 $x_{O'}$、$y_{O'}$ 及该直线与 x 轴的夹角 φ 来确定。当平面形 S 运动时，坐标 $x_{O'}$、$y_{O'}$ 和角 φ 都将随时间而改变，它们可以表示为时间 t 的单值连续函数：

$$\left.\begin{aligned} x_{O'} &= f_1(t) \\ y_{O'} &= f_2(t) \\ \varphi &= f_3(t) \end{aligned}\right\} \tag{7-1}$$

若这些函数已知，则直线 $O'M$（也就是平面形 S 或刚体）在每一瞬时 t 的位置都可以确定，因此式（7-1）称为**刚体平面运动方程**。

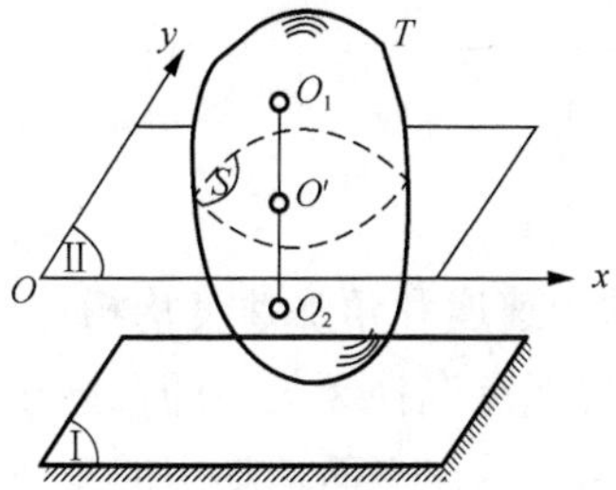

图 7-2

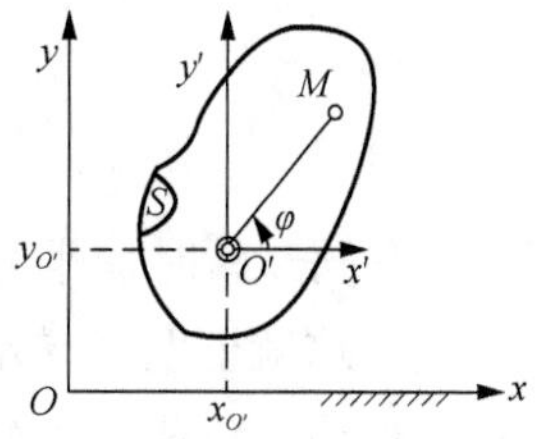

图 7-3

从刚体平面运动方程可以看到：

（1）若 φ 等于常数，则直线 $O'M$ 在运动过程中始终保持与原来位置平行。即平面形 S 在其自身平面上做平动，也就是刚体做平动。

（2）若 $x_{O'}$ 与 $y_{O'}$ 等于常数，即基点 O' 的位置不变，则平面形 S 绕基点 O' 做定轴转动，也就是刚体绕通过基点 O' 且垂直于固定平面 I 的轴做定轴转动。

上面是两种特殊情形，若为一般情形，则刚体平面运动应该同时包含平动和转动两部分。

3. *平面形 S 分解为随基点的平动与绕基点的转动*

如图 7-3 所示，以基点 O' 为原点，作动坐标系 $O'x'y'$，假定平面形 S 在做平面运动的过程中，动坐标轴 x' 和 y' 始终保持分别与静坐标轴 x 和 y 平行，也就是动坐标系随同基点 O' 做平动。根据点的合成运动的概念，动坐标系相对于静坐标系的运动为牵连运动，它是随基点 O' 的平动；平面形 S 相对于动坐标系的运动为相对运动，它是绕基点 O' 的转动；平面形 S 相对于静坐标系 Oxy 的运动为绝对运动，这就是平面运动。这样，平面形 S 的平面运动（绝对运动）可以分解为随基点的平动（牵连运动）和绕基点的转动（相对运动）。

基点 O' 是任选的。在平面形 S 内任取直线 AB，设经过 Δt 时间后直线 AB 改变到位置 $A'B'$，如图 7-4 所示。这个改变可以认为是选取 A 点为基点，先随同基点 A 平行移动到 $A'B''$，再绕基点 A 转过 $\Delta\varphi_A$ 到 $A'B'$；也可以认为是选取 B 点为基点，先随同基点 B 平行移动到 $A''B'$，再绕基点 B 转过 $\Delta\varphi_B$ 到 $A'B'$。由图 7-4 可以看到，分别选取 A 和 B 为基点，随同基点平动部分的轨迹（图上分别用虚线和点划线表示）显然不同，轨迹都不一样，速度和加速度也会不一样。因此，随同基点的平动和基点选择有关，平动的速度和加速度随基点选取不同而不同。由图 7-4 还可以看到，$\Delta\varphi_A = \Delta\varphi_B$，且转向相同。于是

$$\lim_{\Delta t\to 0}\frac{\Delta\varphi_A}{\Delta t} = \lim_{\Delta t\to 0}\frac{\Delta\varphi_B}{\Delta t} \quad 或 \quad \omega_A = \omega_B$$

将上式对时间求导一次，则有

$$\alpha_A = \alpha_B$$

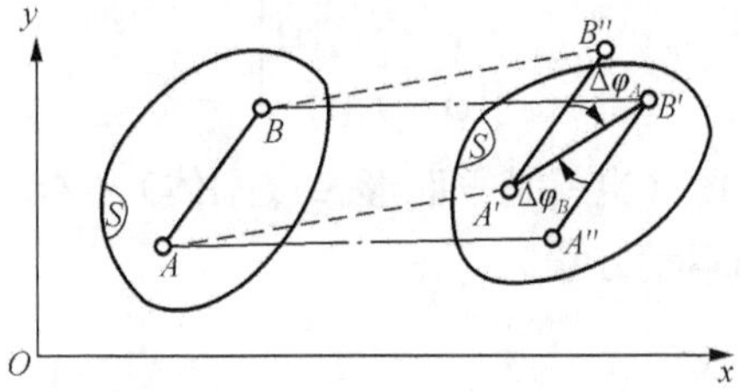

图 7-4

由此可见，在同一瞬时，平面形绕 A、B 两点转动的角速度和角加速度均相等。由于 A、B 是任取的两点，这就证明了转动的角速度和角加速度与基点选择无关，即在同一瞬时，平面形绕任一基点转动的角速度和角加速度都是相同的。因此，在平面运动中的角速度和角加速度可以直接称为平面形的角速度和角加速度，而无须指明是相对哪个基点转动的角速度和角加速度。

7.2　求平面形上各点的速度

由上节可知，平面形的运动可以分解为随基点的平动（牵连运动）和绕基点的转动（相对运动），因此，可以根据点的速度合成定理求解平面形上任一点的速度。

7.2.1　基点法

设已知平面形 S 上某一点 O' 的运动，某一瞬时该点的速度为 $\boldsymbol{v}_{O'}$，平面形 S 的角速度为 ω，如图 7-5 所示。若选点 O' 为基点，则平面形 S 上任一点 M 的运动可以分解为随同基点 O' 的平动和绕基点 O' 的转动。根据点的速度合成定理，点 M 的绝对速度为

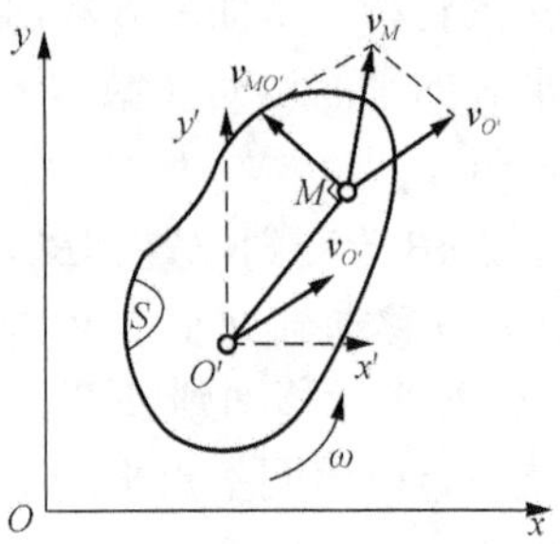

图 7-5

$$\boldsymbol{v}_M = \boldsymbol{v}_e + \boldsymbol{v}_r$$

因为牵连运动是动坐标系 $O'x'y'$ 随基点 O' 的平动，所以 $\boldsymbol{v}_e = \boldsymbol{v}_{O'}$；点 M 的相对运动是随平面形 S 绕基点 O' 的转动，所以，点 M 的相对速度就是平面形 S 绕基点 O' 转动时点 M 的速度，以 $\boldsymbol{v}_{MO'}$ 表示，即 $\boldsymbol{v}_r = \boldsymbol{v}_{MO'}$。$\boldsymbol{v}_{MO'}$ 的方位总是垂直于 $O'M$，且向着平面形的角速度的转向指向前方，其大小则为 $v_{MO'} = O'M \cdot \omega$。于是点 M 的速度可写为

$$\boldsymbol{v}_M = \boldsymbol{v}_{O'} + \boldsymbol{v}_{MO'} \tag{7-2}$$

式（7-2）表明：**平面形上任一点的速度等于基点的速度与该点随平面形绕基点转动的速度的矢量和**。这种方法称为**基点法**。

由于基点是任意选择的，所以式（7-2）实际上表明了平面形上任意两点速度之间的关系。另外，式（7-2）是个矢量方程，具体求解可以将矢量方程投影，变成两代数方程，可以求解

两个未知量。不过，实际求解时一般并不利用投影方程这种解析法，而是画出如图 7-5 所示的速度矢量平行四边形，采用几何法。

7.2.2　速度投影定理

将式（7-2）两端投影在直线 $O'M$ 上，即

$$(\boldsymbol{v}_M)_{O'M} = (\boldsymbol{v}_{O'})_{O'M} + (\boldsymbol{v}_{MO'})_{O'M}$$

但由于 $\boldsymbol{v}_{MO'}$ 垂直于线段 $O'M$，则 $(\boldsymbol{v}_{MO'})_{O'M} = 0$。于是得到

$$(\boldsymbol{v}_M)_{O'M} = (\boldsymbol{v}_{O'})_{O'M} \tag{7-3}$$

式（7-3）称为**速度投影定理：同一平面形上任意两点的速度在这两点连线上的投影相等**，如图 7-6 所示。

这个定理也可以这样理解：因为 M 和 O' 是刚体上任意两点，它们的距离应保持不变，所以两点的速度在 $O'M$ 方向的分量应相同，否则，线段 $O'M$ 不是伸长，便是缩短。因此，速度投影定理不仅适用于刚体做平面运动，也适用于刚体做其他任意的运动。

【例 7-1】 椭圆规的构造如图 7-7 所示。滑块 A、B 分别可在相互垂直的直槽中滑动，并用长 $l = 20$ cm 的连杆 AB 连接。设图示瞬时 $\varphi = 30°$，$v_A = 20$ cm/s，求此时滑块 B 的速度 $\boldsymbol{v}_B$ 与 AB 杆转动的角速度。

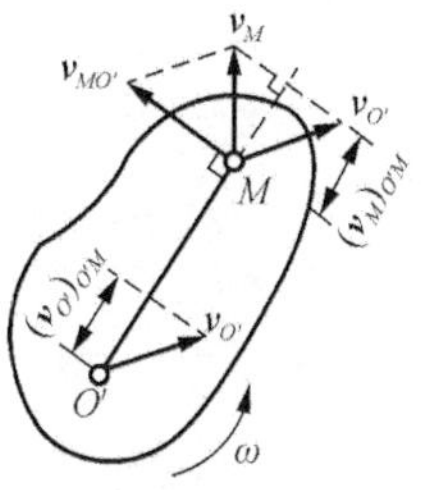

图 7-6

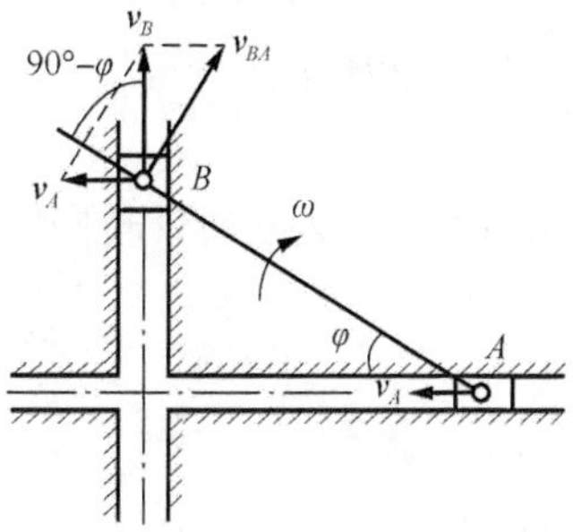

图 7-7

解　（1）连杆 AB 做平面运动，点 A 速度 $\boldsymbol{v}_A$ 是已知的，因此选点 A 为基点。

（2）根据基点法，可以写出点 B 的速度为

$$\begin{matrix}\text{大小}\\\text{方向}\end{matrix}\ \boldsymbol{v}_{B\surd}^{\ ?} = \boldsymbol{v}_{A\surd}^{\ \surd} + \boldsymbol{v}_{BA\surd}^{\ ?} \tag{1}$$

三个速度矢量的大小方向的已知、未知情况如式（1）所示，其中 $\boldsymbol{v}_B$ 为垂直方向，$\boldsymbol{v}_{BA}$ 的方向垂直于 AB。在动点 B 上作速度矢量平行四边形，可确定 $\boldsymbol{v}_B$ 与 $\boldsymbol{v}_{BA}$ 的具体指向，如图 7-7 所示。由图中几何关系可得 $\boldsymbol{v}_B$ 的大小为

$$v_B = v_A \cot\varphi = 20\cot 30° = 34.6(\text{cm/s})$$

而 $\boldsymbol{v}_{BA}$ 的大小为

$$v_{BA} = \frac{\boldsymbol{v}_A}{\sin\varphi} = \frac{20}{\sin 30°} = 40(\text{cm/s})$$

因为 $v_{BA} = AB \cdot \omega$，所以连杆 AB 的角速度为

$$\omega = \frac{v_{BA}}{AB} = \frac{40}{20} = 2(\text{rad/s})$$

根据 $\boldsymbol{v}_{BA}$ 的指向，可确定 ω 的转向为顺时针转向，如图 7-7 所示。

在求 $\boldsymbol{v}_B$ 时，也可根据速度投影定理，

$$(\boldsymbol{v}_A)_{AB}=(\boldsymbol{v}_B)_{AB}$$

即

$$v_A\cos\varphi=v_B\cos(90^\circ-\varphi)$$

同样可求得 $v_B=34.6\,(\text{cm/s})$。用此法求 $\boldsymbol{v}_B$ 较为方便，但显然，用速度投影定理求不出连杆 AB 的角速度。

【例 7-2】 杆 AB 的 A 端沿水平线以匀速 $\boldsymbol{v}$ 运动，运动过程中杆 AB 恒与半径为 R 的半圆相切，如图 7-8 所示。如杆与水平线间的夹角为 θ，试以角 θ 表示杆的角速度。

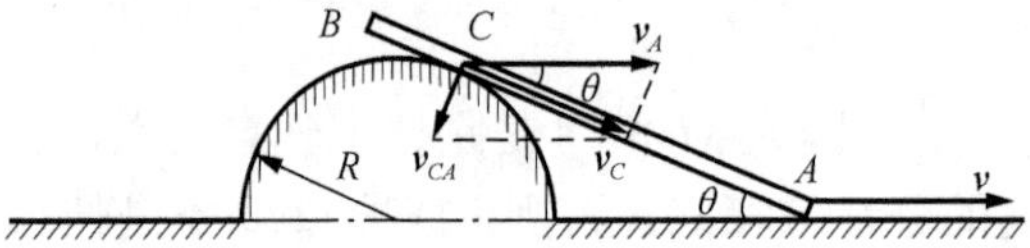

图 7-8

解 杆 AB 做平面运动，选点 A 为基点，根据基点法求接触点 C 的速度，

$$\begin{matrix}\text{大小}\\\text{方向}\end{matrix}\ \boldsymbol{v}_{C\surd}^{\ ?}=\boldsymbol{v}_{A\surd}^{\ \surd}+\boldsymbol{v}_{CA\surd}^{\ ?}$$

式中，$\boldsymbol{v}_C$ 的方向为半圆切线方向。在动点 C 上作速度矢量平行四边形，可确定 $\boldsymbol{v}_C$ 与 $\boldsymbol{v}_{CA}$ 的具体指向，如图 7-8 所示。

$$v_{CA}=v_A\sin\theta=v\sin\theta$$

因此 AB 杆的角速度为逆时针转向，大小为

$$\omega_{CA}=\frac{v_{CA}}{CA}=\frac{v\sin\theta}{\dfrac{R}{\tan\theta}}=\frac{v\sin^2\theta}{R\cos\theta}$$

7.2.3 速度瞬心法

一般情况下，任一瞬时，平面形或其延面内都唯一地存在一个速度为零的点，该点称为平面形的**瞬时速度中心**，简称**速度瞬心**。

证明 设平面形 S 上点 A 的速度为 $\boldsymbol{v}_A$，平面形的角速度为 ω，如图 7-9 所示。取 A 为基点，平面形上任一点 M 的速度可按下式计算：

$$\boldsymbol{v}_M=\boldsymbol{v}_A+\boldsymbol{v}_{MA}$$

如果点 M 在 $\boldsymbol{v}_A$ 的垂线 AN 上（由 $\boldsymbol{v}_A$ 到 AN 的转向与平面形角速度 ω 的转向一致），从图 7-9 中可以看出，$\boldsymbol{v}_A$ 与 $\boldsymbol{v}_{MA}$ 在同一条直线上，而且方向相反，因此 $\boldsymbol{v}_M$ 的大小为

$$v_M=v_A-\omega\cdot AM$$

由图 7-9 可知，随着点 M 在垂线 AN 上的位置不同，v_M 的大小也不同，那么总可以找到一点 I，这点的瞬时速度等于零，即

$$v_I=v_A-AI\cdot\omega=0\ \Rightarrow\ AI=\frac{v_A}{\omega}$$

I 点即为瞬时速度中心或速度瞬心，于是定理得到证明。

根据上述定理，任一瞬时在平面形内或其延面内总可找到速度为零的一个点 I，即 $\boldsymbol{v}_I=0$。

选取 I 作为基点，则平面形各点的速度为

$$\boldsymbol{v}_A = \boldsymbol{v}_I + \boldsymbol{v}_{AI} = \boldsymbol{v}_{AI} \quad \text{或} \quad v_A = v_{AI} = \omega \cdot AI$$
$$\boldsymbol{v}_B = \boldsymbol{v}_I + \boldsymbol{v}_{BI} = \boldsymbol{v}_{BI} \quad \text{或} \quad v_B = v_{BI} = \omega \cdot BI$$
$$\boldsymbol{v}_C = \boldsymbol{v}_I + \boldsymbol{v}_{CI} = \boldsymbol{v}_{CI} \quad \text{或} \quad v_C = v_{CI} = \omega \cdot CI$$
$$\vdots \qquad\qquad\qquad\qquad \vdots$$

由此得出结论：**平面形内任一点的速度等于该点随平面形绕瞬时速度中心转动的速度**。平面形内各点速度的大小与该点到速度瞬心的距离成正比，速度的方向垂直于该点到速度瞬心的连线，指向平面形转动的一方，如图 7-10 所示。图 7-10 中平面形上各点速度相对于速度瞬心的分布情况，与绕定轴转动刚体上各点速度相对于定轴的分布情况（图 5-20）类似。于是，平面形的运动可看成绕瞬心的瞬时转动。但应特别指出的是，刚体做平面运动时，在任一瞬时，平面形都有一个速度瞬心，而在不同瞬时，平面形速度瞬心是不同的。

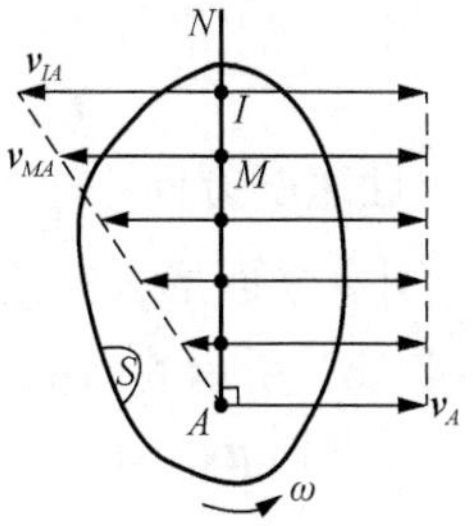

图 7-9

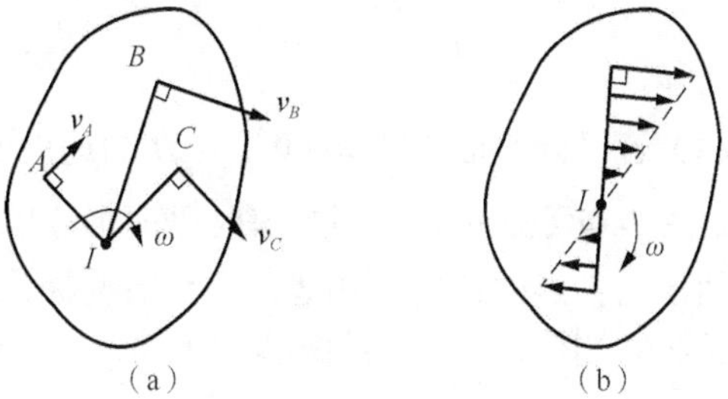

图 7-10

速度瞬心法的关键是如何确定速度瞬心的位置。定理的证明过程其实就给定了一种确定速度瞬心位置的方法，下面讨论几种不同已知条件的情况下，确定速度瞬心位置的方法。

（1）如图 7-11 所示，当平面形沿一固定面做纯滚动（滚而不滑）时，平面形与固定面的接触点 I 就是平面形的速度瞬心，因为在这一瞬时，点 I 相对于固定面的速度为零，显然它的绝对速度也等于零。平面形纯滚动的过程中，轮缘上各点相继与固定面接触而成为平面形在不同时刻的速度瞬心。若平面形是半径为 R 的圆盘，转动角速度为 ω，则圆心 O 的速度为 $v_O = IO \cdot \omega$，方向垂直于连线 IO，而其余各点速度的分布规律如图 7-11 所示。

（2）已知平面形内任意两点 A 与 B 的速度 $\boldsymbol{v}_A$ 与 $\boldsymbol{v}_B$ 互不平行，如图 7-12（a）所示，因速度瞬心必在各点速度的垂线上。因此，通过 A、B 两点分别作速度 $\boldsymbol{v}_A$ 与 $\boldsymbol{v}_B$ 的垂线，则这两垂线的交点 I 即为平面形在此瞬时的速度瞬心。图 7-12（b）所示曲柄连杆机构中连杆 AB 的速度瞬心就是按这种方法确定。

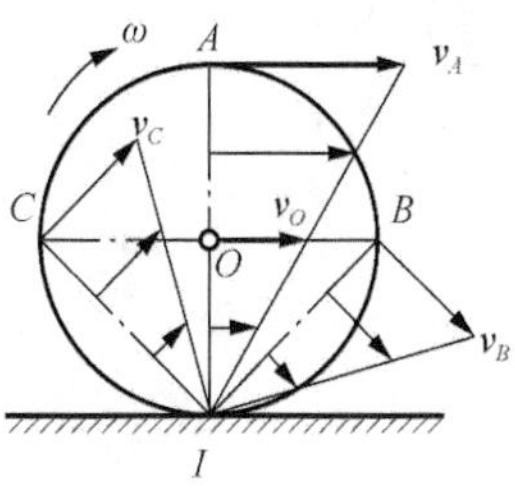

图 7-11

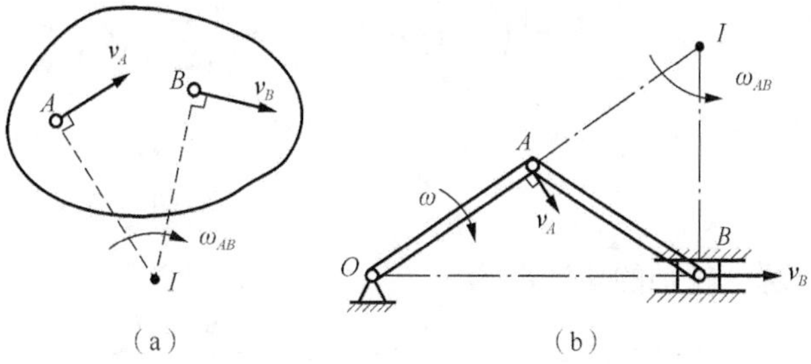

图 7-12

（3）已知平面形上两点 A 与 B 的速度 $\boldsymbol{v}_A$ 与 $\boldsymbol{v}_B$ 互相平行，且速度方向垂直于两点连线，则速度瞬心 I 必定在连线 AB 与速度矢端连线的交点上，如图 7-13 所示。图 7-13（a）中 $\boldsymbol{v}_A$ 与 $\boldsymbol{v}_B$ 同向，I 点外分连线 AB；图 7-13（b）中 $\boldsymbol{v}_A$ 与 $\boldsymbol{v}_B$ 反向，I 点内分连线 AB。图 7-13（c）齿轮齿条传动中齿轮速度瞬心的确定就属于这种情况。显然，要确定 I 点的具体位置，还必须知道 $\boldsymbol{v}_A$ 与 $\boldsymbol{v}_B$ 的大小。

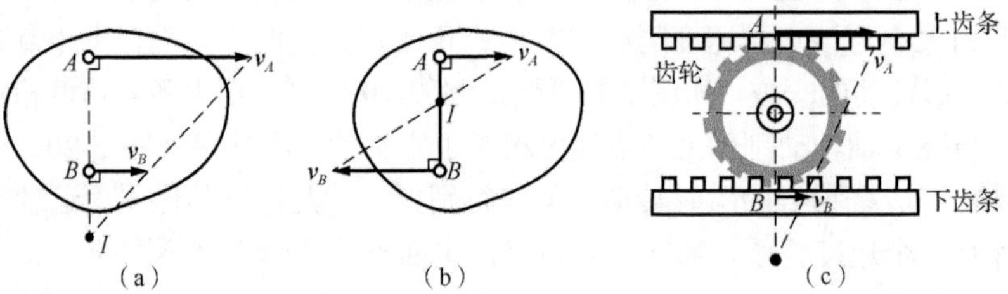

图 7-13

（4）若已知平面形上两点 A 与 B 的速度 $\boldsymbol{v}_A$ 与 $\boldsymbol{v}_B$ 互相平行，且速度方向不垂直于两点连线，如图 7-14（a）所示，则此瞬时平面形 S 的速度瞬心在无穷远处，平面形 S 的角速度为零，而平面形上各点的速度均相等，这种情况称为瞬时平动。图 7-14（b）所示的曲柄连杆机构中的连杆 AB 在图示瞬时就是做瞬时平动，$\boldsymbol{v}_A=\boldsymbol{v}_B$，$\omega_{AB}=0$。但显然此时 $\boldsymbol{a}_A\neq\boldsymbol{a}_B$，$\alpha_{AB}\neq 0$（读者可自行验证），这也是称为瞬时平动，而不是平行移动的原因。

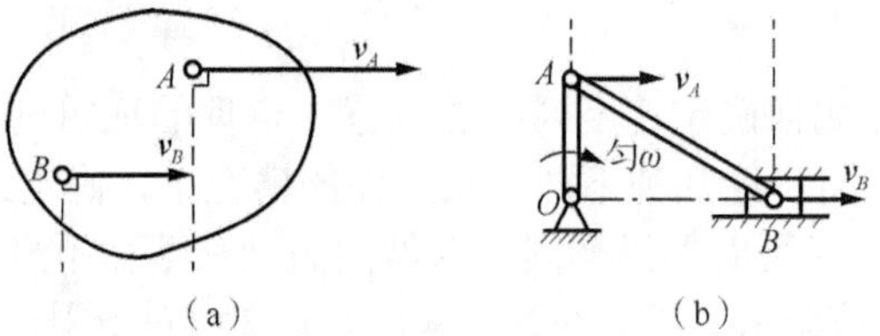

图 7-14

【例 7-3】 如图 7-15（a）所示，用两个不同直径的鼓轮组成的绞车来提升一圆管，设 $BE /\!/ CD$，轮轴的转速 $n=10\,\text{r/min}$，$r=5\,\text{cm}$，$R=15\,\text{cm}$，求圆管上升的速度。

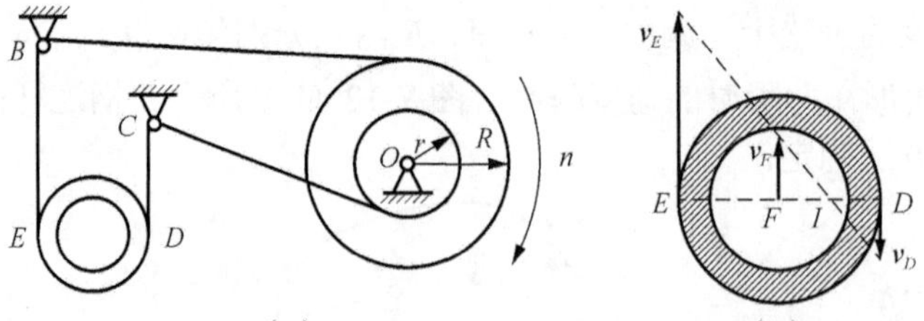

图 7-15

解 轮轴的角速度为

$$\omega_O=\frac{n\pi}{30}=\frac{10\pi}{30}=\frac{\pi}{3}(\text{rad/s})$$

E、D 两点的速度方向如图 7-15（b）所示，速度大小分别为

$$v_E = \omega_O R = \frac{\pi}{3} \times 15 = 5\pi(\text{cm/s})$$

$$v_D = \omega_O r = \frac{\pi}{3} \times 5 = \frac{5}{3}\pi(\text{cm/s})$$

从而可得圆管的速度瞬心 I 如图 7-15（b）所示。由速度瞬心法

$$\frac{ID}{EI} = \frac{v_D}{v_E} = \frac{\frac{5}{3}\pi}{5\pi} = \frac{1}{3}$$

设圆管直径为 d，圆管的圆心为 F，则有

$$EI = \frac{3d}{4}, \quad ID = \frac{d}{4} = IF$$

从而有

$$v_F = v_D = \frac{5}{3}\pi(\text{cm/s})$$

这就是圆管上升的速度。

【例 7-4】 图 7-16（a）所示颚式碎石机，曲柄 OE 以匀转速 n = 100 r/min 转动，借助杆 CE、CD 和 BC 带动夹板 AB 绕 A 轴摆动，以夹碎石块。已知曲柄 OE 长 10 cm，杆 BC 及 CD 各长 40 cm，活动夹板 AB 长 60 cm，求图示位置夹板 AB 的角速度。

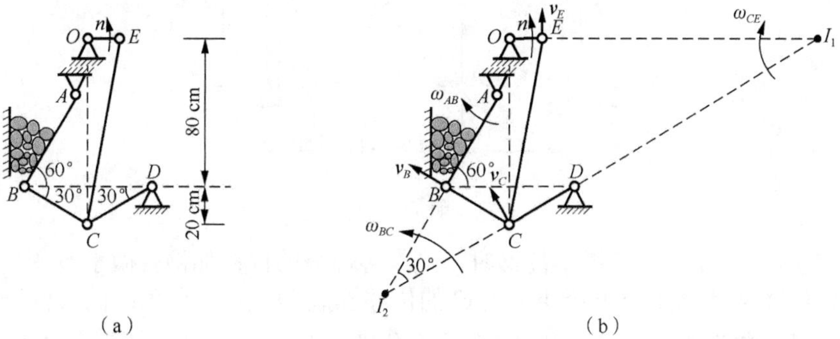

图 7-16

解　(1) 运动分析。杆 CE 和 BC 做平面运动，其余各杆做定轴转动。

(2) 用速度瞬心法求未知量。要求夹板 AB 的角速度 ω_{AB}，应先由做平面运动的 BC 杆求出点 B 的速度 $\boldsymbol{v}_B$，而要求 $\boldsymbol{v}_B$ 又应由做平面运动的 CE 杆求出点 C 的速度 $\boldsymbol{v}_C$。CE 杆上 E 点的速度 $\boldsymbol{v}_E$ 可以由做定轴转动的 OE 杆来确定：

$$v_E = OE \times \omega_{OE} = 10 \times \frac{n\pi}{30} = \frac{100\pi}{3}(\text{cm/s})$$

$\boldsymbol{v}_E \perp OE$，方向如图 7-16（b）所示。根据 $\boldsymbol{v}_C \perp CD$，可确定 CE 杆在所示位置的速度瞬心 I_1。由直角三角形 OCI_1 可知

$$I_1C = \frac{OC}{\cos 60^\circ} = \frac{100}{0.5} = 200(\text{cm})$$

$$I_1E = I_1O - OE = I_1C\cos 30^\circ - OE = 200 \times 0.866 - 10 = 163.2(\text{cm})$$

于是

$$\omega_{CE}=\frac{v_E}{I_1E}=\frac{100\pi}{3\times163.2}=0.641(\text{rad/s})$$

$$v_C=I_1C\times\omega_{CE}=200\times0.641=128.2(\text{cm/s})$$

再根据 $\boldsymbol{v}_B\perp AB$，可确定 BC 杆在所示位置的速度瞬心 I_2。由直角三角形 BCI_2 可知

$$v_B=I_2B\times\omega_{BC}=I_2B\times\frac{v_C}{I_2C}=v_C\frac{I_2B}{I_2C}=v_C\cos30^{\circ}=111(\text{cm/s})$$

于是

$$\omega_{AB}=\frac{v_B}{AB}=\frac{111}{60}=1.85(\text{rad/s})$$

转向为顺时针转向，如图 7-16（b）所示。

【例 7-5】 设图 7-17 中刚架的支座 B 有一铅直向下的微小位移（沉陷）$\Delta\boldsymbol{r}_B$，相应地，C、D、E 三点都将发生微小位移。试确定 C、D、E 三点位移 $\Delta\boldsymbol{r}_C$、$\Delta\boldsymbol{r}_D$、$\Delta\boldsymbol{r}_E$ 的方向以及它们的大小与 $\Delta\boldsymbol{r}_B$ 的比值。

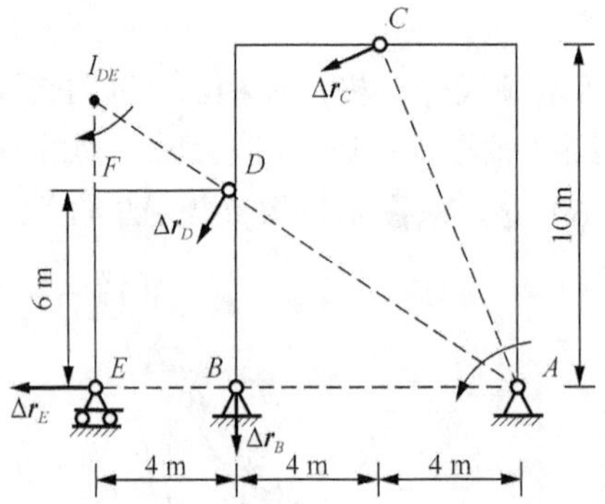

图 7-17

解　当支座 B 发生向下的微小位移时，刚架各部分的位置都将有微小改变。根据所受约束，AC 部分将绕 A 铰发生微小转动，点 C 的位移 $\Delta\boldsymbol{r}_C$（与点 C 速度 $\boldsymbol{v}_C$ 的方向一致）应垂直于 AC。BCD 部分将做平面运动，过 B、C 两点分别作 $\Delta\boldsymbol{r}_B$ 与 $\Delta\boldsymbol{r}_C$（也就是垂直于 $\boldsymbol{v}_B$ 与 $\boldsymbol{v}_C$）的垂线，交于点 A，点 A 就是 BC 部分的瞬时转动中心。由 $\Delta\boldsymbol{r}_B$ 的指向可知 BC 绕点 A 逆时针转动，从而可以确定 $\Delta\boldsymbol{r}_C$、$\Delta\boldsymbol{r}_D$ 的方向如图 7-17 所示，而

$$\frac{\Delta r_C}{\Delta r_B}=\frac{v_C\Delta t}{v_B\Delta t}=\frac{v_C}{v_B}=\frac{AC}{AB}=\frac{\sqrt{10^2+4^2}}{8}=1.35$$

$$\frac{\Delta r_D}{\Delta r_B}=\frac{AD}{AB}=\frac{\sqrt{8^2+6^2}}{8}=1.25$$

DE 部分也做平面运动，$\Delta\boldsymbol{r}_D$ 的方向已知，由 E 点所受的约束可知 $\Delta\boldsymbol{r}_E$ 的方位是水平的，于是可定出 DE 部分的瞬时转动中心 I_{DE}。根据 $\Delta\boldsymbol{r}_D$ 的指向可知 DE 绕 I_{DE} 顺时针转动，所以 $\Delta\boldsymbol{r}_E$ 的指向应向左。利用 $\triangle I_{DE}FD$ 与 $\triangle DBA$ 相似，可算出

$$I_{DE}D=5(\text{m}),\quad I_{DE}F=3(\text{m})$$

因此得

$$\frac{\Delta r_E}{\Delta r_B}=\frac{\Delta r_E}{\Delta r_D}\cdot\frac{\Delta r_D}{\Delta r_B}=\frac{I_{DE}E}{I_{DE}D}\times 1.25=\frac{3+6}{5}\times 1.25=2.25$$

7.3　基点法求平面形上各点的加速度

由 7.1 节可知，平面形的运动可以分解为随基点的平动（牵连运动）和绕基点的转动（相对运动），从而，可根据点的加速度合成定理求解平面形上任一点的加速度。

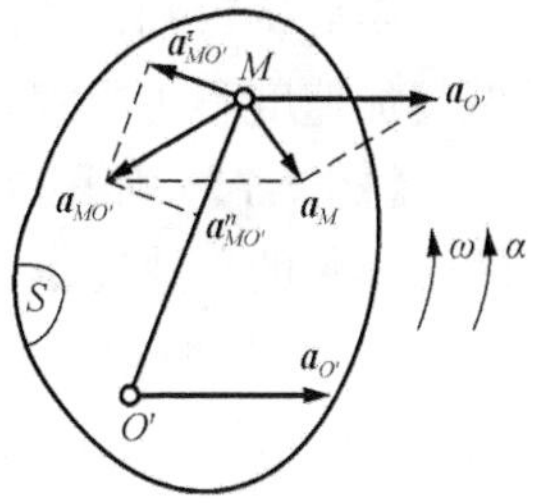

图 7-18

设已知平面形 S 上某点 O' 的运动，某一瞬时该点的加速度为 $\boldsymbol{a}_{O'}$，平面形 S 的角速度和角加速度分别为 ω 、α ，如图 7-18 所示。选点 O' 为基点，则平面形 S 上任一点 M 的运动可以分解为随同基点 O' 的平动和绕基点 O' 的转动。根据点的加速度合成定理，点 M 的绝对加速度为

$$\boldsymbol{a}_M=\boldsymbol{a}_{\mathrm{e}}+\boldsymbol{a}_{\mathrm{r}}$$

注意，因为牵连运动是随基点 O' 的平动，所以上式中没有科里奥利加速度，且有 $\boldsymbol{a}_{\mathrm{e}}=\boldsymbol{a}_{O'}$；点 M 的相对运动是随平面形 S 绕基点 O' 的转动，所以，点 M 的相对加速度就是平面形 S 绕基点 O' 转动时点 M 的加速度，以 $\boldsymbol{a}_{MO'}$ 表示，即 $\boldsymbol{a}_{\mathrm{r}}=\boldsymbol{a}_{MO'}=\boldsymbol{a}^{\tau}_{MO'}+\boldsymbol{a}^{n}_{MO'}$。其中切向加速度 $\boldsymbol{a}^{\tau}_{MO'}$ 的大小为

$$a^{\tau}_{MO'}=O'M\cdot\alpha$$

方位与 $O'M$ 线垂直，并与角加速度 α 方向一致；法向加速度 $\boldsymbol{a}^{n}_{MO'}$ 的大小为

$$a^{n}_{MO'}=O'M\cdot\omega^2$$

方向指向基点 O'。于是，点 M 的加速度最终写为

$$\boldsymbol{a}_M=\boldsymbol{a}_{O'}+\boldsymbol{a}^{\tau}_{MO'}+\boldsymbol{a}^{n}_{MO'} \tag{7-4}$$

即平面形 S 内任一点的加速度等于基点的加速度与该点随平面形绕基点转动的切向加速度和法向加速度的矢量和。式（7-4）是一个矢量方程，4 个加速度矢都分布在平面形 S 所在平面，如图 7-18 所示，共有大小方向 8 个要素，必须知道其中 6 个，才能求出其余 2 个未知量。

【例 7-6】 半径为 r 的车轮沿直线轨道做纯滚动，已知某瞬时车轮的角速度 ω 和角加速度 α ，如图 7-19 所示。求此瞬时车轮与轨道接触点 I 的加速度。

解　车轮做纯滚动，因此车轮与轨道的接触点 I 为车轮的速度瞬心。由速度瞬心法可知 $v_O=r\omega$ ，这个 ω 与 v_O 的函数关系式，在任何瞬时均成立，将其对时间求导一次可得

$$a_O=\frac{\mathrm{d}v_O}{\mathrm{d}t}=r\frac{\mathrm{d}\omega}{\mathrm{d}t}=r\alpha$$

$\boldsymbol{a}_O$ 的指向由 α 的转向定，如图 7-19 所示。

选点 O 为基点来求点 I 的加速度，

$$\boldsymbol{a}_I=\boldsymbol{a}_O+\boldsymbol{a}^{\tau}_{IO}+\boldsymbol{a}^{n}_{IO} \tag{1}$$

式（1）中有

$$a^{\tau}_{IO}=r\alpha\text{，}\quad a^{n}_{IO}=r\omega^2$$

$\boldsymbol{a}_{IO}^{\tau}$ 的方位与 IO 垂直，指向顺着 α 转向的一方；$\boldsymbol{a}_{IO}^{n}$ 的方向沿 IO 并指向 O 点。

具体计算时，因为涉及 4 个矢量，通常采用解析法。选如图 7-19 所示 x、y 坐标轴，将式（1）分别在 x、y 轴投影得

$$a_{Ix}=a_{Ox}+a_{IOx}^{\tau}+a_{IOx}^{n}=r\alpha-r\alpha+0=0$$
$$a_{Iy}=a_{Oy}+a_{IOy}^{\tau}+a_{IOy}^{n}=0+0+r\omega^2=r\omega^2$$

则 $a_I=a_{Iy}=r\omega^2$，其方向与 y 同向，指向 O 点。

由此例可知，轮沿水平面做纯滚动时，轮与轨道的接触点 I 的速度为零，是速度瞬心，但其加速度不等于零。这一结论和例 5-6 中结论相同。

【例 7-7】 如图 7-20 所示，半径为 r 的车轮沿半径为 R 的圆弧轨道做纯滚动，已知图示瞬时车轮的角速度 ω 和角加速度 α，求此瞬时车轮与轨道接触点 I 的加速度。

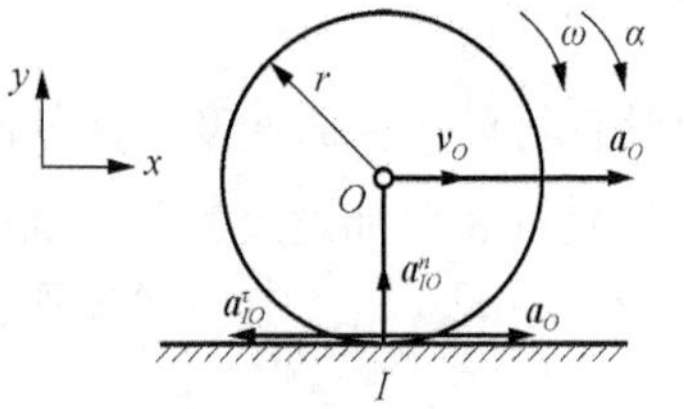

图 7-19

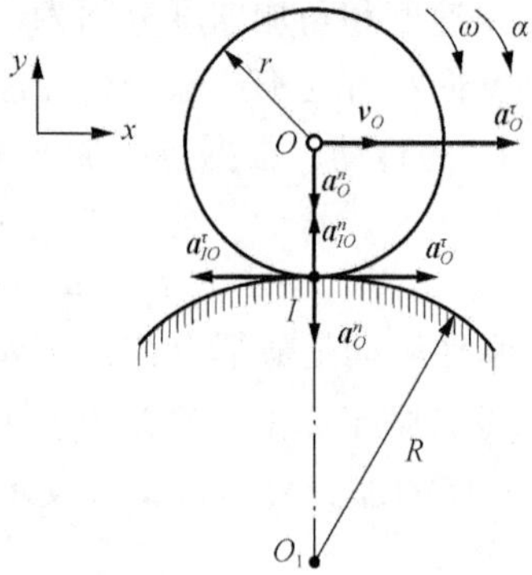

图 7-20

解 与上例对比可知，本题车轮沿半径为 R 的圆弧轨道做纯滚动，车轮与轨道的接触点 I 仍为车轮的速度瞬心，仍有 $v_O=r\omega$，但将其对时间求导一次得

$$a_O^{\tau}=\frac{\mathrm{d}v_O}{\mathrm{d}t}=r\frac{\mathrm{d}\omega}{\mathrm{d}t}=r\alpha$$

而轮心 O 的法向加速度 $\boldsymbol{a}_O^n$ 的大小为

$$a_O^n=\frac{v_O^2}{\rho}=\frac{r^2\omega^2}{R+r}$$

$\boldsymbol{a}_O^{\tau}$ 的指向由 α 的转向定，而 $\boldsymbol{a}_O^n$ 必须指向 O 点轨迹的曲率中心，即圆弧轨道的圆心，如图 7-20 所示。

选点 O 为基点来求点 I 的加速度，

$$\boldsymbol{a}_I=\boldsymbol{a}_O^{\tau}+\boldsymbol{a}_O^n+\boldsymbol{a}_{IO}^{\tau}+\boldsymbol{a}_{IO}^n \tag{1}$$
$$a_{IO}^{\tau}=r\alpha，\quad a_{IO}^n=r\omega^2$$

$\boldsymbol{a}_{IO}^{\tau}$ 与 $\boldsymbol{a}_{IO}^n$ 的方向如图 7-20 所示。采用解析法，选图示 x、y 坐标轴，将式（1）分别在两轴投影，

$$a_{Ix}=a_{Ox}^{\tau}+a_{Ox}^n+a_{IOx}^{\tau}+a_{IOx}^n=r\alpha+0-r\alpha+0=0$$
$$a_{Iy}=a_{Oy}^{\tau}+a_{Oy}^n+a_{IOy}^{\tau}+a_{IOy}^n=0-\frac{r^2\omega^2}{R+r}+0+r\omega^2=\frac{Rr}{R+r}\omega^2$$

则 $a_I = a_{Iy} = \dfrac{Rr}{R+r}\omega^2$，其方向与 y 同向，指向 O 点。若圆弧轨道半径趋于无穷大（$R \to \infty$），即成为直线轨道时，I 的加速度为 $r\omega^2$，与上例结果一致。

【例 7-8】 如图 7-21（a）所示曲柄连杆机构，已知曲柄 OA 长 r，连杆 AB 长 l，曲柄以匀角速度 ω 转动，求当曲柄与连杆垂直时：①滑块 B 的速度 $\boldsymbol{v}_B$ 和连杆 AB 的角速度 ω_{AB}；②求滑块 B 的加速度 $\boldsymbol{a}_B$ 和连杆 AB 的角加速度 α_{AB}。

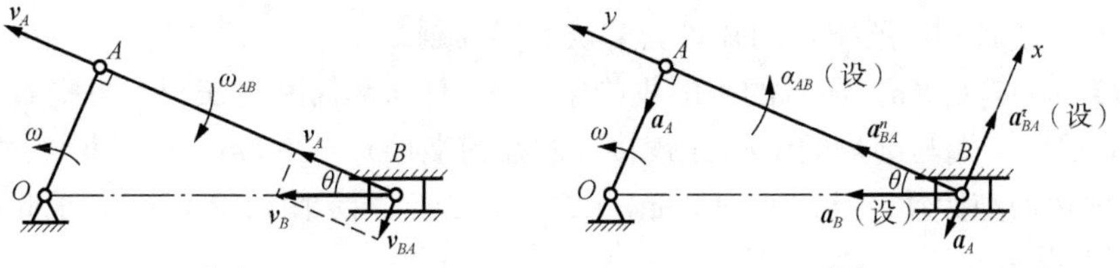

（a）　　　　（b）

图 7-21

解　（1）运动分析。曲柄 OA 定轴转动，连杆 AB 做平面运动。点 A 的运动已知，$v_A = r\omega,\ a_A = a_A^n = r\omega^2$，因此选 A 为基点。

（2）求 $\boldsymbol{v}_B$ 和 ω_{AB}。

$$\begin{matrix}\text{大小}\\\text{方向}\end{matrix}\boldsymbol{v}_{B\surd}^{\ ?} = \boldsymbol{v}_{A\surd}^{\ \surd} + \boldsymbol{v}_{BA\surd}^{\ ?}$$

式中，$v_{BA} = l\omega_{AB}$。点 B 的速度平行四边形如图 7-21（a）所示，由几何关系求得

$$v_B = \frac{v_A}{\cos\theta} = \frac{r\omega\sqrt{r^2+l^2}}{l}$$

$$\omega_{AB} = \frac{v_{BA}}{l} = \frac{v_A\tan\theta}{l} = \frac{r\omega}{l}\cdot\frac{r}{l} = \frac{r^2}{l^2}\omega$$

由 $\boldsymbol{v}_{BA}$ 的指向确定 ω_{AB} 为顺时针转向。这里也可以用速度瞬心法求解，请读者自行完成。

（3）求 $\boldsymbol{a}_B$ 和 α_{AB}。

$$\begin{matrix}\text{大小}\\\text{方向}\end{matrix}\boldsymbol{a}_{B\surd}^{\ ?} = \boldsymbol{a}_{A\surd}^{\ \surd} + \boldsymbol{a}_{BA\surd}^{\tau\ ?} + \boldsymbol{a}_{BA\surd}^{n\ \surd}$$

式中，$a_{BA}^\tau = l\alpha_{AB}$；$a_{BA}^n = l\omega_{AB}^2 = \dfrac{r^4}{l^3}\omega^2$。点 B 的加速度图如图 7-21（b）所示，由于 $\boldsymbol{a}_B$ 大小未知，假设指向左；由于 $\boldsymbol{a}_{BA}^\tau$ 大小未知，假设其方向垂直 BA 向上（也就是假设 α_{AB} 为逆时针转向）。取图示 x、y 轴，将加速度矢量方程在 y 轴上投影有

$$a_B\cos\theta = a_{BA}^n$$

所以

$$a_B = \frac{a_{BA}^n}{\cos\theta} = \frac{r^4}{l^3}\omega^2\cdot\frac{\sqrt{r^2+l^2}}{l} = \frac{r^4\sqrt{r^2+l^2}}{l^4}\omega^2$$

在 x 轴上的投影有

$$-a_B\sin\theta = -a_A + a_{BA}^\tau$$

$$a_{BA}^\tau = a_A - a_B\sin\theta = r\omega^2 - \frac{r^5}{r^4}\omega^2 = r\left(1-\frac{r^4}{l^4}\right)\omega^2$$

所以

$$\alpha_{AB}=\frac{a_{BA}^{\tau}}{l}=\frac{r}{l}\left(1-\frac{r^4}{l^4}\right)\omega^2$$

当 $r<l$ 时，计算结果 a_{BA}^{τ} 为正值，说明原先假设的指向是正确的，α_{AB} 的确为逆时针转向。

工程实际中的机构往往比较复杂，可能包含了所讲过的各种运动，可能涉及点的合成运动与刚体平面运动的综合应用。通过这样的例题，可以对前面所学的内容做全面系统的总结和复习，有利于读者利用所学过的知识去解决实际问题。

【例 7-9】 图 7-22（a）所示的平面机构中，*OD* 杆与套筒刚连在一起可绕 *O* 轴转动，直杆 *AB* 穿过套筒，一端与圆盘的中心 *A* 铰接。圆盘的半径 $r=20$ cm，以匀角速度 $\omega=8$ rad/s 沿水平直线轨道做纯滚动。已知 $h=40$ cm，$OD=40$ cm，图示瞬时 $\theta=30°$，求此瞬时点 *D* 的速度 $\boldsymbol{v}_D$ 与加速度 $\boldsymbol{a}_D$。

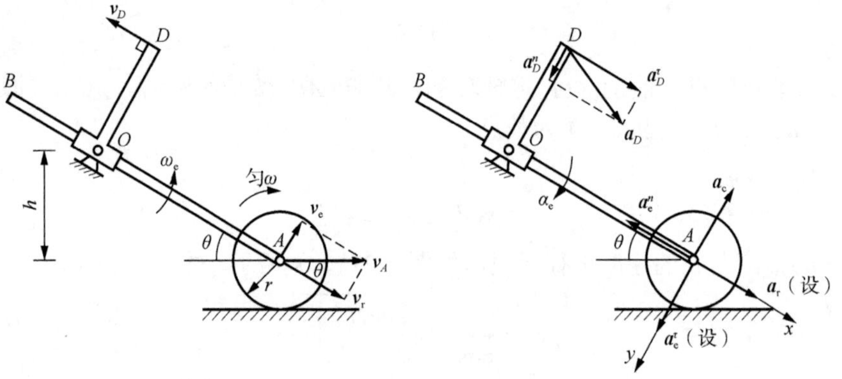

图 7-22

解　(1) 运动分析。轮 *A* 以匀角速度沿水平面做纯滚动，可求点 *A* 的速度与加速度：

$$v_A=r\omega=20\times8=160(\text{cm/s})\ (\rightarrow),\quad a_A=0$$

杆 *AB* 做平面运动，套筒 *OD* 定轴转动。因为杆 *AB* 套在套筒里，相对套筒有滑动，需要用到点的合成运动的知识。直观判断可知，任意瞬时 $\omega_{OD}=\omega_{AB}$，$\alpha_{OD}=\alpha_{AB}$。

(2) 求 *D* 点的速度 $\boldsymbol{v}_D$。

选点 *A* 为动点，套筒 *OD* 为动系。点 *A* 的绝对运动是水平直线运动；相对运动是跟随杆 *AB* 沿套筒滑动，相对轨迹就是 *AB*；牵连运动为套筒 *OD* 绕 *O* 轴的定轴转动。

由点的速度合成定理，有

$$\begin{matrix}\text{大小}\\\text{方向}\end{matrix}\ \boldsymbol{v}_{A\surd}^{\ \surd}=\boldsymbol{v}_{e\surd}^{\ ?}+\boldsymbol{v}_{r\surd}^{\ ?}$$

速度平行四边形如图 7-22（a）所示。由几何关系得

$$v_e=v_A\sin30°=80(\text{cm/s}),\quad v_r=v_A\cos30°=160\times\frac{\sqrt{3}}{2}=80\sqrt{3}(\text{cm/s})$$

从而套筒 *OD* 和杆 *AB* 的角速度为

$$\omega_e=\omega_{OD}=\omega_{AB}=\frac{v_e}{OA}=\frac{80}{80}=1(\text{rad/s})\ （逆时针）$$

D 点的速度为 $v_D = OD \times \omega_e = 40 \times 1 = 40(\text{cm/s})$，方向如图 7-22（a）所示。

（3）求 D 点的加速度 $\boldsymbol{a}_D$。

动点、动系的选择同前，由牵连运动为转动时的加速度合成定理，有

$$\begin{matrix}\text{大小}\\\text{方向}\end{matrix}\ \boldsymbol{a}_{A\surd}^{\ \surd} = \boldsymbol{a}_{e\surd}^{\tau ?} + \boldsymbol{a}_{e\surd}^{n\surd} + \boldsymbol{a}_{r\surd}^{\ ?} + \boldsymbol{a}_{c\surd}^{\ \surd} \tag{1}$$

式中，

$$a_A = 0$$

$$a_e^n = \omega_e^2 \times OA = 1^2 \times 80 = 80(\text{cm/s}^2)$$

$$a_c = 2\omega_e v_r = 2 \times 1 \times 80\sqrt{3} = 160\sqrt{3}(\text{cm/s}^2)$$

点 A 的加速度图如图 7-22（b）所示。$\boldsymbol{a}_e^\tau$ 和 $\boldsymbol{a}_r$ 大小未知，具体指向为假设。只关心 $\boldsymbol{a}_e^\tau$，因此将式（1）在图示 y 轴上投影，得

$$0 = a_e^\tau + 0 + 0 - a_c$$

即

$$a_e^\tau = a_c = 160\sqrt{3}(\text{cm/s}^2)$$

因此，杆 CD 的角加速度的大小为

$$\alpha_e = \alpha_{OD} = \alpha_{AB} = \frac{a_e^\tau}{OA} = \frac{160\sqrt{3}}{80} = 2\sqrt{3}(\text{rad/s}^2)\ \text{（顺时针）}$$

则点 D 的切向加速度为

$$a_D^\tau = OD \cdot \alpha_e = 40 \times 2\sqrt{3} = 80\sqrt{3}(\text{cm/s}^2)$$

点 D 的法向加速度为

$$a_D^n = OD \cdot \omega_e^2 = 40 \times 1^2 = 40(\text{cm/s}^2)$$

点 D 的全加速度的大小和方向为

$$a_D = \sqrt{(a_D^\tau) + (a_D^n)^2} = \sqrt{(80\sqrt{3})^2 + 40^2} = 144.22(\text{cm/s}^2)$$

$$\tan\beta = \frac{a_D^\tau}{a_D^n} = \frac{80\sqrt{3}}{40} = 2\sqrt{3}\ ,\quad \beta = \arctan 2\sqrt{3} = 73.9^\circ$$

（4）讨论。本例题也可选杆 AB 上与 O 重合的点 O' 为动点，套筒 OD 作动系求解，请读者自行练习。

习　题

7-1　图示椭圆规曲柄以角速度 ω_O 绕 O 轴匀速转动，带动杆 AB 做平面运动。已知 $OC = BC = AC = r$，取 C 为基点，写出杆 AB 的平面运动方程。（答：$x_C = r\cos\omega_O t$，$y_C = r\sin\omega_O t$，$\varphi = \omega_O t$）

7-2　图示筛动机构中曲柄 OA 定轴转动，通过连杆 AB 带动筛子 BC 平动。已知曲柄 OA 的转速 $n_{OA} = 40\ \text{r/min}$，$OA = 30\ \text{cm}$。当筛子 BC 运动到与点 O 在同一水平线上时，$\angle BAO = 90^\circ$。求此时筛子 BC 的速度。（答：$v_{BC} = 2.512\ \text{m/s}$）

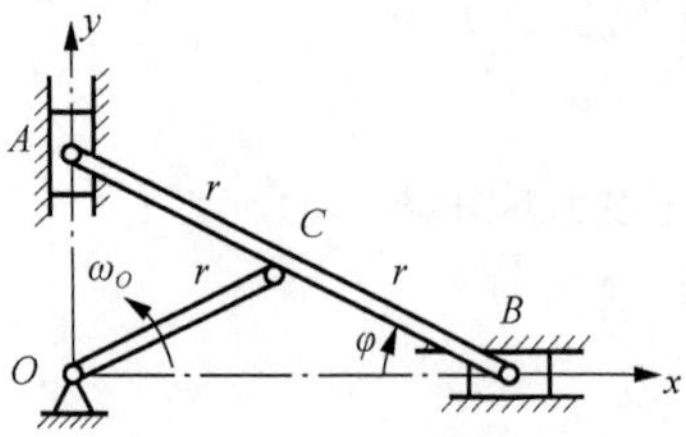

习题 7-1 图

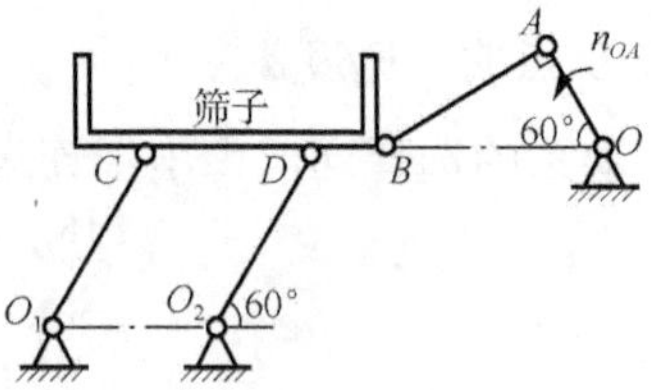

习题 7-2 图

7-3　图示一传动机构，当 OA 往复摇摆时可使圆轮绕 O_1 轴转动。设 $OA=15\ \text{cm}$，$O_1B=10\ \text{cm}$，在图示位置，$\omega=2\ \text{rad/s}$，试求圆轮转动的角速度。（答：2.6 rad/s）

7-4　图示活塞由具有齿条和齿扇的曲柄机构带动，试求当机构在图示位置时活塞的速度。此时 $\theta=30°$，$\beta=60°$，曲柄 OA 的角速度 $\omega=2\ \text{rad/s}$，$OA=10\ \text{cm}$，$a=30\ \text{cm}$，$b=20\ \text{cm}$。（答：$v=34.6\ \text{cm/s}$）

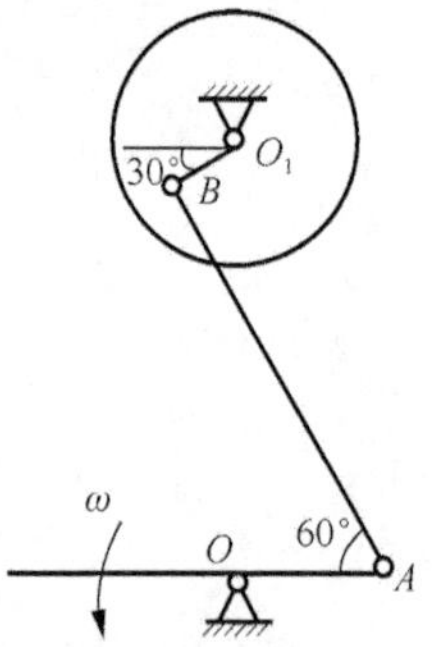

习题 7-3 图

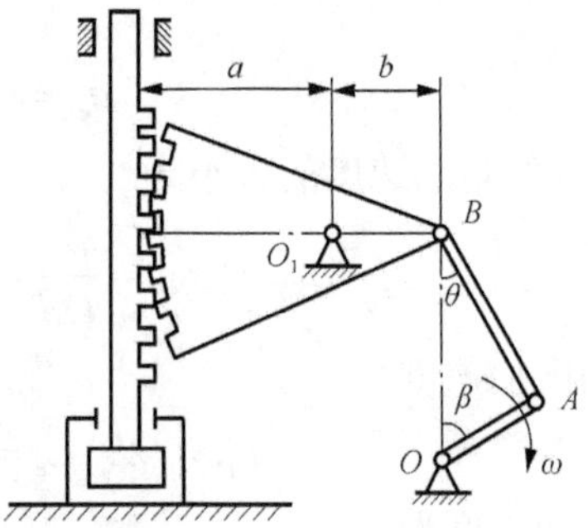

习题 7-4 图

7-5　图示碾压机构的滚子沿水平面做纯滚动。已知曲柄 OA 长为 15 cm，绕 O 轴的转速 $n=60\ \text{r/min}$；滚子的半径 $R=15\ \text{cm}$。求当曲柄与水平面夹角为 60°，且曲柄与连杆垂直时，滚子前进的速度与滚子的角速度。（答：$v_B=108.8\ \text{cm/s}$，$\omega_B=7.25\ \text{rad/s}$）

7-6　四连杆机构中 AB 杆以角速度 $\omega=1\ \text{rad/s}$ 绕 A 轴顺时针方向转动，求机构在图示位置时点 C 的速度及杆 CD 的角速度。（答：$v_C=7.07\ \text{cm/s}$，$\omega_{CD}=0.25\ \text{rad/s}$）

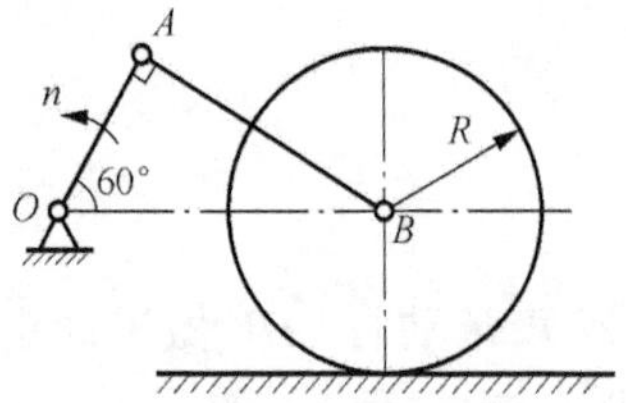

习题 7-5 图

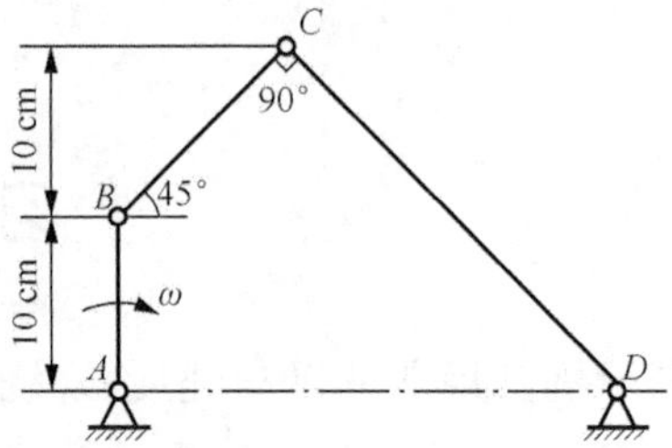

习题 7-6 图

7-7　图示机构中滑块 A 的速度 $v_A=20\ \text{cm/s}$，$AB=40\ \text{cm}$。求当 $AC=BC$，$\theta=30°$ 时杆 CD 的速度。（答：$v_{CD}=\dfrac{20\sqrt{3}}{3}\ \text{cm/s}$）

7-8　图示机构中曲柄 OA 绕 O 轴转动，带动杆 AC 在套筒 B 内滑动，套管 B 及与其刚连的 BD 杆又可绕过 B 点的轴转动。已知 $OA = BD = 30\ \text{cm}$，$OB = 40\ \text{cm}$，当 OA 转至垂直于 OB 位置时，其角速度 $\omega_O = 2\ \text{rad/s}$，试求点 D 的速度。（答：21.6 cm/s）

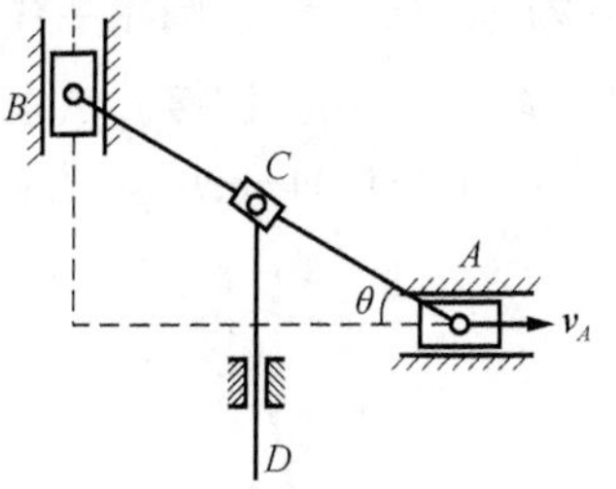

习题 7-7 图

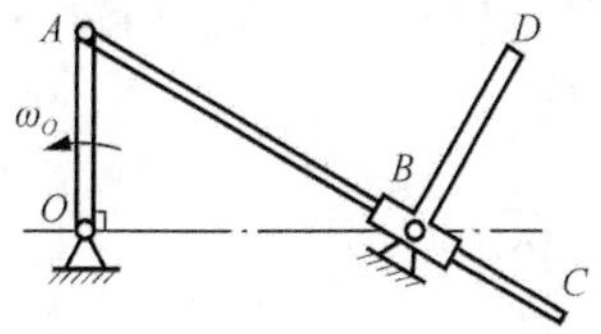

习题 7-8 图

7-9　图示机构中曲柄 OA 以匀角速度 $\omega = 1\ \text{rad/s}$ 转动，连杆 AB 上点 C 处铰接一滑块，滑块可沿 O_1D 上导槽滑动。已知 OA＝5 cm，AC＝3 cm，CB＝6 cm。图示瞬时 O、A、O_1 三点在同一水平线上，AB 为垂直位置，$\theta = 30°$，求该瞬时 O_1D 的角速度和角加速度。（答：$\omega_{O_1D} = 0.72\ \text{rad/s}$，$\alpha_{O_1D} = 0.879\ \text{rad/s}^2$）

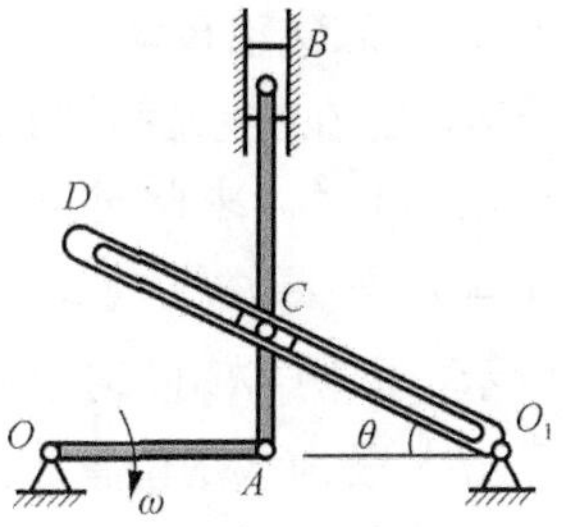

习题 7-9 图

7-10　图示车轮在铅直平面内沿倾斜直线轨道做纯滚动。轮的半径 $R = 0.5\ \text{m}$，轮中心在某瞬时速度 $v_0 = 1\ \text{m/s}$，加速度 $a_0 = 3\ \text{m/s}^2$。求轮上 1、2、3、4 四点在该瞬时的加速度。（答：$a_1 = 2\ \text{m/s}^2$，$a_2 = 3.16\ \text{m/s}^2$，$a_3 = 6.32\ \text{m/s}^2$，$a_4 = 5.83\ \text{m/s}^2$）

7-11　半径为 R 的轮子沿水平面做纯滚动，轮上圆柱部分的半径为 r，将线绕于圆柱上，图示瞬时线的 B 端以速度 $\boldsymbol{v}$ 和加速度 $\boldsymbol{a}$ 沿水平方向运动。求轮心 O 的速度和加速度。（答：$v_O = \dfrac{R}{R-r}v$，$a_O = \dfrac{R}{R-r}a$）

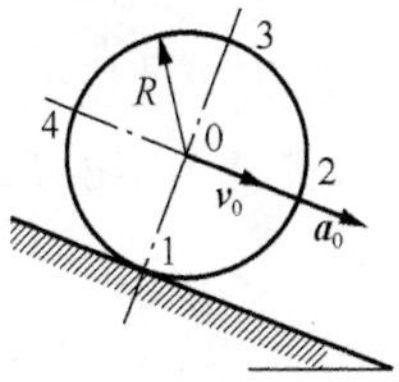

习题 7-10 图

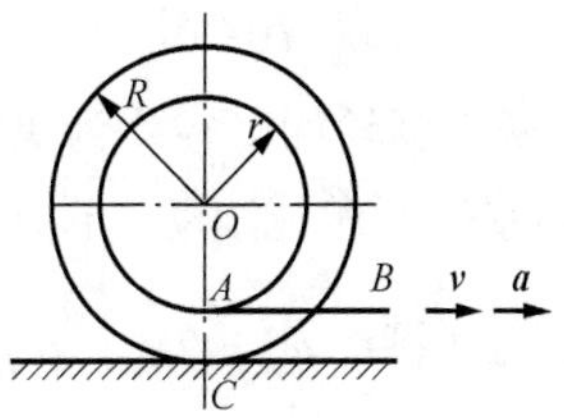

习题 7-11 图

7-12　图示机构中曲柄 OA 长为 r，绕 O 轴以等角速度 ω_O 转动，$AB=6r$，$BC=3\sqrt{3}\,r$。求机构在图示位置时滑块 C 的速度和加速度。（答：$v_C=\dfrac{3}{2}r\omega_O$，$a_C=\dfrac{\sqrt{3}}{12}r\omega_O^2$）

7-13　圆轮 O 在水平面上做纯滚动，轮心 O 的速度为 v_O=10 cm/s，圆轮半径 $R=20$ cm，连杆 BC 长 $l=20\sqrt{26}$ cm，一端与轮缘一点 B 铰接，另一端与滑块 C 铰接。试求在图示位置时滑块 C 的速度与加速度。（答：$v_C=12$ cm/s，方向向上；$a_C=0.04\ \text{cm/s}^2$，方向向下）

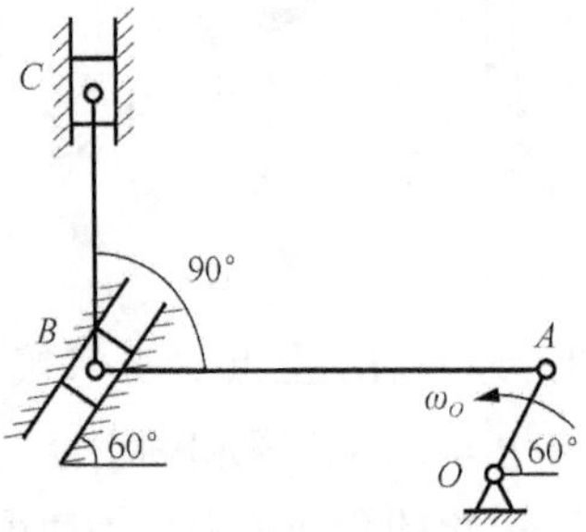

习题 7-12 图

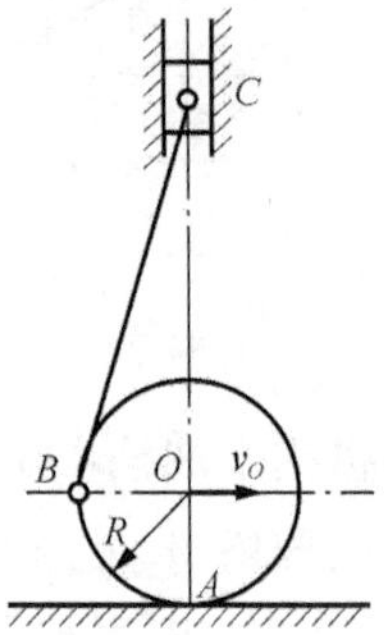

习题 7-13 图

7-14　已知曲柄 OA 长为 $r=20$ cm，绕 O 轴转动，带动长 $l=40$ cm 的直杆 AB 运动，运动过程中 AB 杆端点 B 始终沿水平面运动。在图示瞬时曲柄 OA 处于铅直位置，$\theta=30°$，OA 杆的角速度 $\omega=2$ rad/s，角加速度 $\alpha=1\ \text{rad/s}^2$。求此时 B 点的速度 $\boldsymbol{v}_B$ 和加速度 a_B 及 AB 杆的角加速度 α_{AB}。（答：$v_B=40$ cm/s（→），$a_B=66.19\ \text{cm/s}^2$；$\alpha_{AB}=2.31\ \text{rad/s}^2$）

7-15　平面机构及其尺寸如图所示，曲柄 OC 以匀角速度 ω_O 绕 O 转动。图示瞬时 O_1A、O_2B 和 OC 为铅垂位置，直角折杆的 ABE 段为水平位置。试求 O_1A 绕 O_1 轴转动的角速度 ω 与角加速度 α。（答：$\omega=\dfrac{r\omega_0}{R}$，$\alpha=\dfrac{(R+r)r}{\sqrt{3}R^2}\omega_0^2$）

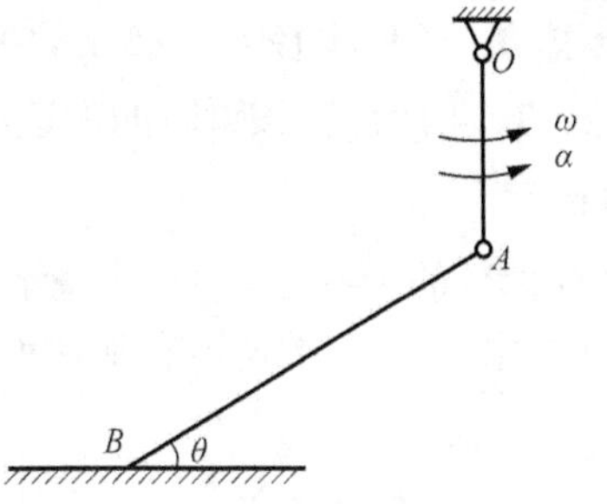

习题 7-14 图

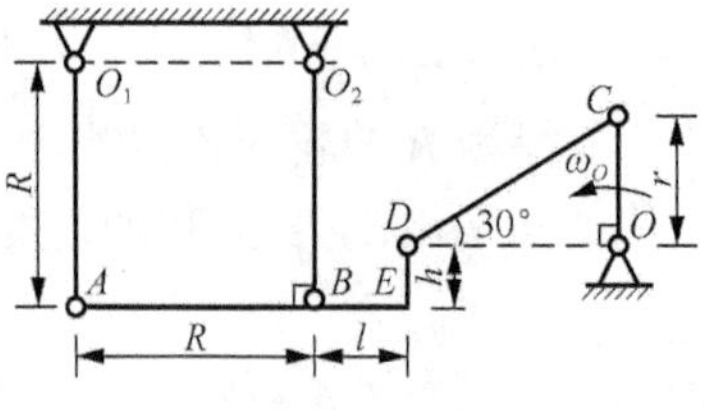

习题 7-15 图

7-16　两个圆轮的半径均为 R，AB 连杆长 l，O 轮沿水平面以匀角速度 ω_O 做纯滚动，带动轮 A 也沿水平面做纯滚动。试求在图示位置（B 点为 O 轮的最高点），轮 A 的角速度 ω_A 与角加速度 α_A。（答：$\omega_A=2\omega_O$，$\alpha_A=\dfrac{R\omega_O^2}{\sqrt{l^2-R^2}}$）

7-17　图示静定刚架中 G 支座向下沉陷一微小位移，求各部分速度瞬心的位置以及 H 与 G 点微小位移间的关系。（答：$\delta r_H=\delta r_G$）

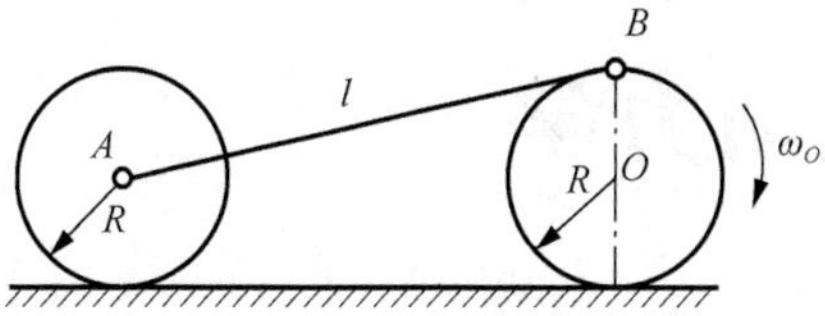

习题 7-16 图

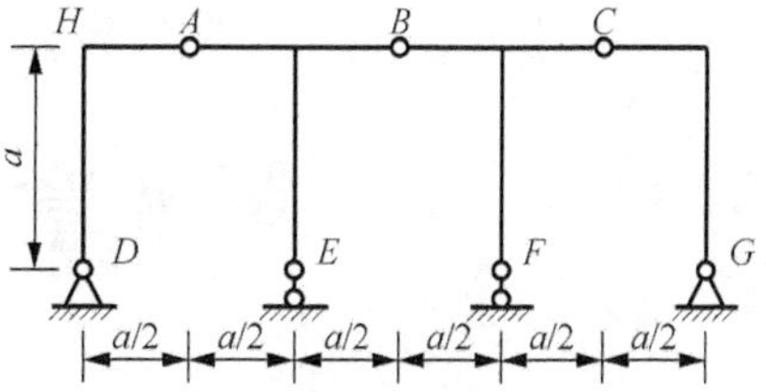

习题 7-17 图

7-18　图示瞬时曲柄 O_1A 垂直于 AB，AB 平行于 O_1O，试求 A、D 两点微小位移间的关系。已知 $CD = 40$ cm，$BC = BO$。（答：$\delta r_A = \dfrac{3}{8}\delta r_D$）

7-19　图示一平面静定刚架，因为某种原因 C 支座向右移动了微小位移 δr_C，试求 A 支座向右移动了多少。（答：$\delta r_A = \dfrac{1}{3}\delta r_C$）

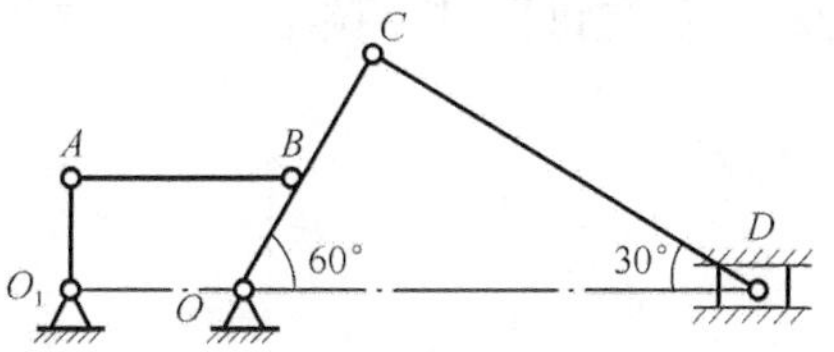

习题 7-18 图

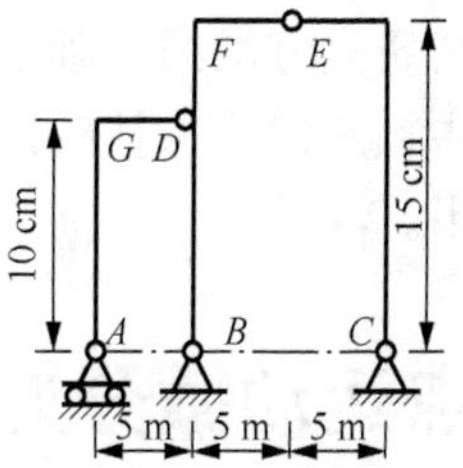

习题 7-19 图

7-20　半径 $R = 1$ m 的圆轮在水平面上做纯滚动，销钉 A 固结在圆轮的中心，此销钉可以在摇杆的滑道内滑动，从而带动摇杆绕 O 轴转动，圆轮的角速度 $\omega_A = 4$ rad/s，角加速度 $\alpha_A = 2$ rad/s^2，其转向如图所示。图示位置 $OA = 2\sqrt{3}$ m，$\theta = 60°$，求此瞬时摇杆的角速度 ω_O 与角加速度 α_O。（答：ω_O =1 rad/s，α_O =1.65 rad/s^2）

7-21　轮 O 在水平面上做纯滚动，销钉 B 固结在轮缘上，此销钉在摇杆 O_1A 槽内运动，并带动摇杆绕 O_1 轴转动。已知轮的半径 $R = 50$ cm，在图示位置时，AO_1 是轮 O 的切线，轮心 O 的速度 $v_O = 20$ cm/s，加速度 $a_O =$ 20 cm/s^2，摇杆与水平面的夹角 $\theta = 60°$。求此时摇杆的角速度 ω_{O_1} 与角加速度 α_{O_1}。（答：$\omega_{O_1} = 0.2$ rad/s，$\alpha_{O_1} =$ 0.154 rad/s^2）

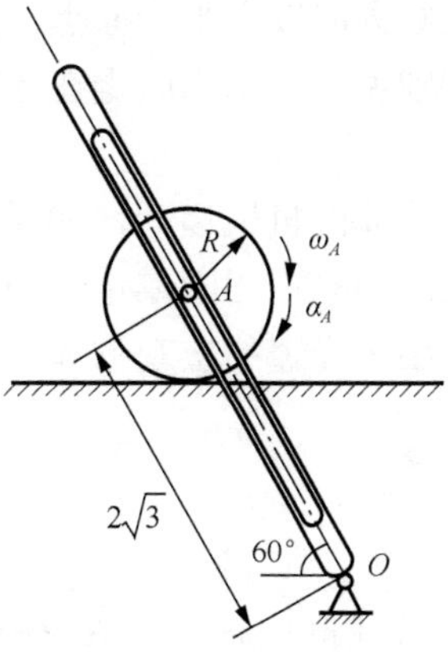

习题 7-20 图

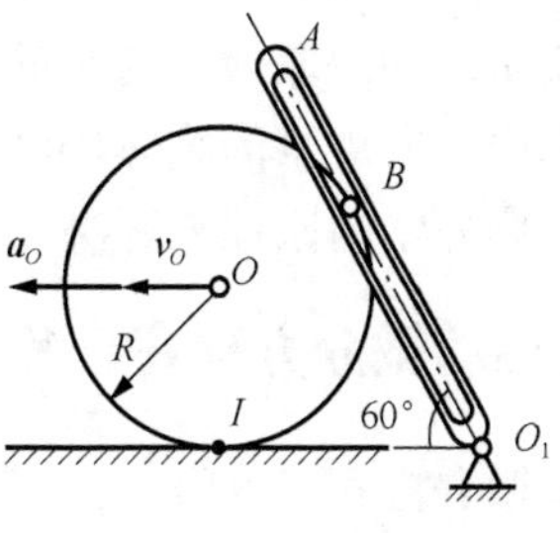

习题 7-21 图

第 8 章 质点动力学

在动力学中，当物体的大小和形状对所研究的问题不起显著作用时，通常将物体抽象为质点。例如，研究地球绕太阳的运行而不涉及地球自转时，由于地球的半径远小于太阳到地球的距离，所以可将地球简化成质点。但若要研究地球自转对地球上物体运动的影响，则此时地球的大小和形状对所研究的问题起着显著作用，不能再将地球简化成质点，而应视为质点系。所谓质点系是指有限个或无限个质点的组合，质点系可以是变形体、流体、刚体等。刚体是一种特殊的质点系——不变质点系，即质点系中任意两点之间的距离保持不变。

从所要研究的对象来看，动力学可分为质点动力学和质点系动力学，只有在掌握质点动力学规律及其研究方法的基础上，才能进一步研究质点系动力学问题。理论力学动力学的全部理论均以牛顿三定律为基础，因为物理课程中已反复讲授过牛顿三定律，这里不再赘述，而是直接利用。

8.1 质点运动微分方程

已知质点 M 的质量为 m，在 $\boldsymbol{F}_1,\boldsymbol{F}_2,\cdots,\boldsymbol{F}_n$ 等力共同作用下所得加速度为 $\boldsymbol{a}$，由牛顿第二定律可得

$$m\boldsymbol{a}=m\frac{\mathrm{d}^2\boldsymbol{r}}{\mathrm{d}t^2}=\sum\boldsymbol{F}_i=\boldsymbol{F} \tag{8-1}$$

上式又称为**质点运动微分方程**。必须指出，质点运动微分方程或者说牛顿定律，以及由此导出的动力学普遍定理（动量定理、动量矩定理和动能定理）属于古典力学范畴，只适用于惯性参考系。在一般的工程问题中，把固定于地面的坐标系或相对于地面做匀速直线平动的坐标系作为惯性参考系。在研究人造卫星的轨道、洲际导弹的弹道等问题时，地球自转的影响不可忽略，必须以地心为原点、三个轴指向三个恒星的地心坐标系作为惯性参考系。在研究太阳系天体运动时，地心运动的影响也不可忽略不计，必须取以太阳为原点、三个轴指向三个恒星的日心坐标系为惯性参考系。在本书中，若无特别说明，均用固定在地球表面的坐标系作为惯性参考系。

另外，古典力学只研究运动速度远小于光速的宏观物体的机械运动，如果物体的速度接近于光速或要研究的现象涉及物质的微观世界，则需应用相对论力学或量子力学。然而，在一般工程问题中，所观察的物体仍然普遍是运动速度远小于光速的宏观物体，有关的力学问题也仍然用古典力学的原理来解决。

8.1.1 质点运动微分方程在直角坐标轴上的投影

质点运动微分方程（8-1）是矢量形式的方程，在计算实际问题时，需应用它的投影式。如图 8-1 所示，取直角坐标系 $Oxyz$ 为惯性坐标系，质点 M 的矢径 $\boldsymbol{r}$ 在直角坐标轴上的投影分

别为 x、y、z，力 $\boldsymbol{F}_i$ 在轴上的投影分别为 X_i、Y_i、Z_i，则式（8-1）在直角坐标轴上的投影式为

$$\left.\begin{aligned} m\frac{\mathrm{d}^2x}{\mathrm{d}t^2} &= \sum X_i = X \\ m\frac{\mathrm{d}^2y}{\mathrm{d}t^2} &= \sum Y_i = Y \\ m\frac{\mathrm{d}^2z}{\mathrm{d}t^2} &= \sum Z_i = Z \end{aligned}\right\} \tag{8-2}$$

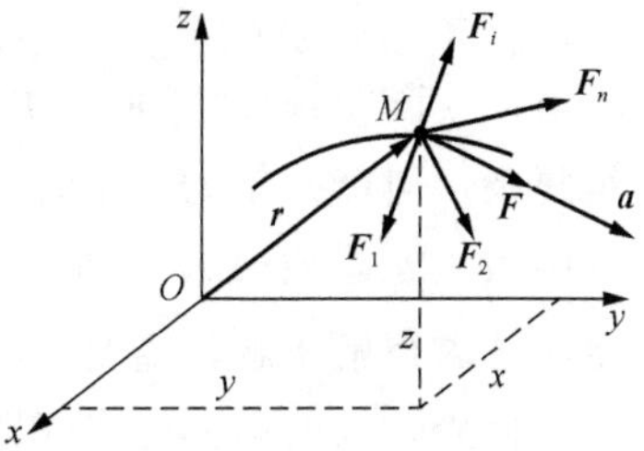

图 8-1

式（8-2）就是以直角坐标形式表示的质点的运动微分方程。

8.1.2　质点运动微分方程在自然轴上的投影

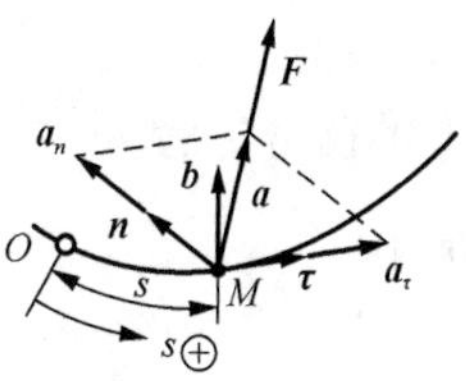

图 8-2

在点的简单运动中已提到，自然轴系是由轨迹上某点的切线、主法线和副法线组成的右手直角轴系。设它们的单位矢量分别是 $\boldsymbol{\tau}$、$\boldsymbol{n}$ 和 $\boldsymbol{b}$，如图 8-2 所示。随着质点 M 的运动，三个轴的方向不断改变。某瞬时点的全加速度 $\boldsymbol{a}$ 在该瞬时 $\boldsymbol{\tau}$ 与 $\boldsymbol{n}$ 形成的密切面内，全加速度在副法线上的投影等于零，即

$$\boldsymbol{a} = a_\tau\boldsymbol{\tau} + a_n\boldsymbol{n} + 0\boldsymbol{b} = a_\tau\boldsymbol{\tau} + a_n\boldsymbol{n}$$

式中，$a_\tau = \dfrac{\mathrm{d}v}{\mathrm{d}t} = \dfrac{\mathrm{d}^2s}{\mathrm{d}t^2}$；$a_n = \dfrac{v^2}{\rho}$，$\rho$ 为曲率半径。于是，质点运动微分方程（8-1）在自然轴系上的投影式为

$$\left.\begin{aligned} ma_\tau &= m\frac{\mathrm{d}v}{\mathrm{d}t} = m\frac{\mathrm{d}^2s}{\mathrm{d}t^2} = \sum F_{\tau i} = F_\tau \\ ma_n &= m\frac{v^2}{\rho} = \sum F_{ni} = F_n \\ 0 &= \sum F_{bi} = F_b \end{aligned}\right\} \tag{8-3}$$

式中，$F_{\tau i}$、F_{ni}、F_{bi} 为力 $\boldsymbol{F}_i$ 在 $\boldsymbol{\tau}$、$\boldsymbol{n}$、$\boldsymbol{b}$ 轴上的投影。式（8-3）是以自然坐标形式表示的质点运动微分方程，用于质点运动轨迹为已知的情况。

式（8-2）与式（8-3）是两种常用的质点运动微分方程。其实，根据需要，还可将式（8-1）投影到其他轴系（例如极坐标）上，得到其他形式的微分方程，这里不做讨论。

8.2　质点动力学的两类问题

质点运动微分方程可用来解决质点动力学的两类问题：

（1）已知质点的运动，求作用于质点上的力。若已知质点的运动方程，只需求两次导数得到质点的加速度，代入质点的运动微分方程，即可求解作用在质点上的未知力。这一类问题比较简单。

（2）已知作用于质点的力，求质点的运动。将力代入质点的运动微分方程，得出质点的

加速度，然后积分两次，可求质点的速度方程和运动方程等。此时需要用到运动的初始条件来确定不定积分的积分常数，或者定积分的上下限。所谓初始条件，一般是指在初始瞬时（t=0），质点的初位置$\boldsymbol{r}_0$与初速度$\boldsymbol{v}_0$，或者φ_0与ω_0。在工程实际问题中，作用力的情况可能很复杂，可能是常力，是时间的函数（$\boldsymbol{F}=\boldsymbol{F}(t)$），是质点位置的函数（$\boldsymbol{F}=\boldsymbol{F}(\boldsymbol{r})$），是速度的函数（$\boldsymbol{F}=\boldsymbol{F}(\boldsymbol{v})$），甚至是多个参数的函数。因此，这类题目的求解可能比较困难，有时甚至无法求得解析解，需要借助 MATLAB 等数值计算工具（易平等，2014）。

此外，还有些问题可能既求作用量，也求运动量，属于综合性问题。

【例 8-1】 如图 8-3 所示圆锥摆，质点M的质量m=1 kg，系于长l=30 cm 的绳上，绳的另一端则系在固定点O。如质点M在水平面内做匀速圆周运动，绳与铅直线成$\theta=60^\circ$角，求质点M的速度与绳子张力。

解 （1）取质点M为研究对象。

（2）运动分析：点 M 做匀速圆周运动，因为已知点 M 的运动轨迹，选用自然轴系，$a_\tau=0$，$a_n=v^2/\rho$。已知点M的运动，求速度和力，属综合性问题。

（3）受力分析：点M受重力$\boldsymbol{P}$（P=mg）与绳子张力$\boldsymbol{F}$。自然轴上投影的微分方程为

$$0=\sum F_{bi}\text{，}\quad 0=F\cos\theta-P \quad\Rightarrow\quad F=\frac{P}{\cos\theta}=\frac{1\times 9.81}{\cos 60^\circ}=19.6(\mathrm{N})$$

$$ma_n=\sum F_{ni}\text{，}\quad m\frac{v^2}{\rho}=m\frac{v^2}{l\sin\theta}=F\sin\theta$$

解得

$$v=\sqrt{\frac{Fl\sin^2\theta}{m}}=2.1(\mathrm{m/s})$$

【例 8-2】 由于受地理条件的限制，起重机在装卸重物时起吊钢丝绳偏离铅垂线 30°，起吊后货物沿以O为圆心，l为半径的圆弧摆动，如图 8-4 所示。不计钢丝绳质量，试求重物摆到任一位置时的速度和钢丝绳的最大拉力。

解 （1）选重物M为研究对象。本题求重物的速度和钢丝绳的最大拉力，属于综合性问题。

（2）运动分析：M以O为圆心、l为半径做圆周运动，选弧坐标s与OM的转动坐标φ，如图 8-4 所示。

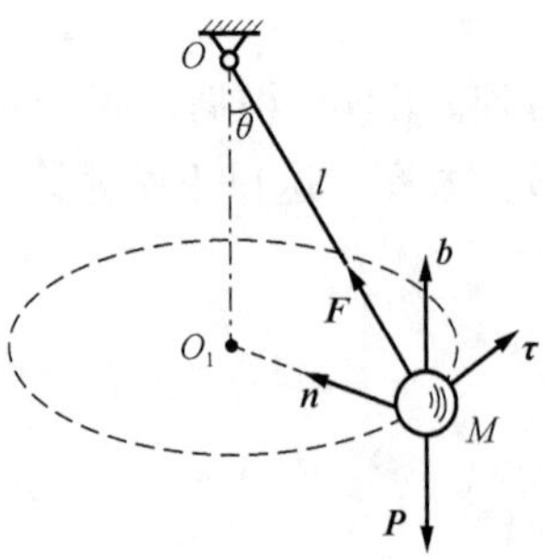

图 8-3

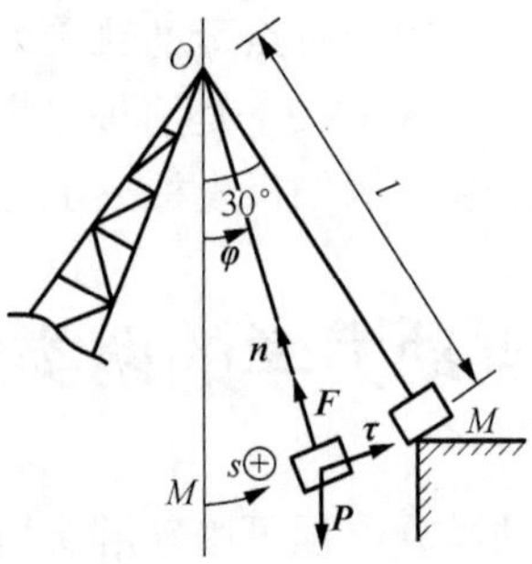

图 8-4

（3）把M放在所选坐标的一般位置，即放在坐标的正向位置（不是放在静止位置，也不是放在负向位置，这里指s与φ正向的位置）进行受力分析，作用在重物M上的力有重力$\boldsymbol{P}$

和钢丝绳的拉力 **F**。自然轴系如图 8-4 所示，则在自然轴 **τ** 与 **n** 上的投影运动微分方程为

$$ma_\tau = \sum F_{\tau i}\text{，}\quad \frac{P}{g}\frac{\mathrm{d}^2 s}{\mathrm{d}t^2} = \frac{P}{g}\frac{\mathrm{d}v}{\mathrm{d}t} = -P\sin\varphi \tag{1}$$

$$ma_n = \sum F_{ni}\text{，}\quad \frac{P}{g}\frac{v^2}{l} = F - P\cos\varphi \tag{2}$$

若能求出 v，代入式（2）即可求得 F。为此，将式（1）改写成为

$$\frac{P}{g}\frac{\mathrm{d}v}{\mathrm{d}\varphi}\cdot\frac{\mathrm{d}\varphi}{\mathrm{d}t} = \frac{P}{g}\frac{\mathrm{d}v}{\mathrm{d}\varphi}\cdot\frac{v}{l} = -P\sin\varphi$$

继续改写为

$$\frac{v}{gl}\mathrm{d}v = -\sin\varphi\mathrm{d}\varphi$$

在初始瞬时，已知质点的速度为零，钢丝绳与铅垂线的夹角为 30°，即 $v_0 = 0$，$\varphi_0 = 30°$；而在任意瞬时 t，重物的速度为 v，钢丝绳与铅垂线的夹角为 φ，可作定积分，得

$$\int_0^v \frac{v}{gl}\mathrm{d}v = -\int_{30°}^{\varphi}\sin\varphi\mathrm{d}\varphi$$

即

$$v^2 = 2gl\left(\cos\varphi - \frac{\sqrt{3}}{2}\right)$$

可得重物摆动到任一位置时的速度为

$$v = \sqrt{2gl\left(\cos\varphi - \frac{\sqrt{3}}{2}\right)} \tag{3}$$

将式（3）代入式（2），得

$$F = P\cos\varphi + \frac{P}{g}\frac{2gl\left(\cos\varphi - \frac{\sqrt{3}}{2}\right)}{l} = 3P\cos\varphi - \sqrt{3}P = (3\cos\varphi - \sqrt{3})P$$

当重物在最低位置，即 $\varphi = 0$ 时，钢丝绳的拉力为最大，其值为

$$F_{\max} = 1.27P$$

【例 8-3】 炮弹以初速度 $\boldsymbol{v}_0$ 发射，$\boldsymbol{v}_0$ 与水平线的夹角为 θ，如图 8-5 所示。若不计空气阻力，求炮弹在重力作用下的运动。

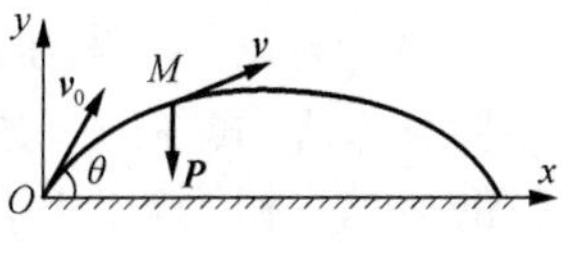

图 8-5

解 （1）选炮弹 M 为研究对象。

（2）运动分析：M 做平面曲线（抛物线）运动。

（3）选择 Oxy 直角坐标系，将研究对象点 M 放在一般位置进行受力分析：只受重力 **P**（为常力），$P=mg$。

本题的初始条件如下：$t=0$ 时，$x_0 = 0$，$y_0 = 0$，$v_{0x} = v_0\cos\theta$，$v_{0y} = v_0\sin\theta$。用初始条件来确定不定积分的积分常数或定积分的上下限，这里采用定积分求解。

质点运动微分方程在直角坐标轴上的投影式为

$$m\frac{\mathrm{d}^2 x}{\mathrm{d}t^2} = 0\text{，}\quad m\frac{\mathrm{d}^2 y}{\mathrm{d}t^2} = -mg$$

消去 m，得

$$\frac{\mathrm{d}^2x}{\mathrm{d}t^2}=\frac{\mathrm{d}v_x}{\mathrm{d}t}=0 \tag{1}$$

$$\frac{\mathrm{d}^2y}{\mathrm{d}t^2}=\frac{\mathrm{d}v_y}{\mathrm{d}t}=-g \tag{2}$$

将式（1）积分一次，

$$\int_{v_{0x}}^{v_x}\mathrm{d}v_x=0 \quad \Rightarrow \quad v_x=v_{0x}=v_0\cos\theta$$

改写上式，得

$$v_x=\frac{\mathrm{d}x}{\mathrm{d}t}=v_0\cos\theta$$

再积分一次，即

$$\int_0^x\mathrm{d}x=\int_0^t v_0\cos\theta\mathrm{d}t$$

$$x=v_0\cos\theta\cdot t \tag{3}$$

将式（2）积分一次，

$$\int_{v_{0y}}^{v_y}\mathrm{d}v_y=\int_0^t -g\mathrm{d}t \quad \Rightarrow \quad v_y=v_0\sin\theta-gt$$

改写上式，得

$$v_y=\frac{\mathrm{d}y}{\mathrm{d}t}=v_0\sin\theta-gt$$

再积分一次，即

$$\int_0^y\mathrm{d}y=\int_0^t(v_0\sin\theta-gt)\mathrm{d}t$$

$$y=v_0\sin\theta\cdot t-\frac{1}{2}gt^2 \tag{4}$$

式（3）和式（4）就是以直角坐标表示的点 M 的运动方程。从式（3）、式（4）中消去时间 t，得质点在铅直平面 Oxy 内的轨迹方程

$$y=x\tan\theta-\frac{g}{2v_0^2\cos^2\theta}x^2$$

由解析几何可知，这是一条抛物线。

（4）讨论。取坐标系同上，无初速度自由落下的物体的运动微分方程与该例中炮弹的运动微分方程[式（1）与式（2）]将完全相同，因为它们的受力情况完全相同。但对于自由落体的运动，初始条件应取为 t=0 时，$v_{0x}=v_{0y}=0, x_0=y_0=0$，按上例的步骤积分，得质点的运动方程为

$$x=0\text{，}\quad y=-\frac{1}{2}gt^2$$

质点的轨迹显然为一条铅直线。因此当初始条件不同时，即使质点的受力情况不变，质点的运动方程也将完全改变，这是因为两次积分求运动方程的过程中，出现的积分常数由运动的初始条件来确定。

【例 8-4】 从地球表面以铅垂向上的初速度 $\boldsymbol{v}_0$ 发射一质量为 m 的火箭，如图 8-6（a）所

示。如不计空气阻力，求火箭脱离地球的引力场在宇宙飞行所需的最小初速度 $\boldsymbol{v}_0$。

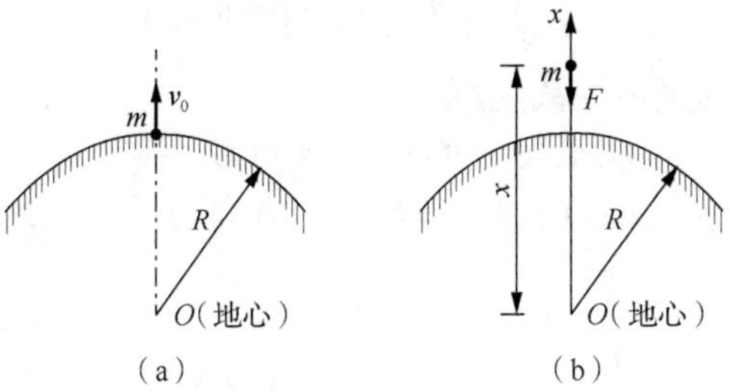

图 8-6

解　(1) 取火箭为研究对象。

(2) 火箭做直线运动。

(3) 选地心 O 为坐标原点，坐标向上为正，将火箭放在一般位置进行受力分析，如图 8-6 (b) 所示。根据牛顿万有引力公式：

$$F = f\frac{mm_s}{x^2}$$

即力 $\boldsymbol{F}$ 是质点位置的函数。式中，m 为火箭的质量；m_s 是地球的质量；f 是万有引力常数。fm_s 可以通过已知在地球表面上，地球对火箭的引力等于火箭重力来计算，已知 $x=R\approx 6371$ km 时，$F=mg$，可得

$$mg = f\frac{mm_s}{R^2} \quad \Rightarrow \quad fm_s = R^2 g$$

因此

$$F = \frac{m}{x^2}\cdot R^2 g = \frac{mR^2 g}{x^2}$$

质点运动微分方程为

$$m\frac{\mathrm{d}^2 x}{\mathrm{d}t^2} = -\frac{mR^2 g}{x^2} \quad \Rightarrow \quad \frac{\mathrm{d}v}{\mathrm{d}t} = -\frac{R^2 g}{x^2}$$

上式中包含 v、t、x 三个变量，必须化为两个变量才能积分。

因为

$$\frac{\mathrm{d}v}{\mathrm{d}t} = \frac{\mathrm{d}v}{\mathrm{d}x}\cdot\frac{\mathrm{d}x}{\mathrm{d}t} = v\frac{\mathrm{d}v}{\mathrm{d}x}$$

于是质点运动微分方程可改写成如下形式：

$$v\frac{\mathrm{d}v}{\mathrm{d}x} = -\frac{R^2 g}{x^2} \quad \Rightarrow \quad v\mathrm{d}v = -\frac{R^2 g}{x^2}\mathrm{d}x$$

用定积分时积分的下限由运动初始条件确定：$t=0$ 时，$v=v_0, x=R$，即

$$\int_{v_0}^{v} v\mathrm{d}v = \int_R^x -\frac{R^2 g}{x^2}\mathrm{d}x$$

解得

$$v_0^2 = v^2 + 2gR^2\left(\frac{1}{R} - \frac{1}{x}\right)$$

火箭要实现脱离地球引力飞行的条件是：当 $x=\infty$ 时，$v\geqslant 0$。取 $v=0$，得 v_0 的最小值为

$$v_{0\min}=\sqrt{2gR}=11.2(\text{km/s})$$

这个速度又称为**第二宇宙速度**或**脱离速度**。

【例 8-5】 如图 8-7 所示，质量为 m 的质点 M 自 O 点抛出，其初速度 $\boldsymbol{v}_0$ 与水平线夹角为 φ。设空气阻力 $\boldsymbol{F}$ 的大小为 mkv（k 为一常数），方向与质点的速度 $\boldsymbol{v}$ 相反。求质点的运动方程。

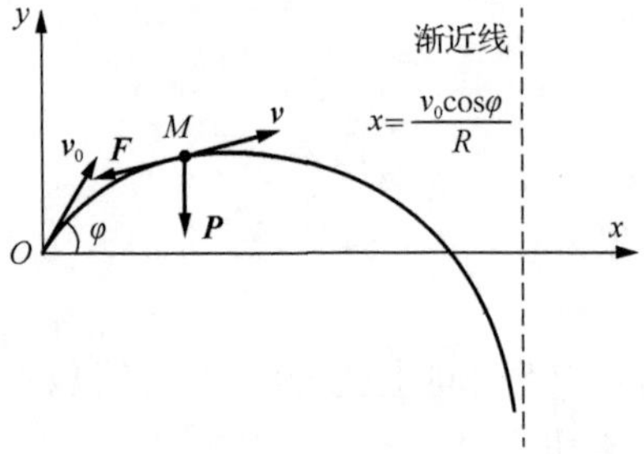

图 8-7

解 （1）选质点 M 为研究对象。

（2）点 M 做曲线运动。

（3）选 Oxy 直角坐标系，把质点 M 放在坐标的一般位置上进行受力分析。质点 M 受到重力 $\boldsymbol{P}$ 和空气阻力 $\boldsymbol{F}$。

质点 M 的运动微分方程为

$$m\frac{\mathrm{d}^2x}{\mathrm{d}t^2}=-mkv_x$$

$$m\frac{\mathrm{d}^2y}{\mathrm{d}t^2}=-mg-mkv_y$$

简化改写为

$$\frac{\mathrm{d}v_x}{\mathrm{d}t}=-kv_x \tag{1}$$

$$\frac{\mathrm{d}v_y}{\mathrm{d}t}=-g-kv_y \tag{2}$$

在初始瞬时，即 t=0 时，$x_0=0,\ y_0=0$，$v_{0x}=v_0\cos\varphi,\ v_{0y}=v_0\sin\varphi$。将式（1）、式（2）分离变量并分别积分一次，得

$$\int_{v_0\cos\varphi}^{v_x}\frac{\mathrm{d}v_x}{v_x}=-\int_0^t k\mathrm{d}t \quad\Rightarrow\quad v_x=(v_0\cos\varphi)\mathrm{e}^{-kt} \tag{3}$$

$$\int_{v_0\sin\varphi}^{v_y}\frac{\mathrm{d}v_y}{g+kv_y}=-\int_0^t \mathrm{d}t \quad\Rightarrow\quad v_y=(v_0\sin\varphi+\frac{g}{k})\mathrm{e}^{-kt}-\frac{g}{k} \tag{4}$$

再积分一次，得

$$\int_0^x \mathrm{d}x=\int_0^t (v_0\cos\varphi)\mathrm{e}^{-kt}\,\mathrm{d}t$$

$$\int_0^y \mathrm{d}y=\int_0^t \left[(v_0\sin\varphi+\frac{g}{k})\mathrm{e}^{-kt}-\frac{g}{k}\right]\mathrm{d}t$$

可得

$$x=\frac{v_0\cos\varphi}{k}(1-\mathrm{e}^{-kt}) \tag{5}$$

$$y=\left(\frac{v_0\sin\varphi}{k}+\frac{g}{k^2}\right)(1-\mathrm{e}^{-kt})-\frac{g}{k}t \tag{6}$$

这就是所要求的质点 M 的运动方程。从式（5）与式（6）中消去时间 t，得点 M 的轨迹方程为

$$y=\left(\tan\varphi+\frac{g}{kv_0\cos\varphi}\right)x+\frac{g}{k^2}\ln\left(1-\frac{k}{v_0\cos\varphi}x\right)$$

其轨迹如图 8-7 所示。由式（5）可知，当 $t\to\infty$ 时，$x\to\dfrac{v_0\cos\varphi}{k}$，即质点的轨迹最后趋近于一渐近线 $x=\dfrac{v_0\cos\varphi}{k}$，趋于垂直下降。由式(3)、式(4)可知，当 $t\to\infty$ 时，$v_x\to 0$，$v_y\to-\dfrac{g}{k}=v_{极限}$，即质点最后趋于以 $v_{极限}$ 匀速下降，这个 $v_{极限}$ 称为抛射体在阻尼介质中的**极限速度**。

（4）讨论。本例题所得的微分方程也可以用已学过的常微分方程的知识，直接设其通解。式（1）的通解为

$$x=C_1+C_2\,\mathrm{e}^{-kt}$$

式（2）的通解为

$$y=D_1+D_2\,\mathrm{e}^{-kt}-\frac{g}{k}t$$

再代入初始条件确定积分常数 C_1、C_2、D_1、D_2，可以得出和积分法同样的结果。读者请自行完成。

【例 8-6】 物块 M 在某介质（例如空气或水）中自由下落，受到重力 $\boldsymbol{P}$ 和阻力 $\boldsymbol{F}$ 作用，如图 8-8 所示。已知阻力 F 可近似地视为速度二次方的函数，即

$$F=CS\rho v^2$$

式中，C 是与形状有关的无量纲参数；S 是物体在垂直速度矢量的平面上的投影面积；ρ 是介质的密度。分析 M 块的极限速度。

解 （1）选 M 块为研究对象，因 M 块做直线平动，当质点看待。

（2）选起始位置 O 点为坐标原点，x 轴向下取为正。质点在运动过程中所受的力有重力 $\boldsymbol{P}$ 和介质阻力 $\boldsymbol{F}$。

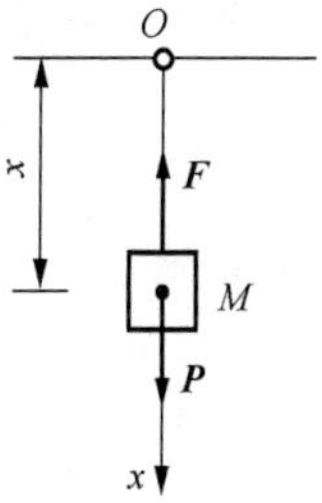

图 8-8

质点下落的运动微分方程为

$$\frac{P}{g}\frac{\mathrm{d}v}{\mathrm{d}t}=P-CS\rho v^2 \tag{1}$$

质点下落的过程中速度逐渐增大，阻力 $\boldsymbol{F}$ 也迅速变大，由重力 $\boldsymbol{P}$ 与阻力 $\boldsymbol{F}$ 的合力所引起的向下的加速度逐渐减小。当速度达到某一数值 $v_{极限}$ 时，重力与阻力平衡，加速度等于零，此后质点将以极限速度 $v_{极限}$ 匀速下落。但应指出的是，同上例类似，当 $t\to\infty$ 时，才有 $v\to v_{极限}$。

令 $a=\dfrac{\mathrm{d}v}{\mathrm{d}t}=0$，质点的运动微分方程为

$$0 = P - CS\rho v_{极限}^2$$

得

$$v_{极限} = \sqrt{\frac{P}{CS\rho}} \tag{2}$$

由式（2）可见，质点的极限速度和与形状有关的参数 C、介质密度 ρ 和投影面积 S 有关，改变这些因素，可以改变极限速度的大小。

例如，飞行员的体重为 750 N，ρ=1.225 kg/m^3，若不张伞下落，C=0.312，S=0.4 m^2，计算得 $v_{极限}$ =70 m/s。飞行员开伞后，参数起了变化，C=0.48，S=50 m^2，计算得 $v_{极限}$ =5 m/s。这个速度相当于一个人从不到 2 m 高的地方跳下落到地面时的速度，对于一般健康人而言是没有危险的。

习　　题

8-1　一辆载货拖车空车重 4 kN，有效载重 12 kN，现施加一水平力使拖车沿水平道路直线行驶。设阻力与拖车的总重量成正比，比例系数为 0.3，欲使拖车获得 0.2 m/s^2 的加速度，问需施加的水平力为多大？设此力作用于空载的拖车上，问其加速度又为多大？（答：F = 5.13 kN，a = 9.63 m/s^2）

8-2　用吊车提升重量为 5 kN 的物体，启动后在 0.5 s 内由静止开始匀加速到速度为 0.4 m/s，然后匀速上升 3 s，之后在 0.2 s 内匀减速制动停止。问在各过程中钢丝绳所受的拉力（不计钢丝绳的质量）。（答：F_1 = 5.41 kN，F_2 = 5 kN，F_3 = 3.98 kN）

8-3　图示滑道机构的圆盘 O 以匀角速度 ω 转动，借助销钉 M 带动质量为 m 的滑杆 AB 做水平直线滑动，试求销钉 M 作用于滑杆上的力的最大值。各处摩擦均不计。（答：$mr\omega^2$）

8-4　图示粉碎机滚筒直径为 D，绕通过中心的水平轴匀速转动，筒内铁球由筒壁上的凸棱带着上升。为了使铁球获得粉碎矿石的能量，铁球必须在 $\theta = \theta_0$ 时才掉下来。求滚筒每分钟的转数 n。（答：$n = 13.5\sqrt{\frac{g}{D}\cos\theta_0}$）

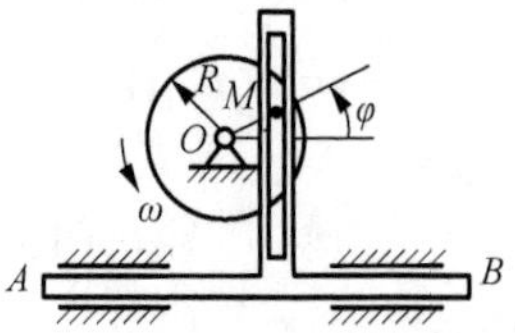

习题 8-3 图

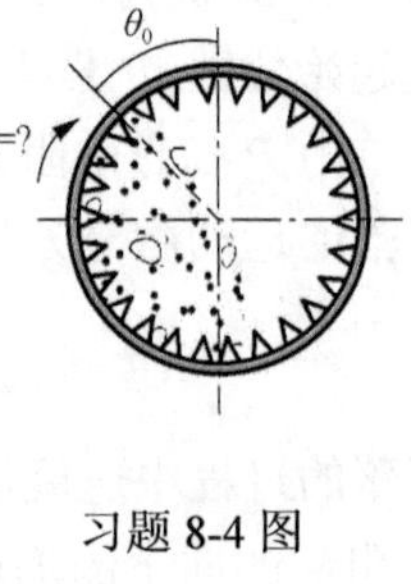

习题 8-4 图

8-5　运送碎石的胶带运输机与水平面成 θ 角，设轮 A 的半径为 r，角加速度为 α，胶带与轮之间无相对滑动。试求为保证碎石在胶带上不滑动所需的摩擦系数 f_s。（答：$f_s \geqslant \frac{r\alpha}{g\cos\theta} + \tan\theta$）

8-6　图示在三棱体 ABC 的粗糙斜面上放一重为 P 的物块 M，三棱体以匀加速度 $\boldsymbol{a}$ 沿水平方向运动。为使物块 M 在三棱体上相对静止，试求 $\boldsymbol{a}$ 的最大值，以及这时物块 M 对三棱体的压力。假定摩擦系数为 f_s，且 $f_s < \tan\theta$。（答：$a = \dfrac{\sin\theta + f\cos\theta}{\cos\theta - f\sin\theta} g$）

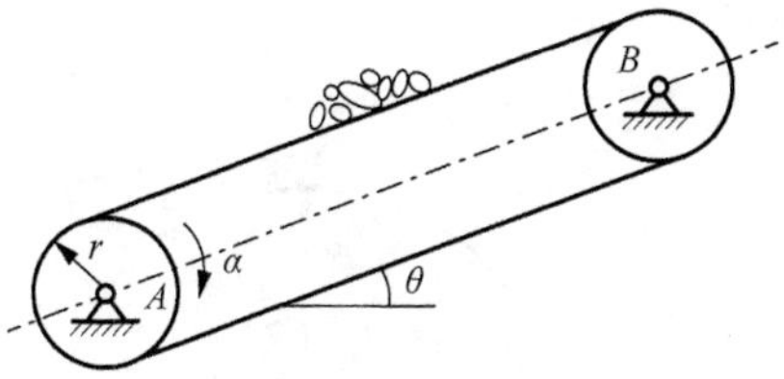

习题 8-5 图

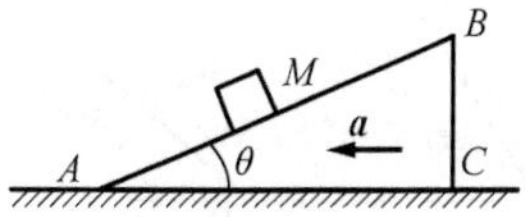

习题 8-6 图

8-7　重为 8 kN 的小汽车以匀速 v =18 km/h 行驶。求汽车在图示三种位置时对路面的压力：①水平路面；②凸起路面的最高处；③凹下路面的最低处。设凸起和凹下路面的曲率半径均为 20 m。（答：① F_{N1} = 8 kN；② F_{N2} = 6.98 kN；③ F_{N3} = 9.02 kN）

8-8　重 100 N 的重物随同小车以 v=1 m/s 的速度沿桥式吊车的水平横梁移动。重物的重心到悬挂点的距离 l = 5 m。当小车因故突然停止时，重物因惯性开始绕悬挂点摆动。试求钢丝绳的最大拉力以及当摆到最高位置时，钢丝绳的拉力。（答：$F_{N\max}$ = 102 N，F = 98 N）

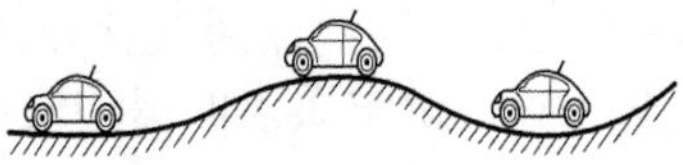

习题 8-7 图

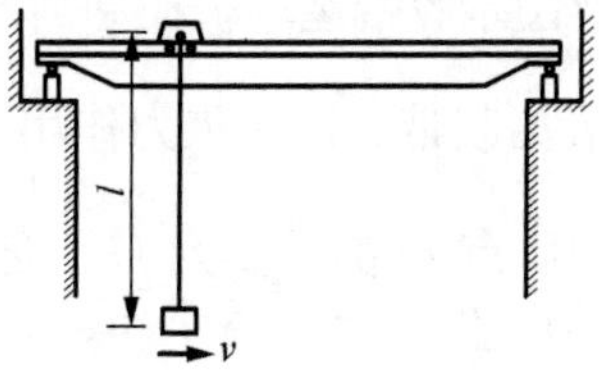

习题 8-8 图

8-9　图示重 P 的小球 M 用两根不计重量、长为 l 的杆支持，杆两端均铰接，且 $AB = 2a$。若系统以匀角速度 ω 绕铅垂轴转动，求两杆内力。（答：$F_{AM} = \dfrac{Pl}{2ga}(a\omega^2 + g)$，$F_{BM} = \dfrac{Pl}{2ga}(a\omega^2 - g)$）

8-10　重 P 的小球以两绳悬挂。若将绳 AB 突然剪断，则小球开始运动。求：①小球开始运动的瞬时 AC 绳中的拉力；②小球运动到 AC 绳处于铅垂位置时，绳中的拉力。（答：①$F = P\cos\theta$；②$F = P(3 - 2\cos\theta)$）

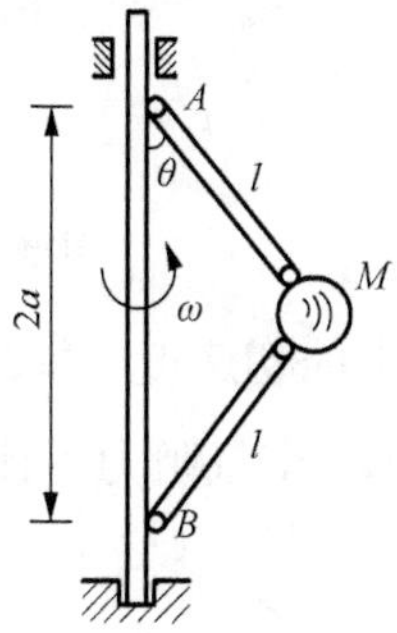

习题 8-9 图

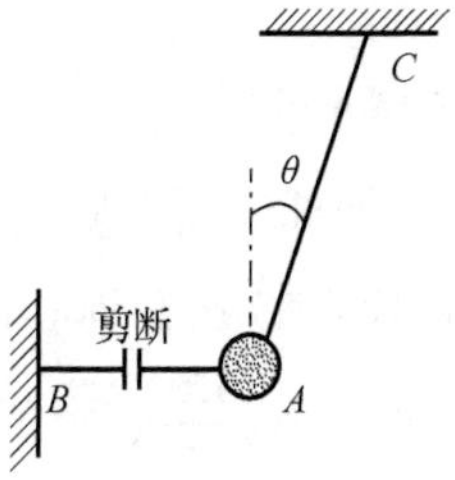

习题 8-10 图

8-11 图示质量为 m 的小球，自斜面 A 点开始运动，初速度 v_0=5 m/s，方向与 CD 平行，不计摩擦，$\theta=30°$。试求：①球运动到 CD 上的 B 点所需的时间；②距离 d。（答：①0.686 s；②d=3.43 m）

8-12 小球从光滑半圆柱的顶点无初速度下滑，求小球脱离半圆柱时的位置角 φ。（答：$\varphi=48.2°$）

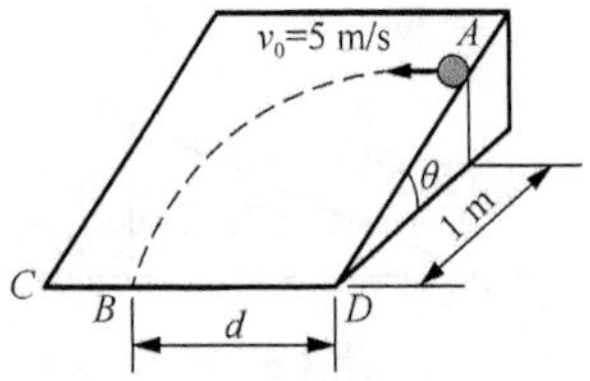

习题 8-11 图

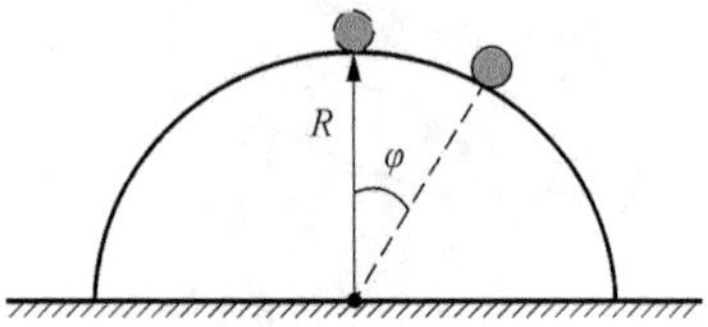

习题 8-12 图

8-13 设汽车的总重量为 P，开始制动时的速度为 v_0，轮胎与路面之间的动滑动摩擦系数 f。假定在制动过程中汽车只沿路面滑动，地面对于轮胎的动滑动摩擦力 $\boldsymbol{F}_d$ 为一常力，其他阻力忽略不计。试求汽车的加速度、制动时间与制动行程。（答：$a=-fg$，$t=\dfrac{v_0}{gf}$，$x=\dfrac{v_0^2}{2gf}$）

8-14 图示胶带运输机在卸料时，物料以初速度 $\boldsymbol{v}_0$ 脱离胶带。设 $\boldsymbol{v}_0$ 与水平线的平角为 θ，试求物料脱离胶带后，在重力作用下的运动方程。（答：$x=v_0t\cos\theta$，$y=v_0t\sin\theta+\dfrac{1}{2}gt^2$）

8-15 质点 M 的质量为 m，受指向原点 O 的力 F=kr 作用，r 为质点到原点 O 的距离。初瞬时质点的坐标为 $x=x_0$，$y=0$，速度分量为 $v_x=0$，$v_y=v_0$。试求质点的运动轨迹。（答：椭圆，$\dfrac{x^2}{x_0{}^2}+\dfrac{k}{m}\dfrac{y^2}{v_0{}^2}=1$）

8-16 图示质量为 10 kg 的物块放在光滑水平面上，在变力 F=100(1 – t)的作用下沿水平直线运动，其中 t 以 s 计，F 以 N 计。初速度为 v_0=20 cm/s，问经过多少时间后物块停止运动？停止前走了多少路程？（答：t=2.02 s，x=7.07 m）

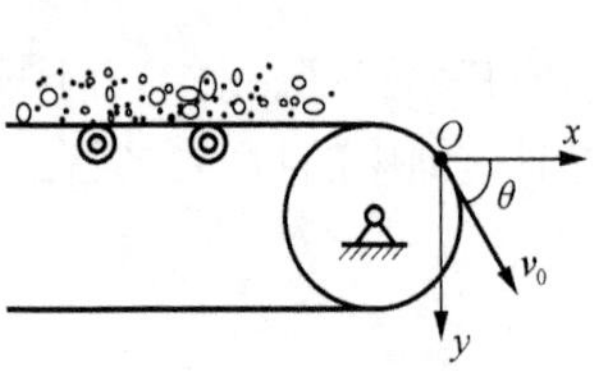

习题 8-14 图

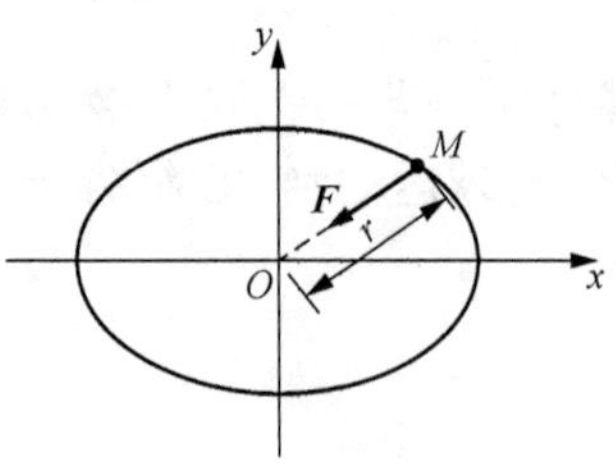

习题 8-15 图

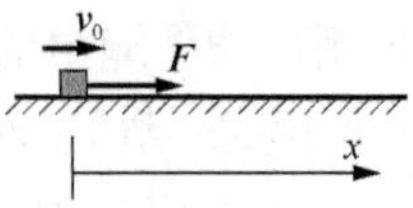

习题 8-16 图

8-17 位于地球表面的质点（地球半径为 R）具有铅直向上的初速度 $v_0=\sqrt{2gR}$（第二宇宙速度）。坐标原点 O 选在地心，坐标轴 x 铅直向上，如图所示。空气阻力不计，试求质点的运动方程。（答：$x=(\dfrac{3Rt}{2}\sqrt{2g}+R^{3/2})^{2/3}$）

8-18 图示物体自高 h 处以速度 $\boldsymbol{v}_0$ 水平抛出。空气阻力可视为与速度大小 v 的一次方成正比，即 $F=kmv$，式中，m 为物体的质量；k 为常系数。求物体的运动方程和轨迹。（答：运动方程为 $x=\dfrac{v_0}{k}(1-\mathrm{e}^{-kt})$，$y=h-\dfrac{g}{k}t+\dfrac{g}{k^2}(1-\mathrm{e}^{-kt})$；轨迹为 $y=h-\dfrac{g}{k^2}\ln\dfrac{v_0}{v_0-kx}+\dfrac{gx}{kv_0}$）

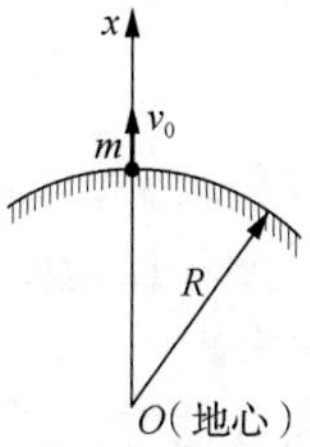

习题 8-17 图

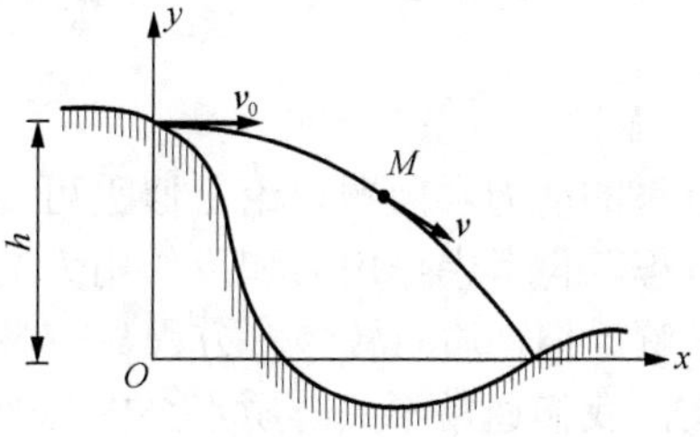

习题 8-18 图

第 9 章　动量定理和动量矩定理

质点系的动力学问题理论上似乎可以采用质点运动微分方程求解，即对每个质点建立运动微分方程，再考虑作用力和反作用力的关系，各质点间运动量（加速度）之间的关系，最后联立求解。但当质点较多，方程数较多时，联立求解困难太大。

其实，我们通常不关心质点系中每个质点的运动情况，而只需要知道质点系整体的某些运动特征。例如，对于刚体这一不变质点系，通常关心刚体质心的运动和绕质心的转动。能够表明质点系运动特征的量有动量、动量矩和动能等。这些运动量与作用量（力、冲量和功等）之间的数量关系就是本章将要阐述的动量定理、动量矩定理和下章的动能定理，统称为动力学普遍定理。

9.1　动量和冲量的概念

1. 动量

动量是表征物体运动强弱的物理量，它不仅与物体速度有关，而且与其质量有关。例如，高速飞行的子弹虽然质量很小，但因为速度很大，可以穿透钢板；轮船依靠拖船靠近码头时，虽然它的速度已经很小，但因为质量太大，仍然可能撞坏码头。因此，质点的动量就是质点的质量 m 与其速度 $\boldsymbol{v}$ 的乘积，记为 $\boldsymbol{P}=m\boldsymbol{v}$，它是个矢量，其方向与质点速度 $\boldsymbol{v}$ 的方向一致。动量的量纲为

$$[质量][速度]=[M][L]/[T]=([M][L]/[T]^2)\cdot[T]=[F][T]$$

式中，M 为质量；L 为长度；T 为时间。在国际单位制中，动量的单位是千克米每秒（kg·m/s），或牛秒（N·s）。

设质点系由 n 个质点组成，每个质点的质量与速度均为已知，则质点系的动量为

$$\boldsymbol{P}=\sum \boldsymbol{P}_i=\sum_{i=1}^{n} m_i\boldsymbol{v}_i \tag{9-1}$$

即质点系的动量等于质点系内各质点动量的矢量和，也就是质点系动量的主矢量。

【例 9-1】 如图 9-1（a）所示，设 A、B 物块由一绕过滑轮 O 的绳相连，已知块 A 质量 $m_A=1\,\text{kg}$，块 B 质量 $m_B=2\,\text{kg}$，绳和滑轮的质量忽略不计，绳与滑轮间无相对滑动，又知 $v_A=v_B=v=2\,\text{m/s}$，试求质点系的动量 $\boldsymbol{P}$。

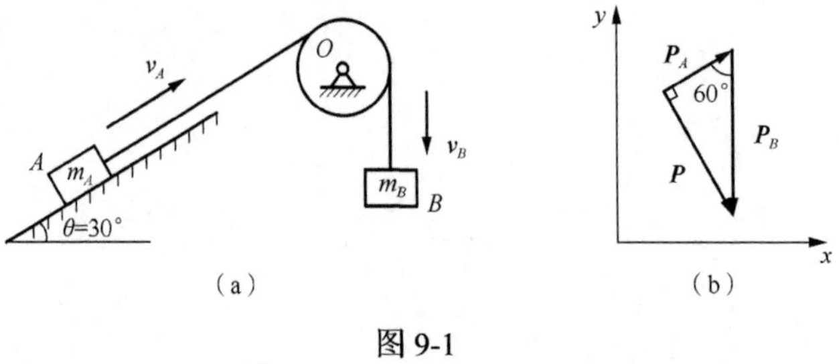

图 9-1

解　块 A 与块 B 均做直线平动，可视为质点。质点系动量是两个质点动量的矢量和，

$$\boldsymbol{P}=\boldsymbol{P}_A+\boldsymbol{P}_B=m_A\boldsymbol{v}_A+m_B\boldsymbol{v}_B \tag{1}$$

式中，$P_A=m_Av_A=m_Av=1\times2=2(\text{kg}\cdot\text{m/s})$；$P_B=m_Bv_B=2\times2=4(\text{kg}\cdot\text{m/s})$，方向分别与图 9-1（a）上 $\boldsymbol{v}_A$、$\boldsymbol{v}_B$ 相同。从而，采用几何法作矢量三角形如图 9-1（b）所示，合矢量 $\boldsymbol{P}$ 的大小为 $P=P_A\sqrt{3}=2\sqrt{3}(\text{kg}\cdot\text{m/s})$，方向如图 9-1（b）所示。

也可以采用解析法，选如图 9-1（b）所示直角坐标系，将式（1）分别在 x、y 轴投影，利用矢量投影定理，得

$$P_x=m_Av\cos30^\circ+0=1\times2\times\frac{\sqrt{3}}{2}=\sqrt{3}(\text{kg}\cdot\text{m/s})$$

$$P_y=m_Av\sin30^\circ-m_Bv=1\times2\times\frac{1}{2}-2\times2=-3(\text{kg}\cdot\text{m/s})$$

继续可求动量 $\boldsymbol{P}$ 的大小和方向余弦，读者可自行完成。

2. 冲量

力的冲量衡量力在作用时间上的积累效果，当作用时间间隔 t 内，力 $\boldsymbol{F}$ 是常量时，力 $\boldsymbol{F}$ 的冲量为

$$\boldsymbol{I}=\boldsymbol{F}t \tag{9-2}$$

冲量是矢量，其方向与力 $\boldsymbol{F}$ 的方向一致。冲量的量纲为

$$[力][时间]=[F][T]=([M][L]/[T]^2)\cdot[T]=[M][L]/[T]$$

国际单位制中，冲量的单位是千克米每秒（kg·m/s），或牛秒（N·s）。可以看到，冲量与动量的量纲与单位完全相同，这不是巧合，二者之间存在必然联系，即后面将推导的动量定理。

若力 $\boldsymbol{F}$ 随着时间变化，是个变量时，应将力 $\boldsymbol{F}$ 的作用时间分成无数微小的时间间隔，在每段微小时间间隔 $\mathrm{d}t$ 内，作用力 $\boldsymbol{F}(t)$ 看作不变量，相应冲量称为元冲量 $\mathrm{d}\boldsymbol{I}=\boldsymbol{F}(t)\mathrm{d}t$。而变力在时间 0～$t$ 内的冲量 $\boldsymbol{I}$ 应等于在这段时间内无数元冲量的矢量和，用定积分表示为

$$\boldsymbol{I}=\int_0^t\boldsymbol{F}(t)\mathrm{d}t \tag{9-3}$$

9.2　动量定理

9.2.1　质点的动量定理及动量守恒定律

设一质点 M，它的质量为 m，速度为 $\boldsymbol{v}$，加速度为 $\boldsymbol{a}$，作用在质点 M 上的合力为 $\boldsymbol{F}$。由动力学基本方程有

$$m\boldsymbol{a}=\boldsymbol{F}\quad 或\quad m\frac{\mathrm{d}\boldsymbol{v}}{\mathrm{d}t}=\boldsymbol{F}$$

由于质量 m 为常量，可放到微分符号内，则

$$\frac{\mathrm{d}(m\boldsymbol{v})}{\mathrm{d}t}=\frac{\mathrm{d}\boldsymbol{P}}{\mathrm{d}t}=\boldsymbol{F} \tag{9-4}$$

即质点动量对时间的一阶导数等于作用在该质点上的合力，这就是**微分形式的质点动量定理**。

考虑时间由 0 到 t，速度由 $\boldsymbol{v}_0$ 到 $\boldsymbol{v}$，改写上式并积分，得

$$\int_{m\boldsymbol{v}_0}^{m\boldsymbol{v}} \mathrm{d}(m\boldsymbol{v}) = m\boldsymbol{v} - m\boldsymbol{v}_0 = \int_0^t \boldsymbol{F}\mathrm{d}t = \boldsymbol{I} \quad 或 \quad \boldsymbol{P} - \boldsymbol{P}_0 = \boldsymbol{I} \tag{9-5}$$

即质点动量在任一时间间隔内的改变等于作用在该质点上的合力在同一时间间隔内的冲量，这就是**积分形式的质点动量定理**。

式（9-5）是个矢量方程，具体求解时通常用代数投影方程，即将式（9-5）投影到直角坐标轴上，得到质点动量定理的投影式：

$$\left.\begin{aligned} mv_x - mv_{0x} &= \int_0^t F_x \mathrm{d}t = I_x \\ mv_y - mv_{0y} &= \int_0^t F_y \mathrm{d}t = I_y \\ mv_z - mv_{0z} &= \int_0^t F_z \mathrm{d}t = I_z \end{aligned}\right\} \tag{9-6}$$

从质点的动量定理可以得出下列两个推论。

（1）若作用在质点上的合力 $\boldsymbol{F}$ 恒等于零，由式（9-5）得

$$m\boldsymbol{v} = m\boldsymbol{v}_0 = 常矢量$$

上式表明：若作用在质点上的合力恒等于零，则该质点的动量为常矢量。因为质点质量不变，则质点速度也是常量，即它做匀速直线运动或处于静止。这个结论就是牛顿第一定律（惯性定律）。

（2）若作用在质点上的合力在 x 轴的投影 F_x 恒等于零，由式（9-6）的第一式可得

$$mv_x = mv_{0x} = 常量$$

上式表明：若作用在质点上的合力在某一轴上的投影恒等于零，则该质点的动量或速度在该轴上的投影保持为常量。例如，抛射体在空中运动，忽略空气阻力，只有重力作用。而重力在水平轴上投影为零，所以抛射体的速度在水平轴上投影保持不变，即 $v_x = v_{0x}$。

上述两个推论称为**质点的动量守恒定律**。

【例 9-2】 锤重 G=300 N，从高度 H=1.5 m 处自由落到锻件上，如图 9-2（a）所示，锻件发生变形，历时 τ=0.01 s，求锤对锻件的平均压力。

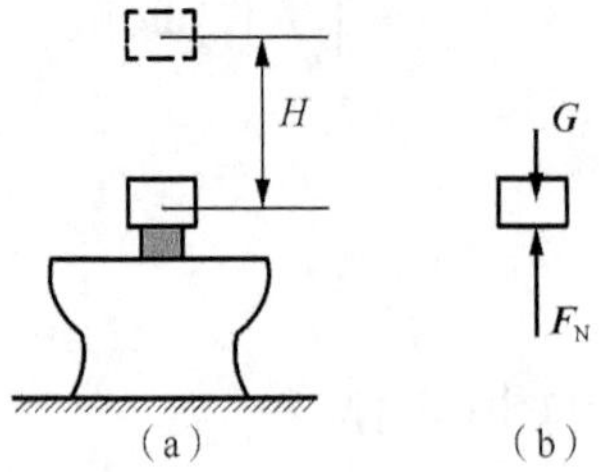

图 9-2

解　（1）选取锤为研究对象，由锤自由落体可以求得锤刚接触锻件时的速度：

$$v^2 - 0 = 2gH \quad \Rightarrow \quad v = \sqrt{2 \times 9.81 \times 1.5} = 5.425(\mathrm{m/s})$$

在锻件变形结束那一瞬时，锤的速度为零。

（2）对锤做受力分析，锻件变形过程中，锤受到重力 $\boldsymbol{G}$ 和锻件给锤的平均反力 $\boldsymbol{F}_\mathrm{N}$，受力分析如图 9-2（b）所示。

（3）在锻件发生变形的这一段时间间隔上对锤运用质点动量定理，

$$\boldsymbol{P} - \boldsymbol{P}_0 = \boldsymbol{I}$$

将上式沿竖直向下方向投影，得

$$0-mv=\left(G-F_{\mathrm{N}}\right)\tau \quad\Rightarrow\quad F_{\mathrm{N}}=\frac{mv}{\tau}+G=\frac{300\times 5.425}{9.81\times 0.01}+300=16.9\times 10^{3}(\mathrm{N})=16.9(\mathrm{kN})$$

根据牛顿第三定律，可知锤对锻件的平均压力为

$$F_{\mathrm{N}}'=F_{\mathrm{N}}=16.9(\mathrm{kN})\,(\downarrow)$$

9.2.2　质点系的动量定理及动量守恒定律

设质点系由 n 个质点组成，第 i 个质点的质量为 m_i，速度为 $\boldsymbol{v}_i$；外界物体对该质点作用的力为 $\boldsymbol{F}_i^{(\mathrm{e})}$，称为外力；质点系内其他质点对该质点作用的力为 $\boldsymbol{F}_i^{(\mathrm{i})}$，称为内力。根据微分形式的质点动量定理，可得

$$\frac{\mathrm{d}}{\mathrm{d}t}(m_i\boldsymbol{v}_i)=\boldsymbol{F}_i^{(\mathrm{e})}+\boldsymbol{F}_i^{(\mathrm{i})}$$

针对每个质点都可以写出这样的方程，共有 n 个，将 n 个方程的两端分别相加，得

$$\sum\frac{\mathrm{d}}{\mathrm{d}t}(m_i\boldsymbol{v}_i)=\frac{\mathrm{d}}{\mathrm{d}t}\left(\sum m_i\boldsymbol{v}_i\right)=\sum\boldsymbol{F}_i^{(\mathrm{e})}+\sum\boldsymbol{F}_i^{(\mathrm{i})}$$

式中，$\sum m_i\boldsymbol{v}_i=\boldsymbol{P}$，就是质点系的动量。另外，因为质点系内质点相互作用的内力总是大小相等、方向相反地成对出现，因此内力的矢量和等于零，即 $\sum\boldsymbol{F}_i^{(\mathrm{i})}=\boldsymbol{0}$。由此可得

$$\frac{\mathrm{d}\boldsymbol{P}}{\mathrm{d}t}=\sum\boldsymbol{F}_i^{(\mathrm{e})}=\boldsymbol{F}_R^{(\mathrm{e})} \tag{9-7}$$

也就是说质点系动量对时间的导数，等于作用在质点系所有外力的矢量和，即外力系的主矢，这就是**微分形式的质点系动量定理**。

将式（9-7）投影到空间直角坐标轴上，得

$$\left.\begin{aligned}\frac{\mathrm{d}P_x}{\mathrm{d}t}&=\sum F_{ix}^{(\mathrm{e})}=F_{Rx}^{(\mathrm{e})}\\\frac{\mathrm{d}P_y}{\mathrm{d}t}&=\sum F_{iy}^{(\mathrm{e})}=F_{Ry}^{(\mathrm{e})}\\\frac{\mathrm{d}P_z}{\mathrm{d}t}&=\sum F_{iz}^{(\mathrm{e})}=F_{Rz}^{(\mathrm{e})}\end{aligned}\right\} \tag{9-8}$$

式中，$P_x=\sum m_i v_{ix}$，是质点系动量在 x 轴上的投影；$F_{Rx}^{(\mathrm{e})}=\sum F_{ix}^{(\mathrm{e})}$，是外力系的主矢在 x 轴上的投影；其他各量的意义类似。式（9-8）表明：质点系动量在任一轴上的投影对时间的导数，等于作用在质点系的外力系的主矢在同一轴上的投影。

将式（9-7）改写为 $\mathrm{d}\boldsymbol{P}=\sum\boldsymbol{F}_i^{(\mathrm{e})}\cdot\mathrm{d}t$，然后左右两侧同时积分，时间由 0 到 t，设 t=0 时，质点系的动量为 $\boldsymbol{P}_0$，在 t 时刻，动量为 $\boldsymbol{P}$，得

$$\boldsymbol{P}-\boldsymbol{P}_0=\sum\int_0^t\boldsymbol{F}_i^{(\mathrm{e})}\cdot\mathrm{d}t=\sum\boldsymbol{I}_i^{(\mathrm{e})} \tag{9-9}$$

该式表示：质点系动量在任意时间间隔内的改变，等于作用在该质点系的所有外力在同一时间间隔内冲量的矢量和，这就是**积分形式的质点系动量定理**。

由质点系动量定理可以得出下列两个推论。

（1）若质点系的外力系主矢 $\boldsymbol{F}_R^{(e)}$ 恒等于零，由式（9-7）可知

$$\boldsymbol{P}=\boldsymbol{P}_0=\text{常矢量}$$

上式表明：若质点系的外力系的主矢恒等于零，则质点系的动量保持为常矢量。

（2）若质点系的外力系主矢在某轴上的投影，如 $F_{Rx}^{(e)}=\sum F_{ix}^{(e)}$ 恒等于零，由式（9-8）得

$$P_x=P_{0x}=\text{常量}$$

上式表明：若质点系的外力系主矢在某轴上的投影恒等于零，则质点系的动量在该轴上的投影保持为常量。

上述两个推论称为**质点系的动量守恒定律**。由质点系的动量守恒定律可知，只有外力才能改变质点系的动量，而内力不能改变质点系的动量。例如，车厢内旅客甲推旅客乙，会使旅客乙动量改变，但旅客甲动量也会相应改变，而整个列车的动量并无变化，因为对列车而言，该力是内力。

用动量守恒定律可以解释很多力学现象，例如，静水中不动的小船上站个人，当人从船头跳到岸上，船身一定向后移动。这是因为，当水的阻力很小可以忽略不计时，在水平方向只有人与船相互间作用的内力，没有外力，因此质点系的动量在水平方向保持不变。当人获得向前的动量时，船必然获得向后的动量，保持总动量恒等于零。放炮时，炮身的后座现象也属于这种情况。

【例 9-3】 如图 9-3 所示，机车车头重 P_1，以速度 $\boldsymbol{v}_1$ 向前滑行并与重 P_2 的静止车厢挂上钩，然后一起前进。求刚挂上车厢后的速度 $\boldsymbol{v}$。

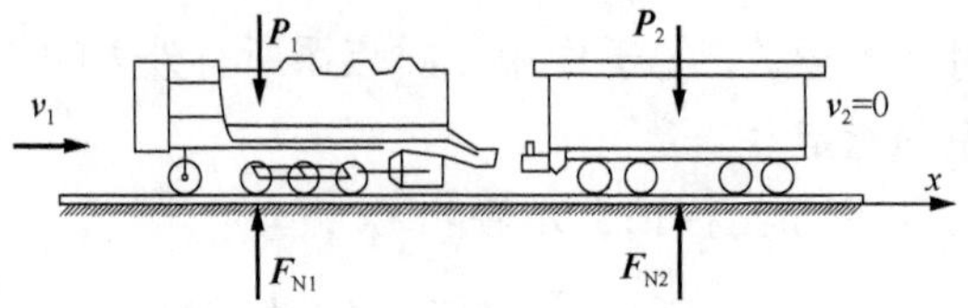

图 9-3

解 （1）选取车头与车厢一起为研究对象，车头和车厢均做直线平动，当质点看待。

（2）运动分析。开始时，车头 $\boldsymbol{v}_1$ 向右，车厢 $v_2=0$；挂上钩后，车头车厢有相同速度 $\boldsymbol{v}$。

（3）受力分析。研究对象所受的外力有 $\boldsymbol{P}_1$ 与 $\boldsymbol{F}_{N1}$、$\boldsymbol{P}_2$ 与 $\boldsymbol{F}_{N2}$，由于作用在研究对象上的外力在 x 轴投影的代数和 $\sum F_{ix}^{(e)}=0$，所以质点系动量在 x 轴投影为常量，于是

$$\frac{P_1}{g}v_1+0=\frac{P_1+P_2}{g}v \tag{1}$$

可求得挂上钩后机车头与车厢一起前进的速度为

$$v=\frac{P_1v_1}{P_1+P_2}$$

（4）讨论：式（1）可写为

$$\frac{P_1}{g}(v_1-v)=\frac{P_2}{g}v$$

上式左边表示车头所损失的动量，而右边表示车厢所获得的动量。这说明在挂钩的过程中，借助于二者相互作用的力，车头将自己的机械运动传递给车厢，且车头损失的动量等于车厢所增加的动量，系统总动量保持不变。

【例 9-4】 图 9-4 表示水流流经变截面弯管的示意图，流经 *aa*、*bb* 截面时的流速分别是 $\boldsymbol{v}_a$ 与 $\boldsymbol{v}_b$（大小以 m/s 计）。已知水流是稳定（或恒定）的，即管内各处的流速不随时间而变，流量 Q（每秒流过某截面的水的体积，以 m^3/s 计）是常量，水的密度为ρ。设流体是不可压缩的，*aabb* 段水体的重量为 G，两截面 *aa* 和 *bb* 上所受相邻流体的压力为 $\boldsymbol{F}_a$ 与 $\boldsymbol{F}_b$。试求流体对管壁的压力。

解　（1）取 *aa* 与 *bb* 两个截面之间的流体作为研究的质点系。设想经过无限小的时间间隔 d*t*，这一部分流体流到另两个截面 a_1a_1 与 b_1b_1 之间。

（2）在时间间隔 d*t* 内质点系动量的变化为

$$\mathrm{d}\boldsymbol{P} = \boldsymbol{P}_{a_1b_1} - \boldsymbol{P}_{ab} = (\boldsymbol{P}_{a_1b} + \boldsymbol{P}_{bb_1}) - (\boldsymbol{P}_{aa_1} + \boldsymbol{P}_{a_1b}) = \boldsymbol{P}_{bb_1} - \boldsymbol{P}_{aa_1}$$

因为时间间隔 d*t* 内流过截面的质量为 $m = \rho Q\mathrm{d}t$，这就是 aaa_1a_1 微段和 bbb_1b_1 微段所具有的质量。另外，因为 d*t* 极小，可认为 aaa_1a_1 微段上各质点的速度均相同，为 $\boldsymbol{v}_a$，bbb_1b_1 微段上各质点的速度也相同，为 $\boldsymbol{v}_b$。于是得

$$\mathrm{d}\boldsymbol{P} = \boldsymbol{P}_{bb_1} - \boldsymbol{P}_{aa_1} = \rho Q\mathrm{d}t\cdot\boldsymbol{v}_b - \rho Q\mathrm{d}t\cdot\boldsymbol{v}_a = \rho Q(\boldsymbol{v}_b - \boldsymbol{v}_a)\mathrm{d}t$$

（3）质点系受的外力有均匀分布于体积 *aabb* 内流体的重力 $\boldsymbol{G}$、镇墩通过管壁给质点系的作用力 $\boldsymbol{F}_\mathrm{N}$，以及两截面 *aa* 与 *bb* 上受到的相邻流体的压力 $\boldsymbol{F}_a$ 与 $\boldsymbol{F}_b$。

（4）将动量定理应用于所研究的质点系，则有

$$\rho Q(\boldsymbol{v}_b - \boldsymbol{v}_a)\mathrm{d}t = (\boldsymbol{G} + \boldsymbol{F}_a + \boldsymbol{F}_b + \boldsymbol{F}_\mathrm{N})\mathrm{d}t$$

消去时间 d*t*，得

$$\rho Q(\boldsymbol{v}_b - \boldsymbol{v}_a) = \boldsymbol{G} + \boldsymbol{F}_a + \boldsymbol{F}_b + \boldsymbol{F}_\mathrm{N}$$

若将 $\boldsymbol{F}_\mathrm{N}$ 分为不考虑流体流动时管壁的反力（即静反力）$\boldsymbol{F}_\mathrm{N1}$ 与由于流体流动而产生的附加动反力 $\boldsymbol{F}_\mathrm{N2}$，并且注意到 $\boldsymbol{F}_\mathrm{N1}$ 满足下式：

$$\boldsymbol{G} + \boldsymbol{F}_a + \boldsymbol{F}_b + \boldsymbol{F}_\mathrm{N1} = \boldsymbol{0}$$

则附加动反力由下式计算：

$$\boldsymbol{F}_\mathrm{N2} = \frac{Q}{g}\gamma(\boldsymbol{v}_b - \boldsymbol{v}_a) = \rho Q\Delta\boldsymbol{v} \tag{9-10}$$

流体对管壁（传给镇墩）的附加动压力与管壁对质点系附加动反力是作用力与反作用力的关系。

【例 9-5】 如图 9-5 所示，水力采煤是利用水枪在高压下喷射的强力水流采煤。已知水枪水柱直径为 30 mm，水速为 56 m/s，求煤层受到的动水压力。

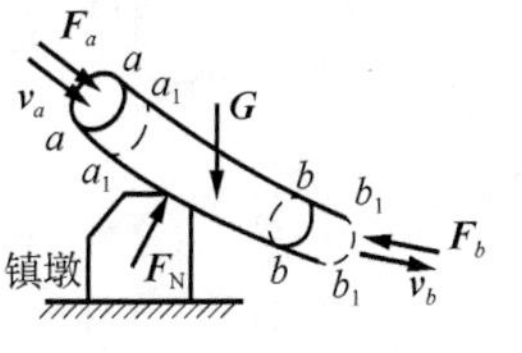

图 9-4

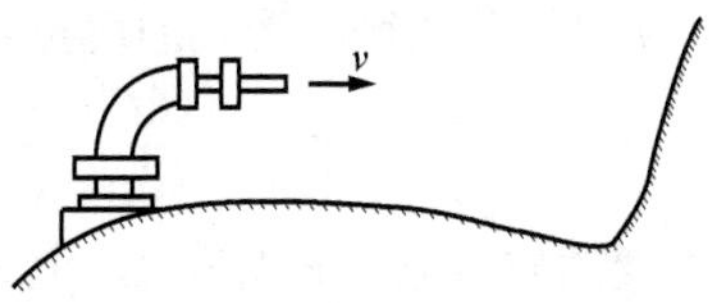

图 9-5

解　由题意可以求得水枪的流量为

$$Q=\frac{1}{4}\pi D^2 v=\frac{1}{4}\times\pi\times0.03^2\times56=0.0396(\mathrm{m^3/s})$$

煤层受到的动水压力由上例的弯管附加动反力计算，即

$$\boldsymbol{F}_{\mathrm{N}}=\frac{Q}{g}\gamma(\boldsymbol{v}_2-\boldsymbol{v}_1)$$

假设水流射到煤层后沿垂直方向的表面流走，将上式矢量方程向水平方向投影，可得煤层受到的动水压力为

$$F_{\mathrm{N}}=\rho Q(v-0)=\rho Qv=1\times10^3\times0.0396\times56=2217.6(\mathrm{N})=2.22(\mathrm{kN})$$

9.3　质心运动定理及质心运动守恒定律

由静力学 2.7 节，质点系的质心（质量中心）的计算公式为

$$\boldsymbol{r}_C=\frac{\sum m_i\boldsymbol{r}_i}{m}\quad 或\quad m\boldsymbol{r}_C=\sum m_i\boldsymbol{r}_i$$

将上式两边同时对时间求导数，得

$$m\dot{\boldsymbol{r}}_C=\sum m_i\dot{\boldsymbol{r}}_i\quad 或\quad m\boldsymbol{v}_C=\sum m_i\boldsymbol{v}_i=\boldsymbol{P}\tag{9-11}$$

即质点系的质量与质心速度的乘积等于质点系的动量。可以设想，质点系的全部质量集中在质心，那么质心的动量就是质点系的动量。

式（9-11）表明质心不仅表征质点系质量的分布情况，而且可以用来计算质点系的动量。采用式（9-11）计算刚体这一特殊不变质点系的动量显得非常方便。例如，如图 9-6（a）所示，均质车轮做平面运动，质心（轮心）的速度为 $\boldsymbol{v}_C$，则车轮的动量为 $\boldsymbol{P}=m\boldsymbol{v}_C$；又如图 9-6（b）所示，偏心圆轮绕轴 O 转动，同样有质点系动量为 $\boldsymbol{P}=m\boldsymbol{v}_C$；但若如图 9-6（c）所示，同心圆轮转动，即质心 C 和轴心 O 重合，则质点系动量 $\boldsymbol{P}=m\boldsymbol{v}_C=\boldsymbol{0}$。这表明质点系的动量是描述质点系随同质心运动的一个运动量，它不能描述质点系相对于质心的运动，质点系相对于质心的运动将由下一节的动量矩描述。

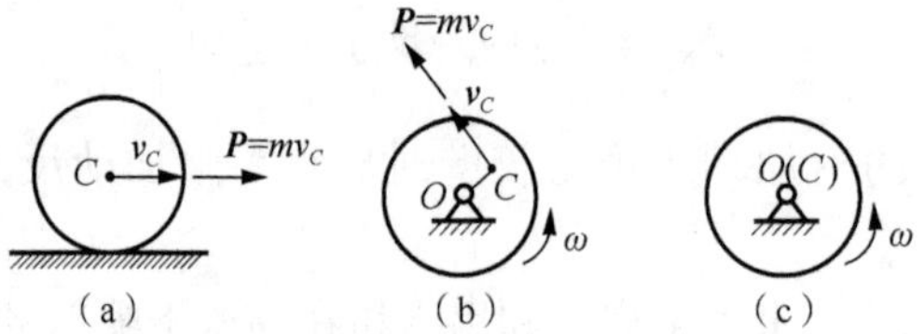

图 9-6

将式（9-11）代入微分形式的质点系的动量定理得到

$$\frac{\mathrm{d}\boldsymbol{P}}{\mathrm{d}t}=\frac{\mathrm{d}}{\mathrm{d}t}(m\boldsymbol{v}_C)=\sum\boldsymbol{F}_i^{(\mathrm{e})}=\boldsymbol{F}_R^{(\mathrm{e})}$$

对于质量不变的质点系（m=常数），上式可写为

$$m\frac{\mathrm{d}\boldsymbol{v}_C}{\mathrm{d}t}=m\boldsymbol{a}_C=\sum\boldsymbol{F}_i^{(\mathrm{e})}=\boldsymbol{F}_R^{(\mathrm{e})}\tag{9-12}$$

上式表明，质点系的质量与质心加速度的乘积等于作用于质点系的外力矢量和（即等于外力系的主矢），这个结论称为**质心运动定理**。

在形式上，质心运动定理与质点动力学基本方程 $\boldsymbol{ma}=\sum \boldsymbol{F}_i$ 完全相似，因此质心运动定理也可叙述如下：质点系质心的运动，可以看成是一个质点的运动，假设整个质点系的质量都集中在质心这一点，作用于质点系的全部外力也都集中在这一点。例如，定向爆破时，土石碎块向各处飞落，如图 9-7 所示，在尚无碎石落地前，所有土石碎块为一质点系，若不计空气阻力，它们质心的运动与一个抛射体（质点）的运动一样，将沿一个固定的抛物线轨迹运动。这样根据所希望的落地点位置，可以进行定向爆破的设计。

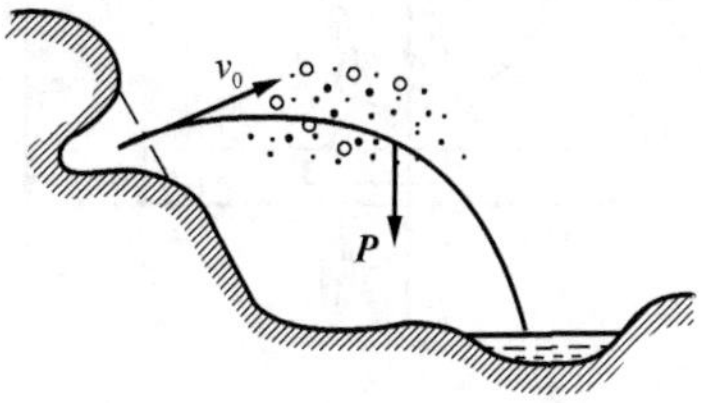

图 9-7

质心运动定理（9-12）是矢量形式，应用时应取投影式。根据质心的运动情况，质心加速度的描述可采用直角坐标法和自然法，从而质心运动定理的投影式也有空间直角坐标轴自然轴两种：

$$\left.\begin{aligned} ma_{Cx}&=\sum F_{ix}^{(\mathrm{e})}=F_{Rx}^{(\mathrm{e})}\\ ma_{Cy}&=\sum F_{iy}^{(\mathrm{e})}=F_{Ry}^{(\mathrm{e})}\\ ma_{Cz}&=\sum F_{iz}^{(\mathrm{e})}=F_{Rz}^{(\mathrm{e})}\end{aligned}\right\}\quad 或\quad \left.\begin{aligned} ma_C^{\tau}&=m\frac{\mathrm{d}v_C}{\mathrm{d}t}=\sum F_{\tau}^{(\mathrm{e})}=F_{R\tau}^{(\mathrm{e})}\\ ma_C^{n}&=m\frac{v^2}{\rho}=\sum F_{n}^{(\mathrm{e})}=F_{Rn}^{(\mathrm{e})}\\ 0&=\sum F_{b}^{(\mathrm{e})}=F_{Rb}^{(\mathrm{e})}\end{aligned}\right\}\tag{9-13}$$

从质心运动定理可以得出下面两个结论。

（1）若作用于质点系的外力主矢 $\boldsymbol{F}_R^{(\mathrm{e})}$ 恒等于零，则 $m\boldsymbol{v}_C=$ 常矢量，即质心做匀速直线运动；若开始时系统静止，即 $\boldsymbol{v}_C=\boldsymbol{v}_{C0}\equiv\boldsymbol{0}$，则 $\boldsymbol{r}_C=$ 常矢量，也就是质心位置始终保持不变。

（2）若质点系的外力系主矢在某轴上的投影，如 $F_{Rx}^{(\mathrm{e})}=\sum F_{ix}^{(\mathrm{e})}$ 恒等于零，则 $mv_{Cx}=$ 常量，即质心速度在该轴上的投影 v_{Cx} 保持不变；若开始时速度在该轴上投影为零，则 $v_{Cx}=v_{C0x}\equiv 0$，质心沿该轴的坐标 x_C 保持不变。

以上两个结论称为**质心运动守恒定律**。由质心运动守恒定律可知，只有外力才能改变质点系质心的运动，内力只能改变质点系中各质点的运动情况，而不能影响质点系质心的运动。例如，汽车运动时，发动机中气体的压力是内力，虽然这个力是汽车行驶的原动力，但它不能使汽车的质心运动。那么汽车依靠什么外力前进呢？这是因为汽车发动机中的气体压力推动汽缸内的活塞，经过一套传动机构，将力偶矩传给主动轮（图 9-8 中的后轮），主动轮获得向前的摩擦力 $\boldsymbol{F}_A$，而被动轮上会作用向后的摩擦力 $\boldsymbol{F}_B$，当前后轮上作用的摩擦力的合力（$\boldsymbol{F}_A+\boldsymbol{F}_B$）向前，则汽车质心获得向前的加速度。所以摩擦力才是改变汽车质心运动状态的外力。

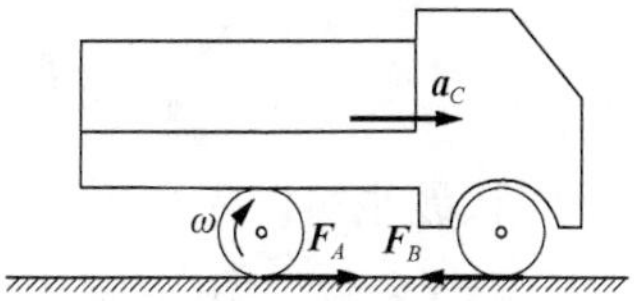

图 9-8

如果地面光滑，或$\boldsymbol{F}_A$克服不了汽车前进的阻力$\boldsymbol{F}_B$，那么车轮将在原地转动，汽车就不能前进。当然对于四轮驱动的车，前后轮上作用的摩擦力都向前。

【例 9-6】 电动机的外壳用螺栓固定在水平基础上，外壳和定子重P，质心在O_1，转子重P_1，转子的轴通过定子质心O_1，但由于制造安装误差，转子质心O_2到O_1的偏心距为e，如图 9-9 所示。已知转子以角速度ω匀速转动，求基础的反力。

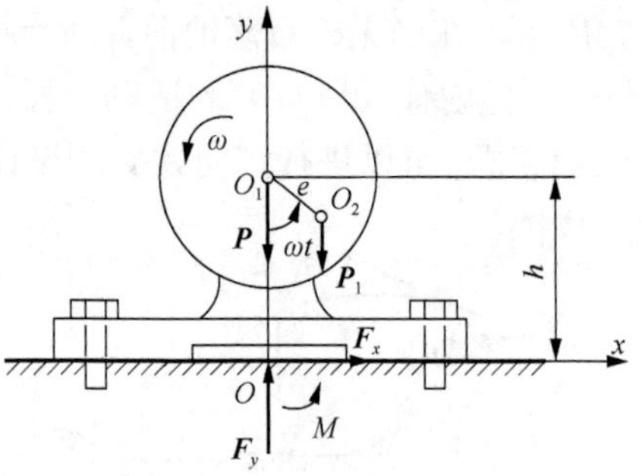

图 9-9

解 （1）取整个电动机为研究对象。

（2）运动分析：外壳和定子不动，转子可用杆O_1O_2代替，做定轴转动。

（3）受力分析：质点系受的外力有外壳和定子重力$\boldsymbol{P}$、转子重力$\boldsymbol{P}_1$、基础反力$\boldsymbol{F}_x$和$\boldsymbol{F}_y$以及反力偶M。

（4）选定直角坐标系Oxy，先确定质心C的位置坐标。

$$x_C=\frac{Px_1+P_1x_2}{P+P_1}=\frac{P\cdot 0+P_1e\sin\omega t}{P+P_1}=\frac{P_1e\sin\omega t}{P+P_1}$$

$$y_C=\frac{Py_1+P_1y_2}{P+P_1}=\frac{Ph+P_1(h-e\cos\omega t)}{P+P_1}$$

然后对时间t求两次导数，得质心C加速度在轴上投影：

$$a_{Cx}=\ddot{x}_C=-\frac{P_1e\omega^2}{P+P_1}\sin\omega t\,,\quad a_{Cy}=\ddot{y}_C=\frac{P_1e\omega^2}{P+P_1}\cos\omega t$$

代入质心运动定理的直角坐标投影式，有

$$ma_{Cx}=\sum F_{ix}^{(e)}\,,\quad \frac{P+P_1}{g}\left(-\frac{P_1e\omega^2}{P+P_1}\sin\omega t\right)=F_x$$

$$ma_{Cy}=\sum F_{iy}^{(e)}\,,\quad \frac{P+P_1}{g}\left(\frac{P_1e\omega^2}{P+P_1}\cos\omega t\right)=F_y-P-P_1$$

于是可解得

$$F_x=-\frac{P_1}{g}e\omega^2\sin\omega t\,,\quad F_y=P+P_1+\frac{P_1}{g}e\omega^2\cos\omega t$$

该题也可以先分析每个$\boldsymbol{a}_i$，然后用$m\boldsymbol{a}_C=\sum m_i\boldsymbol{a}_i=\sum \boldsymbol{F}_i^{(e)}$求解，读者可自行完成。

（5）讨论。由上面计算可知，电动机的支座反力是时间的正弦和余弦函数，周期变化。支座反力的最大值和最小值分别为

$$F_{x\max}=\frac{P_1}{g}e\omega^2\text{，}\quad F_{x\min}=0$$

$$F_{y\max}=P+P_1\left(1+\frac{e\omega^2}{g}\right)\text{，}\quad F_{y\min}=P+P_1\left(1-\frac{e\omega^2}{g}\right)$$

这种由于转子偏心而引起的周期变化的力会使电动机振动，产生磨损和噪声。为避免此类问题，应使转子尽量无偏心。另外，基础反力还包括一个反力偶 M（也画在图 9-9 上），但用质心运动定理不能求解。

【例 9-7】 电动机的定子转子情况同上例，但电动机放在光滑的水平面上，没与基础固定，如图 9-10 所示。已知转子匀速转动，角速度为 ω，求电动机外壳的运动。

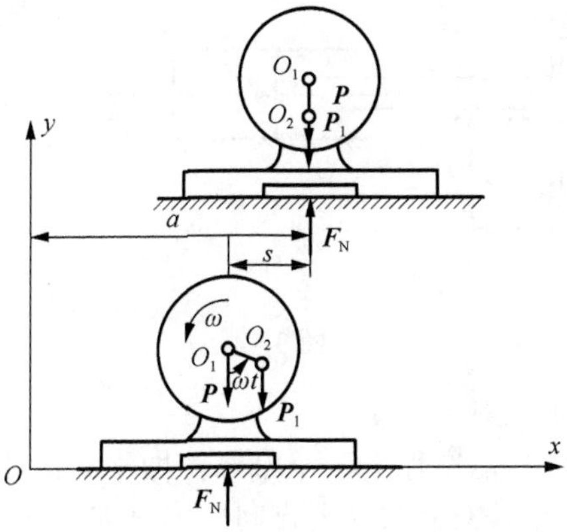

图 9-10

解　同上例一样，取整个电动机为研究对象。电动机受到的外力有外壳和定子重力 $\boldsymbol{P}$、转子重力 $\boldsymbol{P}_1$ 与法向基础反力 $\boldsymbol{F}_{\mathrm{N}}$。

因为电动机水平方向没有受到外力，初始又处于静止，因此系统质心的坐标 x_C 保持不变。

若取坐标轴如图 9-10 所示，系统静止时因为转子下垂，$x_{C0}=a$。当转子逆时针转过 ωt 角时定子必定向左移动，设移动距离为 s，则质心的坐标为

$$x_C=\frac{P(a-s)+P_1(a+e\sin\omega t-s)}{P+P_1}$$

由 $x_{C0}=x_C$ 解得

$$s=\frac{P_1}{P+P_1}e\sin\omega t$$

由此可见，未用螺栓固定时，转子偏心的电动机将在水平面上做往复运动。

同时，由上例可知，支承面法向的最小反力为

$$F_{\mathrm{N}\min}=P+P_1-\frac{P_1}{g}e\omega^2$$

若 $\omega>\sqrt{\dfrac{P+P_1}{P_1e}g}$，则 $F_{\mathrm{N}\min}<0$，这表明当 $\omega>\sqrt{\dfrac{P+P_1}{P_1e}g}$ 时，如果未用螺栓固定，电动机将会离地跳起。

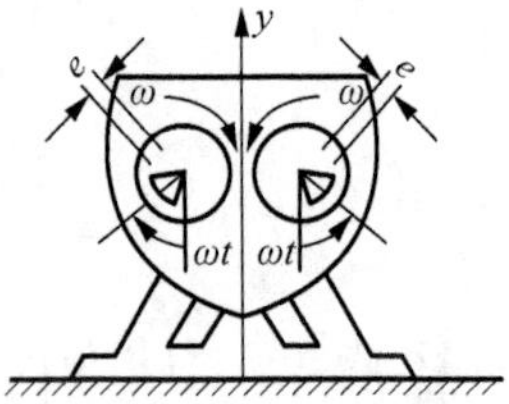

图 9-11

因此，工程实际中电动机一般都需用螺栓固定，并尽量减小转子的偏心，尽量避免转子偏心引起的振动。但路面施工时常用的振动器则是利用转子偏心引起的振动来压实土壤。如图 9-11 所示，振动器由两个相同偏心块和机座组成，习题 9-15 中分析了振动器对土壤的压力。

【例 9-8】 曲柄 $AB=r$，重 P，受力偶作用以不变的角速度 ω 转动，并带动滑槽连杆以及与它固连的活塞 D，如图 9-12（a）所示。滑槽连杆与活塞共重 P_1，重心在 E 点。在活塞 D 上作用一常力 $\boldsymbol{F}$，滑块 B 的质量以及摩擦忽略不计，求曲柄轴 A 上的最大水平分力 $F_{Ax\max}$。

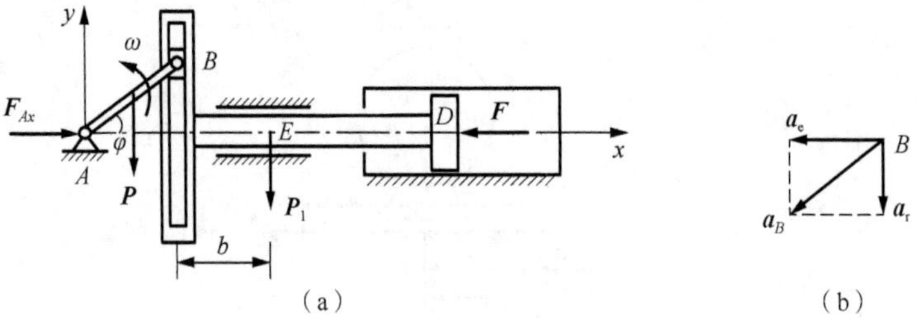

图 9-12

解　（1）取整个机构为研究对象。

（2）运动分析：滑槽连杆与活塞作为一个刚体，做平动；曲柄 AB 做定轴转动。

（3）受力分析：作用在研究对象上的水平方向外力有 $\boldsymbol{F}_{Ax}$、$\boldsymbol{F}$，铅直方向反力以及力偶（未画出）本例不关注。

（4）选 Axy 固定坐标轴系，列出质心运动定理在 x 轴的投影式：

$$ma_{Cx}=\sum m_i a_{ix}=F_{Ax}-F$$

其中曲柄 AB 质心的加速度 $a_1=\dfrac{r}{2}\omega^2$，$a_{1x}=-\dfrac{r}{2}\omega^2\cos\omega t$。下面采用点的合成运动理论求连杆活塞的质心加速度 $\boldsymbol{a}_2$。选滑块 B 为动点，滑槽连杆活塞为动系，动系做水平直线平动。由点的加速度合成定理，有

$$\begin{matrix}\text{大小}\\\text{方向}\end{matrix}\boldsymbol{a}_{B\surd}^{\surd}=\boldsymbol{a}_{\mathrm{e}\surd}^{?}+\boldsymbol{a}_{\mathrm{r}\surd}^{?}$$

画出加速度平行四边形如图 9-12（b）所示，由几何关系可得

$$a_{\mathrm{e}}=a_B\cos\omega t=r\omega^2\cos\omega t$$

$\boldsymbol{a}_{\mathrm{e}}$ 就是所要求的 $\boldsymbol{a}_2$，因此 $a_{2x}=-r\omega^2\cos\omega t$。代入质心运动定理投影式，得

$$ma_{Cx}=\sum m_i a_{ix}=\frac{P}{g}\left(-\frac{r}{2}\omega^2\cos\omega t\right)+\frac{P_1}{g}\left(-r\omega^2\cos\omega t\right)=F_{Ax}-F$$

解得

$$F_{Ax}=F-\frac{r\omega^2}{2g}(P+2P_1)\cos\omega t$$

显然，最大水平分力为

$$F_{Ax\max}=F+\frac{r\omega^2}{2g}(P+2P_1)$$

（5）讨论。该题也可以像例 9-6 一样，先确定整个机构质心 C 的位置坐标，然后求两次导数得质心 C 加速度在轴上投影 a_{Cx}，读者可自行完成。

9.4　动量矩的概念

设某瞬时质点 M 的动量为 $m\boldsymbol{v}$，质点 M 相对定点 O 的位置矢量（矢径）为 $\boldsymbol{r}$，如图 9-13 所示，和力对点之矩完全类似，质点 M 的动量 $m\boldsymbol{v}$ 对于点 O 的矩为

$$\boldsymbol{L}_O = \boldsymbol{M}_O(m\boldsymbol{v}) = \boldsymbol{r} \times m\boldsymbol{v} \tag{9-14}$$

这就是质点 M 对于点 O 的动量矩，物理学中也称为角动量。$\boldsymbol{L}_O$ 是矢量，垂直于矢径 $\boldsymbol{r}$ 与 $m\boldsymbol{v}$ 所形成的平面，指向按右手螺旋法则确定，它的大小为

$$L_O = |\boldsymbol{M}_O(m\boldsymbol{v})| = mvr\sin\varphi = mvh = 2S_{\triangle OMA} \tag{9-15}$$

式中，h 称为动量臂，如图 9-13 所示。

质点动量 $m\boldsymbol{v}$ 在 Oxy 平面内的投影 $(m\boldsymbol{v})_{xy}$ 对点 O 的矩，定义为质点动量对 z 轴的矩。与力对点之矩与力对轴之矩的关系类似，即质点对点 O 的动量矩矢在过点 O 的 z 轴上的投影等于质点对 z 轴的动量矩，即

$$[\boldsymbol{M}_O(m\boldsymbol{v})]_z = M_z(m\boldsymbol{v}) = M_O\left[(m\boldsymbol{v})_{xy}\right] = \pm 2S_{\triangle OM'A'} \tag{9-16}$$

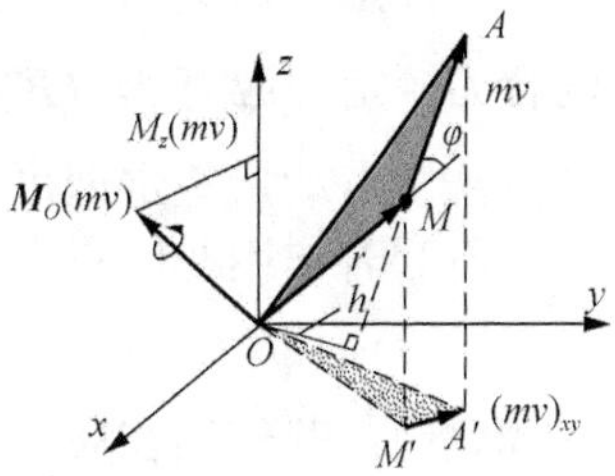

图 9-13

动量矩的量纲为

[质量][速度][长度]= ([M][L]/[T])[L]=[M][L]^2/[T]

在国际单位制中，动量矩的单位是千克平方米每秒（$\mathrm{kg\cdot m^2/s}$）。

设质点系由 n 个质点所组成，质点系对固定点 O 的动量矩等于各质点对同一点 O 动量矩的矢量和，即

$$\boldsymbol{L}_O = \sum \boldsymbol{L}_{Oi} = \sum \boldsymbol{M}_O(m_i\boldsymbol{v}_i) \tag{9-17}$$

质点系对某固定轴 z 的动量矩等于各质点对同一轴 z 的动量矩的代数和：

$$L_z = \sum L_{iz} = \sum M_z(m_i\boldsymbol{v}_i) \tag{9-18}$$

由式（9-16），有

$$[\boldsymbol{L}_O]_z = \sum[\boldsymbol{M}_O(m_i\boldsymbol{v}_i)]_z = \sum M_z(m_i\boldsymbol{v}_i) = L_z \tag{9-19}$$

即质点系对某固定点 O 的动量矩矢在通过该点的 z 轴的投影等于质点系对于该轴的动量矩。

9.5　动量矩定理

9.5.1　质点的动量矩定理及动量矩守恒定律

质点对定点 O 的动量矩为 $\boldsymbol{M}_O(m\boldsymbol{v})$，作用力 $\boldsymbol{F}$ 对同一点的矩为 $\boldsymbol{M}_O(\boldsymbol{F})$，如图 9-14 所示。将动量矩对时间取一阶导数，得

$$\begin{aligned}\frac{\mathrm{d}}{\mathrm{d}t}\boldsymbol{M}_O(m\boldsymbol{v}) &= \frac{\mathrm{d}}{\mathrm{d}t}(\boldsymbol{r}\times m\boldsymbol{v}) = \frac{\mathrm{d}\boldsymbol{r}}{\mathrm{d}t}\times m\boldsymbol{v} + \boldsymbol{r}\times\frac{\mathrm{d}(m\boldsymbol{v})}{\mathrm{d}t}\\ &= \boldsymbol{v}\times m\boldsymbol{v} + \boldsymbol{r}\times\boldsymbol{F} = \boldsymbol{M}_O(\boldsymbol{F})\end{aligned}$$

上面推导用到了质点动量定理。因此

$$\frac{\mathrm{d}}{\mathrm{d}t}\boldsymbol{M}_O(m\boldsymbol{v})=\frac{\mathrm{d}\boldsymbol{L}_O}{\mathrm{d}t}=\boldsymbol{M}_O(\boldsymbol{F}) \tag{9-20}$$

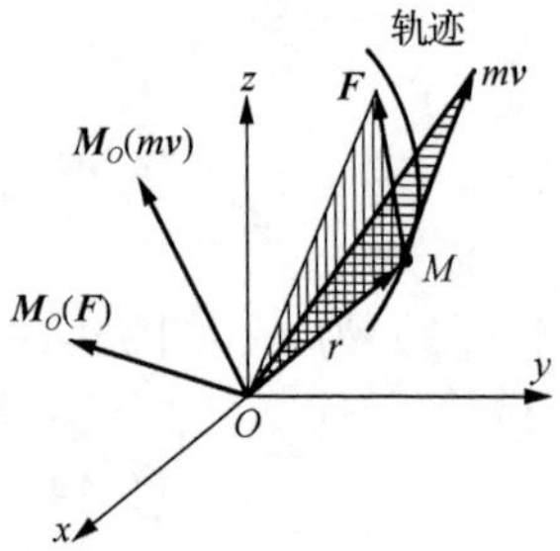

图 9-14

式（9-20）为**质点动量矩定理：质点对某定点的动量矩对时间的一阶导数，等于作用力对同一点的矩**。将式（9-20）在空间直角坐标轴上投影，得到对轴的动量矩的关系式，即

$$\left.\begin{aligned}\frac{\mathrm{d}}{\mathrm{d}t}M_x(m\boldsymbol{v})=M_x(\boldsymbol{F})\\\frac{\mathrm{d}}{\mathrm{d}t}M_y(m\boldsymbol{v})=M_y(\boldsymbol{F})\\\frac{\mathrm{d}}{\mathrm{d}t}M_z(m\boldsymbol{v})=M_z(\boldsymbol{F})\end{aligned}\right\} \tag{9-21}$$

上式表示：质点对任一固定轴的动量矩对时间的一阶导数，等于作用力对同一轴的矩。

要注意，这里的 $\boldsymbol{F}$ 是指作用在质点 M 上所有力的合力，即 $\boldsymbol{F}=\sum\boldsymbol{F}_i$，根据对点或对轴的合力矩定理应有 $\boldsymbol{M}_O(\boldsymbol{F})=\sum\boldsymbol{M}_O(\boldsymbol{F}_i)$ 或 $M_x(\boldsymbol{F})=\sum M_x(\boldsymbol{F}_i)$ 等。

从质点动量矩定理可以得出下列两个推论：

（1）若作用在质点上的力对于某定点 O 的矩 $\boldsymbol{M}_O(\boldsymbol{F})$ 恒等于零，由式（9-20），得

$$\boldsymbol{M}_O(m\boldsymbol{v})=\text{常矢量}$$

上式表明：若作用在质点上的力对某一固定点之矩恒等于零，则质点对该点的动量矩保持为常矢量。

（2）若作用在质点上的力对某一固定轴的矩，如 $M_z(\boldsymbol{F})$ 恒等于零，则由式（9-21），得

$$M_z(m\boldsymbol{v})=\text{常量}$$

上式表明：若作用在质点上的力对某一固定轴之矩恒等于零，则质点对该轴的动量矩保持为常量。

上述两个推论称为**质点的动量矩守恒定律**。

【例 9-9】 如图 9-15 所示，质量为 m 的行星 M 绕太阳中心 O 运动，太阳对它作用的引力 $\boldsymbol{F}$ 恒通过太阳中心（假定太阳中心不动），这种作用线恒通过一固定点的力称为**有心力**。忽略其他力的作用，分析行星的运动规律。

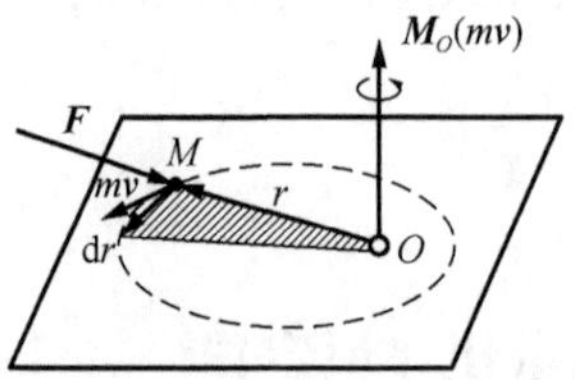

图 9-15

解　分析行星绕太阳的运动，可将行星视为质点。由于力 $\boldsymbol{F}$ 对 O 点之矩恒为零，所以行星对 O 的动量矩保持为常矢量，即

$$\boldsymbol{M}_O(m\boldsymbol{v})=\boldsymbol{r}\times m\boldsymbol{v}=\text{常矢量}$$

由上式可知：

（1）$\boldsymbol{M}_O(m\boldsymbol{v})$ 的方向始终保持不变。从而行星在经过点 O 的一个固定平面内运动，也就是说行星轨迹是条平面曲线，因为只有当 $\boldsymbol{r}$ 与 $m\boldsymbol{v}$ 始终在同一固定平面内时，$\boldsymbol{M}_O(m\boldsymbol{v})$ 的方向才不改变。

（2）$\boldsymbol{M}_O(m\boldsymbol{v})$ 的大小始终保持不变。因此

$$\left|\boldsymbol{M}_O(m\boldsymbol{v})\right| = \left|\boldsymbol{r}\times m\boldsymbol{v}\right| = \left|\boldsymbol{r}\times m\frac{\mathrm{d}\boldsymbol{r}}{\mathrm{d}t}\right| = m\left|\boldsymbol{r}\times\frac{\mathrm{d}\boldsymbol{r}}{\mathrm{d}t}\right| = m\frac{\left|\boldsymbol{r}\times\mathrm{d}\boldsymbol{r}\right|}{\mathrm{d}t} = \text{常量}$$

也就是

$$\frac{\left|\boldsymbol{r}\times\mathrm{d}\boldsymbol{r}\right|}{\mathrm{d}t} = \frac{2\mathrm{d}A}{\mathrm{d}t} = \text{常量}\quad\text{或}\quad \frac{\mathrm{d}A}{\mathrm{d}t} = \text{常量}$$

式中，$\mathrm{d}A$ 是行星的矢径 $\boldsymbol{r}$ 在 $\mathrm{d}t$ 时间内所扫过的面积。上式表示行星的面积速度等于常量，由此可得**行星运动面积速度定律：行星和太阳之间连线（行星的矢径）在相等的时间内所扫过的面积相等**。由此定律可知，行星绕太阳运动时，离日心 O 近时速度大，离日心 O 远时速度小。

行星运动面积速度定律是开普勒行星运动三大定律之一，也是研究天体运动的基础。

9.5.2　质点系的动量矩定理及动量矩守恒定律

设质点系内有 n 个质点，作用于任一质点 M_i 的力分为内力 $\boldsymbol{F}_i^{(\mathrm{i})}$ 与外力 $\boldsymbol{F}_i^{(\mathrm{e})}$。根据质点的动量矩定理有

$$\frac{\mathrm{d}}{\mathrm{d}t}\boldsymbol{M}_O(m\boldsymbol{v}_i) = \boldsymbol{M}_O(\boldsymbol{F}_i^{(\mathrm{i})}) + \boldsymbol{M}_O(\boldsymbol{F}_i^{(\mathrm{e})})$$

这样的方程共有 n 个，相加后得

$$\sum\frac{\mathrm{d}}{\mathrm{d}t}\boldsymbol{M}_O(m\boldsymbol{v}_i) = \frac{\mathrm{d}}{\mathrm{d}t}\sum\boldsymbol{M}_O(m_i\boldsymbol{v}_i) = \frac{\mathrm{d}\boldsymbol{L}_O}{\mathrm{d}t} = \sum\boldsymbol{M}_O(\boldsymbol{F}_i^{(\mathrm{i})}) + \sum\boldsymbol{M}_O(\boldsymbol{F}_i^{(\mathrm{e})})$$

由于内力总是大小相等、方向相反地成对出现，因此 $\sum\boldsymbol{M}_O(\boldsymbol{F}_i^{(\mathrm{i})}) = \boldsymbol{0}$，上式变为

$$\frac{\mathrm{d}\boldsymbol{L}_O}{\mathrm{d}t} = \sum\boldsymbol{M}_O(\boldsymbol{F}_i^{(\mathrm{e})}) = \boldsymbol{M}_O^{(\mathrm{e})} \tag{9-22}$$

即质点系对某固定点的动量矩对时间的一阶导数，等于作用在该质点系的所有外力对于同一点矩的矢量和（外力系对该点的主矩），这就是**质点系的动量矩定理**。

将式（9-22）投影到空间直角坐标轴上，得

$$\left.\begin{aligned}\frac{\mathrm{d}L_x}{\mathrm{d}t} &= \sum M_x(\boldsymbol{F}_i^{(\mathrm{e})}) = M_x^{(\mathrm{e})}\\ \frac{\mathrm{d}L_y}{\mathrm{d}t} &= \sum M_y(\boldsymbol{F}_i^{(\mathrm{e})}) = M_y^{(\mathrm{e})}\\ \frac{\mathrm{d}L_z}{\mathrm{d}t} &= \sum M_z(\boldsymbol{F}_i^{(\mathrm{e})}) = M_z^{(\mathrm{e})}\end{aligned}\right\} \tag{9-23}$$

即质点系对某固定轴的动量矩对时间的一阶导数，等于作用在该质点系的所有外力对同一轴之矩的代数和。

由质点系的动量矩定理可以得出下列两个推论：

（1）若作用在质点系的外力系对某固定点的主矩$\sum \boldsymbol{M}_O(\boldsymbol{F}_i^{(\mathrm{e})})$恒等于零，则由式（9-22）得

$$\boldsymbol{L}_O = \text{常矢量}$$

上式表明：若作用在质点系的外力系对某固定点的主矩恒等于零，则质点系对该点的动量矩保持为常矢量。

（2）若作用在质点系的外力系对某固定轴的矩的代数和$\sum M_z(\boldsymbol{F}_i^{(\mathrm{e})})$恒等于零，则由式（9-23）得

$$L_z = \text{常量}$$

上式表明：若作用在质点系的外力系对某固定轴的矩的代数和恒等于零，则质点系对该轴的动量矩保持为常量。

上述两个推论称为**质点系的动量矩守恒定律**。由质点系的动量矩守恒定律可知，只有外力才能引起质点系动量矩的改变，而内力不能改变质点系的动量矩。

【例 9-10】 水力发电站的水轮机转子在水流的冲击下以匀角速度 ω 绕铅垂轴转动，$\boldsymbol{v}_1$ 与 $\boldsymbol{v}_2$ 分别为水流进口处和出口处的绝对速度，θ_1 为 $\boldsymbol{v}_1$ 与外圆切线的夹角，θ_2 为 $\boldsymbol{v}_2$ 与内圆切线的夹角，r_1 与 r_2 分别为水轮机外圆与内圆的半径，如图 9-16（a）所示。已知水流是稳定的，总流量为 Q，水的密度为ρ，求水体作用在转子上的转矩。

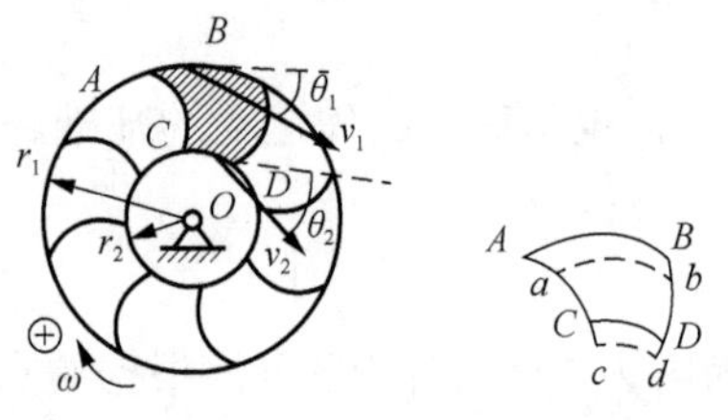

（a）　　（b）

图 9-16

解 （1）选取两叶片间的水体 $ABCD$ 为研究对象，设想经过无限小的时间间隔 dt，它运动到新位置 $abcd$[图 9-16（b）]。

（2）dt 时间间隔内水体动量矩的改变为

$$\begin{aligned}\mathrm{d}L_z &= (L_z)_{abcd} - (L_z)_{ABCD} = (L_z)_{CDcd} - (L_z)_{ABab} \\ &= \rho q \mathrm{d}t \cdot r_2 v_2 \cos\theta_2 - \rho q \mathrm{d}t \cdot r_1 v_1 \cos\theta_1 = \rho q (r_2 v_2 \cos\theta_2 - r_1 v_1 \cos\theta_1)\mathrm{d}t\end{aligned}$$

式中，q 为一对叶片间水流的流量；$\rho q\mathrm{d}t$ 为时间间隔 dt 内一对叶片间流过某截面的质量。

（3）水体 $ABCD$ 受到重力和叶片反力的作用。因为重力与铅垂转轴 z[图 9-16（a）中过点 O 垂直于平面的轴]平行，所以重力对 z 轴的矩等于零。应用质点系的动量矩定理得

$$\frac{\mathrm{d}L_z}{\mathrm{d}t} = \rho q (r_2 v_2 \cos\theta_2 - r_1 v_1 \cos\theta_1) = M_{zi}^{(\mathrm{e})}$$

式中，$M_{zi}^{(\mathrm{e})}$表示水体 $ABCD$ 受到的叶片反力对 z 轴的矩。当转子每对叶片间都充满了水流，则转子作用于水体的转矩为

$$\begin{aligned}M_z^{(\mathrm{e})} &= \sum M_{zi}^{(\mathrm{e})} = \rho\left(\sum q\right)(r_2 v_2 \cos\theta_2 - r_1 v_1 \cos\theta_1) \\ &= \rho Q (r_2 v_2 \cos\theta_2 - r_1 v_1 \cos\theta_1)\end{aligned}$$

由作用与反作用定律，水体作用在转子上的转矩 $M_z'^{(\mathrm{e})}$ 与转子作用在水体上的转矩 $M_z^{(\mathrm{e})}$ 大小相等、转向相反。因此，水体作用在转子上的转矩为

$$M_z'^{(\mathrm{e})} = -M_z^{(\mathrm{e})} = \rho Q (r_1 v_1 \cos\theta_1 - r_2 v_2 \cos\theta_2) \tag{9-24}$$

由上式可知，转矩只与水流进口和出口处的绝对速度有关，而与水流所通过的容器形状无关，即与几对叶片和叶片形状等无关。这个公式称为**稳定流的动量矩方程**，它对汽轮机、水泵等同样适用。

9.6　刚体绕定轴转动微分方程与转动惯量

9.6.1　刚体绕定轴转动微分方程

如图 9-17 所示，刚体绕 z 轴转动。刚体内任取一质量为 m_i 的质点 M_i，它到转轴 z 的距离为 r_i，则它的速度 $v_i = r_i\omega$，对 z 轴的动量矩为 $M_z(m_i\boldsymbol{v}_i) = m_i v_i r_i = m_i r_i^2\omega$，所以刚体对 z 轴的动量矩为

$$L_z = \sum M_z(m_i\boldsymbol{v}_i) = \left(\sum m_i r_i^2\right)\omega = J_z\omega \tag{9-25}$$

式中，$\sum m_i r_i^2 = J_z$ 表示刚体内各质点的质量与它到转轴的距离平方之乘积的总和，称为刚体对转轴的转动惯量，将在下一小节讨论。上式表明：转动刚体对转轴的动量矩等于刚体对转轴的转动惯量与角速度的乘积。

将式（9-25）代入质点系动量矩定理表达式（9-23）第三式中，得

$$\frac{\mathrm{d}}{\mathrm{d}t}(J_z\omega) = J_z\frac{\mathrm{d}\omega}{\mathrm{d}t} = J_z\alpha = \sum M_z(\boldsymbol{F}_i^{(\mathrm{e})})$$

式中，$\sum M_z(\boldsymbol{F}_i^{(\mathrm{e})})$ 表示所有外力对 z 轴之矩的代数和，但如图 9-17 所示，反力 $\boldsymbol{F}_{\mathrm{N1}}$ 与 $\boldsymbol{F}_{\mathrm{N2}}$ 均过 z 轴，对 z 轴之矩等于零，因此只剩下所有主动力对 z 轴之矩的代数和。从而上式改写为

$$J_z\alpha = J_z\ddot{\varphi} = \sum M_z(\boldsymbol{F}_i) \tag{9-26}$$

这就是**刚体绕定轴转动微分方程**，即刚体对定轴的转动惯量与角加速度的乘积，等于作用在刚体上的所有主动力对该轴之矩的代数和。

若把刚体定轴转动微分方程与质点运动微分方程比较，

$$J_z\alpha = \sum M_z(\boldsymbol{F}_i),\quad \boldsymbol{ma} = \sum \boldsymbol{F}_i$$

可以看到它们的形式相似，因此也有相似的规律。当 $\sum M_z(\boldsymbol{F}_i) =$ 常量时，转动惯量 J_z 越大，α 就越小，也就是说转动状态越难改变，或者说转动惯性越大。因此，正如质量是质点运动惯性的度量，转动惯量是刚体转动惯性的度量。

【例 9-11】 如图 9-18 所示，通风机的转动部分以初角速度 ω_0 绕垂直放置的中心轴转动，空气阻力矩与角速度成正比，即 $M = k\omega$，其中 k 为常数。如转动部分对其轴的转动惯量为 J_O，问经过多长时间其转动角速度减少为初角速度的一半？又问此时已经转过多少转？

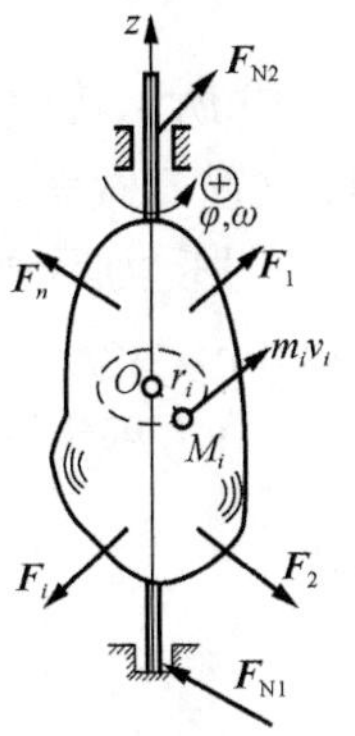

图 9-17

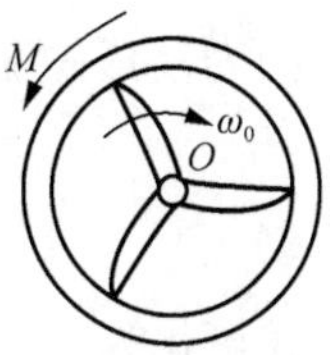

图 9-18

解　(1) 选取通风机的转动部分为研究对象，其做定轴转动。

(2) 受力分析：相对中心轴的空气阻力矩 M。重力平行于转轴，未画出。

(3) 由刚体转动微分方程，得

$$J_O\ddot{\varphi}=-M=-k\omega \quad \Rightarrow \quad \ddot{\varphi}=\frac{\mathrm{d}\omega}{\mathrm{d}t}=-\frac{k\omega}{J_O}$$

分离变量，积分一次得

$$\int_{\omega_0}^{\omega}\frac{1}{\omega}\mathrm{d}\omega=\int_0^t-\frac{k}{J_O}\mathrm{d}t$$

解得

$$\frac{\mathrm{d}\varphi}{\mathrm{d}t}=\omega=\omega_0\mathrm{e}^{-\frac{k}{J_O}t} \tag{1}$$

再次积分一次

$$\int_0^{\varphi}\mathrm{d}\varphi=\int_0^t\omega_0\mathrm{e}^{-\frac{k}{J_O}t}\mathrm{d}t$$

解得

$$\varphi=\frac{J_O\omega_0}{k}\left(1-\mathrm{e}^{-\frac{k}{J_O}t}\right) \tag{2}$$

当转动角速度减少为初角速度的一半时，由式（1）有

$$\frac{\omega_0}{2}=\omega_0\mathrm{e}^{-\frac{k}{J_O}t} \quad \Rightarrow \quad t=\frac{J_O}{k}\ln 2$$

将 t 代入式（2），可得此时转过的角度为

$$\varphi=\frac{J_O\omega_0}{2k}$$

转过的转数为

$$n=\frac{\varphi}{2\pi}=\frac{J_O\omega_0}{4\pi k}$$

【例 9-12】 图 9-19 所示的复摆（又称物理摆），摆重 P，质心 C 到转轴 O 的距离 $OC=a$，摆对 O 轴的转动惯量为 J_O。已知在初始瞬时（$t=0$）时，$\varphi=\varphi_0$，$\dot{\varphi}_0=0$，然后复摆开始做微幅摆动，求复摆的运动规律。

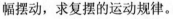

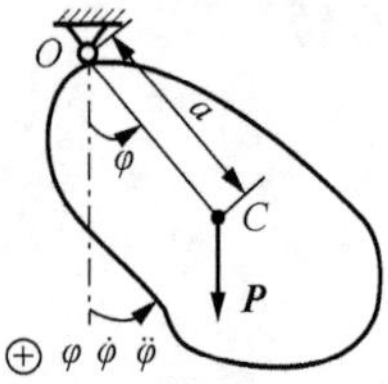

图 9-19

解　(1) 选复摆为研究对象。

(2) 复摆绕 O 轴做定轴转动，取如图 9-19 所示转动坐标。

(3) 把复摆放在一般位置（φ 的正坐标位置）做受力分析，如图 9-19 所示，作用在复摆上的主动力只有重力 $\boldsymbol{P}$，O 轴反力不画了。

$$\sum M_O(\boldsymbol{F}_i)=-Pa\sin\varphi$$

因为复摆做微幅摆动，$\sin\varphi\approx\varphi$，于是转动微分方程为

$$J_O\ddot{\varphi}=-Pa\varphi \quad 或 \quad \ddot{\varphi}+\frac{Pa}{J_O}\varphi=0$$

令 $\omega_n^2=\dfrac{Pa}{J_O}$，则上式可化为

$$\ddot{\varphi}+\omega_n^2\varphi=0$$

这就是微幅摆动时摆的运动微分方程，它是一个二阶常系数线性齐次微分方程。根据常微分方程理论，其通解形式可写成

$$\varphi=A\sin(\omega_n t+\theta)$$

式中，A 表示振动幅度的大小，称为振幅；θ 为**初位相**或**初相角**，这两个积分常数由初始条件确定。本题中，初始条件为 $t=0$ 时，$\varphi=\varphi_0$，$\dot{\varphi}_0=0$，代入上式求得积分常数，得出复摆的运动方程：

$$\varphi=\varphi_0\cos\left(\sqrt{\frac{Pa}{J_O}}\,t\right)$$

可见复摆做**简谐运动**，称为**振动**，振动周期 T 是

$$T=\frac{2\pi}{\omega_n}=2\pi\sqrt{\frac{J_O}{Pa}}$$

上式表明，复摆的振动周期只与复摆本身参数 J_O、P、a 有关，与初始条件无关，这种性质称为**等时性**。在工程实际中，常测定零件（如曲柄、连杆等）的摆动周期，然后用上式来反算其转动惯量。

（4）讨论：应当注意，上面的结果是在微幅摆动情况下得到的。如果 φ 不是很小，则不能使用 $\sin\varphi\approx\varphi$，而应该将 $\sin\varphi$ 按级数展开取前几项，得到非线性微分方程，其求解比较困难，这里不再详述。

【例 9-13】 传动轴系如图 9-20 所示，设齿轮 I 的重量为 P_1，半径为 R_1，对转轴的转动惯量为 J_1；齿轮 II 的半径为 R_2，齿轮 II 和齿轮 III 安装在同一个轴上，两者共同重量为 P_2，对转轴的转动惯量为 J_2。若在齿轮 I 作用主动力偶矩 M_1，齿轮 III 上有阻力偶矩 M_2，轴承摩擦均忽略不计，求齿轮 I 的角加速度 α_1。

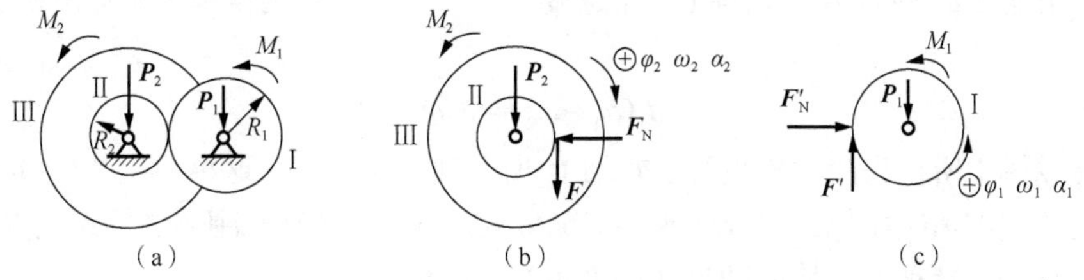

图 9-20

解 这里有两个定轴转动的刚体，必须分别取齿轮 II、III 与齿轮 I 为研究对象，受力图如图 9-20（b)、(c）所示，图中未画轴承反力。按习惯，取转动坐标 φ_1、φ_2 与各自的转动方向一致，分别对两轴列出刚体转动微分方程：

$$\left.\begin{aligned}J_1\alpha_1&=M_1-FR_1\\J_2\alpha_2&=-M_2+FR_2\end{aligned}\right\}\qquad(1)$$

由定轴轮系的传动比，有

$$i_{12}=\frac{\alpha_1}{\alpha_2}=\frac{R_2}{R_1}$$

注意：外啮合情况下传动比本来应该带一负号，但由于在图上已经将 α_1 与 α_2 转向相反的关系

表达出来，所以去掉了负号。将传动比代入式（1），求得

$$\alpha_1=\frac{M_1-\dfrac{M_2}{i_{12}}}{J_1+\dfrac{J_2}{i_{12}^2}}=\frac{M_1-\dfrac{M_2R_1}{R_2}}{J_1+\dfrac{J_2R_1^2}{R_2^2}}=\frac{M_1R_2^2-M_2R_1R_2}{J_1R_2^2+J_2R_1^2}$$

【例 9-14】 图 9-21 为机械中常用的进行传动的摩擦离合器。离合器可任意断开[图 9-21（a）]或接合[图 9-21（b）]，设两轮轴对 z 轴的转动惯量分别为 J_1 和 J_2。若离合器接合前，轮轴 I 以匀角速度 ω_1 转动，而轮轴 II 静止不动；离合器接合后，摩擦力带动轮轴 II 一起转动，求两轮轴共同转动的角速度 ω_2。轮轴各处摩擦忽略不计。

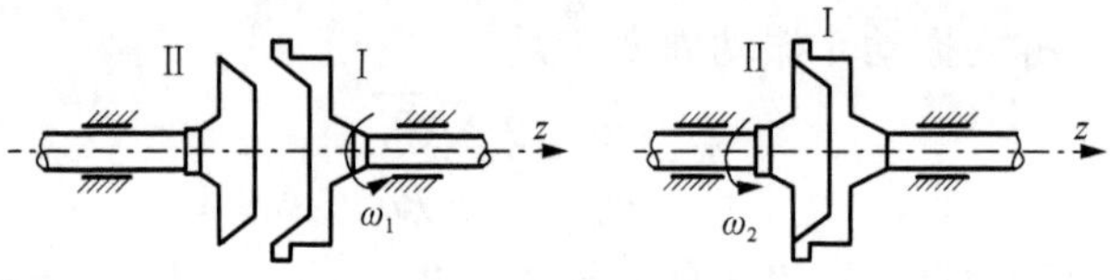

图 9-21

解 取整个摩擦离合器为研究对象。在离合器接合的过程中，相互作用的摩擦力为内力，而所有外力（重力、轴承反力）对转轴 z 之矩都为零。因此，根据质点系的动量矩守恒定律，离合器接合前后对转轴 z 的动量矩守恒，即

$$J_1\omega_1=(J_1+J_2)\omega_2 \tag{1}$$

所以离合器接合后，两轮轴共同转动的角速度为

$$\omega_2=\frac{J_1}{J_1+J_2}\omega_1$$

由此可见，角速度 ω_2 较 ω_1 小，轮轴 I 的角速度降低，而轮轴 II 则得到了角速度 ω_2。将式（1）改写成

$$J_1(\omega_1-\omega_2)=J_2\omega_2 \tag{2}$$

上式说明：轮轴 I 所损失的动量矩等于轮轴 II 所得到的动量矩。这种情况与例 9-3 中所讨论的机械运动传递的情况相似。综合这两种情况可见，**移动（转动）刚体之间运动发生传递时，机械运动用移动（转动）刚体的动量（动量矩）来度量。**

9.6.2 转动惯量

上一小节指出，转动惯量是刚体转动惯性大小的度量，其定义式为

$$J_z=\sum m_ir_i^2 \tag{9-27}$$

由上式可见，转动惯量的大小不仅与质量（m_i）的大小有关，而且与质量的分布（r_i^2）有显著的关系。质量分布越靠近 z 轴，转动惯量越小；反之则越大。转动惯量的量纲为

$$[质量][长度]^2=[M][L]^2$$

在国际单位制中，转动惯量的单位为千克平方米（$kg\cdot m^2$）。

1. 按公式计算转动惯量

（1）均质细直杆（图 9-22）对 z 轴的转动惯量。设杆的总质量为 m，长度为 l，取杆上一

微段 dx，其质量为 $dm=\rho_l dx=\dfrac{m}{l}dx$，则此杆对 z 轴的转动惯量为

$$J_z=\sum m_i r_i^2=\int r^2 dm=\int_0^l x^2(\frac{m}{l}dx)=\frac{1}{3}ml^2 \tag{9-28}$$

（2）均质薄圆环（图 9-23）对垂直于圆环面的中心轴的转动惯量。因为圆环上所有质量到中心轴的距离都等于半径 R，所以圆环对于中心轴 z 的转动惯量为

$$J_z=\sum m_i r_i^2=\left(\sum m_i\right)R^2=mR^2 \tag{9-29}$$

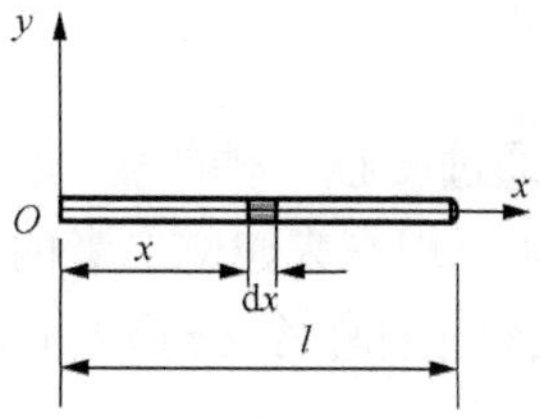

图 9-22

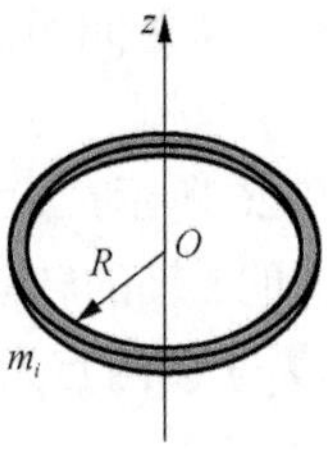

图 9-23

（3）均质薄圆板（图 9-24）对垂直于板面的中心轴的转动惯量。设圆板的半径为 R，质量为 m。将圆板分成无数同心的薄圆环，任一圆环的半径为 r，宽度为 dr，则圆环的质量为

$$dm=2\pi r dr\cdot\rho_A=2\pi r dr\cdot\frac{m}{\pi R^2}=\frac{2m}{R^2}r dr$$

则圆板对垂直于板面的中心轴的转动惯量为

$$J_z=\int r^2 dm=\int_0^R[r^2\cdot(\frac{2m}{R^2}r dr)]=\frac{2m}{R^2}\int_0^R r^3 dr=\frac{mR^2}{2} \tag{9-30}$$

（4）均质薄圆板（图 9-25）对于直径轴的转动惯量。由转动惯量的定义可知薄圆板对于 x 轴和 y 轴的转动惯量分别为

$$I_x=\int y^2 dm,\quad I_y=\int x^2 dm$$

由于均质圆板对中心轴 Oz 是极对称的，因此有 $J_x=J_y$。另外，对于任何不计厚度的薄板，有

$$I_z=\int r^2 dm=\int\left(x^2+y^2\right)dm=\int x^2 dm+\int y^2 dm=I_y+I_x$$

于是得

$$J_x=J_y=\frac{1}{2}J_z=\frac{1}{4}mR^2$$

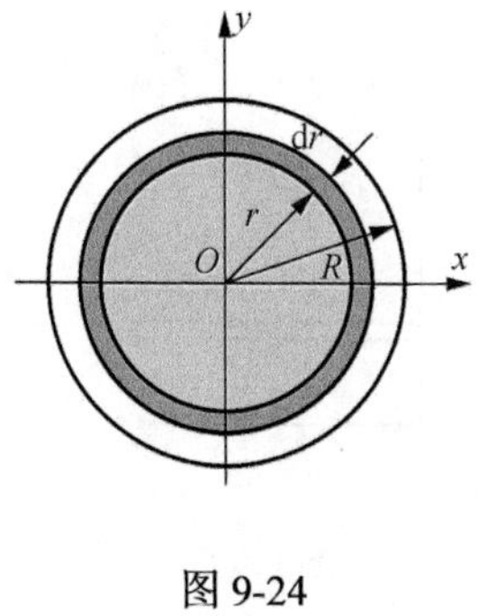

图 9-24

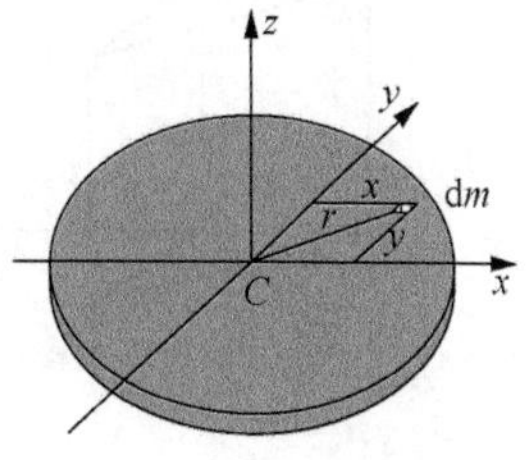

图 9-25

2. 由惯性半径（回转半径）计算转动惯量

工程上对转动刚体经常给出惯性半径或回转半径的信息，若已知对转轴的惯性半径 ρ_z，则刚体对转轴的转动惯量按下式计算：

$$J_z = m\rho_z^2 \tag{9-31}$$

即物体的转动惯量等于该物体的质量与惯性半径平方的乘积。

3. 转动惯量的平行移轴定理

定理 9-1　刚体对任一轴的转动惯量，等于刚体对通过质心，并与该轴平行的轴的转动惯量加上刚体的质量与两轴间距离平方的乘积，即

$$J_z = J_{zC} + ml^2 \tag{9-32}$$

证明　如图 9-26 所示，设 C 点为刚体的质心，刚体对通过质心 z_C 轴的转动惯量为 J_{zC}，刚体对平行于该轴的 z 轴的转动惯量为 J_z，两轴间的距离为 l，现在来建立二者的关系。不失一般性，分别以 O 与 C 两点为原点，建立如图 9-26 所示直角坐标轴系 $Oxyz$ 和 $Cx_Cy_Cz_C$，由图易见

$$J_{zC} = \sum m_i r_{Ci}^2 = \sum m_i (x_{Ci}^2 + y_{Ci}^2)$$

$$J_z = \sum m_i r_i^2 = \sum m_i (x_i^2 + y_i^2)$$

因为

$$x_i = x_{Ci},\ y_i = y_{Ci} + l$$

于是

$$J_z = \sum m_i [x_{Ci}^2 + (y_{Ci} + l)^2] = \sum m_i (x_{Ci}^2 + y_{Ci}^2) + 2l\sum m_i y_{Ci} + l^2 \sum m_i$$

由质心坐标公式得 $\sum m_i y_{Ci} = my_{CC}$，其中 y_{CC} 为质心 C 在直角坐标轴系 $Cx_Cy_Cz_C$ 中的坐标，显然 y_{CC}=0，因此 $\sum m_i y_{Ci} = 0$。于是得

$$J_z = \sum m_i (x_{Ci}^2 + y_{Ci}^2) + 0 + l^2 \sum m_i = J_{zC} + ml^2$$

证毕。

由转动惯量平行移轴定理可知：**一组平行轴中，刚体对通过质心的轴的转动惯量最小。**

均质细直杆如图 9-27 所示，应用转动惯量平行移轴定理，并结合式（9-28），可以求得均质细直杆对于通过质心 C，且与 z 轴平行的 z_C 轴的转动惯量为

$$J_{zC} = J_z - m\left(\frac{l}{2}\right)^2 = \frac{1}{3}ml^2 - \frac{1}{4}ml^2 = \frac{1}{12}ml^2$$

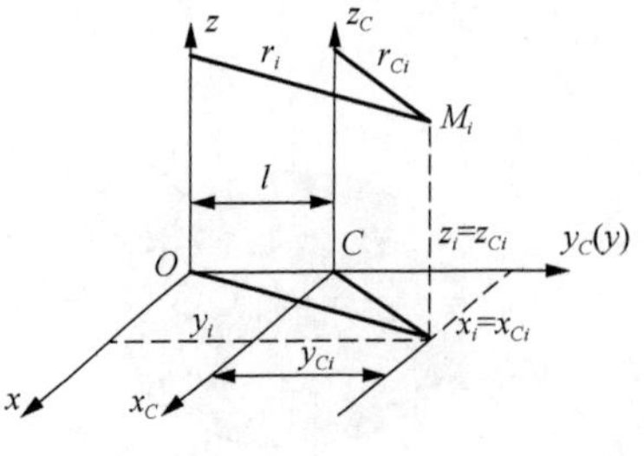

图 9-26

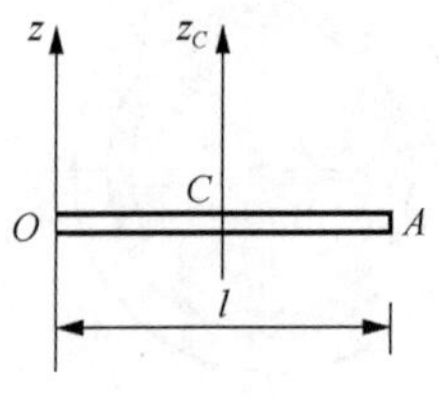

图 9-27

4．计算转动惯量的组合法

当物体由若干个几何形状简单的均质物体组成时，可先分别计算每个简单物体的转动惯量，然后再求和计算整体的转动惯量。如果物体有空心部分，就把这块空心部分物体的转动惯量视为负值。

一些常见简单物体的转动惯量及惯性半径（回转半径）已通过计算列出表格（表 9-1），便于使用。通过查表和平行移轴定理，利用组合法就可以求得由多个简单物体组成的组合体的转动惯量。

表 9-1　若干均质物体的转动惯量与惯性半径

物体形状	简图	转动惯量	惯性半径
细直杆	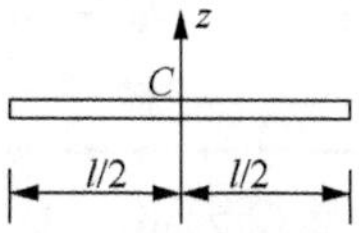	$J_z=\dfrac{1}{12}ml^2$	$\dfrac{1}{\sqrt{12}}l$
矩形薄板	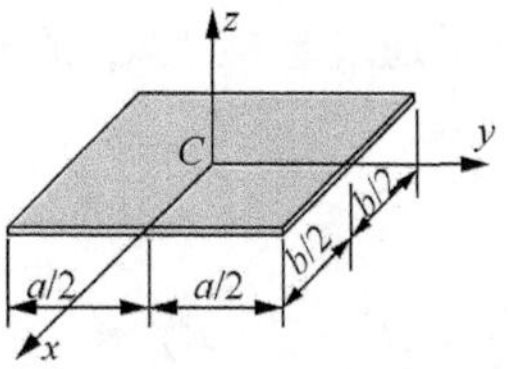	$J_x=\dfrac{1}{12}ma^2$ $J_y=\dfrac{1}{12}mb^2$ $J_z=\dfrac{1}{12}m(a^2+b^2)$	$\dfrac{1}{\sqrt{12}}a$ $\dfrac{1}{\sqrt{12}}b$ $\dfrac{1}{\sqrt{12}}\sqrt{a^2+b^2}$
细圆环	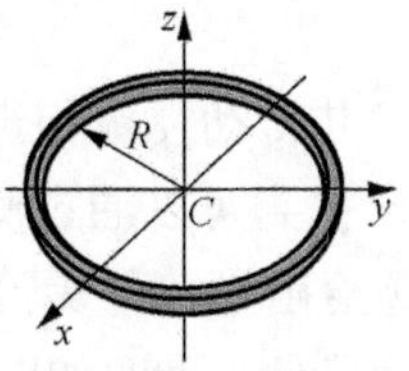	$J_x=J_y=\dfrac{1}{2}mR^2$ $J_z=mR^2$	$\dfrac{1}{\sqrt{2}}R$ R
薄圆板	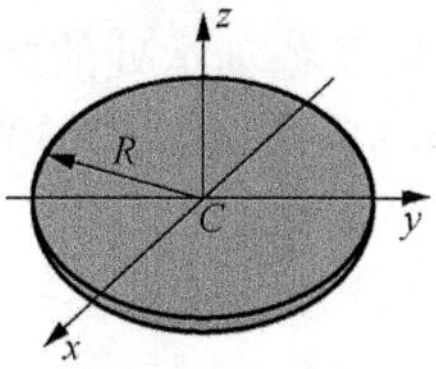	$J_x=J_y=\dfrac{1}{4}mR^2$ $J_z=\dfrac{1}{2}mR^2$	$\dfrac{1}{2}R$ $\dfrac{1}{\sqrt{2}}R$
圆柱	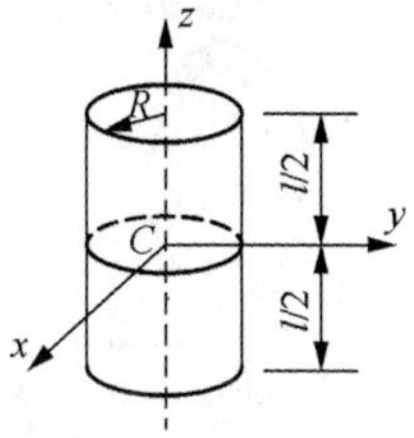	$J_x=J_y=m\left(\dfrac{R^2}{4}+\dfrac{l^2}{12}\right)$ $J_z=\dfrac{1}{2}mR^2$	$\sqrt{\dfrac{3R^2+l^2}{12}}$ $\dfrac{1}{\sqrt{2}}R$
球体	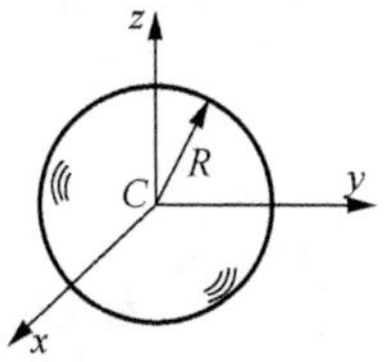	$J_x=J_y=J_z=\dfrac{2}{5}mR^2$	$\sqrt{\dfrac{2}{5}}R$

续表

物体形状	简图	转动惯量	惯性半径
正圆锥体	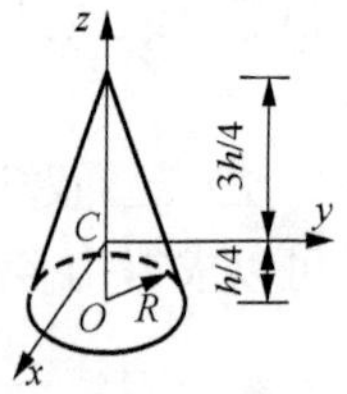	$J_x = J_y = \frac{3}{80}m(4R^2 + h^2)$ $J_z = \frac{3}{10}mR^2$	$\sqrt{\frac{3(4R^2 + h^2)}{80}}$ $\sqrt{\frac{3}{10}}R$
实心半球	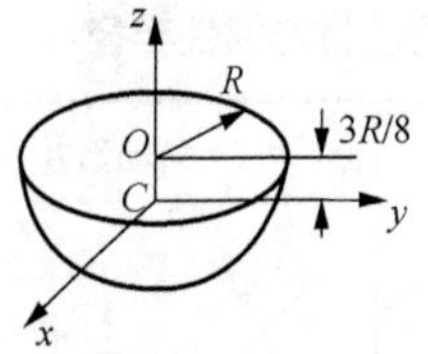	$J_x = J_y = \frac{83}{320}mR^2$ $J_z = \frac{2}{5}mR^2$	$\sqrt{\frac{83}{320}}R$ $\sqrt{\frac{2}{5}}R$

【例 9-15】 如图 9-28 所示的摆，已知均质杆 OA 质量为 m_A，固结在杆 OA 上的均质圆盘 B 质量为 m_B，杆长 $OA=l$，圆盘半径为 R。求摆对于通过悬挂点 O 的水平轴（垂直纸面）的转动惯量。

解 利用组合法，摆对水平轴的转动惯量为

$$J_O = J_{OA} + J_{OB} = \frac{1}{3}m_A l^2 + \frac{1}{2}m_B R^2 + (l+R)^2 m_B$$

5. 转动惯量的实验测定法

对于形状不规则或非均质的物体，用计算方法求其转动惯量相当困难，工程实际中经常用实验方法测定转动惯量。在例 9-12（图 9-19）中已提到可以通过测复摆的摆动周期来确定零件（如曲柄、连杆等）的转动惯量。下面通过例题给出另一种实验测定转动惯量的方法。

【例 9-16】 为了测定不规则物体 A 对 z 轴的转动惯量，采取如图 9-29 所示的装置。其中鼓轮 D 的半径为 r，鼓轮 D、滑轮 C 及绳子等质量以及各轴承处的摩擦均忽略不计，并假定绳子不可伸长。测得质量为 m 的重物 B 由静止下落一段距离 h 所需的时间为 τ，试求物体 A 对 z 轴的转动惯量。

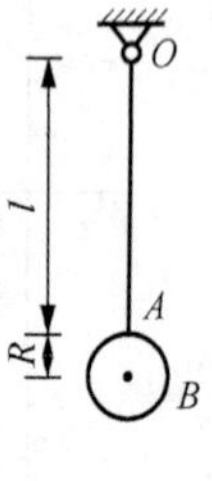

图 9-28

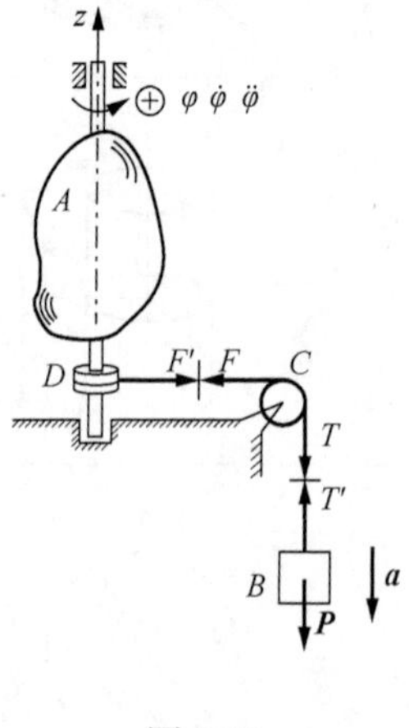

图 9-29

解　若将物体 A 及重物 B 作为一质点系来考察，则不论怎样选取矩轴，在动量矩方程中都不能同时避免 z 轴和 C 轴处的轴承约束反力，因此，将重物 B 与物体 A 拆开分别考察。作用在重物 B 上的力有重力 $\boldsymbol{P}$ 和绳子张力 $\boldsymbol{T}$。作用于物体 A 与鼓轮 D 组成的系统上的力有绳子张力 $\boldsymbol{F}$（因为不计滑轮 C 的质量，很易证明 $T=F$），物体 A 的重力及 z 轴轴承处的约束反力对 z 轴的矩都等于零，因此未画出。

对重物 B 列质点运动微分方程：

$$ma = P - T = mg - F \tag{1}$$

对物体 A 列定轴转动微分方程：

$$J_z\ddot{\varphi} = J_z\frac{a}{r} = Fr \tag{2}$$

由式（1）、式（2）解得

$$a = \frac{mr^2}{mr^2 + J_z}g$$

可见，重物 B 以匀加速下降。于是由运动学匀加速运动公式，得

$$h = \frac{1}{2}a\tau^2 = \frac{1}{2}\frac{mr^2}{mr^2 + J_z}g\tau^2$$

由此求得物体 A 对 z 轴的转动惯量

$$J_z = mr^2\left(\frac{g\tau^2}{2h} - 1\right)$$

【例 9-17】　如图 9-30（a）所示，均质杆 OA 长 l，重为 P，杆上 B 点连一弹性常数为 k 的弹簧，使杆在水平位置保持平衡。设使杆顺时针转过一个微小的角度 φ_0，而角速度 $\dot{\varphi}_0 = 0$，然后释放，杆开始做微幅振动，试求杆 OA 的运动规律。

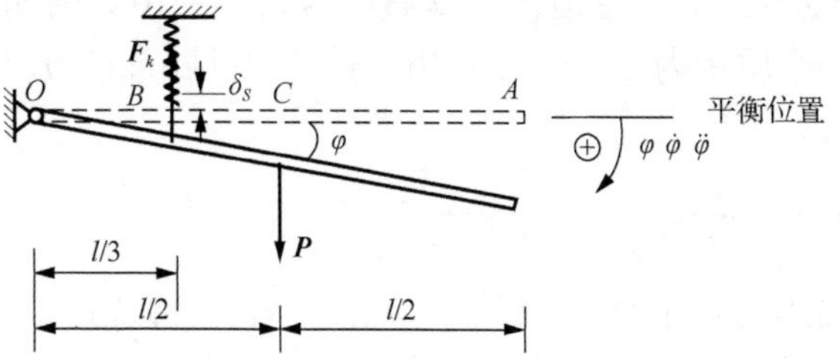

（a）

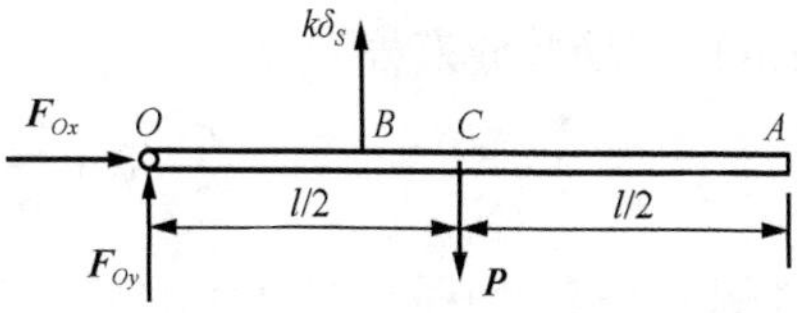

（b）

图 9-30

解　（1）取杆 OA 为研究对象。杆做定轴转动，取图 9-30（a）所示 φ 坐标。

（2）将杆 OA 放在一般位置做受力分析。OA 杆受到重力 $\boldsymbol{P}$、弹性力 $\boldsymbol{F}_k$，O 轴反力过 O，用定轴转动微分方程解题时可不画。其中弹性力 $F_k = k\delta = k\left(\delta_s + \frac{l}{3}\varphi\right)$，$\delta_s$ 是弹簧的静变形，即系统处于平衡位置时弹簧的变形。平衡位置的受力图如图 9-30（b）所示，可列力矩平衡方程：

$$\sum M_O(\boldsymbol{F}_i) = 0，\quad P\frac{l}{2} - k\delta_s\frac{l}{3} = 0 \tag{1}$$

（3）由刚体定轴转动微分方程

$$J_O\ddot{\varphi}=\sum M_O(\boldsymbol{F}_i^{(e)}),\quad \frac{Pl^2}{3g}\ddot{\varphi}=P\frac{l}{2}-F_k\frac{l}{3}\ \text{（因为}\varphi\text{很小）}$$

将弹性力 F_k 的表达式代入上式，得

$$\frac{Pl^2}{3g}\ddot{\varphi}=\frac{Pl}{2}-k\left(\delta_s+\frac{l}{3}\varphi\right)\cdot\frac{l}{3}=\left(\frac{Pl}{2}-k\delta_s\frac{l}{3}\right)-k\frac{l}{3}\varphi\cdot\frac{l}{3}=-\frac{l^2}{9}k\varphi \tag{2}$$

其中上式的化简用到了式（1）。上式继续改写为

$$\ddot{\varphi}+\frac{kg}{3P}\varphi=\ddot{\varphi}+\omega_n^2\varphi=0 \tag{3}$$

式中，$\omega_n^2=\dfrac{kg}{3P}$。上式的通解为

$$\varphi=A\sin(\omega_n t+\theta)$$

本题中，$t=0$ 时，$\varphi=\varphi_0$，$\dot{\varphi}_0=0$，由此初始条件得其运动方程：

$$\varphi=\varphi_0\cos\left(\sqrt{\frac{kg}{3P}}\,t\right)$$

（4）讨论。由上面计算可知，由于存在弹性力，计算过程比较复杂。对于初学者而言，应熟练掌握上述计算过程。但其实分析式（2）可知，由于要满足平衡位置的平衡方程，重力与静变形所产生的弹性力对 O 轴的力矩总是能抵消掉，最后只需要计算动变形（即偏离平衡位置所引起的变形，该题为$\dfrac{l}{3}\varphi$）产生的弹性力对 O 轴的力矩，即可直接写出方程：

$$\frac{Pl^2}{3g}\ddot{\varphi}=-k\frac{l}{3}\varphi\cdot\frac{l}{3}=-\frac{l^2}{9}k\varphi$$

这个技巧对多个重力和多个弹簧弹性力的情况也适用，以后可以直接使用。例如，如图 9-31 所示系统，增加一个弹簧，增加一个质量为 Q 的质点，由该技巧，可以直接写出该系统的定轴转动微分方程为

$$\frac{Pl^2}{3g}\ddot{\varphi}+\frac{Q}{g}l^2\ddot{\varphi}=-k_1\frac{l}{3}\varphi\cdot\frac{l}{3}-k_2\frac{2l}{3}\varphi\cdot\frac{2l}{3}$$

【例 9-18】 如图 9-32 所示，定滑轮当均质圆轮看待，重 P，半径为 R，一绳绕过定滑轮，两端连接两重物，重物 A 重为 P_A，重物 B 重为 P_B，$P_B>P_A$，忽略轴 O 处的摩擦和绳索重量，绳与圆盘间无相对滑动，系统初始静止。试求：重物 A 与 B 的加速度与 O 轴的反力。

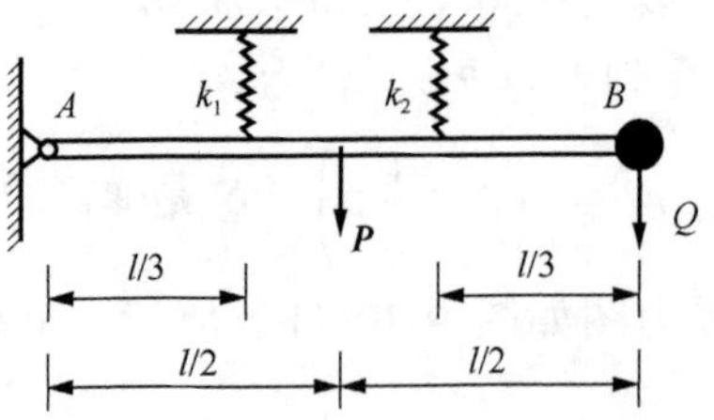

图 9-31

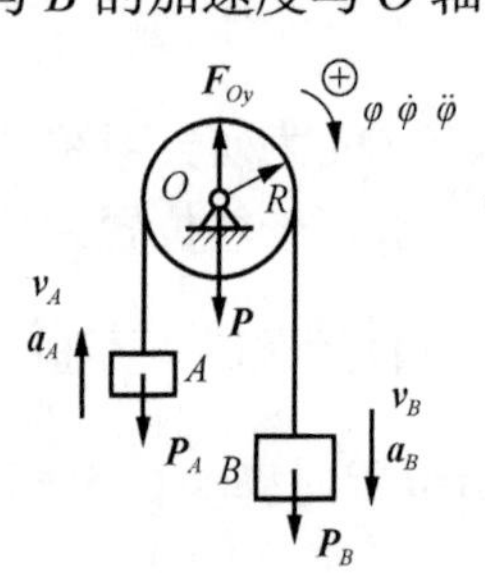

图 9-32

解　(1) 选定滑轮 O 与重物 A、B 组成的系统为研究对象。

(2) 系统中 A、B 做直线平动，轮 O 做定轴转动。由运动学可知：

$$v_A = v_B = R\dot{\varphi} = v$$

$$a_A = a_B = R\ddot{\varphi} = a$$

方向如图 9-32 所示。

(3) 系统的受力有重力 $\boldsymbol{P}$、$\boldsymbol{P}_A$、$\boldsymbol{P}_B$ 与 O 轴反力 $\boldsymbol{F}_{Oy}$。

(4) 系统对固定轴 O 的动量矩为

$$L_O = L_{OA} + L_{OB} + L_{OO} = \frac{P_A}{g}vR + \frac{P_B}{g}vR + J_O\dot{\varphi}$$

$$= \frac{P_A}{g}vR + \frac{P_B v}{g}R + \frac{PR^2}{2g}\left(\frac{v}{R}\right) = \frac{2P_A + 2P_B + P}{2g}Rv$$

由动量矩定理得

$$\frac{\mathrm{d}L_O}{\mathrm{d}t} = M_O^{(\mathrm{e})},\quad \frac{2P_A + 2P_B + P}{2g}Ra = (P_B - P_A)R$$

$$a = \frac{2g(P_B - P_A)}{2P_1 + 2P_2 + P}$$

(5) 由动量矩定理不能求解 $\boldsymbol{F}_{Oy}$，而质心运动定理求动反力较为容易。将质心运动定理 $m\boldsymbol{a}_C = \sum \boldsymbol{F}_i^{(\mathrm{e})}$ 在图 9-32 的 y 轴上投影，并注意到

$$ma_{Cy} = \sum m_i a_{iy} = \frac{P_A}{g}a_A + \frac{P}{g}\times a_O - \frac{P_B}{g}a_B = \frac{P_A}{g}a - \frac{P_B}{g}a \text{（因为} a_O = 0\text{）}$$

从而有

$$ma_{Cy} = \sum F_{iy}^{(\mathrm{e})},\quad \frac{P_A - P_B}{g}a = F_{Oy} - P - P_B - P_A$$

解得

$$F_{Oy} = P + P_B + P_A - \frac{P_B - P_A}{g}a = P + P_B + P_A - \frac{2(P_B - P_A)^2}{2P_A + 2P_B + P}$$

9.7　质点系相对于质心的动量矩定理

前面所阐述的动量矩定理，只适用于惯性参考系，即坐标系原点 O 是固定点，各质点的速度都是相对于同一惯性坐标系的速度。

如图 9-33 所示，设某质点系在空间做任意运动，取 $Oxyz$ 为静坐标系，$Cx'y'z'$ 为以质心 C 为原点的平动坐标系，x'、y'、z' 轴始终分别与 x、y、z 轴保持平行。于是任意质点系的运动可分解为随同动坐标系的平动以及相对于动坐标系的运动。在质点系中任取一点 M_i，其质量为 m_i，它对点 O 和 C 的矢径分别是 $\boldsymbol{r}_i$ 与 $\boldsymbol{r}_i'$，其绝对速度、相对速度和牵连速度分别为 $\boldsymbol{v}_i$、$\boldsymbol{v}_{ri}$ 和 $\boldsymbol{v}_{ei}$，则有 $\boldsymbol{v}_{ei} = \boldsymbol{v}_C$，以及如下关系式：

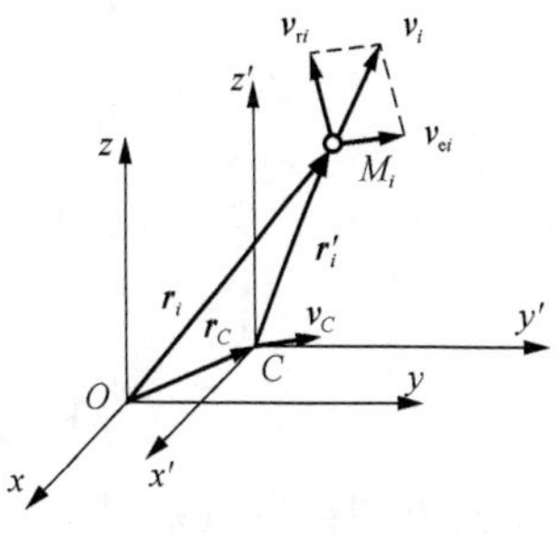

图 9-33

$$\boldsymbol{r}_i = \boldsymbol{r}_C + \boldsymbol{r}_i',\quad \boldsymbol{v}_i = \boldsymbol{v}_C + \boldsymbol{v}_{ri}$$

质点系对固定点 O 的动量矩为

$$\begin{aligned} \boldsymbol{L}_O &= \sum \boldsymbol{M}_O(m_i\boldsymbol{v}_i) = \sum \boldsymbol{r}_i \times m_i\boldsymbol{v}_i = \sum (\boldsymbol{r}_C + \boldsymbol{r}_i') \times m_i(\boldsymbol{v}_C + \boldsymbol{v}_{ri}) \\ &= \boldsymbol{r}_C \times (\sum m_i\boldsymbol{v}_C) + \boldsymbol{r}_C \times \sum m_i\boldsymbol{v}_{ri} + (\sum m_i\boldsymbol{r}_i') \times \boldsymbol{v}_C + \sum \boldsymbol{r}_i' \times m_i\boldsymbol{v}_{ri} \end{aligned}$$

上式右边第一项 $\boldsymbol{r}_C \times (\sum m_i\boldsymbol{v}_C) = \boldsymbol{r}_C \times m\boldsymbol{v}_C = \boldsymbol{r}_C \times \boldsymbol{P}$，为质心（假设全部质量集中在质心）对固定点 O 的动量矩。

第二项中，因为质心相对于动坐标系的速度 $\boldsymbol{v}_{rC} = \boldsymbol{0}$，则 $\boldsymbol{r}_C \times \sum m_i\boldsymbol{v}_{ri} = \boldsymbol{r}_C \times m\boldsymbol{v}_{rC} = \boldsymbol{0}$。

第三项中，因为质心与动坐标原点重合，即 $\boldsymbol{r}_C' = \boldsymbol{0}$，则 $(\sum m_i\boldsymbol{r}_i') \times \boldsymbol{v}_C = m\boldsymbol{r}_C' \times \boldsymbol{v}_C = \boldsymbol{0}$。

第四项 $\sum \boldsymbol{r}_i' \times m_i\boldsymbol{v}_{ri} = \boldsymbol{L}_C$，表示质点系相对动坐标系的运动对质心的动量矩。

于是，质点系对固定点 O 的动量矩为

$$\boldsymbol{L}_O = \boldsymbol{r}_C \times m\boldsymbol{v}_C + \boldsymbol{L}_C \tag{9-33}$$

即质点系对任一固定点的动量矩，等于质点系随同质心平动对该点的动量矩与质点系相对于质心运动对质心的动量矩的矢量和。

由质点系的动量矩定理可得

$$\frac{\mathrm{d}\boldsymbol{L}_O}{\mathrm{d}t} = \frac{\mathrm{d}}{\mathrm{d}t}(\boldsymbol{r}_C \times m\boldsymbol{v}_C) + \frac{\mathrm{d}\boldsymbol{L}_C}{\mathrm{d}t} = \sum \boldsymbol{M}_O(\boldsymbol{F}_i^{(e)}) = \boldsymbol{M}_O^{(e)} \tag{9-34}$$

将 $\dfrac{\mathrm{d}}{\mathrm{d}t}(\boldsymbol{r}_C \times m\boldsymbol{v}_C)$ 展开，得

$$\begin{aligned} \frac{\mathrm{d}}{\mathrm{d}t}(\boldsymbol{r}_C \times m\boldsymbol{v}_C) &= \frac{\mathrm{d}\boldsymbol{r}_C}{\mathrm{d}t} \times m\boldsymbol{v}_C + \boldsymbol{r}_C \times \frac{\mathrm{d}m\boldsymbol{v}_C}{\mathrm{d}t} = \boldsymbol{v}_C \times m\boldsymbol{v}_C + \boldsymbol{r}_C \times m\boldsymbol{a}_C \\ &= \boldsymbol{0} + \boldsymbol{r}_C \times \sum \boldsymbol{F}_i^{(e)} = \boldsymbol{r}_C \times \sum \boldsymbol{F}_i^{(e)} \end{aligned}$$

则式（9-34）可化为

$$\begin{aligned} \frac{\mathrm{d}\boldsymbol{L}_C}{\mathrm{d}t} &= \sum \boldsymbol{M}_O(\boldsymbol{F}_i^{(e)}) - \frac{\mathrm{d}}{\mathrm{d}t}(\boldsymbol{r}_C \times m\boldsymbol{v}_C) = \sum \boldsymbol{r}_i \times \boldsymbol{F}_i^{(e)} - \sum \boldsymbol{r}_C \times \boldsymbol{F}_i^{(e)} \\ &= \sum (\boldsymbol{r}_i - \boldsymbol{r}_C) \times \boldsymbol{F}_i^{(e)} = \sum \boldsymbol{r}_i' \times \boldsymbol{F}_i^{(e)} = \sum \boldsymbol{M}_C(\boldsymbol{F}_i^{(e)}) \end{aligned}$$

即

$$\frac{\mathrm{d}\boldsymbol{L}_C}{\mathrm{d}t} = \sum \boldsymbol{M}_C(\boldsymbol{F}_i^{(e)}) = \boldsymbol{M}_C^{(e)} \tag{9-35}$$

式（9-35）表示：质点系相对于质心的动量矩对时间的导数，等于该质点系的外力系对质心的主矩。这就是**质点系相对于质心的动量矩定理**。

将矢量方程式（9-35）投影到动坐标系轴 x'、y'、z' 上，得

$$\left.\begin{aligned} \frac{\mathrm{d}L_{Cx'}}{\mathrm{d}t} &= \sum M_{x'}(\boldsymbol{F}_i^{(e)}) = M_{Cx'}^{(e)} \\ \frac{\mathrm{d}L_{Cy'}}{\mathrm{d}t} &= \sum M_{y'}(\boldsymbol{F}_i^{(e)}) = M_{Cy'}^{(e)} \\ \frac{\mathrm{d}L_{Cz'}}{\mathrm{d}t} &= \sum M_{z'}(\boldsymbol{F}_i^{(e)}) = M_{Cz'}^{(e)} \end{aligned}\right\} \tag{9-36}$$

上式表明：质点系相对于随同质心平动的动坐标系的运动，对该动坐标系任一轴的动量矩对时间的导数，等于该质点系的外力对同一轴矩的代数和。

由式（9-35），当恒有 $\sum \boldsymbol{M}_C(\boldsymbol{F}_i^{(e)}) = \boldsymbol{M}_C^{(e)} = \boldsymbol{0}$ 时，$\boldsymbol{L}_C =$ 常矢量；由式（9-36），当恒有

$\sum M_{x'}(\boldsymbol{F}_i^{(e)}) = M_{Cx'}^{(e)} = 0$ 时，$L_{Cx'} =$ 常量。这就是**质点系相对于质心的动量矩守恒定律**，它表明：若作用在质点系的外力系对质心的主矩恒等于零，则质点系相对于质心的动量矩保持为常矢量；若作用在质点系的外力对过质心任一轴之矩的代数和恒等于零，则质点系相对于该轴的动量矩保持为常量。

由质点系相对于质心的动量矩守恒定律可知，质点系相对于质心的运动只与外力有关，与内力无关。例如，跳水运动员离开跳板后，设空气阻力不计，只受到重力作用。由于重力对质心的力矩为零，相对于质心的动量矩是守恒的。当他跳离跳板时，一般四肢伸直，其转动惯量较大，若把身体蜷缩起来，使转动惯量变小，就能得到较大的角速度，可以在空中翻几个跟头，如图 9-34 所示。这样增大角速度的办法，也常应用在花样滑冰、芭蕾舞、体操表演中。

图 9-34

9.8　刚体平面运动微分方程

由第 7 章可知，取质心 C 为基点，刚体的平面运动可分解为随同质心的平动和绕质心的转动两部分，如图 9-35 所示。设在刚体上作用的外力可向质心所在平面简化为一平面任意力系 $\boldsymbol{F}_1, \boldsymbol{F}_2, \cdots, \boldsymbol{F}_n$，则可用质心运动定理描述刚体随同质心 C 的平动，用相对于质心 C 的动量矩定理描述刚体绕质心 C 的转动，即

$$\left.\begin{aligned} m\boldsymbol{a}_C &= m\frac{\mathrm{d}^2\boldsymbol{r}_C}{\mathrm{d}t^2} = \sum \boldsymbol{F}_i^{(e)} = \boldsymbol{F}_R^{(e)} \\ J_C\alpha &= J_C\frac{\mathrm{d}^2\varphi}{\mathrm{d}t^2} = \sum M_C(\boldsymbol{F}_i^{(e)}) = M_C^{(e)} \end{aligned}\right\} \tag{9-37}$$

在应用时，应取其投影式

$$\left.\begin{aligned} ma_{Cx} &= m\ddot{x}_C = \sum F_{ix}^{(e)} = F_{Rx}^{(e)} \\ ma_{Cy} &= m\ddot{y}_C = \sum F_{iy}^{(e)} = F_{Ry}^{(e)} \\ J_C\alpha &= J_C\ddot{\varphi} = \sum M_C(\boldsymbol{F}_i^{(e)}) = M_C^{(e)} \end{aligned}\right\} \tag{9-38}$$

上面两式称为**刚体平面运动微分方程**。

【例 9-19】 均质圆轮重 P，半径为 R，沿倾角为 θ 的斜面滚下，如图 9-36 所示。设轮与斜面间的摩擦系数为 f，不计滚阻，试求两种情况下轮心 C 的加速度：①圆轮做纯滚动；②圆轮连滚带滑。并讨论保持纯滚动应满足的条件。

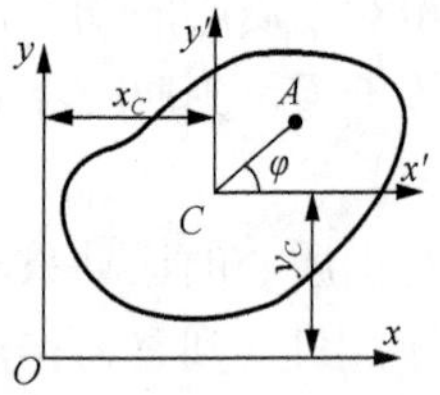

图 9-35

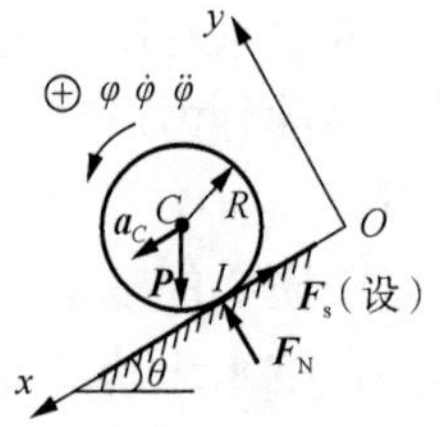

图 9-36

解 （1）选轮 C 为研究对象。

（2）运动分析：假设圆轮做纯滚动，I 为速度瞬心，则知

$$\ddot{x}_C = a_C = R\ddot{\varphi}，\ \ddot{y}_C = 0$$

（3）把圆轮放在一般位置（x 坐标的正向）进行受力分析。圆轮所受力有重力 $\boldsymbol{P}$、法向反力 $\boldsymbol{F}_{\mathrm{N}}$、摩擦力 $\boldsymbol{F}_{\mathrm{s}}$（方向可任设）。

（4）根据刚体平面运动微分方程，列式：

$$\frac{P}{g}\ddot{x}_C = P\sin\theta - F_{\mathrm{s}} \tag{1}$$

$$0 = -P\cos\theta + F_{\mathrm{N}} \tag{2}$$

$$J_C\ddot{\varphi} = \frac{PR^2}{2g}\ddot{\varphi} = F_{\mathrm{s}}R \tag{3}$$

上面三个式子含 4 个未知量 $\ddot{x}_C$、$\ddot{\varphi}$、F_{s}、F_{N}，必须补充一个方程，其实前面运动分析已给出

$$\ddot{x}_C = R\ddot{\varphi} \tag{4}$$

这样联立可解得

$$a_C = \ddot{x}_C = \frac{2}{3}g\sin\theta，\ \ddot{\varphi} = \frac{\ddot{x}_C}{R} = \frac{2g}{3R}\sin\theta，\ F_{\mathrm{N}} = P\cos\theta，\ F_{\mathrm{s}} = \frac{1}{3}P\sin\theta \tag{5}$$

（5）若轮与斜面间有滑动，则根据纯滚动建立的补充方程（4）不成立，补充方程应改为根据摩擦定律建立，摩擦力 F_{s} 变为动滑动摩擦力 F_{d}，且

$$F_{\mathrm{d}} = fF_{\mathrm{N}} = fP\cos\theta \tag{6}$$

于是，将式（1）～式（3）、式（6）联立可解得

$$a_C = \ddot{x}_C = (\sin\theta - f\cos\theta)g，\ \ddot{\varphi} = \frac{2fg\cos\theta}{R}，\ F_{\mathrm{d}} = fP\cos\theta \tag{7}$$

（6）因为轮做纯滚动时无滑动，必须满足 $F_{\mathrm{s}} \leqslant fF_{\mathrm{N}}$，由式（5）有

$$\frac{1}{3}P\sin\theta \leqslant fP\cos\theta \quad 或 \quad \tan\theta \leqslant 3f$$

即当 $\tan\theta \leqslant 3f$ 时，轮做纯滚动，式（5）适用；当 $\tan\theta > 3f$ 时，轮既滚又滑，则式（7）适用。

【例 9-20】 如图 9-37（a）所示系统，鼓轮 O 和圆轮 C 均视为均质圆轮，半径均为 R，重力均为 $\boldsymbol{P}$。鼓轮上作用一常力偶矩 $M=PR$ 使其绕水平定轴 O 转动，再由不计质量的绳索带动圆轮 C 沿倾角为 θ 的斜面做纯滚动，忽略 O 轴的摩擦，试求圆轮 C 轮心的加速度 $\boldsymbol{a}_C$。

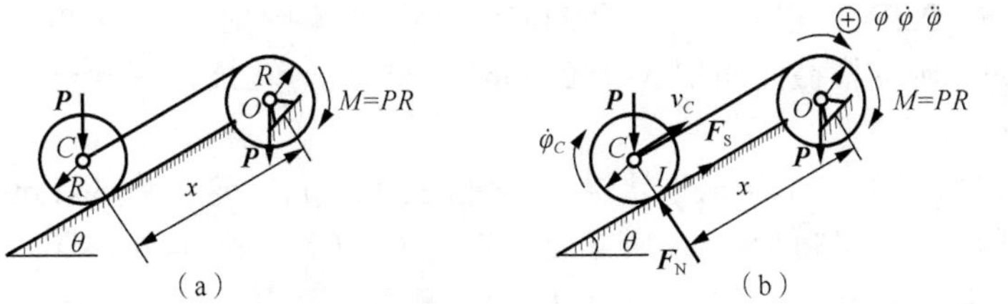

图 9-37

解　(1) 选系统为研究对象。

(2) 轮 O 做定轴转动，轮 C 做平面运动，I 点为速度瞬心。选如图 9-37 (b) 所示转动坐标 φ，设轮 O 角速度为 $\dot{\varphi}$，则有

$$v_C = R\dot{\varphi}\text{，}\quad \dot{\varphi}_C = \frac{v_C}{R} = \dot{\varphi}$$

轮 C 对 O 轴的动量矩 L_{OC} 根据式 (9-33) 进行计算，

$$L_{OC} = M_O(mv_C) + L_C = \left(\frac{P}{g}R\dot{\varphi}\right)R + J_C\dot{\varphi}_C = \frac{PR^2}{g}\dot{\varphi} + \frac{PR^2}{2g}\dot{\varphi} = \frac{3PR^2}{2g}\dot{\varphi}$$

因此，系统对 O 轴的动量矩为

$$L_O = L_{OO} + L_{OC} = \frac{PR^2}{2g}\dot{\varphi} + \frac{3PR^2}{2g}\dot{\varphi} = \frac{2PR^2}{g}\dot{\varphi}$$

(3) 系统受力如图 9-37 (b) 所示，其中 O 反力未画。

$$M_O^{(e)} = \sum M_O(\boldsymbol{F}_i^{(e)}) = M - PR\sin\theta - Px\cos\theta + F_N x = PR - PR\sin\theta$$

上式中用到 $F_N = P\cos\theta$。代入动量矩定理得

$$\frac{dL_O}{dt} = M_O^{(e)}\text{，}\quad \frac{d}{dt}\left(\frac{2PR^2}{g}\dot{\varphi}\right) = \frac{2PR^2}{g}\ddot{\varphi} = PR - PR\sin\theta$$

$$\ddot{\varphi} = \frac{g}{2R}(1-\sin\theta)$$

因此，圆轮 C 轮心的加速度 $a_C = R\ddot{\varphi}_C = \frac{g}{2}(1-\sin\theta)$，方向沿斜面向上。

习　　题

9-1　如图所示，物块初速度为 v，沿斜面向下滑动，其与斜面间的动滑动摩擦系数为 f，而斜面的倾角为 θ，并且 $\tan\theta < f$，求物块达到静止时的时间（答：$t = \dfrac{v}{g(f\cos\theta - \sin\theta)}$）。

9-2　图示重 981 N 的炮弹由最初位置 O 运动至最高位置 M，已知 v_0=500 m/s，v_1=200 m/s，求此过程中作用其上外力的总冲量。（答：$I_x = -5000\ \text{N}\cdot\text{s}$，$I_y = -43301\ \text{N}\cdot\text{s}$）

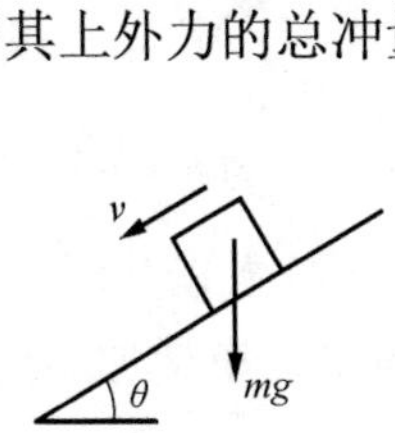

习题 9-1 图

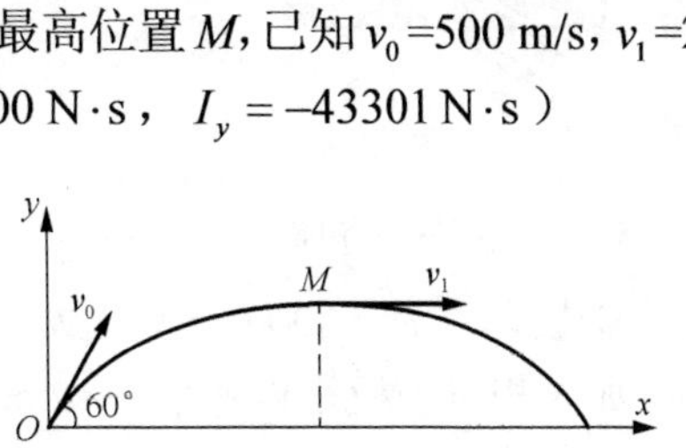

习题 9-2 图

9-3　子弹重 0.2 N，以速度 v =650 m/s 自步枪膛中射出。在枪膛中，子弹经过了 $t = 0.00095$ s。如枪膛的横截面面积 S=150 mm^2，求将子弹射出之爆炸气体的平均压强大小。（答：p=93.0 N/mm^2）

9-4　重为 981 kN 的火车在水平轨道上行驶，在 3 min 内，速度由 50 km/h 加速到 80 km/h，设火车受到的阻力大小为 50 kN，求所需要的牵引力。（答：F=54.6 kN）

9-5　跳伞者重 600 N，自停留在高空中的直升机中跳出，落下 100 m 后将降落伞打开。设开伞前的空气阻力略去不计，开伞后则受到方向向上、大小不变的阻力，经 5 s 后跳伞者的速度减为 4.3 m/s，求阻力的大小。伞重不计。（答：F=1090 N）

9-6　重 2 N 的物体以 50 m/s 的速度向右运动，受到图示随时间变化的方向向左的阻力 F 的作用。试求受此力作用后，物体速度变为多大。（答：$v = 38.2$ m/s）

9-7　图示椭圆规尺 AB 重 $2P_1$，曲柄 OC 重 P_1，滑块 A 与 B 各重 P_2，OC=AC=BC=l，曲柄与尺视为均质杆。设曲柄以匀角速 ω 转动，求此椭圆规尺机构的动量大小与方向。（答：$P = \omega l(5P_1 + 4P_2)/(2g)$，$\boldsymbol{P} \perp OC$）

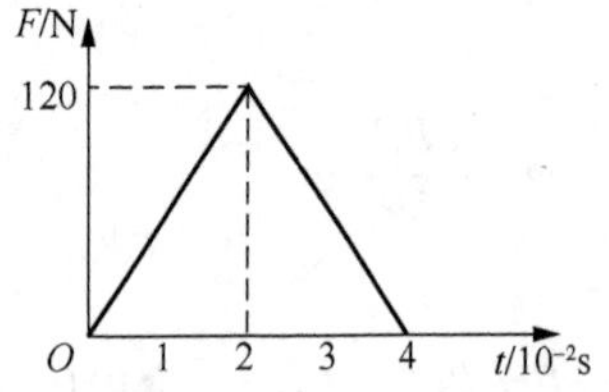

习题 9-6 图

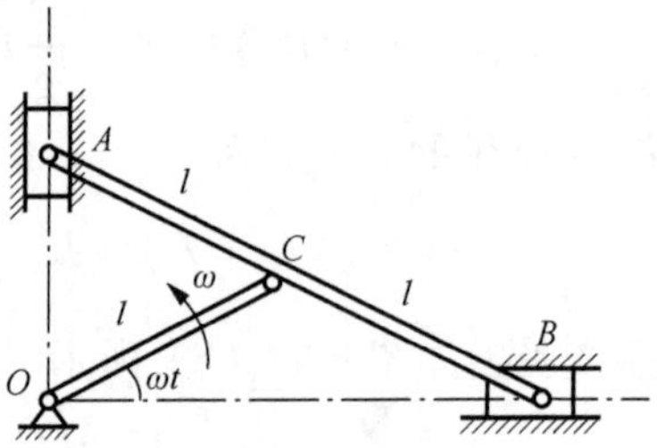

习题 9-7 图

9-8　图示水流以流速 v_0=2 m/s 流入固定水道，速度方向与水平面成 90° 角，水流进口截面积为 0.02 m^2；出口速度 v_1=4 m/s，它与水平面成 30° 角。求水流作用在水道壁上的附加动压力。（答：F_{Nx}=138.56 N，F_{Ny}=0）

9-9　图示水柱以速度 v_1（m/s）水平射入管道，再从两侧支管流出，流出速度为 v_2（m/s），与水平成 θ 角。已知水的流量为 Q（m^3/s），密度为 ρ（kg/m^3），求水流对管壁的水平分力。（答：$F_{Nx} = \rho Q(v_1 + v_2\cos\theta)$ N）

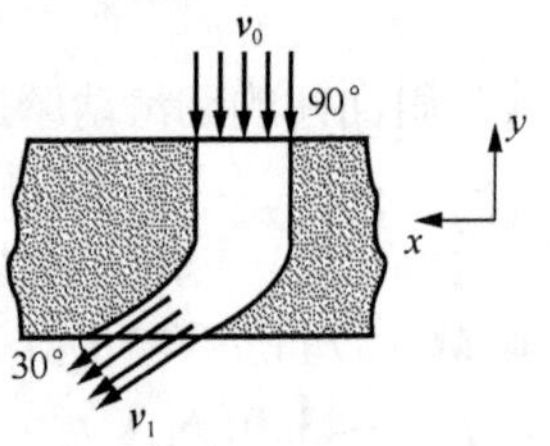

习题 9-8 图

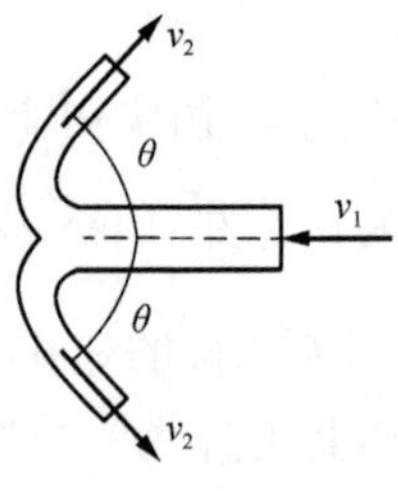

习题 9-9 图

9-10　平板车重 P=5000 N，车上站一人，重 P_1=700 N，车与人以共同速度 v_0 沿水平轨道向右运动。如人相对平板车以速度 v_r =2 m/s 向车后方跳出，问平板车增加的速度为多少。（答：Δv =0.246 m/s）

9-11　图示质点系由重物 A 和楔块 B 组成，已知 A 重 P_A，B 重 P_B，倾斜角为 θ，初瞬时系统静止，然后 A 相对 B 以速度 v_r 开始滑动。如不计各接触面间的摩擦，试求楔块 B 的速度 v_B。（答：$v_B=-\dfrac{P_A v_r\cos\theta}{P_A+P_B}$）

9-12　图示两船初始静止，相距为 l，然后船 B 上的人借助绳索拉船 A。设船 A 重 P_1，船 B 重 P_2（包括拉绳的人重），不计船与水间的阻力和绳索重量，问两船慢速运动到相接触时，船 A 和船 B 分别移动了多少距离。（答：$l_1=\dfrac{P_2 l}{P_1+P_2}$，$l_2=\dfrac{P_1 l}{P_1+P_2}$）

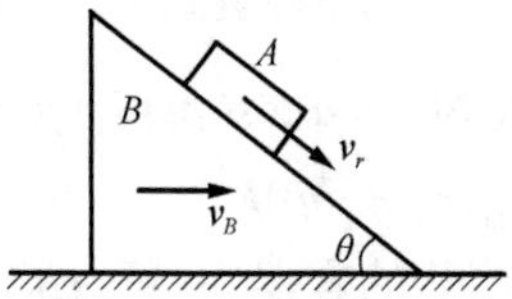

习题 9-11 图

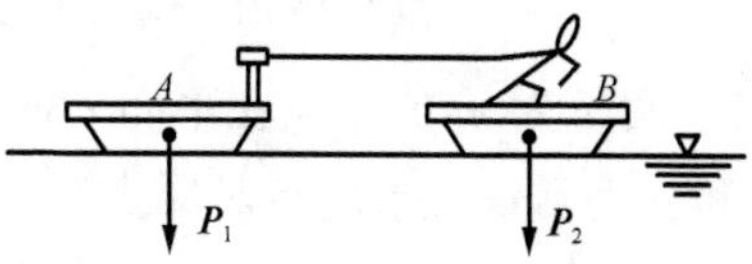

习题 9-12 图

9-13　图示浮式起重机重 P_1=200 kN，起重杆 OA 长 8 m，开始时杆与铅垂位置成 60° 角，现起吊重为 P_2=20 kN 的重物，求当起重杆转到与铅垂位置成 30° 角时，起重机的位移。设水的阻力和杆重均略去不计。（答：x=−0. 266 m）

9-14　图中质量为 m_1、长为 l 的均质杆 O_1D 的端部固接一质量为 m_2、半径为 r 的小球 D，并以匀角速度 ω 绕基座上的轴 O_1 转动，基座的质量为 m，嵌入基台。求基座对基台的压力。（答：$F_{Nx}=\dfrac{m_1 l+2m_2(l+r)}{2}\omega^2\cdot\sin\omega t$，$F_{Ny}=(m_1+m_2+m)g+\dfrac{m_1 l+2m_2(l+r)}{2}\omega^2\cdot\cos\omega t$）

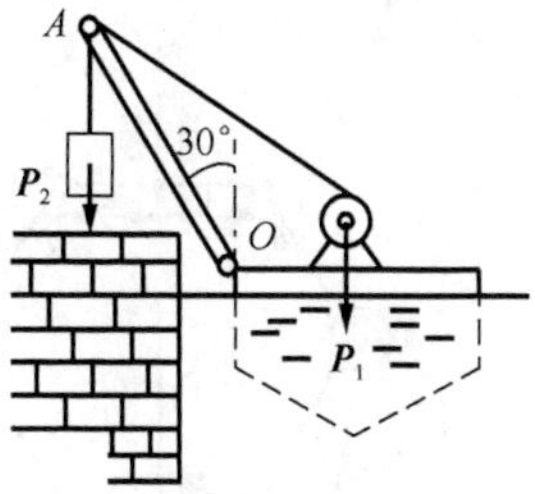

习题 9-13 图

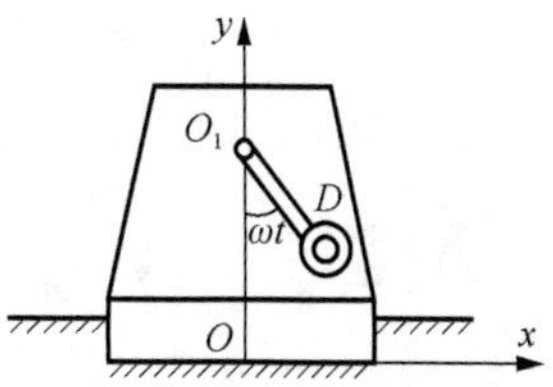

习题 9-14 图

9-15　图示压实土壤的振动器由两个相同偏心块和机座组成，机座重为 P，每个偏心块重 P_1，偏心距 e，两偏心块以相同的匀角速度 ω 反向转动，转动时两偏心块的位置对称于 y 轴。试求振动器在图示位置时对土壤的压力。（答：$2P_1+P+\dfrac{2P_1}{g}e\omega^2\cos\omega t$）

9-16　图示水泵的均质圆盘绕定轴 O 以匀角速度 ω 绕动。重 P 的夹板借右端弹簧的推压而顶在圆盘上，当圆盘转动时，夹板做往复运动。设圆盘重 P_1，半径为 r，偏心距为 e，H、b 已知，假设开始时 θ=0°，求任意瞬时基础的动反力。（答：$F_{Nx}=-\dfrac{P+P_1}{g}e\omega^2\cos\omega t$，$F_{Ny}=P+P_1-\dfrac{P_1}{g}e\omega^2\sin\omega t$）

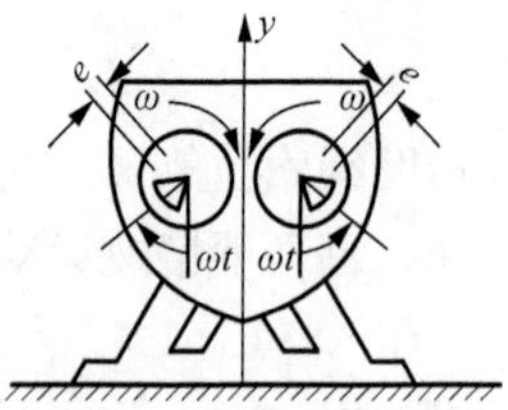

习题 9-15 图

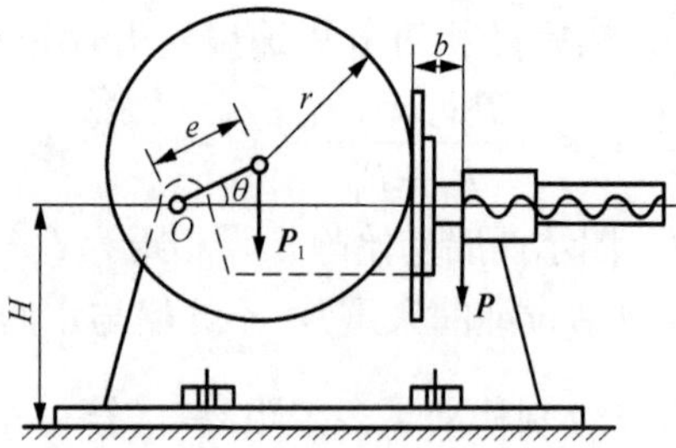

习题 9-16 图

9-17　质量为 m 的质点在平面 Oxy 运动，其运动方程为 $x = a\cos(pt)$， $y = b\sin(pt)$。其中 a、b 和 p 为常量。求质点对原点 O 的动量矩。（答： $\boldsymbol{L}_O = (mabp)\boldsymbol{k}$ ）

9-18　图示一小球 A 连接在长 l 的杆 AB 上，放在盛有液体的容器内，杆 AB 以初角速度 ω_0 绕铅垂轴 O_1O_2 转动。液体的阻力与转动角速度成比例，即 $R = km\omega$，其中 m 为小球的质量，k 为比例常数。问经过多少时间后转动角速度减小一半。小球尺寸和杆的质量忽略不计。（答：$t = \dfrac{l}{k}\ln 2$ ）

9-19　图示装在发电机上的调速器，除小球 A、B 外，支架和各杆质量均不计，各处摩擦也不计。设各杆铅直时[图（a）]，系统的角速度为 ω_0，求当各杆与铅直线成 θ 角[图（b）]时系统的角速度。（答： $\omega = \dfrac{e^2}{(e + l\sin\theta)^2}\omega_0$ ）

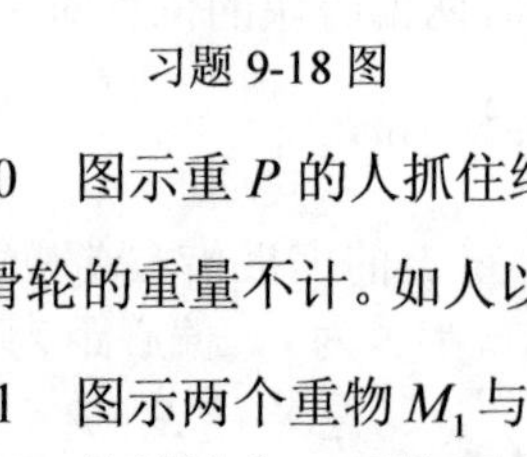

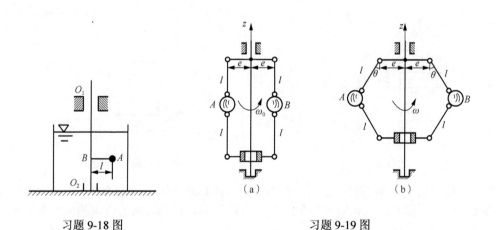

习题 9-18 图

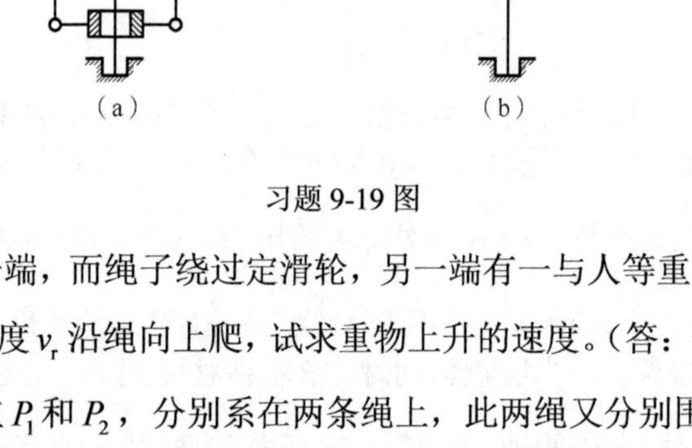

习题 9-19 图

9-20　图示重 P 的人抓住绳子的一端，而绳子绕过定滑轮，另一端有一与人等重的物体，绳和定滑轮的重量不计。如人以相对速度 v_r 沿绳向上爬，试求重物上升的速度。（答：$v_{物} = \dfrac{v_r}{2}$ ）

9-21　图示两个重物 M_1 与 M_2 各重 P_1 和 P_2，分别系在两条绳上，此两绳又分别围绕在半径为 r_1 和 r_2 的鼓轮上。重物受重力作用而运动，求鼓轮的角加速度 α。设鼓轮与绳的质量忽略不计。（答： $\alpha = \dfrac{(P_1r_1 - P_2r_2)g}{P_1r_1^2 + P_2r_2^2}$ ）

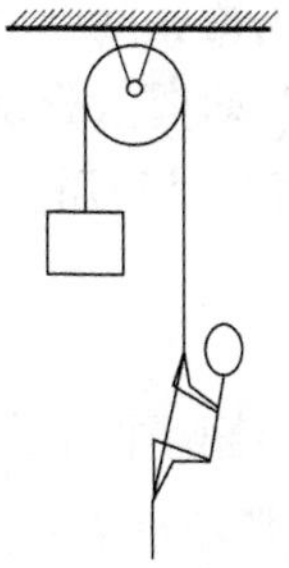

习题 9-20 图

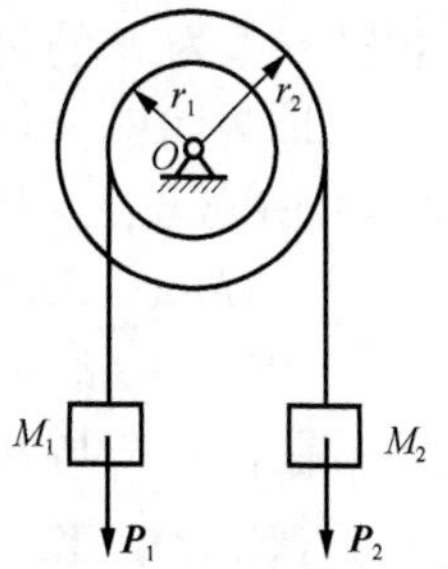

习题 9-21 图

9-22　图示重 P 的转轮绕水平的 O 轴以角速度 ω_0 转动，转轮的半径为 R，对 O 轴的转动惯量为 J_O。制动时，闸块给轮以正压力 $\boldsymbol{F}$。已知闸块与轮之间的动滑动摩擦系数为 f_{d}，O 轴的摩擦忽略不计，求制动所需的时间 t。(答：$t=\dfrac{J_O\omega_0}{f_{\mathrm{d}}FR}$)

9-23　图示均质圆盘重为 P，半径为 R，以角速度 ω_0 绕其水平中心轴 O 转动，今在闸杆 O_1A 的一端 A 施加一铅垂力 $\boldsymbol{F}$，以使圆盘停止转动。设杆 O_1A 与盘 O 间动滑动摩擦系数为 f_{d}，求转动多少周后圆盘才能停止转动。闸杆 O_1A 重量不计。(答：$n=\dfrac{\omega_0^{\ 2}bPR}{8\pi gf_{\mathrm{d}}Fl}$)

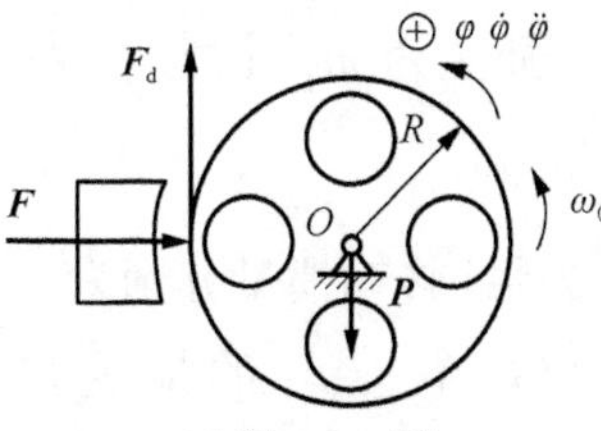

习题 9-22 图

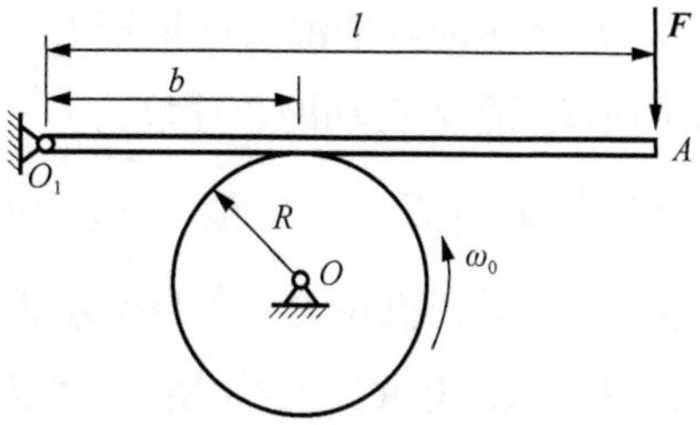

习题 9-23 图

9-24　水平放置的水泵的叶轮水流的进、出口速度的平行四边形如图所示，$\theta_1=90°$，$\theta_2=30°$，$\beta_2=45°$。设叶轮转速 $n=1450\ \mathrm{r/min}$，叶轮内外直径分别为 $D_1=14\ \mathrm{cm}$，$D_2=40\ \mathrm{cm}$，流量 $Q=0.02\ \mathrm{m^3/s}$，试求水流过叶轮时所产生的力矩。(答：$M_z^{\mathrm{e}}=77.0\ \mathrm{N\cdot m}$)

9-25　图示均质杆 OA 长为 l，重 P，A 端刚连一重为 P_1 的小球，小球当质点看待，杆上 D 点连一弹性常数为 k 的弹簧，使杆在水平位置保持平衡。设给小球 A 以向下的初位移 δ_0，而 A 的初速度 $v_0=0$，求杆 OA 的运动规律。(答：$\varphi=\dfrac{\delta_0}{l}\cos(\sqrt{\dfrac{gk}{3(P+3P_1)}}\cdot t)$)

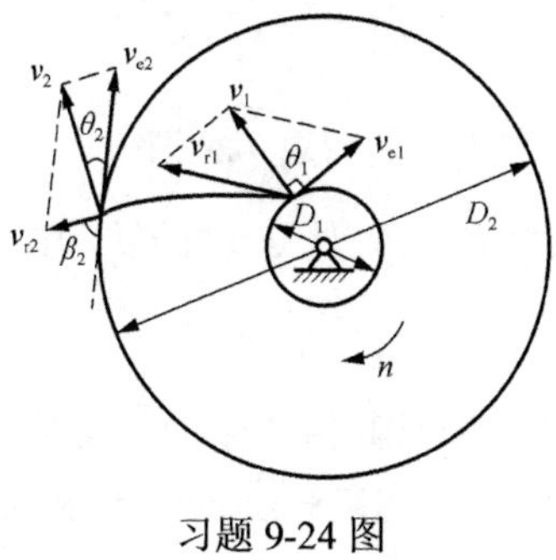

习题 9-24 图

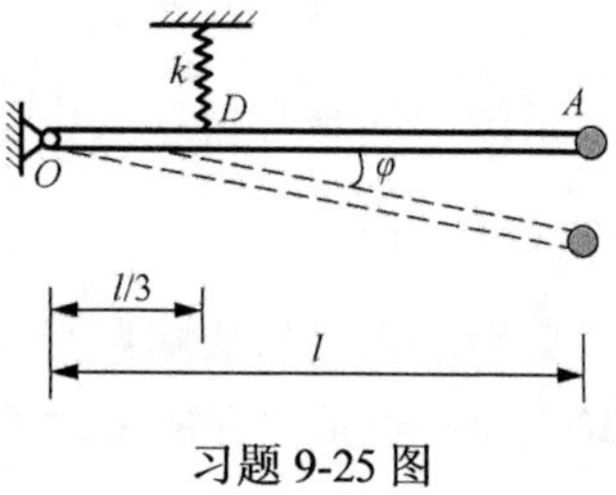

习题 9-25 图

9-26　图示电绞车提升一重为 P 的物体，在其主动轴上作用常力偶矩 M。已知主动轴与从动轴连同安装在这两轴上的齿轮以及其他附属零件对各自转轴的转动惯量分别为 J_1 和 J_2，传动比 $i_{12}=Z_2:Z_1$，吊索缠绕在鼓轮上，鼓轮半径为 R。设轴承的摩擦和吊索质量均略去不计，求重物的加速度。（答：$a=\dfrac{(Mi_{12}-PR)Rg}{PR^2+(J_1i_{12}^2+J_2)g}$）

9-27　图示两带轮的半径各为 R_1 与 R_2，重量各为 P_1 与 P_2，两轮各绕两平行的固定轴转动。第一个带轮上作用了主动力偶矩 M，第二个带轮上有阻力偶矩 M'。带轮视为均质圆盘，胶带与轮间无滑动，胶带质量忽略不计，求第一个带轮的角加速度 α_1。（答：$\alpha_1=\dfrac{2(MR_2-M'R_1)g}{(P_1+P_2)R_2R_1^2}$）

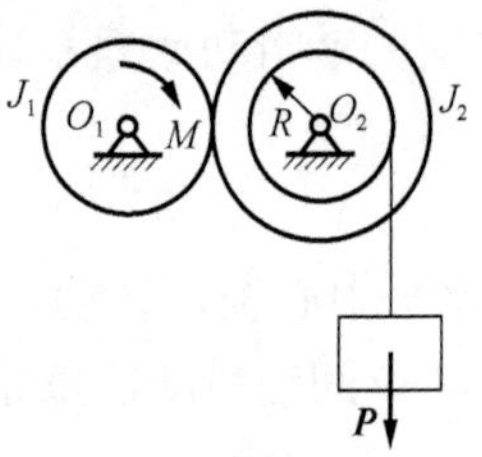

习题 9-26 图

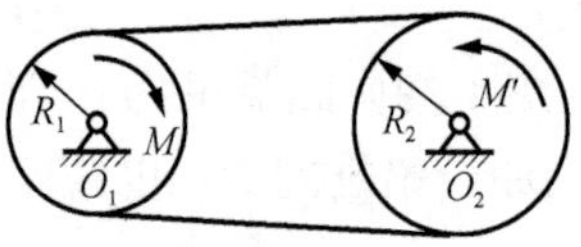

习题 9-27 图

9-28　求图示两种情况的动量矩 L_O：（a）均质薄圆盘，质量为 m，半径为 R，圆盘绕水平轴 O（垂直纸面）转动的角速度为 ω；（b）均质细直杆，质量为 m，长为 l，杆绕 O 轴转动的角速度为 ω。（答：（a）$L_O=\dfrac{3}{2}mR^2\omega$；（b）$L_O=\dfrac{1}{3}ml^2\omega$）

9-29　图示卷扬机轮 B、C 半径分别为 R、r，对水平转轴的转动惯量分别为 J_1、J_2，物体 A 重 P。设轮 C 上作用一常力偶矩 M，求物体 A 上升的加速度。（答：$a=\dfrac{(M-Pr)R^2rg}{(J_1r^2+J_2R^2)g+PR^2r^2}$）

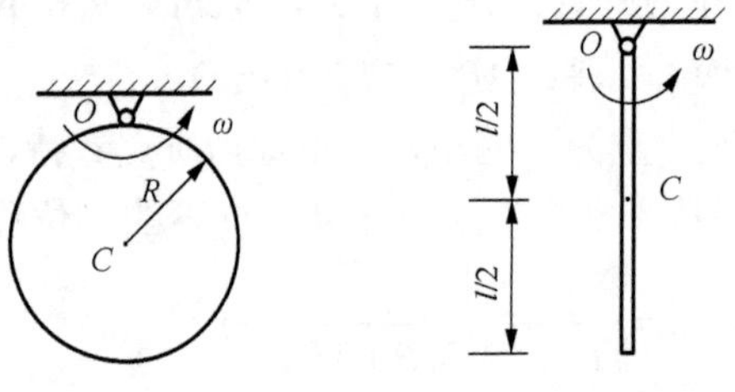

（a）　　（b）

习题 9-28 图

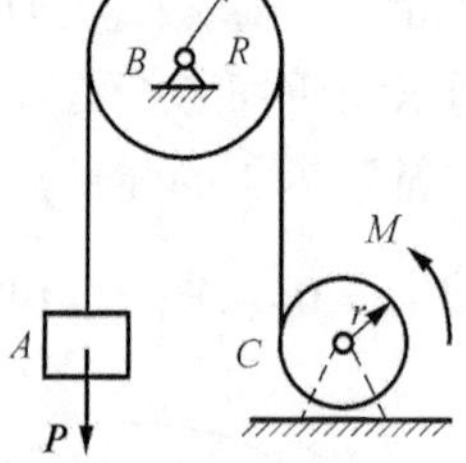

习题 9-29 图

9-30　求图示均质薄板（其中面积为 ab 的板的质量为 m）对 z 轴的转动惯量。（答：$J_z=\dfrac{m}{3}(a^2+3ab+4b^2)$）

9-31　采用落体观测法测量半径 $R=50$ cm 的飞轮 A 对通过其重心轴的转动惯量。如图所示，在飞轮上绕一细绳，绳的末端系一重 $P_1=80$ N 的重物，重物自高度 $h=2$ m 处无初速度地落下，测得落下时间 $t_1 = 16\,\text{s}$ 。为消去轴承摩擦的影响，再用重 $P_2 = 40\,\text{N}$ 的重物做第二次试验，此重物自同一高度落下的时间为 $t_2 = 25\,\text{s}$ 。假定摩擦力矩与重物的重量无关，为一常数，求飞轮的转动惯量和轴承的摩擦力矩。（答：$J_A = 1081\,\text{kg}\cdot\text{m}^2$，$M_f = 6.15\,\text{N}\cdot\text{m}$）

9-32 如图所示，均质圆柱重 $P = 1.96\,\text{kN}$ ，半径为 $R = 30\,\text{cm}$ 。在垂直中心面上，沿圆周方向挖有狭槽，槽环的半径 $r = 15\,\text{cm}$ 。今在狭槽内绕以绳索，并在绳索上施以水平向右的力 $F = 100\,\text{N}$ ，使圆柱沿水平面做纯滚动。忽略滚动摩阻，试求圆柱自静止到运动 4 s 后，圆心 C 的加速度与速度。（答：$a = 0.5\,\text{m/s}^2$，$v = 2\,\text{m/s}$）

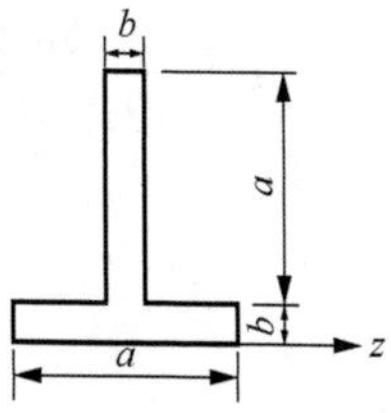

习题 9-30 图

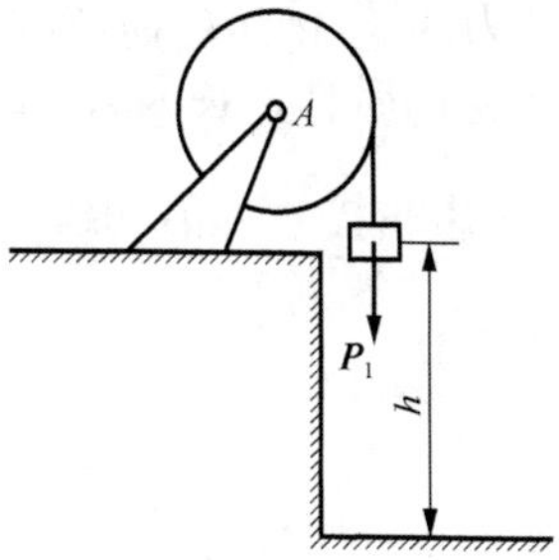

习题 9-31 图

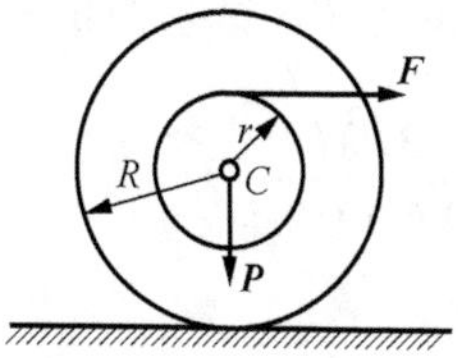

习题 9-32 图

9-33 图示均质圆盘重 P，圆盘上绕以细绳，绳的一端固定于点 A，求圆盘下降时圆心 C 的加速度和绳的拉力。（答：$a_C = \dfrac{2}{3}g$，$T = \dfrac{1}{3}P$）

9-34 图示一均质轮子固接于一均质圆轴，两圆心重合。圆轴直径 d=5 cm，无初速度地沿倾角 θ=20° 的轨道向下纯滚，5 s 内滚过的距离为 s=3 m。试求轮子连同圆轴对圆心的惯性半径。（答：$\rho = 0.09\,\text{m}$）

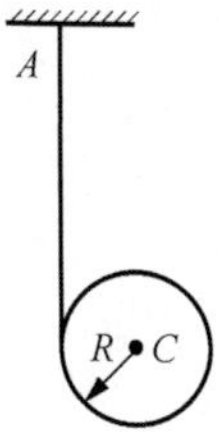

习题 9-33 图

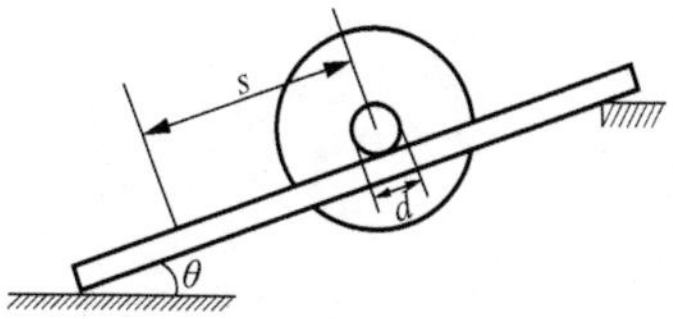

习题 9-34 图

9-35 如图所示，一质量为 m，半径为 R 的均质滚子放在粗糙的地板上，在滚子的鼓轮上绕以绳，在绳上作用有常力 F。已知鼓轮半径为 r，滚子对 O 轴的转动惯量 J_O=$m\rho^2$，滚子由静止开始运动，求轴心 O 的加速度和滚子与地面间摩擦力。（答：$a_O = FR\dfrac{R\cos\theta - r}{m\left(\rho^2 + R^2\right)}$，$F_s = F\cos\theta - ma_O$）

9-36 图示均质实心圆盘 A 和薄铁环 B 各重 P，半径都等于 r，两者用杆 AB 相连，沿斜面纯滚动而下，斜面与水平面的夹角为 θ 。如杆的质量忽略不计，求 AB 杆的加速度和杆的内力。（答：$a = \dfrac{4}{7}g\sin\theta$, $F_{AB} = -\dfrac{1}{7}P\sin\theta$）

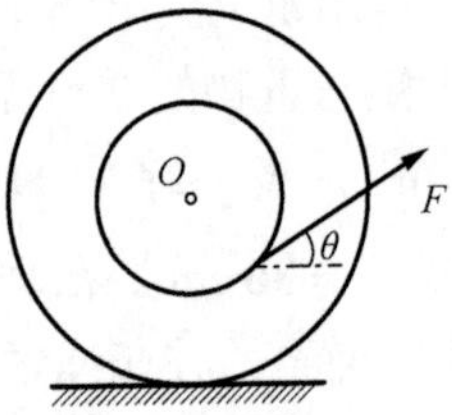

习题 9-35 图

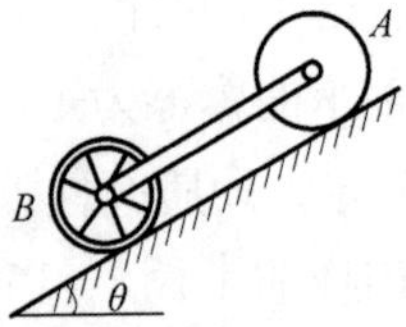

习题 9-36 图

9-37　图示行星机构的曲柄 OA 受力偶矩 M 作用而绕固定铅直轴 O 转动，并带动齿轮 A 在固定的水平齿轮上滚动。设曲柄 OA 为均质杆，长为 l，重为 P_1；齿轮 A 为均质圆盘，半径为 r，重为 P。试求曲柄的角加速度及两齿轮接触处沿切线方向的力。（答：$\alpha=\dfrac{6Mg}{(2P_1+9P)l^2}$，$F_\tau=\dfrac{3PM}{(2P_1+9P)l}$）

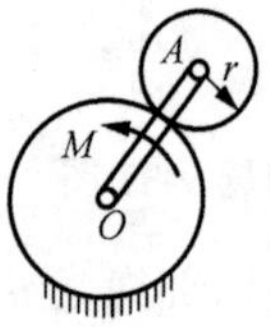

习题 9-37 图

第 10 章 动 能 定 理

前一章的动量定理与动量矩定理属于动量型定理，描述质点和质点系的速度或加速度(包括大小和方向）与作用于质点或质点系的力及其作用时间的关系。本章的动能定理属于能量型定理，研究的是速度大小的改变与力及运动路程之间的关系，或者说描述物体动能的变化与力所做功之间的关系。

10.1 功与功率

10.1.1 功

功的概念与常力作用下功的计算在物理学中已经涉及。如图 10-1 所示，质点 M 上作用常力 $\boldsymbol{F}$，走过一段位移 $\boldsymbol{s}$，即在整个位移中，力 $\boldsymbol{F}$ 的大小、方向均不变。力 $\boldsymbol{F}$ 在位移 $\boldsymbol{s}$ 内所积累的效应，用力的功来量度，定义为

$$W=\boldsymbol{F}\cdot\boldsymbol{s}=Fs\cos\theta \tag{10-1}$$

式中，θ 为力 $\boldsymbol{F}$ 与位移 $\boldsymbol{s}$ 之间的夹角。由式（10-1）可知，功是代数量，可正（$\theta<90°$）可负（$\theta>90°$）可为零（$\theta=90°$）。功的量纲为

$$[力]\,[长度]=[F][L]=[M][L]^2/[T]^2$$

在国际单位制中，功的单位是焦耳（J，1 J=1 N·m）。下面对一些复杂情况下功的计算进行介绍。

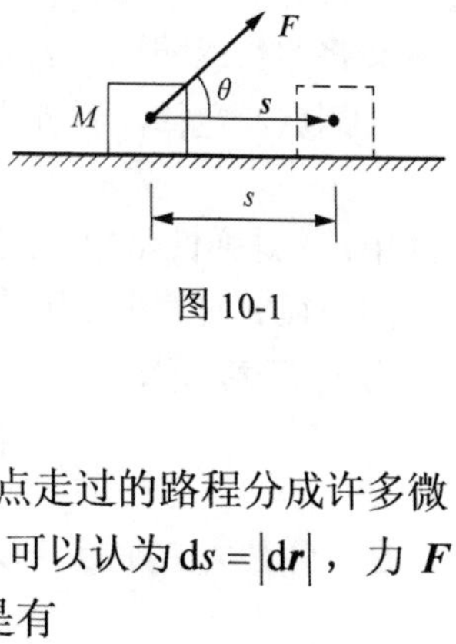

图 10-1

1. 作用在质点上变力的功

设质点 M 在变力 $\boldsymbol{F}$ 作用下沿曲线运动，如图 10-2 所示。将质点走过的路程分成许多微小弧段，每一微小弧段长 $\mathrm{d}s$，微小位移为 $\mathrm{d}\boldsymbol{r}$，因为弧段无限微小，可以认为 $\mathrm{d}s=|\mathrm{d}\boldsymbol{r}|$，力 $\boldsymbol{F}$ 在这微小位移中可视为常力，它做的功称为元功，以 $\mathrm{d}W$ 表示，于是有

$$\mathrm{d}W=F\,\mathrm{d}s\cos\theta=\boldsymbol{F}\cdot\mathrm{d}\boldsymbol{r} \tag{10-2}$$

式中，θ 为力 $\boldsymbol{F}$ 与微位移 $\mathrm{d}\boldsymbol{r}$ 之间的夹角。从而，力在从 M_1 位置到 M_2 位置的全路程上做的功等于元功之和，即

$$W_{12}=\int_{M_1}^{M_2}\boldsymbol{F}\cdot\mathrm{d}\boldsymbol{r} \tag{10-3}$$

若取固结于地面的直角坐标系为质点运动的参考系，$\boldsymbol{i}$、$\boldsymbol{j}$、$\boldsymbol{k}$ 为三轴的单位矢量，如图 10-2 所示，则

$$\begin{aligned}W_{12}&=\int_{M_1}^{M_2}\boldsymbol{F}\cdot\mathrm{d}\boldsymbol{r}=\int_{M_1}^{M_2}(F_x\boldsymbol{i}+F_y\boldsymbol{j}+F_z\boldsymbol{k})\cdot(\mathrm{d}x\boldsymbol{i}+\mathrm{d}y\boldsymbol{j}+\mathrm{d}z\boldsymbol{k})\\&=\int_{M_1}^{M_2}(F_x\mathrm{d}x+F_y\mathrm{d}y+F_z\mathrm{d}z)\end{aligned} \tag{10-4}$$

上式称为功的解析表达式。式（10-4）在数学中称为沿轨迹曲线的积分。在一般情况下，积分的值与轨迹曲线即路程有关。下面由式（10-4）来推导几种常见力的功。

2. 重力的功

重力本来是常力，但可以套用式（10-4）推导出重力所做的功。设物体在运动时重心的轨迹为图 10-3 所示的实线曲线 M_1M_2，则由式（10-4），有

$$W_{12} = \int_{z_1}^{z_2} -P\mathrm{d}z = P(z_1 - z_2) = \pm Ph \tag{10-5}$$

由上式可见，重力所做的功只与质点始末位置的高程差 h 有关，而与运动的路径无关。例如，图 10-3 中，经虚线所示与实线所示的路径，重力所做的功完全相同。所做功只与始末位置有关，而与运动路径无关的这种力称为**有势力**或**保守力**。重力就是有势力或保守力。

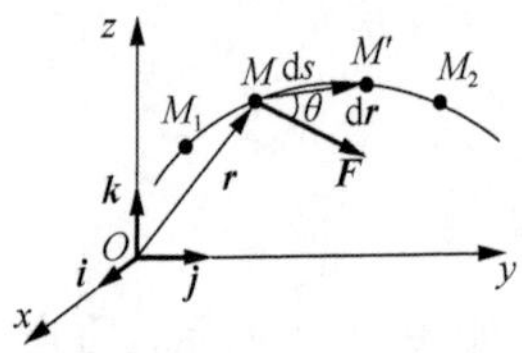

图 10-2

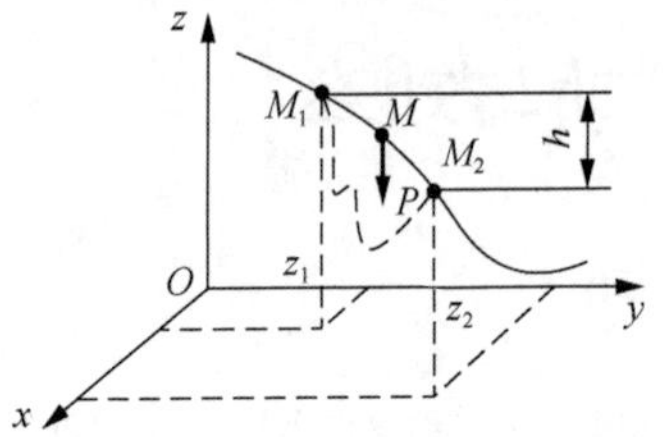

图 10-3

3. 弹性力的功

设弹簧一端固定在点 O，另一端系于质点 M，如图 10-4 所示。质点沿曲线轨迹运动时，弹簧将伸长或缩短，因而对质点作用一大小方向都改变的弹性力 $\boldsymbol{F}_k$。在弹性范围内，根据弹性（胡克）定律，弹性力的大小是

$$F_k = k(r - l_0)$$

式中，k 是弹性常数（或称弹簧刚度、劲度系数）；l_0 是弹簧的原长；r 是质点 M 相对固定点 O 的矢径 $\boldsymbol{r}$ 的大小。因为当弹簧伸长时，弹性力 $\boldsymbol{F}_k$ 指向固定点 O，即沿 $\boldsymbol{r}$ 的负方向，因此弹性力 $\boldsymbol{F}_k$ 可表示为

$$\boldsymbol{F}_k = -k(r - l_0)\frac{\boldsymbol{r}}{r}$$

于是，弹性力 $\boldsymbol{F}_k$ 的元功为

$$\mathrm{d}W = \boldsymbol{F}_k \cdot \mathrm{d}\boldsymbol{r} = -k(r - l_0)\frac{\boldsymbol{r}}{r} \cdot \mathrm{d}\boldsymbol{r}$$

因为 $\dfrac{\boldsymbol{r}}{r} \cdot \mathrm{d}\boldsymbol{r} = \dfrac{1}{2r}\mathrm{d}(\boldsymbol{r} \cdot \boldsymbol{r}) = \dfrac{1}{2r}\mathrm{d}(r^2) = \mathrm{d}r$，因此元功为

$$\mathrm{d}W = -k(r - l_0)\mathrm{d}r$$

从而，从 M_1 位置到 M_2 位置弹性力 $\boldsymbol{F}_k$ 所做功为

$$W_{12} = \int_{r_1}^{r_2} -k(r - l_0)\mathrm{d}r = -\frac{k}{2}[(r_2 - l_0)^2 - (r_1 - l_0)^2]$$

为了简便，令 $\delta_1 = r_1 - l_0$，$\delta_2 = r_2 - l_0$，分别代表质点在 M_1 位置和 M_2 位置时弹簧的变形量（伸长或缩短），则上式成为

$$W_{12} = \frac{k}{2}(\delta_1^2 - \delta_2^2) \tag{10-6}$$

由此可见，弹性力的功只与弹簧的始末位置有关（严格来说，只与始末位置弹簧的变形量有关），与运动路径无关，所以弹性力也是有势力或保守力。

【例 10-1】 如图 10-5 所示，弹簧的自然长度$l_0 = R$，弹簧常数为k，O端固定，将A端沿着半径为R的圆弧拉动，试求由A到B及由B到D的过程中弹性力所做功各为多少。

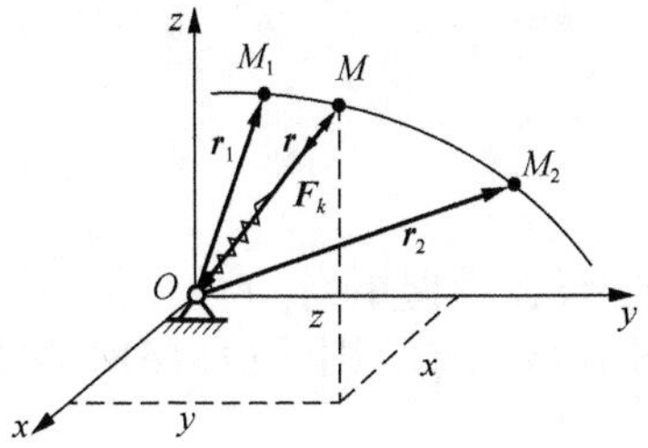

图 10-4

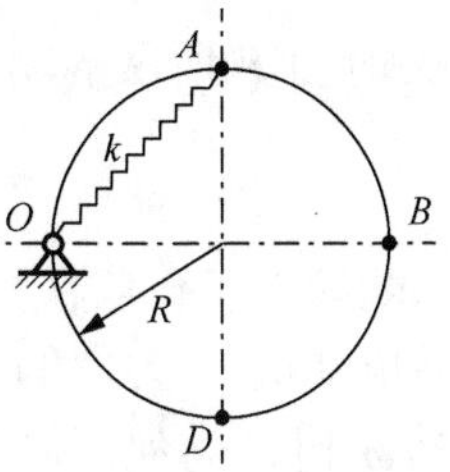

图 10-5

解 先计算W_{AB}：

$$\delta_1 = OA - l_0 = \sqrt{2}R - R,\ \ \delta_2 = OB - l_0 = R$$

$$W_{AB} = \frac{k}{2}(\delta_1^2 - \delta_2^2) = \frac{k}{2}[(\sqrt{2}-1)^2 R^2 - R^2] = -0.414kR^2$$

再计算W_{BD}：

$$\delta_1 = OB - l_0 = R,\ \ \delta_2 = OD - l_0 = (\sqrt{2}-1)R$$

$$W_{BD} = \frac{k}{2}(\delta_1^2 - \delta_2^2) = \frac{k}{2}[R^2 - (\sqrt{2}-1)^2 R^2] = 0.414kR^2$$

4. 牛顿万有引力的功

如图 10-6 所示，设位于点O、质量为m_s的物体对质量为m的质点M的引力为$\boldsymbol{F}$，其大小服从牛顿万有引力定律，即

$$F = f\frac{m_s m}{r^2}$$

式中，f是引力常数。和弹性力类似，引力$\boldsymbol{F}$可表示为

$$\boldsymbol{F} = -f\frac{m_s m}{r^2}\frac{\boldsymbol{r}}{r}$$

于是

$$\mathrm{d}W = \boldsymbol{F}\cdot\mathrm{d}\boldsymbol{r} = -f\frac{m_s m}{r^2}\frac{\boldsymbol{r}}{r}\cdot\mathrm{d}\boldsymbol{r} = -f\frac{m_s m}{r^2}\mathrm{d}r$$

$$W_{12} = \int_{r_1}^{r_2} -f\frac{m_s m}{r^2}\mathrm{d}r = f m_s m\left(\frac{1}{r_2} - \frac{1}{r_1}\right) \qquad (10\text{-}7)$$

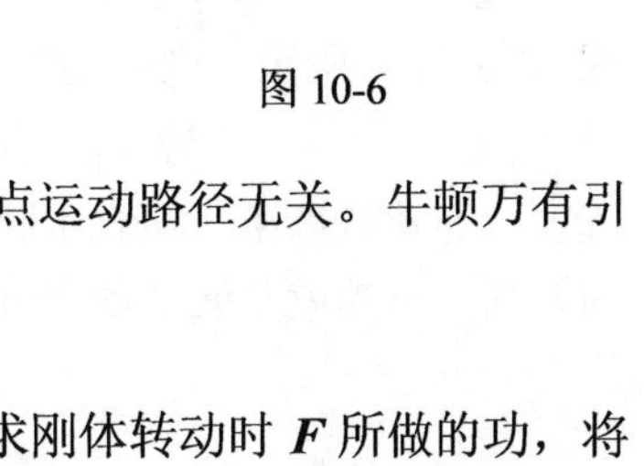

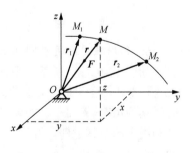

图 10-6

可见，牛顿万有引力所做功也只与质点始末位置有关，而与质点运动路径无关。牛顿万有引力也是有势力或保守力。

5. 作用在定轴转动刚体上力与力偶的功

在绕z轴转动的刚体上的点M作用一力$\boldsymbol{F}$（图 10-7），为求刚体转动时$\boldsymbol{F}$所做的功，将力$\boldsymbol{F}$分解成三个分力：平行于z轴的轴向力$\boldsymbol{F}_z$、沿点M运动路径（r为半径的圆周）的切向力$\boldsymbol{F}_\tau$及沿圆周半径的径向力$\boldsymbol{F}_r$。若刚体转动一微小角度$\mathrm{d}\varphi$，则点M有一微小位移

$dr = ds = rd\varphi$。由于 $\boldsymbol{F}_r$ 与 $\boldsymbol{F}_z$ 均垂直于点 M 的运动路径，不做功，因而切向力 $\boldsymbol{F}_\tau$ 所做的功就等于力 $\boldsymbol{F}$ 所做的功。而切向力在位移 ds 中的元功为

$$dW = F_\tau ds = F_\tau r d\varphi$$

式中，$F_\tau r$ 就是力 $\boldsymbol{F}$ 对 z 轴的矩（因 $\boldsymbol{F}_z$ 及 $\boldsymbol{F}_r$ 对 z 轴的矩等于零）。因此，元功又可表示为

$$dW = M_z(\boldsymbol{F})d\varphi$$

转角从 φ_1 到 φ_2 时力 $\boldsymbol{F}$ 所做的功为

$$W_{12} = \int_{\varphi_1}^{\varphi_2} M_z(\boldsymbol{F})d\varphi \tag{10-8}$$

由上式也就导出了作用在定轴转动刚体上力偶的功。设在力偶矩为 M 的力偶作用下刚体转过一个微小角度 $d\varphi$，力偶的作用面垂直于转轴，如图 10-8 所示，则元功为 $dW = Md\varphi$，而当转角从 φ_1 到 φ_2 时，力偶所做的功为

$$W_{12} = \int_{\varphi_1}^{\varphi_2} Md\varphi \tag{10-9}$$

若力偶矩 M 是常量，则式（10-9）成为

$$W_{12} = M(\varphi_2 - \varphi_1) \tag{10-10}$$

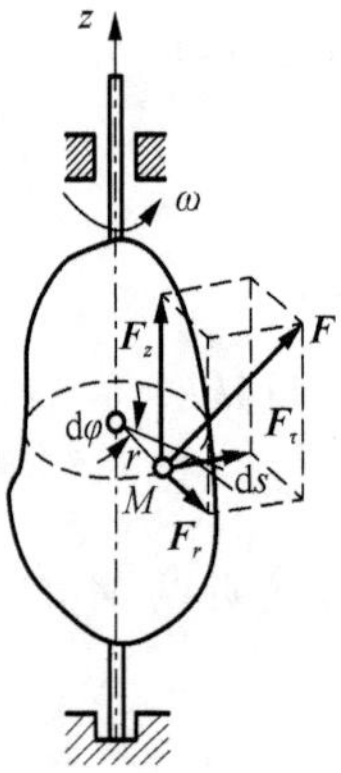

图 10-7

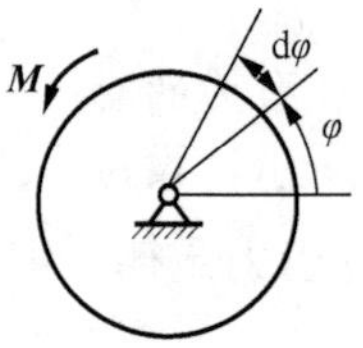

图 10-8

6. *作用在平面运动刚体上力的功*

如图 10-9（a）所示，平面运动刚体的点 M 上作用一力 $\boldsymbol{F}$，力作用线在点 M 运动的平面上（若不在这个平面上，应将力投影到该平面上进行计算）。点 M 的微位移设为 $d\boldsymbol{r}_M$，则力 $\boldsymbol{F}$ 的元功为 $dW = \boldsymbol{F} \cdot d\boldsymbol{r}_M$。如果点 M 的位移不好求，另一点 A 的位移以及刚体的转角位移好求，则利用力的平移定理，将作用在点 M 的力平移到点 A，并附加一力偶，力偶矩为 $M_A(\boldsymbol{F})$，如图 10-9（b）所示，则元功改写为

$$dW = \boldsymbol{F} \cdot d\boldsymbol{r}_A + M_A(\boldsymbol{F})d\varphi$$

式中，等号右端第一项表示随同点 A 的平动中力 $\boldsymbol{F}$ 的元功；第二项表示绕点 A 的转动中力 $\boldsymbol{F}$ 的元功。总功就是元功的积分，

$$W_{12} = \int_{A_1}^{A_2} \boldsymbol{F} \cdot d\boldsymbol{r}_A + \int_{\varphi_1}^{\varphi_2} M_A(\boldsymbol{F})d\varphi \tag{10-11}$$

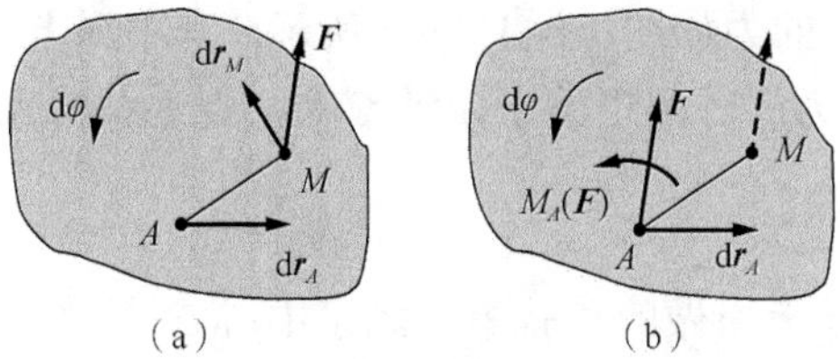

图 10-9

7. 常见约束反力的功

如图 10-10（a）～（c）所示，光滑接触面、活动铰支座和不可伸长绳索的约束反力的元功均为零，因为力作用点的微位移总是垂直于约束反力；如图 10-10（d）和（e）所示，固定铰支座和固定端约束的约束反力（和反力偶）的元功均为零，因为力作用点的微位移为零；如图 10-10（f）所示，连接两刚体的光滑铰链 O 作用于两刚体的力 $\boldsymbol{F}_N$ 与 $\boldsymbol{F}_N'$ 的元功和为零，因为两元功大小相等，一正一负；如图 10-10（g）所示，连接两质点的无重刚杆作用于 A、B 两点的约束反力 $\boldsymbol{F}_A$ 与 $\boldsymbol{F}_B$ 的元功和为零，因为两元功大小相等，一正一负。上述几种情况的元功或元功和均为零，这样的约束称为理想约束。

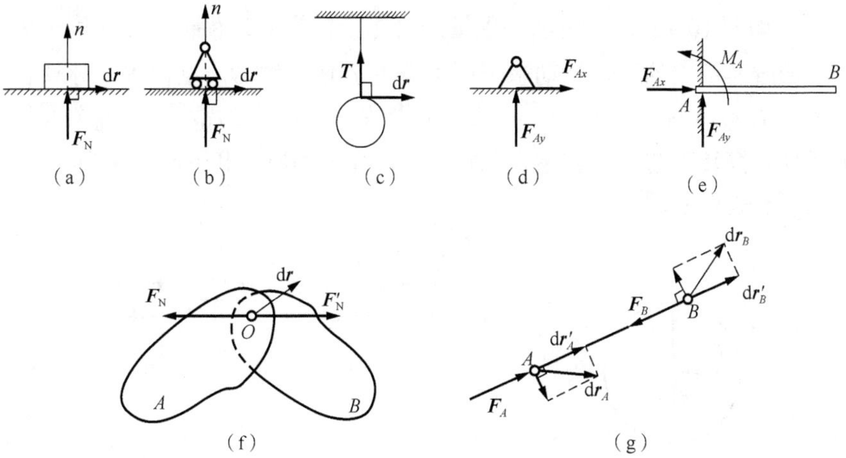

图 10-10

摩擦力属于非理想约束，其做功的情况比较复杂，可能不做功，可能做正功，也可能做负功。下面通过例题讲解摩擦力的功。

【例 10-2】 如图 10-11（a）所示，滚子重 P，半径为 R，在滚子的鼓轮上绕一细绳，绳上作用不变力 $\boldsymbol{F}$，其方向总与水平成 θ 角，鼓轮半径为 r。在 $\boldsymbol{F}$ 力作用下，滚子沿水平面做纯滚动，滚子中心 C 水平位移为 s。求作用在滚子上所有力的功分别为多少。

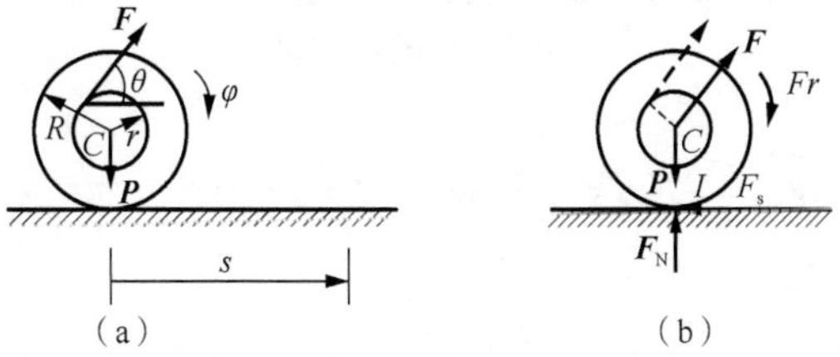

图 10-11

解　作用在滚子上所有的力如图 10-11（b）所示，其中绳上力 $\boldsymbol{F}$ 平移到了滚子中心 C，并附加大小为 Fr 的顺时针力偶。由于滚子做纯滚动，则 I 点为速度瞬心，经过位移 s，滚子的转角为 $\varphi=\dfrac{s}{R}$。

（1）绳上力 $\boldsymbol{F}$ 在位移 s 上所做的功就等于滚子中心 C 上力 $\boldsymbol{F}$ 的功与 Fr 力偶的功的和，即

$$W_F = Fs\cos\theta + Fr\cdot\varphi = Fs\cos\theta + \frac{Frs}{R}$$

（2）滚子做纯滚动，有滑动摩擦力 $\boldsymbol{F}_\mathrm{s}$，但 $\boldsymbol{F}_\mathrm{s}$ 未达到最大静滑动摩擦力，不需要给定摩擦系数。$\boldsymbol{F}_\mathrm{s}$ 的作用点也就是轮缘 I 点为速度瞬心，则

$$\mathrm{d}\boldsymbol{r}_I = 0,\ \mathrm{d}W_{F_\mathrm{s}} = 0,\ W_{F_\mathrm{s}} = 0$$

即纯滚动时，有滑动摩擦力 $\boldsymbol{F}_\mathrm{s}$，但不是最大值，滑动摩擦力不做功。这个重要结论以后会反复用到。

（3）重力的功为 $W_P = 0$。

（4）支反力 $\boldsymbol{F}_\mathrm{N}$ 的功为 $W_{F_\mathrm{N}} = 0$。

【例 10-3】　如图 10-12（a）所示，重量为 P_1、半径为 r 的卷筒 A 上作用一力偶矩 M，使卷筒转动，并通过卷筒上的绳索拉动水平面上重为 P 的重物 B，重物 B 与水平面之间的滑动摩擦系数为 f_d。若 $M = M_0 + a\varphi + b\varphi^2$，其中 φ 为转角，a、b 为常数，M_0 为足够克服滑动摩擦力的作用而使卷筒转动起来的初始力偶矩。不计绳索的质量和变形，求当卷筒转过两周时，作用在系统上所有力做的功。

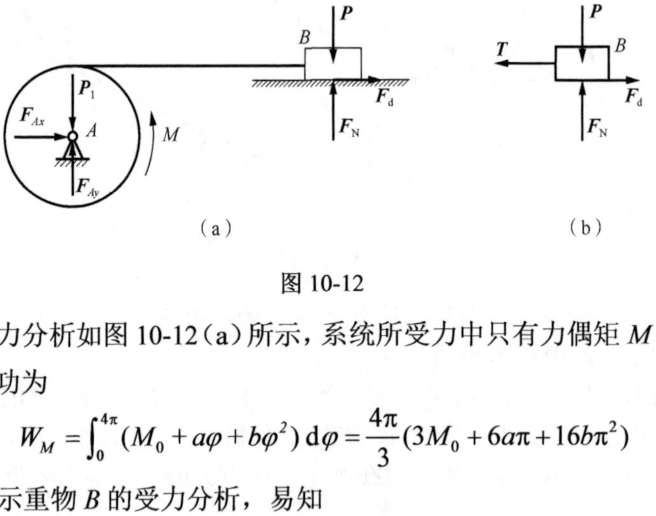

图 10-12

解　系统的受力分析如图 10-12（a）所示，系统所受力中只有力偶矩 M 与摩擦力 $\boldsymbol{F}_\mathrm{d}$ 做功。其中力偶矩所做的功为

$$W_M = \int_0^{4\pi}(M_0 + a\varphi + b\varphi^2)\,\mathrm{d}\varphi = \frac{4\pi}{3}(3M_0 + 6a\pi + 16b\pi^2)$$

由图 10-12（b）所示重物 B 的受力分析，易知

$$F_\mathrm{d} = f_\mathrm{d}F_\mathrm{N} = f_\mathrm{d}P$$

从而摩擦力所做的功为

$$W_{F_\mathrm{d}} = -F_\mathrm{d}S = -F_\mathrm{d}r\varphi = -f_\mathrm{d}Pr\times 4\pi = -4\pi r f_\mathrm{d}P$$

因此

$$W_{12} = W_M + W_{F_\mathrm{d}} = \frac{4\pi}{3}(3M_0 + 6a\pi + 16b\pi^2 - 3rf_\mathrm{d}P)$$

8. 质点系内力的功

质点系的内力虽然是成对出现的，但它们的功之和可能不等于零。例如，蒸汽机车气缸中的蒸汽压力对整个机车来说是内力，但它们的功之和不等于零，所以才能使机车动能增加。又如，人行走和奔跑是肌肉内力做功。总的来说，变形体内力的功一般不等于零；但对于刚体，因为其上任意两点间的距离始终保持不变，所以刚体的内力做功之和恒等于零。

10.1.2 功率

功率指力在单位时间内所做的功，是表示机器性质的一个重要指标。设力在 Δt 时间内做功为 ΔW，则功率为

$$P = \lim_{\Delta t \to 0} \frac{\Delta W}{\Delta t} = \frac{\mathrm{d}W}{\mathrm{d}t} = \frac{\boldsymbol{F} \cdot \mathrm{d}\boldsymbol{r}}{\mathrm{d}t} = \boldsymbol{F} \cdot \frac{\mathrm{d}\boldsymbol{r}}{\mathrm{d}t} = \boldsymbol{F} \cdot \boldsymbol{v} = F_\tau v \tag{10-12}$$

即功率等于力与速度的标积，也就是等于力在速度方向上的投影与速度之乘积。

由此可见，功率 P 一定时，F_τ 越大，则 v 越小；反之，F_τ 越小，则 v 越大。汽车速度分为几“挡”，就是因为在不同的情况下需要不同的牵引力，所以必须改变速度。在平地上，所需牵引力较小，速度可以大些；上坡时，所需牵引力随坡度增大而增大，所以必须换成低速“挡”，速度减小，使牵引力加大。

功率的量纲是

$$[力][速度]=[F][v]=[F][L]/[T]=[M][L]^2/[T]^3$$

在国际单位制中，功率的单位为瓦特（W，1 W=1 J/s=1 N·m/s）。

有时作用于物体（如电机转子）上的是力偶 M 而不是力。当物体转动角度 $\Delta\varphi$ 时，力偶矩的功是 $\Delta W = M\Delta\varphi$，所以功率是

$$P = \lim_{\Delta t \to 0} \frac{M\Delta\varphi}{\Delta t} = M\frac{\mathrm{d}\varphi}{\mathrm{d}t} = M\omega \tag{10-13}$$

由式（10-13），得

$$M = \frac{P}{\omega}$$

若已知电机（发电机、电动机）铭牌上标注的 P（kW）和转速 n（r/min），我们可以换算出作用在机轴上的外力偶矩，

$$M = \frac{P \times 1000}{2\pi n/60} = 9554\frac{P}{n}(\mathrm{N \cdot m}) = 9.554\frac{P}{n}(\mathrm{kN \cdot m})$$

【例 10-4】 如图 10-13 所示，重 P=10 kN 的越野车在运动时，空气阻力 $F = 1.5v^2$，F 以 N 计，v 以 m/s 计。为了获得较大的牵引力，前后轮都由引擎驱动（即前后轮均为主动轮）。试确定引擎的功率，以使越野车获得最大的速度。已知越野车引擎的效率 $\eta = 0.65$，车轮与地面间的摩擦系数 $f_s = 0.25$，不计滚阻。

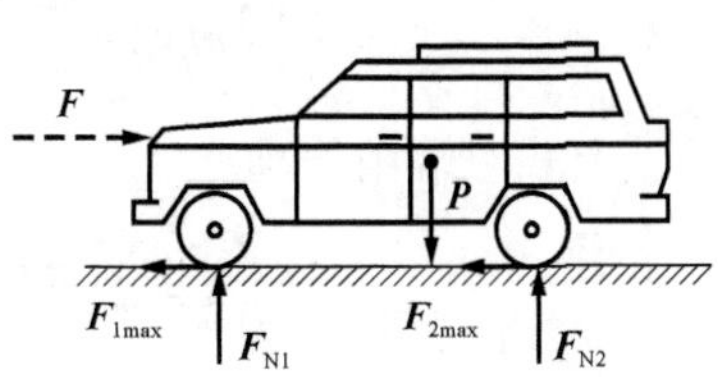

图 10-13

解　越野车的受力图如图 10-13 所示。因为前后轮都由引擎驱动，所以前后轮所受的摩擦力 $\boldsymbol{F}_1$ 与 $\boldsymbol{F}_2$ 都指向前方。当越野车的速度达到最大值时，加速度应等于零，因此

$$F_{1\max}+F_{2\max}-F=0 \tag{1}$$

另有 $F_{1\max}=f_sF_{N1}$，$F_{2\max}=f_sF_{N2}$，而 $F_{N1}+F_{N2}=P$，于是式（1）成为

$$f_s(F_{N1}+F_{N2})-F=f_sP-1.5v^2=0$$

将已知数据代入，解得 $v=40.8(\mathrm{m/s})$，引擎应输出的功率就等于克服阻力所需的功率

$$P'=Fv=f_sPv=102(\mathrm{kW})$$

因而引擎的功率为

$$P=P'/\eta=\frac{102}{0.65}=157(\mathrm{kW})$$

10.2　动能

设一质量为 m 的质点，在某一位置的速度为 $\boldsymbol{v}$，则质点的动能定义为

$$T=\frac{1}{2}mv^2 \tag{10-14}$$

动能恒为正值，是一个标量。动能的量纲为

$$[质量][速度]^2=[M][v]^2=[M][L]^2/[T]^2$$

可见，动能的量纲与功的量纲相同，它的单位也与功的单位相同，都用焦耳（J）。

质点系内各质点的动能的总和，就是质点系的动能，即

$$T=\sum\frac{1}{2}m_iv_i^2 \tag{10-15}$$

式中，m_i 和 v_i 分别为质点系中任一质点 M_i 的质量和速度的大小。

如图 10-14 所示，质点系在空间做任意运动。取 $Oxyz$ 为静坐标系，$Cx'y'z'$ 为平动坐标系，x'、y'、z' 轴始终分别平行于 x、y 和 z 轴，C 为质点系的质心。于是质点系的任意运动可分解为随同动坐标系的平动以及相对于动坐标系的运动。在质点系中任取一质点 M_i，其质量为 m_i，绝对速度、相对速度和牵连速度分别为 $\boldsymbol{v}_i$、$\boldsymbol{v}_{ri}$ 和 $\boldsymbol{v}_{ei}$。根据点的速度合成定理

$$\boldsymbol{v}_i=\boldsymbol{v}_{ei}+\boldsymbol{v}_{ri}=\boldsymbol{v}_C+\boldsymbol{v}_{ri}$$

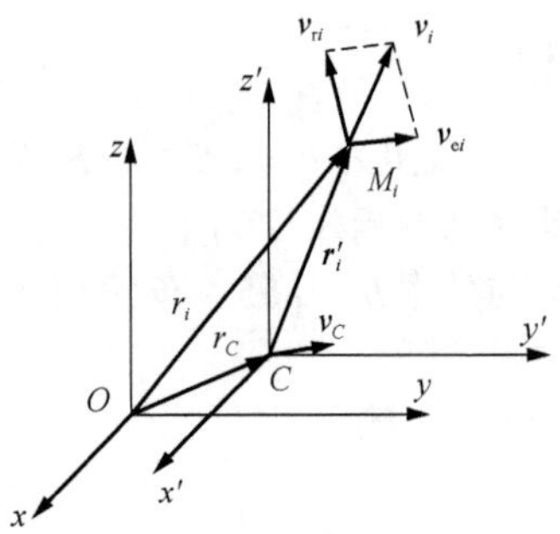

图 10-14

于是

$$v_i^2=\boldsymbol{v}_i\cdot\boldsymbol{v}_i=(\boldsymbol{v}_C+\boldsymbol{v}_{ri})\cdot(\boldsymbol{v}_C+\boldsymbol{v}_{ri})=v_C^2+v_{ri}^2+2\boldsymbol{v}_C\cdot\boldsymbol{v}_{ri}$$

将上式代入式（10-15），得质点系的动能为

$$T=\sum\frac{1}{2}m_iv_i^2=\sum\frac{1}{2}m_i(v_C^2+v_{ri}^2+2\boldsymbol{v}_C\cdot\boldsymbol{v}_{ri})$$
$$=\frac{1}{2}\sum m_iv_C^2+\sum\frac{1}{2}m_iv_{ri}^2+\boldsymbol{v}_C\cdot\sum m_i\boldsymbol{v}_{ri}$$

上式右端第一项

$$\frac{1}{2}\sum m_iv_C^2=\frac{1}{2}mv_C^2$$

相当于将质点系的全部质量集中在质心上，并以质心的速度而运动的动能，也就是质点系随同质心平动的动能。第二项

$$\sum\frac{1}{2}m_i v_{ri}^2 = T_r$$

为质点系相对于质心运动的动能。第三项的表达式中

$$\sum m_i \boldsymbol{v}_{ri} = m\boldsymbol{v}_{rC} = \boldsymbol{0}$$

因此，质点系的动能可化简为

$$T = \frac{1}{2}mv_C^2 + T_r \tag{10-16}$$

即质点系的动能等于质点系随同质心平动的动能与质点系相对于质心运动的动能之和，这一关系称为**柯尼希定理**。

刚体是不变质点系，在工程中经常遇到。下面分别计算刚体做平动、定轴转动和平面运动时的动能。

1. 刚体平动时的动能

刚体做平动时，任一瞬时刚体内各质点的速度都相同，以刚体质心 C 的速度 $\boldsymbol{v}_C$ 表示。于是刚体平动时的动能为

$$T = \sum\frac{1}{2}m_i v_i^2 = \frac{1}{2}\left(\sum m_i\right)v_C^2 = \frac{1}{2}mv_C^2 \tag{10-17}$$

2. 刚体绕定轴转动时的动能

如图 10-15 所示，刚体在某瞬时绕定轴 z 转动的角速度为 ω。刚体上任一点 M_i 的质量为 m_i，与转轴 z 相距 r_i，速度大小为 $v_i = r_i\omega$。于是，刚体绕定轴转动的动能为

$$T = \sum\frac{1}{2}m_i v_i^2 = \sum\frac{1}{2}m_i r_i^2\omega^2 = \frac{1}{2}(\sum m_i r_i^2)\omega^2 = \frac{1}{2}J_z\omega^2 \tag{10-18}$$

3. 刚体平面运动时的动能

如图 10-16 所示，刚体平面运动简化为平面形 S 在其自身平面内的运动，刚体的质心 C 在平面形 S 上。图示瞬时，点 I 为速度瞬心，ω 为平面形的角速度，则有 $l\omega = v_C$。因为平面形的运动可看成绕瞬心的瞬时转动，利用刚体绕定轴转动的动能公式，可以得到平面运动刚体的动能为

$$T = \frac{1}{2}J_I\omega^2$$

式中，J_I 是刚体对瞬心轴 I（过点 I、垂直于平面形 S 的轴）的转动惯量。根据转动惯量的平行移轴定理，$J_I = J_C + ml^2$，代入上式，有

$$T = \frac{1}{2}(J_C + ml^2)\omega^2 = \frac{1}{2}J_C\omega^2 + \frac{1}{2}m(l\omega)^2$$

$$T = \frac{1}{2}mv_C^2 + \frac{1}{2}J_C\omega^2 \tag{10-19}$$

即做平面运动的刚体的动能，等于刚体随同质心平动的动能与绕质心转动的动能之和。这其实就是柯尼希定理［式（10-16）］的具体应用。

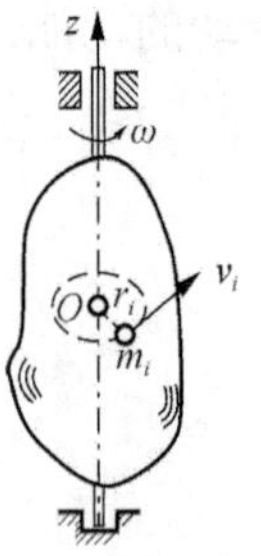

图 10-15

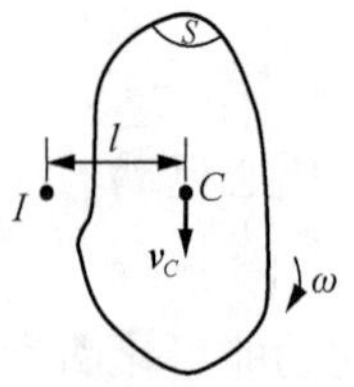

图 10-16

【例 10-5】 如图 10-17（a）所示系统，均质圆盘 A 重 P_A，半径为 R，图示瞬时角速度为 ω_A；均质圆盘 B 重为 P_B，半径 $r = R/2$；重物 C 重 P_C。不计绳索质量，求此瞬时系统的动能 T。

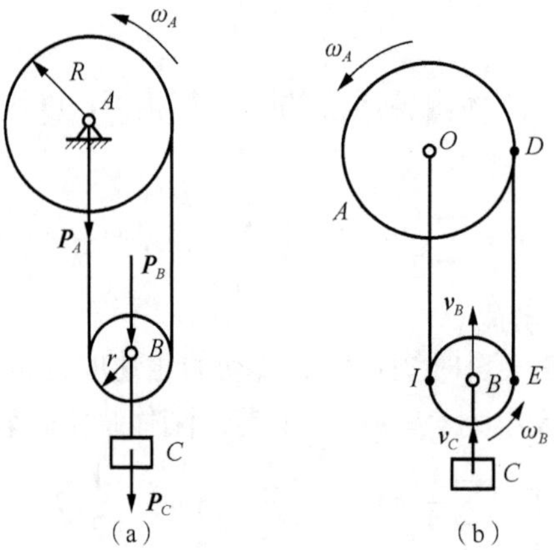

图 10-17

解　系统的运动分析如图 10-17（b）所示，滑轮 A 做定轴转动；滑轮 B 做平面运动，速度瞬心为 I；物体 C 做铅垂方向的直线平动。各运动量之间的关系有

$$v_D = \omega_A R = v_E,\ \ v_B = \frac{v_E}{2} = \frac{1}{2}\omega_A R,\ \ \omega_B = \frac{v_E}{R} = \omega_A,\ \ v_C = v_B = \frac{1}{2}\omega_A R$$

均质圆盘 A 的动能为

$$T_A = \frac{1}{2}J_A\omega_A^2 = \frac{1}{2}\times\frac{P_A R^2}{2g}\times\omega_A^2 = \frac{P_A\omega_A^2 R^2}{4g}$$

均质圆盘 B 的动能为

$$T_B = \frac{1}{2}\frac{P_B}{g}v_B^2 + \frac{1}{2}J_B\omega_B^2 = \frac{1}{2}\times\frac{P_B}{g}\times\left(\frac{1}{2}\omega_A R\right)^2 + \frac{1}{2}\times\frac{P_B\left(\frac{R}{2}\right)^2}{2g}\times\omega_A^2 = \frac{3P_B\omega_A^2 R^2}{16g}$$

重物 C 的动能为

$$T_C = \frac{1}{2}\frac{P_C}{g}v_C^2 = \frac{1}{2}\times\frac{P_C}{g}\times\left(\frac{1}{2}\omega_A R\right)^2 = \frac{P_C\omega_A^2 R^2}{8g}$$

从而系统的动能为

$$T = T_A + T_B + T_C = \frac{P_A\omega_A^2R^2}{4g} + \frac{3P_B\omega_A^2R^2}{16g} + \frac{P_C\omega_A^2R^2}{8g} = \frac{\omega_A^2R^2}{16g}(4P_A + 3P_B + 2P_C)$$

10.3 质点和质点系的动能定理

质点 M 的质量为 m，因为力 $\boldsymbol{F}$ 的作用而产生运动，如图 10-18 所示。取质点运动微分方程的自然轴投影式：

$$F_\tau = m\frac{\mathrm{d}v}{\mathrm{d}t} = m\frac{\mathrm{d}v}{\mathrm{d}s}\frac{\mathrm{d}s}{\mathrm{d}t} = m\frac{\mathrm{d}v}{\mathrm{d}s}v$$

即

$$mv\mathrm{d}v = F_\tau\mathrm{d}s$$

当质点从位置 M_1（自然坐标 s_1）运动到 M_2（自然坐标 s_2）时，它的速度由 $\boldsymbol{v}_1$ 变为 $\boldsymbol{v}_2$，将上式积分得

$$\int_{v_1}^{v_2}\mathrm{d}\left(\frac{1}{2}mv^2\right) = \int_{s_1}^{s_2}F_\tau\mathrm{d}s = W_{12}$$

$$\frac{1}{2}mv_2^2 - \frac{1}{2}mv_1^2 = T_2 - T_1 = W_{12} \tag{10-20}$$

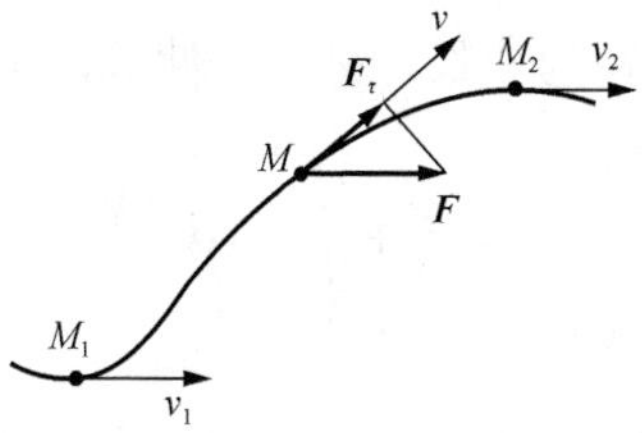

图 10-18

即在任一段路程中，质点动能的改变等于作用在质点上的力在同一段路程所做的功，这就是**质点的动能定理**。

质点动能定理使我们更清楚地了解到功的含义：功表达了力在一段路程中对物体作用的累积效果，其结果使物体的动能发生改变。式（10-20）中包含了质点的速度、作用力和运动路程的信息，因此，用此定理适合求解作用力为位置的函数、质点速度与路程（位置）有关的问题。

若为质点系，其中质点 M_i 的质量为 m_i，速度为 $\boldsymbol{v}_i$，作用在该质点上的力分为主动力 $\boldsymbol{F}_i$ 与约束反力 $\boldsymbol{F}_{i\mathrm{N}}$，根据质点动能定理有

$$\frac{1}{2}m_iv_{i2}^2 - \frac{1}{2}mv_{i1}^2 = W_{iF12} + W_{iN12}$$

设质点系有 n 个质点，对于每个质点都可列出一个方程，将 n 个方程相加，得

$$\sum\frac{1}{2}m_iv_{i2}^2 - \sum\frac{1}{2}mv_{i1}^2 = \sum W_{iF12} + \sum W_{iN12}$$

若质点系所受约束全为理想约束，则 $\sum W_{iN12}=0$ 。从而，上式写为

$$T_2 - T_1 = W_{F12} \tag{10-21}$$

上式表明：在某一段路程中质点系动能的改变，等于作用于质点系的所有主动力在同一段路程所做功之和，这就是**质点系的动能定理**。

这里没有像动量定理和动量矩定理中一样，将作用于质点系上的所有力分为外力和内力，而是分为主动力和约束反力，是因为可变质点系的内力一般是做功的，而理想约束反力不做功。如果遇到物体滑动时的摩擦力等非理想约束反力怎么办？只要把非理想约束反力当成主动力看待就可以了。

【例 10-6】 如图 10-19 所示，弹簧系数为 k 的弹簧上端固定，下端挂一重量为 P 的小球。将小球托起，使弹簧具有原长，即小球在自然位置 O，然后放手并给小球以向下的初速度 $\boldsymbol{v}_0$ 。求小球所能下降的最大距离 δ 。

解 取小球为研究对象。小球在自然位置 O 为第一位置，速度为 $\boldsymbol{v}_0$ ，第二位置在小球下降到最低处 A，这时速度 v=0，而弹簧的伸长为 δ 。代入质点动能定理，得

$$0-\frac{P}{2g}v_0^2 = P\delta + \frac{k}{2}(\delta_1^2-\delta_2^2) = P\delta + \frac{k}{2}(0^2-\delta^2)$$

解得

$$\delta = \frac{1}{k}\left(P+\sqrt{P^2+\frac{kP}{g}v_0^2}\right)$$

令 $\delta_s = \dfrac{P}{k}$ 为在 $\boldsymbol{P}$ 的静力作用下弹簧的伸长，称为静伸长，于是

$$\delta = \delta_s + \sqrt{\delta_s^2+\delta_s\frac{v_0^2}{g}}$$

δ 又称为动伸长，显然，$\delta > \delta_s$ 。

【例 10-7】 摆锤重 P=mg，用长为 l 的绳系住，挂在固定点 O。开始时，摆锤处于最低位置 A，并获得水平初速度 $\boldsymbol{v}_0$（图 10-20）。试求：①摆锤沿圆弧运动到任意位置 M 时速度的大小；②摆锤能到达最高点 B 所需的初速度。

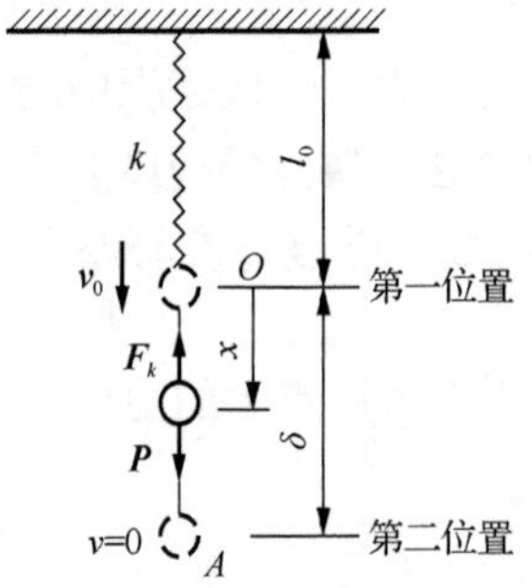

图 10-19

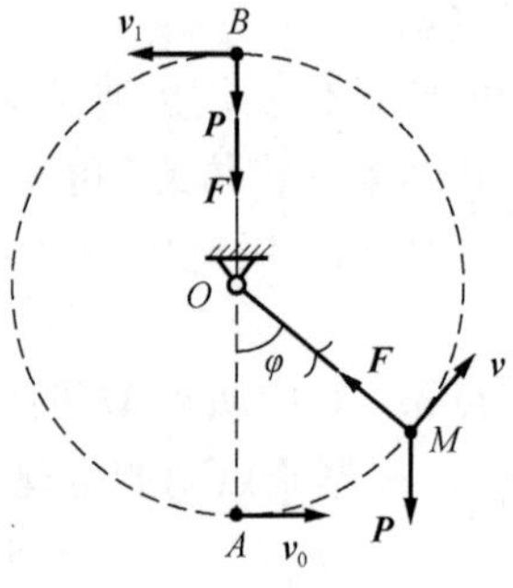

图 10-20

解 （1）取摆锤为研究对象。摆锤沿圆周运动到任意位置 M 时，设 OM 与铅垂线的夹角为 φ ，摆锤的速度为 $\boldsymbol{v}$ ，作用在摆锤上的力有重力 $\boldsymbol{P}$ 和绳的拉力 $\boldsymbol{F}$，如图 10-20 所示。当摆锤由 A 运动到 M 位置时，重力 $\boldsymbol{P}$ 做的功为 $-Pl(1-\cos\varphi)$ ；拉力 $\boldsymbol{F}$ 恒垂直于摆锤的运动方向，不

做功。由质点动能定理有

$$\frac{1}{2}mv^2-\frac{1}{2}mv_0^2=-Pl(1-\cos\varphi)$$

解得

$$v=\sqrt{v_0^2-2gl(1-\cos\varphi)}$$

根据上式，摆锤沿圆周运动到最高位置 B（$\varphi=\pi$）时，摆锤的速度的大小为

$$v_1=\sqrt{v_0^2-2gl(1-\cos\pi)}=\sqrt{v_0^2-4gl}$$

（2）要使摆锤沿圆周到达最高点 B，必须使绳始终处于拉紧状态，即

$$F\geqslant 0 \tag{1}$$

要验证这一条件，动能定理是不能解决的，需要利用质点运动微分方程。由质点运动微分方程在自然轴上投影，摆锤在点 B 时有

$$ma_n=P+F \tag{2}$$

它的法向加速度为

$$a_n=\frac{v_1^2}{l}=\frac{v_0^2}{l}-4g$$

代入式（2）解得

$$F=m\left(\frac{v_0^2}{l}-4g\right)-mg=m\left(\frac{v_0^2}{l}-5g\right)$$

由式（1）即得到摆锤能到达最高点 B 所需的初速度为

$$v_0\geqslant\sqrt{5gl}$$

【例 10-8】 行星机构的曲柄 OA 在常力偶矩 M 作用下绕轴 O 由静止开始转动，并带动齿轮 A 在固定水平齿轮 O 上滚动，如图 10-21 所示。设曲柄 OA 为均质杆，长为 l，重为 P_1；齿轮 A 为均质圆盘，半径为 r，重为 P。求当曲柄转过角 φ 时，其角速度和角加速度。

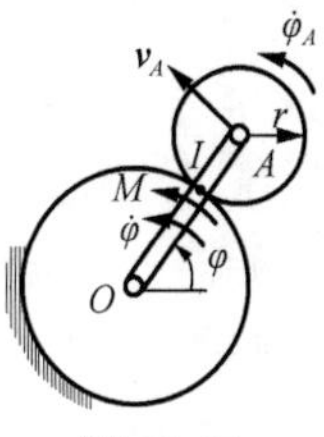

图 10-21

解 选曲柄 OA 和动齿轮组成的质点系为研究对象。系统的静止位置定为第一位置，此时 $T_1=0$。当曲柄转过角 φ 时的位置为第二位置，设此时曲柄角速度为 $\dot{\varphi}$，动齿轮中心 A 的速度为 $v_A=l\dot{\varphi}$，而动齿轮上点 I 为速度瞬心，则动齿轮的角速度

$$\dot{\varphi}_A=\frac{v_A}{r}=\frac{l\dot{\varphi}}{r}$$

则系统在该位置时的动能为

$$\begin{aligned}T_2&=T_{杆}+T_{轮A}=\frac{1}{2}J_{O杆}\dot{\varphi}^2+\left(\frac{1}{2}\frac{P}{g}v_A^2+\frac{1}{2}J_A\dot{\varphi}_A^2\right)\\&=\frac{1}{2}\left(\frac{P_1l^2}{3g}\right)\dot{\varphi}^2+\left[\frac{P}{2g}(l\dot{\varphi})^2+\frac{1}{2}\left(\frac{Pr^2}{2g}\right)\left(\frac{l\dot{\varphi}}{r}\right)^2\right]\\&=\frac{2P_1+9P}{12g}l^2\dot{\varphi}^2\end{aligned}$$

因为系统在水平面内运动，重力不做功，理想约束反力（未画出）也不做功，只有力偶矩 M 做功，M 的功为

$$W_{12} = M\varphi$$

应用质点系动能定理 $T_2 - T_1 = W_{12}$，得

$$\frac{2P_1 + 9P}{12g} l^2 \dot{\varphi}^2 - 0 = M\varphi$$

由此解得

$$\dot{\varphi}^2 = \frac{12gM\varphi}{(2P_1 + 9P)l^2} \tag{1}$$

所以

$$\dot{\varphi} = \frac{2}{l}\sqrt{\frac{3gM\varphi}{2P_1 + 9P}}$$

将式（1）对 t 求导，得

$$2\dot{\varphi}\ddot{\varphi} = \frac{12gM}{(2P_1 + 9P)l^2}\dot{\varphi} \quad \Rightarrow \quad \ddot{\varphi} = \frac{6gM}{(2P_1 + 9P)l^2}$$

【例 10-9】 如图 10-22（a）所示，不可伸长的绳子绕过半径为 r 的滑轮 B，一端悬挂重 P 的物体 A，另一端系在置于水平面的均质圆柱中心 D。圆柱中心 D 还与固定在墙壁、弹簧常数为 k 的水平弹簧相连。已知圆柱 D 重 P_1，半径为 R；滑轮 B 重 P_2，当均质圆盘看待。初始瞬时把物体 A 从平衡位置（距地面高度 h）拉到地面，然后无初速释放，求物体 A 到其平衡位置时的速度。假设绳与滑轮 B 间无滑动，圆柱 D 沿水平面做纯滚动，不计水平面滚阻和轴承 O 处的摩擦。

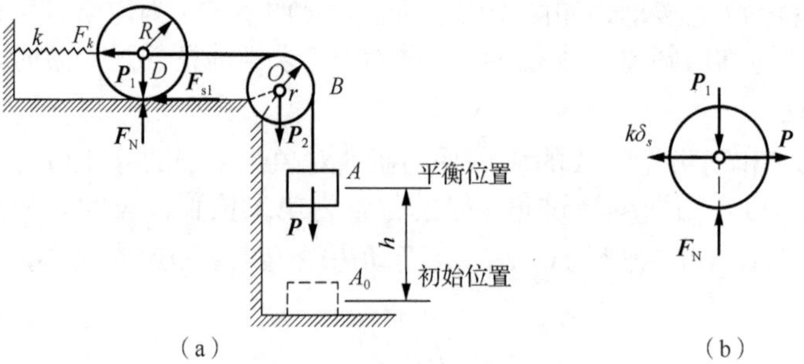

图 10-22

解 选系统为研究对象。初始位置，系统处于静止，则

$$T_1 = 0$$

物体 A 运动到第二位置即平衡位置时的速度设为 v，系统的动能为

$$T_2 = T_{A_2} + T_{B_2} + T_{D_2} = \frac{1}{2}\frac{P}{g}v^2 + \frac{1}{2}\left(\frac{P_2 r^2}{2g}\right)\left(\frac{v}{r}\right)^2 + \left[\frac{1}{2}\frac{P_1}{g}v^2 + \frac{1}{2}\left(\frac{P_1 R^2}{2g}\right)\left(\frac{v}{R}\right)^2\right]$$

$$= \frac{v^2}{4g}(2P + P_2 + 3P_1)$$

从初始位置到平衡位置力的功为

$$W_{12}=-Ph+\frac{k}{2}(\delta_1^2-\delta_2^2)=-Ph+\frac{k}{2}[(\delta_s+h)^2-\delta_s^2]$$

$$=-Ph+k\delta_s h+\frac{k}{2}h^2$$

式中，δ_s 为平衡位置时弹簧的静伸长。由平衡位置时圆柱 D 的受力图[图 10-22（b）]可知，$\delta_s=\frac{P}{k}$，将 δ_s 代入 W_{12} 中，得

$$W_{12}=-Ph+k\cdot\frac{P}{k}h+\frac{k}{2}h^2=\frac{k}{2}h^2$$

将上面计算结果代入 $T_2-T_1=W_{12}$ 中，得

$$\frac{v^2}{4g}(2P+P_2+3P_1)-0=\frac{1}{2}kh^2$$

$$v=\sqrt{\frac{2gkh^2}{(2P+P_2+3P_1)}}$$

【例 10-10】 如图 10-23（a）所示，均质杆 OA 长 l，重为 P，杆上点 B 连一弹簧常数为 k 的弹簧，使杆在水平位置保持平衡。设初始瞬时（t=0），使杆顺时针转过一个微小的角度 φ_0，而角速度 $\dot{\varphi}_0=0$，然后杆做微幅振动，试求杆 OA 的运动规律。

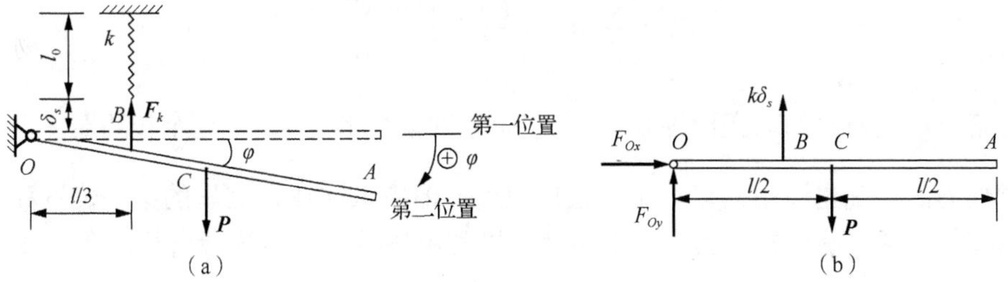

图 10-23

解 （1）选杆 OA 为研究对象，杆 OA 做定轴转动。

（2）受力分析：设平衡位置为第一位置，任意 φ 角位置（$0<\varphi<\varphi_0$）为第二位置，在第二位置进行受力分析，有弹性力 $\boldsymbol{F}_k$ 和重力 $\boldsymbol{P}$，轴承处的理想约束反力没画。弹性力的大小 $F_k=k(\delta_s+\frac{l}{3}\varphi)$（因为 φ 很小，$\sin\varphi\approx\varphi$），式中 δ_s 为杆 OA 处于平衡时弹簧的静伸长。平衡位置杆 OA 的受力图如图 10-23（b）所示，得

$$\sum M_O(\boldsymbol{F}_i)=0,\quad P\frac{l}{2}-k\delta_s\frac{l}{3}=0 \tag{1}$$

（3）建立方程，求解。

先计算动能和功。在第一位置，杆 OA 的角速度为 $\dot{\varphi}_{max}$，此时 $T_1=T_{max}=$常量。在第二位置的动能为

$$T_2=\frac{1}{2}J_O\dot{\varphi}^2=\frac{1}{2}\left(\frac{Pl^2}{3g}\right)\dot{\varphi}^2=\frac{Pl^2}{6g}\dot{\varphi}^2$$

$$W_{12} = Pl\frac{\varphi}{2} + \frac{k}{2}(\delta_1^2 - \delta_2^2) = \frac{Pl\varphi}{2} + \frac{k}{2}\left[\delta_s^2 - \left(\delta_s + \frac{l}{3}\varphi\right)^2\right]$$

$$= \left(\frac{Pl}{2} - \frac{l}{3}k\delta_s\right)\varphi - \frac{kl^2}{18}\varphi^2 = -\frac{kl^2}{18}\varphi^2 \tag{2}$$

上式最后的化简用到了式（1）。将动能和功代入$T_2 - T_1 = W_{12}$，得

$$\frac{Pl^2}{6g}\dot{\varphi}^2 - T_{\max} = -\frac{kl^2}{18}\varphi^2$$

将上式两边对时间 t 求导，并化简，得杆 OA 的运动微分方程

$$\ddot{\varphi} + \frac{kg}{3P}\varphi = 0 \tag{3}$$

同例 9-17，结合初始条件，杆 OA 的运动方程为

$$\varphi = \varphi_0 \cos\left(\sqrt{\frac{kg}{3P}}\,t\right)$$

（4）讨论。由上面计算可知，由于存在弹性力，计算过程比较复杂。对于初学者而言，应熟练掌握上述计算过程。但其实分析式（2）可知，由于要满足平衡位置的平衡方程（1），重力的功与静变形所产生的弹性力的功总是能抵消掉，最后只需要计算动变形（即偏离平衡位置所引起的变形）产生的弹性力的功，即可直接得出功的计算结果为

$$W_{12} = \frac{k}{2}\left[0^2 - \left(\frac{l}{3}\varphi\right)^2\right] = -\frac{kl^2}{18}\varphi^2$$

这是因为第一位置弹簧的动变形为 0，而第二位置的动变形为$\frac{l}{3}\varphi$。这个技巧对多个重力和多个弹簧弹性力的情况也适用，以后可以直接使用。但应该注意，这里的第一位置和第二位置中，必须有一个是平衡位置。其实上例中就可以利用该技巧，请读者自行体会。

10.4　机械能守恒定律

在 10.1.1 小节中曾指出，所做功只与始末位置有关，而与运动路径无关的力称为**有势力或保守力**，重力、弹性力和万有引力都是有势力。**受有势力作用的质点或质点系在某一位置的势能定义为质点或质点系从该位置 M 运动到选定的零势位置 M_0 时，有势力所做的功**，即

$$V = \int_M^{M_0} \boldsymbol{F} \cdot \mathrm{d}\boldsymbol{r} = \int_M^{M_0} (F_x \mathrm{d}x + F_y \mathrm{d}y + F_z \mathrm{d}z)$$

式中，零势位置 M_0 为任意选定的基准位置。零势位选取不同，质点或质点系处于某一确定位置时的势能一般也是不同的。所以，在讲质点或质点系的势能时，必须指明零势位才有意义。为使分析和计算方便，对零势位置要加以适当的选择。例如，对于弹簧，往往以其原长位置为零势位，这样可以使弹性力势能的表达式更简洁明了，为$V = k\delta^2/2$，δ 是所求势能位置弹簧的变形量（伸长或缩短）。

设质点或质点系在势力场中运动，只受到有势力的作用，或者虽然同时受到约束反力的作用，但约束反力不做功。当质点或质点系从第一位置运动到第二位置时，根据动能定理有

$$T_2 - T_1 = W_{12}$$

根据势能和功的定义可知，

$$W_{12} = \int_{M_1}^{M_2} \boldsymbol{F} \cdot \mathrm{d}\boldsymbol{r} = \int_{M_1}^{M_0} \boldsymbol{F} \cdot \mathrm{d}\boldsymbol{r} + \int_{M_0}^{M_2} \boldsymbol{F} \cdot \mathrm{d}\boldsymbol{r} = \int_{M_1}^{M_0} \boldsymbol{F} \cdot \mathrm{d}\boldsymbol{r} - \int_{M_2}^{M_0} \boldsymbol{F} \cdot \mathrm{d}\boldsymbol{r} = V_1 - V_2$$

于是得到

$$T_2 - T_1 = V_1 - V_2$$

$$T_1 + V_1 = T_2 + V_2 \quad 或 \quad T + V = 常量 \tag{10-22}$$

上式表明：质点或质点系在势力场中运动时，在任意位置的动能与势能之和即机械能保持不变，这称为**机械能守恒定律**。

应该指出：在应用上，凡机械能守恒定律能解的题目，运用动能定理一定可以求解；反之则不成立，即动能定理能解的题，机械能守恒定律不一定能解，它只能解只有有势力做功的质点系问题，这样的系统称为保守系统（或有势系统）。

【例 10-11】 如图 10-24 所示，设重物重 P = 200 N，自高度 h=12 cm 处无初速度地下落到平板上，然后与平板一起往下运动。已知弹簧的弹簧系数 k =1000 N/cm，不计平板和弹簧的质量，求弹簧的最大压缩量 $\delta_{\max}$。

解 （1）取重物为研究对象。

（2）运动分析。重物做直线运动，取初始位置为第一位置，$v_1 = 0$，$T_1 = 0$；弹簧达到最大压缩时的位置为第二位置，$v_2 = 0$，$T_2 = 0$。

（3）受力分析。在未碰到平板前，重物只受重力 $\boldsymbol{P}$ 作用；之后则有重力 $\boldsymbol{P}$ 和弹性力 $\boldsymbol{F}_k$ 作用。因受力均为有势力，可用机械能守恒定律求解。

（4）列方程求解。本题有重力与弹性力两种有势力，两种有势力可选不同的零势位。本题将第二位置选为重力的零势位，弹簧的自然长度位置即 O 位置为弹性力的零势位。根据势能的定义，得

$$V_1 = V_{1P} + V_{F_{k1}} = P(h + \delta_{\max}) + 0$$

$$V_2 = V_{2P} + V_{F_{k2}} = 0 + \frac{1}{2}k\delta_{\max}^2$$

则由机械能守恒定律 $T_1 + V_1 = T_2 + V_2$，得

$$0 + P(h + \delta_{\max}) = 0 + \frac{1}{2}k\delta_{\max}^2$$

上式为一元二次方程式，其解为

$$\delta_{\max} = \frac{P}{k} \pm \sqrt{\left(\frac{P}{k}\right)^2 + 2\frac{P}{k}h} = \delta_s \pm \sqrt{\delta_s^2 + 2\delta_s \cdot h}$$

考虑到 $\delta_{\max} > 0$，所以舍去负值，并代入数值得

$$\delta_{\max} = \frac{200}{1000} + \sqrt{\left(\frac{200}{1000}\right)^2 + 2\left(\frac{200}{1000}\right) \cdot 12} = 0.2 + \sqrt{0.04 + 4.8} = 2.4\ (\mathrm{cm})$$

【例 10-12】 均质轮重 P，半径为 R，从静止开始沿斜面做纯滚动（图 10-25），不计滚阻，试求轮心 C 的加速度 a_C。

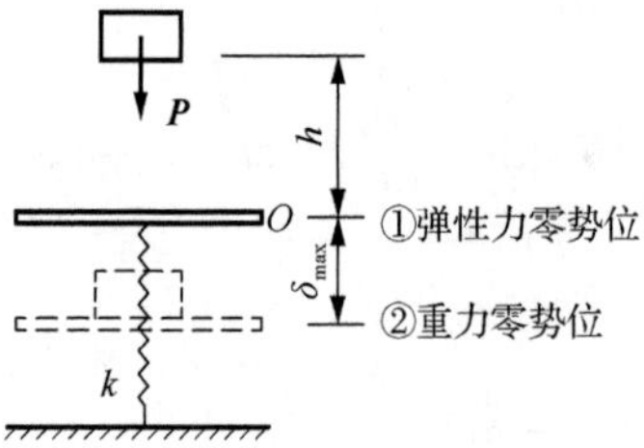

图 10-24

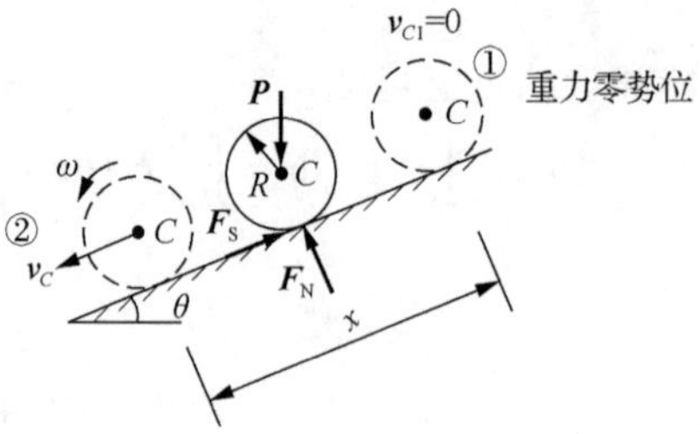

图 10-25

解　(1) 取均质轮 C 为研究对象。

(2) 运动分析。轮做平面运动。取初始位置为第一位置，$v_{C1}=0$，$T_1=0$；以轮心 C 沿斜面运动 x 时的位置为第二位置，设此时轮心速度为 v_C，则轮角速度 $\omega=v_C/R$，动能为

$$T_2=\frac{Pv_C^2}{2g}+\frac{1}{2}\left(\frac{PR^2}{2g}\right)\omega^2=\frac{3P}{4g}v_C^2$$

(3) 受力分析。作用在轮上的力有重力 $\boldsymbol{P}$、法向反力 $\boldsymbol{F}_{\mathrm{N}}$ 与摩擦力 $\boldsymbol{F}_{\mathrm{s}}$，其中 $\boldsymbol{P}$ 是有势力，$\boldsymbol{F}_{\mathrm{N}}$ 与 $\boldsymbol{F}_{\mathrm{s}}$ 虽为非有势力，但不做功，所以可用机械能守恒定律求解。

(4) 列方程求解。以均质轮的初始位置即第一位置为重力零势位，则

$$V_1=0\,,\quad V_2=-Px\sin\theta$$

于是，由机械能守恒定律 $T_1+V_1=T_2+V_2$，有

$$0+0=\frac{3P}{4g}v_C^2-Px\sin\theta$$

两边对 t 求导，并化简得

$$a_C=\frac{2}{3}g\sin\theta$$

本题在例 9-19 中利用刚体平面运动微分方程求解过，读者可比较两种求解方法。

10.5　动力学普遍定理的综合应用

动力学普遍定理包括三大定理——动量定理、动量矩定理和动能定理，前两者归为动量型定理，后者归为能量型定理。两种类型的定理均由牛顿第二定律 $\boldsymbol{F}=m\boldsymbol{a}$ 作为理论基础与出发点推导出来，均属“古典力学”范畴。动量型定理基本都是矢量表达式，表示质点与质点系运动的方向性，可求运动量的大小和方向（或转向）与力、力矩的大小和方向（或转向）间的关系，因此，做题时一定要选坐标，利用投影式。能量型定理则是标量表达式，只表示运动量的大小，不表示方向。受力分析时，动量型定理一般要画所有的外力，包括主动力和约束反力，但定轴转动微分方程中只含主动力，这是因为轴反力过轴，其矩必为零，所以可以不画。而能量型定理只要画主动力，不做功的约束反力可以不画。

从上面简单的小结来看，用能量型定理解题一般比较简便，能避开不做功的约束反力。但正因为避开了约束反力，所以需要求解约束反力时，能量型定理无能为力，需要用动量型定理，主要指质心运动定理。下面举例说明用动力学普通定理求解综合性例题。

【例 10-13】 如图 10-26 所示。已知均质杆 OA，长为 l，重为 P，由一根不计质量不可伸长的铅直绳 AB 悬挂在水平位置。然后将绳剪断，求杆转到任意 φ 角位置时轴 O 的约束反力。

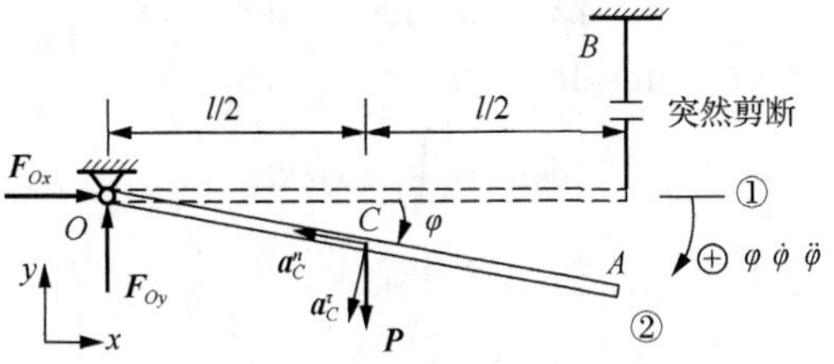

图 10-26

解　(1) 用动能定理和质心运动定理联合求解。

第一，用动能定理求解任意 φ 角位置杆的角速度和角加速度。

设杆 OA 在水平位置为第一位置，转到任意 φ 角位置为第二位置，则由动能定理

$$\frac{1}{2}J_O\dot{\varphi}^2-0=\frac{1}{2}\left(\frac{P}{3g}l^2\right)\dot{\varphi}^2=P\frac{l}{2}\sin\varphi$$

解得

$$\dot{\varphi}^2=\frac{3g}{l}\sin\varphi \tag{1}$$

即

$$\dot{\varphi}=\sqrt{\frac{3g}{l}\sin\varphi}$$

将式 (1) 两边分别对时间 t 求导数，得

$$2\dot{\varphi}\ddot{\varphi}=\frac{3g}{l}\cos\varphi\cdot\dot{\varphi}\quad\Rightarrow\quad\ddot{\varphi}=\frac{3g}{2l}\cos\varphi$$

第二，用质心运动定理求解约束反力。

$$a_C^\tau=\frac{l}{2}\ddot{\varphi}=\frac{3g}{4}\cos\varphi\text{，}\quad a_C^n=\frac{l}{2}\dot{\varphi}^2=\frac{3g}{2}\sin\varphi$$

取图 10-26 所示 x、y 坐标轴，利用质心运动定理 $m\boldsymbol{a}_C=\boldsymbol{F}_R^{(e)}$ 的投影式，得

$$ma_{Cx}=\sum F_{xi}^{(e)}\text{，}\quad\frac{P}{g}(-a_C^\tau\sin\varphi-a_C^n\cos\varphi)=F_{Ox}$$

$$ma_{Cy}=\sum F_{yi}^{(e)}\text{，}\quad\frac{P}{g}(-a_C^\tau\cos\varphi+a_C^n\sin\varphi)=F_{Oy}-P$$

解得

$$F_{Ox}=-\frac{9P}{8}\sin2\varphi\text{，}\quad F_{Oy}=\frac{P}{4}+\frac{9P}{4}\sin^2\varphi$$

(2) 用动量矩定理和质心运动定理联合求解。

第一，用动量矩定理（定轴转动微分方程）求解任意 φ 角位置杆的角速度和角加速度。

运用定轴转动微分方程 $J_O\ddot{\varphi}=\sum M_O(\boldsymbol{F}_i^{(e)})$ 可得

$$\left(\frac{Pl^2}{3g}\right)\ddot{\varphi}=P\frac{l}{2}\cos\varphi \quad\Rightarrow\quad \ddot{\varphi}=\frac{3g}{2l}\cos\varphi$$

即

$$\frac{\mathrm{d}\dot{\varphi}}{\mathrm{d}t}=\frac{\mathrm{d}\varphi}{\mathrm{d}\varphi}\frac{\mathrm{d}\dot{\varphi}}{\mathrm{d}t}=\frac{\mathrm{d}\varphi}{\mathrm{d}t}\frac{\mathrm{d}\dot{\varphi}}{\mathrm{d}\varphi}=\dot{\varphi}\frac{\mathrm{d}\dot{\varphi}}{\mathrm{d}\varphi}=\frac{3g}{2l}\cos\varphi$$

$$\dot{\varphi}\mathrm{d}\dot{\varphi}=\frac{3g}{2l}\cos\varphi\mathrm{d}\varphi$$

将上式两边取定积分，积分上下限由初始条件确定，

$$\int_0^{\dot{\varphi}}\dot{\varphi}\mathrm{d}\dot{\varphi}=\int_0^{\varphi}\frac{3g}{2l}\cos\varphi\mathrm{d}\varphi$$

得

$$\dot{\varphi}=\sqrt{\frac{3g}{l}\sin\varphi}$$

其结果与利用动能定理所求结果相同。

第二，用质心运动定理求解约束反力（略）。

【例 10-14】 如图 10-27（a）所示，不计质量、不可伸长的绳子绕过半径为 r 的滑轮 B，一端悬挂物体 A，另一端连接于放在光滑水平面上的物体 D，物体 D 又与固定在墙壁的水平弹簧相连。已知物体 A 重为 P，物块 D 重为 P_1，均质滑轮 B 重为 P_2，弹簧常数为 k，绳与滑轮之间无相对滑动，不计轴 O 处的摩擦和弹簧质量。给一初始扰动后系统在平衡位置附近做往复振动，求物体 A 的振动微分方程［坐标选如图（a）所示 x］。

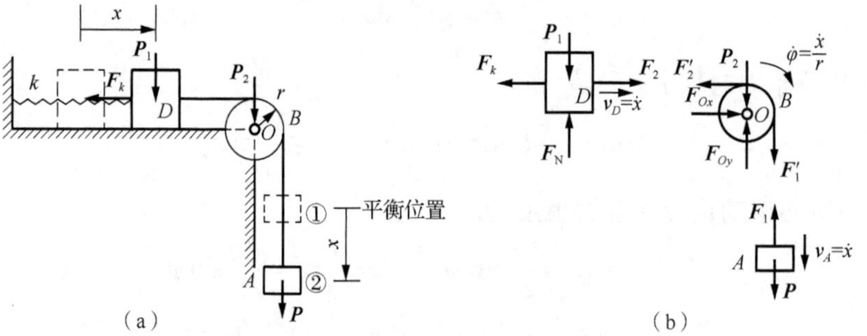

图 10-27

解 （1）先分析此题的各种可能解法：①应用动能定理或机械能守恒定律求解；②应用对定轴 O 的动量矩定理求解；③将 A、B、D 三个物体拆开考虑，各受力图如图 10-27（b）所示，对每个物体分别列出运动微分方程，并结合作用力和反作用力的关系以及各运动量之间的关系，联立求解。该方法特别烦琐，但优点是同时求解了 AB、BD 两段绳内的拉力，轴承 O 处和水平面的约束反力。

下面用动能定理求解。至于其他两种方法，请读者自己完成，并进行比较。

（2）用动能定理求解。选系统为研究对象，其受力分析如图 10-27（a）所示，其中不做功的理想约束反力未画出。平衡位置设为第一位置，物体 A 向下运动任意 x 时系统的位置设为第二位置，则

$$T_1 = T_{\max} = C$$

$$T_2 = \frac{P}{2g}\dot{x}^2 + \frac{1}{2}\left(\frac{P_2}{2g}r^2\right)\left(\frac{\dot{x}}{r}\right)^2 + \frac{P_1}{2g}\dot{x}^2 = \frac{\dot{x}^2}{4g}(2P + P_2 + 2P_1)$$

求这段路程中系统所有力的功时可以采用例 10-10 所述技巧，即

$$W_{12} = \frac{k}{2}\left(0^2 - x^2\right) = -\frac{k}{2}x^2$$

这是因为第一位置弹簧的动变形为 0，而第二位置的动变形为 x。将上述结果代入动能定理，

$$\frac{\dot{x}^2}{4g}(2P + P_2 + 2P_1) - T_{\max} = -\frac{k}{2}x^2$$

上式两边同时对时间 t 求导数，并化简，得物体 A 的振动微分方程

$$\ddot{x} + \frac{2kg}{2P + 2P_1 + P_2}x = 0$$

习　　题

10-1　如图所示，质量 $m = 20$ kg 的物块在力 $\boldsymbol{F}$ 的作用下沿一水平直线运动。设力 $\boldsymbol{F}$ 为常力，其大小 $F = 98\text{N}$，与水平线夹角 $\theta = 30°$，物块与水平面间的动滑动摩擦系数 $f = 0.2$。当物块经过 $s = 6$ m 时，求：①力 $\boldsymbol{F}$、重力及摩擦力所做的功各为多少；②若忽略摩擦力，$\boldsymbol{F}$ 的方向不变，但其大小按 $F = 4s$（F 以 N 计，s 以 m 计）的规律变化，力 $\boldsymbol{F}$ 所做的功又为多少。（答：①$W_F = 509$ J；$W_P = 0$；$W_{F_d} = -176.6$ J；②$W = 62.35$ J）

10-2　如图所示，圆盘半径 $r = 0.5$ m，可绕水平轴 O 转动，在绕过圆盘的绳上吊有两物块 A、B，质量分别为 $m_A = 3$ kg，$m_B = 2$ kg。在圆盘上作用一力偶，力偶矩按 $M = 4\varphi$ 的规律变化（M 以 N·m 计，φ 以 rad 计），绳与盘间无相对滑动。试求由 φ=0 到 $\varphi = 2\pi$ 时，力偶 M 与物块 A、B 的重力所做的功之总和。（答：110 N·m）

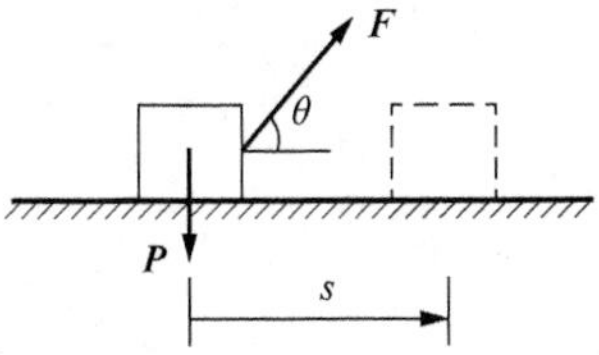

习题 10-1 图

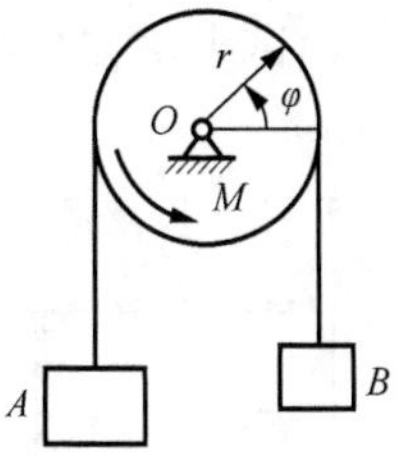

习题 10-2 图

10-3　如图所示，重量为 P 的物块从与水平面成 θ 角的斜面上 M 处无初速度自由释放，物块与斜面和水平面的动摩擦系数均为 f，在水平面 M' 处停止运动。已知高度 h，$OM' = s$，试求物块从 M 到 M' 动摩擦力所做的功。（答：$W_{MM'} = -fP(h\cot\theta + s)$）

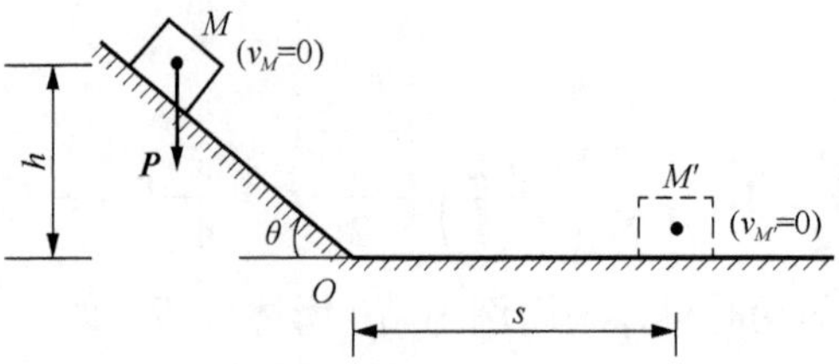

习题 10-3 图

10-4　重物 A 放在倾角为 θ 的光滑斜面上，并与一弹簧系数为 k 的弹簧相连。若受到初始扰动（如给重物 A 以初速度 $\boldsymbol{v}_0$），重物 A 从图示平衡位置沿斜面向下移动了 l 距离。试计算作用于重物 A 所有力功的总和。（答：$W_{12}=-\dfrac{1}{2}kl^2$）

10-5　图示弹簧的弹性常数为 k，原长 $l_0=a$，弹簧端点沿正方形轨迹运动，求由 A 到 B 和由 B 到 C 的弹性力做功 W_{AB} 与 W_{BC} 各为多少。（答：$W_{AB}=-0.0858ka^2$，$W_{BC}=0.0858ka^2$）

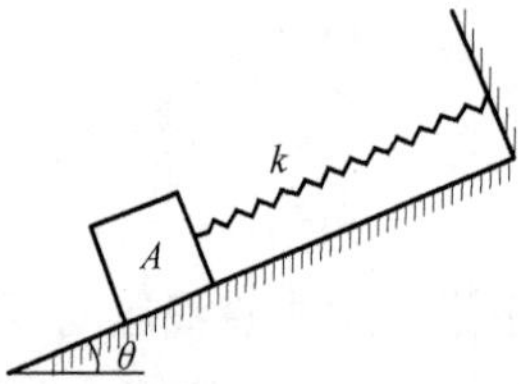

习题 10-4 图

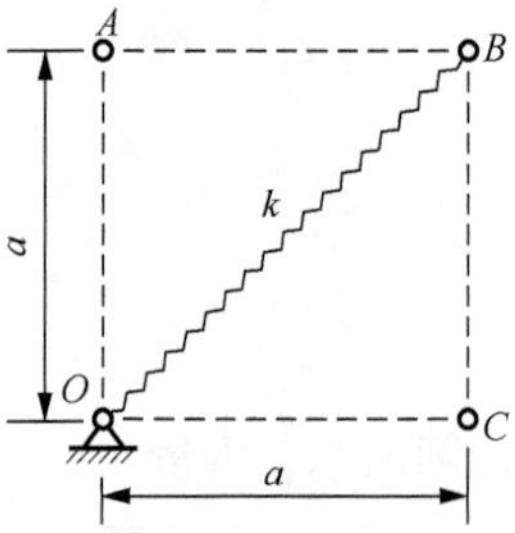

习题 10-5 图

10-6　推土机引擎功率为 $P_{引}$=75 ps（1 ps=0.735 kW），机械效率（输出功率与引擎功率之比）为 $\eta=0.8$。求当推土机以匀速度 1.5 m/s 行驶时推土机所受的总阻力。（答：29.42 kN）

10-7　图示系统绕 z 轴转动，转动角速度为 ω，杆 OA 和 AB 为两相同均质杆，长为 l，重为 P。OA 与轴垂直，AB 与 OA 垂直。试求图示系统的动能 T。（答：$T=\dfrac{2Pl^2\omega^2}{3g}$）

10-8　如图所示，一重物在水平距离为 l_1、高为 h 的斜坡上无初速度下滑，到水平段又滑行距离 l_2 后停止，试求重物与地面间的动摩擦系数 f。（答：$f=\dfrac{h}{l_1+l_2}$）

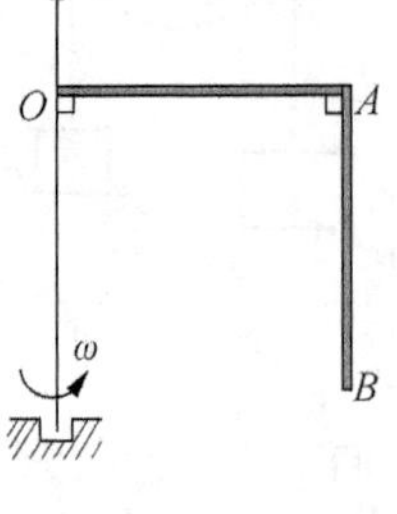

习题 10-7 图

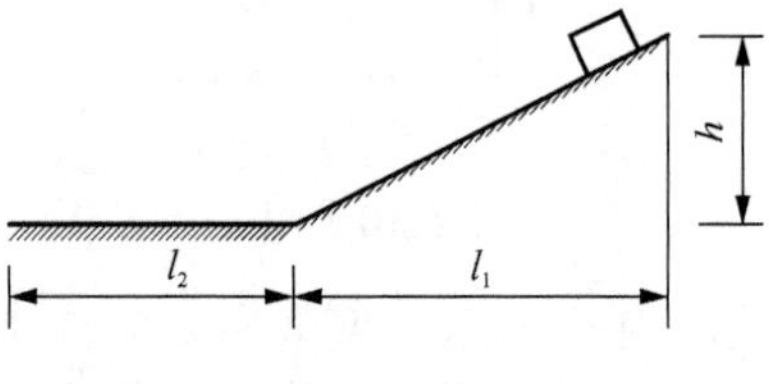

习题 10-8 图

10-9　如图所示，鼓轮的质量为 50 kg，对定轴 O 的惯性半径为 ρ=0.23 m。鼓轮上缠绕的绳子悬挂的质量为 15 kg 的重物 B 在以 3 m/s 的速度下降，现在在制动把手上施加力 $P = 100$ N，求重物从施加力开始将下降多少距离才会停止。鼓轮与制动把手间的动滑动摩擦系数为 $f_d = 0.5$。（答：9.75 m）

10-10　如图所示，质量为 100 kg 的鼓轮相对于其质心 O 的惯性半径为 400 mm。鼓轮无初速度地释放，沿斜面滚下，鼓轮和斜面间的动滑动摩擦系数 0.15。求轮心 O 的位移为 3 m 时鼓轮的角速度。（答：$\omega = 9.57$ rad/s）

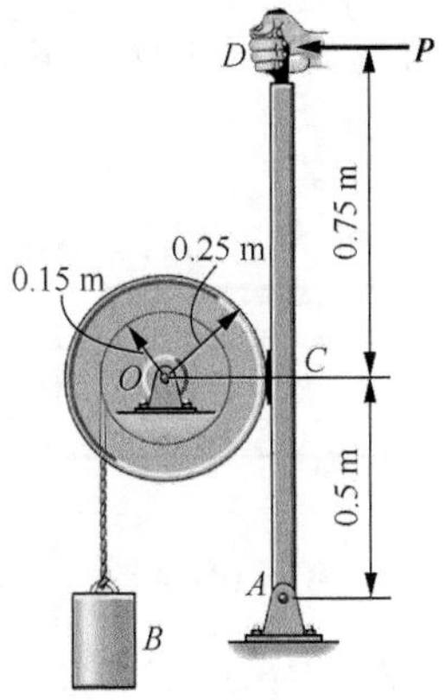

习题 10-9 图

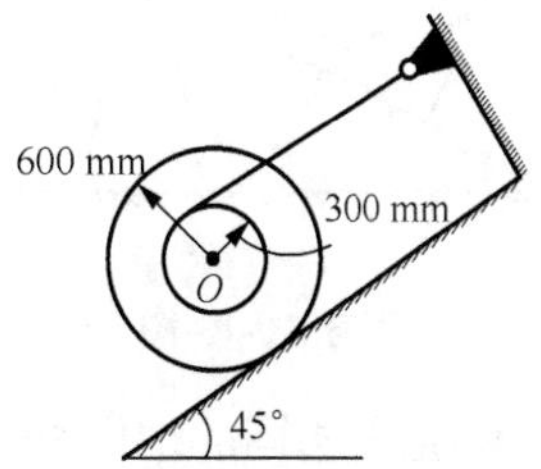

习题 10-10 图

10-11　如图所示，30 kg 的物理摆质心在 G，相对质心 G 的惯性半径 $\rho_G = 300$ mm。摆从 $\theta = 0°$ 的位置静止释放，试求在 $\theta = 90°$ 时摆的角速度和角加速度。已知弹簧的弹性系数为 $k = 300$ N/m，并且 $\theta = 0°$ 时，弹簧为原长 0.15 m。（答：$\omega = 3.19\,\text{rad/s}$，$\alpha = 10.2\,\text{rad/s}^2$）

10-12　如图所示，滑轮组中悬挂两个重物，其中 A 重 P_A，B 重 P_B。定滑轮 O_1 的半径为 r_1，重 P_1；动滑轮 O_2 的半径为 r_2，重 P_2，两轮都可视为均质圆盘。如绳重和摩擦略去不计，并设 $P_A > 2P_B - P_2$，求重物 A 由静止下落距离为 h 时的速度。（答：$v_A = \sqrt{\dfrac{4gh(P_A - 2P_B + P_2)}{2P_A + 8P_B + 4P_1 + 3P_2}}$）

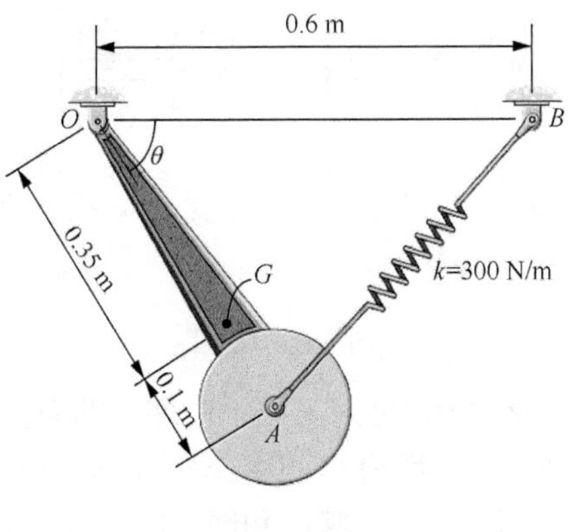

习题 10-11 图

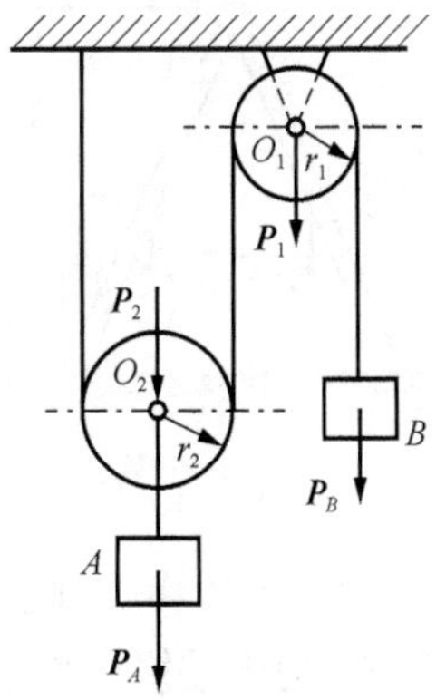

习题 10-12 图

10-13　图示常力偶矩 M 作用在绞车的鼓轮上，使轮转动。鼓轮可视为均质圆柱，半径为 r，质量为 m_1。缠绕鼓轮的绳子系一质量为 m_2 的重物，使其沿倾角为 θ 的斜面上升。重物与斜面间的动摩擦系数为 f，绳的质量不计，系统初始静止。求鼓轮转过 φ 角时的角速度 ω 与角加速度 α。（答：$\omega=\dfrac{2}{r}\sqrt{\dfrac{M-m_2gr(\sin\theta+f\cos\theta)}{m_1+2m_2}\varphi}$，$\alpha=\dfrac{2[M-m_2gr(\sin\theta+f\cos\theta)]}{r^2(2m_2+m_1)}$）

10-14　如图所示，均质杆 AB 长 l，重 P，杆端 B 处刚连一重为 P_1 的均质圆盘，半径为 R。在 AB 中点连一弹簧常数为 k 的弹簧，使杆在水平位置保持平衡。设在 $t=0$ 瞬时，给杆以微小的角位移 φ_0，而 $\omega_0=0$，试求杆的运动规律。（答：$\varphi=\varphi_0\cos\sqrt{\dfrac{3gkl^2}{2\left[2Pl^2+3P_1R^2+6P_1\left(R+l\right)^2\right]}}t$）

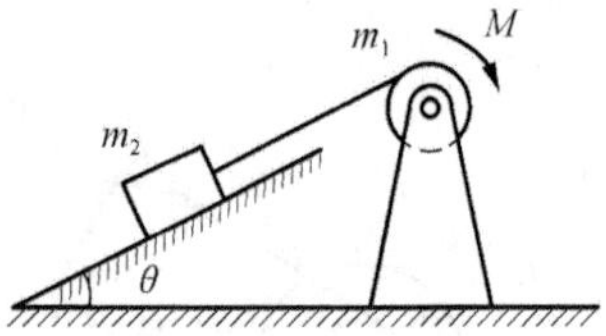

习题 10-13 图

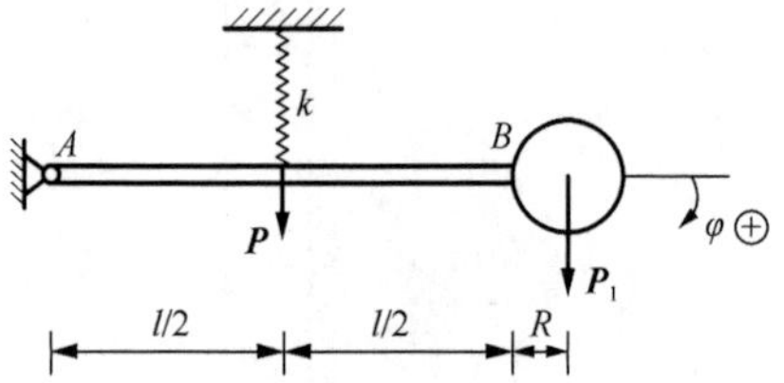

习题 10-14 图

10-15　两完全相同的均质杆 AC 和 BC，重量均为 P，长为 l，在点 C 由铰链相连接，放在光滑的水平面上，点 C 的初始高度为 h，如图所示。由于重力作用，杆系从静止开始在其铅直面内落下，求铰链 C 与地面相碰时的速度 v。（答：$v=\sqrt{3gh}$）

10-16　如图所示，在绞车的主动轴 I 上作用一常力偶矩 M 使系统从静止开始运动，从而提升重物。已知重物的重量为 P_1；主动轴 I 和从动轴 II 连同安装在这两轴上的齿轮等附件的转动惯量分别为 J_1 和 J_2，传动比 $i_{12}=\omega_1/\omega_2$；鼓轮的半径为 R。轴承的摩擦和吊索的质量不计。求当重物上升 h 时的速度和加速度。（答：$v=\sqrt{\dfrac{2Rhg\left(Mi_{12}-P_1R\right)}{J_1i_{12}^2g+J_2g+P_1R^2}}$，$a=\dfrac{Rg\left(Mi_{12}-P_1R\right)}{J_1i_{12}^2g+J_2g+P_1R^2}$）

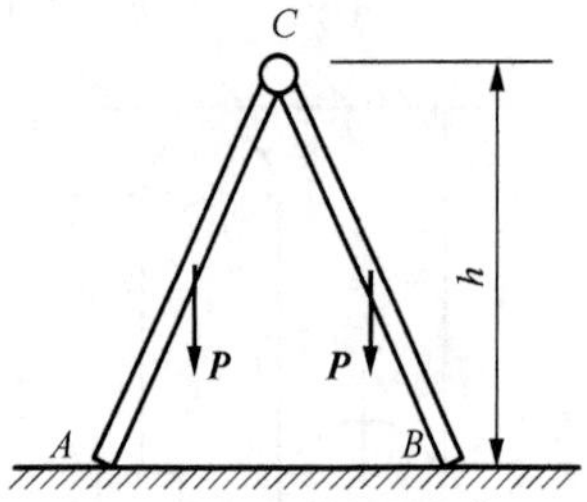

习题 10-15 图

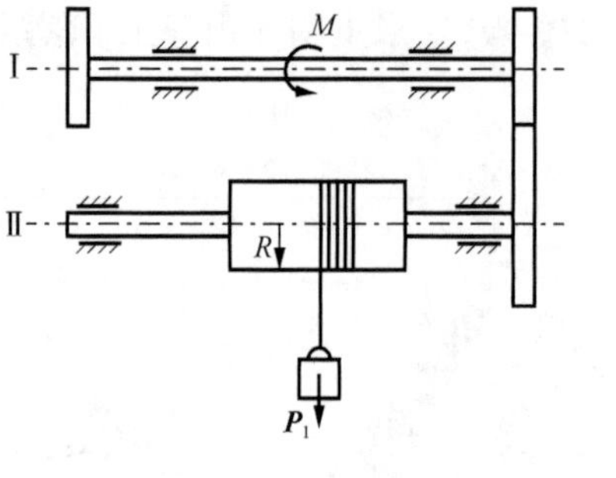

习题 10-16 图

10-17　如图所示，均质圆盘 A 放在水平面上，半径为 R，重为 P_1。不可伸长的绳子一端系在圆盘中心 A，另一端绕过均质滑轮 C 后挂有重物 B。已知滑轮 C 的半径为 r，重为 P_2；重物 B 重 P_3。系统从静止开始运动，圆盘 A 沿水平面做纯滚动。不计滚阻和绳子质量，求重物 B 下落的距离为 x 时，圆盘中心的速度和加速度。（答：$v=\sqrt{\dfrac{4P_3gx}{3P_1+P_2+2P_3}}$，$a=\dfrac{2P_3g}{3P_1+P_2+2P_3}$）

10-18　图示小环 M 套在位于铅直面内的大圆环上，并与固定于点 A 的弹簧连接。小环不受摩擦地沿大圆环滑下，欲使小环在最低点时对大圆环的压力等于零，弹簧的弹簧常数 k 应为多大？已知大圆环的半径 $R = 20$ cm，小环的重量为 $P = 5$ kgf，在初瞬时 $AM = 20$ cm，并为弹簧的原长，小环的初速度为零，弹簧的重量略去不计。（答：$k = 0.5$ kgf/cm）

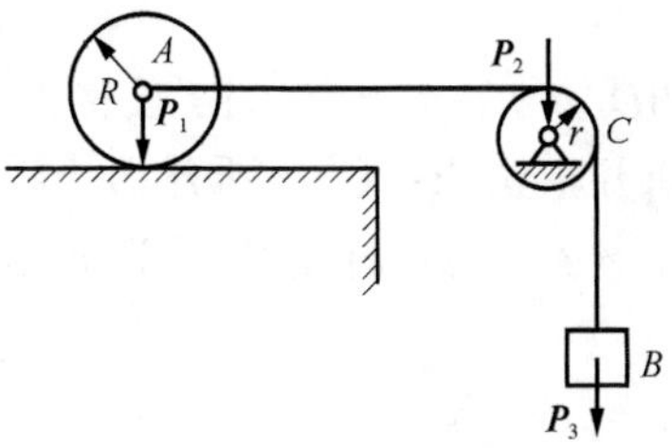

习题 10-17 图

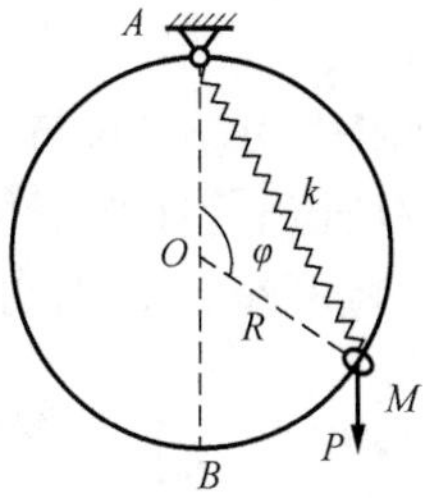

习题 10-18 图

10-19　如图所示，重物 M 的重量为 P，用线悬于固定点 O，线长为 l。起初线与铅直线交成 θ 角，重物的初速度等于零。在重物开始运动后，线 OM 碰到铁钉 O_1，OO_1 与铅直线夹角为 β，$OO_1 = h$。问角 θ 至少应为多大，重物方可绕铁钉划过一圆周轨迹？并求线 OM 在碰到铁钉后的瞬时和碰前瞬时线的张力的变化。铁钉和重物的尺寸忽略不计。（答：$\theta = \arccos[\dfrac{h}{l}(\dfrac{3}{2} + \cos\beta) - \dfrac{3}{2}]$；张力增加 $2P\dfrac{h}{l}(\dfrac{3}{2} + \cos\beta)$）

10-20　图示物块 A 重为 P_1，沿楔体 D 的斜面下降，同时借绕过滑轮 O 的绳子使重 P_2 的物体 B 上升。斜面与水平面成 θ 角，滑轮与绳的质量和一切摩擦均不计。求楔体 D 作用于地板凸出部分 E 的水平压力。（答：$F_{Nx} = \dfrac{P_1\sin\theta - P_2}{P_1 + P_2}P_1\cos\theta$）

10-21　图示三棱柱 A 置于三棱柱 B 的光滑斜面，三棱柱 B 又置于光滑水平面。A 和 B 各重 P 和 P_1，三棱柱 B 的斜面与水平面成 θ 角。系统初始静止，求开始运动后三棱柱 B 的加速度。（答：$a_B = \dfrac{P\sin 2\theta}{2(P_1 + P\sin^2\theta)}g$）

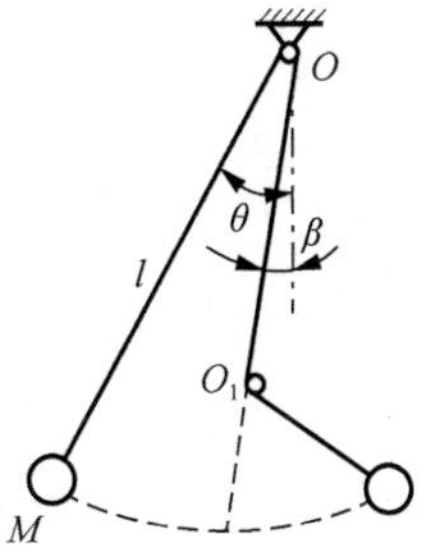

习题 10-19 图

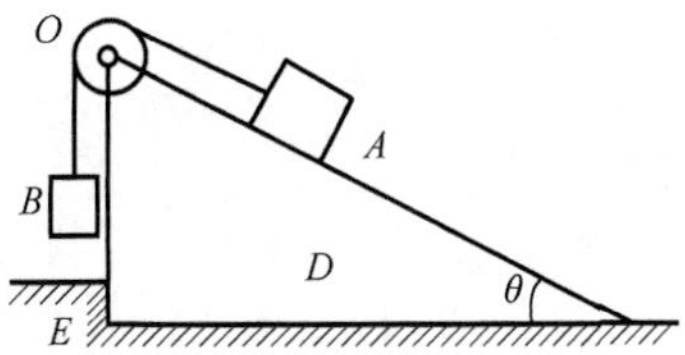

习题 10-20 图

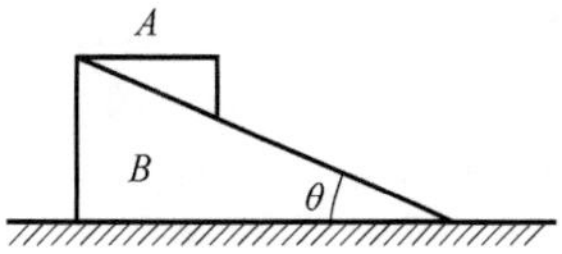

习题 10-21 图

10-22　如图所示，弹簧两端各系以重物 A 与 B，放在光滑的水平面上，其中重物 A 重为 P，重物 B 重为 P_1。弹簧的原长为 l_0，弹簧系数为 k。若将弹簧拉到 l 然后无初速度地释放，问当弹簧回到原长时，重物 A 与 B 的速度各为多少。（答：$v_A = \dfrac{\sqrt{kgP_1}(l - l_0)}{\sqrt{P(P + P_1)}}$，$v_B = \dfrac{-\sqrt{kgP}(l - l_0)}{\sqrt{P_1(P + P_1)}}$）

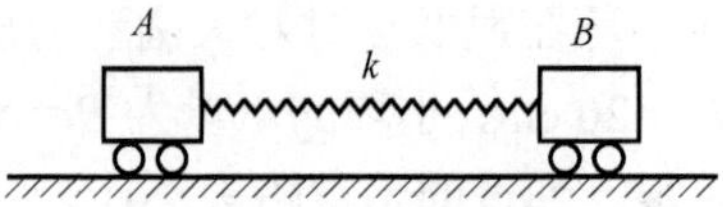

习题 10-22 图

10-23　如图所示，EB 与 AB 杆重不计，均质杆 BD 重 P，长为 l，AB 长也为 l。用铅直绳 DF 将 BD 杆吊起在水平位置，然后绳 DF 突然断开，试求：①在断开那一瞬时，AB 与 EB 杆受力为多少；②当 BD 杆转到铅直位置时，AB 与 EB 杆受力又为多少。（答：① $F_{EB}=\dfrac{P}{2}$，$F_{AB}=-\dfrac{\sqrt{3}P}{4}$；② $F_{EB}=5P$，$F_{AB}=-\dfrac{5\sqrt{3}P}{2}$）

10-24　图示机构中，在鼓轮上作用一常力偶矩 M 使鼓轮 O 转动，圆柱体 C 沿斜面纯滚动。圆柱体 C 和鼓轮 O 为均质物体，各重 P 和 P_1，半径均为 R。绳子不能伸缩，其质量忽略不计。粗糙斜面的倾角为θ，不计滚阻。求：①鼓轮的角加速度；②轴承 O 的水平反力。（答：① $\alpha=\dfrac{2g}{R^2}\dfrac{M-PR\sin\theta}{3P+P_1}$；② $F_{Nx}=\dfrac{P}{R(3P+P_1)}(3M\cos\theta+\dfrac{P_1R}{2}\sin 2\theta)$）

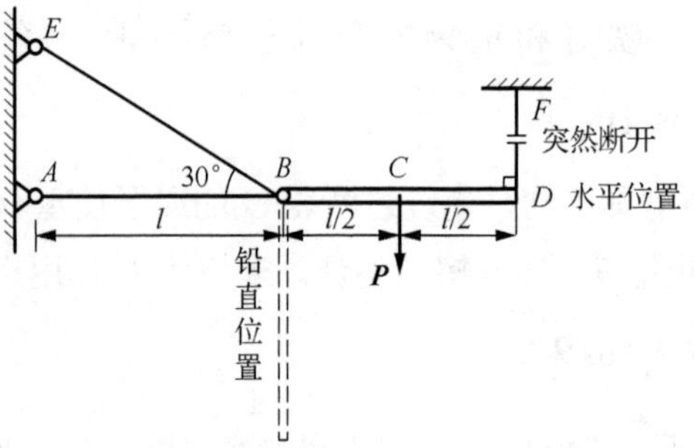

习题 10-23 图

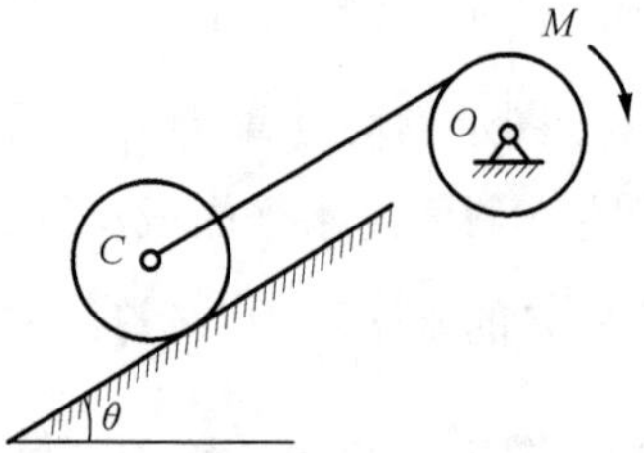

习题 10-24 图

第3篇　变形体静力学

第 1 篇静力学只讨论物体在外力作用下的平衡问题，忽略物体的变形，将所研究的对象抽象为刚体，所以又称为刚体静力学。实际上，自然界中的任何固体在外力作用下，都将产生一定变形，称为**可变形固体**。本篇将研究对象视为可变形固体，讨论物体的内力和变形，所以称为变形体静力学，也就是材料力学的经典内容。

1. 可变形固体的基本假设

组成构件的工程材料的微观结构和性能一般都比较复杂。考虑微观结构上的差异，完全精确地按照实际构件进行力学计算很不现实，为简化计算，又能满足工程精度要求，对可变形固体做如下基本假设。

1）均匀连续性假设

假定材料无空隙、均匀地分布于物体的整个体积内，即固体在其占有的几何空间内是密实的和连续的。这一假设意味着固体材料内任一部分的力学性能都完全相同。此时物体内的受力、变形等力学变量可以表示为坐标的连续函数，便于进行理论分析。

2）各向同性假设

认为材料不同方向具有相同的力学性能。大多数的工程材料虽然微观上不是各向同性的，但宏观上并不显示出方向性的差异，而是呈现出各向同性的性质。不过对于木材和纤维增强复合材料等，其整体的力学性能具有明显的方向性，则应按**各向异性**来分析。本篇只研究各向同性材料。

3）小变形假设

认为构件只发生微小变形，即在外力作用下产生的变形量远远小于其原始尺寸。从而在研究平衡问题时可以忽略构件的变形，根据其原始尺寸进行分析，使计算得以简化。

当荷载不超过一定的范围时，绝大多数的材料在卸除荷载后变形将消失，恢复原状。但当荷载过大时，则在荷载卸除后只能部分复原而残留下一部分变形。外力卸除后能完全消失的变形称为**弹性变形**，不能消失的那部分变形则称为**塑性变形**或**残余变形**，本篇只研究弹性变形。因此，本篇**把构件视为均匀、连续、各向同性的可变形固体，且只研究弹性阶段的小变形问题**。

2. 构件变形的基本形式

工程中构件的种类很多，如杆、板、壳、块体等，本篇研究杆件。**杆件**是指纵向（长度方向）尺寸远大于横向（垂直于长度方向）尺寸的构件。建筑工程中的梁、柱以及机械中的传动轴等均可抽象为杆件。

描述杆的几何特征主要用横截面和轴线。垂直于杆长度方向的平切面称为**横截面**，所有横截面形心的连线称为杆的**轴线**，杆的横截面与其轴线垂直，如图 1 所示。横截面的大小和形状都相同的杆称为**等截面杆**，不相同的杆称为**变截面杆**。轴线为直线的杆称为**直杆**[图 1(a)]，轴线为曲线的杆称为**曲杆**[图 1（b）]。本篇着重讨论等截面直杆，分析计算时常用其轴线表示整个杆件。

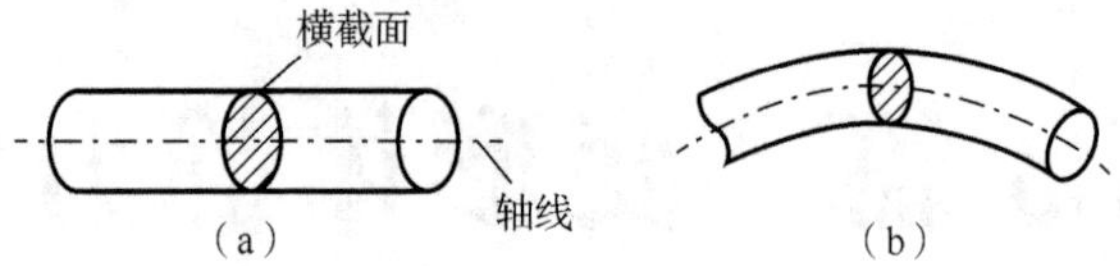

图1　杆件、轴线与横截面

杆件在外力作用下有以下四种基本变形形式。

1）轴向拉伸或压缩

在一对作用线与直杆轴线重合的外力作用下，杆件长度将发生改变，伸长[图2（a）]或缩短[图2（b）]，这种变形称为**轴向拉伸或轴向压缩**。

2）剪切

在一对相距很近的大小相等、指向相反的横向外力作用下，杆件的横截面将沿外力作用方向发生相对错动，如图2（c）所示，这种变形称为**剪切**。

3）扭转

在一对转向相反、作用面垂直于圆截面直杆轴线的外力偶作用下，直杆的相邻横截面将绕轴线发生相对转动，杆件表面纵向线变成螺旋线，而轴线保持为直线，如图2（d）所示，这种变形称为**扭转**。

4）弯曲

在一对转向相反、作用面位于杆件纵向平面（包含杆轴线在内的平面）内的外力偶作用下，杆件横截面将绕截面内某轴发生相对转动，轴线弯成曲线，如图2（e）所示。这种变形形式称为**纯弯曲变形**。梁在横向外力作用下的变形是纯弯曲与剪切变形的组合，称为**横力弯曲变形**。

工程中常用构件在荷载作用下的变形，大多为上述几种基本变形形式的组合，纯属一种基本变形的构件较为少见。若以某一种基本变形为主，其他属于次要变形的，可按该基本变形形式计算；若几种变形形式都非次要变形，忽略某种变形形式都将造成较大误差，则需要按组合变形问题处理。本篇先分别讨论各种基本变形，然后分析组合变形问题。

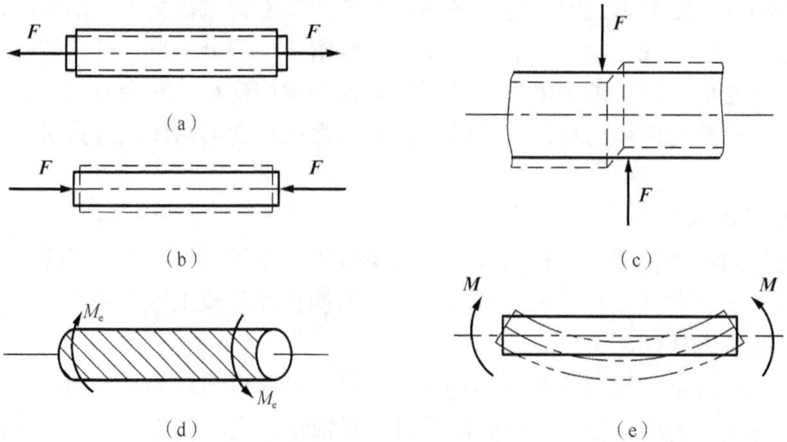

图2　基本变形形式

3. 本篇主要任务

工程结构和机构设计的基本要求是安全可靠，经济合理。要想结构或机构安全可靠，每个构件都应满足强度、刚度和稳定性三大功能要求。

1）强度

在荷载作用下，构件应不至于破坏（断裂或塑性变形），即应具有足够的强度。例如，桥梁沿横截面断开属于断裂破坏；因严重超载造成吊车起重臂产生塑性变形，影响后续使用，属于塑性变形破坏。

2）刚度

在荷载作用下，构件所产生的变形不应超过工程上允许的范围，即应具有足够的刚度。刚度要求表明，过大的弹性变形也是不允许的。例如，为保证加工精度要限制机床主轴的变形；为确保车辆的正常通行要限制大跨度桥梁的跨中竖向位移等。

3）稳定性

在荷载作用下，构件在其原有形态下的平衡应保持为稳定的平衡，即要满足稳定性的要求。构件失稳后会丧失承载能力，由此曾引发许多工程事故，例如桁架中压杆的失稳、建筑结构中穹顶（薄壳）的失稳等，稳定性问题不容忽视。

本篇将研究构件的内力、变形及相应的强度、刚度和稳定性条件，设计出安全可靠的结构或机构，同时要合理选用材料，降低材料的消耗量，节约成本。

第 11 章　轴向拉伸和压缩

11.1　概述

作用在杆件上的外力，如果其作用线与杆的轴线重合，则称为**轴向荷载**。杆件只受轴向荷载作用时，将发生轴向伸长或缩短变形，统称为**拉压杆**，力学简图如图 11-1 所示。**轴向拉伸和压缩**变形是杆件最基本的变形形式。工程实际中很多构件在忽略自重等次要因素影响后，可简化为拉压杆，例如图 11-2 所示桁架结构中的每根杆均是拉压杆。

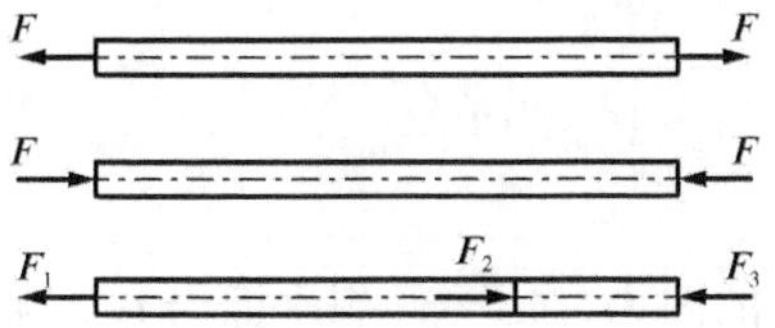

图 11-1

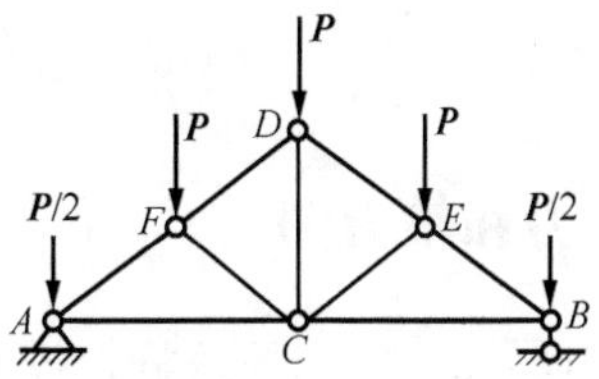

图 11-2

11.2　轴向拉压杆横截面的内力、轴力图

11.2.1　内力和截面法

物体受到外力作用时，其内部各质点间的相对位置将发生改变，同时质点间的相互作用力也发生改变，这种由于外力作用而引起物体内部质点间相互作用的改变量，称为**内力**。为了确定承载物体内的内力，采用的方法是**截面法**。用一假想截面将处于平衡状态下的承载物体截为两部分，如图 11-3（a）所示。取其中一部分进行研究，显然所截的平面上作用有另一部分对它的力，这就是内力。根据材料连续性假设，作用在截面上的内力是一个连续分布的力系，如图 11-3（b）所示。将分布内力系向截面形心简化，会得到一个内力主矢和一个内力主矩，如图 11-3（c）所示。以形心为原点，杆件轴线为 x 轴，建立直角坐标系，则内力也可表示为三个力分量和三个力偶分量，如图 11-3（d）所示。因为原来承载物体平衡，截出的这一部分也应该平衡，利用平衡方程即可求出六个内力分量。这就是截面法的全过程。

仔细观察图 11-3（d）中的六个内力分量可知：沿轴线方向的 F_x 会使杆件发生轴向拉伸（或压缩）变形，这种力称为**轴力**，习惯用 F_N 表示；和截面相切的 F_y 和 F_z 会使杆件发生剪切变形，这种力称为**剪力**，习惯用 F_S 表示；力偶 M_x 会使杆件发生扭转变形，这种力偶的矩称为**扭矩**，习惯用 T 表示；力偶 M_y 和 M_z 分别使杆件在 xz、xy 平面内发生弯曲变形，这种力偶的矩称为**弯矩**，习惯用 M 表示。因此，内力分量分为四种，分别对应轴向拉压、剪切、扭转和弯曲四种基本变形。要确保构件在外力作用下不致破坏，首先必须分析在外力作用下构件的内力情况。

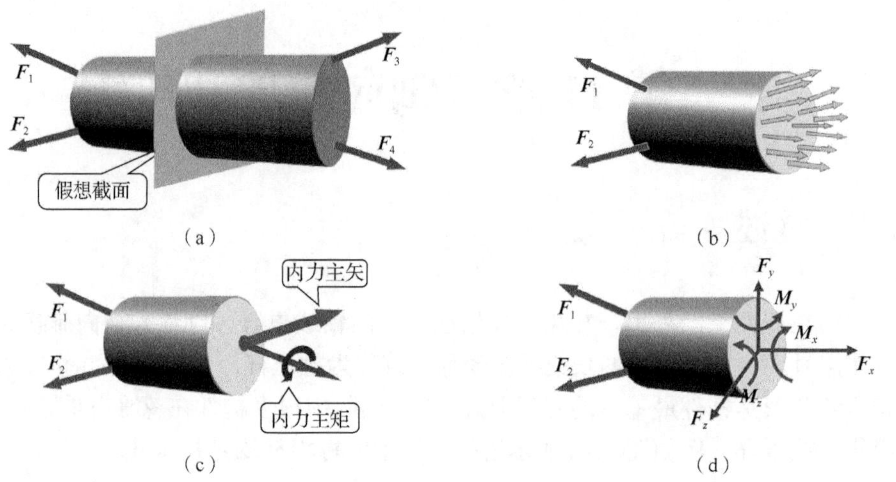

图 11-3

11.2.2 轴力和轴力图

如图 11-4（a）所示拉压杆，欲求截面 *m-m* 上的内力，用一假想平面沿 *m-m* 将杆截成两段，研究其中任一段的平衡。研究如图 11-4（b）所示左段的平衡，因为两个荷载均沿轴线方向，可知该截面上也只有沿轴线方向的轴力 F_N，其数值可由下面平衡方程求出：

$$\sum X = 0\text{，}\ F_N - 3 + 1 = 0 \ \Rightarrow\ F_N\text{=2(kN)}$$

也可取右段来研究，如图 11-4（c）所示。由平衡方程得截面上的轴力，

$$\sum X = 0\text{，}\ 2 - F_N = 0 \ \Rightarrow\ F_N\text{=2(kN)}$$

由上面分析可知，取左段或右段来研究，所得轴力的大小是一致的。其中轴力的正负号规定为：方向背离截面，引起截面附近微段产生伸长变形的轴力为正，称为**拉力**；反之，方向指向截面，引起截面附近微段产生缩短变形的轴力为负，称为**压力**。图 11-4（b）、（c）中的轴力均背离截面，均为正。

当一根杆件受多个轴向外力作用时，其每段轴力是不一样的，为了清楚地表明各截面上的轴力随截面位置不同而变化的情况，常采用**轴力图**表示。轴力图的横坐标轴 x 平行于杆件的轴线，表示相应的横截面位置，纵坐标 y 表示相应截面的轴力值，正值轴力画在 x 轴上方，负值轴力画在 x 轴下方。从轴力图中可以直观确定杆件最大轴力 F_{Nmax} 的位置及数值。轴力图的画法参见下面的例题。

【例 11-1】 图 11-5（a）所示杆 *AC*，在自由端 *A* 和截面 *B* 受荷载作用，试求截面 1-1、2-2 上的轴力，并画轴力图。

解 （1）计算轴力。用假想平面将杆从 1-1、2-2 处截开，为避免求解固定端 *C* 处的约束反力，取左侧部分来研究[图 11-5（b）、（c）]，由平衡方程 $\sum F_x = 0$，得

$$F_{N1} - 6 = 0\text{，}\ F_{N1} = 6\text{(kN)}$$

$$F_{N2} - 6 + 18 = 0\text{，}\ F_{N2} = -12\text{(kN)}$$

由分析可知：拉压杆任意横截面上的轴力，数值上等于该截面任一侧所有轴向外力的代数和。

（2）画轴力图[图 11-5（d）]。AB、BC 段杆内轴力均为常数，轴力图为水平线。B 截面处有外力 18 kN 作用，轴力图有突变，突变值等于外力的大小。

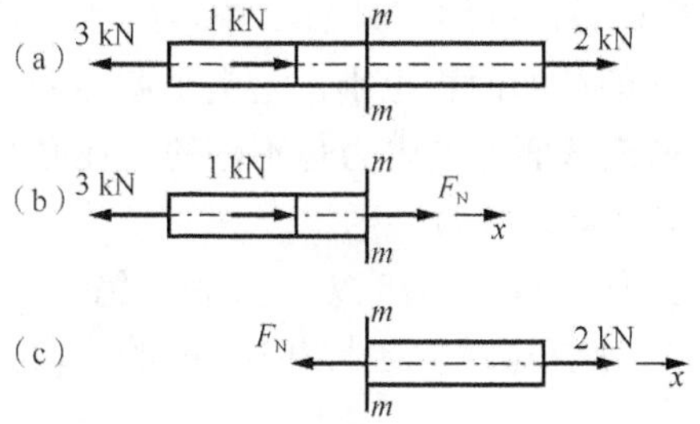

图 11-4

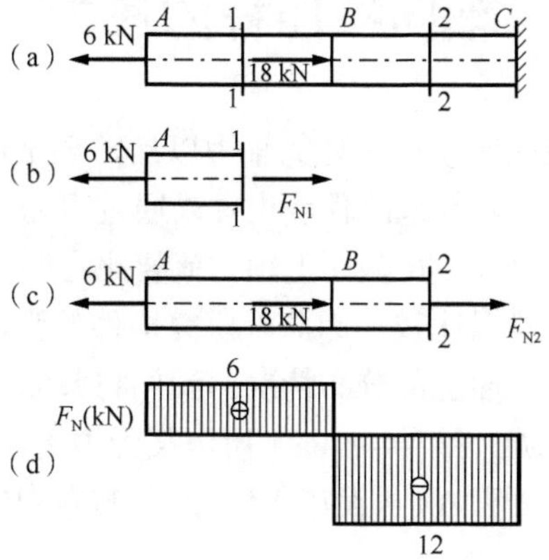

图 11-5

【例 11-2】 图 11-6（a）所示杆件受荷载和自重作用，已知 A_1=3 cm^2，A_2=4 cm^2，l_1= l_2= 50 m，F = 12 kN，容重γ= 0.028 N/cm^3，试画轴力图。

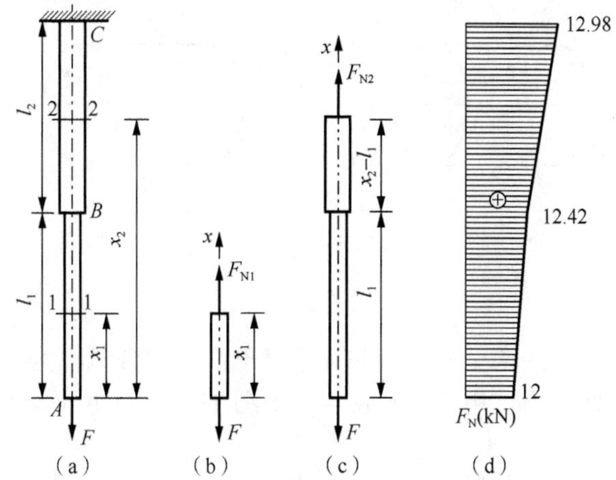

图 11-6

解　（1）用截面法计算轴力。因为 AB 和 BC 两段的横截面面积不同，单位长度的重量也不同，需要两段分开考虑。对于 AB 段，沿平面 1-1 假想将杆件截开，取下部为脱离体[图 11-6（b）]，列平衡方程求解，

$$\sum F_x = 0\ ,\quad F_{N1} - F - \gamma A_1 x_1 = 0 \ \Rightarrow\ F_{N1} = F + \gamma A_1 x_1 \quad \left(0 \leqslant x_1 \leqslant l_1\right)$$

同理，对于 BC 段，沿平面 2-2 假想将杆件截开，取下部为脱离体[图 11-6（c）]，列平衡方程解得

$$F_{N2} = F + \gamma A_1 l_1 + \gamma A_2 \left(x_2 - l_1\right) \quad \left(l_1 \leqslant x_2 \leqslant l_1 + l_2\right)$$

（2）代入数值，绘制轴力图，如图 11-6（d）所示。杆内轴力的大小与截面位置 x_1 或 x_2

成正比，轴力图为两条斜直线，轴力最大值在 C 截面，$F_{\mathrm{Nmax}}=12.98\ \mathrm{kN}$。

11.3 轴向拉压杆的应力

在确定了拉压杆的轴力以后，还不能判断杆件是否因强度不足而发生破坏；对于不同尺寸的构件，其危险程度也难以通过内力的数值来进行比较。例如，例 11-2 中，虽然 C 截面上轴力值最大，B 截面上轴力值要比它的小，但 B 截面的截面面积也小，这两个截面的危险程度暂时难以比较。因此，研究构件的强度问题只知道横截面上的内力是不够的，还必须知道内力在截面上的分布情况。我们将截面上内力分布集度称为**应力**。

例如，图 11-7（a）所示某受力构件，1-1 截面上任一点 M 的应力定义为：包含点 M 取一微小面积 ΔA，设在 ΔA 上的分布内力的合力为 $\Delta\boldsymbol{F}$，则在面积 ΔA 上内力 $\Delta\boldsymbol{F}$ 的平均集度为

$$\boldsymbol{p}_{\mathrm{m}}=\frac{\Delta\boldsymbol{F}}{\Delta A}$$

当 ΔA 趋于零时所得到的 p_{m} 的极限值就是点 M 的应力，即

$$\boldsymbol{p}=\lim_{\Delta A\to 0}\frac{\Delta\boldsymbol{F}}{\Delta A}=\frac{\mathrm{d}\boldsymbol{F}}{\mathrm{d}A} \tag{11-1}$$

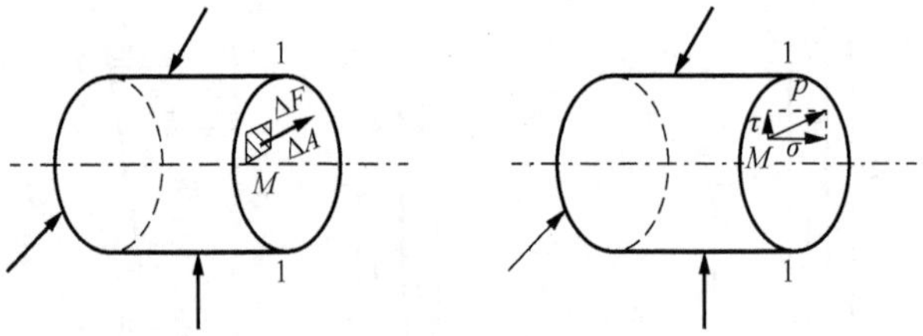

图 11-7

一点处的应力可以分解成两个应力分量：垂直于截面的分量称为**正应力**，用符号 σ 表示；与截面相切的分量称为**切应力**，用符号 τ 表示，如图 11-7（b）所示。从应力的定义可见，应力具有如下特征：

（1）应力定义在受力构件的某一截面上的某一点处，因此，讨论应力必须明确是哪个截面上的哪一点处。

（2）应力 $\boldsymbol{p}$ 是个矢量，而两个应力分量的正负号规定为：离开截面的正应力为正，即拉应力为正，压应力为负；对截面内部靠近截面的一点产生顺时针转向力矩的切应力为正，反之为负。因此，图 11-7（b）所示的正应力为正，切应力为负。

（3）应力的单位为帕斯卡（简称帕），符号为 Pa，$1\ \mathrm{Pa}=1\ \mathrm{N/m^2}$。由于 Pa 的单位很小，通常使用 MPa 或 GPa 表示，$1\ \mathrm{MPa}=10^6\ \mathrm{Pa}$，$1\ \mathrm{GPa}=10^9\ \mathrm{Pa}$。

（4）应力不是力，应力与微面积的乘积（$\sigma\mathrm{d}A$、$\tau\mathrm{d}A$）才是力，是微内力，整个截面上所有微内力合成为该截面上的内力。

11.3.1 拉压杆横截面上的正应力

拉压杆横截面上的内力为轴力，方向垂直于横截面。显然，截面上各点处的切应力不可

能合成为一个垂直于截面的轴力，与轴力相应的只可能是垂直于截面的正应力，且有如下内力和应力间的静力学关系式：

$$F_{\mathrm{N}} = \int_A \sigma \mathrm{d}A$$

由于不知道正应力在截面上的变化规律，所以计算横截面各点正应力需要研究变形几何关系。为观察变形关系，加载前在杆件表面画若干条纵向线和横向线，如图 11-8（a）所示。在杆的两端施加一对轴向拉力 $\boldsymbol{F}$ 后，可以观察到变形后各纵向线仍为平行于轴线的直线，且都发生了伸长变形；各横向线仍为直线，且仍与纵向线垂直，如图 11-8（b）所示，说明各纵向线的伸长是相同的。根据上述现象，可做如下假设：变形后的横截面仍保持为平面，且仍垂直于杆件轴线，每个横截面沿杆轴线做相对平移，称为**平面假设**。

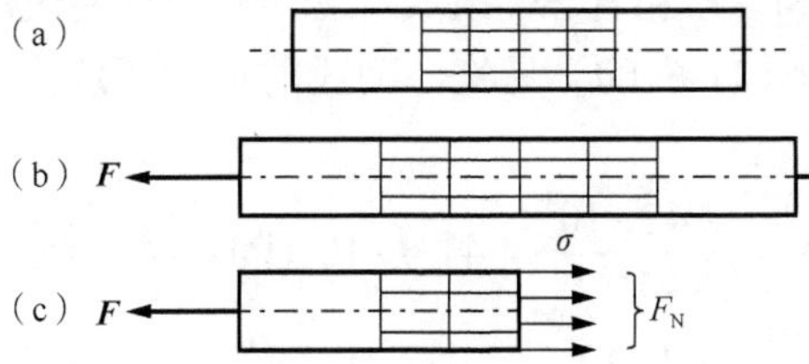

图 11-8

由平面假设可以推断，杆件任意两个横截面之间的所有纵向线段的伸长均相同，根据材料均匀性假设，各点变形相同时，受力也应相同。由此可知，横截面上各点受力均相等，即轴向拉压杆件横截面上的正应力在横截面上是均匀分布的，如图 11-8（c）所示。由静力学关系 $F_{\mathrm{N}} = \int_A \sigma \mathrm{d}A = \sigma \int_A \mathrm{d}A = \sigma A$，则横截面上的正应力为

$$\sigma = \frac{F_{\mathrm{N}}}{A} \tag{11-2}$$

正应力的正负号与轴力一致，即拉应力为正，压应力为负。

式（11-2）是根据正应力在杆横截面上各点处相等的假设而导出的，应该指出，这一结论实际上只有在杆上离外力作用点稍远的地方才正确，而在外力作用点附近，其应力分布较为复杂。但**圣维南原理**指出：“力作用于杆端方式的不同，只会使与杆端距离不大于杆的横向尺寸的范围内受到影响”。

【例 11-3】 图 11-9（a）所示杆受自重作用，已知杆长 l，单位长度自重为ρ，试画轴力图，求杆内最大正应力。

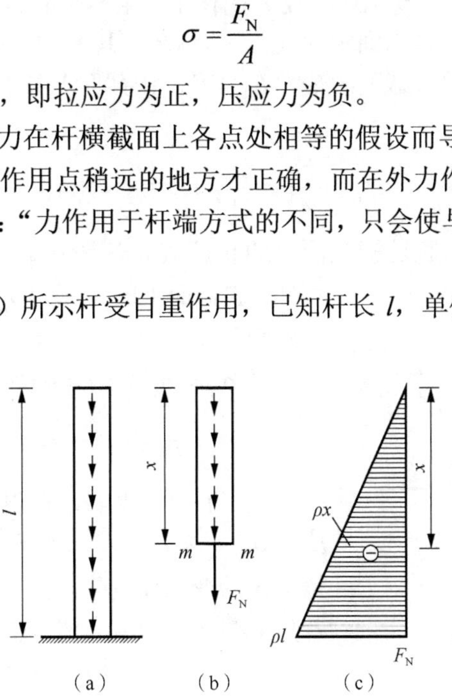

图 11-9

解 (1)用截面法计算轴力。沿截面 *m-m* 假想将杆件截开，取上部为脱离体[图 11-9(b)]，列平衡方程：

$$\sum F_x = 0 \text{，} F_N = -\rho x$$

画轴力图如图 11-9（c）所示。杆内轴力的大小与截面位置 *x* 成正比，轴力图为一条斜直线，轴力最大值在底面，$F_{Nmax} = -\rho l$。

（2）这是等截面直杆，最大轴力所在截面就是最大正应力所在截面，因此最大正应力为

$$\sigma_{max} = \frac{F_{Nmax}}{A} = -\frac{\rho l}{A}$$

【例 11-4】 求例 11-2 中杆件的最大正应力。

解 杆件由一段细杆 *AB* 和一段粗杆 *BC* 组成，应该分别求两段的最大正应力，再比较得整个杆件内的最大正应力。由图 11-6（d）易知，两段的最大正应力可能分别出现在 *B*、*C* 两个截面上。其中

$$\sigma_B = \frac{F_{NB}}{A_1} = \frac{12.42 \times 10^3}{3 \times 10^{-4}} = 41.4 \times 10^6 (\text{Pa}) = 41.4(\text{MPa})$$

$$\sigma_C = \frac{F_{NC}}{A_2} = \frac{12.98 \times 10^3}{4 \times 10^{-4}} = 32.45 \times 10^6 (\text{Pa}) = 32.45(\text{MPa})$$

因此，整个杆件的最大正应力出现在 *B* 截面上，为 41.4 MPa，*B* 截面是危险截面。

11.3.2 拉压杆斜截面上的应力

前面研究了拉压杆横截面上的正应力。下面研究与横截面成α角的任一斜截面 1-1 上的应力。图 11-10（a）所示杆件受轴向荷载 $\boldsymbol{F}$ 的作用，用一平面假想沿该杆的斜截面 1-1 截开，它与横截面的夹角为α，斜截面面积为 $A_\alpha = A/\cos\alpha$，其中 A 为横截面面积。取左段为脱离体[图 11-10（b）]，可求出该截面的轴力 $F_N = F$。由截面上各点纵向变形相同可知斜截面上各点应力相同，其大小为

$$p_\alpha = \frac{F_N}{A_\alpha} = \frac{F_N}{A}\cos\alpha = \sigma\cos\alpha$$

即斜截面上的应力 p_α 可以通过横截面上的正应力σ来表达。由正应力和切应力分量定义可知，斜截面上的正应力σ_α和切应力τ_α[图 11-10（c）]分别为

$$\sigma_\alpha = p_\alpha \cos\alpha = \sigma\cos^2\alpha$$
$$\tau_\alpha = p_\alpha \sin\alpha = \sigma\cos\alpha\sin\alpha = \frac{\sigma}{2}\sin 2\alpha \qquad (11\text{-}3)$$

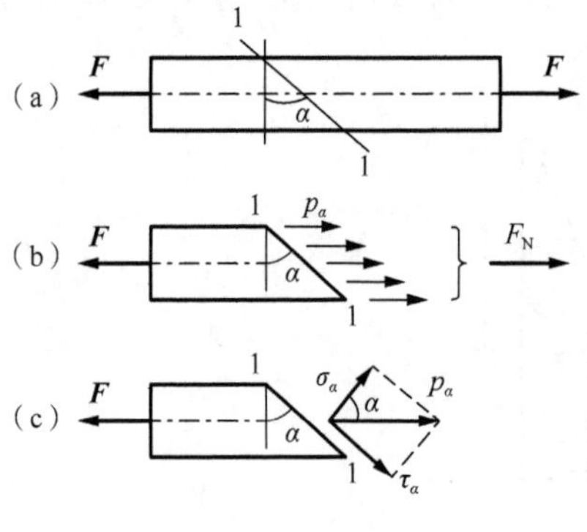

图 11-10

式（11-3）表明，在斜截面上既有垂直于截面的正应力σ_α，又有与截面相切的切应力τ_α，其值随斜面方位角α的变化而变化，是α角的有界周期函数。几个特殊角度截面上的应力情况值得关注：

（1）当$\alpha = 0°$时，$\sigma_\alpha = \sigma_{max} = \sigma$，即过拉压杆内一点所有斜截面上的正应力值中，横截面上的正应力值最大；

（2）当 $\alpha = \pm 45^\circ$ 时，$|\tau_\alpha| = \tau_{max} = \sigma / 2$，即与横截面成 $\pm 45^\circ$ 角的斜截面上的切应力值是所有过该点斜截面上切应力的最大值；

（3）当 $\alpha = 90^\circ$ 时，$\sigma_\alpha = 0$，$\tau_\alpha = 0$，即拉压杆纵向截面上没有应力。

11.4　轴向拉压杆的变形、胡克定律

杆件在轴向拉力或压力的作用下，变形的主要特征是纵向伸长或缩短，与此同时，其横向尺寸也会随之缩小或增大。

设杆件原长为 l，变形后杆件长度为 l_1（图 11-11），则杆件的长度改变量为

$$\Delta l = l_1 - l \tag{11-4}$$

Δl 就是该杆件的绝对变形。当杆件伸长时，Δl 为正值[图 11-11（a）]；当杆件缩短时，Δl 为负值[图 11-11（b）]。Δl 的单位为 m 或 mm。

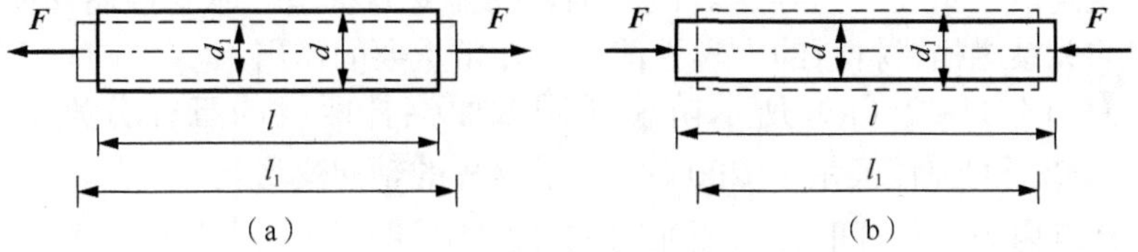

图 11-11

变形量 Δl 是杆件各部分变形的总和，相同条件下，杆件越长，变形量 Δl 也越大，因此说它不能确切地反映杆件变形的程度。由于拉压杆各段的变形是均匀的，其变形程度可以用每单位长度的变形来衡量，即

$$\varepsilon = \frac{\Delta l}{l} \tag{11-5}$$

ε 称为**线应变**，它表示每单位长度的伸长或缩短，又称为**轴向线应变**，是个无量纲量。线应变 ε 的正负号与 Δl 一致。因 Δl 伸长为正，缩短为负，所以拉应变为正，压应变为负。

由试验知，当杆件受拉（压）而沿轴向伸长（缩短）的同时，其横截面尺寸通常伴随有横向缩小（增大）。图 11-11 所示拉压杆，受力前横向尺寸为 d，变形后变为 d_1，则横向变形为

$$\Delta d = d_1 - d \tag{11-6}$$

横向变形与横向原始尺寸之比称为**横向线应变**，以符号 ε' 表示，即

$$\varepsilon' = \frac{\Delta d}{d} \tag{11-7}$$

杆件拉伸时通常横向尺寸缩小，故 Δd 和 ε' 皆为负值；反之，当杆件压缩时，则 Δd 和 ε' 皆为正值。

拉伸试验表明（参见 11.6 节），大多数工程材料在受力不超过比例极限时，其横截面上正应力和轴向线应变成正比，这称为**胡克定律**，其表达式为

$$\frac{\sigma}{\varepsilon} = E \quad 或 \quad \sigma = E\varepsilon \tag{11-8}$$

式中的比例常数 E 是反映材料在弹性变形阶段抵抗变形能力的参数，称为**弹性模量**，其值随材料而异，由试验测定。它的单位与应力单位相同，为 MPa 或 GPa。

根据平面假设，拉压杆内纵向纤维的变形量完全相同。将式（11-2）和式（11-5）代入式（11-8）得

$$\Delta l = \frac{F_N l}{EA} \tag{11-9}$$

由上式可见，轴向变形 Δl 与轴力 F_N 和杆长 l 成正比，与材料的弹性模量 E 和截面面积 A 成反比。EA 的乘积越大，轴向变形 Δl 越小，所以 EA 反映了杆件抵抗变形的能力，称为拉压杆的**抗拉压刚度**。

试验表明，当杆件的受力不超过弹性变形范围时，横向线应变 ε' 与轴向线应变 ε 的比值的绝对值也是一个常数。此比值称为**泊松比**或**横向变形因数**，常用 μ 来表示，即

$$\mu = \left|\frac{\varepsilon'}{\varepsilon}\right| \quad \text{或} \quad \varepsilon' = -\mu\varepsilon = -\mu\frac{\sigma}{E} \tag{11-10}$$

泊松比 μ 和弹性模量 E 都是表征材料性质的常量，其值由试验测定，可在工程材料手册中查得。

应力和应变是两个重要的力学量。应力描述物体受力状态，应变描述物体变形状态，应力与应变之间的关系对描述材料的力学性能起着非常重要的作用。

【例 11-5】 图 11-12（a）所示阶梯状圆截面钢杆两段的直径分别为 $D_1 = 40\,\text{mm}$，$D_2 = 20\,\text{mm}$。已知钢的弹性模量 E=200 GPa，求钢杆的轴向变形。

解 （1）计算内力，作杆的轴力图如图 11-12（b）所示。

（2）计算杆的变形。1、2 段的轴力、横截面面积和长度均不相同，需分段计算变形。

$$AB\text{ 段：}\ \Delta l_1 = \frac{F_{N1} l_1}{EA_1} = \frac{-15\times10^3\times0.2}{200\times10^9\times\dfrac{\pi}{4}\times40^2\times10^{-6}} = -0.012(\text{mm})$$

$$BC\text{ 段：}\ \Delta l_2 = \frac{F_{N2} l_2}{EA_2} = \frac{10\times10^3\times0.4}{200\times10^9\times\dfrac{\pi}{4}\times20^2\times10^{-6}} = 0.064(\text{mm})$$

则杆的总变形为

$$\Delta l = \Delta l_1 + \Delta l_2 = -0.012 + 0.064 = 0.052(\text{mm})$$

【例 11-6】 图 11-13（a）所示杆受集度为 p 的均布荷载作用，杆的抗拉刚度为 EA。试求杆的变形。

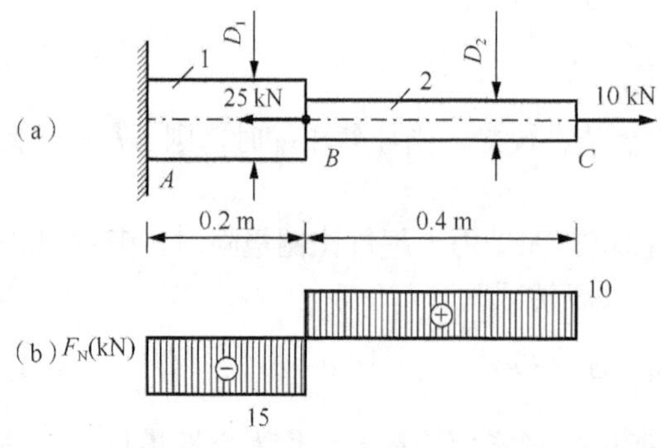

图 11-12

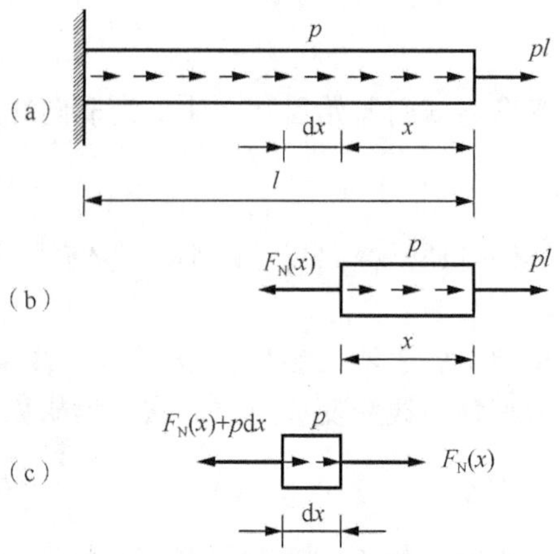

图 11-13

解　计算任意截面的轴力[图 11-13（b）]。

$$F_N(x) = px + pl$$

轴力不是常数，不能直接利用公式 $\Delta l = \dfrac{F_N l}{EA}$ 计算杆的变形，这时需要积分。先分析杆微元 dx 的伸长量，如图 11-13（c）所示。

$$\Delta(\mathrm{d}x) = \frac{F_N(x)}{EA}\mathrm{d}x$$

沿杆长积分，求解杆的总伸长。

$$\Delta l = \int_0^l \frac{F_N(x)}{EA}\mathrm{d}x = \frac{1}{EA}\int_0^l (px + pl)\mathrm{d}x = \frac{3pl^2}{2EA}$$

【例 11-7】　图 11-14（a）所示结构中两杆完全相同，杆长度为 l，抗拉刚度为 EA，杆与铅垂线夹角为 α。在节点 D 处作用有铅垂荷载 F，求节点 D 的铅垂位移 ΔV_D。

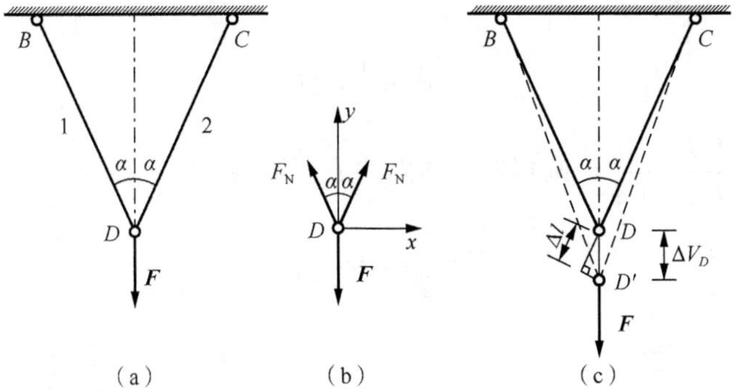

图 11-14

解　（1）计算两杆内力。节点 D 的受力分析如图 11-14（b）所示，由对称性可知两杆的轴力相同，列平衡方程，得

$$\sum F_y = 0,\quad 2F_N\cos\alpha - F = 0 \quad \Rightarrow \quad F_N = \frac{F}{2\cos\alpha}$$

（2）计算两杆变形和节点 D 的位移。根据胡克定律，两杆的伸长量为

$$\Delta l = \frac{F_N l}{EA} = \frac{Fl}{2EA\cos\alpha}$$

节点 D 的位移是由两杆的伸长变形引起的，由对称性知，变形后节点 D 位于对称轴上，设向下移至 D' 点，见图 11-14（c）。由变形协调关系，D' 点应为分别以 B、C 点为圆心，BD、CD 杆变形后长度为半径画出的圆弧线的交点，但由于变形微小，可以用切线代替上述圆弧线，即从两杆伸长后的杆端分别作各杆的垂线，两垂线的交点就是 D' 点，如图 11-14（c）所示。因此，

$$\Delta V_D = \frac{\Delta l}{\cos\alpha} = \frac{Fl}{2EA\cos^2\alpha}(\downarrow)$$

11.5　轴向拉压杆的应变能

弹性体在受力后要发生变形，同时弹性体内将积蓄能量。例如，机械表的发条（弹性体）被拧紧（发生变形）后，在其放松的过程中将带动齿轮系，使指针转动而做功，拧紧了的发条具有做功的本领，就表明发条在拧紧状态下积蓄有能量。这种因弹性变形而积蓄的能量称为**应变能**。一般弹性体在静荷载作用的情况下，可以认为积蓄在弹性体内的应变能 V_ε 在数值上等于外力所做的功 W，即

$$V_\varepsilon = W \tag{11-11}$$

上式称为**弹性体的功能原理**。

为推导拉杆[图 11-15（a）]应变能的表达式，先计算外力所做的功。在静荷载 F 的作用下，杆伸长 Δl，这也是拉力 F 的作用点的位移。力 F 在该位移上所做的功等于 F 与 Δl 关系曲线下的面积。由于在线弹性变形范围内，F 与 Δl 成线性关系，如图 11-15（b）所示，因此力 F 所做的功为

$$W = \frac{1}{2}F\Delta l$$

因为 $F_\mathrm{N} = F$，$\Delta l = \dfrac{F_\mathrm{N}l}{EA} = \dfrac{Fl}{EA}$，则积蓄在体内的应变能为

$$V_\varepsilon = W = \frac{1}{2}F\Delta l = \frac{F^2 l}{2EA} = \frac{F_N^2 l}{2EA} \tag{11-12}$$

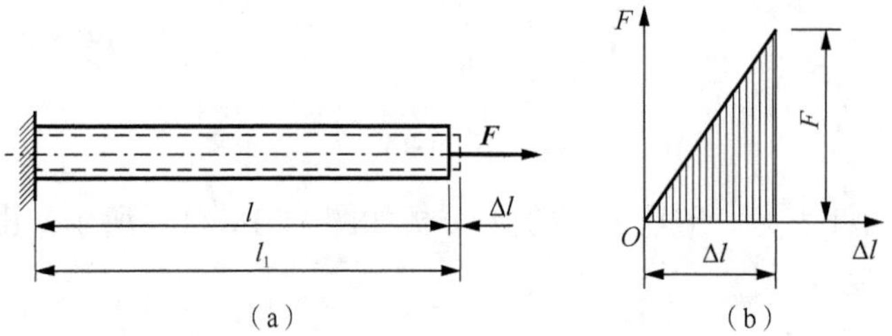

图 11-15

由于拉压杆各横截面上所有点处的应力均相同，故杆的单位体积内所积蓄的应变能，即应变能密度就等于杆的应变能除以杆的体积，于是

$$v_\varepsilon = \frac{V_\varepsilon}{V} = \frac{\frac{1}{2}F\Delta l}{Al} = \frac{1}{2}\sigma\varepsilon$$

或者写为

$$v_\varepsilon = \frac{1}{2}\sigma\varepsilon = \frac{\sigma^2}{2E} = \frac{E\varepsilon^2}{2} \tag{11-13}$$

式（11-13）普遍适用于所有的单轴应力状态。应该指出的是，这些公式都只有在应力不超过材料的比例极限这一前提下才能应用，也就是说，只适用于应力与应变成线性关系的线弹性范围以内。

利用应变能的概念可以解决与构件变形或节点位移有关的问题，这种方法称为**能量法**。下面举例说明能量法的应用。

【例 11-8】 试用能量法求例 11-7 中节点 D 的铅垂位移 ΔV_D。

解　由对称性可知两杆的应变能相同，则结构的应变能为

$$V_\varepsilon = 2\frac{F_{\mathrm{N}}^2 l}{2EA} = \left(\frac{F}{2\cos\alpha}\right)^2 \frac{l}{EA} = \frac{F^2 l}{4EA\cos^2\alpha}$$

由弹性体的功能原理，荷载 F 所做的功在数值上应等于结构的应变能，即

$$\frac{1}{2}F\Delta V_D = V_\varepsilon = \frac{F^2 l}{4EA\cos^2\alpha}$$

于是可得节点 D 的铅垂位移为

$$\Delta V_D = \frac{Fl}{2EA\cos^2\alpha}$$

11.6　材料在拉伸和压缩时的力学性能

11.6.1　拉伸压缩试验

工程材料在外力作用下表现出强度和变形等方面的一些特性称为材料的**力学性能**，或**机械性能**。前面提及的弹性模量和泊松比等均属于材料在强度与变形方面的力学性能参数。研究材料的力学性能是建立强度条件和变形计算不可缺少的方面。材料在轴向拉伸和压缩时的力学性能是在万能试验机上测定的，称为**拉伸压缩试验**。试验通常在常温下进行，加载方式为**静荷载**，即荷载值从零开始，缓慢增加，直至所测数值。试验机自动记录加载及试件变形情况。

为了得出可靠且可以比较的试验结果，被测材料一般要制成标准试件。拉伸试件常做成圆形截面和矩形截面两种（图 11-16）。为了能比较不同粗细的试件在拉断后工件段的变形程度，国标规定标距 l 等于截面直径 d 的 10 倍或 5 倍，称为“10 倍试件”或“5 倍试件”。当试件为矩形截面时，相应的标距 l 与截面积 A 之比分别为 $l = 11.3\sqrt{A}$ 或 $l = 5.65\sqrt{A}$。压缩试件通常采用圆截面或方截面的短柱体（图 11-17）。为了避免试件在试验过程中丧失稳定，其长度 l 与横截面直径 d 或边长 b 的比值一般规定为 1～3。

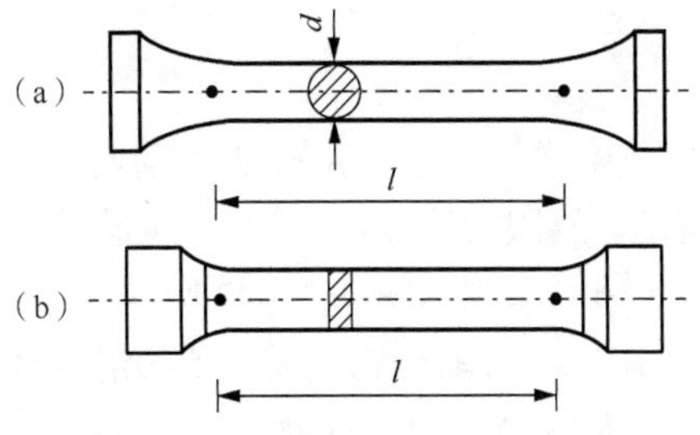

图 11-16

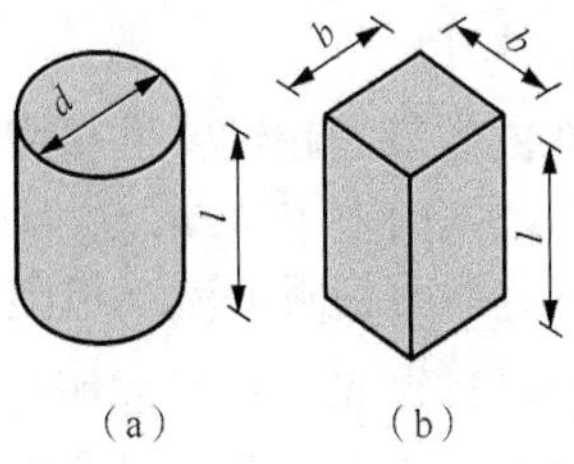

图 11-17

11.6.2　低碳钢材料的拉伸、压缩试验

1. 低碳钢拉伸时的力学性能

低碳钢是工程中应用最广泛的一种金属材料，其含碳量不超过 0.25%。低碳钢在拉伸试验中所表现出的力学性能比较全面地反映了典型塑性材料的力学性能。

将标准试件夹在万能试验机上，缓慢加载，直至拉断。在试件拉伸的全过程中，计算机将每一瞬间的拉力 F 和试件的绝对伸长 Δl 记录下来，并以 F 为纵坐标，以 Δl 为横坐标，将 F 与 Δl 的关系按一定比例绘制成曲线，称为**拉伸图**（图 11-18）。试件尺寸不同，引起拉伸数据不同，为了消除试件的尺寸效应，将拉伸图中纵坐标 F 除以试件的原始横截面面积 A，得到**名义正应力** $\sigma=\dfrac{F}{A}$；将横坐标 Δl 除以试件标距 l，得到**名义线应变** $\varepsilon=\dfrac{\Delta l}{l}$。坐标变换后的曲线称为低碳钢材料的**应力-应变图**（图 11-19）。

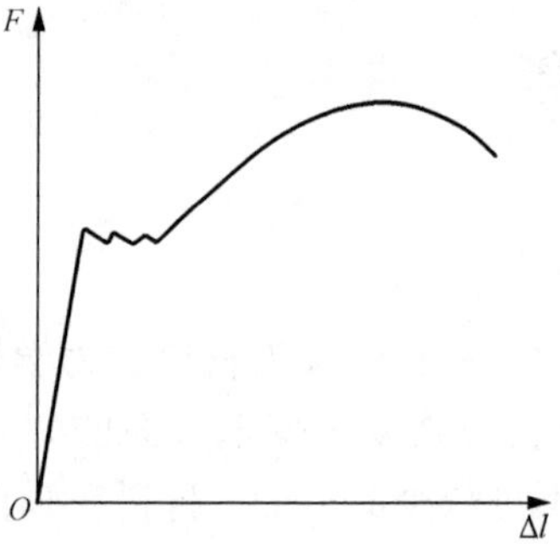

图 11-18

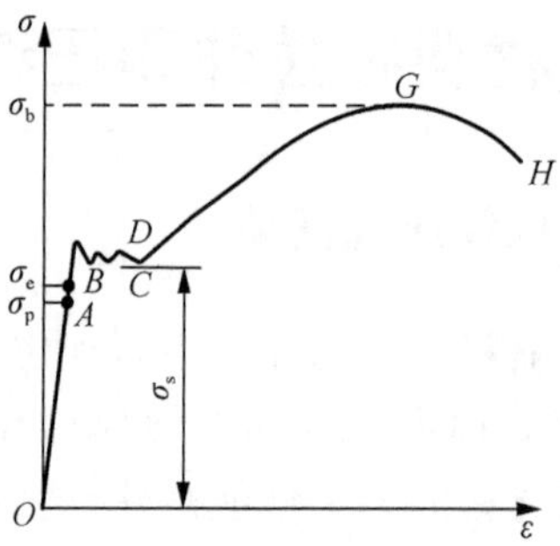

图 11-19

由图 11-19 可见，低碳钢的整个拉伸过程可分成四个阶段。

1）弹性阶段

试件在 OB 段的变形是完全弹性的，全部卸除荷载后，试件将恢复原样，这一阶段称为**弹性阶段**，该阶段最高点 B 对应的应力 σ_e 称为材料的**弹性极限**。在弹性阶段内有一直线段，直线段最高点 A 对应的应力 σ_p 称为**比例极限**。一般 σ_e 和 σ_p 数值上很接近，通常不加区别，低碳钢的比例极限 $\sigma_p=200\sim210\ \text{MPa}$。当材料的应力小于比例极限 σ_p 时，材料应力、应变成线性关系，即 $\sigma=E\varepsilon$，这就是 11.4 节提到的**胡克定律**。显然，弹性模量 E 就是 OA 直线段的斜率。

2）屈服阶段

当试件内的应力超过弹性极限后，试件的伸长量急剧增加，也就是应变急剧增大，应力却仅在微小范围内上下波动，这种现象称为**屈服或流动**。屈服阶段 σ-ε 图中曲线最低点 C 对应的应力称为**屈服极限或流动极限**，用 σ_s 表示，Q235 钢的屈服极限 $\sigma_s\approx235\ \text{MPa}$。

若试件经过抛光，材料屈服时在试件表面可观测到一些与轴线约成 45° 角的滑移线，这是材料沿最大切应力面发生滑移而引起的。屈服阶段的材料暂时失去了抵抗变形的能力，材料产生明显的塑性变形，在工程结构中通常加以限制，因此屈服极限 σ_s 是低碳钢这类材料的一个重要强度指标。

3）强化阶段

经过屈服阶段后，材料由于在塑性变形过程中不断发生强化，抵抗变形的能力又有所恢复，表现为应力-应变曲线自 D 点开始又继续上升，直到最高点 G 为止，这一现象称为**强化**。强化阶段试件明显变细，出现显著的塑性变形。最高点 G 对应的应力称为材料的**强度极限**，用 σ_b 表示，Q235 钢的强度极限 $\sigma_b = 375 \sim 460\,\text{MPa}$ 。

如图 11-20 所示，自强化阶段的某一位置 m 开始卸载，则应力-应变曲线沿直线 $\overline{mn}$ 变化，卸载过程 $\overline{mn}$ 基本上与加载过程 $\overline{OA}$ 平行，这称为**卸载定律**。当完全卸载后，试件内的应变为 $\overline{On}$，这部分残留的应变是塑性应变，而卸载后完全消失的 $\overline{nk}$ 部分应变是弹性应变。

当首次卸载完毕，若立即进行第二次加载，则应力-应变曲线沿 $\overline{nm}$ 变化，到 m 点后即折向原来曲线部分 mGH 发展。在第二次加载中，弹性极限提高到了 m 点，这种不经热处理，只是冷拉到强化阶段后卸载，以提高材料弹性极限的方法称为**冷作硬化**。若在第一次卸载后让试件“休息”几天，再重新加载，这时的应力-应变曲线将沿 nf-gh 发展，获得了更高的强度指标，这种现象称为**冷拉时效**。在建筑工程中对钢筋的冷拉，就是利用了这个原理。应该指出，钢筋冷拉后虽然提高了强度极限，但塑性下降，即脆性增加，这对于承受冲击荷载和振动荷载作用的构件是不利的，因此，对于吊车梁等钢筋混凝土构件，一般不宜用冷拉钢筋。

4）颈缩阶段

过 G 点以后，试件中某一局部范围急剧变细，这一现象称为**颈缩现象**，如图 11-21 所示。由于颈缩部分横截面面积迅速减小，试件对变形的抗力也随之不断减小，名义应力降低，应力-应变图呈下降曲线，到 H 点时试件在横截面最小处拉断。

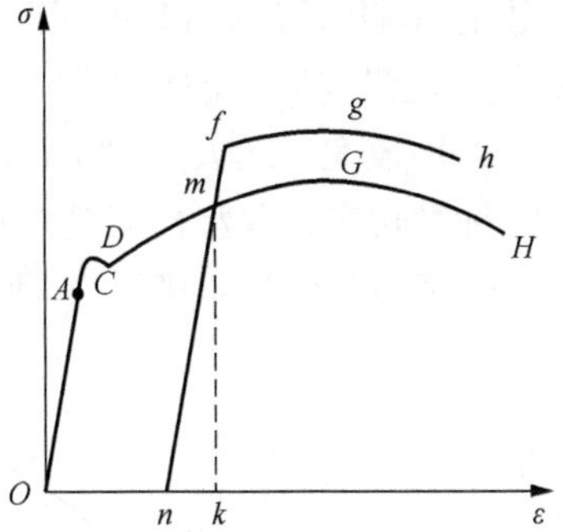

图 11-20

图 11-21

工程中通常用试件拉断时塑性变形的大小来衡量材料的塑性，**塑性指标**一般有以下两种。

（1）**断后伸长率** δ 。以试件断裂后的相对伸长率来表示，即

$$\delta = \frac{l_1 - l}{l} \times 100\% \tag{11-14}$$

式中，l 为试件原始标距长度；l_1 为试件断裂后的标距长度。不同材料的断后伸长率是不同的，$\delta \geqslant 5\%$的材料，工程上称为**塑性材料**或**韧性材料**；$\delta < 5\%$的材料，称为**脆性材料**。钢、铜和铝等材料伸长率较大，为塑性材料；而铸铁、混凝土等材料伸长率很小，为脆性材料。

（2）**断面收缩率** ψ 。以试件断裂后横截面面积的相对收缩率来表示，即

$$\psi = \frac{A - A_1}{A} \times 100\% \tag{11-15}$$

式中，A 为试件原始横截面面积；A_1 为断裂后颈缩处的横截面面积。

2. 低碳钢压缩时的力学性能

图 11-22（a）中实线是低碳钢压缩时的σ-ε图，虚线表示拉伸时的σ-ε曲线。可以看到，在屈服阶段以前两条曲线基本重合，拉伸和压缩的弹性模量和屈服极限基本相同；但进入强化阶段后，试件压缩时的应力σ随着ε值的增长迅速增大，试件越压越扁，并因端面摩擦作用，最后变为鼓形，如图 11-22（b）所示。因为受压面积越来越大，试件不会发生断裂破坏，而使低碳钢的抗压强度极限无法测定。因此，钢材的力学性能主要是用拉伸试验来确定。

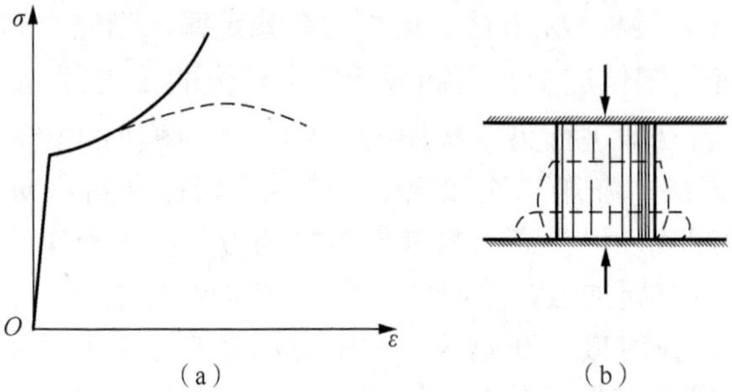

图 11-22

11.6.3　其他材料的力学性能简介

1. 其他塑性材料拉伸时的力学性能

图 11-23 给出了几种常用的塑性材料在拉伸时的σ-ε曲线，将这些曲线与低碳钢的σ-ε曲线相比较，可以看出：有些材料（如强铝）没有屈服阶段，而其他三个阶段都很明显；另外一些材料（如锰钢）仅有弹性阶段和强化阶段，而没有明显的屈服阶段和颈缩阶段。但这些塑性材料都有一个共同的特点，即断后伸长率δ均较大，远大于 5%，属于塑性材料。

对于没有明显屈服阶段的塑性材料，按国家标准规定，取塑性应变为 0.2%时所对应的应力值作为**条件屈服极限**（屈服强度），以$\sigma_{0.2}$表示（图 11-24）。因此，塑性材料的强度指标为σ_s或$\sigma_{0.2}$。

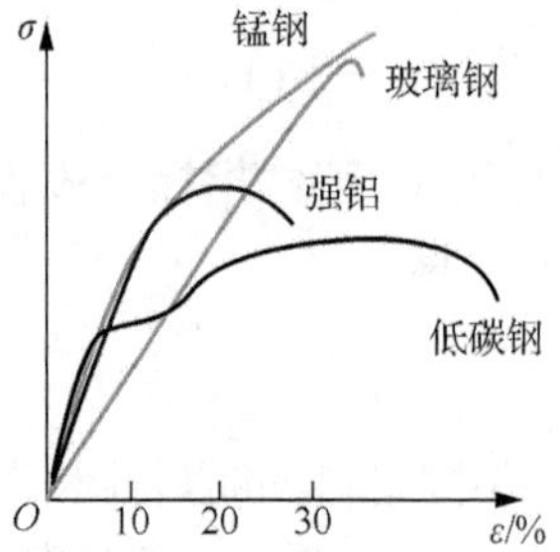

图 11-23

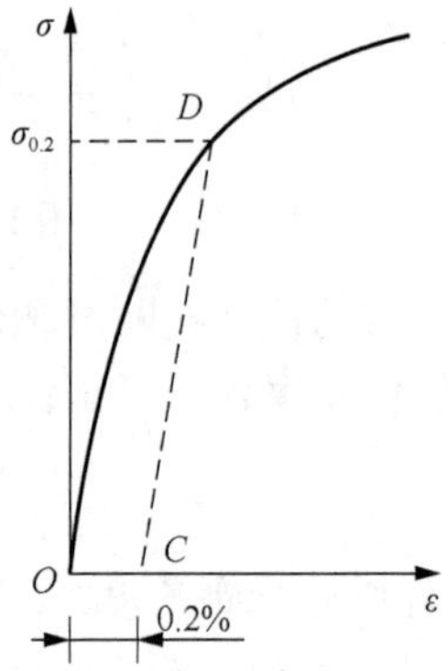

图 11-24

2. 脆性材料拉伸时的力学性能

图 11-25 给出了一种典型脆性材料铸铁的σ-ε曲线，它具有以下特点：断后伸长率δ很小（<0.5%）；没有明显屈服和颈缩现象，被拉断时的断口为平断口；几乎从一开始就不是直

线。由于试件总变形很小，在工程计算中通常用 σ-ε 曲线的割线（图 11-25 中的虚线）来代替此曲线的开始部分，从而确定其弹性模量，认为材料在这一范围内还是服从胡克定律。由此确定的弹性模量称为**割线弹性模量**。对于其他脆性材料，如混凝土、砖、石等，也采用割线弹性模量。

根据脆性材料的变形特点可知，衡量脆性材料拉伸强度的唯一指标是抗拉强度极限 σ_b。

3. 脆性材料压缩时的力学性能

脆性材料在压缩时的力学性能与拉伸时也有较大区别，图 11-26 给出了铸铁在拉伸（虚线）和压缩（实线）时的 σ-ε 曲线。比较这两条曲线可以看出，铸铁在压缩时，无论是抗压强度极限还是断后伸长率 δ 都比拉伸时大很多。曲线最高点的应力值称为**抗压强度极限**，用 σ_{bc} 表示。铸铁试件受压破坏时大致沿 45° 的斜面发生剪切错动而破坏，这说明铸铁的抗剪能力比抗压能力差。

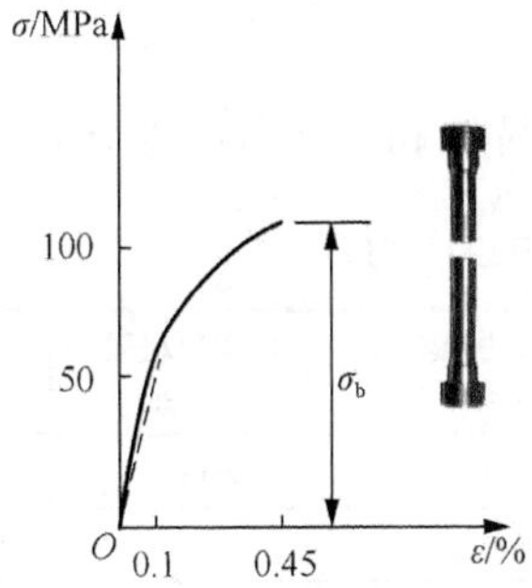

图 11-25

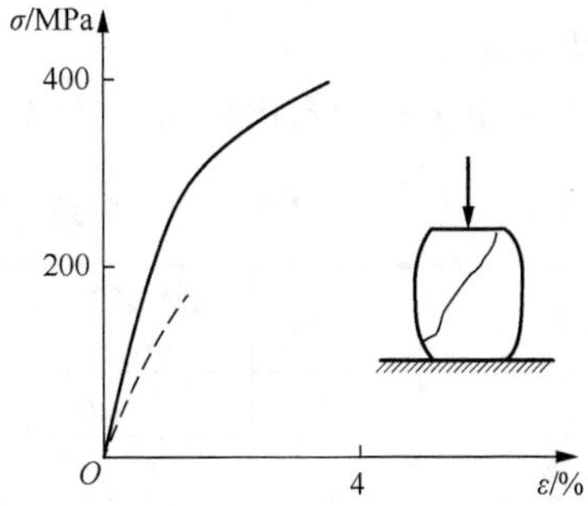

图 11-26

图 11-27（a）、（b）是混凝土试件被压坏的两种形式。当试验机压板与试件端面间不加润滑剂时，由于试件两端面与压板间的摩擦阻力阻碍了试件两端材料的变形，试件破坏形式是自中间部分开始逐渐剥落而形成两个截锥体[图 11-27（a）]；而当试验机压板和试块间加润滑剂以后，由于试件两端面与压板间的摩擦力较小，试件压坏时是沿纵向开裂[图 11-27（b）]。

4. 木材的力学性能

木材属于各向异性材料，其力学性能随应力方向与木纹方向间夹角的不同而有较大差异。图 11-28 为松木在顺纹拉伸、压缩和横纹压缩时的 σ-ε 曲线，可以看到，其顺纹方向的强度要比横纹方向的强度高得多，且其顺纹抗拉强度高于顺纹抗压强度。木材的横纹拉伸强度很低，工程中应避免横纹受拉。

综合上述塑性材料和脆性材料的力学性能，归纳如下：

（1）塑性材料的断后伸长率大，塑性好；而脆性材料的断后伸长率很小，塑性差。

（2）在弹性变形范围内，多数塑性材料应力与应变成正比关系，符合胡克定律；而多数脆性材料应力与应变没有严格的正比关系，但是由于应力-应变曲线的曲率较小，所以在应用上近似认为它们成正比关系，并采用割线弹性模量。

（3）多数塑性材料在屈服阶段以前，抗拉和抗压性能基本相同；而多数脆性材料抗压能力远高于抗拉能力，主要用于制作受压构件。

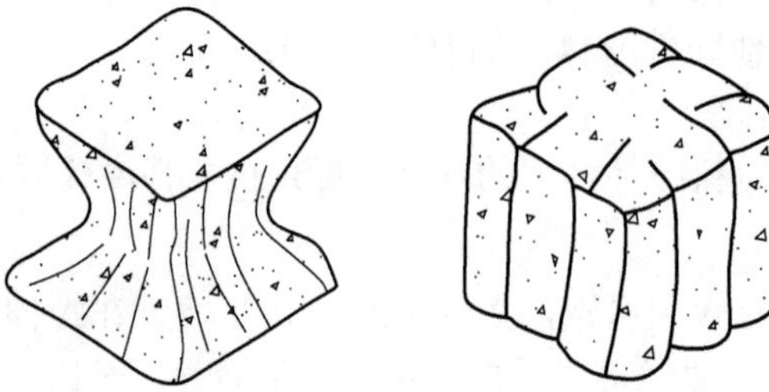
（a）　　（b）

图 11-27

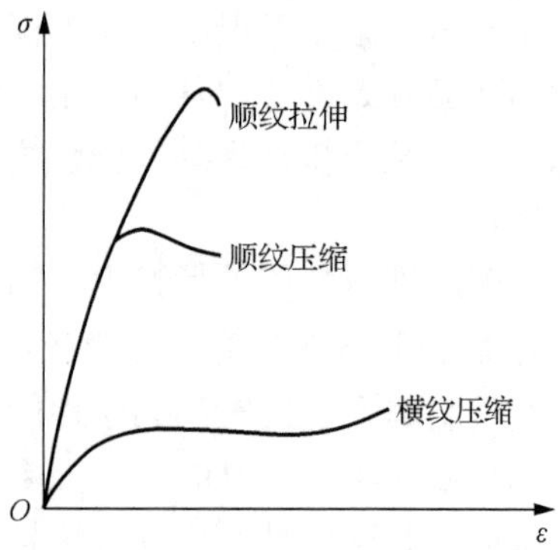

图 11-28

需要指出的是，材料的力学性能受环境温度、变形速度、加载方式的影响较大，应用时必须注意具体条件。

表 11-1 列出了几种常用材料在常温、常压和静载下拉伸和压缩时的部分力学性能。

表 11-1　常用材料在拉伸和压缩时的力学性能

材料名称	牌号	弹性模量 E/GPa	泊松比 μ	屈服极限 σ_s / MPa	抗拉强度极限 σ_b / MPa	抗压强度极限 σ_{bc} / MPa
低碳钢	Q235	200～210	0.24～0.28	240	400	
低合金钢	Q345	200	0.25～0.30	350		
灰铸铁		80～150	0.23～0.27		100～300	640～1100
混凝土		15.2～36				7～50
木　材		9～12			100	32

11.7　轴向拉压杆的强度条件

由于材料的承载能力是有限的，当构件中最大应力超过某极限时，杆件将发生破坏，丧失承载能力。材料丧失承载能力时的应力称为材料的**极限应力**，以符号 σ_u 表示。根据上一节材料在拉伸和压缩时的力学性能可知，对于塑性材料，当应力达到屈服极限 σ_s 时，将发生较大的塑性变形，变形过大将影响构件的正常工作，所以通常把屈服极限 σ_s 定为塑性材料的极限应力；而对于脆性材料，因塑性变形很小，断裂是其破坏的标志，故以强度极限 σ_b 作为极限应力。另外，对于无明显屈服阶段的塑性材料，则用 $\sigma_{0.2}$ 作为极限应力。

在设计构件时，为了保证构件的安全性和可靠性，必须给构件以必要的安全储备，使构件在荷载作用下所引起的最大应力小于材料的极限应力。构件在工作时允许承受的最大工作应力，称为**许用应力**，以符号 $[\sigma]$ 表示。许用应力等于极限应力除以一个大于 1 的系数，即

$$[\sigma]=\frac{\sigma_u}{n} \tag{11-16}$$

这个大于 1 的系数 n 称为**安全因数**。一般来说，确定安全因数时应考虑以下几个方面的因素：①实际荷载与设计荷载的差别；②材料性质的不均匀性；③计算结果的近似性；④施

工、制造和使用时的条件影响等。因为塑性材料和脆性材料以不同的强度指标作为极限应力，所用的安全因数也不同。静荷载下塑性材料的安全因数一般取为 1.5～2.5；脆性材料的断裂破坏没有预警，危害性比较大，因此，其安全因数一般较大，取为 2.5～3，甚至 4～14。总之，安全因数的确定涉及工程各个方面，安全因数的取值决定结构的可靠性和经济性，在实际结构设计中，可查阅相关规范确定安全因数取值。

表 11-2 中列出了几种常用材料的许用应力值。

表 11-2　常用材料的许用应力值

材料名称	牌号	许用拉应力/MPa	许用压应力/MPa
低碳钢	Q235	170	170
低合金钢	Q345	230	230
木材（顺纹）		6～10	8～16
灰铸铁		34～54	160～200

若使轴向拉压杆满足强度要求，必须保证杆件的最大工作应力不超过材料的许用应力，即

$$\sigma_{\max}=\left[\frac{F_{\mathrm{N}}}{A}\right]_{\max}\leqslant[\sigma] \tag{11-17}$$

上式称为**拉压杆的强度条件**。

根据强度条件式（11-17），可以解决工程实际中有关强度计算的三类问题。

（1）强度校核。在杆件所受荷载、截面尺寸及材料已知的情况下，可根据式（11-17）校核杆件是否满足强度要求。

（2）截面选择。若杆件所受荷载和材料的许用应力已知，可利用下式确定杆件所需的最小横截面面积。

$$A\geqslant\frac{F_{\mathrm{Nmax}}}{[\sigma]} \tag{11-18}$$

（3）确定许用荷载。由杆件的横截面面积及材料的许用应力可确定最大许用轴力，进而确定许用外荷载，即

$$F_{\mathrm{Nmax}}\leqslant[\sigma]A \tag{11-19}$$

应当指出，在根据 $\sigma_{\max}\leqslant[\sigma]=\frac{\sigma_{\mathrm{u}}}{n}$ 进行设计校核时，所受荷载、截面面积和材料力学性能等参数都认为是确定性的值，这种设计方法称为确定性设计方法。实际上这些参数都存在一定的差异和离散性，因而构件响应，如最大应力，也都具有不确定性，安全因数正是考虑到这些不确定性而提出来的。但安全因数的确定往往带有很大的经验性，既可能过于保守，浪费材料，也可能过低，存在破坏或失效的危险，而且所有的不确定因素归结为一个安全因数不甚合理。为此，目前很多国家普遍采用的是基于分项系数表达的极限状态设计法，这是一种半经验半概率的方法。但最终解决方案则应该是将各参数视为随机变量，基于概率可靠性原理来进行设计。国家标准《工程结构可靠性设计统一标准》（GB 50153—2008）的颁布表明结构设计方法已经开始由传统的确定性设计法向基于可靠度的设计方法过渡。本书仍然只涉及确定性设计方法，半概率和概率的方法将在后续专业课程中研究。

【例 11-9】 如图 11-29（a）所示桁架结构中，已知钢杆 *AB* 许用应力 $[\sigma]_1=160\,\mathrm{MPa}$，横

截面面积 $A_1= 10\ \text{cm}^2$；木杆 AC 许用压应力 $[\sigma]_2 = 7\,\text{MPa}$，横截面面积 $A_2= 200\ \text{cm}^2$，所受荷载 $F = 100\ \text{kN}$，试校核此结构强度。

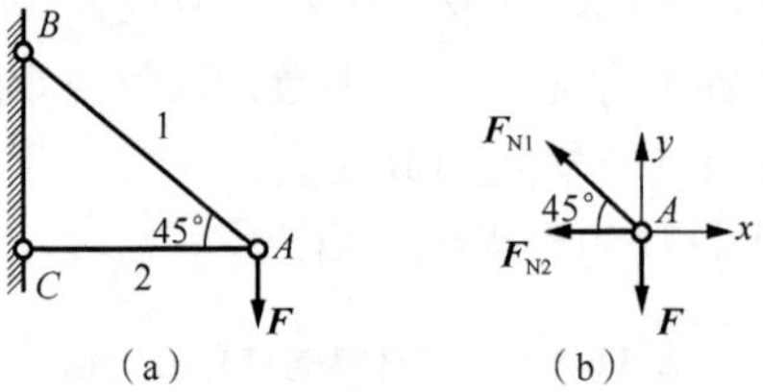

图 11-29

解　取节点 A 为研究对象，受力分析如图 11-29（b）所示，

$$\sum Y = 0,\quad F_{N1}\sin 45° - F = 0 \quad\Rightarrow\quad F_{N1} = 141.4(\text{kN})$$

$$\sum X = 0,\quad -F_{N1}\cos 45° - F_{N2} = 0 \quad\Rightarrow\quad F_{N2} = -100(\text{kN})$$

则两杆的应力分别为

$$\sigma_{AB} = \frac{F_{N1}}{A_1} = \frac{141.4\times 10^3}{10\times 10^{-4}} = 141.4\times 10^6(\text{Pa}) = 141.4(\text{MPa})$$

$$\sigma_{AC} = \frac{F_{N2}}{A_2} = \frac{-100\times 10^3}{200\times 10^{-4}} = -5\times 10^6(\text{Pa}) = -5(\text{MPa})$$

因为

$$\sigma_{AB} = 141.4\ \text{MPa} < [\sigma]_1 = 160\ \text{MPa},\quad |\sigma_{AC}| = 5\ \text{MPa} < [\sigma]_2 = 7\ \text{MPa}$$

两杆均满足强度条件。

【例 11-10】 图 11-30（a）所示结构中，AB 由两根等边角钢组成，AC 由两根槽钢组成，已知材料许用应力 $[\sigma] = 160\ \text{MPa}$，铅垂荷载 $F = 1000\ \text{kN}$，试确定型钢型号。

解　取节点 A 为研究对象，受力分析如图 11-30（b）所示，

$$\sum X = 0,\quad F_{N2}\sin 45° - F_{N1}\sin 30° = 0$$

$$\sum Y = 0,\quad F_{N1}\cos 30° + F_{N2}\cos 45° - F = 0$$

解得

$$F_{N1} = 732(\text{kN}),\quad F_{N2} = 518(\text{kN})$$

单根 1 号等边角钢的截面面积为

$$A_1 \geqslant \frac{F_{N1}}{2[\sigma]} = \frac{732\times 10^3}{2\times 160\times 10^6} = 22.875(\text{cm}^2)$$

通过查表，可知相近的两个等边角钢截面面积为∟100×12（22.800 cm^2）和∟125×10（24.373 cm^2），分别计算两种等边角钢截面面积与所要求的截面面积相差百分比，

$$∟100\times 12{:}\quad \frac{22.875 - 22.800}{22.875} = 0.3\% < 5\%\ （满足要求）$$

$$∟125\times 10{:}\quad \frac{24.373 - 22.875}{22.875} = 6.55\% > 5\%\ （不满足要求）$$

所以，1 号等边角钢选用 2∟100×12，$A_1 = 22.800\ \text{cm}^2$。

单根 2 号槽钢的截面面积为

$$A_2 \geqslant \frac{F_{N2}}{2[\sigma]} = \frac{518\times10^3}{2\times160\times10^6} = 16.188(\text{cm}^2)$$

通过查表，可知相近的两个槽钢截面面积为[12.6（15.69 cm^2）和[14a（18.51 cm^2），分别计算两种槽钢截面面积与所要求的截面面积相差百分比，

$$[12.6\text{：}\quad \frac{16.188-15.69}{16.188} = 3.1\% < 5\%\ \text{（满足要求）}$$

$$[14\text{a：}\quad \frac{18.51-16.188}{16.188} = 14.34\% > 5\%\ \text{（不满足要求）}$$

所以，2 号槽钢选用[12.6，$A_2 = 15.69\ \text{cm}^2$。

【例 11-11】 图 11-31（a）所示结构中，AB 杆 A_1=346.4 mm^2，$[\sigma]_1$= 150 MPa，AC 杆的 A_2 = 400 mm^2，$[\sigma]_2$= 110 MPa，求结构的许用荷载。

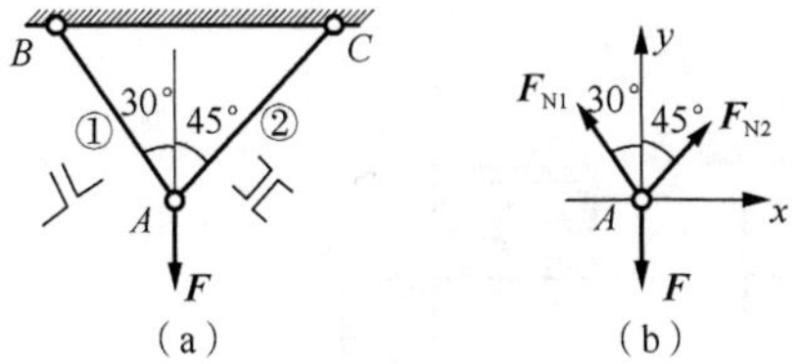

图 11-30

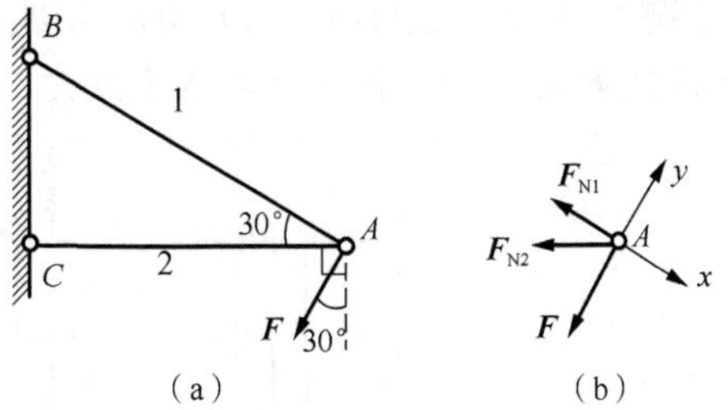

图 11-31

解　(1) 计算内力。选节点 A 为研究对象，画受力图[图 11-31（b）]，由平衡方程

$$\sum Y = 0,\quad -F_{N2}\sin30° - F = 0 \quad\Rightarrow\quad F_{N2} = -2F$$

$$\sum X = 0,\quad -F_{N2}\cos30° - F_{N1} = 0 \quad\Rightarrow\quad F_{N1} = \sqrt{3}F$$

(2) 计算许用荷载[F]。由 1 杆的强度条件

$$\frac{F_{N1}}{A_1} = \frac{\sqrt{3}F}{A_1} \leqslant [\sigma]_1$$

解得

$$F \leqslant \frac{A_1[\sigma]_1}{\sqrt{3}} = \frac{346.4\times10^{-6}\times150\times10^6}{1.732} = 30\times10^3(\text{N}) = 30(\text{kN})$$

由 2 杆的强度条件

$$\frac{|F_{N2}|}{A_2} = \frac{2F}{A_2} \leqslant [\sigma]_2$$

解得

$$F \leqslant \frac{A_2[\sigma]_2}{2} = \frac{400\times10^{-6}\times110\times10^6}{2} = 22\times10^3(\text{N}) = 22(\text{kN})$$

比较后取两者中的小者，即许用荷载 $[F] = 22\ \text{kN}$。

11.8 轴向拉压超静定问题

3.3 节讨论过静定与超静定问题。如果所考察的问题中未知量数目恰好等于独立平衡方程数目，则仅用静力平衡方程便能求解结构的全部约束反力或内力，这类问题称为**静定问题**，这类结构称为**静定结构**。在静定结构中，所有的约束或构件都是必需的，缺少任何一个都将使结构不能保持平衡或保持一定的几何形状。

但工程中有时为了提高结构的强度和刚度，需增加一些约束或构件，这些约束或构件对维持结构平衡来讲是多余的，习惯上称为**多余约束**。由于多余约束的存在，使得单凭静力平衡方程不能够求解全部反力或内力，这类问题称为**超静定问题**，这种结构称为**超静定结构**。与多余约束对应的支反力或内力，称为**多余未知力**，多余未知力数目即为**超静定次数**。求解超静定结构时，除了静力学平衡方程之外，还需要建立补充方程，几次超静定就需要建立几个补充方程。本节将通过多个算例分析如何建立补充方程以求解简单拉压超静定问题，以及求解拉压超静定结构中的温度应力和装配应力。

【例 11-12】 图 11-32（a）所示两端固定的等直杆，抗拉压刚度为 EA，在 C 截面处受到轴向荷载 $\boldsymbol{F}$ 的作用。试求两端约束反力。

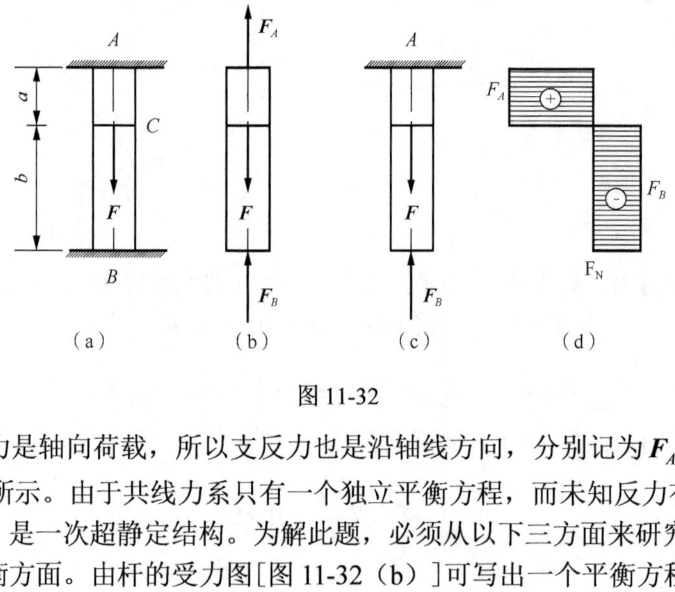

图 11-32

解 由于外力是轴向荷载，所以支反力也是沿轴线方向，分别记为 $\boldsymbol{F}_A$ 和 $\boldsymbol{F}_B$，方向假设如图 11-32（b）所示。由于共线力系只有一个独立平衡方程，而未知反力有两个，因此存在一个多余未知力，是一次超静定结构。为解此题，必须从以下三方面来研究。

（1）静力平衡方面。由杆的受力图[图 11-32（b）]可写出一个平衡方程：

$$\sum Y = 0, \quad F_A + F_B - F = 0 \tag{1}$$

（2）变形几何方面。由于是一次超静定，所以有一个多余约束，取固定端 B（也可取固定端 A）作为多余约束，暂时将它解除，以未知力 $\boldsymbol{F}_B$ 代替，然后当主动力对待，得到一个基本静定结构，如图 11-32（c）所示。由于 B 端固定，在荷载作用下整个杆件的变形应为零，因此，该基本静定结构要和原超静定结构等价，必须加上如下**变形协调条件**，

$$\Delta l = \Delta l_F + \Delta l_{F_B} = 0 \tag{2}$$

上式称为**变形几何方程**。每个多余约束都有相应的变形几何方程，正确找到所需的变形几何方程是求解超静定问题的关键。

（3）物理方面。材料服从胡克定律，有

$$\Delta l_F = \frac{Fa}{EA},\quad \Delta l_{F_B} = -\frac{F_B(a+b)}{EA} \tag{3}$$

这称为**物理方程**，反映杆件变形和受力之间的关系。将式（3）代入式（2），化简得

$$Fa - F_B(a+b) = 0 \tag{4}$$

即**补充方程**，几次超静定就需要建立几个补充方程。

联立方程式（1）和式（4）解得支座反力为

$$F_A = \frac{Fb}{a+b},\quad F_B = \frac{Fa}{a+b} \tag{5}$$

该式也可以采用另一种方法求解。由杆的受力图[图 11-32（b）]可画出杆的轴力图，如图 11-32（d）所示，变形协调条件结合物理方程得到补充方程

$$\Delta l = \frac{F_A a}{EA} - \frac{F_B b}{EA} = 0 \tag{6}$$

上式可以改写为

$$\frac{F_A}{F_B} = \frac{\dfrac{EA}{a}}{\dfrac{EA}{b}} = \frac{b}{a} \tag{7}$$

式（7）表明，A、B 两处的反力（从而两段杆的轴力）按各段杆的线刚度（单位长度的刚度）之比分配，线刚度大的杆段内力也大。这是超静定结构的特点之一，这个结论有时可以直接利用解题。

联立解方程式（1）和式（7），同样可得支座反力 $\boldsymbol{F}_A$ 和 $\boldsymbol{F}_B$。求得反力后，可继续进行内力、应力或变形计算，这里不再赘述。

应当指出，上述按照静力平衡、几何、物理这三方面来研究问题的方法是可变形固体力学求解超静定问题通用的方法，它具有一般性的意义。

【例 11-13】 图 11-33（a）所示结构中三杆铰接于 A 点，其中 1、2 两杆的长度 l 和抗拉刚度 EA 完全相同，3 杆的抗拉刚度为 E_3A_3。求在铅垂荷载 $\boldsymbol{F}$ 作用下各杆的轴力。

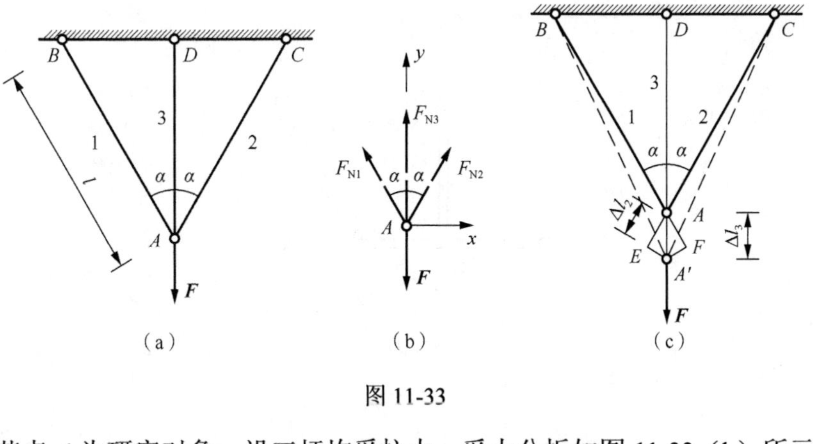

图 11-33

解　取节点 A 为研究对象，设三杆均受拉力，受力分析如图 11-33（b）所示。各杆轴力与荷载组成平面汇交力系，独立平衡方程只有两个，而未知力有三个，故该结构为一次超静

定结构。下面从三方面来分析。

（1）静力平衡方面。

$$\sum X=0\ ,\quad F_{\mathrm{N1}}=F_{\mathrm{N2}} \tag{1}$$

$$\sum Y=0\ ,\quad F_{\mathrm{N1}}\cos\alpha+F_{\mathrm{N2}}\cos\alpha+F_{\mathrm{N3}}-F=0 \tag{2}$$

（2）变形几何方面。根据对称性，杆件变形后节点 A 移动到 A' 点，如图 11-33（c）所示。设想将三根杆从 A 点拆开，各自伸长 Δl_1、Δl_2 和 Δl_3 后，分别以 B、C、D 点为圆心，BF、CE、DA' 为半径作圆弧，使三根杆重新交于 A' 点。由于变形微小，上述圆弧可用切线近似代替，如图 11-33（c）所示。于是几何方程为

$$\Delta l_1=\Delta l_2=\Delta l_3\cos\alpha \tag{3}$$

（3）物理方面。根据胡克定律，有

$$\Delta l_1=\frac{F_{\mathrm{N1}}l}{EA}\ ,\quad \Delta l_2=\frac{F_{\mathrm{N2}}l}{EA}\ ,\quad \Delta l_3=\frac{F_{\mathrm{N3}}l\cos\alpha}{E_3A_3} \tag{4}$$

将式（4）代入式（3），得补充方程为

$$F_{\mathrm{N1}}=F_{\mathrm{N2}}=F_{\mathrm{N3}}\frac{EA}{E_3A_3}\cos^2\alpha \tag{5}$$

（4）求解未知力。联立求解式（1）、式（2）、式（5）得

$$F_{\mathrm{N1}}=F_{\mathrm{N2}}=\frac{F}{2\cos\alpha+\dfrac{E_3A_3}{EA\cos^2\alpha}}\ ,\quad F_{\mathrm{N3}}=\frac{F}{1+2\dfrac{EA}{E_3A_3}\cos^3\alpha}$$

结果为正，表明假设正确，三杆轴力均为拉力。

【例 11-14】 图 11-34（a）所示结构，AB 为刚性杆，由两根弹性杆保持在水平位置，已知弹性杆的抗拉压刚度均为 EA，试求当 AB 杆受荷载 $\boldsymbol{P}$ 作用时两杆的轴力。

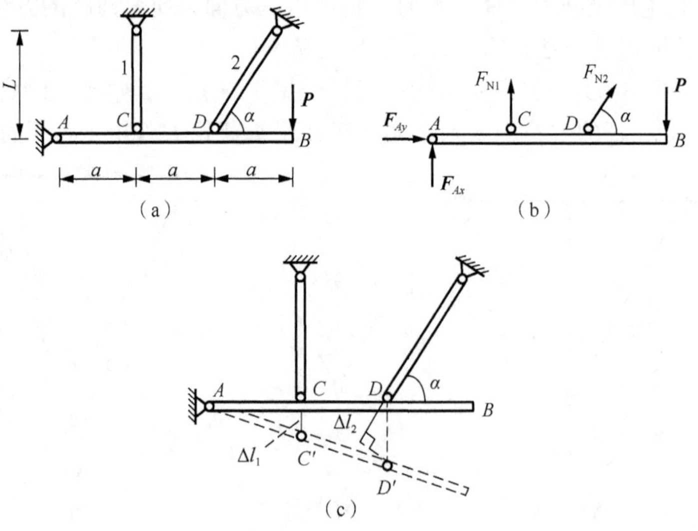

图 11-34

解 （1）静力平衡方面。取刚性杆 AB 为脱离体，设两弹性杆的轴力均为拉力，受力分析如图 11-34（b）所示。欲求这两个未知力，首先建立平衡方程：

$$\sum M_A = 0\text{，}\quad F_{N1} \times a + F_{N2} \sin\alpha \times 2a - P \times 3a = 0 \tag{1}$$

（2）变形几何方面。刚性杆 AB 在力 $\boldsymbol{P}$ 作用下，将绕点 A 顺时针转动，由于是小变形，可认为 C、D 两点沿垂线向下移动到点 C' 和 D'，如图 11-34(c)所示。杆 1 的伸长量为 $\Delta l_1 = CC'$，杆 2 的伸长为 $\Delta l_2 = DD'\sin\alpha$，由图可得几何关系为

$$\frac{CC'}{DD'} = \frac{\Delta l_1}{\dfrac{\Delta l_2}{\sin\alpha}} = \frac{1}{2} \tag{2}$$

（3）物理方面。根据胡克定律，有

$$\Delta l_1 = \frac{F_{N1}L}{EA}\text{，}\quad \Delta l_2 = \frac{\dfrac{F_{N2}L}{\sin\alpha}}{EA} \tag{3}$$

将式（3）式代入式（2），得

$$2\frac{F_{N1}L}{EA}\sin\alpha = \frac{\dfrac{F_{N2}L}{\sin\alpha}}{EA} \quad \Rightarrow \quad 2F_{N1}\sin^2\alpha = F_{N2} \tag{4}$$

式（4）即为补充方程。

（4）将式（1）与（4）联立，解得杆 1 和杆 2 的轴力为

$$F_{N1} = \frac{3P}{1 + 4\sin^3\alpha}\text{，}\quad F_{N2} = \frac{6P\sin^2\alpha}{1 + 4\sin^3\alpha}$$

【例 11-15】 图 11-35（a）所示三根弹性杆的横截面面积均相同，材料也相同，弹性模量 E =200 GPa，α = 30°。三杆应该铰接在节点 A，但 1 杆因为制造误差，长度比预计的 l =1 m 短了 δ =1 mm。现在强行将三杆装配在一起，求各杆的装配应力。

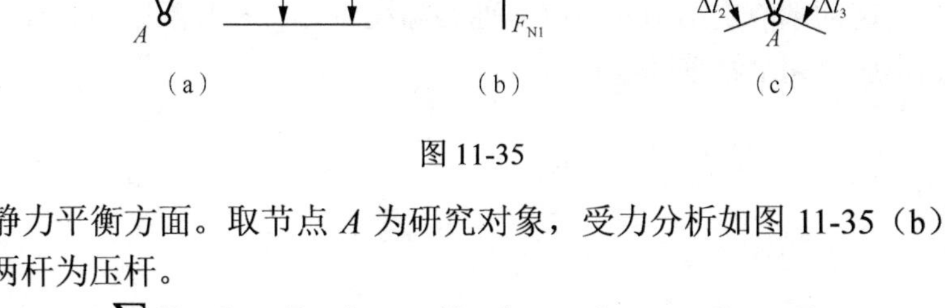

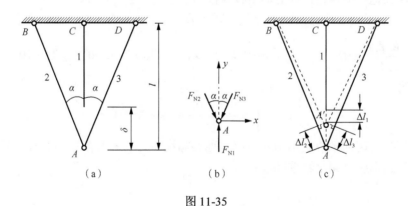

图 11-35

解　（1）静力平衡方面。取节点 A 为研究对象，受力分析如图 11-35（b）所示，其中 1 杆为拉杆，另两杆为压杆。

$$\sum X = 0\text{，}\quad F_{N2}\sin\alpha - F_{N3}\sin\alpha = 0 \quad \Rightarrow \quad F_{N2} = F_{N3}$$

$$\sum Y = 0\text{，}\quad F_{N1} - F_{N2}\cos\alpha - F_{N3}\cos\alpha = 0 \quad \Rightarrow \quad F_{N1} = 2F_{N2}\cos\alpha$$

（2）变形几何方面。由对称性，节点最终应定位在 A 点的垂直正上方 A' 点，如图 11-35（c）所示。变形几何方程为

$$\Delta l_1 + \Delta l_2 / \cos\alpha = \delta$$

（3）物理方面。根据胡克定律，有

$$\Delta l_1=\frac{F_{N1}l}{EA},\quad \Delta l_2=\Delta l_3=\frac{\frac{F_{N2}l}{\cos\alpha}}{EA}$$

联立上述方程组可解得

$$F_{N1}=113A,\quad F_{N2}=F_{N3}=65.2A$$

则有

$$\sigma_1=\frac{F_{N1}}{A}=113\ \text{MPa}（拉），\quad \sigma_2=\sigma_3=\frac{F_{N2}}{A}=65.2\ \text{MPa}（压）$$

长为 1 m 的杆短了 1 mm，就引起了这么大的**装配应力**，因此，超静定结构务必要注意装配应力。

【例 11-16】 图 11-36（a）所示杆两端堵上，初始杆内无应力。已知材料的弹性模量为 E=200 GPa，线膨胀系数为 $\alpha=1.2\times10^{-5}1/℃$，试求当温度升高 40 ℃后，杆横截面应力。

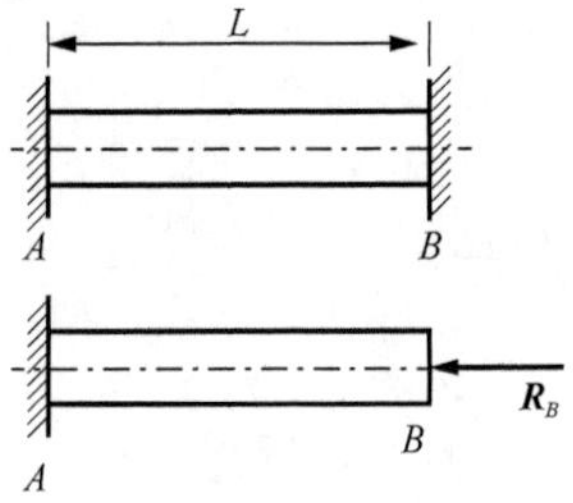

图 11-36

解 温度升高将引起杆的伸长，

$$\Delta l_t=\alpha\Delta tL$$

由于原来两端堵上，杆不可能伸长，则杆内将产生内力。去掉 B 处约束，代以约束反力，如图 11-36（b）所示，则由于杆内压力 R_B 引起的缩短为

$$\Delta l_R=\frac{R_BL}{EA}$$

由杆不可能伸长也不能缩短，得变形相容方程为

$$\Delta l_R=\Delta l_t$$

$$\frac{R_BL}{EA}=\alpha\Delta tL\quad\Rightarrow\quad R_B=\alpha\Delta tEA=1.2\times10^{-5}\times40\times200\times10^9A=9.6\times10^7A$$

横截面应力为

$$\sigma=\frac{R_B}{A}=\frac{9.6\times10^7A}{A}=96\ (\text{MPa})$$

这种因温度变化引起的超静定结构杆内应力称为**温度应力**。和装配应力一样，超静定结构中的温度应力问题也应引起足够重视。

习　题

11-1　试求图示各杆指定截面上的轴力，并作轴力图。（答：略）

11-2　如图所示，钢筋混凝土柱长 l=4 m，正方形截面边长 a=400 mm，考虑自重，重度 γ=24 kN/m³，荷载 F=20 kN。试作轴力图。（答：$F_{\text{Nmax}}=-35.36$ kN）

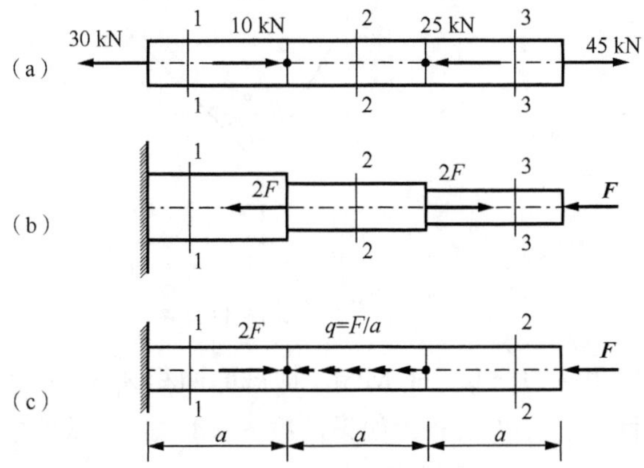

习题 11-1 图

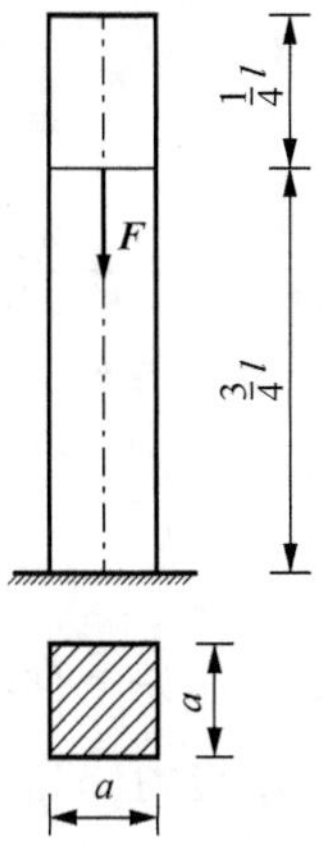

习题 11-2 图

11-3　图示直杆中间部分开一矩形槽，受拉力 F=10 kN 作用，图中截面尺寸单位为 mm。试计算该杆内最大正应力。(答：$\sigma_{\max}=250\text{ MPa}$)

11-4　如图所示，作用力 F 将圆形木桩打入地基，忽略桩端阻力，沿杆圆柱面上单位长度的摩擦力为 $f=kx^2$，k 为常数，根据理想平衡状态来确定。设木桩的抗拉压刚度为 EA，试作木桩的轴力图，并求木桩的变形量。(答：$-\dfrac{Fl}{EA}$)

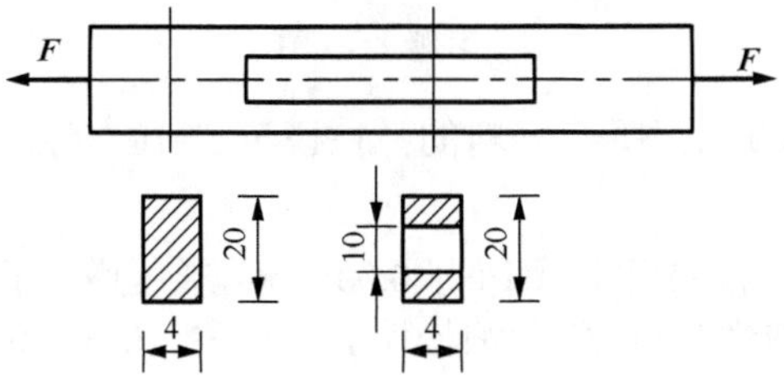

习题 11-3 图

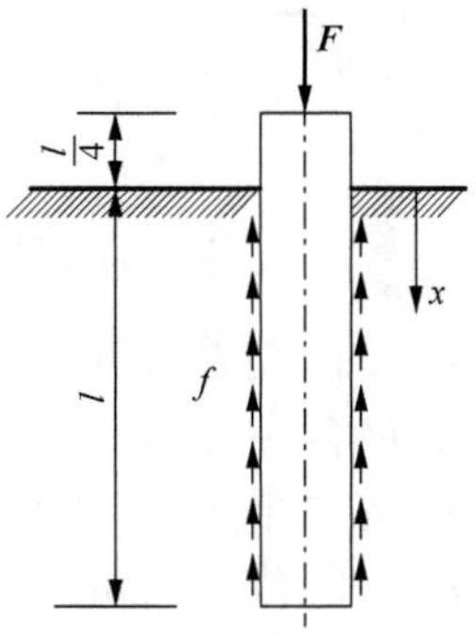

习题 11-4 图

11-5　石砌承重柱垂直放置，高 h=8 m，横截面为矩形，面积为 $A=3\text{ m}\times4\text{ m}=12\text{ m}^2$，柱顶承受向下荷载 F=1000 kN，材料的重度 $\gamma=23\text{ kN/m}^3$，试求石柱底部横截面上的应力。(答：$\sigma=0.267\text{ MPa}$)

11-6　图示五根杆的铰接结构，$AB=BC=CD=AD=L$，$BD=\sqrt{2}L$，各杆的拉压刚度同为 EA。沿对角线 AC 作用两相同的力 F，试用能量法求 A、C 两点间的相对位移。(答：$\dfrac{\left(2+\sqrt{2}\right)FL}{EA}$)

11-7　图示结构中，AC 和 BC 两杆均为钢杆，许用应力$[\sigma]$=160 MPa，横截面面积分别为 $A_1=706.9\text{ mm}^2$，$A_2=314\text{ mm}^2$，节点 C 处悬挂重物 P，试求此结构的许用荷载$[P]$。(答：$[P]=97.1\text{ kN}$)

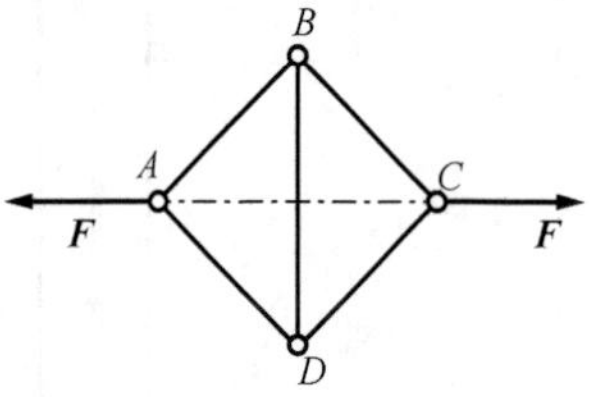

习题 11-6 图

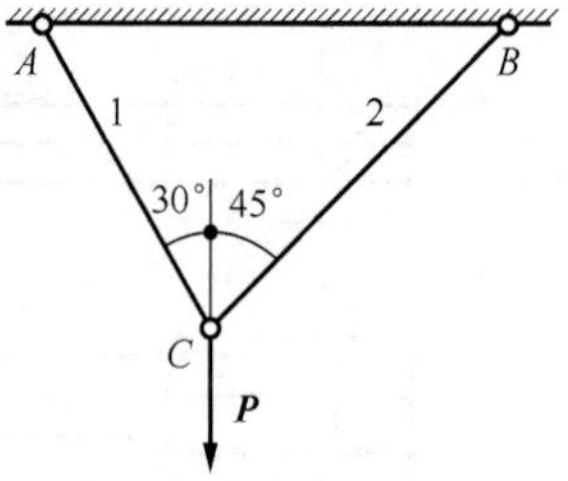

习题 11-7 图

11-8　图示二杆桁架中，钢杆 AB 许用应力 $[\sigma]_1$=160 MPa，横截面面积 $A_1 = 6\ \text{cm}^2$；木杆 AC 许用压应力 $[\sigma]_2$=7 MPa，横截面面积 $A_2 = 100\ \text{cm}^2$，如果荷载 $F = 40\ \text{kN}$，试校核此结构强度。（答：$\sigma_{AB} = 133\ \text{MPa}$，$\sigma_{AC} = 6.93\ \text{MPa}$，满足强度条件）

11-9　图示吊车中滑轮可在横梁 CD 上移动，最大起重量 $F = 20\ \text{kN}$，斜杆 AB 拟由两根相同的等边角钢组成，许用应力 $[\sigma]$=140 MPa，试选择角钢型号。（答：$40\times40\times3$ 角钢）

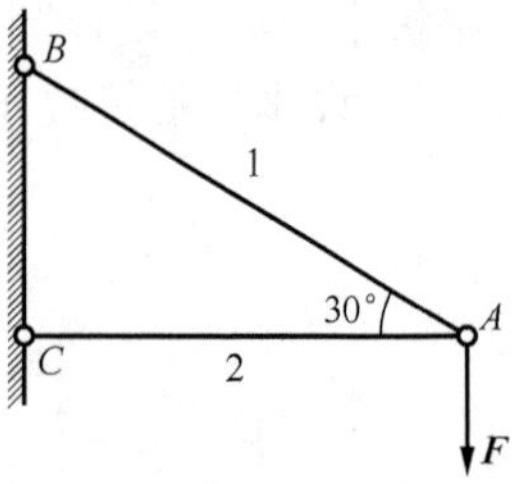

习题 11-8 图

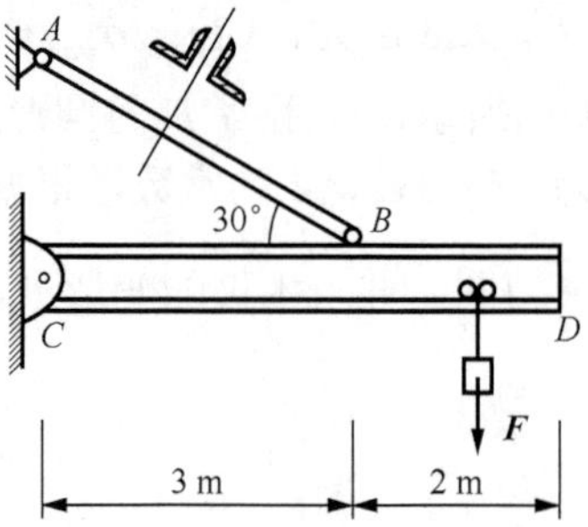

习题 11-9 图

11-10　图示等直杆横截面为边长 200 mm 的正方形，材料的弹性模量 E=10 GPa。试求杆的总变形。（答：−1.35 mm）

11-11　图示试件在轴向拉力 F=20 kN 作用下横向尺寸 h 缩小了 0.005 mm，长度增加了 1 mm，图中截面尺寸单位为 mm。试求杆件材料的弹性模量 E 和泊松比 μ。（答：$E = 200\ \text{GPa}$，$\mu = 0.25$）

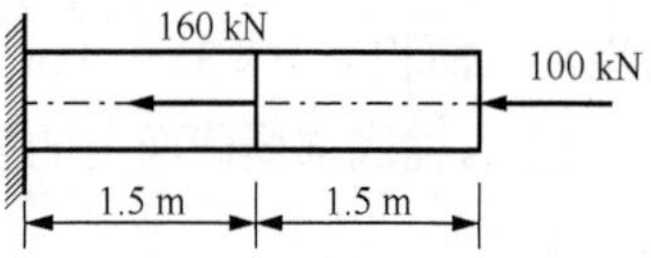

习题 11-10 图

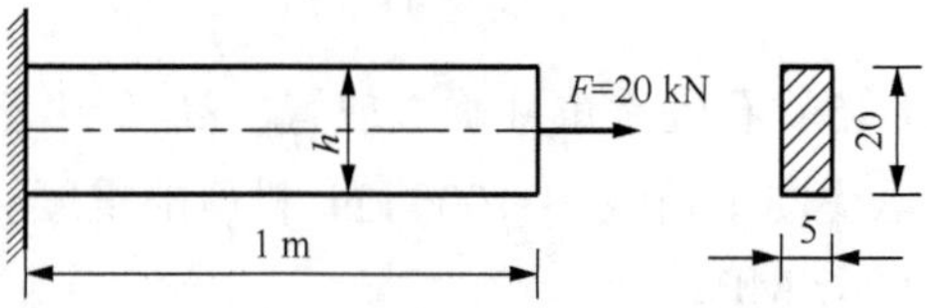

习题 11-11 图

11-12　直径 d=16 mm 的圆截面杆，长 l=1.5 m，承受轴向拉力 F=30 kN 作用，测得杆的总伸长 Δl=1.1 mm，试求杆材料的弹性模量 E。（答：$E = 203.5\ \text{GPa}$）

11-13　如图所示，石砌承重柱高 h=8 m，横截面为矩形，面积为 $A = 3\ \text{m}\times 4\ \text{m} = 12\ \text{m}^2$，荷载 F=1000 kN，材料的重度 $\gamma = 23\ \text{kN/m}^3$，弹性模量 E=50 GPa。试求石柱的总变形 Δl。（答：$2.81\times10^{-2}\ \text{mm}$）

11-14　由钢和铜两种材料组成的阶梯状直杆如图所示，图中长度单位为 mm。已知钢和铜的弹性模量分别为 E_1=200 GPa，E_2=100 GPa，横截面面积之比为 2∶1。若杆的总伸长 Δl =0.68 mm，试求荷载 **F** 及杆内最大正应力。（答：$F = 25.1\ \text{kN}$，$\sigma_{\max} = 120\ \text{MPa}$）

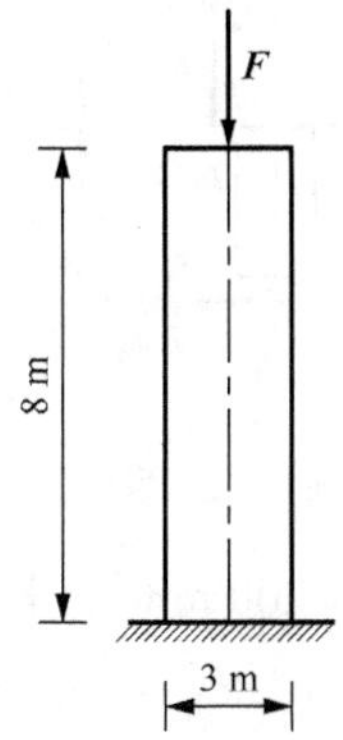

习题 11-13 图

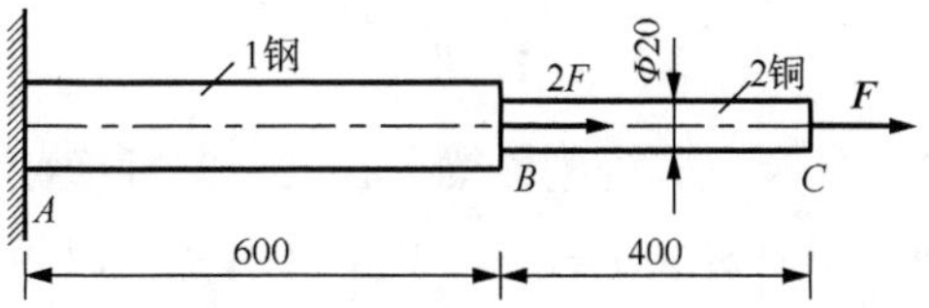

习题 11-14 图

11-15　直径相同的铸铁圆截面杆设计成如图（a）、（b）所示的两种结构形式。已知铸铁的许用拉应力 $[\sigma]_t$ =40 MPa，许用压应力 $[\sigma]_c$ =160 MPa，结构所承受的荷载 $F = 2\sqrt{3}$ kN（忽略结构自重），试问两种结构中杆的所需直径分别为多少？（答：（a）d=11.28 mm；（b）d=7.98 mm）

11-16　图示结构中 AB 和 AC 两杆完全相同，横截面面积 $A = 200\ \text{mm}^2$，弹性模量 E=200 GPa，今测得两杆纵向线应变分别为 $\varepsilon_1 = 2.0\times10^{-4}$，$\varepsilon_2 = 4.0\times10^{-4}$，试求荷载 **F** 及其方位角 θ。（答：$F = 21.2\ \text{kN}$，$\theta = 10.9°$）

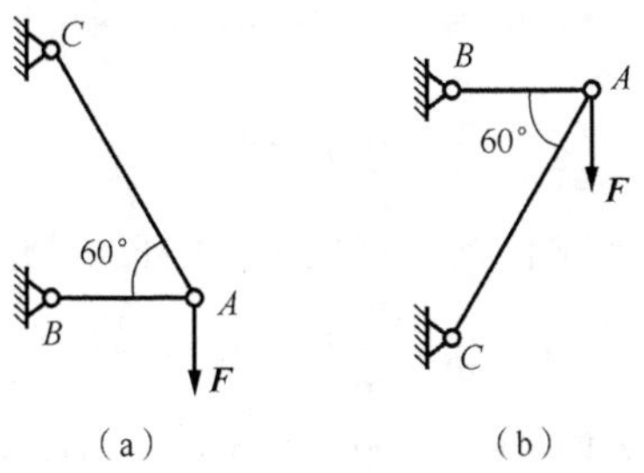

习题 11-15 图

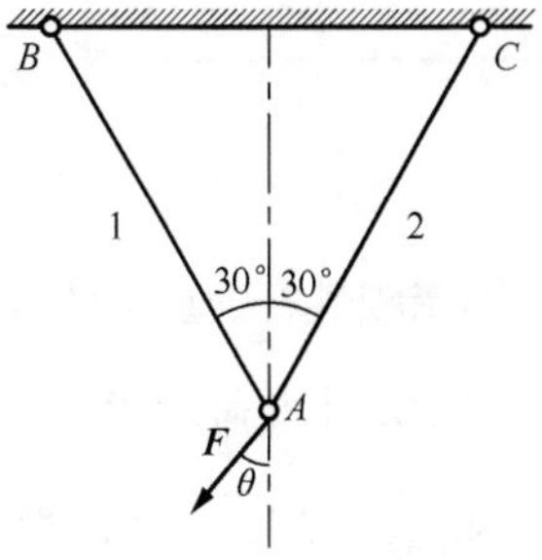

习题 11-16 图

11-17　图示结构中刚杆 AEC 由两根圆截面弹性杆 AB 及 CD 连接。已知两弹性杆的弹性模量 E=120 GPa，直径均为 d=1 cm，若 E 点处作用水平力 F=300 kN，试分别用几何法和能量法求 E 点水平位移。（答：16.3 mm）

11-18　图示阶梯形杆上端固定，下端距支座 δ =1 mm，AB 和 BC 两段横截面面积分别为 $A_1 = 600\ \text{mm}^2$，$A_2 = 300\ \text{mm}^2$，长度 a=1.2 m，材料的弹性模量均为 E=210 GPa。现作用荷载 F_1=60 kN，F_2=40 kN，试画该杆轴力图。（答：略）

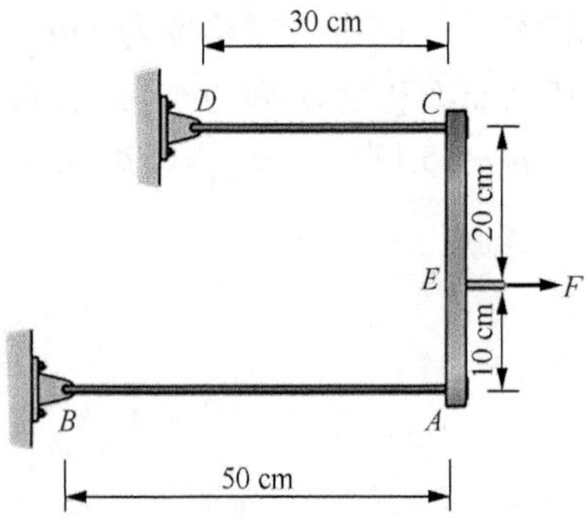

习题 11-17 图

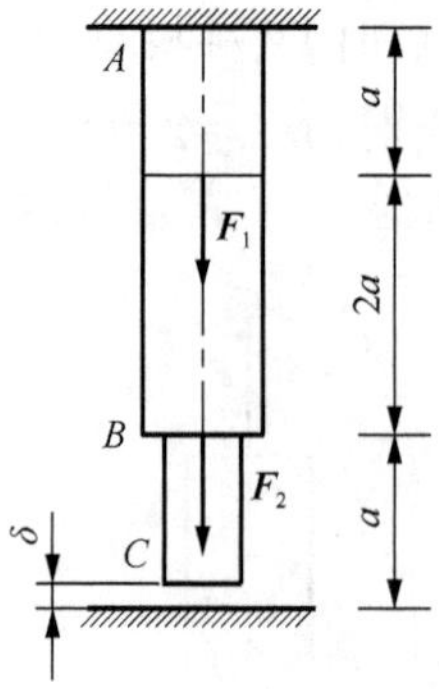

习题 11-18 图

11-19　图示 AB 为刚性梁，1、2、3 杆横截面面积均为 $A = 200\ \text{mm}^2$，材料的弹性模量 E=210 GPa，设计杆长 l=1 m，其中 2 杆加工时短了 δ=0.5 mm，试求：将三杆装配到刚梁上后，各杆横截面上的应力。（答：$\sigma_1 = \sigma_3 = -35\ \text{MPa}$，$\sigma_2 = 70\ \text{MPa}$）

11-20　两端固定的等截面直杆受轴向荷载 F 作用，如图所示，试求固定端 A、B 的支座反力。（答：$R_A = -R_B = \dfrac{F}{3}$）

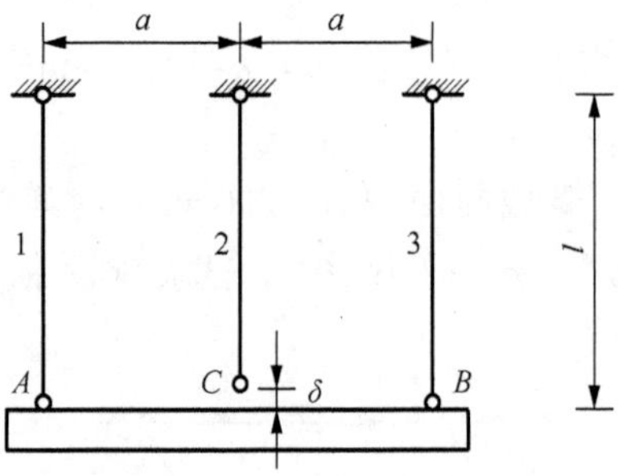

习题 11-19 图

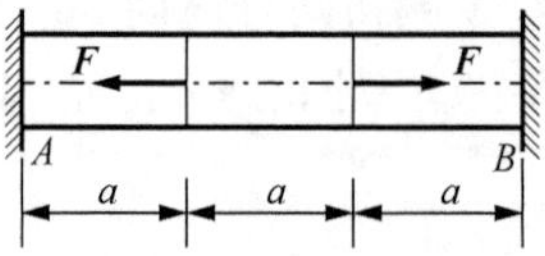

习题 11-20 图

11-21　图示刚性杆 AB 由两根弹性杆 1、2 固定在水平位置，已知 1、2 杆的拉压刚度均为 EA，试求当 AB 杆受荷载 $\boldsymbol{P}$ 作用时 1、2 杆的轴力。（答：$F_{N1} = \dfrac{3}{5}P$，$F_{N2} = \dfrac{6}{5}P$）

11-22　图示刚性杆 AB 由两根弹性杆 1、2 固定在水平位置，已知 1、2 杆的拉压刚度均为 EA，线膨胀系数均为 α，试求当温度下降 Δt 时 1、2 杆的轴力。（答：$F_{N1} = \dfrac{2EA\alpha\Delta t}{5}$，$F_{N2} = -\dfrac{EA\alpha\Delta t}{5}$）

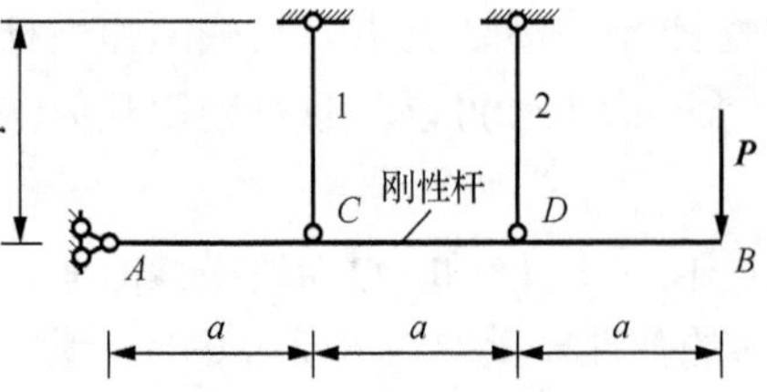

习题 11-21 图

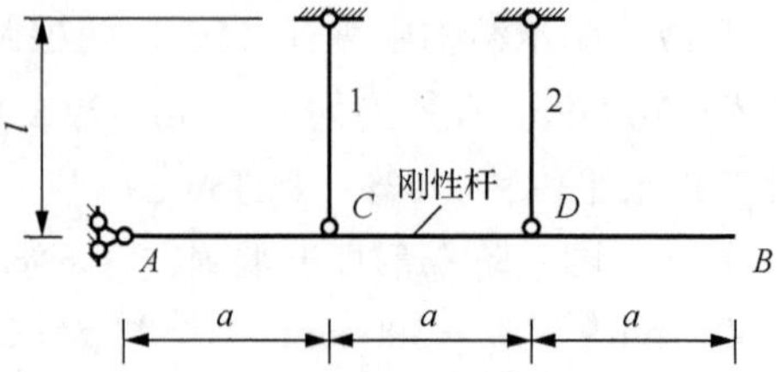

习题 11-22 图

11-23　图示实心钢柱 A 外套空心铜管 B，下端放置在刚性基础上，上部通过一个刚性盖板作用 10 kN 的轴向力。已知 $E_{钢}$=210 GPa，$E_{铜}$=100 GPa，钢柱直径 d=20 mm，铜管外半径 R=20 mm，壁厚 5mm，试求钢柱 A 和铜管 B 分别承受的轴力。（答：F_A=5.5 kN，F_B=4.5 kN）

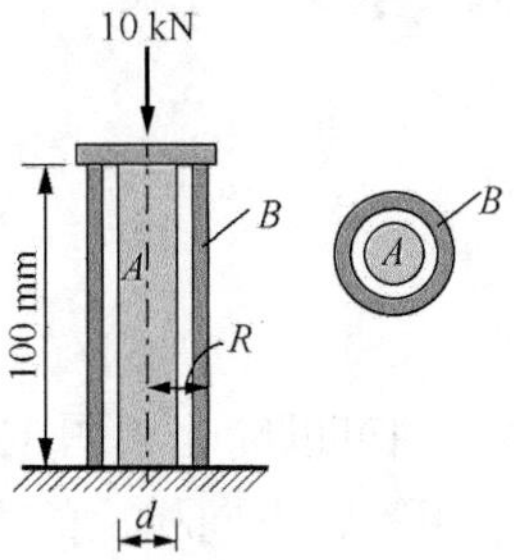

习题 11-23 图

第 12 章　扭　转

12.1　概述

图 12-1（a）所示的方向盘下传动轴可以简化成图 12-1（b）所示的力学模型，在该模型中垂直于杆轴线平面内受到一对大小相等、方向相反的力偶作用，在该力偶作用下，杆件任意两横截面之间产生相对转动，即发生**扭转变形**。单纯产生扭转变形的例子在实际工程中并不多，但有些杆件变形是以扭转变形为主的，称为**轴**，例如机械系统中的传动轴。由于非圆截面杆的扭转变形比较复杂，需用弹性力学的方法求解，本章只研究等直圆轴的扭转强度和变形计算。

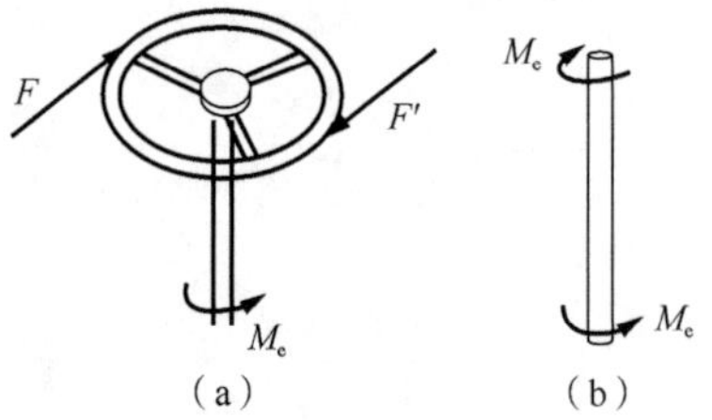

图 12-1

12.2　扭矩和扭矩图

在研究传动轴的扭转变形之前，首先要分析传动轴所受外力偶矩的情况。10.1.2 小节曾指出，若已知电机（发电机、电动机）铭牌上标注的功率 P（kW）和转速 n（r/min），可以换算出作用在机轴上的外力偶矩：

$$M_e = \frac{P\times 1000}{2\pi n/60} = 9554\frac{P}{n}(\mathrm{N\cdot m}) = 9.554\frac{P}{n}(\mathrm{kN\cdot m}) \tag{12-1}$$

由于扭转外力偶作用面平行于轴的横截面，由平衡条件可知，横截面上的内力也只有作用在截面上的力偶，该内力偶矩称为**扭矩**，用 T 表示。轴上的外力偶矩确定后，即可通过截面法求出任意横截面上的扭矩。

例如，图 12-2（a）所示等直圆轴在外力偶矩 M_e 作用下处于平衡状态。欲计算 A-A 截面上的扭矩 T，可假想地在该截面处将圆轴截成两段，取任意一段如左段作为研究对象，由于整个轴处于平衡状态，则左段轴亦应保持平衡[图 12-2（b）]。由平衡方程得

$$\sum M_x = 0,\ T - M_e = 0 \quad \Rightarrow \quad T = M_e$$

若取右段[图 12-2（c）]为研究对象，由平衡方程同样可得到横截面内的扭矩 $T = M_e$。为使左右两段轴上求得的同一截面上的扭矩正负号相同，对扭矩的正负号按**右手螺旋法则**做如

下规定：用右手四指沿扭矩的转向握住轴，若拇指的指向离开截面，则扭矩为正；反之为负。按该规定，图 12-2（b）、（c）中扭矩同为正值。

正如拉压杆的轴力图，用扭矩图可以清晰地表示各段轴上扭矩的大小，确定最大扭矩值及其所在横截面的位置。

【例 12-1】 求图 12-3（a）所示受扭轴各段的扭矩，并绘扭矩图。

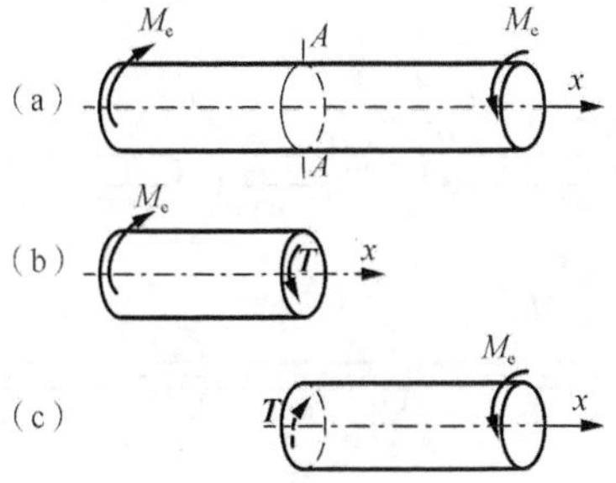

图 12-2

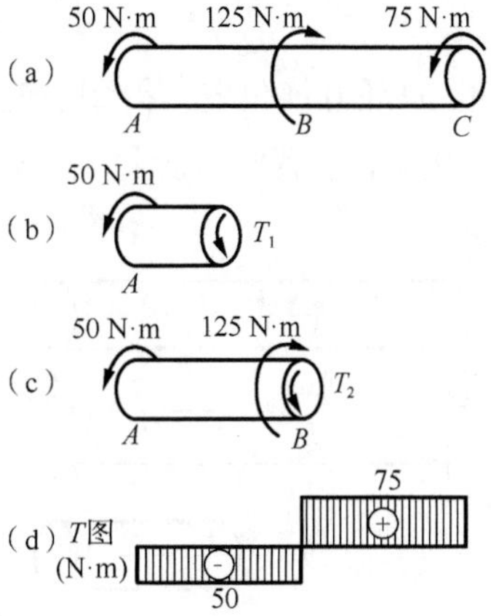

图 12-3

解　(1) 用截面法计算扭矩。用一假想平面将轴在 AB 段中某处截面截开，如图 12-3（b）所示，研究左段轴的平衡，可得 AB 段内扭矩：

$$\sum M_x = 0,\quad 50 + T_1 = 0 \quad \Rightarrow \quad T_1 = -50(\mathrm{N \cdot m})$$

同理，用截面法和平衡方程计算 BC 段内的扭矩[图 12-3（c）]：

$$\sum M_x = 0,\quad 50 - 125 + T_2 = 0 \quad \Rightarrow \quad T_2 = 75(\mathrm{N \cdot m})$$

（2）画扭矩图如图 12-3（d）所示。AB、BC 段杆内扭矩均为常数，扭矩图为水平线。B 截面处有外力偶 $125\ \mathrm{N \cdot m}$ 作用，扭矩图有突变，突变值等于外力偶的大小。

【例 12-2】 图 12-4（a）所示的轴受集度为 m 的分布力偶作用，试绘该轴扭矩图。

解　(1) 用截面法计算扭矩。用一假想截面将轴在 x 处截开，如图 12-4（b）所示，研究右段轴的平衡，可得 x 截面扭矩：

$$\sum M_x = 0,\quad -mx - T(x) = 0$$

$$T(x) = -mx$$

（2）画扭矩图，如图 12-4（c）所示。该轴的扭矩与截面到右端距离 x 成正比，所以扭矩图为一斜直线，最大扭矩值在固定端截面 A 处：$T_{\max} = -ml$。

【例 12-3】 图 12-5（a）中传动轴的转速 n=300 r/min，主动轮 A 输入功率 P_A=40 kW，其余各轮输出功率分别为 P_B=10 kW，P_C=12 kW，P_D=18 kW。试作此轴的扭矩图。

解　(1) 计算扭转外力偶矩。传动轴的力学简图如图 12-5（b）所示，

$$M_A = 9.554\frac{P_A}{n} = 9.554\frac{40}{300} = 1.2739(\mathrm{kN \cdot m}) = 1273.9(\mathrm{N \cdot m})$$

$$M_B = 9.554\frac{P_B}{n} = 9.554\frac{10}{300} = 0.3185(\mathrm{kN \cdot m}) = 318.5(\mathrm{N \cdot m})$$

$$M_C = 9.554\frac{P_C}{n} = 9.554\frac{12}{300} = 0.3822(\mathrm{kN \cdot m}) = 382.2(\mathrm{N \cdot m})$$

$$M_D = 9.554\frac{P_D}{n} = 9.554\frac{18}{300} = 0.5732(\mathrm{kN \cdot m}) = 573.2(\mathrm{N \cdot m})$$

（2）作扭矩图，如图 12-5（c）所示。最大扭矩值为

$$T_{\max} = 700.7(\mathrm{N \cdot m})$$

若将 A、D 轮互换位置，得到的 $T_{\max}=1273.9\ \mathrm{N \cdot m}$，显然这种轮的布局是不合理的。在布置主动轮和从动轮位置时，应将主动轮放在中间而非端部，以尽可能降低轴上的最大扭矩。

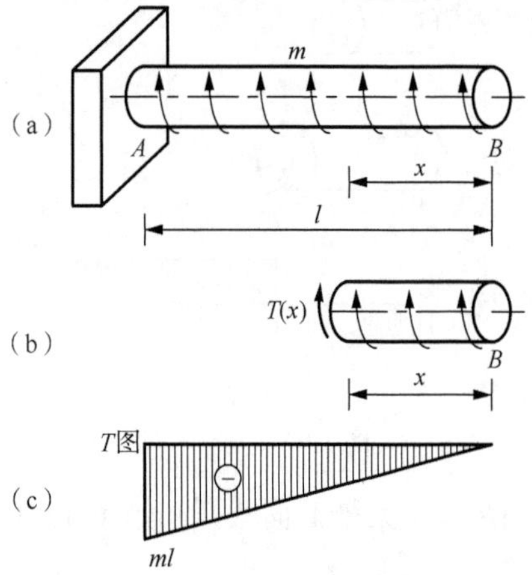

图 12-4

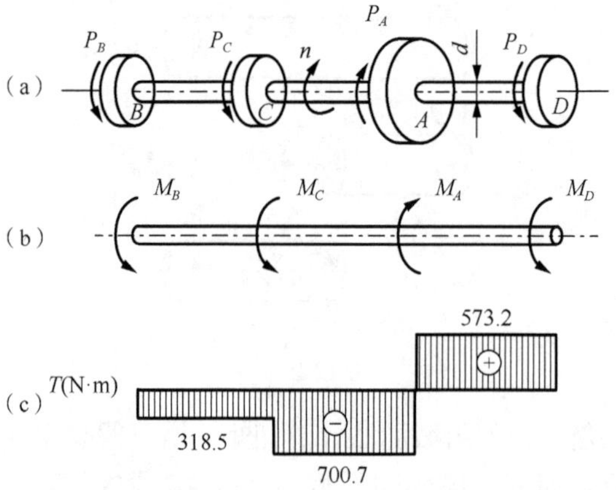

图 12-5

12.3　等直圆轴横截面上的切应力、强度条件

12.3.1　等直圆轴横截面上的切应力

与推导拉压杆横截面上的正应力类似，在小变形情况下，受扭轴横截面上只有切应力作用。由横截面上各点的切应力与相应微面积之乘积，即 $\tau \mathrm{d}A$，最终应合成截面上的扭矩，可以得到一个力学方程，但由于横截面上各点处的切应力情况未知，求解切应力也属于超静定问题，需要从三个方面来考虑。

1. 几何方面

在圆轴表面画上若干条纵向线和圆周线，如图 12-6（a）所示。两端作用扭转外力偶后，小变形下可观测到：轴发生扭转变形，纵向线发生倾斜，且仍可视为直线；圆周线保持为圆形，即横截面保持原状，两横截面绕圆轴的轴线发生相对转动，圆轴的长短不变，如图 12-6（b）所示。根据观察到的现象，可做出如下**平面假设**：在扭转变形过程中，横截面就像刚性平面一样绕轴转动。在此假设前提下，得到的应力和变形公式都被试验结果和弹性理论所证实。

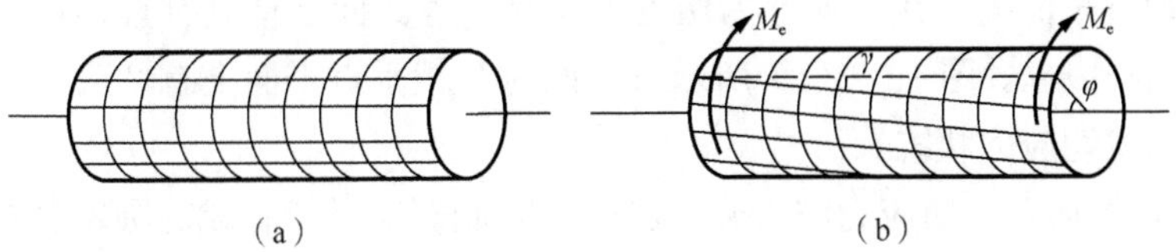

图 12-6

如图 12-6（b）所示，两端截面相对扭转角设为φ。因为纵向线倾斜，圆轴表面上圆周线与纵向线相交成的直角发生改变，改变量称为切应变γ。从图中可知，相对扭转角φ与两横截面间的距离有关，而该段轴表面上各点处的切应变γ均相同。沿距离为 dx 的两横截面和相邻两个通过轴线的径向面取隔离体[图 12-7（a）]，放大后如图 12-7（b）所示，左右两截面相对扭转角为$\mathrm{d}\varphi$，距轴线为ρ的点在垂直于它所在半径 OA 的平面内的切应变为γ_ρ，小变形时有

$$\overline{bb'} = \gamma_\rho \mathrm{d}x = \rho \mathrm{d}\varphi$$

$$\gamma_\rho = \rho \frac{\mathrm{d}\varphi}{\mathrm{d}x} \tag{12-2}$$

式中，$\dfrac{\mathrm{d}\varphi}{\mathrm{d}x}$为**单位长度的扭转角**，在给定横截面上其为常量。由上式可知，在指定截面上，距轴线为ρ的圆周上各点处的切应变γ_ρ均相同，即横截面上的γ_ρ与ρ成正比。

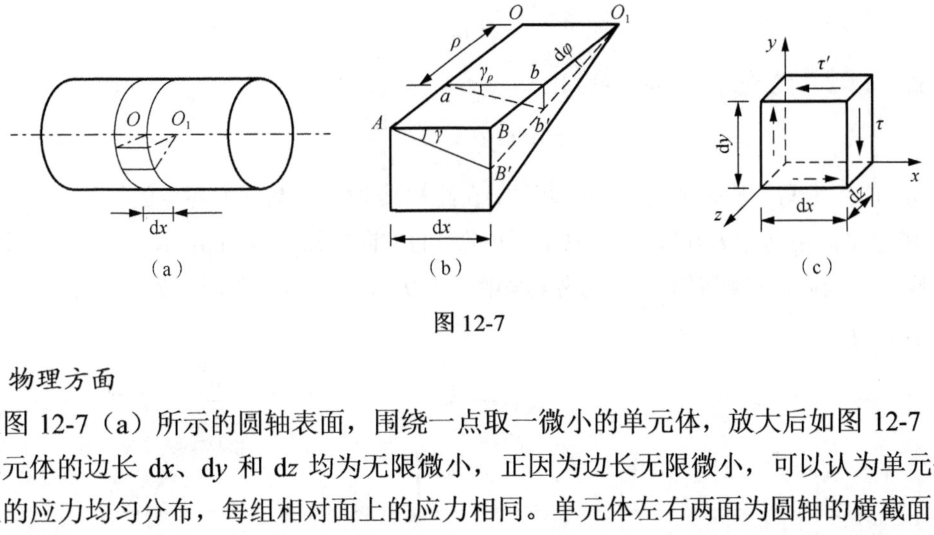

图 12-7

2. 物理方面

在图 12-7（a）所示的圆轴表面，围绕一点取一微小的单元体，放大后如图 12-7（c）所示，单元体的边长 dx、dy 和 dz 均为无限微小，正因为边长无限微小，可以认为单元体每个表面上的应力均匀分布，每组相对面上的应力相同。单元体左右两面为圆轴的横截面，上下两面为径向面，前后面为周向面。因为前表面为自由表面，所以前后面上没有应力。圆轴横截面上有切应力作用，假设右面上有向下的切应力τ，则由单元体的平衡需满足平衡方程$\sum Y=0$，可知左面上应是大小相等、方向相反的切应力τ。单元体平衡还需满足平衡方程$\sum M_z=0$和$\sum X=0$，故在单元体的上下表面上有一对大小相等、方向相反的切应力τ'，并且

$$(\tau' \mathrm{d}z\mathrm{d}x)\mathrm{d}y = (\tau \mathrm{d}z\mathrm{d}y)\mathrm{d}x$$

$$\tau' = \tau \tag{12-3}$$

由此可知：两个互相垂直平面上垂直于平面交线的切应力大小相等，其方向同时指向（或背

离）两个互相垂直平面的交线，这称为**切应力互等定理**。此定理具有普遍意义，在同时有正应力的情况下同样成立。图 12-7（c）所示只在两对互相垂直平面上有切应力而无正应力的这种状态，称为**纯剪切应力状态**。

如图 12-8（a）所示，切应力将引起切应变。对低碳钢材料制成的圆轴做扭转试验，可得图 12-8（b）所示的切应力τ与切应变γ之间关系的试验曲线。图中直线段最高点的切应力值为**剪切比例极限**τ_p，当切应力不超过τ_p时，τ与γ之间呈线性关系，这一范围称为**线弹性范围**。在线弹性范围内，有

$$\tau = G\gamma \tag{12-4}$$

这称为**剪切胡克定律**，式中G称为材料的**切变模量**，其量纲与弹性模量E的量纲相同。钢材的切变模量值约为 80 GPa。

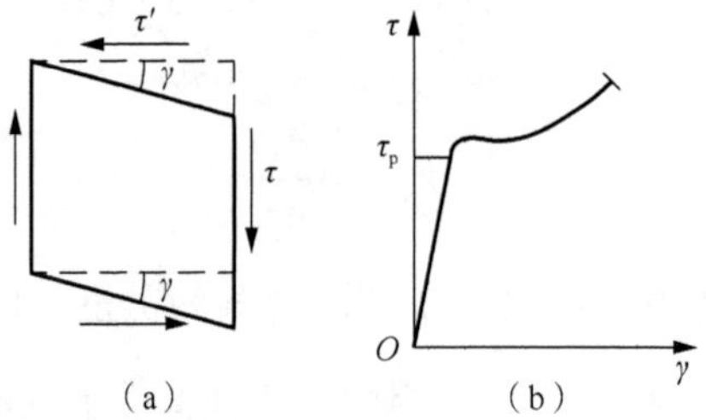

图 12-8

将式（12-2）代入式（12-4）可知，

$$\tau_\rho = G\gamma_\rho = G\rho\frac{\mathrm{d}\varphi}{\mathrm{d}x} \tag{12-5}$$

上式表明，切应力与切应变的分布规律相同，在距轴线为ρ的圆周上各点的切应力τ_ρ均相同，τ_ρ与ρ成正比。由切应力互等定理可知，切应力的方向必然与周边相切，否则自由表面上将出现切应力，因此，横截面上切应力分布如图 12-9（a）所示。在形心处τ_ρ=0；在横截面外边缘处切应力最大。

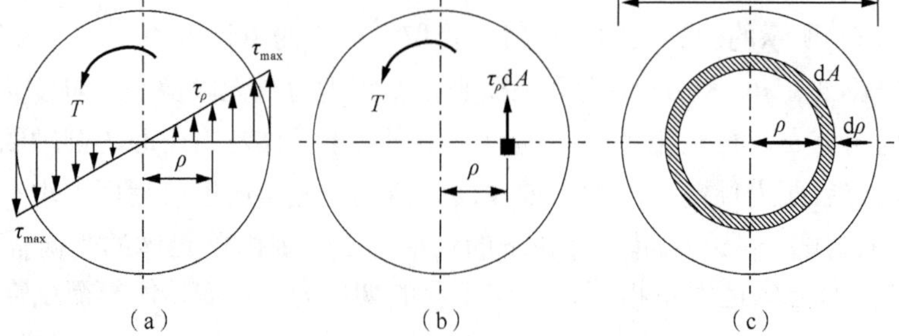

图 12-9

3. 静力方面

如图 12-9（b）所示，横截面上的扭矩T应等于所有微面积 dA 上的力τ_ρ dA对形心O的力矩之和，即

$$T=\int_A \rho\tau_\rho \mathrm{d}A = G\frac{\mathrm{d}\varphi}{\mathrm{d}x}\int_A \rho^2\mathrm{d}A \tag{12-6}$$

令 $I_p=\int_A \rho^2 \mathrm{d}A$，$I_p$ 称为**截面的极惯性矩**，代入上式得

$$\frac{\mathrm{d}\varphi}{\mathrm{d}x}=\frac{T}{GI_p} \tag{12-7}$$

将式（12-7）代入式（12-5），得到等直圆轴扭转时横截面上任意一点切应力的计算公式为

$$\tau_\rho=\frac{T\rho}{I_p} \tag{12-8}$$

式中，ρ 为横截面内所求点到圆心的距离。当 ρ 等于圆轴半径时，即为横截面外缘处的切应力，也是该截面上的最大切应力 τ_{max}。

下面讨论圆截面极惯性矩 I_p 的求解。由于 $I_p=\int_A \rho^2 \mathrm{d}A$，在距圆心为 ρ 处取厚度为 $\mathrm{d}\rho$ 的面积元素，如图 12-9（c）所示，则 $\mathrm{d}A=2\pi\rho\mathrm{d}\rho$，积分得

$$I_p=\int_0^{\frac{d}{2}} 2\pi\rho^3\mathrm{d}\rho=\frac{\pi d^4}{32} \tag{12-9}$$

单位为 m^4 或 mm^4。对于空心圆管，其横截面上切应力的分布规律如图 12-10 所示，内边缘应力最小，外边缘应力最大。如内径为 d、外径为 D，则极惯性矩为

$$I_p=\int_A \rho^2\mathrm{d}A=\int_{\frac{d}{2}}^{\frac{D}{2}} 2\pi\rho^3\mathrm{d}\rho=\frac{\pi}{32}(D^4-d^4)=\frac{\pi D^4}{32}(1-\alpha^4) \tag{12-10}$$

式中，$\alpha=d/D$。

由上面分析可知，不管是实心圆轴，还是空心圆管，最大切应力为

$$\tau_{max}=\frac{T\rho_{max}}{I_p}=\frac{T}{W_p} \tag{12-11}$$

式中，$W_p=I_p/\rho_{max}$，称为**抗扭截面系数**。实心圆截面的抗扭截面系数 $W_p=\frac{I_p}{d/2}=\frac{\pi d^3}{16}$，空心圆截面的抗扭截面系数 $W_p=\frac{\pi D^3}{16}(1-\alpha^4)$。

【例 12-4】 分成两段的阶梯实心圆轴如图 12-11（a）所示，试求轴上的最大切应力 τ_{max}。

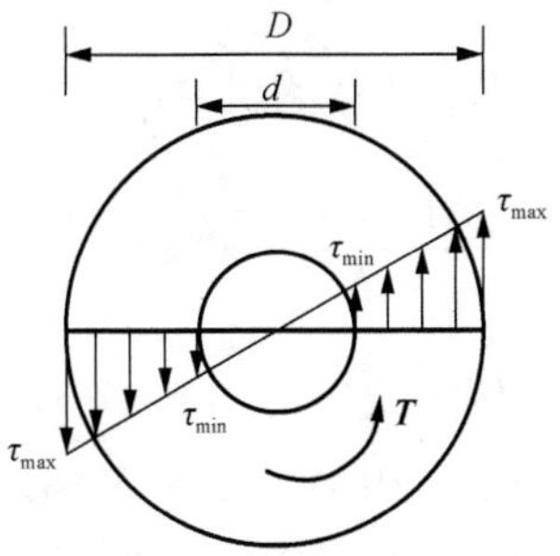

图 12-10

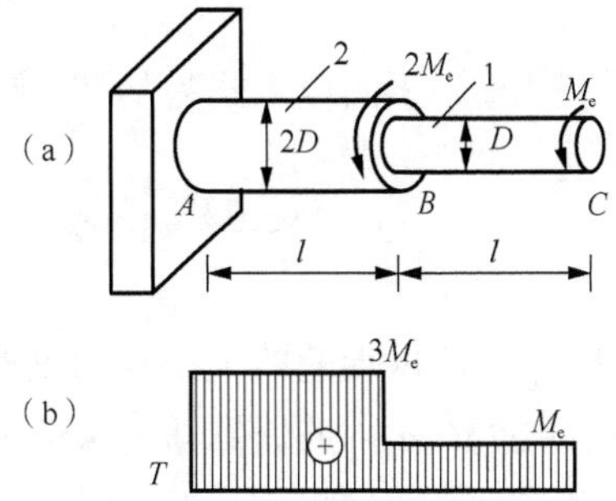

图 12-11

解　画整个轴的扭矩图如图 12-11（b）所示。各段轴内的最大切应力分别为

$$AB\text{ 段：}\ \tau_{AB\max}=\frac{T_{AB}}{W_{p1}}=\frac{3M_e}{\frac{\pi(2D)^3}{16}}=\frac{6M_e}{\pi D^3}$$

$$BC\text{ 段：}\ \tau_{BC\max}=\frac{T_{BC}}{W_{p2}}=\frac{M_e}{\frac{\pi D^3}{16}}=\frac{16M_e}{\pi D^3}$$

所以，轴内最大切应力为

$$\tau_{\max}=\tau_{BC\max}=\frac{16M_e}{\pi D^3}$$

【例 12-5】　如图 12-12（a）所示，已知薄壁圆筒的壁厚 t 和平均直径 d_0。当 d_0 远大于 t，例如 $d_0>20t$ 时，可以假设切应力沿厚度方向均匀分布[图 12-12（b）]，得到近似计算公式，$\tau=2T/(\pi d_0^2 t)$，试验算该式的精确度。

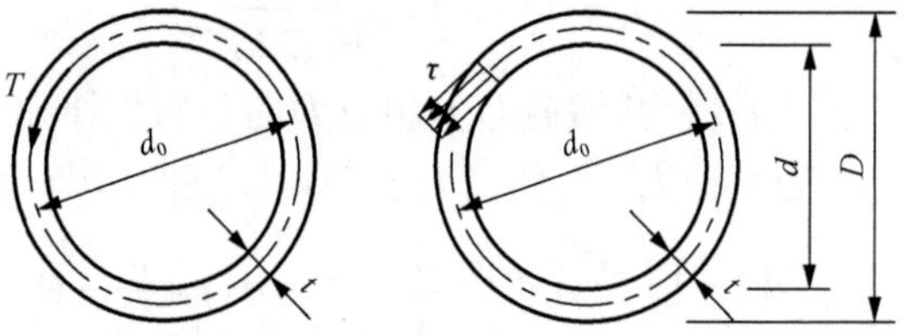

图 12-12

解　薄壁圆筒可以当作空心圆管，采用圆截面切应力的计算公式（12-8），用此公式计算薄壁圆筒横截面上任意点的切应力是精确的。由式（12-8）得

$$\tau_{\max}=\frac{T\rho_{\max}}{I_p}=\frac{T}{W_p}=\frac{TD}{\frac{\pi(D^4-d^4)}{16}}=\frac{16TD}{\pi(D^2+d^2)(D+d)(D-d)}$$

将 $D=d_0+t$，$d=d_0-t$ 代入上式，整理后得

$$\tau_{\max}=\frac{2T(1+\beta)}{\pi d_0^2 t(1+\beta^2)}$$

式中，$\beta=t/d_0$。下面以上式为基准，计算近似公式 $\tau=2T/(\pi d_0^2 t)$ 的误差，

$$\Delta=\frac{\tau_{\max}-\tau}{\tau_{\max}}\times 100\%=\left(1-\frac{\tau}{\tau_{\max}}\right)\times 100\%=\frac{\beta(1-\beta)}{1+\beta}\times 100\%$$

由于 $\beta=t/d_0$，所以误差的大小是由壁厚与平均直径的比值来决定的。β 越小，误差越小，近似公式 $\tau=2T/(\pi d_0^2 t)$ 的计算结果越精确。当 β=5%，即 $d_0=20t$ 时，Δ=4.52%。因此在筒壁相对很薄时，切应力沿壁厚均匀分布的假设在工程计算中是可以接受的。从而，空心轴尤其薄壁圆轴能合理地利用材料，物尽其用。但值得注意的是，薄壁圆轴加工困难，而且筒壁过薄的轴在受扭时，可能因失稳使筒壁局部出现褶皱，以致失去承载能力。

12.3.2　强度条件

等直圆轴扭转时，轴内各点均处于纯剪切状态。其强度条件为：轴内的最大工作切应力不超过材料的许用切应力，即

$$\tau_{\max}=\frac{T_{\max}}{W_{\mathrm{p}}}\leqslant[\tau] \tag{12-12}$$

按上式可校核受扭圆轴的强度。将上式变换为 $T_{\max}\leqslant[\tau]W_{\mathrm{p}}$ 可确定受扭圆轴的许用荷载，变换为 $W_{\mathrm{p}}\geqslant T_{\max}/[\tau]$ 则可设计圆轴的横截面尺寸。

试验研究表明，材料在纯剪切和拉伸时的力学性能之间存在一定关系，因而，通常可以从材料的许用正应力 $[\sigma]$ 值来确定其许用切应力 $[\tau]$ 值，例如低碳钢等塑性材料一般取 $[\tau]=(0.5\sim0.6)[\sigma]$。

【例 12-6】 传动轴的扭矩为 955 N·m，其许用切应力 $[\tau]$=80 MPa，试分别选择实心轴和空心轴（d/D=0.5）的直径，并比较其重量。

解　先按强度条件确定实心轴直径。

$$D_0^3\geqslant\frac{16T}{\pi[\tau]}=\frac{16\times955\ (\mathrm{N\cdot m})}{\pi\times80\times10^6\ (\mathrm{Pa})}=6.07\times10^{-5}(\mathrm{m}^3)$$

$$D_0\geqslant39.3\ \mathrm{mm}$$

取实心轴直径为 39.3 mm，然后按强度条件确定空心轴直径。

$$D^3\geqslant\frac{16T}{\pi(1-\alpha^4)[\tau]}=\frac{16\times955\ (\mathrm{N\cdot m})}{\pi\times(1-0.5^4)\times80\times10^6\ (\mathrm{Pa})}=6.48\times10^{-5}(\mathrm{m}^3)$$

$$D\geqslant40.2\ \mathrm{mm}$$

所以，空心轴外径取 $D=40.2$ mm，内径取 $d=0.5D=20.1$ mm。

最后比较两者的重量。空心轴与实心轴的重量比，亦为横截面面积比：

$$\frac{D^2-d^2}{D_0^2}=\frac{40.2^2-20.1^2}{39.3^2}=0.785$$

12.4　等直圆轴的扭转变形、刚度条件

由式（12-7）两边积分，即得距离为 l 的两横截面之间的相对扭转角：

$$\varphi=\int_l \mathrm{d}\varphi=\int_l\frac{T}{GI_{\mathrm{p}}}\mathrm{d}x \tag{12-13}$$

若 l 长度上等直圆轴的材料和扭矩为常量，则上式积分结果为

$$\varphi=\frac{Tl}{GI_{\mathrm{p}}} \tag{12-14}$$

式中，GI_{p} 为**抗扭刚度**，GI_{p} 越大，轴越不容易发生扭转变形。显然，轴越长，相对扭转角 φ 越大，工程上通常用**单位长度的相对扭转角** θ 来度量轴的扭转变形程度，即

$$\theta=\frac{\mathrm{d}\varphi}{\mathrm{d}x}=\frac{T}{GI_{\mathrm{p}}} \tag{12-15}$$

某些传动轴工作过程中若变形过大，会严重影响加工精度，因此需要利用刚度条件对传动轴的扭转变形程度加以限制，即单位长度扭转角不超过许用扭转角：

$$\theta_{\max} \leqslant [\theta] \tag{12-16}$$

工程中$[\theta]$的单位通常为°/m，而式（12-15）求得θ的单位为rad/m，单位变换后得到

$$\frac{T_{\max}}{GI_{\mathrm{p}}}\frac{180^{\circ}}{\pi} \leqslant [\theta] \tag{12-17}$$

根据上式及其变换形式可对圆轴进行刚度校核、截面设计或计算许用荷载。

【例 12-7】 图 12-13（a）所示实心圆轴。已知直径D=20 mm，长度l=0.5 m，切变模量G=80 GPa，许用单位长度扭转角$[\theta]$=0.5°/m。求C截面相对于A截面的扭转角，并校核此轴的刚度。

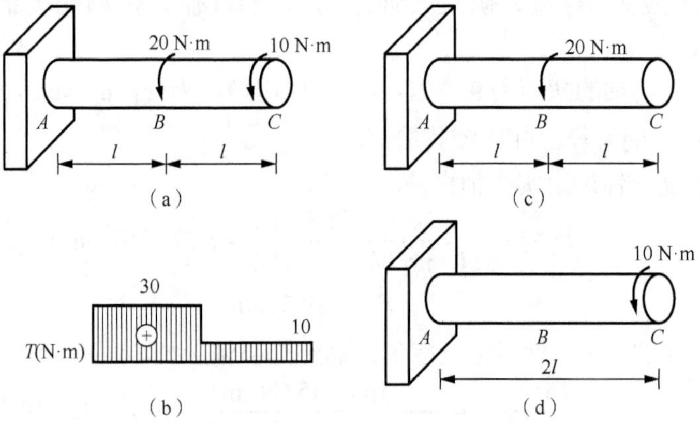

图 12-13

解 （1）绘出扭矩图，如图 12-13（b）所示。

（2）两段轴的端截面相对扭转角分别为

$$BC\text{段：}\quad \varphi_{CB} = \frac{T_{BC}l}{GI_{\mathrm{p}}} = \frac{10\times 0.5}{80\times 10^{9}\times\dfrac{\pi}{32}\times\left(20\times 10^{-3}\right)^{4}} = 0.00398(\mathrm{rad})$$

$$AB\text{段：}\quad \varphi_{BA} = \frac{T_{AB}l}{GI_{\mathrm{p}}} = \frac{30\times 0.5}{80\times 10^{9}\times\dfrac{\pi}{32}\times\left(20\times 10^{-3}\right)^{4}} = 0.01194(\mathrm{rad})$$

C截面相对于A截面的扭转角为

$$\varphi_{CA} = \varphi_{CB} + \varphi_{BA} = 0.00398 + 0.01194 = 0.01592(\mathrm{rad})$$

上述计算方法为**分段求解法**。如果一段轴的扭矩相同，但材料不同（即G不同）或截面不同（即I_{p}不同），也应分段计算扭转角。

此类问题还可单独考虑每个外力偶矩引起的相对扭转角，然后将结果叠加得到两者共同作用时的相对扭转角。具体解法如下。

如图 12-13（c）所示，只有B截面上作用 20 N·m 时，C截面相对于A截面的扭转角也就是B截面相对于A截面的扭转角，具体为

$$\varphi_{CA}' = \frac{20\times 0.5}{80\times 10^{9}\times\dfrac{\pi}{32}\times\left(20\times 10^{-3}\right)^{4}} = 0.00796(\mathrm{rad})$$

如图 12-13（d）所示，只有 C 截面上作用 10 N·m 时，C 截面相对于 A 截面的扭转角为

$$\varphi''_{CA}=\frac{10\times2\times0.5}{80\times10^9\times\frac{\pi}{32}\times\left(20\times10^{-3}\right)^4}=0.00796(\text{rad})$$

因此，两个外力偶矩同时作用时，C 截面相对于 A 截面的扭转角为

$$\varphi_{CA}=\varphi'_{CA}+\varphi''_{CA}=0.00796+0.00796=0.01592(\text{rad})$$

上述求解相对扭转角的方法称为**叠加法**。叠加法是个普适性的方法：当所求参数（内力、应力、变形或位移）与构件所受荷载为线性关系时，由几项荷载共同作用所引起的某一参数，就等于每项荷载单独作用时所引起的该参数值的叠加。当该参数处于同一平面内同一方向时，叠加即为代数和，若处于不同平面或不同方向，则为几何和。

（3）校核刚度。两段轴的单位长度扭转角分别为

$$BC\text{ 段：}\theta_{BC}=\frac{\varphi_{CB}}{l}\times\frac{180^\circ}{\pi}=\frac{0.00398}{0.5}\times\frac{180^\circ}{\pi}=0.456(^\circ/\text{m})$$

$$AB\text{ 段：}\theta_{AB}=\frac{\varphi_{BA}}{l}\times\frac{180^\circ}{\pi}=\frac{0.01194}{0.5}\times\frac{180^\circ}{\pi}=1.368(^\circ/\text{m})$$

$$\theta_{\max}=\theta_{AB}=1.368^\circ/\text{m}>[\theta]$$

因此，该轴不满足刚度要求。

【例 12-8】 图 12-14 所示圆轴受集度为 m 的分布力偶作用，试求 B 截面相对 A 截面的扭转角 φ_{BA}。

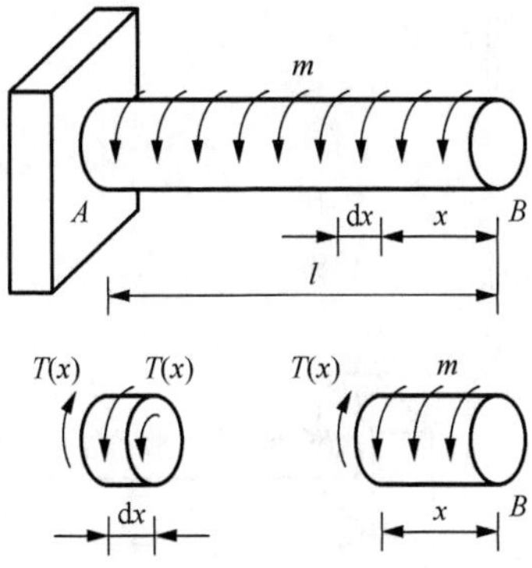

图 12-14

解　（1）用截面法求 x 截面上的扭矩。将轴用假想平面从 x 处截开，以右半部分为脱离体，列平衡方程，得

$$T(x)=mx$$

（2）dx 微段的相对扭转角为

$$\mathrm{d}\varphi=\frac{T(x)\mathrm{d}x}{GI_\text{p}}=\frac{mx\mathrm{d}x}{GI_\text{p}}$$

（3）B 截面相对 A 截面的扭转角为

$$\varphi_{BA}=\int_0^l\frac{mx}{GI_\text{p}}\mathrm{d}x=\frac{ml^2}{2GI_\text{p}}$$

12.5　等直圆轴扭转时的应变能

当圆轴扭转变形时，弹性体内将积蓄应变能。下面根据 11.5 节弹性体的功能原理推导等直圆轴扭转时的应变能表达式。

如图 12-15（a）所示，在外力偶 M_e 的作用下，端截面 B 的扭转角为 φ。力偶 M_e 在该位移上所做的功等于 M_e 与 φ 关系曲线下的面积。由于在线弹性变形范围内，M_e 与 φ 呈线性关系，如图 12-15（b）所示，因此力偶 M_e 所做的功为

$$W=\frac{1}{2}M_\text{e}\varphi$$

因为 $T=M_\text{e}$，$\varphi=\dfrac{Tl}{GI_\text{p}}=\dfrac{M_\text{e}l}{GI_\text{p}}$，则积蓄在体内的应变能为

$$V_\varepsilon = W = \frac{1}{2}M_e\varphi = \frac{M_e^2 l}{2GI_p} = \frac{T^2 l}{2GI_p} \tag{12-18}$$

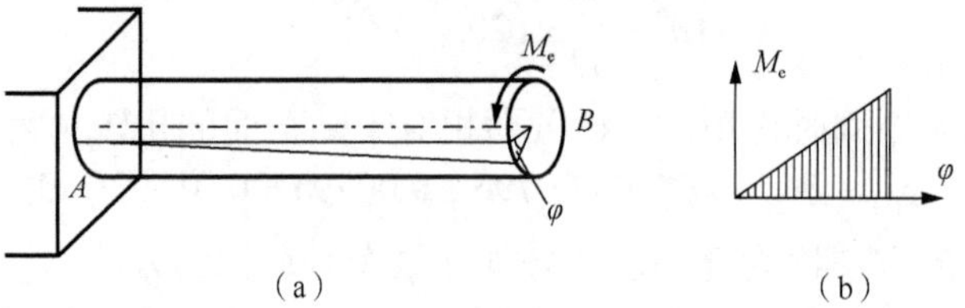

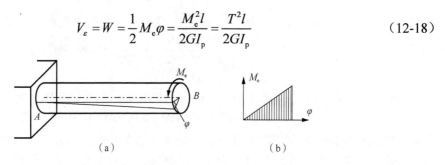

图 12-15

由于受扭圆轴横截面上各点处的应力与到轴心的距离成正比，不是均匀分布，即不是均匀变形，因此，应变能密度不能采用整个圆轴的应变能除以圆轴体积来求解。受扭圆轴各点都处于纯剪切应力状态，纯剪切应力状态下的应变能密度的推导可以参见孙训方等编著的《材料力学》（第 5 版，高等教育出版社），这里直接给出结果：

$$v_\varepsilon = \frac{1}{2}\tau\gamma = \frac{\tau^2}{2G} = \frac{G\gamma^2}{2} \tag{12-19}$$

【例 12-9】 图 12-16（a）所示等直圆轴受到分布力偶和集中力偶作用，已知轴的扭转刚度为 GI_p，试求轴内应变能，并求 B 截面相对 A 截面的扭转角。

解 （1）用假想截面分别截开 CB 段[图 12-16（b）]和 AC 段[图 12-16（c）]，计算两段的扭矩。

$$BC\text{ 段：}\ T_1 = -mx = -\frac{Mx}{l}$$

$$CA\text{ 段：}\ T_2 = M - mx = \frac{M(l-x)}{l}$$

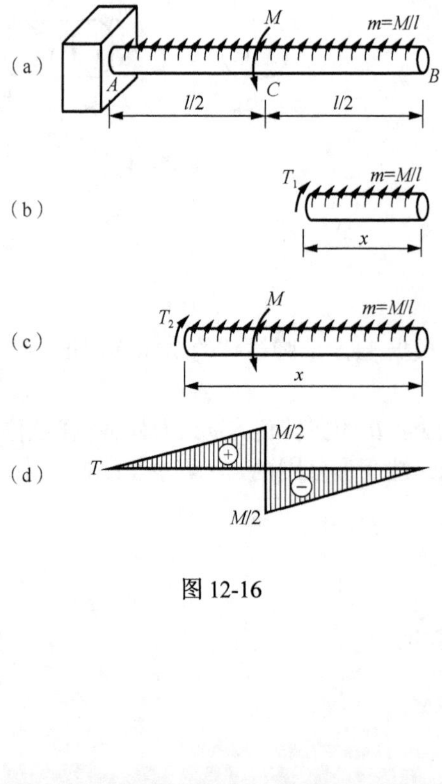

图 12-16

整个轴的扭矩图如图 12-16（d）所示。

（2）计算轴内的应变能。

$$V_\varepsilon = V_{\varepsilon BC} + V_{\varepsilon CA} = \int_0^{\frac{l}{2}} \frac{(-mx)^2}{2GI_p}\mathrm{d}x + \int_{\frac{l}{2}}^{l} \frac{(M-mx)^2}{2GI_p}\mathrm{d}x$$

$$= \frac{M^2}{2GI_p l^2}\int_0^{\frac{l}{2}} x^2\mathrm{d}x + \frac{M^2}{2GI_p l^2}\int_{\frac{l}{2}}^{l}(l-x)^2\mathrm{d}x$$

$$= \frac{M^2 l}{48GI_p} + \frac{M^2 l}{48GI_p} = \frac{M^2 l}{24GI_p}$$

（3）B 截面相对 A 截面的扭转角为

$$\theta_{BA} = \theta_{BC} + \theta_{CA} = \int_0^{\frac{l}{2}} \frac{-mx}{GI_p}\mathrm{d}x + \int_{\frac{l}{2}}^{l} \frac{M-mx}{GI_p}\mathrm{d}x$$

$$= -\frac{M}{GI_p l}\int_0^{\frac{l}{2}} x\mathrm{d}x + \frac{M}{GI_p l}\int_{\frac{l}{2}}^{l}(l-x)\mathrm{d}x$$

$$= -\frac{Ml}{8GI_p} + \frac{Ml}{8GI_p} = 0$$

也可以采用叠加法求该相对扭转角，请读者自行完成。另外，是否可以采用叠加法求轴内的应变能？为什么？

【例 12-10】 图 12-17 所示折杆的 AB 段直径 d=40 mm，长 l=1m，材料的许用切应力 $[\tau]$=70 MPa，切变模量为 G=80 GPa。BC 段视为刚性杆，a = 0.5 m。当铅垂荷载 F=1 kN 时，试校核 AB 段的强度，并求 C 截面的铅垂位移。

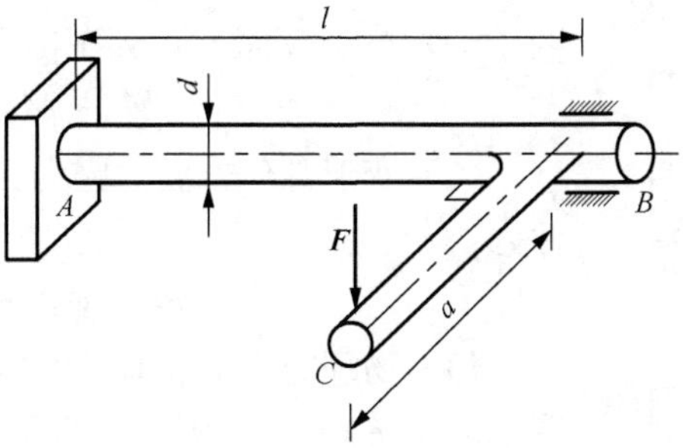

图 12-17

解 （1）校核 AB 段强度。因为 C 处作用的铅垂荷载 F，AB 段圆轴上的扭矩为

$$T = F\times a = 1\times10^3\times0.5 = 500(\mathrm{N\cdot m})$$

则 AB 段圆轴内的最大切应力为

$$\tau_{\max}=\frac{T}{W_{\mathrm{p}}}=\frac{T}{\dfrac{1}{16}\pi d^3}=\frac{500\times16}{\pi\times0.04^3}=39.8\times10^6(\mathrm{Pa})=39.8(\mathrm{MPa})<[\tau]$$

因此，满足强度条件。

（2）求 C 截面的铅垂位移。AB 段圆轴端截面的相对扭转角为

$$\varphi_{AB}=\frac{Tl}{GI_{\mathrm{p}}}=\frac{500\times1}{80\times10^9\times\dfrac{1}{32}\times\pi\times0.04^4}=0.0249\ (\mathrm{rad})$$

当为小变形时，C 截面的铅垂位移为

$$v_C=\varphi_{AB}\times a=0.0249\times0.5=0.0124(\mathrm{m})=12.4(\mathrm{mm})\ (\downarrow)$$

也可以采用能量法求解 C 截面的铅垂位移。

由于

$$V_\varepsilon=\frac{T^2l}{2GI_{\mathrm{p}}}=W_F=\frac{1}{2}Fv_C$$

则有

$$v_C=\frac{T^2l}{FGI_{\mathrm{p}}}=\frac{500^2\times1\times32}{1\times10^3\times80\times10^9\times\pi\times0.04^4}=0.0124(\mathrm{m})=12.4(\mathrm{mm})\ (\downarrow)$$

12.6 扭转超静定问题

求解扭转超静定问题与求解拉压超静定问题一样，要从三方面考虑。最重要的是变形几何方面，即从几何方面分析构件变形应满足的变形协调条件；然后通过物理方程得到补充方程，几次超静定就需要建立几个补充方程；最后，再与静力平衡方程联立求解约束反力，包括多余约束反力。在此基础上可以继续进行内力、强度和刚度计算。

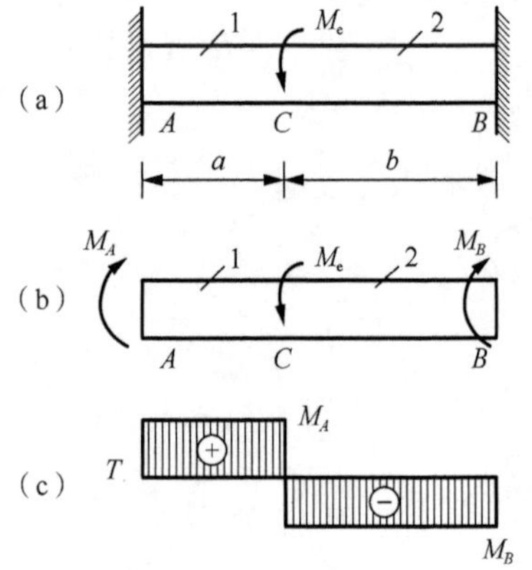

图 12-18

【例 12-11】 图 12-18（a）所示等直圆轴，A、B 两端固定，C 截面作用扭转外力偶 M_e，求两端的约束反力偶。

解　(1) 静力平衡方面。假设两端的约束反力偶如图 12-18（b）所示，可列平衡方程：

$$M_A + M_B = M_e \tag{1}$$

(2) 变形几何方面。因为 A、B 两端固定，变形协调条件为

$$\varphi_{BA} = \varphi_{BC} + \varphi_{CA} = 0 \tag{2}$$

(3) 物理方面。由图 12-18（b）画该轴的扭矩图，如图 12-18（c）所示。因此，可列物理方程，并代入几何方程，得到补充方程为

$$\frac{(-M_B)b}{GI_p} + \frac{M_A a}{GI_p} = 0 \tag{3}$$

上式可以改写为

$$\frac{M_A}{M_B} = \frac{\dfrac{GI_p}{a}}{\dfrac{GI_p}{b}} = \frac{b}{a} \tag{4}$$

上式表明，A、B 两处的反力偶（从而 AC、CB 两段轴的扭矩）按各段轴的线刚度（单位长度的刚度）之比分配，线刚度大的轴段扭矩也大。这和轴向拉压超静定问题中结论一致，是超静定结构的特点之一，这个结论以后可以直接利用解题。

联立式（1）和式（4），求得

$$M_A = \frac{M_e b}{a+b}, \quad M_B = \frac{M_e a}{a+b}$$

【例 12-12】 如图 12-19（a）所示受扭等直圆轴，已知荷载 M_e、长度 l 和抗扭刚度 GI_p，试求支座 A、B 的反力偶。

解　(1) 静力平衡方面。假设两端的约束反力偶如图 12-19（b）所示，可列平衡方程：

$$M_A + M_B + 3M_e - M_e = 0$$

(2) 变形几何方面。因为 A、B 两端固定，变形协调条件为 $\varphi_{BA} = 0$。

(3) 物理方面。假设 B 端约束为多余约束，去除多余约束，代以约束反力偶，如图 12-19（c）所示。由叠加法计算 A、B 两端截面的相对扭转角得

$$\varphi_{BA} = \frac{(3M_e)l}{GI_p} - \frac{M_e(2l)}{GI_p} + \frac{M_B(3l)}{GI_p} = \frac{l}{GI_p}(M_e + 3M_B)$$

将 φ_{BA} 代入变形协调条件，即可解得

$$M_B=-\frac{M_e}{3}$$

上式代入平衡方程，解得

$$M_A=-\frac{5M_e}{3}$$

也可以利用 A、B 两处反力偶按各段轴线刚度之比分配的特点来进行求解，如下所示：

$$M_A=-\frac{2}{3}(3M_e)+\frac{1}{3}M_e=-\frac{5M_e}{3}$$

$$M_B=-\frac{1}{3}(3M_e)+\frac{2}{3}M_e=-\frac{M_e}{3}$$

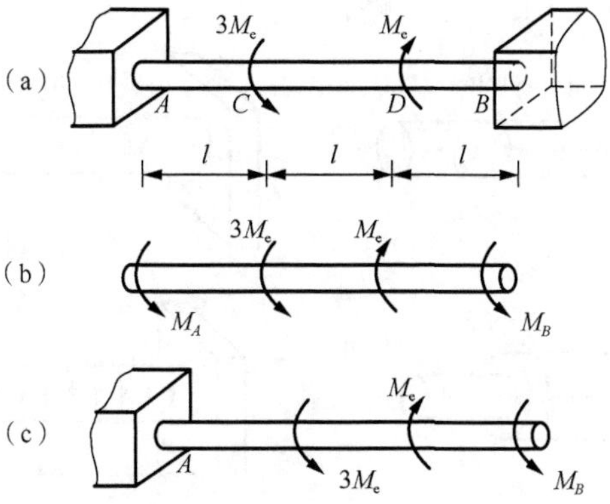

图 12-19

【例 12-13】 一圆管套在一个圆轴外，两端与刚性盖板焊住，如图 12-20 所示。圆轴与圆管的切变模量分别为 G_1、G_2，当两端盖板上施加一对扭转外力偶 M_e 时，求圆管和圆轴各自承担的扭矩值。

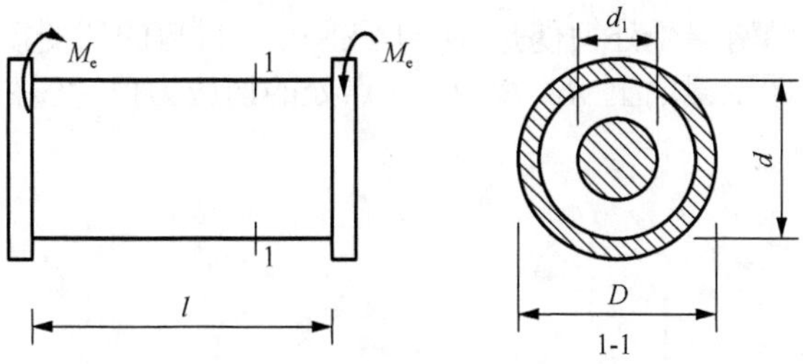

图 12-20

解　在扭转外力偶 M_e 作用下，假设圆管承担的扭矩为 T_1，圆轴承担的扭矩为 T_2，由平衡条件知

$$T_1+T_2=M_e \tag{1}$$

由变形协调条件有

$$\varphi_1=\varphi_2 \tag{2}$$

由物理条件有

$$\varphi_1=\frac{T_1 l}{G_1 I_{p1}},\varphi_2=\frac{T_2 l}{G_2 I_{p2}} \tag{3}$$

式中，$I_{p1}=\pi d_1^4/32$，$I_{p2}=\pi D^4\left(1-\alpha^4\right)/32$ $(\alpha=d/D)$。联立上面三式，解得

$$T_1=\frac{M_e}{1+\dfrac{G_2 I_{p2}}{G_1 I_{p1}}}=\frac{M_e}{1+\dfrac{G_2}{G_1}\cdot\dfrac{D^4\left(1-\alpha^4\right)}{d_1^4}},\quad T_2=\frac{M_e}{1+\dfrac{G_2}{G_1}\cdot\dfrac{D_1^4}{D^4\left(1-\alpha^4\right)}}$$

习　　题

12-1　作图示圆轴的扭矩图。（答：略）

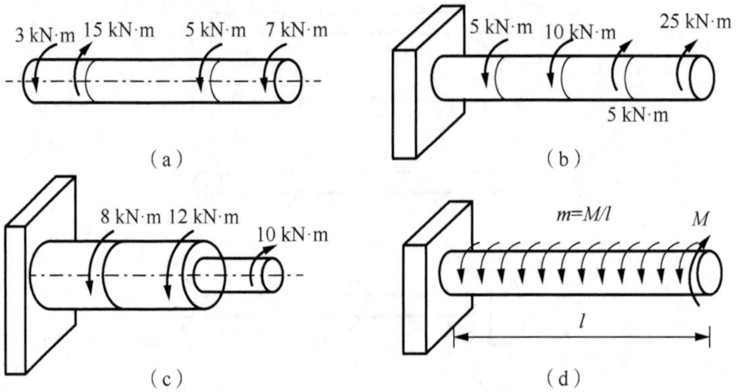

习题 12-1 图

12-2　某钻机功率为 $P=10\ \text{kW}$，转速 $n=180\ \text{r/min}$。钻入土层的钻杆长度 $l=40\ \text{m}$，土对钻杆的阻力看成如图所示沿杆长均匀分布的分布力偶，试求此分布力偶的集度 m，并作该轴扭矩图。（答：$m=13.3\ \text{N}\cdot\text{m/m}$）

12-3　实心等直圆轴两端受外力偶矩 M_e=14 kN·m，材料的切变模量 G=80 GPa，图中截面尺寸单位为 mm。求图示截面上 A、B、C 三点处的切应力值。（答：$\tau_A=\tau_B=71.4\ \text{MPa}$，$\tau_C=35.7\ \text{MPa}$）

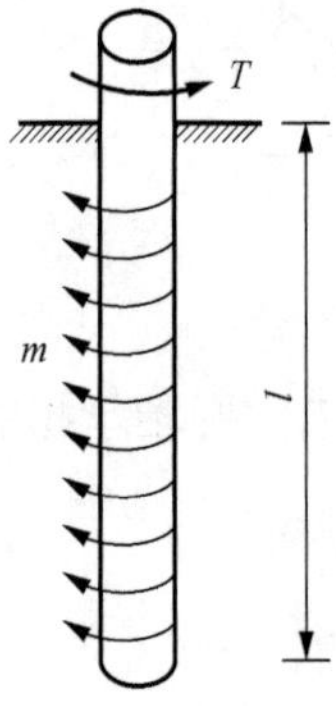

习题 12-2 图

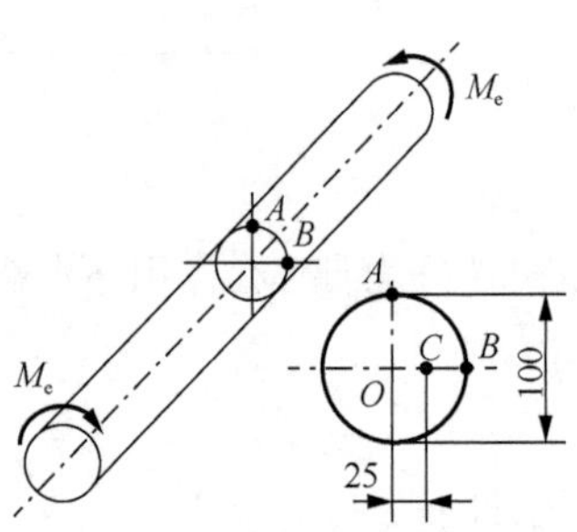

习题 12-3 图

12-4　图示圆轴 AC 段空心，而 CE 段实心，若剪切弹性模量 $G=80$ GPa，图中尺寸单位为 mm。试求轴内的最大切应力和最大切应变。（答：40.7 MPa，5.09×10^{-4}）

12-5　作图示等直圆杆的扭矩图。若杆的直径为 d，材料剪切弹性模量为 G，试求 A 截面相对 B 截面的扭转角。（答：$\dfrac{112Ma}{G\pi d^4}$）

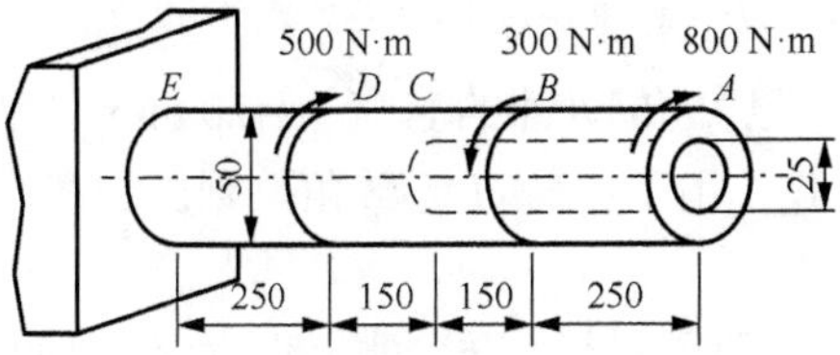

习题 12-4 图

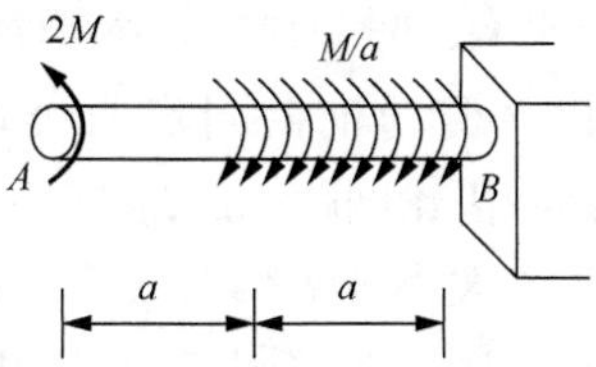

习题 12-5 图

12-6　试设计一空心轴，其内径与外径之比为 1∶1.2，转速 n=75 r/min，传递功率 P=200 kW，材料的许用切应力[τ]=43MPa。（答：$D=180$ mm，$d=150$ mm）

12-7　直径 d=50 mm 的圆轴，转速 n=120 r/min，材料的许用切应力[τ]=60 MPa，试求许可传递功率。（答：$P=18.5$ kW）

12-8　图示阶梯薄壁圆轴，已知轴长 l=1 m，许用切应力[τ]=80 MPa。若作用在轴上的集中力偶矩和分布力偶矩分别为 M_e=920 N·m，m=160 N·m/m，AB 段的平均半径 R_{01}=30 mm，壁厚 t_1=3 mm；BC 段的平均半径 R_{02}=20 mm，壁厚 t_2=2 mm，试校核该轴的强度。（答：$\tau_{max}=58.9$ MPa，满足强度要求）

12-9　如图所示，圆截面橡胶棒的直径 $d=40$ mm，受扭后原来表面上互相垂直的纵向线 AB 和圆周线 CD 间夹角变为 89°，如果棒长 $l=300$ mm，材料的切变模量 G=2.7 MPa，试求端截面的相对扭转角，棒上的最大切应力和外力偶矩 M_e。（答：$\varphi=0.262$ rad，$\tau_{max}=0.047$ MPa，$M_e=0.593$ N·m）

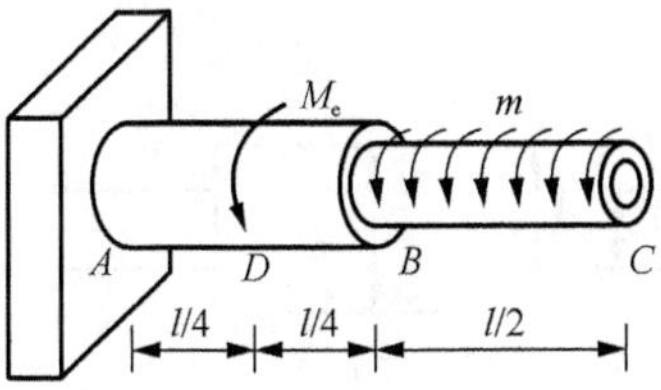

习题 12-8 图

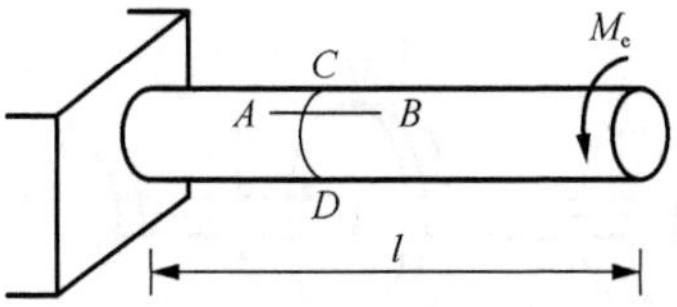

习题 12-9 图

12-10　图示传动轴的转速 n=300 r/min，主动轮 A 输入功率 P_A=45 kW，其余各轮输出功率分别为 P_B=10 kW，P_C=15 kW，P_D=20 kW。材料的切变模量为 80 GPa，[τ]=50 MPa，[θ]=0.4°/m，试由强度和刚度条件设计轴的直径 d。（答：$d\geqslant61.7$ mm）

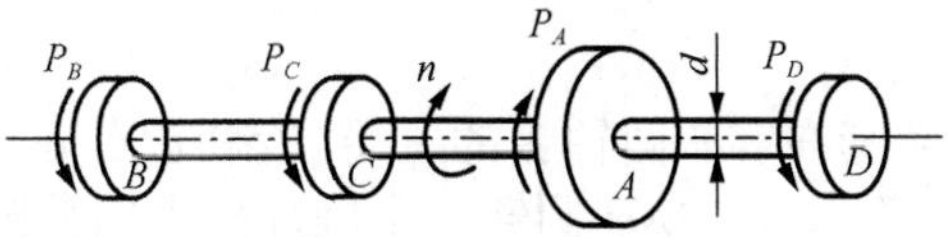

习题 12-10 图

12-11　直径 d=25 mm 的钢圆杆，受轴向拉力 60 kN 作用时，在标距为 200 mm 的长度内伸长了 0.113 mm。当其承受一对扭转外力偶矩 0.2 kN·m 时，在标距为 200 mm 的长度内相对扭转了 0.732° 的角度。试求钢杆的弹性常数 E、G 和 ν。（答：E=216 GPa，G=81.7 GPa，ν=0.324）

12-12　有一直径 D=50 mm、长 l =1 m 的实心铝轴，切变模量 G_1=28 GPa。现拟用一根同样长度和外径的钢管代替它，要求它与原铝轴承受同样的扭矩并具有同样的总扭转角，若钢的切变模量 G_2=84 GPa，试求钢管内直径 d。（答：$d = 45.2$ mm）

12-13　传动轴上固定两个齿轮如图所示，已知传动轴的直径 d=20 mm，剪切模量 G=80 GPa，齿轮间距 $l_{AB}=l_{BC}$ =1 m。若在图示荷载作用下齿轮 A 无转角，则施加在齿轮 B 上的扭矩 T_1 的大小是多少？（答：T_1=136 N·m）

12-14　图示两端固定的受扭阶梯形圆截面杆，两段材料相同，长度同为 l，中间 C 截面上作用外力偶 M_e。试求支反力偶矩，并画扭矩图。（答：$M_A=\dfrac{M_e}{17}$，$M_B=\dfrac{16M_e}{17}$）

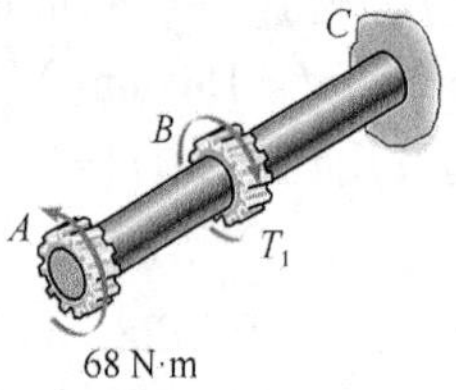

习题 12-13 图

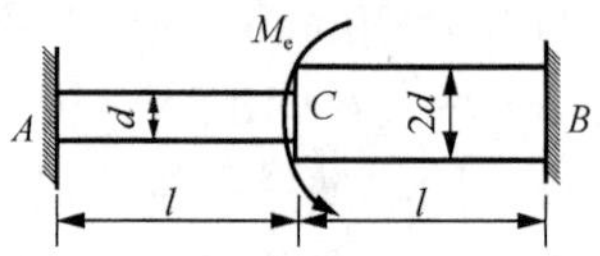

习题 12-14 图

12-15　一传动轴如图所示，已知 $M_A = 1.5\ \text{kN}\cdot\text{m}$，$M_B = 2\ \text{kN}\cdot\text{m}$，$M_C = 0.5\ \text{kN}\cdot\text{m}$，轴的许用切应力[$\tau$]=300 MPa，许用单位长度扭转角[$\theta$]=1°/m，切变模量 G=80 GPa。试按强度和刚度条件设计轴的直径 d。（答：$d = 57.5$ mm）

12-16　图示两端固定的受扭阶梯形圆轴，其中间段的直径为两边段的 2 倍，各段材料相同，切变模量为 G，试求支反力偶矩。（答：$M_A = M_B = \dfrac{M_e}{17}$）

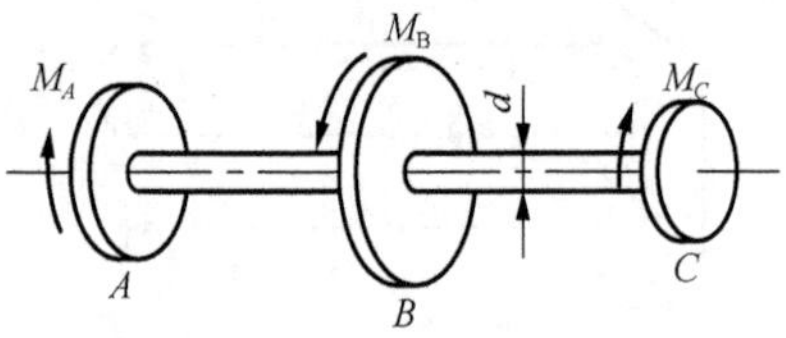

习题 12-15 图

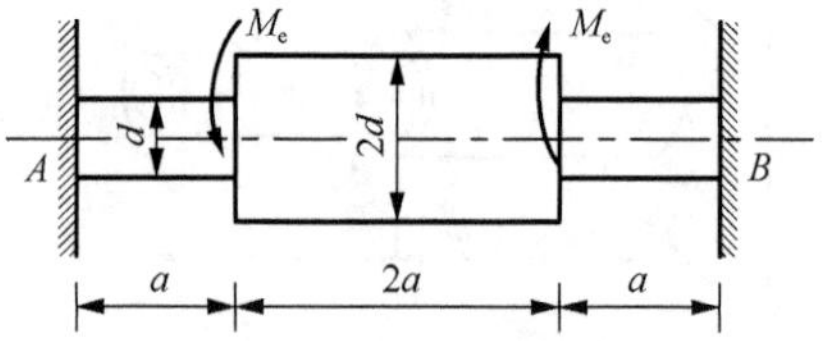

习题 12-16 图

12-17　图示实心圆轴扭转时，其横截面上最大切应力 τ_{max} =100 MPa，图上尺寸单位为 mm。试求图示阴影区域所承担的扭矩以及阴影区域与非阴影区域所承担扭矩之比。（答：$T_1 = 78.5\ \text{kN}\cdot\text{m}$，$\dfrac{T_1}{T_2}=\dfrac{1}{15}$）

12-18　图示空心圆管 A 套在实心圆轴 B 的一端，管和轴在同一横截面处各有一直径相同的孔，两孔的轴线之间的夹角为 β。现在圆轴 B 上施加外力偶使圆轴 B 扭转，两孔对准，并用销钉固定。在安装销钉后卸除施加在圆轴 B 上的外力偶。试问：安装后管和轴内的扭矩分别为多少？已知套管 A 和圆轴 B 的极惯性矩分别为 I_{pA} 和 I_{pB}，管和轴材料相同，切变模量为 G。（答：$T_A = T_B = \dfrac{\beta G I_{pA} I_{pB}}{l_A I_{pB} + l_B I_{pA}}$）

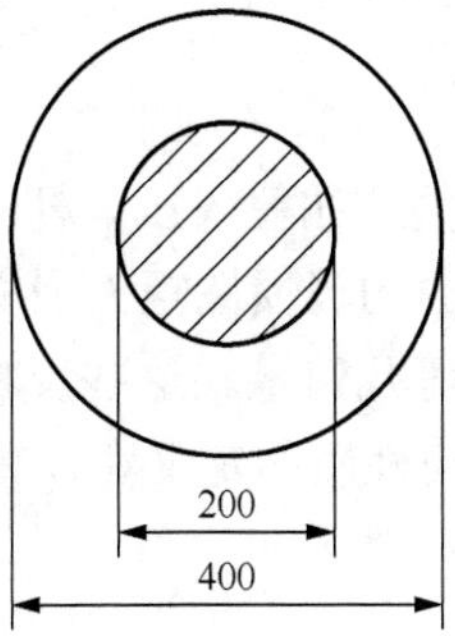

习题 12-17 图

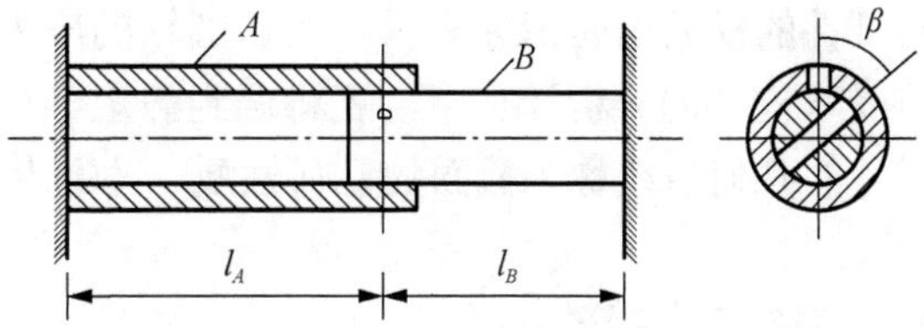

习题 12-18 图

第 13 章　截面几何性质

构件在外力作用下产生的应力和变形与截面的形状和尺寸有关，如拉（压）杆的应力和变形与杆件的横截面面积 A 有关，受扭圆轴的应力和变形与横截面的极惯性矩 I_p 有关。在后面章节受弯构件的分析计算中，还将遇到静矩、惯性矩和惯性积等几何量。这些反映截面形状和尺寸的几何量统称为**截面的几何性质**，本章集中讨论截面几何性质的定义和计算。

13.1　静矩与形心

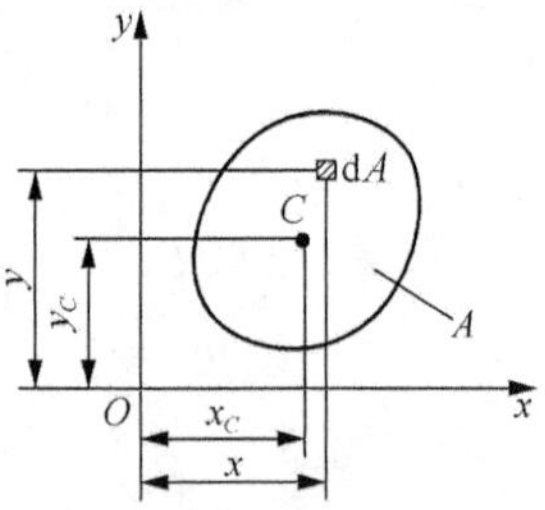

图 13-1

设任意形状的截面如图 13-1 所示，截面面积为 A，xOy 为平面内的任意直角坐标系。在截面内任意一点(x, y)处取面积元素 $\mathrm{d}A$，则 $y\mathrm{d}A$ 和 $x\mathrm{d}A$ 分别定义为该面积元素 $\mathrm{d}A$ 对 x 轴和 y 轴的**静矩或面积一次矩**；而以下两积分

$$S_x = \int_A y\mathrm{d}A，\quad S_y = \int_A x\mathrm{d}A \tag{13-1}$$

分别定义为该截面对 x 轴和 y 轴的静矩或面积一次矩。截面的静矩是对某个轴而言的，同一截面对不同坐标轴的静矩也不同。由表达式可知，静矩可能为正值或负值，其常用单位为 m^3 或 mm^3 。

在 2.7 节中已经介绍了均质薄板的重心，也即形心的计算公式：

$$x_C = \frac{\int_A x\mathrm{d}A}{A}，\quad y_C = \frac{\int_A y\mathrm{d}A}{A}$$

将式（13-1）代入上式，即得

$$x_C = \frac{S_y}{A}，\quad y_C = \frac{S_x}{A} \quad 或 \quad S_y = x_C A，\quad S_x = y_C A \tag{13-2}$$

由上式可知，若已知截面的面积 A 和其形心的位置(x_C, y_C)，就可求得截面对 x 轴和 y 轴的静矩。上式还表明，若截面对某一轴的静矩等于零，则该轴必通过截面的形心，或者说，截面对通过其形心轴的静矩恒等于零。

当截面由若干个面积和形心坐标均为已知的简单图形，例如三角形、矩形、圆形等组成时，截面对某轴的静矩等于截面各组成部分对同一轴静矩的代数和，即

$$S_x = y_C A = \sum_{i=1}^{n} y_{Ci} A_i，\quad S_y = x_C A = \sum_{i=1}^{n} x_{Ci} A_i \tag{13-3}$$

式中，A 为组合截面面积，$A = \sum_{i=1}^{n} A_i$，n 为组成截面的简单图形的个数。

【**例 13-1**】 计算图 13-2 所示半圆的静矩 S_y、S_z 和形心。

解 如图所示，在 z 坐标处取高度为 dz 的微面积，可以视为长方形，微面积大小为

$$\mathrm{d}A = 2y\mathrm{d}z = 2\sqrt{R^2 - z^2}\mathrm{d}z$$

$$S_y = \int_A z\mathrm{d}A = \int_0^R 2z\sqrt{R^2 - z^2}\mathrm{d}z = \frac{2}{3}R^3$$

$$z_C = \frac{S_y}{A} = \frac{\frac{2}{3}R^3}{\frac{\pi}{2}R^2} = \frac{4R}{3\pi}$$

由对称性，得

$$y_C = 0\text{，}\quad S_z = 0$$

由此可知，半圆形心坐标 $C\left(0, \dfrac{4R}{3\pi}\right)$。

【**例 13-2**】 求图 13-3 所示截面的形心位置以及该截面对两轴的静矩（单位：mm）。

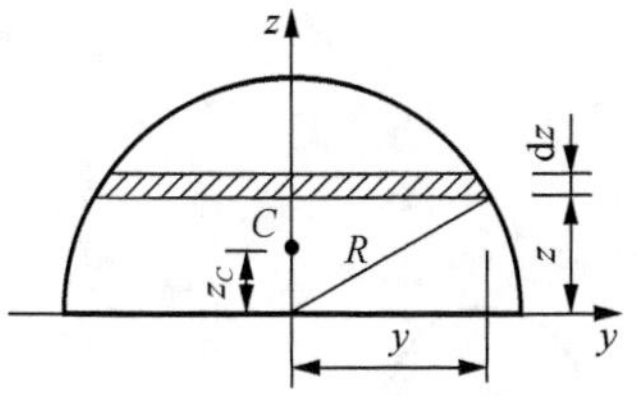

图 13-2

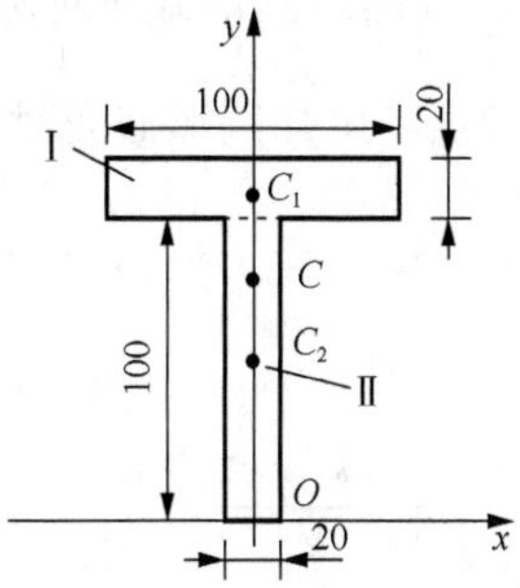

图 13-3

解 由于 y 轴是对称轴，必通过形心，因此形心坐标 $x_C = 0$，截面对 y 轴的静矩 $S_y = Ax_C = 0$。然后由组合截面法计算另一形心坐标。将图形划分为如图所示两个矩形，

$$y_C = \frac{\sum_{i=1}^{2} y_{Ci}A_i}{A} = \frac{A_{\mathrm{I}}y_{C1} + A_{\mathrm{II}}y_{C2}}{A_{\mathrm{I}} + A_{\mathrm{II}}} = \frac{100\times 20\times 110 + 100\times 20\times 50}{100\times 20 + 100\times 20} = 80(\mathrm{mm})$$

从而，平面图形对 x 轴的静矩为

$$S_x = Ay_C = (2000 + 2000)\times 80 = 3.2\times 10^5(\mathrm{mm}^3)$$

当然，也可由组合截面法计算静矩：

$$S_x = A_{\mathrm{I}}y_{C1} + A_{\mathrm{II}}y_{C2} = 2000\times 110 + 2000\times 50 = 3.2\times 10^5(\mathrm{mm}^3)$$

13.2　极惯性矩、惯性矩、惯性积

设面积为 A 的任意形状截面如图 13-4 所示。在坐标(x, y)处的面积元素 dA 与其至坐标原点距离平方的乘积 $\rho^2\mathrm{d}A$，称为该面积元素 dA 对于 O 点的**极惯性矩**或**截面二次极矩**；而积分

$$I_{\mathrm{p}}=\int_{A}\rho^{2}\mathrm{d}A \tag{13-4}$$

定义为整个截面对 O 点的极惯性矩。面积元素 $\mathrm{d}A$ 与其到 y 轴或到 x 轴距离平方的乘积 $x^2\mathrm{d}A$ 或 $y^2\mathrm{d}A$，称为该面积元素 $\mathrm{d}A$ 对于 y 轴或 x 轴的**惯性矩或截面二次轴矩**；而积分

$$I_{y}=\int_{A}x^{2}\mathrm{d}A,\quad I_{x}=\int_{A}y^{2}\mathrm{d}A \tag{13-5}$$

称为整个截面对 y 轴或 x 轴的惯性矩。面积元素 $\mathrm{d}A$ 与其 x、y 坐标的乘积 $xy\mathrm{d}A$，称为该面积元素对两坐标轴的**惯性积**；而积分

$$I_{xy}=\int_{A}xy\mathrm{d}A \tag{13-6}$$

称为整个截面 A 对 x 轴和 y 轴的惯性积。

由图 13-4 可知，$\rho^2=x^2+y^2$，故有

$$I_{\mathrm{p}}=\int_{A}\rho^{2}\mathrm{d}A=\int_{A}x^{2}\mathrm{d}A+\int_{A}y^{2}\mathrm{d}A=I_{y}+I_{x} \tag{13-7}$$

上式表明截面对任意两个互相垂直轴的惯性矩之和等于面积对两轴交点的极惯性矩。第 12 章中曾推导图 13-5 所示圆形截面对圆心 O 的极惯性矩 $I_{\mathrm{p}}=\dfrac{\pi D^4}{32}$，由于 $I_{\mathrm{p}}=I_x+I_y$，以及圆形截面极对称的特点，可知圆形截面对过形心的 x 轴和 y 轴的惯性矩为

$$I_x=I_y=\frac{1}{2}I_{\mathrm{p}}=\frac{\pi D^4}{64}$$

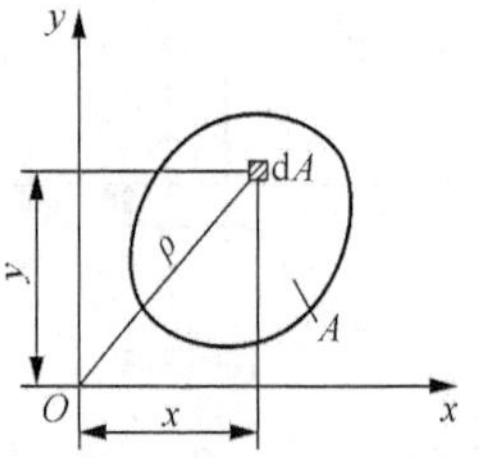

图 13-4

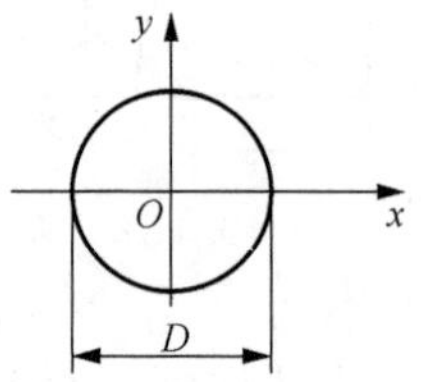

图 13-5

极惯性矩、惯性矩和惯性积的单位均相同，为 m^4 或 mm^4。极惯性矩和惯性矩的值恒为正，而惯性积可正、可负也可能为零。若 x 轴和 y 轴中有一个轴为截面的对称轴，例如，图 13-6 中所示 y 轴为对称轴，则整个面积对两轴的惯性积就由数值相等，正负号相反的两部分组成，使整个截面对两轴的惯性积为零。

工程中经常将惯性矩表达为一面积与一长度平方的乘积，即

$$I_x=i_x^2A,\quad I_y=i_y^2A \tag{13-8a}$$

上式又可写作

$$i_x=\sqrt{\frac{I_x}{A}},\quad i_y=\sqrt{\frac{I_y}{A}} \tag{13-8b}$$

式中，i_x 和 i_y 称为截面对 x 轴和 y 轴的**惯性半径**。显然，惯性半径的单位为 m 或 mm。

【例 13-3】 试计算图 13-7 所示矩形截面对其对称轴 x 和 y 轴的惯性矩、惯性半径及惯性积。

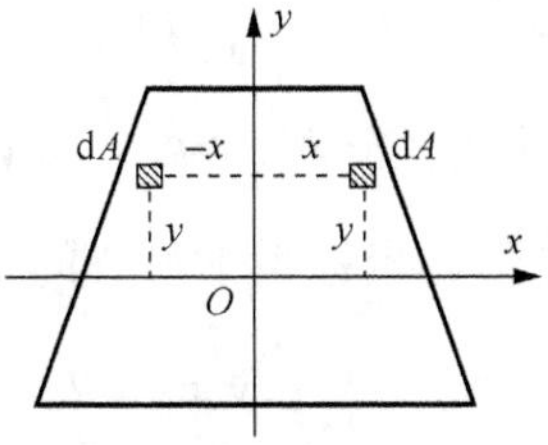

图 13-6

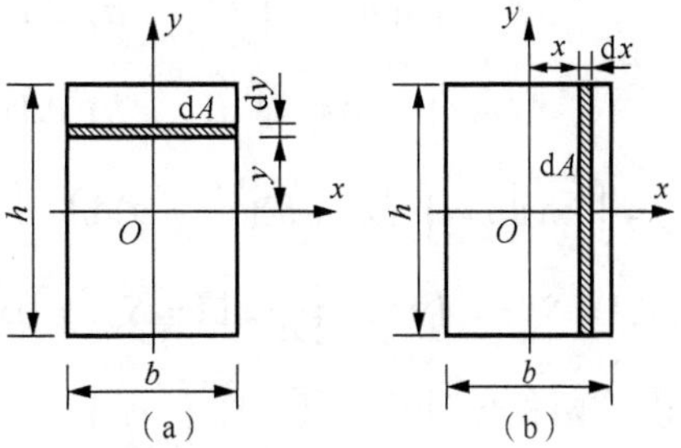

图 13-7

解　取面积元素 $\mathrm{d}A = b\mathrm{d}y$，如图 13-7（a）所示，可得

$$I_x = \int_A y^2 \mathrm{d}A = \int_{-h/2}^{h/2} y^2 b\mathrm{d}y = \frac{bh^3}{12}$$

取面积元素 $\mathrm{d}A = h\mathrm{d}x$，如图 13-7（b）所示，则

$$I_y = \int_A x^2 \mathrm{d}A = \int_{-b/2}^{b/2} x^2 h\mathrm{d}x = \frac{hb^3}{12}$$

因此，截面对 x 和 y 轴的惯性半径分别为

$$i_x = \sqrt{\frac{I_x}{A}} = \sqrt{\frac{bh^3}{12bh}} = \frac{h}{2\sqrt{3}}, \quad i_y = \sqrt{\frac{I_y}{A}} = \sqrt{\frac{hb^3}{12bh}} = \frac{b}{2\sqrt{3}}$$

因为 x 轴和 y 轴均为对称轴，所以惯性积 $I_{xy} = 0$。

13.3　计算惯性矩和惯性积的平行移轴公式

设面积为 A 的任意形状截面如图 13-8 所示，其形心 C 在 xOy 坐标系下的坐标为(b, a)，x_C 轴和 y_C 轴是分别平行于 x 轴和 y 轴且过截面形心的形心轴。取面积元素 $\mathrm{d}A$，其在两坐标系下的坐标分别为(x, y)及(x_C, y_C)，各参数间的关系为

$$y = y_C + a$$
$$x = x_C + b$$

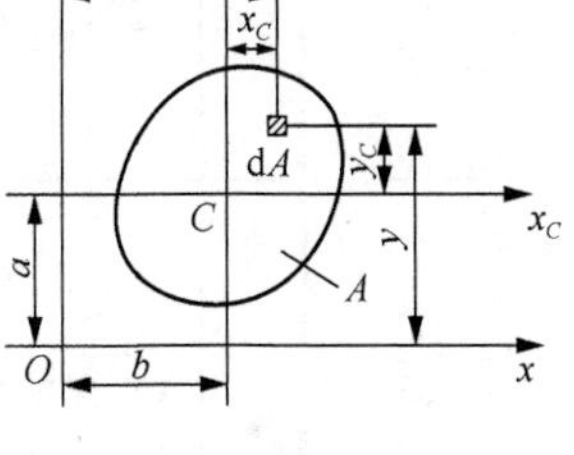

图 13-8

若截面对形心轴的惯性矩 I_{x_C} 、 I_{y_C} 和惯性积 $I_{x_C y_C}$ 均已知，则截面对 x 轴和 y 轴的惯性矩和惯性积分别为

$$I_x = \int_A y^2 \mathrm{d}A = \int_A (y_C + a)^2 \mathrm{d}A = \int_A y_C^2 \mathrm{d}A + 2a\int_A y_C \mathrm{d}A + a^2 \int_A \mathrm{d}A$$

$$I_y = \int_A x^2 \mathrm{d}A = \int_A (x_C + b)^2 \mathrm{d}A = \int_A x_C^2 \mathrm{d}A + 2b\int_A x_C \mathrm{d}A + b^2 \int_A \mathrm{d}A$$

$$I_{xy} = \int_A xy\mathrm{d}A = \int_A (x_C + b)(y_C + a)\mathrm{d}A = \int_A x_C y_C \mathrm{d}A + a\int_A x_C \mathrm{d}A + b\int_A y_C \mathrm{d}A + ab\int_A \mathrm{d}A$$

式中，$\int_A y_C \mathrm{d}A = S_{x_C} = A\overline{y}_c$；$\int_A x_C \mathrm{d}A = S_{y_C} = A\overline{x}_c$。由于在形心坐标系下形心的坐标$\overline{y}_c = 0$，$\overline{x}_c = 0$，所以这两积分项均为零。而$\int_A y_C^2 \mathrm{d}A = I_{x_C}$，$\int_A x_C^2 \mathrm{d}A = I_{y_C}$，$\int_A x_C y_C \mathrm{d}A = I_{x_C y_C}$，$\int_A \mathrm{d}A = A$，代入上面三式得

$$\left.\begin{aligned} I_x &= I_{x_C} + a^2 A \\ I_y &= I_{y_C} + b^2 A \\ I_{xy} &= I_{x_C y_C} + abA \end{aligned}\right\} \qquad (13\text{-}9)$$

这称为计算惯性矩和惯性积的**平行移轴公式**。该式表明，截面对于任一轴的惯性矩，等于该截面对与其平行的形心轴的惯性矩，加上两轴间距离的平方与截面面积之积，由此也知道，一组平行轴里，截面对过形心轴的惯性矩是最小的。而截面对于任意一对互相垂直轴的惯性积，等于截面对与其平行的一对形心轴的惯性积加上截面形心坐标与其面积之积。值得注意的是，惯性矩与形心坐标(b, a)的正负无关，而进行惯性积计算时要注意形心坐标(b, a)的正负号。

工程中常遇到由几个简单图形或标准型钢构成的组合截面。由惯性矩和惯性积的定义可知，整个截面对某轴的惯性矩或惯性积，等于其各组成部分对同一轴惯性矩或惯性积之和，即$I_x = \sum I_{xi}$，$I_y = \sum I_{yi}$，$I_{xy} = \sum I_{xyi}$。而简单图形的面积、形心坐标和对形心坐标轴的惯性矩通常易知，如表 13-1 所示，标准型钢的面积、形心和惯性矩等参数则可查附录。这样利用平行移轴公式（13-9），可方便地求解组合截面的惯性矩及惯性积。

表 13-1　常见简单图形的面积、形心和形心惯性矩

序号	截面图形	面积	形心位置	惯性矩	序号	截面图形	面积	形心位置	惯性矩
1	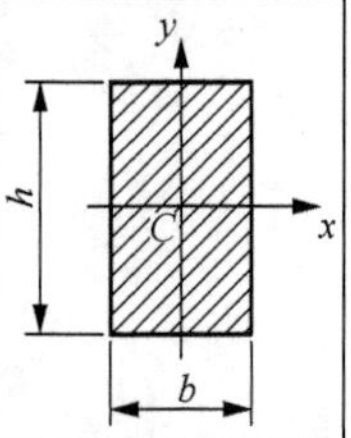	bh	对称轴交点	$I_x = \frac{bh^3}{12}$ $I_y = \frac{hb^3}{12}$	5	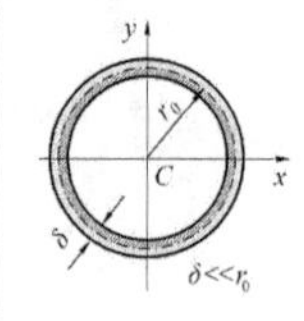	$2\pi r_0 \delta$	对称轴交点	$I_x = I_y = \pi r_0^3 \delta$
2	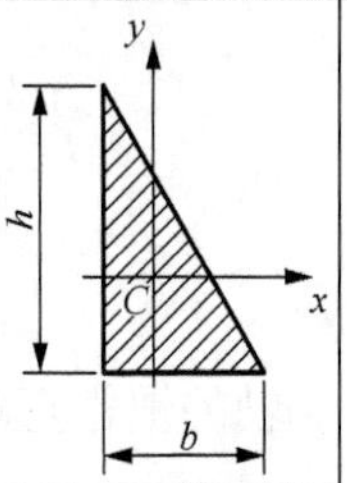	$\frac{bh}{2}$	距直角边 $\frac{b}{3}$，$\frac{h}{3}$	$I_x = \frac{bh^3}{36}$ $I_y = \frac{hb^3}{36}$	6	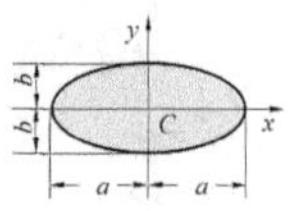	πab	对称轴交点	$I_x = \frac{\pi}{4}ab^3$ $I_y = \frac{\pi}{4}a^3 b$

续表

序号	截面图形	面积	形心位置	惯性矩	序号	截面图形	面积	形心位置	惯性矩
3	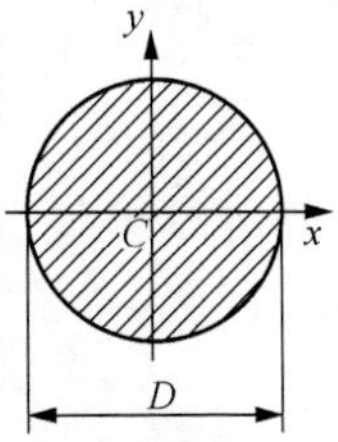	$\frac{\pi D^2}{4}$	对称轴交点	$I_x=I_y=\frac{\pi D^4}{64}$	7	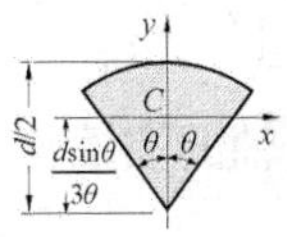	$\frac{\theta d^2}{4}$	y 轴上距底边 $\frac{d\sin\theta}{3\theta}$ 处	$I_x=\frac{d^4}{64}(\theta+\sin\theta\cos\theta-\frac{16\sin^2\theta}{9\theta})$ $I_y=\frac{d^4}{64}(\theta-\sin\theta\cos\theta)$
4	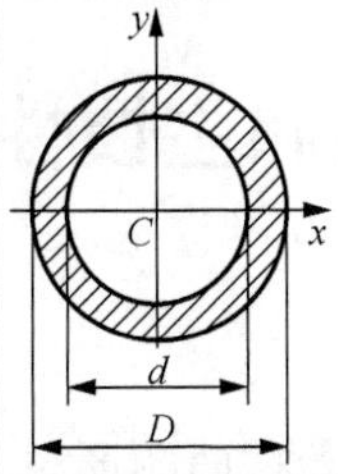	$\frac{\pi}{4}(D^2-d^2)$	对称轴交点	$I_x=I_y=\frac{\pi}{64}(D^4-d^4)$	8	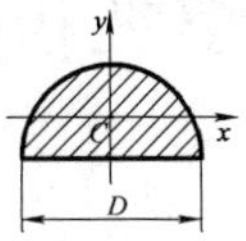	$\frac{\pi D^2}{8}$	y 轴上距底边 $\frac{2D}{3\pi}$ 处	$I_x=\frac{\pi d^4}{128}-\frac{d^4}{18\pi}$ $I_y=\frac{\pi D^4}{128}$

【例 13-4】 求图 13-9 所示截面对 x 轴的惯性矩和对 x、y 轴的惯性积（单位：mm）。

解 将截面图形划分为两个矩形，采用组合截面法计算惯性矩。

$$I_y=I_{\mathrm{I}y}+I_{\mathrm{II}y}=\frac{20\times100^3}{12}+\frac{100\times20^3}{12}=1.73\times10^6(\mathrm{mm}^4)$$

求图形对 x 轴的惯性矩时需要用到惯性矩的平行移轴公式，即

$$I_x=I_{\mathrm{I}x}+I_{\mathrm{II}x}=\left[\frac{100\times20^3}{12}+(100+10)^2\times100\times20\right]+\left(\frac{20\times100^3}{12}+50^2\times100\times20\right)$$
$$=24.3\times10^6+6.67\times10^6=3.1\times10^7(\mathrm{mm}^4)$$

由于 y 轴为对称轴，故截面对 x、y 轴的惯性积 $I_{xy}=0$。

【例 13-5】 图 13-10 所示组合截面由正方形和半圆组成，求截面对 x 轴的惯性矩。

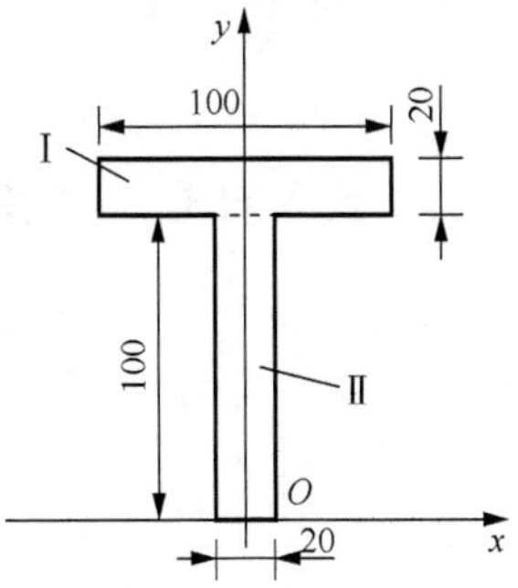

图 13-9

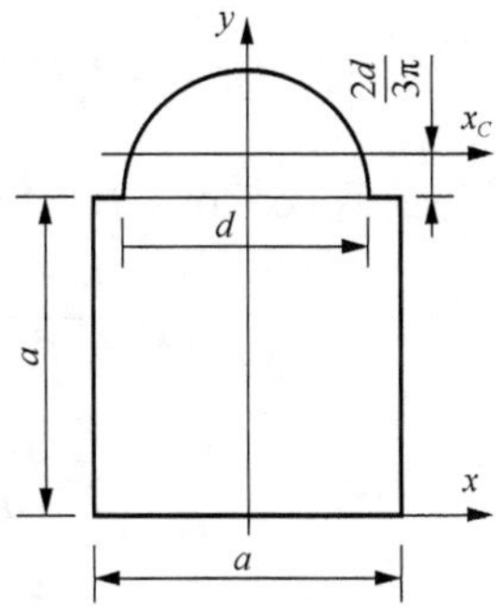

图 13-10

解 利用平行移轴定理，正方形截面对 x 轴的惯性矩为

$$I_{\mathrm{I}x}=\frac{a^4}{12}+\left(\frac{a}{2}\right)^2a^2=\frac{a^4}{3}$$

由表 13-1 可知，半圆形截面对其自身形心轴 x_C 的惯性矩为 $I_{x_C}=\dfrac{\pi d^4}{128}-\dfrac{d^4}{18\pi}$，再次利用惯性矩的平行移轴定理，半圆形截面对 x 轴的惯性矩为

$$I_{\mathrm{II}x}=I_{x_C}+\left(a+\frac{2d}{3\pi}\right)^2\frac{\pi d^2}{8}=\frac{\pi d^4}{128}-\frac{d^4}{18\pi}+\left(a+\frac{2d}{3\pi}\right)^2\frac{\pi d^2}{8}$$

因此，整个组合截面对 x 轴的惯性矩为

$$I_x=I_{\mathrm{I}x}+I_{\mathrm{II}x}=\frac{a^4}{3}+\frac{\pi d^4}{128}-\frac{d^4}{18\pi}+\left(a+\frac{2d}{3\pi}\right)^2\frac{\pi d^2}{8}$$

13.4　计算惯性矩和惯性积的转轴公式、主惯性轴和主惯性矩

13.4.1　转轴公式

设面积为 A 的任意形状截面如图 13-11 所示。若截面图形对两互相垂直轴 x、y 的惯性矩 I_x、I_y 和惯性积 I_{xy} 已知，可通过转轴公式求得截面图形对绕原点 O 转过一定角度后新的坐标轴 x_1、y_1 的惯性矩 I_{x1}、I_{y1} 和惯性积 I_{x1y1}。

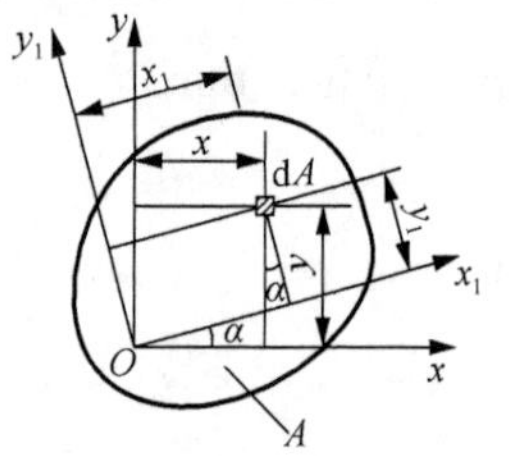

图 13-11

如图 13-11 所示坐标系 Oxy，该坐标系绕原点 O 转过 α 角（逆时针转动为正）后的新坐标系为 Ox_1y_1，面积元素 dA 在两坐标系下的坐标分别为(x, y)和(x_1, y_1)，两套坐标之间的关系为

$$x_1=x\cos\alpha+y\sin\alpha,\quad y_1=y\cos\alpha-x\sin\alpha$$

代入惯性矩的计算公式（13-5）得

$$\begin{aligned}I_{x_1}&=\int_A y_1^2\mathrm{d}A=\int_A(y\cos\alpha-x\sin\alpha)^2\mathrm{d}A\\&=\cos^2\alpha\int_A y^2\mathrm{d}A+\sin^2\alpha\int_A x^2\mathrm{d}A-2\sin\alpha\cos\alpha\int_A xy\mathrm{d}A\\&=I_x\cos^2\alpha+I_y\sin^2\alpha-2I_{xy}\sin\alpha\cos\alpha\end{aligned}$$

将三角函数的倍角公式 $\cos2\alpha=2\cos^2\alpha-1$ 和 $\sin2\alpha=2\sin\alpha\cos\alpha$ 代入上式，并整理得

$$I_{x_1}=\frac{I_x+I_y}{2}+\frac{I_x-I_y}{2}\cos2\alpha-I_{xy}\sin2\alpha \tag{13-10a}$$

同理可得

$$I_{y_1}=\frac{I_x+I_y}{2}-\frac{I_x-I_y}{2}\cos2\alpha+I_{xy}\sin2\alpha \tag{13-10b}$$

$$I_{x_1y_1}=\frac{I_x-I_y}{2}\sin2\alpha+I_{xy}\cos2\alpha \tag{13-10c}$$

上面三式称为计算惯性矩和惯性积的**转轴公式**。式（13-10a）与式（13-10b）相加，并结合式（13-7），可得

$$I_{x_1}+I_{y_1}=I_x+I_y=I_{\mathrm{p}} \tag{13-11}$$

即截面对过同一原点的任意一对互相垂直轴的惯性矩之和都相等，就是截面对原点的极惯性矩。

13.4.2　主惯性轴和主惯性矩

使得惯性积为零的一对互相垂直轴 x_0 和 y_0 称为**主惯性轴**，而截面对于主惯性轴的惯性矩 I_{x_0} 和 I_{y_0} 称为**主惯性矩**。由式（13-10c）可知，主惯性轴的方位角 α_0 应满足下式：

$$I_{x_0y_0} = \frac{I_x - I_y}{2}\sin 2\alpha_0 + I_{xy}\cos 2\alpha_0 = 0$$

$$\tan 2\alpha_0 = \frac{-2I_{xy}}{I_x - I_y} \tag{13-12}$$

由式（13-10a）可知，I_{x1} 是方位角 α 的连续有界函数，因此 I_{x1} 应有极值。使 I_{x1} 具有极值的方位角应该满足下式：

$$\frac{\mathrm{d}I_{x_1}}{\mathrm{d}\alpha} = -(I_x - I_y)\sin 2\alpha - 2I_{xy}\cos 2\alpha = 0 \quad \Rightarrow \quad \tan 2\alpha = \frac{-2I_{xy}}{I_x - I_y}$$

比较上式和式（13-12）可知，使 I_{x1} 具有极值的坐标轴就是主惯性轴，主惯性矩就是极值惯性矩。

由于 $I_{x_1} + I_{y_1} = I_{x_0} + I_{y_0} = I_{\mathrm{p}}$，可知，$I_{x_0}$ 和 I_{y_0} 分别是惯性矩的极大值和极小值。将式(13-12)确定的方位角代入式（13-10a）、式（13-10b），即得两个主惯性矩：

$$\left.\begin{matrix} I_{x_0} \\ I_{y_0} \end{matrix}\right\} = \frac{I_x + I_y}{2} \pm \sqrt{\left(\frac{I_x - I_y}{2}\right)^2 + I_{xy}^2} \tag{13-13}$$

当主惯性轴 x_0 和 y_0 通过截面形心时，则称为**形心主惯性轴**，用 x_{C0}、y_{C0} 表示。截面对形心主惯性轴的惯性矩 $I_{x_{C0}}$、$I_{y_{C0}}$ 称为**形心主惯性矩**。根据惯性积的计算公式可知，若截面有一个对称轴[图 13-12（a）]，则截面对包括该轴在内的一对坐标轴的惯性积为零，此轴必为形心主惯性轴；若截面有两个对称轴[图 13-12（b）]，则这两对称轴就是形心主惯性轴；若截面有三对或三对以上对称轴[图 13-12（c）]，则任意过形心的轴都是形心主惯性轴，读者可以自行证明该结论。对于无对称轴的截面，需要复杂计算，具体计算步骤如下：

（1）选择合适坐标系，确定截面形心的位置(x_C，y_C)；

（2）选择合适形心轴，计算截面对形心轴的惯性矩 I_{x_C}、I_{y_C} 和惯性积 $I_{x_Cy_C}$；

（3）根据式（13-12）确定形心主惯性轴的方位，计算角度 α_0；

（4）根据式（13-13）计算形心主惯性矩 $I_{x_{C0}}$、$I_{y_{C0}}$。

【例 13-6】 求图 13-13 所示截面图形形心主惯性轴的位置及形心主惯性矩的大小。（图中长度单位：mm）

解　(1) 建立直角坐标系 Oyz，由组合截面法计算平面图形形心 C 的位置，其中整个截面分为矩形 I 和矩形 II，如图 13-13 所示。

$$y_C = \frac{A_1y_{C1} + A_2y_{C2}}{A} = \frac{80\times20\times10 + 120\times20\times60}{80\times20 + 120\times20} = 40(\mathrm{mm})$$

$$z_C = \frac{A_1z_{C1} + A_2z_{C2}}{A} = \frac{80\times20\times60 + 120\times20\times10}{80\times20 + 120\times20} = 30(\mathrm{mm})$$

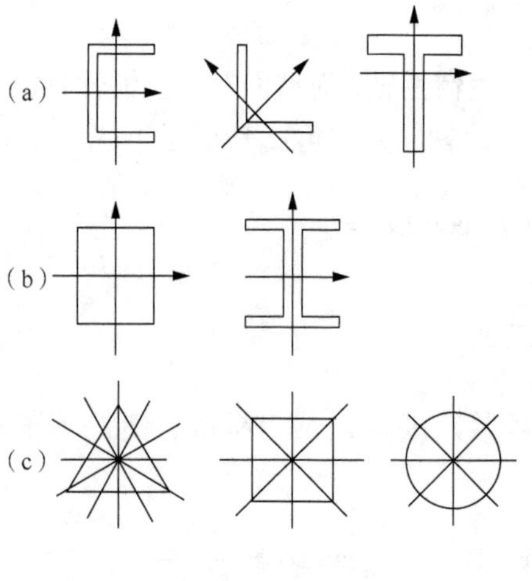

图 13-12

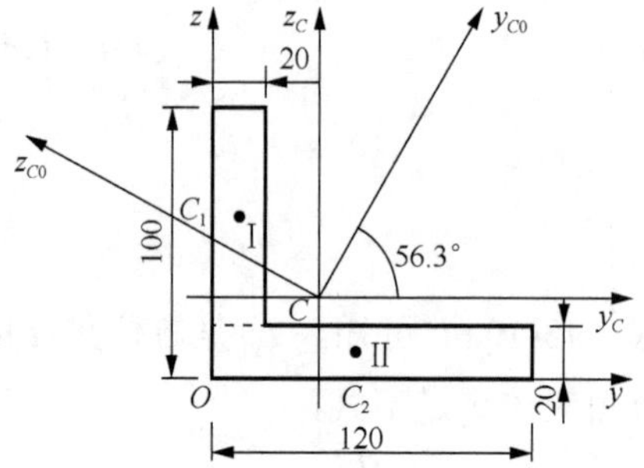

图 13-13

（2）过形心 C 作一对形心轴 y_C、z_C 分别与 y、z 轴平行，其中矩形 I 的形心 C_{I} 在整个截面形心坐标系 Cy_Cz_C 中的坐标为 $(-30, 30)\text{mm}$，矩形 II 的形心 C_{II} 的坐标为 $(20, -20)\text{mm}$。下面由组合截面法结合平行移轴定理计算截面对形心轴的惯性矩 I_{y_C}、I_{z_C} 和惯性积 $I_{z_Cy_C}$：

$$I_{y_C}=I_{y_C}^{\text{I}}+I_{y_C}^{\text{II}}=\left(\frac{20\times 80^3}{12}+30^2\times 1600\right)+\left[\frac{120\times 20^3}{12}+(-20)^2\times 2400\right]=3.33\times 10^6(\text{mm}^4)$$

$$I_{z_C}=I_{z_C}^{\text{I}}+I_{z_C}^{\text{II}}=\left[\frac{80\times 20^3}{12}+(-30)^2\times 1600\right]+\left(\frac{20\times 120^3}{12}+20^2\times 2400\right)=5.33\times 10^6(\text{mm}^4)$$

$$I_{z_Cy_C}=I_{z_Cy_C}^{\text{I}}+I_{z_Cy_C}^{\text{II}}=[0+(-30)\times 30\times 1600]+[0+20\times(-20)\times 2400]=-2.4\times 10^6(\text{mm}^4)$$

（3）确定形心主轴的位置。由式（13-12）得

$$\tan 2\alpha_0=\frac{-2I_{y_Cz_C}}{I_{y_C}-I_{z_C}}=\frac{2\times 2.4\times 10^6}{(3.33-5.33)\times 10^6}=-2.4$$

由分子和分母的符号可知，$2\alpha_0$ 为第二象限角，故

$$2\alpha_0=112.6^\circ,\quad \alpha_0=56.3^\circ$$

即 y_C 轴逆时针转 56.3°，得到形心主轴 y_{C0}（图 13-13）。

（4）计算形心主惯性矩。

$$\left.\begin{matrix}I_{y_{C0}}\\ I_{z_{C0}}\end{matrix}\right\}=\frac{I_{y_C}+I_{z_C}}{2}\pm\sqrt{\left(\frac{I_{y_C}-I_{z_C}}{2}\right)^2+I_{y_Cz_C}^2}$$

$$=\left(\frac{3.33+5.33}{2}\pm\sqrt{\left(\frac{3.33-5.33}{2}\right)^2+(-2.4)^2}\right)\times 10^6=\begin{cases}6.93\times 10^6(\text{mm}^4)\\ 1.73\times 10^6(\text{mm}^4)\end{cases}$$

最后可以验算一下计算结果。

$$I_{y_C}+I_{z_C}=(3.33+5.33)\times 10^6=8.66\times 10^6(\text{mm}^4)$$

$$I_{y_{C0}}+I_{z_{C0}}=(6.93+1.73)\times 10^6=8.66\times 10^6(\text{mm}^4)$$

由 $I_{x_C}+I_{y_C}=I_{x_{C0}}+I_{y_{C0}}$，可知计算结果是正确的。

由上例的计算可以看到，截面几何性质的求解过程十分烦琐，手工计算很容易出错，适合采用计算机语言，如 VB，编程实现（王亚文等，2014）。读者若能经常尝试运用计算机编程实现复杂计算，既能解放人工，更能培养创新实践能力。

习　　题①

13-1　试确定图示三角形和平行四边形截面对 x 轴的静矩。（答：（a）$S_x=\dfrac{bh^2}{6}$；（b）$S_x=24\,\text{cm}^3$）

13-2　求图示组合截面的形心位置 (x_C,y_C)。（答：（a）$x_C=0$，$y_C=50\text{ mm}$；（b）$x_C=19.7\text{ mm}$，$y_C=39.7\text{ mm}$）

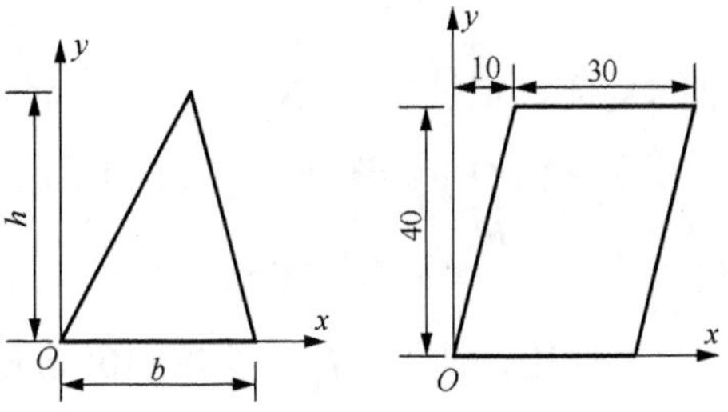

（a）　　（b）

习题 13-1 图

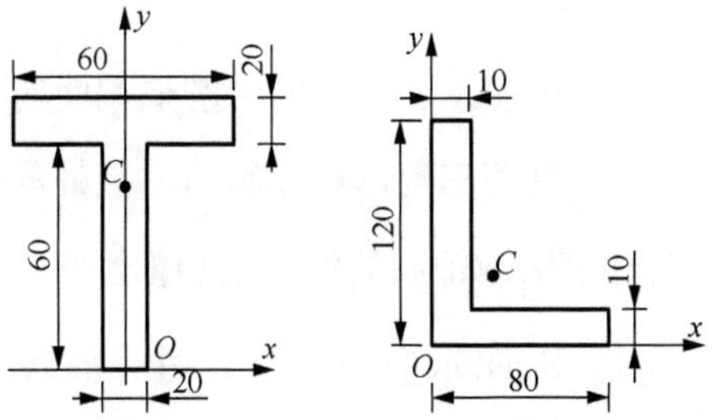

（a）　　（b）

习题 13-2 图

13-3　求图示阴影部分面积对 x 轴的静矩。（答：（a）$S_x=8\times10^4\text{ mm}^3$；（b）$S_x=5.6\times10^4\text{ mm}^3$；（c）$S_x=4\times10^4\text{ mm}^3$）

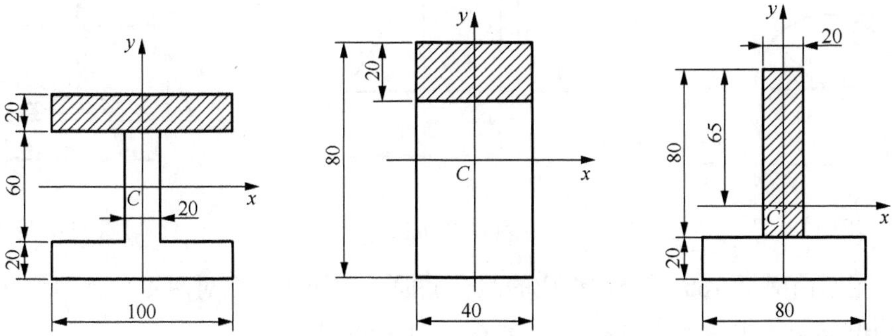

（a）　　（b）　　（c）

习题 13-3 图

13-4　求图示截面对 x_C、y_C 轴的惯性矩。（答：（a）$I_{x_C}=2.31\times10^6\text{ mm}^4$，$I_{y_C}=3.09\times10^6\text{ mm}^4$；（b）$I_{x_C}=35.5\times10^4\text{ mm}^4$，$I_{y_C}=18.4\times10^4\text{ mm}^4$；（c）$I_{x_C}=\dfrac{\pi D^4}{64}-\dfrac{2a^4}{3}$，

① 该章习题中截面尺寸单位均为 mm，不再一一说明。

$I_{y_C}=\dfrac{\pi D^4}{64}-\dfrac{a^4}{6}$ ）

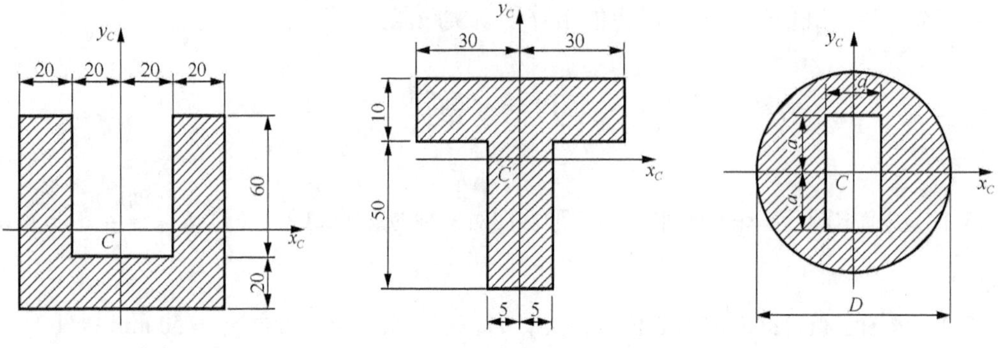

（a）　　（b）　　（c）

习题 13-4 图

13-5　求图示 r=1 m 的半圆形截面对平行于 x 轴的 x_0 轴的惯性矩。（答：$I_{x_0}=3.3\ \mathrm{m}^4$ ）

13-6　直角三角形截面斜边中点处的一对正交直角坐标轴 Oxy 如图所示，尝试不用积分，求截面对该坐标轴系的惯性矩和惯性积。（答：$I_x=\dfrac{bh^3}{24}$，$I_y=\dfrac{hb^3}{24}$，$I_{xy}=0$ ）

13-7　求图示型钢组合截面对形心轴 x_C 、y_C 的惯性矩。（答：$I_{x_C}=6.58\times10^7\ \mathrm{mm}^4$，$I_{y_C}=5.13\times10^6\ \mathrm{mm}^4$ ）

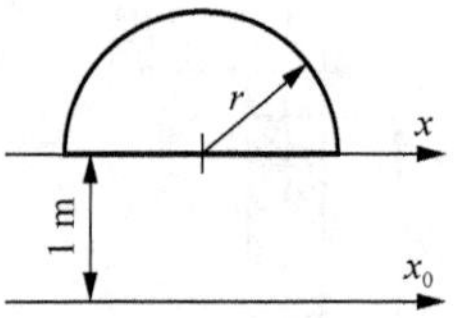

习题 13-5 图

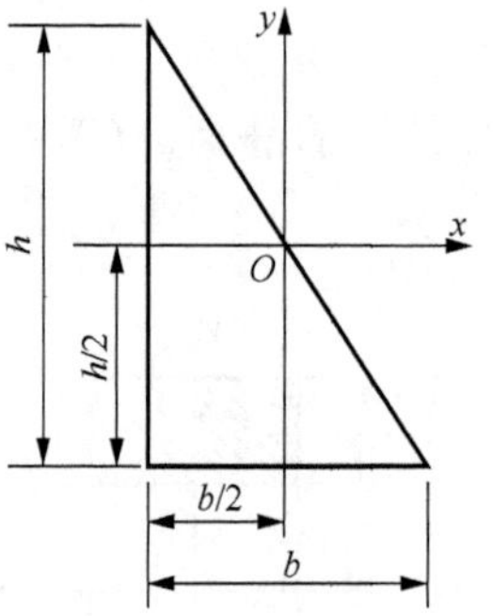

习题 13-6 图

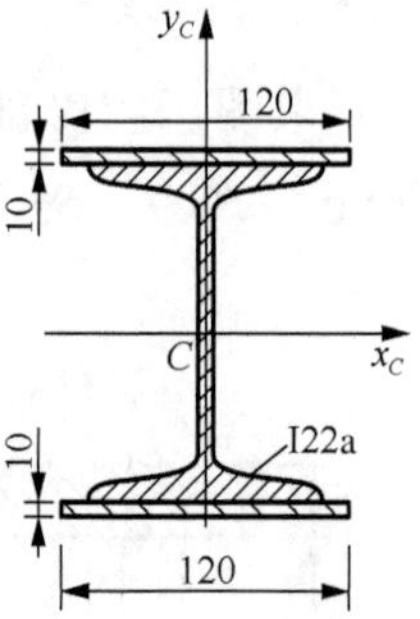

习题 13-7 图

13-8　图示由两个 16b 号槽钢组成的组合截面，欲使此截面对两对称轴的惯性矩 I_x 和 I_y 相等，则两槽钢间的距离 a 应为多少。（答：a=81.4 mm）

13-9　试求图示边长为 a 的正方形截面对任意一组形心轴 x_1 、y_1 的惯性矩和惯性积。（答：$I_{x_1}=I_{y_1}=\dfrac{a^4}{12}$，$I_{x_1y_1}=0$ ）

13-10　欲使图示通过矩形截面长边中点 A 的任意轴 u 都是截面的主惯性轴，则此矩形截面的高与宽之比 h/b 应为多少。（答：$\dfrac{h}{b}=2$ ）

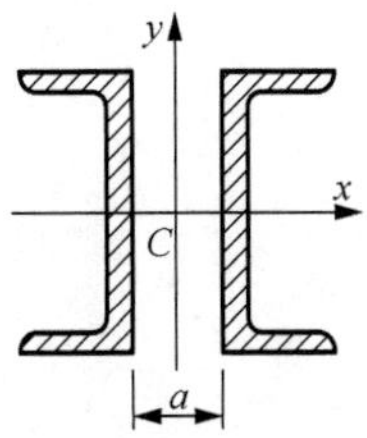

习题 13-8 图

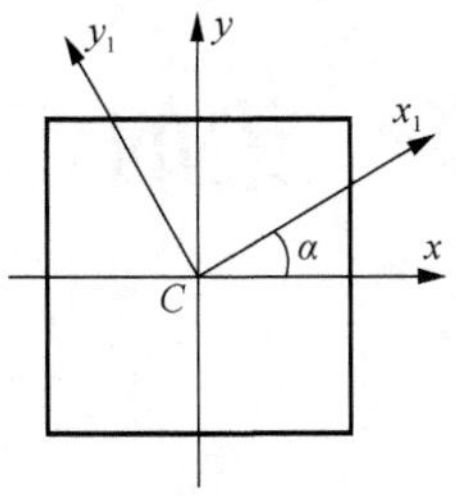

习题 13-9 图

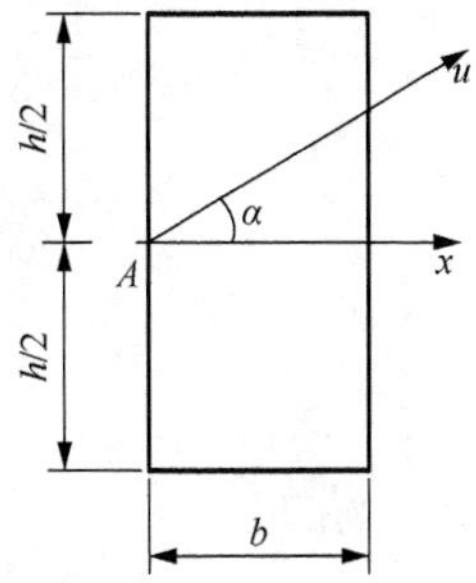

习题 13-10 图

13-11　试定性地画出图示各截面的形心主惯性轴，并判断截面对哪一个形心主惯性轴的惯性矩最大？（答：略）

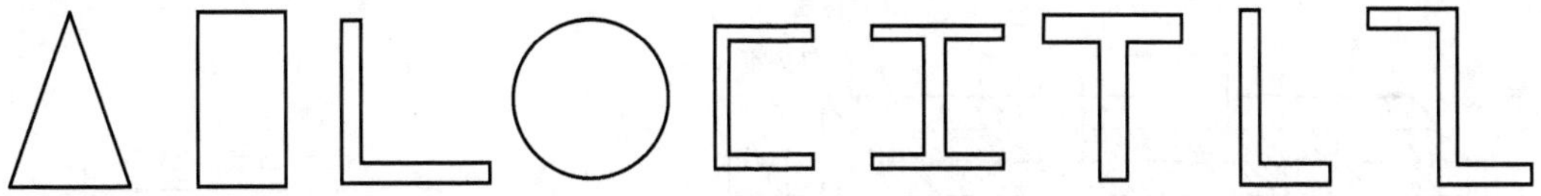

习题 13-11 图

13-12　确定图示截面形心主惯性轴的位置，并求形心主惯性矩的大小。（答：$\alpha = 23.8°$，$I_{\max} = 3.21\times10^6\ \text{mm}^4$，$I_{\min} = 0.58\times10^6\ \text{mm}^4$）

13-13　确定图示截面形心主惯性轴的位置，并求形心主惯性矩的大小。（答：$\alpha = 57.1°$，$I_{\max} = 7.54\times10^9\ \text{mm}^4$，$I_{\min} = 0.96\times10^9\ \text{mm}^4$）

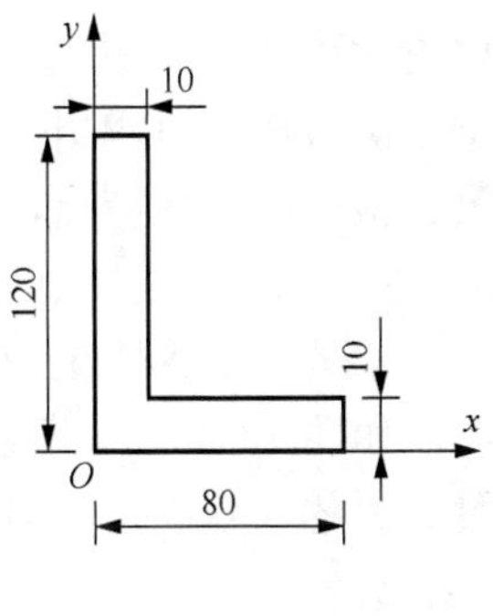

习题 13-12 图

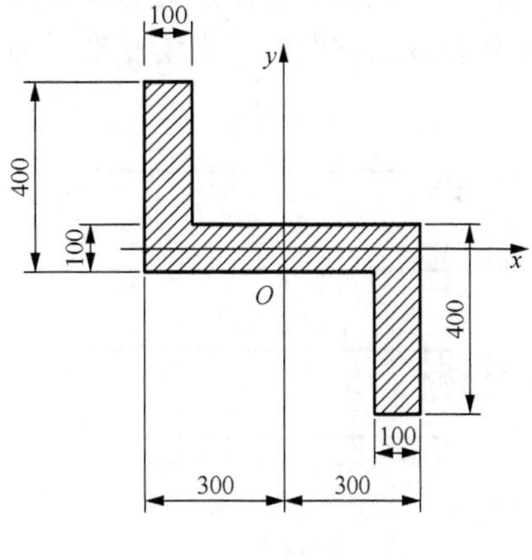

习题 13-13 图

第 14 章　梁的弯曲应力

14.1　概述

如图 14-1 所示，当杆件受到纵向平面（包含轴线的平面）内的外力偶作用，或垂直于轴线的横向外力作用时，杆的轴线将由直线变成曲线，这种变形称为**弯曲**。以弯曲变形为主的杆件称为**梁**。梁是工程中的常用构件，如桥梁（图 14-2）、房屋建筑中的各类梁等均属于受弯构件。

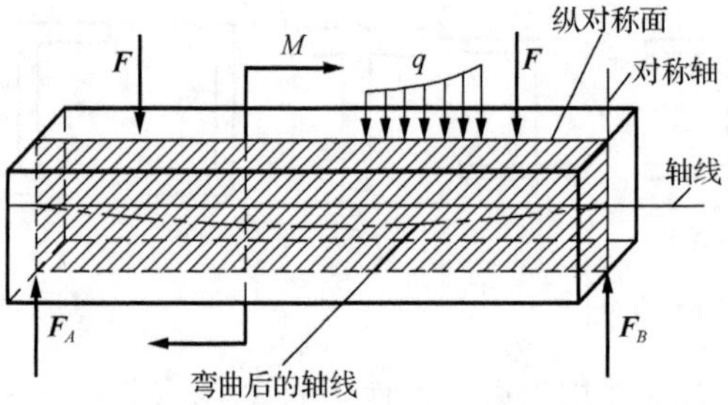

图 14-1

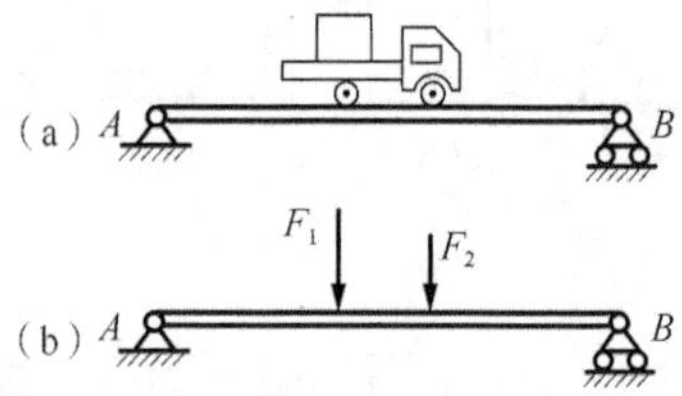

图 14-2

工程中通常采用横截面为矩形、箱形、工字形等具有对称截面的梁，由横截面的对称轴与梁轴线所构成的平面称为梁的**纵对称面**（图 14-1）。当梁上的所有横向外力和外力偶均可简化成作用在纵对称面内，则梁变形后的轴线也位于该纵对称面内，这样的弯曲变形称为**对称弯曲**。对称弯曲问题在工程中非常普遍，本章和下一章将着重讨论对称弯曲问题。

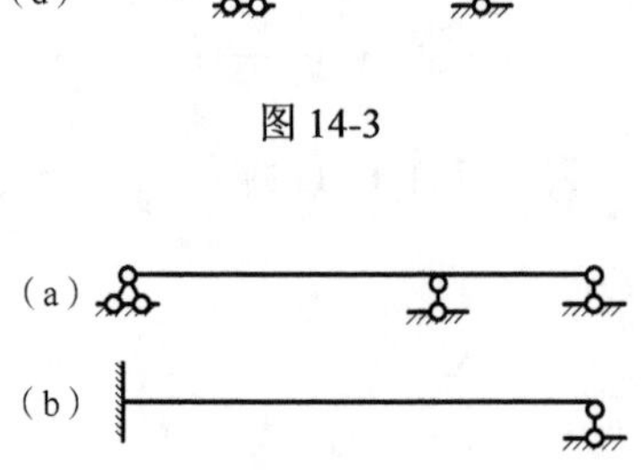

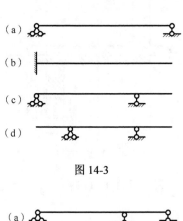

图 14-3

利用静力学平衡方程便可求出全部支座反力的梁称为**静定梁**。根据约束的特点，常见的静定梁有以下三种形式：

（1）**简支梁**。梁的一端为固定铰支座，另一端为可动铰支座，如图 14-3（a）所示。

（2）**悬臂梁**。梁的一端固定，另一端自由，如图 14-3（b）所示。

（3）**外伸梁**。简支梁的一端或两端伸出支座之外，如图 14-3（c）、（d）所示。

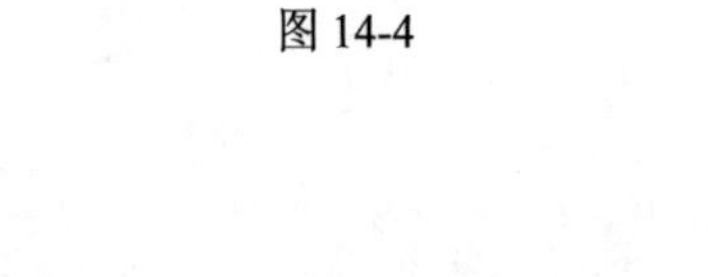

图 14-4

有时为了工程上的需要，对梁设置较多的支座，如图 14-4 所示。此时，梁的支座反力数目多于独立的平衡方程数目，仅用平衡方程就无法确定其所有的支座反力，这种梁称为**超静定梁**，关于超静定梁的解法将在下一章介绍。

14.2　梁的剪力和弯矩、剪力图和弯矩图

14.2.1　指定截面的内力、剪力和弯矩

若要分析梁的强度和刚度，首先要求出梁横截面上的内力，梁横截面上内力的求法仍然是截面法。以图 14-5（a）所示简支梁为例，分析求解梁横截面内力的步骤。

（1）计算梁支座反力。整个梁的受力分析如图 14-5（a）所示，列平衡方程：

$$\sum M_A = 0,\quad F_B = \frac{Fa}{a+b}\ (\uparrow)$$

$$\sum M_B = 0,\quad F_A = \frac{Fb}{a+b}\ (\uparrow)$$

（2）用截面法求梁横截面上的内力。假想用截面 1-1 将梁截开，研究左段的平衡，如图 14-5（b）所示。由 $\sum Y = 0$，得横截面内必有竖向力 F_S，且 $F_S = F_A$。再由 $\sum M_C = 0$（C 为截面 1-1 的形心），得横截面上必有力矩 M，且 $M = F_A x$。因此左段梁若平衡，横截面 1-1 上必有两个内力分量：平行于横截面的竖向内力 F_S，称为**剪力**，以及位于荷载作用面的内力偶矩 M，称为**弯矩**。

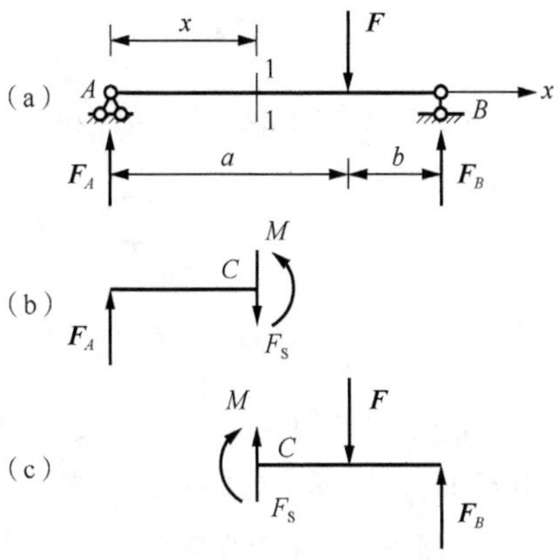

图 14-5

若取右段梁研究，如图 14-5（c）所示，列平衡方程 $\sum Y = 0$ 和 $\sum M_C = 0$，可得到数值相同，指向或转向相反的剪力和弯矩，这也符合作用与反作用原理。

为使左右两段梁上算得的同一横截面上的剪力和弯矩的正负号也一致，根据梁的变形，对剪力 F_S 和弯矩 M 的正负号规定如下：取一微小梁段 dx，使梁段发生图 14-6（a）所示左上右下错动变形的剪力为正，反之为负[图 14-6（b）]；使梁段发生图 14-6（c）所示下凸变形的弯矩为正，反之为负[图 14-6（d）]。由此可见，引起梁的变形为上部纵向纤维受压、下部纵向纤维受拉的弯矩为正弯矩，反之为负弯矩。

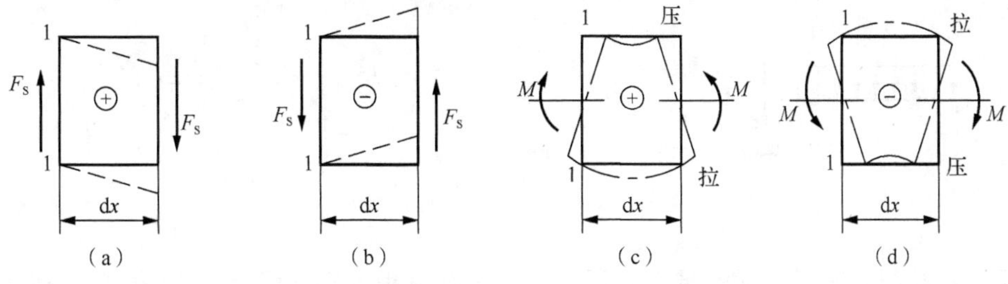

图 14-6

【例 14-1】 求图 14-7（a）所示简支梁受集度为 q 的均布荷载和集中力偶 M_e 作用下截面 1-1 和截面 2-2 的剪力和弯矩。

解　(1) 由平衡方程计算支座反力：

$$\sum M_A=0\text{，}\ M_e+F_{RB}l-ql\times\frac{l}{2}=0\ \Rightarrow\ F_{RB}=\frac{ql}{2}-\frac{M_e}{l}$$

$$\sum Y=0\text{，}\ F_{RA}+F_{RB}-ql=0\ \Rightarrow\ F_{RA}=\frac{ql}{2}+\frac{M_e}{l}$$

可以用平衡方程$\sum M_B=0$校核支座反力计算结果是否正确。支座反力若计算错误，则在此基础上用截面法求得的内力也会错误，所以应该养成校核支座反力的良好习惯。

(2)　在截面 1-1 处将梁截开，研究左段的平衡，如图 14-7 (b) 所示。

$$\sum Y=0\text{，}\ F_{RA}-q\times\frac{l}{2}-F_{S1}=0\ \Rightarrow\ F_{S1}=\frac{M_e}{l}$$

$$\sum M_C=0\text{，}\ q\times\frac{l}{2}\times\frac{l}{4}+M_1-F_{RA}\times\frac{l}{2}=0\ \Rightarrow\ M_1=\frac{ql^2}{8}+\frac{M_e}{2}$$

(3) 在截面 2-2 处将梁截开，研究左段的平衡，如图 14-7 (c) 所示。

$$\sum Y=0\text{，}\ F_{RA}-q\times\frac{l}{2}-F_{S2}=0\ \Rightarrow\ F_{S2}=\frac{M_e}{l}$$

$$\sum M_D=0\text{，}\ q\times\frac{l}{2}\times\frac{l}{4}+M_2-F_{RA}\times\frac{l}{2}+M_e=0\ \Rightarrow\ M_2=\frac{ql^2}{8}-\frac{M_e}{2}$$

由上面计算结果可知，集中力偶M_e作用处两侧截面的剪力值相同，但弯矩值不同，正好相差M_e。计算本题时还应注意的是：计算截面内力时，用假想截面截开前不能用集中荷载代替分布荷载，这会改变截面上内力情况；但截开后列平衡方程求解时，分布荷载可用集中荷载代替。

下面以图 14-8 所示简支梁为例，总结计算指定截面剪力、弯矩的规律。

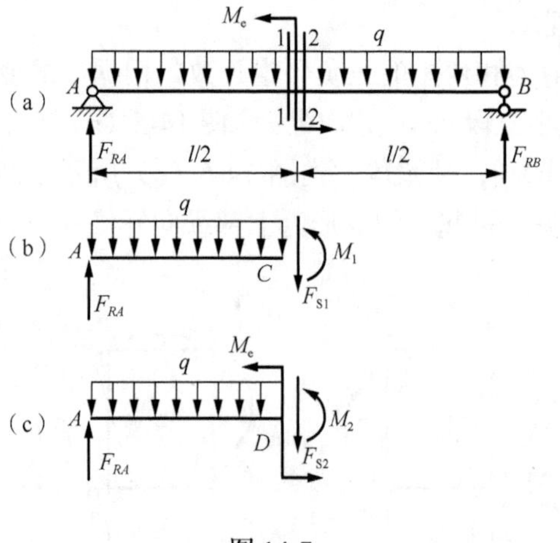

图 14-7

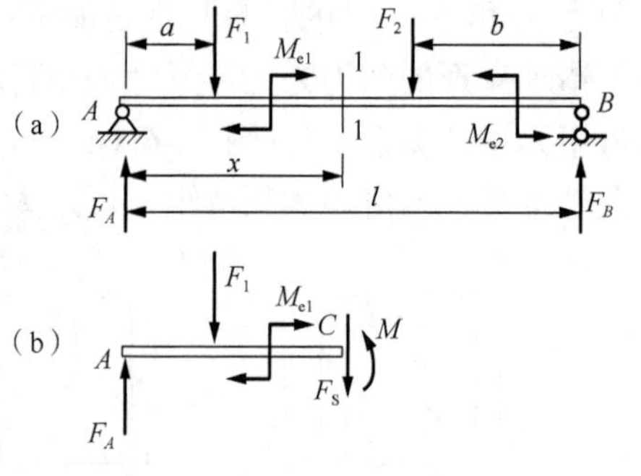

图 14-8

从图 14-8 (a) 所示全梁的受力分析，可列平衡方程求出支座反力F_A和F_B。然后在任意截面 1-1 处将梁截开，研究左段的平衡，如图 14-8 (b) 所示。

$$\sum Y=0\text{，}\ F_A-F_1-F_S=0\ \Rightarrow\ F_S=F_A-F_1$$

$$\sum M_C = 0\text{，}\quad M - M_{e1} - F_A x + F_1(x-a) = 0 \ \Rightarrow \ M = M_{e1} + F_A x - F_1(x-a)$$

读者可以自行分析右端的平衡得剪力 F_s 和弯矩 M 的表达式。根据表达式可知：

（1）任一截面上的剪力数值上等于截面以左（或以右）梁上横向外力的代数和，且左段梁向上的横向外力（或右段梁向下的横向外力）引起正值剪力，反之引起负值剪力。

（2）任一横截面上的弯矩数值上等于此截面以左（或以右）梁上的外力和外力偶对该截面形心力矩的代数和，且左段梁顺时针（或右段梁逆时针）的外力偶引起正值弯矩，反之引起负值弯矩；无论是左段梁，还是右段梁，均是向上的外力引起正值弯矩，向下的外力引起负值弯矩。

【例 14-2】 外伸梁受力如图 14-9 所示，求截面 1-1、2-2、3-3 的剪力和弯矩。

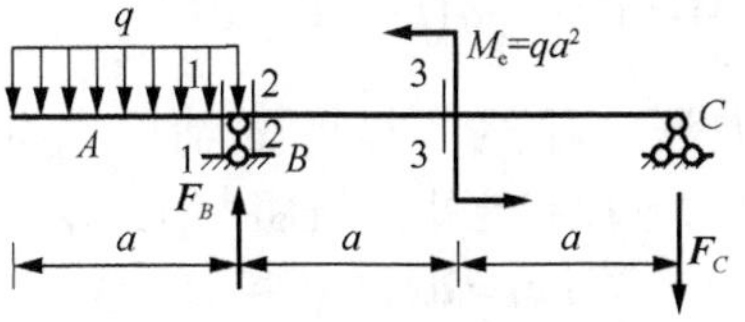

图 14-9

解　（1）计算支座反力。

$$\sum M_C = 0\text{，}\quad -F_B \cdot 2a + qa \cdot \frac{5a}{2} + M_e = 0 \ \Rightarrow \ F_B = \frac{7}{4}qa\ (\uparrow)$$

$$\sum M_B = 0\text{，}\quad -F_C \cdot 2a + qa \cdot \frac{a}{2} + M_e = 0 \ \Rightarrow \ F_C = \frac{3}{4}qa\ (\downarrow)$$

（2）计算截面 1-1 的剪力和弯矩。取截面 1-1 左段梁计算剪力，向上的横向外力引起正值剪力，反之负值剪力，因此 $F_{S1} = -qa$。若取截面 1-1 右段梁，向下的横向外力引起正值剪力，反之负值剪力，因此

$$F_{S1} = F_C - F_B = \frac{3qa}{4} - \frac{7qa}{4} = -qa$$

左右两段梁分析剪力的结果相同。取截面 1-1 左段梁计算弯矩，向上的外力和顺时针的外力偶引起正值弯矩，反之负值弯矩，因此 $M_1 = -\frac{1}{2}qa^2$。若取截面 1-1 右段梁，向上的外力和逆时针的外力偶引起正值弯矩，反之负值弯矩，因此

$$M_1 = M_e - F_C \cdot 2a = qa^2 - \frac{6}{4}qa^2 = -\frac{1}{2}qa^2$$

左右两段梁分析弯矩的结果也相同。由此可见，只要任取截面一侧的梁，按指定截面剪力、弯矩的计算规律，可以很方便地计算出梁横截面上的剪力值和弯矩值。

（3）计算截面 2-2 的剪力和弯矩。此时可取左段梁分析，

$$F_{S2} = -qa + F_B = -qa + \frac{7}{4}qa = \frac{3}{4}qa\text{，}\quad M_2 = -\frac{1}{2}qa^2$$

（4）计算截面 3-3 的剪力和弯矩。此时取右段梁分析比较方便，

$$F_{S3} = F_C = \frac{3}{4}qa\text{，}\quad M_3 = M_e - F_C \cdot a = \frac{1}{4}qa^2$$

14.2.2　剪力方程和弯矩方程、剪力图和弯矩图

一般情况下，梁上各横截面内的剪力和弯矩是不同的，它们随截面位置而变化，可表示成截面位置坐标 x 的函数，即

$$F_S = F_S(x), \quad M = M(x)$$

这分别称为**剪力方程**和**弯矩方程**，反映了梁各横截面上剪力和弯矩的变化规律。

例如，图 14-10（a）所示的悬臂梁，在全梁上作用均布荷载 q，取图示坐标系，任意截面 x 上的剪力、弯矩表达式为

$$F_S(x) = q(l-x) \quad (0 \leqslant x \leqslant l)$$

$$M(x) = -\frac{1}{2}q(l-x)^2 \quad (0 \leqslant x \leqslant l)$$

这就是梁的剪力方程和弯矩方程。显然，若将 x 轴原点选在 B 点，由右向左为正，如图 14-10（b）所示，则梁的剪力方程和弯矩方程将与上面两式不同，分别变为

$$F_S(x) = qx \quad (0 \leqslant x < l)$$

$$M(x) = -\frac{1}{2}qx^2 \quad (0 \leqslant x < l)$$

也就是说，剪力方程和弯矩方程与坐标系的选择有关，不唯一。

为了更形象且唯一地表示剪力和弯矩随截面位置的变化规律，从而找出最大弯矩和最大剪力在梁上的位置，仿照轴力图和扭矩图的作法，可以绘制剪力图和弯矩图。首先作横坐标轴与梁轴线平行，再用纵坐标表示不同截面上剪力值和弯矩值。剪力图的纵坐标按惯例规定向上为正，从而悬臂梁的剪力图如图 14-10（c）所示，为一斜直线，最大剪力为 $F_{S\max} = ql$，出现在悬臂梁根部。而弯矩图的纵坐标在土木工程中规定向下为正，即正值弯矩画在轴线下方，而负值弯矩画在轴线上方。在这种规定下，悬臂梁的弯矩图如图 14-10（d）所示，为二次曲线，最大弯矩出现在悬臂梁根部，$M_{\max} = \dfrac{ql^2}{2}$。弯矩图规定向下为正的原因是土木工程中习惯将弯矩图画在纤维受拉的一侧，也就是画在配钢筋的一侧。

【例 14-3】 图 14-11（a）所示的简支梁，在全梁上受集度为 q 的均布荷载作用。试作此梁的剪力图和弯矩图。

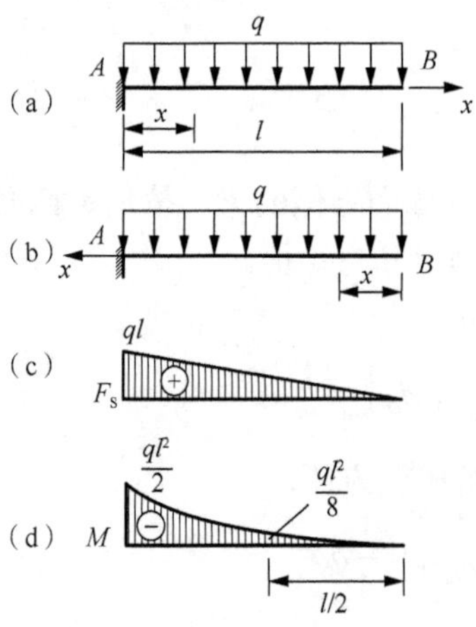

图 14-10

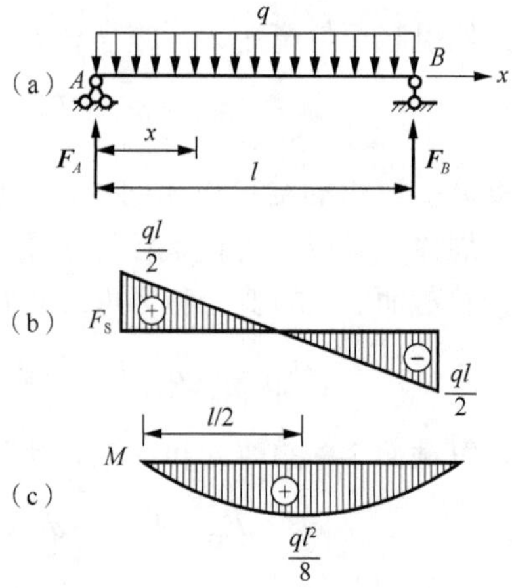

图 14-11

解　(1) 求支座反力。由于结构对称、荷载对称，两个支座反力也对称，即

$$F_A = F_B = \frac{ql}{2}\ (\uparrow)$$

(2) 选坐标轴，写剪力方程和弯矩方程。取图 14-11（a）所示坐标轴，梁的剪力方程和弯矩方程分别为

$$F_S(x) = F_A - qx = \frac{ql}{2} - qx \quad (0 \leqslant x \leqslant l)$$

$$M(x) = F_A x - \frac{qx^2}{2} = \frac{ql}{2}x - \frac{qx^2}{2} \qquad (0 \leqslant x \leqslant l)$$

(3) 画剪力图和弯矩图。由剪力方程和弯矩方程可作剪力图、弯矩图，如图 14-11（b）、(c)所示。剪力图为一斜直线，最大剪力 $F_{Smax} = \frac{ql}{2}$；弯矩图为二次曲线，最大弯矩为 $M_{max} = \frac{ql^2}{8}$。

【例 14-4】　图 14-12（a）所示简支梁，在截面 C 处受集中荷载 $\boldsymbol{F}$ 作用。试作此梁的剪力图和弯矩图。

解　由平衡方程 $\sum M_A = 0$ 和 $\sum M_B = 0$，分别求得支座反力为

$$F_B = \frac{Fa}{a+b}\ (\uparrow),\quad F_A = \frac{Fb}{a+b}\ (\uparrow)$$

由于集中力 $\boldsymbol{F}$ 将梁分成 AC 和 CB 两段，故要分别写出 AC 和 CB 两段梁的剪力和弯矩方程。

$$AC\text{ 段：}\ F_S(x) = \frac{Fb}{a+b},\quad M(x) = \frac{Fb}{a+b}x \qquad (x \in [0,a])$$

$$CB\text{ 段：}\ F_S(x) = -\frac{Fa}{a+b},\quad M(x) = \frac{Fa}{a+b}(a+b-x) \qquad (x \in [a,a+b])$$

画剪力图、弯矩图分别如图 14-12（b）、(c) 所示。由图可知，剪力图 AC、CB 两段为水平直线，弯矩图 AC、CB 两段为斜直线；在有集中力作用的截面处左右两侧的剪力值有突变，突变值等于集中力的大小；对应的弯矩图上有尖角，从而弯矩有极值，$M_{max} = \frac{Fab}{a+b}$。

【例 14-5】　图 14-13（a）所示简支梁，在截面 C 处受矩为 M_e 的集中力偶作用。试作此梁的剪力图和弯矩图。

解　由平衡方程 $\sum M_B = 0$ 和 $\sum M_A = 0$，分别求得支座反力为

$$F_A = \frac{M_e}{a+b}\ (\uparrow),\quad F_B = \frac{M_e}{a+b}\ (\downarrow)$$

由于集中力偶 M_e 将梁分成 AC、CB 两段，分别写出 AC、CB 两段梁的剪力方程、弯矩方程。

$$AC\text{ 段：}\ F_S(x) = \frac{M_e}{a+b},\quad M(x) = \frac{M_e}{a+b}x \qquad (x \in [0,a])$$

$$CB\text{ 段：}\ F_S(x) = \frac{M_e}{a+b},\quad M(x) = -\frac{M_e}{a+b}(a+b-x) \qquad (x \in [a,a+b])$$

画剪力图、弯矩图分别如图 14-13（b）、(c) 所示。由图可知，整个梁的剪力图是一平行于 x 轴的直线，剪力方程不用分段写；左右两段梁的弯矩图各为一斜直线。在集中力偶作用处两侧截面上的弯矩值有突变，突变值就是集中力偶的大小，而剪力图没有影响。

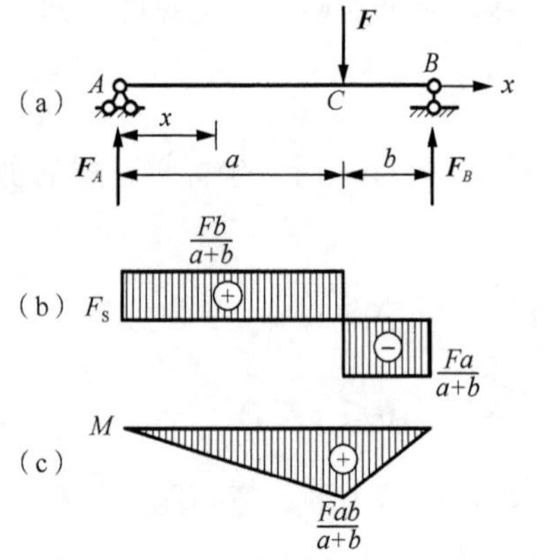

图 14-12

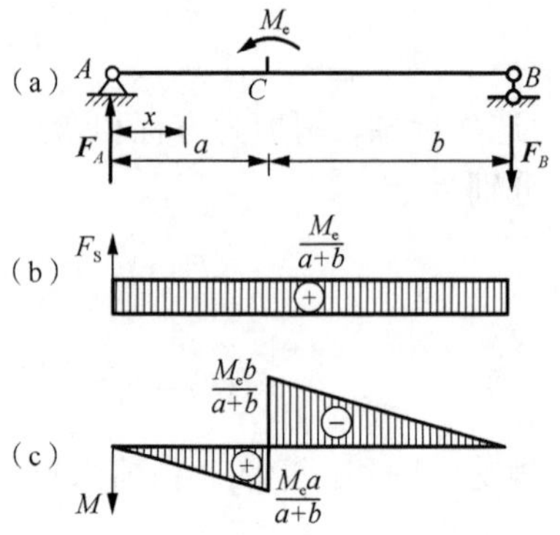

图 14-13

14.2.3　剪力、弯矩与分布荷载集度之间的微分关系及其应用

假设某段梁上没有集中力和力偶，只有分布荷载 $q(x)$，规定分布荷载向上为正，x 轴坐标原点取在梁的左端，从左往右为正，如图 14-14（a）所示。在 x 截面处取一微段梁 $\mathrm{d}x$，则 $\mathrm{d}x$ 段梁上的荷载及两相邻截面的内力如图 14-14（b）所示。由于整个梁处于平衡状态，则微段梁也必然处于平衡状态。列平衡方程：

$$\sum Y=0\text{，}\quad F_S(x)-[F_S(x)+\mathrm{d}F_S(x)]+q(x)\mathrm{d}x=0$$

$$\frac{\mathrm{d}F_S(x)}{\mathrm{d}x}=q(x) \tag{14-1}$$

$$\sum M_O=0\text{，}\quad [M(x)+\mathrm{d}M(x)]-M(x)-F_S(x)\mathrm{d}x-q(x)\mathrm{d}x\cdot\frac{\mathrm{d}x}{2}=0$$

略去二阶微量，简化求得

$$\frac{\mathrm{d}M(x)}{\mathrm{d}x}=F_S(x) \tag{14-2}$$

式（14-1）和式（14-2）的几何意义分别是：剪力图上某点处的切线斜率等于荷载图上该点处分布荷载集度的大小，弯矩图上某点处的切线斜率等于剪力图上该点剪力的大小。

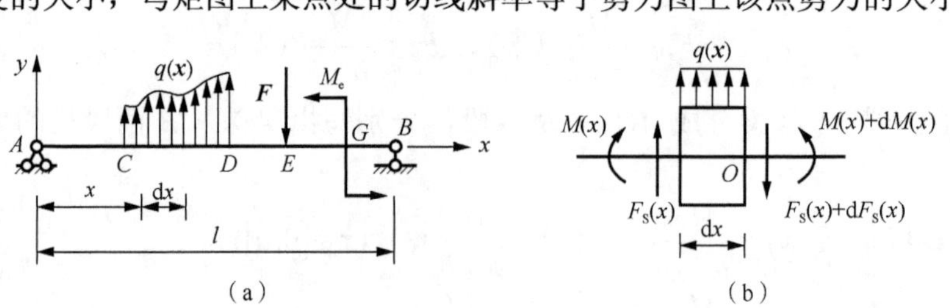

图 14-14

将式（14-2）两端再次求导，得

$$\frac{\mathrm{d}^2M(x)}{\mathrm{d}x^2}=q(x) \tag{14-3}$$

如图 14-14（a）所示，CD 梁段上只有分布荷载 $q(x)$作用，将式（14-1）在 CD 梁段上积分，

$$\int_C^D \mathrm{d}F_\mathrm{S}(x)=\int_C^D q(x)\mathrm{d}x$$

$$F_{\mathrm{S}D}-F_{\mathrm{S}C}=\int_C^D q(x)\mathrm{d}x \tag{14-4}$$

上式表明，CD 梁段两端横截面上剪力之差等于该段梁上分布荷载图形的面积。同理，将式（14-2）在 CD 梁段上积分，

$$\int_C^D \mathrm{d}M(x)=\int_C^D F_\mathrm{S}(x)\mathrm{d}x$$

$$M_D-M_C=\int_C^D F_\mathrm{S}(x)\mathrm{d}x \tag{14-5}$$

此式表明，CD 梁段两端横截面上弯矩之差等于该段梁上剪力图图形的面积。

上述荷载集度、剪力与弯矩之间的微分、积分关系要求梁段上只有分布荷载作用，而图 14-14（a）所示 AB 全梁上还有集中力和力偶，此时应该分成多段分析，以保证每段梁上只有分布荷载作用。由上述荷载集度、剪力与弯矩之间的微分、积分关系，可总结梁的荷载图、剪力图及弯矩图之间规律，汇总整理于表 14-1。

表 14-1　不同荷载作用下剪力图与弯矩图的特征

	向下的均布荷载	无荷载	集中力	集中力偶
一段梁上的荷载	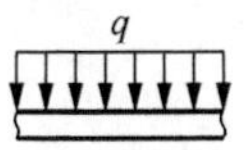	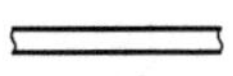	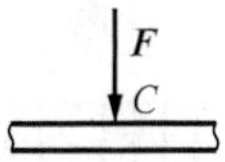	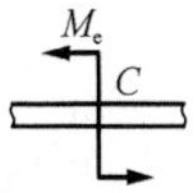
剪力图	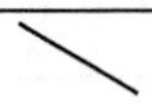向下倾斜的斜直线	水平线	突变	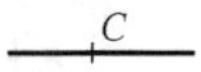无变化
弯矩图	下凸的二次曲线	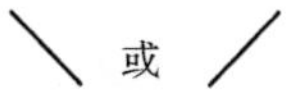斜直线	尖点	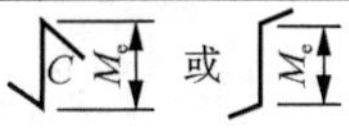突变

【例 14-6】 画图 14-15（a）所示简支梁的剪力图和弯矩图。

解　（1）由平衡方程 $\sum M_B=0$ 和 $\sum M_A=0$，分别求得支座反力为

$$F_A=\frac{3}{2}qa\,,\quad F_B=\frac{qa}{2}$$

（2）作剪力图。由梁上荷载分布可知，应将梁分为两段，分别求每段梁两端的剪力值，具体求解方法可以根据剪力值等于截面一侧所有横向外力代数和，或根据荷载集度与剪力之间的积分关系式（14-4），可得

$$F_{\mathrm{S}A右}=F_{\mathrm{S}C左}=\frac{3}{2}qa\,,\quad F_{\mathrm{S}C右}=\frac{3}{2}qa-qa=\frac{qa}{2}$$

$$F_{\mathrm{S}B左}-F_{\mathrm{S}C右}=\int_C^B q(x)\mathrm{d}x=-qa \quad\Rightarrow\quad F_{\mathrm{S}B左}=F_{\mathrm{S}C右}-qa=-\frac{qa}{2}$$

然后由荷载集度与剪力之间的微分关系画出每段梁上的剪力规律。AC 段无分布荷载，故剪力图为一水平直线；CB 段有向下的分布荷载 q，故剪力图为斜直线，斜率为负值。最后剪力图如图 14-15（b）所示。

（3）作弯矩图。将梁分为两段，分别求每段梁两端的弯矩值，具体求解方法可以根据弯矩值等于截面一侧所有外力对截面形心力矩的代数和，或根据剪力与弯矩之间的积分关系式（14-5），可得

$$M_{A右}=0\,,\quad M_{C左}-M_{A右}=\int_A^C F_S(x)\mathrm{d}x=\frac{3}{2}qa\times a \quad\Rightarrow\quad M_{C左}=\frac{3qa^2}{2}$$

$$M_{C右}=M_{C左}=\frac{3qa^2}{2}\,,\quad M_{B左}=\frac{3qa^2}{2}$$

然后由剪力与弯矩之间的微分关系画出每段梁上的弯矩规律。*AC* 段剪力图为水平直线，弯矩图则为斜直线；*CB* 段剪力图为斜直线，弯矩图为下凸二次曲线。这里应注意的是，截面 *D* 的剪力为零，由式（14-2）可知，该截面的弯矩具有极值，该极值可能在强度校核时用到，必须求出。截面 *D* 距 *B* 支座 $a/2$，根据剪力与弯矩之间的积分关系求解该极值弯矩，

$$M_{B左}-M_D=\int_D^B F_S(x)\mathrm{d}x=-\frac{1}{2}\times\frac{qa}{2}\times\frac{a}{2} \quad\Rightarrow\quad M_D=\frac{3qa^2}{2}-\left(-\frac{qa^2}{8}\right)=\frac{13qa^2}{8}$$

最后弯矩图如图 14-15（c）所示。

这种将梁分成多段，首先求解每段梁两端截面（称为**控制截面**）的剪力、弯矩值，然后利用荷载集度、剪力与弯矩之间微分关系画出每段梁上剪力、弯矩规律的作图法称为**简易法**，这种方法可以大大简化剪力图、弯矩图的作图过程。

【例 14-7】 画图 14-16（a）所示外伸梁的剪力图和弯矩图。

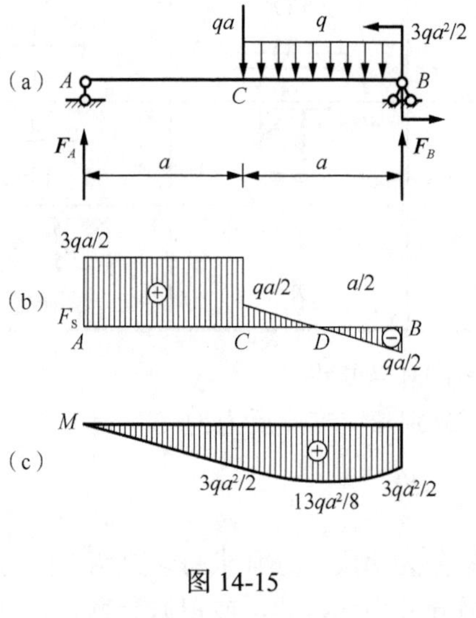

图 14-15

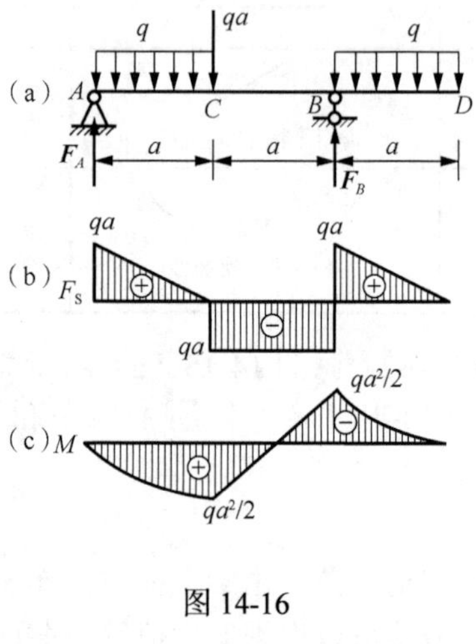

图 14-16

解　（1）由平衡方程 $\sum M_B=0$ 和 $\sum M_A=0$，分别求得支座反力为

$$F_A=qa\,,\quad F_B=2qa$$

（2）作剪力图。由梁上荷载分布可知，应将梁分为三段，分别求每段梁两端的剪力值，

$$F_{SA右}=qa\,,\quad F_{SC左}=qa-qa=0\,,\quad F_{SC右}=qa-qa-qa=-qa$$

$$F_{SB左}=qa-2qa=-qa\,,\quad F_{SB右}=qa\,,\quad F_{SD}=0$$

然后由荷载集度与剪力之间的微分关系画出每段梁上的剪力规律。*AC* 段有向下的分布荷载 q，故剪力图为斜直线，斜率为负值；*CB* 段无分布荷载，故剪力图为一水平直线；*BD* 段又有向

下的分布荷载 q，剪力图为斜直线，斜率为负值。最后剪力图如图 14-16（b）所示。

（3）作弯矩图。将梁分为三段，分别求每段梁两端的弯矩值，

$$M_{A右}=0\text{，}\quad M_{C左}-M_{A右}=\int_A^C F_S(x)\mathrm{d}x=\frac{1}{2}\times qa\times a\quad\Rightarrow\quad M_{C左}=\frac{qa^2}{2}$$

$$M_{C右}=M_{C左}=\frac{qa^2}{2}\text{，}\quad M_{B左}=M_{B右}=-\frac{qa^2}{2}\text{，}\quad M_D=0$$

然后由剪力与弯矩之间的微分关系画出每段梁上的弯矩规律。AC 段剪力图为斜直线，弯矩图为下凸二次曲线；CB 段剪力图为水平直线，弯矩图则为斜直线；BD 段剪力图又为斜直线，弯矩图为下凸二次曲线。最后弯矩图如图 14-16（c）所示。

【例 14-8】 作图 14-17（a）所示静定连续梁的剪力图和弯矩图。

解　（1）计算支座反力。将梁沿铰链 B 处拆开，如图 14-17（b）所示。先取辅梁 BD 为研究对象建立平衡方程，计算 D、B 处支座反力。

$$\sum M_B=0\text{，}\quad -F_D\times 4+10=0\quad\Rightarrow\quad F_D=2.5(\mathrm{kN})$$

$$\sum Y=0\text{，}\quad F_B=F_D=2.5(\mathrm{kN})$$

再以主梁 AB 为研究对象建立平衡方程，计算 A 处反力。

$$\sum M_A=0\text{，}\quad M_A-F_B\times 2=0\quad\Rightarrow\quad M_A=5(\mathrm{kN\cdot m})$$

$$\sum Y=0\text{，}\quad F_A=F_B=2.5(\mathrm{kN})$$

（2）作剪力图。截面 A、D 处有集中力，剪力图有突变，突变值为 2.5 kN；整段梁上无分布荷载，故剪力图为水平直线；截面 C 处集中力偶对剪力图无影响。最后绘出剪力图如图 14-17（c）所示。

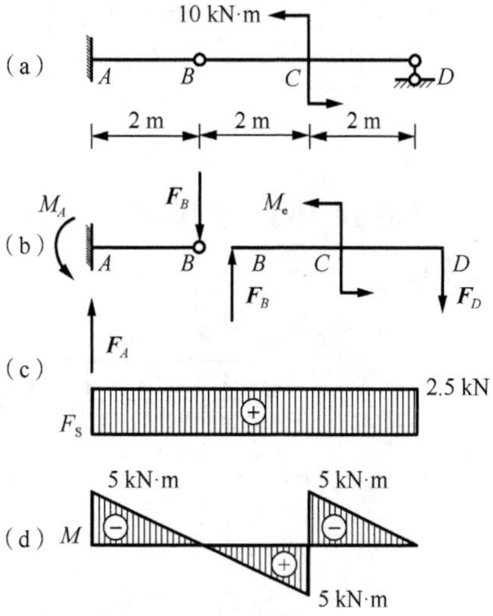

图 14-17

（3）作弯矩图。截面 A 有逆时针反力偶，弯矩图有向上的突变，突变值为 $5\,\mathrm{kN\cdot m}$；整段梁剪力图为水平线，故弯矩图则为斜直线；截面 C 有逆时针集中力偶，弯矩图有向上的突变，突变值为 $10\,\mathrm{kN\cdot m}$；B、D 铰链处弯矩值为零。最后绘出弯矩图如图 14-17（d）所示。

14.2.4　叠加法作梁的剪力图和弯矩图

12.4 节介绍过叠加法，即在线弹性范围内，几个外力共同作用时所引起的某一参数值（内力、应力、变形或位移）等于每个外力单独作用时所引起的该参数值的代数和。利用叠加法作剪力图和弯矩图时，先分别作出各项荷载单独作用下梁的剪力图和弯矩图，然后将横坐标对齐，纵坐标叠加，即得到梁在所有荷载共同作用下的剪力图和弯矩图。

【例 14-9】 用叠加法作图 14-18（a）所示悬臂梁的剪力图和弯矩图。

解　悬臂梁受到端部集中力和全梁均布荷载作用，先分别作只有集中力和只有均布荷载作用下的剪力图和弯矩图，然后将两剪力图和两弯矩图分别叠加。注意，直线与直线叠加后为直线，直线与二次曲线或二次曲线与二次曲线叠加后为二次曲线。叠加后的剪力图和弯矩

图如图 14-18（b）、（c）所示。由图可知，梁上最大剪力 $F_{S\max}=ql$，最大弯矩 $M_{\max}=\frac{1}{2}ql^2$。

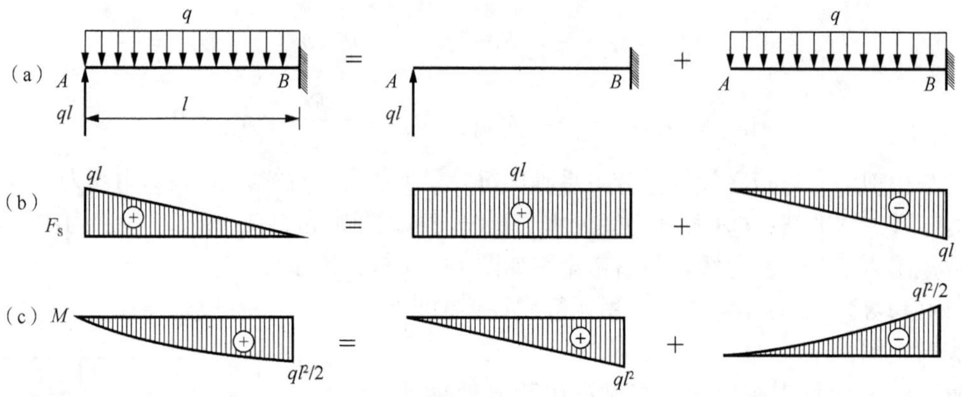

图 14-18

【例 14-10】 已知 $M_e=ql^2/5$，试按叠加原理作图 14-19（a）所示简支梁的剪力图和弯矩图。

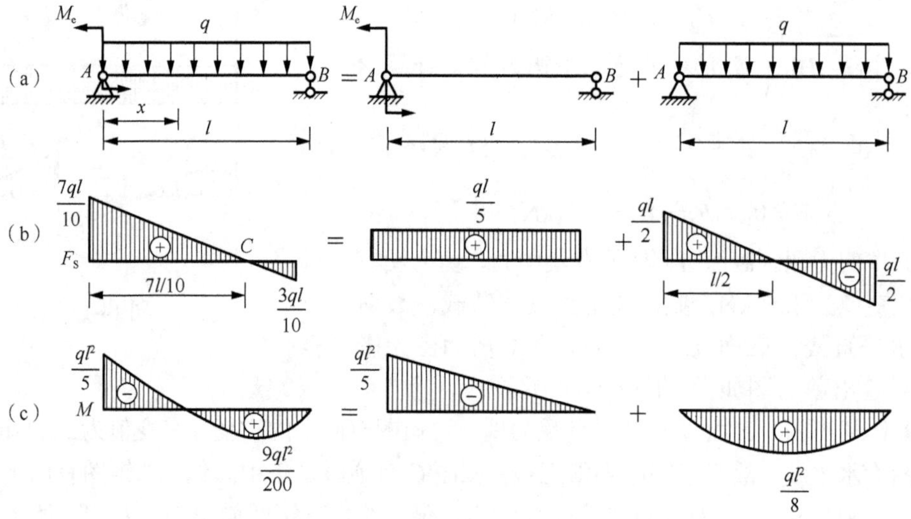

图 14-19

解　简支梁受到集中力偶和全梁均布荷载作用，先分别作只有集中力偶和只有均布荷载作用下的剪力图和弯矩图，然后将两剪力图和两弯矩图分别叠加。叠加后的剪力图和弯矩图如图 14-19（b）、（c）所示，其中剪力为零的 C 截面弯矩有极值，该极值弯矩由剪力与弯矩之间的积分关系求解为

$$M_C-M_A=M_C-\left(-\frac{ql^2}{5}\right)=\int_A^C F_S(x)\mathrm{d}x=\frac{1}{2}\times\frac{7ql}{10}\times\frac{7l}{10} \Rightarrow M_C=\frac{9ql^2}{200}$$

由图 14-19（b）、（c）可知，全梁的最大剪力为 $F_{S_{\max}}=\frac{7ql}{10}$；最大弯矩在 $x=0$ 截面上，$|M_{\max}|=\frac{ql^2}{5}$。

14.3　梁横截面上的正应力

某简支梁所受荷载、剪力图和弯矩图分别如图 14-20（a）、（b）和（c）所示。由图可知，梁段 CD 任意横截面上的剪力均为零，弯矩为常量，称该段梁的弯曲为**纯弯曲**；而梁段 AC、DB 上剪力不为零，弯矩也不是常量，横截面上既有弯矩又有剪力，此时梁的弯曲称为**横力弯曲**。由图 14-21 所示横截面上分布内力的合成关系可知，横截面上只有与正应力有关的法向内力元素 σdA 才能合成为弯矩；而与切应力有关的切向内力元素 τdA 合成为剪力。因此，横力弯曲时梁横截面上既有正应力，又有切应力，而纯弯曲时梁横截面上只有正应力，没有切应力。下面首先推导纯弯曲时梁横截面上的正应力计算公式，然后将其推广到梁的横力弯曲。

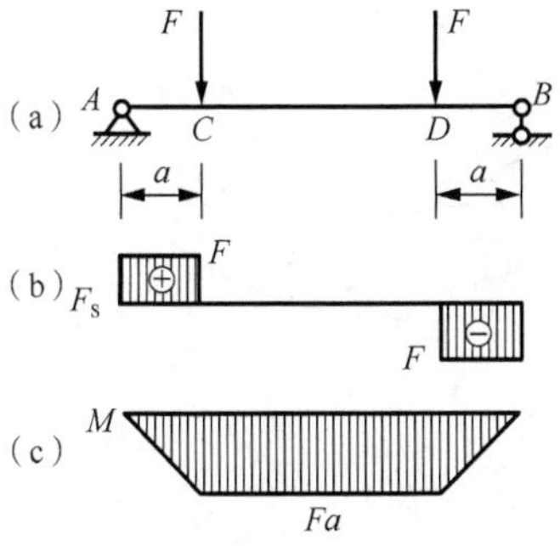

图 14-20

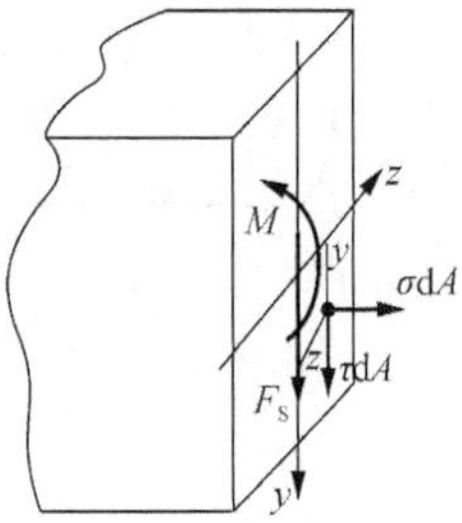

图 14-21

14.3.1　纯弯曲时梁横截面上的正应力

图 14-22（a）所示梁段仅在两端承受外力偶矩 M_e，为纯弯曲变形。与推导拉压杆横截面上的正应力类似，分析此时梁横截面上的正应力也属于超静定问题，需要从三个方面考虑。

1. 变形几何方面

如图 14-22（a）所示，在梁上画两条相邻的横向线 mm 和 nn 代表梁的任意两横截面，在轴线的两侧画两条纵向线 aa 和 bb 代表梁的纵向纤维，显然，两横向线 mm 、nn 与两纵向线 aa 、bb 互相垂直。两端施加外力偶矩 M_e 后，梁的变形如图 14-22（b）所示。观察可知：

（1）纵向线 aa 和 bb 变成了互相平行的同心圆弧线，梁凹侧的纵向线 aa 缩短，凸侧的纵向线 bb 伸长；

（2）横向线 mm 和 nn 仍为直线，在相对旋转了一个角度后仍然垂直于 aa 和 bb 两弧线。

根据观察到的上述现象，对梁在纯弯曲下的变形做如下假设：梁弯曲后横截面仍为平面，只是像刚性平面一样绕截面内垂直于纵对称面的某一轴旋转一定角度，并与梁变形后的轴线保持垂直。该假设称为弯曲问题中的**平面假设**，根据此假设得到的应力和变形计算公式已得到试验结果验证。

根据平面假设，可通过几何关系找出横截面上各点处纵向纤维的变化规律。梁在变形后凹侧的纤维（aa）缩短，凸侧的纤维（bb）伸长。根据变形的连续性，其间必然有一层纵向纤维既不伸长也不缩短，长度保持不变，这层纤维称为**中性层**，中性层与横截面的交线称为**中性轴**，如图 14-22（c）所示。梁纯弯曲时，横截面就是绕中性轴转过一定角度后，与变形后的轴线保持垂直。通常，我们取梁的轴线为 x 轴，横截面的对称轴为 y 轴，则中性轴为 z 轴。

如图 14-22（d）所示，取出梁的 $\mathrm{d}x$ 微段，设 O_1O_2 为中性层上的纤维，b_1b_2 为距离中性层为 y 处的纵向纤维，变形前 $O_1O_2=b_1b_2=\mathrm{d}x$。变形后 O_1O_2 和 b_1b_2 变成了互相平行的同心圆弧线，假设圆心角为 $\mathrm{d}\theta$，中性层的曲率半径为 ρ，则弧线 O_1O_2 的长度仍为 $\mathrm{d}x=\rho\mathrm{d}\theta$，而弧线 b_1b_2 的长度变为 $(\rho+y)\mathrm{d}\theta$。因此，距离中性层为 y 处纵向纤维的线应变为

$$\varepsilon=\frac{(\rho+y)\mathrm{d}\theta-\mathrm{d}x}{\mathrm{d}x}=\frac{(\rho+y)\mathrm{d}\theta-\rho\mathrm{d}\theta}{\rho\mathrm{d}\theta}=\frac{y}{\rho}$$

上式表明横截面上任意一点的纵向线应变 ε 与该点到中性轴的距离 y 成正比，与中性轴等距离处的各纵向纤维的伸长或缩短相等。

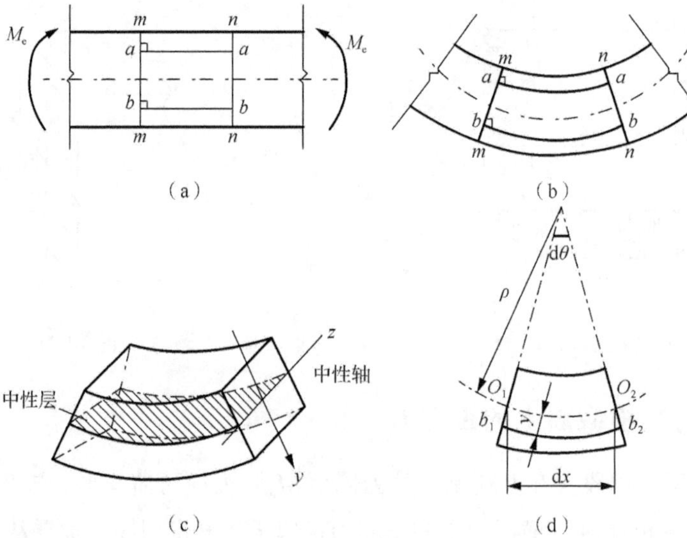

图 14-22

2. 物理方面

忽略梁在纯弯曲时纵向纤维之间的相互挤压，可认为各纵向纤维仅发生简单拉伸或压缩变形，梁内各点均处于单轴应力状态。若材料在线弹性范围内，且材料的拉伸和压缩弹性模量相同，则

$$\sigma=E\varepsilon=E\frac{y}{\rho} \tag{14-6}$$

上式表明横截面上任意一点的正应力与该点到中性轴的距离成正比，与中性轴等距离处各点的正应力都相同，该变化规律如图 14-23（a）所示。

3. 静力学方面

图 14-23（b）所示横截面的法向内力元素 $\sigma\mathrm{d}A$ 构成了空间平行力系，力系应合成为截面上的内力。因为横截面上内力分量 $M_z=M$，其余分量如 $F_\mathrm{N}=0$，$M_y=0$，所以

$$F_\mathrm{N}=\int_A\sigma\mathrm{d}A=\int_A\frac{Ey}{\rho}\mathrm{d}A=\frac{E}{\rho}\int_A y\mathrm{d}A=\frac{E}{\rho}S_z=0 \tag{14-7}$$

$$M_y = \int_A z(\sigma \mathrm{d}A) = \int_A z\frac{Ey}{\rho}\mathrm{d}A = \frac{E}{\rho}\int_A zy\mathrm{d}A = \frac{E}{\rho}I_{yz} = 0 \tag{14-8}$$

$$M_z = \int_A y(\sigma \mathrm{d}A) = \int_A y\frac{Ey}{\rho}\mathrm{d}A = \frac{E}{\rho}\int_A y^2\mathrm{d}A = \frac{EI_z}{\rho} = M \tag{14-9}$$

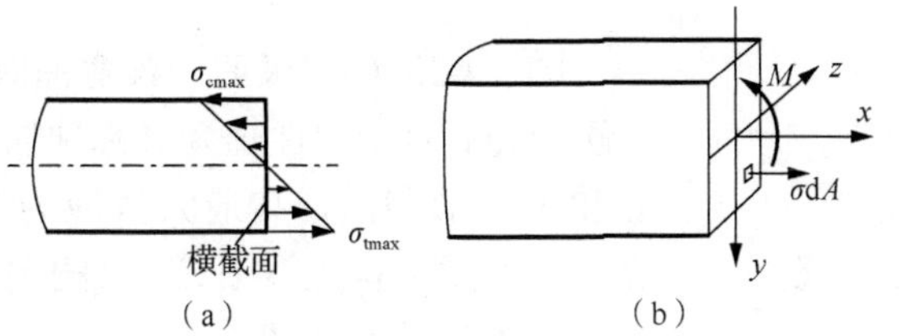

图 14-23

式（14-7）表明，要使 $F_N = 0$，必须满足 $S_z = 0$。由第 13 章中截面的几何性质可知，要使 $S_z = 0$，z 轴必须通过截面的形心，因此，式（14-7）确定了中性轴的位置，即中性轴 z 过截面形心。式（14-8）表明，要使 $M_y = 0$，必须满足 $I_{yz} = 0$。实际上，由于 y 轴是对称轴，该式自然成立。上面分析表明 y 轴和 z 轴为横截面的一对形心主惯性轴。

最后由式（14-9）得

$$\kappa = \frac{1}{\rho} = \frac{M}{EI_z} \tag{14-10}$$

上式表明：在截面弯矩 M 一定的情况下，EI_z 越大，梁的曲率 κ 即弯曲程度越小，也就是梁越不容易变形，因此 EI_z 称为梁的**弯曲刚度**或**抗弯刚度**。

由式（14-6）和式（14-10）可以得到梁纯弯曲变形时横截面上任意一点的正应力计算公式：

$$\sigma = \frac{My}{I_z} \tag{14-11}$$

式中，M 为横截面上的弯矩；y 为所求应力点到中性轴的距离；I_z 为整个截面对中性轴的惯性矩，是截面的几何性质之一，单位为 m^4。在式（14-11）中，将弯矩 M 和坐标 y 按规定的正负号代入，就得到正应力 σ 的正负号。在具体计算中，也可根据弯曲变形来判定：以中性层为界，变形后凸侧的纤维受拉，σ 为正值；凹侧的纤维受压，σ 为负值。

由式（14-11）可知，y 值越大，则正应力越大，最大正应力发生在距离中性轴最远处，其值为

$$\sigma_{max} = \frac{My_{max}}{I_z} \quad 或 \quad \sigma_{max} = \frac{M}{\dfrac{I_z}{y_{max}}} = \frac{M}{W_z} \tag{14-12}$$

式中，$W_z = I_z / y_{max}$，称为**抗弯截面系数**或**弯曲截面系数**，单位为 m^3。常见的矩形截面和圆形截面的惯性矩和抗弯截面系数分别为

$$矩形截面：\ I_z = \frac{bh^3}{12},\quad W_z = \frac{I_z}{\dfrac{h}{2}} = \frac{bh^2}{6}$$

$$\text{圆形截面：}\ I_z=\frac{\pi d^4}{64},\quad W_z=\frac{I_z}{\frac{d}{2}}=\frac{\pi d^3}{32}$$

式中，b 和 h 分别为矩形截面的宽和高；d 为圆形截面的直径。如果是型钢，可查型钢规格表确定 I_z 和 W_z 值。

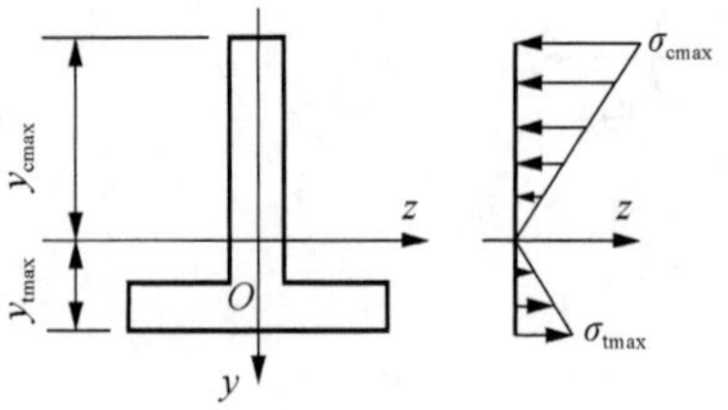

图 14-24

图 14-23（a）表明，梁弯曲时横截面上既有拉应力也有压应力。对于中性轴为对称轴的横截面，例如矩形、圆形和工字形截面，其最大拉应力和最大压应力的数值相等，可按式（14-12）计算。对于中性轴为非对称轴的横截面，如 T 形截面（图 14-24），则其最大拉应力和最大压应力的数值不等，应分别以横截面上受拉和受压部分距中性轴最远的距离 y_{tmax} 和 y_{cmax} 代入式（14-11）计算 σ_{tmax} 和 σ_{cmax}。

【例 14-11】 梁的横截面如图 14-25（a）所示，图中截面尺寸单位为 mm。已知截面上 σ_{max}=8 MPa，试求截面上阴影部分的正应力合成的法向内力。

解　方法 1

$$F_N^*=\int_{A^*}\sigma\mathrm{d}A=\int_{A^*}\frac{My}{I_z}\mathrm{d}A=\frac{M}{I_z}\int_{A^*}y\mathrm{d}A=\frac{MS_z^*}{I_z}$$

其中有

$$M=\sigma_{max}\cdot W_z=8\times10^6\times\frac{100\times200^2}{6}\times10^{-9}=5.333\times10^3(\mathrm{N\cdot m})$$

$$S_z^*=\int_{A^*}y\mathrm{d}A=y_{C^*}\cdot A^*=(50+25)\times40\times50\times10^{-9}=1.5\times10^{-4}(\mathrm{m}^3)$$

$$I_z=\frac{100\times200^3}{12}\times10^{-12}=6.667\times10^{-5}(\mathrm{m}^4)$$

代入第一式即得

$$F_N^*=\frac{MS_z^*}{I_z}=\frac{5.333\times10^3(\mathrm{N\cdot m})\times1.5\times10^{-4}(\mathrm{m}^3)}{6.667\times10^{-5}(\mathrm{m}^4)}=12\times10^3=12(\mathrm{kN})$$

方法 2　因为正应力沿着 y 轴方向线性变化，如图 14-25（b）所示，所以

$$F_N^*=\int_{A^*}\sigma\mathrm{d}A=\int_{A^*}\frac{y}{100\times10^{-3}}\sigma_{max}\mathrm{d}A=\frac{\sigma_{max}}{100\times10^{-3}}\int_{A^*}y\mathrm{d}A=\frac{\sigma_{max}S_z^*}{100\times10^{-3}}$$

$$=\frac{8\times10^6\times1.5\times10^{-4}}{100\times10^{-3}}=12\times10^3=12(\mathrm{kN})$$

方法 3　因为正应力沿着 y 轴方向线性变化，所以阴影部分正应力合成的法向内力可以用阴影部分截面上的平均正应力 $\bar{\sigma}$ 乘以阴影部分面积即可。而

$$\bar{\sigma}=\frac{\sigma+\sigma_{max}}{2}=\frac{\frac{\sigma_{max}}{2}+\sigma_{max}}{2}=\frac{3}{4}\sigma_{max}\quad（\sigma\text{ 为 }y=50\text{ mm 处的正应力}）$$

所以

$$F_N^*=\bar{\sigma}A^*=\frac{3}{4}\sigma_{max}\cdot A^*=\frac{3}{4}\times8\times10^6\times40\times50\times10^{-6}=12\times10^3=12(\mathrm{kN})$$

【例 14-12】 宽为 b、厚为 δ 的钢带，绕装在一个半径为 R 的圆筒上（$R>>\delta$），如图 14-26 所示。已知钢带的弹性模量为 E，若要求钢带在绕装过程中应力不超过比例极限 σ_p，试问圆筒的最小半径 R 应为多少？

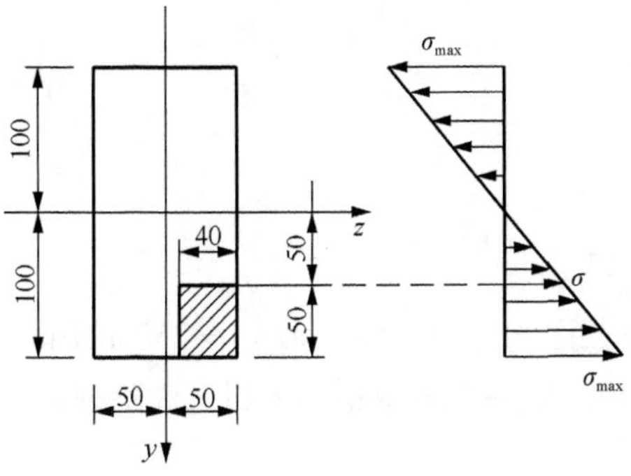

图 14-25

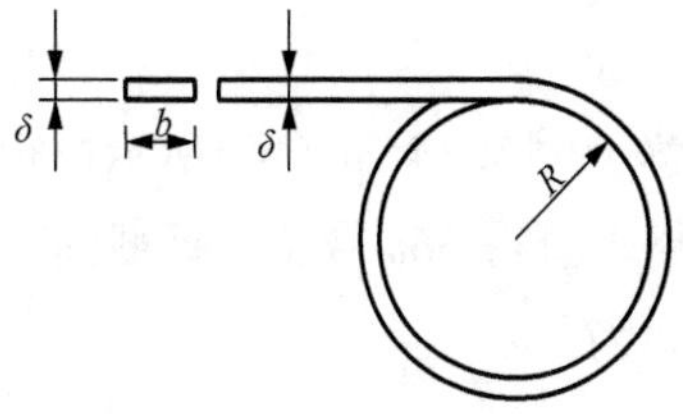

图 14-26

解 钢带在绕装过程中，轴线由直线变成半径近似为 R 的圆弧，由式（14-6）得

$$\sigma_{max}=E\frac{y_{max}}{\rho}=E\frac{\frac{\delta}{2}}{R}=\frac{E\delta}{2R}\leqslant\sigma_p$$

所以 $R\geqslant\dfrac{E\delta}{2\sigma_p}$，即圆筒的最小半径为 $\dfrac{E\delta}{2\sigma_p}$。

14.3.2　纯弯曲理论在横力弯曲中的推广

横力弯曲时，梁横截面上既有正应力又有切应力。由于切应力的存在，梁变形后横截面将发生翘曲，因此，梁在纯弯曲时的平面假设不再成立。但弹性理论和试验结果均表明，对于工程实际中的梁，按纯弯曲时的式（14-11）来计算横力弯曲时的正应力能够满足工程要求，且跨高比（l/h）越大，计算结果越精确。

因此，纯弯曲理论可以推广应用到横力弯曲中，式（14-11）仍然用来计算横力弯曲时横截面上任意点处的正应力，但式中的弯矩 M 应该用相应截面上的弯矩 $M(x)$ 代替，即

$$\sigma=\frac{M(x)y}{I_z}\tag{14-13}$$

同时，式（14-12）仍然可以用来计算横力弯曲时等直梁上的最大正应力，其表达式为

$$\sigma_{max}=\frac{M_{max}y_{max}}{I_z}\quad 或\quad \sigma_{max}=\frac{M_{max}}{W_z}\tag{14-14}$$

【例 14-13】 图 14-27（a）所示简支梁由 56a 号工字钢制成，其截面简化后的尺寸如图所示，图中截面尺寸单位为 mm。梁上作用 F=100 kN。试求此梁危险截面上的最大正应力 σ_{max} 及同一截面上翼缘与腹板交界处点 a 的正应力 σ_a。

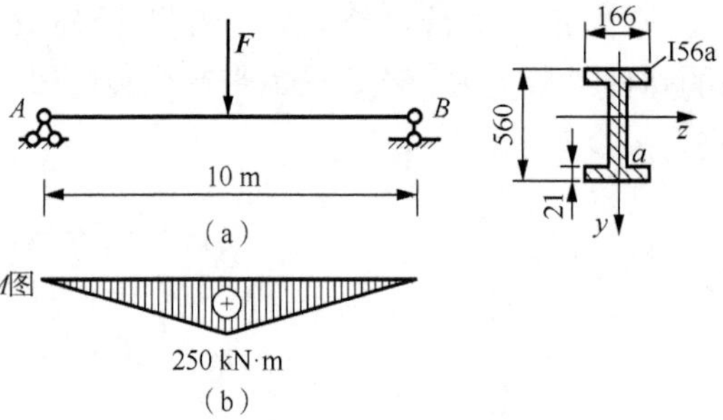

图 14-27

解 由图 14-27（b）所示弯矩图可知，危险截面为跨中截面，$M_{\max}=250\ \text{kN·m}$。利用型钢规格表查得 56a 号工字钢截面的 $I_z=65600\ \text{cm}^4$，$W_z=2340\ \text{cm}^3$。所以，危险截面上的最大正应力为

$$\sigma_{\max}=\frac{M_{\max}}{W_z}=\frac{250\times10^3}{2340\times10^{-6}}=107\times10^6(\text{Pa})=107(\text{MPa})$$

该截面上点 a 处的正应力为

$$\sigma_a=\frac{M_{\max}y_a}{I_z}=\frac{250\times10^3\times(\dfrac{560}{2}-21)\times10^{-3}}{65600\times10^{-8}}=99\times10^6(\text{Pa})=99\ (\text{MPa})$$

也可利用正应力的线性变化规律计算 σ_a，即

$$\sigma_a=\frac{y_a}{y_{\max}}\sigma_{\max}=\frac{\dfrac{560}{2}-21}{\dfrac{560}{2}}\times107\times10^6=99\times10^6(\text{Pa})=99(\text{MPa})$$

14.4 梁横截面上的切应力

横力弯曲时，梁横截面上的内力除弯矩外还有剪力，相应地横截面上除有正应力外还有切应力。下面详细分析矩形截面梁弯曲时切应力的计算公式，其他截面梁切应力的分析方法与其类似，仅做简单介绍。

14.4.1 矩形截面梁

图 14-28(a)所示矩形截面梁受任意横向荷载作用，在 x 截面处截取长为 $\mathrm{d}x$ 的微段 $mmnn$，作用于微段左右两侧横截面上的剪力均为 F_S（$\mathrm{d}x$ 微段上无荷载），弯矩分别为 M 和 $M+\mathrm{d}M$，如图 14-28（b）所示。由上节可知，两侧横截面上弯矩 M 和 $M+\mathrm{d}M$ 所对应的正应力 σ_{I} 和 σ_{II} 的分布情况如图 14-28（c）所示。为分析剪力对应的切应力在横截面上的分布情况，在 $\mathrm{d}x$ 微段上，用距中性层为 y 的纵向截面 $aacc$ 截取一部分 $acnm$。对于狭长矩形截面，因为梁外表面上无切应力，由切应力互等定理可知，横截面上侧边处各点的切应力方向必与侧边平行；在对称弯曲情况下，对称轴 y 轴上各点切应力方向必沿 y 方向，也与侧边平行；而且对于狭长矩形截面，切应力沿宽度方向变化不可能大。为此做如下假设：

（1）横截面上各点切应力的方向均与两侧边平行，指向与截面上剪力一致；

（2）横截面上与中性轴等距的各点处的切应力大小相等。

从而横截面上与中性轴 z 轴等距的线段 aa 上各点切应力 τ 的分布情况如图 14-28（d）所示。弹性理论表明，上述假设对于狭长矩形截面梁完全可用；对于一般高度大于宽度的矩形截面梁，也满足工程计算的精度要求。

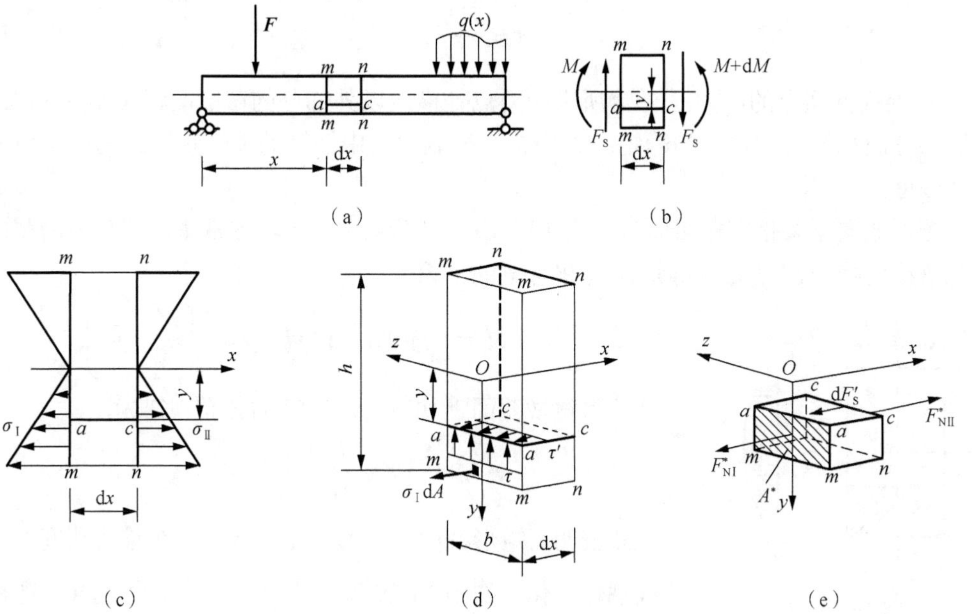

图 14-28

在截出的部分梁 $acnm$ 上，两侧横截面上的 σ_{I}、σ_{II} 将形成两侧面上的法向内力 F^*_{NI} 和 F^*_{NII}，如图 14-28（e）所示，且有

$$F^*_{\mathrm{NI}} = \int_{A^*} \sigma_{\mathrm{I}} \mathrm{d}A = \int_{A^*} \frac{My}{I_z} \mathrm{d}A = \frac{M}{I_z} \int_{A^*} y \mathrm{d}A = \frac{M}{I_z} S^*_z \tag{14-15}$$

$$F^*_{\mathrm{NII}} = \int_{A^*} \sigma_{\mathrm{II}} \mathrm{d}A = \int_{A^*} \frac{M + \mathrm{d}M}{I_z} y \mathrm{d}A = \frac{M + \mathrm{d}M}{I_z} \int_{A^*} y \mathrm{d}A = \frac{M + \mathrm{d}M}{I_z} S^*_z \tag{14-16}$$

式中，A^* 为距中性轴为 y 的横线以外的部分截面面积，即图 14-28（e）中阴影部分的面积；$S^*_z = \int_{A^*} y \mathrm{d}A$ 为面积 A^* 对截面中性轴 z 的静矩。

由于梁整体平衡，$acnm$ 部分梁也应平衡。要想 $acnm$ 部分梁满足 $\sum X = 0$，则在纵截面 $aacc$ 上必有一力 $\mathrm{d}F'_{\mathrm{S}}$，且有

$$F^*_{\mathrm{NII}} - F^*_{\mathrm{NI}} - \mathrm{d}F'_{\mathrm{S}} = 0 \quad \Rightarrow \quad \mathrm{d}F'_{\mathrm{S}} = F^*_{\mathrm{NII}} - F^*_{\mathrm{NI}} \tag{14-17}$$

显然，$\mathrm{d}F'_{\mathrm{S}}$ 只能由纵向平面内的切应力 τ' 合成。由横截面内线段 aa 上各点切应力的分布情况和切应力互等定理可知，纵向平面内线段 aa 上各点处的切应力 τ' 大小相等，且有 $\tau' = \tau$，如图 14-28（d）所示。至于沿 $\mathrm{d}x$ 长度方向，τ' 即使有变化，其增量也是无穷小，可略去不计，认为 τ' 在纵向平面 $aacc$ 上均匀分布，从而 $\mathrm{d}F'_{\mathrm{S}} = \tau'\mathrm{d}A = \tau' b \mathrm{d}x$。将该式与式(14-15)、式(14-16)

代入式（14-17）得

$$\tau' b \mathrm{d}x = \frac{\mathrm{d}M}{I_z} S_z^* \quad \Rightarrow \quad \tau' = \frac{\mathrm{d}M}{\mathrm{d}x} \frac{S_z^*}{I_z b} = \frac{F_S S_z^*}{I_z b}$$

由切应力互等定理，即得矩形截面梁横截面上 aa 横线处，即距中性层为 y 处各点的切应力 τ 的计算公式为

$$\tau = \frac{F_S S_z^*}{I_z b} \tag{14-18}$$

式中，F_S 为横截面上的剪力；S_z^* 为所求应力点处横线以外部分的截面面积（如图 14-29 中所示阴影部分面积）对中性轴的静矩；I_z 为整个横截面对中性轴的惯性矩；b 为所求应力点处截面的宽度。

对矩形截面梁某指定截面而言，式（14-18）中 F_S、I_z、b 均为常量，切应力沿截面高度的变化规律由静矩 S_z^* 决定。静矩 S_z^* 与坐标 y 的关系为

$$S_z^* = \int_{A^*} y \,\mathrm{d}A = \int_y^{\frac{h}{2}} y b \,\mathrm{d}y = \frac{b}{2}\left(\frac{h^2}{4} - y^2\right)$$

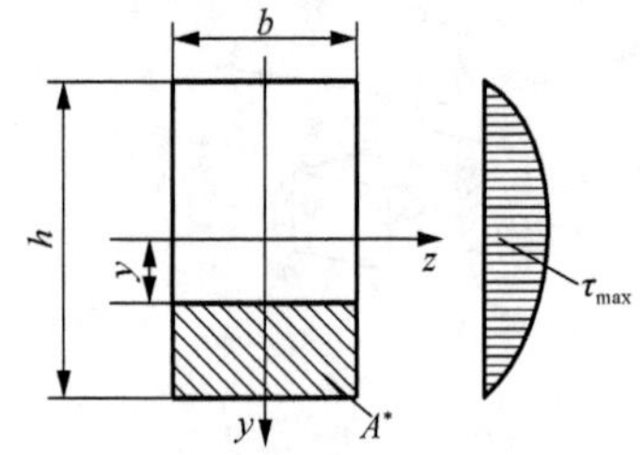

图 14-29

从而可得横截面上切应力沿高度的分布规律为

$$\tau = \frac{F_S}{2I_z}\left(\frac{h^2}{4} - y^2\right) \tag{14-19}$$

上式表明，矩形截面梁横截面上切应力 τ 在截面高度上按抛物线规律变化，如图 14-29 所示。当 $y = \pm\frac{h}{2}$ 时，τ=0，即截面上下边缘处无切应力；当 y=0 时，切应力 τ 为极大值，即中性轴上切应力最大。将 y=0 和 $I_z = \frac{bh^3}{12}$ 代入上式，得矩形截面梁最大切应力

$$\tau_{\max} = \frac{3}{2}\frac{F_S}{bh} = \frac{3}{2}\frac{F_S}{A} = \frac{3}{2}\bar{\tau} \tag{14-20}$$

上式表明矩形截面梁横截面上的最大切应力为 1.5 倍的平均切应力。

14.4.2　工字形截面梁

由于腹板是狭长矩形，工字形截面梁[图 14-30（a）]腹板上的切应力可以采用前一小节关于矩形截面梁切应力分布的两个假设，截取如图 14-30（b）所示的部分梁进行分析，利用该部分梁的平衡，导出腹板上切应力的计算公式：

$$\tau = \frac{F_S S_z^*}{I_z d} \tag{14-21}$$

式中，S_z^* 为所求应力点处横线以外部分截面面积[图 14-30（b）所示阴影面积]对中性轴的静矩；I_z 为整个截面对中性轴的惯性矩；d 为所求应力点处截面的宽度，即腹板的宽度。切应力沿高度方向按二次曲线规律变化，如图 14-30（c）所示。在中性轴上切应力最大，为

$$\tau_{\max} = \frac{F_S S_{z\max}^*}{I_z d} \tag{14-22}$$

式中，$S_{z\max}^*$ 为中性轴一侧半个横截面积对中性轴的静矩。对于轧制的型钢，可通过查型钢规格表确定 I_z 及 $S_{z\max}^*$ 的值。

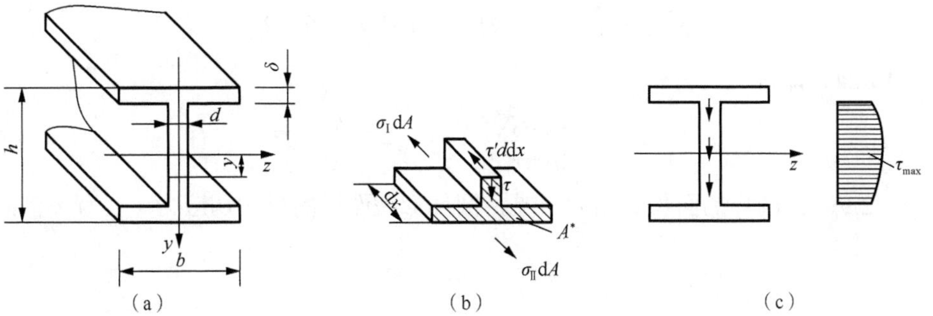

图 14-30

工字钢翼缘部分的切应力比较复杂，一般情况下，工字形截面梁翼缘上的切应力远远小于腹板上的最大切应力，故通常不必计算。

14.4.3　圆形截面梁

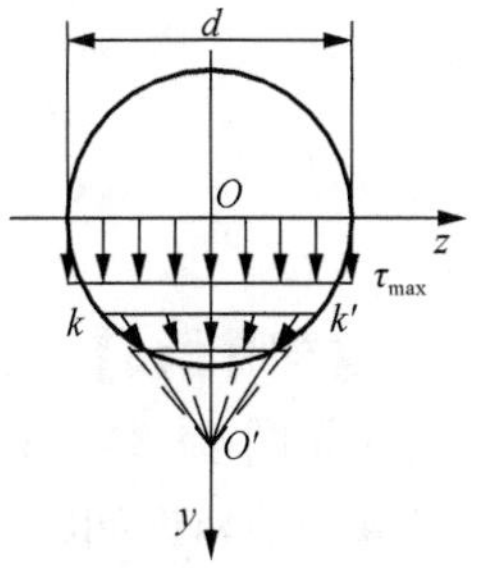

图 14-31

由切应力互等定理可知，圆形截面梁横截面边缘上各点处的切应力必与周边相切；由于对称性，对称轴 y 上各点的切应力必沿着 y 轴方向。由此可假设切应力在截面上的分布为：与中性轴 z 轴等距的宽度线 kk' 上各点切应力沿 y 轴方向的分量相等，且切应力作用线汇交于一点，如图 14-31 所示。根据上述假设，即可应用式（14-18）求出截面上距中性轴为同一高度 y 处切应力沿 y 方向的分量，然后按所在点处切应力方向与 y 轴间的夹角求解该点处的切应力大小。圆截面上的最大切应力 $\tau_{\max}$ 仍在中性轴上各点处，其值为

$$\tau_{\max}=\frac{F_{\mathrm{S}}S_{z\max}^*}{I_z d}=\frac{F_{\mathrm{S}}\dfrac{d^3}{12}}{\dfrac{\pi d^4}{64}d}=\frac{4}{3}\frac{F_{\mathrm{S}}}{A}=\frac{4}{3}\overline{\tau} \tag{14-23}$$

式中，d 为直径；$S_{z\max}^*=\dfrac{d^3}{12}$ 为半圆面积对中性轴的静矩。上式表明，圆截面梁横截面上的最大切应力为 4/3 的平均切应力。

14.4.4　薄壁圆环形截面梁

图 14-32（a）所示薄壁圆环形截面梁，设壁厚为 δ，平均半径为 r_0，且 $\delta << r_0$，从而可假设环形截面上切应力的分布规律为：圆环内、外周边上的切应力与圆周相切，且切应力沿圆环厚度方向均匀分布。仿照矩形截面的研究方法截取一段梁 $\mathrm{d}x$，再用与 y 轴夹角为 θ 的两个对称的径向面截取如图 14-32（b）所示的部分梁，由对称性可知，两径向边处切应力大小相等，均为 τ。利用该部分梁的平衡，可导出该切应力的计算公式：

$$\tau=\frac{F_{\mathrm{S}}S_z^*}{2\delta I_z} \tag{14-24}$$

式中，S_z^*为图 14-32（b）中阴影部分面积A^*对中性轴的静矩；$I_z=\pi r_0^3\delta$，为整个截面对中性轴的惯性矩。在中性轴上切应力最大，此时$S_{z\max}^*$为半圆环对中性轴的静矩，大小为

$$S_{z\max}^*=\int_{A^*}y\mathrm{d}A=2\int_0^{\frac{\pi}{2}}r_0\cos\theta\cdot\delta r_0\mathrm{d}\theta=2r_0^2\delta$$

代入式（14-24）即得

$$\tau_{\max}=\frac{F_S 2r_0^2\delta}{2\delta\pi r_0^3\delta}=\frac{F_S}{\pi r_0\delta}=2\frac{F_S}{A}=2\bar{\tau} \tag{14-25}$$

式中，$A=2\pi r_0\delta$为圆环的面积。由此可见，圆环形截面梁的最大切应力$\tau_{\max}$为 2 倍的平均切应力。

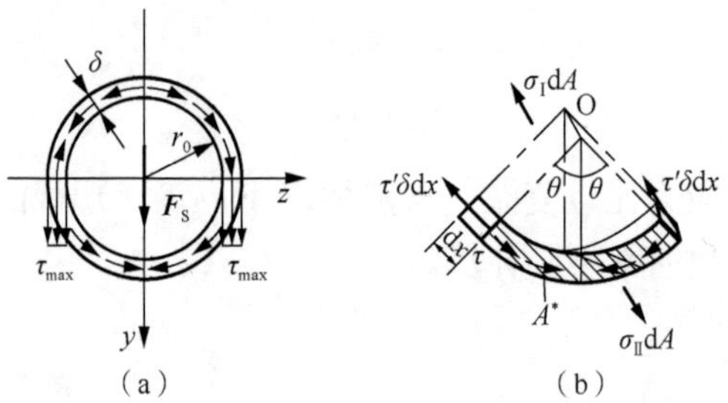

图 14-32

【例 14-14】 图 14-33（a）所示一根 T 形木梁的两部分用单行螺钉连接而成，其横截面尺寸如图 14-33（b）所示，图中尺寸单位为 mm。已知螺钉的容许剪力为 600 N，试求螺钉沿梁纵向的容许间距 *a*，并求梁内最大切应力。

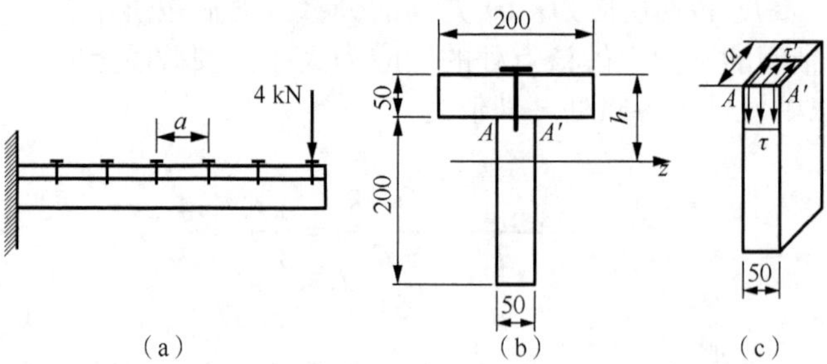

图 14-33

解 根据图中所示截面的几何尺寸，确定中性轴（过形心）的位置。设中性轴距上边缘距离为 *h*，则

$$h=\frac{50\times200\times25+200\times50\times150}{200\times50+200\times50}=87.5(\mathrm{mm})$$

截面对中性轴的惯性矩为

$$\begin{aligned}I_z&=\frac{200\times50^3}{12}+200\times50\times(87.5-25)^2+\frac{50\times200^3}{12}+200\times50\times(150-87.5)^2\\&=113.5\times10^{-6}(\mathrm{m}^4)\end{aligned}$$

由所受荷载，整个梁段上剪力 $F_S = 4\ \mathrm{kN}$ 。截面上 AA' 处由剪力 F_S 引起的切应力为 $\tau = \dfrac{F_S S_z^*}{I_z b}$，这里 b= 50 mm。由切应力互等定理可知，木梁两部分连接面上有切应力 $\tau' = \tau$ ，如图 14-33（c）所示。所以一个螺钉所承受剪力为

$$F_\tau = \tau' ba = \frac{F_S S_z^*}{I_z b} ba = \frac{F_S S_z^*}{I_z} a$$

式中，$S_z^* = A^* \overline{y} = 50 \times 200 \times (87.5 - 25) = 0.625 \times 10^{-3} (\mathrm{m}^3)$ 。因为容许剪力为 600 N，所以

$$F_\tau = \frac{F_S S_z^*}{I_z} a \leqslant 600$$

$$a \leqslant \frac{600 I_z}{F_S S_z^*} = \frac{600 \times 113.5 \times 10^{-6}}{4 \times 10^3 \times 0.625 \times 10^{-3}} = 0.0272(\mathrm{m})$$

所以螺钉容许间距 $a = 27.2\ \mathrm{mm}$ 。

下面求梁内最大切应力。和工字形截面一样，T 形截面上最大切应力也出现在中性轴上，

$$S_{z\max}^* = 50 \times (200 + 50 - 87.5)^2 / 2 = 0.66 \times 10^{-3} (\mathrm{m}^3)$$

$$\tau_{\max} = \frac{F_S S_{z\max}^*}{I_z b} = \frac{4 \times 10^3 \times 0.66 \times 10^{-3}}{113.5 \times 10^{-6} \times 50 \times 10^{-3}} = 0.465(\mathrm{MPa})$$

【例 14-15】 梁的横截面如图 14-34 所示，图中截面尺寸单位为 mm。已知截面上剪力 F_S=6 kN，试求截面上阴影部分的切应力合成的切向内力。

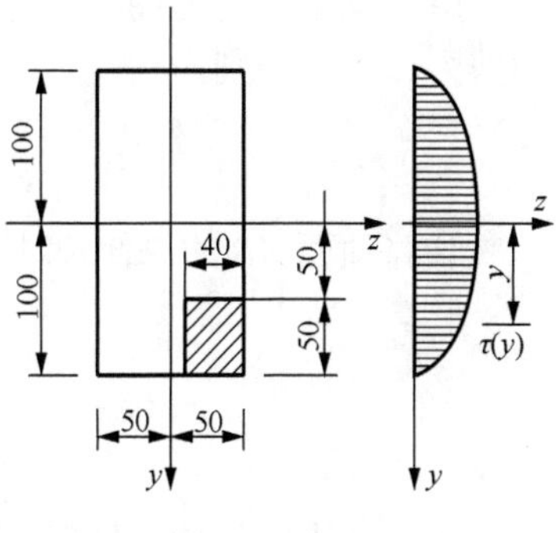

图 14-34

解　由公式知 $\tau = \dfrac{F_S S_z^*}{I_z b}$，其中 $I_z = \int_A y^2 \mathrm{d}A = \dfrac{bh^3}{12}$，

$$S_z^*(y) = \int_y^{\frac{h}{2}} yb\mathrm{d}y = \frac{b}{2} y^2 \Big|_y^{\frac{h}{2}} = \frac{b}{2}\left(\frac{h^2}{4} - y^2\right)$$

因此

$$\tau(y) = \frac{F_S \times \frac{b}{2}(\frac{h^2}{4} - y^2)}{\frac{bh^3}{12} \times b} = \frac{6F_S(\frac{h^2}{4} - y^2)}{bh^3}$$

则截面上阴影部分的切应力合成的切向内力为

$$F_S^* = \int_{0.05}^{0.1} \tau(y) b' \mathrm{d}y = \int_{0.05}^{0.1} \frac{6F_S(\frac{h^2}{4} - y^2)}{bh^3} b' \mathrm{d}y = \frac{6F_S b'(\frac{h^2}{4} y - \frac{1}{3} y^3)}{bh^3}\Bigg|_{0.05}^{0.1}$$

$$= \frac{6 \times 6 \times 10^3 \times 0.04 \left[(\frac{0.2^2}{4} \times 0.1 - \frac{1}{3} \times 0.1^3) - (\frac{0.2^2}{4} \times 0.05 - \frac{1}{3} \times 0.05^3)\right]}{0.1 \times 0.2^3}$$

$$= 375(\mathrm{N}) = 0.375(\mathrm{kN})$$

值得注意的是，在例 14-11 中，通过三种方法求了该截面上阴影部分的正应力合成的法

向内力。但由于切应力和正应力呈线性分布的规律不一样，这里只能通过积分求解切向内力。

【例 14-16】 图 14-35（a）所示悬臂梁受均布力 q 作用，梁全长 l，试计算顶面 AB 的总伸长 Δl，并求中性层上总的水平剪力，说明它与什么力平衡。 已知弹性模量 E，横截面尺寸 b 和 h。

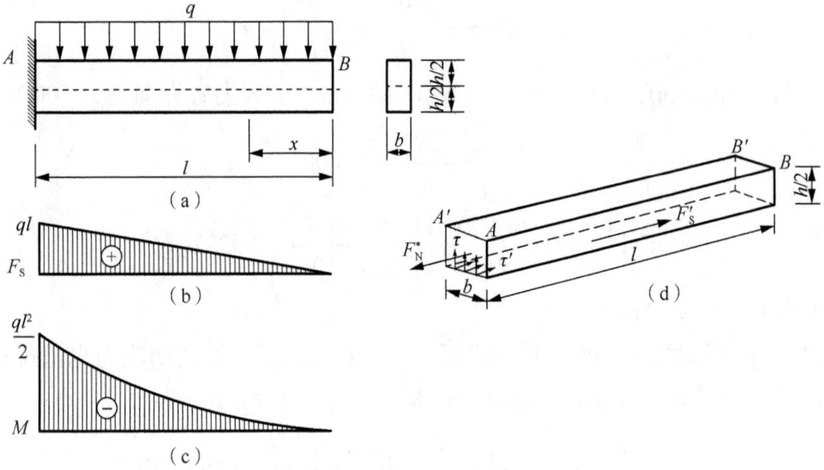

图 14-35

解 画梁的剪力图和弯矩图，分别如图 14-35（b）、（c）所示。距离自由端为 x 的截面上的剪力、弯矩分别为

$$F_S(x)=qx\,,\quad M(x)=-\frac{qx^2}{2}$$

计算顶面 AB 的总伸长时，先分析 AB 各处的正应力，就是各截面上的最大正应力：

$$\sigma_{\max}(x)=\frac{M(x)}{W_z}=\frac{\dfrac{qx^2}{2}}{\dfrac{bh^2}{6}}=\frac{3qx^2}{bh^2}$$

忽略纵向纤维间的相互挤压，则顶面 AB 上各点均为单轴应力状态，所以各点应变为

$$\varepsilon(x)=\frac{\sigma_{\max}(x)}{E}=\frac{3qx^2}{Ebh^2}$$

从而，顶面 AB 的总伸长为

$$\Delta l=\int_0^l\varepsilon(x)\mathrm{d}x=\int_0^l\frac{3qx^2}{Ebh^2}\mathrm{d}x=\frac{ql^3}{Ebh^2}$$

求中性层上总的水平剪力时，先分析中性层上切应力 τ' 的分布规律。由剪力方程，距离自由端为 x 的截面上中性轴处的切应力为

$$\tau(x)=\frac{F_S(x)S^*_{z\max}}{bI_z}=\frac{12\times qx\times\dfrac{bh}{2}\times\dfrac{h}{4}}{b\times bh^3}=\frac{3qx}{2bh}$$

由切应力互等定理知，纵向面内的切应力为

$$\tau'(x)=\tau(x)=\frac{3qx}{2bh}$$

从而，纵向面内的切应力的合力为

$$F_S' = \int_0^l \tau'(x) b \, dx = \int_0^l \frac{3qx}{2bh} b \, dx = \frac{3ql^2}{4h}$$

由图 14-35（d）所示中性层以上半梁的受力分析可知，中性层上总的水平剪力 F_S' 与梁固定端截面中性轴以上部分截面上的正应力合成的法向内力 F_N^* 平衡。同理可知，中性层以下半梁中性层上总的水平剪力将与梁固定端截面中性轴以下部分截面上的正应力合成的法向内力平衡，读者可自行分析。

14.5　梁的强度条件与合理设计

14.5.1　梁的正应力和切应力强度条件

梁在发生弯曲变形时，纵向纤维之间的相互挤压应力与横截面上的最大正应力相比很小，可忽略不计。对于等直梁，梁内弯矩最大的截面上距中性轴最远的点的正应力最大，而该点的切应力等于零，因此该点为单轴应力状态，可仿照轴向拉（压）杆的强度条件建立梁的正应力强度条件，即

$$\sigma_{\max} = \frac{M_{\max} y_{\max}}{I_z} \leqslant [\sigma] \quad 或 \quad \frac{M_{\max}}{W_z} \leqslant [\sigma] \tag{14-26}$$

值得注意的是，对于脆性材料（例如铸铁）制成的梁，由于脆性材料的许用拉应力和许用压应力不相等，则应分别计算梁内的最大拉应力和最大压应力，然后分别校核抗拉和抗压强度。

等直梁在横力弯曲情况下，最大切应力一般出现在最大剪力所在截面的中性轴上；而中性轴上的正应力恰好为零，所以最大切应力所在的点为纯剪切应力状态，可按纯剪切应力状态下的强度条件建立梁的切应力强度条件，即

$$\tau_{\max} = \frac{F_{S\max} S_{z\max}^*}{bI_z} \leqslant [\tau] \tag{14-27}$$

根据以上强度条件可校核梁的强度，选择截面以及计算许用荷载。一般情况下，根据正应力强度条件进行梁的设计，然后校核梁的切应力强度。实际工程中，根据正应力强度条件选择梁的截面后，通常不再需要校核切应力强度，只在以下几种特殊情况下，需要校核梁的切应力强度：

（1）梁的跨长很小或支座附近作用有较大的集中荷载，导致最大弯矩较小，而最大剪力较大的情况；

（2）在焊接或铆接的组合截面（例如工字形）钢梁中，其横截面腹板部分的厚度与梁高之比小于标准型钢截面的相应比值；

（3）由于木材沿顺纹方向的剪切强度较差，木梁在横力弯曲时可能因中性层上的切应力过大而使梁沿中性层发生剪切破坏。

【例 14-17】 如图 14-36（a）所示 T 形截面铸铁梁，图中截面尺寸单位为 mm，截面对中性轴 z 轴的惯性矩为 $I_z = 7.637\times10^6\ \text{mm}^4$。若许用拉应力 $[\sigma_t]$=30 MPa，许用压应力 $[\sigma_c]$=

60 MPa，许用切应力$[\tau]$=15 MPa，试按正应力强度条件和切应力强度条件校核该梁的强度。

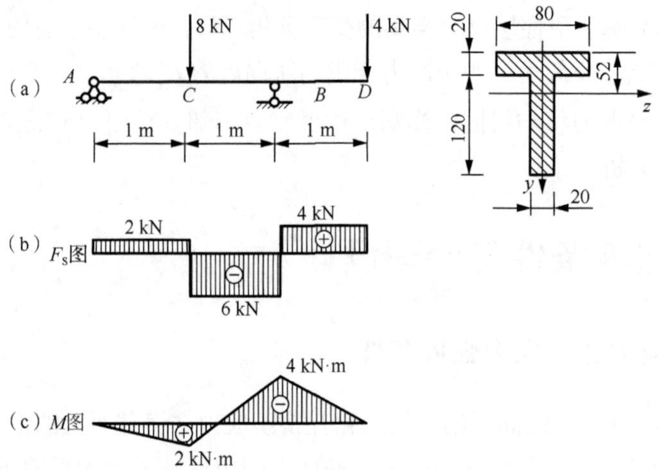

图 14-36

解　(1) 校核梁的切应力强度。画梁的剪力图如图 14-36 (b) 所示，可知最大剪力 F_{Smax} = 6 kN。和工字形截面一样，T 形截面上最大切应力也出现在中性轴上，

$$\tau_{\max}=\frac{F_{\mathrm{Smax}}S_{z\max}^{*}}{I_z d}=\frac{6\times10^3\times\left[(120+20-52)\times20\times\dfrac{120+20-52}{2}\times10^{-9}\right]}{7.637\times10^{-6}\times20\times10^{-3}}$$
$$=3.04\times10^6(\mathrm{Pa})=3.04(\mathrm{MPa})<[\tau]$$

故该梁满足切应力强度条件。

(2) 校核梁的正应力强度。画梁的弯矩图如图 14-36 (c) 所示，可知最大弯矩发生在截面 B，该截面的最大拉应力和最大压应力分别为

$$\sigma_{B\mathrm{t}\max}=\frac{M_{\max}y_{\mathrm{t}\max}}{I_z}=\frac{4\times10^3\times52\times10^{-3}}{7.637\times10^{-6}}=27.2\times10^6(\mathrm{Pa})=27.2(\mathrm{MPa})<[\sigma_{\mathrm{t}}]$$

$$\sigma_{B\mathrm{c}\max}=\frac{M_{\max}y_{\mathrm{c}\max}}{I_z}=\frac{4\times10^3\times88\times10^{-3}}{7.637\times10^{-6}}=46.1\times10^6(\mathrm{Pa})=46.1(\mathrm{MPa})<[\sigma_{\mathrm{c}}]$$

截面 B 上的最大拉应力和最大压应力均小于对应许用应力。但因为该截面不是上下对称截面，截面 C 弯矩值虽小，但受拉的下边缘各点到中性轴的距离大，产生的最大拉应力也有可能大于截面 B 的最大拉应力，所以也要校核。

$$\sigma_{\mathrm{Ct}\max}=\frac{M_C y'_{\mathrm{t}\max}}{I_z}=\frac{2\times10^3\times88\times10^{-3}}{7.637\times10^{-6}}=23.0\times10^6(\mathrm{Pa})=23.0(\mathrm{MPa})<[\sigma_{\mathrm{t}}]$$

因此，该截面上的最大拉应力也满足正应力强度条件。显然，该截面的压应力不需再校核。由以上计算结果可知，该梁也满足正应力强度条件。

【例 14-18】 图 14-37(a)所示吊车梁由工字形型钢制成，其上作用一移动荷载 P=40 kN，已知跨长 l=4 m，许用正应力$[\sigma]=170$ MPa，许用切应力$[\tau]=100$ MPa，试选择型钢型号。

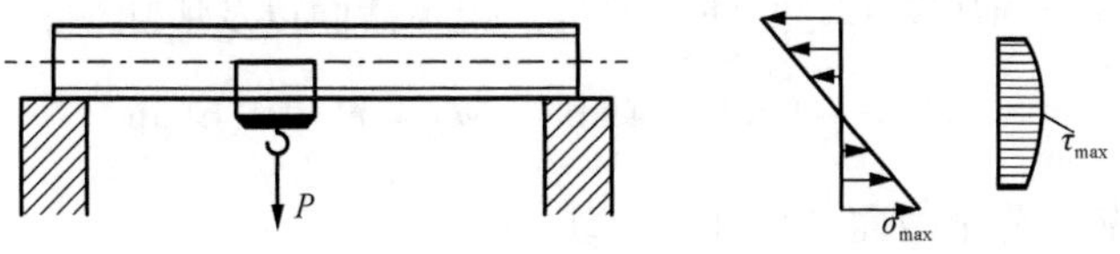

图 14-37

解　吊车梁可简化为简支梁。由于荷载 P 可移动，故应将荷载放在最不利位置来进行分析。在计算最大正应力时，荷载应放在跨中，此时 $M_{max}=Pl/4=40(\text{kN}\cdot\text{m})$；计算最大切应力时，荷载应放在支座附近，$F_{Smax}=P=40(\text{kN})$。工字形梁截面上的正应力和腹板切应力分布如图 14-37（b）所示。由正应力强度条件 $\sigma_{max}=\dfrac{M_{max}}{W_z}\leqslant[\sigma]$，有

$$W_z\geqslant\frac{M_{max}}{[\sigma]}=\frac{40\times10^3}{170\times10^6}=235.3\times10^{-6}(\text{m}^3)=235.3(\text{cm}^3)$$

查型钢表找到上下与之最接近的两种型钢，分别为 18 号工字钢（$W_z=185\,\text{cm}^3$）和 20a 号工字钢（$W_z=237\,\text{cm}^3$），分别计算两种工字钢的 W_z 与所要求的 W_z 相差百分比，

$$18\text{号工字钢：}\ \frac{235.3-185}{235.3}=21.38\%>5\%\ （不满足要求）$$

$$20\text{a号工字钢：}\ \frac{237-235.3}{235.3}=0.72\%<5\%\ （满足要求）$$

应选用 20a 号工字钢。下面校核切应力强度，20a 号工字钢的其他截面几何参数有 $\dfrac{I_z}{S_z^*}=17.2\,\text{cm}$，$d=7\,\text{mm}$，

$$\tau_{max}=\frac{F_{Smax}}{d\dfrac{I_z}{S_z^*}}=\frac{40\times10^3}{7\times10^{-3}\times17.2\times10^{-2}}=33.22\times10^6(\text{Pa})=33.22(\text{MPa})<[\tau]$$

可见选 20a 号工字钢也满足切应力强度要求。因此，可选 20a 号工字钢。

【例 14-19】　图 14-38（a）所示简支梁中点 C 受集中荷载作用，该梁原用 20a 号工字钢制造，跨长 l =6 m。现欲提高其承载能力，在梁中间的上下两面各焊上一块长 2 m、宽 120 mm、厚 10 mm 的钢板，如图所示。若钢板与工字钢的许用应力相同，均为[σ]=160 MPa，问焊接钢板前、后，梁的许用荷载分别为多少？

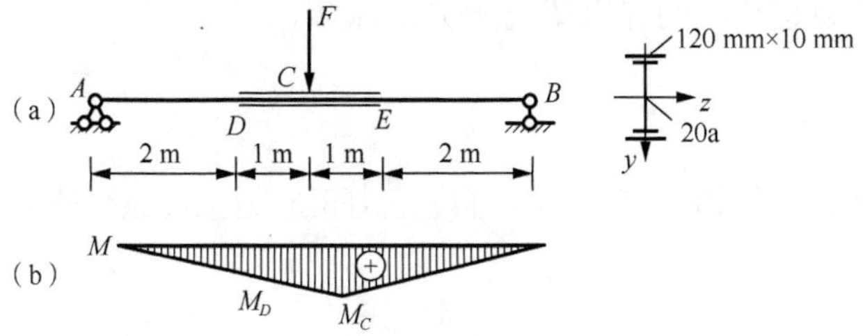

图 14-38

解　简支梁的弯矩图如图 14-38（b）所示，跨中截面以及所加钢板边界处的弯矩分别为

$$M_C = \frac{3}{2}F \times 10^3\ \mathrm{N \cdot m}\text{，}\quad M_D = F \times 10^3\ \mathrm{N \cdot m}$$

（1）焊接钢板前由跨中截面分析许用荷载。

经查表得 20a 号工字钢的弯曲截面系数 $W_z = 237\ \mathrm{cm}^3$，所以

$$\sigma_{\max} = \frac{M_C}{W_z} = \frac{\frac{3}{2}F \times 10^3}{237 \times 10^{-6}} \leqslant [\sigma]$$

即焊接钢板前的许用荷载为

$$F \leqslant \frac{2 \times 237 \times 10^{-9} \times [\sigma]}{3} = 25.28(\mathrm{kN})$$

（2）焊接钢板后，此时跨中截面、所加钢板的边界处都应该满足正应力强度要求，所以需要分别由跨中截面和所加钢板的边界处的正应力强度确定梁的许用荷载。先由钢板边界处分析许用荷载。

$$\sigma_{\max,1} = \frac{M_D}{W_z} = \frac{F \times 10^3}{237 \times 10^{-6}} \leqslant [\sigma]$$

即焊接钢板后的许用荷载可能为

$$F \leqslant 237 \times 10^{-9} \times [\sigma] = 37.92(\mathrm{kN})$$

再对跨中截面分析许用荷载。经查表得 20a 号工字钢的惯性矩 $I_z = 2370\ \mathrm{cm}^4$，所以焊接钢板后跨中截面的几何性质为

$$I_z' = I_z + 2 \times \frac{12 \times 1^3}{12} + 2 \times (10 + 0.5)^2 \times 12 \times 1 = 5018(\mathrm{cm}^4)$$

$$W_z' = \frac{I_z'}{y_{\max}} = \frac{5018}{11} = 456.18(\mathrm{cm}^3)$$

跨中截面最大正应力为

$$\sigma_{\max,2} = \frac{M_C}{W_z'} = \frac{\frac{3}{2}F \times 10^3}{456.18 \times 10^{-6}} \leqslant [\sigma]$$

即焊接钢板后的许用荷载可能为

$$F \leqslant \frac{2 \times 456.18 \times 10^{-9} \times [\sigma]}{3} = 48.66(\mathrm{kN})$$

综上所述，焊接钢板后梁的许用荷载为 $37.92\ \mathrm{kN}$。

14.5.2　梁的合理设计

由前面论述可知，一般情况下，梁的强度是由正应力强度条件来控制的。梁的正应力强度条件为

$$\sigma_{\max} = \frac{M_{\max}}{W_z} \leqslant [\sigma]$$

由上式可见，降低最大弯矩和提高抗弯截面系数都能降低梁的最大正应力，从而提高梁的承

载能力，使梁的设计更为合理。下面介绍工程中常用的几种措施。

1. 合理配置梁的荷载和支座

合理配置梁的荷载可降低梁的最大弯矩。例如，简支梁在跨中承受集中荷载 ql 时[图 14-39（a）]，梁的最大弯矩为 $ql^2/4$；若变为均布荷载[图 14-39（b）]，则最大弯矩降为 $ql^2/8$，降了 50%。若将跨中集中力移到支座附近，或通过辅梁分为多个荷载，也能显著降低最大弯矩值，读者可自行分析。

合理配置支座位置也可降低梁内的最大弯矩。例如，将支座由梁的两端分别向跨中移动 $0.2l$[图 14-39（c）]，则最大弯矩降为 $ql^2/40$。工程实际中，如门式起重机、体操双杠、八方桌长凳等构件的立柱位置都做了类似考虑，以降低由梁荷载和自重所产生的最大弯矩。

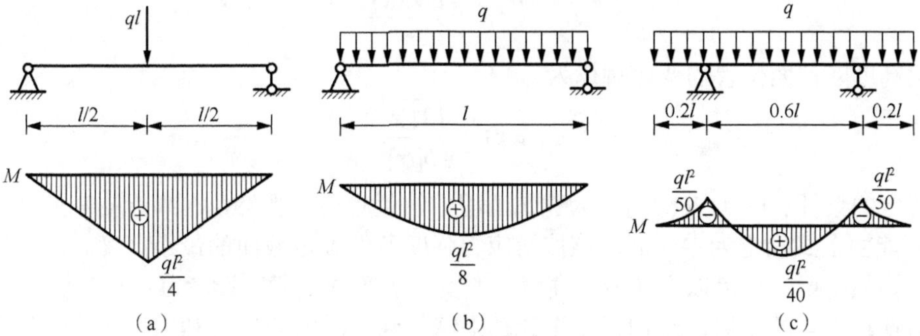

图 14-39

2. 合理选择截面形状

在外荷载和支座条件给定，也就是 $M_{\max}$ 确定的情况下，要降低梁截面上的最大正应力 $\sigma_{\max}$，必须增大抗弯截面系数 W_z。当然，也要考虑到节约材料的经济性要求，应使抗弯截面系数 W_z 与其面积 A 之比尽可能的大。

抗弯截面系数 W_z 通常与截面高度的平方成正比，例如对于矩形截面，$W_z = bh^2/6$。所以，应尽可能使截面面积分布在距中性轴较远的地方，以满足上述要求。例如，同样材料用量，工字形截面就比矩形截面合理；矩形截面竖放要比横放合理；圆环形截面要比圆形截面合理，等等。

梁横截面上的正应力沿截面高度呈线性分布，距离中性轴两侧最远的各点处分别有最大拉应力和最大压应力。为了充分发挥材料的潜力，要根据材料的力学性能不同，将截面形状尽可能设计成使最大拉应力和最大压应力同时达到材料的许用应力。例如，由于钢材等塑性材料的许用拉应力与许用压应力相等，应选用中性轴也为对称轴的双对称截面形式，如矩形截面、工字形截面、圆环形截面等；对于铸铁等脆性材料制成的梁，由于材料的抗压强度通常远高于抗拉强度，则应设计成非对称截面，如 T 形截面，且将翼缘部分置于受拉侧（图 14-40）。

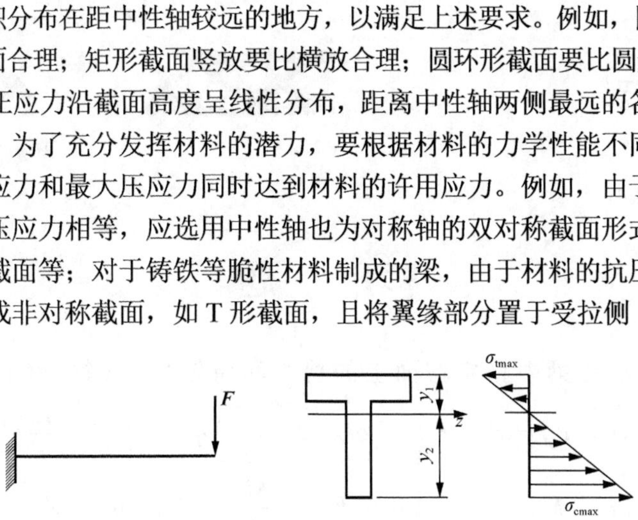

图 14-40

3. 变截面梁

在梁的正应力强度条件中，最大正应力发生在弯矩最大的横截面（危险截面）上距中性轴最远的各点（危险点）处。根据这一条件设计出的等直梁，只在危险截面危险点处材料得到了充分利用，除危险截面以外的其他截面上的各点应力值都小于材料的许用应力。为了充分发挥材料的潜力，节约材料并减轻梁的自重，可将梁的横截面设计成变化的，即变截面梁。例如，可以像例 14-19 一样，局部加强弯矩较大的梁段，做成阶梯状的梁。但最理想的变截面梁是使梁各个截面上的最大正应力均达到材料的许用应力，即等强度梁的形式。如图 14-41（a）所示的简支梁，若设计成等宽度、变高度的等强度梁，根据正应力强度条件

$$\sigma_{\max}=\frac{M(x)}{W_z}=\frac{\frac{F}{2}x}{\frac{bh^2(x)}{6}}\leqslant[\sigma]$$

可解得梁高度随截面位置的变化规律为

$$h(x)=\sqrt{\frac{3Fx}{b[\sigma]}}$$

由上式确定的梁[图 14-41（b）]即为建筑工程中的鱼腹梁。当然，在靠近支座处（x=0），高度 $h(x)$ 不能由上式确定为零，而应该按切应力强度条件确定截面的最小高度。除了等宽度、变高度的等强度梁，还可以设计成等高度、变宽度的等强度梁，读者可自行分析。

随着计算力学的发展，结构优化设计越来越得到广泛的应用。利用拓扑优化和增材制造技术，人们能设计和制造出十分复杂和精巧的结构，充分利用材料。例如，图 14-42 所示的悬臂梁和简支梁，下部图形就是拓扑优化得到的最优设计。

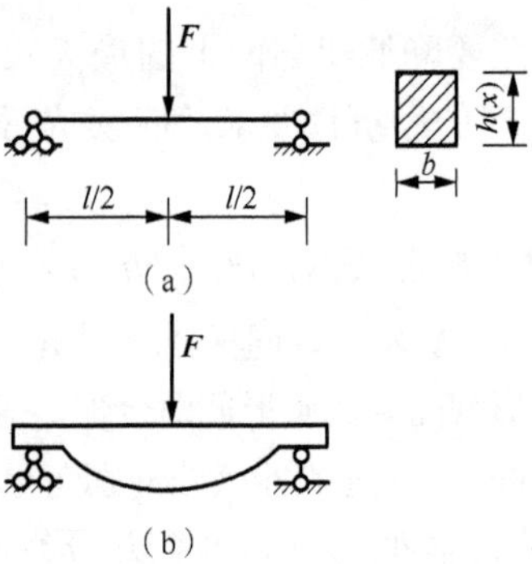

图 14-41

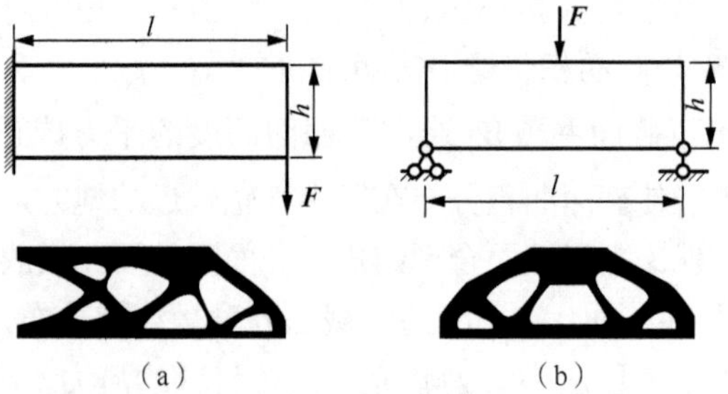

图 14-42

习　　题

14-1　试求图示各梁中指定截面上的剪力和弯矩值。（答：（a）$F_{S1}=F_{S2}=-ql$，$M_1=M_2=-\frac{1}{2}ql^2$；（b）$F_{S1}=ql$，$F_{S2}=\frac{3}{2}ql$，$M_1=-\frac{1}{2}ql^2$，$M_2=-\frac{13}{8}ql^2$；（c）$F_{S1}=-\frac{F}{2}$，$F_{S2}=F$，$M_1=-\frac{1}{2}Fl$，$M_2=-Fl$；（d）$F_{S1}=-\frac{M_e}{2l}$，$F_{S2}=0$，$M_1=-\frac{M_e}{2}$，$M_2=-M_e$；（e）$F_{S1}=-10\ \text{kN}$，$F_{S2}=0$，$M_1=M_2=5\ \text{kN}\cdot\text{m}$）

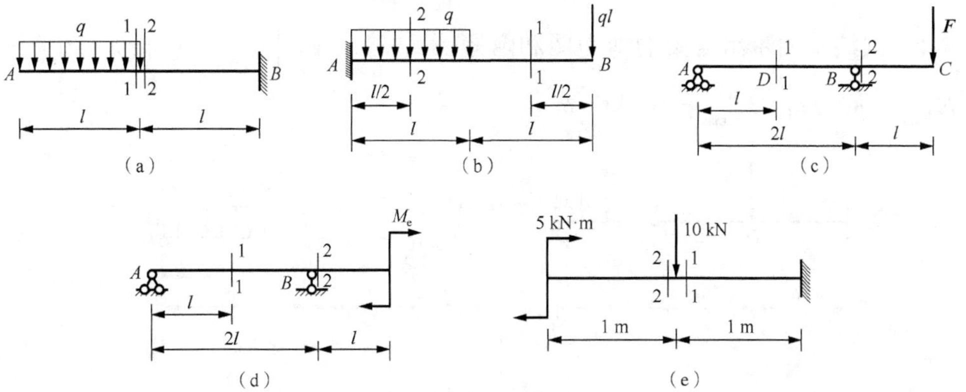

习题 14-1 图

14-2　试写出图中各梁的剪力方程和弯矩方程，并作剪力图和弯矩图。(答：略)

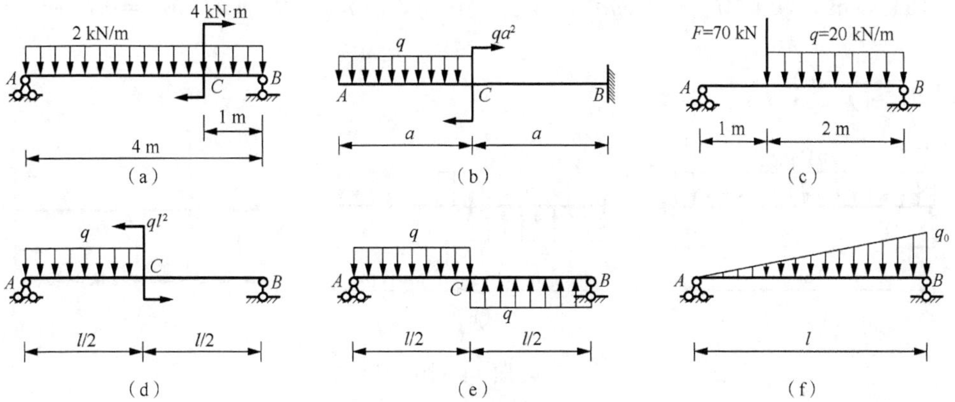

习题 14-2 图

14-3　试用简易法作图中各梁的剪力图和弯矩图。(答：略)

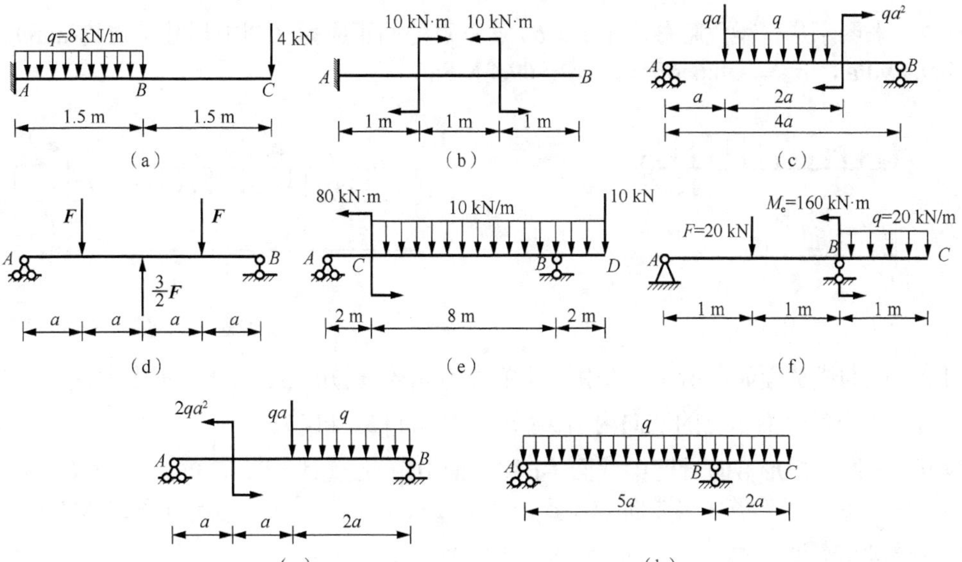

习题 14-3 图

14-4　试绘制图示组合梁的剪力图和弯矩图。（答：（a）$|F_S|_{max}=\frac{5}{2}qa$，$|M|_{max}=3qa^2$；（b）$|F_S|_{max}=80\text{ kN}$，$|M|_{max}=160\text{ kN}\cdot\text{m}$）

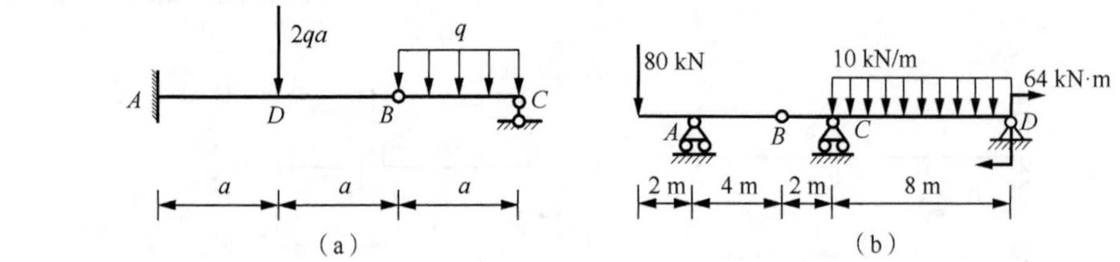

习题 14-4 图

14-5　试用叠加法作图示各梁的弯矩图。（答：（a）$M_A=M_B=-20\text{ kN}\cdot\text{m}$，$M_{中}=-15\text{ kN}\cdot\text{m}$；（b）$M_A=-1.5qa^2$，$M_B=-0.5qa^2$，$M_C=0$；（c）$M_A=0$，$M_C=\frac{1}{4}Fa$，$M_B=M_D=-\frac{1}{2}Fa$）

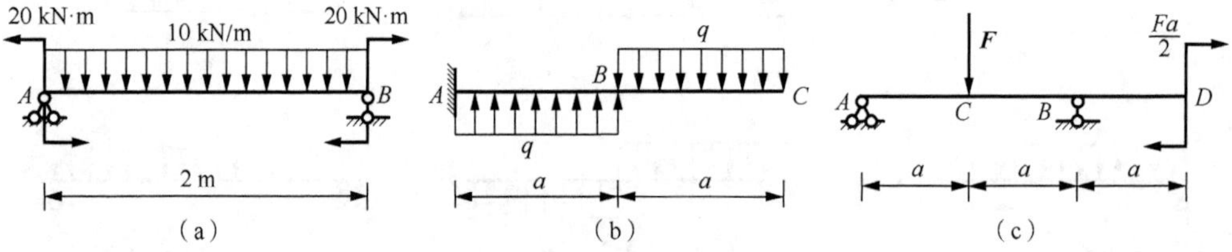

习题 14-5 图

14-6　如欲使图示外伸梁的跨中截面的正弯矩值等于支座处的负弯矩值，则支座到端点的距离 a 与梁长 l 的比应为多少。（答：$\frac{a}{l}=0.207$）

14-7　求图示悬臂梁危险截面上 a、b、c 三点处的正应力（图中尺寸单位为 mm）。（答：$\sigma_a=-69.4\text{ MPa}$，$\sigma_b=-38.6\text{ MPa}$，$\sigma_c=69.4\text{ MPa}$）

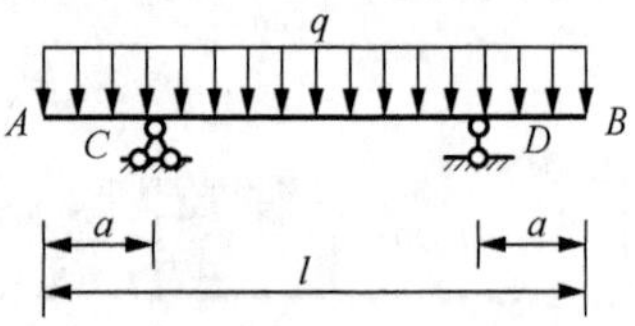

习题 14-6 图

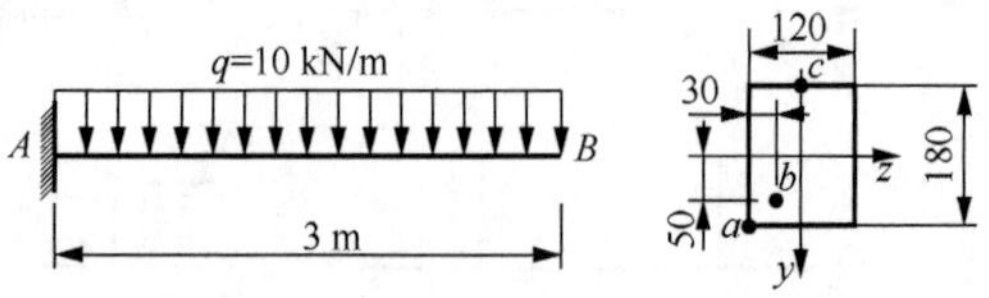

习题 14-7 图

14-8　梁的横截面如图所示，图中尺寸单位为 mm。已知截面上最大正应力 $\sigma_{max}=15\text{ MPa}$，试求截面上阴影部分面积上的法向内力。（答：$F_N^*=112.5\text{ kN}$）

14-9　求图示矩形截面悬臂梁截面 I-I 和截面 II-II 上点 A、B、C 的正应力（图中截面尺寸单位为 mm）。（答：截面 I-I $\sigma_A=7.41\text{ MPa}$，$\sigma_B=0$，$\sigma_C=3.71\text{ MPa}$；截面 II-II $\sigma_A=-9.26\text{ MPa}$，$\sigma_B=0$，$\sigma_C=-4.63\text{ MPa}$）

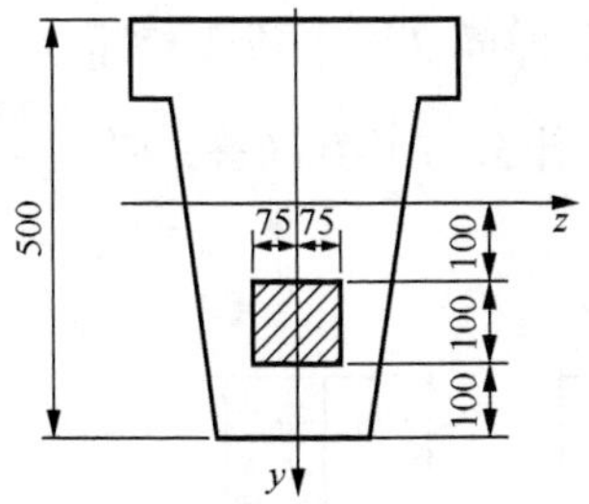

习题 14-8 图

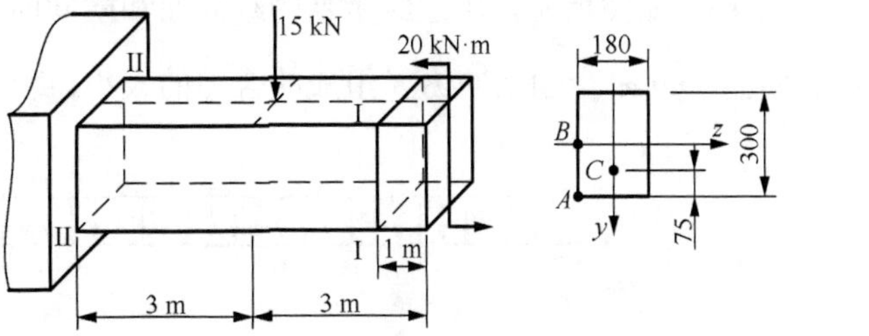

习题 14-9 图

14-10　如图所示外伸梁采用工字形型钢截面，许用应力[σ]=140 MPa，试选择工字钢型号。（答：12 号工字钢）

14-11　由两根 28a 号槽钢组成的简支梁受三个大小相等的集中力作用，如图所示。已知材料许用应力$[\sigma]=170\,\text{MPa}$。试求该梁的许用荷载 F。（答：$[F]=28.9\ \text{kN}$ ）

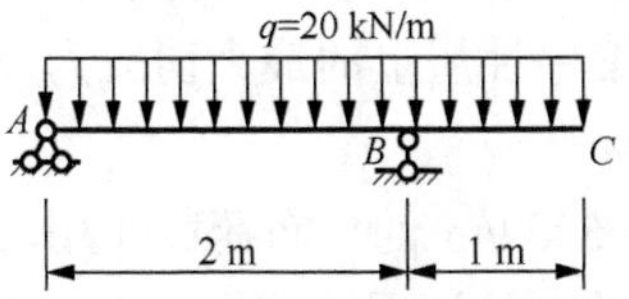

习题 14-10 图

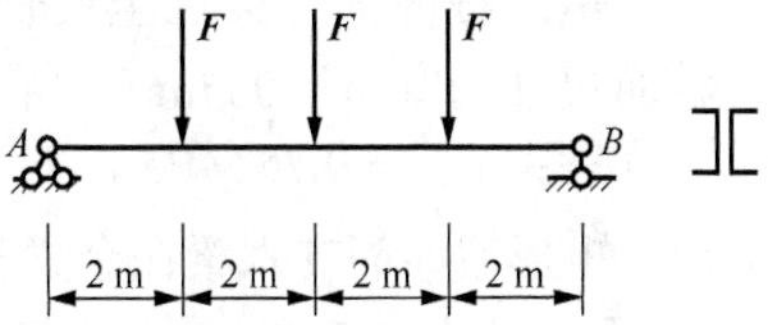

习题 14-11 图

14-12　试计算图示两种梁横截面上的最大切应力、最大正应力及它们的比值。（答：略）

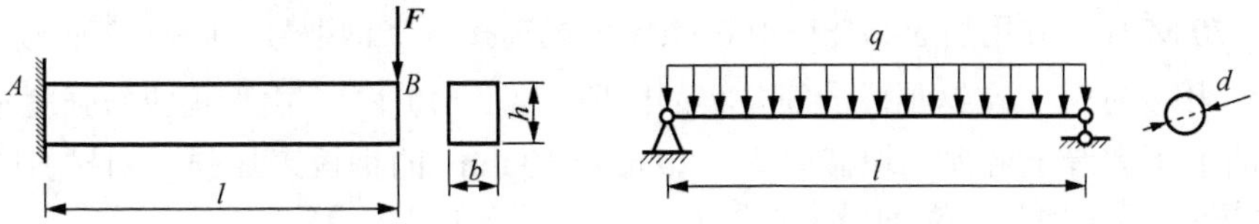

（a）　　（b）

习题 14-12 图

14-13　T 形截面梁如图所示。已知截面上剪力 $F_S=200\ \text{kN}$，惯性矩 $I_z=1.134\times10^8\text{mm}^4$，试求该截面中性轴上的切应力，以及翼缘与腹板交界处的切应力。图中尺寸单位为 mm。（答：$\tau_{\max}=23.29\ \text{MPa}$ ，$\tau=22.05\ \text{MPa}$ ）

14-14　矩形截面梁的截面尺寸（单位为 mm）如图所示。已知梁横截面上作用有正弯矩 M=20 kN·m 及剪力 F_S =10 kN，试求图中阴影面积 I、II 的法向内力及切向内力。（答：F^*_{NI} =178 kN（压力），F^*_{SI} =2.59 kN；F^*_{NII} =11.1 kN（拉力），F^*_{SII} =1.21 kN）

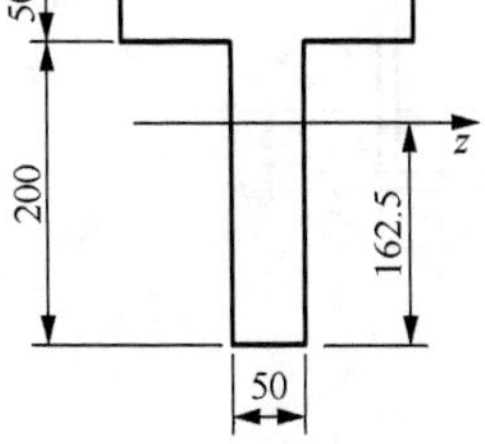

习题 14-13 图

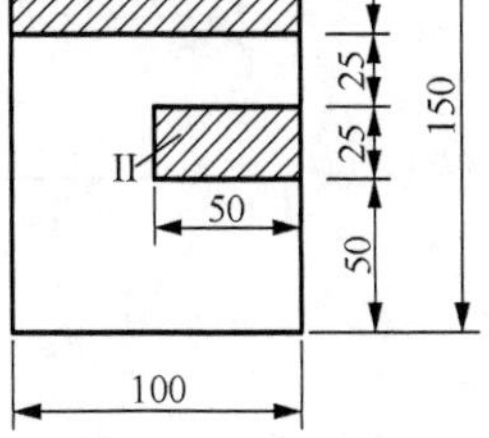

习题 14-14 图

14-15　如图所示，用虚线所示的纵向面和横向面从矩形截面简支梁中截取一部分，试求在纵向面 $mnn'm'$ 上由切应力 τ' 组成的合力的大小，并说明它与什么力平衡。（答：$F_S' = \dfrac{27ql^2}{256h}$ ）

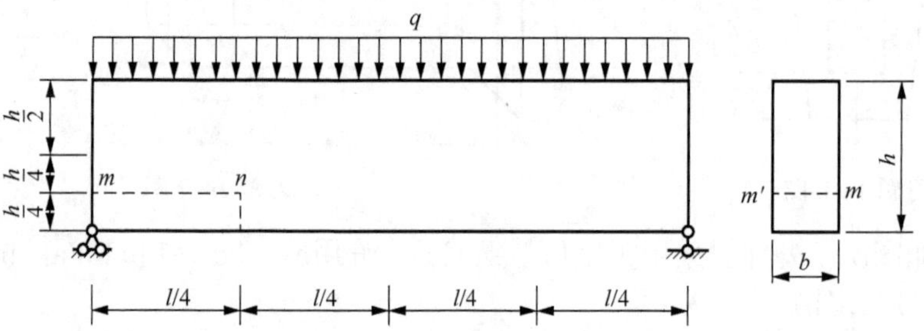

习题 14-15 图

14-16　矩形截面简支梁在全梁长度上受集度 q=10 kN/m 的均布荷载作用。已知跨长 l=2 m，截面尺寸为宽 b=100 mm，高 h=200 mm。试求梁中性层上的最大切应力及此层总的水平剪力。（答：$\tau_{max} = 0.75$ MPa，$F_\tau = 0$ kN ）

14-17　矩形截面简支木梁在全梁长度上受集度为 q=5 kN/m 的均布荷载作用。已知跨长 l=7.5m，截面尺寸为宽 b=180 mm，高 h=300 mm，木材的顺纹许用切应力为 1 MPa。试校核此梁的切应力强度。（答：安全）

14-18　外伸梁 AC 承受荷载如图所示，已知 $M_e = 40$ kN·m，q=20 kN/m。材料的许用正应力 $[\sigma] = 170$ MPa，许用切应力 $[\tau] = 100$ MPa。试选择工字钢型号。（答：20a 号工字钢）

14-19　用 20a 号工字钢制成的简支梁如图所示。F=40 kN，由于正应力强度不足，在梁中间一段的上下翼缘上各焊一块截面为 120 mm×10 mm 的钢板来加强，如材料的许用应力 $[\sigma]$=160 MPa，试求所加钢板的最小长度 l_1。（答：$l_1 = 3.21$ m ）

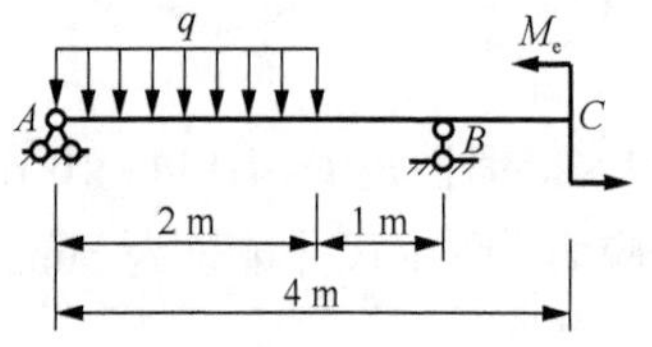

习题 14-18 图

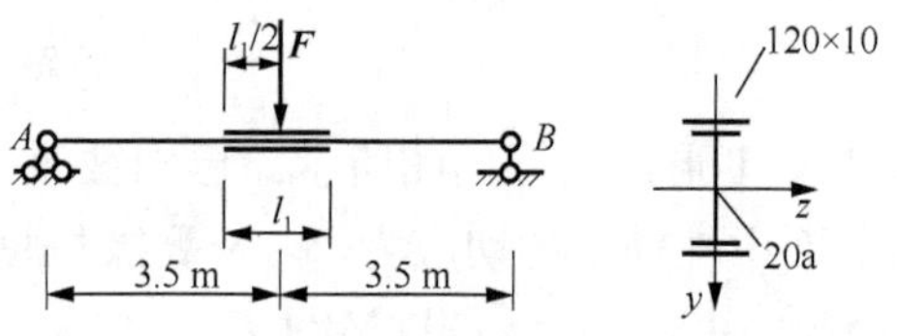

习题 14-19 图

14-20　试求图示梁横截面上的最大正应力和最大切应力，并绘出危险截面上正应力和切应力的分布图。图中截面尺寸单位为mm，z 轴为中性轴。（答：$\sigma_{max} = 120$ MPa，$\tau_{max} = 7.01$ MPa ）

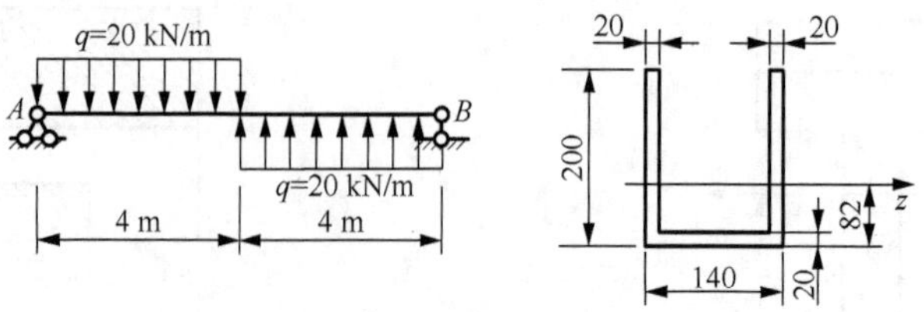

习题 14-20 图

14-21　图示木梁受一可移动的荷载 F=40 kN 作用。已知木材的许用正应力$[\sigma]$=10 MPa，许用切应力[τ]=3 MPa。木梁的横截面为矩形，其高宽比$\dfrac{h}{b}=\dfrac{3}{2}$。试选择此梁的截面尺寸。（答：$h=210\,\text{mm}$，$b=140\,\text{mm}$）

14-22　图示简支梁受均布荷载 q 作用，已知材料的弹性模量 E，试计算底面纵向纤维 AB 的总伸长 Δl。（答：$\Delta l=\dfrac{ql^3}{2Ebh^2}$）

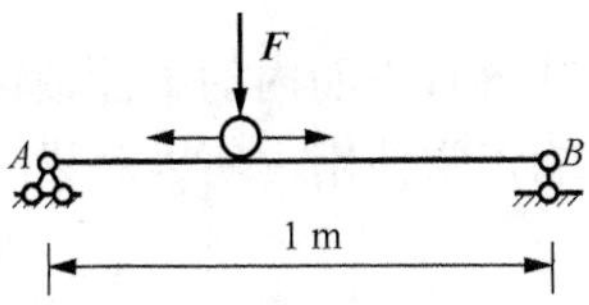

习题 14-21 图

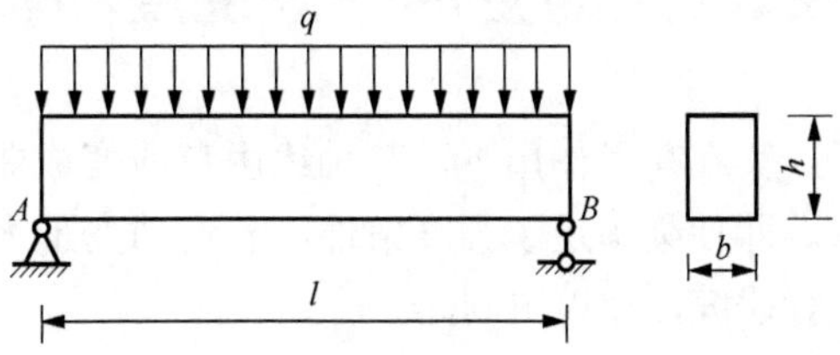

习题 14-22 图

第 15 章　梁的弯曲变形

15.1　梁的变形——挠度和转角

梁在荷载作用下，其轴线由直线变成曲线，横截面绕其自身平面内的中性轴转过一定角度。即使梁满足了强度条件，若弯曲变形太大，同样会影响正常使用，所以对梁的变形也要进行研究，加以限制。

为研究等直梁在对称弯曲时的变形，取梁在变形前的轴线为 x 轴，梁横截面的铅垂对称轴为 y 轴，xy 平面即为梁上荷载作用的纵向对称面，如图 15-1 所示。对称弯曲变形后，梁的轴线由直线弯成一条纵向对称面内的光滑连续曲线，这条曲线称为**挠曲线**。描述梁弯曲变形的物理量主要有两个：横截面形心（即轴线上的点）在垂直于轴线方向的线位移 v，称为**挠度**；横截面相对其原来位置的角位移 θ，称为**转角**。应当指出，梁在变形后，沿轴线方向也有线位移，但由于该线位移为高阶微量，故忽略不计。在图 15-1 所示坐标系中，规定向下挠度为正，顺时针转角为正，反之为负。

挠度沿跨长的变化规律可以表示为

$$v = f(x)$$

上式称为梁的**挠曲线方程**。由于梁变形后的轴线是一条光滑连续的挠曲线，并且横截面仍与变形后的轴线保持垂直，因此，横截面的转角 θ 即为挠曲线在该点处的切线与 x 轴的夹角。又因为小变形情况下，挠曲线是一条平坦曲线，因此

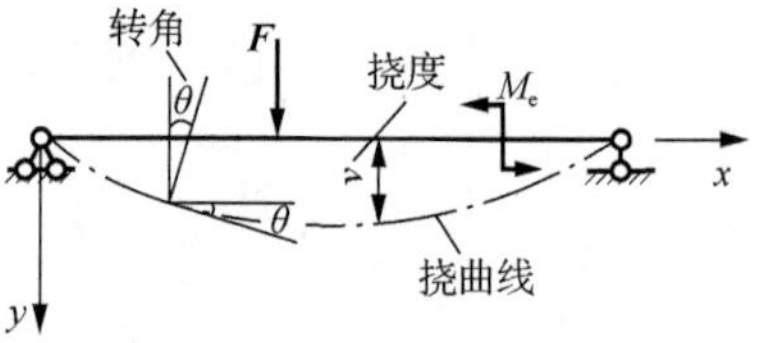

图 15-1

$$\theta \approx \tan\theta = v' = f'(x)$$

即挠曲线上任一点处切线的斜率 v' 可以足够精确地代表该点处截面的转角 θ，上式也称为**转角方程**。由此可知，只要知道梁的挠曲线方程，就能确定任意截面的挠度和转角。

15.2　梁的挠曲线近似微分方程及其积分

在推导纯弯曲梁横截面上的正应力时，曾得到挠曲线的曲率 κ 与弯矩 M 间的物理关系，即式（14-10）：

$$\kappa = \frac{1}{\rho} = \frac{M}{EI}$$

上式是梁在线弹性范围内、纯弯曲情况下的曲率表达式。横力弯曲时，横截面上同时有剪力 F_s 和弯矩 M 作用，梁的变形应包括这两项的影响。但在实际工程中，梁的跨长一般远大于梁高，剪力引起的变形与弯矩引起的变形相比非常小，故可忽略不计。因此，横力弯曲时梁的变形

仍然只考虑弯矩的作用，沿用上述公式，但此时的弯矩和曲率都将随横截面的位置而变化，即

$$\kappa(x)=\frac{1}{\rho(x)}=\frac{M(x)}{EI}$$

在数学中，平面曲线的曲率公式为

$$\kappa(x)=\pm\frac{v''}{\left(1+v'^2\right)^{\frac{3}{2}}}$$

由于梁的变形很小，其挠曲线为一平坦曲线，v'^2 与 1 相比是高阶小量，可忽略不计，从而上式可改写为

$$\pm v''=\kappa(x)=\frac{M(x)}{EI}\quad 或\quad v''=\pm\frac{M(x)}{EI}$$

根据弯矩的正负号规定可知，挠曲线下凸时弯矩为正，而此时挠曲线有极大值，即 v'' 为负[图 15-2（a）]；挠曲线上凸时弯矩为负，挠曲线有极小值，v'' 为正[图 15-2（b）]。也就是说，M 与 v'' 总是异号，于是上式中应取负号，即

$$v''=-\frac{M(x)}{EI}\tag{15-1}$$

上式由于忽略了剪力对变形的影响，并且略去了微量 v'^2，因此称为梁的**挠曲线近似微分方程**。

若为等直梁，抗弯刚度 EI 为常量，则式（15-1）可以改写为

$$EIv''=-M(x)\tag{15-2}$$

将上式两边积分一次，得转角方程

$$EIv'=-\int M(x)\mathrm{d}x+C_1\tag{15-3}$$

再积分一次，得挠曲线方程

$$EIv=-\int\left[\int M(x)\mathrm{d}x\right]\mathrm{d}x+C_1x+C_2\tag{15-4}$$

积分常数 C_1 和 C_2 则通过由梁的变形相容条件给出的边界条件来确定。例如，图 15-3（a）所示的简支梁，在 x=0 和 x=l 支座处的挠度为零，即 $v_A=0$，$v_B=0$；图 15-3（b）所示的悬臂梁，在 x=0 处的转角 θ_A 和挠度 v_A 均为零。由上述分析可知，梁的变形不仅取决于挠曲线的曲率，还与边界条件（例如支座的约束条件）有关。

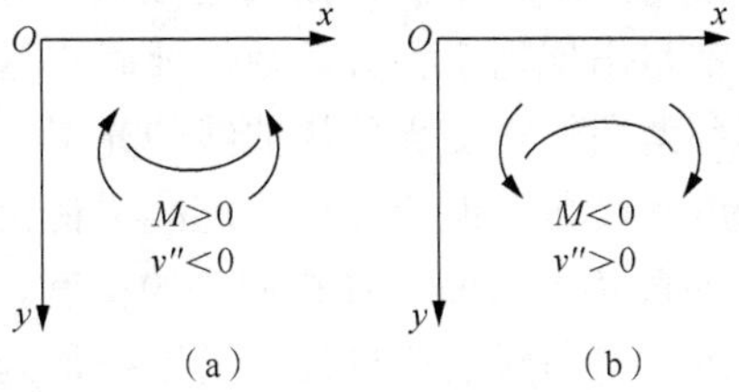

图 15-2

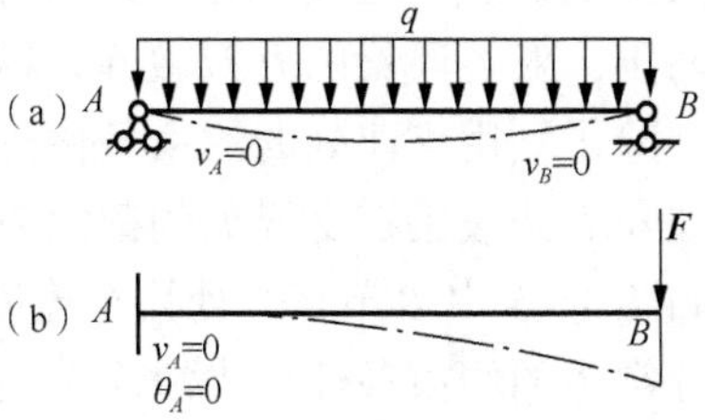

图 15-3

【**例 15-1**】　一等截面的悬臂梁，如图 15-4 所示，全梁承受均布荷载 q 作用，梁的抗弯刚度为 EI，求梁的挠曲线方程和转角方程，以及自由端的挠度 v_B 和转角 θ_B。

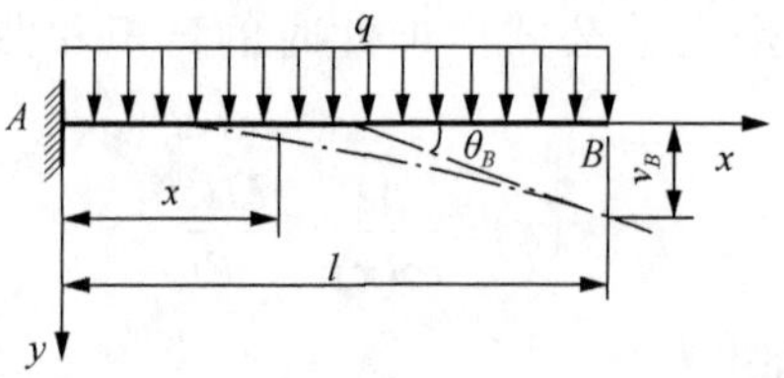

图 15-4

解　取坐标系如图 15-4 所示，弯矩方程为

$$M(x)=-\frac{q}{2}(l-x)^2$$

挠曲线近似微分方程为

$$EIv''=-M(x)=\frac{q}{2}(l-x)^2$$

对上式两次积分，即得

$$EIv'=-\frac{q}{6}(l-x)^3+C_1$$

$$EIv=\frac{q}{24}(l-x)^4+C_1x+C_2$$

悬臂梁的边界条件为：在固定端处挠度和转角都等于零，即在 x=0 处，$v=0$，$v'=0$。两边界条件代入上面两式中，得 $C_1=ql^3/6$，$C_2=-ql^4/24$。将两积分常数代回上面两式并整理，得到梁的转角方程和挠曲线方程分别为

$$\theta=v'=\frac{ql^3-q(l-x)^3}{6EI} \tag{1}$$

$$v=\frac{q(l-x)^4-ql^4}{24EI}+\frac{ql^3}{6EI}x \tag{2}$$

将 $x=l$ 代入式（1）和式（2），可求出自由端的转角及挠度分别为

$$\theta_B=\frac{ql^3}{6EI}，\ v_B=-\frac{ql^4}{24EI}+\frac{ql^4}{6EI}=\frac{ql^4}{8EI}$$

从梁的挠曲线大致形状可知，自由端 B 处的挠度和转角就是全梁的最大挠度和最大转角。

当梁上的荷载不连续，导致梁的弯矩方程必须分段写出时，梁的挠曲线近似微分方程也要分段写出。对各段梁的近似微分方程进行积分时，都将出现两个积分常数。要确定这些积分常数，除了利用支座处的**约束条件**外，还应利用相邻两段梁在交界处挠曲线的**光滑、连续条件**，如左右两段梁在交界处的截面应具有相等的挠度和转角。但应注意，连续梁在铰接节点（例如图 15-5 中 B 节点）处只有连续条件，即左右两段梁的截面只具有相等的挠度。上述确定积分常数的约束条件和光滑连续条件，都发生在各段挠曲线的边界处，所以统称为**边界条件**。在梁上总能找出相应数目的边界条件以确定各积分常数。例如，图 15-5 中连续梁的弯矩方程应分成三段，需要确定六个积分常数，六个边界条件分别是：x=0 处，$v_1=0$，$\theta_1=0$；$x=a$ 处，$v_1=v_2$；$x=2a$ 处，$v_2=v_3=0$，$\theta_2=\theta_3$。

【例 15-2】 图 15-6 所示简支梁抗弯刚度为 EI，在梁上作用集中荷载 F，已知 $a>b$，且 $a+b=l$，试求此梁的转角方程和挠曲线方程，并求梁的最大挠度和最大转角。

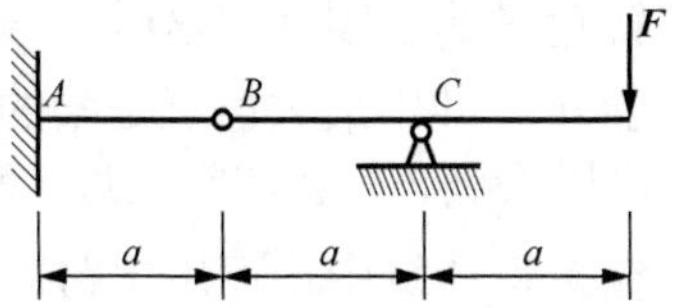

图 15-5

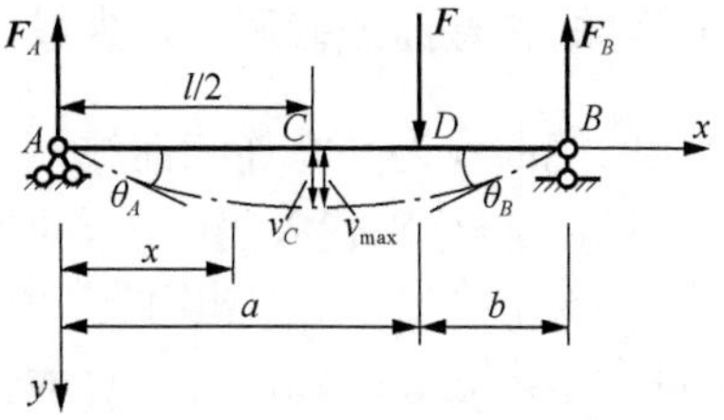

图 15-6

解　梁的支座反力如图 15-6 所示，由平衡方程可求得 $F_A=\dfrac{Fb}{l}$，$F_B=\dfrac{Fa}{l}$。写弯矩方程：

$$AD\text{ 段：}\ M_1(x)=\frac{Fb}{l}x\quad(0\leqslant x\leqslant a)$$

$$DB\text{ 段：}\ M_2(x)=\frac{Fb}{l}x-F(x-a)\quad(a\leqslant x\leqslant l)$$

两段梁的挠曲线近似微分方程及两次积分分别如下：

AD 段（$0\leqslant x\leqslant a$）	DB 段（$a\leqslant x\leqslant l$）
挠曲线微分方程 $EIv_1''=-M_1(x)=-\dfrac{Fb}{l}x$	$EIv_2''=-M_2(x)=-\dfrac{Fb}{l}x+F(x-a)$
积分一次 $EIv_1'=-\dfrac{Fb}{2l}x^2+C_1$　（1）	$EIv_2'=\dfrac{-Fb}{2l}x^2+\dfrac{F}{2}(x-a)^2+D_1$　（3）
再积分一次 $EIv_1=-\dfrac{Fb}{6l}x^3+C_1x+C_2$　（2）	$EIv_2=\dfrac{-Fb}{6l}x^3+\dfrac{F}{6}(x-a)^3+D_1x+D_2$　（4）

下面确定积分常数。由梁在 D 截面的光滑连续条件，有

$x=a$ 时，$v_1'=v_2'$，代入式（1）和式（3）得 $C_1=D_1$

$x=a$ 时，$v_1=v_2$，代入式（2）和式（4）得 $C_2=D_2$

再由支座条件，有

$x=0$ 时，$v_A=0$，代入式（2）得 $C_2=0=D_2$

$x=l$ 时，$v_B=0$，代入式（4）得 $D_1=\dfrac{Fb}{6l}(l^2-b^2)=C_1$

将所求积分常数代入式（1）～式（4），得两段梁的转角方程和挠曲线方程分别如下：

AD 段（$0\leqslant x\leqslant a$）	DB 段（$a\leqslant x\leqslant l$）
转角方程 $\theta_1=v_1'=\dfrac{Fb}{6lEI}(l^2-b^2-3x^2)$　（5）	$\theta_2=v_2'=\dfrac{Fb}{6lEI}\left[\dfrac{3l}{b}(x-a)^2-3x^2+(l^2-b^2)\right]$　（7）
挠曲线方程 $v_1=\dfrac{Fbx}{6lEI}(l^2-b^2-x^2)$　（6）	$v_2=\dfrac{Fb}{6lEI}\left[\dfrac{l}{b}(x-a)^3-x^3+(l^2-b^2)x\right]$　（8）

将 $x=0$ 和 $x=l$ 分别代入式（5）和式（7）可得左右两支座处截面转角分别为

$$\theta_A=\frac{Fab(l+b)}{6lEI},\quad \theta_B=-\frac{Fab(l+a)}{6lEI}$$

因为 $a>b$，可知 B 截面处截面转角为最大，即 $\theta_{\max}=\theta_B=-\dfrac{Fab(l+a)}{6lEI}$（逆时针）。

因为梁的挠曲线为光滑连续曲线，最大挠度应发生在转角 v' 等于零处。这时要分段计算使 $v'=0$ 的 x 值，再分别代入挠曲线方程中，得到多个极值挠度，其中最大值就是梁的最大挠度 $v_{\max}$。图 15-6 中给出了 $v_{\max}$ 和简支梁中点 C 的挠度 v_C，可以看到，二者非常接近。事实上，对于简支梁，无论其受哪种荷载，只要挠曲线上无拐点，在工程计算中均可用梁跨中处的挠度值近似代替其最大挠度，其精度可以满足工程实际的要求。由此，将 $x=\dfrac{l}{2}$ 代入式（6）得

$$v_C=\frac{Fb}{48EI}(3l^2-4b^2)\approx v_{\max}$$

在上例的求解过程中，遵循了两个原则：①对各段梁，均采用同一坐标原点，分段写弯矩方程时，通常后一段梁的弯矩方程包含前一段梁的弯矩方程，再新增 $(x-a)$ 项；②对 $(x-a)$ 项做积分时，就以 $(x-a)$ 为自变量，参看例 15-2 中式（3）和式（4）。这样在使用 $x=a$ 处的光滑连续条件时，必然有 $C_1=D_1$，$C_2=D_2$，从而可以减少确定积分常数的计算量。

15.3　叠加法计算梁的变形

梁的挠曲线近似微分方程是在线弹性和小变形的条件下导出的，由此得到的挠度和转角与荷载呈线性关系。因此在求解变形时，可以采用叠加法，即当梁上有几个荷载共同作用时，某个横截面的挠度或转角等于各个荷载单独作用时引起的该截面的挠度或转角的代数和。这就是前面介绍过的叠加原理。

在工程实际中，人们通常关心的是梁的最大挠度和最大转角。通过上节的例题和表 15-1 中各种简单荷载作用下梁的挠曲线图形可知，悬臂梁的最大挠度和最大转角一般发生在自由端截面处；而简支梁的最大转角一般发生在两侧支座截面处，最大挠度则通常可以用梁跨中截面处挠度近似代替。这样，通过查表 15-1 确定每项荷载单独作用时引起各特殊截面的挠度和转角，再按叠加原理就可以计算多个荷载共同作用下这些特殊截面的挠度和转角。

表 15-1　简单荷载作用下梁的挠度和转角

支承和荷载情况	挠曲线方程	转角和挠度
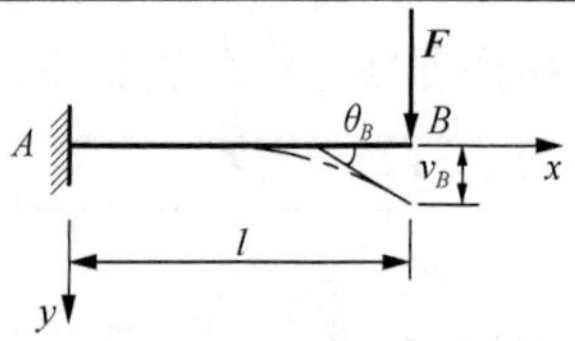	$v=\dfrac{Fx^2}{6EI}(3l-x)$	$\theta_B=\dfrac{Fl^2}{2EI}$ $v_B=\dfrac{Fl^3}{3EI}$
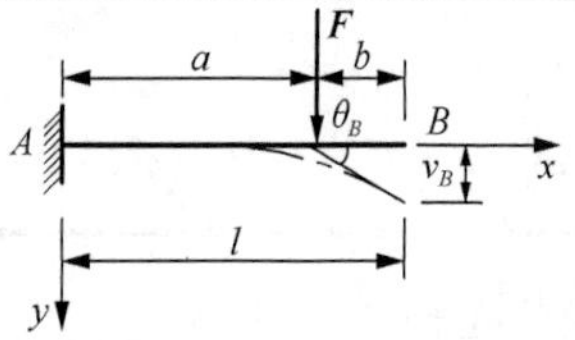	$v=\dfrac{Fx^2}{6EI}(3a-x)\quad(0\leqslant x\leqslant a)$ $v=\dfrac{Fa^2}{6EI}(3x-a)\quad(a\leqslant x\leqslant l)$	$\theta_B=\dfrac{Fa^2}{2EI}$ $v_B=\dfrac{Fa^2}{6EI}(3l-a)$

续表

支承和荷载情况	挠曲线方程	转角和挠度
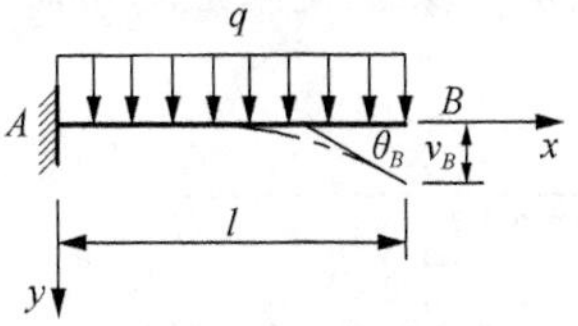	$v=\dfrac{qx^2}{24EI}(x^2+6l^2-4lx)$	$\theta_B=\dfrac{ql^3}{6EI}$ $v_B=\dfrac{ql^4}{8EI}$
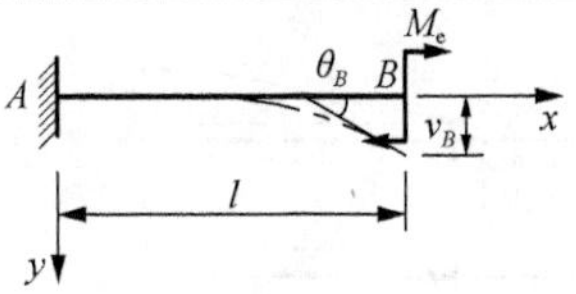	$v=\dfrac{M_e x^2}{2EI}$	$\theta_B=\dfrac{M_e l}{EI}$ $v_B=\dfrac{M_e l^2}{2EI}$
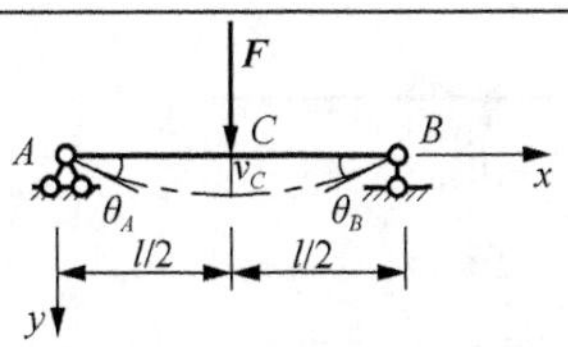	$v=\dfrac{Fx}{48EI}(3l^2-4x^2)\quad(0\leqslant x\leqslant\dfrac{l}{2})$	$\theta_A=-\theta_B=\dfrac{Fl^2}{16EI}$ $v_C=\dfrac{Fl^3}{48EI}$
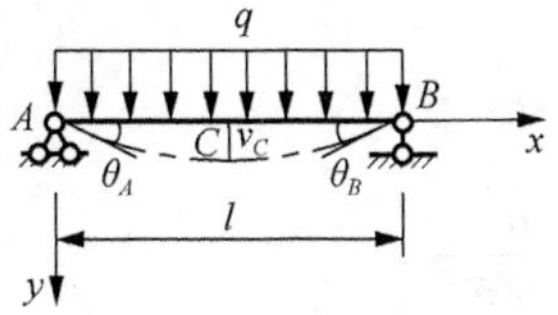	$v=\dfrac{qx}{24EI}(l^3-2lx^2+x^3)$	$\theta_A=-\theta_B=\dfrac{ql^3}{24EI}$ $v_C=\dfrac{5ql^4}{384EI}$
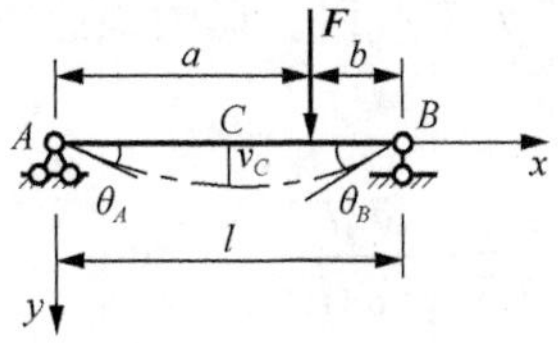	$v=\dfrac{Fbx}{6EIl}(l^2-b^2-x^2)\ (0\leqslant x\leqslant a)$ $v=\dfrac{Fb}{6EIl}\left[\dfrac{l}{b}(x-a)^3+(l^2-b^2)x-x^3\right]$ $(a\leqslant x\leqslant l)$	$\theta_A=\dfrac{Fab(l+b)}{6EIl}$ $\theta_B=\dfrac{-Fab(l+a)}{6EIl}$ $v_C=\dfrac{Fb(3l^2-4b^2)}{48EI}$（当 $a\geqslant b$ 时）
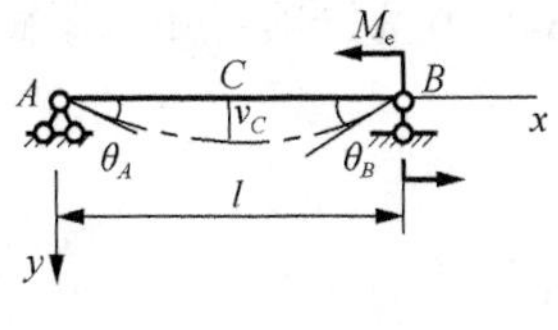	$v=\dfrac{M_e x}{6EIl}(l^2-x^2)$	$\theta_A=\dfrac{M_e l}{6EI}$ $\theta_B=-\dfrac{M_e l}{3EI}$ $v_C=\dfrac{M_e l^2}{16EI}$

【例 15-3】 一弯曲刚度为 EI 的简支梁受荷载如图 15-7（a）所示，试按叠加原理求梁跨中截面的挠度 v_C 和支座处横截面的转角 θ_A 和 θ_B。

解 梁上的荷载可以分为两项简单荷载，如图 15-7（b）、（c）所示。查表 15-1 可知，简支梁在均布荷载 q 和跨中集中力 F 分别作用下的相应位移值分别为

$$v_{Cq}=\frac{5ql^4}{384EI},\quad \theta_{Aq}=-\theta_{Bq}=\frac{ql^3}{24EI}$$
$$v_{CF}=\frac{Fl^3}{48EI},\quad \theta_{AF}=-\theta_{BF}=\frac{Fl^2}{16EI}$$

应用叠加法，即可得所求位移值如下：

$$v_C = v_{Cq} + v_{CF} = \frac{5ql^4}{384EI} + \frac{Fl^3}{48EI}，\quad \theta_A = \theta_{Aq} + \theta_{AF} = \frac{ql^3}{24EI} + \frac{Fl^2}{16EI} = -\theta_B$$

【例 15-4】 一弯曲刚度为 EI 的悬臂梁如图 15-8（a）所示，左侧半梁上受向上均布荷载，分布荷载集度为 q。试用叠加法求自由端 B 的挠度和转角。

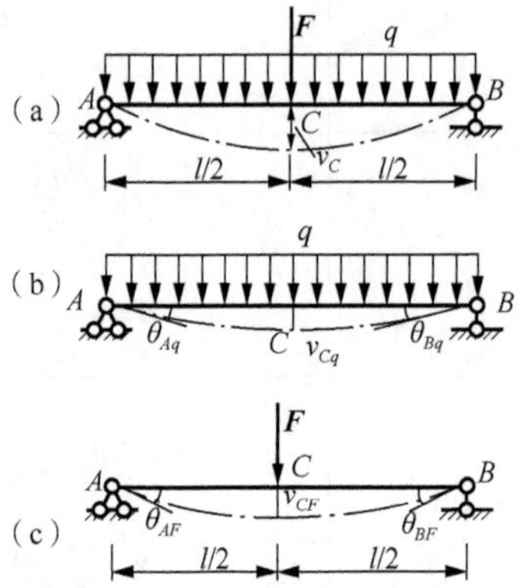

图 15-7

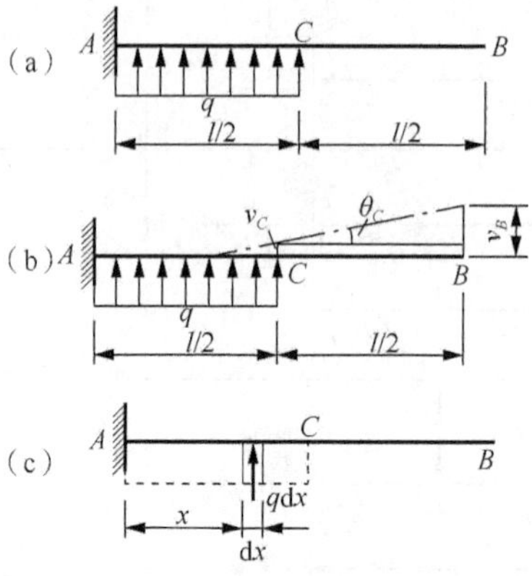

图 15-8

解　由表 15-1 中第三项可知

$$\theta_C = -\frac{q(l/2)^3}{6EI} = -\frac{ql^3}{48EI}，\quad v_C = -\frac{q(l/2)^4}{8EI} = -\frac{ql^4}{128EI}$$

而 CB 段梁上因为没有荷载作用，弯矩为零，所以曲率为零，CB 段为直线段。梁的挠曲线大致形状如图 15-8（b）所示。由图可知

$$\theta_B = \theta_C = -\frac{ql^3}{48EI}，\quad v_B = v_C - |\theta_C| \cdot \frac{l}{2} = -\frac{ql^4}{128EI} - \frac{ql^3}{48EI} \cdot \frac{l}{2} = -\frac{7ql^4}{384EI}$$

该题也可以用另一种方法求解。如图 15-8（c）所示，在悬臂梁上距 A 点 x 处取长 $\mathrm{d}x$ 的微段，微段上的均布荷载等效为一个微小集中力 $\mathrm{d}F=q\mathrm{d}x$。由表 15-1 中第二项可知，该微力引起端部 B 截面的转角和挠度分别为

$$\mathrm{d}\theta_B = -\frac{(q\mathrm{d}x)x^2}{2EI}，\quad \mathrm{d}v_B = -\frac{(q\mathrm{d}x)x^2}{6EI}(3l - x)$$

积分得

$$\theta_B = \int \mathrm{d}\theta_B = -\int_0^{\frac{l}{2}} \frac{qx^2}{2EI}\mathrm{d}x = -\frac{ql^3}{48EI}$$

$$v_B = \int \mathrm{d}v_B = -\int_0^{\frac{l}{2}} \frac{qx^2}{6EI}(3l - x)\mathrm{d}x = -\frac{7ql^4}{384EI}$$

【例 15-5】 外伸梁如图 15-9（a）所示，已知梁的抗弯刚度为 EI，受集中荷载 F 作用。试按叠加原理计算外伸端 C 的挠度。

解　外伸梁的结构形式在表 15-1 中查不到，可将梁拆成两部分，如图 15-9（b）、（c）所示，拆后的简支梁和悬臂梁在表中均能查到，再按叠加原理计算梁的变形。

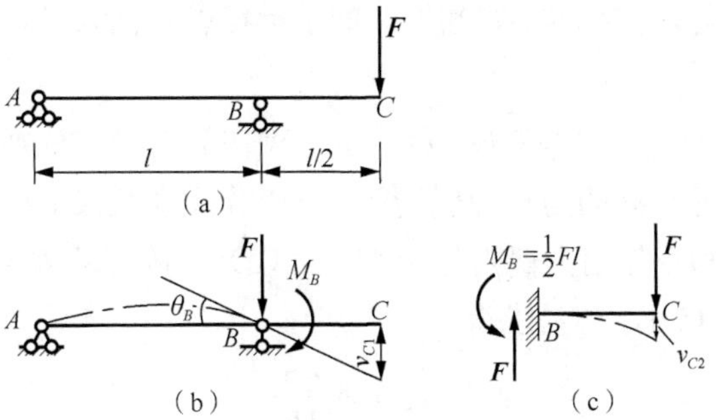

图 15-9

图 15-9（b）中，支座 B 处的力和力偶为梁段 BC 作用在梁段 AB 上的力和力偶，梁段 AB 对梁段 BC 的反作用力和反作用力偶则体现在图 15-9（c）中固定端 B 处的约束反力和反力偶。图 15-9（b）中，力 F 由支座直接传到基础，对梁变形没有影响；而力偶 M_B 引起的截面 B 的转角查表 15-1 可知

$$\theta_B=\frac{M_Bl}{3EI}=\frac{\frac{Fl}{2}\times l}{3EI}=\frac{Fl^2}{6EI}$$

截面 B 的转角将引起截面 C 的挠度为

$$v_{C1}=\theta_B\times\frac{l}{2}=\frac{Fl^2}{6EI}\times\frac{l}{2}=\frac{Fl^3}{12EI}$$

图 15-9（c）中，自由端 C 处的集中荷载 F 引起的截面 C 的挠度为

$$v_{C2}=\frac{F\left(l/2\right)^3}{3EI}=\frac{Fl^3}{24EI}$$

从而，图 15-9（a）中原外伸梁的截面 C 的挠度为

$$v_C=v_{C1}+v_{C2}=\frac{Fl^3}{12EI}+\frac{Fl^3}{24EI}=\frac{Fl^3}{8EI}$$

【例 15-6】 阶梯形对称简支梁 AB 如图 15-10（a）所示，求跨中截面挠度 v_C。

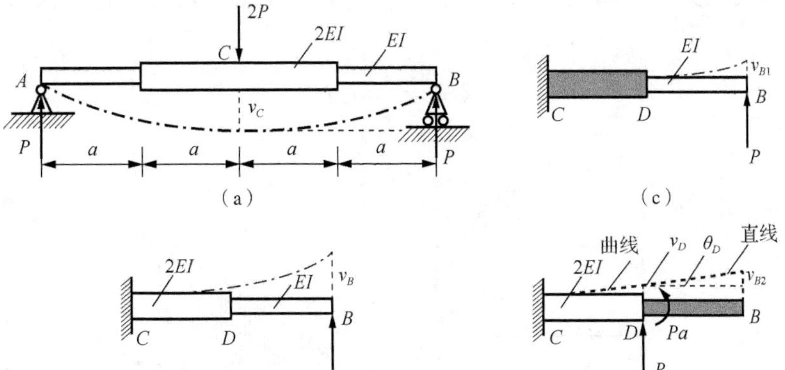

图 15-10

解　该简支梁结构对称，荷载对称，因此变形挠曲线对称，如图 15-10（a）所示。从

图 15-10(b)可知，原简支梁 AB 的跨中挠度 v_C 的求解可以转化为求悬臂梁 CB 的 B 端挠度 v_B，因为 $v_C=-v_B$。

因为 DB 段和 CD 段的抗弯刚度不一样，分成两段悬臂梁，分别如图 15-10（c）、（d）所示。图 15-10（d）中截面 D 处的力和力偶为梁段 DB 作用在梁段 CD 上的力和力偶，梁段 CD 对梁段 DB 的反作用力和反作用力偶则是图 15-10（c）中固定端 D 处的约束反力和反力偶，但图上没有画出。由表 15-1，容易求得

$$v_{B1}=-\frac{Pa^3}{3EI}$$

$$v_{B2}=v_D+\theta_D a=-\frac{Pa^3}{3\times 2EI}-\frac{Pa\cdot a^2}{2\times 2EI}-(\frac{P\cdot a^2}{2\times 2EI}+\frac{Pa\cdot a}{2EI})a=-\frac{7Pa^3}{6EI}$$

则悬臂梁 CB 的 B 端挠度为

$$v_B=v_{B1}+v_{B2}=-\frac{Pa^3}{3EI}-\frac{7Pa^3}{6EI}=-\frac{3Pa^3}{2EI}(\uparrow)$$

因此，原简支梁 AB 的跨中挠度为

$$v_C=-v_B=\frac{3Pa^3}{2EI}(\downarrow)$$

15.4　梁内的弯曲应变能

梁弯曲时，梁内将积蓄应变能，梁在线弹性弯曲变形过程中，其应变能在数值上等于作用在梁上的外力所做的功。例如，图 15-11（a）所示悬臂梁受到外力偶矩 M_e 作用，各横截面上的弯矩 $M=M_e$，梁发生纯弯曲变形。梁轴线弯成一曲率为 $\kappa=1/\rho=M/EI$ 的圆弧，其所对的圆心角也就是自由端截面 B 的转角为

$$\theta=\frac{l}{\rho}=\frac{Ml}{EI}=\frac{M_e l}{EI} \tag{15-5}$$

θ 与 M_e 之间呈线性关系，如图 15-11（b）所示，直线下的三角形面积就代表外力偶所做的功，即

$$W=\frac{1}{2}M_e\theta$$

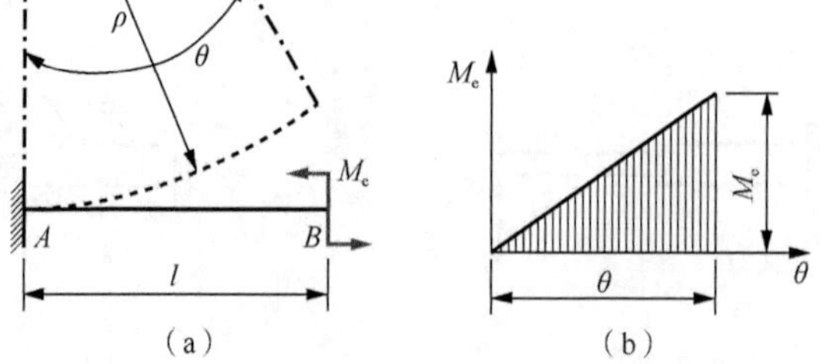

图 15-11

因此，纯弯曲时梁的弯曲应变能为

$$V_{\varepsilon}=W=\frac{1}{2}M_{e}\theta=\frac{M_{e}^{2}l}{2EI}=\frac{M^{2}l}{2EI} \tag{15-6}$$

横力弯曲时，梁内应变能应该包含与弯曲变形相应的弯曲应变能和与剪切变形相应的剪切应变能。由于工程实际中常用梁的跨高比往往较大，通常大于 10，梁的剪切变形相对弯曲变形很小，剪切应变能可略去不计。此时，弯曲应变能因为各截面上弯矩不是常数，需要通过积分求得：

$$V_{\varepsilon}=\int_{l}\frac{M^{2}(x)}{2EI}\mathrm{d}x \tag{15-7}$$

【例 15-7】 试用功能原理求例 15-6。

解 该简支梁结构对称，荷载对称，则有变形挠曲线对称[图 15-12（a）]，弯矩图对称[图 15-12（b）]。因此，全梁的应变能等于半梁应变能的两倍。半梁的弯矩方程为

$$M(x)=Px \quad (0\leqslant x\leqslant 2a)$$

则简支梁 AB 内总的应变能为

$$V_{\varepsilon}=2\int_{0}^{a}\frac{(Px)^{2}}{2EI}\mathrm{d}x+2\int_{a}^{2a}\frac{(Px)^{2}}{4EI}\mathrm{d}x=\frac{3P^{2}a^{3}}{2EI}$$

由功能原理，梁内应变能与外力做功相等，即

$$V_{\varepsilon}=W=\frac{1}{2}\times 2P\times v_{C}=\frac{3P^{2}a^{3}}{2EI}\Rightarrow v_{C}=\frac{3Pa^{3}}{2EI}$$

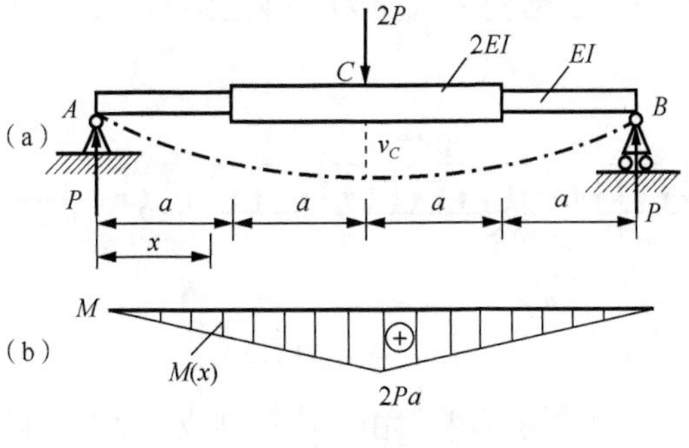

图 15-12

15.5　梁的刚度条件、提高梁刚度的措施

15.5.1　梁的刚度条件

按强度条件选择了梁的截面后，经常还需要对梁进行刚度校核。若梁的位移超过了规定的限度，则其正常工作条件得不到保证。在土建工程中，通常对梁的挠度加以限制；在机械制造中，则往往对挠度和转角都有要求，例如若机床主轴的挠度过大会影响加工精度；传动轴在支座处的转角过大，将使轴承发生磨损等。

不同工作环境中的梁，刚度要求也不相同。在土建工程中，以挠度和跨长的比值，即梁的相对挠度 $\frac{v}{l}$ 作为标准，许用相对挠度 $\left[\frac{v}{l}\right]$ 的取值通常在 $\frac{1}{250}\sim\frac{1}{1000}$ 范围内。在机械制造中，$\left[\frac{v}{l}\right]$ 的值则限制在 $\frac{1}{5000}\sim\frac{1}{10000}$ 范围内；同时，传动轴在支座处的许可转角 $[\theta]$ 一般限制在 0.005～0.001 rad 范围内。综上所述，梁的刚度条件可表示为

$$\frac{v_{\max}}{l}\leqslant\left[\frac{v}{l}\right],\quad \theta_{\max}\leqslant[\theta] \tag{15-8}$$

15.5.2　提高梁刚度的措施

由表 15-1 可知，梁的挠度和转角除了与梁的支承和荷载情况有关外，还与其弯曲刚度 EI 成反比，与梁跨长 l 的 n 次幂成正比，n 可能为 1、2、3 或 4。因此，要减小梁的位移，提高梁的刚度，可采取以下措施：

（1）增大梁的抗弯刚度 EI。选用合适材料可提高弹性模量 E，例如，用钢材代替木材。但应注意，高强度钢材和普通钢材的弹性模量值差别不大，用高强度钢材代替普通钢材不能提高刚度。提高抗弯刚度的另一方面是增大截面的惯性矩 I，在截面面积不变的情况下，应使面积尽量分布在距中性轴较远处，以增大截面的惯性矩，如采用工字形、槽形或箱形截面等。

（2）减小跨长 l。梁的位移与跨长 l 的 n 次幂成正比，因此跨长对梁的位移影响非常显著，应设法降低跨长。例如，可将简支梁改为外伸梁[图 15-13（a）]，或加中间支座[图 15-13（b）]，从而降低跨长，显著减小跨中挠度；悬臂梁增加支座[图 15-13（c）]也能显著减小自由端挠度。但后两种情况下，梁由静定结构形式变为超静定结构形式，关于超静定梁的解法将在下节介绍。

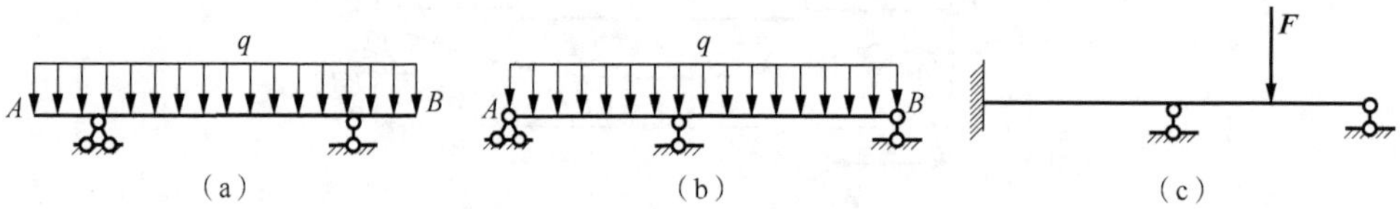

图 15-13

【例 15-8】 如图 15-14（a）所示悬臂梁由工字钢制成，已知材料的许用应力 $[\sigma]$=160 MPa，弹性模量 E=200 GPa，相对许用挠度 $\left[\frac{v}{l}\right]=\frac{1}{600}$，试按梁的强度条件和刚度条件选择工字钢型号。

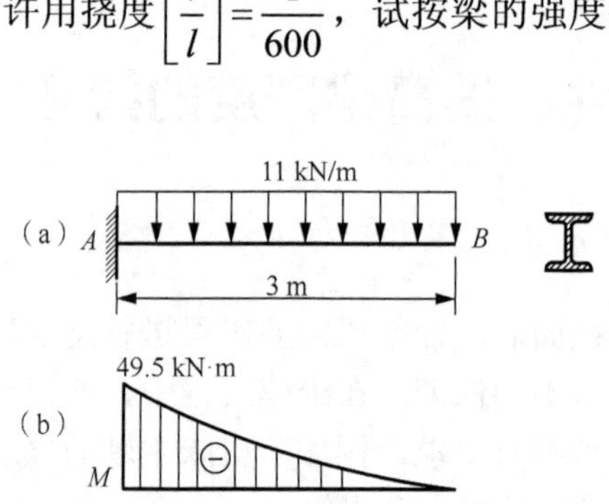

图 15-14

解　(1) 按正应力强度条件选择工字钢型号。梁的弯矩图如图 15-14 (b) 所示，按正应力强度条件，梁所需要的抗弯截面系数为

$$W_z \geqslant \frac{|M|_{\max}}{[\sigma]} = \frac{49.5\times10^3}{160\times10^6} = 309.4\times10^{-6}(\mathrm{m}^3) = 309.4(\mathrm{cm}^3)$$

查型钢表找到上下与之最接近的两种型钢，分别为 22a 号工字钢（$W_z = 309\ \mathrm{cm}^3$）和 22b 号工字钢（$W_z = 325\ \mathrm{cm}^3$），分别计算两种工字钢的 W_z 与所要求的 W_z 相差百分比，

$$22\text{a 号工字钢：}\ \frac{309.4-309}{309.4} = 0.13\% < 5\%\ \text{（满足误差要求）}$$

$$22\text{b 号工字钢：}\ \frac{325-309.4}{309.4} = 5.04\% > 5\%\ \text{（不满足误差要求）}$$

因此，按正应力强度条件应选用 22a 号工字钢。

(2) 校核梁的刚度。查 22a 号工字钢的惯性矩 $I = 3400\ \mathrm{cm}^4$，

$$\frac{v_{\max}}{l} = \frac{v_B}{l} = \frac{ql^3}{8EI} = \frac{11\times10^3\times3^3}{8\times200\times10^9\times3400\times10^{-8}} = 5.46\times10^{-3} > \left[\frac{v}{l}\right] = \frac{1}{600} = 1.67\times10^{-3}$$

也就是说所选 22a 号工字钢不满足刚度条件，需要根据刚度条件重新选择工字钢型号。

$$\frac{v_{\max}}{l} = \frac{ql^3}{8EI} \leqslant \left[\frac{v}{l}\right] \quad \Rightarrow \quad I \geqslant \frac{ql^3}{8E\left[\dfrac{v}{l}\right]} = \frac{11\times10^3\times3^3\times600}{8\times200\times10^9} = 111.375\times10^{-6}(\mathrm{m}^4) = 11137.5(\mathrm{cm}^4)$$

查型钢表找到上下与之最接近的两种型钢，分别为 32a 号工字钢（$I = 11075.5\ \mathrm{cm}^4$）和 32b 号工字钢（$I = 11621.4\ \mathrm{cm}^4$），分别计算两种工字钢的 I 与所要求的 I 相差百分比，

$$32\text{a 号工字钢：}\ \frac{11137.5-11075.5}{11137.5} = 0.6\% < 5\%\ \text{（满足误差要求）}$$

$$32\text{b 号工字钢：}\ \frac{11621.4-11137.5}{11137.5} = 4.3\% < 5\%\ \text{（满足误差要求）}$$

两种型号的工字钢均满足误差要求，选择哪种均可。

15.6　简单超静定梁

在求解梁的应力和变形的过程中，通常要先计算支座反力。14.1 节曾指出，利用静力学平衡方程便可求出全部支座反力的梁称为静定梁；当梁的支座反力数目多于独立的平衡方程数目时，仅用平衡方程无法确定其所有的支座反力，这种梁称为超静定梁。前述绝大多数梁都是静定梁，但图 15-13 (b)、(c) 所示的梁是超静定梁。通常把多于维持梁静力平衡所需的约束，称为“多余”约束，“多余”约束的数目称为超静定次数。图 15-13 (b) 所示的梁为一次超静定梁，而图 15-13 (c) 所示的梁为二次超静定梁。

超静定梁的求解思路与拉压、扭转超静定问题一致，也要考虑静力平衡、变形几何和物理三方面。首先确定超静定次数，根据超静定梁的变形协调条件写出变形几何方程；然后通过力与位移间的物理关系建立补充方程，几次超静定就对应有几个变形协调条件，从而代入物理关系可建立几个补充方程；最后由补充方程和静力平衡方程联立求解约束反力。下面举例加以说明。

【**例 15-9**】 如图 15-15（a）所示超静定梁，刚度为 EI，试作梁的剪力图和弯矩图。

解 将 C 处的支座视为“多余”约束，解除“多余”约束并加相应的支座反力 F_C，此时的梁为静定的简支梁[图 15-15（b）]，称为原超静定梁的**基本静定系**。基本静定系再加上变形协调条件，即 $v_C=0$，就得到原超静定梁的**相当系统**。由叠加原理可得

$$v_C=v_{Cq}+v_{CF_C}=\frac{5ql^4}{384EI}-\frac{F_C l^3}{48EI}=0$$

这就是物理关系代入变形几何方程得到的补充方程。由该补充方程可计算出

$$F_C=\frac{5}{8}ql$$

再结合静力平衡方程，可求出支座 A、B 处反力：

$$F_A=F_B=\frac{3ql}{16}$$

解出支座反力后，可作梁的剪力图和弯矩图[图 15-15（c）、（d）]，也可进一步计算梁的应力和位移，不再赘述。

【**例 15-10**】 图 15-16（a）所示超静定梁的刚度 EI 为常数，试作梁的剪力图及弯矩图。

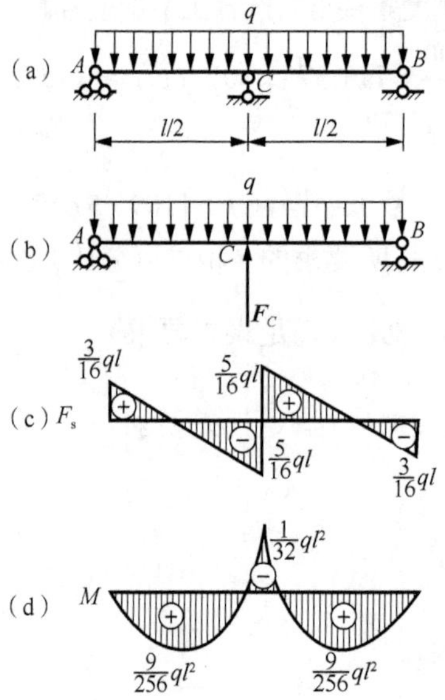

图 15-15

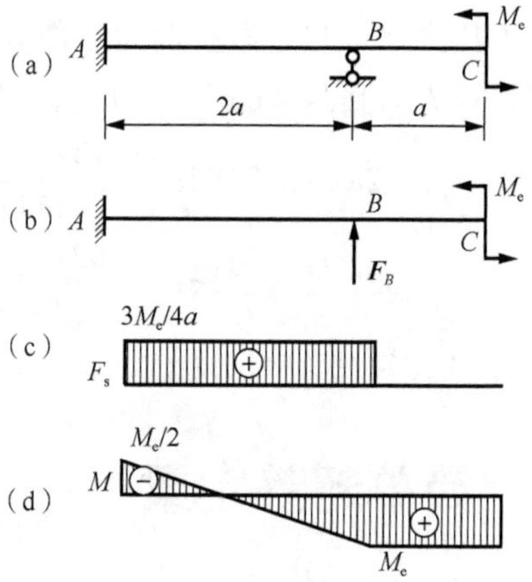

图 15-16

解 将支座 B 视为“多余”约束，原超静定梁的基本静定系如图 15-16（b）所示，且有变形协调条件

$$v_B=v_{BF_B}+v_{BM_e}=0$$

查表 15-1 可得

$$v_{BF_B}=\frac{-F_B(2a)^3}{3EI}=\frac{-8F_Ba^3}{3EI}, \quad v_{BM_e}=\frac{-M_e(2a)^2}{2EI}=\frac{-2M_ea^2}{EI}$$

上述物理方程代入变形协调方程，可得

$$-\frac{8F_Ba^3}{3EI}-\frac{2M_ea^2}{EI}=0 \Rightarrow F_B=-\frac{3M_e}{4a}(\downarrow)$$

据此可由基本静定系继续作梁的剪力图和弯矩图，分别如图 15-16（c）、（d）所示。

【例 15-11】 图 15-17（a）所示的两端固定梁承受集中荷载 P，已知梁的抗弯刚度为 EI，试计算梁的支座反力。

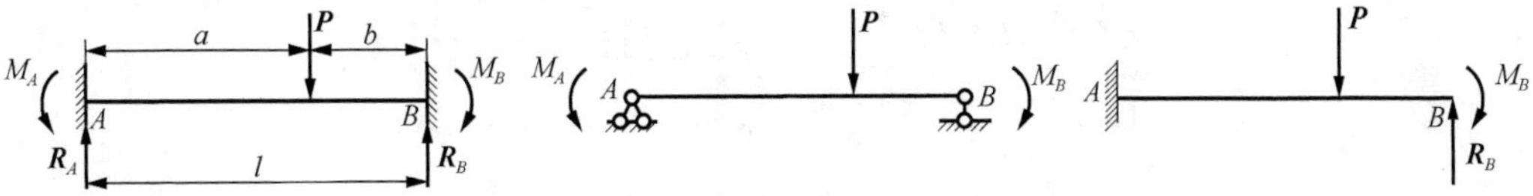

图 15-17

解　此问题为两次超静定，可解除两端的转角约束，代之以相应的约束反力偶，建立基本静定系如图 15-17（b）所示，其变形协调条件为

$$\theta_A = 0\text{，}\quad \theta_B = 0$$

运用叠加原理求解两截面转角，即得补充方程

$$\theta_A = -\frac{M_A l}{3EI} - \frac{M_B l}{6EI} + \frac{Pab(l+b)}{6EIl} = 0$$

$$\theta_B = \frac{M_A l}{6EI} + \frac{M_B l}{3EI} - \frac{Pab(l+a)}{6EIl} = 0$$

联立解得

$$M_A = \frac{Pab^2}{l^2}\text{，}\quad M_B = \frac{Pa^2 b}{l^2}$$

再由平衡方程求解其余约束反力：

$$\sum M_A = 0\text{，}\quad M_A + R_B l - Pa - M_B = 0\text{，}\quad R_B = \frac{Pa^2}{l^3}(l+2b)$$

$$\sum Y = 0\text{，}\quad R_A + R_B - P = 0\text{，}\quad R_A = \frac{Pb^2}{l^3}(l+2a)$$

应该指出，超静定结构的基本静定系形式不唯一。此例中的基本静定系也可以取为如图 15-17（c）所示的结构形式，相应的变形协调条件为 $v_B = 0$，$\theta_B = 0$，其求解也很方便，读者可以自行完成。可以看到，解除的“多余”约束不同，相应的变形协调条件也不同，得到的补充方程亦不同，但支座反力的最后计算结果应是相同的。图 15-15（a）中超静定梁也可以将 B 处的支座视为“多余”约束，去掉该约束代之以约束反力，相应的变形协调条件为 $v_B = 0$。但这样得到的基本静定系为外伸梁，由 15.3 节叠加法的知识可知，外伸梁的位移求解要比简支梁复杂得多，所以，这种基本静定系形式不可取。选取基本静定系时，要注意选取求解相对容易的结构形式。

习　题

15-1　试用积分法求图示梁的挠曲线方程。EI 为常量。（答：（a）$v = \dfrac{qx}{24EI}(x^3 - 2lx^2 + l^3)$；

（b）$v=\dfrac{q_0}{EI}\left(\dfrac{x^5}{120l}-\dfrac{lx^3}{36}+\dfrac{7l^3x}{360}\right)$）

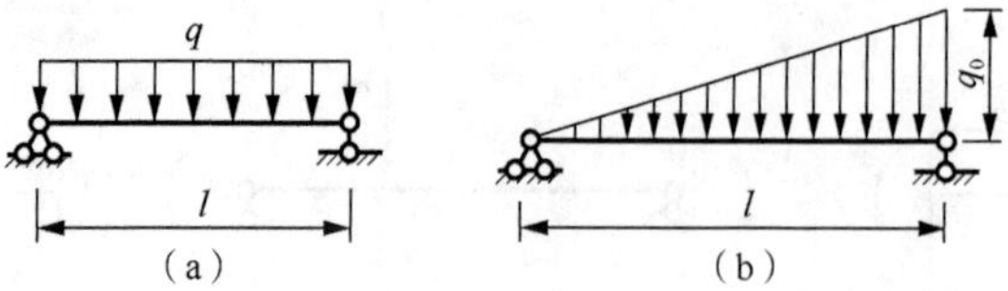

习题 15-1 图

15-2　试用积分法求图示外伸梁 A、B 截面的转角。EI 为常量。（答：$\theta_A=\dfrac{qa^3}{6EI}$，$\theta_B=0$）

15-3　图示悬臂梁右侧半梁承受集度为 q 的向下均布荷载作用，其弯曲刚度 EI 为常数。试求自由端 B 的挠度和转角。（答：$v_B=\dfrac{41ql^4}{384EI}$，$\theta_B=\dfrac{7ql^3}{48EI}$）

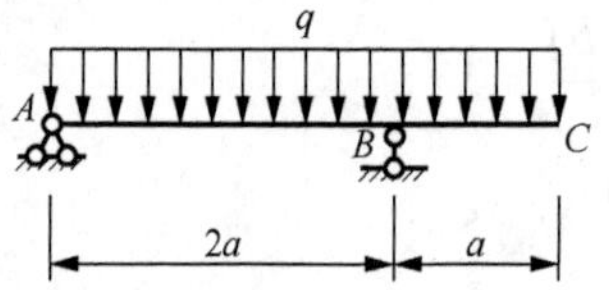

习题 15-2 图

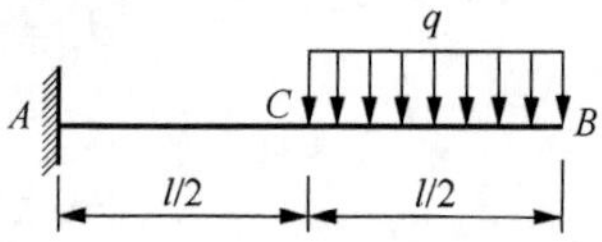

习题 15-3 图

15-4　试用叠加法求图示简支梁跨中点的挠度。EI 为常量。（答：（a）$v_C=\dfrac{33Fa^3}{12EI}$；（b）$v_C=-\dfrac{M_e l^2}{16EI}$）

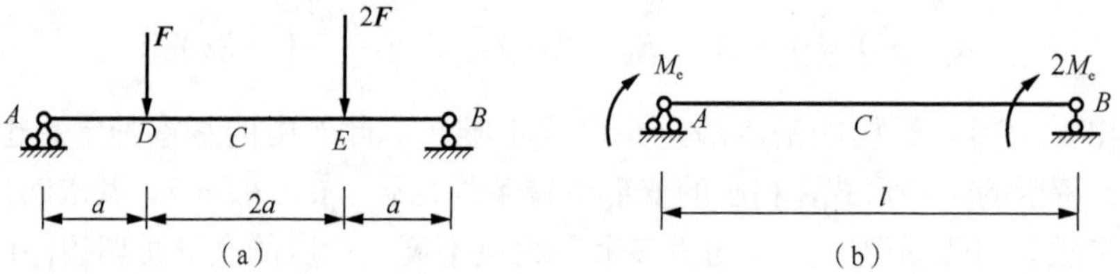

习题 15-4 图

15-5　试用叠加法求图示静定梁的 θ_C 和 v_C。EI 为常量。（答：（a）$\theta_C=\dfrac{Fa^2}{EI}$，　$v_C=\dfrac{Fa^3}{EI}$；（b）$\theta_C=-\dfrac{23Fa^2}{12EI}$，$v_C=-\dfrac{17Fa^3}{12EI}$）

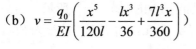

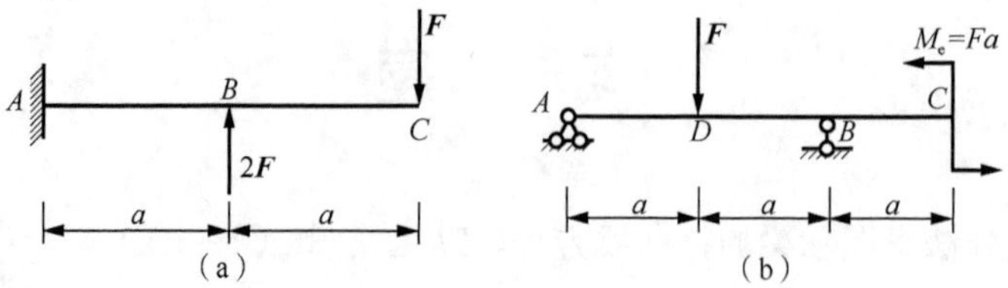

习题 15-5 图

15-6　一弯曲刚度为 EI 的简支梁受荷载如图所示，试按叠加原理求梁跨中截面的挠度和梁上最大转角。（答：$v_C=\dfrac{5ql^4}{384EI}+\dfrac{M_e l^2}{16EI}$，$\theta_{\max}=\theta_A=\dfrac{ql^3}{24EI}+\dfrac{M_e l}{3EI}$）

15-7　图示梁受均布荷载 q 作用，已知 EI 及弹簧常数 k，试求梁中点的挠度。（答：$x=\dfrac{l}{2}$，$v=\dfrac{5ql^4}{384EI}+\dfrac{ql}{4k}$）

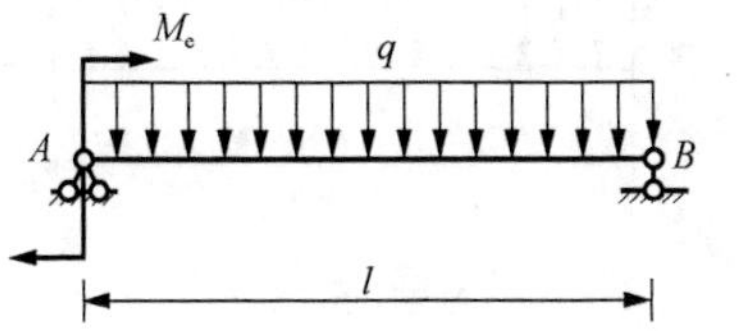

习题 15-6 图

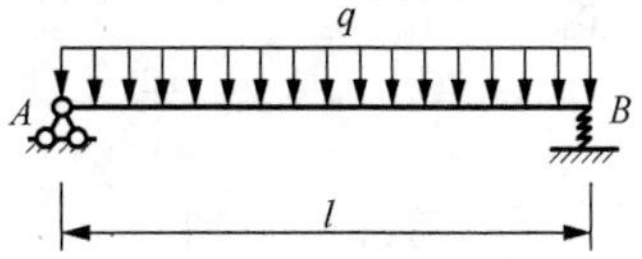

习题 15-7 图

15-8　试画出图示梁挠曲线的大致形状。（答：略）

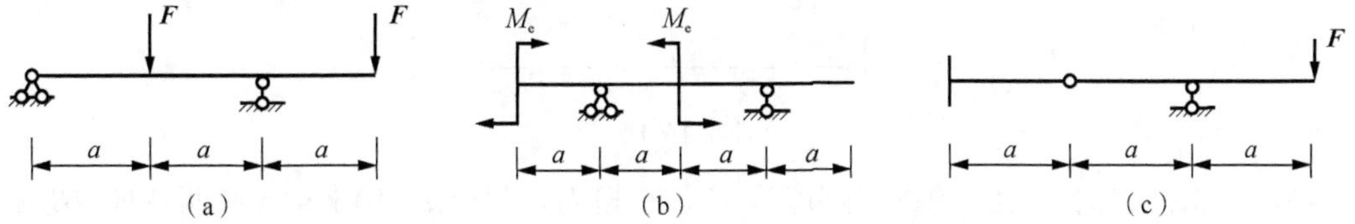

习题 15-8 图

15-9　松木桁条为圆截面等直杆，跨长 l=4 m，两端可视作简支，作用均布荷载 q=1.82 kN/m，松木的许用应力 $[\sigma]$=10 MPa，弹性模量 E=10 GPa，相对许用挠度 $\left[\dfrac{v}{l}\right]=\dfrac{1}{200}$。试求梁横截面所需的直径。（答：$d$=0.155 m）

15-10　悬臂梁由工字钢制成，自由端承受垂直集中荷载 $P=30\ \text{kN}$，梁长 l=3 m。材料的弹性模量为 E=200 GPa，许用应力 $[\sigma]=160\ \text{MPa}$，许用相对挠度 $\left[\dfrac{v}{l}\right]=\dfrac{1}{600}$。试按梁的强度条件和刚度条件选择工字钢型号。（答：45a 号工字钢）

15-11　试求图示超静定梁的支座反力，EI 为常量。（答：(a) $F_B=\dfrac{14}{27}F$，$M_A=\dfrac{4}{9}Fa$；(b) $F_B=\dfrac{11}{16}F$）

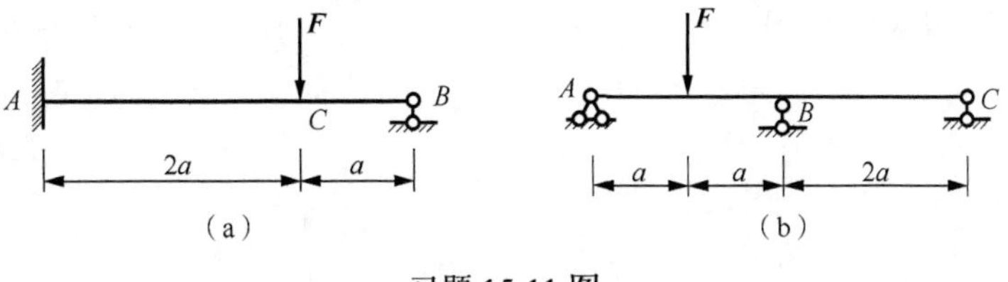

习题 15-11 图

15-12　图示简支梁由型号为 45a 号工字钢制成，跨长 l=10 m。梁自重简化为均布荷载 q，同时作用跨中集中力 F=55 kN。材料的弹性模量为 E=210 GPa，许用应力 $[\sigma]=170\ \text{MPa}$，许用相对挠度$\left[\frac{v}{l}\right]=\frac{1}{500}$。试校核该吊车梁的强度和刚度。（答：安全）

15-13　试求图示二次超静定梁的支座反力，EI 为常量。（答：$F_A=F_B=\frac{1}{2}ql$，$M_A=M_B=\frac{ql^2}{12}$）

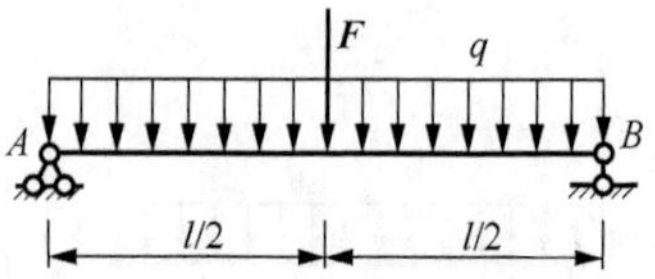

习题 15-12 图

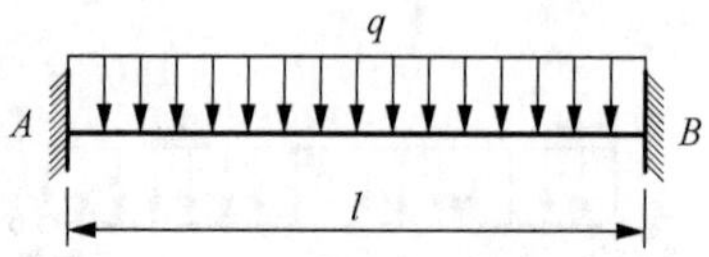

习题 15-13 图

15-14　图示超静定梁的刚度 EI 为常数，试作梁的剪力图及弯矩图。（答：略）

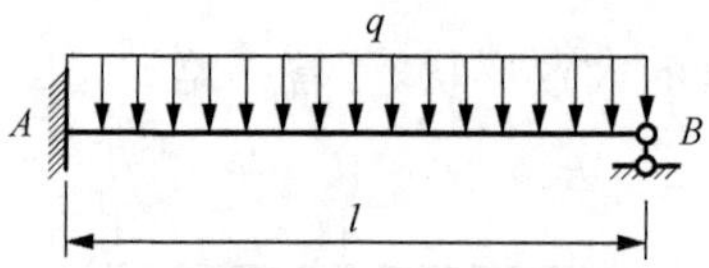

习题 15-14 图

15-15　图示水平梁 AE 的抗弯刚度为 EI，承担均布荷载$q=10$ kN/m；两拉杆 AB 和 EF 长度相同，抗拉刚度均为 EA，试求梁跨中 C 点的竖向位移。（答：$\frac{675}{64EI}+\frac{30}{EA}$）

15-16　图示超静定结构中，AB 与 CD 两梁的材料相同，抗弯刚度同为 EI，杆 BD 的抗拉刚度为 EA，试求杆 BD 的轴力。（答：$F_{NBD}=\frac{3ql^3A}{4(3I+4Al^2)}$）

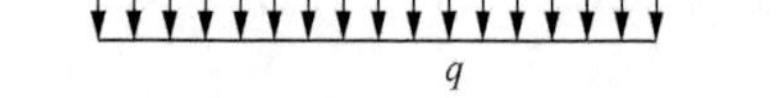

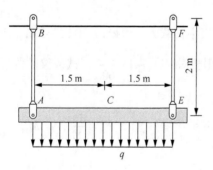

习题 15-15 图

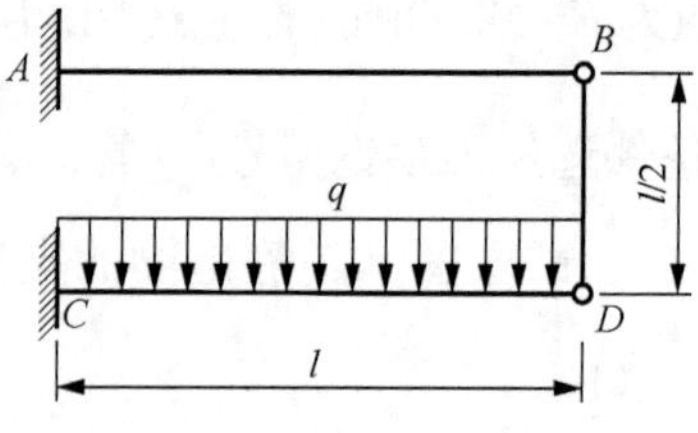

习题 15-16 图

第 16 章　应力状态和强度理论

16.1　概述

在第 11 章曾经分析过轴向拉伸（压缩）斜截面上的应力，表明拉压杆斜截面上正应力 σ_α 与切应力 τ_α 是随截面方位角 α 变化的，如图 16-1 所示。一般来说，通过受力构件内任一点的不同斜截面上，应力都将随斜截面的方位而异。构件内某点处不同方位截面上应力的全部情况称为**一点处的应力状态**。

一点处的应力状态可以通过围绕该点取出的应力单元体来表示。单元体的边长 dx、dy 和 dz 均为无限微小，以至可以认为单元体各面上的应力均匀分布；而每一对相互平行面上的相应应力均相等。图 16-2（a）为轴向拉伸时，杆内各点均处于单轴应力状态；图 16-2（b）为扭转变形时，轴内各点均处于纯剪切应力状态。前面章节指出，单轴应力状态和纯剪切应力状态的强度条件分别为 $\sigma_{\max} \leqslant [\sigma]$ 和 $\tau_{\max} \leqslant [\tau]$，但更复杂应力状态下的强度条件并没有涉及。本章先讨论应力状态，然后讲解应力与应变间的关系，最后讨论复杂应力状态下的强度理论。

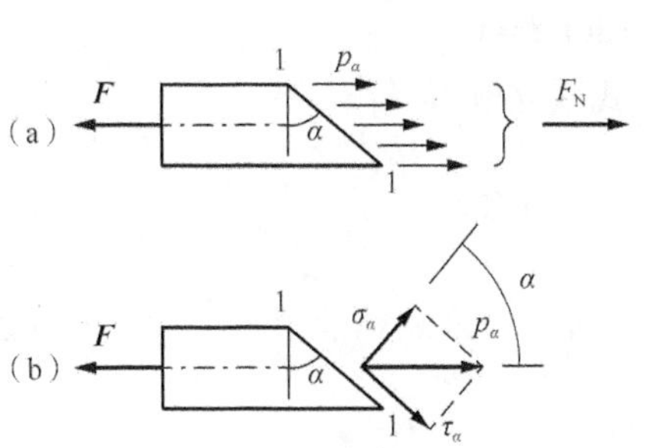

图 16-1

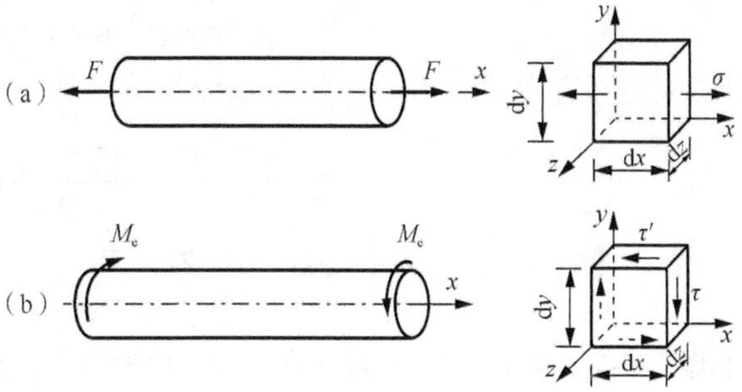

图 16-2

16.2　平面应力状态的应力分析

图 16-3（a）所示单元体的一对面（前后面）上没有应力，可将单元体画成平面简化形式，如图 16-3（b）所示，这种应力状态称为平面应力状态。图 16-2 中的单轴应力状态和纯剪切应力状态都属于平面应力状态。通常以截面的外法线命名截面，如单元体的左右面以 x 轴为法线，称为 x 面；外法线 n 与 x 轴夹角为 α 的斜截面则称为 α 面。用下标字母表示应力的作用面，则 σ_x、τ_x 和 σ_y、τ_y 分别表示 x 面和 y 面上的正应力和切应力，σ_α、τ_α 表示 α 面上的正应力和切应力[图 16-3（c）]。规定 α 角以由 x 轴逆时针转向外法线 n 者为正，σ 以拉应力为正，τ 以对单元体内任意点的矩为顺时针转向者为正。因此，图 16-3（c）中 σ_x、σ_y、σ_α、

τ_x 和 τ_α 均为正，而 τ_y 为负。

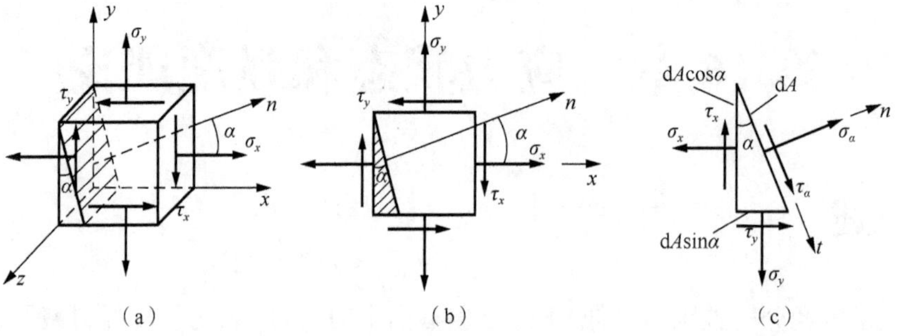

图 16-3

16.2.1　斜截面上的应力

为求任意 α 斜截面上的应力 σ_α 和 τ_α，用 α 面将单元体截开，取图 16-3（c）所示的隔离体为研究对象。各面上的应力与其作用面积的乘积为各面上的微内力，隔离体上的所有微内力要满足平衡方程：

$$\sum F_n = 0,\ \sigma_\alpha \mathrm{d}A - \sigma_x \mathrm{d}A\cos\alpha\cos\alpha - \sigma_y \mathrm{d}A\sin\alpha\sin\alpha + \tau_x \mathrm{d}A\cos\alpha\sin\alpha + \tau_y \mathrm{d}A\sin\alpha\cos\alpha = 0$$

$$\sum F_t = 0,\ \tau_\alpha \mathrm{d}A - \sigma_x \mathrm{d}A\cos\alpha\sin\alpha + \sigma_y \mathrm{d}A\sin\alpha\cos\alpha - \tau_x \mathrm{d}A\cos\alpha\cos\alpha + \tau_y \mathrm{d}A\sin\alpha\sin\alpha = 0$$

由切应力互等定理可知，τ_x 和 τ_y 数值相等，从而上面两式联立解得

$$\sigma_\alpha = \frac{\sigma_x + \sigma_y}{2} + \frac{\sigma_x - \sigma_y}{2}\cos 2\alpha - \tau_x \sin 2\alpha \tag{16-1}$$

$$\tau_\alpha = \frac{\sigma_x - \sigma_y}{2}\sin 2\alpha + \tau_x \cos 2\alpha \tag{16-2}$$

由式（16-1）可求出与 α 面垂直的 α +90°面上的正应力为

$$\sigma_{\alpha+90^\circ} = \frac{\sigma_x + \sigma_y}{2} - \frac{\sigma_x + \sigma_y}{2}\cos 2\alpha + \tau_x \sin 2\alpha$$

从而有

$$\sigma_\alpha + \sigma_{\alpha+90^\circ} = \sigma_x + \sigma_y = 常量$$

上式表明，在平面应力状态单元体中，互相垂直的两个截面上的正应力之和等于常量，这称为平面应力状态的**应力第一不变量**。

16.2.2　主平面与主应力

切应力为零的平面称为**主平面**，也就是说主平面上只有正应力，没有切应力，而该正应力称为**主应力**。由式（16-2）可知，主平面的方位角 α_0 应满足下式：

$$\tau_\alpha\big|_{\alpha=\alpha_0} = \left(\frac{\sigma_x - \sigma_y}{2}\sin 2\alpha + \tau_x \cos 2\alpha\right)\bigg|_{\alpha=\alpha_0} = 0$$

$$\tan 2\alpha_0 = \frac{-2\tau_x}{\sigma_x - \sigma_y} \tag{16-3}$$

由式（16-1）可知，σ_α 是方位角 α 的连续有界函数，因此 σ_α 应有极值。使 σ_α 具有极值的角度应该满足下式：

$$\frac{\mathrm{d}\sigma_\alpha}{\mathrm{d}\alpha} = -2\left(\frac{\sigma_x - \sigma_y}{2}\sin 2\alpha + \tau_x \cos 2\alpha\right) = 0 \quad \Rightarrow \quad \tan 2\alpha = \frac{-2\tau_x}{\sigma_x - \sigma_y}$$

比较上式和式（16-3）可知，使正应力具有极值的平面就是主平面，主应力就是极值正应力。

式（16-3）实际上给出了 α_0 和 $\alpha_0 + 90°$ 两个主平面的方位，可见两个主平面互相垂直。将式（16-3）确定的两个方位角代入式（16-1），即得两个主应力为

$$\left.\begin{array}{l}\sigma_{主1} \\ \sigma_{主2}\end{array}\right\} = \frac{\sigma_x + \sigma_y}{2} \pm \sqrt{\left(\frac{\sigma_x - \sigma_y}{2}\right)^2 + \tau_x^2} \tag{16-4}$$

图 16-3（a）所示平面应力状态单元体中，由于 z 面上的切应力为零，因此 z 面是另一主平面，其上的正应力也就是主应力为零。可以证明（刘鸿文，1985），通过受力构件内的任意点皆可找到三个互相垂直的主平面，因而每一点都有三个主应力。三个主应力按代数值从大到小，依次记为 σ_1、σ_2 和 σ_3，即 $\sigma_1 \geqslant \sigma_2 \geqslant \sigma_3$。

16.2.3 应力圆

将式（16-1）和式（16-2）稍加变化，分别改写为

$$\left(\sigma_\alpha - \frac{\sigma_x + \sigma_y}{2}\right)^2 = \left(\frac{\sigma_x - \sigma_y}{2}\cos 2\alpha - \tau_x \sin 2\alpha\right)^2$$

$$\tau_\alpha^2 = \left(\frac{\sigma_x - \sigma_y}{2}\sin 2\alpha + \tau_x \cos 2\alpha\right)^2$$

上面两式相加，即得

$$\left(\sigma_\alpha - \frac{\sigma_x + \sigma_y}{2}\right)^2 + \tau_\alpha^2 = \left(\frac{\sigma_x - \sigma_y}{2}\right)^2 + \tau_x^2 \tag{16-5}$$

这是一个以 σ_α 和 τ_α 为变量的圆的方程，圆心坐标为 $\left(\frac{\sigma_x + \sigma_y}{2}, 0\right)$，半径为 $\sqrt{\left(\frac{\sigma_x - \sigma_y}{2}\right)^2 + \tau_x^2}$。这个圆称为**应力圆**，它是德国学者莫尔于 1882 年首先提出来的，故又称**莫尔圆**。

图 16-4（a）所示应力单元体的应力圆的作图步骤如下[图 16-4（b）]：

（1）按适当的比例尺，量取横坐标 $\overline{OB_1} = \sigma_x$，纵坐标 $\overline{B_1D_1} = \tau_x$，确定 D_1 点；

（2）量取横坐标 $\overline{OB_2} = \sigma_y$，纵坐标 $\overline{B_2D_2} = \tau_y$，确定 D_2 点；

（3）连接点 D_1 与点 D_2，交 σ 轴于点 C，以点 C 为圆心，$\overline{CD_1}$ 为半径作圆。

由作图步骤可知 $\overline{OC} = \frac{\sigma_x + \sigma_y}{2}$，$\overline{CB_1} = \frac{\sigma_x - \sigma_y}{2}$，$\overline{CD_1} = \sqrt{\overline{CB_1}^2 + \overline{B_1D_1}^2} = \sqrt{\left(\frac{\sigma_x - \sigma_y}{2}\right)^2 + \tau_x^2}$，因此，所画圆正是式（16-5）定义的应力圆。

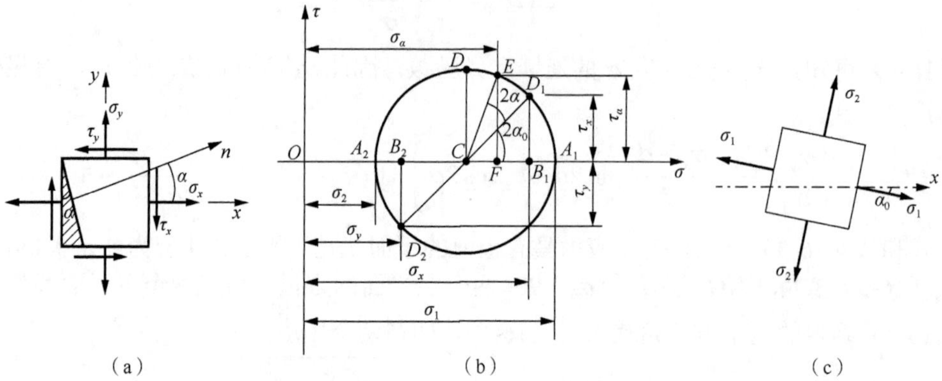

图 16-4

由作图步骤还可知，点 D_1 的坐标是(σ_x, τ_x)，点 D_1 代表单元体 x 面上的应力，而点 D_2(σ_y, τ_y)代表 y 面上的应力。实际上，应力圆上的任意一点都一一对应着单元体内某个截面上的应力。如若求单元体 α 面的应力，可从应力圆的半径 $\overline{CD_1}$ 按方位角 α 的转向转动 2α 角，得到半径 $\overline{CE}$，点 E 的横、纵坐标分别就是 α 面上的应力 σ_α 和 τ_α，现证明如下。

由图 16-4（b）可见，点 E 的横坐标为

$$\begin{aligned}\overline{OF} &= \overline{OC} + \overline{CF} = \overline{OC} + \overline{CE}\cos(2\alpha_0 + 2\alpha) \\ &= \overline{OC} + \overline{CE}\cos 2\alpha_0 \cos 2\alpha - \overline{CE}\sin 2\alpha_0 \sin 2\alpha\end{aligned}$$

式中，$\overline{OC} = \dfrac{(\sigma_x + \sigma_y)}{2}$；$\overline{CE}\cos 2\alpha_0 = \overline{CD_1}\cos 2\alpha_0 = \overline{CB_1} = \dfrac{\sigma_x - \sigma_y}{2}$；$\overline{CE}\sin 2\alpha_0 = \overline{CD_1}\sin 2\alpha_0 = \overline{B_1D_1} = \tau_x$。于是有

$$\overline{OF} = \frac{\sigma_x + \sigma_y}{2} + \frac{\sigma_x - \sigma_y}{2}\cos 2\alpha - \tau_x \sin 2\alpha = \sigma_\alpha$$

按类似的方法可证明点 E 的纵坐标为 $\overline{EF} = \dfrac{\sigma_x - \sigma_y}{2}\sin 2\alpha + \tau_x \cos 2\alpha = \tau_\alpha$。这就证明了点 E 的坐标就是(σ_α, τ_α)，代表了 α 斜面上的应力。

由上述作图步骤以及证明可知，应力圆上的点与单元体上的面之间存在一一对应关系：应力圆上一点的坐标对应单元体一个斜面上的应力；应力圆上两个点之间圆弧所对应的圆心角是单元体上两个面外法线夹角的 2 倍；应力圆上圆心角的转向与单元体上两个面外法线转向一致。

用应力圆可以很方便地求得主应力、主平面、最大切应力及其所在平面。应力圆与 σ 轴交于点 A_1 和点 A_2［图 16-4（b）］，这两点的纵坐标为零，即切应力为零，因此，A_1 和 A_2 两点对应两个主平面，这两点的横坐标代表两主应力，即

$$\sigma_{主1} = \overline{OA_1} = \overline{OC} + \overline{CA_1} = \frac{\sigma_x + \sigma_y}{2} + \sqrt{\left(\frac{\sigma_x - \sigma_y}{2}\right)^2 + \tau_x^2}$$

$$\sigma_{主2} = \overline{OA_2} = \overline{OC} - \overline{CA_2} = \frac{\sigma_x + \sigma_y}{2} - \sqrt{\left(\frac{\sigma_x - \sigma_y}{2}\right)^2 + \tau_x^2}$$

而圆中的α_0就是主平面的方位角，由图 16-4（b）可知

$$\tan 2\alpha_0 = -\frac{\overline{B_1D_1}}{\overline{CB_1}} = \frac{-\tau_x}{\dfrac{\sigma_x-\sigma_y}{2}} = \frac{-2\tau_x}{\sigma_x-\sigma_y}$$

式中，负号表示图上α_0为负角（顺时针）。据此画出的主应力单元体如图 16-4（c）所示。另外，应力圆上的 D 点纵坐标最大，其值就是极值切应力：

$$\tau_{\max} = \overline{CD} = \sqrt{\left(\frac{\sigma_x-\sigma_y}{2}\right)^2+\tau_x^2} = \frac{\sigma_{\max}-\sigma_{\min}}{2}$$

半径 CD 与 CA_1 间圆心角为 90°，表示极值切应力所在平面与主平面之间互成 45°角。

【例 16-1】 图 16-5（a）所示跨长为 l=4 m 的矩形截面简支梁，受均布荷载和跨中集中力作用，F=100 kN，q=10 kN/m，图中截面尺寸单位为 mm。试画出跨中截面上 1、2、3 点的应力单元体和应力圆，并求其主应力，画其主应力单元体。

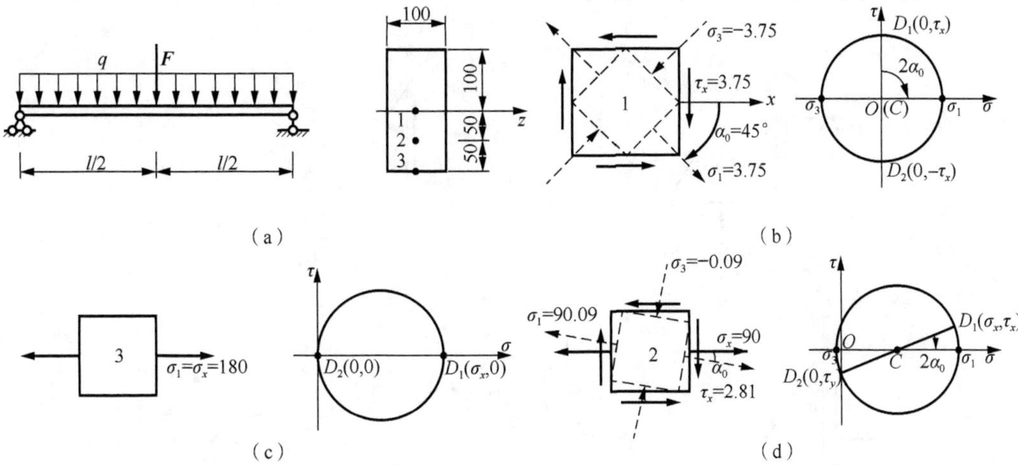

图 16-5

解　跨中截面上剪力 $F_S = 50\ \text{kN}$，弯矩 $M = 120\ \text{kN}\cdot\text{m}$。1 点位于中性轴上，正应力为零，切应力最大，为 $\tau_x = \dfrac{3F_S}{2bh} = 3.75\ \text{MPa}$。由于忽略纵向纤维之间的相互挤压应力，1 点处于纯剪切应力状态，画出应力单元体和应力圆如图 16-5（b）所示，图中应力单位为 MPa。由应力圆易知，1 点的主应力为 $\sigma_1 = \tau_x = 3.75\ \text{MPa}$，$\sigma_2 = 0$，$\sigma_3 = -3.75\ \text{MPa}$，$\alpha_0 = -45°$，画出主应力单元体如图 16-5（b）中虚线所示。

3 点位于截面下边缘，切应力为零，正应力最大，为 $\sigma_x = \dfrac{M}{W_z} = 180\ \text{MPa}$。由于忽略纵向纤维之间的相互挤压应力，3 点处于单轴应力状态，画出应力单元体和应力圆如图 16-5（c）所示。由应力圆易知，3 点的主应力为 $\sigma_1 = \sigma_x = 180\ \text{MPa}$，$\sigma_2 = \sigma_3 = 0$，$\alpha_0 = 0°$，原单元体即为主应力单元体。

2 点情况比较复杂，首先利用公式计算 2 点的正应力和切应力：

$$\sigma_x = \frac{My}{I_z} = \frac{12\times120\times10^3\times50\times10^{-3}}{100\times200^3\times10^{-12}} = 90\times10^6(\text{Pa}) = 90(\text{MPa})$$

$$\tau_x = \frac{F_S S_z^*}{I_z b} = \frac{12\times 50\times 10^3 \times 100\times 50\times 75\times 10^{-9}}{100\times 200^3\times 100\times 10^{-15}} = 2.81\times 10^6(\text{Pa}) = 2.81(\text{MPa})$$

画出应力单元体和应力圆如图 16-5（d）所示。此时 α_0 和主应力等信息不易从应力圆观察得到，可由式（16-3）和式（16-4）计算。

$$\tan 2\alpha_0 = \frac{-2\tau_x}{\sigma_x} = -0.125 \quad \Rightarrow \quad \alpha_0 = -3.56°$$

$$\left.\begin{matrix}\sigma_1 \\ \sigma_3\end{matrix}\right\} = \frac{\sigma_x}{2} \pm \sqrt{(\frac{\sigma_x}{2})^2 + \tau_x^2} = 45 \pm 45.09(\text{MPa}) = \begin{cases} 90.09(\text{MPa}) \\ -0.09(\text{MPa})\end{cases}$$

$$\sigma_2 = 0$$

画出主应力单元体如图 16-5（d）中虚线所示。当然，也可在画出应力圆的基础上，利用平面几何知识求解 α_0 和主应力等信息，请读者自行思考。

【例 16-2】 围绕大坝表面某点处取出的微棱柱体的平面图如图 16-6 所示，只考虑平面内受力情况，求其主应力，画主应力单元体。

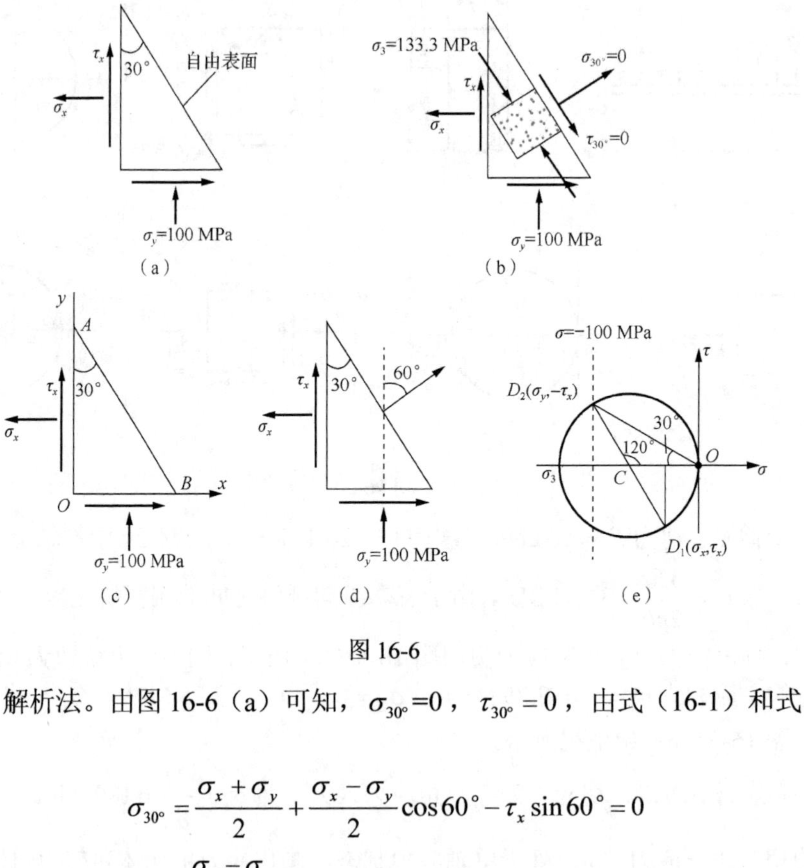

图 16-6

解 （1）解析法。由图 16-6（a）可知，$\sigma_{30°}=0$，$\tau_{30°}=0$，由式（16-1）和式（16-2）列方程：

$$\sigma_{30°} = \frac{\sigma_x + \sigma_y}{2} + \frac{\sigma_x - \sigma_y}{2}\cos 60° - \tau_x \sin 60° = 0$$

$$\tau_{30°} = \frac{\sigma_x - \sigma_y}{2}\sin 60° + \tau_x \cos 60° = 0$$

代入 $\sigma_y = -100\ \text{MPa}$，联立解得

$$\sigma_x = -33.3(\text{MPa}), \quad \tau_x = -\frac{100}{3}\sqrt{3}(\text{MPa})$$

代入式（16-4）求解主应力：

$$\left.\begin{matrix}\sigma_1\\ \sigma_3\end{matrix}\right\}=\frac{\sigma_x+\sigma_y}{2}\pm\sqrt{\left(\frac{\sigma_x-\sigma_y}{2}\right)^2+\tau_x^2}=\frac{-33.3-100}{2}\pm\sqrt{\left(\frac{-33.3+100}{2}\right)^2+\frac{100^2}{3}}=\begin{cases}0(\text{MPa})\\ -133.3(\text{MPa})\end{cases}$$

因为该点为平面应力状态，还有另一主应力$\sigma_2=0$。至于主平面位置，因为斜边代表的自由表面上没有切应力，必然是主平面。从而，画出主应力单元体如图 16-6（b）所示。

（2）力的平衡。如图 16-6（c）所示，设 AB 面的面积为$\mathrm{d}A$，则 OA 面的面积为$\mathrm{d}A\cos 30°$，OB 面的面积为$\mathrm{d}A\sin 30°$。列力平衡方程：

$$\sum Y=0,\quad \sigma_y\mathrm{d}A\sin 30°+\tau_x\mathrm{d}A\cos 30°=0 \quad\Rightarrow\quad \tau_x=-\frac{100}{3}\sqrt{3}(\text{MPa})$$

$$\sum X=0,\quad \sigma_x\mathrm{d}A\cos 30°-\tau_x\mathrm{d}A\sin 30°=0 \quad\Rightarrow\quad \sigma_x=-33.3(\text{MPa})$$

后续同解法（1），不再赘述。

（3）图解法（应力圆）。如图 16-6（d）所示，从自由表面的外法线方向逆时针转$60°$到 y 面外法线方向，则从代表自由表面的点$O(0,0)$到代表 y 面的点 $D_2(\sigma_y,-\tau_x)$所夹圆弧对应的圆心角为$120°$，如图 16-6（e）所示。因为圆心 C 肯定在σ轴上，因此，作$\angle COD_2=30°$，交表示$\sigma=-100$ MPa 的垂线于点 D_2；再作$\angle OD_2C=30°$，与σ轴的交点即为圆心 C；最后以 CO 为半径，作应力圆如图 16-6（e）所示。假设应力圆半径为 R，则有

$$R+R\cos 60°=100 \quad\Rightarrow\quad R=\frac{200}{3}=66.7(\text{MPa})$$

$$\tau_x=-R\sin 60°=-\frac{100}{3}\sqrt{3}(\text{MPa})$$

$$\sigma_x=-R+R\cos 60°=-\frac{100}{3}=-33.3(\text{MPa})$$

后续计算可同解法（1），也可根据应力圆与σ轴的两个交点坐标求两主应力，请读者自行思考。

【例 16-3】 某点处的应力如图 16-7（a）所示，图中应力单位为 MPa。求主应力和面内最大切应力，并画出主应力单元体。

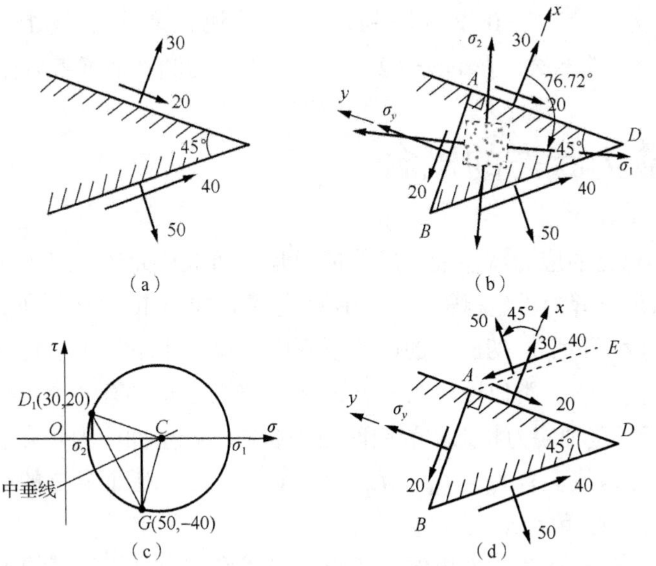

图 16-7

解 （1）力的平衡。如图 16-7（b）所示，加辅助线截出一个三棱柱 ABD，设 AB 面的面积为 $\mathrm{d}A$，则 AD 面的面积也为 $\mathrm{d}A$，BD 面的面积为 $\sqrt{2}\,\mathrm{d}A$。建立图示坐标系，则有 $\sigma_x = 30\ \mathrm{MPa}$，$\tau_x = 20\ \mathrm{MPa}$。由力平衡方程

$$\sum Y = 0,\quad \sigma_y \mathrm{d}A - 20\mathrm{d}A - 40\sqrt{2}\mathrm{d}A\frac{\sqrt{2}}{2} - 50\sqrt{2}\mathrm{d}A\frac{\sqrt{2}}{2} = 0 \quad\Rightarrow\quad \sigma_y = 110(\mathrm{MPa})$$

代入公式求主应力和主平面方位角 α_0，

$$\left.\begin{matrix}\sigma_1\\ \sigma_2\end{matrix}\right\} = \frac{\sigma_x+\sigma_y}{2} \pm \sqrt{\left(\frac{\sigma_x-\sigma_y}{2}\right)^2+\tau_x^2} = \frac{30+110}{2} \pm \sqrt{\left(\frac{30-110}{2}\right)^2+20^2} = \begin{cases}114.72(\mathrm{MPa})\\ 25.28(\mathrm{MPa})\end{cases}$$

$$\sigma_3 = 0$$

$$\tan(2\alpha_0) = \frac{-2\tau_x}{\sigma_x-\sigma_y} = \frac{-40}{-80} = 0.5 \quad\Rightarrow\quad \alpha_0 = -76.72^\circ$$

画出主应力单元体如图 16-7（b）中虚线所示。面内最大切应力则为

$$\tau_{\max} = \frac{\sigma_1-\sigma_2}{2} = 44.72\ (\mathrm{MPa})$$

（2）图解法（应力圆）。如图 16-7（c）所示，由 AD 面上应力确定点 $D_1(30,20)$，由 BD 面上应力确定点 $G(50,-40)$，作 D_1G 的中垂线，与 σ 轴交于点 C，即圆心，以 CG 为半径即可作出应力圆。假设应力圆半径为 R，C 点横坐标为 σ_C，则有

$$R = \sqrt{(\sigma_C-30)^2+20^2} = \sqrt{(\sigma_C-50)^2+40^2} \quad\Rightarrow\quad \sigma_C = 70(\mathrm{MPa}),\quad R = 44.72(\mathrm{MPa})$$

从而，可求主应力和最大切应力为 $\sigma_{1,2} = \sigma_C \pm R,\ \tau_{\max} = R$。读者可自行分析 σ_y 和 α_0。

（3）解析法。如图 16-7（d）所示，作平行于 BD 的辅助线，从而易知 $\sigma_{45^\circ} = 50\ \mathrm{MPa}$，$\tau_{45^\circ} = -40\ \mathrm{MPa}$，代入式（16-1），

$$\sigma_{45^\circ} = \frac{30+\sigma_y}{2} + \frac{30-\sigma_y}{2}\cos 90^\circ - 20\sin 90^\circ = 50 \quad\Rightarrow\quad \sigma_y = 110(\mathrm{MPa})$$

后续同解法（1），不再赘述。但从这里可以看到，$\tau_{45^\circ} = -40\mathrm{MPa}$ 并没有用到，其实解法（1）中也有另一平衡方程 $\sum X = 0$ 没有用到。也就是说该题多了一个已知条件，那么若 $\tau_{45^\circ} = -40\ \mathrm{MPa}$ 这一条件不给，在解法（2）中怎么画应力圆？请读者自行思考。

16.3　空间应力状态的概念

受力构件内一点处的应力状态最一般的情况是，所取单元体三对平面上均有正应力和切应力，并且切应力可分解为沿坐标轴方向的两个分量，如图 16-8（a）所示。图中 x 平面上有正应力 σ_x、切应力 τ_{xy} 和 τ_{xz}。切应力的两个下标中，第一个下标表示切应力所在平面，第二个下标表示切应力的方向。类似地，在 y 平面和 z 平面上也都有一个正应力，两个切应力，如图 16-8（a）所示。这种应力状态称为**空间应力状态**。在空间应力状态的九个分量中，根据切应力互等定理，在数值上有 $\tau_{yx} = \tau_{xy}$、$\tau_{zy} = \tau_{yz}$ 和 $\tau_{xz} = \tau_{zx}$，因而独立的应力分量是 6 个，即 σ_x、σ_y、σ_z、τ_{xy}、τ_{yz} 和 τ_{zx}。

前面已经提过，通过受力构件内的任意点皆可找到三个互相垂直的主平面，主平面上切

应力为零，三个主平面上的正应力即为三个主应力，规定从大到小依次为σ_1、σ_2和σ_3，如图 16-8（b）所示。空间应力状态也称三向应力状态，是指三个主应力都不为零的情况。空间应力状态是一点处应力状态中最为一般的情况，前面讨论的平面应力状态是空间应力状态的特例，即有一个主应力等于零。若只有一个主应力不等于零，就是单轴应力状态。空间应力状态分析要比平面应力状态复杂得多，本节只简单介绍已知三个主平面和主应力的情况。

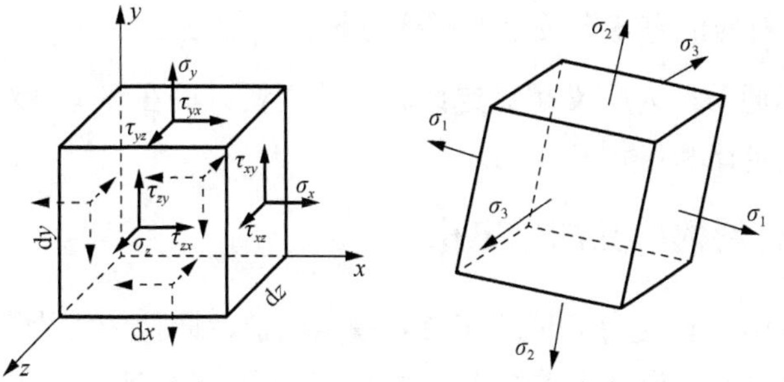

（a）　（b）

图 16-8

已知主应力单元体，下面来分析与某个主平面[例如，图 16-9（a）中的σ_3所在主平面]垂直的斜截面上的应力。此时，沿该截面将单元体截分成两部分，取左边部分来研究其平衡，如图 16-9（b）所示。由于主应力σ_3所在的两平面上是一对自相平衡的力，因而该斜截面上的应力与σ_3无关，仅与σ_1和σ_2有关，可简化为只受σ_1和σ_2作用的平面应力状态，其应力圆为图 16-9（c）中以C_1为圆心的圆。此圆圆周上各点坐标表示垂直于σ_3所在主平面的各斜面上的应力，这些斜面上的极值切应力为$\tau_{12}=\dfrac{\sigma_1-\sigma_2}{2}$。同理，垂直于$\sigma_1$或$\sigma_2$所在平面的各斜截面上的应力分别由图 16-9（c）中以C_2或C_3为圆心的应力圆圆周上的各点坐标表示，其极值切应力分别为τ_{23}和τ_{13}。而单元体任一斜截面 *abc* 上的应力[图 16-9（a）]因为与σ_1、σ_2和σ_3均有关，将由图 16-9（c）中三个应力圆所围的阴影面积中某点 *D* 的坐标来表示。

综上所述，对于一个三向应力状态，可以作三个应力圆，简称三向应力圆。该点处的最大正应力等于最大应力圆上最右点的横坐标σ_1，即$\sigma_{\max}=\sigma_1$。而最大切应力为最大应力圆最高点的纵坐标，即

$$\tau_{\max}=\tau_{13}=\frac{\sigma_1-\sigma_3}{2}$$

，其作用面垂直于σ_2所在主平面，且与σ_1面和σ_3面均成 45° 角。

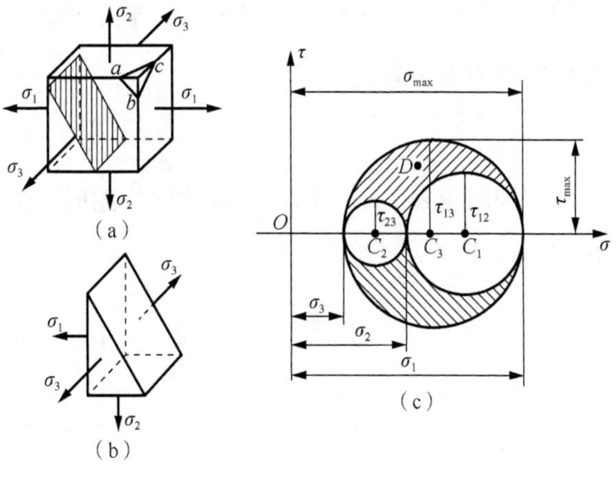

（a）　（b）　（c）

图 16-9

16.4 应力与应变间的关系

上节指出，在一般空间应力状态[图 16-8（a）]下有 6 个独立的应力分量：σ_x、σ_y、σ_z、τ_{xy}、τ_{yz}和τ_{zx}。与之对应的有 6 个独立的应变分量：ε_x、ε_y、ε_z、γ_{xy}、γ_{yz}和γ_{zx}。材料应力与应变之间的关系，通常称为**广义胡克定律**。本节主要讨论在线弹性和小变形条件下，各向同性材料的广义胡克定律和体积应变。

16.4.1 各向同性材料的广义胡克定律

在广义胡克定律中，正应力分量的正负号规定同前，即拉应力为正，压应力为负；而切应力分量的正负号规定有了变化，重新规定如下：若正面（外法线与坐标轴正向一致的平面）上切应力矢的指向与坐标轴正向一致，或负面（外法线与坐标轴负向一致的平面）上切应力矢的指向与坐标轴负向一致，则该切应力为正，反之为负。由此正负号规定，图 16-8（a）中的各应力分量均为正值。至于应变分量的正负号规定仍与以前相同，即线应变ε_x、ε_y和ε_z以伸长为正，缩短为负；切应变γ_{xy}、γ_{yz}和γ_{zx}（依次表示直角$\angle xOy$、$\angle yOz$和$\angle zOx$的变化）均以使直角减小者为正，增大者为负。按这样的正负号规定，正值切应力将对应正值切应变。

对于各向同性材料，在线弹性和小变形条件下，可以证明（王龙甫，1978）：正应力只引起线应变，而切应力只引起同一平面内的切应变。

线应变ε_x、ε_y、ε_z与正应力σ_x、σ_y、σ_z之间的关系，可应用叠加原理求得。在介绍轴向拉压变形时，由胡克定律给出了单轴应力状态下的应力与应变关系，即其纵向线应变为$\varepsilon=\dfrac{\sigma}{E}$，横向线应变为$\varepsilon'=-\mu\varepsilon=-\mu\dfrac{\sigma}{E}$。因此，在$\sigma_x$、$\sigma_y$和$\sigma_z$分别单独作用时，引起的 x 方向的线应变分别为

$$\varepsilon_x=\frac{\sigma_x}{E},\quad \varepsilon_x=-\mu\frac{\sigma_y}{E},\quad \varepsilon_x=-\mu\frac{\sigma_z}{E}$$

三式叠加即得σ_x、σ_y和σ_z三者共同作用时 x 方向的线应变。同理，可得 y、z 方向的线应变，从而得到

$$\left.\begin{aligned}\varepsilon_x&=\frac{1}{E}[\sigma_x-\mu(\sigma_y+\sigma_z)]\\ \varepsilon_y&=\frac{1}{E}[\sigma_y-\mu(\sigma_z+\sigma_x)]\\ \varepsilon_z&=\frac{1}{E}[\sigma_z-\mu(\sigma_x+\sigma_y)]\end{aligned}\right\}\tag{16-6a}$$

至于切应变与切应力之间的关系，则由剪切胡克定律确定，分别为

$$\left.\begin{aligned}\gamma_{xy} &= \frac{\tau_{xy}}{G}\\ \gamma_{yz} &= \frac{\tau_{yz}}{G}\\ \gamma_{zx} &= \frac{\tau_{zx}}{G}\end{aligned}\right\} \tag{16-6b}$$

式（16-6）即为一般空间应力状态下，在线弹性和小变形条件下各向同性材料的广义胡克定律。

在平面应力状态下，取$\sigma_z = 0$，τ_{yz}=0 和τ_{zx}=0，则由式（16-6）可得

$$\left.\begin{aligned}\varepsilon_x &= \frac{1}{E}(\sigma_x - \mu\sigma_y)\\ \varepsilon_y &= \frac{1}{E}(\sigma_y - \mu\sigma_x)\\ \varepsilon_z &= \frac{-\mu}{E}(\sigma_x + \sigma_y)\\ \gamma_{xy} &= \frac{\tau_{xy}}{G}\end{aligned}\right\} \tag{16-7}$$

由上式可见，平面应力状态的$\sigma_z = 0$，但其相应的线应变ε_z一般不等于 0。也就是说，没有正应力的方向可能有线应变。同理，没有线应变的方向也可能有正应力，参见例 16-4。

若已知空间应力状态下单元体的三个主应力σ_1、σ_2和σ_3，则沿主应力方向只有线应变，而无切应变。与主应力σ_1、σ_2和σ_3相应的线应变分别记为ε_1、ε_2和ε_3，称为**主应变**。广义胡克定律用主应力和主应变表示为

$$\left.\begin{aligned}\varepsilon_1 &= \frac{1}{E}[\sigma_1 - \mu(\sigma_2 + \sigma_3)]\\ \varepsilon_2 &= \frac{1}{E}[\sigma_2 - \mu(\sigma_3 + \sigma_1)]\\ \varepsilon_3 &= \frac{1}{E}[\sigma_3 - \mu(\sigma_1 + \sigma_2)]\end{aligned}\right\} \tag{16-8}$$

对于各向同性材料，三个材料常数 E、G 和 μ 之间存在如下关系：

$$G = \frac{E}{2(1+\mu)} \tag{16-9}$$

16.4.2　各向同性材料的体积应变

构件在受力变形后，通常将引起体积改变，每单位体积的体积改变称为**体积应变**。图 16-10 所示三向主应力单元体，变形前的体积为$V = \mathrm{d}x\mathrm{d}y\mathrm{d}z$，受力变形后的体积为

$$V' = \mathrm{d}x(1+\varepsilon_1)\mathrm{d}y(1+\varepsilon_2)\mathrm{d}z(1+\varepsilon_3)$$

由体积应变的定义，并在小变形条件下略去线应变乘积的高阶微量后，可得

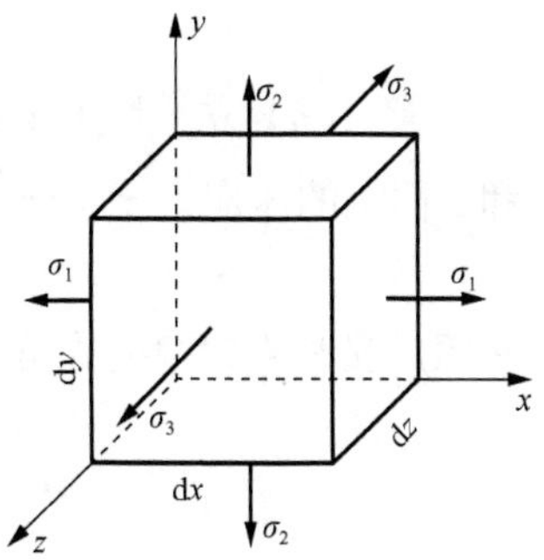

图 16-10

$$\varepsilon_{\mathrm{V}}=\frac{V'-V}{V}=\frac{\mathrm{d}x(1+\varepsilon_1)\mathrm{d}y(1+\varepsilon_2)\mathrm{d}z(1+\varepsilon_3)}{\mathrm{d}x\mathrm{d}y\mathrm{d}z}-1\approx\varepsilon_1+\varepsilon_2+\varepsilon_3 \tag{16-10}$$

将式（16-8）代入上式并整理，可得

$$\varepsilon_{\mathrm{V}}=\varepsilon_1+\varepsilon_2+\varepsilon_3=\frac{1-2\mu}{E}\left(\sigma_1+\sigma_2+\sigma_3\right) \tag{16-11}$$

对于纯剪切应力状态，$\sigma_1=-\sigma_3=\tau$，$\sigma_2=0$，代入式（16-11）可得体积应变$\varepsilon_{\mathrm{V}}=0$，即在小变形条件下，切应力的存在并不引起各向同性材料的体积改变。因此，在图 16-8（a）所示一般空间应力状态下，材料的体积应变只与三个线应变ε_x、ε_y和ε_z有关。于是仿照上面的推导可得

$$\varepsilon_{\mathrm{V}}=\frac{1-2\mu}{E}\left(\sigma_x+\sigma_y+\sigma_z\right) \tag{16-12}$$

上式表明，各向同性材料内一点处的体积应变与通过该点的任意三个互相垂直的平面上的正应力之和成正比，而与切应力无关。

比较式（16-11）和式（16-12）可知

$$\sigma_x+\sigma_y+\sigma_z=\sigma_1+\sigma_2+\sigma_3=\text{常量}$$

上式表明在空间应力状态单元体中，互相垂直的三个截面上的正应力之和等于常量，这称为空间应力状态的**应力第一不变量**。

【例 16-4】 如图 16-11（a）、（b）、（c）所示材料和尺寸均相同的三个立方块分别放在刚性基础上或刚性凹槽中，其竖向压应力均为σ_0，且三个立方块均在线弹性范围内。已知材料的弹性常数E和μ，且$0.1<\mu<0.5$，试求三种情况下立方块的三个主应力、主应变以及体积应变ε_{V}。

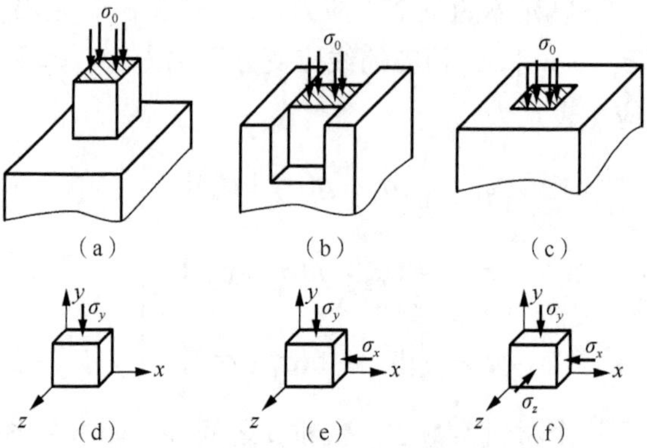

图 16-11

解　（a）立方块上下截面上的压应力均为$\sigma_y=-\sigma_0$。因为在x和z方向没有受到约束，x和z面上的压应力$\sigma_x=\sigma_z=0$，如图 16-11（d）所示。因此立方块的三个主应力分别为

$$\sigma_1=\sigma_2=0,\quad \sigma_3=-\sigma_0$$

按照广义胡克定律公式可得

$$\varepsilon_1=\frac{1}{E}[\sigma_1-\mu(\sigma_2+\sigma_3)]=\frac{\mu}{E}\sigma_0$$

$$\varepsilon_2=\frac{1}{E}[\sigma_2-\mu(\sigma_1+\sigma_3)]=\frac{\mu}{E}\sigma_0$$

$$\varepsilon_3=\frac{1}{E}[\sigma_3-\mu(\sigma_1+\sigma_2)]=-\frac{1}{E}\sigma_0$$

则体积应变 ε_V 为

$$\varepsilon_V = \frac{1-2\mu}{E}\left(\sigma_1 + \sigma_2 + \sigma_3\right) = \frac{2\mu - 1}{E}\sigma_0$$

（b）立方块上下截面上的压应力均为 $\sigma_y = -\sigma_0$。因为在 z 方向没有受到约束，所以 z 面上的压应力 $\sigma_z = 0$。又因为受到刚性凹槽壁的阻碍，使得立方块在 x 方向的线应变等于零，在立方体与槽壁接触面间将产生均匀的压应力 σ_x，如图 16-11（e）所示。按照广义胡克定律公式有

$$\varepsilon_x = \frac{1}{E}[\sigma_x - \mu(\sigma_y + \sigma_z)] = 0 \quad \Rightarrow \quad \sigma_x = \mu\sigma_y = -\mu\sigma_0$$

由 μ 的取值范围，可以得到立方块的主应力为

$$\sigma_1 = 0, \quad \sigma_2 = -\mu\sigma_0, \quad \sigma_3 = -\sigma_0$$

按照广义胡克定律公式可得

$$\varepsilon_1 = \frac{1}{E}[\sigma_1 - \mu(\sigma_2 + \sigma_3)] = \frac{\mu(1+\mu)}{E}\sigma_0$$

$$\varepsilon_2 = \frac{1}{E}[\sigma_2 - \mu(\sigma_1 + \sigma_3)] = 0$$

$$\varepsilon_3 = \frac{1}{E}[\sigma_3 - \mu(\sigma_1 + \sigma_2)] = \frac{\mu^2 - 1}{E}\sigma_0$$

则体积应变 ε_V 为

$$\varepsilon_V = \frac{1-2\mu}{E}\left(\sigma_1 + \sigma_2 + \sigma_3\right) = \frac{2\mu^2 + \mu - 1}{E}\sigma_0$$

（c）立方块上下截面上的压应力均为 $\sigma_y = -\sigma_0$。由于受到刚性凹槽壁的阻碍，使立方块在 x 和 z 方向的线应变均等于零，于是，在立方块与槽壁接触面间将产生均匀的压应力 σ_x 和 σ_z，如图 16-11（f）所示。按照广义胡克定律公式可得

$$\varepsilon_x = \frac{1}{E}[\sigma_x - \mu(\sigma_y + \sigma_z)] = 0$$

$$\varepsilon_z = \frac{1}{E}[\sigma_z - \mu(\sigma_x + \sigma_y)] = 0$$

联立解得

$$\sigma_x = \sigma_z = \frac{\mu}{1-\mu}\sigma_y = -\frac{\mu}{1-\mu}\sigma_0$$

由 μ 的取值范围，可以按主应力的代数值顺序排列，得铜块的主应力为

$$\sigma_1 = \sigma_2 = -\frac{\mu}{1-\mu}\sigma_0, \quad \sigma_3 = -\sigma_0$$

相应主应变为

$$\varepsilon_1 = \varepsilon_2 = \varepsilon_x = \varepsilon_z = 0, \quad \varepsilon_3 = \frac{1}{E}[\sigma_3 - \mu(\sigma_1 + \sigma_2)] = \frac{\sigma_0\left(2\mu^2 + \mu - 1\right)}{E\left(1-\mu\right)}$$

则体积应变 ε_V 为

$$\varepsilon_V = \varepsilon_1 + \varepsilon_2 + \varepsilon_3 = \frac{\sigma_0\left(2\mu^2 + \mu - 1\right)}{E\left(1-\mu\right)}$$

【例 16-5】 为了测定图 16-12（a）所示矩形截面简支梁上所承受的集中力 F，今在梁表面贴了三片应变片，已知材料的弹性模量 E 和泊松比μ，试分别写出根据每个应变片读数求解 F 的表达式。

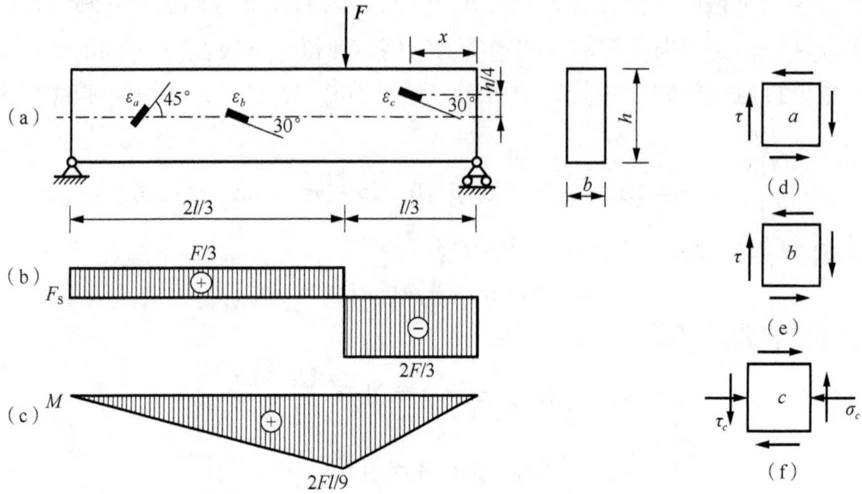

图 16-12

解 梁的剪力图和弯矩图分别如图 16-12（b）和（c）所示，a、b 两点所在截面的剪力同为 $F_S=\dfrac{F}{3}$，且 a、b 两点都位于中性层上，所以 a、b 两点为纯剪切应力状态，单元体如图 16-12（d）、（e）所示，且有

$$\tau=\frac{3}{2}\frac{F_S}{A}=\frac{3}{2}\frac{F}{3bh}=\frac{F}{2bh}$$

分析 a 点沿应变片方向的线应变 $\varepsilon_a=\varepsilon_{45^\circ}=\left(\sigma_{45^\circ}-\mu\sigma_{135^\circ}\right)/E$，其中 $\sigma_{45^\circ}=-\tau$，$\sigma_{135^\circ}=\tau$。则有

$$\varepsilon_a=\frac{1}{E}\left(-\tau-\mu\tau\right)=-\frac{1+\mu}{E}\times\frac{F}{2bh}\quad\Rightarrow\quad F=-\frac{2Ebh}{1+\mu}\varepsilon_a$$

分析 b 点沿应变片方向的线应变 $\varepsilon_b=\varepsilon_{-30^\circ}=\left(\sigma_{-30^\circ}-\mu\sigma_{60^\circ}\right)/E$，其中

$$\sigma_{-30^\circ}=-\tau\sin\left(-60^\circ\right)=\frac{\sqrt{3}}{2}\tau，\quad\sigma_{60^\circ}=-\tau\sin\left(2\times60^\circ\right)=-\frac{\sqrt{3}}{2}\tau$$

所以

$$\varepsilon_b=\frac{1}{E}\left(\frac{\sqrt{3}}{2}\tau+\mu\frac{\sqrt{3}}{2}\tau\right)=\frac{\sqrt{3}}{2}\frac{1+\mu}{E}\times\frac{F}{2bh}\quad\Rightarrow\quad F=\frac{4Ebh}{\sqrt{3}\left(1+\mu\right)}\varepsilon_b$$

c 点所在截面剪力 $F_S=-\dfrac{2F}{3}$，弯矩 $M_c=\dfrac{2}{3}Fx$，单元体如图 16-12（f）所示，其中

$$\sigma_c=\frac{M_c y}{I_z}=\frac{\dfrac{2Fx}{3}\times\left(-\dfrac{h}{4}\right)}{\dfrac{bh^3}{12}}=-\frac{2Fx}{bh^2}，\quad\tau_c=\frac{F_S S_z^*}{I_z b}=\frac{\left(-\dfrac{2}{3}F\right)\times\dfrac{h}{4}\times b\times\dfrac{3h}{8}}{\dfrac{bh^3}{12}\times b}=-\frac{3F}{4bh}$$

分析 c 点沿应变片方向的线应变 $\varepsilon_c=\varepsilon_{-30^\circ}=\left(\sigma_{-30^\circ}-\mu\sigma_{60^\circ}\right)/E$，其中

$$\sigma_{-30^\circ}=\frac{\sigma_c}{2}+\frac{\sigma_c}{2}\cos\left(-60^\circ\right)-\tau_c\sin\left(-60^\circ\right)=\frac{3}{4}\sigma_c+\frac{\sqrt{3}}{2}\tau_c$$

$$\sigma_{60^\circ}=\frac{\sigma_c}{2}+\frac{\sigma_c}{2}\cos 120^\circ-\tau_c\sin 120^\circ=\frac{1}{4}\sigma_c-\frac{\sqrt{3}}{2}\tau_c$$

$$\varepsilon_c=\frac{1}{E}\left[\frac{3}{4}\sigma_c+\frac{\sqrt{3}}{2}\tau_c-\mu\left(\frac{1}{4}\sigma_c-\frac{\sqrt{3}}{2}\tau_c\right)\right]=\frac{4x(\mu-3)-3\sqrt{3}h(1+\mu)}{8Ebh^2}F$$

解得

$$F=\frac{8Ebh^2}{4x(\mu-3)-3\sqrt{3}h(1+\mu)}\varepsilon_c$$

由以上分析可知，按 a 方案贴应变片最简单合理。

【例 16-6】 图 16-13(a)所示圆截面杆受拉伸与扭转的共同作用。已知杆件直径 d=40 mm，材料的弹性模量 E=200 GPa，泊松比 $\mu=0.3$。为了测定 F 与 M_e，今在圆轴表面沿轴线方向和与轴线成 45° 方向贴上电阻应变片。若测得应变值分别是 $\varepsilon_{0^\circ}=5.00\times10^{-4}$，$\varepsilon_{45^\circ}=5.25\times10^{-4}$，试求 F 与 M_e。

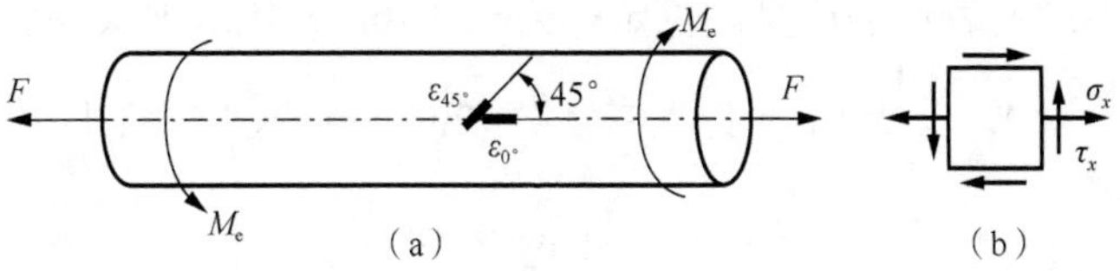

图 16-13

解　因为应变片贴在圆轴表面，表面上没有应力，所以贴应变处为平面应力状态，从该处取出的应力单元体可以画成平面形式，如图 16-13（b）所示。其中

$$\sigma_x=\frac{F}{A},\quad \tau_x=-\frac{M_e}{W_p}=-\frac{16M_e}{\pi d^3}$$

由广义胡克定律得

$$\varepsilon_{0^\circ}=\frac{1}{E}\left(\sigma_{0^\circ}-\mu\sigma_{90^\circ}\right)=\frac{\sigma_x}{E}=\frac{F}{AE}$$

因此

$$F=\varepsilon_{0^\circ}AE=5.00\times10^{-4}\times\frac{\pi\times\left(40\times10^{-3}\right)^2}{4}\times200\times10^9=126(\text{kN})$$

另外，由于 $\sigma_{45^\circ}=\frac{\sigma_x}{2}-\tau_x$，$\sigma_{135^\circ}=\frac{\sigma_x}{2}+\tau_x$，由广义胡克定律得

$$\varepsilon_{45^\circ}=\frac{1}{E}(\sigma_{45^\circ}-\mu\sigma_{135^\circ})=-\frac{1+\mu}{E}\tau_x+\frac{1-\mu}{2E}\sigma_x=\frac{1+\mu}{E}\cdot\frac{16M_e}{\pi d^3}+\frac{1-\mu}{2E}E\varepsilon_{0^\circ}$$

所以

$$\begin{aligned}M_e&=\frac{E\pi d^3}{16(1+\mu)}\left(\varepsilon_{45^\circ}-\frac{1-\mu}{2}\varepsilon_{0^\circ}\right)\\&=\frac{200\times10^9\times\pi\times\left(40\times10^{-3}\right)^3}{16\times(1+0.3)}\left(5.25\times10^{-4}-0.35\times5.00\times10^{-4}\right)=677(\text{N}\cdot\text{m})\end{aligned}$$

16.5　空间应力状态下的应变能密度

弹性体在受力后要发生变形，同时弹性体内将积蓄应变能，单位体积物体内的应变能称为**应变能密度**。单轴应力状态下的应变能密度已在 11.5 节给出，即

$$v_\varepsilon=\frac{1}{2}\sigma\varepsilon=\frac{\sigma^2}{2E}=\frac{E\varepsilon^2}{2}$$

下面来分析已知三个主应力的空间应力状态下应变能密度的求解。由于弹性体的应变能与加载次序无关，仅决定于应力应变的最终值，因此对于图 16-14（a）所示的主应力单元体，假设依次只有一个主应力从零增到终值，每次的应变能密度等于该主应力在与之相应的主应变上所做的功，而其他两个主应力在该主应变上并不做功。因此，同时考虑三个主应力时，单元体的应变能密度为

$$v_\varepsilon=\frac{1}{2}(\sigma_1\varepsilon_1+\sigma_2\varepsilon_2+\sigma_3\varepsilon_3) \tag{16-13}$$

将由主应力和主应变表达的广义胡克定律公式（16-8）代入上式并整理，可得

$$v_\varepsilon=\frac{1}{2E}[\sigma_1^2+\sigma_2^2+\sigma_3^2-2\mu(\sigma_1\sigma_2+\sigma_2\sigma_3+\sigma_3\sigma_1)] \tag{16-14}$$

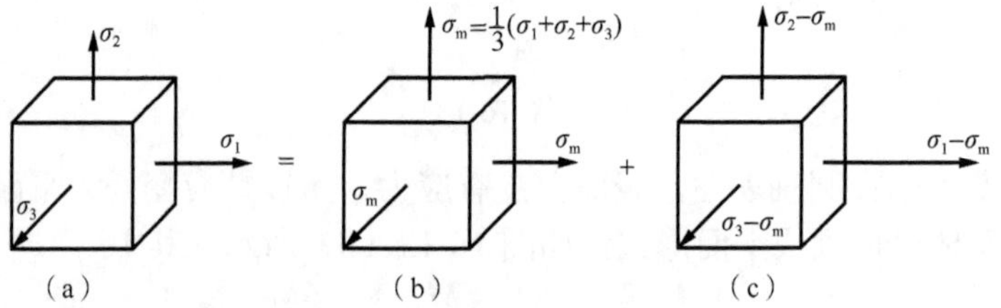

图 16-14

一般情况下，单元体将同时发生体积改变和形状改变。相应地，应变能密度也可以分成**体积改变能密度**和**形状改变能密度**，分别记为 v_V 和 v_d，并且有 $v_\varepsilon=v_V+v_d$。为推导 v_V 和 v_d 的表达式，将图 16-14（a）所示主应力单元体分解为图 16-14（b）、（c）两种单元体的叠加，其中 $\sigma_m=(\sigma_1+\sigma_2+\sigma_3)/3$，称为**平均应力**。图 16-14（b）中单元体受平均应力的作用，单元体形状不变，只有体积改变，因此该图中的应变能密度就是图 16-14（a）中的体积改变能密度，由式（16-14），得

$$\begin{aligned}v_V&=\frac{1}{2E}[\sigma_m^2+\sigma_m^2+\sigma_m^2-2\mu(\sigma_m^2+\sigma_m^2+\sigma_m^2)]\\&=\frac{1-2\mu}{2E}3\sigma_m^2=\frac{1-2\mu}{6E}(\sigma_1+\sigma_2+\sigma_3)^2\end{aligned} \tag{16-15}$$

由式(16-11)可知，图 16-14(c)中体积应变 $\varepsilon_V=\dfrac{1-2\mu}{E}[(\sigma_1-\sigma_m)+(\sigma_2-\sigma_m)+(\sigma_3-\sigma_m)]=0$，即此时单元体体积不改变，只有形状改变，因此该图中的应变能密度就是图 16-14（a）中的形状改变能密度。由式（16-14）得

$$
\begin{aligned}
v_{\mathrm{d}} &= \frac{1}{2E}\{(\sigma_1 - {\sigma_{\mathrm{m}}}^2) + (\sigma_2 - {\sigma_{\mathrm{m}}}^2) + (\sigma_3 - {\sigma_{\mathrm{m}}}^2) \\
&\quad - 2\mu[(\sigma_1 - \sigma_{\mathrm{m}})(\sigma_2 - \sigma_{\mathrm{m}}) + (\sigma_2 - \sigma_{\mathrm{m}})(\sigma_3 - \sigma_{\mathrm{m}}) + (\sigma_3 - \sigma_{\mathrm{m}})(\sigma_1 - \sigma_{\mathrm{m}})]\} \\
&= \frac{1+\mu}{6E}[(\sigma_1 - \sigma_2)^2 + (\sigma_2 - \sigma_3)^2 + (\sigma_3 - \sigma_1)^2] \qquad (16\text{-}16)
\end{aligned}
$$

由式（16-14）～式（16-16），可以证明$v_{\varepsilon} = v_{\mathrm{V}} + v_{\mathrm{d}}$，读者可自行完成。

将应变能密度分解为体积改变能密度和形状改变能密度是下面介绍强度理论的需要，因为形状改变能密度的大小与材料是否产生屈服变形有直接关系。

16.6　强度理论及其应用

前面章节中已经针对两种简单的应力状态建立了强度条件，即单轴应力状态下的正应力强度条件和纯剪切应力状态下的切应力强度条件。为了建立复杂应力状态下的强度条件，需要分析材料的各种破坏现象，寻求导致材料破坏的规律，即研究强度理论。

回顾材料在拉伸、压缩以及扭转等实验中发生的破坏现象，不难发现，材料破坏或失效的基本形式一般分为两类：**脆性断裂**和**塑性屈服**。脆性断裂是指在没有明显塑性变形的情况下突然发生断裂，如铸铁构件在拉伸时沿横截面断裂，在扭转时沿 45°斜截面断裂。塑性屈服是指材料产生显著的塑性变形而使构件丧失正常工作的能力。如低碳钢试件拉伸时，当应力达到屈服极限σ_{s}后，在与轴向成 45°的方向出现滑移线，并产生明显的塑性变形。长期以来，通过生产实践和科学研究，针对这两类破坏形式，人们曾提出过不少关于材料破坏因素的假说。这种关于复杂应力状态下失效准则的假说经过试验和实践检验后，就成为**强度理论**。下面介绍工程中常用的四个强度理论。

四个强度理论分为两类。一类是以脆性断裂作为破坏标志的，包括最大拉应力理论和最大伸长线应变理论，远在 17 世纪就先后提出了这一类理论，这是因为当时的建筑材料主要是砖、石和铸铁等脆性材料，所观察到的破坏现象多为脆性断裂。另一类则以出现塑性屈服或发生显著塑性变形作为破坏标志，包括最大切应力理论和形状改变能密度理论。这类理论是 19 世纪末以来，随着工程中大量使用低碳钢一类塑性材料，并对材料发生塑性变形的本质有了较多认识后相继提出的。

1. 最大拉应力理论（第一强度理论）

该理论认为，最大拉应力是导致材料发生脆性断裂的因素，即无论处于何种应力状态，只要其最大拉应力σ_{tmax}（即σ_1）达到极限应力σ_{u}，材料就发生断裂。而极限应力σ_{u}就是轴向拉伸试验中试件发生脆性断裂时的强度极限，即$\sigma_{\mathrm{u}} = \sigma_{\mathrm{b}}$。于是，最大拉应力理论的断裂准则为

$$\sigma_1 = \sigma_{\mathrm{b}}$$

将上式右边的强度极限σ_{b}除以安全因数 n，就得到许用应力$[\sigma]$。因此，最大拉应力理论的强度条件为

$$\sigma_1 \leqslant [\sigma] \qquad (16\text{-}17)$$

应该指出，上式中的σ_1指拉应力，在没有拉应力的三向压缩应力状态下，显然不能采用这一

强度理论来建立强度条件。

2. 最大伸长线应变理论（第二强度理论）

该理论认为，最大伸长线应变是导致材料发生脆性断裂的因素，即无论处于何种应力状态，只要其最大伸长线应变 $\varepsilon_{\text{tmax}}$（即 ε_1）达到极限伸长线应变 ε_{u}，材料就发生脆性断裂。而极限伸长线应变 ε_{u} 是轴向拉伸试验中试件的应力达到强度极限 σ_{b} 时，材料所产生的伸长线应变，即 $\varepsilon_{\text{u}}=\dfrac{\sigma_{\text{b}}}{E}$。于是，最大伸长线应变理论的断裂准则为

$$\varepsilon_1=\varepsilon_{\text{u}}=\frac{\sigma_{\text{b}}}{E}$$

结合广义胡克定律公式（16-8），断裂准则可改写为

$$\sigma_1-\mu(\sigma_2+\sigma_3)=\sigma_{\text{b}}$$

将上式右边的强度极限 σ_{b} 除以安全系数 n，得到许用应力 $[\sigma]$。因此，最大伸长线应变理论的强度条件为

$$\sigma_1-\mu(\sigma_2+\sigma_3)\leqslant[\sigma] \tag{16-18}$$

3. 最大切应力理论（第三强度理论）

该理论认为，最大切应力是导致材料发生塑性屈服的因素，即无论处于何种应力状态，只要其最大切应力 $\tau_{\max}$ 达到极限切应力 τ_{u}，材料就屈服。而极限切应力 τ_{u} 是材料轴向拉伸试验的应力达到屈服极限 σ_{s} 时，试件内的最大切应力，其值为 $\tau_{\text{u}}=\dfrac{\sigma_{\text{s}}}{2}$。于是，最大切应力理论的屈服准则为

$$\tau_{\max}=\tau_{\text{u}}=\frac{\sigma_{\text{s}}}{2}$$

因为 $\tau_{\max}=\dfrac{\sigma_1-\sigma_3}{2}$，屈服准则可改写为

$$\sigma_1-\sigma_3=\sigma_{\text{s}}$$

将上式右边的强度极限 σ_{s} 除以安全系数 n，得到许用应力 $[\sigma]$。因此，最大切应力理论的强度条件为

$$\sigma_1-\sigma_3\leqslant[\sigma] \tag{16-19}$$

4. 形状改变能密度理论（第四强度理论）

形状改变能密度理论也称为畸变能密度理论，该理论认为，形状改变能密度是导致材料发生屈服的因素，即无论处于何种应力状态，只要形状改变能密度 v_{d} 达到极限形状改变能密度 v_{du}，材料就屈服。而极限形状改变能密度 v_{du} 是材料轴向拉伸试验的应力达到屈服极限 σ_{s} 时，材料所产生的形状改变能密度。此时试件内各点的主应力为 $\sigma_1=\sigma_{\text{s}}$，$\sigma_2=\sigma_3=0$，其形状改变能密度由式（16-16）可得 $v_{\text{du}}=\dfrac{1+\mu}{3E}\sigma_{\text{s}}^2$。于是，形状改变能密度理论的屈服准则为

$$v_{\text{d}}=v_{\text{du}}=\frac{1+\mu}{3E}\sigma_{\text{s}}^2$$

结合式（16-16），屈服准则可改写为

$$\sqrt{\frac{1}{2}[(\sigma_1-\sigma_2)^2+(\sigma_2-\sigma_3)^2+(\sigma_3-\sigma_1)^2]}=\sigma_{\text{s}}$$

将上式右边的强度极限 σ_s 除以安全系数 *n*，得到许用应力 $[\sigma]$。因此，形状改变能密度理论的强度条件为

$$\sqrt{\frac{1}{2}[(\sigma_1-\sigma_2)^2+(\sigma_2-\sigma_3)^2+(\sigma_3-\sigma_1)^2]}\leqslant[\sigma] \tag{16-20}$$

从式（16-17）～式（16-20）的形式来看，四个强度理论对应的强度条件可统一写作

$$\sigma_{ri}\leqslant[\sigma] \tag{16-21}$$

式中，σ_{ri} 是根据不同强度理论所得到的构件危险点处三个主应力的某种组合。从式（16-21）的形式来看，这种主应力的组合 σ_{ri} 和轴向拉伸时横截面上的正应力在安全程度上是相当的，因此称 σ_{ri} 为**相当应力**。四个强度理论及其相当应力表达式归纳列于表 16-1 中。

表 16-1　四个强度理论及其相当应力表达式

失效准则	强度理论	相当应力表达式
断裂准则	最大拉应力理论（第一强度理论）	$\sigma_{r1}=\sigma_1$
	最大伸长线应变理论（第二强度理论）	$\sigma_{r2}=\sigma_1-\mu(\sigma_2+\sigma_3)$
屈服准则	最大切应力理论（第三强度理论）	$\sigma_{r3}=\sigma_1-\sigma_3$
	形状改变能密度理论（第四强度理论）	$\sigma_{r4}=\sqrt{\frac{1}{2}[(\sigma_1-\sigma_2)^2+(\sigma_2-\sigma_3)^2+(\sigma_3-\sigma_1)^2]}$

一般情况下，脆性材料的失效形式多为断裂，强度理论采用属于断裂准则的最大拉应力理论和最大伸长线应变理论；而塑性材料的失效形式多为屈服，强度理论采用属于屈服准则的最大切应力理论和形状改变能密度理论。但需要注意，材料的失效形式不仅与材料性能（脆性或塑性）有关，还与材料所处的应力状态有关，同一种材料在不同应力状态下可能表现出完全不同的失效形式。例如，塑性材料在三轴拉伸时将呈现脆性断裂，宜采用最大拉应力理论；而脆性材料在三轴压缩应力状态下将呈现塑性屈服，宜采用形状改变能密度理论。另外，还应指出，本章所述强度理论均仅适用于常温、静荷载条件下的匀质、连续、各向同性材料。

【例 16-7】 铸铁构件上危险点的应力状态如图 16-15 所示。已知铸铁的许用拉应力 $[\sigma_t]$=30 MPa，试用第一强度理论进行强度校核。

解　图示单元体为平面应力状态，$\sigma_x=10\text{MPa}$，$\sigma_y=23\text{MPa}$，$\tau_x=-11\text{MPa}$。利用式（16-4）求其主应力，

$$\sigma_1=\frac{\sigma_x+\sigma_y}{2}+\sqrt{\left(\frac{\sigma_x-\sigma_y}{2}\right)^2+\tau_x^2}=\frac{10+23}{2}+\sqrt{\left(\frac{10-23}{2}\right)^2+(-11)^2}=29.3(\text{MPa})$$

从而

$$\sigma_{r1}=\sigma_1=29.3\text{ MPa}<[\sigma_t]=30\text{ MPa}$$

所以，此铸铁构件满足强度要求。

【例 16-8】 某点处于图 16-16 所示平面应力状态，试分别按第三和第四强度理论求其相当应力。

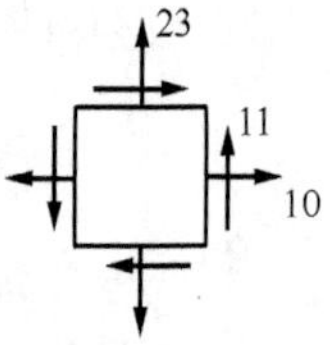

图 16-15

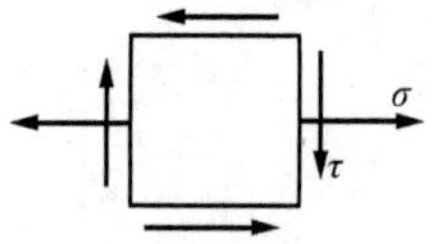

图 16-16

解　由图示单元体可知：$\sigma_x=\sigma$，$\sigma_y=0$，$\tau_x=\tau$。先求其主应力，

$$\sigma_1=\frac{\sigma_x+\sigma_y}{2}+\sqrt{\left(\frac{\sigma_x-\sigma_y}{2}\right)^2+\tau_x^2}=\frac{\sigma}{2}+\frac{1}{2}\sqrt{\sigma^2+4\tau^2}$$

$$\sigma_3=\frac{\sigma_x+\sigma_y}{2}-\sqrt{\left(\frac{\sigma_x-\sigma_y}{2}\right)^2+\tau_x^2}=\frac{\sigma}{2}-\frac{1}{2}\sqrt{\sigma^2+4\tau^2}$$

$$\sigma_2=0$$

从而代入有关相当应力公式并整理得

$$\sigma_{r3}=\sigma_1-\sigma_3=\sqrt{\sigma^2+4\tau^2} \tag{16-22}$$

$$\sigma_{r4}=\sqrt{\frac{1}{2}[(\sigma_1-\sigma_2)^2+(\sigma_2-\sigma_3)^2+(\sigma_3-\sigma_1)^2]}=\sqrt{\sigma^2+3\tau^2} \tag{16-23}$$

我们会发现，这种特殊的平面应力状态（$\sigma_y=0$）非常常见。以后遇到时可以直接套用上面两式来计算第三和第四强度理论的相当应力，大大简化了计算。

【例 16-9】 图 16-17（a）所示的两端简支工字梁，截面尺寸单位为 mm，已知材料的许用正应力$[\sigma]$=170 MPa，许用切应力$[\tau]=100$ MPa，试按正应力强度条件和切应力强度条件校核梁的强度，并按第三和第四强度理论校核危险截面上 a 点的强度。

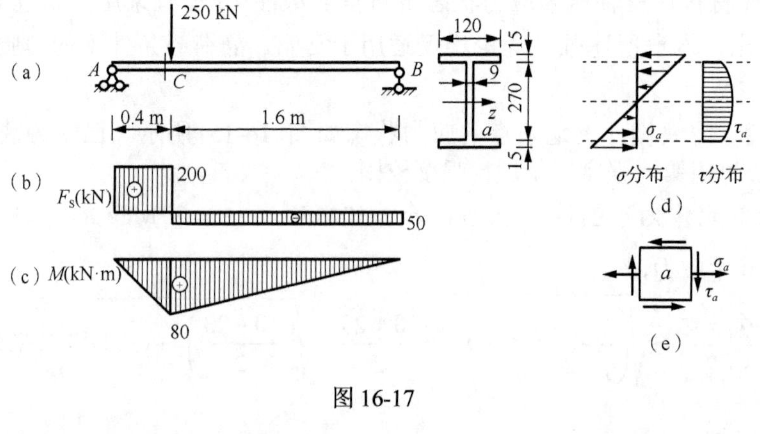

图 16-17

解　梁的剪力和弯矩图分别如图 16-17（b）和（c）所示。由图可知危险截面为 C 点左侧截面，该截面上有最大弯矩 M=80 kN·m，最大剪力 F_S=200 kN。工字梁的截面几何性质为

$$I_z=\frac{9\times270^3}{12}+2\times\frac{120\times15^3}{12}+2\times\left(\frac{270}{2}+\frac{15}{2}\right)^2\times120\times15=8.79\times10^7(\text{mm}^4)$$

$$W_z=\frac{I_z}{y_{\max}}=\frac{8.79\times10^7}{\dfrac{270}{2}+15}=5.86\times10^5(\text{mm}^3)$$

$$S^*_{z\max}=\int_y^{\frac{h}{2}}yb\mathrm{d}y=\int_{135}^{150}120y\mathrm{d}y+\int_0^{135}9y\mathrm{d}y=3.39\times10^5(\text{mm}^3)$$

$$\frac{I_z}{S^*_{z\max}}=\frac{8.79\times10^7}{3.39\times10^5}=259.29(\text{mm})$$

下面校核正应力和切应力强度条件。

$$\sigma_{\max}=\frac{M}{W_z}=\frac{80\times10^3}{586\times10^{-6}}=136.5\times10^6(\text{Pa})=136.5(\text{MPa})<[\sigma]$$

$$\tau_{\max}=\frac{F_SS^*_{z\max}}{bI_z}=\frac{F_S}{b\dfrac{I_z}{S^*_{z\max}}}=\frac{200\times10^3}{9\times10^{-3}\times25.9\times10^{-2}}=85.8\times10^6(\text{Pa})=85.8(\text{MPa})<[\tau]$$

说明该梁满足正应力和切应力强度条件。然而因为截面上正应力和切应力的分布情况如图 16-17（d）所示，C 点左侧截面翼缘与腹板的交点 a 处的正应力 σ_a 和切应力 τ_a 均较大，其应力单元体如图 16-17（e）所示，因此，必须进行复杂应力状态下的强度校核。先求应力，

$$\sigma_a=\frac{M\,y_a}{I_z}=\frac{80\times10^3\times135\times10^{-3}}{879\times10^{-7}}=122.9\times10^6(\text{Pa})=122.9(\text{MPa})$$

$$\tau_a=\frac{F_SS^*_{za}}{bI_z}=\frac{200\times10^3\times(120\times15\times142.5)\times10^{-9}}{9\times10^{-3}\times879\times10^{-7}}=64.8\times10^6(\text{Pa})=64.8(\text{MPa})$$

若采用第三强度理论，

$$\sigma_{r3}=\sqrt{\sigma_a^2+4\tau_a^2}=\sqrt{122.9^2+4\times64.8^2}=178.61(\text{MPa})>[\sigma]$$

且 σ_{r3} 值超过许用应力 5.1%，所以，按第三强度理论校核，该梁不安全。若按第四强度理论，

$$\sigma_{r4}=\sqrt{\sigma_a^2+3\tau_a^2}=\sqrt{122.9^2+3\times64.8^2}=166.4(\text{MPa})<[\sigma]$$

表明按第四强度理论校核，该梁是安全的。因此，也可以看出，对于图 16-17（d）所示应力状态，第三强度理论偏于保守，或者说第四强度理论偏于危险。

【例 16-10】 图 16-18（a）所示一两端密封的圆柱形压力容器承受的内压压强为 p。圆筒部分的内径为 D，厚度为 t，且 $t<<D$。试按第四强度理论写出筒壁的相当应力表达式。

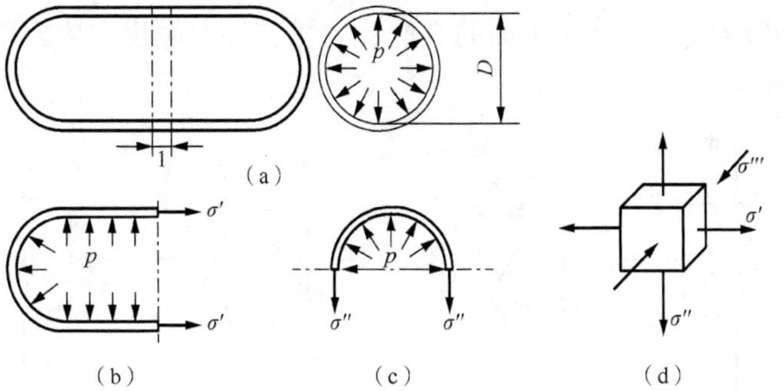

图 16-18

解　先截取左半部分压力容器进行分析，如图 16-18（b）所示。由圆筒及其受力的对称

性可知，筒内内压 p 形成的合力水平向左，作用线与圆筒轴线重合。因此，圆筒部分横截面上各点处均匀分布水平向右的正应力 σ'，其合力与内压 p 形成的合力相平衡。从而有

$$\sigma' = \frac{p\dfrac{\pi D^2}{4}}{\pi D t} = \frac{pD}{4t}$$

为了求出圆筒部分纵向截面上的正应力 σ''，假想地截出一段单位长的圆筒[图 16-18（a）]，继续截取上半部分研究，如图 16-18（c）所示。由于圆筒及其受力的对称性，纵向截面上没有切应力，其上各点处的正应力 σ'' 可以认为是相等的。σ'' 合成的向下合力将与这一段圆筒内压合成的向上合力平衡，因此，

$$\sigma'' = \frac{p(D\times 1)}{t\times 1\times 2} = \frac{pD}{2t}$$

圆筒内表面上作用有压强为 p 的压力，因此内表面上任一点处沿半径方向的正应力为 $\sigma''' = -p$。于是，可得圆筒内表面上各点的应力状态如图 16-18（d）所示。显然，σ'、σ'' 和 σ''' 都是主应力，其值分别是

$$\sigma_1 = \sigma'' = \frac{pD}{2t}, \quad \sigma_2 = \sigma' = \frac{pD}{4t}, \quad \sigma_3 = \sigma''' = -p$$

由于 $t \ll D$，故 σ_3 的绝对值远小于 σ_1 和 σ_2，所以通常认为 $\sigma_3 = 0$。这样，所研究的应力状态可看作是平面应力状态。将 σ_1、σ_2 以及 $\sigma_3 = 0$ 代入第四强度理论的相当应力表达式，即可求得相当应力 σ_{r4} 为

$$\sigma_{r4} = \sqrt{\frac{1}{2}[(\sigma_1-\sigma_2)^2+(\sigma_2-\sigma_3)^2+(\sigma_3-\sigma_1)^2]} = \sqrt{\frac{1}{2}\left[\left(\frac{pD}{4t}\right)^2+\left(\frac{pD}{4t}\right)^2+\left(-\frac{pD}{2t}\right)^2\right]} = \frac{\sqrt{3}pD}{4t}$$

通过该例可以解释为什么铸铁水管冬天常有冻裂现象。冬天外露的水管内水会结冰，水管因管内的水结冰膨胀而受到内压力，因而管壁各点处产生较大的环向拉应力 σ''。铸铁是脆性材料，在低温下更是变脆，抗拉强度低，故易于脆断（开裂）。

习　　题

16-1　如图所示应力状态，试求：①指定截面上的正应力 σ_α、切应力 τ_α；②该点处的三个主应力和最大切应力 τ_{max}；③主平面的方位 α_0，并在图上画出主应力单元体。图上应力单位为 MPa。（答：略）

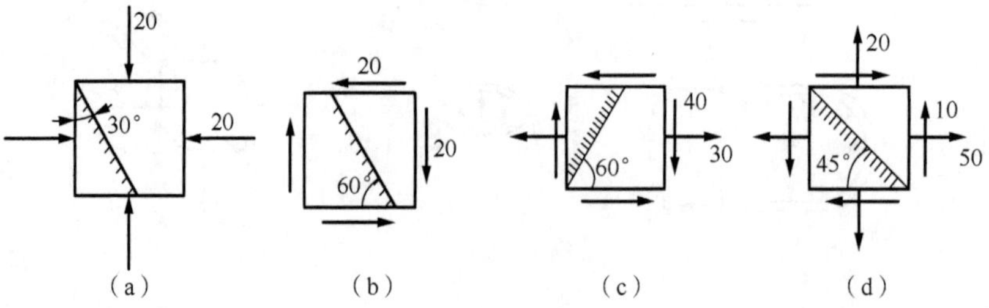

习题 16-1 图

16-2　围绕受力构件内某点处取出的微棱柱体的平面图如图所示，已知该点处于平面应力状态，试用多种方法确定σ_x和τ_x值。（答：$\sigma_x = 37.9$ MPa，$\tau_x = 74.2$ MPa）

16-3　如图所示应力状态，试求：（1）σ_x与σ_y；（2）该点处的三个主应力σ_1、σ_2和σ_3；（3）最大切应力$\tau_{\max}$。（答：$\sigma_x = 51.55$ MPa，$\sigma_y = 5.36$ MPa，$\sigma_1 = 51.55$ MPa，$\sigma_2 = 5.36$ MPa，$\tau_{\max} = 25.775$ MPa）

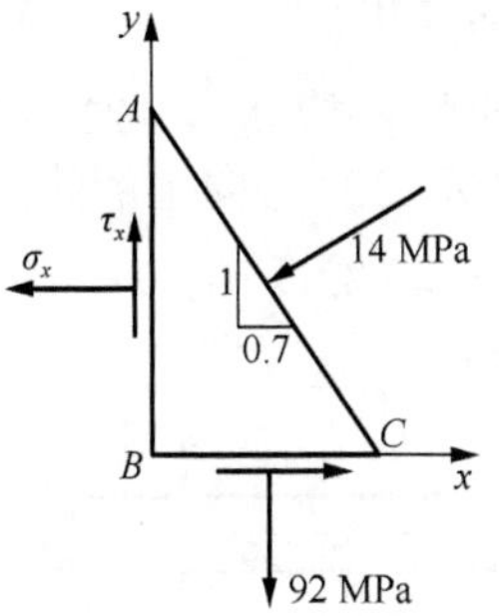

习题 16-2 图

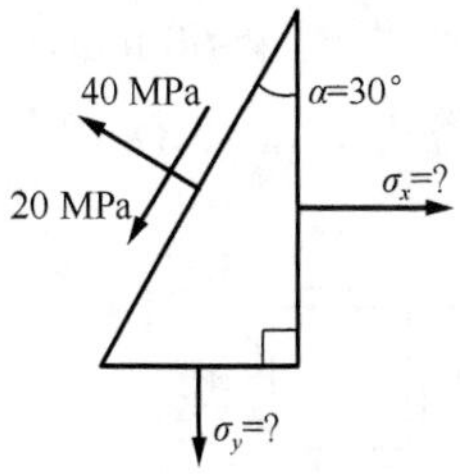

习题 16-3 图

16-4　如图所示平面应力状态，试求该点处的三个主应力和最大切应力。（答：$\sigma_1 = \left(1+\sqrt{2}\right)\tau$，$\sigma_2 = 0$，$\sigma_3 = \left(1-\sqrt{2}\right)\tau$，$\tau_{\max} = \sqrt{2}\tau$）

16-5　图示等直圆杆直径 D=100 mm，承受扭转外力偶矩 M_e =7 kN·m 及轴向拉力 F=50 kN 作用。如在杆的表面上一点处截取一单元体，试求该单元体各面上的应力情况。（答：$\sigma_x = 6.37$ MPa，$\sigma_y = 0$，$\tau_x = -35.7$ MPa）

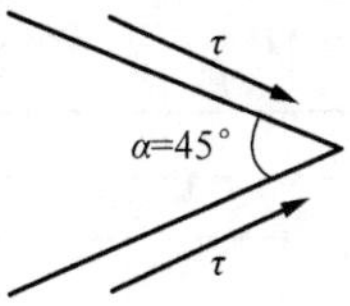

习题 16-4 图

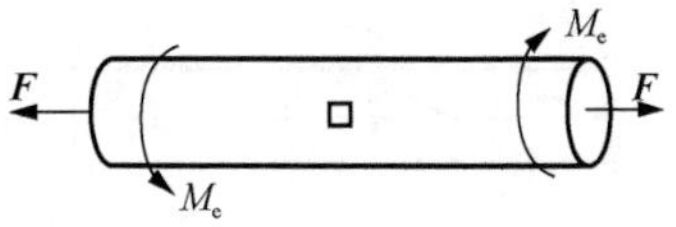

习题 16-5 图

16-6　图示简支梁自重略去不计，截面尺寸单位为 mm。试求 I-I 截面上 a、b、c 三点处的主应力。（答：a 点：$\sigma_1 = 212$ MPa；b 点：$\sigma_1 = 210.5$ MPa，$\sigma_3 = -17.5$ MPa；c 点：$\sigma_1 = -\sigma_3 = 85$ MPa）

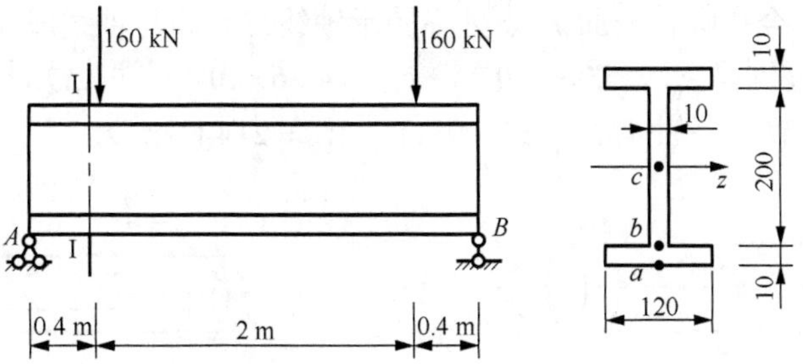

习题 16-6 图

16-7　已知一受力构件自由表面上某点处的两个主应变值为 $\varepsilon_1 = 240\times10^{-6}$，$\varepsilon_3 = -160\times10^{-6}$。构件材料为 Q235 钢，弹性模量 E=210 GPa，泊松比 $\mu = 0.3$。试求该点处的主应力和另一主应变 ε_2。（答：$\sigma_1 = 44.3\ \text{MPa}$，$\sigma_3 = -20.3\ \text{MPa}$，$\varepsilon_2 = -34.3\times10^{-6}$）

16-8　如图所示平面应力状态，已知材料常数 E=200 GPa，μ=0.3。①若 σ_x=80 MPa，σ_y=40 MPa，求线应变 ε_x 及 ε_y；②若测得 $\varepsilon_x = 4.2\times10^{-4}$，$\varepsilon_y = 1\times10^{-4}$，求 σ_x 及 σ_y。（答：① $\varepsilon_x = 3.4\times10^{-4}$，$\varepsilon_y = 8\times10^{-5}$；② $\sigma_x = 98.9\ \text{MPa}$，$\sigma_y = 49.7\ \text{MPa}$）

16-9　一受扭转力偶的圆截面杆如图所示，若材料的弹性模量 E=210 GPa，泊松比 $\mu = 0.28$，杆件直径 d=60 mm，试求圆轴表面上与母线成图示 30°方向上的线应变及该点处的主应变。（答：$\varepsilon_{-30^\circ} = 3.1\times10^{-4}$，$\varepsilon_1 = 3.6\times10^{-4}$，$\varepsilon_2 = 0$，$\varepsilon_3 = -3.6\times10^{-4}$）

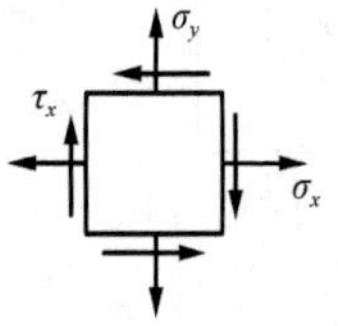

习题 16-8 图

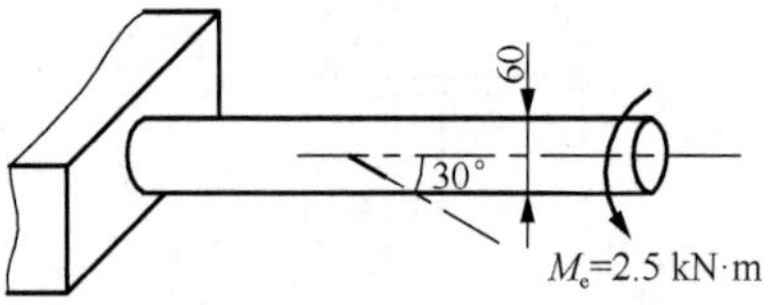

习题 16-9 图

16-10　如图所示的钢拉伸试件承受轴向拉力 P=20 kN，测得试件中段某点处与其轴线成 30°方向线应变 $\varepsilon_{30^\circ} = 3.25\times10^{-4}$。已知材料的弹性模量 E=210 GPa，横截面面积为 A=200 mm²，试求泊松比 μ。（答：$\mu = 0.27$）

16-11　由试验测得拉杆表面与轴线成图示 60°方向的线应变 ε_K，已知拉杆横截面面积 A、弹性模量 E 和泊松比 μ，试推导拉力 P 的表达式。（答：$P = \dfrac{4EA\varepsilon_K}{1-3\mu}$）

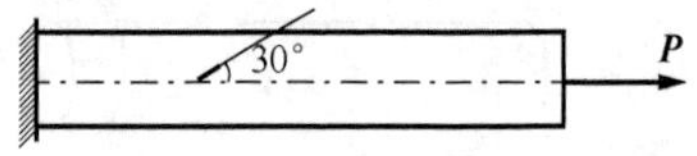

习题 16-10 图

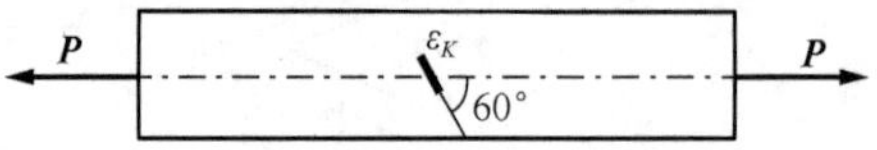

习题 16-11 图

16-12　如图所示的圆截面杆受弯曲与扭转的共同作用。已知 M_1=2 kN·m，M_2=3 kN·m，材料的弹性模量 E=200 GPa，泊松比 $\mu = 0.3$，杆件直径 d=60 mm，试求图示中性层上一点处沿轴线方向和 45°方向的线应变 ε_{0° 和 ε_{45°。（答：$\varepsilon_{0^\circ} = 0$，$\varepsilon_{45^\circ} = 4.59\times10^{-4}$）

16-13　图示直径 d＝30 mm 的圆杆承受水平面内的力偶 M_1 及扭转力偶 M_2 的联合作用。为了测定 M_1 与 M_2，今在圆轴表面 K 点处沿图示轴线方向和与轴线成 45°方向贴上电阻应变片。若测得应变值分别是 $\varepsilon_{0^\circ} = 5.00\times10^{-4}$，$\varepsilon_{45^\circ} = 4.26\times10^{-4}$，并已知材料的 E＝210 GPa，μ=0.28，试求 M_1 与 M_2。（答：$M_1 = 278\ \text{N·m}$，$M_2 = 214\ \text{N·m}$）

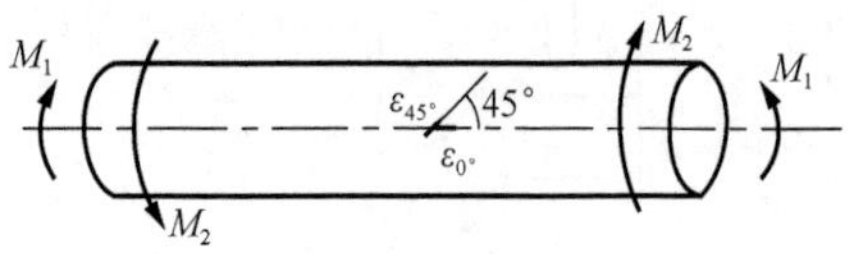

习题 16-12 图

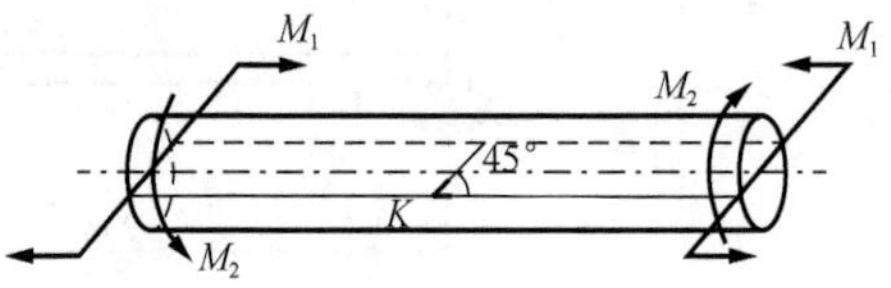

习题 16-13 图

16-14　从某铸铁构件内的危险点处取出的单元体如图所示。已知材料的泊松比 $\mu=0.25$，许用拉应力 $[\sigma_t]$=30 MPa。试用第二强度理论校核其强度。（答：（a） σ_{r2}=22.5 MPa；（b） $\sigma_{r2}=32.0$ MPa）

16-15　如图所示，压力容器承受最大的内压力时，用应变计测得圆筒表面 A 点处的应变 $\varepsilon_x=1.88\times10^{-4}$，$\varepsilon_y=7.37\times10^{-4}$。已知材料的弹性模量 E=210 GPa，泊松比 $\mu=0.3$，许用应力 $[\sigma]$=170 MPa。试按第三强度理论对 A 点做强度校核。（答：σ_{r3}=183 MPa>$[\sigma]$，不安全）

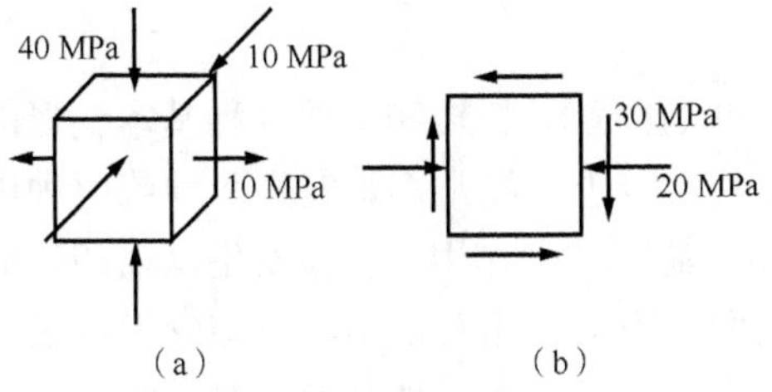

习题 16-14 图

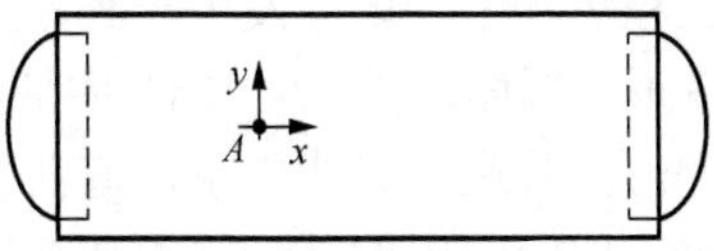

习题 16-15 图

16-16　图示两端简支的工字钢梁截面尺寸单位为 mm。已知材料的许用正应力 $[\sigma]$=170 MPa，许用切应力 $[\tau]=100$ MPa，试按正应力强度条件和切应力强度条件校核梁的强度，并按第四强度理论校核危险截面上 K 点的强度。（答：$\sigma_{max}=166.3$ MPa，$\tau_{max}=96.6$ MPa，$\sigma_{r4}=196.2$ MPa）

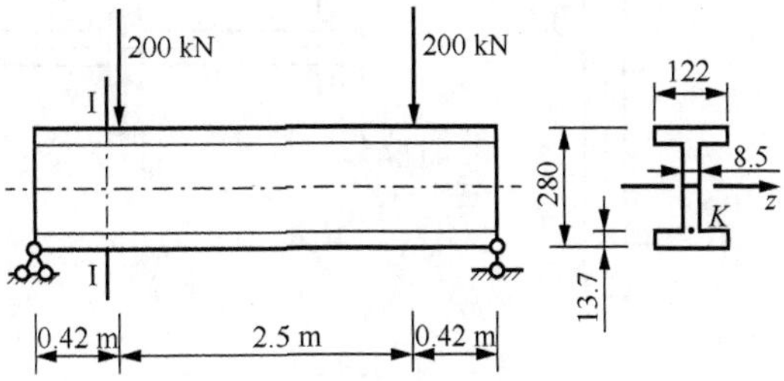

习题 16-16 图

16-17　图示两端简支的工字钢梁的截面尺寸单位为 mm，已知材料的许用应力为 $[\sigma]$=170 MPa，$[\tau]$=100 MPa。试按正应力强度条件和切应力强度条件校核梁的强度，并按第三强度理论校核危险截面上 a 点的强度。（答：$\sigma_{max}=152.3$ MPa，$\tau_{max}=84.1$ MPa，$\sigma_{r3}=164.4$ MPa）

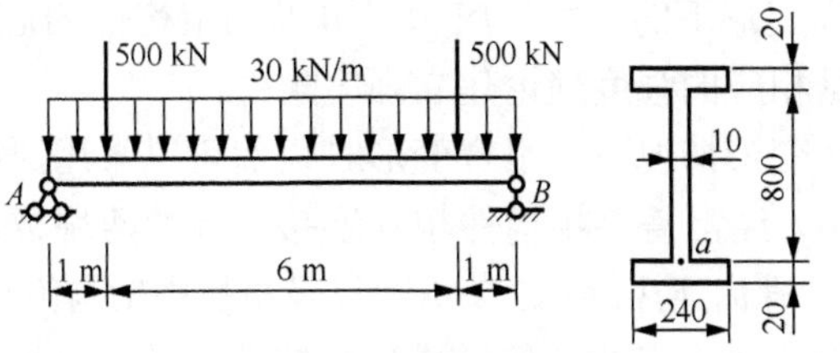

习题 16-17 图

第 17 章　组合变形与连接件的计算

17.1　概述

前面章节讲述了杆件在荷载作用下产生轴向拉伸（压缩）、扭转和弯曲几种基本变形的情况，在工程实际中，单纯发生一种基本变形的构件其实较少，经常都是发生两种或两种以上的基本变形。例如，图 17-1（a）中烟囱受到自重和风荷载共同作用，从而发生压缩和弯曲两种基本变形。若风荷载非常小，弯曲变形引起的应力（应变）相对很小，压缩变形占主要地位时，可以按轴向压缩一种基本变形进行计算；当风荷载很大，两种变形所对应的应力（应变）属于同一数量级，忽略任何一种变形都会产生较大偏差时，则只能按**组合变形**计算。

组合变形的工程实例很多，例如，图 17-1（b）为吊车梁的立柱，作用在立柱上的荷载合力作用线一般不与立柱轴线重合，此时，立柱既产生压缩变形又产生弯曲变形；图 17-1（c）所示手摇绞盘轴的 *AB* 段则既有弯曲变形又有扭转变形。

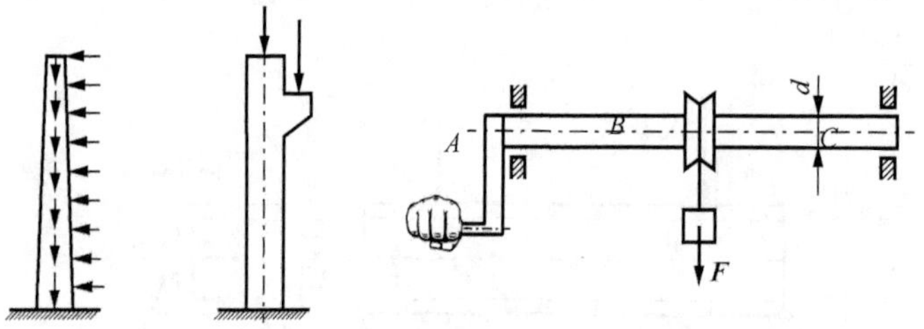

（a）　（b）　（c）

图 17-1

在线弹性和小变形情况下，通常采用叠加原理求解组合变形问题，具体步骤如下：

（1）将荷载简化为符合基本变形条件的多个（种）外力，分别计算构件在每一种基本变形形式下的内力、应力或变形；

（2）利用叠加原理，将每一种基本变形形式下的内力、应力或变形线性叠加，得到构件在组合变形下的计算结果；

（3）综合考虑各基本变形下的内力、应力，可以确定构件的危险截面、危险点的位置及危险点的应力状态，根据相应的强度理论建立强度条件。

值得指出的是，在小变形情况下，组合变形时仍然可以采用原始尺寸原理。

另外，在工程实际中，经常需要将构件相互连接。例如两块板用铆钉或高强度螺栓连接[图 17-2（a）]，木结构中的榫齿连接[图 17-2（b）]以及机械中轴与齿轮间的键连接[图 17-2（c）]等。铆钉、螺栓和键等起连接作用的部件统称为**连接件**。连接件和构件连接处的变形往往比较复杂，在工程设计中通常按照连接破坏的可能性，采用既能反映受力基本特征又能简化计算的假设，计算其名义应力，然后根据直接实验的结果确定其相应的许用应力来进行强度计算，这种简化计算的方法称为**工程实用计算法**。

本章先讨论工程中常见的几种组合变形问题，然后讨论连接件的实用计算。

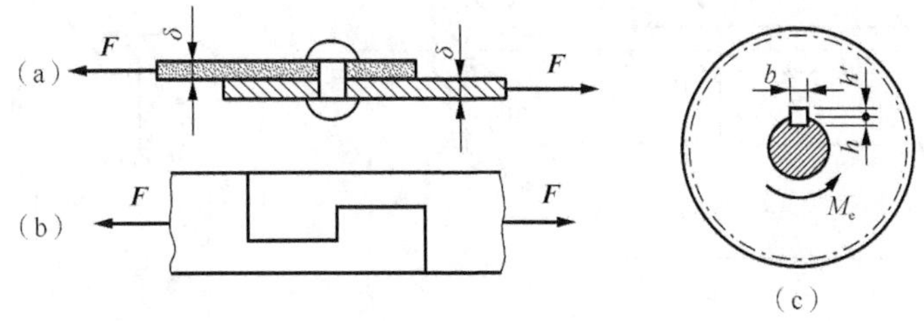

图 17-2

17.2　两相互垂直平面内的弯曲

对于横截面具有对称轴的梁，当横向外力或外力偶作用在梁的纵向对称面内时，梁发生对称弯曲。这时，梁变形后的轴线是一条位于外力所在平面内的平面曲线，所以，这种弯曲又称为平面弯曲。在实际工程中，有时会碰到双对称截面梁在两个纵向对称平面内同时承受横向外力作用的情况。例如，图 17-3（a）中荷载 $\boldsymbol{F}$ 的方向与两个对称轴方向存在一定夹角，从而可以分解为两个横向外力，$F_y = F\cos\varphi$，$F_z = -F\sin\varphi$。在 $\boldsymbol{F}_y$ 和 $\boldsymbol{F}_z$ 作用下，梁分别在铅垂纵对称面（Oxy 平面）和水平纵对称面（Oxz 平面）内发生对称弯曲。两横向外力引起的弯矩 M_z 和 M_y 如图 17-3（b）所示。应该指出，此时梁的内力既有弯矩又有剪力，但一般情况下，剪力引起的切应力数值较小，组合变形中通常不考虑剪力及其引起的切应力。下面根据叠加原理计算两个方向对称弯曲时梁横截面上任意点的正应力。

图 17-3（a）所示任意横截面 $ABCD$（距自由端距离为 x）上的弯矩分别是

$$M_z = F_y x = Fx\cos\varphi\,,\quad M_y = -F_z x = Fx\sin\varphi$$

这里规定力矩矢量分别与 z 轴和 y 轴的正向一致为正。于是任意横截面 $ABCD$ 上任意点 $K(y, z)$ 处与 M_z 和 M_y 相应的正应力分别为

$$\sigma' = -\frac{M_z}{I_z}y\,,\quad \sigma'' = \frac{M_y}{I_y}z$$

M_z 和 M_y 分别引起的截面上的正应力分布如图 17-3（c）和（d）所示。由叠加原理，M_z 和 M_y 共同作用下任意点 K 的正应力为

$$\sigma = \sigma' + \sigma'' = -\frac{M_z}{I_z}y + \frac{M_y}{I_y}z \tag{17-1}$$

式中，I_z 和 I_y 分别为截面对 z 轴和 y 轴的惯性矩。在具体计算中，可以代入弯矩 M_z、M_y 和坐标 y、z 的代数值，直接得到正应力的正负号，拉为正，压为负；也可以先不考虑弯矩和坐标的正负号，以其绝对值代入，然后根据梁在 $\boldsymbol{F}_y$ 与 $\boldsymbol{F}_z$ 分别作用下的变形情况，判断由其引起该点处正应力的正负号。

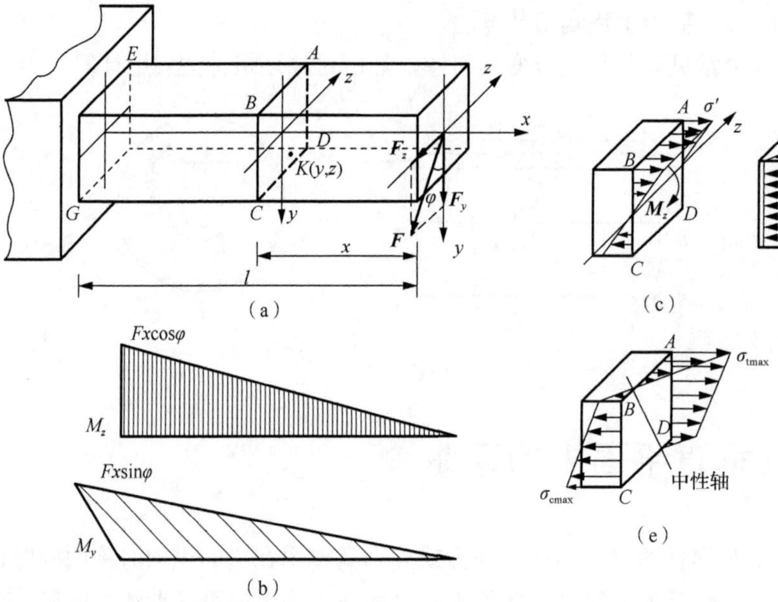

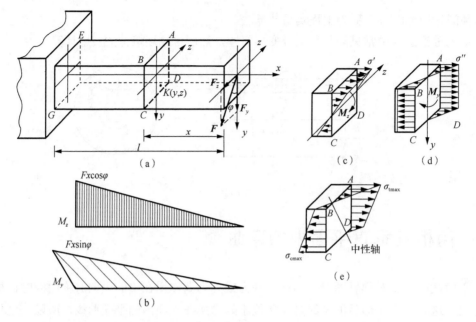

图 17-3

要确定最大正应力点的位置，需要求解横截面上中性轴的位置。根据中性轴的定义，中性轴上各点的正应力为零，可知中性轴方程为

$$-\frac{M_z}{I_z}y+\frac{M_y}{I_y}z=0 \qquad (17\text{-}2)$$

此方程中的 y、z 为中性轴上任意点的坐标。由式（17-2）可知，中性轴是一条通过截面形心的直线[图 17-3（e）]，其与 y 轴的夹角 θ 为

$$\tan\theta=\frac{z}{y}=\frac{M_z I_y}{M_y I_z}=\frac{F_y}{F_z}\cdot\frac{I_y}{I_z}=\frac{I_y}{I_z}\cot\varphi \qquad (17\text{-}3)$$

图 17-4 给出了外力 $\boldsymbol{F}$ 与 y 轴的夹角 φ 和中性轴与 y 轴的夹角 θ。一般来说 $I_z \neq I_y$，则外荷载的作用面与中性轴所在的平面不互相垂直。而梁变形后的挠曲线与中性轴垂直，因此，梁变形后的挠曲线不在外荷载作用面内，这种弯曲称**斜弯曲**。但应注意，对于圆形、正方形等 $I_z = I_y$ 的截面，$\varphi+\theta=90°$，梁始终发生平面弯曲。

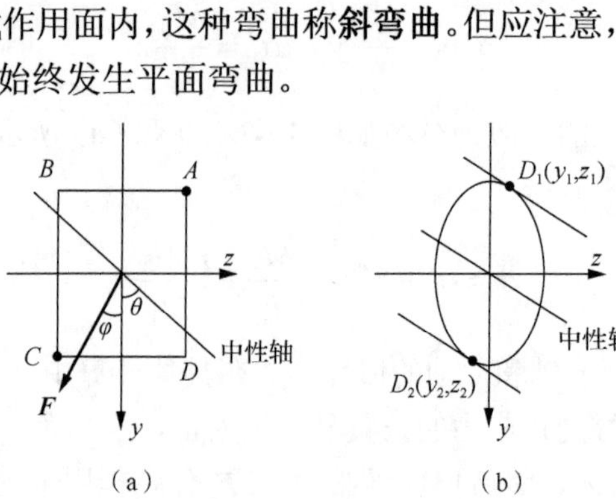

图 17-4

确定了中性轴位置后，距离中性轴最远的点就是横截面上最大正应力所在的位置。显然，

对于图 17-4（a）所示矩形截面，角点 A、C 即为截面上最大拉应力和最大压应力所在点，这从 M_z 和 M_y 共同作用引起的截面上的正应力分布规律[图 17-3（e）]就可以得到结论。从而，图 17-3（a）所示悬臂梁上的最大拉应力和最大压应力点分别为固定端处截面的 E 和 G 点，且有

$$\left.\begin{array}{l}\sigma_{\mathrm{t\,max}}\\ \sigma_{\mathrm{c\,max}}\end{array}\right\}=\pm\left(\frac{M_{y\max}}{W_y}+\frac{M_{z\max}}{W_z}\right) \tag{17-4}$$

对于矩形、工字形和箱形等有角点的截面，以后可以直接利用上式求解梁上的最大拉应力和最大压应力。但对于图 17-4（b）所示的没有角点的截面，则比较麻烦，必须作与中性轴平行的横截面周边的切线，确定距离中性轴最远的点 D_1、D_2，将两点坐标代入式（17-1）求解截面上最大拉应力和最大压应力。

在确定了梁的危险截面和危险点的位置，并算出危险点处的最大正应力后，由于危险点处于单轴应力状态，于是，可按正应力强度条件进行强度校核等其他分析计算。

【例 17-1】 矩形截面梁如图 17-5（a）所示。已知材料的许用应力 $[\sigma]=10\ \mathrm{MPa}$，截面尺寸 $h/b=3/2$，试选择梁横截面的尺寸。

解 梁的弯矩图如图 17-5（b）所示。由弯矩图可知，固定端截面为危险截面，该截面上有 $M_{y\max}=1.2\ \mathrm{kN\cdot m}$，$M_{z\max}=1.5\ \mathrm{kN\cdot m}$。所以梁内最大正应力为

$$\sigma_{\max}=\frac{M_{y\max}}{W_y}+\frac{M_{z\max}}{W_z}=\frac{1.2\times10^3}{\dfrac{1}{6}hb^2}+\frac{1.5\times10^3}{\dfrac{1}{6}bh^2}=\frac{8.8\times10^3}{b^3}$$

由材料的强度条件有

$$\frac{8.8\times10^3}{b^3}\leqslant[\sigma]=10\times10^6 \quad\Rightarrow\quad b\geqslant 9.583\times10^{-2}(\mathrm{m})$$

取整后选取梁横截面尺寸为 $b=10\ \mathrm{cm}$，$h=15\ \mathrm{cm}$。

【例 17-2】 图 17-6（a）所示圆形截面简支梁受竖直荷载和水平荷载共同作用，且 $F_1=F_2=5\ \mathrm{kN}$。已知梁截面直径 $d=200\ \mathrm{mm}$，试求梁横截面上的最大正应力。

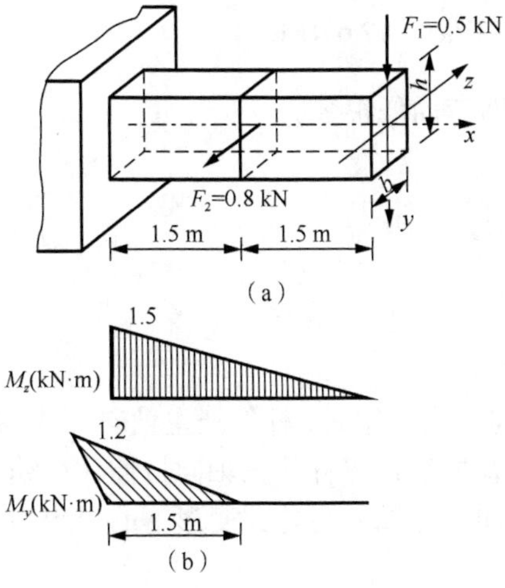

图 17-5

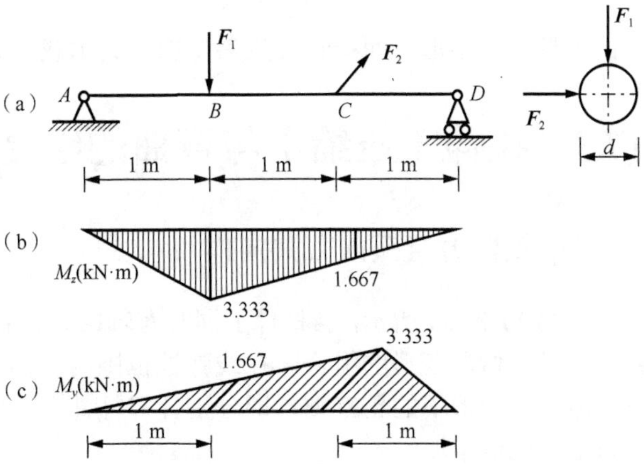

图 17-6

解　单独作用竖直横向外力 $\boldsymbol{F}_1$ 产生的弯矩 M_z 和单独作用水平横向外力 $\boldsymbol{F}_2$ 产生的弯矩 M_y 分别如图 17-6（b）、（c）所示。这是两个相互垂直平面上的弯曲，但因为对于圆截面，$I_z=I_y$，由式（17-3），梁仍然发生平面弯曲，因此，只需求出合弯矩 $M=\sqrt{M_y^2+M_z^2}$ 即可快速求解。分析两弯矩图，可知最大合弯矩 $M_{\max}$ 出现在 BC 梁段上，且就是截面 B 或 C（读者可以自行证明），即

$$M_{\max}=\sqrt{3.333^2+1.667^2}=3.727(\text{kN}\cdot\text{m})$$

因此，梁横截面上的最大正应力为

$$\sigma_{\max}=\frac{M}{W_z}=\frac{32\times3.727\times10^3}{\pi\times0.2^3}=4.75(\text{MPa})$$

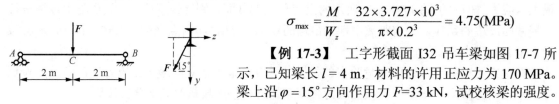

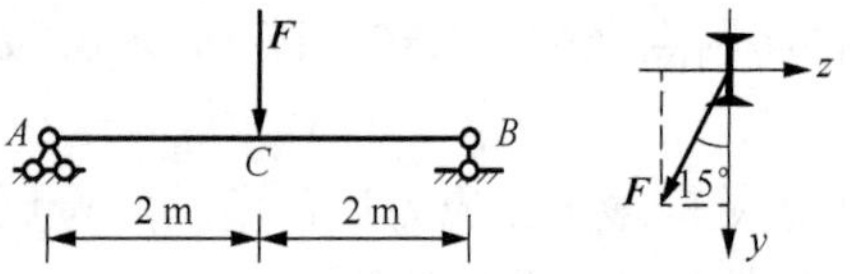

图 17-7

【例 17-3】　工字形截面 I32 吊车梁如图 17-7 所示，已知梁长 $l=4$ m，材料的许用正应力为 170 MPa。梁上沿 $\varphi=15°$ 方向作用力 F=33 kN，试校核梁的强度。

解　将力沿截面的两个对称轴 y 和 z 方向分解，然后计算 C 截面上的弯矩：

$$M_{z\max}=\frac{F\cos15°l}{4}=\frac{33\times10^3\times\cos15°\times4}{4}=31.88\times10^3\ (\text{N}\cdot\text{m})=31.88(\text{kN}\cdot\text{m})$$

$$M_{y\max}=\frac{F\sin15°l}{4}=\frac{33\times10^3\times\sin15°\times4}{4}=8.54\times10^3(\text{N}\cdot\text{m})=8.54(\text{kN}\cdot\text{m})$$

查表可知，I32a 号工字钢抗弯截面系数分别为 $W_y=70.8\times10^{-6}\text{m}^3$，$W_z=692.2\times10^{-6}\text{m}^3$，由式（17-4），求得截面 C 上最大正应力为

$$\sigma_{\max}=\frac{M_{y\max}}{W_y}+\frac{M_{z\max}}{W_z}=\frac{8.54\times10^3}{70.8\times10^{-6}}+\frac{31.88\times10^3}{692.2\times10^{-6}}$$
$$=166.68\times10^6(\text{Pa})=166.68(\text{MPa})$$

如果荷载 $\boldsymbol{F}$ 沿 y 方向作用，则 C 截面上的最大正应力

$$\sigma_{\max}=\frac{M_{z\max}}{W_z}=\frac{\dfrac{33\times10^3\times4}{4}}{692.2\times10^{-6}}=47.67\times10^6(\text{Pa})=47.67(\text{MPa})$$

由此可见，工字形截面梁若发生斜弯曲，其承载力比平面弯曲低很多。

17.3　拉伸（压缩）与弯曲的组合变形

17.3.1　轴向力与横向力共同作用

如图 17-8（a）所示，当杆件上同时有轴向外力和横向外力作用时，杆件产生轴向拉伸（压缩）与横向弯曲变形的组合。在线弹性范围内，仍采用叠加法计算杆件在轴向拉伸（压缩）与弯曲组合变形下的正应力，即分别计算杆件在轴向拉伸（压缩）与弯曲变形下的正应力，再将结果代数相加。

图 17-8（b）给出了杆件在轴向外力 F 作用下的轴力图和截面上正应力均匀分布的情况，图 17-8（c）给出了杆件在横向均布荷载 q 作用下的弯矩图和正应力沿截面高度线性分布的规

律。和轴力、弯矩对应的横截面上任一点的正应力分别为

$$\sigma' = \frac{F_N}{A},\quad \sigma'' = \frac{My}{I_z}$$

则轴向力和横向力共同作用时，横截面上任一点的正应力为

$$\sigma = \sigma' + \sigma'' = \frac{F_N}{A} + \frac{My}{I_z} \tag{17-5}$$

式中，F_N 和 M 均是代数量，和前面章节一样，F_N 拉为正，压为负，使杆件下部纤维受拉时 M 为正。在具体计算中，可以代入 F_N、M 以及坐标 y 的代数值，直接得到正应力的正负号，也可以根据所求应力点的位置以及杆件的变形来判断每项的正负号。

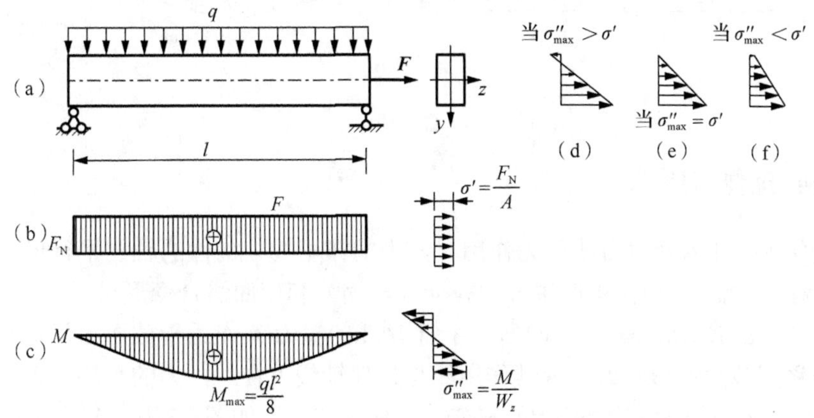

图 17-8

根据截面上 σ''_{max} 和 σ' 的大小关系，图 17-8（d）、（e）和（f）分别给出了轴向力和横向力共同作用时，横截面上的正应力分布可能情况。显然，对图 17-8（a）所示的拉、弯组合变形杆，最大正应力发生在弯矩最大的跨中截面（危险截面）上的下边缘处（危险点），其值为

$$\sigma_{max} = \frac{F_N}{A} + \frac{M_{max}}{W_z}$$

由于最大正应力点为单轴应力状态，故该点的正应力强度条件为

$$\sigma_{max} = \frac{F_N}{A} + \frac{M_{max}}{W_z} \leqslant [\sigma] \tag{17-6}$$

【例 17-4】 图 17-9（a）所示结构中梁 AB 为 I22b 号工字钢。若已知荷载 F=20 kN，尺寸 l=2 m，试求梁 AB 横截面上的最大正压力。

解　梁 AB 的受力图如图 17-9（b）所示，由平衡方程

$$\sum M_A = 0,\ T_y l - F\frac{l}{2} = 0 \ \Rightarrow\ T_y = \frac{F}{2} = 10(\text{kN})$$

$$T_x = T_y \cot 30° = \frac{\sqrt{3}F}{2} = 17.32(\text{kN})$$

因此，梁 AB 的轴力和弯矩如图 17-9（c）所示。梁承受压缩和弯曲组合变形，梁上最大正压力应为最大压应力，出现在跨中截面 C 的上边缘处。查附录可知，I22b 号工字钢的截面面积 $A = 46.4\times10^{-4}\,\text{m}^2$，抗弯截面系数 $W_z = 325\times10^{-6}\,\text{m}^3$，代入得最大压应力为

$$\sigma_{\text{cmax}} = \frac{F_N}{A} + \frac{M_{\max}}{W_z} = \frac{17.32\times10^3}{46.4\times10^{-4}} + \frac{10\times10^3}{325\times10^{-6}} = 34.5\times10^6\ (\text{Pa}) = 34.5\ (\text{MPa})$$

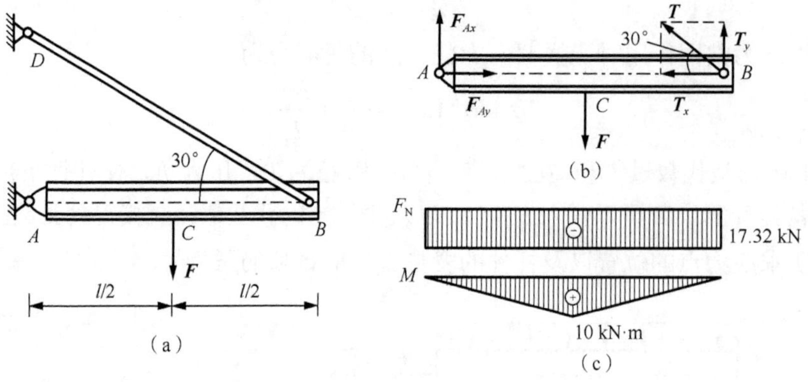

图 17-9

17.3.2　偏心拉伸与压缩

工程中有些构件承受拉力或压力作用时，力的作用线与构件的轴线平行但不重合，即**偏心拉伸（压缩）**，此时，构件将产生轴向拉伸（压缩）和弯曲组合变形。

如图 17-10(a)所示的偏心受拉杆，平行于轴线的拉力 $\boldsymbol{F}$ 作用于截面上任意一点 (y_F, z_F)。将外力 $\boldsymbol{F}$ 平移到截面的形心处，使其作用线与杆件轴线重合，由力的平移定理，同时必须附加两个力偶，其力偶矩大小分别为 $M_z = Fy_F$，$M_y = Fz_F$，如图 17-10（b）所示。轴力 F 使杆件发生轴向拉伸变形，M_z 使杆件在 Oxy 面内发生平面弯曲，M_y 使杆件在 Oxz 面内发生平面弯曲。F、M_z 和 M_y 分别单独作用时，任意横截面 $ABCD$ 上正应力的分布规律如图 17-10（c）、（d）和（e）所示，任一点 $K(y,z)$[图 17-10（b）]的正应力分别为

$$\sigma' = \frac{F}{A}, \quad \sigma'' = \frac{M_z y}{I_z} = \frac{Fy_F y}{I_z}, \quad \sigma''' = \frac{M_y z}{I_y} = \frac{Fz_F z}{I_y}$$

三者共同作用下，K 点的正应力为

$$\sigma = \sigma' + \sigma'' + \sigma''' = \frac{F}{A} + \frac{Fy_F y}{I_z} + \frac{Fz_F z}{I_y} \tag{17-7}$$

式中，F 是代数量，拉力为正，压力为负；(y_F, z_F) 为偏心力 $\boldsymbol{F}$ 的作用点坐标；(y, z) 是所求应力点 K 的坐标。在具体计算中，可以代入 F 和各坐标的代数值，直接得到正应力的正负号，也可以根据所求应力点的位置以及杆件的变形来判断每项的正负号。

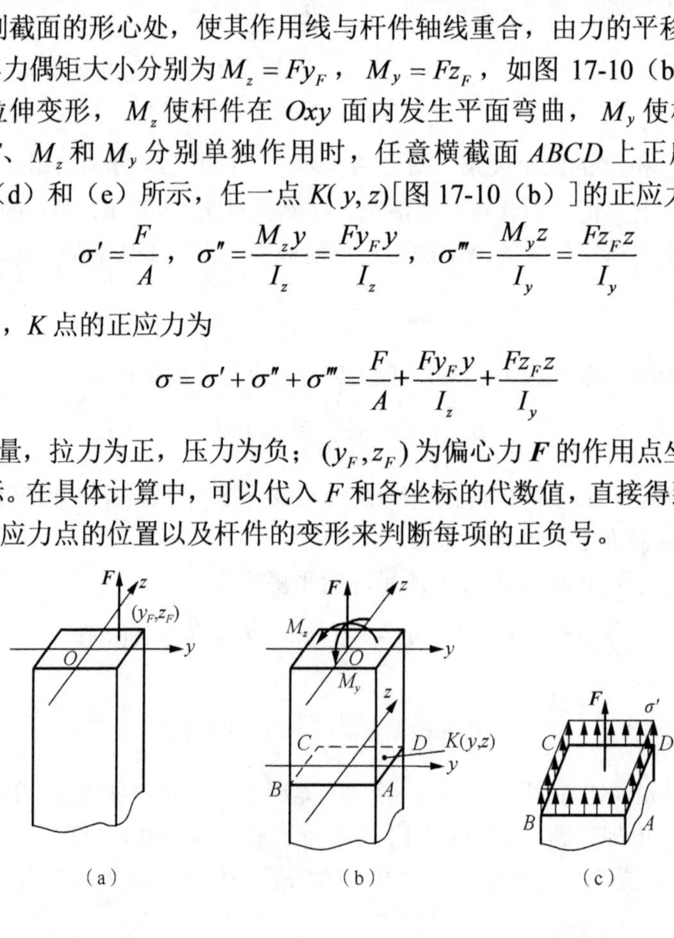

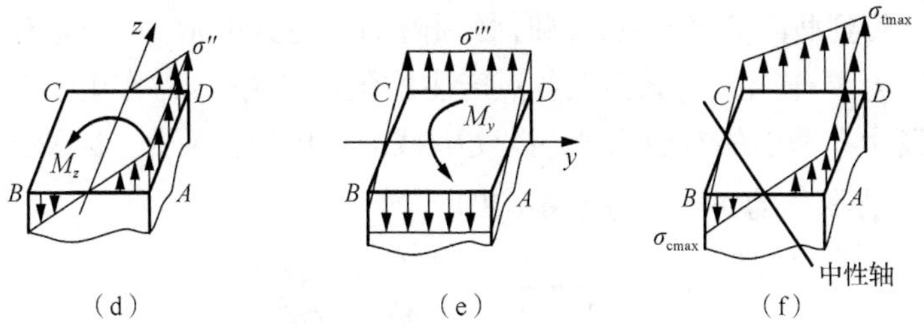

图 17-10

要确定最大正应力点的位置，需要求解横截面上中性轴的位置。根据中性轴的定义，中性轴上各点的正应力为零，因此，中性轴方程为

$$\frac{F}{A}+\frac{Fy_F y}{I_z}+\frac{Fz_F z}{I_y}=0 \quad\Rightarrow\quad \frac{1}{A}+\frac{y_F y}{I_z}+\frac{z_F z}{I_y}=0 \tag{17-8}$$

此方程中的 y、z 为中性轴上任意点的坐标。由式（17-8）可知，中性轴是一条不通过截面形心的直线，如图 17-11 所示。确定了中性轴位置后，距离中性轴最远的点就是横截面上最大正应力所在的点。显然，对于图 17-11（a）所示矩形截面，角点 D、B 即为截面上最大拉应力和最大压应力点，最大拉应力和最大压应力分别为

$$\left.\begin{matrix}\sigma_{\text{t max}}\\ \sigma_{\text{c max}}\end{matrix}\right\}=\frac{F}{A}\pm\frac{Fy_F}{W_z}\pm\frac{Fz_F}{W_y} \tag{17-9}$$

这从 F、M_z 和 M_y 共同作用引起的截面上的正应力分布规律[图 17-10（f）]就可以得到结论。对于矩形、工字形和箱形等有角点的截面，以后可以直接利用上式求解梁上的最大拉应力和最大压应力。但对于图 17-11（b）所示的没有角点的截面，则比较麻烦，必须作与中性轴平行的横截面周边的切线，确定距离中性轴最远的点 D_1、D_2，将两点坐标代入式（17-7）求解截面上最大拉应力和最大压应力。

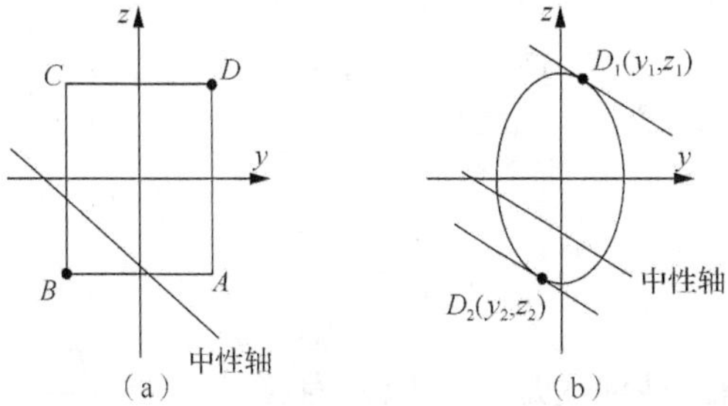

图 17-11

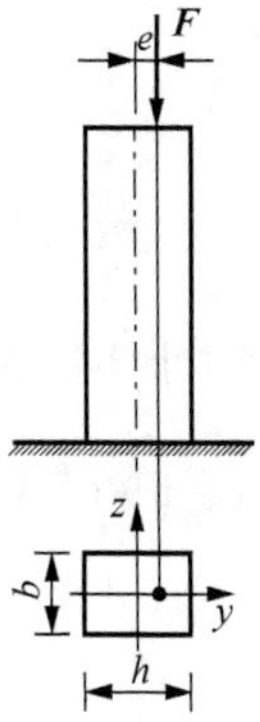

图 17-12

偏心压缩时，忽略剪力引起的切应力的话，杆内各点处于单轴应力状态。因此，确定危险截面上危险点处的最大正应力后，直接按正应力强度条件进行强度校核等其他分析计算。

【例 17-5】 矩形截面偏心受压杆如图 17-12 所示，偏心力 F 的作用点位于横截面的 y 轴上，若已知横截面尺寸 b、h，试求杆的横截面上不出现拉应力时的最大偏心距 $e_{y\max}$。

解 将压力 **F** 移到截面的形心处，同时必须附加一力偶矩 $M_z = Fe$，杆产生压缩和弯曲两种基本变形。在压力 **F** 作用下横截面上各点产生均匀压应力；M_z 作用下截面上 z 轴的左侧受拉，最大拉应力发生在截面的左边缘处。欲使横截面不出现拉应力，应使压力 F 和弯矩 M_z 共同作用下横截面左边缘处的正应力等于零，即

$$\sigma = -\frac{F}{A} + \frac{M_z}{W_z} = -\frac{F}{bh} + \frac{Fe_{y\max}}{\frac{bh^2}{6}} = 0$$

解得最大偏心距为

$$e_{y\max} = \frac{h}{6}$$

若偏心力 F 的作用点位于横截面的 z 轴上，读者可以自行分析要使杆的横截面上不出现拉应力时的最大偏心距为 $e_{z\max} = b/6$。由此可知，最大偏心距和偏心压力 F 的大小无关，只和截面尺寸有关。

【例 17-6】如图 17-13（a）所示，正方形截面短柱承受轴向外力 F。若短柱中间处切开一槽，其截面积为原面积的一半，如图 17-13（b）所示，问切槽前和切槽后柱内的最大压应力分别为多少。

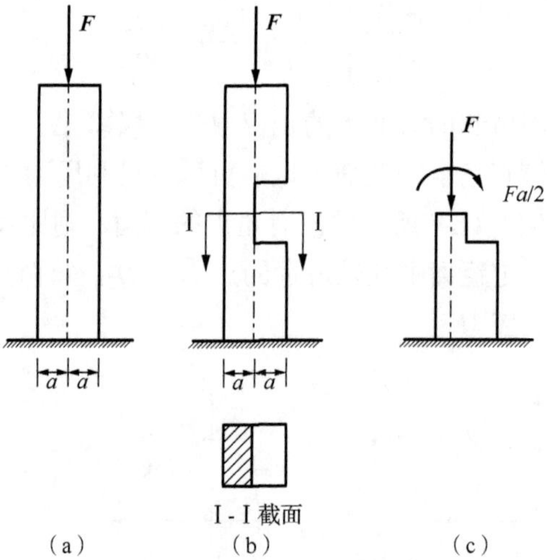

图 17-13

解 切槽前短柱为轴向压缩，柱内的最大压应力为 $\sigma_{\mathrm{c}\max} = -\frac{F}{2a \times 2a} = -\frac{F}{4a^2}$。切槽后，对于 I-I 截面为偏心压缩，外力等效到截面上的内力有轴向压力 $F_{\mathrm{N}} = -F$，弯矩 $M = \frac{Fa}{2}$，如图 17-13（c）所示。此时最大正应力为

$$\sigma_{\mathrm{c}\max} = \frac{F_{\mathrm{N}}}{A} - \frac{M}{W_z} = -\frac{F}{a \times 2a} - \frac{\frac{Fa}{2}}{\frac{1}{6} \times 2a \times a^2} = -\frac{2F}{a^2}$$

【**例 17-7**】 图 17-14 所示矩形松木短柱受偏心压力 F=50 kN 作用，图中截面尺寸单位为 mm。已知力 $\boldsymbol{F}$ 对两轴的偏心距分别为 $e_y = 80\ \text{mm}$，$e_z = 40\ \text{mm}$，松木的许用应力 $[\sigma_t] = 10\ \text{MPa}$，$[\sigma_c] = 12\ \text{MPa}$。试校核该柱的强度。

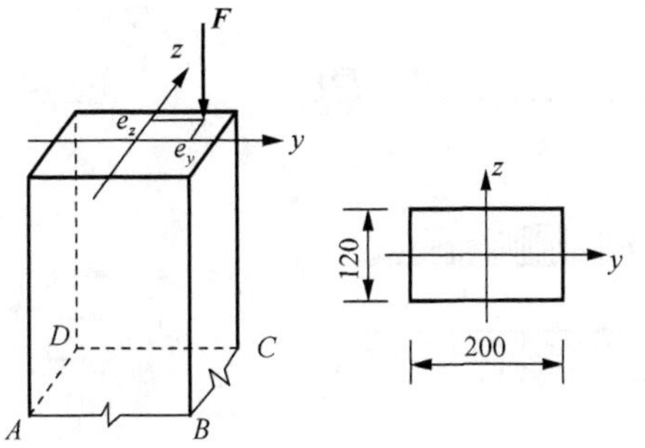

图 17-14

解　由已知条件有

$$M_y = -F \times e_z = -50 \times 10^3 \times 0.04 = -2 \times 10^3 (\text{N} \cdot \text{m}),\quad W_y = \frac{1}{6} \times 0.2 \times 0.12^2 = 4.8 \times 10^{-4} (\text{m}^3)$$

$$M_z = F \times e_y = 50 \times 10^3 \times 0.08 = 4 \times 10^3 (\text{N} \cdot \text{m}),\quad W_z = \frac{1}{6} \times 0.12 \times 0.2^2 = 8 \times 10^{-4} (\text{m}^3)$$

这里偏心力是压力，利用式（17-9）时要注意正负号。梁内的最大拉应力将出现在 A 点，

$$\sigma_{\text{tmax}} = \sigma_A = -\frac{F}{A} + \frac{M_z}{W_z} + \frac{|M_y|}{W_y} = -\frac{50 \times 10^3}{0.2 \times 0.12} + \frac{4 \times 10^3}{8 \times 10^{-4}} + \frac{2 \times 10^3}{4.8 \times 10^{-4}}$$

$$= 7.08 \times 10^6 (\text{Pa}) = 7.08\ (\text{MPa}) < [\sigma_t]$$

最大压应力则出现在 C 点，

$$\sigma_{\text{cmax}} = \sigma_C = -\frac{F}{A} - \frac{M_z}{W_z} - \frac{|M_y|}{W_y} = -\frac{50 \times 10^3}{0.2 \times 0.12} - \frac{4 \times 10^3}{8 \times 10^{-4}} - \frac{2 \times 10^3}{4.8 \times 10^{-4}}$$

$$= -11.25 \times 10^6 (\text{Pa}) = -11.25 (\text{MPa})$$

且有 $11.25\ \text{MPa} < [\sigma_c]$，因此该柱满足强度条件。读者可以自行分析 B、D 两点应力。

17.4　弯曲与扭转的组合变形

图 17-15（a）所示直角刚臂 ABC 承受铅垂力 $\boldsymbol{F}$ 作用，AB 段是直径为 d 的等直圆杆。将力 $\boldsymbol{F}$ 向 B 截面的形心平移，同时必须附加一力偶，力偶矩为 $M_e = Fa$［图 17-15（b）］，可见杆 AB 将发生弯曲与扭转组合变形，分别作弯矩图和扭矩图如图 17-15（c）、（d）所示。显然，危险截面为固定端截面，内力分量分别为

$$M = Fl,\quad T = M_e = Fa$$

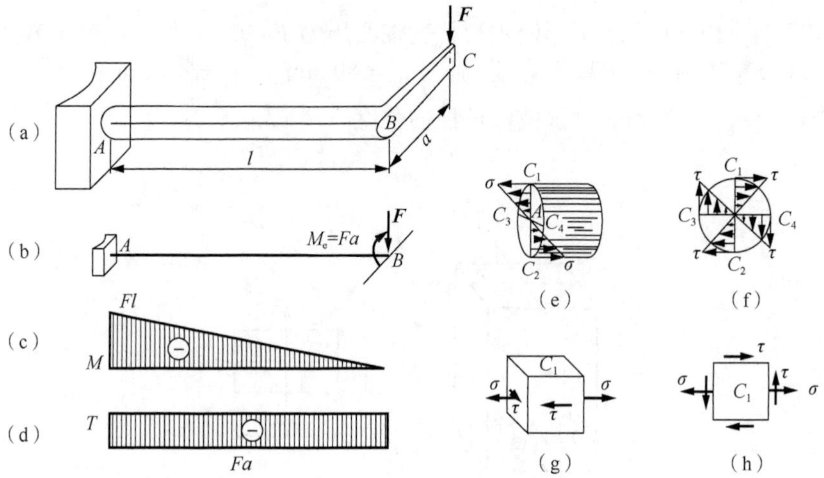

图 17-15

由弯曲和扭转的应力分布规律可知，危险截面上的最大弯曲正应力发生在铅垂直径的上下两端点[图 17-15（e）]，而最大扭转切应力发生在截面周边上的各点处[图 17-15（f）]，因此，危险截面上的危险点为C_1和C_2两点。对于许用拉、压应力相等的塑性材料制成的杆，这两点的危险程度是相同的，取C_1点进行研究。围绕C_1点截取单元体，应力状态如图 17-15（g）所示，为平面复杂应力状态[图 17-15（h）]，其中正应力$\sigma=\dfrac{M}{W_z}$，切应力$\tau=\dfrac{T}{W_p}$。

对于像低碳钢一类的塑性材料，通常采用第三或第四强度理论建立强度条件。即

$$\sigma_{r3}=\sqrt{\sigma^2+4\tau^2}\leqslant[\sigma]$$

$$\sigma_{r4}=\sqrt{\sigma^2+3\tau^2}\leqslant[\sigma]$$

由于圆截面的抗扭截面系数和抗弯截面系数有$W_p=2W_z$，所以上面两式可改写成

$$\sigma_{r3}=\frac{1}{W_z}\sqrt{M^2+T^2}\leqslant[\sigma] \tag{17-10}$$

$$\sigma_{r4}=\frac{1}{W_z}\sqrt{M^2+0.75T^2}\leqslant[\sigma] \tag{17-11}$$

注意，只有圆截面杆承受弯曲和扭转组合变形时，才可以利用上两式建立强度条件。一般传动轴都是圆截面杆，且通常发生弯扭组合变形。

【例 17-8】 图 17-16（a）所示手摇绞车轴的直径 d=35 mm，最大起吊力 F=1.2 kN。若已知车轴材料的许用应力$[\sigma]$=80 MPa，试用第四强度理论校核此轴的强度。

解 手摇绞车轴受力情况简图、扭矩图和弯矩图如图 17-16（b）、（c）和（d）所示。由内力图可以判断，C左侧截面为危险截面，其中

$$M_C=F_{Ay}\times0.4=0.5F\times0.4=0.24(\text{kN}\cdot\text{m})，\quad T_C=F\times0.18=0.216(\text{kN}\cdot\text{m})$$

由第四强度理论有

$$\sigma_{r4}=\frac{\sqrt{M_C^2+0.75T_C^2}}{W_z}=\frac{32\times10^3\sqrt{0.24^2+0.75\times0.216^2}}{\pi\times0.035^3}=72.3(\text{MPa})<[\sigma]$$

因此，此轴符合强度条件。

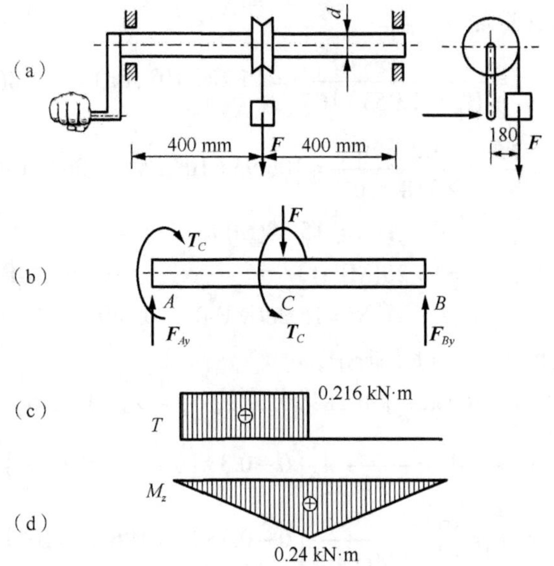

图 17-16

【例 17-9】 图 17-17（a）所示交通指示牌上受到均布风荷载作用，其圆截面立柱的直径 d=100 mm，立柱下端为固定端约束。若杆材料弹性模量 E=200 GPa，泊松比 $v=0.3$，忽略杆件自重以及弯曲切应力的影响，①试画立柱指定截面上图示 A、B、C、D 四点的应力单元体，并计算出单元体上的应力；②计算 A 点沿 x、y、z 三个方向的线应变 ε_x、ε_y、ε_z；③计算 A 点的三个切应变 γ_{xy}、γ_{yz}、γ_{zx}。

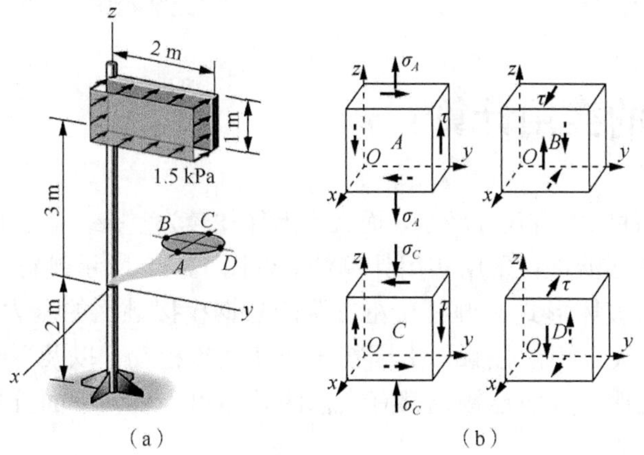

图 17-17

解　① 交通指示牌上所受风荷载等效到立柱上，立柱发生扭转和弯曲组合变形。立柱图示指定截面上内力分别为

$$T=(2\times1\times1.5)\times1=3(\text{kN}\cdot\text{m})\text{，}\quad M=(2\times1\times1.5)\times(3+0.5)=10.5(\text{kN}\cdot\text{m})$$

立柱截面几何性质为

$$W_P=\frac{\pi d^3}{16}=1.963\times10^{-4}(\text{m}^3)\text{，}\quad W_z=\frac{\pi d^3}{32}=9.818\times10^{-5}(\text{m}^3)$$

指定截面上各点的应力计算如下：

$$A\text{ 点：}\ \tau=\frac{T}{W_{\mathrm{p}}}=\frac{3\times10^{3}}{1.963\times10^{-4}}=15.28\times10^{6}\ (\mathrm{Pa})=15.28(\mathrm{MPa})$$

$$\sigma_A=\frac{M}{W_z}=\frac{10.5\times10^{3}}{9.818\times10^{-5}}=106.95\times10^{6}(\mathrm{Pa})=106.95(\mathrm{MPa})$$

$$B\text{ 点：}\ \tau=15.28(\mathrm{MPa}),\quad \sigma=0$$

$$C\text{ 点：}\ \tau=15.28(\mathrm{MPa}),\quad \sigma_C=-\sigma_A=-106.95(\mathrm{MPa})$$

$$D\text{ 点：}\ \tau=15.28(\mathrm{MPa}),\quad \sigma=0$$

各点应力单元体如图 17-17（b）所示。

② 由应力单元体可知，A 点三个正压力分别为$\sigma_x=\sigma_y=0$，$\sigma_z=106.95\ \mathrm{MPa}$，因此

$$\varepsilon_x=\frac{1}{E}\left[\sigma_x-v\left(\sigma_y+\sigma_z\right)\right]=\frac{1}{200\times10^{9}}\left[0-0.3\times\left(0+106.95\times10^{6}\right)\right]=-1.604\times10^{-4}$$

$$\varepsilon_y=\frac{1}{E}\left[\sigma_y-v\left(\sigma_x+\sigma_z\right)\right]=\frac{1}{200\times10^{9}}\left[0-0.3\times\left(0+106.95\times10^{6}\right)\right]=-1.604\times10^{-4}$$

$$\varepsilon_z=\frac{1}{E}\left[\sigma_z-v\left(\sigma_y+\sigma_x\right)\right]=\frac{1}{200\times10^{9}}\left[106.95\times10^{6}-0.3\left(0+0\right)\right]=5.348\times10^{-4}$$

③ 由应力单元体可知，A 点三个切压力分别为$\tau_{xy}=\tau_{xz}=0,\tau_{yz}=15.28\ \mathrm{MPa}$，因此

$$G=\frac{E}{2(1+v)}=\frac{200\times10^{9}}{2(1+0.3)}=76.92(\mathrm{GPa})$$

$$\gamma_{xy}=\frac{\tau_{xy}}{G}=0,\quad \gamma_{xz}=\frac{\tau_{xz}}{G}=0,\quad \gamma_{yz}=\frac{\tau_{yz}}{G}=\frac{15.28\times10^{6}}{76.92\times10^{9}}=1.986\times10^{-4}$$

17.5　连接件的实用计算

如前所述，连接件的本身尺寸较小，而且变形往往较为复杂，在工程设计中为简化计算，通常按照连接的破坏可能性，采用实用计算法。以图 17-18 所示铆钉（或螺栓）连接为例，连接处有三种可能的破坏形式：铆钉在左右两侧与钢板接触面的压力 F 作用下沿 **m-m** 截面被剪断；铆钉与钢板在相互接触面上因挤压而使连接松动；以及受拉钢板在铆钉孔削弱的截面处发生塑性屈服。其他连接也都有类似的破坏可能性，下面分别介绍剪切和挤压的实用计算。

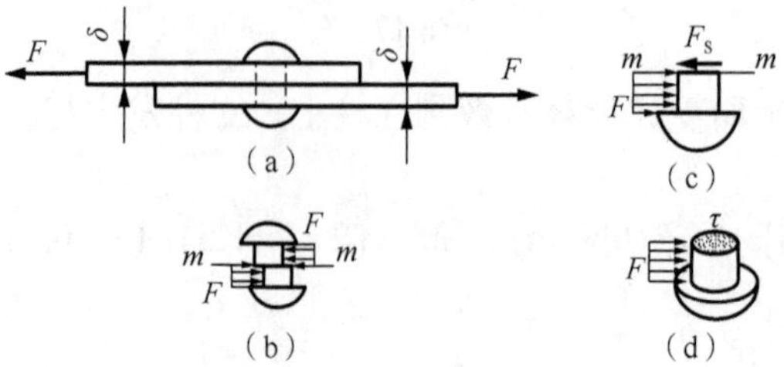

图 17-18

17.5.1 剪切的实用计算

图 17-18（a）所示铆钉连接中，铆钉的受力情况如图 17-18（b）所示，两侧面上受到方向相反的两组分布力作用。这两组力将使铆钉上下两部分沿截面 *m-m* 发生相对错动，即**剪切变形**，截面 *m-m* 称为**剪切面**或**受剪面**。当 F 力足够大时，铆钉将被剪断，发生**剪切破坏**。为了研究铆钉在受剪面上的应力，先采用截面法，根据已知的外力求出剪切面上的内力。假想用一截面在 *m-m* 处将铆钉切断，取下部分为脱离体，如图 17-18（c）所示，由平衡条件可得剪切面上的内力即剪力为 $F_S = F$。与剪力相对应的应力为切应力 τ，如图 17-18（d）所示。在剪切实用计算中，假定切应力在剪切面上均匀分布，则铆钉剪切面上的名义切应力为

$$\tau = \frac{F_S}{A_S} \tag{17-12}$$

式中，A_S 为剪切面的面积，切应力 τ 的方向与剪力 F_S 相同。

然后，通过剪切实验得到剪切破坏时材料的极限切应力 τ_u，再除以安全因数就得到材料的许用剪切应力 $[\tau]$。于是，剪切的强度条件可表示为

$$\tau = \frac{F_S}{A_S} \leqslant [\tau] \tag{17-13}$$

17.5.2 挤压的实用计算

连接件在受剪切的同时往往还受到挤压作用，引起挤压变形。**挤压变形**是指连接件与被连接构件之间传递压力时，两构件接触面的变形。图 17-19（a）为铆接接头中的一块板与铆钉的挤压情况，板的孔边被挤压后可能出现褶皱，而铆钉被挤压后可能变扁，造成连接处松动，影响正常使用，即产生所谓**挤压破坏**。

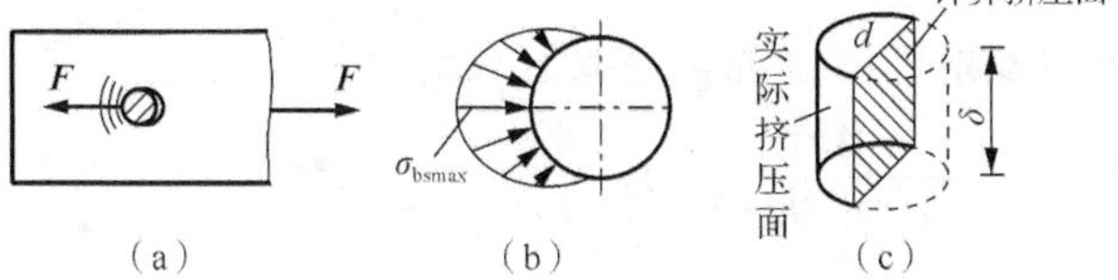

图 17-19

两接触面上的压力称为**挤压力**，用 F_{bs} 表示。其接触面称为**挤压面**，挤压面上产生的应力称为**挤压应力**，用 σ_{bs} 表示。图 17-19（b）所示铆钉受挤压时，挤压面为半圆柱面，挤压面上挤压应力的分布情况比较复杂，最大挤压应力发生在挤压面中部，直径两端的挤压应力为零。为了简化计算，在实用计算中通常取实际挤压面在直径面上的正投影为**计算挤压面**，如图 17-19（c）所示。挤压力 F_{bs} 除以计算挤压面面积 A_{bs} 所得到的平均值为名义挤压应力，即

$$\sigma_{bs} = \frac{F_{bs}}{A_{bs}} \tag{17-14}$$

图 17-19（c）中，$A_{bs} = \delta d$。如此算得的名义挤压应力值与按理论分析所得的圆柱面上的最大挤压应力 σ_{bsmax} 相近。应该指出，若连接件与被连接构件的接触面为平面，则计算挤压面面积就是实际挤压面面积，图 17-2（b）中的平齿榫齿连接以及图 17-2（c）中的键连接都属于这种情况。

在式（17-14）的基础上建立连接件挤压实用计算的强度条件：

$$\sigma_{bs}=\frac{F_{bs}}{A_{bs}}\leqslant[\sigma_{bs}] \tag{17-15}$$

式中，$[\sigma_{bs}]$为材料的许用挤压应力，通过直接实验得到。应当注意，挤压应力是在连接件和被连接件之间相互作用的，因此，当两者材料不同时，应校核其中许用挤压应力较低的材料的挤压强度。

以上分别研究了剪切和挤压的实用计算方法，利用该方法可以校核连接件的强度或设计连接件的尺寸。另外，因为被连接件的截面在连接处遭到削弱，被连接件在该处的强度通常也应进行校核。

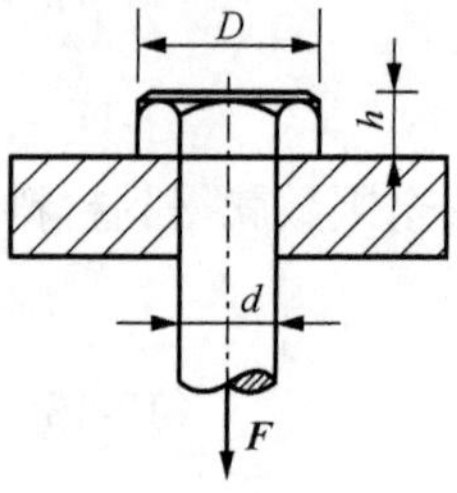

图 17-20

【例 17-10】 图 17-20 所示螺钉承受拉力 F，材料的许用切应力$[\tau]$与许用拉应力$[\sigma]$的关系为$[\tau]=0.7[\sigma]$，许用挤压应力$[\sigma_{bs}]$与$[\sigma]$的关系则为$[\sigma_{bs}]=1.7[\sigma]$。若给定螺杆直径 d，试求螺帽的高度 h 与直径 D 的合理取值。

解 （1）按剪切强度和抗拉强度求螺帽高度 h 的合理取值。螺钉的剪切强度条件和抗拉强度条件分别为

$$\tau=\frac{F_S}{A_S}=\frac{F}{\pi dh}<[\tau]，\quad \sigma=\frac{F}{A}=\frac{4F}{\pi d^2}<[\sigma]$$

因为$[\tau]=0.7[\sigma]$，螺帽高度 h 的合理取值应使

$$\frac{F}{\pi dh}=0.7\frac{4F}{\pi d^2}\ \Rightarrow\ h=0.357d$$

（2）按挤压强度和抗拉强度求螺帽直径 D 的合理取值。螺钉的挤压强度条件为

$$\sigma_{bs}=\frac{F_{bs}}{A_{bs}}=\frac{4F}{\pi\left(D^2-d^2\right)}<[\sigma_{bs}]$$

因为$[\sigma_{bs}]=1.7[\sigma]$，螺帽直径 D 的合理取值应使

$$\frac{4F}{\pi\left(D^2-d^2\right)}=1.7\frac{4F}{\pi d^2}\ \Rightarrow\ D=1.26d$$

【例 17-11】 图 17-21（a）所示螺栓连接接头受拉力 F 作用。已知 F=100 kN，钢板厚 δ=8 mm，宽 b=100 mm，螺栓直径 d=16 mm，螺栓许用应力$[\tau]$=145 MPa，$[\sigma_{bs}]$=340 MPa，钢板许用应力$[\sigma]$=170 MPa。试校核该接头的强度。

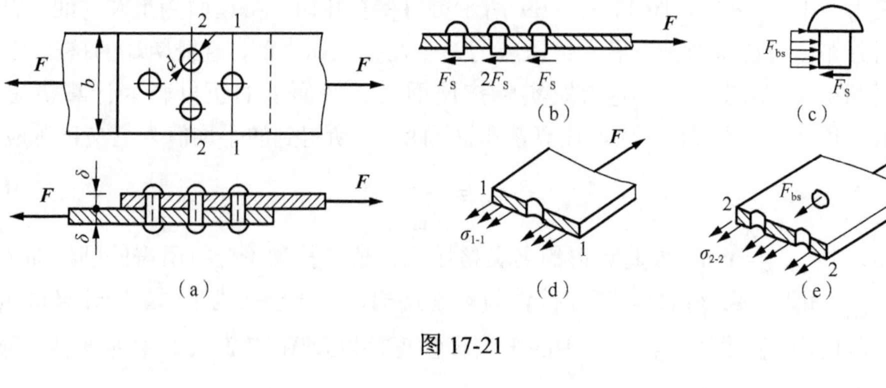

图 17-21

解　(1) 校核螺栓的剪切强度。用截面在两板之间沿螺杆的剪切面切开，取上部分为脱离体[图 17-21（b）]，该部分受拉力 F 和四个螺栓剪切面上的剪力平衡，假定每个螺栓所受的剪力相同，则每个剪切面上的剪力 $F_S = F/4$。因此，螺栓的剪切应力为

$$\tau = \frac{F_S}{A_S} = \frac{\frac{F}{4}}{\frac{\pi d^2}{4}} = \frac{100\times10^3}{\pi\times16^2\times10^{-6}} = 124\times10^6(\text{Pa}) = 124(\text{MPa}) < [\tau]$$

(2) 校核螺杆同板之间的挤压强度。分析单个螺栓上半部分的受力，如图 17-21（c）所示。可知挤压力 $F_{bs} = F_S = F/4$，从而挤压应力为

$$\sigma_{bs} = \frac{F_{bs}}{A_{bs}} = \frac{\frac{F}{4}}{d\delta} = \frac{100\times10^3}{4\times16\times8\times10^{-6}} = 195\times10^6(\text{Pa}) = 195(\text{MPa}) < [\sigma_{bs}]$$

(3) 校核板的抗拉强度。以上层板为例进行分析，下层板情况类似。由于板上 1-1 截面处一个螺栓孔的存在，截面面积削弱为 $A' = \delta(b-d)$，所以需对板进行拉伸强度校核。沿 1-1 截面将板截开，取右部分为脱离体，如图 17-21（d）所示。假定截开截面上有均匀分布的拉应力为 $\sigma_{1\text{-}1}$，其合力 $F_{N1} = F$。因此，1-1 截面上的拉应力为

$$\sigma_{1\text{-}1} = \frac{F_{N1}}{A'} = \frac{F}{\delta(b-d)} = \frac{100\times10^3}{8\times(100-16)\times10^{-6}} = 149\times10^6\ (\text{Pa}) = 149\ (\text{MPa}) < [\sigma]$$

但是仅校核 1-1 截面处的拉伸强度还不够，因为 2-2 截面处有两个螺栓孔，板截面削弱较多，面积变为 $A'' = \delta(b-2d)$。为此用 2-2 截面将板截开，取脱离体如图 17-21（e）所示。假定截开截面上有均匀分布的拉应力为 $\sigma_{2\text{-}2}$，根据平衡条件，其合力 $F_{N2} = F - F_{bs} = 3F/4$。于是，

$$\sigma_{2\text{-}2} = \frac{F_{N2}}{A''} = \frac{\frac{3F}{4}}{\delta(b-2d)} = \frac{3\times100\times10^3}{4\times8\times(100-2\times16)\times10^{-6}} = 138\times10^6(\text{Pa}) = 138(\text{MPa}) < [\sigma]$$

由计算结果可知，该连接处安全。

【例 17-12】 图 17-22（a）所示一铆接接头受拉力 F=400 kN 作用。已知钢板宽 b=200 mm，主板厚 δ_1=20 mm，盖板厚 δ_2=12 mm，铆钉直径 d=30 mm。试计算：①铆钉切应力 τ；②铆钉与板之间的挤压应力 σ_{bs}；③板的最大拉应力 σ_{max}。

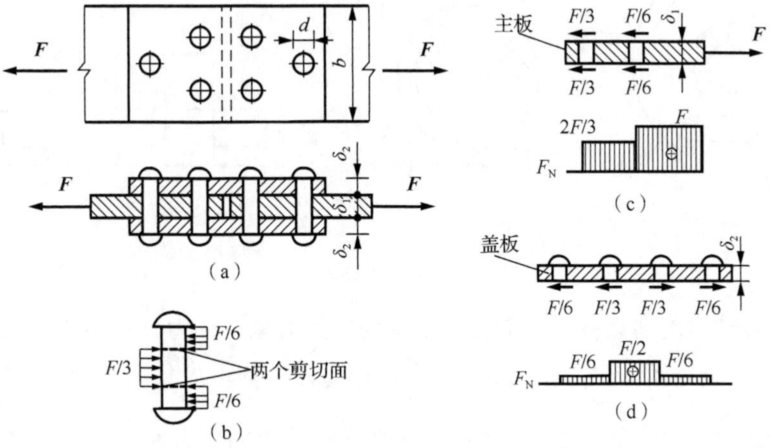

图 17-22

解 ① 计算铆钉切应力。右侧主板上某个铆钉的受力情况如图 17-22（b）所示，由于右侧主板上有三个铆钉，并且每个铆钉有两个剪切面，剪切面上的剪切力为 $F_S = F/(3\times 2) = F/6$。

$$\tau = \frac{F_S}{A_S} = \frac{\frac{F}{6}}{\frac{\pi d^2}{4}} = \frac{4\times 400\times 10^3}{6\times \pi \times \left(30\times 10^{-3}\right)^2} = 94.3\times 10^6(\text{Pa}) = 94.3(\text{MPa})$$

② 计算铆钉与板之间的挤压应力。因为两块盖板的厚度之和大于主板厚度，只需计算铆钉和主板之间的挤压应力即可。为什么？读者可以自行分析铆钉与盖板之间的挤压应力。

$$\sigma_{bs} = \frac{F_{bs}}{A_{bs}} = \frac{\frac{F}{3}}{\delta_1 d} = \frac{400\times 10^3}{3\times 20\times 10^{-3}\times 30\times 10^{-3}} = 222\times 10^6(\text{Pa}) = 222(\text{MPa})$$

③ 计算板的最大拉应力。右面主板的受力和轴力分别如图 17-22（c）所示。

第一排孔处：

$$\sigma = \frac{F_N}{A'} = \frac{F}{\delta_1(b-d)} = \frac{400\times 10^3}{20\times(200-30)\times 10^{-6}} = 118\times 10^6(\text{Pa}) = 118(\text{MPa})$$

第二排孔处：

$$\sigma = \frac{F_N}{A''} = \frac{\frac{2F}{3}}{\delta_I(b-2d)} = \frac{2\times 400\times 10^3}{3\times 20\times(200-2\times 30)\times 10^{-6}} = 95.2\times 10^6(\text{Pa}) = 95.2(\text{MPa})$$

综上，主板的最大拉应力为 $\sigma_{max} = 118$ MPa。

另外，盖板的受力和轴力分别如图 17-22（d）所示，读者可以自行分析盖板的最大拉应力，并判断何时只需计算主板的最大拉应力。

【例 17-13】 如图 17-23（a）所示，皮带轮与轴用平键连接。已知轴的直径 d=80 mm，键长 l=100 mm，宽 b=10 mm，高 h=20 mm，材料的许用应力[τ]=65 MPa，[σ_{bs}]=100 MPa，当传递的扭转力偶矩 M_e=2.5 kN·m 时，试校核该键的连接强度。

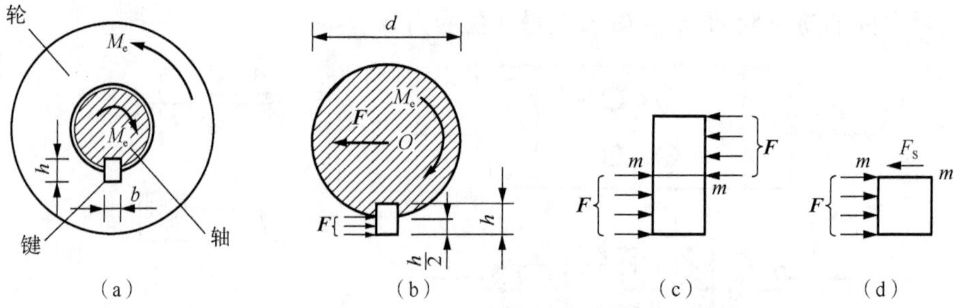

图 17-23

解 （1）校核键的剪切强度。取轴和平键为研究对象，受力分析如图 17-23（b）所示，

$$\sum M_O = 0,\quad F\frac{d}{2} - M_e = 0,\quad F = \frac{2M_e}{d}$$

取平键为研究对象，如图 17-23（c），剪切面 m-m 上的剪力为 $F_S = F = 2M_e/d$，则切应力

$$\tau = \frac{F_S}{A_S} = \frac{\frac{2M_e}{d}}{bl} = \frac{2\times 2.5\times 10^3}{10\times 100\times 80\times 10^{-9}} = 62.5\times 10^6(\text{Pa}) = 62.5(\text{MPa}) < [\tau]$$

（2）校核键的挤压强度。取平键下半部分为研究对象，如图 17-23（d）所示，可知挤压力为 $F_{bs}=F=2M_e/d$。因键的挤压面为平面，计算挤压面就是实际挤压面，挤压应力为

$$\sigma_{bs} = \frac{F_{bs}}{A_{bs}} = \frac{\frac{2M_e}{d}}{\frac{lh}{2}} = \frac{4\times 2.5\times 10^3}{100\times 20\times 80\times 10^{-9}} = 62.5\times 10^6(\text{Pa}) = 62.5(\text{MPa}) < [\sigma_{bs}]$$

因此，键满足强度要求。

【例 17-14】 矩形截面梁由上下两部分组成，自由端处用两个铆钉铆合，使梁成为一个整体，弯曲时接触面无相对滑动，如图 17-24（a）所示。已知外荷载 $\boldsymbol{P}$，梁的尺寸 b、h、L，铆钉的直径 d，试求铆钉承受的切应力和挤压应力。

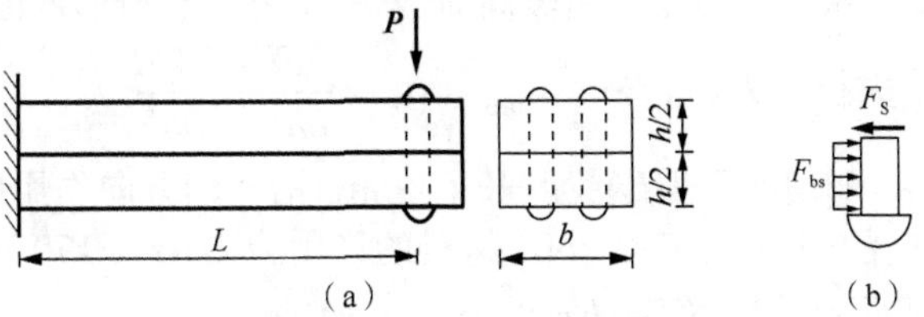

图 17-24

解　整个梁上剪力为常数，即 $F_S = P$。矩形截面中性轴处切应力最大，为

$$\tau_{max} = \frac{3}{2}\bar{\tau} = \frac{3P}{2bh}$$

两个铆钉承受的剪力就等于整个梁中性层上所有切应力形成的总剪力，即

$$2F_S = \tau_{max} bL \quad \Rightarrow \quad F_S = \frac{\tau_{max}\cdot bL}{2} = \frac{3P}{2bh}\cdot\frac{bL}{2} = \frac{3PL}{4h}$$

因此，铆钉剪切面上的切应力为

$$\tau_s = \frac{F_S}{A_S} = \frac{\frac{3PL}{4h}}{\frac{\pi d^2}{4}} = \frac{3PL}{\pi d^2 h}$$

分析半个铆钉的受力，如图 17-24（b）所示，可知其承受的挤压力为 $F_{bs} = F_S$。因此，挤压应力为

$$\tau_{bs} = \frac{F_{bs}}{A_{bs}} = \frac{\frac{3PL}{4h}}{\frac{hd}{2}} = \frac{3PL}{2h^2 d}$$

习　题

17-1　矩形截面简支梁承受均布荷载如图所示，已知 q=2 kN/m，且 q 作用线沿矩形截面

对角线，梁的跨长 $l=4$ m，横截面尺寸 $b=100$ mm，$h=200$ mm，试求跨中截面上四个角点的正应力。（答：$\sigma_{C1}=-\sigma_{C3}=10.7\,\text{MPa}$，$\sigma_{C2}=\sigma_{C4}=0$）

17-2　图示简支在屋架上的木檩条采用矩形截面，尺寸为$100\text{ mm}\times150\text{ mm}$，跨长 l=4.5m，承受屋面均布荷载 q=0.9 kN/m（包括檩条自重），q 与 y 轴夹角 $\varphi=30°$。设木材许用应力$[\sigma]=10\text{ MPa}$，试验算檩条的强度。（答：$\sigma_{\max}=9.82\text{ MPa}$）

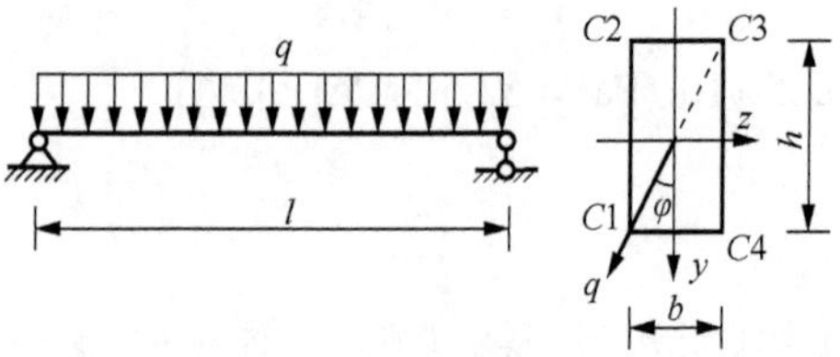

习题 17-1 图

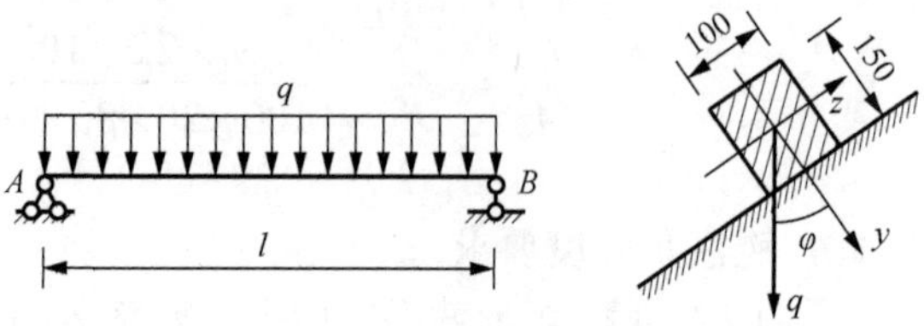

习题 17-2 图

17-3　图示悬臂梁受水平荷载 2$\boldsymbol{F}$ 和竖向荷载 $\boldsymbol{F}$ 作用，若矩形截面宽、高分别为 b、h，试求梁固定端截面上最大拉应力。（答：$\sigma_{\text{t}\max}=\sigma_D=\dfrac{6Fl}{bh^2}+\dfrac{24Fl}{hb^2}$）

17-4　如图所示，矩形截面悬臂钢梁跨长 l =3 m，沿 y 轴方向作用的分布荷载 q=5 kN/m，与 y 轴夹角 $\varphi=30°$方向的集中力 F=2 kN，材料的许用应力$[\sigma]=170\text{ MPa}$，矩形截面尺寸比 h/b=3/2。试确定梁的截面尺寸。（答：$b\approx8\text{ cm}$，$h\approx12\text{ cm}$）

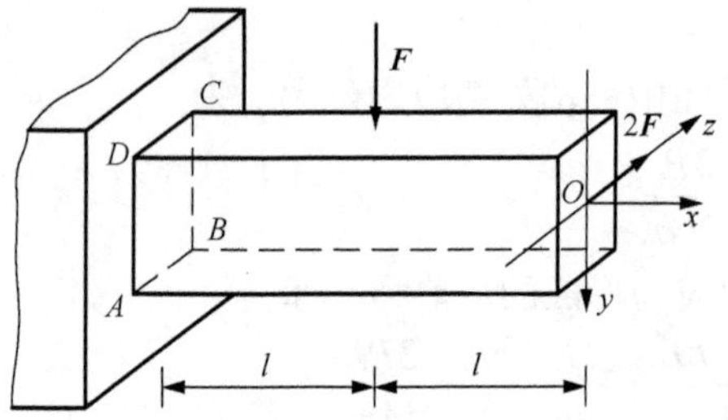

习题 17-3 图

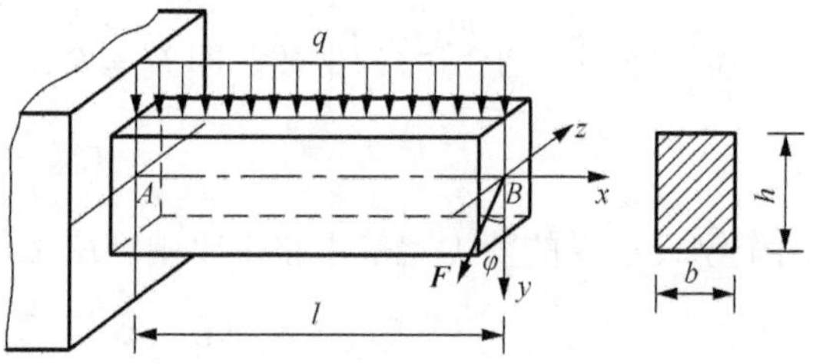

习题 17-4 图

17-5　图示单向偏心受压矩形截面柱，已知偏心压力 F=100 kN，偏心距 e=50 mm，截面宽度 b=200 mm。试问截面高度 h 为多大时，截面将不产生拉应力？并计算此时截面上的最大压应力。（答：$h=0.3\text{ m}$，$\sigma_{\text{cmax}}=-3.33\ \text{MPa}$）

17-6　等截面烟囱受自重和风荷载作用。如图所示，烟囱高 h=40 m，砌体材料容重 $\gamma=15\text{ kN/ m}^3$，侧向风压 q=1.5 kN/m，底面外径 D=3 m，内径 d=1.6 m，若砌体的许用压应力$[\sigma_{\text{c}}]=2\text{ MPa}$，试校核烟囱的强度。（答：$\sigma_{\text{cmax}}=-1.1\text{ MPa}$）

17-7　矩形截面偏心受压杆如图所示，若压力 $\boldsymbol{F}$ 和截面尺寸 b、h 均为已知，试求杆横截面上 A、B、C、D 四点的正应力。（答：$\sigma_A=\dfrac{5F}{bh}$，$\sigma_B=-\dfrac{F}{bh}$，$\sigma_C=-\dfrac{7F}{bh}$，$\sigma_D=-\dfrac{F}{bh}$）

17-8　图示矩形截面的铝合金杆件受偏心压力，现测得杆侧面 A 点处的纵向线应变为 $\varepsilon=2.4\times10^{-6}$，已知材料的弹性模量为 $E=200\text{ GPa}$，横截面尺寸 $b=100\text{ mm}$，$h=200\text{ mm}$，试求偏心压力 $\boldsymbol{F}$ 的大小。（答：$F=2.74\ \text{kN}$）

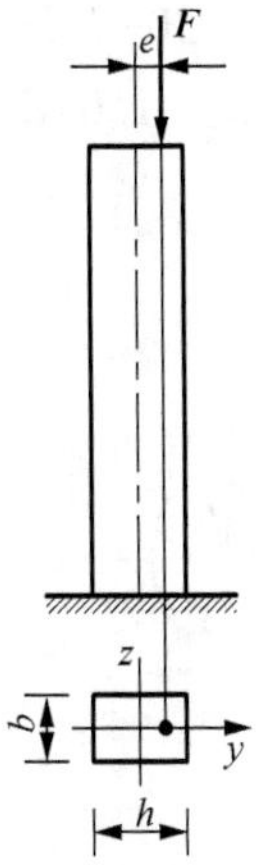

习题 17-5 图

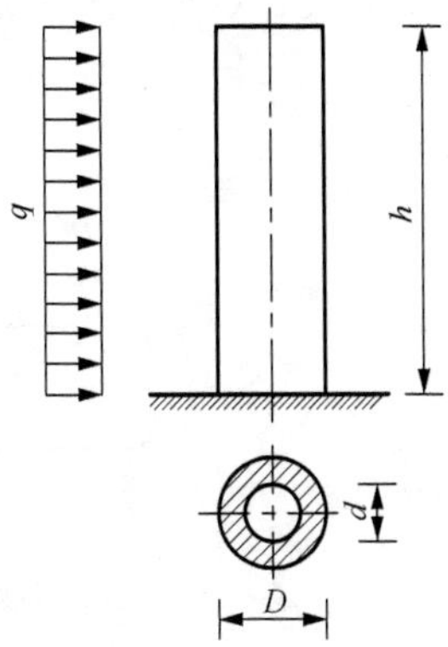

习题 17-6 图

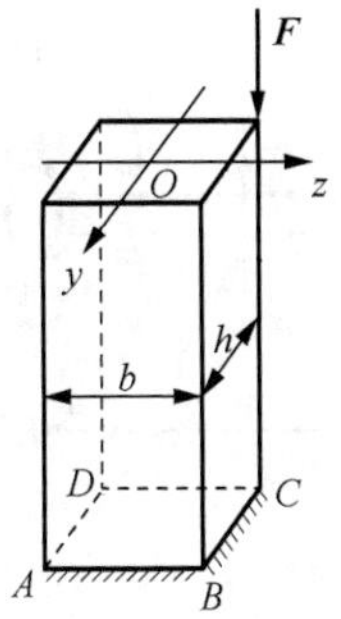

习题 17-7 图

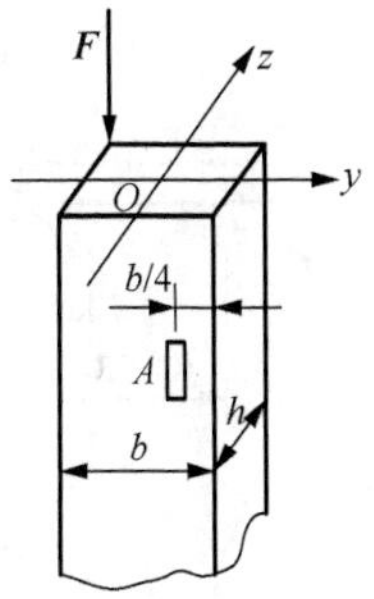

习题 17-8 图

17-9　在图示单向偏心受拉杆件的上下两侧面上测得的纵向线应变分别为 ε_1 和 ε_2，材料的弹性模量为 E，截面尺寸为 b、h。试计算拉力 F 和偏心距 e。（答：$F=\dfrac{Ebh(\varepsilon_1+\varepsilon_2)}{2}$，$e=\dfrac{h(\varepsilon_2-\varepsilon_1)}{6(\varepsilon_1+\varepsilon_2)}$）

17-10　图示受拉构件承受轴向拉力 F=12 kN，图中截面尺寸单位为 mm。现拉杆开有切口，如不计应力集中的影响，当材料的许用应力 $[\sigma]=100$ MPa 时，试确定切口的最大许可深度 x。（答：$x=5.21$ mm）

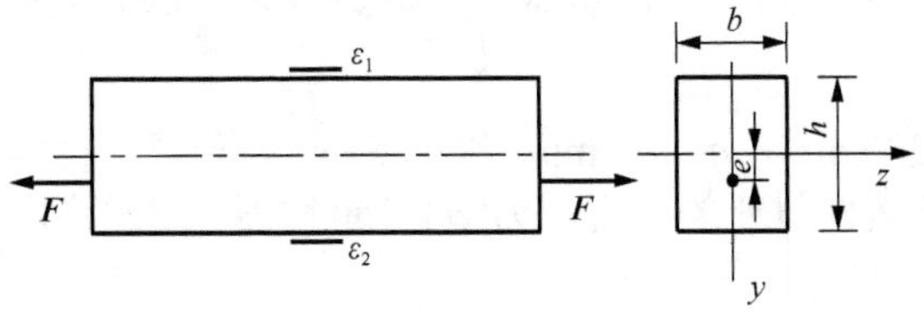

习题 17-9 图

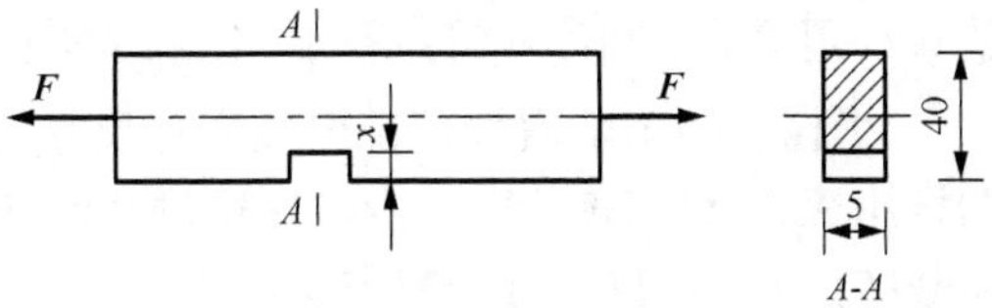

习题 17-10 图

17-11　图示钢制实心圆轴上的齿轮 C 上作用有铅垂切向力 5 kN，径向力 2 kN；齿轮 D 上作用有水平切向力 10 kN，径向力 3 kN。两齿轮的节圆直径分别为 d_C =400 mm、d_D =200 mm，材料许用应力 $[\sigma]$=100 MPa，试用第四强度理论设计轴的直径 d。（答：$d\geqslant 102$mm）

17-12　图示圆轴受弯矩 M 和扭矩 T 联合作用，试验测得 A 点沿轴向的线应变为 $\varepsilon_{0^\circ}=4\times10^{-4}$，$B$ 点处与轴线成 45° 方向的线应变为 $\varepsilon_{45^\circ}=4.5\times10^{-4}$。已知材料的 $E=200$ GPa，$\mu=0.3$，许用应力 $[\sigma]=160$ MPa。试指出危险点位置，求出该点处的主应力，并根据第四强度理论校核轴的强度。（答：$\sigma_{r4}=144$ MPa）

17-13　图示钢制圆截面传动轴由马达带动，已知轴的转速为 n=300 r/min，马达功率为 P=10 kW，直径 d=50 mm，齿轮重 W=4 kN，轴长 l=1.2 m，轴的许用应力 $[\sigma]=160$ MPa，试用第三强度理论校核轴的强度。（略去弯曲切应力的影响）（答：$\sigma_{r3}=77.7$ MPa）

17-14　图示铆接接头承受轴向拉力 F 的作用，已知 F=1.2 kN，铆钉直径 d=4 mm，板厚

δ=2 mm，板宽 b=14 mm，铆钉许用切应力[τ] =100 MPa，许用挤压应力[σ_{bs}]= 300 MPa，被连接板的许用拉应力[σ]=160 MPa，试校核接头强度。（答：$\tau = 95.5$ MPa，σ_{bs}=150 MPa，$\sigma = 60$ MPa）

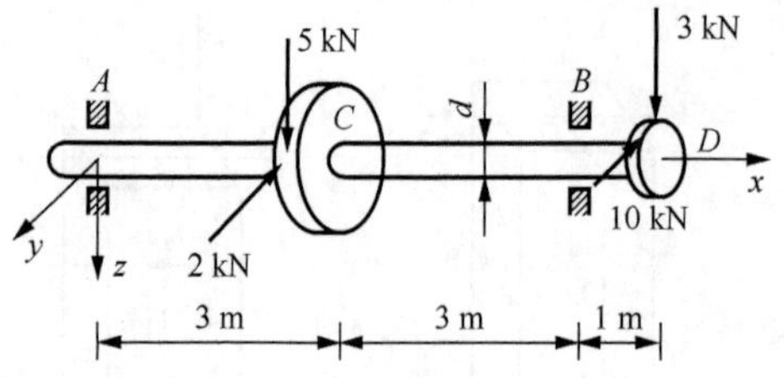

习题 17-11 图

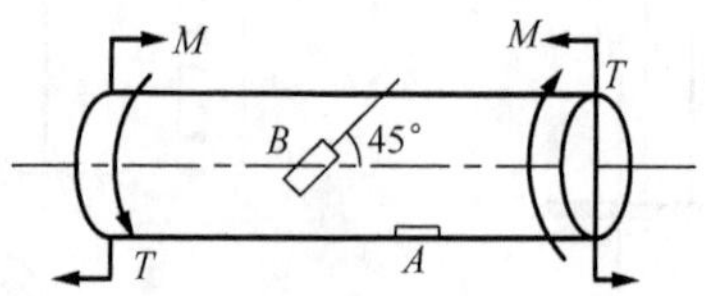

习题 17-12 图

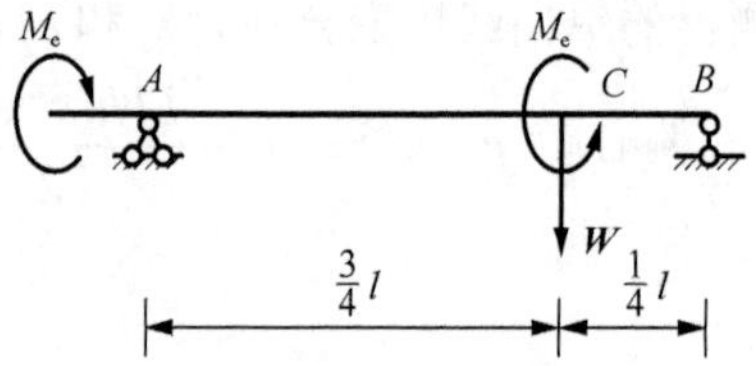

习题 17-13 图

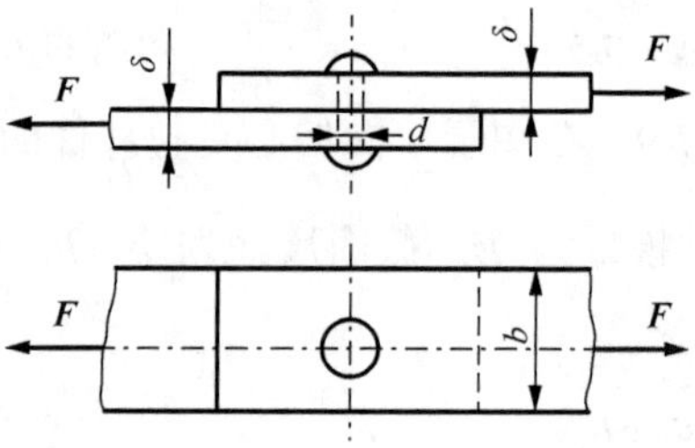

习题 17-14 图

17-15　图示螺栓接头，螺栓直径 d=30 mm，钢板宽 b=200 mm，板厚 δ =18 mm，钢板的许用拉应力[σ]=160 MPa，螺栓许用切应力[τ] =100 MPa，许用挤压应力[σ_{bs}]=240 MPa。试求最大许用拉力[F]值。（答：$[F] = 403.2$ kN）

17-16　图示带肩杆件，已知肩部尺寸 D=200 mm，d=100 mm，δ =35 mm。若杆件材料的许用应力[τ] =100 MPa，[σ_{bs}]=320 MPa，被连接件材料的许用应力[σ]=160 MPa。试求许用荷载[F]。（答：$[F] = 1100$ kN）

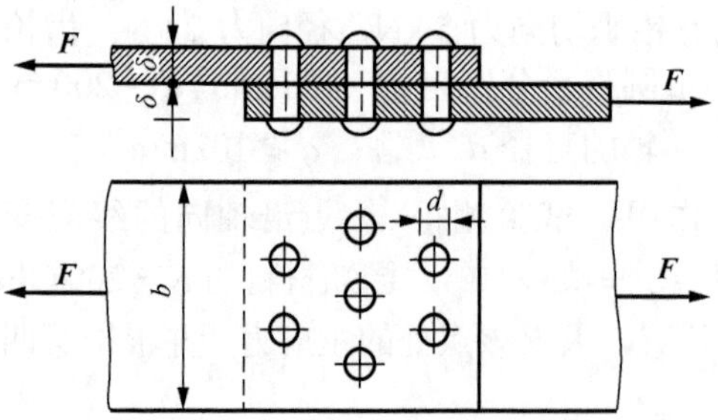

习题 17-15 图

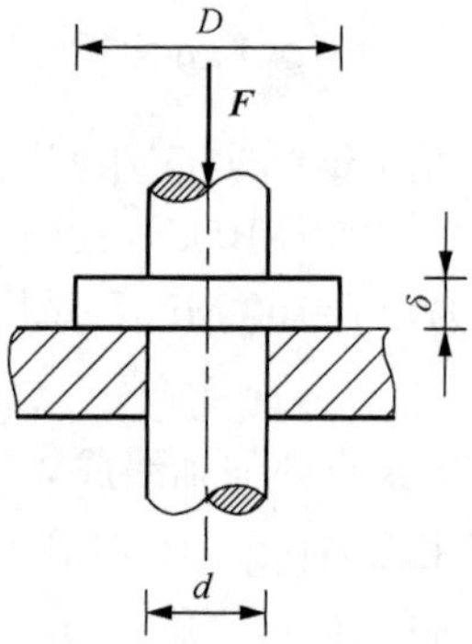

习题 17-16 图

17-17　图示冲床的冲头在力 F 作用下冲剪钢板。设板厚 δ =10 mm，板材料的剪切强度极限 τ_b =360 MPa。试计算冲剪一个直径 d=20 mm 的圆孔所需的冲力 F。（答：$F = 226$ kN）

17-18　图示某起重机吊具，吊钩与吊板通过销轴连接，起吊力为 F。已知 F=40 kN，销

轴直径 d=22 mm，吊钩厚度 δ=20 mm。销轴许用应力[τ]=60 MPa，[σ_{bs}]=120 MPa。试校核该销轴的强度。（答：$\tau = 52.6$ MPa，$\sigma_{bs} = 90.9$ MPa）

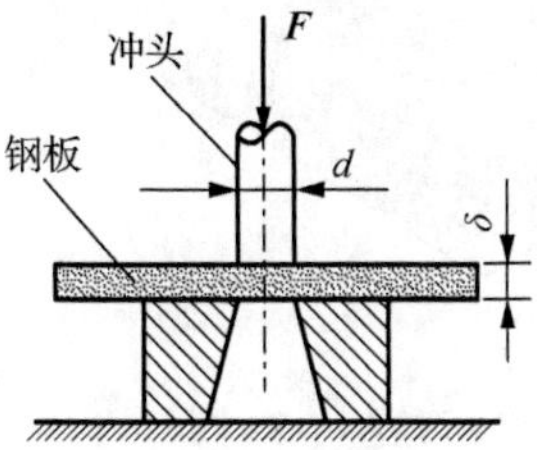

习题 17-17 图

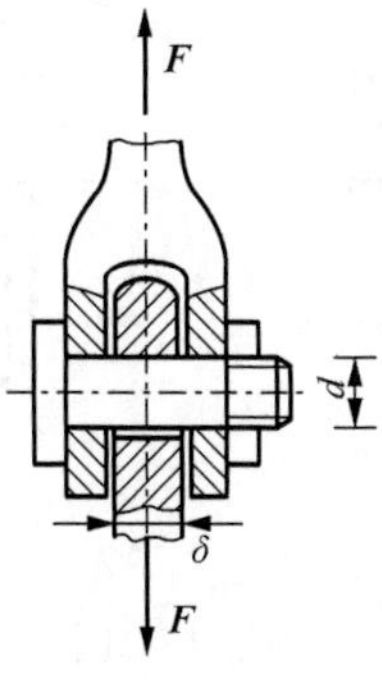

习题 17-18 图

17-19　已知图示铆接钢板的厚度 t=10 mm，铆钉的直径 d=18 mm，铆钉材料的许用切应力[τ]=140 MPa，许用挤压应力[σ_{bs}]=300 MPa。若作用力 F=30 kN，试校核铆钉的强度。（答：$\tau = 118$ MPa，$\sigma_{bs} = 167$ MPa）

17-20　图示厚为 t 的板用圆柱形销钉与支座连接，板承受轴力 P。试写出销钉剪切应力和挤压应力的表达式，以及板内最大拉应力的表达式。（答：$\tau = \dfrac{2P}{\pi d^2}$，$\sigma_{bs} = \dfrac{P}{dt}$，$\sigma_{max} = \dfrac{P}{(w-d)t}$）

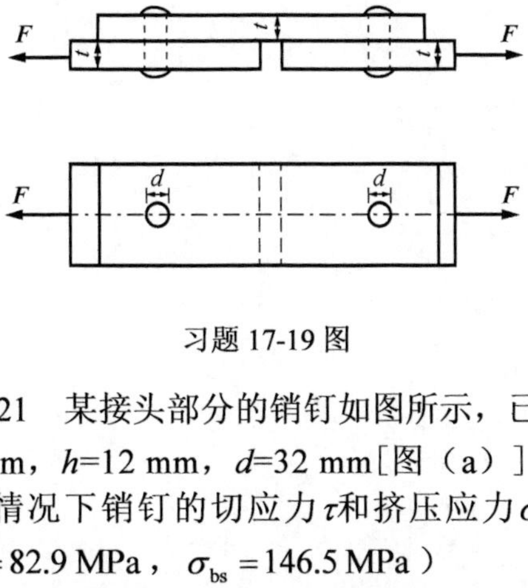

习题 17-19 图

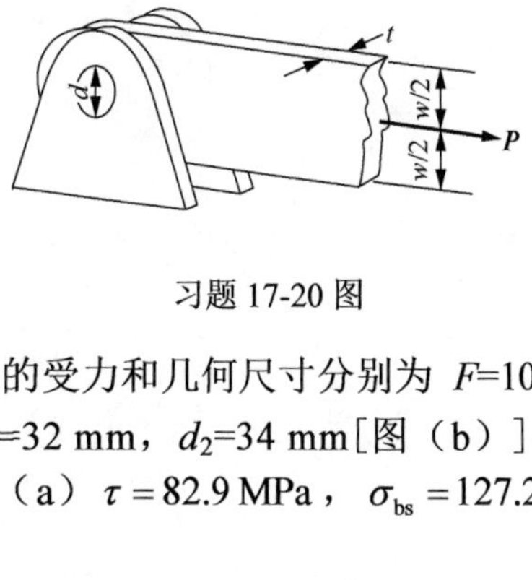

习题 17-20 图

17-21　某接头部分的销钉如图所示，已知连接处的受力和几何尺寸分别为 F=100 kN，D=45 mm，h=12 mm，d=32 mm[图（a）]，或者 d_1=32 mm，d_2=34 mm[图（b）]，试计算两种情况下销钉的切应力τ和挤压应力σ_{bs}。（答：（a）$\tau = 82.9$ MPa，$\sigma_{bs} = 127.2$ MPa；（b）$\tau = 82.9$ MPa，$\sigma_{bs} = 146.5$ MPa）

17-22　由两块木板钉在一起组成的木梁截面尺寸如图所示，图上尺寸单位为 cm。已知钉子间距为 10 cm，若横截面上的剪力恒为 F_s=800 N，钉子的许用切应力[τ]=100 MPa，试根据钉子的剪切强度确定其最小直径。（答：3.56 mm）

17-23　图示齿轮与传动轴用平键连接，已知轴的直径 d=80 mm，键长 l=50 mm，宽 b=20 mm，h=12 mm，h'=7 mm，材料的许用应力[τ]=60 MPa，[σ_{bs}]=100 MPa，试确定此键所能传递的最大扭转力偶矩 M_e。（答：$M_e = 1.4\ \text{kN} \cdot \text{m}$）

17-24　图示联轴节传递的力偶矩 M_e=50 kN·m，用 8 个分布于直径 D=450 mm 的圆周上的螺栓连接，若螺栓的许用切应力$[\tau]=80\text{ MPa}$，试求螺栓的直径 d。（答：$d=21\text{ mm}$）

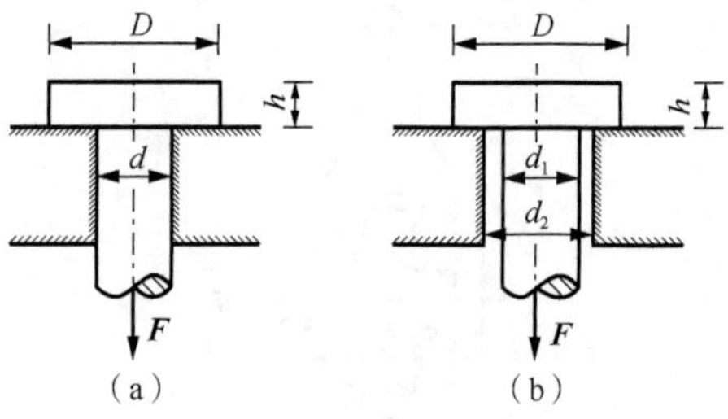

习题 17-21 图

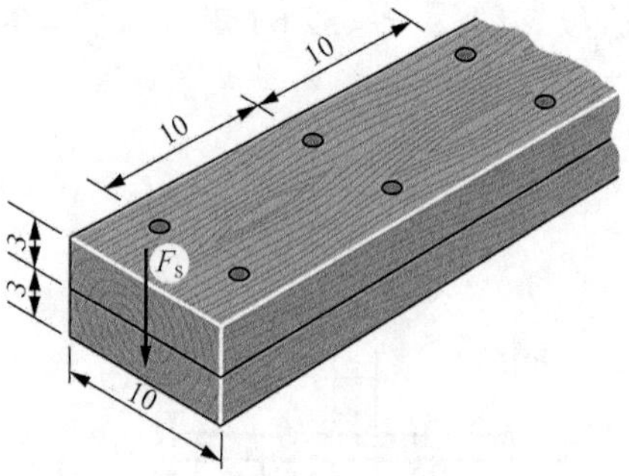

习题 17-22 图

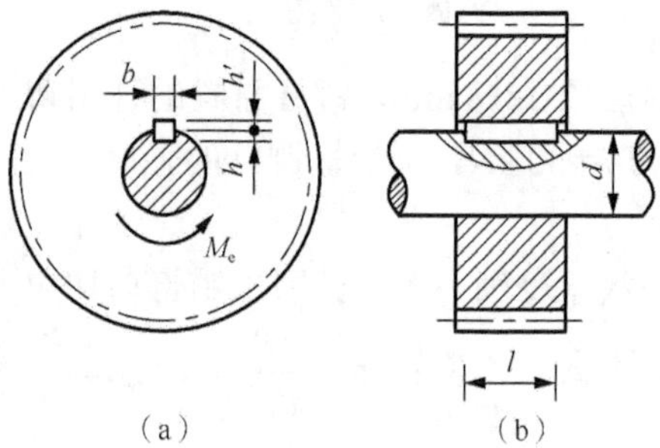

习题 17-23 图

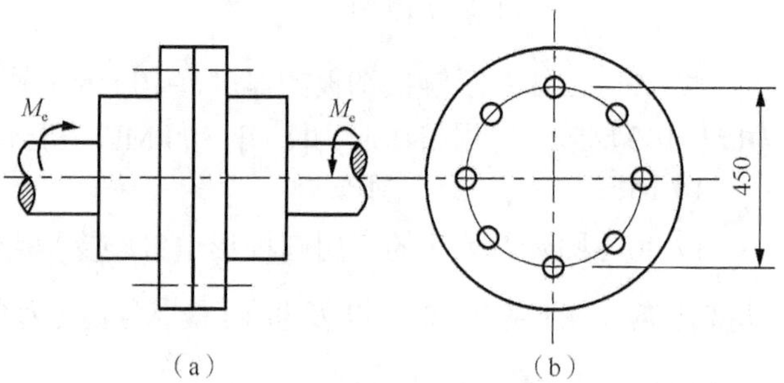

习题 17-24 图

第 18 章　压 杆 稳 定

18.1　概述

在轴向压缩杆件的强度计算中，只需其横截面上的正应力不超过材料的许用应力，就从强度上保证了杆件的正常工作。然而，在实际工程中，人们发现当作用在细长杆件上的压力远小于强度破坏极限时，构件出现突然丧失承载力的情况。例如，一张 A4 打印纸卷成纸筒立在桌面上，上面压上支笔都能立住，但若不卷不折直接立在桌面上，其自重就能使其变弯。由此可见，细长压杆的承载能力并不取决于其轴向压缩强度，而是与其受压时变弯有关，是否变弯则与其横截面的弯曲刚度有关。在实际工程中，杆件难免会存在初始曲率，材料不均匀，以及外力的合力作用线与杆件轴线不重合等因素，这些因素都可能使压杆在外力作用下除发生轴向压缩变形外，还发生附加的弯曲变形。弯曲变形可能随着压力的增大而迅速增大，最终转化为主要变形，导致细长压杆丧失承载能力。

本章在对压杆进行理论研究时，将压杆抽象为材料均匀，中心受压的直杆，即**理想压杆**。在理想中心受压直杆模型中，由于不存在使压杆产生弯曲变形的初始因素，因此在轴向压力下不会发生弯曲现象，为此，假想地在杆上施加微小的横向力，使杆发生弯曲变形，然后撤去横向力，看杆件是否能恢复原来的直线平衡状态。

如图 18-1（a）所示，细长直杆 AB 承受轴向压力 F 作用处于平衡状态，然后杆件受到一个微小的横向扰动。若撤去横向扰动后，杆件的轴线将恢复原来的直线平衡状态[图 18-1（b）]，这称为**稳定平衡**；若撤去扰动后，杆件的轴线仍处于弯曲状态[图 18-1（c）]，则称压杆原来在直线状态下的平衡为**不稳定平衡**。也就是说，理想压杆两端受到轴向压力作用时，其平衡状态可分为三个阶段：当轴向压力 F 小于某个数值 F_{cr} 时，杆件处于稳定平衡阶段；当轴向压力 F 超过 F_{cr} 以后，任何微小干扰都会使杆件丧失稳定性，杆件处于不稳定的直线平衡状态；当轴向压力 F 正好等于 F_{cr} 时，处于从稳定平衡到不稳定平衡的过渡状态，称为**临界状态**。临界状态时的轴向压力 F_{cr} 称为**临界压力**，简称**临界力**。中心受压直杆在临界力 F_{cr} 作用下，其直线形态的平衡开始丧失稳定性的现象，称为**失稳**。

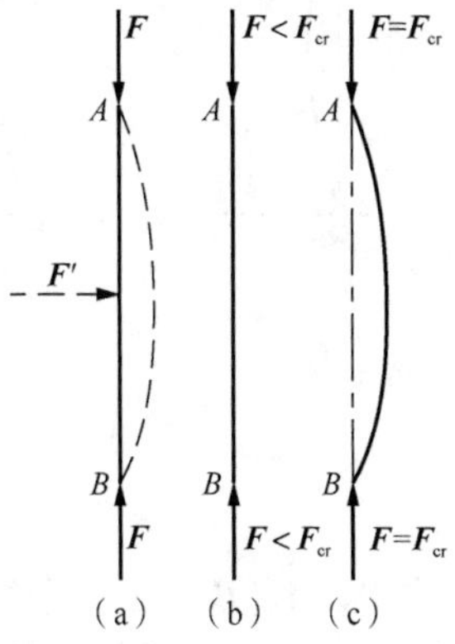

图 18-1

失稳是结构破坏的重要形式之一。除了细长压杆有稳定性问题外，狭长矩形截面梁受横向力作用[图 18-2（a）]，薄壁构件受压力、扭矩等作用[图 18-2（b）]时均可能出现失稳现象，甚至自然界中边坡[图 18-2（c）]也有稳定性问题。历史上有许多工程事故都是由于构件或结构失稳造成的，在实际结构设计中，稳定性分析非常重要。本章只针对理想中心受压直杆的稳定性进行理论分析，其他更复杂的稳定性问题还需将来进一步学习。

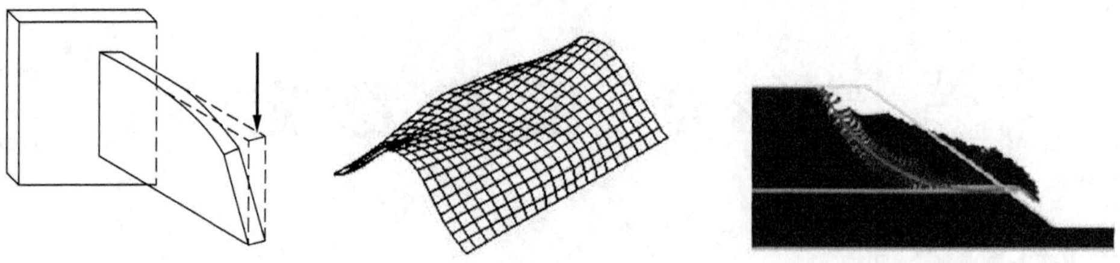
(a)　(b)　(c)

图 18-2

18.2 细长中心受压直杆临界力的欧拉公式

细长的理想中心受压直杆在临界力 F_{cr} 作用下，处于不稳定平衡的直线状态，设材料仍处于理想线弹性范围，这类稳定问题称为线弹性稳定问题。下面先以两端铰支的细长压杆为例，推导临界力的计算公式。

18.2.1 两端铰支约束下细长压杆临界力的欧拉公式

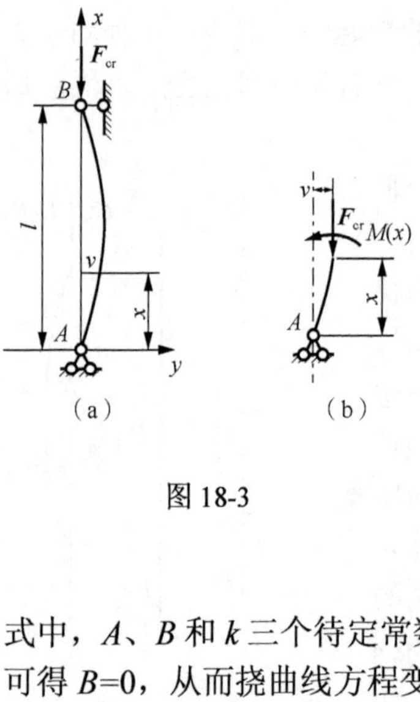

(a)　(b)

图 18-3

如图 18-3（a）所示，两端球形铰支、长为 l 的等截面细长中心受压直杆，在临界力 F_{cr} 作用下在偏离直线平衡位置附近保持微弯状态的平衡。根据截面法，压杆任意横截面上的内力为压力 F_{cr} 和弯矩 $M(x)=F_{cr}v$ [图 18-3（b）]，由挠曲线近似微分方程知

$$v''=-\frac{M(x)}{EI}=-\frac{F_{cr}}{EI}v \quad\Rightarrow\quad v''+\frac{F_{cr}}{EI}v=0$$

令 $\frac{F_{cr}}{EI}=k^2$，上式改写为二阶常系数齐次线性微分方程的标准形式：

$$v''+k^2v=0$$

其通解为

$$v(x)=A\sin kx+B\cos kx$$

式中，A、B 和 k 三个待定常数可利用挠曲线边界条件来确定。由 x=0 时，v=0 的边界条件，可得 B=0，从而挠曲线方程变为

$$v=A\sin kx$$

将边界条件 $x=l$，v=0 代入上式，得

$$0=A\sin kl$$

该式只有在 $A=0$ 或 $\sin kl=0$ 时才能成立。若 $A=0$，则压杆的轴线无弯曲，这与前提条件不符，因此，压杆若在微弯状态下平衡，只有 $\sin kl=0$，也即

$$kl = n\pi \quad \Rightarrow \quad k = \frac{n\pi}{l} \qquad (n = 0,1,2,\cdots)$$

代入$\frac{F_{cr}}{EI} = k^2$，于是

$$F_{cr} = \frac{n^2\pi^2 EI}{l^2} \qquad (n = 0,1,2,\cdots)$$

由于临界力应为非零解的最小值，上式取 $n=1$，得到两端球形铰支（简称铰支）细长等直压杆临界力为

$$F_{cr} = \frac{\pi^2 EI}{l^2} \tag{18-1}$$

由于上式最早由欧拉（L. Euler）推导，因此，该式又称为**欧拉公式**。

从上面的推导也得到了微弯状态下的挠曲线方程为

$$v = \delta \sin\frac{\pi}{l}x$$

式中，δ 为挠曲线中点的挠度。由此可见，两端铰支中心受压直杆弯曲后的挠曲线为半波正弦曲线。

18.2.2 不同杆端约束下细长压杆临界力的欧拉公式

式（18-1）是两端铰支细长压杆的临界力欧拉公式，从公式的推导过程可知，杆端约束不同，公式中所采用的边界条件也不同，得到的欧拉公式表达式也将不同。仿照两端铰支细长压杆临界力欧拉公式的推导方法，可得到不同杆端约束条件下相应的临界力计算公式。表 18-1 给出了几种典型的理想约束条件下欧拉公式的表达式。

由表 18-1 可以看出，中心受压直杆的临界力受到杆端约束情况的影响，杆端约束越强，杆的抗弯能力就越大，其临界力也就越高。对于各种杆端约束情况，细长中心受压等截面直杆的欧拉公式可写成统一的形式：

$$F_{cr} = \frac{\pi^2 EI}{(\mu l)^2} \tag{18-2}$$

式中，μ 称为压杆的**长度因数**，与杆端约束有关。μl 表示将压杆折算成两端铰支压杆的**相当长度**，也是各种约束条件下的细长压杆失稳时，挠曲线中相当于半波正弦曲线的一段长度。分析各压杆的相当长度时，均由弯矩为零点处算起，这是因为弯矩为零的点对应挠曲线的拐点，而将压杆在挠曲线两拐点处看成两端铰支。

应当注意，细长压杆临界力的欧拉公式中，I 是横截面对某一形心主惯性轴的惯性矩，若杆端在各个方向的约束情况相同（如球形铰），I 应取最小的形心主惯性矩；若杆端在不同方向的约束情况不同（如柱形铰），则应根据不同方向的约束取相应方向的惯性矩，参见例 18-4。另外，实际工程中的约束与理论研究中的理想约束通常有所差异，应根据约束的程度，以表 18-1 作为参考加以选取，或者参照有关设计规范选取。

表 18-1　各种杆端约束条件下等截面细长压杆临界力的欧拉公式

约束情况	两端铰支	两端固定	一端固定一端自由	一端固定一端铰支
失稳时挠曲线形状	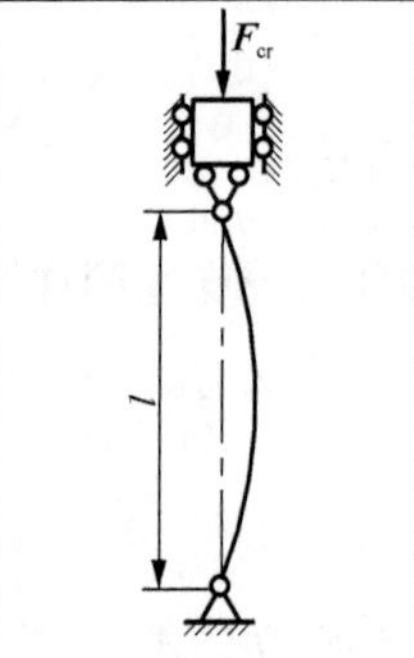 （a）	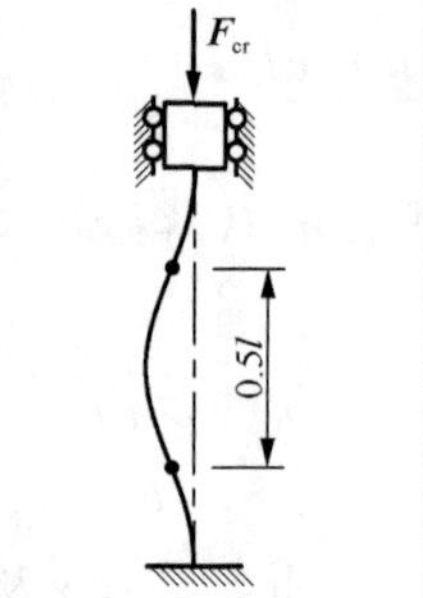 （b）	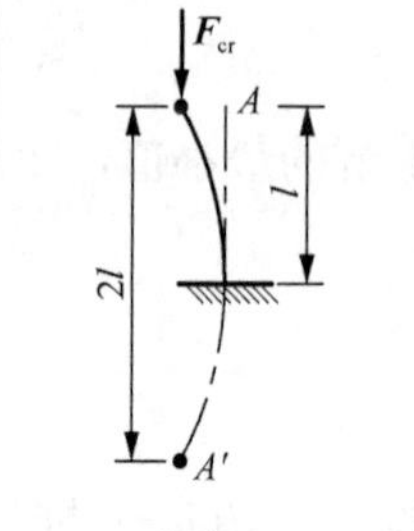 （c）	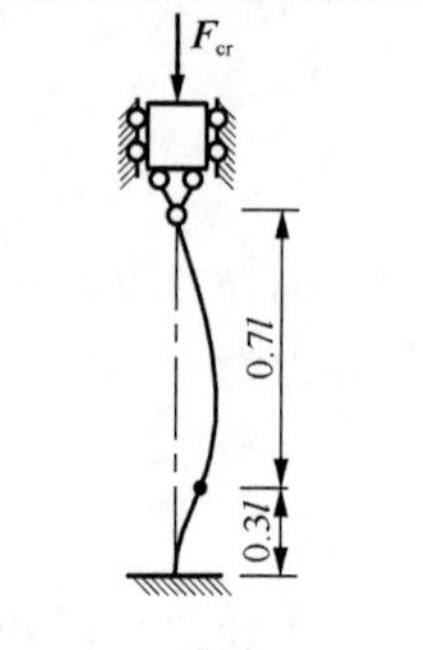 （d）
临界力 F_{cr} 的欧拉公式	$F_{cr}=\dfrac{\pi^2 EI}{l^2}$	$F_{cr}=\dfrac{\pi^2 EI}{(0.5l)^2}$	$F_{cr}=\dfrac{\pi^2 EI}{(2l)^2}$	$F_{cr}=\dfrac{\pi^2 EI}{(0.7l)^2}$
长度因数 μ	$\mu=1$	$\mu=0.5$	$\mu=2$	$\mu=0.7$

【例 18-1】 图 18-4 所示一端固定、一端自由的矩形截面杆承受压力作用。已知杆长 l=1.5 m，横截面尺寸 b=10 mm，h=24 mm，材料弹性模量 $E=10$ GPa，许用压应力 $[\sigma_c]=8$ MPa。试求该压杆的临界压力 F_{cr}，并与按强度条件计算得到的许用压力值相比较。

解　临界力 $F_{cr}=\pi^2 EI/(\mu l)^2$，该题中 μ=2，惯性矩 I 应取最小惯性矩 I_{min}，即

$$I_{min}=I_y=\frac{hb^3}{12}=\frac{24\times10^3}{12}=2\times10^3(\text{mm}^4)=2\times10^{-9}(\text{m}^4)$$

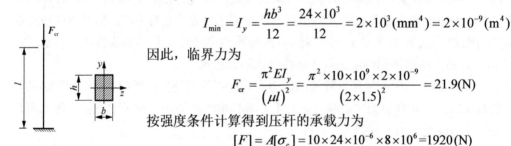

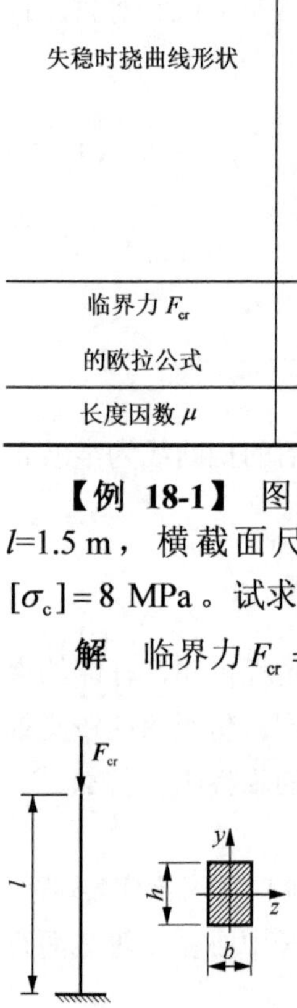

图 18-4

因此，临界力为

$$F_{cr}=\frac{\pi^2 EI_y}{(\mu l)^2}=\frac{\pi^2\times10\times10^9\times2\times10^{-9}}{(2\times1.5)^2}=21.9(\text{N})$$

按强度条件计算得到压杆的承载力为

$$[F]=A[\sigma_c]=10\times24\times10^{-6}\times8\times10^6=1920(\text{N})$$

比较压杆失稳时的临界力和强度破坏的极限荷载可知，临界力只是许用压力的 1.14%，说明压杆在远未达到强度破坏之前就已经丧失了稳定性。

18.3　欧拉公式的适用范围、临界应力总图

根据欧拉公式计算得到的临界压力除以压杆的横截面面积，就得到**临界应力**：

$$\sigma_{cr}=\frac{F_{cr}}{A}=\frac{\pi^2 EI}{(\mu l)^2 A}=\frac{\pi^2 E}{(\mu l/i)^2}=\frac{\pi^2 E}{\lambda^2} \tag{18-3}$$

该式是欧拉公式（18-2）的另一种表达形式。式中，$i=\sqrt{I/A}$ 为压杆横截面对中性轴的惯性半径，$\lambda=\mu l/i$ 为一无量纲参数，称为压杆的**柔度**或**长细比**。压杆柔度 λ 反映了杆长、杆端约束情况、截面形状和尺寸等因素对压杆稳定性的综合影响。由公式可见，压杆越细长，柔度越大，其临界应力越低，越容易失稳。

由临界应力计算公式（18-3）可知，临界应力σ_{cr}与柔度λ之间为双曲函数关系，用双曲线表示，称为**欧拉临界应力曲线**，如图 18-5 所示。然而，由前面分析可知，欧拉公式是在压杆的弹性挠曲线近似微分方程基础上推导出来的，因此，利用欧拉公式对压杆进行稳定分析时，只有在临界应力σ_{cr}不超过材料的比例极限σ_p时才有意义，即欧拉公式的适用范围是

$$\sigma_{cr}=\frac{\pi^2 E}{\lambda^2}\leqslant\sigma_p \quad 或 \quad \lambda\geqslant\pi\sqrt{\frac{E}{\sigma_p}}=\lambda_p$$

式中，$\lambda_p=\pi\sqrt{E/\sigma_p}$，是能够应用欧拉公式的压杆柔度的界限值。上式表明，只有当$\lambda\geqslant\lambda_p$时，满足$\sigma_{cr}\leqslant\sigma_p$，欧拉公式才适用。也就是说，图 18-5 中双曲线的实线部分才可使用，虚线部分没有意义。$\lambda\geqslant\lambda_p$的压杆称为**大柔度压杆或细长压杆**，而$\lambda<\lambda_p$的压杆称为**小柔度压杆**，该种压杆可不必进行稳定性分析。

λ_p的大小取决于压杆材料的力学性能，例如，对于 Q235 钢，可取E=200 GPa，σ_p=200 MPa，则有

$$\lambda_p=\pi\sqrt{\frac{E}{\sigma_p}}=\pi\sqrt{\frac{200\times10^9}{200\times10^6}}\approx100$$

即由 Q235 钢制成的压杆，只有当$\lambda\geqslant100$的大柔度杆件，才可以采用欧拉公式进行稳定计算。

由上述讨论可知，中心受压直杆的临界应力σ_{cr}与压杆的柔度$\lambda=\mu l/i$有关。对于$\lambda\geqslant\lambda_p$的大柔度（细长）压杆，临界应力可按欧拉公式（18-3）计算。对于$\lambda<\lambda_p$的小柔度压杆，欧拉公式不再适用，其临界应力的计算方法有很多种，图 18-6 是按折减弹性模量方法绘出的临界应力曲线。当压杆的柔度很小时，按折减弹性模量理论求得的临界应力值可能超过了材料的屈服极限σ_s，这时，杆件将发生强度破坏，就应以屈服极限作为压杆的临界应力。综上所述，将压杆的临界应力σ_{cr}与柔度λ间的关系绘成如图 18-6 所示的曲线，称为**压杆的临界应力总图**。

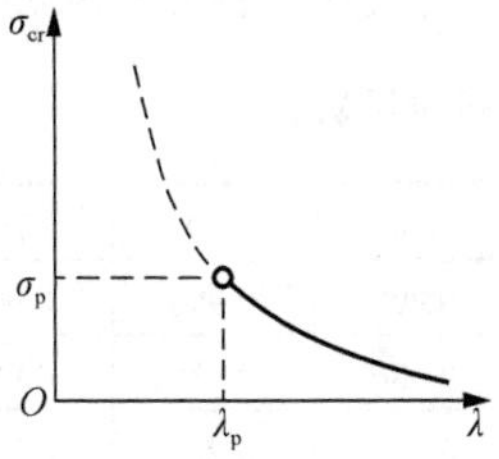

图 18-5

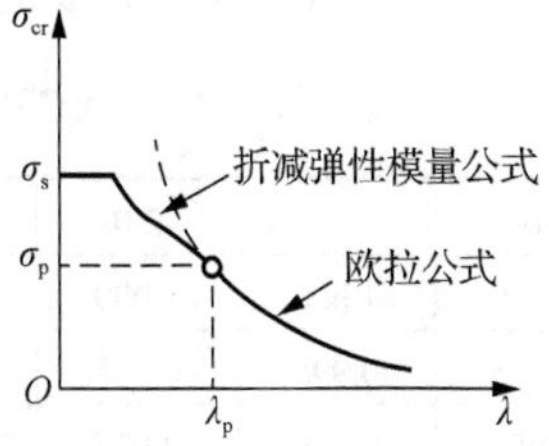

图 18-6

18.4　压杆的稳定计算与合理设计

18.4.1　实际压杆的稳定计算

欧拉公式（18-2）或（18-3）是针对理想中心受压直杆的，但实际工程中的压杆并非理想状态，杆件可能存在初始曲率、偏心受压、材料不均匀以及加工过程中产生残余应力等不利

因素，造成实际压杆的临界应力有所下降。因此，在实际工程中，要将临界应力除以稳定安全因数 n_{st}，得到稳定许用应力 $[\sigma]_{st}$ 才能用以设计压杆。稳定许用应力经常还用材料的强度许用应力 $[\sigma]$ 乘以一个随压杆柔度 λ 而改变的稳定系数 $\varphi=\varphi(\lambda)$ 来表达，即

$$[\sigma]_{st}=\frac{\sigma_{cr}}{n_{st}}=\frac{\sigma_{cr}}{n_{st}[\sigma]}[\sigma]=\frac{\sigma_{cr}}{n_{st}\dfrac{\sigma_s}{n}}[\sigma]=\frac{n\sigma_{cr}}{n_{st}\sigma_s}[\sigma]=\varphi[\sigma] \tag{18-4}$$

式中，φ 称为压杆的**稳定系数**。因为通常 n 小于 n_{st}，σ_{cr} 远小于 σ_s，因此，φ 是一个小于 1 的常数，其值可根据各种设计规范查得。

对于木制压杆的稳定系数 φ 值，我国《木结构设计标准》（GB/T 50005—2017）按照树种的强度等级分别给出了两组计算公式。

树种强度等级为 TC15、TC17 和 TB20 时，

$$\varphi=\begin{cases}\dfrac{1}{1+\left(\dfrac{\lambda}{80}\right)^2}, & 当\lambda\leqslant 75\\[2ex] \dfrac{3000}{\lambda^2}, & 当\lambda>75\end{cases} \tag{18-5}$$

树种强度等级为 TC11、TC13、TB15 和 TB17 时，

$$\varphi=\begin{cases}\dfrac{1}{1+\left(\dfrac{\lambda}{65}\right)^2}, & 当\lambda\leqslant 91\\[2ex] \dfrac{2800}{\lambda^2}, & 当\lambda>91\end{cases} \tag{18-6}$$

我国《钢结构设计标准》（GB/T 50017—2017）根据国内常用受压杆件的截面形式、尺寸、加工方式和相应的残余应力情况，将承载能力相近的截面归并为 a、b、c、d 四类；再根据不同材料给出四类截面在不同柔度下的 φ 值。表 18-2 和表 18-3 分别给出了 Q235 钢 a、b 两类截面的 φ 值。

表 18-2　Q235 钢 a 类截面中心受压直杆的稳定系数 φ

λ	0	1.0	2.0	3.0	4.0	5.0	6.0	7.0	8.0	9.0
0	1.000	1.000	1.000	1.000	0.999	0.999	0.998	0.998	0.997	0.996
10	0.995	0.994	0.993	0.992	0.991	0.989	0.986	0.986	0.985	0.983
20	0.981	0.979	0.977	0.976	0.974	0.972	0.970	0.968	0.966	0.964
30	0.963	0.961	0.959	0.957	0.955	0.952	0.950	0.948	0.946	0.944
40	0.941	0.939	0.937	0.934	0.932	0.929	0.927	0.924	0.921	0.919
50	0.916	0.913	0.910	0.907	0.904	0.900	0.897	0.894	0.890	0.886
60	0.883	0.879	0.875	0.871	0.867	0.863	0.858	0.851	0.849	0.844
70	0.830	0.834	0.829	0.824	0.818	0.813	0.807	0.801	0.795	0.789
80	0.788	0.776	0.770	0.763	0.757	0.750	0.743	0.736	0.728	0.721
90	0.714	0.706	0.699	0.691	0.684	0.676	0.668	0.661	0.653	0.645
100	0.638	0.630	0.622	0.615	0.607	0.600	0.592	0.585	0.577	0.570
110	0.563	0.555	0.548	0.541	0.534	0.527	0.520	0.514	0.507	0.500
120	0.494	0.488	0.481	0.475	0.469	0.463	0.457	0.451	0.445	0.440

续表

λ	0	1.0	2.0	3.0	4.0	5.0	6.0	7.0	8.0	9.0
130	0.434	0.429	0.423	0.418	0.412	0.407	0.402	0.397	0.392	0.387
140	0.383	0.378	0.373	0.369	0.364	0.360	0.356	0.351	0.347	0.343
150	0.339	0.335	0.331	0.327	0.323	0.320	0.316	0.312	0.309	0.305
160	0.302	0.298	0.295	0.292	0.289	0.285	0.282	0.279	0.276	0.273
170	0.270	0.267	0.264	0.262	0.259	0.256	0.253	0.251	0.248	0.246
180	0.243	0.241	0.238	0.236	0.233	0.231	0.229	0.226	0.224	0.222
190	0.220	0.218	0.215	0.213	0.211	0.209	0.207	0.205	0.203	0.201
200	0.199	0.198	0.196	0.194	0.192	0.190	0.189	0.187	0.185	0.183
210	0.182	0.180	0.179	0.177	0.175	0.174	0.172	0.171	0.169	0.168
220	0.166	0.165	0.164	0.162	0.161	0.159	0.158	0.157	0.155	0.154
230	0.153	0.152	0.150	0.149	0.148	0.147	0.146	0.144	0.143	0.142
240	0.141	0.140	0.139	0.138	0.136	0.135	0.134	0.133	0.132	0.131
250	0.130									

表 18-3　Q235 钢 b 类截面中心受压直杆的稳定系数 φ

λ	0	1.0	2.0	3.0	4.0	5.0	6.0	7.0	8.0	9.0
0	1.000	1.000	1.000	0.999	0.999	0.998	0.997	0.996	0.995	0.994
10	0.992	0.991	0.989	0.987	0.985	0.983	0.981	0.978	0.976	0.973
20	0.970	0.967	0.963	0.960	0.957	0.953	0.950	0.946	0.943	0.939
30	0.936	0.932	0.929	0.925	0.922	0.918	0.914	0.910	0.906	0.903
40	0.899	0.895	0.891	0.887	0.882	0.878	0.874	0.870	0.865	0.861
50	0.856	0.852	0.847	0.842	0.838	0.833	0.828	0.823	0.818	0.813
60	0.807	0.802	0.797	0.791	0.786	0.780	0.747	0.769	0.763	0.757
70	0.751	0.745	0.739	0.732	0.726	0.720	0.714	0.707	0.701	0.694
80	0.688	0.681	0.675	0.668	0.661	0.655	0.648	0.641	0.635	0.628
90	0.621	0.614	0.608	0.601	0.594	0.588	0.581	0.575	0.568	0.561
100	0.555	0.549	0.542	0.536	0.529	0.523	0.517	0.511	0.505	0.499
110	0.493	0.487	0.481	0.475	0.470	0.464	0.458	0.453	0.447	0.442
120	0.437	0.432	0.426	0.421	0.416	0.411	0.406	0.402	0.397	0.392
130	0.387	0.383	0.378	0.374	0.370	0.365	0.361	0.357	0.353	0.349
140	0.345	0.341	0.337	0.333	0.329	0.326	0.322	0.318	0.315	0.311
150	0.308	0.304	0.301	0.298	0.265	0.291	0.288	0.285	0.282	0.279
160	0.276	0.273	0.270	0.267	0.265	0.262	0.259	0.256	0.254	0.251
170	0.249	0.246	0.244	0.241	0.239	0.236	0.234	0.232	0.229	0.227
180	0.225	0.223	0.220	0.218	0.216	0.214	0.212	0.210	0.208	0.206
190	0.204	0.202	0.200	0.198	0.197	0.195	0.193	0.191	0.190	0.188
200	0.186	0.184	0.183	0.181	0.180	0.178	0.176	0.175	0.173	0.172
210	0.170	0.169	0.167	0.166	0.165	0.163	0.162	0.160	0.159	0.158
220	0.156	0.155	0.154	0.153	0.151	0.150	0.149	0.148	0.146	0.145
230	0.144	0.143	0.142	0.141	0.140	0.138	0.137	0.136	0.135	0.134
240	0.133	0.132	0.131	0.130	0.129	0.128	0.127	0.126	0.125	0.124
250	0.123									

如前所述，压杆的稳定条件可表达为

$$\sigma = \frac{F}{A} \leqslant [\sigma]_{st} = \varphi[\sigma] \quad 或 \quad \frac{F}{\varphi A} \leqslant [\sigma] \tag{18-7}$$

式中，F为压杆承受的轴向压力；φ为压杆的稳定系数；$[\sigma]$为压杆材料的许用应力；A为压杆的横截面面积。当压杆由于钉孔等原因而使横截面有局部削弱时，因为压杆的临界力是根据整根杆的失稳来确定，所以在稳定计算中不必考虑局部截面削弱的影响，以完整截面面积进行计算。而在强度计算中，压杆的危险截面为整个杆件中局部被削弱的截面，要按危险截面处的净面积进行计算。

类似于强度条件，由压杆稳定条件可以求解三类问题：稳定性校核、设计压杆截面尺寸和确定许可工作荷载。在已知压杆的材料、杆长和杆端约束，要根据稳定条件选择压杆截面尺寸时，需要用到压杆的稳定系数φ，而稳定系数φ又受截面形状和尺寸的影响，因此，只能采用试算法，参见后面例 18-3。

18.4.2　压杆的合理设计

提高压杆稳定性的关键在于提高压杆临界力或临界应力。从理想压杆临界力欧拉公式$F_{cr} = \pi^2 EI/(\mu l)^2$可以看出，影响临界力的因素包括压杆的材料（$E$）、相当长度（$\mu l$）和横截面形式（$I$），因此，压杆的合理设计需要从以下几个方面加以考虑。

（1）选用合适材料，提高弹性模量 E。由欧拉公式可知，临界力与材料的弹性模量成正比，选用弹性模量较大的材料，可提高压杆的临界力，例如，用钢材代替木材。但应注意，高强度钢材和普通钢材的弹性模量值差别不大，用高强度钢材代替普通钢材不能改善压杆的稳定性。

（2）增强杆端约束，减小压杆长度，从而减小相当长度μl。从表 18-1 可知，杆端约束越强，长度因数μ值越小，压杆的相当长度μl越小，压杆的临界力越大，压杆的稳定性就越好。另外，在结构允许的情况下，应尽量减小压杆的长度，也可在压杆上增设中间支撑，降低柔度，从而有效地提高压杆的稳定性。

（3）合理设计截面。由欧拉公式可知，临界力与截面的惯性矩 I 成正比，因此，应在截面面积 A 一定的条件下，尽量增大截面的惯性矩 I。工程中可以通过使用空心截面[图 18-7(a)]或型钢组合截面[图 18-7（b）]，使截面面积分布远离形心主轴，从而提高截面的惯性矩。另外，若压杆在两个相互垂直的主惯性轴平面内具有相同的约束条件（例如球铰）时，应使截面对这两个主惯性轴的惯性矩相等。例如，图 18-7（b）中调整槽钢的摆放位置 h，可使截面对 y、z 两坐标轴的惯性矩相等，即$I_y = I_z$，从而使压杆在两个方向具有相同的稳定性。对于两个方向的杆端约束条件不同（例如柱形铰）的压杆，为了充分发挥材料的作用，则应选择两个主惯性矩不相等的截面，例如长方形或工字形截面，以使截面对两主惯性轴的柔度大致相等，即$\lambda_y \approx \lambda_z$，从而使压杆在两个方向具有大致相同的稳定性。

【例 18-2】 如图 18-8 所示的压杆两端球铰支撑，材料为 Q235 钢，强度许用应力$[\sigma] = 200\ \text{MPa}$，并符合钢结构设计规范中的 b 类截面中心受压杆的要求。若压力 F=800 kN，试校核其稳定性。

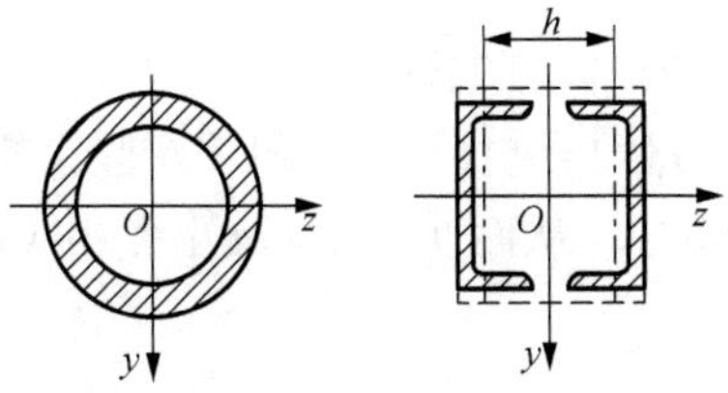

（a）　　　　　（b）

图 18-7

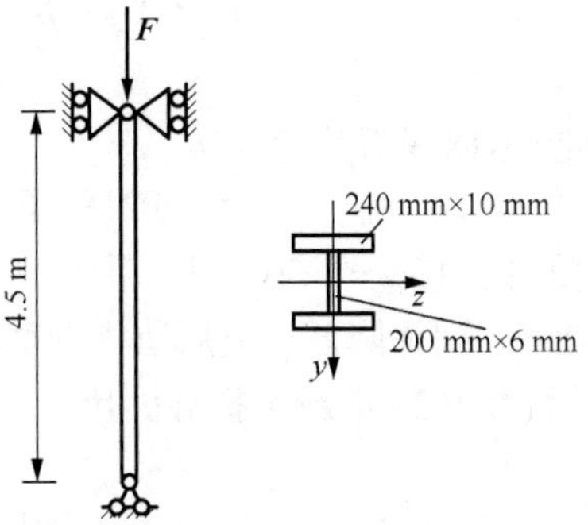

图 18-8

解 压杆横截面的面积 $A = 2\times240\times10+200\times6 = 6000(\text{mm}^2)$，两个轴惯性矩分别为

$$I_y = \frac{200\times6^3}{12} + 2\times\frac{10\times240^3}{12} = 23.04\times10^6(\text{mm}^4)$$

$$I_z = 2\times\left(\frac{240\times10^3}{12} + 240\times10\times105^2\right) + \frac{6\times200^3}{12} = 56.96\times10^6(\text{mm}^4)$$

应该采用较小的 I_y 进行后续计算。因此，横截面的惯性半径为

$$i = \sqrt{\frac{I_y}{A}} = \sqrt{\frac{23.04\times10^6}{6000}} = 61.97(\text{mm})$$

从而柔度为

$$\lambda = \frac{\mu l}{i} = \frac{1\times4.5}{61.97\times10^{-3}} = 72.62$$

由 $\lambda = 72.62$，通过查表 18-3，并采用线性插值，求得

$$\varphi = 0.739+0.62\times(0.732-0.739) = 0.7347$$

$$\frac{F}{\varphi A} = \frac{800\times10^3}{0.7347\times6000\times10^{-6}} = 181\times10^6(\text{Pa}) = 181(\text{MPa}) < [\sigma]$$

由计算结果可知，该压杆满足稳定性要求。

【例 18-3】 厂房立柱由两根槽钢构成，采用 Q235 钢 b 类截面，材料的抗压许用应力 $[\sigma] = 170\text{ MPa}$。立柱承受轴向压力 270 kN，柱长 l =7 m，根据立柱两端的约束情况，可取长度因数 $\mu = 1.3$，试求槽钢的最小型号。

解 按稳定条件选择槽钢型号时，需要已知稳定系数 φ，而 φ 值大小取决于截面的柔度 λ，在截面尺寸未知情况下又无法确定柔度，因此，求解此类问题只能采用试算方法。首先假设一个 φ 值，本题设 $\varphi = 0.5$，从而稳定许用应力为 $[\sigma]_{\text{st}} = \varphi[\sigma] = 0.5\times170 = 85\text{ (MPa)}$。由此可知每根槽钢所需的横截面面积为

$$A = \frac{\frac{F}{2}}{[\sigma]_{\text{st}}} = \frac{270\times10^3}{2\times85\times10^6} = 1.588\times10^{-3}(\text{m}^2) = 15.88(\text{cm}^2)$$

由型钢表查得 12.6 号槽钢的横截面面积为 $A = 15.69\text{ cm}^2$，惯性半径 $i = 4.953\text{ cm}$。可求得立柱的柔度为

$$\lambda = \frac{\mu l}{i} = \frac{1.3 \times 7}{4.953 \times 10^{-2}} = 183.7$$

根据柔度查表 18-3 得稳定系数

$$\varphi = 0.218 + 0.7 \times (0.216 - 0.218) = 0.2166$$

显然，前面假设的 $\varphi = 0.50$ 过大，需重新假设较小的 φ 值再进行计算，但重新假设的 φ 值也不宜采用 0.2166，因为降低 φ 值后所需的截面面积必然加大，从而使柔度 λ 减小而相应的 φ 增大。因此，选用 $\varphi = 0.35$ 重新选择截面尺寸，此时

$$A = \frac{\frac{F}{2}}{[\sigma]_{\mathrm{st}}} = \frac{\frac{F}{2}}{\varphi[\sigma]} = \frac{270 \times 10^3}{2 \times 0.35 \times 170 \times 10^6} = 2.269 \times 10^{-3}(\mathrm{m}^2) = 22.69(\mathrm{cm}^2)$$

选 16 号槽钢，横截面面积 $A = 25.15\ \mathrm{cm}^2$，惯性半径 $i = 6.1\ \mathrm{cm}$，其柔度为

$$\lambda = \frac{\mu l}{i} = \frac{1.3 \times 7}{6.1 \times 10^{-2}} = 149.2$$

重新查表得到与 λ 值对应的 $\varphi = 0.311$，接近于试用的 $\varphi = 0.35$。按 $\varphi = 0.311$ 对选择的 16 号槽钢进行稳定校核。此时，稳定许用应力为

$$[\sigma]_{\mathrm{st}} = \varphi[\sigma] = 0.311 \times 170 = 52.9(\mathrm{MPa})$$

而立柱的工作应力为

$$\sigma = \frac{F}{2A} = \frac{270 \times 10^3}{2 \times 25.15 \times 10^{-4}} = 53.7 \times 10^6(\mathrm{Pa}) = 53.7(\mathrm{MPa})$$

虽然工作应力略大于压杆的稳定许用应力，但仅超过 1.5%，工程上是允许的，可以认为选 16 号槽钢能够满足稳定性要求。

【例 18-4】 图 18-9 所示两端为柱形铰链连接的压杆采用强度等级为 TC13 的松木，强度许用应力 $[\sigma] = 10\ \mathrm{MPa}$。当压杆在图 18-9（a）所示 xy 平面内弯曲时，杆两端为铰支；在图 18-9（b）所示 xz 平面内弯曲时，杆两端为固定端约束。已知截面尺寸 b=40 mm，h=60 mm，杆长 l=3 m，试求该杆的许可压力值。

解　在 xy 平面内失稳时，长度因数 $\mu_z = 1$，惯性矩和惯性半径分别为

$$I_z = \frac{bh^3}{12} = \frac{0.04 \times 0.06^3}{12} = 72 \times 10^{-8}(\mathrm{m}^4)，\quad i_z = \sqrt{\frac{I_z}{A}} = \sqrt{\frac{72 \times 10^{-8}}{0.04 \times 0.06}} = 1.732 \times 10^{-2}(\mathrm{m})$$

在 xz 平面内失稳时，长度因数 $\mu_y = 0.5$，惯性矩和惯性半径分别为

$$I_y = \frac{hb^3}{12} = \frac{0.06 \times 0.04^3}{12} = 32 \times 10^{-8}(\mathrm{m}^4)，\quad i_y = \sqrt{\frac{I_y}{A}} = \sqrt{\frac{32 \times 10^{-8}}{0.04 \times 0.06}} = 1.155 \times 10^{-2}(\mathrm{m})$$

于是压杆在两个平面内的柔度分别为

$$\lambda_z = \frac{\mu_z l}{i_z} = \frac{1 \times 3}{1.732 \times 10^{-2}} = 173.2，\quad \lambda_y = \frac{\mu_y l}{i_y} = \frac{0.5 \times 3}{1.155 \times 10^{-2}} = 129.9$$

在两柔度值中，应取较大的柔度值 $\lambda_z = 173.2$ 来确定压杆的稳定系数 φ。根据式（18-6），有

$$\varphi = \frac{2800}{\lambda^2} = \frac{2800}{173.2^2} = 0.0933$$

因此，该杆的许可压力值为

$$F \leqslant \varphi[\sigma]A = 0.0933 \times 10 \times 10^6 \times 0.04 \times 0.06 = 2239(\mathrm{N})$$

【例 18-5】 图 18-10 所示结构中，ABC 矩形截面梁与 CD 圆截面杆均用 Q235 钢制成，材料弹性模量 $E = 200\ \text{GPa}$，屈服极限 $\sigma_s = 235\ \text{MPa}$，$C$、$D$ 两处为球铰连接。已知杆件的几何尺寸分别为 $b = 100\ \text{mm}$，$h = 180\ \text{mm}$，$d = 20\ \text{mm}$，若强度安全因数 $n = 2$，稳定安全因数 $n_{st} = 3$，试确定该结构的最大许用荷载 $[F]$。

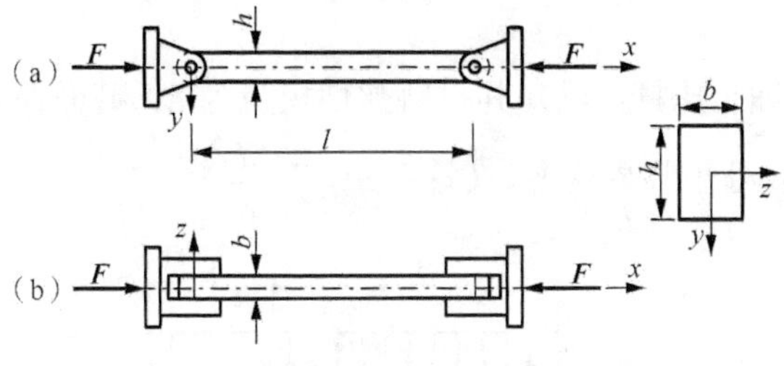

图 18-9

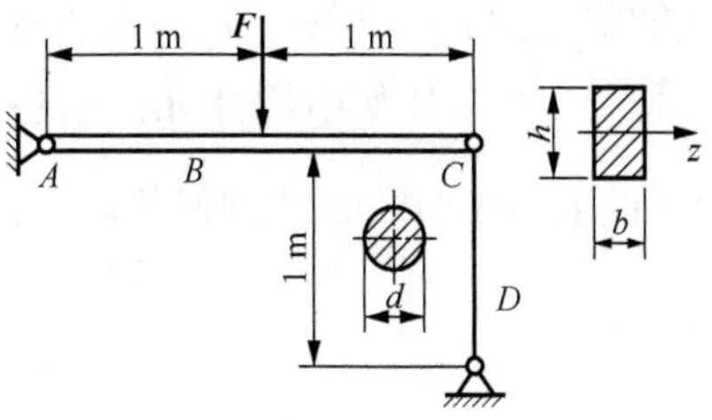

图 18-10

解　分析 ABC 梁的受力，列平衡方程

$$\sum M_A=0，\quad Fl_{AB} - F_{CD}l_{AC} = 0 \quad \Rightarrow \quad F=2F_{CD}$$

(1) 根据 CD 杆的强度要求计算许用荷载。

$$F_{CD} \leqslant [\sigma]A_{CD} = \frac{\sigma_s}{n}A_{CD} = \frac{235}{2}\times 10^6 \times \frac{\pi\times 0.02^2}{4} = 36913.7(\text{N})$$

$$F=2F_{CD} \leqslant 73827.4(\text{N})$$

(2) 根据 CD 杆的稳定性要求计算许用荷载。

$$i = \sqrt{\frac{I_{CD}}{A_{CD}}} = \sqrt{\frac{\dfrac{\pi\times 0.02^4}{64}}{\dfrac{\pi\times 0.02^2}{4}}} = 0.005$$

因为 $\lambda = \dfrac{\mu l_{CD}}{i} = \dfrac{1}{0.005} = 200 > 100$，$CD$ 杆为大柔度压杆，应该考虑其稳定性要求。

$$F_{cr} = \frac{\pi^2 EI_{CD}}{(\mu l_{CD})^2} = \frac{\pi^2\times 200\times 10^9\times\pi\times 0.02^4}{1^2\times 64} = 15503.1(\text{N})$$

$$F_{CD} \leqslant \frac{F_{cr}}{n_{st}} = \frac{15503.1}{3} = 5167.7(\text{N})$$

$$F = 2F_{CD} \leqslant 10.3\times 10^3\ (\text{N}) = 10.3(\text{kN})$$

(3) 根据 ABC 梁的强度要求计算许用荷载。

$$M_{max} = \frac{Fl_{AC}}{4} = \frac{F}{2}$$

$$\sigma_{max} = \frac{M_{max}}{W_z} = \frac{\dfrac{F}{2}}{\dfrac{0.1\times 0.18^2}{6}} = 925.9F \leqslant [\sigma] = 117.5(\text{MPa})$$

即

$$F \leqslant 126.9\times 10^3(\text{N}) = 126.9(\text{kN})$$

综上所述，结构最终的许用荷载为 $[F] = 10.3\ \text{kN}$。

习　题

18-1　图示一根型号为20a的工字钢组成的立柱，材料的弹性模量$E = 200$ GPa，试求该立柱的临界力F_{cr}。（答：$F_{cr} = 48.7$ kN）

18-2　图示托架中撑杆AB为两端铰支细长压杆，已知其材料弹性模量为E，截面惯性矩为I，试求均布荷载q达到何值时，压杆AB处于临界状态。（答：$q = \dfrac{\pi^2 EI}{24a^3}$）

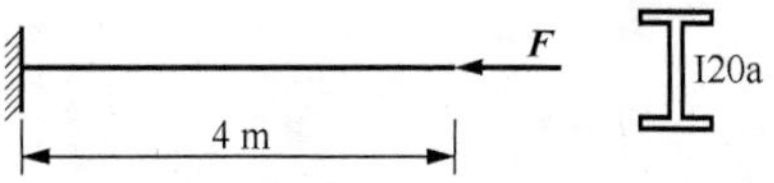

习题 18-1 图

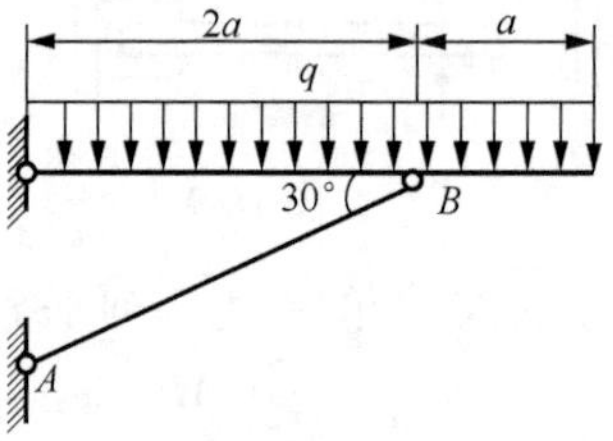

习题 18-2 图

18-3　压杆由一根型号为$36\times36\times4$的等边角钢构成，钢材的弹性模量$E = 200$ GPa。已知柱长$l = 0.5$ m，两端约束可简化为一端固定、一端自由，试求该压杆的临界力F_{cr}。（答：$F_{cr} = 27.0$ kN）

18-4　如图所示，两端铰支的矩形截面木杆承受压力作用，已知杆长为l=1.5 m，横截面尺寸为b=10 mm，h=24 mm，材料弹性模量$E = 10$ GPa，许用压应力$[\sigma_c] = 8$ MPa。试求该压杆的临界压力F_{cr}，并与按强度条件计算得到的许用压力值相比较。（答：$F_{cr} = 87.7$ N，$[F] = 1.92$ kN）

18-5　图示为一端固定、一端自由的压杆，其横截面设计成各种不同形状，试定性地分析每种形状下压杆会在哪个平面内失稳（即失稳时，横截面绕哪个轴转动）？（答：略）

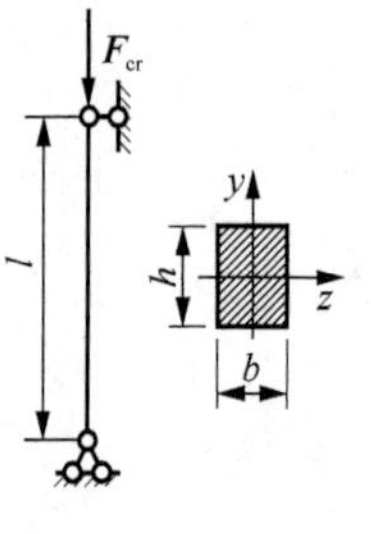

习题 18-4 图

习题 18-5 图

18-6　图示铝合金桁架承受集中力F作用，已知两杆的横截面均为50 mm×50 mm的正方形，材料的弹性模量$E = 70$ GPa，假设失稳只能发生在桁架的平面内，试用欧拉公式确定引起桁架失稳的F值。（答：$F = 150$ kN）

18-7　一焊接组合柱的截面（尺寸单位为mm）如图所示，已知柱长$l = 7.2$ m，弹性模量E = 200 GPa，柱的上端可视为铰支，下端当截面绕y轴转动时可视为铰支，绕z轴转动时可视为固定。若轴向压力 $F = 2500\ \text{kN}$，$n_{st} = 3$，试校核组合柱的稳定性。（答：不稳定）

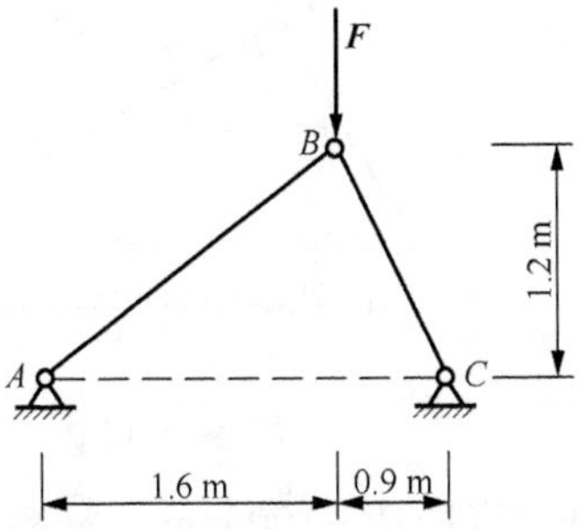

习题 18-6 图

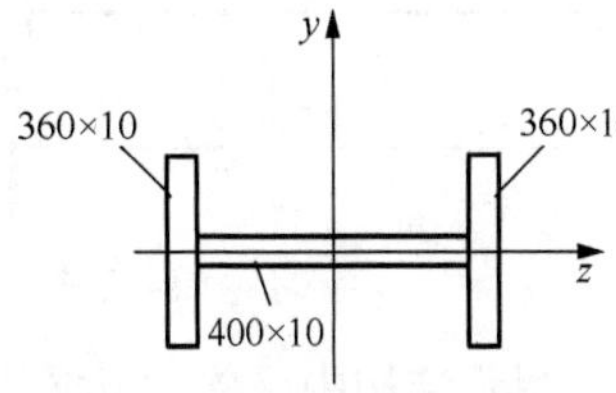

习题 18-7 图

18-8 图示五根圆截面钢杆组成的正方形平面桁架，杆的直径均为 d=40 mm，材料的弹性模量 E=200 GPa，杆长 a=1 m，试求使结构到达临界状态时的最小荷载。如 F 力向里作用，则最小荷载又是多少。（答：$F = 124\ \text{kN}$；$F = 351\ \text{kN}$）

18-9 图示两端为柱形铰链连接的连杆，沿其轴线作用压力 F。当压杆在图（a）所示 xy 平面内弯曲时，杆两端为铰支；在图（b）所示 xz 平面内弯曲时，杆两端为固定端约束。已知截面尺寸 b=40 mm，h=60 mm，杆长 l=3 m，材料弹性模量 E=210 GPa，试求该杆的临界压力。（答：F=166 kN）

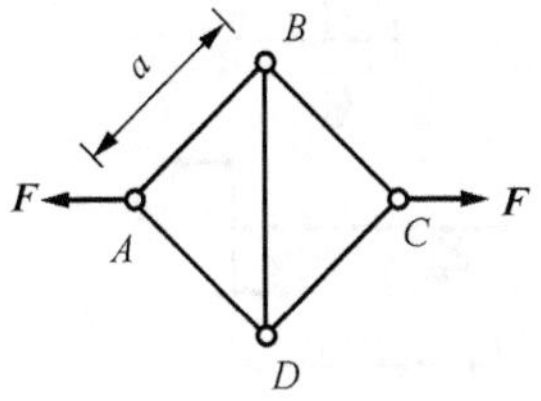

习题 18-8 图

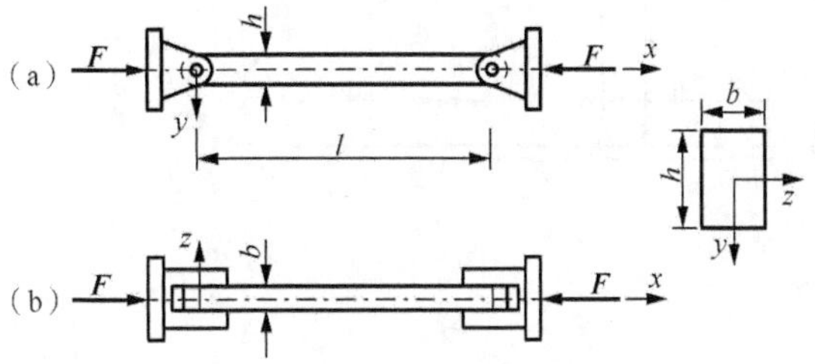

习题 18-9 图

18-10 厂房立柱由两根槽钢构成，采用 Q235 钢 b 类截面，材料的抗压许用应力 $[\sigma] = 200\ \text{MPa}$。立柱承受轴向压力 300 kN，柱长 l=8 m，根据立柱两端的约束情况，可取长度因数 $\mu = 1.2$，试求槽钢的最小型号。（答：18a 号槽钢）

18-11 由 Q235 钢制成的 a 类截面轴心受压圆截面钢杆，长度 $l = 0.5\text{m}$，其下端固定、上端自由，承受轴向压力 $F = 10\ \text{kN}$。已知材料的许用应力 $[\sigma] = 170\ \text{MPa}$，试设计压杆的直径 d。（答：$d = 19.7\ \text{mm}$）

18-12 图示结构中，AB 为圆截面杆，BC 杆为长方形截面，图中截面尺寸单位为 mm。两杆材料均为钢材，它们可以各自独立发生弯曲而互不影响。已知材料弹性模量 $E = 200\ \text{GPa}$，比例极限 $\sigma_p = 200\ \text{MPa}$，若 A 端固定，B、C 端铰支，稳定安全因数 $n_{st} = 2.5$，试求此结构的许用荷载 $[P]$。（答：$[P] = 160\ \text{kN}$）

18-13 图示木结构中，AB 和 BC 皆为圆截面杆，直径 $d = 200\ \text{mm}$。木材采用强度等级为 TC13 的松木，其强度许用应力 $[\sigma] = 10\ \text{MPa}$，试求结构的许用竖向荷载 $[F]$。（答：$[F] = 263\ \text{kN}$）

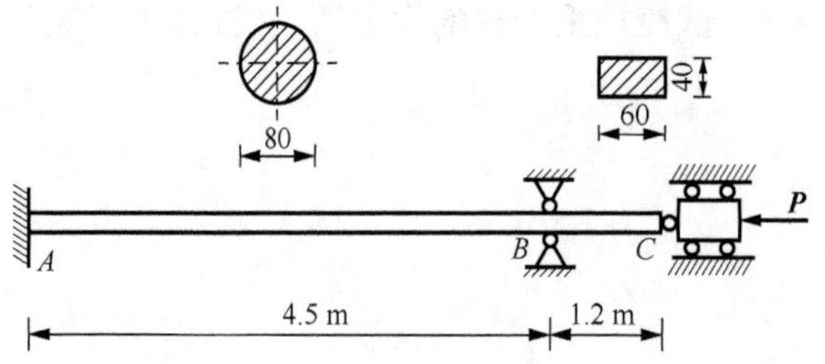

习题 18-12 图

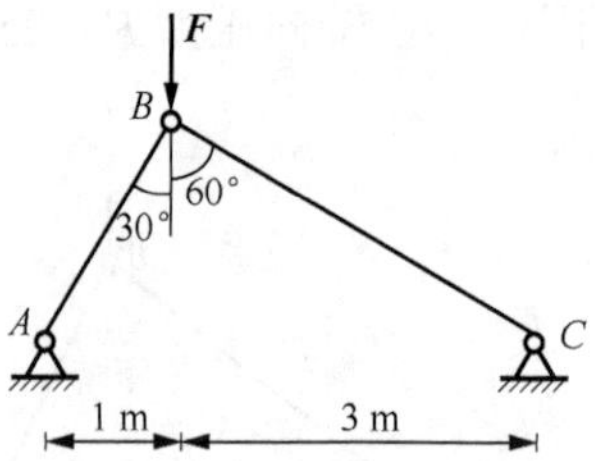

习题 18-13 图

18-14　图示结构中 $ABCD$ 为刚性梁，CF 为铸铁圆杆，直径 $d_1 = 100\ \text{mm}$，材料弹性模量 $E_{铁} = 120\ \text{GPa}$，许用压应力 $[\sigma]_{铁} = 120\ \text{MPa}$，稳定安全因数 $n_{st} = 3$；BE 为圆截面钢杆，直径 $d_2 = 50\ \text{mm}$，材料弹性模量 $E_{钢} = 200\ \text{GPa}$，许用应力 $[\sigma]_{铁} = 160\ \text{MPa}$，试根据强度和稳定性要求计算结构的许用荷载 $[P]$。（答：$[P] = 357\ \text{kN}$）

18-15　图示梁杆组合结构，已知梁和杆的材料相同，弹性模量 $E = 200\ \text{GPa}$，许用应力 $[\sigma] = 160\ \text{MPa}$。梁 BC 的抗弯截面模量 $W = 6\times10^4\ \text{mm}^3$；压杆 AB 为图示矩形截面，截面尺寸单位为 mm。若取压杆稳定安全系数 $n_{st} = 3$，比例极限 σ_p 对应的柔度 $\lambda_p = 100$，试求 C 端作用的许用力偶矩 $[M_0]$ 为多少。（答：$[M_0] = 7.4\ \text{kN}\cdot\text{m}$）

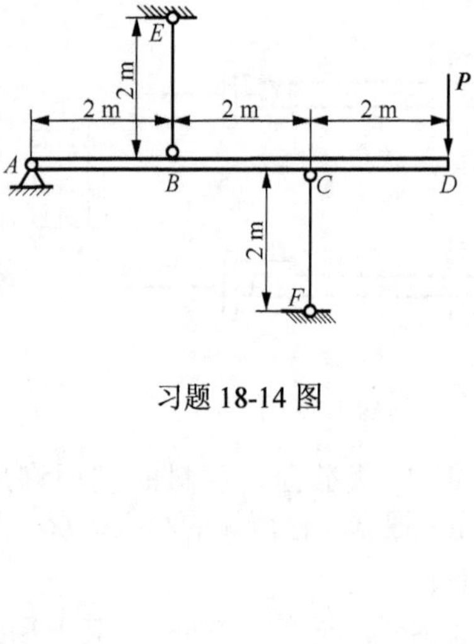

习题 18-14 图

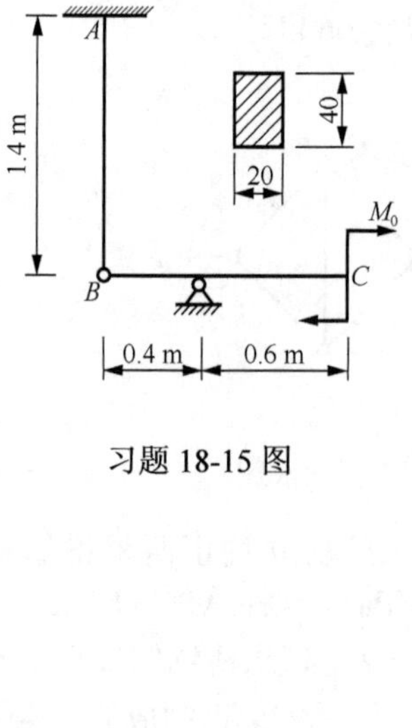

习题 18-15 图

参考文献

范钦珊，2007．工程力学．北京：机械工业出版社．

哈尔滨工业大学理论力学教研室，2009．理论力学（第7版）．北京：高等教育出版社．

黄丽华，2009．工程力学．大连：大连理工大学出版社．

机械设计手册编委会，1991．机械设计手册．北京：机械工业出版社．

刘鸿文，1985．高等材料力学．北京：高等教育出版社．

孙训方，方孝淑，关来泰，2009．材料力学（第5版）．北京：高等教育出版社．

王龙甫，1978．弹性理论．北京：科学出版社．

王亚文，易平，2014．运用VB编程语言实现截面几何性质计算的Windows程序．中国校外教育（中旬刊)(zl): 669.

易平，2018．理论力学．北京：科学出版社．

易平，黄丽华，2014．计算机软件辅助工科课程教学培养学生创新实践能力．中国校外教育（中旬刊)(zl): 671-672.

中华人民共和国住房和城乡建设部，2009．工程结构可靠性设计统一标准：GB 50153—2008．北京：中国计划出版社．

朱艳英，陈月娥，李伟英，2006．理论力学课程教学中的MATLAB应用研究．教学研究，29(3): 258-259.

Hibbeler R C，2004．Engineering Mechanics：Dynamics．Beijing：Higher Education Press.

Hibbeler R C，2004．Engineering Mechanics：Statics．Beijing：Higher Education Press.

附录　型钢规格表

表 A.1　热轧等边角钢（GB 706—2016）

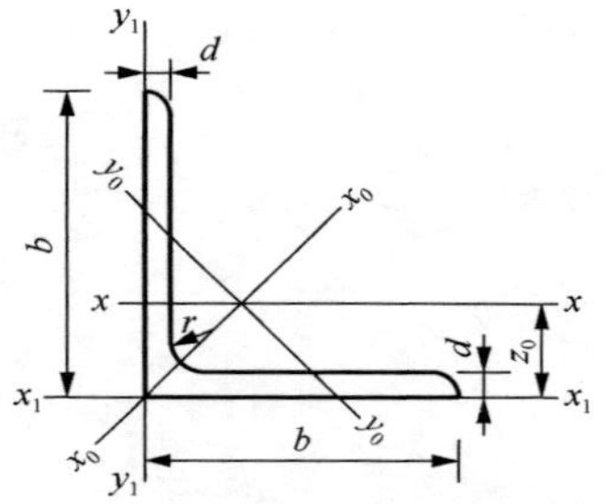

符号意义：

b——边宽度；　　I——惯性矩；

d——边厚度；　　i——惯性半径；

r——内圆弧半径；　　W——弯曲截面系数；

r_1——边端内圆弧半径；　　z_0——重心距离。

角钢号数	尺寸/mm			截面面积/cm²	理论重量/(kg/m)	外表面积/(m²/m)	参考数值										z_0/cm
							x-x			x_0-x_0			y_0-y_0			x_1-x_1	
	b	d	r				I_x/cm⁴	i_x/cm	W_x/cm³	I_{x_0}/cm⁴	i_{x_0}/cm	W_{x_0}/cm³	I_{y_0}/cm⁴	i_{y_0}/cm	W_{y_0}/cm³	I_{x_1}/cm⁴	
2	20	3	3.5	1.132	0.889	0.078	0.40	0.59	0.29	0.63	0.75	0.45	0.17	0.39	0.20	0.81	0.60
		4		1.459	1.145	0.077	0.50	0.58	0.36	0.78	0.73	0.55	0.22	0.38	0.24	1.09	0.64
2.5	25	3		1.432	1.124	0.098	0.82	0.76	0.46	1.29	0.95	0.73	0.34	0.49	0.33	1.57	0.73
		4		1.859	1.459	0.097	1.03	0.74	0.59	1.62	0.93	0.92	0.43	0.48	0.40	2.11	0.76
3.0	30	3	4.5	1.749	1.373	0.117	1.46	0.91	0.68	2.31	1.15	1.09	0.61	0.59	0.51	2.71	0.85
		4		2.276	1.786	0.117	1.84	0.90	0.87	2.92	1.13	1.37	0.77	0.58	0.62	3.63	0.89
3.6	36	3		2.109	1.656	0.141	2.58	1.11	0.99	4.09	1.39	1.61	1.07	0.71	0.76	4.68	1.00
		4		2.756	2.163	0.141	3.29	1.09	1.28	5.22	1.38	2.05	1.37	0.70	0.93	6.25	1.04
		5		3.382	2.654	0.141	3.95	1.08	1.56	6.24	1.36	2.45	1.65	0.70	1.09	7.84	1.07

续表

角钢号数	尺寸/mm			截面面积/cm^2	理论重量/(kg/m)	外表面积/(m^2/m)	参考数值										z_0/cm
							x-x			x_0-x_0			y_0-y_0			x_1-x_1	
	b	d	r				I_x/cm^4	i_x/cm	W_x/cm^3	I_{x_0}/cm^4	i_{x_0}/cm	W_{x_0}/cm^3	I_{y_0}/cm^4	i_{y_0}/cm	W_{y_0}/cm^3	I_{x_1}/cm^4	
4.0	40	3	5	2.359	1.852	0.157	3.59	1.23	1.23	5.69	1.55	2.01	1.49	0.79	0.96	6.41	1.09
		4		3.086	2.422	0.157	4.60	1.22	1.60	7.29	1.54	2.58	1.91	0.79	1.19	8.56	1.13
		5		3.791	2.976	0.156	5.53	1.21	1.96	8.76	1.52	3.01	2.30	0.78	1.39	10.74	1.17
4.5	45	3		2.659	2.088	0.177	5.17	1.40	1.58	8.20	1.76	2.58	2.14	0.90	1.24	9.12	1.22
		4		3.486	2.736	0.177	6.65	1.38	2.05	10.56	1.74	3.32	2.75	0.89	1.54	12.18	1.26
		5		4.292	3.369	0.177	8.04	1.37	2.51	12.74	1.72	4.00	3.33	0.88	1.81	15.25	1.30
		6		5.076	3.985	0.176	9.33	1.36	2.95	14.76	1.70	4.64	3.89	0.88	2.06	18.36	1.33
5	50	3	5.5	2.971	2.332	0.197	7.18	1.55	1.96	11.37	1.96	3.22	2.98	1.00	1.57	12.50	1.34
		4		3.897	3.059	0.197	9.26	1.54	2.56	14.70	1.94	4.16	3.82	0.99	1.96	16.69	1.38
		5		4.803	3.770	0.196	11.21	1.53	3.13	17.79	1.92	5.03	4.64	0.98	2.31	20.90	1.42
		6		5.688	4.465	0.196	13.05	1.52	3.68	20.68	1.91	5.85	5.42	0.98	2.63	25.14	1.46
5.6	56	3	6	3.343	2.624	0.221	10.19	1.75	2.48	16.14	2.20	4.08	4.24	1.13	2.02	17.56	1.48
		4		4.390	3.446	0.220	13.18	1.73	3.24	20.92	2.18	5.28	5.46	1.11	2.52	23.43	1.53
		5		5.415	4.251	0.220	16.02	1.72	3.97	25.42	2.17	6.42	6.61	1.10	2.98	29.33	1.57
		6		6.420	5.040	0.220	18.70	1.71	4.68	29.70	2.15	7.49	7.73	1.10	3.40	35.30	1.61
		7		7.404	5.810	0.219	21.20	1.69	5.36	33.60	2.13	8.49	8.82	1.09	3.80	41.20	1.64
		8		8.367	6.568	0.219	23.63	1.68	6.03	37.37	2.11	9.44	9.89	1.09	4.16	47.24	1.68
6	60	5	6.5	5.829	4.58	0.236	19.90	1.85	4.59	31.60	2.33	7.44	8.21	1.19	3.48	36.10	1.67
		6		6.914	5.43	0.235	23.40	1.83	5.41	36.90	2.31	8.70	9.60	1.18	3.98	43.30	1.70
		7		7.977	6.260	0.235	26.40	1.82	6.21	41.90	2.29	9.88	11.00	1.17	4.45	50.70	1.74
		8		9.020	7.080	0.235	29.50	1.81	6.98	46.70	2.27	11.0	12.30	1.17	4.88	58.00	1.78

续表

角钢号数	尺寸/mm			截面面积/cm^2	理论重量/(kg/m)	外表面积/(m^2/m)	参考数值										z₀/cm
							x-x			x_0-x_0			y_0-y_0			x_1-x_1	
	b	d	r				I_x/cm^4	i_x/cm	W_x/cm^3	I_{x_0}/cm^4	i_{x_0}/cm	W_{x_0}/cm^3	I_{y_0}/cm^4	i_{y_0}/cm	W_{y_0}/cm^3	I_{x_1}/cm^4	
6.3	63	4	7	4.978	3.907	0.248	19.03	1.96	4.13	30.17	2.46	6.78	7.89	1.26	3.29	33.35	1.70
		5		6.143	4.822	0.248	23.17	1.94	5.08	36.77	2.45	8.25	9.57	1.25	3.90	41.73	1.74
		6		7.288	5.721	0.247	27.12	1.93	6.00	43.03	2.43	9.66	11.20	1.24	4.46	50.14	1.78
		7		8.412	6.600	0.247	30.90	1.92	6.88	49.00	2.41	11.00	12.80	1.23	4.98	58.60	1.82
		8		9.515	7.469	0.247	34.46	1.90	7.75	54.56	2.40	12.25	14.33	1.23	5.47	67.11	1.85
		10		11.657	9.151	0.246	41.09	1.88	9.39	64.85	2.36	14.56	17.33	1.22	6.36	84.31	1.93
7	70	4	8	5.570	4.372	0.275	26.39	2.18	5.14	41.80	2.74	8.44	10.99	1.40	4.17	45.74	1.86
		5		6.875	5.397	0.275	32.21	2.16	6.32	51.08	2.73	10.35	13.34	1.39	4.95	57.21	1.91
		6		8.160	6.406	0.275	37.77	2.15	7.48	59.93	2.71	12.11	15.61	1.38	5.67	68.73	1.95
		7		9.424	7.398	0.275	43.09	2.14	8.59	65.35	2.69	13.81	17.82	1.38	6.34	80.29	1.99
		8		10.667	8.373	0.274	48.17	2.12	9.68	76.37	2.68	15.43	19.98	1.37	6.98	91.92	2.03
7.5	75	5	9	7.367	5.818	0.295	39.97	2.33	7.32	63.30	2.92	11.94	16.63	1.50	5.77	70.56	2.04
		6		8.797	6.905	0.294	46.95	2.31	8.64	74.38	2.90	14.02	19.51	1.49	6.67	84.55	2.07
		7		10.160	7.976	0.294	53.57	2.30	9.93	84.96	2.89	16.02	22.18	1.48	7.44	98.71	2.11
		8		11.503	9.030	0.294	59.96	2.28	11.20	95.07	2.88	17.93	24.86	1.47	8.19	112.97	2.15
		9		12.830	10.100	0.294	66.10	2.27	12.40	105.00	2.86	19.80	27.50	1.46	8.89	127.00	2.18
		10		14.126	11.089	0.293	71.98	2.26	13.64	113.92	2.84	21.48	30.05	1.46	9.56	141.71	2.22
8	80	5	9	7.912	6.211	0.315	48.79	2.48	8.34	77.33	3.13	13.67	20.25	1.60	6.66	85.36	2.15
		6		9.397	7.376	0.314	57.35	2.47	9.87	90.98	3.11	16.08	23.72	1.59	7.65	102.50	2.19
		7		10.860	8.525	0.314	65.58	2.46	11.37	104.07	3.10	18.40	27.09	1.58	8.58	119.70	2.23
		8		12.303	9.658	0.314	73.49	2.44	12.83	116.60	3.08	20.61	30.39	1.57	9.46	136.97	2.27
		9		13.730	10.800	0.314	81.10	2.43	14.30	129.00	3.06	22.70	33.60	1.56	10.30	154.00	2.31
		10		15.126	11.874	0.313	88.43	2.42	15.64	140.09	3.04	24.76	36.77	1.56	11.08	171.74	2.35

续表

角钢号数	尺寸/mm			截面面积/cm^2	理论重量/(kg/m)	外表面积/(m^2/m)	参考数值										z_0/cm
							x-x			x_0-x_0			y_0-y_0			x_1-x_1	
	b	d	r				I_x/cm^4	i_x/cm	W_x/cm^3	I_{x_0}/cm^4	i_{x_0}/cm	W_{x_0}/cm^3	I_{y_0}/cm^4	i_{y_0}/cm	W_{y_0}/cm^3	I_{x_1}/cm^4	
9	90	6	10	10.637	8.350	0.354	82.77	2.79	12.61	131.26	3.51	20.63	34.28	1.80	9.95	145.87	2.44
		7		12.301	9.656	0.354	94.83	2.78	14.54	150.47	3.50	23.64	39.18	1.78	11.19	170.30	2.48
		8		13.944	10.946	0.353	106.47	2.76	16.42	168.97	3.48	26.55	43.97	1.78	12.35	194.80	2.52
		9		15.570	12.200	0.353	118.00	2.75	18.30	187.00	3.46	29.40	48.70	1.77	13.50	219.00	2.56
		10		17.167	13.476	0.353	128.58	2.74	20.07	203.90	3.45	32.04	53.26	1.76	14.52	244.07	2.59
		12		20.306	15.940	0.352	149.22	2.71	23.57	236.21	3.41	37.12	62.22	1.75	16.49	293.76	2.67
10	100	6	12	11.932	9.366	0.393	114.95	3.01	15.68	181.98	3.90	25.74	47.92	2.00	12.69	200.07	2.67
		7		13.796	10.830	0.393	131.86	3.09	18.10	208.97	3.89	29.55	54.74	1.99	14.26	233.54	2.71
		8		15.638	12.276	0.393	148.24	3.08	20.47	235.07	3.88	33.24	61.41	1.98	15.75	267.09	2.76
		9		17.460	13.700	0.392	164.00	3.07	22.80	260.00	3.86	36.80	68.00	1.97	17.20	300.00	2.80
		10		19.261	15.120	0.392	179.51	3.05	25.06	284.68	3.84	40.26	74.35	1.96	18.54	334.48	2.84
		12		22.800	17.898	0.391	208.90	3.03	29.48	330.95	3.81	46.80	86.84	1.95	21.08	402.34	2.91
		14		26.256	20.611	0.391	236.53	3.00	33.73	374.06	3.77	52.90	99.00	1.94	23.44	470.75	2.99
		16		29.627	23.257	0.390	262.53	2.98	37.82	414.16	3.74	58.57	110.89	1.94	25.63	539.80	3.06
11	110	7	12	15.196	11.928	0.433	177.16	3.41	22.05	280.94	4.30	36.12	73.38	2.20	17.51	310.64	2.96
		8		17.238	13.532	0.433	199.46	3.40	24.95	316.49	4.28	40.69	82.42	2.19	19.39	355.20	3.01
		10		21.261	16.690	0.432	242.19	3.38	30.60	384.39	4.25	49.42	99.98	2.17	22.91	444.65	3.09
		12		25.200	19.782	0.431	282.55	3.35	36.05	448.17	4.22	57.62	116.93	2.15	26.15	534.60	3.16
		14		29.056	22.809	0.431	320.71	3.32	41.31	508.01	4.18	65.31	133.40	2.14	29.14	625.16	3.24
12.5	125	8	14	19.750	15.504	0.492	297.03	3.88	32.52	470.89	4.88	53.28	123.16	2.50	25.86	521.01	3.37
		10		24.373	19.133	0.491	361.67	3.85	39.97	573.89	4.85	64.93	149.46	2.48	30.62	651.93	3.45
		12		28.912	22.696	0.491	423.16	3.83	41.17	671.44	4.82	75.96	174.88	2.46	35.03	783.42	3.53
		14		33.367	26.193	0.490	481.65	3.80	54.16	763.73	4.78	86.41	199.57	2.45	39.13	915.61	3.61
		16		37.740	29.600	0.498	537.00	3.77	60.90	851.00	4.75	96.30	224.00	2.43	43.00	1050.00	3.68

续表

角钢号数	尺寸/mm			截面面积/cm^2	理论重量/(kg/m)	外表面积/(m^2/m)	参考数值										z_0/cm
							x-x			x_0-x_0			y_0-y_0			x_1-x_1	
	b	d	r				I_x/cm^4	i_x/cm	W_x/cm^3	I_{x_0}/cm^4	i_{x_0}/cm	W_{x_0}/cm^3	I_{y_0}/cm^4	i_{y_0}/cm	W_{y_0}/cm^3	I_{x_1}/cm^4	
14	140	10	14	27.373	21.488	0.551	514.65	4.34	50.58	817.27	5.46	82.56	212.04	2.78	39.20	915.11	3.82
		12		32.512	25.522	0.551	603.68	4.31	59.80	958.79	5.43	96.85	248.57	2.76	45.02	1099.28	3.90
		14		37.567	29.49	0.550	688.81	4.28	68.75	1093.56	5.40	110.47	284.06	2.75	50.45	1284.22	3.98
		16		42.539	33.393	0.549	770.24	4.26	77.46	1220.00	5.36	123.42	318.67	2.74	55.55	1470.07	4.06
15	150	8	14	23.75	18.6	0.592	521	4.69	47.4	827	5.90	78.0	215	3.01	38.1	900	3.99
		10		29.37	23.1	0.591	638	4.66	58.4	1010	5.87	95.5	262	2.99	45.5	1130	4.08
		12		34.91	27.1	0.591	749	4.63	69.0	1190	5.84	112.0	308	2.97	52.4	1350	4.15
		14		40.37	31.7	0.590	856	4.60	79.5	1360	5.80	128.0	352	2.95	58.8	1580	4.23
		15		43.06	33.8	0.590	907	4.59	84.6	1440	5.78	136.0	374	2.95	61.9	1690	4.27
		16		45.74	35.9	0.590	958	4.58	89.6	1520	5.77	143.0	395	2.94	64.9	1810	4.31
16	160	10	16	31.502	24.729	0.630	779.53	4.98	66.70	1237.30	6.27	109.36	321.76	3.20	52.76	1365.33	4.31
		12		37.441	29.391	0.630	916.58	4.95	78.98	1455.68	6.24	128.67	377.49	3.18	60.74	1639.57	4.39
		14		43.296	33.987	0.629	1048.36	4.92	90.95	1665.02	6.20	147.17	431.70	3.16	68.244	1914.68	4.47
		16		49.067	38.518	0.629	1175.08	4.89	102.63	1865.57	6.17	164.89	484.59	3.14	75.31	2190.82	4.55
18	180	12	16	42.241	33.159	0.710	1321.35	5.59	100.82	2100.10	7.05	165.00	542.61	3.58	78.41	2332.80	4.89
		14		48.896	38.388	0.709	1514.48	5.56	116.25	2407.42	7.02	189.14	625.53	3.56	88.38	2723.48	4.97
		16		55.467	43.542	0.709	1700.99	5.54	131.13	2703.37	6.98	212.40	698.60	3.55	97.83	3115.29	5.05
		18		61.955	48.634	0.708	1875.12	5.50	145.64	2988.24	6.94	234.78	762.01	3.51	105.14	3502.43	5.13
20	200	14	18	54.642	42.894	0.788	2103.55	6.20	144.70	3343.26	7.82	236.40	863.83	3.98	111.82	3734.10	5.46
		16		62.013	48.680	0.788	2366.15	6.18	163.65	3760.89	7.79	265.93	971.41	3.96	123.96	4270.39	5.54
		18		69.301	54.401	0.787	2620.64	6.15	182.22	4164.54	7.75	294.48	1076.74	3.94	135.52	4808.13	5.62
		20		76.505	60.056	0.787	2867.30	6.12	200.42	4554.55	7.72	322.06	1180.04	3.93	146.55	5347.51	5.69
		24		90.661	71.168	0.785	3338.25	6.07	236.17	5294.97	7.64	374.41	1381.53	3.90	166.55	6457.16	5.87

续表

角钢号数	尺寸/mm			截面面积/cm^2	理论重量/(kg/m)	外表面积/(m^2/m)	参考数值										z_0/cm
							x-x			x_0-x_0			y_0-y_0			x_1-x_1	
	b	d	r				I_x/cm^4	i_x/cm	W_x/cm^3	I_{x_0}/cm^4	i_{x_0}/cm	W_{x_0}/cm^3	I_{y_0}/cm^4	i_{y_0}/cm	W_{y_0}/cm^3	I_{x_1}/cm^4	
22	220	16	21	68.67	53.9	0.866	3190	6.81	200	5060	8.59	326	1310	4.37	154	5680	6.03
		18		76.75	60.3	0.866	3540	6.79	223	5620	8.55	361	1450	4.35	168	6400	6.11
		20		84.76	66.5	0.865	3870	6.76	245	6150	8.52	395	1590	4.34	182	7110	6.18
		22		92.68	72.8	0.865	4200	6.73	267	6670	8.48	429	1730	4.32	195	7830	6.26
		24		100.5	78.9	0.864	4520	6.71	289	7170	8.54	461	1870	4.31	208	8550	6.33
		26		108.3	85.0	0.864	4830	6.68	310	7690	8.41	492	2000	4.30	221	9280	6.41
25	250	18	24	87.84	69.0	0.985	5270	7.75	290	8370	9.76	473	2170	4.97	224	9380	6.84
		20		97.05	76.2	0.984	5780	7.72	320	9180	9.73	519	2380	4.95	243	10400	6.92
		22		106.2	83.3	0.983	6280	7.69	349	9970	9.69	564	2580	4.93	261	11500	7.00
		24		115.2	90.4	0.983	6770	7.67	378	10700	9.66	608	2790	4.92	278	12500	7.07
		26		124.2	97.5	0.982	7240	7.64	406	11500	9.62	650	2980	4.90	295	13600	7.15
		28		133.0	104	0.982	7700	7.61	433	12200	9.58	691	3180	4.89	311	14600	7.22
		30		141.8	111	0.981	8160	7.58	461	12900	9.55	731	3380	4.88	327	15700	7.30
		32		150.5	118	0.981	8600	7.56	488	13600	9.51	770	3570	4.87	342	16800	7.37
		35		163.4	128	0.980	9240	7.52	527	14600	9.46	827	3850	4.86	364	18400	7.48

注：截面图中的 $r_1=d/3$ 及表中 r 值的数据用于孔型设计，不作为交货条件。

表 A.2 热轧不等边角钢（GB 706—2016）

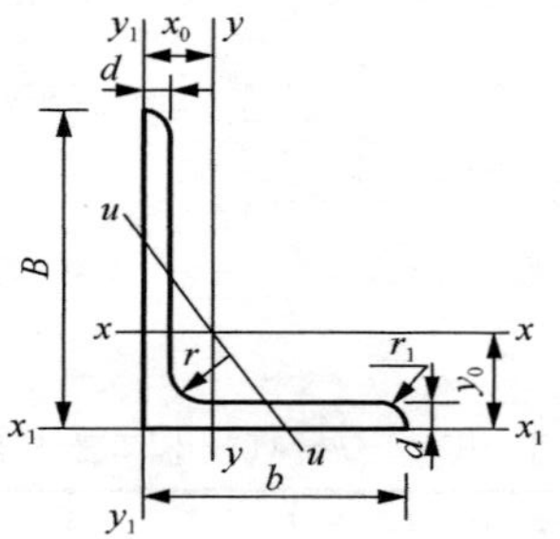

符号意义：

B——长边宽度； b——短边宽度；

d——边厚度； r——内圆弧半径；

r_1——边端内圆弧半径； I——惯性矩；

i ——惯性半径； W——弯曲截面系数；

x_0——形心半径； y_0——形心坐标。

角钢号数	尺寸/mm				截面面积/cm²	理论重量/(kg/m)	外表面积/(m²/m)	参考数值 I_{y_1}													
								x-x			y-y			x_1-x_1		y_1-y_1		u-u			
	B	b	d	r				I_x/cm⁴	i_x/cm	W_x/cm³	I_y/cm⁴	i_y/cm	W_y/cm³	I_{x_1}/cm⁴	y_0/cm	I_{y_1}/cm⁴	x_0/cm	I_u/cm⁴	i_u/cm	W_u/cm³	$\tan\alpha$
2.5/1.6	25	16	3	3.5	1.162	0.912	0.080	0.70	0.78	0.43	0.22	0.44	0.19	1.56	0.86	0.43	0.42	0.14	0.34	0.16	0.392
			4		1.499	1.176	0.079	0.88	0.77	0.55	0.27	0.43	0.24	2.09	0.90	0.59	0.46	0.17	0.34	0.20	0.381
3.2/2	32	20	3		1.492	1.171	0.102	1.53	1.01	0.72	0.46	0.55	0.30	3.27	1.08	0.82	0.49	0.28	0.43	0.25	0.382
			4		1.939	1.522	0.101	1.93	1.00	0.93	0.57	0.54	0.39	4.37	1.12	1.12	0.53	0.35	0.42	0.32	0.374
4/2.5	40	25	3	4	1.890	1.484	0.127	3.08	1.28	1.15	0.93	0.70	0.49	6.39	1.32	1.59	0.59	0.56	0.54	0.40	0.386
			4		2.467	1.936	0.127	3.93	1.26	1.49	1.18	0.69	0.63	8.53	1.37	2.14	0.63	0.71	0.54	0.52	0.381
4.5/2.8	45	28	3	5	2.149	1.687	0.143	4.45	1.44	1.47	1.34	0.79	0.62	9.10	1.47	2.23	0.64	0.80	0.61	0.51	0.383
			4		2.806	2.203	0.143	5.69	1.42	1.91	1.70	0.78	0.80	12.13	1.51	3.00	0.68	1.02	0.60	0.66	0.380
5/3.2	50	32	3	5.5	2.431	1.908	0.161	6.24	1.60	1.84	2.02	0.91	0.82	12.49	1.60	3.31	0.73	1.20	0.70	0.68	0.404
			4		3.177	2.494	0.160	8.02	1.59	2.39	2.58	0.90	1.06	16.65	1.65	4.45	0.77	1.53	0.69	0.87	0.402
5.6/3.6	56	36	3	6	2.743	2.153	0.181	8.88	1.80	2.32	2.92	1.03	1.05	17.54	1.78	4.70	0.80	1.73	0.79	0.87	0.408
			4		3.590	2.818	0.180	11.25	1.79	3.03	3.76	1.02	1.37	23.39	1.82	6.33	0.85	2.23	0.79	1.13	0.408
			5		4.415	3.466	0.180	13.86	1.77	3.71	4.49	1.01	1.65	29.25	1.87	7.94	0.88	2.67	0.78	1.36	0.404

续表

角钢号数	尺寸/mm				截面面积/cm^2	理论重量/(kg/m)	外表面积/(m^2/m)	参考数值														
								x-x			y-y			x_1-x_1		y_1-y_1		u-u				
	B	b	d	r				I_x/cm^4	i_x/cm	W_x/cm^3	I_y/cm^4	i_y/cm	W_y/cm^3	I_{x_1}/cm^4	y_0/cm	I_{y_1}/cm^4	x_0/cm	I_u/cm^4	i_u/cm	W_u/cm^3	$\tan\alpha$
6.3/4	63	40	4	7	4.058	3.185	0.202	16.49	2.02	3.87	5.23	1.14	1.70	33.30	2.04	8.63	0.92	3.12	0.88	1.40	0.398
			5		4.993	3.920	0.202	20.02	2.00	4.74	6.31	1.12	2.71	41.63	2.08	10.86	0.95	3.76	0.87	1.71	0.396
			6		5.908	4.638	0.201	23.36	1.96	5.59	7.29	1.11	2.43	49.98	2.12	13.12	0.99	4.34	0.86	1.99	0.393
			7		6.802	5.339	0.201	26.53	1.98	6.40	8.24	1.10	2.78	58.07	2.15	15.47	1.03	4.97	0.86	2.29	0.389
7/4.5	70	45	4	7.5	4.547	3.570	0.226	23.17	2.26	4.86	7.55	1.29	2.17	45.92	2.24	12.26	1.02	4.40	0.98	1.77	0.410
			5		5.609	4.403	0.225	27.95	2.23	5.92	9.13	1.28	2.65	57.10	2.28	15.39	1.06	5.40	0.98	2.19	0.407
			6		6.647	5.218	0.225	32.54	2.21	6.95	10.62	1.26	3.12	68.35	2.32	18.58	1.09	6.35	0.98	2.59	0.404
			7		7.657	6.011	0.225	37.22	2.20	8.03	12.01	1.25	3.57	79.99	2.36	21.84	1.13	7.16	0.97	2.94	0.402
7.5/5	75	50	5	8	6.125	4.808	0.245	34.86	2.39	6.83	12.61	1.44	3.30	70.00	2.40	21.04	1.17	7.41	1.10	2.74	0.435
			6		7.260	5.699	0.245	41.12	2.38	8.12	14.70	1.42	3.88	84.30	2.44	25.37	1.21	8.54	1.08	3.19	0.435
			8		9.467	7.431	0.244	52.39	2.35	10.52	18.53	1.40	4.99	112.50	2.52	34.23	1.29	10.87	1.07	4.10	0.429
			10		11.590	9.098	0.244	62.71	2.33	12.79	21.96	1.38	6.04	140.80	2.60	43.43	1.36	13.10	1.06	4.99	0.423
8/5	80	50	5	8	6.375	5.005	0.255	41.96	2.56	7.78	12.82	1.42	3.32	85.21	2.60	21.06	1.14	7.66	1.10	2.74	0.388
			6		7.560	5.935	0.255	49.49	2.56	9.25	14.95	1.41	3.91	102.53	2.65	25.41	1.18	8.85	1.08	3.20	0.387
			7		8.724	6.848	0.255	56.16	2.54	10.58	16.96	1.39	4.48	119.33	2.69	29.82	1.21	10.18	1.08	3.70	0.384
			8		9.867	7.745	0.254	62.83	2.52	11.92	18.85	1.38	5.03	136.41	2.73	34.32	1.25	11.38	1.07	4.16	0.381
9/5.6	90	56	5	9	7.212	5.661	0.287	60.45	2.90	9.92	18.32	1.59	4.21	121.32	2.91	29.53	1.25	10.98	1.23	3.49	0.385
			6		8.557	6.717	0.286	71.03	2.88	11.74	21.42	1.58	4.96	145.59	2.95	35.58	1.29	12.90	1.23	4.18	0.384
			7		9.880	7.756	0.286	81.01	2.86	13.49	24.36	1.57	5.70	169.66	3.00	41.71	1.33	14.67	1.22	4.72	0.382
			8		11.183	8.779	0.286	91.03	2.85	15.27	27.15	1.56	6.41	194.17	3.04	47.93	1.36	16.34	1.21	5.29	0.380

续表

角钢号数	尺寸/mm				截面面积/cm^2	理论重量/(kg/m)	外表面积/(m^2/m)	参考数值															
								x-x			y-y			x_1-x_1		y_1-y_1		u-u			
	B	b	d	r				I_x/cm^4	i_x/cm	W_x/cm^3	I_y/cm^4	i_y/cm	W_y/cm^3	I_{x_1}/cm^4	y_0/cm	I_{y_1}/cm^4	x_0/cm	I_u/cm^4	i_u/cm	W_u/cm^3	$\tan\alpha$
10/6.3	100	63	6	10	9.617	7.550	0.320	99.06	3.21	14.64	30.94	1.79	6.35	199.71	3.24	50.50	1.43	18.42	1.38	5.25	0.394
			7		11.111	8.722	0.320	113.45	3.29	16.88	35.26	1.78	7.29	233.00	3.28	59.14	1.47	21.00	1.38	6.02	0.393
			8		12.584	9.878	0.319	127.37	3.18	19.08	39.39	1.77	8.21	266.32	3.32	67.88	1.50	23.50	1.37	6.78	0.391
			10		15.467	12.142	0.319	153.81	3.15	23.32	47.12	1.74	9.98	333.06	3.40	85.73	1.58	28.33	1.35	8.24	0.387
10/8	100	80	6	10	10.637	8.350	0.354	107.04	3.17	15.19	61.24	2.40	10.16	199.83	2.95	102.68	1.97	31.65	1.72	8.37	0.627
			7		12.301	9.656	0.354	122.73	3.16	17.52	70.08	2.39	11.71	233.20	3.00	119.98	2.01	36.17	1.72	9.60	0.626
			8		13.944	10.946	0.353	137.92	3.14	19.81	78.58	2.37	13.21	266.61	3.04	137.37	2.05	40.58	1.71	10.80	0.625
			10		17.167	13.476	0.353	166.87	3.12	24.24	94.65	2.35	16.12	333.63	3.12	172.48	2.13	49.10	1.69	13.12	0.622
11/7	110	70	6	10	10.637	8.350	0.354	133.37	3.54	17.85	42.92	2.01	7.90	265.78	3.53	69.08	1.57	25.36	1.54	6.53	0.403
			7		12.301	9.656	0.354	153.00	3.53	20.60	49.01	2.00	9.09	310.07	3.57	80.82	1.61	28.95	1.53	7.50	0.402
			8		13.944	10.946	0.353	172.04	3.51	23.30	54.87	1.98	10.25	354.39	3.62	92.70	1.65	32.45	1.53	8.45	0.401
			10		17.167	13.476	0.353	208.39	3.48	28.54	65.88	1.96	12.48	443.13	3.70	116.83	1.72	39.20	1.51	10.29	0.397
12.5/8	125	80	7	11	14.096	11.066	0.403	227.98	4.02	26.86	74.42	2.30	12.01	454.99	4.01	120.32	1.80	43.81	1.76	9.92	0.408
			8		15.989	12.551	0.403	256.77	4.01	30.41	83.49	2.28	13.56	519.99	4.06	137.85	1.84	49.15	1.75	11.18	0.407
			10		19.712	15.474	0.402	312.04	3.98	37.33	100.67	2.26	16.56	650.09	4.14	173.40	1.92	59.45	1.74	13.64	0.404
			12		23.351	18.330	0.402	364.41	3.95	44.01	116.67	2.24	19.43	780.39	4.22	209.67	2.00	69.35	1.72	16.01	0.400
14/9	140	90	8	12	18.038	14.160	0.453	365.64	4.50	38.48	120.69	2.59	17.34	730.53	4.50	195.79	2.04	70.83	1.98	14.31	0.411
			10		22.261	17.475	0.452	445.50	4.47	47.31	146.03	2.56	21.22	913.20	4.58	245.92	2.12	85.82	1.96	17.48	0.409
			12		26.400	20.724	0.451	521.59	4.44	55.87	169.79	2.54	24.95	1096.09	4.66	296.89	2.19	100.21	1.95	20.54	0.406
			14		30.456	23.908	0.451	594.10	4.42	64.18	192.10	2.51	28.54	1279.26	4.74	348.82	2.27	114.13	1.94	23.52	0.403

续表

角钢号数	尺寸/mm				截面面积/cm^2	理论重量/(kg/m)	外表面积/(m^2/m)	参考数值													
								x-x			y-y			x_1-x_1		y_1-y_1		u-u			
	B	b	d	r				I_x/cm^4	i_x/cm	W_x/cm^3	I_y/cm^4	i_y/cm	W_y/cm^3	I_{x_1}/cm^4	y_0/cm	I_{y_1}/cm^4	x_0/cm	I_u/cm^4	i_u/cm	W_u/cm^3	$\tan\alpha$
15/9	150	90	8	12	18.84	14.8	0.473	442	4.84	43.9	123	2.55	17.5	898	4.92	196	1.97	74.1	1.98	14.5	0.364
			10		23.26	18.3	0.472	539	4.81	54.0	149	2.53	21.4	1120	5.01	246	2.05	89.9	1.97	17.7	0.362
			12		27.60	21.7	0.471	632	4.79	63.8	173	2.50	25.1	1350	5.09	297	2.12	105.0	1.95	20.8	0.359
			14		31.86	25.0	0.471	721	4.76	73.3	196	2.48	28.8	1570	5.17	350	2.20	120.0	1.94	23.8	0.356
			15		33.95	26.7	0.471	764	4.74	78.0	207	2.47	30.5	1680	5.21	376	2.24	127.0	1.93	25.3	0.354
			16		36.03	28.3	0.470	806	4.73	82.6	217	2.45	32.3	1800	5.25	403	2.27	134.0	1.93	26.8	0.352
16/10	160	100	10	13	25.315	19.872	0.512	668.69	5.14	62.13	205.03	2.85	26.56	1362.89	5.24	336.59	2.28	121.74	2.19	21.92	0.390
			12		30.054	23.592	0.511	784.91	5.11	73.49	239.06	2.82	31.28	1635.56	5.32	405.94	2.36	142.33	2.17	25.79	0.388
			14		34.709	27.247	0.510	896.30	5.08	84.56	271.20	2.80	35.83	1908.50	5.40	476.42	2.43	162.23	2.16	29.56	0.385
			16		39.281	30.835	0.510	1003.04	5.05	95.33	301.60	2.77	40.24	2181.79	5.48	548.22	2.51	182.57	2.16	33.44	0.382
18/11	180	110	10	14	28.373	22.273	0.571	956.25	5.80	78.96	278.11	3.13	32.49	1940.40	5.89	447.22	2.44	166.50	2.42	26.88	0.376
			12		33.712	26.464	0.571	1124.72	5.78	93.53	325.03	3.10	38.32	2328.38	5.98	538.94	2.52	194.87	2.40	31.66	0.374
			14		38.967	30.589	0.570	1286.91	5.75	107.76	369.55	3.08	43.97	2716.60	6.06	631.95	2.59	222.30	2.39	36.32	0.372
			16		44.139	34.649	0.569	1443.06	5.72	121.64	411.85	3.06	49.44	3105.15	6.14	726.46	2.67	248.94	2.38	40.87	0.369
20/12.5	200	125	12		37.912	29.761	0.641	1570.90	6.44	116.73	483.16	3.57	49.99	3193.85	6.54	787.74	2.83	285.79	2.74	41.23	0.392
			14		43.867	34.436	0.640	1800.97	6.41	134.65	550.83	3.54	57.44	3726.17	6.62	922.47	2.91	326.58	2.73	47.34	0.390
			16		49.739	39.045	0.639	2023.35	6.38	152.18	615.44	3.52	64.69	4258.86	6.70	1058.86	2.99	366.21	2.71	53.32	0.383
			18		55.526	43.588	0.639	2238.30	6.35	169.33	677.19	3.49	71.74	4792.00	6.78	1197.13	3.06	404.83	2.70	59.18	0.385

注：1. 括号内型号不推荐使用。

2. 截面图中的 $r_1=d/3$ 及表中 r 的数据用于孔型设计，不作为交货条件。

表 A.3　热轧工字钢（GB 706—2016）

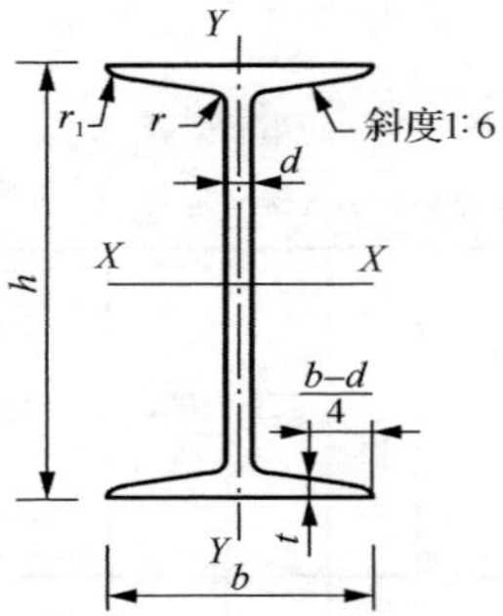

符号意义：

h ——高度；

b ——腿宽度；

d ——腰厚度；

t ——平均腿厚度；

r ——内圆弧半径；

r_1 ——腿端圆弧半径；

I ——惯性矩；

W ——弯曲截面系数；

i ——惯性半径；

S ——半截面的静矩。

型号	尺寸/mm						截面面积/cm²	理论重量/(kg/m)	外表面积/(m²/m)	参考数值						
										X-X				Y-Y		
	h	b	d	t	r	r_1				I_x/cm⁴	W_x/cm³	i_x/cm	$I_x:S_x$/cm	I_y/cm⁴	W_y/cm³	i_y/cm
10	100	68	4.5	7.6	6.5	3.3	14.30	11.3	0.432	245	49.0	4.14	8.59	33.0	9.72	1.52
12	120	74	5	8.4	7.0	3.5	17.80	14.0	0.493	436	72.7	4.95	10.3	46.9	12.7	1.62
12.6	126	74	5	8.4	7.0	3.5	18.10	14.2	0.505	488	77.5	5.20	10.8	46.9	12.7	1.61
14	140	80	5.5	9.1	7.5	3.8	21.50	16.9	0.553	712	102	5.76	12.0	64.4	16.1	1.73
16	160	88	6	9.9	8.0	4.0	26.10	20.5	0.621	1130	141	6.58	13.8	93.1	21.2	1.89
18	180	94	6.5	10.7	8.5	4.3	30.70	24.1	0.681	1660	185	7.36	15.4	122.0	26.0	2.00
20a	200	100	7	11.4	9.0	4.5	35.50	27.9	0.742	2370	237	8.15	17.2	158	31.5	2.12
20b		102	9				39.50	31.1	0.746	2500	250	7.96	16.9	169	33.1	2.06
22a	220	110	7.5	12.3	9.5	4.8	42.10	33.1	0.817	3400	309	8.99	18.9	225	40.9	2.31
22b		112	9.5				46.50	36.5	0.721	3570	325	8.78	18.7	239	42.7	2.27
24a	240	116	8.0	13.0	10.0	5.0	47.71	37.5	0.878	4570	381	9.77	20.7	280	48.4	2.42
24b		118	10.0				52.51	41.2	0.882	4800	400	9.57	20.4	297	50.4	2.38

续表

型号	尺寸/mm						截面面积/cm^2	理论重量/(kg/m)	外表面积/(m^2/m)	参考数值						
										X-X				Y-Y		
	h	b	d	t	r	r_1				I_x / cm^4	W_x / cm^3	i_x / cm	$I_x:S_x$ / cm	I_y / cm^4	W_y / cm^3	i_y / cm
25a	250	116	8	13	10.0	5.0	48.50	38.1	0.898	5020	402	10.2	21.6	280	48.3	2.40
25b		118	10				53.50	42.0	0.902	5280	423	9.94	21.3	309	52.4	2.40
27a	270	122	8.5	13.7	10.5	5.3	54.52	42.8	0.958	6550	485	10.9	23.8	345	56.6	2.51
27b		124	10.5				59.92	47.0	0.962	6870	509	10.7	22.9	366	58.9	2.47
28a	280	122	8.5	13.7	10.5	5.3	55.37	43.5	0.978	7110	508	11.3	24.6	345	56.6	2.50
28b		124	10.5				60.97	47.9	0.982	7480	534	11.1	24.2	379	61.2	2.49
30a	300	126	9	14.4	11.0	5.5	61.22	48.1	1.031	8950	597	12.1	25.7	400	63.5	2.55
30b		128	11				67.22	52.8	1.035	9400	627	11.8	25.4	422	65.9	2.50
30c		130	13				73.22	57.5	1.039	9850	657	11.6	26.0	445	68.5	2.46
32a	320	130	9.5	15.0	11.5	5.8	67.12	52.7	1.084	11100	692	12.8	27.5	460	70.8	2.62
32b		132	11.5				73.52	57.7	1.088	11600	726	12.6	27.1	502	76.0	2.61
32c		134	13.5				79.95	62.7	1.092	12200	760	12.3	26.8	544	81.2	2.61
36a	360	136	10	15.8	12.0	6.0	76.44	60.0	1.185	15800	875	14.4	30.7	552	81.2	2.69
36b		138	12				83.64	65.7	1.189	16500	919	14.1	30.3	582	84.3	2.64
36c		140	14				90.84	71.3	1.193	17300	962	13.8	29.9	612	87.4	2.60
40a	400	142	10.5	16.5	12.5	6.3	86.07	67.6	1.285	21700	1090	15.9	34.1	660	93.2	2.77
40b		144	12.5				94.07	73.8	1.289	22800	1140	15.6	33.6	692	96.2	2.71
40c		146	14.5				102.1	80.1	1.292	23900	1190	15.2	33.2	727	99.6	2.65

续表

型号	尺寸/mm						截面面积/cm^2	理论重量/(kg/m)	外表面积/(m^2/m)	参考数值						
										X-X				Y-Y		
	h	b	d	t	r	r_1				I_x/cm^4	W_x/cm^3	i_x/cm	$I_x:S_x$/cm	I_y/cm^4	W_y/cm^3	i_y/cm
45a		150	11.5				102.4	80.4	1.414	32200	1430	17.7	38.6	855	114	2.89
45b	450	152	13.5	18.0	13.5	6.8	111.4	87.4	1.415	33800	1500	17.4	38.0	894	118	2.84
45c		154	15.5				120.4	94.5	1.419	35300	1570	17.1	37.6	938	122	2.79
50a		158	12				119.2	93.6	1.539	46500	1860	19.7	42.8	1120	142	3.07
50b	500	160	14	20.0	14.0	7.0	129.2	101	1.543	48600	1940	19.4	42.4	1170	146	3.01
50c		162	16				139.2	109	1.547	50600	2080	19.0	41.8	1220	151	2.96
55a		166	12.5				134.1	105	1.667	62900	2290	21.6	46.9	1370	164	3.19
55b	550	168	14.5	21.0	14.5	7.3	145.1	114	1.671	65600	2390	21.2	46.4	1420	170	3.14
55c		170	16.5				156.1	123	1.675	68400	2490	20.9	45.8	1480	175	3.08
56a		166	12.5				135.4	106	1.687	65600	2340	22.0	47.7	1370	165	3.18
56b	560	168	14.5	21.0	14.5	7.3	146.6	115	1.691	68500	2450	21.6	47.2	1490	174	3.16
56c		170	16.5				157.8	124	1.695	71400	2550	21.3	46.7	1560	183	3.16
63a		176	13				154.6	121	1.862	93900	2980	24.5	54.2	1700	193	3.31
63b	630	178	15	22.0	15.0	7.5	167.2	131	1.866	98100	3160	21.2	53.5	1810	204	3.29
63c		180	17				179.8	141	1.870	102000	3300	23.8	52.8	1920	214	3.27

注：截面图和表中标注的圆弧半径 r、r_1 的数据用于孔型设计，不作为交货条件。

表 A.4 热轧槽钢（GB 706—2016）

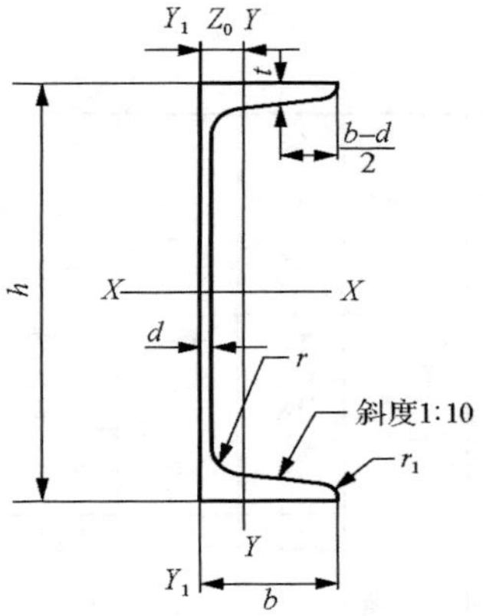

符号意义：

h ——高度；

b ——腿宽度；

d ——腰厚度；

t ——平均腿厚度；

r ——内圆弧半径；

r_1 ——腿端圆弧半径；

I ——惯性矩；

W ——弯曲截面系数；

i ——惯性半径；

Z_0 ——Y-Y 轴与 Y_1-Y_1 轴间矩。

型号	尺寸/mm						截面面积 cm^2	理论重量/ (kg/m)	外表面积/ (m^2/m)	参考数值							
										X-X			Y-Y			Y_1-Y_1	
	h	b	d	t	r	r_1				W_x / cm^3	I_x / cm^4	i_x / cm	W_y / cm^3	I_y / cm^4	i_y / cm	I_{y1} / cm^4	Z_0 / cm
5	50	37	4.5	7.0	7.0	3.5	6.925	5.44	0.226	10.4	26.0	1.94	3.55	8.30	1.10	20.9	1.35
6.3	63	40	4.8	7.5	7.5	3.75	8.446	6.63	0.262	16.1	50.8	2.45	4.50	11.9	1.19	28.4	1.36
6.5	65	40	4.3	7.5	7.5	3.8	8.292	6.51	0.267	17.0	55.2	2.54	4.59	12.0	1.19	28.3	1.38
8	80	43	5	8.0	8.0	4.0	10.24	8.04	0.307	25.3	101	3.15	5.79	16.6	1.27	37.4	1.43
10	100	48	5.3	8.5	8.5	4.25	12.74	10.0	0.365	39.7	198	3.95	7.80	25.6	1.41	54.9	1.52
12	120	53	5.5	9.0	9.0	4.5	15.36	12.1	0.423	57.7	346	4.75	10.2	37.4	1.56	77.7	1.62
12.6	126	53	5.5	9.0	9.0	4.5	15.69	12.3	0.435	62.1	391	4.95	10.2	38.0	1.57	77.1	1.59
14a	140	58	6	9.5	9.5	4.75	18.51	14.5	0.480	80.5	564	5.52	13.0	53.2	1.70	107	1.71
14b		60	8				21.31	16.7	0.484	87.1	609	5.35	14.1	61.1	1.69	121	1.67
16a	160	63	6.5	10.0	10.0	5.0	21.95	17.2	0.538	108	866	6.28	16.3	73.3	1.83	144	1.80
16b		65	8.5				25.15	19.8	0.542	117	935	6.10	17.6	83.4	1.82	161	1.75

续表

型号	尺寸/mm						截面面积/cm^2	理论重量/(kg/m)	外表面积/(m^2/m)	参考数值							
										X-X			Y-Y			Y_1-Y_1	
	h	b	d	t	r	r_1				W_x / cm^3	I_x / cm^4	i_x / cm	W_y / cm^3	I_y / cm^4	i_y / cm	I_{y1} / cm^4	Z_0 / cm
18a	180	68	7	10.5	10.5	5.25	25.69	20.2	0.596	141	1270	7.04	20.0	98.6	1.96	190	1.88
18b		70	9				29.29	23.0	0.600	152	1370	6.84	21.5	111	1.95	210	1.84
20a	200	73	7	11.0	11.0	5.5	28.83	22.6	0.654	178	1780	7.86	24.2	128	2.11	244	2.01
20b		75	9				32.83	25.8	0.658	191	1910	7.64	25.9	144	2.09	268	1.95
22a	220	77	7	11.5	11.5	5.75	31.83	25.0	0.709	218	2390	8.67	28.2	158	2.23	298	2.10
22b		79	9				36.23	28.5	0.713	234	2570	8.42	30.1	176	2.21	326	2.03
24a	240	78	7	12.0	12.0	6.0	34.21	26.9	0.752	254	3050	9.45	30.5	174	2.25	325	2.10
24b		80	9				39.01	30.6	0.756	274	3280	9.17	32.5	194	2.23	355	2.03
24c		82	11				43.81	34.4	0.760	293	3510	8.96	34.4	213	2.21	388	2.00
25a	250	78	7	12.0	12.0	6.0	34.91	27.4	0.722	270	3360	9.82	30.6	176	2.24	322	2.07
25b		80	9				39.91	31.3	0.766	282	3530	9.41	32.7	196	2.22	353	1.98
25c		82	11				44.91	35.3	0.780	295	3690	9.07	35.9	218	2.21	384	1.92
27a	270	82	7.5	12.5	12.5	6.2	39.27	30.8	0.826	323	4360	10.5	35.5	216	2.34	393	2.13
27b		84	9.5				44.67	35.1	0.830	347	4690	10.3	37.7	239	2.31	428	2.06
27c		86	11.5				50.07	39.3	0.834	372	5020	10.1	39.8	261	2.28	467	2.03
28a	280	82	7.5	12.5	12.5	6.25	40.02	31.4	0.846	340	4760	10.9	35.7	218	2.33	388	2.10
28b		84	9.5				45.62	35.8	0.850	366	5130	10.6	37.9	242	2.30	428	2.02
28c		86	11.5				51.22	40.2	0.854	393	5500	10.4	40.3	268	2.29	463	1.95

续表

型号	尺寸/mm						截面面积/cm^2	理论重量/(kg/m)	外表面积/(m^2/m)	参考数值							
										X-X			Y-Y			Y_1-Y_1	
	h	b	d	t	r	r_1				W_x/cm^3	I_x/cm^4	i_x/cm	W_y/cm^3	I_y/cm^4	i_y/cm	I_{y1}/cm^4	Z_0/cm
30a	300	85	7.5	13.5	13.5	6.8	43.89	34.5	0.897	403	6050	11.7	41.1	260	2.43	467	2.17
30b		87	9.5				49.89	39.2	0.901	433	6500	11.4	44.0	289	2.41	515	2.13
30c		89	11.5				55.89	43.9	0.905	463	6950	11.2	46.4	316	2.38	560	2.09
32a	320	88	8	14.0	14.0	7.0	48.50	38.1	0.947	475	7600	12.5	46.5	305	2.50	552	2.24
32b		90	10				54.90	43.1	0.951	509	8140	12.2	49.2	336	2.47	593	2.16
32c		92	12				61.30	48.1	0.955	543	8690	11.9	52.6	374	2.47	643	2.09
36a	360	96	9	16.0	16.0	8.0	60.89	47.8	1.053	660	11900	14.0	63.5	455	2.73	818	2.44
36b		98	11				68.09	53.5	1.057	703	12700	13.6	66.9	497	2.70	880	2.37
36c		100	13				75.29	59.1	1.061	746	13400	13.4	70.0	536	2.67	948	2.34
40a	400	100	10.5	18.0	18.0	9.0	75.04	58.9	1.144	879	17600	15.3	78.8	592	2.81	1070	2.49
40b		102	12.5				83.04	65.2	1.148	932	18600	15.0	82.5	640	2.78	1140	2.44
40c		104	14.5				91.04	71.5	1.152	986	19700	14.7	86.2	688	2.75	1220	2.42

注：截面图和表中标注的圆弧半径 r、r_1 的数据用于孔型设计，不作为交货条件。